OECD-Umweltausblick bis 2050

DIE KONSEQUENZEN DES NICHTHANDELNS

OECD
BESSERE POLITIK FÜR
EIN BESSERES LEBEN

Das vorliegende Dokument wird unter der Verantwortung des Generalsekretärs der OECD veröffentlicht. Die darin zum Ausdruck gebrachten Meinungen und Argumente spiegeln nicht zwangsläufig die offizielle Einstellung der Organisation oder der Regierungen ihrer Mitgliedstaaten wider.

Dieses Dokument und die darin enthaltenen Karten berühren nicht den völkerrechtlichen Status und die Souveränität über Territorien, den Verlauf der internationalen Grenzen und Grenzlinien sowie den Namen von Territorien, Städten und Gebieten.

Bitte zitieren Sie diese Publikation wie folgt:
OECD (2012), *OECD-Umweltausblick bis 2050: Die Konsequenzen des Nichthandelns*, OECD Publishing.
http://dx.doi.org/10.1787/9789264172869-de

ISBN 978-92-64-17280-7 (Print)
ISBN 978-92-64-17286-9 (PDF)

Die statistischen Daten für Israel wurden von den zuständigen israelischen Stellen bereitgestellt, die für sie verantwortlich zeichnen. Die Verwendung dieser Daten durch die OECD erfolgt unbeschadet des völkerrechtlichen Status der Golanhöhen, von Ost-Jerusalem und der israelischen Siedlungen im Westjordanland.

Originaltitel: *OECD Environmental Outlook to 2050: The Consequences of Inaction*
Perspectives de l'environnement de l'OCDE à l'horizon 2050 : Les conséquences de l'inaction

Übersetzung durch den Deutschen Übersetzungsdienst der OECD.

Foto(s): Deckblatt © Subbotina Anna/Fotofolia.

Korrigenda zu OECD-Veröffentlichungen sind verfügbar unter: *www.oecd.org/publishing/corrigenda*
© OECD 2012

Die OECD gestattet das Kopieren, Herunterladen und Abdrucken von OECD-Inhalten für den eigenen Gebrauch sowie das Einfügen von Auszügen aus OECD-Veröffentlichungen, -Datenbanken und -Multimediaprodukten in eigene Dokumente, Präsentationen, Blogs, Websites und Lehrmaterialien, vorausgesetzt die OECD wird in geeigneter Weise als Quelle und Urheberrechtsinhaber genannt. Sämtliche Anfragen bezüglich Verwendung für öffentliche oder kommerzielle Zwecke bzw. Übersetzungsrechte sind zu richten an: *rights@oecd.org*. Die Genehmigung zur Kopie von Teilen dieser Publikation für den öffentlichen oder kommerziellen Gebrauch ist direkt einzuholen beim Copyright Clearance Center (CCC) unter *info@copyright.com* oder beim Centre français d'exploitation du droit de copie (CFC) unter *contact@cfcopies.com*.

Vorwort

Mit einer Bevölkerung von sieben Milliarden steht die Welt 2012 vor sehr komplexen wirtschaftlichen und sozialen Herausforderungen. Der Schutz der Umwelt und der Erhalt der natürlichen Ressourcen gehören zwar weiterhin zu den wichtigsten Politikprioritäten, viele Länder haben jedoch darüber hinaus mit einem niedrigen Wirtschaftswachstum, einer angespannten öffentlichen Finanzlage und einer hohen Arbeitslosigkeit zu kämpfen. Die Bewältigung dieser dringenden Herausforderungen erfordert eine tiefgreifende kulturelle Neuorientierung hin zu „grüneren" und innovativeren Wachstumsquellen und nachhaltigeren Konsumgewohnheiten.

Der OECD-Umweltausblick bis 2050 behandelt unter Heranziehung modellbasierter Projektionen die Auswirkungen der demografischen und ökonomischen Trends der kommenden vierzig Jahre für vier Schüsselbereiche von globaler Bedeutung: Klimawandel, biologische Vielfalt, Wasser und gesundheitliche Folgen von Umweltbelastungen. Tatsache ist, dass die Aussichten eher düster sind, wenn wir unsere Politik und unsere Verhaltensweisen nicht grundlegend ändern.

Falls es nicht zu Umstellungen im Weltenergiemix kommt, werden dem Basisszenario zufolge im Jahr 2050 rd. 85% des Energieverbrauchs auf fossile Energieträger entfallen, was mit einem 50%igen Anstieg der Treibhausgasemissionen und einer Verstärkung der Luftverschmutzung in städtischen Räumen verbunden ist. Die Auswirkungen auf unsere Lebensqualität wären verheerend. Die Zahl der auf Feinstaub zurückzuführenden vorzeitigen Todesfälle könnte sich gegenüber dem gegenwärtigen Niveau auf jährlich 3,6 Millionen verdoppeln. Der weltweite Wasserbedarf wird den Projektionen zufolge bis 2050 um 55% ansteigen. Der Wettbewerb um Wasser dürfte sich verschärfen, so dass bis zu 2,3 Milliarden Menschen mehr als heute in Wassereinzugsgebieten leben könnten, die unter schwerem Wasserstress stehen. Die terrestrische Biodiversität wird den Projektionen zufolge bis 2050 insgesamt um weitere 10% zurückgehen.

Die Kosten und Konsequenzen im Fall von Untätigkeit sind enorm, in wirtschaftlicher ebenso wie menschlicher Hinsicht. Diese Projektionen machen deutlich, dass dringend ein Umdenken erforderlich ist. Andernfalls wird sich durch den Schwund unseres Umweltkapitals das Risiko irreversibler Veränderungen erhöhen, die die während zweier Jahrhunderte erzielten Fortschritte bei der Anhebung des Lebensstandards zunichte machen könnten. Schon heute erleben wir, wie Fischbestände in katastrophaler Weise infolge von Überfischung zusammenbrechen und wie Phasen großer Wasserknappheit die Landwirtschaft beeinträchtigen. Diese enormen Umweltherausforderungen können jedoch nicht isoliert gelöst werden. Sie müssen im Kontext anderer globaler Herausforderungen, wie z.B. Ernährungs- und Energieversorgungssicherheit sowie Armutsbekämpfung, bewältigt werden.

Die Einbeziehung umweltpolitischer Ziele in die wirtschafts- und sektorpolitischen Maßnahmen, z.B. in den Bereichen Energie, Landwirtschaft und Verkehr, kann erhebliche Vorteile mit sich bringen. Gut durchdachte Maßnahmen zur Lösung eines bestimmten Umweltproblems könnten darüber hinaus helfen, andere Probleme zu mildern und zu Wachstum und Entwicklung beitragen. Die Bekämpfung der lokalen Luftverschmutzung kann beispielsweise zu einer Verringerung der Treibhausgasemissionen führen und die mit chronischen und kostspieligen Gesundheitsproblemen verbundene wirtschaftliche Belastung reduzieren. Klimapolitik leistet außerdem einen Beitrag zum Erhalt der biologischen Vielfalt, insbesondere wenn die Emissionen durch die Vermeidung von Entwaldung reduziert werden.

Dieser Umweltausblick stützt sich auf ein in der OECD-Strategie für umweltverträgliches Wachstum entwickeltes Rahmenkonzept, das die Länder entsprechend ihrem Entwicklungsstand, ihrer jeweiligen Ressourcenausstattung und ihren Umweltproblemen anpassen können. Einige Ansätze empfehlen sich allerdings in jedem Kontext, beispielsweise die Einführung von Mechanismen, die dafür sorgen, dass umweltbelastende Aktivitäten kostspieliger sind als umweltfreundliche Alternativen (z.B. Umweltsteuern und Emissionshandelssysteme), die Festlegung von Preisen zur Bestimmung des Werts von Naturgütern und Ökosystemleistungen (durch Wasserpreise, Zahlungen für Ökosystemleistungen und Eintrittsgebühren für Naturparks), der Abbau umweltschädlicher Subventionen (für fossile Energieträger oder für Strom zum Betrieb von Bewässerungspumpen) sowie die Schaffung von Anreizen für umweltfreundliche Innovationen (durch die Verteuerung umweltschädlicher Produktions- und Verbrauchsmuster und die öffentliche Förderung der Grundlagenforschung).

Um Reformen möglich zu machen, müssen die Regierungen die Kosteneffektivität ihrer Politikmaßnahmen eingehend prüfen. Zur Sicherung der Akzeptanz in der Öffentlichkeit muss eindeutig nachgewiesen werden, dass es mit den Maßnahmen gelingt, die ökologischen Herausforderungen zu bewältigen, dass sie bezahlbar sind und dass sie Arbeitsplätze schaffen können und zur Armutsbekämpfung beitragen.

Zusammen zeichnen der Umweltausblick bis 2050 und die Strategie für umweltverträgliches Wachstum einen umfassenden und gangbaren Weg in die Zukunft auf. Die OECD leistet im Rahmen ihres Auftrags, eine bessere Politik für ein besseres Leben zu gewährleisten, durch die Förderung effizienter umweltverträglicher Politikmaßnahmen einen wichtigen Beitrag zur Rio+20-Konferenz.

Angel Gurría
OECD-Generalsekretär

Dank

Der OECD-Umweltausblick bis 2050 wurde von einem gemeinsamen Team der OECD-Direktion Umwelt und der Netherlands Environmental Assessment Agency (PBL) erstellt. Das Projekt wurde unter der Aufsicht von Simon Upton (Leiter der Direktion), Helen Mountfort (stellvertretende Leiterin der Direktion) sowie Rob Visser (ehemaliger stellvertretender Leiter der Direktion) von Kumi Kitamori und Ton Manders (PBL) koordiniert.

Der Ausschuss für Umweltpolitik (EPOC) der OECD führte die Aufsicht über die Ausarbeitung des Berichts. Darüber hinaus überprüften und kommentierten die folgenden OECD-Gremien die für sie relevanten Kapitel dieses *Umweltausblicks*: die Arbeitsgruppe Klima, Investitionen und Entwicklung (WPCID), die Arbeitsgruppe Biodiversität, Wasser und Ökosysteme (WPBWE), die Arbeitsgruppe Integration von Umwelt- und Wirtschaftspolitik (WPIEEP), die Arbeitsgruppe Umweltinformationen (WPEI), die Gemeinsame Tagung des Chemikalienausschusses und der Arbeitsgruppe Chemikalien, Pestizide und Biotechnologie, die Gemeinsame Arbeitsgruppe Landwirtschaft und Umwelt (JWPAE) sowie der Fischereiausschuss (COFI).

Auch Vertreter von Nicht-OECD-Ländern – namentlich Brasilien, China, Kolumbien, Indien, Indonesien und Südafrika – bereicherten durch ihre Kommentare und durch ihre Teilnahme an einer Expertentagung zur Vorbereitung des *Umweltausblicks* (Expert Meeting on the Preparation of the Next Environmental Outlook) im November 2010 und an einem globalen Forum zur Prüfung des Berichtsentwurfs (Global Forum on Environment for the Review of the Draft Environmental Outlook Report) im Oktober 2011 die Arbeit an diesem Bericht. Verschiedene Interessenträger leisteten einen Beitrag zur Ausarbeitung der Kapitel, insbesondere Vertreter von Umweltverbänden (deren Beiträge vom Europäischen Umweltbüro koordiniert wurden), Wirtschaftsverbänden (koordiniert vom Beratenden Ausschuss der Wirtschaft bei der OECD) und Gewerkschaften (koordiniert vom Gewerkschaftlichen Beratungsausschuss bei der OECD).

Die Autoren der verschiedenen Kapitel des *OECD-Umweltausblicks bis 2050* waren:

Zusammenfassung		Kumi Kitamori
Kapitel 1	Einführung	Kumi Kitamori, Ton Manders (PBL), Rob Dellink
Kapitel 2	Sozioökonomische Entwicklungen	Rob Dellink, Ton Manders (PBL), Jean Chateau, Bertrand Magné, Detlef van Vuuren (PBL), Anne Gerdien Prins (PBL)
Kapitel 3	Klimawandel	Virginie Marchal, Rob Dellink, Detlef van Vuuren (PBL), Christa Clapp, Jean Chateau, Bertrand Magné, Elisa Lanzi, Jasper van Vliet (PBL)
Kapitel 4	Biologische Vielfalt	Katia Karousakis, Mark van Oorschot (PBL), Edward Perry, Michel Jeuken (PBL), Michel Bakkenes (PBL), unter Mitwirkung von Hans Meijl und Andrzej Tabeau (LEI)
Kapitel 5	Wasser	Xavier Leflaive, Maria Witmer (PBL), Roberto Martin-Hurtado, Marloes Bakker (PBL), Tom Kram (PBL), Lex Bouwman (PBL), Hans Visser (PBL), Arno Bouwman (PBL), Henk Hilderink (PBL), Kayoung Kim
Kapitel 6	Gesundheit und Umwelt	Robert Sigman, Henk Hilderink (PBL), Nathalie Delrue, Nils-Axel Braathen, Xavier Leflaive
Anhang	Modellierungsrahmen	Rob Dellink, Tom Kram (PBL), Jean Chateau

DANK

Mit dem sozioökonomischen Teil der für den *OECD-Umweltausblick bis 2050* durchgeführten Modellierungen wurde das OECD-Team betraut, das am ENV-Linkages-Modell arbeitet, während der Umweltteil von der PBL übernommen wurde, die dazu ihre IMAGE-Modellreihe verwendete. Für die Modellierung des Klimawandels wurde sowohl das ENV-Linkages-Modell als auch die IMAGE-Modellreihe eingesetzt. Die PBL verwendete die IMAGE-Modellreihe sowie assoziierte Umweltmodelle, für die sie mit dem LEI-Institut der Universität Wageningen und ihrem Forschungszentrum (agrarökonomische Modellierungen) sowie dem UNEP World Conservation Monitoring Centre (UNEP WCMC) zusammenarbeitete.

An den Modellen arbeiteten:

ENV Linkages-Modell (OECD)	IMAGE-Modellreihe (PBL)	
Rob Dellink	*Kernteam:*	*Sonderbeiträge:*
Jean Chateau	Tom Kram	Hester Biemans
Bertrand Magné	Anne Gerdien Prins	Corjan Brink
Cuauhtemoc Rebolledo-Gómez	Elke Stehfest	Frank De Leeuw (RIVM)
	Mark van Oorschot	Kathleen Neumann
	Henk Hilderink	Sebastiaan Deetman
	Detlef van Vuuren	Michel den Elzen
	Jasper van Vliet	Hans Eerens
	Rineke Oostenrijk	Jan Janse
		Angelica Mendoza Beltran
		Andrzej Tabeau (LEI)
		Hans van Meijl (LEI)

Statistische und wissenschaftliche Unterstützung leisteten Cuauhtemoc Rebolledo-Gomez, Rineke Oostenrijk (PBL) und Carla Bertuzzi. Pascaline Deplagne, Sarah Michelson, Elisabeth Huggard und Patricia Nilsson leisteten administrative und technische Unterstützung für das Projekt und die Erstellung des Berichts. Fiona Hall übernahm das Korrekturlesen. Für die Veröffentlichung vorbereitet wurde der Bericht von Janine Treves, Stephanie Simonin-Edwards sowie der OECD-Abteilung Publikationen. Das für den *Umweltausblick* zuständige Team dankt insbesondere folgenden Personen für ihre nützlichen Kommentare und Beiträge: Helen Mountford und Simon Upton sowie Shardul Agrawala, Dale Andrew, Gérard Bonnis, Peter Börkey, Nils-Axel Braathen, Dave Brooke (Building Research Establishment Ltd), Andrea Cattaneo, Jan Corfee-Morlot, Anthony Cox, Guus de Hollander (PBL), Dimitris Diakosavvas, Jane Ellis, Christina Hood (IEA), Alistair Hunt (University of Bath), Hsin Huang, Nick Johnstone, Wilfrid Legg, Michael Mullan, Kevin Parris, Annette Prüss-Ustün (WHO), Ysé Serret, Kevin Swift (American Chemistry Council), Marie Christine Tremblay, Frank van Tongeren, Dian Turnheim und Žiga Zarnic.

Mehrere OECD-Länder unterstützten die Arbeit an den Modellrechnungen und dem Bericht durch finanzielle oder inhaltliche Beiträge, darunter Japan, Korea, die Niederlande und Norwegen.

Inhaltsverzeichnis

Akronyme und Abkürzungen 15

Zusammenfassung 19

Kapitel 1 **Einführung** 39

    1. Einleitung 40
    2. Die für den *Umweltausblick* verwendete Methode 42
    3. Wie ist der Bericht aufgebaut? 48
    Anmerkungen 49
    Literaturverzeichnis 49

Kapitel 2 **Sozioökonomische Entwicklungen** 51

    1. Einleitung 54
    2. Wichtigste Trends und Projektionen 55
    3. Der Zusammenhang zwischen Wirtschaftstätigkeit und Umweltbelastungen 66
    Anmerkungen 73
    Literaturverzeichnis 73
    Anhang 2.A Hintergrundinformationen zur Modellierung der sozioökonomischen Entwicklungen 75

Kapitel 3 **Klimawandel** 79

    1. Einleitung 84
    2. Trends und Projektionen 85
    3. Heutiger Stand der Klimapolitik 100
    4. Politikmaßnahmen für die Zukunft: Schaffung einer CO_2-armen, klimaresilienten Wirtschaft 124
    Anmerkungen 158
    Literaturverzeichnis 163
    Anhang 3.A Hintergrundinformationen zur Modellierung des Klimawandels 169

Kapitel 4 **Biologische Vielfalt** 177

    1. Einleitung 181
    2. Wichtigste Trends und Projektionen 183
    3. Biologische Vielfalt: Heutiger Stand der Politik 202
    4. Es bedarf weiterer Maßnahmen 213
    Anmerkungen 222
    Literaturverzeichnis 224
    Anhang 4.A Hintergrundinformationen zur Modellierung der biologischen Vielfalt 231

Kapitel 5 **Wasser** 237

    1. Einleitung 241
    2. Wichtigste Trends und Projektionen 243
    3. Wasserpolitik: Gegenwarts- und Zukunftsszenarien 266
    4. Es bedarf weiterer Maßnahmen: Neue Fragen der Wasserpolitik 284
    Anmerkungen 293
    Literaturverzeichnis 294
    Anhang 5.A Hintergrundinformationen zur Modellierung des Wasserbereichs 299

Kapitel 6 **Gesundheit und Umwelt** 315

    1. Einleitung 319
    2. Luftverschmutzung 322
    3. Mangelhafte Wasser- und Sanitärversorgung 340
    4. Chemikalien 347
    5. Klimawandel 362
    Anmerkungen 367
    Literaturverzeichnis 368
    Anhang 6.A Hintergrundinformationen zur Modellierung von Gesundheit und Umwelt 374

Anhang A **Modellierungsrahmen** 381

Kästen

1.1 Das Ampelsystem des *OECD-Umweltausblicks* 40
1.2 Kohärente Politiken für ein umweltverträgliches Wachstum 41
1.3 Wichtige Quellen der Modellunsicherheit 47
2.1 Es geht um Projektionen und nicht um Vorhersagen 54
2.2 Der komplexe Zusammenhang zwischen wirtschaftlichen Schocks und Umweltbelastungen 61
2.3 Die Methodik der bedingten Konvergenz: Annahmen für modellbasierte Projektionen 64
2.4 Unsicherheitsfaktoren bei Energieprojektionen 68
2.5 Unsicherheitsfaktoren bei Landnutzungsprojektionen 70
3.1 Emissionszuordnung auf Produktions- oder Verbrauchsbasis 88
3.2 CO_2-Emissionen aus der Landnutzung – bisherige Trends und Projektionen für die Zukunft 92
3.3 Gefährdung von Vermögen durch den Klimawandel am Beispiel der Küstenstädte 98
3.4 Das EU-Emissionshandelssystem: Jüngste Entwicklungen 108
3.5 Das Wachstum der Stromerzeugung aus erneuerbaren Energien 114
3.6 Umweltgerechtes Verhalten der privaten Haushalte fördern: Die Rolle der öffentlichen Politik 116
3.7 Der *Emissions Gap Report* des UNEP 125
3.8 Kostenunsicherheit und Modellierungsrahmen 132
3.9 Was wäre ... wenn die Lasten der Emissionsminderung anders verteilt würden? Warum Regelungen für die Allokation von Emissionsrechten wichtig sind 133

3.10	Auswirkungen unterschiedlicher Technologieoptionen	137
3.11	Die Lücke schließen: Reichen die Zusagen von Kopenhagen aus?	141
3.12	Was wäre wenn … sich kein weltweiter CO_2-Handel herausbildet?	149
3.13	Bioenergie: Allheilmittel oder Pandorabüchse?	153
3.14	Der Fall der Rußemissionen	155
3.15	Was wäre wenn … die Senkung der Treibhausgasemissionen die Beschäftigung erhöhen könnte?	157
4.1	Bewertung der biologischen Vielfalt: Die Bestandteile des ökonomischen Gesamtwerts	182
4.2	Ökosystemschwellen: Einen irreversiblen Rückgang durch einen vorsorgenden Ansatz vermeiden	198
4.3	Biologische Vielfalt und menschliche Gesundheit	201
4.4	Der Strategische Plan für Biodiversität 2011-2020 und die 20 Biodiversitätsziele von Aichi	209
4.5	Was wäre wenn … die terrestrischen Schutzgebiete weltweit auf 17% ausgeweitet würden?	211
4.6	Initiativen des privaten Sektors im Bereich der biologischen Vielfalt	215
4.7	Umweltökonomische Gesamtrechnung: Das System der Integrierten Umwelt- und Wirtschaftsbuchführung	218
4.8	Verbesserung der wirtschaftlichen Entscheidungsfindung im Hinblick auf die Güter der Ökosysteme	219
4.9	Was wäre wenn … ehrgeiziger Klimaschutz auf eine Art und Weise erfolgen würde, die zugleich den Verlust an biologischer Vielfalt verringert?	220
4.10	Eine Strategie für umweltverträgliches Wachstum und biologische Vielfalt	222
5.1	Wichtige Definitionen	244
5.2	Unsicherheitsfaktoren in Bezug auf den Wasserbedarf in der Landwirtschaft	248
5.3	Die Auswirkungen des Klimawandels auf die Süßwasserressourcen: Ein Beispiel aus Chile	250
5.4	Bewältigung der mit Mikroverunreinigungen verbundenen Risiken	256
5.5	Das „iberoamerikanische Wasserprogramm"	264
5.6	Handelbare Nährstoffeinleitungsrechte zur Verringerung der Nährstoffeinträge: Beispiel Lake Taupo, Neuseeland	269
5.7	Die National Water Initiative Australiens	272
5.8	Wasserstress – Lösungsansätze in Israel	273
5.9	Die EU-Wasserrahmenrichtlinie: Ein Ansatz auf Ebene der Flussgebiete	274
5.10	Reform der Agrarstützung und Wasserpolitik am Beispiel der Europäischen Union	276
5.11	Wirtschaftliche Analyse der Konzepte „virtuelles Wasser" und „Wasser-Fußabdruck" für die Wasserpolitik	277
5.12	Koreas Projekt zur Wiederbelebung der vier Hauptflüsse des Landes	285
5.13	Priorisierung der ökologischen Gesundheit von Wasserläufen: OECD-Fallstudien	287
5.14	Verbindung von Wasserkraft, Flusssanierung und Privatinvestitionen in Bayern	289
5.A1	Das LPJmL-Modell: Berechnung des Wasserbedarfs, insbesondere für Bewässerungszwecke	301
6.1	Messprobleme	321
6.2	Ursachen der Zunahme der vorzeitigen Todesfälle durch Feinstaub in Städten	328
6.3	Luftschadstoffe und Treibhausgase	336
6.4	Für eine kohärente Politik in den Bereichen Klimaschutz und Luftreinhaltung sorgen – Beispiel Luftverschmutzung in Innenräumen	337
6.5	Ein Wort zur Wasseranalyse des *OECD-Umweltausblicks*	341

6.6 Gesundheitsbezogene Probleme in Verbindung mit der Wiederverwendung und dem Recycling von Wasser überwinden ... 345
6.7 Bewertung von Chemikalienfreisetzungen am Beispiel der Phtalate ... 350
6.8 Bewältigung bestimmter Herausforderungen im Bereich der Chemikalienbewertung ... 352
6.9 SAICM: Strategisches Chemikalienmanagement ... 356
6.10 Klimawandel, Gesundheitsdeterminanten und Gesundheitsfolgen: Fakten und Zahlen ... 363
6.A1 Annahmen und Unsicherheiten in den Modellen ... 378

Tabellen

0.1 Wichtigste ökologische Herausforderungen: Trends und Projektionen ohne neue Maßnahmen ... 22
1.1 Beispiele für bestehende Politikmaßnahmen und im Basisszenario unterstellte Trends ... 44
1.2 Politiksimulationen im *OECD-Umweltausblick bis 2050* ... 45
1.3 Im *OECD-Umweltausblick bis 2050* verwendete Regionen und Ländergruppen ... 46
2.1 Jährliche durchschnittliche Wachstumsraten des realen BIP: Basisszenario, 2010-2050 ... 62
2.2 Jährliches Pro-Kopf-BIP und Verbrauch der privaten Haushalte: Basisszenario, 2010-2050 ... 63
3.1 Beispiele klimapolitischer Instrumente ... 103
3.2 Klimaschutz – nationale Regelungen: Geltungsbereich und Umfang, ausgewählte Länder ... 105
3.3 Heutiger Stand der Emissionshandelssysteme ... 107
3.4 Anpassungsoptionen und mögliche Politikinstrumente ... 119
3.5 Überblick über die im *Umweltausblick* untersuchten Mitigationsszenarien ... 126
3.6 Umrechnung der in der Kopenhagener Vereinbarung und den Vereinbarungen von Cancún zugesagten Ziele und Maßnahmen in Veränderungen des Emissionsvolumens im verzögerten 450-ppm-Szenario: 2020 im Vergleich zu 1990 ... 140
3.7 Wie unterschiedliche Faktoren die Emissions- und Realeinkommensniveaus beeinflussen werden, die aus den Zusagen der Vereinbarungen von Cancún und Kopenhagen resultieren: Verzögertes 450-ppm-Szenario (Abweichung vom Basisszenario) ... 142
3.8 Auswirkungen des verzögerten 450-ppm-Szenarios auf die Wettbewerbsfähigkeit, 2020 und 2050: Veränderung gegenüber dem Basisszenario, in Prozent ... 145
3.9 Einkommenseffekte einer Subventionsreform für fossile Brennstoffe sowie des zentralen 450-ppm-Szenarios mit und ohne Reform, 2020 und 2050 ... 152
3.10 Wirtschaftliche Effekte eines OECD-weiten Emissionshandelssystems bei rigiden Arbeitsmärkten unter Annahme einer einheitlichen pauschalen Umverteilung, 2015-2030 ... 157
3.11 Wirtschaftliche Effekte eines OECD-weiten Emissionshandelssystems bei unterschiedlichen Optionen für die Nutzung der Einnahmen unter Annahme einer mittleren Arbeitsmarktrigidität, 2015-2030 ... 158
4.1 Die für den *Umweltausblick bis 2050* modellierten Belastungen der biologischen Vielfalt ... 191
4.2 Politikinstrumente für den Erhalt und die nachhaltige Nutzung der biologischen Vielfalt ... 203

5.1 Ausgewählte Politikinstrumente für die Bewirtschaftung der Wasserressourcen.... 267
5.A1 Szenarioannahmen für den Basisansatz und Punktquellenreduktion
im Szenario mit Nährstoffrecycling und -reduktion... 307
6.1 Durch vier große Umweltrisiken bedingte Todesfälle in Prozent und
nach Region, 2004.. 319
6.2 WHO-Luftgüteleitlinien und Zwischenziele für die jährliche
Feinstaubkonzentration 322
6.3 Ausgewählte Ansätze für die Luftreinhaltung... 330
6.4 Auswirkungen des Szenarios mit Verringerung der Luftverschmutzung um 25%,
2030 und 2050... 340
6.5 Auswirkungen eines beschleunigten Zugangs zu verbesserter Wasserversorgung
und sanitärer Grundversorgung, 2030 und 2050... 346
6.6 Beispiele für Gesundheitsfolgen, die mit der Exposition gegenüber bestimmten
Chemikalien in Verbindung gebracht werden... 348
6.7 Freisetzungen von Diethylhexylphthalat in unterschiedlichen
Lebenszyklusstadien 351
6.8 Beispiele von Politikinstrumenten für das Management chemischer Substanzen.... 357
6.A1 Eignungsindizes klimatischer Faktoren für Malaria.. 377
A.1 Sektoren und Produkte des ENV-Linkages-Modells 383

Abbildungen

0.1 Treibhausgasemissionen nach Region: Basisszenario, 2010-2050......................... 24
0.2 Auswirkungen verschiedener Umweltbelastungen auf die terrestrische
Artenvielfalt: Basisszenario, 2010-2050 24
0.3 Weltweiter Wasserbedarf: Basisszenario, 2000 und 2050....................................... 26
0.4 Vorzeitige Todesfälle weltweit infolge verschiedener Umweltgefahren:
Basisszenario, 2010-2050... 26
0.5 Zentrales 450-ppm-Szenario:
Weltweite Emissionen und Kosten des Klimaschutzes 29
1.1 Das dem *OECD-Umweltausblick* zu Grunde liegende Modellierungsprinzip............. 43
2.1 Weltbevölkerung nach Hauptregionen, 1970-2050... 56
2.2 Weltbevölkerung nach Altersgruppe, 1970-2050.. 56
2.3 Stadtbevölkerung nach Region, 1970-2050.. 57
2.4 Weltweite Stadtbevölkerung nach Stadtgröße, 1970-2025 58
2.5 Reales Bruttoinlandsprodukt pro Kopf und in absoluter Rechnung, 1970-2008..... 59
2.6 Projektionen für das reale Bruttoinlandsprodukt: Basisszenario, 2010-2050......... 60
2.7 Jährliche durchschnittliche Wachstumsraten der Bevölkerung und der
Beschäftigung, 2010-2050 64
2.8 Globale Trends im Anteil der Wertschöpfung je Sektor, 1970-2008 65
2.9 Anteil der Sektoren am realen BIP nach Region: Basisszenario, 2010-2050........... 66
2.10 Globaler Primärenergieverbrauch: Basisszenario 1980-2050 67
2.11 Kommerzielle Energiegewinnung nach Energieträgern: Basisszenario, 2010-2050 ... 69
2.12 Weltweite Landnutzung: Basisszenario, 1970 und 2010... 70
2.13 Weltweite landwirtschaftliche Nutzflächen: Schätzwerte, 1980-2050................... 71
2.14 Projiziertes Wachstum wichtiger Landnutzungskategorien: Basisszenario 72
2.A1 Aufschlüsselung der Antriebsfaktoren des BIP-Wachstums nach Region,
in Prozent: Basisszenario 75
3.1 Treibhausgasemissionen: 1970-2005 85

3.2 Entkopplungstrends: CO_2-Emissionen im Vergleich zum BIP in den OECD-Ländern und den BRIICS, 1990-2010 87
3.3 Energiebedingte CO_2-Emissionen pro Kopf, OECD-Länder/BRIICS: 2000 und 2008 87
3.4 Veränderung der produktions- und verbrauchsbasierten CO_2-Emissionen: 1995-2005 88
3.5 Treibhausgasemissionen: Basisszenario, 2010-2050 90
3.6 Treibhausgasemissionen pro Kopf: Basisszenario, 2010-2050 90
3.7 Weltweite CO_2-Emissionen nach Quellen: Basisszenario, 1980-2050 91
3.8 CO_2-Emissionen aus der Landnutzung: Basisszenario, 1990-2050 92
3.9 CO_2-Konzentration und Temperaturanstieg auf lange Sicht: Basisszenario, 1970-2100 93
3.10 Veränderung der Jahrestemperatur: Basisszenario und 450-ppm-Szenarien, 1990-2050 94
3.11 Veränderung des Jahresniederschlags: Basisszenario, 1990-2050 95
3.12 Die wichtigsten Auswirkungen der globalen Erwärmung 96
3.13 2070 durch einen Anstieg des Meeresspiegels gefährdetes Vermögen in Küstenstädten 98
3.14 Staatliche FuEuD-Ausgaben im Energiebereich in den IEA-Ländern: 1974-2009 113
3.15 Neue Kraftwerkskapazitäten für erneuerbare Energien in Nordamerika, im Pazifischen Raum und in der EU, nach Typ, 1978-2008 114
3.16 Alternative Emissionspfade, 2010-2100 128
3.17 Zentrales 450-ppm-Szenario: Emissionen und Kosten der Emissionsminderung, 2010-2100 129
3.18 Zentrales 450-ppm-Szenario: Emissionen und Kosten der Emissionsminderung, 2010-2050 130
3.19 Auswirkungen verschiedener Allokationssysteme auf die Emissionsrechte und die Realeinkommen im Jahr 2050 133
3.20 Verringerung der Treibhausgasemissionen im beschleunigten 450-ppm-Szenario und zentralen 450-ppm-Szenario im Vergleich zum Basisszenario, 2020 und 2030 136
3.21 Technologieoptionen für das beschleunigte 450-ppm-Szenario 138
3.22 Regionale Auswirkungen auf die Realeinkommen, zentrales 450-ppm-Szenario im Vergleich zum verzögerten 450-ppm-Szenario 144
3.23 Veränderung der globalen Treibhausgasemissionen im Jahr 2050 gegenüber 2010: Verzögertes 450-ppm-Szenario und 550-ppm-Szenario 148
3.24 Veränderungen der Realeinkommen gegenüber dem Basisansatz im verzögerten 450-ppm-Szenario und 550-ppm-Szenario, 2050 148
3.25 Einkommenseffekte fragmentierter Emissionshandelssysteme zur Erreichung einer Konzentration von 550 ppm im Vergleich zum Basisszenario, 2050 149
3.26 Auswirkungen der Abschaffung der Subventionen für fossile Brennstoffe auf die Treibhausgasemissionen, 2050 151
3.A1 Allokationsregelungen, 2020 und 2050 171
3.A2 Installierte Kernkraftwerkskapazitäten im Szenario mit schrittweisem Ausstieg aus der Kernenergie, 2010-2050 172
4.1 Die vier Bestandteile von Biodiversität und Ökosystemleistungen 182
4.2 Regionale Überlagerung von biologischer Vielfalt und menschlicher Entwicklung ... 184
4.3 Weltweite durchschnittliche Artenvielfalt je Biom: 1970-2010 185
4.4 Weltweiter Living Planet Index, 1970-2007 185

4.5 Red List Index der gefährdeten Arten 186
4.6 Weltweite Waldbedeckungstrends, 1990-2010 187
4.7 Zustand der weltweiten Meeresfischbestände, 1974-2008 188
4.8 Terrestrische durchschnittliche Artenvielfalt je Biom: Basisszenario, 2000-2050 ... 189
4.9 Terrestrische durchschnittliche Artenvielfalt je Region: Basisszenario, 2010-2050 ... 190
4.10 Auswirkungen verschiedener Umweltbelastungen auf die durchschnittliche terrestrische Artenvielfalt: Basisszenario, 2010-2050 192
4.11 Relativer Anteil jeder Belastung am zusätzlichen Verlust an durchschnittlicher terrestrischer Artenvielfalt: Basisszenario, 2010-2030 und 2030-2050 193
4.12 Veränderung der weltweiten Waldflächen: Basisszenario, 2010-2050 194
4.13 Veränderung der Produktionswaldfläche: Basisszenario, 2010-2050 194
4.14 Veränderung der weltweiten Nahrungskulturfläche: Basisszenario, 2010-2050 ... 195
4.15 Veränderung der weltweiten Weideflächen (Gras und Futtermittel): Basisszenario, 2010-2050 196
4.16 Projektionen der durchschnittlichen aquatischen Artenvielfalt in Binnengewässern: Basisszenario, 2000-2050 200
4.17 Weltweiter Trend im Hinblick auf die Schutzgebietsgröße, 1990-2010 204
4.18 Weltweit zur Verwirklichung des 17%-Ziels von Aichi erforderliche zusätzliche Schutzgebiete 211
4.19 Biodiversitätsbezogene ODA, 2005-2010 212
4.20 Auswirkungen der verschiedenen Klimaschutzszenarien des *Umweltausblicks* auf die biologische Vielfalt 221
4.A1 Sich überschneidende globale Programme mit dem Schwerpunkt biologische Vielfalt 233
5.1 Süßwasserentnahme im OECD-Raum nach Hauptverwendungszwecken und BIP, 1990-2009 245
5.2 Jährliche Süßwasserentnahme pro Kopf, OECD-Länder 246
5.3 Wasserstress, OECD-Länder 247
5.4 Weltweiter Wasserbedarf: Basisszenario, 2000 und 2050 248
5.5 Wasserstress nach Wassereinzugsgebieten: Basisszenario, 2000 und 2050 249
5.6 Wetterkatastrophen weltweit, 1980-2009 253
5.7 Nährstoffeinträge durch Abwasser: Basisszenario, 1970-2050 258
5.8 Nährstoffüberschüsse der Landwirtschaft je Hektar: Basisszenario, 1970-2050 ... 259
5.9 Nährstoffeinträge aus Flüssen ins Meer: Basisszenario, 1950-2050 261
5.10 Anschlussgrad der Bevölkerung im OECD-Raum an Kläranlagen, 1990-2009 262
5.11 Anschlussgrad der Bevölkerung im OECD-Raum an öffentliche Kläranlagen, nach Land 263
5.12 Anteil der Bevölkerung ohne Zugang zu verbesserter Wasserversorgung: Basisszenario, 1990-2050 264
5.13 Anteil der Bevölkerung ohne Zugang zu sanitärer Grundversorgung: Basisszenario, 1990-2050 265
5.14 Preis der Wasserversorgungs- und Abwasserentsorgungsdienste für private Haushalte in OECD-Ländern je Einheit (einschl. Steuern), 2007/2008 270
5.15 Voraussichtlicher Wasserverbrauch Israels bis 2050 273
5.16 Zahl der 2000 und 2050 in Flusseinzugsgebieten mit Wasserstress lebenden Menschen 279
5.17 Nährstoffeinträge aus Flüssen ins Meer: Basisszenario und Nährstoffrecycling- und -reduktionsszenario, 1950-2050 280

5.18 Zahl der zusätzlichen Personen mit Zugang zu Wasser- und Sanitärversorgung im beschleunigten Szenario (im Vergleich zum Basisszenario), 2030 und 2050 ... 282
5.A1 Mit Bewässerungsanlagen ausgestattete weltweite landwirtschaftliche Nutzfläche, 1900-2050 303
6.1 SO_2-, NO_x- und Rußemissionen nach Regionen: Basisszenario, 2010-2050 325
6.2 PM_{10}-Konzentrationen in großen Städten: Basisszenario, 2010-2050 326
6.3 Städtische Bevölkerung und PM_{10}-Jahresmittelwerte: Basisszenario, 2010-2050 326
6.4 Bodennahe Ozonkonzentrationen in großen Städten: Basisszenario, 2010-2050 327
6.5 Vorzeitige Todesfälle weltweit durch Feinstaub: Basisszenario 328
6.6 Vorzeitige Todesfälle in Verbindung mit bodennahem Ozon weltweit: Basisszenario 329
6.7 Grenzwerte für die HC- und NO_x-Emissionen von Pkw mit Ottomotor in den Vereinigten Staaten, Japan und der EU, 1970-2010 331
6.8 Höhe der Steuern auf NO_x-Emissionen in ausgewählten OECD-Ländern, 2010 332
6.9 Steuern auf Benzin- und Dieselkraftstoffe in OECD-Ländern, 2000 und 2011 333
6.10 Einsatz fester Brennstoffe und assoziierte vorzeitige Todesfälle: Basisszenario, 2010-2050 337
6.11 Todesfälle bei Kindern wegen mangelhafter Wasser- und Sanitärversorgung: Basisszenario, 2010-2050 343
6.12 Zunahme des Chemikalienabsatzes, 2000-2009 354
6.13 Projizierte Chemikalienherstellung nach Region (Absatz): Basisszenario, 2010-2050 355
6.14 Von Malaria bedrohte Bevölkerung: Basisszenario, 2010-2050 365
6.15 Malaria-Todesfälle: Basisszenario, 2010-2050 366
6.A1 Überblick über die Modellierung der Gesundheitsauswirkungen 375
A.1 Vereinfachte Produktionsstruktur im ENV-Linkages-Modell 385
A.2 Überblick über den IMAGE-Modellrahmen 389

Dieser Bericht enthält ...

StatLinks

Ein Service für OECD-Veröffentlichungen, der es ermöglicht, Dateien im Excel-Format herunterzuladen.

Suchen Sie die *StatLinks* rechts unter den in diesem Bericht wiedergegebenen Tabellen oder Abbildungen. Um die entsprechende Datei im Excel-Format herunterzuladen, genügt es, den jeweiligen Link, beginnend mit *http://dx.doi.org*, in den Internetbrowser einzugeben. Wenn Sie die elektronische PDF-Version online lesen, dann brauchen Sie nur den Link anzuklicken. Sie finden *StatLinks* in weiteren OECD-Publikationen.

Akronyme und Abkürzungen

AAU	Emissionszertifikate (Assigned Amount Unit)
ADI	Acceptable daily intake
BECCS	Bioenergie in Kombination mit CO_2-Abtrennung und -Speicherung
BIP	Bruttoinlandsprodukt
BRIICS	Brasilien, Russland, Indien, Indonesien, China und Südafrika
CBD	Übereinkommen über die biologische Vielfalt
CCS	CO_2-Abtrennung und -Speicherung
CDM	Clean-Development-Mechanismus
CO	Kohlenmonoxid
CO_2	Kohlendioxid
CO_2e	CO_2-Äquivalente
COP	Vertragsstaatenkonferenz
COPD	Chronisch obstruktive Lungenerkrankungen
DALYs	Behinderungsbereinigte Lebensjahre
DCPP	Disease Control Priorities Project
ED	Endokrine Disruptoren
EFTA	Europäische Freihandelszone
EPA	Environmental Protection Agency
ESD	Emission scenario document
ETS	Emissionshandelssystem
EUA	Europäische Umweltagentur
FAO	Ernährungs- und Landwirtschaftsorganisation
FSC	Forest Stewardship Council
FuE	Forschung und Entwicklung
FuEuD	Forschung, Entwicklung und Demonstration
GEF	Global Environmental Facility
GISMO	Global Integrated Sustainability Model
Gt	Gigatonne
GUAM	Global Urban Air quality Model
HC	Kohlenwasserstoff
IEA	Internationale Energie-Agentur
HDI	Index der menschlichen Entwicklung (Human Development Index)
IFIs	Internationale Finanzinstitutionen
ILUC	Indirekte Landnutzungsänderungen

IMAGE	Integrated Model to Assess the Global Environment
IPBES	Zwischenstaatliche Plattform Wissenschaft-Politik für Biodiversität und Ökosystemdienstleistungen
IPCC	Zwischenstaatliches Expertengremium für Klimafragen (Intergovernmental Panel on Climate Change)
ITQ	Individual tradeable quotas
IUCN	International Union for the Conservation of Nature
JMP	Joint monitoring programme
KKP	Kaufkraftparitäten
LEDS	Low-emission development strategies
LPG	Flüssiggas
LPI	Living Planet Index
LPJmL	Lund-Potsdam Jena managed Land
LULUCF	Landnutzung, Landnutzungsänderungen und Forstwirtschaft
MAD	Gegenseitige Anerkennung von Daten
MDG	Millenniumsentwicklungsziel
MEA	Millennium Ecosystem Assessment
MNs	Manufactured nanomaterials
MPA	Marine Protected Area
MSA	Durchschnittliche Artenvielfalt (Mean Species Abundance)
NBSAP	Nationale Biodiversitätsstrategien und Aktionspläne
NEA	National ecosystem assessment
NMVOC	Flüchtige organische Verbindungen ohne Methan
NO_x	Stickoxid
ODA	Öffentliche Entwicklungszusammenarbeit
ÖPP	Öffentlich-private Partnerschaften
PBL	Netherlands Environmental Assessment Agency
PCB	Polychlorinated biphenyl
PES	Zahlungen für Ökosystemleistungen
PFKW	Perfluorkohlenwasserstoffe
PM	Feinstaub
PPM	Teile pro Million
(Q)SAR	Quantitative Struktur-Wirkungs-Beziehung
PRTRs	Schadstofffreisetzungs- und Verbringungsregister
PSE	Erzeugerstützungsmaß
REACH	Registration, Evaluation, Authorisation and Restriction of Chemicals
REDD	Emissionsreduktionen durch vermiedene Entwaldung und Walddegradation
RoW	Übrige Welt
RSPO	Roundtable on Sustainable Palm Oil
SAICM	Strategisches Konzept für ein internationales Chemikalienmanagement
SEEA	System of integrated environmental and economic accounting
SNA	System der Volkswirtschaftlichen Gesamtrechnungen
SO_x	Schwefeloxid

SUP	Strategische Umweltprüfung
TEV	Ökonomischer Gesamtwert (Total Economic Value)
THG	Treibhausgas
TNC	The Nature Conservancy
toe	Tonnen Rohöleinheiten
TSCA	Toxic Substance Control Act
UNECE	VN-Wirtschaftskommission für Europa
UNEP	Umweltprogramm der Vereinten Nationen
UNFCCC	Klimarahmenkonvention der Vereinten Nationen
US-$	US-Dollar
UVP	Umweltverträglichkeitsprüfung
VA	Voluntary agreement
VN	Vereinte Nationen
VOCs	Volatile organic compounds
VSL	Wert eines statistischen Menschenlebens (Value of Statistical Life)
WHO	Weltgesundheitsorganisation
WIS	Water information systems
WSS	Wasser- und Sanitärversorgung
WSSD	World Summit on Sustainable Development
YLL	Zahl der verlorenen Lebensjahre

Zusammenfassung

1. Einführung

In den letzten vier Jahrzehnten wurde im Zuge der Anstrengungen zur Anhebung des Lebensstandards ein beispielloses Wirtschaftswachstum in Gang gesetzt. Seit 1970 ist die Weltbevölkerung um über 3 Milliarden Menschen gewachsen, während die Weltwirtschaft zugleich um mehr als das Dreifache expandiert hat. Durch dieses Wachstum konnten Millionen von Menschen der Armut entkommen, dennoch blieb es ungleich verteilt und war mit erheblichen Kosten für die Umwelt verbunden. Natürliche Ressourcen wurden und werden weiter ausgebeutet, und die Dienste, die diese Naturgüter leisten, sind bereits durch Umweltbelastungen beeinträchtigt. Die Versorgung einer bis 2050 um weitere 2 Milliarden Menschen wachsenden Weltbevölkerung und der allgemeine Anstieg des Lebensstandards werden unsere Fähigkeit zur Erhaltung bzw. Erneuerung dieser Naturgüter, von denen alles Leben abhängig ist, auf eine schwere Probe stellen. Gelingt uns dies jedoch nicht, wird das ernste Folgen haben, insbesondere für die Armen dieser Welt, und es wird letztlich auch das Wachstum und die menschliche Entwicklung in den kommenden Generationen behindern.

Die OECD-Länder sind einer Reihe von Umweltherausforderungen begegnet, indem sie Maßnahmen zum Schutz der menschlichen Gesundheit und der Ökosysteme vor Umweltverschmutzung, zur Erhöhung der Effizienz der Ressourcennutzung und zur Vermeidung weiterer Umweltbelastungen ergriffen haben. Diese Fortschritte bei der Eindämmung der Umweltbelastungen wurden jedoch durch das schiere Ausmaß des Wirtschafts- und Bevölkerungswachstums z.T. wieder zunichte gemacht. **In den kommenden Jahrzehnten werden unsystematische Einzelfortschritte, wie wir sie bislang erzielt haben, nicht mehr ausreichen.**

Der *Umweltausblick bis 2050* der OECD fragt: „Was werden die nächsten vier Jahrzehnte bringen?" Auf der Grundlage von Modellrechnungen, die von der OECD und der Netherlands Environmental Assessment Agency (PBL) gemeinsam erstellt wurden, wirft diese Publikation einen Blick in die Zukunft bis zum Jahr 2050, um zu ermitteln, wie sich die demografischen und wirtschaftlichen Trends auf die Umwelt auswirken könnten, falls keine ambitionierteren Maßnahmen eingeleitet werden, um eine verantwortungsvollere Bewirtschaftung der Naturgüter zu gewährleisten. Anschließend untersucht sie einige der Maßnahmen, mit denen ein positiver Wandel herbeigeführt werden könnte. Sind die Ressourcengrundlagen unseres Planeten ausreichend, um die ständig wachsende Nachfrage nach Energie, Nahrung, Wasser und anderen Naturgütern zu decken und zugleich unsere Abfallströme zu absorbieren? Oder wird sich der Wachstumsprozess selbst bremsen? Wie können wir ökologische, wirtschaftliche und soziale Ziele miteinander vereinbaren? Und wie können wir die Umwelt schützen und die Lebensgrundlagen und Lebensbedingungen der Armen dieser Welt verbessern?

Dieser Umweltausblick befasst sich mit vier großen Themen: Klimawandel, biologische Vielfalt, Wasser und gesundheitliche Auswirkungen von Umweltbelastungen. Diese vier entscheidenden ökologischen Herausforderungen wurden in der Vorgängerpublikation Umweltausblick bis 2030 als Probleme der obersten Dringlichkeitsstufe identifiziert (vgl. Kapitel 1). Dieser neue Umweltausblick kommt zu dem Schluss, dass die **Aussichten heute noch besorgniserregender sind als in der vorangegangenen Ausgabe** und dass jetzt **dringend – ganzheitliche – Maßnahmen ergriffen werden müssen, um die hohen Kosten und schwerwiegenden Konsequenzen zu vermeiden, mit denen bei Untätigkeit zu rechnen ist.** Die Politikverantwortlichen müssen hier trotz großer Unsicherheiten Entscheidungen treffen. Dieser Umweltausblick stellt gangbare Lösungen vor und weist dabei auf Verknüpfungen zwischen verschiedenen umweltpolitischen Themen sowie auf Herausforderungen und Zielkonflikte hin, die es angesichts konfligierender Anforderungen zu bewältigen gilt.

2. In welchem Zustand könnte sich die Umwelt 2050 befinden?

Bis 2050 wird die Weltbevölkerung von 7 Milliarden auf voraussichtlich über 9 Milliarden zunehmen. Mit dem erwarteten Anstieg des Lebensstandards in aller Welt wird sich das weltweite BIP den Projektionen zufolge trotz der jüngsten Rezession auf nahezu das Vierfache erhöhen (vgl. Kapitel 2). In den kommenden Jahrzehnten werden sich die durchschnittlichen Zuwachsraten des BIP in China und Indien wahrscheinlich nach und nach abschwächen.

Ohne neue Maßnahmen werden die Effekte der bei der Verringerung der Umweltbelastungen erzielten Fortschritte auch weiterhin durch das schiere Ausmaß des Wachstums z.T. wieder zunichte gemacht werden.

Afrika wird zwar der ärmste Kontinent bleiben, den Projektionen zufolge wird es zwischen 2030 und 2050 jedoch das weltweit höchste Wirtschaftswachstum verzeichnen. In den OECD-Ländern wird sich die Lebenserwartung voraussichtlich weiter erhöhen; über ein Viertel der Bevölkerung dieser Länder wird älter als 65 Jahre sein – im Vergleich zu heute rd. 15%. Auch in China und Indien wird vermutlich eine deutliche Bevölkerungsalterung zu beobachten sein, und Chinas Erwerbsbevölkerung dürfte bis 2050 effektiv abnehmen. Die vergleichsweise jüngere Bevölkerung in anderen Teilen der Welt, insbesondere in Afrika, wird den Projektionen zufolge hingegen rasch wachsen. Diese demografischen Veränderungen werden zusammen mit dem erwarteten Anstieg des Lebensstandards zu Veränderungen in den Lebensgewohnheiten, Verbrauchsmustern und Ernährungsweisen führen, die erhebliche Auswirkungen auf die Umwelt sowie auf die von ihr bereitgestellten Ressourcen und Dienste haben werden. Das gesamte Bevölkerungswachstum im Zeitraum 2010-2050 wird wahrscheinlich von den Städten absorbiert werden. 2050 werden den Projektionen zufolge fast 70% der Weltbevölkerung in städtischen Räumen leben. Dadurch wachsen die Herausforderungen im Zusammenhang mit Luftschadstoffemissionen und Verkehrsstaus sowie mit der Abfall- und Abwasserentsorgung in Slums, was wiederum schwerwiegende Konsequenzen für die menschliche Gesundheit haben dürfte.

Angesichts der voraussichtlichen Vervierfachung des Volumens der Weltwirtschaft wird der Energieverbrauch, falls keine neuen Politikmaßnahmen eingeleitet werden, im Jahr 2050 rd. 80% höher sein als heute (vgl. Kapitel 2). Zudem ist in diesem Fall nicht damit zu rechnen, dass sich der weltweite Energiemix im Vergleich zu heute wesentlich verändern wird. Der Anteil der fossilen Brennstoffe dürfte weiter bei rd. 85% liegen, während auf erneuerbare Energieträger, einschließlich Biokraftstoffe, nur knapp über 10% entfallen werden; der Rest des Energiebedarfs dürfte durch Kernenergie gedeckt werden. Die aufstrebenden Volkswirtschaften Brasilien, Russland, Indien, Indonesien, China und Südafrika (hier unter dem Kürzel BRIICS zusammengefasst) werden den Projektionen zufolge zu großen Energieverbrauchern werden, wobei sich auch ihre Abhängigkeit von fossilen Brennstoffen erhöhen wird. Um eine wachsende Weltbevölkerung zu ernähren, deren Ernährungsgewohnheiten sich zudem verändern, werden die landwirtschaftlichen Nutzflächen in den nächsten rund zehn Jahren voraussichtlich weltweit ausgedehnt werden, allerdings wird sich das Tempo dieser Expansion mit der Zeit abschwächen. Dies wird zu einer erheblichen Zunahme des Wettbewerbs um knappe Landflächen führen. Die landwirtschaftlichen Nutzflächen werden wahrscheinlich vor 2030 ihre maximale Ausdehnung erreichen und dann unter dem Einfluss der Verlangsamung des Bevölkerungswachstums und der kontinuierlichen Erhöhung der landwirtschaftlichen Erträge im OECD-Raum und in den BRIICS abnehmen. In der übrigen Welt ist jedoch mit einer weiteren Ausdehnung der landwirtschaftlich genutzten Flächen zu rechnen. Die Entwaldungsraten nehmen bereits ab, und dieser Trend wird sich wohl fortsetzen. In China dürfte der Rückgang der landwirtschaftlichen Nutzflächen z.B. zu einer Zunahme der Waldflächen führen, nicht zuletzt damit die wachsende Nachfrage nach Holz und sonstigen forstwirtschaftlichen Erzeugnissen gedeckt werden kann.

Die zu erwartende Entwicklung im Fall des Ausbleibens neuer Politikmaßnahmen bei gleichzeitiger Fortsetzung der gegenwärtigen sozioökonomischen Trends bildet das Basisszenario dieses Berichts (vgl. Kapitel 1 und 2). In diesem Basisszenario werden die vom Bevölkerungswachstum und vom Anstieg des Lebensstandards ausgehenden Umweltbelastungen zu stark zunehmen, als dass es möglich wäre, sie durch die bei der Bekämpfung der Umweltverschmutzung und der Erhöhung der Ressourceneffizienz erzielten Fortschritte auszugleichen. **Folglich wird sich der Schwund unseres Umweltkapitals bis 2050 und darüber hinaus fortsetzen, was zu irreversiblen Veränderungen zu führen droht, die die während zweier Jahrhunderte erzielten Fortschritte bei der Anhebung des Lebensstandards zunichte machen könnten.** Das Basisszenario zeigt, dass im Fall von Untätigkeit mit hohen Kosten und schwerwiegenden Konsequenzen zu rechnen ist, in wirtschaftlicher ebenso wie menschlicher Hinsicht.

Die entscheidenden ökologischen Herausforderungen, die diesem *Umweltausblick* zufolge für die kommenden Jahrzehnte bestehen, werden in diesem Bericht nach einem „Ampelsystem" eingestuft (Tabelle 0.1). Auch wenn in Bezug auf einige Aspekte Verbesserungen festzustellen sind, ist der Gesamtausblick für die vier großen oben erwähnten Bereiche noch düsterer als in der letzten Ausgabe. Beispielsweise sind im Bereich Klimawandel keine Aspekte zu erkennen, die eine „grüne Ampel" rechtfertigen würden.

Wenn keine ambitionierteren Maßnahmen eingeleitet werden, ist bis 2050 mit folgenden Entwicklungen zu rechnen:

- **Es dürfte unweigerlich zu wesentlich destabilisierenderen Klimaänderungen kommen,** da die weltweiten Treibhausgasemissionen den Projektionen zufolge um 50% zunehmen, hauptsächlich infolge eines Anstiegs der energiebedingten CO_2-Emissionen um 70% (Abb. 0.1). Unter dem Einfluss der jüngsten Wirtschaftskrise wurde das Emissionswachstum zwar etwas gebremst, mit der Konjunkturerholung hat sich dieser vorübergehende Trend jedoch bereits wieder umgekehrt, und angesichts der derzeitigen Zuwachsraten ist für 2050 mit einer Treibhausgaskonzentration in der Atmosphäre von fast 685 ppm

Tabelle 0.1 Wichtigste ökologische Herausforderungen: Trends und Projektionen ohne neue Maßnahmen

	Rote Ampel	Gelbe Ampel	Grüne Ampel
Klimawandel	• Wachsende Treibhausgasemissionen (insb. energiebedingte CO_2-Emissionen); zunehmende Treibhausgaskonzentration in der Atmosphäre. • Zunehmende Beweise für einen Klimawandel und dessen Effekte. • Zusagen von Kopenhagen/Cancún unzureichend für eine kosteneffiziente Begrenzung der globalen Erwärmung auf 2°C.	• Abnahme der Treibhausgasemissionen je BIP-Einheit (relative Entkopplung) im OECD-Raum und in den BRIICS. • Abnahme der CO_2-Emissionen infolge von Landnutzungsänderungen (hauptsächl. Entwaldung) im OECD-Raum und in den BRIICS. • Entwicklung von Strategien zur Anpassung an den Klimawandel in vielen Ländern, Umsetzung allerdings noch nicht weit fortgeschritten.	
Biologische Vielfalt	• Fortschreitender Schwund der biologischen Vielfalt infolge wachsender Belastungen (u.a. durch Landnutzungsänderungen und Klimawandel). • Kontinuierliche Abnahme der Primärwaldflächen. • Überfischung und Erschöpfung der Fischbestände. • Invasion gebietsfremder Arten.	• Ausdehnung der Naturschutzgebiete, bestimmte Biome sowie marine Schutzgebiete sind allerdings unterrepräsentiert. • Ausdehnung der Waldflächen hauptsächlich durch Aufforstung (z.B. Pflanzungen); sinkende, aber weiterhin hohe Entwaldungsraten.	• Fortschritte bei der Vertragsstaatenkonferenz des Übereinkommens über die biologische Vielfalt 2010 (strategischer Plan für 2011-2020 und Nagoya-Protokoll).
Wasser	• Anstieg der Zahl der in Wassereinzugsgebieten mit hohem Wasserstress lebenden Menschen. • Zunahme der Grundwasserverschmutzung und des Grundwasserschwunds. • Verschlechterung der Qualität der Oberflächengewässer in Nicht-OECD-Ländern; weltweiter Anstieg der Nährstoffbelastung und Eutrophierungsrisiko. • Zunahme der Stadtbewohner übersteigt Zunahme der an Wasserver- und Abwasserentsorgung angeschlossenen Personen; weiterhin hohe Zahl an Personen ohne Zugang zu sicherem Trinkwasser, in städtischen ebenso wie ländlichen Gebieten; MDG für die Sanitärversorgung nicht erreicht. • Anstieg der unbehandelt in den Umweltkreislauf zurückgelangenden Abwassermengen.	• Zunahme des Wasserbedarfs und des Wettbewerbs um Wasser; Notwendigkeit einer Umverteilung des Wasserverbrauchs. • Zunahme der Zahl der von Überschwemmungen bedrohten Menschen.	• Abnahme der Wasserverschmutzung aus Punktquellen im OECD-Raum (Industrie, Siedlungen). • In den BRIICS wird das MDG für die Wasserversorgung voraussichtlich erreicht werden.
Gesundheit und Umwelt	• Erhebliche Zunahme der SO_2- und NO_x-Emissionen in wichtigen aufstrebenden Volkswirtschaften. • Zunahme der Zahl der vorzeitigen Todesfälle infolge von Luftverschmutzung in städtischen Gebieten (Feinstaub und bodennahes Ozon). • Hohe Krankheitslast infolge von gefährlichen Chemikalien, vor allem in Nicht-OECD-Ländern.	• Rückgang der Kindersterblichkeit durch fehlende Versorgung mit sicherem Trinkwasser und unzureichende Sanitärversorgung. • Verbesserte, aber immer noch unzureichende Informationen über gefährliche Chemikalien in Umwelt und Produkten und die davon ausgehenden Gesundheitsgefahren, insb. im Fall kombinierter Expositionen. • Gesetzesänderungen zur Verbesserung der Chemikaliensicherheit in vielen OECD-Ländern, Umsetzung jedoch noch unvollständig. • Rückgang der Zahl der vorzeitigen Todesfälle wegen Innenraumluftverschmutzung durch herkömmliche feste Brennstoffe, es drohen jedoch Zielkonflikte, wenn die Klimaschutzpolitik zu einem Anstieg der Energiepreise führt. • Trotz Klimawandel Rückgang der Zahl der vorzeitigen Todesfälle infolge von Malaria.	• Rückgang der SO_2-, NO_x- und Rußemissionen im OECD-Raum.

Anmerkung: Soweit nicht anders erwähnt, handelt es sich um globale Trends.
Grüne Ampel = Gut bewältigte Umweltprobleme bzw. Bereiche, in denen in den letzten Jahren beträchtliche Verbesserungen erzielt wurden, bei denen aber weiter Wachsamkeit geboten ist.
Gelbe Ampel = Umweltprobleme, die weiterhin eine Herausforderung darstellen, bei deren Bewältigung aber Verbesserungen erzielt wurden, bei denen die Situation derzeit unklar ist oder die in der Vergangenheit gut, in jüngster Zeit aber weniger gut bewältigt wurden.
Rote Ampel = Umweltprobleme, die nicht gut bewältigt werden, bei denen die Situation schlecht ist oder sich verschlimmert und bei denen dringender Handlungsbedarf besteht.

(Teile pro Million) zu rechnen (vgl. Kapitel 3). Folglich dürfte die globale mittlere Erwärmung im Vergleich zum vorindustriellen Niveau gegen Ende des Jahrhunderts bei 3-6°C und damit über dem international vereinbarten Zielwert von 2°C liegen.

Zwischen diesem 2°C-Ziel und den Emissionsreduktionszusagen der Industrie- und Entwicklungsländer in den Vereinbarungen von Cancún klafft eine große Lücke. Selbst wenn diese Zusagen eingelöst würden, wäre dies nicht ausreichend, um die globale mittlere Erwärmung auf 2°C zu begrenzen, es sei denn, nach 2020 würden sehr rasche und kostspielige Emissionsminderungsmaßnahmen durchgeführt. Ein Temperaturanstieg um mehr als 2°C würde die Niederschlagsmuster verändern, die Gletscher- und Permafrostschmelze verstärken, den Meeresspiegel anheben und die Intensität und Häufigkeit von extremen Wetterlagen, z.B. Hitzewellen, Flutkatastrophen und Hurrikans, erhöhen und zum wichtigsten Beschleunigungsfaktor des Schwunds der biologischen Vielfalt werden. Das Tempo dieser Klimaveränderungen ebenso wie die anderen in diesem Bericht identifizierten Umweltbelastungen werden die Anpassungsmöglichkeiten der Menschen und der Ökosysteme beeinträchtigen. Die Kosten bei Untätigkeit gegenüber dem Klimawandel könnten sich in einem dauerhaften Rückgang des weltweiten durchschnittlichen Pro-Kopf-Konsums um mehr als 14% niederschlagen.

- **Der Schwund der biologischen Vielfalt wird sich den Projektionen zufolge fortsetzen,** vor allem in Asien, in Europa und im südlichen Afrika. Die terrestrische Artenvielfalt (die an der durchschnittlichen Artenvielfalt bzw. MSA – Mean Species Abundance – gemessen wird, einem Indikator der Unversehrtheit der natürlichen Ökosysteme) wird den Projektionen zufolge bis 2050 um weitere 10% abnehmen (vgl. Kapitel 4). Die Ausdehnung der artenreichen Primärwälder wird in diesem Zeitraum trotz der Gesamtzunahme der Waldflächen voraussichtlich um 13% schrumpfen. Zu den Hauptursachen des Schwunds der biologischen Vielfalt gehören Umstellungen in der Landnutzung und -bewirtschaftung (Landwirtschaft), die Expansion der kommerziellen Forstwirtschaft, der Infrastrukturausbau, sonstige menschliche Eingriffe, die Zerschneidung natürlicher Lebensräume sowie Umweltverschmutzung und Klimawandel (Abb. 0.2). Der Klimawandel wird den Projektionen zufolge zur am raschesten wachsenden Ursache des Schwunds der biologischen Vielfalt bis 2050 werden, gefolgt von der kommerziellen Forstwirtschaft und dem Energiepflanzenanbau.

  Rund ein Drittel der biologischen Vielfalt in Binnengewässern ist bereits verschwunden, und bis 2050 ist mit einem weiteren Rückgang zu rechnen, vor allem in Afrika, Lateinamerika und Teilen Asiens. Infolge kontinuierlicher Störungen der Ökosysteme könnten wir zu einem Punkt gelangen, ab dem die Schäden irreversibel sind. Der derzeitige Trend, bei dem die biologische Vielfalt kontinuierlich abnimmt, stellt eine Bedrohung für das menschliche Wohlergehen dar und wird sehr hohe Kosten nach sich ziehen. Der durch den weltweiten Waldschwund bedingte Verlust an biologischer Vielfalt und an ökosystemaren Dienstleistungen wird Schätzungen zufolge z.B. Gesamtkosten in Höhe von 2-5 Bill. US-$ pro Jahr verursachen. Die abnehmende biologische Vielfalt wird schwere Konsequenzen für die arme Bevölkerung in ländlichen Räumen sowie für indigene Bevölkerungsgruppen haben, deren Lebensgrundlagen häufig direkt von der biologischen Vielfalt, den Ökosystemen und den von ihnen erbrachten Leistungen abhängen.

ZUSAMMENFASSUNG

Abbildung 0.1 Treibhausgasemissionen nach Region: Basisszenario, 2010-2050

- OECD AI
- Russland und übrige AI
- Übrige BRIICS
- Übrige Welt

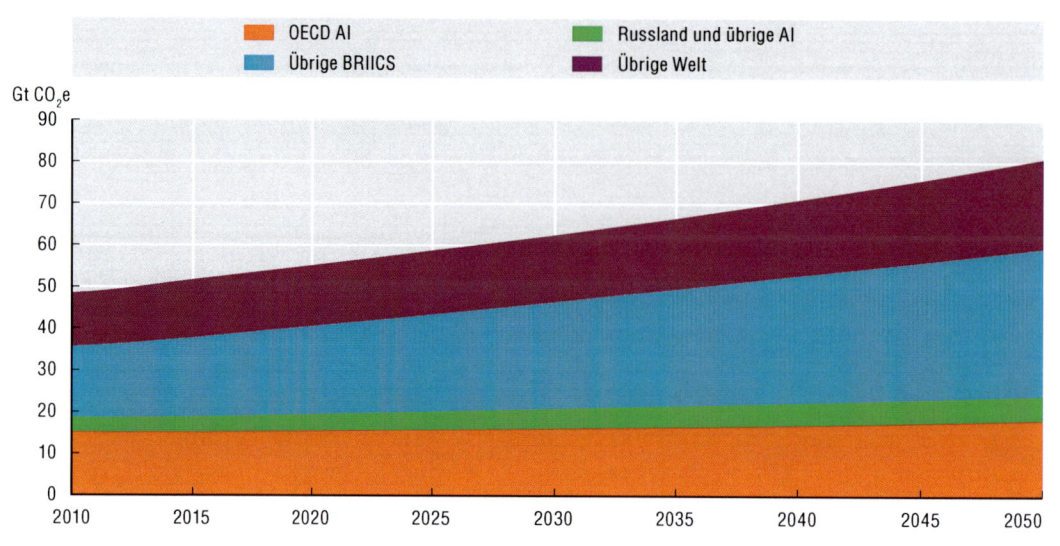

Anmerkung: AI = Annex-I-Länder des Kyoto-Protokolls.
Gt GO_2e = Gigatonnen CO_2-Äquivalente.
Quelle: Basisszenario des *OECD-Umweltausblicks*; Ergebnisse von Berechnungen anhand des ENV-Linkages-Modells.
StatLink ⟶ http://dx.doi.org/10.1787/888932570468

Abbildung 0.2 Auswirkungen verschiedener Umweltbelastungen auf die terrestrische Artenvielfalt: Basisszenario, 2010-2050

- Verbleibende MSA
- Nahrungskulturen
- Bioenergie
- Weideland
- Forstwirtschaft
- Frühere Bewirtschaftung
- Stickstoff
- Klimawandel
- Infrastruktur usw.

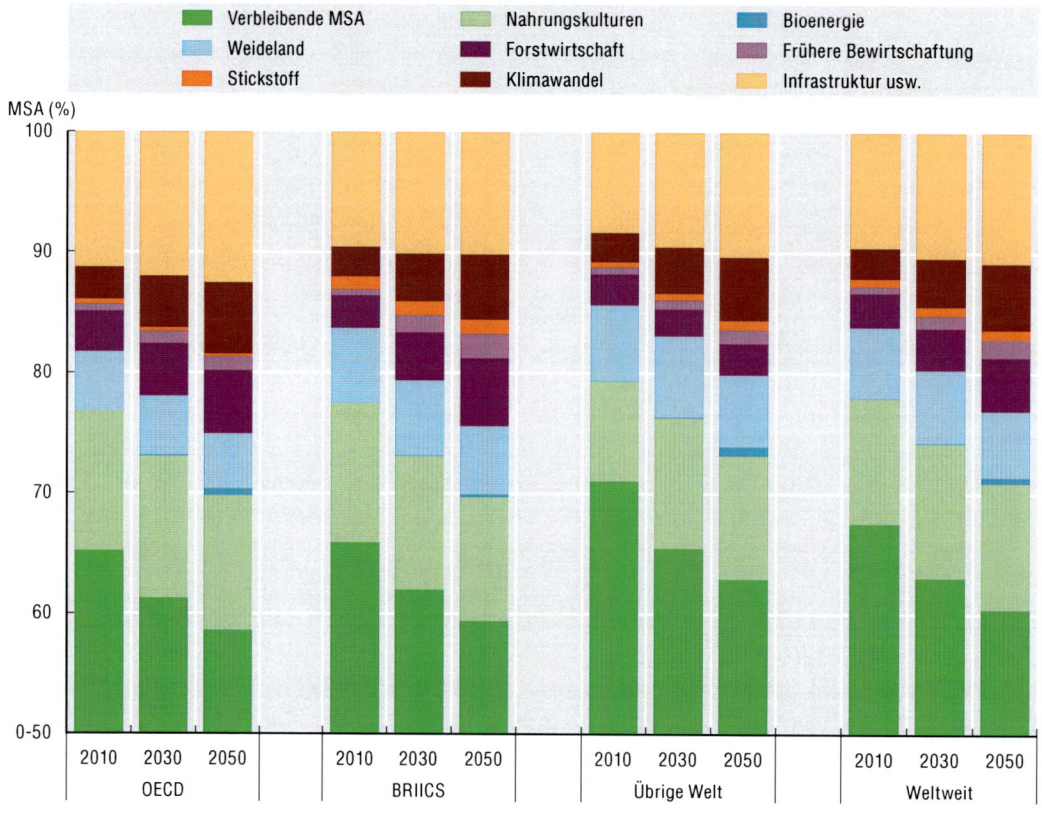

Anmerkung: Bei einer durchschnittlichen Artenvielfalt (MSA) von 100% ist das fragliche Ökosystem vollkommen intakt; vgl. Kapitel 4, Tabelle 4.1 wegen weiterer Erläuterungen.
Quelle: Basisszenario des *OECD-Umweltausblicks*; Ergebnisse von Berechnungen anhand der IMAGE-Modellreihe.
StatLink ⟶ http://dx.doi.org/10.1787/888932570943

- **Das Süßwasserangebot wird in vielen Regionen noch knapper werden,** und den Projektionen zufolge werden 2,3 Milliarden Menschen mehr als heute in Wassereinzugsgebieten leben, die unter schwerem Wasserstress stehen. Das bedeutet, dass insgesamt über 40% der Weltbevölkerung in Gebieten leben werden, in denen Wasserknappheit herrscht, vor allem im Nord- und im Südteil Afrikas sowie in Süd- und Zentralasien (vgl. Kapitel 5). Der Wasserverbrauch wird den Projektionen zufolge insgesamt um rd. 55% zunehmen, bedingt durch den wachsenden Bedarf im Verarbeitenden Gewerbe (+400%), in der thermischen Stromerzeugung (+140%) und in privaten Haushalten (+130%) (Abb. 0.3). Angesichts dieser Bedarfskonflikte wird im Basisszenario wenig Spielraum bestehen, um mehr Wasser für Bewässerungszwecke zur Verfügung zu stellen. Im Basisszenario kommt es zu einem leichten Rückgang der Wassernutzung für die Bewässerung. Dabei wird unterstellt, dass die Bewässerungsflächen nicht zunehmen und erhebliche Effizienzsteigerungen erzielt werden. Sollte dies nicht der Fall sein, wird sich der Wettbewerb um Wasser zusätzlich verschärfen. Diese verschiedenen Belastungen könnten insgesamt dazu führen, dass das Wachstum in zahlreichen Wirtschaftsbereichen durch Wassermangel beeinträchtigt würde. Es dürfte zu Konflikten im Zusammenhang mit Umweltströmen kommen, wodurch Ökosysteme gefährdet würden, und der Grundwasserschwund könnte in den kommenden Jahrzehnten in mehreren Regionen zur größten Bedrohung für die Landwirtschaft und für die Wasserversorgung in städtischen Räumen werden.

  Die Nährstoffbelastung aus Punktquellen (Siedlungsabwässer) und aus „diffusen Quellen" (hauptsächlich Landwirtschaft) wird in den meisten Regionen voraussichtlich zunehmen, womit sich die Eutrophierung intensivieren und die biologische Vielfalt in aquatischen Lebensräumen verringern wird. Dennoch wird sich die Zahl der Menschen, die Zugang zu einer verbesserten Wasserversorgung haben, voraussichtlich erhöhen, insbesondere in den BRIICS. Für mehr als 240 Millionen Menschen weltweit (hauptsächlich in ländlichen Gebieten) wird dies 2050 jedoch immer noch nicht der Fall sein. In Subsahara-Afrika ist es unwahrscheinlich, dass das Millenniumsentwicklungsziel (MDG), die Zahl der Menschen ohne Zugang zu verbesserter Wasserversorgung im Vergleich zu 1990 zu halbieren, bis 2015 erreicht wird. Weltweit war die Zahl der Stadtbewohner ohne Zugang zu verbesserter Wasserversorgung 2008 höher als 1990, weil die Verstädterung schneller vorangeschritten ist als der Ausbau der Wasserinfrastrukturen. Zudem bedeutet Zugang zu einer *verbesserten* Wasserversorgung nicht zwangsläufig auch Zugang zu *sicherem* Trinkwasser. Es ist nicht damit zu rechnen, dass das Millenniumsentwicklungsziel für die Sanitärversorgung bis 2015 erreicht wird; den Projektionen zufolge werden 1,4 Milliarden Menschen, hauptsächlich in Entwicklungsländern, 2050 immer noch keinen Zugang zu sanitärer Grundversorgung haben.

- **Die Gesundheitsschädigungen infolge von Luftverschmutzung in städtischen Gebieten dürften weiter zunehmen,** und die Luftschadstoffemissionen werden in diesem Szenario zur wichtigsten umweltbedingten Ursache vorzeitiger Todesfälle (Abb. 0.4). Gleichzeitig wird die Zahl der vorzeitigen Todesfälle, die auf Innenraumluftverschmutzung durch die Benutzung „schmutziger" Brennstoffe zurückzuführen sind, voraussichtlich abnehmen, ebenso wie die Kindersterblichkeit infolge fehlender Versorgung mit sauberem Trinkwasser und unzureichender Sanitäreinrichtungen, wobei letztere Entwicklung in erster Linie dem allgemeinen Anstieg des Grundlebensstandards und der Bevölkerungsalterung (mit der sich die relative Zahl der Kinder verringert) zuzuschreiben sein wird. Die Luftschadstoffkonzentrationen liegen in einigen Städten,

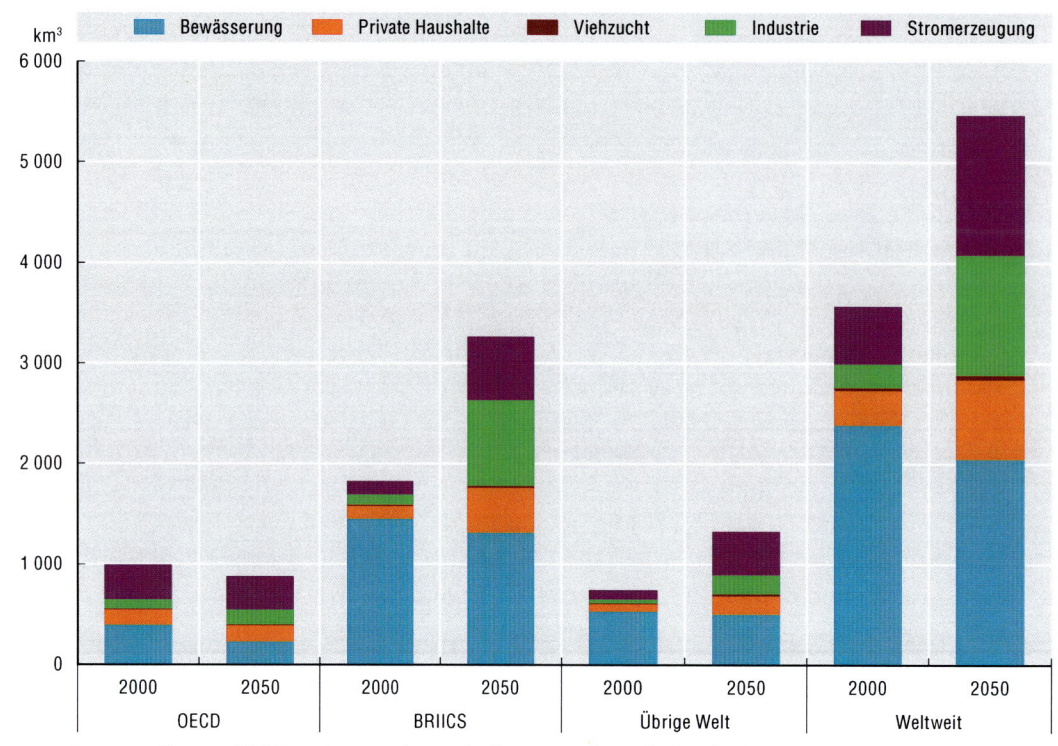

Abbildung 0.3 Weltweiter Wasserbedarf: Basisszenario, 2000 und 2050

Legende: Bewässerung | Private Haushalte | Viehzucht | Industrie | Stromerzeugung

(Säulendiagramm, km³, Kategorien: OECD, BRIICS, Übrige Welt, Weltweit – jeweils 2000 und 2050)

Anmerkung: In dieser Abbildung ist nur der Bedarf an Grund- und Oberflächenwasser („blaues Wasser", vgl. Kasten 5.1) erfasst, die Nutzung von Regenwasser für die landwirtschaftliche Bewässerung ist nicht berücksichtigt. Wegen einer Erläuterung von BRIICS und „übrige Welt" vgl. Kapitel 1, Tabelle 1.3.
Quelle: Basisszenario des *OECD-Umweltausblicks*; Ergebnisse von Berechnungen anhand der IMAGE-Modellreihe.
StatLink ⟶ http://dx.doi.org/10.1787/888932571171

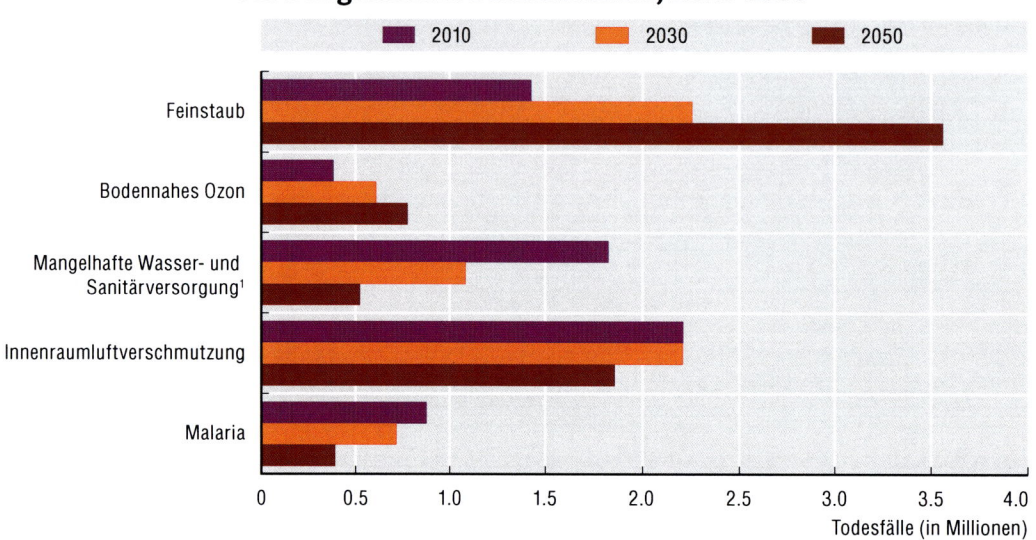

Abbildung 0.4 Vorzeitige Todesfälle weltweit infolge verschiedener Umweltgefahren: Basisszenario, 2010-2050

Legende: 2010 | 2030 | 2050

(Balkendiagramm, Todesfälle in Millionen, Kategorien: Feinstaub, Bodennahes Ozon, Mangelhafte Wasser- und Sanitärversorgung[1], Innenraumluftverschmutzung, Malaria)

1. Nur Kindersterblichkeit.
Quelle: Basisszenario des *OECD-Umweltausblicks*; Ergebnisse von Berechnungen anhand der IMAGE-Modellreihe.
StatLink ⟶ http://dx.doi.org/10.1787/888932571855

insbesondere in Asien, bereits weit über dem von der Weltgesundheitsorganisation als unbedenklich eingestuften Niveau, was schwerwiegende Konsequenzen hat; positive Effekte auf den Gesundheitszustand der betroffenen Bevölkerung ließen sich nur mit einer sehr starken Verringerung dieser Konzentrationen erzielen (vgl. Kapitel 6). Angesichts der Zunahme der Luftschadstoffemissionen des Verkehrssektors und der Industrie wird sich die Gesamtzahl der vorzeitigen Todesfälle, die mit Feinstaub in der Luft zusammenhängen, den Projektionen zufolge mehr als verdoppeln (auf 3,6 Millionen jährlich), wobei es in China und Indien wohl zu den meisten dieser Todesfälle kommen wird. Auf Grund ihrer alternden und stark urbanisierten Bevölkerung wird in den OECD-Ländern vermutlich ein besonders hoher Anteil an vorzeitigen Todesfällen in Verbindung mit bodennahem Ozon zu verzeichnen sein; er dürfte dort höher sein als in allen anderen Ländern mit Ausnahme von Indien, wo die Situation noch schlimmer sein dürfte.

- **Die Krankheitslast auf Grund gefährlicher Chemikalien** ist in aller Welt erheblich, besonders aber in den Nicht-OECD-Ländern, in denen noch keine überzeugenden Maßnahmen zur Gewährleistung der Chemikaliensicherheit umgesetzt wurden. Auf die Nicht-OECD-Länder dürfte indessen ein zunehmender Anteil der weltweiten Chemikalienherstellung entfallen, und die BRIICS allein werden 2050 im Basisszenario einen größeren Anteil am weltweiten Chemikalienabsatz stellen als der OECD-Raum. Obwohl die zuständigen staatlichen Stellen in den OECD-Ländern Fortschritte bei der Erfassung und Auswertung von Informationen über die Chemikalienexposition der Bevölkerung über den gesamten Lebenszyklus der verschiedenen Chemikalien machen, ist noch immer nur relativ wenig über die Gesundheitsfolgen von Chemikalien in Produkten und Umwelt – und insbesondere über die Auswirkungen von kombinierten Expositionen durch Chemikalienmischungen – bekannt.

Wird nicht umgehend auf diese ökologischen Herausforderungen geantwortet, drohen für die Zukunft irreversible – und teilweise sehr kostspielige oder sogar katastrophale – Veränderungen.

Die Projektionen des Basisszenarios dieses *Umweltausblicks* machen deutlich, dass dringend heute gehandelt werden muss, um für die Zukunft eine weniger ungünstige Entwicklung herbeizuführen. Verzögerungen bei der Verringerung der wichtigsten Umweltbelastungen werden erhebliche Kosten entstehen lassen und das Wachstum und die Entwicklung beeinträchtigen, und sie drohen zu irreversiblen und möglicherweise katastrophalen Veränderungen in der weiteren Zukunft zu führen. Veränderungen natürlicher Systeme verlaufen nicht linear. **Es gibt zwingende wissenschaftliche Beweise dafür, dass es in natürlichen Systemen „Tipping-Points" („Kipp-Punkte") bzw. biophysikalische Grenzen gibt, jenseits von denen mit raschen, schwere Schäden verursachenden und irreversiblen Veränderungen zu rechnen ist** (z.B. in Bezug auf Artenschwund, Klimawandel, Grundwasserschwund, Land- und Bodendegradation). In vielen Fällen wissen wir jedoch noch nicht genügend über diese „Tipping-Points" bzw. Schwellen, was auch für die ökologischen, sozialen und wirtschaftlichen Folgen ihrer Überschreitung gilt.

Die wissenschaftliche Fachwelt arbeitet kontinuierlich an der Ausweitung der Wissensgrundlagen, die für eine evidenzbasierte Politikgestaltung nötig sind; in der Zwischenzeit sehen sich die Politikverantwortlichen jedoch mit einem erheblichen Maß an Unsicherheit konfrontiert, wenn sie die Kosten des Handelns und des Nichthandelns gegeneinander abwägen müssen. Die ökologischen Herausforderungen nicht zu beachten, würde jedoch erhebliche Kosten und Konsequenzen nach sich ziehen, auch wenn es noch an genauen Daten fehlt. Es empfiehlt sich, vorsorgende Maßnahmen zu treffen, da mit weitreichenden wirtschaftlichen und sozialen Konsequenzen zu rechnen ist – insbesondere in Entwicklungsländern sowie für arme Bevölkerungsgruppen in ländlichen Räumen –, wenn das Naturkapital weiter aufgezehrt und die Dienste, die es leistet, weiter gefährdet werden. Eine entscheidende Herausforderung für die Politik besteht darin, das richtige Gleichgewicht zu finden zwischen klaren Signalen für Ressourcennutzer und -verbraucher einerseits und dem notwendigen Spielraum für Anpassungen und Korrekturen andererseits, da in Bezug auf die Widerstandsfähigkeit der Ökosysteme und die sozioökonomischen Konsequenzen ihrer Destabilisierung vieles noch unsicher ist.

> **Was wäre wenn ...**
>
> ... die NO_x, SO_2- und Rußemissionen bis 2050 um bis zu 25% reduziert würden? In einem solchen Szenario mit Verringerung der Luftverschmutzung würden die weltweiten CO_2-Emissionen zugleich um 5% reduziert; an der zu erwartenden Verdopplung der Zahl der vorzeitigen Todesfälle ließe sich jedoch nur wenig ändern. Da der Grad der Luftverschmutzung in vielen asiatischen Städten im Basisszenario weit über dem als unbedenklich zu betrachtenden Niveau liegt, müssten wesentlich ehrgeizigere Ziele für die Verringerung der Luftverschmutzung gesetzt werden, um positive Gesundheitseffekte zu erwirken.

Der *Umweltausblick* hebt die Zusammenhänge zwischen den verschiedenen Umweltproblemen hervor. Der Klimawandel kann sich z.B. auf den Wasserkreislauf auswirken und den Schwund der biologischen Vielfalt ebenso wie umweltbedingte Gesundheitsprobleme verstärken. Biologische Vielfalt und Ökosystemleistungen stehen in einem engen Zusammenhang mit Bereichen wie Wasser, Klima und menschliche Gesundheit: Sümpfe dienen der Wasserreinigung, Mangroven bieten Schutz vor Überschwemmungen in Küstengebieten, Wälder unterstützen die Klimaregulierung, und die genetische Vielfalt ermöglicht pharmazeutische Entdeckungen. Diese sich wechselseitig beeinflussenden Umweltfunktionen müssen genau untersucht werden, da sie weiter reichende wirtschaftliche und soziale Auswirkungen haben, und sie machen auch deutlich, dass Ressourceneffizienz und Landnutzung verbessert werden müssen.

Jetzt zu handeln, ist nicht nur in ökologischer Hinsicht, sondern auch wirtschaftlich rationell. Der *Umweltausblick* zeigt z.B., dass wenn die Länder jetzt handeln, noch eine – wenn auch ständig kleiner werdende – Chance besteht, dass die Treibhausgasemissionen vor 2020 zu steigen aufhören und die globale mittlere Erwärmung auf 2°C begrenzt werden kann (siehe nachstehenden Kasten). In diesem Fall wären die Kosten der Anpassung an den Klimawandel und des Klimaschutzes wesentlich bezahlbarer. Wenn jedoch nicht bald ehrgeizigere Entscheidungen getroffen werden, ist diese Chance verspielt. Mit den heutigen Investitionsentscheidungen werden Infrastrukturen über Jahre, wenn nicht Jahrzehnte hinweg festgeschrieben, und die Umweltfolgen von heute getätigten Investitionen in emissionsintensive Infrastrukturen werden von langer Dauer sein. Andere umweltorientierte Investitionen können indessen Gewinne bringen. Der *Umweltausblick* zeigt beispielsweise, dass Investitionen in eine stärkere Reduzierung der Luftverschmutzung in den BRIICS mit Nutzeffekten verbunden wären, die bis zu zehnmal höher sein könnten als die Kosten (vgl. Kapitel 6). Bei Investitionen in die Wasser- und Sanitärversorgung in Entwicklungsländern kann das Kosten-Nutzen-Verhältnis bei bis zu 1 zu 7 liegen (vgl. Kapitel 5).

Was wäre wenn ...

... wir heute damit begännen, die Treibhausgasemissionen durch die Festsetzung eines Preises für CO_2-Emissionen (*Carbon Pricing*) auf 450 ppm zu begrenzen, um das 2°C-Ziel zu erreichen? Laut dem zentralen 450-ppm-Szenario würde dies zu einer Verlangsamung des Wirtschaftswachstums um durchschnittlich 0,2 Prozentpunkte pro Jahr und einer Einbuße beim weltweiten BIP um etwa 5,5% im Jahr 2050 führen. Dies ist wenig im Vergleich zu den Kosten bei Untätigkeit, die sich einigen Schätzungen zufolge auf bis zu 14% des durchschnittlichen weltweiten Pro-Kopf-Verbrauchs belaufen könnten. Die Schätzungen der Kosten des Klimaschutzes könnten in diesem *Ausblick* zudem überzeichnet sein, da sie nicht gegen dessen Nutzeffekte aufgerechnet wurden.

Abbildung 0.5 Zentrales 450-ppm-Szenario: Weltweite Emissionen und Kosten des Klimaschutzes

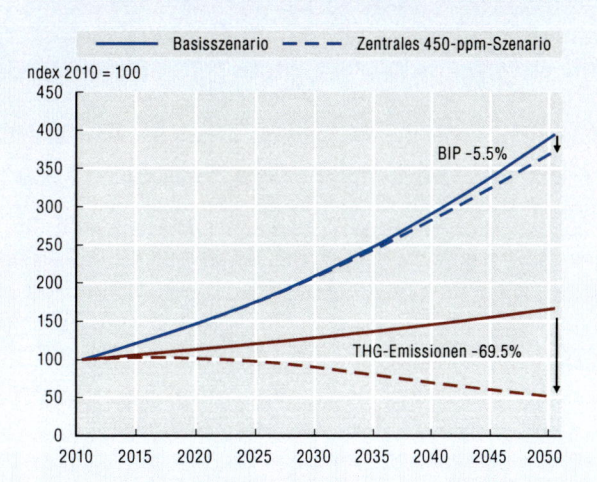

Quelle: Basisszenario des *OECD-Umweltausblicks*; Ergebnisse von Berechnungen anhand des ENV-Linkages-Modells.
StatLink http://dx.doi.org/10.1787/888932570069

3. Durch welche Maßnahmen können diese Aussichten verbessert werden?

Mit gut konzipierten Maßnahmen können die im Basisszenario dieses *Umweltausblicks* unterstellten Trends umgekehrt und das langfristige Wirtschaftswachstum und Wohlergehen künftiger Generationen gesichert werden. In Anbetracht des sehr komplexen Charakters der ökologischen Herausforderungen und der zwischen ihnen bestehenden Wechselbeziehungen bedarf es einer breiten Palette verschiedener Politikinstrumente, die es häufig zu kombinieren gilt, um u.a. zu gewährleisten, dass Umweltbelange bei wirtschaftlichen Entscheidungen systematisch berücksichtigt werden. Zudem müssen die Politikinterventionen geeignet sein, die Nachhaltigkeit des Wachstums und der Entwicklung zu sichern. Die Strategie für umweltverträgliches Wachstum der OECD bietet einen kohärenten Rahmen für die Zusammenstellung eines optimalen Katalogs an Maßnahmen. Auf dieser Grundlage empfiehlt der *Umweltausblick* eine Reihe prioritärer Handlungsansätze, um dem Klimawandel, dem Schwund der biologischen Vielfalt und den Herausforderungen im Bereich der Wasserwirtschaft sowie in Bezug auf Umwelt und Gesundheit zu begegnen.

Umweltverschmutzung verteuern

Wirtschaftliche Instrumente wie Umweltsteuern und Emissionshandelssysteme belegen Umweltbelastungen mit einem Preis und lassen umweltschädliche Aktivitäten kostspieliger werden als umweltfreundlichere Alternativen (vgl. z.B. Kapitel 3, Abschnitt 3). Auf diese Weise kann eine umweltverträglichere Gestaltung der weltweiten Liefer- und Wertschöpfungsketten durch Verfahrensinnovationen und umweltfreundlichere Technologien unterstützt werden.

Was wäre wenn ...

... die Emissionsminderungszusagen der Industrieländer, die in den Vereinbarungen von Cancún erwähnt sind, durch CO_2-Steuern oder Cap-and-Trade-Systeme mit vollständiger Auktion der Emissionsrechte umgesetzt würden? Damit könnten diese Länder Haushaltseinnahmen in Höhe von über 0,6% ihres BIP im Jahr 2020 erzielen, d.h. über 250 Mrd. US-$.

Zudem können marktorientierte Instrumente zusätzliche fiskalische Einnahmen bringen, womit knappe Haushaltskassen entlastet werden. Einige Länder haben ökologische Steuerreformen eingeleitet, wobei die Einnahmen aus Umweltsteuern häufig genutzt werden, um die Besteuerung des Faktors Arbeit zu reduzieren, so dass damit die Beschäftigung und ein umweltverträgliches Wachstum gefördert werden könnten.

Sicherstellen, dass die Preise den tatsächlichen Wert von Naturgütern und Ökosystemleistungen besser widerspiegeln

Durch die Bestimmung des Werts und des richtigen Preises für natürliche Ressourcen und für die ökosystemaren Dienstleistungen, die sie erbringen, kann eine nachhaltigere Nutzung dieser Ressourcen erreicht werden. Die Festlegung eines Preises für Wasser ist z.B. – vor allem dort, wo es knapp ist – eine wirkungsvolle Methode für die Wasserallokation sowie zur Förderung eines nachhaltigeren Verbrauchs. Über Wassergebühren können zudem Einnahmen erwirtschaftet werden, die zur Deckung der Kosten der Wasserinfrastrukturen eingesetzt werden können, was unerlässlich ist, um den Zugang zu Wasser- und Sanitärversorgung zu sichern und auszudehnen (vgl. Kapitel 5, Abschnitt 3). Der Einsatz wirtschaftlicher Instrumente ist auch vielversprechend in Bezug auf die biologische Vielfalt und sonstige ökosystemare Dienstleistungen. Durch Schätzungen des monetären Werts der Dienstleistungen, die von den Ökosystemen und der biologischen Vielfalt erbracht werden, können deren Nutzeffekte sichtbar gemacht werden, was wiederum zu besseren, kosteneffizienteren Entscheidungen führen dürfte (vgl. Kapitel 4, Abschnitt 1). Zudem ist es nötig, Märkte für diese Werte zu schaffen, z.B. durch handelbare Wasserrechte, Zahlungen für die von Wäldern und Wassereinzugsgebieten erbrachten ökosystemaren Dienstleistungen oder Programme für die Zertifizierung mit Umweltgütesiegeln. Die Vertragsstaaten des Übereinkommens über die biologische Vielfalt und die OECD engagieren sich gemeinsam für einen stärkeren Einsatz wirtschaftlicher Instrumente zum Schutz und zur Förderung einer nachhaltigen Nutzung der biologischen Vielfalt.

Proaktive und effektive Vorschriften und Standards ausarbeiten

Regulatorische Ansätze sind einer der Eckpfeiler der Umweltpolitik und können in Kombination mit wirtschaftlichen Instrumenten eingesetzt werden, vor allem dann, wenn der Markt nicht für aussagekräftige Preissignale sorgen kann. Beispielsweise gelingt es mit einem *Carbon Pricing* allein u.U. nicht, zu gewährleisten, dass alle Möglichkeiten zur Steigerung der Energieeffizienz ausgeschöpft werden (Kapitel 3, Abschnitt 4). Eine Regulierung ist auch dort notwendig, wo es einer strengen Kontrolle zum Schutz der öffentlichen Gesund-heit sowie zum Erhalt der Umwelt bedarf, z.B. durch quantitative Regelungen bzw. Begren-zungen (vgl. beispielsweise Kapitel 6, Abschnitt 4). Beispiele für regulatorische Ansätze sind Normen (z.B. für die Luftqualität, die Abwassereinleitung und für Fahrzeugemissionen, ergänzt durch baurechtliche Vorschriften für die Energieeffizienz), Verbote (z.B. von illegalem Holzeinschlag oder Handel mit gefährdeten Arten, von Ansiedlungen in Naturschutzgebieten, von verbleitem Benzin und von bestimmten toxischen Pestiziden) oder auch der Einsatz planungsrechtlicher Instrumente (wie Raumplanungsvorschriften und Umweltverträglichkeitsprüfungen).

Umweltschädliche Subventionen beseitigen

Viele umweltschädliche Aktivitäten werden vom Steuerzahler subventioniert. So werden z.B. die Herstellung und der Verbrauch fossiler Brennstoffe in zahlreichen Ländern immer noch in gewissem Maße subventioniert (vgl. Kapitel 3, Abschnitt 3). Dies läuft im Wesentlichen darauf hinaus, dass CO_2-Emissionen gefördert, Anstrengungen zur Bekämpfung des Klimawandels unterminiert und energietechnologische Lösungen der Vergangenheit für die Zukunft festgeschrieben werden. Durch die Abschaffung oder Reform dieser Subventionen können die energiebedingten Treibhausgasemissionen reduziert, Anreize für eine Erhöhung der Energieeffizienz geschaffen und erneuerbare Energien wettbewerbsfähiger gemacht werden. Zudem können dadurch neue öffentliche Finanzierungsquellen für Klimaschutzmaßnahmen erschlossen werden. Auch zu niedrig angesetzte Preise bzw. Subventionen für Wasser sowie schlecht konzipierte Subventionen für Landwirtschaft und Fischerei können zu weiteren Belastungen der Böden, der Wasserressourcen und der Ökosysteme führen (vgl. Kapitel 4, Abschnitt 4). Mit der Abschaffung oder Reform solcher Subventionierungen können wichtige Signale in Bezug auf die tatsächlichen Kosten von Umweltschädigungen und den Wert von Naturgütern gesetzt werden. Zudem kann dies Einsparungen für Steuerzahler und Verbraucher bringen. Ein entscheidendes Element aller Bemühungen um die Festlegung eines angemessenen Preises für Umweltbelastungen und Ressourcennutzung ist aber auch die Ausarbeitung von Lösungen, mit denen den potenziellen negativen Auswirkungen von Reformen dieser Subventionen begegnet werden kann.

> *Die Subventionen für die Herstellung und den Verbrauch fossiler Brennstoffe in den OECD-Ländern beliefen sich in den letzten Jahren auf 45-75 Mrd. US-$ jährlich. In Entwicklungs- und Schwellenländern wurden 2010 Subventionen für den Verbrauch fossiler Brennstoffe in Höhe von 400 Mrd. US-$ gezahlt.*

Innovationen fördern

Wir müssen die Entwicklung und Verbreitung technologischer Verbesserungen, mit denen der wachsende Druck auf die Umwelt eingedämmt werden kann, deutlich beschleunigen und dafür sorgen, dass die künftigen Kosten dieser Anstrengungen zu bewältigen sind. Technologien wie z.B. Bioenergie in Kombination mit CO_2-Abtrennung und -Speicherung (BECCS) besitzen das Potenzial, die Kosten der Senkung der Treibhausgasemissionen in Zukunft zu verringern (vgl. Kapitel 3, Abschnitt 4). Auch innovativen neuen Geschäftsmodellen kommt eine wichtige Rolle bei der Bewältigung zentraler ökologischer Herausforderungen und bei der Förderung eines umweltverträglichen Wachstums zu. Verbesserte Verfahren der landwirtschaftlichen Betriebsführung können zur Maximierung der Wasserproduktivität („Crop per drop" – „Ertrag pro Tropfen"), zur Verringerung der Umweltbelastungen und zum Schutz der biologischen Vielfalt beitragen. Die Förderung einer grünen bzw. nachhaltigen Chemie kann in der Entwicklung, Herstellung und Nutzung von Chemikalien münden, die über ihren gesamten Lebenszyklus umweltverträglicherer sind (vgl. Kapitel 6, Abschnitt 4). Preisliche und marktorientierte Instrumente können Anreize für Innovationen bei der Entwicklung von Technologien schaffen, mit denen Umweltbelastungen verringert und Ressourcen eingespart werden können. Nötig sind aber auch andere Maßnahmen, z.B. spezifische

> *Die Wirtschaft wird nicht von alleine CO_2-arm werden. Wenn keine neuen, wirksameren Maßnahmen eingeführt werden, wird sich der Technologiemix in der Energiewirtschaft 2050 nicht wesentlich anders darstellen als heute und wird der Anteil der fossilen Energieträger weiter bei 85% liegen.*

Instrumente zur Förderung von FuE, Standards, gesetzliche Regelungen und freiwillige Programme zur Innovationsförderung sowie wirkungsvolle Mechanismen für den Transfer umweltfreundlicher Technologien in Entwicklungsländer. Bei Innovationen geht es jedoch nicht nur um Technologie. Zur Förderung umweltfreundlicherer Produktions- und Verbrauchsstrukturen sind auch Politikinnovationen in staatlichen Stellen, Unternehmen und sozialen Organisationen notwendig.

Den Policy Mix richtig gestalten

Angesichts der Vielzahl der Probleme und der komplexen Wechselbeziehungen bedarf es zur Bewältigung vieler entscheidender ökologischer Herausforderungen eines sorgfältig konzipierten Katalogs verschiedener, aufeinander abgestimmter Politikinstrumente. Staatliche Unterstützung für umweltfreundliches Verhalten, z.B. für den ökologischen Landbau, könnten Teil eines solchen Policy Mix sein, derartige Umweltsubventionen sollten jedoch in regelmäßigen Abständen einer Überprüfung unterzogen und gegebenenfalls wieder abgeschafft werden, wenn sie nicht mehr notwendig sind. Darüber hinaus kann ein solcher Policy Mix Informationsinstrumente wie z.B. Umweltgütesiegel zur Sensibilisierung der Verbraucher und zur Förderung nachhaltiger Konsumgewohnheiten, grundlagenorientierte Forschung und Entwicklung sowie freiwillige Initiativen von Unternehmen, die neue und innovative Konzepte testen, umfassen. Zugleich muss sichergestellt werden, dass sich die im Policy Mix enthaltenen Instrumente ergänzen und nicht etwa überschneiden oder gar miteinander in Konflikt stehen (siehe weiter unten). Die Kosten und Nutzeffekte der Maßnahmenkataloge sollten in ihrer Gesamtheit regelmäßig einer Beurteilung im Hinblick auf die Ziele Umweltnutzen, soziale Gerechtigkeit und Kosteneffizienz unterzogen werden. Es gibt keine Standardvorgehensweise für die Ausarbeitung eines Policy Mix zur Förderung eines umweltverträglichen Wachstums; ein solcher Ansatz muss an die jeweiligen nationalen Gegebenheiten angepasst werden.

4. Reformen möglich machen und die Erfordernisse eines umweltverträglichen Wachstums in allen Bereichen berücksichtigen

Sektorübergreifende Politikkohärenz fördern

Es ist unerlässlich, umweltpolitische Ziele in die Wirtschaftspolitik insgesamt und die Politik für die verschiedenen Sektoren (z.B. Energie, Landwirtschaft, Verkehr) einzubeziehen, da diese Politikbereiche stärkere Auswirkungen auf die Umwelt haben als die Umweltpolitik alleine. Dies ist Voraussetzung, um ein umweltverträglicheres Wachstum zu erzielen. **Ökologische Herausforderungen können nicht isoliert bewältigt werden, vielmehr sollten sie im Kontext anderer weltweiter Herausforderungen, wie z.B. Ernährungs- und Energieversorgungssicherheit sowie Armutsbekämpfung, betrachtet werden.** Der Umweltausblick zeigt beispielsweise, dass es in den kommenden Jahrzehnten immer wichtiger werden wird, für eine kohärente Politik in den Bereichen Wasser, Landwirtschaft, Umwelt und Energie zu

> **Was wäre wenn ...**
>
> ... durch Klimaschutzoptionen verhindert würde, dass natürliche Ökosysteme durch landwirtschaftliche Flächen verdrängt werden? Diesem Umweltausblick zufolge würde das Gesamtvolumen der durch Entwaldung bedingten Emissionen um 12,7 Gt CO_2-Äquivalente sinken, was 7% zur bis 2050 insgesamt erforderlichen Emissionsminderung beitragen würde. Gleichzeitig würde die biologische Vielfalt gewahrt, da die Ausdehnung der Anbauflächen im Vergleich zum Basisszenario 2050 um rd. 1,2 Mio. km² und die der Weideflächen um 1 Mio. km² geringer wäre.

sorgen (vgl. z.B. Kapitel 5, Abschnitt 4). Maßnahmen zur Verbesserung der Anpassung an den Klimawandel oder zum Schutz der Biodiversität müssen notwendigerweise Teil der Politik für Landnutzung, Raumplanung, Stadtentwicklung, Wasserwirtschaft und Landwirtschaft sein – und umgekehrt. Es ist äußerst wichtig, dafür zu sorgen, dass es armen Bevölkerungsgruppen in ländlichen Räumen größeren Gewinn bringt, Waldflächen zu schützen als sie zu zerstören, weshalb es gilt, Ziele der biologischen Vielfalt in Programmen zur Armutsbekämpfung und wirtschaftlichen Entwicklungsstrategien wie auch in der Forst- und Landwirtschaftspolitik systematisch zu berücksichtigen (vgl. beispielsweise Kapitel 4, Abschnitt 4). Viele Länder haben ökologische Steuerreformen umgesetzt oder über deren Umsetzung nachgedacht, um zu gewährleisten, dass umweltpolitische Ziele in die nationalen Steuer- und Haushaltssysteme einfließen. Voraussetzung für die nötige Politikkohärenz, um Querschnittsthemen wirkungsvoll zu integrieren, ist eine stärkere Kapazität der Regierungen, die Zusammenarbeit zwischen verschiedenen Ministerien und Behörden sowie zwischen verschiedenen Verwaltungsebenen zu fördern.

Synergien zwischen verschiedenen Politikbereichen maximieren

Zwischen den vier großen ökologischen Herausforderungen, die in diesem *Umweltausblick* behandelt werden, bestehen zahlreiche Verknüpfungen. **Mit Maßnahmen, bei deren Gestaltung auf eine Maximierung der Synergien und positiven Zusatzeffekte hingewirkt wurde, können die Kosten der Verwirklichung von Umweltzielen gesenkt werden.** Mit manchen Konzepten zur Reduzierung der lokalen Luftverschmutzung können beispielsweise auch die Treibhausgasemissionen verringert werden (vgl. Kapitel 6, Kasten 6.3, und Kapitel 3, Abschnitt 4). Desgleichen kann die Klimaschutzpolitik auch Maßnahmen beinhalten, die zum Schutz der biologischen Vielfalt beitragen. Ein gut konzipierter Mechanismus für die Finanzierung von REDD-plus-Maßnahmen (Emissionsreduktionen durch vermiedene Entwaldung und Walddegradation) kann z.B. den Klimaschutz unterstützen und gleichzeitig erhebliche Vorteile in Bezug auf den Schutz der Biodiversität bringen, da weniger Entwaldung und Walddegradation auch bedeutet, dass weniger natürliche Lebensräume zerstört werden (Kapitel 4, Kasten 4.9). Der *Umweltausblick* macht zudem deutlich, welche Vorteile die Bewältigung dieser ökologischen Herausforderungen im Hinblick auf ein umweltverträgliches Wachstum bringen kann, u.a. in Bezug auf Armutsminderung, Haushaltskonsolidierung und Beschäftigungsschaffung.

Widersprüchliche Politikmaßnahmen können Fortschritten im Wege stehen, weshalb es einer genauen Beobachtung bedarf, damit solche Probleme entdeckt und gelöst werden können. Große Wasserinfrastrukturprojekte, wie Staudämme – die die Wasser- und Energieversorgungssicherheit erhöhen und für eine bessere Flussregulierung sorgen sollen –, können das Gleichgewicht von natürlichen Lebensräumen und Ökosystemen stören und negative Auswirkungen auf die biologische Vielfalt sowie auf die Wasserqualität flussabwärts haben (Kapitel 5, Abschnitt 2 und 4). Auch ein verstärkter Einsatz von Biokraftstoffen im Interesse

> **Was wäre wenn ...**
>
> ... den sozialen Auswirkungen von Klimaschutzmaßnahmen nicht richtig begegnet würde? Laut dem Mitigationsszenario dieses *Umweltausblicks* könnten höhere Energiekosten, sofern keine begleitenden Maßnahmen zur Sicherung des Energiezugangs ergriffen werden, dazu führen, dass 2050 im Vergleich zum Basisszenario zusätzliche 300 Millionen in Armut lebende Menschen keinen Zugang zu sauberen, aber teuren Energiequellen haben würden und dass es deswegen zu 300 000 zusätzlichen vorzeitigen Todesfällen infolge von Innenraumluftverschmutzung kommen würde. Daher müssen gezielte Maßnahmen eingeleitet werden, um armen Haushalten alternative saubere Energieformen zu bieten.

des Klimaschutzes kann negative Auswirkungen auf die Biodiversität haben (Kapitel 4, Kasten 4.9). Und die ärmsten Haushalte in Entwicklungsländern werden weiter „schmutzige" feste Biobrennstoffe (z.B. Kuhdung, Feuerholz) verwenden, die zu Luftverschmutzung in Innenräumen führen, wenn vergleichsweise sauberere Brennstoffe infolge von CO_2-Steuern für sie zu teuer sind (Kapitel 6, Kasten 6.4).

In Partnerschaften zusammenarbeiten

Staatliche Stellen müssen wirkungsvoller mit nichtstaatlichen Akteuren, wie z.B. Unternehmen, zivilgesellschaftlichen Organisationen, Forschungseinrichtungen und traditionellen Wissensträgern, zusammenarbeiten. Gerade in Zeiten knapper öffentlicher Mittel ist es hilfreich, strategische Partnerschaften aufzubauen und die Dynamik der Gesellschaft insgesamt zu nutzen, um ein umweltverträgliches Wachstum zu verwirklichen. **Die Erfahrung aus dem OECD-Raum zeigt, dass ökologische Reformen dann am besten funktionieren, wenn sich die oberste politische Ebene für sie einsetzt und alle betroffenen Akteure einbezogen werden.** Insbesondere Unternehmen und Forschungseinrichtungen spielen eine entscheidende Rolle bei der Förderung umweltfreundlicher technologischer Optionen und der Entwicklung nachhaltiger landwirtschaftlicher Produktionsformen. Im Bereich der Biodiversität sowie des Ökosystemmanagements wie auch in Bezug auf Investitionen in die Entwicklung sauberer Energie- und Wasserinfrastrukturen bedarf es einer stärkeren Mitwirkung des privaten Sektors. Um das zu erreichen, sind innovative Finanzierungsformen auf nationaler wie auch internationaler Ebene erforderlich.

Die internationale Zusammenarbeit verstärken

Da viele Umweltprobleme globaler Natur sind (wie z.B. der Schwund der biologischen Vielfalt und der Klimawandel) bzw. mit den grenzüberschreitenden Effekten der Globalisierung der Wirtschaft zusammenhängen (Handel, internationale Investitionen usw.), **ist eine internationale Zusammenarbeit auf allen Ebenen (d.h. auf bilateraler, regionaler und multilateraler Ebene) unerlässlich, um eine gerechte Aufteilung der Kosten der ergriffenen Maßnahmen zu garantieren.** Die meisten Gebiete mit besonders hoher biologischer Vielfalt befinden sich z.B. in Entwicklungsländern, da deren Nutzeffekte aber der Welt insgesamt zugute kommen, müssen die Kosten der Erhaltung der biologischen Vielfalt von einem weiteren Kreis von Akteuren getragen werden (Kapitel 4, Abschnitt 1). Deshalb sind Strategien zur Mobilisierung internationaler Finanzierungsmittel (u.a. für REDD-Maßnahmen) erforderlich, um Anstrengungen zur Erhaltung und nachhaltigen Verwaltung der biologischen Vielfalt in diesen Regionen zu unterstützen und die dabei erzielten Fortschritte zu beobachten. Solche Anstrengungen können zudem zur Armutsminderung beitragen und eine nachhaltige Entwicklung unterstützen. Desgleichen müssen auch die internationalen Finanzierungsmittel, die zur Förderung eines CO_2-armen, klimaresilienten Wachstums bereitgestellt werden, in den kommenden Jahren deutlich erhöht werden. Diesem *Umweltausblick* zufolge ist es möglich, mit marktorientierten Mitigationsinstrumenten erhebliche zusätzliche Einnahmen zu erzielen; bereits mit einem kleinen Teil dieser Einnahmen könnte ein entscheidender Beitrag zu den erforderlichen Finanzierungsmitteln

> **Was wäre wenn ...**
>
> ... die internationale Gemeinschaft beschließen würde, auf die Sicherung des Zugangs zu verbesserter Wasserversorgung und sanitärer Grundversorgung für alle in zwei Phasen bis 2050 hinzuwirken. Laut den Schätzungen dieses *Ausblicks* wären dazu im Vergleich zum Basisszenario zusätzliche Investitionen in Höhe von 1,9 Mrd. US-$ jährlich zwischen 2010 und 2030 und von 7,6 Mrd. US-$ jährlich bis 2050 nötig.

für Klimaschutzmaßnahmen geleistet werden (Kapitel 3, Kasten 3.11). Internationale Zusammenarbeit ist auch nötig, um finanzielle Ressourcen und Wissen in Anstrengungen zur Sicherung eines universellen Zugangs zu sicherem Trinkwasser und ausreichenden sanitären Einrichtungen zu leiten, was ein wesentlich ehrgeizigeres Ziel ist als die entsprechenden Millenniumsentwicklungsziele (Kapitel 5, Abschnitt 3). Dieser *Umweltausblick* zeigt, dass die Vorteile solcher Maßnahmen weit höher sind als ihre Kosten.

Internationale Vereinbarungen sind wichtig, um die rechtliche und institutionelle Grundlage für internationale Zusammenarbeit in Umweltfragen zu schaffen. So wird in diesem *Umweltausblick* auf die Fortschritte hingewiesen, die die Vertragsstaaten des Übereinkommens über die biologische Vielfalt im Jahr 2010 im Hinblick auf den strategischen Plan für den Zeitraum 2011-2020 (Biodiversitätsziele von Aichi, Strategie zur Ressourcenmobilisierung usw.) und das Nagoya-Protokoll für einen gerechten Vorteilsausgleich bei der Nutzung genetischer Ressourcen (*Nagoya Protocol on Access to Genetic Resources and the Fair and Equitable Sharing of Benefits Arising from their Utilization* – ABS-Protokoll) erzielt haben. Durch das Engagement der beteiligten Länder für das Strategische VN-Konzept für ein internationales Chemikalienmanagement (SAICM) wurde eine internationale Zusammenarbeit zu Gunsten eines sicheren Umgangs mit Chemikalien zum Schutz der menschlichen Gesundheit und der Umwelt möglich (vgl. Kapitel 6, Kasten 6.9). Ambitionierte und umfassende internationale Rahmenkonzepte sind von größter Bedeutung für den Klimaschutz und die Anpassung an den Klimawandel, und es ist wichtig, dass alle großen Emissionsverursacher ebenso wie alle Länder, für die die globale Erwärmung eine besonders starke Bedrohung darstellt, daran beteiligt sind. Kommen solche international koordinierten Maßnahmen nicht zustande und wird kein auf globaler Ebene gültiger Preis für CO_2-Emissionen festgelegt, können Bedenken über mögliche nachteilige Wettbewerbseffekte und eine Verlagerung von CO_2-Emissionen in andere Länder zu einem Hindernis für die Umsetzung von Mitigationsmaßnahmen auf nationaler Ebene werden. Im Wasserbereich sind starke Mechanismen für die Verwaltung von grenzüberschreitenden Wassereinzugsgebieten erforderlich. Zudem können Handel, ausländische Direktinvestitionen und multinationale Unternehmen für die Förderung der internationalen Zusammenarbeit mobilisiert werden. Darüber hinaus sollten systematisch auch andere Mechanismen untersucht werden, mit denen es möglich wäre, größere Märkte für Umweltinnovationen zu schaffen und ihnen Impulse zu geben.

> *Eine ambitioniertere internationale Zusammenarbeit beim Klimaschutz setzt die Mitwirkung aller großen emissionsverursachenden Sektoren und Länder voraus. Fragmentierte CO_2-Märkte und unterschiedlich starke Anstrengungen zur Emissionsminderung könnten eine Konkurrenzsituation entstehen lassen, in der die Gefahr einer Verlagerung von CO_2-Emissionsquellen in andere Länder oder Regionen besteht.*

Unser Wissen erweitern

Bessere Informationen fördern eine bessere Politik. Maßnahmen und Projekte sollten regelmäßigen Evaluierungen unterzogen werden, um ihre wirtschaftlichen und sozialen Effekte zu beurteilen. Es bedarf verbesserter Netzwerke für die Beobachtung der Wasserkreisläufe, damit langfristige Trends untersucht und die Auswirkungen von Politikmaßnahmen beurteilt werden können. Fortschritte müssen auch im Hinblick auf die Daten und Indikatoren zur biologischen Vielfalt erzielt werden, um auf lokaler, nationaler und internationaler

> *Biodiversität und Ökosysteme leisten Mensch und Umwelt Dienste von unermesslichem – zumeist jedoch wenig beachtetem – Wert. Der wirtschaftliche Wert der Bestäubungsdienste, die Insekten weltweit leisten, beläuft sich Schätzungen zufolge z.B. auf 192 Mrd. US-$ jährlich.*

Ebene besser koordinierte und umfassendere Maßnahmen in diesem Bereich zu ermöglichen. Wir benötigen zudem mehr Informationen über die Freisetzung von Chemikalien und den Kontakt mit chemischen Substanzen über Produkte und Umwelt sowie über andere neue Umwelt- und Gesundheitsprobleme, über die wir noch nicht genug wissen. Auch die Beobachtung von Klimaänderungsfolgen muss verbessert werden, damit prioritäre Handlungsfelder identifiziert werden können und solide Informationen für die Planung von Anpassungsmaßnahmen zur Verfügung stehen. **Es gibt viele Bereiche, in denen die ökonomische Umweltbewertung verbessert werden sollte, u.a. in Bezug auf den Nutzen von biologischer Vielfalt und ökosystemaren Dienstleistungen sowie die Gesundheitskosten von Chemikalienexpositionen.** Dadurch wird es leichter möglich sein, jene Elemente des menschlichen Wohlergehens und des menschlichen Fortschritts zu messen, die mit dem BIP allein nicht erfasst werden können. Bessere Informationen über Kosten und Nutzen werden es uns auch gestatten, genauer zu analysieren, wie hoch die Kosten bei Untätigkeit sein werden, und sie dürften zugleich starke Argumente für Politikreformen zu Gunsten eines umweltverträglichen Wachstums und für die Entwicklung entsprechender Indikatoren liefern.

5. Schlussbetrachtungen

Voraussetzung für die Einrichtung eines wirkungsvollen Policy Mix für ein umweltverträgliches Wachstum ist, dass die Politik Führungsinitiative zeigt und sich in der Öffentlichkeit die Erkenntnis durchsetzt, dass die damit verbundenen Umstellungen sowohl erforderlich als auch bezahlbar sind. Nicht alle sich bietenden Lösungen sind indessen preisgünstig, und deshalb ist es wichtig, dass wir die kosteneffizientesten unter ihnen auswählen. Dabei kommt es entscheidend darauf an, dass wir die zu bewältigenden Herausforderungen und zu treffenden Kompromisse besser verstehen. Dieser *Umweltausblick* soll die Informationsgrundlagen verbessern, auf die sich die politische Entscheidungsfindung stützen muss, und er soll den Politikverantwortlichen heute umsetzbare Optionen bieten, damit wir weltweit auf einen nachhaltigeren Pfad einschwenken können.

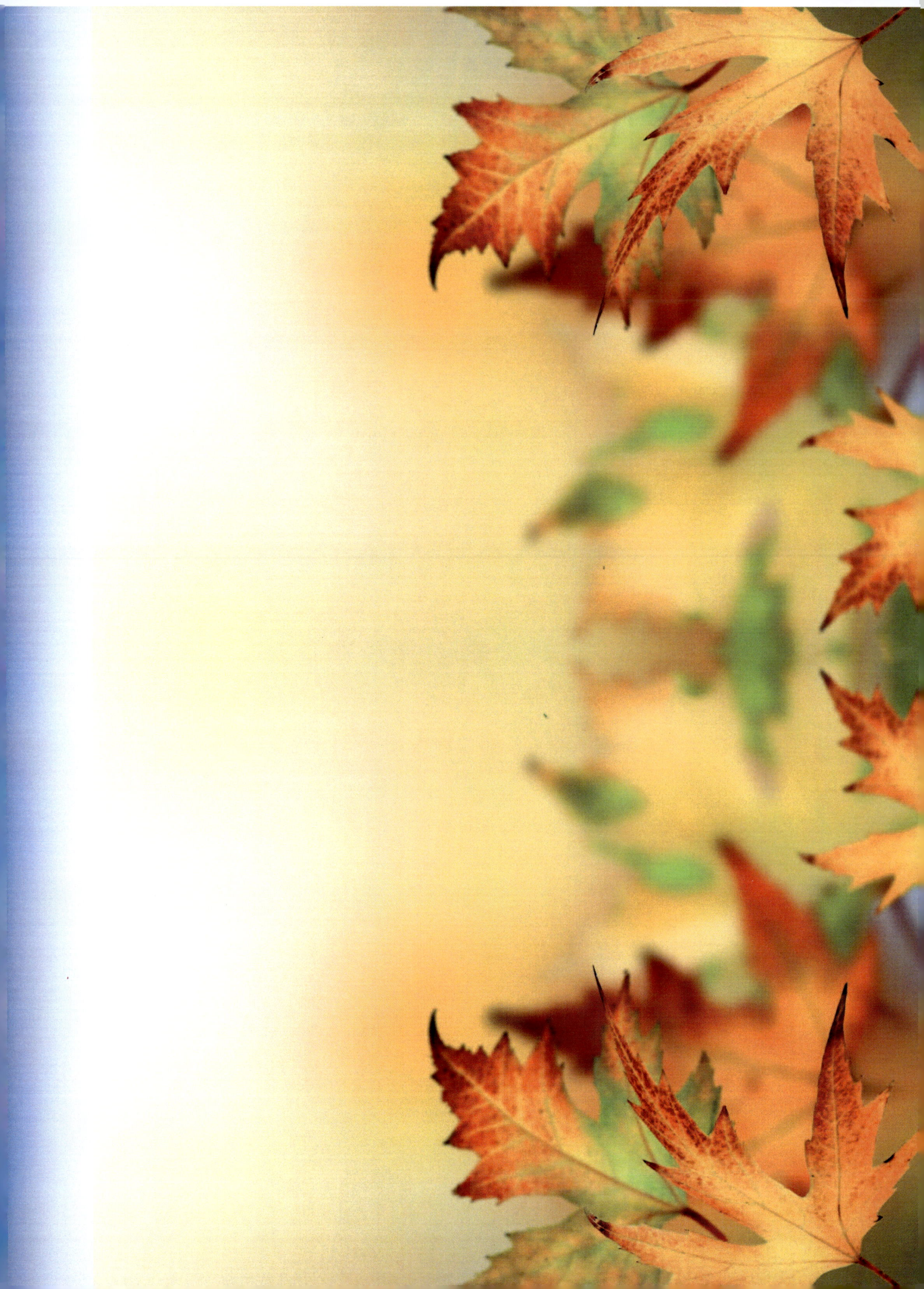

Kapitel 1

Einführung

Dieses Kapitel enthält Hintergrundinformationen zum OECD-Umweltausblick, zudem wird die verwendete Methode – einschließlich des Ampelsystems – erläutert und der Aufbau des Berichts umrissen. Das Hauptaugenmerk liegt dabei auf den vier ökologischen Herausforderungen – Klimawandel, biologische Vielfalt, Wasser sowie die gesundheitlichen Folgen von Umweltbelastungen –, die als die dringendsten Probleme der kommenden Jahrzehnte erkannt wurden. Die Analyse in dem Umweltausblick bezieht alle Weltregionen ein, die Politikempfehlungen des Berichts konzentrieren sich hingegen auf die OECD-Länder sowie die wichtigsten aufstrebenden Volkswirtschaften, Brasilien, Russland, Indien, Indonesien, China und Südafrika (die sogenannten BRIICS). Im Umweltausblick werden Projektionen erstellt, um die ökonomischen und ökologischen Trends der kommenden Jahrzehnte durch Verknüpfung eines allgemeinen Gleichgewichtsmodellrahmens für die ökonomischen Variablen (des OECD-ENV-Linkages-Modells) mit einem umfassenden umweltbezogenen Modellrahmen (der IMAGE-Modellreihe der Netherlands Environmental Assessment Agency – PBL) zu untersuchen. Im Basisszenario des Umweltausblicks wird vereinfacht projiziert, wie die Welt im Jahr 2050 aussehen könnte, wenn sich die gegenwärtigen sozioökonomischen und ökologischen Trends fortsetzen und die bestehenden Politikmaßnahmen beibehalten werden, jedoch keine neuen Umweltschutzmaßnahmen eingeführt werden. Zum Vergleich mit diesem Basisszenario enthält der Umweltausblick ferner die Ergebnisse von „Was-wäre-wenn ..."-Simulationen, die die potenziellen Effekte von Politikmaßnahmen modellieren, die auf die Lösung wichtiger Umweltprobleme abzielen. Diese Ausgabe des Umweltausblicks ist für die im März 2012 bei der OECD stattfindenden Tagung der für Umwelt zuständigen Ministerinnen und Minister und als Beitrag der OECD zur Konferenz der Vereinten Nationen für nachhaltige Entwicklung (Rio+20) im Juni 2012 erstellt worden. Sie ergänzt die Strategie für umweltverträgliches Wachstum der OECD, Towards Green Growth.

1. Einleitung

Seit dem Jahr 2001 gibt die OECD ihren *Umweltausblick* heraus, um den Politikverantwortlichen dabei zu helfen, Ausmaß und Kontext der ökologischen Herausforderungen zu verstehen, denen sie sich in den kommenden Jahrzehnten gegenübersehen werden, ebenso wie die ökonomischen und ökologischen Folgen der Politikmaßnahmen, die eingeführt werden könnten, um diese Herausforderungen zu bewältigen (OECD, 2001; 2008). Die *Umweltausblicke* verwenden Modelle zur Erstellung von Projektionen über den möglichen künftigen Zustand der Welt. Sie enthalten ferner die Ergebnisse von „Was-wäre-wenn ..."-Simulationen, die die potenziellen Effekte von Politikmaßnahmen modellieren, die auf die Lösung wichtiger Umweltprobleme abzielen.

Dieser *Umweltausblick* betrachtet den Zeithorizont bis 2050, in manchen Fällen sogar bis 2100. Das Hauptaugenmerk liegt dabei auf den vier entscheidenden ökologischen Herausforderungen – Klimawandel, biologische Vielfalt, Wasser sowie die gesundheitlichen

---

Kasten 1.1 Das Ampelsystem des OECD-Umweltausblicks

Im *OECD-Umweltausblick* werden rote, gelbe und grüne Ampelsymbole verwendet, um Ausmaß bzw. Richtung von Umweltbelastungen sowie Politikgestaltungstrends zur Bewältigung dieser Umweltprobleme hervorzuheben. Die Ampelsymbole wurden zunächst von den Experten festgelegt, die die Kapitel verfasst haben, und anschließend von den Delegierten des OECD-Ausschusses für Umweltpolitik sowie seiner Untergruppen im Rahmen der Prüfung des Berichts präzisiert bzw. bestätigt. Sie sind folgendermaßen definiert:

Rote Ampeln weisen auf Umweltprobleme bzw. -belastungen hin, bei denen dringender Handlungsbedarf besteht, entweder weil die jüngsten Trends negativ verliefen und sich diese Entwicklung bei gleichbleibender Politik in Zukunft fortsetzen dürfte oder weil die Trends in letzter Zeit zwar stabil waren, sich in Zukunft jedoch verschlechtern dürften.

Mit **gelben Ampeln** sind Umweltbelastungen bzw. -bedingungen gekennzeichnet, deren Effekt ungewiss ist oder sich verändert (z.B. wenn ein positiver oder stabiler Trend in eine potenziell negative Projektion mündet), die in der Vergangenheit gut, in jüngster Zeit aber weniger gut bewältigt wurden oder die weiterhin eine Herausforderung darstellen, bei denen im Fall der richtigen Maßnahmen jedoch das Potenzial einer positiveren Entwicklung besteht.

Grüne Ampeln weisen auf Umweltbelastungen hin, die sich auf einem akzeptablen Niveau stabilisiert haben oder abnehmen, Umweltbedingungen, für die die Aussichten bis 2050 positiv sind, oder positive Politikentwicklungen, mit denen diesen Belastungen bzw. Bedingungen entgegengewirkt wird.

Das Ampelsystem ist ein einfaches, klares Kommunikationsmittel. Es ist jedoch zu beachten, dass es sich hierbei um eine Vereinfachung der oftmals komplexen Umweltbelastungen sowie ökologischen Zustände und Reaktionen handelt, die in diesem *Umweltausblick* behandelt werden.

Folgen von Umweltbelastungen –, die von den für Umwelt zuständigen Ministern der OECD-Länder im Jahr 2008[1] als die dringendsten Probleme der kommenden Jahrzehnte identifiziert wurden.

Die vorliegende Ausgabe des Umweltausblicks ist für die im März 2012 bei der OECD stattfindende Tagung der für Umwelt zuständigen Minister und als Beitrag der OECD zur Konferenz der Vereinten Nationen für nachhaltige Entwicklung (Rio+20) im Juni 2012 erstellt worden. Der Bericht ergänzt die Strategie für umweltverträgliches Wachstum der OECD, *Towards Green Growth* (OECD, 2011), die einen Analyserahmen umreißt, der als Grundlage für wirtschafts- und umweltpolitische Maßnahmen dient, die sich gegenseitig unterstützen, um zu vermeiden, dass das Missmanagement der natürlichen Ressourcen die kontinuierliche menschliche Entwicklung letztlich untergraben könnte. Während die Strategie für umweltverträgliches Wachstum ein allgemeines „Politikinstrumentarium" bereitstellt, das sich auf verschiedene Länder und Probleme anwenden lässt, enthält der *Umweltausblick* konkrete Politikoptionen zur Bewältigung des Klimawandels, des Verlusts an biologischer Vielfalt, der unzulänglichen Wasserqualität und -quantität sowie der gesundheitlichen Folgen von Umweltbelastungen. Diese Politikoptionen stützen sich auf Projektionen und Analysen der ökologischen und ökonomischen Auswirkungen spezifischer Politikmaßnahmen sowie der zwischen diesen bestehenden Synergien und Zielkonflikte (Kasten 1.2). Somit wird mit dem *Umweltausblick* darauf abgezielt, die internationalen Politikdebatten zu diesen spezifischen Themen zu fördern. Die Analyse in diesem *Umweltausblick* bezieht alle Weltregionen ein, die darin enthaltenen Politikempfehlungen konzentrieren sich hingegen auf die OECD-Länder sowie die wichtigsten aufstrebenden Volkswirtschaften, Brasilien, Russland, Indien, Indonesien, China und Südafrika (die sogenannten BRIICS). Die Empfehlungen tragen der Notwendigkeit Rechnung, kontinuierliche Fortschritte in Richtung der globalen Ziele einer nachhaltigen Entwicklung und der Armutsminderung zu erzielen.

Dieser *Umweltausblick* soll ferner Adressaten über die üblichen umweltpolitischen Akteure hinaus erreichen. Die entscheidenden ökologischen Herausforderungen, die in diesem Bericht erörtert werden, können nicht allein von den Umweltministerien bewältigt

---

Kasten 1.2 **Kohärente Politiken für ein umweltverträgliches Wachstum**

Viele der in den einzelnen Kapiteln des vorliegenden *Umweltausblicks* erörterten Umweltziele sind miteinander verknüpft – so kann etwa der Klimawandel die biologische Vielfalt sowie die menschliche Gesundheit gefährden. Eine entscheidende Aufgabe des *Umweltausblicks* besteht darin, diese Wechselbeziehungen hervorzuheben und die Aufmerksamkeit sowohl auf die Synergien als auch auf die Zielkonflikte bei den Politikmaßnahmen zu lenken, mit denen den jeweiligen ökologischen Herausforderungen begegnet werden soll. Beispiele zeigen, wie Politikmaßnahmen, die unter Nutzung von Synergieeffekten auf mindestens zwei Herausforderungen gleichzeitig abzielen, die Kosten der Verwirklichung bestimmter Umweltziele senken können (z.B. kann im Zuge der Bekämpfung des Klimawandels auch die Luftverschmutzung verringert werden, vgl. Kapitel 3). Andere Beispiele zeigen, wie widersprüchliche Politikmaßnahmen Fortschritten im Wege stehen könnten: Beispielsweise könnte die vermehrte Nutzung von Biokraftstoffen zur Erreichung von Klimaschutzzielen negative Auswirkungen auf die biologische Vielfalt haben (Kapitel 4). Der *Umweltausblick* macht zudem deutlich, welche Vorteile die Bewältigung dieser ökologischen Herausforderungen im Hinblick auf ein umweltverträgliches Wachstum bringen kann, u.a. in Bezug auf Armutsminderung, Haushaltskonsolidierung und Beschäftigungsschaffung.

werden. Ansätze, die ein umweltverträgliches Wachstum ermöglichen, müssen integraler Bestandteil der wirtschafts- und sektorpolitischen Maßnahmen werden. Den Unternehmen, der Wissenschaft, den Verbrauchern und der Zivilgesellschaft ganz allgemein kommt ebenfalls eine wichtige Rolle bei der Förderung eines umweltverträglichen Wachstums zu.

2. Die für den *Umweltausblick* verwendete Methode

Verknüpfung von Wirtschafts- und Umweltmodellen

Im *OECD-Umweltausblick* werden die ökonomischen und ökologischen Trends der kommenden Jahrzehnte analysiert. Diese Projektionen werden durch Verknüpfung eines allgemeinen Gleichgewichtsmodellrahmens für die ökonomischen Variablen (des OECD-ENV-Linkages-Modells) mit einem umfassenden umweltbezogenen Modellrahmen (der IMAGE-Modellreihe der Netherlands Environmental Assessment Agency – PBL) ermöglicht. Weitere Einzelheiten zum ENV-Linkages-Modell sowie zur IMAGE-Modellreihe, ebenso wie Informations- und Datenquellen, finden sich in Anhang A zum Modellierungsrahmen am Ende dieses Berichts.

- Das von der OECD-Direktion Umwelt entwickelte ENV-Linkages-Modell ist ein globales dynamisches berechenbares allgemeines Gleichgewichtsmodell (CGE), das beschreibt, wie Wirtschaftsaktivitäten zwischen verschiedenen Sektoren bzw. Regionen miteinander verknüpft sind. Es stellt ferner Zusammenhänge zwischen ökonomischen Aktivitäten und Umweltbelastungen her, besonders im Hinblick auf die Emission von Treibhausgasen. Dieser Zusammenhang zwischen Wirtschaftstätigkeit und Emissionen wird über mehrere Jahrzehnte in die Zukunft projiziert und gibt somit Aufschluss über die mittel- bzw. langfristigen Auswirkungen umweltpolitischer Maßnahmen. Dieses Modell wurde für die Erstellung von Projektionen für wichtige sozioökonomische Antriebskräfte wie demografische Entwicklungen, Wirtschaftswachstum sowie Entwicklungen in Wirtschaftssektoren verwendet (in Kapitel 2 erörtert)[2].

- Die IMAGE-Modellreihe (IMAGE = Integrated Model to Assess the Global Environment) der PBL ist ein dynamischer integrierter Evaluierungsrahmen zur Modellierung globaler Veränderungen. Die IMAGE-Reihe stützt sich auf die Modellierung der weltweiten Landflächenallokation und Emissionen, die auf einem geo-räumlichen Raster der Welt im Abstand von 0,5 x 0,5 Grad[3] abgebildet sind (daher sind die Ergebnisse für kleine Flächen weniger belastbar als für große Länder und Regionen). Die IMAGE-Reihe umfasst Modelle, die auch in der Fachliteratur als eigenständige Modelle beschrieben werden, und sie ist bereits bei anderen wichtigen weltweiten Umweltprüfungen wie den *Global Environment Outlooks* (GEO) des Umweltprogramms der Vereinten Nationen (UNEP) verwendet worden. Darüber hinaus ist die IMAGE-Reihe seit dem *OECD-Umweltausblick bis 2030* (OECD, 2008) ebenfalls weiterentwickelt und präzisiert worden; wasserbezogene Probleme, Schutzgebiete sowie die Meeresumwelt lassen sich u.a. nunmehr besser damit analysieren.

Die sich aus dem ENV-Linkages-Modell ergebenden großen sozioökonomischen Trends („Volkswirtschaft") bis 2050 wurden in die IMAGE-Modelle eingespeist, um Projektionen der biophysikalischen Umweltfolgen („Umwelt") zu erstellen, wie in Abbildung 1.1 dargestellt. Auf diese Weise wurden Wirtschaft und Umwelt über die Bereiche Energie, Landwirtschaft und Flächennutzung verknüpft. Die Modellierung der Flächen- und Energienutzung liefert die wichtigsten Verknüpfungen zwischen dem Wirtschafts- und dem biophysikalischen Modell. Die biophysikalischen Projektionen des IMAGE-Modells werden danach im ENV-Linkages-

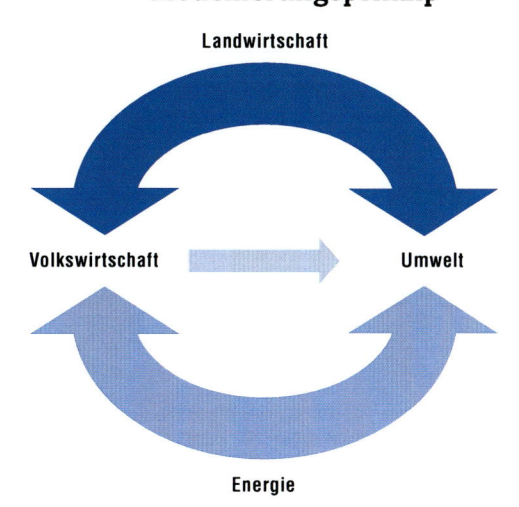

Abbildung 1.1 **Das dem *OECD-Umweltausblick* zu Grunde liegende Modellierungsprinzip**

Landwirtschaft

Volkswirtschaft → **Umwelt**

Energie

Modell verwendet, um die Politikmaßnahmen zu spezifizieren und ihre volkswirtschaftlichen Folgen zu untersuchen. Die Datenströme zwischen dem ENV-Linkages-Modell und der IMAGE-Reihe wurden zur Erstellung der Projektionen des Basisszenarios dieses *OECD-Umweltausblicks* sowie der weiter unten erörterten Politiksimulationen verwendet.

Ein „Basisszenario" – zahlreiche Politiksimulationen

Im Basisszenario des *OECD-Umweltausblicks* wird vereinfacht projiziert, wie die Welt im Jahr 2050 aussehen könnte, wenn sich die gegenwärtigen sozioökonomischen und ökologischen Trends fortsetzen und die bestehenden Politikmaßnahmen beibehalten werden, jedoch keine neuen Umweltschutzmaßnahmen eingeführt werden. Das Basisszenario berücksichtigt keine wichtigen künftigen Entwicklungen der Politikmaßnahmen, die sich auf die Antriebskräfte von Umweltveränderungen oder Umweltbelastungen auswirken. Es ist darauf hinzuweisen, dass das Basisszenario keine *Vorhersage* dessen sein soll, wie die Welt aussehen *wird* (da zu erwarten ist, dass in den kommenden Jahrzehnten neue Politikmaßnahmen eingeführt werden), sondern vielmehr eine hypothetische *Projektion* der gegenwärtigen Trends ohne neue Maßnahmen in die Zukunft darstellt (vgl. Kapitel 2, Kasten 2.1), mit der die verschiedenen Politikszenarien verglichen werden können.

Das Basisszenario trägt den gegenwärtigen Trends und bestehenden Politikmaßnahmen Rechnung, etwa den Maßnahmen im Bereich fossile und erneuerbare Energien, den Förderprogrammen für Biokraftstoffe sowie den Stützungsmaßnahmen für den Agrarsektor, um nur einige zu nennen. Ferner wird im Basisszenario davon ausgegangen, dass sich auch die vorhandenen Trends bei den Effizienz- bzw. Produktivitätssteigerungen, die z.T. auf frühere staatliche Regelungen und Maßnahmen zurückzuführen sind, fortsetzen werden. Ausgewählte Beispiele der Arten von Trends und bestehenden Politikmaßnahmen, die im Basisszenario berücksichtigt sind, sind in Tabelle 1.1 zusammengefasst und werden in den einschlägigen Kapiteln näher erörtert.

Da das Basisszenario keinen neuen Politikmaßnahmen Rechnung trägt, wurde es im vorliegenden *Umweltausblick* als Referenzszenario verwendet, mit dem die modellbasierten Simulationen neuer Politikmaßnahmen verglichen werden. Die Unterschiede zwischen den Projektionen des Basisszenarios und den Politiksimulationen wurden analysiert, um ihre wirtschaftlichen und ökologischen Auswirkungen aufzuzeigen. Diese Simulationen sollen

Tabelle 1.1 **Beispiele für bestehende Politikmaßnahmen und im Basisszenario unterstellte Trends**

Bisherige Politikmaßnahmen, die bis 2050 beibehalten werden dürften	Indikatoren gegenwärtiger Bedingungen, die bis 2050 fortbestehen dürften
Sozioökonomische Entwicklungen (Kapitel 2 sowie alle weiteren Kapitel)	
■ Alle wirtschaftspolitischen Maßnahmen, die das Wirtschaftswachstum beeinflussen, darunter Arbeitsmarkt-, Fiskal- und Handelspolitik	■ Demografische Entwicklungen (Bevölkerungswachstum und -alterung, Verstädterung) ■ Verbesserungen der Faktorproduktivität ■ Pro-Kopf-BIP ■ Landnutzungsstrukturen
Klimawandel (Kapitel 3)	
■ Maßnahmen im Bereich fossile und erneuerbare Energien, Förderprogramme für Biokraftstoffe ■ Emissionshandelssysteme[1]	■ Emissionen aus industrieller, energiebezogener und landwirtschaftlicher Tätigkeit ■ Treibhausgaskonzentration in der Atmosphäre
Biologische Vielfalt (Kapitel 4)	
■ Ausweisung und Konzeption von Schutzgebieten ■ Stützungsmaßnahmen für den Agrarsektor	■ Verlust an Artenvielfalt ■ Emissionen aus industrieller, energiebezogener und landwirtschaftlicher Tätigkeit sowie Abwasserbehandlungsanlagen
Wasser (Kapitel 5)	
■ Investitionen in Bewässerungsinfrastruktur und Effizienzsteigerungen ■ Investitionen in Infrastrukturen für Wasserversorgung und Abwasserbehandlung	■ Wasserkreislauf ■ Emissionen aus industrieller, energiebezogener und landwirtschaftlicher Tätigkeit sowie Abwasserbehandlungsanlagen
Gesundheit und Umwelt (Kapitel 6)	
■ Investitionen in Infrastrukturen für Wasserversorgung und Abwasserbehandlung	■ Krankheitslast ■ Emissionen aus industrieller, energiebezogener und landwirtschaftlicher Tätigkeit sowie Abwasserbehandlungsanlagen

1. So ist etwa die bis 2012 laufende zweite Phase des Emissionshandelssystems der Europäischen Union derzeit in Kraft und wurde daher in das Basisszenario aufgenommen. Die dritte Phase, die noch nicht umgesetzt worden ist, wurde im Basisszenario nicht berücksichtigt, fand jedoch in die Politiksimulationen der künftigen Klimaschutzmaßnahmen Eingang.

weniger als Handlungsanweisung gedacht sein, sondern vielmehr der Veranschaulichung dienen. Sie sollen Aufschluss über Art und Größenordnung der Wirkungen geben, die von den untersuchten Maßnahmen zu erwarten sind, sind jedoch nicht notwendigerweise als Empfehlungen für bestimmte Politikmaßnahmen zu verstehen. Die für den vorliegenden *Umweltausblick* modellierten Politiksimulationen sind in Tabelle 1.2 zusammengefasst und werden in den einschlägigen Kapiteln und ihren Anhängen näher erörtert.

Geografischer und zeitlicher Rahmen

Der vorliegende *Umweltausblick* stützt sich zwar auf die Analyse der langfristigen weltweiten Trends bis 2050, ein Ziel besteht jedoch auch darin, die Trends und Politikoptionen für die OECD-Länder und die BRIICS zu ermitteln. Die Modellprojektionen im *Umweltausblick* sind anhand unterschiedlicher regionaler Aggregationsebenen bzw. Ländergruppen dargestellt, die von ihrer Bedeutung für die jeweiligen Themen abhängig sind. Die drei am häufigsten in diesem Bericht verwendeten Gruppen sind die OECD-Länder, die BRIICS und die übrige Welt, hinzu kommen 15 regionale Gruppen. Diese sind in Tabelle 1.3 dargestellt, aus der auch hervorgeht, wie die in den verschiedenen Modellen verwendeten Ländergruppen

Tabelle 1.2 **Politiksimulationen im OECD-Umweltausblick bis 2050**

Name des Politikszenarios und Fundstelle	Unterschiede bei den wichtigsten Annahmen gegenüber dem Basisszenario
Alle Kapitel	
Zentrales 450-ppm-Szenario	■ Begrenzung der Treibhausgaskonzentration auf 450 ppm (Teile pro Million) bis zum Ende des 21. Jahrhunderts ■ Klimaschutzmaßnahmen beginnen 2013, jedoch bei voller Flexibilität in Bezug auf Zeitplan, Quellen und Emissionsgase; globaler CO_2-Handel wird durchgeführt
Kapitel 3 Klimawandel	
Beschleunigtes 450-ppm-Szenario	■ Wie beim zentralen 450-ppm-Szenario, aber mit bedeutenden Klimaschutzmaßnahmen, die bis 2030 ergriffen werden („Vorziehen" der Klimaschutzmaßnahmen)
Verzögertes 450-ppm-Szenario	■ Wie beim zentralen 450-ppm-Szenario, aber bis 2020 beschränken sich die Klimaschutzmaßnahmen auf die Zusagen der Länder von Kopenhagen/Cancún; bis 2020 nur fragmentiert vorhandener CO_2-Handel
Reform der Subventionen für fossile Brennstoffe – isolierte Betrachtung	■ Die Subventionen für fossile Brennstoffe laufen sowohl in den Entwicklungsländern als auch in den aufstrebenden Volkswirtschaften bis zum Jahr 2020 aus
Reform der Subventionen für fossile Brennstoffe plus 450-ppm-Szenario	■ Kombination des zentralen 450-ppm-Szenarios und des isoliert betrachteten Szenarios der Reform der Subventionen für fossile Brennstoffe
Kapitel 3 und 4 Klimawandel und biologische Vielfalt	
Zentrales 550-ppm-Szenario	■ Wie beim 450-ppm-Szenario, jedoch mit dem Ziel einer Konzentration von 550 ppm bis zum Ende des Jahrhunderts
550-ppm-Szenario mit geringem Bioenergieanteil	■ Begrenzung des Klimawandels wie im zentralen 550-ppm-Szenario, jedoch mit geringerer Nutzung von Bioenergie im Energiemix
Zentrales 450-ppm-Szenario plus reduzierte Landnutzung	■ Begrenzung des Klimawandels wie beim zentralen 450-ppm-Szenario, jedoch mit verbesserter Landnutzung sowie unter Einbeziehung des REDD-Mechanismus in das Portfolio an möglichen Klimaschutzmaßnahmen
Kapitel 4 Biologische Vielfalt	
Ausweitung von Naturschutzgebieten	■ Verwirklichung des 17%-Schutzgebiete-Ziels für jede der 65 großen Ökoregionen, um die Vertretung aller ökologischen Lebensräume zu gewährleisten
Kapitel 5 Wasser	
Ressourceneffizienz-Szenario	■ Wie beim zentralen 450-ppm-Szenario, jedoch mit geringerem Wasserbedarf in der thermischen Stromerzeugung und einem größeren Anteil erneuerbarer Energien ■ Weitere Effizienzsteigerungen im Bewässerungsbereich in den Nicht-OECD-Ländern um 15% ■ Allgemein leichte Verbesserungen der Wassereffizienz im Rahmen der Nutzung durch das Verarbeitende Gewerbe und die privaten Haushalte
Nährstoffrecycling und -minderung	■ Weltweit bis zum Jahr 2050 20% weniger überschüssiger Stickstoff (N) und Phosphor (P) in der Landwirtschaft ■ 35% geringerer Nährstoffgehalt des Abwassers im Jahr 2050
Kapitel 5 und 6 Wasser sowie Gesundheit und Umwelt	
Szenario des beschleunigten Zugangs	■ Ein zweistufiger Ansatz, der folgende Schritte umfasst: a) Halbierung der Bevölkerung ohne Zugang zu besserer Wasserversorgung und sanitärer Grundversorgung gegenüber dem Stand von 2005, danach b) Verwirklichung des universellen Zugangs zu besserer Wasserversorgung und sanitärer Grundversorgung bis 2050
Kapitel 6 Gesundheit und Umwelt	
Verringerung der Luftverschmutzung um 25%	■ 25%ige Verringerung der Stickoxid-(NO_x-), Schwefeldioxid-(SO_2-) und Rußemissionen

Anmerkung: Weitere Einzelheiten zu den wichtigsten Annahmen, die den Politiksimulationen zu Grunde liegen, sind in den einschlägigen Kapiteln und ihren Anhängen erörtert.

Tabelle 1.3 **Im OECD-Umweltausblick bis 2050 verwendete Regionen und Ländergruppen**

IMAGE 24 Regionen	ENV-Linkages 15 Regionen	Große Regionen
Kanada	Kanada	OECD
Vereinigte Staaten	Vereinigte Staaten	
Mexiko	Mexiko	
Japan	Japan und Korea	
Korea		
Ozeanien	Ozeanien	
OECD-Europa	EU27 und EFTA	
Mitteleuropa		
Brasilien	Brasilien	BRIICS
Indien[1]	Indien	
Indonesien	Indonesien	
China	China	
Südliches Afrika[1]	Südafrika	
Russland	Russland	
Türkei	Übriges Europa	Übrige Welt
Region Ukraine		
Nordafrika	Naher Osten und Nordafrika	
Naher Osten		
Westafrika	Übrige Welt	
Ostafrika		
Asien-Stan[1]		
Südostasien		
Übriges Zentralamerika		
Übriges Südamerika		

1. In der IMAGE-Modellreihe bezieht sich Indien auf die „Region Indien", zu der auch Afghanistan, Bangladesch, Bhutan, die Malediven, Nepal, Pakistan und Sri Lanka gehören, wenn es um Landnutzung, biologische Vielfalt, Wasser und Gesundheit geht. Für energiebezogene Modelle ist die Region in das Land Indien und das „übrige Südasien" aufgeteilt worden. Ebenso zählen zur Region Südliches Afrika zehn Länder in demselben geografischen Gebiet, darunter die Republik Südafrika, wenn es um Landnutzung, biologische Vielfalt, Wasser und Gesundheit geht. Für energiebezogene Modelle ist die Region in die Republik Südafrika und das „übrige südliche Afrika" aufgeteilt worden. Zu den Stan-Ländern zählen Kasachstan, Kirgisistan, Tadschikistan, Turkmenistan und Usbekistan.
Anmerkung: Wegen weiterer Informationen über die Regionen und Ländergruppen vgl. *www.oecd.org/environment/outlookto2050*.

einander entsprechen. In den verschiedenen Kapiteln wird zur Veranschaulichung von Trends darüber hinaus auch auf andere Ländergruppen bzw. -auswahlen zurückgegriffen. So beziehen sich beispielsweise im Kapitel über den Klimawandel die „Annex-I"-Länder auf die Industrieländer, die im Rahmenübereinkommen der Vereinten Nationen über Klimaänderungen Annex I des Kyoto-Protokolls unterzeichnet haben (vgl. Kapitel 3).

Dieser Bericht enthält verschiedene Zeithorizonte, die für bestimmte Ziele von Bedeutung sind, z.B. 2015, 2020, 2030, 2050. Für die Projektionen der Klimaänderungsfolgen sowie die Analyse der Politikoptionen wird der Zeithorizont auf 2100 ausgedehnt. In manchen Kapiteln werden mittelfristige (z.B. von „heute" bis 2020 bzw. 2030) und langfristige (von 2020 bzw. 2030 bis 2050) Politikmaßnahmen miteinander verglichen, um weitere Erkenntnisse zu gewinnen. Das Basisjahr ist 2010, sofern nicht anders angegeben.

Unsicherheitsfaktoren einbeziehen

Eine gehörige Portion Demut ist bei der Erstellung modellbasierter Projektionen angezeigt, insbesondere bei langfristigen Projektionen, die Jahrzehnte in die Zukunft reichen. Der vorliegende *Umweltausblick* bildet hierbei keine Ausnahme. Für eine Vielzahl von Mechanismen, die Wirtschaftswachstum und Umweltbelastungen auf lange Sicht bestimmen, fehlt uns ein genaueres Verständnis. Dies bedeutet, dass es Ungewissheiten in Bezug auf die Eingangsdaten sowie die Zusammenhänge zwischen den in den Modellen angenommenen Antriebsfaktoren und Umweltbelastungen gibt (Kasten 1.3). Es dürften ferner Schocks auftreten, etwa tiefe bzw. länger andauernde Wirtschaftskrisen (vgl. Kapitel 2, Kasten 2.2) oder Naturkatastrophen, die in diesen langfristigen Projektionen weder vorhergesehen noch berücksichtigt werden können. Es bestehen Unsicherheiten im Hinblick auf die wissenschaftlichen Daten, insbesondere bezüglich der Frage, wo die ökologischen Schwellen und Kipp-Punkte („Tipping-Points") liegen könnten.

Kasten 1.3 **Wichtige Quellen der Modellunsicherheit**

Unsicherheiten bei den Modellparametern: Die Modellparameter werden auf Grund von empirischen Quellen geschätzt bzw. kalibriert. Auf Grund dessen besteht eine gewisse statistische Unsicherheit in Bezug auf den Wert der Parameter. Um diese Unsicherheit auszuschalten, wird mittels Sensitivitätsanalysen häufig der Effekt kleiner Parameteränderungen auf die Modellergebnisse untersucht. Sie zeigen oftmals auf, dass sich die *quantitativen* Ergebnisse des Modells bei einer Revision der Parameter zwar ändern können, dass sich die *qualitativen* Ergebnisse und Schlussfolgerungen jedoch sehr viel schwerer umstoßen lassen.

Unsicherheiten in Bezug auf die Antriebskräfte: Als Grundlage für die daraus zu gewinnenden Ergebnisse müssen Projektionen der künftigen Antriebskräfte – etwa des demografischen bzw. technologischen Wandels – im Modell berücksichtigt werden. Unsicherheiten bei den Antriebskräften schlagen sich unmittelbar in Unsicherheiten in den Modellprojektionen nieder. Bei der Analyse spezifischer Politikprogramme kann die Unsicherheitsmarge verringert werden, indem sich die Aufmerksamkeit auf die wichtigsten Alternativen zum Referenzfall (d.h. zum Basisszenario) konzentriert, die für die untersuchten Politikfragen von besonderer Bedeutung sind. Ein Ausgangspunkt für die Analyse dieser Alternativen wäre eine Untersuchung von Varianten der wichtigsten Antriebskräfte des Basisszenarios. So wurden in der Ausgabe des *OECD-Umweltausblicks* von 2008 beispielsweise Varianten der gesamtwirtschaftlichen Produktivität der Länder untersucht. Durch die Konzentration auf relative Veränderungen bzw. Unterschiede zwischen den Projektionen des Basisszenarios und den Politiksimulationen anstelle der absoluten Niveaus sind die Ergebnisse weniger stark von den tatsächlichen Projektionen des Basisszenarios abhängig.

Unsicherheiten in der Modellstruktur: Es gibt zahlreiche Theorien, die zur Untermauerung einer Modellstruktur herangezogen werden können. Es wird eine Auswahl in Bezug auf die Analyseparameter getroffen, durch die sich die verschiedenen Denkschulen unterscheiden. Das für den vorliegenden *Umweltausblick* verwendete berechenbare allgemeine Gleichgewichtsmodell ist ein geläufiges Analyseinstrument zum Verständnis wirtschaftlicher Phänomene. In der Praxis stellt die korrekte Validierung eine gewaltige Aufgabe dar, die den Rahmen dieses *Umweltausblicks* sprengen würde. Die Projektionen sind von diesen Entscheidungen bezüglich der Modellauswahl abhängig. Dieser Unsicherheitsbereich dürfte eher die qualitativen Ergebnisse verändern: Unterschiedliche Modelle werden zu unterschiedlichen Ergebnissen führen.

Diese Unsicherheiten brauchen indessen nicht als Einschränkungen begriffen zu werden. Stattdessen wird im vorliegenden *Umweltausblick* versucht, die Ungewissheiten „mitzuberücksichtigen", da sie dazu beitragen können, die Wechselwirkungen zwischen der Wirtschaft und der Umwelt aufzuzeigen und zu ermitteln, wo weitere Arbeiten erforderlich sind, um die Wissensgrundlage zu verbessern. In jedem Themenkapitel dieses *Umweltausblicks* werden die Unsicherheiten umrissen, mit denen das jeweilige Thema behaftet ist, zudem wird erörtert, was diese für die Politikverantwortlichen bedeuten könnten.

Die Projektionen des Basisszenarios dieses *Umweltausblicks* werden gegebenenfalls mit anderen modellbasierten Szenarien aus der Fachliteratur verglichen. Wenn die verschieden Modelle, die für den *Umweltausblick* verwendet wurden, auf dieselben Probleme eingehen – beispielsweise wurden Treibhausgasemissionen sowohl im ENV-Linkages-Modell als auch in der IMAGE-Reihe modelliert –, werden die Ergebnisse der jeweiligen Modelle miteinander verglichen und erörtert. Der Vergleich der Ergebnisse verschiedener Modellierungsrahmen trägt zum Verständnis der Unterschiede zwischen den Modellen und zur Ermittlung der Bandbreite der Schätzwerte bei. Darüber hinaus werden Unsicherheiten bezüglich der Durchführbarkeit von Politikoptionen (im Hinblick auf politische und öffentliche Unterstützung, technologisches Potenzial bzw. Kosten) mittels Simulationen einer Reihe von Politikvarianten angesprochen, wie dies z.B. in Kapitel 3 zum Klimawandel der Fall ist.

3. Wie ist der Bericht aufgebaut?

Im folgenden Kapitel 2 werden die zu Grunde liegenden sozioökonomischen Antriebskräfte von Umweltveränderungen dargestellt, die in den anschließenden Kapiteln zu den verschiedenen Umweltthemen erörtert werden. Im ersten Teil werden die wichtigsten sozioökonomischen Antriebskräfte beschrieben, die sich auf die wirtschaftliche Entwicklung und die Umweltveränderungen bis 2050 auswirken, darunter die Bevölkerungsdynamik und die Arbeitsmärkte, die Verstädterung sowie das Wirtschaftswachstum. In diesem Kapitel werden darüber hinaus die wichtigsten wirtschaftlichen Entwicklungen erörtert, die sich am unmittelbarsten auf die Umwelt auswirken, nämlich die Bereiche Energie und Flächennutzung.

Der *Umweltausblick* enthält ferner vier Kapitel zu den entscheidenden ökologischen Herausforderungen: Klimawandel (Kapitel 3), biologische Vielfalt (Kapitel 4), Wasser (Kapitel 5) sowie Gesundheit und Umwelt (Kapitel 6). In jedem Kapitel werden die wichtigsten Umwelttrends sowie die Projektionen des Basisszenarios bis 2050 erörtert, d.h. wie die Zukunft aussehen könnte, sofern keine neuen Politikmaßnahmen ergriffen werden. Einige davon werden modelliert, während auf andere qualitativ eingegangen wird. In Anbetracht der Datenverfügbarkeit und der Einschränkungen des Modellierungsrahmens variiert der relative Erfassungsgrad der quantitativen gegenüber der qualitativen Analyse von Kapitel zu Kapitel. Wo möglich, werden die Kosten des Nichthandelns in Anbetracht dieser ökologischen Herausforderungen unter Rückgriff auf die in der Fachliteratur verfügbaren Daten erörtert.

In jedem Kapitel werden anschließend die Politikoptionen und die jüngsten Fortschritte bei den Politikmaßnahmen im Hinblick auf die Bewältigung des jeweiligen Problems geprüft sowie die darüber hinaus notwendigen Maßnahmen – ebenso wie mögliche neue Probleme – umrissen. Die Erkenntnisse aus den Politiksimulationen werden zur Veranschaulichung der Diskussion der Politikoptionen dargestellt. Nach Möglichkeit werden auch konkrete Länderbeispiele angeführt. Die wichtigsten Erkenntnisse und Politikoptionen sind zu Beginn jedes Kapitels in einem Kasten zusammengefasst, in dem die Kernaussagen enthalten sind.

Anhang A zum Modellierungsrahmen am Ende des Berichts ergänzt die Diskussion der für diesen *Umweltausblick* verwendeten Methode und bietet weitere technische Einzelheiten über den Modellierungsrahmen. Auch in den Anhängen zu den einzelnen Kapiteln finden sich eingehende technische Erörterungen der für die Politiksimulationen zu Grunde gelegten Annahmen. Darüber hinaus wird der vorliegende *Umweltausblick* von technischen Hintergrunddokumenten begleitet, die als *OECD Environment Working Papers* veröffentlicht werden.

Anmerkungen

1. Die Projektionen im *Umweltausblick* 2008 (OECD, 2008) reichten bis 2030 und deckten eine größere Bandbreite ökologischer Herausforderungen sowie ihrer Antriebskräfte ab als der vorliegende *Umweltausblick*. Die für Umwelt zuständigen Minister der OECD-Länder forderten die OECD jedoch auf, das Augenmerk des neuen *Umweltausblicks* auf diese vier dringendsten Themenbereiche zu legen. In diesem *Umweltausblick* wird darüber hinaus der Horizont der Projektionen bis 2050 ausgedehnt und eine Bestandsaufnahme der jüngsten Fortschritte auf internationaler wie nationaler Ebene bei der Umsetzung von Politikmaßnahmen zur Bewältigung der vier ökologischen Herausforderungen durchgeführt. Die für die Analysen in diesem *Umweltausblick* verwendeten Modelle sind weiter präzisiert und aktualisiert worden.

2. Seit der Ausgabe 2008 des *OECD-Umweltausblicks* (OECD, 2008) wurde das ENV-Linkages-Modell weiterentwickelt und für die Analyse weiter präzisiert, wie in der Publikation *Economics of Climate Change Mitigation* (OECD, 2009) veröffentlicht, in der die ökologische Wirksamkeit sowie die volkswirtschaftlichen Kosten der unterschiedlichen Einzelmaßnahmen und Maßnahmenkataloge zur Verringerung der weltweiten Treibhausgasemissionen untersucht wurden. In jüngster Zeit ist das ENV-Linkages-Modell erneut überarbeitet worden, um die anlässlich des G20-Gipfels in Pittsburgh im Jahr 2009 in Auftrag gegebenen Arbeiten zur Modellierung der Auswirkungen des Entzugs der Subventionierung fossiler Brennstoffe zu unterstützen. Für diesen *Umweltausblick bis 2050* ist das ENV-Linkages-Modell erneut weiterentwickelt, präzisiert und aktualisiert worden (z.B. durch die Nutzung jüngerer Daten zur Wirtschaftstätigkeit und zur Energienutzung, die auch die Wirtschaftskrise 2008-2009 berücksichtigen, vgl. Kapitel 2).

3. Längen- und Breitengrade auf der Erdoberfläche.

Literaturverzeichnis

OECD (2001), *OECD Environmental Outlook*, OECD Publishing, Paris. doi: 10.1787/9789264188563-en.

OECD (2008), *OECD-Umweltausblilck bis 2030*, OECD Publishing, Paris. doi: 10.1787/9789264040519-en.

OECD (2009), *The Economics of Climate Change Mitigation: Policies and Options for Global Action*, OECD Publishing, Paris, doi: 10.1787/9789264073616-en.

OECD (2011), *Towards Green Growth, OECD Green Growth Studies*, OECD Publishing, Paris. doi: 10.1787/9789264111318-en.

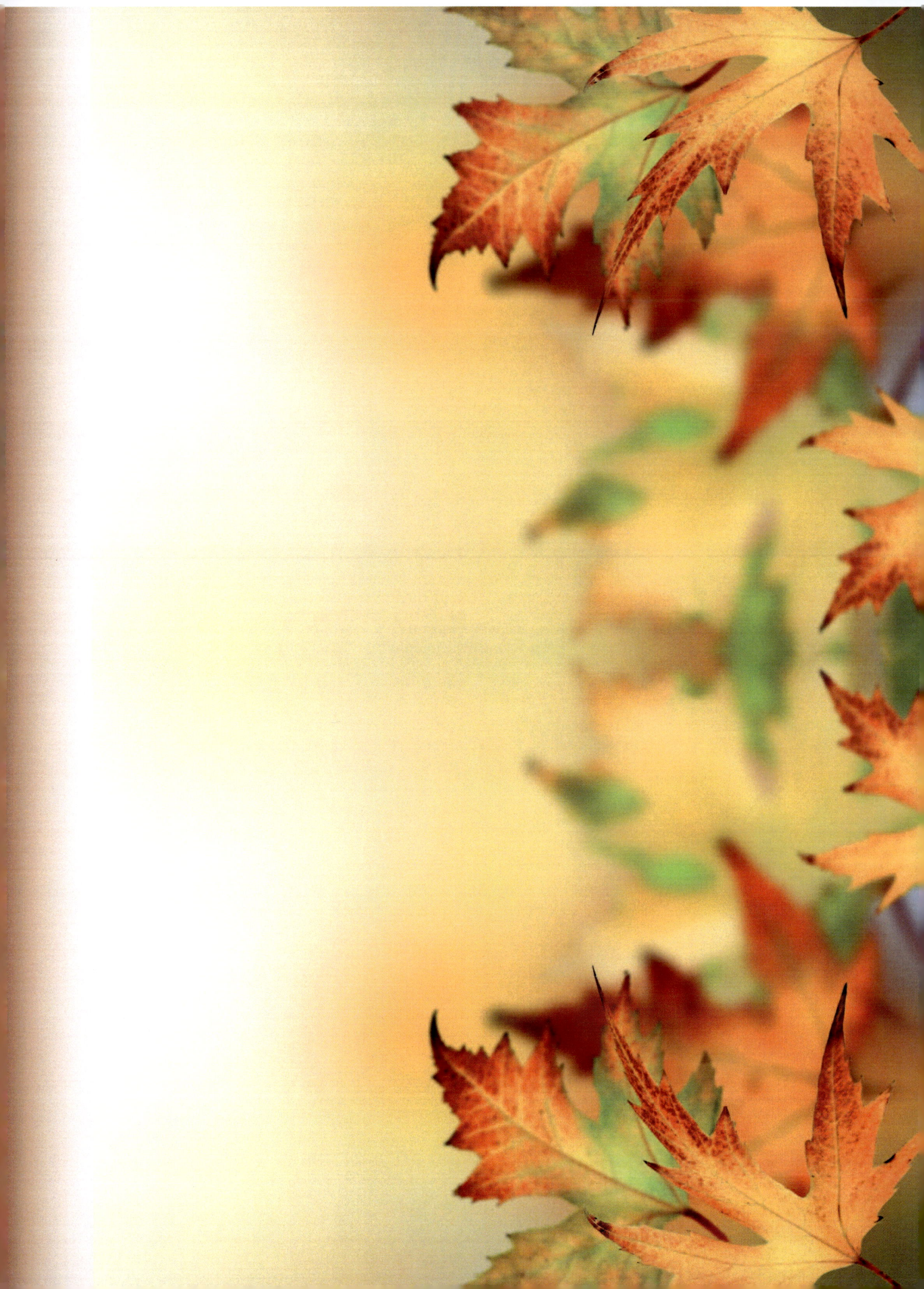

Kapitel 2

Sozioökonomische Entwicklungen

von

Rob Dellink, Ton Manders (PBL), Jean Chateau, Bertrand Magné,
Detlef van Vuuren (PBL), Anne Gerdien Prins (PBL)

Dieses Kapitel beginnt mit einer Beschreibung der aktuellen demografischen Entwicklungen und der entsprechenden Projektionen des Basisszenarios (vor allem für das Wachstum und die Zusammensetzung der Bevölkerung, einschließlich Bevölkerungsalterung und Urbanisierung). Danach werden die Wirtschaftstrends und -projektionen umrissen, darunter das Wirtschaftswachstum (BIP, Konsum, sektorale Zusammensetzung) und seine Antriebskräfte, namentlich Arbeit und Kapital. Diese Trends basieren auf einer allmählichen bedingten Konvergenz der Einkommensniveaus zwischen den einzelnen Ländern. Im letzten Abschnitt werden zwei Faktoren untersucht, durch die ein direkter Zusammenhang zwischen Wirtschaftstendenzen und Umweltbelastungen entsteht: Energieverbrauch (z.B. ein Energiemix aus fossilen und erneuerbaren Energieträgern sowie Kernenergie) und die Landnutzung (insbesondere landwirtschaftliche Nutzflächen). Die im Basisszenario des Umweltausblicks projizierten sozioökonomischen Kernentwicklungen, die in diesem Kapitel dargelegt werden, dienen als Grundlage für die in den anderen Kapiteln dieses Ausblicks beschriebenen Umweltprojektionen. Im Mittelpunkt des Kapitels stehen die globalen Projektionen für wichtige Weltregionen, namentlich die Gruppe der OECD-Länder, die aufstrebenden Volkswirtschaften Brasilien, Russland, Indien, Indonesien, China und Südafrika (BRIICS) sowie die übrige Welt.

KERNAUSSAGEN

In diesem Kapitel wird untersucht, wie sich Wirtschaftswachstum, Bevölkerung, Erwerbsbeteiligung, Urbanisierung sowie Energie und Landnutzung global und regional bis zum Jahr 2050 entwickeln könnten, wenn keine neuen Politikmaßnahmen eingeführt werden. Die im Basisszenario des *Umweltausblicks* projizierten sozioökonomischen Kernentwicklungen, die in diesem Kapitel dargelegt werden, dienen als Grundlage für die in den anderen Kapiteln dieses *Ausblicks* beschriebenen Umweltprojektionen. Aus den Erkenntnissen folgt, dass das Basisszenario (d.h. eine Fortsetzung der bisherigen Politik) kein tragfähiger Pfad für die zukünftige Entwicklung ist, da es zu beträchtlichen Umweltbelastungen und erheblichen Kosten führt.

- **Das weltweite Bruttoinlandsprodukt (BIP)** wird sich den Projektionen zufolge in den kommenden vierzig Jahren fast vervierfachen, was dem Trend der vergangenen vierzig Jahre entspricht. Es ist damit zu rechnen, dass der Anteil der OECD-Länder an der Weltwirtschaft von 54% im Jahr 2010 auf unter 32% im Jahr 2050 zurückgeht, wohingegen der Anteil von Brasilien, Russland, Indien, Indonesien, China und Südafrika (BRIICS) auf mehr als 40% ansteigen dürfte. Laut Projektionen wird China die Vereinigten Staaten gemessen am BIP und ausgedrückt in Kaufkraftparitäten (KKP) um das Jahr 2012 als größte Volkswirtschaft der Welt überholen. Indiens BIP wird das BIP der Vereinigten Staaten den Projektionen zufolge noch vor dem Jahr 2040 überholen. Die durchschnittlichen BIP-Wachstumsraten der globalen „Wachstumsmotoren" von heute – China und Indien – könnten sich bis 2050 zwar verlangsamen, lägen aber immer noch erheblich über der durchschnittlichen Wachstumsrate der OECD-Länder. Laut Projektionen des Basisszenarios wird Afrika zwischen 2030 und 2050 zwar hohe wirtschaftliche Wachstumsraten verzeichnen, aber dennoch der ärmste Kontinent bleiben.

Projektionen für das reale Bruttoinlandsprodukt: Basisszenario, 2010-2050

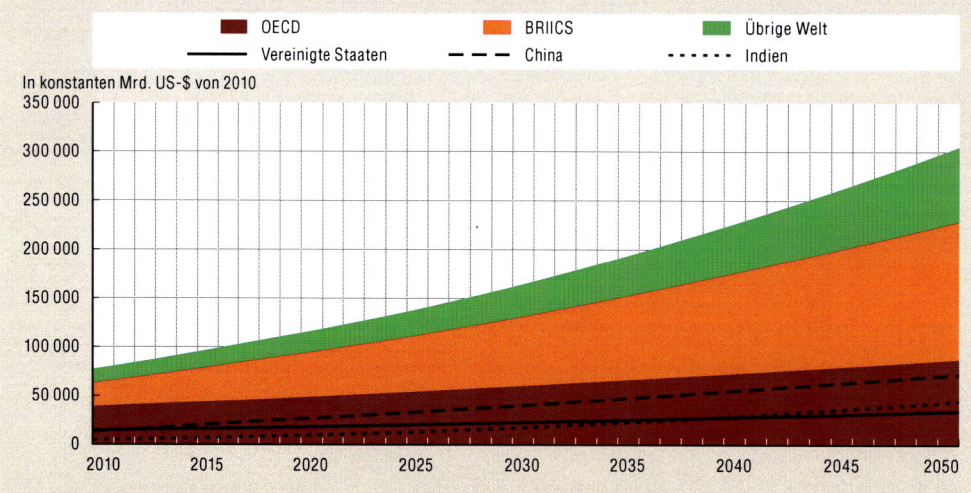

Anmerkung: Die Bewertung basiert auf konstanten Kaufkraftparitäten (KKP) von 2010.
Quelle: Basisszenario des *OECD-Umweltausblicks*; Ergebnisse von Berechnungen anhand des ENV-Linkages-Modells.
StatLink ⟶ http://dx.doi.org/10.1787/888932570183

- Die demografischen Entwicklungen unterscheiden sich in den einzelnen Regionen und Ländern erheblich. Die **Weltbevölkerung** wird den Projektionen zufolge bis 2050 um weitere 2,2 Milliarden Menschen wachsen und die Marke von fast 9,2 Milliarden erreichen. Dieses Wachstum wird in erster Linie in Südasien, dem Nahen Osten und insbesondere in Afrika stattfinden. Die Bevölkerungsprofile werden in allen Regionen älter, vor allem in China und in den OECD-Ländern.

- Die **Urbanisierung** der Bevölkerungen nimmt zu. Bis 2050 werden laut den Projektionen 2,8 Milliarden Menschen mehr in städtischen Räumen leben als heute, so dass fast 70% der Weltbevölkerung in Ballungsgebieten leben werden. Es ist damit zu rechnen, dass die Landbevölkerung um 0,6 Milliarden Menschen zurückgehen wird. Diese Urbanisierung hat Vor- und Nachteile – eine stärker konzentrierte Bevölkerung kann im Allgemeinen zwar leichter mit moderner Energie- und Wasserinfrastruktur versorgt werden, die Außenluftverschmutzung wird jedoch zunehmen, was in Slums zu einer Verschlechterung der Umweltbedingungen mit schwerwiegenden Konsequenzen für die menschliche Gesundheit führen könnte.

- Laut Projektionen des Basisszenarios wird der weltweite **Energieverbrauch** im Jahr 2050 etwa 80% höher sein als heute. Die Mischung der weltweit in den Handel gelangenden Energieträger dürfte sich 2050 nicht wesentlich von der heutigen Mischung unterscheiden; fossile Energieträger werden nach wie vor etwa 85% ausmachen, auf erneuerbare Energieträger (einschließlich Biokraftstoffe, aber ohne herkömmliche Biomasse) werden knapp über 10% entfallen, und der Rest wird durch Kernenergie abgedeckt werden. In Bezug auf die fossilen Energieträger ist noch unklar, ob Kohle oder Gas die Hauptquelle des steigenden Energieaufkommens sein wird.

- Die landwirtschaftlich genutzte **Fläche** dürfte in den nächsten zehn Jahren weltweit zunehmen, um die steigende Nahrungsmittelnachfrage einer wachsenden Bevölkerung zu decken, wodurch der Wettbewerb um Landflächen verschärft wird. Es wird erwartet, dass die landwirtschaftlichen Nutzflächen noch vor 2030 ihre maximale Ausdehnung erreichen und dann unter dem Einfluss des sich verlangsamenden Bevölkerungswachstums und der kontinuierlichen Ertragssteigerungen zurückgehen. Die Entwaldungsraten sind bereits rückläufig, und dieser Trend wird den Projektionen zufolge andauern, insbesondere nach 2030, wenn die Nachfrage nach weiteren landwirtschaftlichen Nutzflächen nachlassen wird.

1. Einleitung

In diesem Kapitel werden die wichtigsten sozioökonomischen Antriebskräfte von Umweltveränderungen beschrieben, die den Hauptumweltbelangen dieses *Ausblicks* zu Grunde liegen: Wirtschaftswachstum, demografische Veränderungen, Erwerbsbeteiligung, Urbanisierung sowie Energie und Landnutzung. In dem Basisszenario des *Umweltausblicks*, das von einer gleichbleibenden Politik ausgeht, wurden all diese Antriebskräfte modelliert um festzustellen, wie sie sich bis 2050 entwickeln könnten, falls keine neuen Politikmaßnahmen ergriffen werden.

Dieses Kapitel beginnt mit einer Beschreibung der aktuellen demografischen Entwicklungen und der Projektionen des Basisszenarios (vor allem Wachstum und Zusammensetzung der Bevölkerung sowie Urbanisierung) (Kasten 2.1). Dann werden die Wirtschaftstrends und -projektionen dargelegt. Diese Trends basieren auf einer allmählichen Konvergenz der Einkommensniveaus zwischen den einzelnen Ländern (Kasten 2.3)[1]. Im letzten Abschnitt werden zwei Faktoren untersucht, die einen direkten Zusammenhang zwischen Wirtschaftstendenzen und Umweltbelastungen herstellen: Energieverbrauch und Landnutzung.

> **Kasten 2.1 Es geht um Projektionen und nicht um Vorhersagen**
>
> Ein Basisszenario ist keine Vorhersage zukünftiger Entwicklungen (Kapitel 1). Stattdessen werden für mehrere wichtige Wirtschafts- und Umweltvariablen auf der Grundlage aktueller Trends und einiger Arbeitshypothesen über die Zukunft Trends konstruiert, die in Zukunft zu erwarten sind. Das Basisszenario des *Umweltausblicks* geht davon aus, dass in Bezug auf die im *Ausblick* angesprochenen Umweltbelange keine neuen Politikmaßnahmen ergriffen werden, andere staatliche Maßnahmen, die sich aus den projizierten Trends der Kernvariablen ergeben, werden jedoch implizit aufgenommen. Dadurch entsteht ein Referenzwert, anhand dessen die Politikszenarien, die darauf zielen, die Umweltqualität in Bezug auf die untersuchten Sachverhalte zu verbessern, beurteilt werden können.

Umweltbelastungen, die Kosten der Untätigkeit und umweltverträgliches Wachstum

Das in diesem *Ausblick* vorgestellte Basisszenario impliziert erhebliche Umweltbelastungen. Wie weiter unten und in nachfolgenden Kapiteln erörtert wird, bringen diese Belastungen große Risiken und Kosten mit sich, die das Naturkapital, die Basis des Wirtschaftswachstums, schwächen könnten. Aus diesem Grund kann das Basisszenario nicht als tragfähiger Pfad für die zukünftige Entwicklung betrachtet werden.

Es ist zwar ungewiss, wie diese Auswirkungen genau ausfallen werden, die Folgen können jedoch schwerwiegend sein, wenn keine Maßnahmen ergriffen werden, um die Umweltbelastungen anzugehen und wenn die Umweltauswirkungen der wirtschaftlichen Tätigkeiten nicht berücksichtigt werden. In OECD (2008a) wird in Bezug auf die wichtigsten Umweltherausforderungen, einschließlich Klimawandel, Wasserverschmutzung und umweltbezogene Gesundheitsfragen, ein Überblick über die Kosten bei Untätigkeit gegeben. Als wichtige Erkenntnisse dieses Überblicks sind zu nennen: a) „Definition und Messung der Kosten bei Untätigkeit sind komplex", insbesondere bei den immateriellen Folgen der Umweltbelastung und b) „trotz der Messungsschwierigkeiten lässt die Fachliteratur eindeutig darauf schließen, dass die Kosten bei politischer Untätigkeit in ausgewählten Umweltbereichen erheblich sein können". In jedem Themenkapitel dieses *OECD-Umweltausblicks bis 2050* werden die Auswirkungen eines Basisszenarios, das von einer gleichbleibenden Politik ausgeht, beleuchtet und die Kosten bei Untätigkeit auf der Basis der einschlägigen Literatur beurteilt.

Wenn die Kosten des Nichthandelns im Hinblick auf die großen Umweltherausforderungen in dieser Beurteilung vollständig berücksichtigt würden, wäre das zukünftige BIP niedriger, als in dem nachstehend erörterten Basisszenario des *Umweltausblicks* projiziert wird. Aus dem gleichen Grund werden die Vorteile umweltpolitischer Maßnahmen möglicherweise unterschätzt. In Bezug auf die materiellen Folgen der Untätigkeit wird der Zusammenhang zwischen den Umweltbelastungen und den Auswirkungen auf die verschiedenen Umweltbereiche in der Analyse des *Ausblicks* berücksichtigt. So beeinträchtigen z.B. die durch den Klimawandel verursachten Änderungen in der Temperatur und in den Niederschlagsmustern die landwirtschaftliche Produktivität. Das wiederum führt zu einem höheren Bedarf an landwirtschaftlichen Nutzflächen und einer Zunahme der Entwaldung, wodurch der Schwund der biologischen Vielfalt noch verschärft werden kann. Bei einer Fortsetzung der im Basisszenario unterstellten gleichbleibenden Politik besteht die Gefahr, dass biophysikalische Grenzen oder Kipp-Punkte überschritten und andere nichtlineare, weitreichende (systemische) und irreversible Schäden verursacht werden (siehe Kapitel 3, Abschnitt 2; Kapitel 4, Kasten 4.1).

Es ist eindeutig ein Übergang zu einem umweltfreundlicheren Wachstum erforderlich (OECD, 2011), um die unkontrollierten Umweltauswirkungen der in diesem Kapitel beschriebenen sozioökonomischen Entwicklungen zu vermeiden. Die folgenden Kapitel dieses *Ausblicks* beschäftigen sich ausführlich mit der Frage, wie solche Übergänge zu einem umweltverträglicheren Wachstum bewerkstelligt werden können.

2. Wichtigste Trends und Projektionen

Demografische Entwicklungen

Die Bevölkerungsdynamik ist eine wichtige Antriebskraft für lokale und globale Umweltveränderungen. Wachsende Bevölkerungen führen zu erhöhtem Konsum von natürlichen Ressourcen und steigender Landnutzung, was zusätzliche Umweltbelastungen verursacht. Änderungen im Wohlstand und in der Altersstruktur führen auch zu Änderungen im Lebensstil, in den Konsumgewohnheiten und in der Ernährungsweise, und all diese Faktoren können Folgen für die Umwelt haben. Das Verhältnis zwischen älteren und jüngeren Menschen in der Bevölkerung hat darüber hinaus Einfluss auf den Arbeitsmarkt, der neben dem technischen Fortschritt, Verbesserungen des Humankapitals und der Sachkapitalbildung eine der Hauptantriebskräfte des Wirtschaftswachstums ist. In diesem Abschnitt wird dargelegt, wie sich einige dieser Faktoren laut Projektionen des Basisszenarios bis 2050 entwickeln werden.

Wachstum und Zusammensetzung der Bevölkerung

Die Weltbevölkerung ist von 1970 bis heute von weniger als 4 Milliarden auf 7 Milliarden Menschen angestiegen (Abb. 2.1). Projektionen der Vereinten Nationen zufolge wird die Weltbevölkerung bis 2050 auf fast 9,2 Milliarden Menschen anwachsen – eine Zunahme um 2,2 Milliarden Menschen[2].

In den bis 2050 projizierten demografischen Entwicklungen gibt es beträchtliche regionale und länderspezifische Unterschiede. In den OECD-Ländern werden niedrige Bevölkerungswachstumsraten unterstellt (zwischen 2010 und 2050 durchschnittlich 0,2% pro Jahr),

2. SOZIOÖKONOMISCHE ENTWICKLUNGEN

Abbildung 2.1 Weltbevölkerung nach Hauptregionen, 1970-2050

Quelle: Nach VN (2009), World Population Prospects: The 2008 Revision, VN, New York.
StatLink http://dx.doi.org/10.1787/888932570088

wobei die Bevölkerung in Japan, Korea und einigen europäischen Ländern sogar zurückgeht. In Ländern wie den Vereinigten Staaten und Kanada wird die Bevölkerung den Projektionen zufolge jedoch auf Grund der Einwanderung weiter ansteigen. In den „BRIICS" (Brasilien, Russland, Indien, Indonesien, China und Südafrika) ist damit zu rechnen, dass die Bevölkerung pro Jahr um durchschnittlich 0,4% zunehmen wird, wobei die Wachstumsraten in Indien wahrscheinlich höher ausfallen werden, während das Wachstum in Russland negativ sein dürfte. Es wird erwartet, dass der größte Teil des Bevölkerungswachstums (durchschnittlich +1,3% pro Jahr) in den kommenden Jahrzehnten in den Nicht-BRIICS-Ländern oder in den Entwicklungsländern („Übrige Welt") stattfinden wird. Innerhalb dieser Gruppe werden die Wachstumsraten den Projektionen zufolge in Afrika und Südasien höher sein als in Lateinamerika.

Abbildung 2.2 veranschaulicht die Alterung der Bevölkerung in den OECD-Ländern seit 1970: Der Anteil der Kinder an der Gesamtbevölkerung ist stetig zurückgegangen, wohingegen

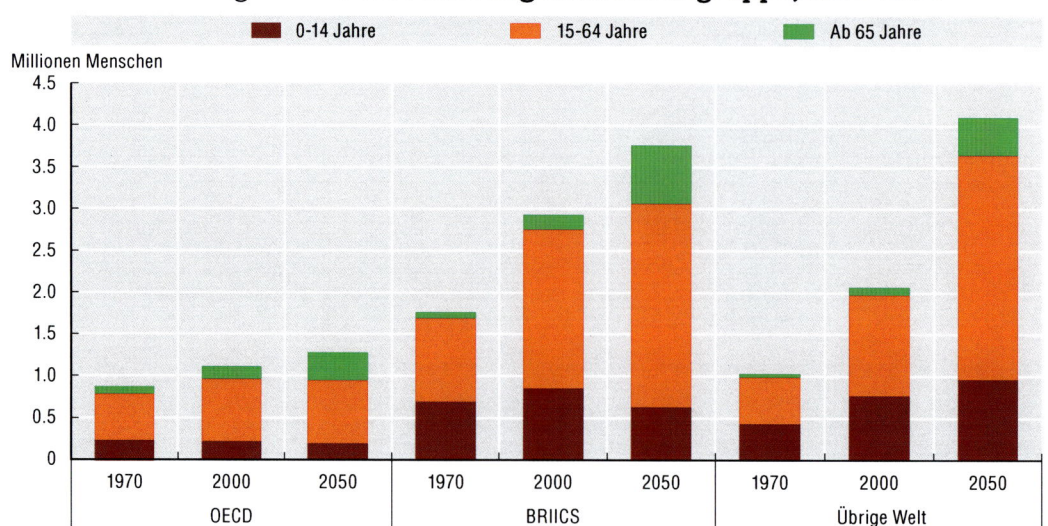

Abbildung 2.2 Weltbevölkerung nach Altersgruppe, 1970-2050

Quelle: Nach VN (2009), World Population Prospects: The 2008 Revision, VN, New York.
StatLink http://dx.doi.org/10.1787/888932570107

der Anteil der älteren Menschen zugenommen hat. Die jüngsten Trends in den Geburtenraten und in der Lebenserwartung lassen darauf schließen, dass in Russland und China ähnliche Muster entstehen. Laut Projektionen der VN (2009) wird die Bevölkerungsalterung in den Ländern der übrigen Welt erst nach 2030 an Bedeutung gewinnen. Die Alterung bringt Änderungen im Lebensstil und in den Konsumgewohnheiten mit sich und führt zu einem Rückgang der Erwerbsbevölkerung (siehe weiter unten, Abb. 2.7). Die Alterung hat außerdem Auswirkungen auf die Gesundheitsversorgung und andere Dienstleistungen. Diese Trends führen im Allgemeinen zu einem überproportionalen Anstieg in der Nachfrage nach solchen Dienstleistungen (vgl. auch weiter unten den Abschnitt über die Sektorstruktur der Volkswirtschaft).

Urbanisierung

Die Urbanisierung der Weltbevölkerung nimmt stetig zu (Abb. 2.3). Im Jahr 1970 lebten 1,3 Milliarden Menschen, d.h. 36% der Weltbevölkerung, in städtischen Räumen. Im Jahr 2009 hatte dieser Anteil 50% erreicht. Es ist damit zu rechnen, dass dieser Trend in den kommenden Jahrzehnten anhält und im Jahr 2050 ein Wert von fast 70% erreicht wird (VN, 2010). In absoluten Zahlen entspricht dies einem Anstieg von 2,8 Milliarden Menschen bis zum Jahr 2050, was bedeutet, dass das Gesamtwachstum der Weltbevölkerung zwischen 2010 und 2050 (mehr als 2,2 Milliarden Menschen) vollständig von städtischen Räumen absorbiert wird. Die Landbevölkerung wird den Projektionen zufolge im gleichen Zeitraum um 0,6 Milliarden Menschen zurückgehen. Dieses Wachstum der Stadtbevölkerung wird weltweit voraussichtlich ungleich verteilt sein. Der Anteil der Stadtbevölkerung an der Gesamtbevölkerung dürfte 2050 in den OECD-Ländern bei etwa 86% liegen. In Subsahara-Afrika, einer der am wenigsten urbanisierten Regionen, machten Stadtbewohner im Jahr 2010 etwa 37% der Gesamtbevölkerung aus – ihr Anteil wird den Projektionen zufolge jedoch bis 2050 auf 60% steigen.

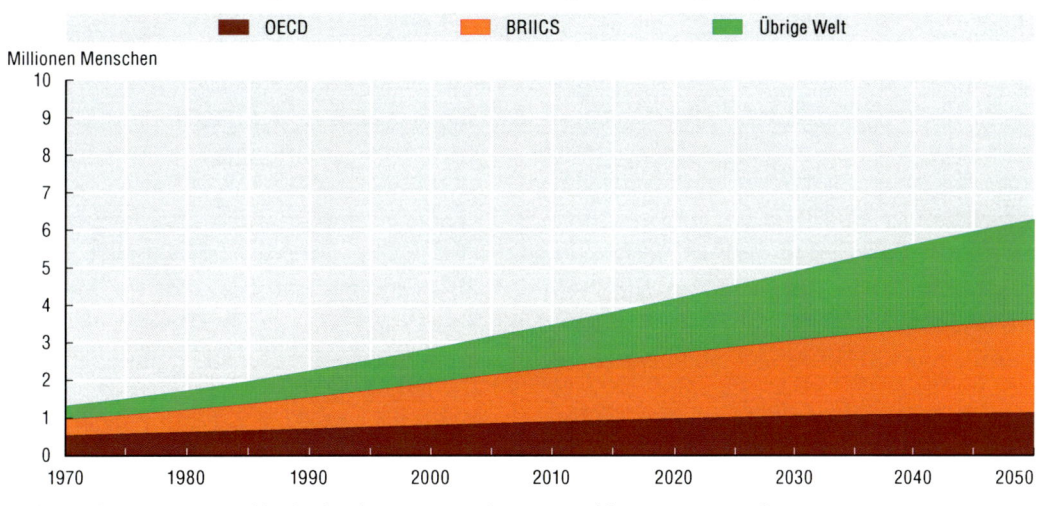

Abbildung 2.3 **Stadtbevölkerung nach Region, 1970-2050**

Quelle: Nach VN (2010), *World Urbanization Prospects: The 2009 Revision*, VN, New York.
StatLink http://dx.doi.org/10.1787/888932570126

Gemäß den Projektionen werden kleine städtische Ballungszentren mit weniger als einer halben Million Einwohner schneller wachsen als andere Ballungsgebiete (Abb. 2.4). Dies wäre eine Veränderung gegenüber dem in den letzten Jahrzehnten beobachteten Trend, als große Megastädte am schnellsten wuchsen (UN Habitat, 2006).

2. SOZIOÖKONOMISCHE ENTWICKLUNGEN

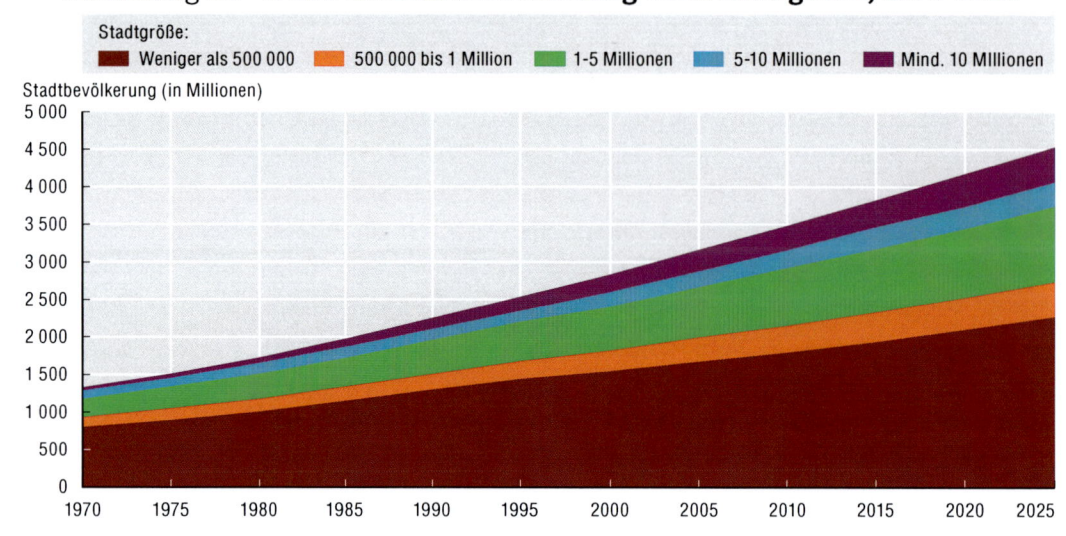

Abbildung 2.4 Weltweite Stadtbevölkerung nach Stadtgröße, 1970-2025

Stadtgröße: Weniger als 500 000 ■ 500 000 bis 1 Million ■ 1-5 Millionen ■ 5-10 Millionen ■ Mind. 10 Millionen

Quelle: Nach VN (2010), *World Urbanization Prospects: The 2009 Revision*, VN, New York.
StatLink http://dx.doi.org/10.1787/888932570145

Die Urbanisierung hat sowohl positive als auch negative Umweltauswirkungen. Positiv zu vermerken ist, dass die Konzentration der Aktivitäten in Ballungsgebieten bis zu einem gewissen Grad Größenvorteile ermöglicht und Interaktionen erleichtert, was bedeutet, dass die Urbanisierung zu höherem Wirtschaftswachstum führen kann. Eine höhere Konzentration von Menschen erleichtert normalerweise den Zugang zu moderner und effizienter Infrastruktur im Bereich der Energie- und Wasserdienstleistungen. Negativ zu vermerken ist, dass eine größere Konzentration wirtschaftlicher Aktivitäten auch zu einer höheren Außenluftschadstoffbelastung führen kann (Kapitel 6). Die Urbanisierung erfordert darüber hinaus eine bedarfsgerechte Verkehrspolitik, um größere Schwierigkeiten im Verkehrssystem zu vermeiden, und Verkehrsstaus können negative Auswirkungen auf die Umwelt haben. Hinzu kommt, dass weltweit jeder dritte Stadtbewohner, was etwa einer Milliarde Menschen entspricht, in einem Slum lebt (VN-Habitat, 2003 und 2006). Städtische Slums – mit besonders schlechten Wohnverhältnissen und unzureichender Wasserversorgung, Abwasserentsorgung und Abfallbewirtschaftung – haben negative Auswirkungen auf die menschliche Gesundheit und die Umwelt. Falls keine ehrgeizigeren Stadtentwicklungs- und Umweltmanagementmaßnahmen ergriffen werden, könnte diese Problematik durch die fortschreitende Urbanisierung noch verschärft werden. Dies gilt umso mehr, als die Zahl der Slumbewohner trotz des projizierten Anstiegs des durchschnittlichen BIP durchaus noch weiter zunehmen könnte.

Wirtschaftswachstum

Wirtschaftswachstum und steigendes Pro-Kopf-Einkommen können die Umweltbelastungen verschärfen, wenn sie auf einem erhöhten Einsatz von natürlichen Ressourcen basieren. Andere Wachstumsquellen, wie z.B. technischer Fortschritt (Innovation) oder Verbesserungen im Bildungs- und Qualifikationsniveau können dagegen zu einer Entkopplung von Wirtschaftswachstum und Umweltbelastungen führen. Dieser Abschnitt untersucht, in welchem Maß die Weltwirtschaft in den kommenden vier Jahrzehnten wachsen wird, sowie die Antriebskräfte und Auswirkungen dieses Wachstums.

2. SOZIOÖKONOMISCHE ENTWICKLUNGEN

Wie und wo wird die Weltwirtschaft bis 2050 wachsen?

Die Weltwirtschaft hat sich gemessen am realen Bruttoinlandsprodukt (BIP) in den letzten vier Jahrzehnten ungefähr verdreifacht[3]. Das Wachstum der Weltwirtschaft wird diese historischen Trends in den kommenden Jahrzehnten wahrscheinlich fortsetzen, die Verteilung dieses Wachstums auf die einzelnen Länder wird laut Projektionen jedoch völlig anders sein. Bis zum Ende des 20. Jahrhunderts entfiel der Löwenanteil der globalen Wirtschaftstätigkeit auf die OECD-Länder (Abb. 2.5), und das Pro-Kopf-BIP war dort viel höher als in den anderen Regionen. In jüngerer Zeit ist das Pro-Kopf-BIP in den BRIICS rasch angestiegen, wobei die durchschnittliche Wachstumsrate von 1990 bis 2008 bei 5,4% lag, mehr als dreimal so hoch wie in den OECD-Ländern. Das schnelle Wachstum in den BRIICS hat zu einer allmählichen Verlagerung der relativen Bedeutung der einzelnen

Abbildung 2.5 Reales Bruttoinlandsprodukt pro Kopf und in absoluter Rechnung, 1970-2008

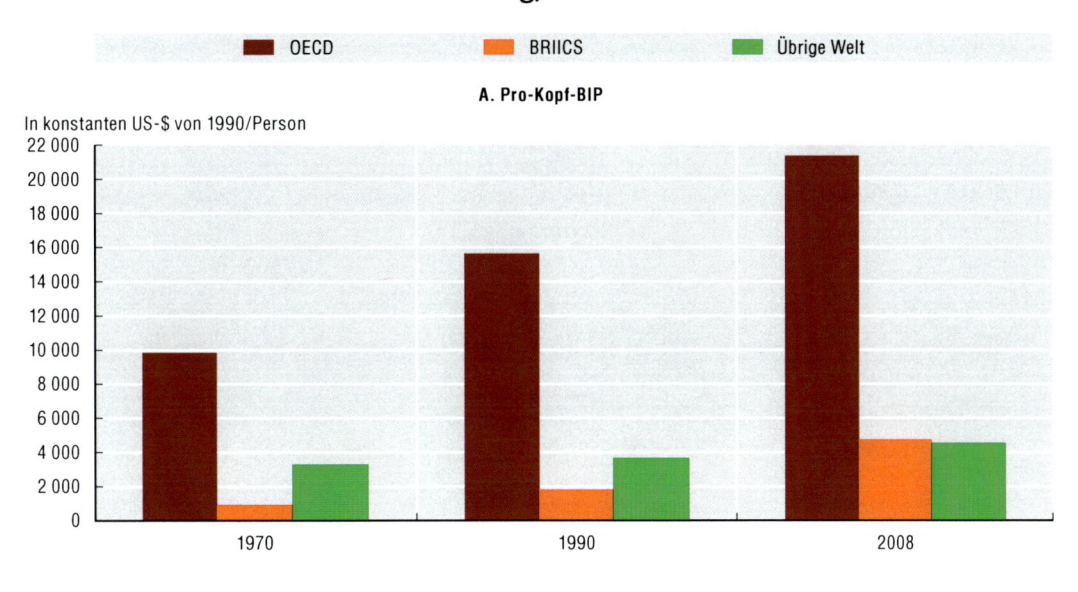

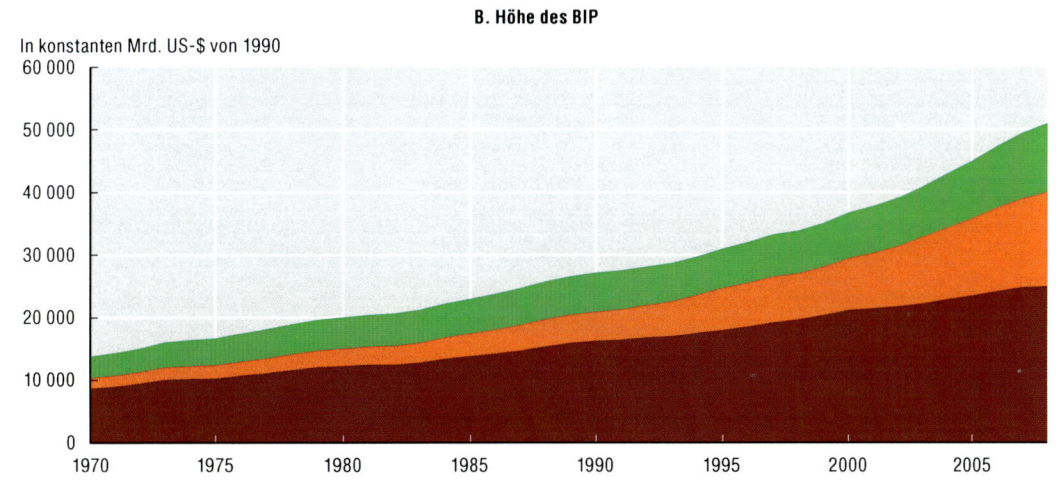

Anmerkung: Auf der Basis der Wechselkurse von 1990.
Quelle: OECD-Berechnungen nach Maddison (2010), *Statistics on World Population, GDP and per Capita GDP, 1-2008 AD*, Universität Groningen, www.ggdc.net/MADDISON/oriindex.htm.

StatLink ⇒ http://dx.doi.org/10.1787/888932570164

Ländergruppen in der Weltwirtschaft geführt. Der Anteil der auf die BRIICS entfallenden globalen Wirtschaftsleistung wird den Projektionen zufolge bis 2050 auf mehr als 40% ansteigen (Abb. 2.6). Es ist damit zu rechnen, dass der Anteil der OECD-Länder an der Weltwirtschaft bis 2050 von 54% im Jahr 2010 auf weniger als 32% zurückgehen wird[4]. Die US-Wirtschaft, die gemessen am BIP und ausgedrückt in Kaufkraftparitäten (KKP) bisher die größte Volkswirtschaft der Welt war, wird den Projektionen zufolge um das Jahr 2012 von China überholt werden. Indiens BIP wird das BIP der Vereinigten Staaten den Projektionen zufolge noch vor 2040 überholen. In nominaler Rechnung wird das BIP jedoch in den Vereinigten Staaten am höchsten bleiben (Chateau et al., 2011).

Die Finanzkrise von 2008 führte 2009 zu einer weltweiten Rezession und zu unsicheren Aussichten für die nächsten Jahre. Eine moderate Erholung in den OECD-Ländern ermöglichte in Verbindung mit fast zweistelligen Wachstumsraten in einigen der wichtigen aufstrebenden Volkswirtschaften – insbesondere China und Indien – im Jahr 2010 eine Rückkehr zu einem Wachstum der Weltwirtschaft von knapp unter 5%. In Kasten 2.2 wird der Zusammenhang zwischen wirtschaftlichen Schocks und Umweltbelastungen beleuchtet. Im Basisszenario des *Umweltausblicks* werden solche zukünftigen Schocks jedoch nicht berücksichtigt, da es den langfristigen Trend und keine kurzfristigen Projektionen darstellt. Die Kurzfrist-Projektionen für das Wachstum bleiben höchst ungewiss.

Das reale Welt-BIP (gemessen in konstanten US-$ von 2010) wird den Projektionen zufolge von 2010 bis 2050 jährlich um durchschnittlich etwa 3,5% wachsen (Tabelle 2.1). Demnach würde sich das Welt-BIP im Beobachtungszeitraum fast vervierfachen. Dies ist vergleichbar mit der in der Vergangenheit (1970-2008) verzeichneten durchschnittlichen Wachstumsrate des Welt-BIP (ausgedrückt in US-Dollar von 1990) in Höhe von etwa 3,6% (Maddison, 2010).

China und Indien waren in den letzten Jahren wichtige Motoren des globalen Wirtschaftswachstums, ihre Wachstumsraten werden sich den Projektionen zufolge in den kommenden Jahrzehnten jedoch verlangsamen, weil sich die dem Wachstum zu Grunde liegenden Antriebskräfte (darunter das Kapitalangebot und eine Verbesserung

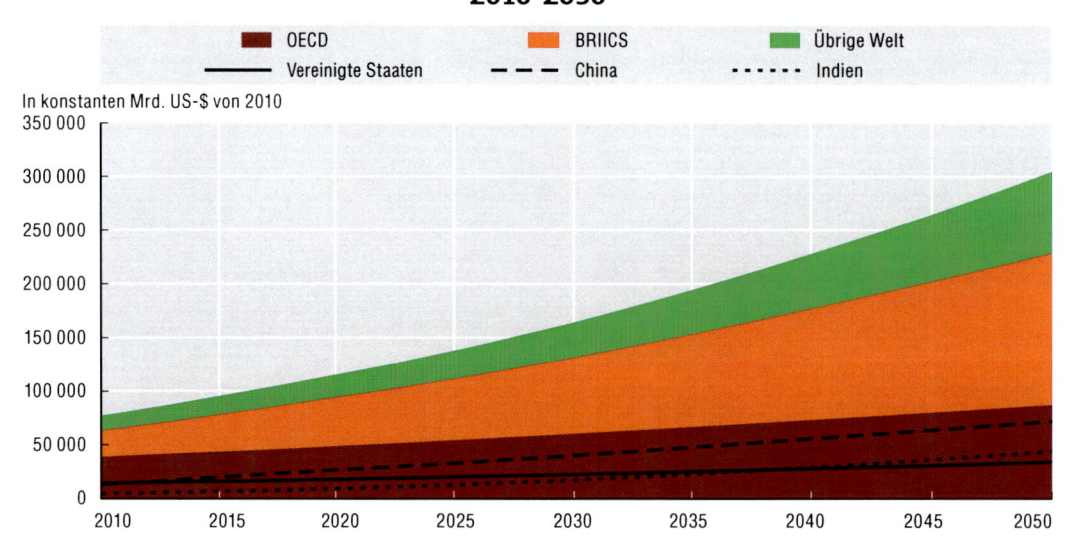

Abbildung 2.6 **Projektionen für das reale Bruttoinlandsprodukt: Basisszenario, 2010-2050**

Anmerkung: Die Bewertung basiert auf konstanten Kaufkraftparitäten (KKP) von 2010.
Quelle: Basisszenario des *OECD-Umweltausblicks*; Ergebnisse von Berechnungen anhand des ENV-Linkages-Modells.
StatLink http://dx.doi.org/10.1787/888932570145

> **Kasten 2.2 Der komplexe Zusammenhang zwischen wirtschaftlichen Schocks und Umweltbelastungen**
>
> Die Finanz- und Wirtschaftskrise von 2008-2009 ist ein Beispiel für einen Wirtschaftsschock, der in zukunftsgerichteten Projektionen nicht vorhergesehen werden kann. Projektionen wie das Basisszenario des *Umweltausblicks* konzentrieren sich in der Regel auf allmählich verlaufende langfristige Trends. Kurzfristige Abweichungen von langfristigen Trends sind in gewissem Maße Teil des Basisszenarios. Es ist jedoch auch festzustellen, dass sich die Weltwirtschaft nur langsam und ungleichmäßig von der schwersten Krise seit dem Zweiten Weltkrieg erholt, was dazu führt, dass die Wirtschaftsprojektionen für die nächsten Jahre noch unsicherer sein werden als in der Vergangenheit.
>
> Die während der Krise zu verzeichnenden niedrigeren Produktionswachstumsraten und eine möglicherweise nur schleppend verlaufende Erholung können langfristige Auswirkungen auf die gesamtwirtschaftliche Produktion haben. Dies kann sogar dazu führen, dass die langfristigen Wachstumsraten unter dem Vorkrisenniveau verharren. Das langfristige Wachstum wird von einigen wenigen Faktoren beeinflusst, unter denen die Zunahme der Erwerbsbevölkerung und technische Verbesserungen die entscheidendsten sind. Ein langsamer Prozess der industriellen Umstrukturierung, der z.B. durch Kreditrestriktionen verursacht werden kann, sowie rückläufige Privatinvestitionen in Forschung und Entwicklung können das Wachstum der Gesamtfaktorproduktivität auf mittlere bis lange Sicht beeinträchtigen. Eine lange und tiefe Rezession kann auf Grund der rückläufigen Wirtschaftstätigkeit zu einem Rückgang der Arbeitskräftenachfrage seitens der Unternehmen führen. Außerdem kann es dadurch zu einer Verringerung des Erwerbspersonenpotenzials kommen, wenn entmutigte Arbeitslose die Stellensuche aufgeben und die Migrationsströme zurückgehen. Darüber hinaus kann das Humankapital durch lange Phasen der Arbeitslosigkeit dauerhaft Schaden nehmen (EU, 2009).
>
> Die Umweltbelastungen werden von der Wirtschaftsentwicklung und damit auch von Wirtschaftsschocks beeinflusst. So ist z.B. davon auszugehen, dass Treibhausgasemissionen (THG-Emissionen) teilweise mit dem BIP zusammenhängen. Im *OECD-Umweltausblick bis 2030* (OECD, 2008b) wurde z.B. ein Szenario mit hoher Produktivität modelliert, aus dem hervorging, dass ein Anstieg des globalen BIP um 16% bis 2030 einen 10%igen Anstieg der THG-Emissionen bedeuten würde.
>
> Es ist im derzeitigen Stadium nicht feststellbar, ob die Auswirkungen der aktuellen Krise auf die Umwelt unter dem Strich insgesamt positiv oder negativ sein werden. Die Krise hat 2008-2009 zu einem Rückgang im Wachstum der THG-Emissionen geführt, darauf folgte jedoch 2010 das höchste Emissionsniveau, das jemals verzeichnet wurde (Kapitel 3). Eine länger andauernde Phase der Stagnation oder sehr niedrigen Wachstums könnte jedoch wieder zu einem Rückgang des Emissionswachstums führen. Dies wiederum könnte die Verbesserung der Ressourceneffizienz und die technologische Entwicklung erheblich verlangsamen, so dass das Ergebnis nicht zwangsläufig positiv ist. Da die zurzeit ergriffenen Politikmaßnahmen ausnahmslos darauf zielen, das Wachstum anzukurbeln, liegt diesem *Ausblick* die Arbeitshypothese zu Grunde, dass das Wachstum durch eine starke Konjunkturerholung neu belebt wird.

des Humankapitals über eine Erhöhung des Bildungsniveaus) dem Stand der OECD-Länder annähern (vgl. Anhang 2.A und weiter unten den Abschnitt über die Antriebskräfte des Wachstums). Die zu erwartende Eintrübung der Dynamik ist auch auf tieferliegende demografische Veränderungen zurückzuführen – so ist z.B. die Bevölkerungsalterung ein wichtiger Faktor in China. Den Projektionen zufolge wird China zwar in absoluten Zahlen die größte Volkswirtschaft aufweisen, ihre Wachstumsrate dürfte jedoch von anderen asiatischen Ländern wie Indien und Indonesien übertroffen werden (Tabelle 2.1).

Tabelle 2.1 Jährliche durchschnittliche Wachstumsraten des realen BIP: Basisszenario, 2010-2050

Auf der Basis von konstanten US-$ von 2010

	2010-2020	2020-2030	2030-2050	2010-2050
	In Prozent			
Kanada	2.5%	2.3%	2.1%	2.2%
Japan und Korea	2.1%	1.6%	1.0%	1.4%
Ozeanien	2.8%	2.4%	2.2%	2.4%
Russland	3.0%	2.8%	2.2%	2.6%
Vereinigte Staaten	2.2%	2.3%	2.1%	2.2%
EU27 und EFTA	2.1%	2.0%	1.7%	1.9%
Übriges Europa	4.7%	5.0%	3.6%	4.2%
Brasilien	3.7%	4.0%	3.2%	3.5%
China	7.2%	4.2%	3.0%	4.3%
Indonesien	5.0%	4.5%	4.2%	4.5%
Indien	7.3%	6.2%	4.8%	5.7%
Naher Osten und Nordafrika	4.1%	4.6%	4.1%	4.2%
Mexiko	4.5%	3.6%	2.9%	3.5%
Südafrika	4.2%	3.8%	3.3%	3.6%
Übrige Welt	4.4%	4.5%	4.5%	4.5%
OECD	**2.3%**	**2.2%**	**1.9%**	**2.0%**
BRIICS	**6.4%**	**4.5%**	**3.5%**	**4.5%**
Weltweit	**4.1%**	**3.6%**	**3.1%**	**3.5%**

Anmerkung: Wegen einer Beschreibung der in diesem *Ausblick* verwendeten Ländergruppen des ENV-Linkages-Modells vgl. Tabelle 1.3 in Kapitel 1.
Quelle: Basisszenario des *OECD-Umweltausblicks*; Ergebnisse von Berechnungen anhand des ENV-Linkages-Modells.
StatLink ⟶ http://dx.doi.org/10.1787/888932571874

Die höchste Wachstumsrate (etwa 6% pro Jahr) wird von 2030 bis 2050 in Subsahara-Afrika (Teil der Ländergruppe „Übrige Welt") erwartet, selbst wenn Afrika am Ende des Projektionszeitraums absolut gesehen der ärmste Kontinent bleiben wird. Die OECD-Volkswirtschaften werden den Projektionen zufolge bis 2050 viel langsamer wachsen, wobei das durchschnittliche jährliche Wachstum in den meisten Fällen bei etwa 2% liegen wird.

Das Pro-Kopf-Einkommensniveau ist in den letzten Jahrzehnten im Durchschnitt in fast allen Regionen der Welt gestiegen. Dieser Anstieg ist jedoch nicht gleichmäßig auf die verschiedenen Regionen verteilt, wobei das Pro-Kopf-BIP in den BRIICS doppelt so schnell gestiegen ist (3,4% pro Jahr zwischen 1970 und 2009) als in den anderen Regionen (1,9% in den OECD-Ländern und 1,6% in der übrigen Welt). Den Projektionen zufolge wird das Pro-Kopf-BIP im Jahr 2050 in den Vereinigten Staaten jedoch immer noch am höchsten sein, fast doppelt so hoch wie in China. Der Pro-Kopf-Verbrauch der privaten Haushalte weist in den einzelnen Regionen und Ländern ähnliche Unterschiede auf (Tabelle 2.2).

Wodurch wird Wirtschaftswachstum angetrieben?

Das Wirtschaftswachstum, oder genauer gesagt das Wachstum des BIP, wird angetrieben durch a) eine Erhöhung der Wertschöpfung der Produktion über den verstärkten Einsatz von Kapital, Arbeit und natürlichen Ressourcen (einschließlich Land), b) eine Erhöhung der Produktivität dieser primären Produktionsfaktoren und c) eine Umverteilung der Produktionsfaktoren auf die Aktivitäten, die die höchste Wertschöpfung erzielen. Der Arbeitseinsatz (Beschäftigung) hingegen bezieht seine Hauptimpulse aus den demografischen Entwicklungen, die Bevölkerungs-, Altersstruktur-, Erwerbsbeteiligungs- und Arbeitslosigkeitsszenarien kombinieren.

Tabelle 2.2 **Jährliches Pro-Kopf-BIP und Verbrauch der privaten Haushalte: Basisszenario, 2010-2050**

In konstanten 1 000 US-$ von 2010/Person

	Pro-Kopf-BIP			Pro-Kopf-Verbrauch		
	2010	2020	2050	2010	2020	2050
Kanada	36.9	43.0	68.2	22.1	25.4	39.9
Japan und Korea	31.9	39.8	67.3	18.0	23.0	41.8
Ozeanien	27.8	32.5	50.0	17.9	20.5	31.6
Russland	15.2	21.1	49.6	9.9	15.3	35.9
Vereinigte Staaten	45.7	52.3	85.3	32.3	37.1	56.6
EU27 und EFTA	30.2	36.4	63.5	18.0	21.9	39.6
Übriges Europa	10.7	16.4	53.5	7.1	10.1	31.0
Brasilien	11.6	15.6	41.7	7.2	9.5	23.7
China	9.4	17.9	48.8	3.4	7.0	27.1
Indonesien	5.1	7.6	23.6	3.5	5.1	13.0
Indien	3.9	7.0	27.5	2.3	3.8	13.8
Naher Osten und Nordafrika	11.1	14.2	37.5	7.1	9.6	23.7
Mexiko	13.2	18.9	44.3	9.5	13.1	25.8
Südafrika	10.4	15.0	38.4	7.1	10.1	25.0
Übrige Welt	3.9	5.0	13.3	2.6	3.4	8.3
OECD	**33.1**	**39.7**	**68.5**	**21.2**	**25.5**	**43.5**
BRIICS	**7.5**	**12.9**	**37.3**	**3.6**	**6.2**	**20.5**
Weltweit	**11.1**	**15.0**	**33.2**	**6.6**	**8.7**	**19.7**

Anmerkung: Die Bewertung basiert auf konstanten Kaufkraftparitäten (KKP) von 2010.
Quelle: Basisszenario des *OECD-Umweltausblicks*; Ergebnisse von Berechnungen anhand des ENV-Linkages-Modells.
StatLink http://dx.doi.org/10.1787/888932571893

Das Basisszenario des *OECD-Umweltausblicks* geht davon aus, dass das BIP-Wachstum zwischen 2010 und 2030 seine Hauptimpulse aus dem verstärkten Einsatz von Sachkapital (wie z.B. Gebäude, Maschinen und Infrastruktur) beziehen wird, wovon die Wirtschaftsleistung in den aufstrebenden Volkswirtschaften besonders profitiert (vgl. Anhang 2.A)[5]. Da Sachkapital und Energieeinsatz in den Produktionsverfahren meistens Hand in Hand gehen, bedeutet diese Art von Wachstum in der nächsten Zukunft einen erheblichen Anstieg des Energieverbrauchs (siehe weiter unten den Abschnitt über Energie).

Längerfristig gehen die Projektionen des *Ausblicks* von einem langsamen Übergang zu einem ausgewogeneren und besser auf alle Volkswirtschaften verteilten Wachstum aus. Dabei kommt es zwischen den einzelnen Volkswirtschaften zu einer teilweisen Wachstumskonvergenz, und das BIP-Wachstum stützt sich gleichmäßiger auf Sachkapitalbildung und Humankapital. Wie in Kasten 2.3 erläutert wird, ist damit zu rechnen, dass Länder, die in Bezug auf Bildung (ein Faktor, der zum Humankapital beiträgt) und Sachkapital weiter zurückliegen, in der Aufholphase höhere Wachstumsraten aufweisen werden. Solche Projektionen sind mit Ungewissheit behaftet und hängen von mehreren Annahmen ab, insbesondere im Hinblick auf die institutionellen Entwicklungskapazitä-ten. Der Aufholeffekt führt dazu, dass der Beitrag des Humankapitals zum langfristigen BIP-Wachstum steigt, was den Anstieg der Umweltbelastungen teilweise begrenzt (Entkopplung von Umwelt und Wirtschaftswachstum). Um das Humankapital entsprechend zu verbessern, ist es jedoch unbedingt erforderlich, die Kenntnisse und Fertigkeiten der Beschäftigten durch Maßnahmen im Bereich der allgemeinen und beruflichen Bildung zu vertiefen.

Die Erwerbsbevölkerung wird zwar letztlich durch die Gesamtbevölkerung begrenzt, es ist aber dennoch möglich, dass Bevölkerung und Beschäftigung auf Grund von Veränderungen in der demografischen Entwicklung, in den Erwerbsbeteiligungstrends und in

2. SOZIOÖKONOMISCHE ENTWICKLUNGEN

> **Kasten 2.3 Die Methodik der bedingten Konvergenz:
> Annahmen für modellbasierte Projektionen**
>
> Die wirtschaftlichen Basisszenarien, die den globalen umweltökonomischen Projektionen zu Grunde liegen – wie z.B. die Szenarien, die für den Zwischenstaatlichen Ausschuss für Klimaänderungen (IPCC, 2007) entwickelt wurden –, gehen normalerweise davon aus, dass sich die Einkommensniveaus weltweit schrittweise dem Niveau der am weitesten entwickelten Länder annähern. In diesem *Ausblick* wird ein ähnlicher Ansatz verwendet, allerdings wird der Schwerpunkt im Verlauf des Projektionszeitraums auf die Antriebskräfte des BIP-Wachstums gelegt, anstatt die Projektion der Konvergenz nur auf die Einkommensniveaus zu beschränken (Duval und de la Maisonneuve, 2010). Auf dieser Grundlage werden langfristige Projektionen für fünf Hauptantriebsfaktoren des Pro-Kopf-Wirtschaftswachstums erstellt: *a)* Gesamtfaktorproduktivität, *b)* Humankapital (eine Antriebskraft für die Arbeitsproduktivität), *c)* Kapitalkoeffizienten, *d)* Bevölkerungs-, Altersstruktur-, Erwerbsbeteiligungs- und Arbeitslosigkeitsszenarien (die Antriebsfaktoren des Beschäftigungsniveaus) sowie *e)* die Verfügbarkeit von natürlichen Ressourcen. Für das allmähliche Aufschließen der einzelnen Regionen zu den leistungsstärksten Ländern wird je nach Antriebskraft ein Zeitraum von 50 bis 100 Jahren projiziert. Diese Antriebsfaktoren werden dann in Kombination mit dem Bevölkerungswachstum eingesetzt, um den künftigen Wachstumspfad des BIP zu projizieren.

Abbildung 2.7 Jährliche durchschnittliche Wachstumsraten der Bevölkerung und der Beschäftigung, 2010-2050

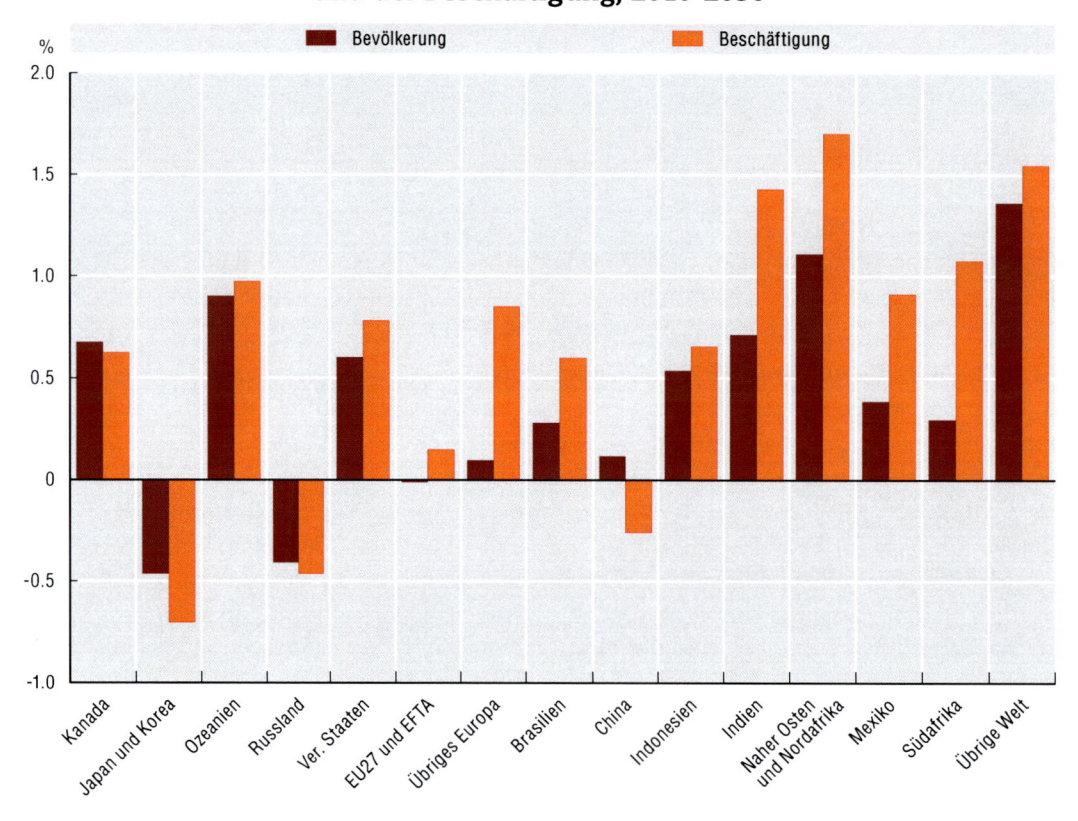

Quelle: Bevölkerung: VN (Vereinte Nationen) (2009), *World Population Prospects: The 2008 Revision*, VN, New York. Beschäftigung: Basisszenario des *OECD-Umweltausblicks*; Ergebnisse von Berechnungen anhand des ENV-Linkages-Modells.
StatLink http://dx.doi.org/10.1787/888932570202

den Arbeitslosigkeitsprojektionen viele Jahre lang unterschiedliche Wachstumsraten aufweisen. In Abbildung 2.7 wird die durchschnittliche jährliche Wachstumsrate der Bevölkerung mit der entsprechenden Rate der Beschäftigung verglichen. Den Projektionen zufolge wird die Alterung der Bevölkerung in vielen OECD-Ländern, aber auch in China sowie in einigen anderen aufstrebenden Volkswirtschaften, andauern. Dies führt zu niedrigeren Erwerbsbeteiligungsquoten. Da die Bevölkerungsprofile in vielen Entwicklungsländern jedoch viel jünger sind, insbesondere in Afrika und Asien, wird der Anteil der Personen im erwerbsfähigen Alter im Zeitverlauf zunehmen, was zu einem Anstieg des Arbeitskräfteangebots führen wird. Dies gilt auch für Indien, wenngleich dieser Trend dort mit einem höheren Anteil älterer Menschen einhergeht.

Der internationale Handel beeinflusst das Wirtschaftswachstum ebenfalls, und er wird den Projektionen zufolge auch in Zukunft schneller wachsen als das BIP. Die bestehenden Leistungsbilanzungleichgewichte erscheinen langfristig jedoch untragbar, da sie die Wechselkurse unter Druck setzen. Dieser Ausblick geht deshalb von einem allmählichen Rückgang der Leistungsbilanzsalden aus. Für die meisten Regionen wird bis 2050 ein Leistungsbilanzgleichgewicht projiziert, der vollständige Abbau der großen Ungleichgewichte in China und den Vereinigten Staaten wird jedoch länger dauern.

Wie wird sich die Struktur der Wirtschaft verändern?

Die sektorale Zusammensetzung der verschiedenen Regionen hat sich im Lauf der Zeit verändert, wobei der Anteil des Dienstleistungssektors gestiegen ist (Abb. 2.8). Dieser steigende wertmäßige Anteil der Dienstleistungen ergibt sich aus einem Anstieg ihrer Produktionskosten im Vergleich zu anderen Gütern, er ist jedoch auch auf eine strukturelle Verlagerung zu einer stärker dienstleistungsorientierten Wirtschaft zurückzuführen. Dieser Strukturwandel wird teilweise von der Entwicklung der Verbrauchsmuster der privaten Haushalte angetrieben. Die Nachfrage nach Dienstleistungen, einschließlich Gesundheitsversorgung, nimmt zu, da die Menschen im Durchschnitt älter und wohlhabender werden. Er wird in gewissem Maß auch durch den zunehmenden Einsatz von Forschung und Entwicklung (FuE) sowie Dienstleistungen

Abbildung 2.8 Globale Trends im Anteil der Wertschöpfung je Sektor, 1970-2008

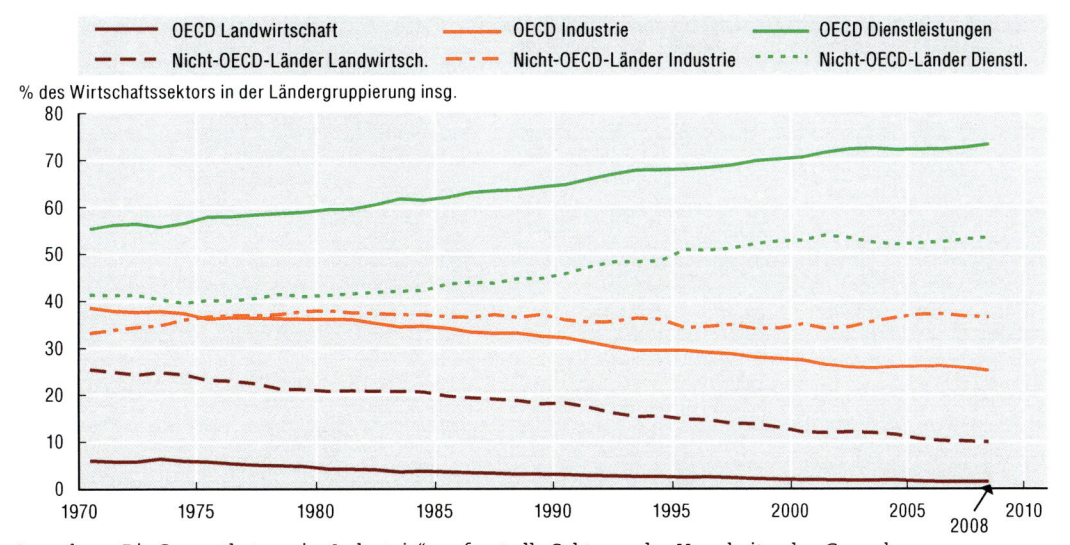

Anmerkung: Die Gesamtkategorie „Industrie" umfasst alle Sektoren des Verarbeitenden Gewerbes.
Quelle: OECD-Berechnungen auf der Basis von Weltbank (2010), World Development Indicators, Weltbank, Washington D.C., http://data.worldbank.org/data-catalog/world-development-indicators.

StatLink http://dx.doi.org/10.1787/888932570221

in der Industrieproduktion angetrieben. Innerhalb dieser großen Sektorgruppierungen hat es offenkundig beträchtliche Verschiebungen gegeben. Heute werden völlig andere Dienstleistungen erbracht als vor vierzig Jahren, was teilweise auf die Entstehung des Informations- und Kommunikationssektors zurückzuführen ist.

Das Basisszenario des *Umweltausblicks* geht davon aus, dass dieser Strukturwandel hin zu einer stärker dienstleistungsorientierten Wirtschaft in den OECD-Ländern bis 2050 abgeschlossen wird. Wie in Abbildung 2.9 erläutert wird, sind die Sektoranteile in realer Rechnung (d.h. bei Ausklammerung der relativen Preiseffekte) im Zeitverlauf relativ stabil. Gemäß der Arbeitshypothese der wirtschaftlichen Konvergenz wird erwartet, dass die Dienstleistungssektoren in den Entwicklungsländern einen steigenden Beitrag zur Weltwirtschaft leisten werden, während der Anteil des Agrarsektors abnimmt. Diese Trends stehen in Einklang mit dem weltweiten Übergang zu einem stärker auf dem Faktor Arbeit basierenden Wirtschaftswachstum. Der rückläufige Anteil der Landwirtschaft bedeutet nicht, dass die Nahrungsmittelproduktion in absoluten Zahlen zurückgehen wird, sondern lediglich, dass sie weniger stark wachsen wird als andere Sektoren der Volkswirtschaft. Um eine wachsende Bevölkerung zu ernähren, muss die weltweite Nahrungsmittelproduktion weiter ansteigen, wodurch die Nachfrage nach landwirtschaftlich genutzten Flächen erhöht wird (siehe weiter unten).

Abbildung 2.9 **Anteil der Sektoren am realen BIP nach Region: Basisszenario, 2010-2050**

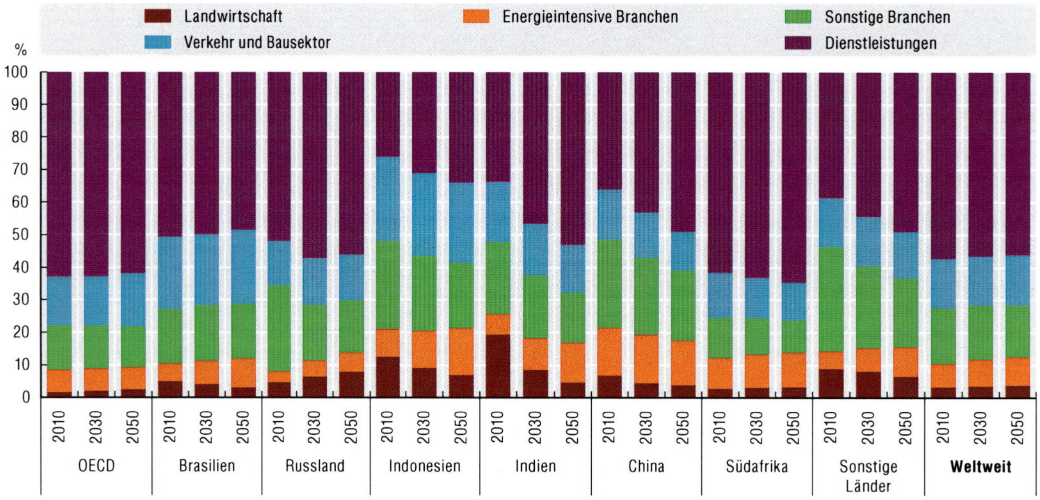

Anmerkung: Die Kategorie „Energieintensive Branchen" umfasst Chemie, Nichteisenmetalle, Metallwaren, Eisen und Stahl, Zellstoff und Papier sowie nichtmetallische Mineralerzeugnisse.
Quelle: Basisszenario des *OECD-Umweltausblicks*; Ergebnisse von Berechnungen anhand des ENV-Linkages-Modells.
StatLink ⟶ http://dx.doi.org/10.1787/888932570240

3. Der Zusammenhang zwischen Wirtschaftstätigkeit und Umweltbelastungen

Wie wirken sich die vorstehend beschriebenen Trends auf die Umwelt aus? In diesem letzten Abschnitt werden die Trends von zwei Antriebskräften der Umweltveränderungen (Energieverbrauch und Landnutzung) erörtert.

Energieverbrauch

Der Energieverbrauch wird im Wesentlichen von der Wirtschaftstätigkeit und von technischen Entwicklungen, einschließlich einer Verbesserung der Energieeffizienz, bestimmt. Die Energieverbrauchsgewohnheiten sind weltweit sehr unterschiedlich. In den OECD-Ländern verbraucht eine Person durchschnittlich 3 Tonnen Rohöleinheiten (t RÖE) pro Jahr, in den Niedrigeinkommensregionen, wie z.B. die meisten Regionen Afrikas sowie Teile Asiens und Lateinamerikas, liegt der Wert dagegen weit unter 1 t RÖE (IEA, 2011). Im Jahr 2009 hatten etwa 1,4 Milliarden Menschen in Niedrigeinkommensregionen noch keinen Zugang zur Stromversorgung, und fast 2,7 Milliarden Menschen waren hauptsächlich auf traditionelle Biomasse angewiesen (IEA, 2010).

Da sich das BIP den Projektionen zufolge bis 2050 fast vervierfachen wird, dürfte der gewerbliche Energieeinsatz insgesamt in den nächsten vier Jahrzehnten ebenfalls beträchtlich ansteigen und bis 2050 einen Wert von etwa 900 Exajoule (EJ)[6] erreichen – ein Zuwachs von etwa 80% gegenüber dem weltweiten Energieverbrauch im Jahr 2010 (Kasten 2.4)[7]. Kontinuierliche Verbesserungen der Energieeffizienz werden die Energieintensität (d.h. das Verhältnis zwischen Energieeinsatz und BIP) bis 2050 insgesamt auf ein Niveau reduzieren, das etwa 40% unter dem aktuellen Stand liegt. Der Klimawandel (insbesondere die CO_2-Emissionen) und die Gesundheitsauswirkungen lokaler Luftverschmutzung (Kapitel 3 und 6) hängen eng mit den Trends bei Energieverbrauch und -erzeugung zusammen. In Abbildung 2.10 wird die Projektion des Basisszenarios für den Gesamtprimärenergieverbrauch mit den historischen Trends und der Variationsbreite verglichen, die gemäß van Vuuren et al. (2011) in der Fachliteratur zu finden ist.

In Abbildung 2.11 wird dargestellt, wie sich die regionale Aufteilung der verschiedenen Energieträger dem Basisszenario des *Ausblicks* zufolge bis 2050 verändern wird. Die meiste Energie wird zwar zurzeit in den Industriestaaten verbraucht, bei der weltweiten Energiegewinnung spielen die Schwellen- und Entwicklungsländer jedoch eine führende Rolle. Im Jahr 2008 entfielen mehr als 40% der weltweiten Kohleförderung auf China, und auf den Nahen Osten und Russland entfielen zusammen fast 40% der Ölförderung sowie etwa 35% der Erdgasförderung (IEA, 2011). Der im Basisszenario projizierte Verbrauchsanstieg wird hauptsächlich von der steigenden Nachfrage in den BRIICS und einigen anderen Entwicklungsländern angetrieben. Dem Basisszenario zufolge ist die Ölförderung in Europa und in geringerem Umfang in Nordamerika[8] auf Grund der allmählichen Erschöpfung der Ölreserven rückläufig.

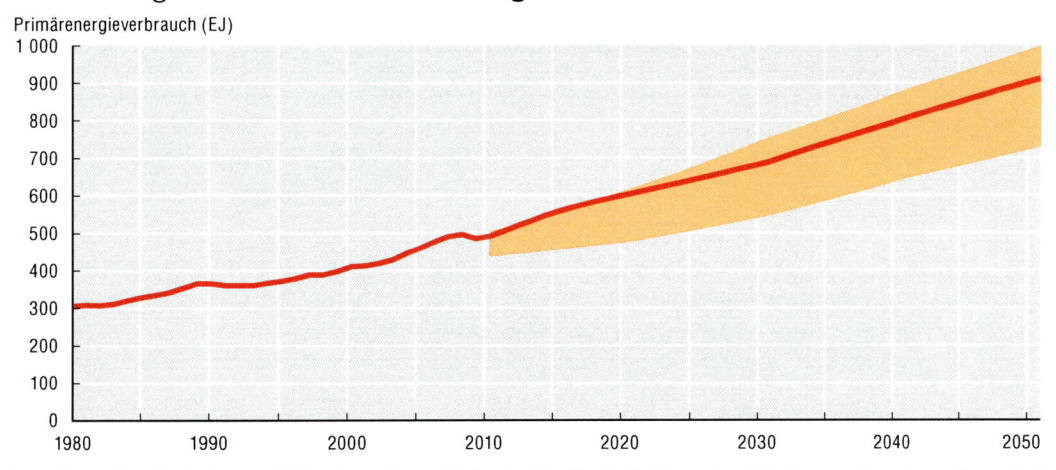

Abbildung 2.10 **Globaler Primärenergieverbrauch: Basisszenario 1980-2050**

Anmerkung: Es gibt keine weithin akzeptierte Methode für die Aufteilung des Primärenergieverbrauchs auf die verschiedenen Energieträger. Hier wird die von der IEA vorgeschlagene Methodik verwendet, die bei der Kernenergie eine Effizienz von 33% und bei erneuerbaren Energieträgern eine Effizienz von 100% unterstellt. Je nach Methode kann es bei den Anteilen der Kernenergie und der erneuerbaren Energieträger am Energiemix zu kleinen Unterschieden kommen. Die schattierte Fläche umfasst die in der Fachliteratur zu findende Variationsbreite vom 10. bis zum 90. Perzentil.

Quelle: Basisszenario des *OECD-Umweltausblicks*; Ergebnisse von Berechnungen anhand der Image-Modellreihe.

StatLink http://dx.doi.org/10.1787/888932570259

> ### Kasten 2.4 **Unsicherheitsfaktoren bei Energieprojektionen**
>
> Die im Basisszenario des *Umweltausblicks* aufgeführten Energieprojektionen sind mit einigen großen Unsicherheitsfaktoren behaftet:
>
> a) Die Entwicklung der Energieintensität der Weltwirtschaft hat in der Vergangenheit zwischen 1% und 2% geschwankt. Die Annahmen in Bezug auf diesen Faktor haben erhebliche Auswirkungen auf die Projektionen der zukünftigen Emissionen. Das Basisszenario des *Ausblicks* projiziert einen durchschnittlichen jährlichen Rückgang der Energieintensität von 1,3%, ein ähnlicher Wert wie in den IEA-Projektionen (IEA, 2010).
>
> b) Der Energiemix wird stark durch den relativen Preis der einzelnen Energieträger beeinflusst. Dies führt angesichts der Komplexität der internationalen Brennstoffmärkte und der großen Unsicherheitsfaktoren in Bezug auf zukünftige Ressourcen, technologische Entwicklungen und Brennstoffpreise zu erheblicher Ungewissheit im Basisszenario dieses *Ausblicks*.
>
> In diesem *Umweltausblick* wurden zwei Modellreihen verwendet (vgl. Kapitel 1 wegen weiterer Informationen zu Strategie und Methodik). Beide Modelle – das ENV-Linkages-Modell und das IMAGE-Modell – projizieren, dass der Gesamtanteil der fossilen Energieträger am Energiemix bis 2050 relativ stabil bleibt, und das Gleiche gilt für die Anteile der Kernenergie und der erneuerbaren Energien. Ein großer Unterschied zwischen den beiden Modellen besteht in der Frage, ob Kohle oder Erdgas in Zukunft die Hauptquelle des steigenden Energieaufkommens sein wird. Das ENV-Linkages-Modell basiert auf IEA-Projektionen (2010) und geht davon aus, dass der Gaspreis schneller steigen wird als der Öl- und Kohlepreis, wodurch in Ländern wie China und Indien ein relativ günstiges Umfeld für den Ausbau von Kohlekraftwerken entsteht. Im Gegensatz zum ENV-Linkages-Modell wird im IMAGE-Modell für die kommenden Jahrzehnte eine schnellere Wachstumsrate für Erdgas projiziert. Dies ist darauf zurückzuführen, dass sich die Energiepreise im IMAGE-Modell aus der relativen Verfügbarkeit der Reserven der verschiedenen fossilen Energieträger ergeben.

Der im Basisszenario projizierte Anstieg des Energieverbrauchs steht in Einklang mit ähnlichen Projektionen der Internationalen Energie-Agentur (IEA)[9]. Das Basisszenario geht unter Zugrundelegung einer gleichbleibenden Politik davon aus, dass fossile Energieträger einen großen Marktanteil behalten werden, da ihre Durchschnittspreise in den meisten Ländern unter den Preisen der alternativen Brennstoffe liegen werden. Den Projektionen zufolge liegt der durchschnittliche jährliche Verbrauchsanstieg bei Öl in der Größenordnung von 0,5% und bei Kohle und Erdgas bei 1,8%. Auf Grund der Erschöpfung der Ressourcen und der daraus resultierenden Preissteigerungen dürfte sich die Öl- und Erdgasförderung, die dann auf wenige rohstoffreiche Regionen konzentriert ist, gegen Mitte des 21. Jahrhunderts stabilisieren oder sogar den Höchststand erreichen. Bei Kohle dagegen wird es den Projektionen zufolge auf absehbare Zeit nicht zu Produktionsengpässen oder sogar Preissteigerungen auf Grund von Ressourcenknappheit kommen. Angesichts des starken Wirtschaftswachstums in kohlereichen Regionen wird der Anteil der Kohle im Energiemix voraussichtlich weiter zunehmen. Im gleichen Zeitraum wird die Energieerzeugung aus nichtfossilen Energieträgern, darunter Kernenergie, kommerzielle Biomasse und andere erneuerbare Energien, stetig ansteigen[10].

Landnutzung

Die Agrarproduktion hat sich in den letzten Jahrzehnten beträchtlich erhöht, um die steigende Nahrungsmittelnachfrage, die auf das Bevölkerungswachstum und geänderte Ernährungsgewohnheiten zurückzuführen ist, zu befriedigen. Etwa 80% des Produktionszuwachses wurden durch Ertragssteigerungen auf bereits existierenden

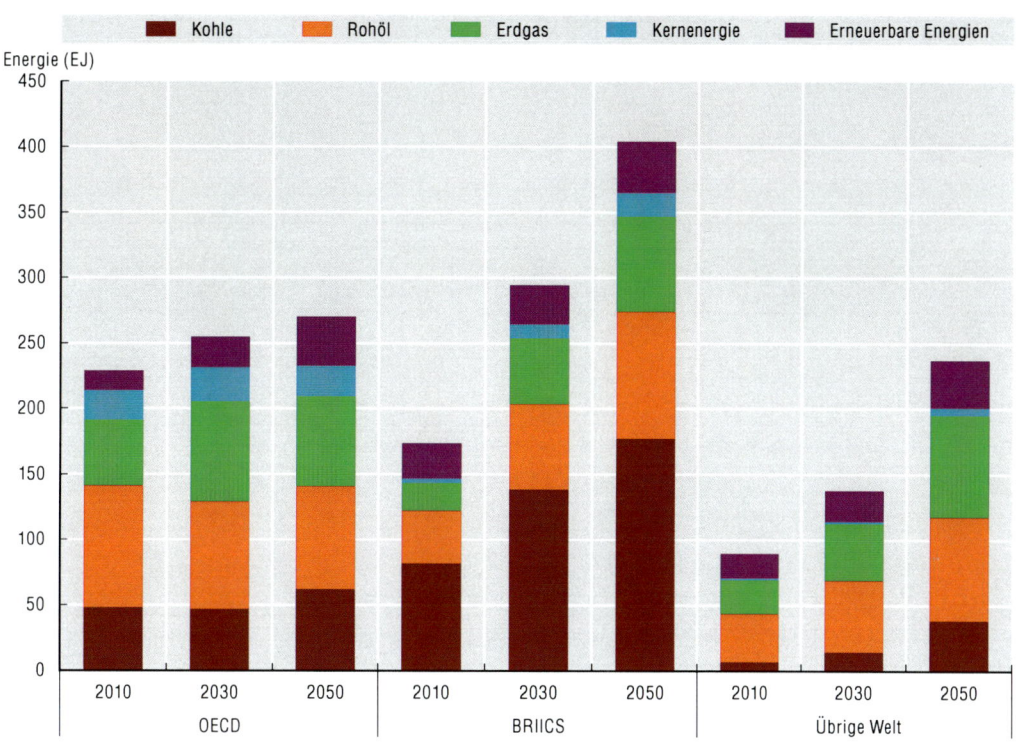

Abbildung 2.11 **Kommerzielle Energiegewinnung nach Energieträgern: Basisszenario, 2010-2050**

■ Kohle ■ Rohöl ■ Erdgas ■ Kernenergie ■ Erneuerbare Energien

Quelle: Basisszenario des *OECD-Umweltausblicks*; Ergebnisse von Berechnungen anhand der IMAGE-Modellreihe.
StatLink http://dx.doi.org/10.1787/888932570278

Agrarflächen erreicht, und etwa 20% sind auf eine Ausweitung der landwirtschaftlichen Nutzfläche zurückzuführen (Bruinsma, 2003). Zwischen 1970 und 2010 ist der Anteil der landwirtschaftlich genutzten Fläche (Acker- und Weideflächen) um etwa 4 Prozentpunkte angestiegen, zum großen Teil auf Kosten von Waldflächen (Abb. 2.12). In den letzten zehn Jahren hat sich diese Ausweitung etwas verlangsamt.

Das Basisszenario des *OECD-Umweltausblicks* projiziert, dass sich der Wettbewerb zwischen landwirtschaftlicher Landnutzung und anderen Arten von Landnutzung bei gleichbleibender Politik in den nächsten zehn Jahren verschärfen wird (Kasten 2.5). Das ist auch die Schlussfolgerung des von der OECD und der FAO gemeinsam erstellten *Agricultural Outlook to 2020* (OECD/FAO, 2011). Die Kombination aus konvergierendem Pro-Kopf-BIP und wachsender Bevölkerung führt zu einer erhöhten Nachfrage nach Nahrungsmitteln, insbesondere nach tierischen Produkten. Darüber hinaus wird die Nachfrage nach Agrarerzeugnissen und landwirtschaftlichen Nutzflächen durch Fördermaßnahmen für den Einsatz von Biokraftstoffen weiter erhöht (Kapitel 4). Dies bedeutet angesichts der begrenzten Landfläche, dass die Vernichtung von Waldbeständen kurzfristig andauern wird, wenn auch in einem langsameren Tempo als in der Vergangenheit.

Die vorstehend erörterten Bevölkerungsprojektionen lassen darauf schließen, dass sich die Weltbevölkerung um das Jahr 2050 weitgehend stabilisieren wird. Veränderte Ernährungsgewohnheiten dürften zwar auch in Zukunft Grund für eine steigende Nachfrage nach Agrarerzeugnissen sein, dieser Anstieg wird jedoch entsprechend der Konvergenz der Einkommensniveaus und – bis zu einem gewissen Grad – der Verbraucherpräferenzen niedriger ausfallen als in der Vergangenheit. Das Basisszenario des *Umweltausblicks* projiziert

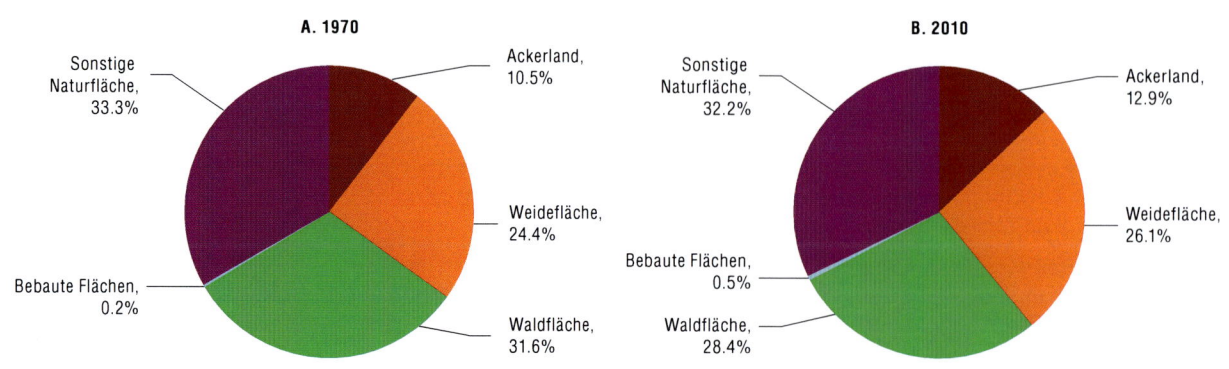

Abbildung 2.12 **Weltweite Landnutzung: Basisszenario, 1970 und 2010**

A. 1970
- Sonstige Naturfläche, 33.3%
- Ackerland, 10.5%
- Weidefläche, 24.4%
- Waldfläche, 31.6%
- Bebaute Flächen, 0.2%

B. 2010
- Sonstige Naturfläche, 32.2%
- Ackerland, 12.9%
- Weidefläche, 26.1%
- Waldfläche, 28.4%
- Bebaute Flächen, 0.5%

Quelle: Basisszenario des OECD-Umweltausblicks; Ergebnisse von Berechnungen anhand der IMAGE-Modellreihe, Berechnungen auf der Basis von FAOStat-Daten und zusätzlichen Datenquellen, darunter K. Klein Goldewijk und G. van Drecht. (2006), „HYDE 3: Current and Historical Population and Land Cover", in: A.F. Bouwman, T. Kram, K. Klein Goldewijk (Hrsg.), *Integrated Modelling of Global Environmental Change. An Overview of IMAGE 2.4*. Netherlands Environmental Assessment Agency, Bilthoven.

StatLink http://dx.doi.org/10.1787/888932570297

auf Grundlage dieser Trends bis etwa 2030 eine kontinuierliche Ausweitung der weltweiten landwirtschaftlichen Nutzflächen. Danach werden sie sich stabilisieren, um anschließend bis 2050 wieder auf das heutige Niveau zurückzugehen. Es wird unterstellt, dass die Erträge in Zukunft langsamer steigen werden als in den vergangenen Jahrzehnten, aber selbst bei gleichbleibender Politik wird dieser Anstieg den Projektionen zufolge ausreichen, um die Nachfrage nach landwirtschaftlichen Nutzflächen zu senken (Abb. 2.13)[11].

Kasten 2.5 **Unsicherheitsfaktoren bei Landnutzungsprojektionen**

Wie bereits erwähnt, hängen Landnutzungsprojektionen stark von Projektionen in Bezug auf Klimawandel, Bevölkerung, veränderte Ernährungsgewohnheiten und landwirtschaftliche Ertragssteigerungen ab, auf Urbanisierungstrends reagieren sie dagegen weniger sensibel*. In den historischen Landnutzungstrends spielen Ertragssteigerungen eine wichtige Rolle. Die im Basisszenario unterstellte Ertragssteigerung steht in Einklang mit den in *Agriculture Towards 2030/2050* (Bruinsma, 2003) veröffentlichten FAO-Projektionen. Wenn hingegen bei gleichen Annahmen über das Nachfragewachstum niedrigere Ertragssteigerungen unterstellt werden, dauert die Ausdehnung der landwirtschaftlichen Nutzflächen bis 2050 an. In der Fachliteratur sind beide Szenarien zu finden, wobei a) die landwirtschaftlich genutzte Fläche weiter wächst (wenn auch langsamer) und b) in den kommenden Jahrzehnten ein Höchststand erreicht wird, insbesondere bei Weideland. Ob und wann dieser Höchststand erreicht wird, hängt u.a. davon ab, welche Ertragssteigerungen in Zukunft durch Effizienzsteigerungen (induziert von technischem Fortschritt), die derzeitigen Politikmaßnahmen oder Landknappheit erzielt werden. Verglichen mit der in der Fachliteratur zu findenden Variationsbreite implizieren die Landnutzungsprojektionen dieses *Ausblicks* kurz- und mittelfristig (bis 2020) einen relativ starken Wettbewerb zwischen den verschiedenen Arten der Flächennutzung, auf den in den folgenden Jahrzehnten jedoch eine Trendumkehr folgt, die optimistischer ist als die meisten anderen Studien. Die sich daraus für 2050 ergebenden Landnutzungsprojektionen liegen aber immer noch eindeutig innerhalb der in der Fachliteratur zu findenden Variationsbreite (Abb. 2.13).

* Die direkten Auswirkungen der Urbanisierung auf den Wettbewerb um Landflächen sind zwar begrenzt, es ist jedoch festzustellen, dass Urbanisierung häufig zu Lasten von hochproduktiven landwirtschaftlichen Nutzflächen geht, was wiederum weitere Veränderungen in der Landnutzung mit sich bringt.

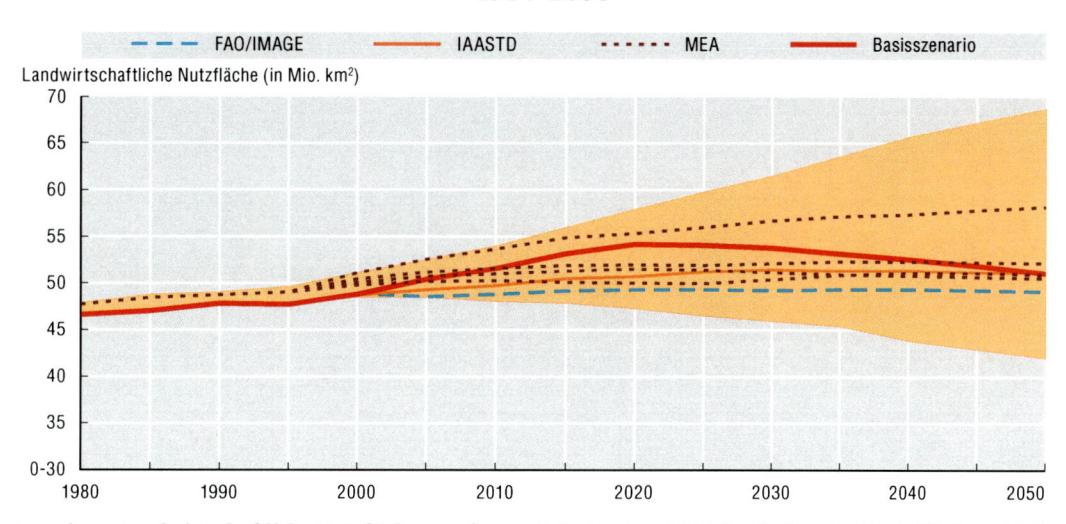

Abbildung 2.13 Weltweite landwirtschaftliche Nutzflächen: Schätzwerte, 1980-2050

Anmerkung: Landwirtschaftliche Nutzflächen umfassen Ackerland und Grünland, die schattierte Fläche zeigt die in der Fachliteratur zu findende Variationsbreite, die anderen Linien geben spezifische Projektionen an.
Quelle:
FAO/IMAGE = FAO (Ernährungs- und Landwirtschaftsorganisation der VN) (2006), *World Agriculture Towards 2030/2050*, FAO, Rom.
IAASTD = International Assessment of Agricultural Knowledge, Science and Technology for Development (2009), *Global report*, Island Press, Washington D.C.
MEA = Millennium Ecosystem Assessment (2005), *Synthesis report*, Island Press, Washington D.C.
Basisszenario = Basisszenario des *OECD-Umweltausblicks*; Ergebnisse von Berechnungen anhand der Image-Modellreihe.
StatLink ᕒᔕᕐ http://dx.doi.org/10.1787/888932570316

Die historischen und projizierten Trends der Nutzung von Agrarland weisen in den einzelnen Regionen erhebliche Unterschiede auf. Die landwirtschaftliche Nutzfläche ist in den OECD-Ländern seit 1970 leicht zurückgegangen, wohingegen sie in anderen Teilen der Welt stark zugenommen hat (z.B. in Brasilien um 35%, in China um 40% und in Indonesien um 26%). In den OECD-Ländern wird bis 2050 ein erneuter leichter Rückgang von 2% erwartet (Abb. 2.14). Im Basisszenario wird für die BRIICS insgesamt bis 2050 ein Rückgang von mehr als 17% projiziert, hauptsächlich auf Grund des Bevölkerungsrückgangs in China und Russland. In der übrigen Welt ist zumindest in den kommenden Jahrzehnten, in denen die Bevölkerung noch wächst und der Übergang zu einer kalorienreicheren und stärker auf Fleisch basierenden Ernährungsweise wahrscheinlich anhalten wird, mit einer weiteren Ausdehnung der landwirtschaftlich genutzten Flächen zu rechnen. In dieser Region gehen die Waldflächen zurück, insbesondere dort, wo die landwirtschaftlichen Nutzflächen beträchtlich ausgeweitet werden. In anderen Regionen, darunter China, dürfte der Rückgang der Nachfrage nach landwirtschaftlichen Nutzflächen zu einer Zunahme der Waldflächen führen, nicht zuletzt, um die wachsende weltweite Nachfrage nach Holz und sonstigen forstwirtschaftlichen Erzeugnissen decken zu können.

Diese landwirtschaftlichen Entwicklungen sind die Hauptantriebskräfte des Landnutzungswandels und dementsprechend auch der landnutzungsbedingten Entwicklungen im Bereich der Treibhausgasemissionen, der Wasserknappheit und der Belastung der biologischen Vielfalt, wie in den folgenden Kapiteln näher erläutert wird.

2. SOZIOÖKONOMISCHE ENTWICKLUNGEN

Abbildung 2.14 Projiziertes Wachstum wichtiger Landnutzungskategorien: Basisszenario

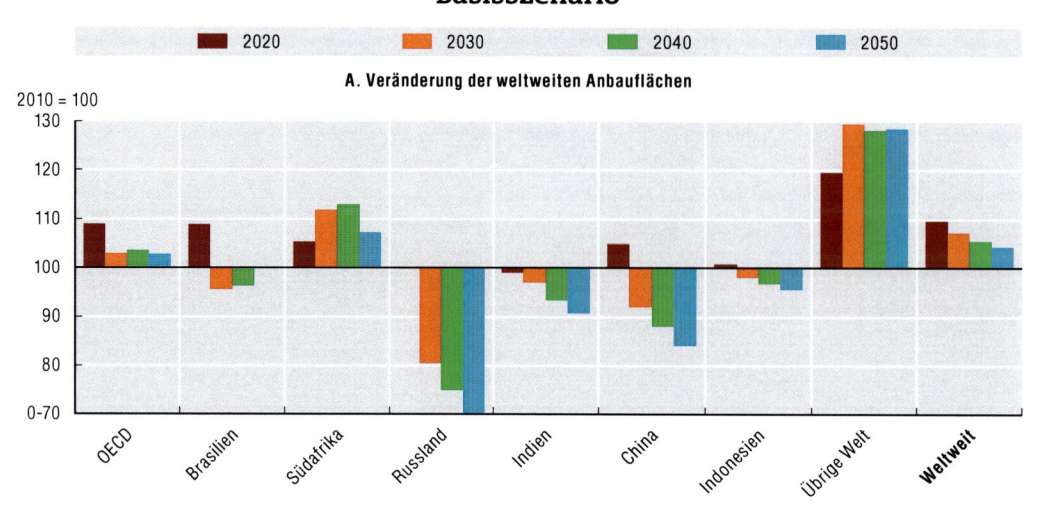

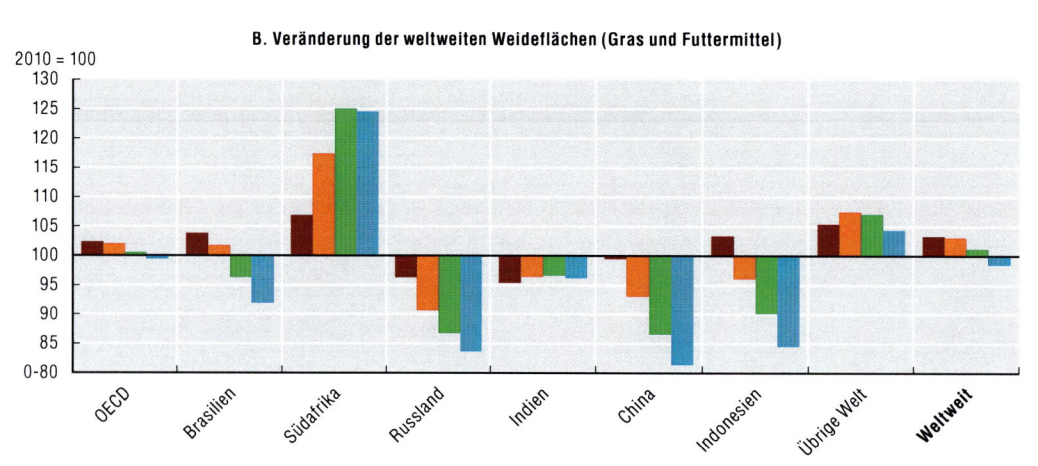

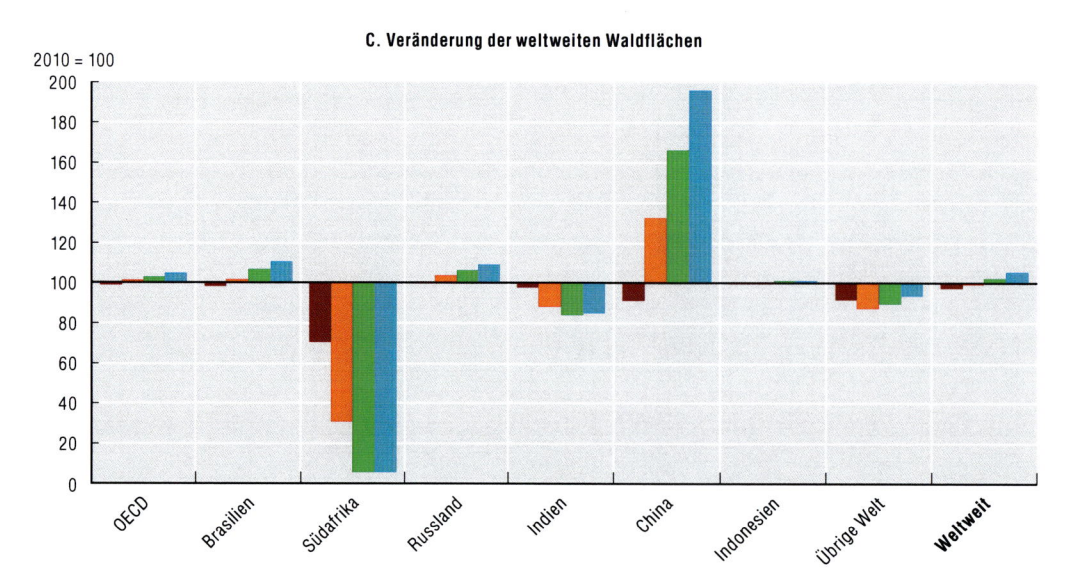

■ 2020 ■ 2030 ■ 2040 ■ 2050

A. Veränderung der weltweiten Anbauflächen
(2010 = 100)

B. Veränderung der weltweiten Weideflächen (Gras und Futtermittel)
(2010 = 100)

C. Veränderung der weltweiten Waldflächen
(2010 = 100)

Quelle: Basisszenario des OECD-Umweltausblicks; Ergebnisse von Berechnungen anhand der Image-Modellreihe.
StatLink ⟶ http://dx.doi.org/10.1787/888932570335

Anmerkungen

1. Weitere Einzelheiten zur Konstruktion des Basisszenarios finden sich in Chateau et al. (2011).

2. Dieser *Umweltausblick* stützt sich auf die Revision der mittelfristigen Bevölkerungsprojektionen der VN von 2008 (VN, 2009), nach denen die Weltbevölkerung bis 2050 auf 9,15 Milliarden Menschen ansteigen wird. Die VN haben inzwischen revidierte Projektionen für 2050 vorgelegt (VN, 2011), die etwas höher sind (9,3 Milliarden), hauptsächlich weil in Afrika ein größeres Bevölkerungswachstum erwartet wird.

3. Das BIP ist zwar eine zweckdienliche Messgröße für die Wirtschaftsleistung, es ist jedoch kein guter Indikator für das gesellschaftliche Wohlergehen (Stiglitz et al., 2009).

4. Die Schätzungen der regionalen Anteile am globalen BIP hängen stark von den verwendeten Wechselkursen ab. Die Bewertung der BIP-Aggregate erfolgt in diesem Bericht unter Verwendung von konstanten Kaufkraftparitäten (KKP) von 2010, die in IWF (2010) aufgeführt werden. Da der US-Dollar in den letzten Jahren gegenüber den meisten Währungen abgewertet hat, würde die Verwendung älterer Wechselkurse sowohl für die Vereinigten Staaten als auch für den OECD-Raum einen höheren Anteil bedeuten. Wegen einer näheren Untersuchung vgl. Chateau et al. (2011).

5. Die kurzfristigen Konjunkturzyklen werden in den in Abbildung 2.6 aufgeführten Projektionen zwar nicht berücksichtigt, die Entwicklungen für 2010-2015 basieren jedoch auf kurzfristigen Projektionen des IWF (2010), der Weltbank (2010) und der OECD.

6. 1 Exajoule entspricht 1 Mrd. Gigajoule, etwa 23,9 Mio. t RÖE.

7. Es gibt keine weithin akzeptierte Methode für die Aufteilung des Primärenergieverbrauchs auf die verschiedenen Energieträger. Diese Abbildung verwendet die von der IEA vorgeschlagene Methodik, die bei der Kernenergie eine Effizienz von 33% und bei erneuerbaren Energieträgern eine Effizienz von 100% unterstellt. Je nach Methode kann es bei den Anteilen der Kernenergie und der erneuerbaren Energieträger am Energiemix zu kleinen Unterschieden kommen.

8. Der Rückgang in Nordamerika erfolgt in den Vereinigten Staaten und Mexiko. In Kanada hingegen wird die Ölförderung den Projektionen zufolge ansteigen, insbesondere aus unkonventionellen Quellen wie Ölschiefer.

9. Die Energieverbrauchsgewohnheiten wurden so kalibriert, dass sie denjenigen der IEA-Projektionen entsprechen.

10. Die Projektion für den Ausbau der Kernenergie wurde vor dem Erdbeben und dem Tsunami in Japan im Jahr 2011 erstellt. Daraus wird deutlich, dass diese Projektionen als langfristige Trends zu sehen sind, bei denen die Auswirkungen unerwarteter Schocks nicht berücksichtigt werden.

11. Das Basisszenario projiziert z.B. für Getreidesorten temperierter Zonen eine durchschnittliche jährliche Ertragssteigerung von 1,0%, wohingegen dieser Wert in der Vergangenheit (1970-2010; FAOStat-Daten) bei 1,5% lag. Desgleichen wird für Reis ein Anstieg von +0,9% (gegenüber +1,6%) und für Mais ein Anstieg von 0,8% (gegenüber +1,7%) projiziert.

Literaturverzeichnis

Bruinsma (2003), *Agriculture Towards 2015/2030*, Ernährungs- und Landwirtschaftsorganisation der Vereinten Nationen, Rom.

Chateau, J., C. Rebolledo und R. Dellink (2011), "The ENV-Linkages Economic Baseline Projections to 2050", *OECD Environment Working Paper*, No. 41, OECD Publishing, Paris.

Duval, R. und C. de la Maisonneuve (2010), "A Long-Run Growth Framework and Scenarios for the World Economy", Journal of Policy Modeling 62: 64-80.

EU (Europäische Union) (2009), "Impact of the Current Economic and Financial Crisis on Potential Output", *Occasional Papers*, 49, Generaldirektion Wirtschaft und Finanzen, Europäische Kommission.

FAO (Ernährungs- und Landwirtschaftsorganisation der Vereinten Nationen) (2006), *World Agriculture Towards 2030/2050*, FAO, Rom.

IAASTD (2009), *International Assessment of Agricultural Science and Technology for Development: Global Report*, Island Press, Washington, D.C.

IEA (Internationale Energie-Agentur) (2010), *World Energy Outlook 2010*, OECD Publishing, Paris. doi: 10.1787/weo-2010-en.

IEA (2011), *Energy Balances of non-OECD Countries 2011*, OECD Publishing, Paris. doi: 10.1787/energy_bal_non-oecd-2011-en.

IWF (Internationaler Währungsfonds) (2010), *World Economic Outlook Database*, IWF, Washington D.C., *www.imf.org/external/pubs/ft/weo/2010/02/weodata/index.aspx*.

IPCC (Zwischenstaatlicher Ausschuss für Klimaänderung) (2007), *Fourth Assessment Report of the Intergovernmental Panel on Climate Change*, Cambridge University Press, New York.

Klein Goldewijk, K. und G. van Drecht (2006), "HYDE 3: Current and Historical Population and Land Cover", in A. F. Bouwman, T. Kram, K. Klein Goldewijk (Hrsg.). *Integrated Modelling of Global Environmental Change. An Overview of IMAGE 2.4*. PBL Netherlands Environmental Assessment Agency, Den Haag/Bilthoven.

MEA (2005), *Millennium Ecosystem Assessment Synthesis Report*, Island Press, Washington D.C.

Maddison (2010), *Statistics on World Population, GDP and per Capita GDP, 1-2008 AD*, Universität Groningen, *www.ggdc.net/MADDISON/oriindex.htm*.

OECD (2011), *Towards Green Growth*, OECD Green Growth Studies, OECD Publishing, Paris. doi: 10.1787/9789264111318-en.

OECD (2008a), *Costs of Inaction on Key Environmental Challenges*, OECD Publishing, Paris. doi: 10.1787/9789264045828-en.

OECD (2008b), *OECD-Umweltausblick bis 2030*, OECD Publishing, Paris. doi: 10.1787/9789264040519-en.

OECD/FAO (2011), *OECD-FAO Agricultural Outlook 2011-2020*, OECD Publishing, Paris. doi: 10.1787/agr_outlook-2011-en.

Stiglitz, J.E., A. Sen und J. Fitoussi (2009), *Report by the Commission on the Measurement of Economic Performance and Social Progress*, verfügbar unter *www.stiglitz-sen-fitoussi.fr/en/index.htm*.

UN Habitat (2003), *The Challenge of Slums: Global Report on Human Settlements 2003*, UN Habitat, New York.

UN Habitat (2006), *State of the World's Cities: 2006/2007*, UN Habitat, New York.

VN (Vereinte Nationen) (2009), *World Population Prospects: The 2008 Revision*, New York.

VN (2010), *World Urbanization Prospects: The 2009 Revision*, UN Habitat, New York.

VN (2011), *World Population Prospects: The 2010 Revision*, New York.

Vuuren van, D.P., K. Riahi, R. Moss, A. Thomson, N. Nakicenovic, J. Edmonds, T. Kram, F. Berkhout, R. Swart, A. Janetos, S. Rose, A. Arnell (2011), "Developing new scenarios as a thread for future climate research". Global Environmental Change, in Druck; doi 10.1016/j.gloenvcha.2011.08.002.

Weltbank (2010), *World Development Indicators*, Weltbank, Washington D.C., *http://data.worldbank.org/data-catalog/world-development-indicators*

ANHANG 2.A

Hintergrundinformationen zur Modellierung der sozioökonomischen Entwicklungen

Abbildung 2.A1 Aufschlüsselung der Antriebsfaktoren des BIP-Wachstums nach Region, in Prozent: Basisszenario

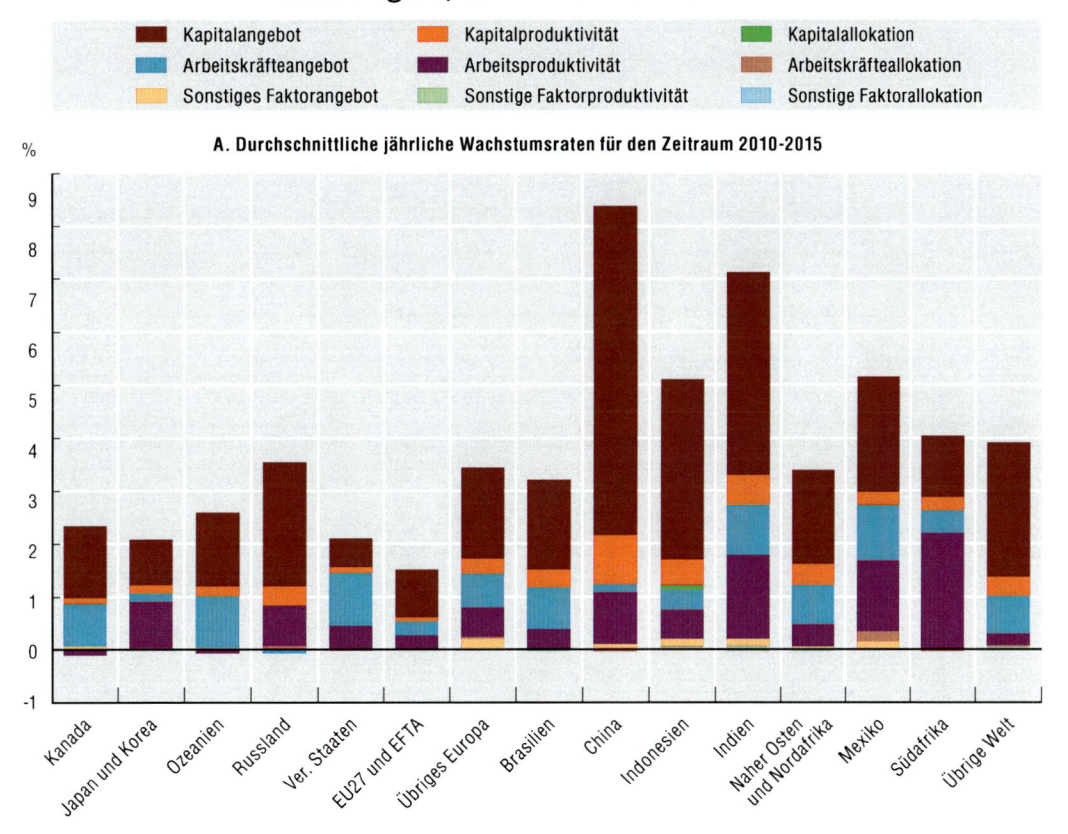

- Kapitalangebot
- Kapitalproduktivität
- Kapitalallokation
- Arbeitskräfteangebot
- Arbeitsproduktivität
- Arbeitskräfteallokation
- Sonstiges Faktorangebot
- Sonstige Faktorproduktivität
- Sonstige Faktorallokation

A. Durchschnittliche jährliche Wachstumsraten für den Zeitraum 2010-2015

Regionen: Kanada, Japan und Korea, Ozeanien, Russland, Ver. Staaten, EU27 und EFTA, Übriges Europa, Brasilien, China, Indonesien, Indien, Naher Osten und Nordafrika, Mexiko, Südafrika, Übrige Welt

Quelle: Basisszenario des *OECD-Umweltausblicks*; Ergebnisse von Berechnungen anhand des ENV-Linkages-Modells.
StatLink http://dx.doi.org/10.1787/888932570354

2. SOZIOÖKONOMISCHE ENTWICKLUNGEN

Abbildung 2.A1 (Forts.) Aufschlüsselung der Antriebsfaktoren des BIP-Wachstums nach Region, in Prozent: Basisszenario

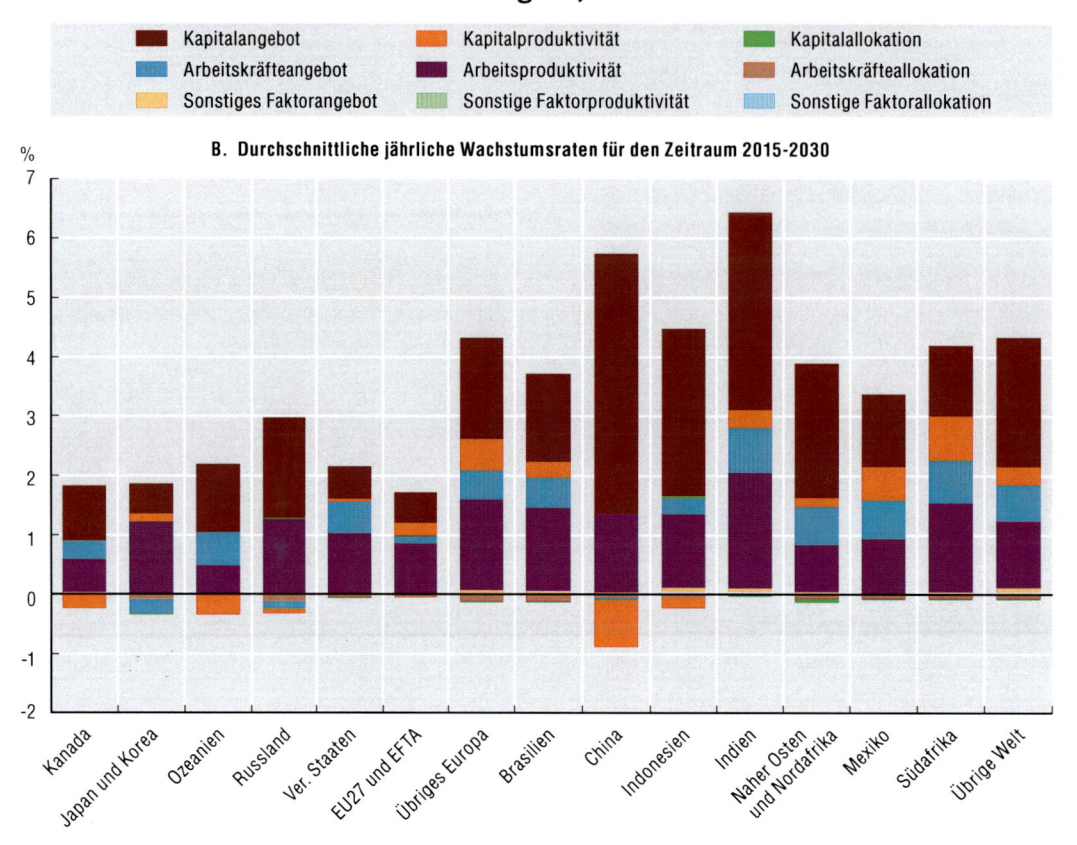

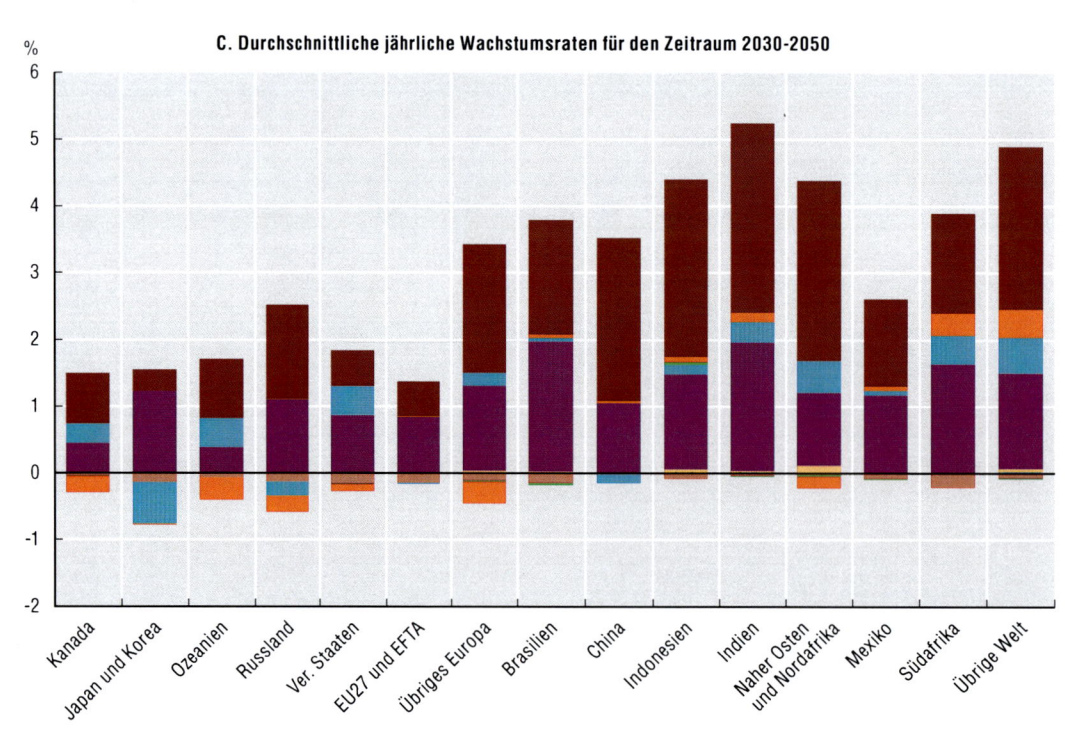

Legende:
- Kapitalangebot
- Kapitalproduktivität
- Kapitalallokation
- Arbeitskräfteangebot
- Arbeitsproduktivität
- Arbeitskräfteallokation
- Sonstiges Faktorangebot
- Sonstige Faktorproduktivität
- Sonstige Faktorallokation

B. Durchschnittliche jährliche Wachstumsraten für den Zeitraum 2015-2030

C. Durchschnittliche jährliche Wachstumsraten für den Zeitraum 2030-2050

Regionen: Kanada, Japan und Korea, Ozeanien, Russland, Ver. Staaten, EU27 und EFTA, Übriges Europa, Brasilien, China, Indonesien, Indien, Naher Osten und Nordafrika, Mexiko, Südafrika, Übrige Welt

Quelle: Basisszenario des OECD-Umweltausblicks; Ergebnisse von Berechnungen anhand des ENV-Linkages-Modells.
StatLink http://dx.doi.org/10.1787/888932570354

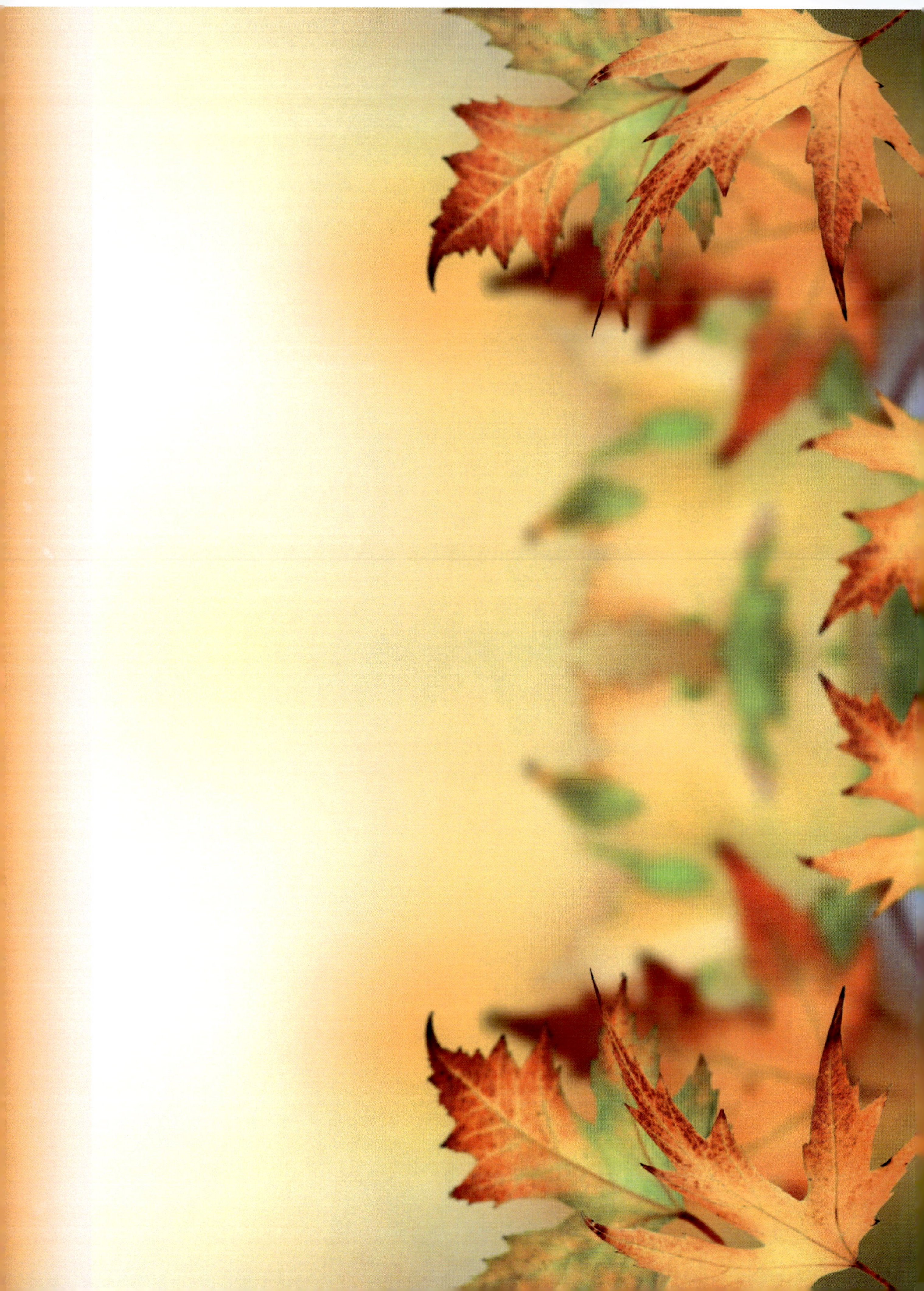

Kapitel 3

Klimawandel

von

Virginie Marchal, Rob Dellink, Detlef van Vuuren (PBL), Christa Clapp,
Jean Chateau, Bertrand Magné, Elisa Lanzi, Jasper van Vliet (PBL)

In diesem Kapitel werden die Politikimplikationen der mit dem Klimawandel verbundenen Herausforderungen analysiert. Reichen die in Kopenhagen/Cancún eingegangenen aktuellen Emissionsminderungszusagen aus, um das Fortschreiten des Klimawandels und die globale mittlere Erwärmung auf 2°C zu begrenzen? Wenn nicht, wie werden die Folgen aussehen? Mit welchen alternativen Wachstumspfaden könnte die globale durchschnittliche Treibhausgaskonzentration in der Atmosphäre bei 450 ppm stabilisiert werden, dem Niveau, bei dem eine 50%ige Wahrscheinlichkeit besteht, den Temperaturanstieg auf 2°C zu begrenzen? Welche Politikmaßnahmen sind erforderlich, und wie hoch werden die Kosten und die Nutzeffekte für die Wirtschaft sein? Wie kann sich die Welt an die Erwärmung anpassen, die bereits im Gang ist? Um diese Fragen näher zu beleuchten, werden in diesem Kapitel zunächst die Trends bis 2050 bei den Treibhausgasemissionen (u.a. aus der Landnutzung), der Treibhausgaskonzentration, den Temperaturen und den Niederschlägen gemäß dem Basisszenario des OECD-Umweltausblicks untersucht, das von einer gleichbleibenden Politik (d.h. ohne neue Maßnahmen) ausgeht. Anschließend wird über den Zustand der heutigen Klimapolitik Bilanz gezogen. Die meisten Länder setzen eine Kombination verschiedener Politikinstrumente ein, zu denen das Carbon Pricing, d.h. die Festsetzung eines Preises für CO_2-Emissionen (CO_2-Steuern, Cap-and-Trade-Emissionshandel, Reformen der Subventionen für fossile Brennstoffe), sonstige Energieeffizienzmaßnahmen, informationsbasierte Ansätze und innovationspolitische Maßnahmen zur Förderung sauberer Technologien gehören. Danach wird aufgezeigt, welche weiteren Maßnahmen notwendig sind, indem verschiedene Mitigationsszenarien mit dem Basisszenario verglichen werden. Bei diesen Mitigationsszenarien handelt es sich um Szenarien zur Stabilisierung der Treibhausgaskonzentration bei 450 ppm bzw. 550 ppm mit unterschiedlichen technologischen Optionen, z.B. CO_2-Abtrennung und -Speicherung (CCS), Kernenergieausstieg und verstärkter Einsatz von Biokraftstoffen, und verschiedenen Rahmenbedingungen, z.B. bei Verknüpfung der CO_2-Märkte und diversen Regelungen für die Allokation von Emissionsrechten. Abschließend wird erläutert, dass zur Begrenzung der globalen Erwärmung Maßnahmen notwendig sind, die strukturelle Veränderungen herbeiführen, um kurzfristige Anstrengungen mit langfristigen Klimaschutzzielen in Einklang zu bringen, wobei es gilt, einen Ausgleich zwischen Kosten und Nutzen zu schaffen. Rechtzeitige Anpassungsmaßnahmen zur Begrenzung der durch sich bereits ändernde Klimabedingungen verursachten Schäden werden ebenfalls unerlässlich sein.

KERNAUSSAGEN

Der Klimawandel stellt ein globales systemisches Risiko für die Gesellschaft dar. Er bedroht die Lebensgrundlagen aller Menschen, den Zugang zu Wasser, die Nahrungsmittelproduktion, die Gesundheit, die Bodennutzung sowie Sach- und Naturkapital. Wenn dem Klimawandel nicht genügend Beachtung geschenkt wird, könnte dies beträchtliche soziale Folgen für das menschliche Wohlergehen haben, das Wirtschaftswachstum dämpfen und das Risiko abrupter und weitreichender Veränderungen unserer Klima- und Ökosysteme erhöhen. Der wirtschaftliche Schaden wäre erheblich und könnte sich in einem dauerhaften Rückgang des durchschnittlichen weltweiten Pro-Kopf-Konsums um mehr als 14% niederschlagen (Stern, 2006). Einige arme Länder würden wahrscheinlich besonders stark in Mitleidenschaft gezogen. In diesem Kapitel wird erläutert, dass zur Vermeidung dieser wirtschaftlichen, sozialen und ökologischen Kosten wirkungsvolle Politikmaßnahmen notwendig sind, um die Volkswirtschaften auf CO_2-arme und klimaresiliente Wachstumspfade zu lenken.

Trends und Projektionen

Umweltzustand und Umweltbelastungen

Die **globalen Treibhausgasemissionen** nehmen weiter zu, und 2010 erreichten die globalen **energiebedingten Kohlendioxid-(CO_2-)Emissionen** trotz der jüngsten Wirtschaftskrise ein Allzeithoch von 30,6 Gigatonnen (Gt). Im Basisszenario des *Umweltausblicks* wird davon ausgegangen, dass sich die Treibhausgasemissionen ohne ehrgeizigere Politikmaßnahmen als die heute geltenden bis 2050 um weitere 50% erhöhen werden, was in erster Linie einem projizierten Anstieg der CO_2-Emissionen aus der Energienutzung um 70% zuzuschreiben ist. Dieser ist hauptsächlich durch eine projizierte Zunahme des Weltenergieverbrauchs um 80% bedingt. Die Emissionen des Verkehrssektors werden sich den Projektionen zufolge auf Grund eines starken Anstiegs der Automobilnachfrage in den Entwicklungsländern verdoppeln. In der Vergangenheit waren die OECD-Volkswirtschaften für den Großteil der Emissionen verantwortlich. In den kommenden Jahrzehnten werden auch von dem hohen Wirtschaftswachstum in einigen der großen aufstrebenden Volkswirtschaften zunehmende Emissionen ausgehen.

Treibhausgasemissionen nach Region: Basisszenario, 2010-2050

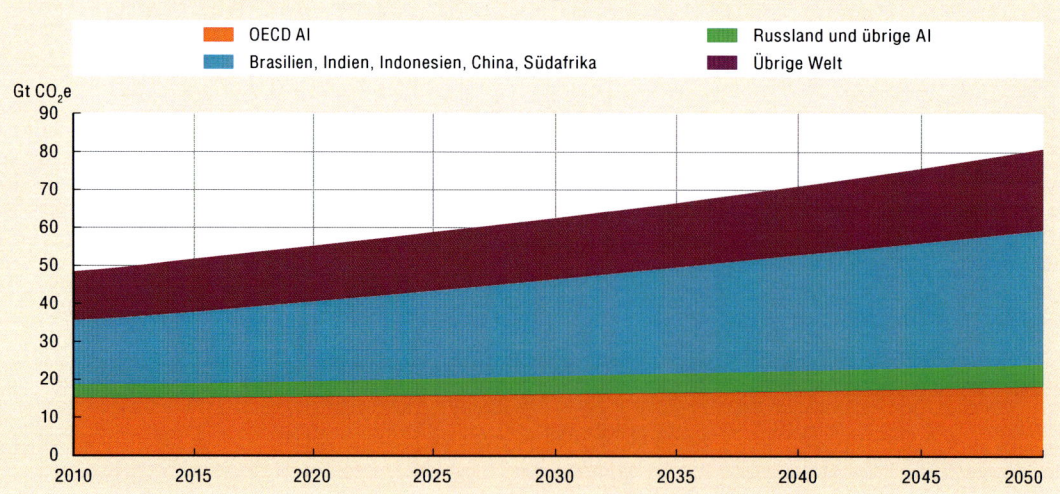

Anmerkung: „OECD AI" steht für die Gruppe der OECD-Länder, die auch zu den Annex-I-Staaten des Kyoto-Protokolls gehören.
Gt CO_2e = Gigatonnen CO_2-Äquivalente.
Quelle: Basisszenario des *OECD-Umweltausblicks*; Ergebnisse von Berechnungen anhand des ENV-Linkages-Modells.
StatLink http://dx.doi.org/10.1787/888932570468

- Den Projektionen des Basisszenarios zufolge werden die **Treibhausgaskonzentrationen in der Atmosphäre** ohne ehrgeizigere Politikmaßnahmen bis 2050 auf nahezu 685 ppm (Teile pro Million) CO_2-Äquivalente ansteigen. Dieser Wert liegt weit über dem Konzentrationsniveau von 450 ppm, das erforderlich ist, um die globale mittlere **Erwärmung** wenigstens mit einer Wahrscheinlichkeit von 50% bei 2°C zu stabilisieren, was dem Ziel entspricht, das auf der Vertragsstaatenkonferenz des Rahmenübereinkommens der Vereinten Nationen über Klimaänderungen (UNFCCC) 2010 in Cancún festgelegt wurde. Gemäß dem Basisszenario wird der Anstieg der globalen mittleren Temperatur diesen Zielwert bis 2050 wahrscheinlich überschreiten und sich bis Ende des Jahrhunderts auf 3-6°C im Vergleich zum vorindustriellen Niveau belaufen. Ein derart hoher Temperaturanstieg würde die Niederschlagsmuster weiter verändern, die Gletscher schmelzen lassen, einen Anstieg des Meeresspiegels verursachen und die Intensität von extremen Wetterlagen in beispielloser Weise erhöhen. Dabei könnten auch einige entscheidende Tipping-Points bzw. „Kipp-Punkte" überschritten werden, womit drastische Veränderungen ausgelöst würden, die katastrophale oder irreversible Folgen für die natürlichen Systeme und die Gesellschaft haben könnten.

- Der technische Fortschritt und die strukturellen Veränderungen in der Zusammensetzung des Wachstums werden die **Energieintensität der Volkswirtschaften** in den kommenden Jahrzehnten voraussichtlich verbessern (d.h. es dürfte eine relative Entkopplung der Entwicklung der Treibhausgasemissionen vom BIP-Wachstum erzielt werden), insbesondere in den OECD-Ländern und den aufstrebenden Volkswirtschaften Brasilien, Russland, Indien, Indonesien, China und Südafrika (BRIICS). Angesichts der aktuellen Trends würde der Effekt dieser regionalen Verbesserungen allerdings durch den weltweiten Anstieg des Energieverbrauchs zunichte gemacht.

- Die **Emissionen aus Landnutzung, Landnutzungsänderungen und Forstwirtschaft** dürften im Lauf der nächsten dreißig Jahre abnehmen, während die Kohlenstoffsequestrierung durch die Wälder zunehmen dürfte. Bis 2045 werden die CO_2-Emissionen aus der Landnutzung den Projektionen zufolge in den OECD-Ländern netto ein negatives Vorzeichen erhalten. In den meisten aufstrebenden Volkswirtschaften wird auf Grund der erwarteten Verlangsamung der Entwaldung ebenfalls ein rückläufiger Trend bei den Emissionen zu beobachten sein. In der übrigen Welt dürften sich die Emissionen aus der Landnutzung unter dem Einfluss der Ausdehnung der landwirtschaftlich genutzten Flächen, insbesondere in Afrika, bis 2050 erhöhen.

Politikreaktionen

- Die Verpflichtung auf Maßnahmen zur Erreichung nationaler Treibhausgasreduktionsziele bei den UNFCCC-Vertragsstaatenkonferenzen in Kopenhagen und Cancún war ein erster wichtiger Schritt der Länder, um eine globale Lösung zu finden. Die **Emissionsminderungszusagen** der Länder sind jedoch nicht ausreichend, um eine kostenoptimierte Lösung zur Erreichung des 2°C-Ziels darzustellen. Auf der Grundlage dieser Zusagen wäre die Begrenzung der Erwärmung auf 2°C nach 2020 mit erheblichen Zusatzkosten verbunden, um zu gewährleisten, dass die Treibhausgaskonzentration in der Atmosphäre langfristig nicht 450 ppm übersteigt. Ehrgeizigere Maßnahmen sind daher jetzt und nach 2020 notwendig. So sind beispielsweise 80% der projizierten Emissionen aus der Stromerzeugung im Jahr 2020 bereits jetzt unvermeidbar, da sie von Kraftwerken ausgehen, die schon existieren oder gerade gebaut werden. Die Welt bindet sich jedes Jahr immer stärker an CO_2-intensive Systeme. Eine vorzeitige Stilllegung der fraglichen Kraftwerke oder deren Umrüstung mit Technologien zur CO_2-Abtrennung und -Speicherung (CCS) – was mit beträchtlichen wirtschaftlichen Kosten einherginge – wäre die einzige Möglichkeit, um aus dieser „Lock-in-Situation" herauszukommen.

- Bei der Erarbeitung nationaler Strategien zur **Anpassung an den Klimawandel** wurden Fortschritte erzielt. Damit wird auch die Beurteilung und das Management von Klimarisiken in den betroffenen Sektoren gefördert. Es ist jedoch noch ein weiter Weg, bis die richtigen Instrumente und Institutionen eingerichtet sind, um zu gewährleisten, dass Klimarisiken explizit in Maßnahmen und Projekten berücksichtigt werden, um die Beteiligung des privaten Sektors an Anpassungsmaßnahmen zu erhöhen und die Anpassung an den Klimawandel in die Entwicklungszusammenarbeit einzubinden.

Politikmaßnahmen für den Aufbau einer CO_2-armen, klimaresilienten Wirtschaft

Wir müssen jetzt handeln, um eine Trendwende bei den Emissionen herbeizuführen, so dass sich die Treibhausgaskonzentration bei 450 ppm CO_2e stabilisiert und sich die Wahrscheinlichkeit einer Begrenzung der globalen mittleren Erwärmung auf 2°C erhöht. Ehrgeizige Mitigationsmaßnahmen senken das Risiko eines verheerend wirkenden Klimawandels erheblich. Die für die Erreichung des 2°C-Ziels anfallenden Kosten würden das globale BIP-Wachstum im Durchschnitt von 3,5% auf 3,3% pro Jahr (bzw. um 0,2 Prozentpunkte) verlangsamen, was zu einer Einbuße beim globalen BIP um rd. 5,5% im Jahr 2050 führen würde. Diese Kosten sollten mit den Kosten bei Untätigkeit verglichen werden, die sich einigen Schätzungen zufolge auf bis zu 14% des durchschnittlichen weltweiten Pro-Kopf-Konsums belaufen könnten (Stern, 2006).

Eine Aufschiebung der notwendigen Maßnahmen ist kostspielig. Zu spät zu handeln oder bis 2020 nur halbherzige Maßnahmen zu ergreifen (z.B. lediglich die in Kopenhagen/Cancún gemachten Zusagen umzusetzen oder darauf zu warten, dass bessere Technologien zur Verfügung stehen), hätte zur Folge, dass das Tempo und der Umfang der nach 2020 erforderlichen Anstrengungen deutlich erhöht werden müssten. Damit würden die Kosten 2050 im Vergleich zu rechtzeitigem Handeln um 50% steigen, und es könnte zu größeren Umweltgefahren kommen.

Eine umsichtige Reaktion auf den Klimawandel sollte sowohl ehrgeizige Mitigationsmaßnahmen zur Eindämmung des Klimawandels als auch rechtzeitige Anpassungsmaßnahmen zur Begrenzung der Schäden infolge bereits unvermeidlicher Auswirkungen beinhalten. Angesichts knapper öffentlicher Mittel wird es von entscheidender Bedeutung sein, möglichst kostengünstige Lösungen zu finden und den privaten Sektor einzubeziehen, um die nötigen Umstellungen zu finanzieren. Zudem müssen kostspielige Überschneidungen zwischen den Maßnahmen vermieden werden. Folgende Aktionen stellen eine Priorität dar:

- **Anpassung an bereits unvermeidbare Klimaänderungen.** Das bereits erreichte Niveau der Treibhausgaskonzentrationen in der Atmosphäre bedeutet, dass einige Klimaänderungen schon heute unvermeidbar sind. Die Auswirkungen auf die Bevölkerung und die Ökosysteme werden davon abhängen, wie wir uns an diese Änderungen anpassen. Anpassungsmaßnahmen müssen folglich umgesetzt werden, um das Wohlergehen der gegenwärtigen und künftigen Generationen weltweit zu sichern.

- **Einbindung der Anpassung an den Klimawandel in die Entwicklungszusammenarbeit.** Das Management der mit dem Klimawandel verbundenen Risiken ist eng mit der wirtschaftlichen Entwicklung verflochten – aus diesem Grund werden die ärmsten und anfälligsten Bevölkerungsgruppen die Auswirkungen des Klimawandels am meisten zu spüren bekommen. Den nationalen Regierungen und Geberstellen kommt daher eine Schlüsselrolle zu, und es ist heute äußerst wichtig, Anpassungsstrategien an den Klimawandel in die gesamte Entwicklungsplanung einzubeziehen. Dies beinhaltet, dass Klimarisiken und -chancen im Rahmen der staatlichen Verfahren der jeweiligen Länder, auf Sektor- und Projektebene ebenso wie in städtischen und ländlichen Kontexten, evaluiert werden müssen. Die Unsicherheit bezüglich der Klimafolgen bedeutet, dass Flexibilität unerlässlich ist.

- **Festlegung klarer, glaubwürdiger, stringenter und gesamtwirtschaftlicher Treibhausgasreduktionsziele,** an denen sich Politik- und Investitionsentscheidungen orientieren können. Durch die Beteiligung sämtlicher großer Emissionsquellen und emissionsverursachenden

Sektoren und Länder würden sich die Kosten des Klimaschutzes verringern und könnten Bedenken über mögliche Verlagerungs- und Wettbewerbseffekte ausgeräumt werden.

- **Festsetzung eines Preises für CO_2-Emissionen.** In diesem *Ausblick* wird ein zentrales 450-ppm-Szenario modelliert, dem zufolge zur Erreichung des 2°C-Ziels klare Preise für CO_2-Emissionen festgelegt werden müssen, die im Zeitverlauf angehoben werden. Das könnte mit marktorientierten Instrumenten wie CO_2-Steuern oder Emissionshandelssystemen erfolgen. Solche Instrumente können einen dynamischen Anreiz für Innovationen, technologische Fortschritte und private Investitionen in CO_2-arme, klimaresiliente Technologien schaffen. Sie können zudem Einnahmen bringen, um knappe Haushaltskassen zu entlasten, und möglicherweise neue Quellen für öffentliche Finanzierungen erschließen. Wenn z.B. die im Rahmen der Kopenhagener Vereinbarung eingegangenen Zusagen der Annex-I-Länder durch CO_2-Steuern oder ein Cap-and-Trade-System mit vollständiger Auktion der Emissionsrechte umgesetzt würden, könnten diese Länder damit Haushaltseinnahmen erzielen, die sich im Jahr 2020 auf über 250 Mrd. US-$, d.h. 0,6% ihres BIP, belaufen würden.

- **Reform der Subventionen für fossile Brennstoffe.** Die Subventionen für die Erzeugung und den Verbrauch fossiler Brennstoffe beliefen sich in den letzten Jahren in den OECD-Ländern schätzungsweise auf rd. 45-75 Mrd. US-$ jährlich; in den Entwicklungs- und Schwellenländern wurden 2010 409 Mrd. US-$ bereitgestellt (IEA-Daten). Für den *OECD-Ausblick* durchgeführte Simulationsrechnungen zeigen, dass die Abschaffung der Subventionen für fossile Brennstoffe in den Entwicklungsländern die globalen energiebedingten Treibhausgasemissionen um 6% reduzieren, Anreize für eine höhere Energieeffizienz und erneuerbare Energien schaffen und auch die öffentlichen Mittel für Klimaschutzmaßnahmen erhöhen könnte. Bei Reformen der Subventionen für fossile Brennstoffe sollte jedoch umsichtig vorgegangen werden, indem gleichzeitig durch geeignete Maßnahmen möglichen negativen Auswirkungen auf die privaten Haushalte begegnet wird.

- **Innovationsförderung und Unterstützung neuer sauberer Technologien.** Die Kosten des Klimaschutzes könnten erheblich gesenkt werden, wenn Forschung und Entwicklung (FuE) neue bahnbrechende Technologien hervorbringen würden. So besitzen beispielsweise neue Technologien wie Bioenergie aus Abfallbiomasse und CCS das Potenzial, CO_2 aus der Atmosphäre zu binden. Zur Optimierung dieser Technologien und Entwicklung anderer neuer Technologien bedarf es eines klareren Preises für CO_2-Emissionen, gezielter staatlich finanzierter FuE sowie Maßnahmen zur Verringerung der finanziellen Risiken.

- **Ergänzung des *Carbon Pricing* durch gut konzipierte regulatorische Maßnahmen.** *Carbon Pricing* und Innovationsförderung reichen u.U. nicht aus, um zu gewährleisten, dass alle Optionen zur Steigerung der Energieeffizienz genutzt werden bzw. genutzt werden können. Zusätzliche zielorientierte Regulierungsinstrumente (wie Effizienzstandards für Kraftstoffe, Fahrzeuge und Gebäude) sind möglicherweise ebenfalls notwendig. Wenn diese so konzipiert sind, dass Markthindernisse beseitigt und kostspielige Überschneidungen mit marktorientierten Instrumenten vermieden werden, können sie die Einführung sauberer Technologien beschleunigen, die Innovationstätigkeit fördern und Emissionen kosteneffizient senken. Der Nettobeitrag, den die verschiedenen Instrumente zum gesellschaftlichen Wohlergehen, zur ökologischen Wirksamkeit und zur ökonomischen Effizienz leisten, sollte regelmäßig geprüft werden.

1. Einleitung

Der Klimawandel stellt ein ernstes, globales, systemisches Risiko dar, das die Lebensgrundlagen und die Wirtschaft bedroht. Die beobachteten Erhöhungen der globalen Durchschnittstemperaturen, das ausgedehnte Abschmelzen von Schnee und Eis sowie der Anstieg des globalen mittleren Meeresspiegels deuten darauf hin, dass sich das Klima bereits erwärmt (IPCC, 2007a). Wenn die Treibhausgasemissionen weiter zunehmen, könnte dies eine Vielzahl von negativen Auswirkungen haben und weitreichende, irreversible und katastrophale Veränderungen verursachen (IPCC, 2007b), die die Anpassungsfähigkeit der natürlichen und sozialen Systeme überfordern würden. Die ökologischen, sozialen und wirtschaftlichen Kosten bei Untätigkeit dürften beträchtlich sein. In den in Cancún (Mexiko) bei der Klimakonferenz der Vereinten Nationen 2010 erzielten Vereinbarungen wurde die Notwendigkeit einer drastischen Senkung der Treibhausgasemissionen anerkannt, um die globale mittlere Erwärmung gegenüber dem vorindustriellen Niveau auf 2°C zu begrenzen (UNFCCC, 2011a). Ein Temperaturanstieg von über 2°C wird wahrscheinlich dazu führen, dass bei verschiedenen Komponenten des Klimasystems der Erde kritische Schwellen bzw. Kipp-Punkte überschritten werden (EUA, 2010).

In diesem Kapitel wird versucht, die Politikimplikationen der mit dem Klimawandel verbundenen Herausforderungen zu analysieren. Reichen die derzeit eingegangenen Emissionsminderungszusagen aus, um das Fortschreiten des Klimawandels und die globale mittlere Erwärmung auf 2°C zu begrenzen? Wenn nicht, wie werden die Folgen aussehen? Mit welchen alternativen Wachstumspfaden könnte dieses Ziel erreicht werden? Welche Politikmaßnahmen sind erforderlich, und wie hoch werden die Kosten und die Nutzeffekte für die Wirtschaft sein? Und zuletzt stellt sich noch die nicht weniger wichtige Frage, wie sich die Welt an die Veränderungen anpassen kann, die bereits im Gange sind.

Um diese Fragen näher zu beleuchten, wird in diesem Kapitel zunächst die Situation mit gleichbleibender Politik unter Verwendung von Projektionen des Basisszenarios des *Umweltausblicks* untersucht, um festzustellen, wie sich die Klimabedingungen im Jahr 2050 darstellen würden, wenn keine neuen Maßnahmen ergriffen würden[1]. Anschließend werden verschiedene Politikszenarien mit diesem Basisszenario bei gleichbleibender Politik verglichen, um zu analysieren, wie die Situation verbessert werden könnte. In Abschnitt 3 („Heutiger Stand der Klimapolitik") wird erläutert, dass eine umsichtige Reaktion auf den Klimawandel einen zweigleisigen Ansatz impliziert: ehrgeizige Mitigationsmaßnahmen[2] einerseits, um den Klimawandel einzudämmen, sowie rechtzeitige Adaptationsmaßnahmen[3] andererseits, um die Schäden infolge bereits unvermeidlicher Klimaänderungen zu begrenzen. Mitigations- und Adaptationsmaßnahmen sind unerlässlich, und sie sind komplementär. Die meisten Länder haben mit Maßnahmen auf internationaler, nationaler und lokaler Ebene zu reagieren begonnen, wobei sie sich auf einen Mix aus Politikinstrumenten stützen, darunter *Carbon Pricing*, sonstige Energieeffizienzmaßnahmen, informationsbasierte Ansätze und Maßnahmen zur Förderung von Innovationen. Es sind zwar Fortschritte zu beobachten, es muss aber noch viel mehr getan werden, um das 2°C-Ziel zu erreichen.

Abschließend wird in diesem Kapitel erläutert, dass zur Begrenzung der globalen Erwärmung Maßnahmen notwendig sind, die strukturelle Veränderungen herbeiführen, um kurzfristige Anstrengungen mit langfristigen Klimaschutzzielen in Einklang zu bringen, wobei es gilt, einen Ausgleich zwischen Kosten und Nutzen zu schaffen. Um auf einen CO_2-armen, klimaresilienten Entwicklungspfad umzuschwenken, sind Finanzierungsmittel, Innovationen und Strategien erforderlich, mit denen auch den möglichen negativen Auswirkungen auf die Wettbewerbsfähigkeit und die Beschäftigung begegnet werden kann. Ein solcher Entwicklungspfad kann als Teil einer Strategie für umweltverträgliches Wachstum auch neue Chancen eröffnen. Die hier vorgestellten Analysen zeigen, dass es mit geeigneten Maßnahmen und internationaler Zusammenarbeit möglich ist, dem Klimawandel in einer Weise zu begegnen, die dem Streben der Länder nach Wachstum und Wohlstand nicht im Wege steht.

2. Trends und Projektionen

Treibhausgasemissionen und -konzentrationen

Historische und aktuelle Trends

Mehrere Gase tragen zum Klimawandel bei. Das Kyoto-Protokoll[4] zielt darauf ab, den Ausstoß von sechs Treibhausgasen zu begrenzen, die für den Großteil der globalen Erwärmung verantwortlich sind. Die drei stärksten davon sind Kohlendioxid (CO_2), Methan (CH_4) und Distickstoffmonoxid bzw. Lachgas (N_2O); sie machen derzeit 98% der unter das Kyoto-Protokoll fallenden Treibhausgasemissionen aus (Abb. 3.1). Auf die anderen Gase Fluorkohlenwasserstoffe (FKW), Perfluorkohlenwasserstoffe (PFKW) und Schwefelhexafluorid (SF_6) entfallen weniger als 2%, die Emissionen dieser Gase sind aber im Steigen begriffen. Die verschiedenen Treibhausgase unterscheiden sich in Bezug auf ihren Effekt auf die Erderwärmung und ihre Lebensdauer in der Atmosphäre. Abgesehen von den sechs oben genannten Treibhausgasen gibt es mehrere andere atmosphärische Substanzen, die eine Erwärmung (z.B. Fluorchlorkohlenwasserstoffe bzw. FCKW und Dieselruß – vgl. Kasten 3.14) oder eine Abkühlung (z.B. Sulfataerosol) bewirken. Sofern nicht anders angegeben,

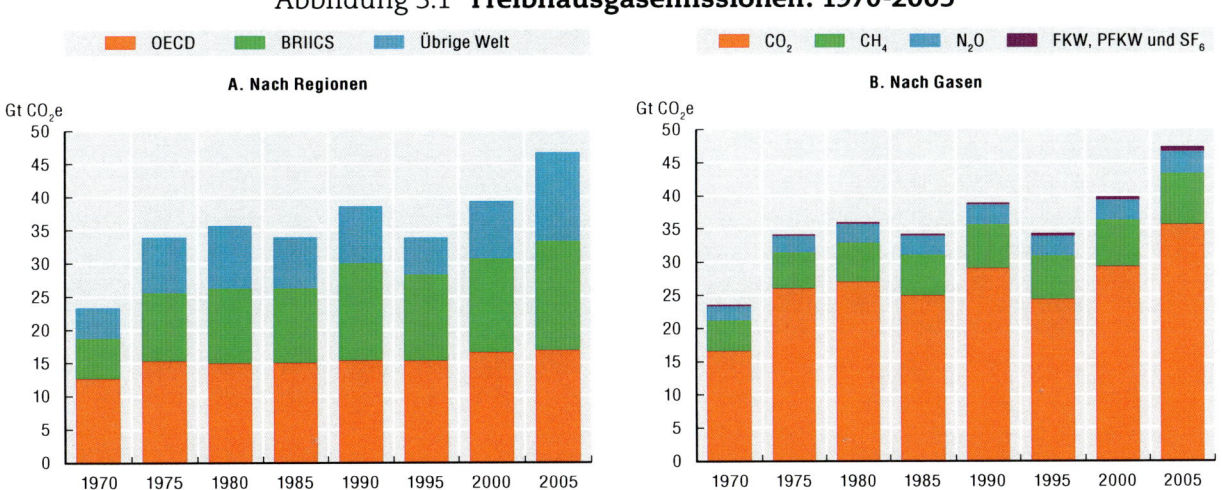

Abbildung 3.1 Treibhausgasemissionen: 1970-2005

Anmerkung: Unter BRIICS ist die Republik Südafrika hier nicht berücksichtigt, die unter „Übrige Welt" erfasst ist. Die Fluorgasemissionen sind nicht in den nach Regionen aufgeschlüsselten Gesamtwerten enthalten.
Quelle: Basisszenario des *OECD-Umweltausblicks*; Ergebnisse von Berechnungen anhand der IMAGE-Modellreihe.
StatLink http://dx.doi.org/10.1787/888932570373

bezieht sich der Begriff „Emissionen" in diesem Kapitel ausschließlich auf die im Kyoto-Protokoll erfassten Gase, während bei den hier beschriebenen Klimafolgen alle Klimatreiber berücksichtigt sind (der Begriff „Klimatreiber" wird für Gase oder Partikel verwendet, die die Energiebilanz der Erde verändern, indem sie Strahlung absorbieren oder reflektieren).

Die weltweiten Treibhausgasemissionen haben sich seit Anfang der 1970er Jahre verdoppelt (Abb. 3.1), was in erster Linie auf das Wirtschaftswachstum und den zunehmenden Verbrauch an fossilen Brennstoffen in den Entwicklungsländern zurückzuführen ist. In der Vergangenheit waren die OECD-Länder für den Großteil der Treibhausgasemissionen verantwortlich, der Anteil von Brasilien, Russland, Indien, Indonesien, China und Südafrika (BRIICS) an den globalen Treibhausgasemissionen ist seit den 1970er Jahren aber von 30% auf 40% angestiegen.

Insgesamt haben sich die globalen durchschnittlichen Konzentrationen der verschiedenen Treibhausgase in der Atmosphäre seit Beginn der Aufzeichnungen kontinuierlich erhöht. 2008 belief sich die Konzentration aller im Kyoto-Protokoll erfassten Treibhausgase insgesamt auf 438 ppm (Teile pro Million) CO_2-Äquivalente (CO_2e). Dieser Wert ist um 58% höher als der vorindustrielle Stand (EUA, 2010a). Er liegt sehr nahe an dem Schwellenwert von 450 ppm, dem Niveau, bei dem eine 50%ige Wahrscheinlichkeit besteht, dass das Ziel der Begrenzung der globalen mittleren Erwärmung auf 2°C überschritten wird (vgl. Abschnitt 4).

Kohlendioxidemissionen. Heute machen die CO_2-Emissionen rd. 75% der globalen Treibhausgasemissionen aus. Wenngleich die CO_2-Emissionen im Jahr 2009 auf Grund der Konjunkturabschwächung insgesamt um 1,5% zurückgegangen sind, waren bei der tendenziellen Entwicklung in den verschiedenen Ländergruppen deutliche Unterschiede festzustellen: Die Emissionen der Entwicklungsländer (Nicht-Annex-I-Länder, vgl. Abschnitt 3.3) sind weiter um 3% gestiegen, allen voran in China und Indien, während die Emissionen der Industrieländer stark gesunken sind – um 6,5% (IEA, 2011a). Der Großteil der CO_2-Emissionen kommt aus der Energieerzeugung, wobei auf die Verbrennung fossiler Energieträger zwei Drittel der weltweiten CO_2-Emissionen entfallen. Erste Trenddaten für 2010 deuten darauf hin, dass die energiebedingten CO_2-Emissionen wieder gestiegen sind und mit 30,6 Gt CO_2 ein Allzeithoch erreicht haben, was gegenüber dem vorherigen Rekordjahr 2008 einem Anstieg um 5% entspricht[5]. Der Emissionsrückgang in den OECD-Ländern wurde durch die gestiegenen Emissionen in den Nicht-OECD-Ländern mehr als kompensiert, hauptsächlich in China, dem Land mit den höchsten energiebedingten Treibhausgasemissionen seit 2007 (IEA, 2011a).

2009 entfielen von den CO_2-Emissionen aus der Verbrennung fossiler Energieträger 43% auf Kohle, 37% auf Öl und 20% auf Gas. Das heutige rasche Wirtschaftswachstum, vor allem in den BRIICS, ist in hohem Maße vom verstärkten Einsatz der CO_2-intensiven Kohleverstromung abhängig, der sich hauptsächlich aus der Existenz großer Kohlereserven im Vergleich zu den begrenzten Reserven an anderen Energiequellen erklärt. Auch wenn sich die Emissionsintensität der Wirtschaft (gemessen am Verhältnis Energieeinsatz/BIP) in den verschiedenen Teilen der Welt stark unterscheidet, ist der Anstieg der CO_2-Emissionen in den meisten OECD-Ländern und aufstrebenden Volkswirtschaften doch niedriger als das BIP-Wachstum (Abb. 3.2). Mit anderen Worten ist eine relative „Entkopplung" der CO_2-Emissionen vom Wirtschaftswachstum festzustellen.

3. KLIMAWANDEL

Abbildung 3.2 Entkopplungstrends: CO_2-Emissionen im Vergleich zum BIP in den OECD-Ländern und den BRIICS, 1990-2010

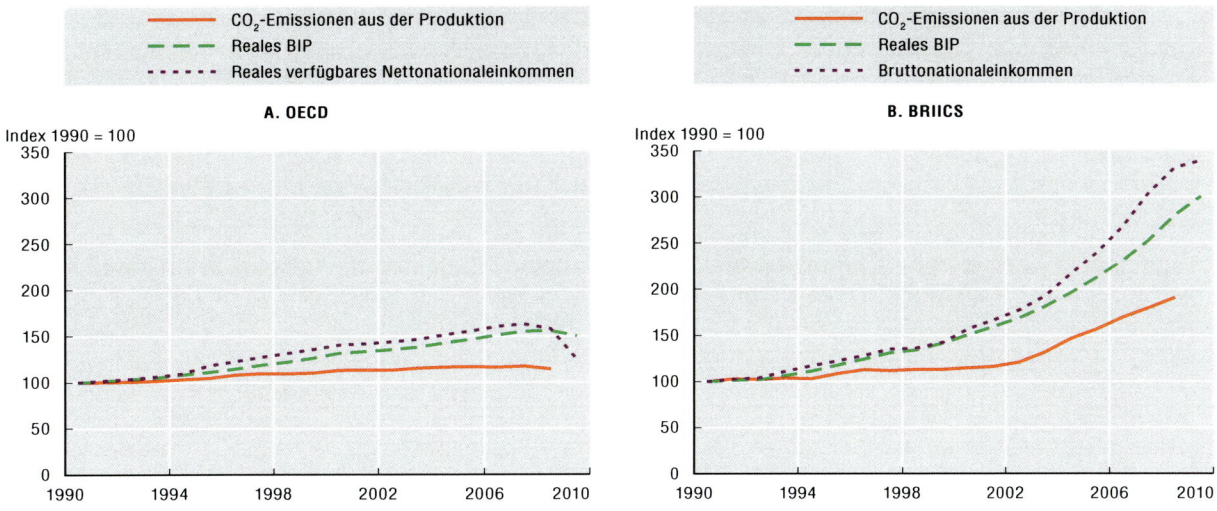

A. OECD
- CO_2-Emissionen aus der Produktion
- Reales BIP
- Reales verfügbares Nettonationaleinkommen

B. BRIICS
- CO_2-Emissionen aus der Produktion
- Reales BIP
- Bruttonationaleinkommen

Anmerkung: Die CO_2-Daten beziehen sich auf die Emissionen aus der Energienutzung (Verbrennung fossiler Energieträger).
Quelle: Nach OECD (2011e), *Towards Green Growth: Monitoring Progress*, OECD Green Growth Studies, OECD, Paris, auf der Basis von OECD-, IEA- und UNFCCC-Daten.

StatLink http://dx.doi.org/10.1787/888932570392

Auf Pro-Kopf-Basis emittieren die OECD-Länder noch immer weit mehr CO_2 als die meisten anderen Weltregionen, so belief sich das ausgestoßene CO_2 pro Kopf im Jahr 2008 im Durchschnitt der OECD-Länder auf 10,6 t, im Vergleich zu 4,9 t bzw. 1,2 t in China und Indien (Abb. 3.3). In den rasch expandierenden Volkswirtschaften steigen die Pro-Kopf-Emissionen jedoch beträchtlich. In China beispielsweise haben sich die Pro-Kopf-Emissionen im Zeitraum 2000-2008 verdoppelt. Diese Berechnungen basieren auf der üblichen Definition, der zufolge Emissionen dem Ort zugerechnet werden, an dem sie

Abbildung 3.3 Energiebedingte CO_2-Emissionen pro Kopf, OECD-Länder/BRIICS: 2000 und 2008

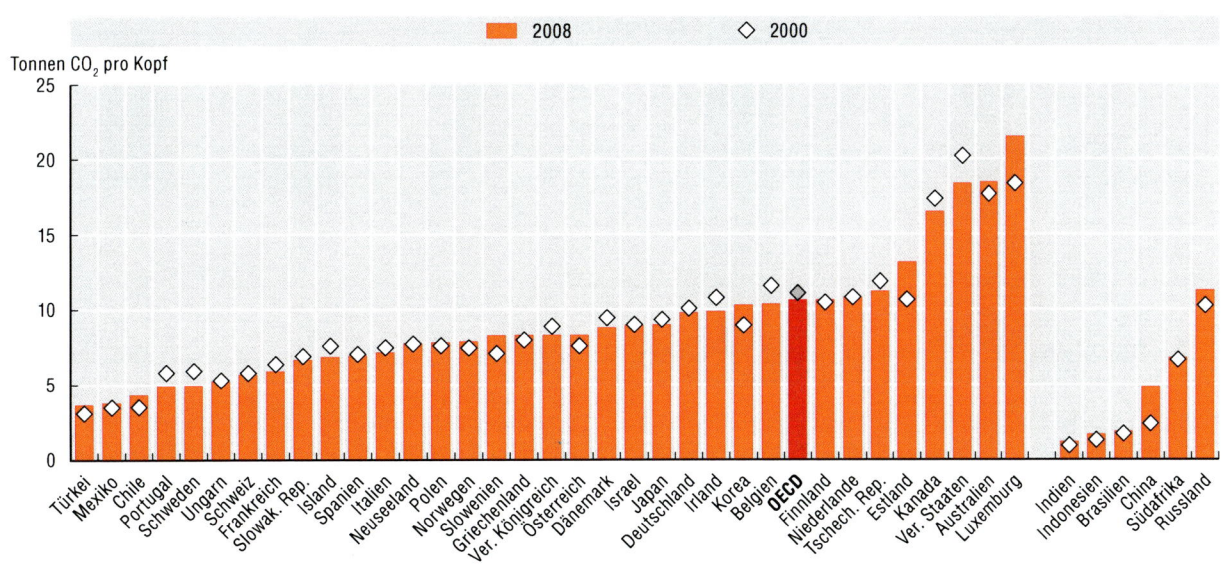

Anmerkung: Produktionsbasierte Emissionen, in Tonnen CO_2 pro Kopf.
Quelle: Nach OECD (2011e), *Towards Green Growth: Monitoring Progress*, OECD Green Growth Studies, auf der Basis von IEA-Daten.

StatLink http://dx.doi.org/10.1787/888932570411

entstehen, was hier als „produktionsbasierte Emissionszurechnungsmethode" bezeichnet wird. Würden die Emissionen nach dem Endverbrauch zugeordnet, d.h. unter Anwendung einer verbrauchsbasierten Methode, müsste ein Teil des Emissionsanstiegs in den BRIICS-Regionen den OECD-Ländern zugerechnet werden, da diese Emissionen in den Exporten der BRIICS in die OECD-Länder „eingebettet" sind (Kasten 3.1).

Kasten 3.1 Emissionszuordnung auf Produktions- oder Verbrauchsbasis

Bei der produktionsbasierten Methode der Berechnung der CO_2-Emissionen werden die Emissionen dem Land zugerechnet, in dem die Produktion erfolgt; Emissionen, die durch die inländische Endnachfrage verursacht werden, finden dabei keine Berücksichtigung. Alternativ hierzu unterscheidet sich die verbrauchsbasierte Zuordnung von der traditionellen produktionsbasierten Emissionsrechnung, weil dabei die Importe und Exporte von Waren und Dienstleistungen berücksichtigt werden, die entweder direkt oder indirekt mit CO_2-Emissionen verbunden sind. Emissionen, die in Importgütern „eingebettet" sind, werden zu den direkten Emissionen aus der inländischen Produktion hinzugerechnet, während durch Exportgüter bedingte Emissionen abgezogen werden. Ein Vergleich zwischen den beiden Ansätzen zeigt, dass die Emissionen, die insgesamt verursacht wurden, um die Nachfrage der OECD-Länder zu decken, schneller gestiegen sind als die Emissionen aus der Produktion in diesen Ländern (Abb. 3.4).

Internationale Vergleiche sind jedoch mit Vorsicht zu interpretieren, da die zwischen den Ländern festzustellenden Unterschiede mit einer Vielzahl von Faktoren zusammenhängen – darunter Klimaschutzanstrengungen, Trends bei der internationalen Spezialisierung und relative Wettbewerbsvorteile der einzelnen Länder. Wenngleich das rasche Wachstum der produktionsbasierten Emissionen in den BRIICS z.T. auf den weltweiten Prozess der Verlagerung von Schwerindustrie und Verarbeitendem Gewerbe in die aufstrebenden Volkswirtschaften zurückzuführen ist, dürfen die entsprechenden Zahlen nicht mit den Effekten einer Verlagerung von CO_2-Emissionsquellen* verwechselt werden, da sie auf bei Produktion, Verbrauch und Handelsstrukturen beobachteten Trends basieren.

Abbildung 3.4 Veränderung der produktions- und verbrauchsbasierten CO_2-Emissionen: 1995-2005

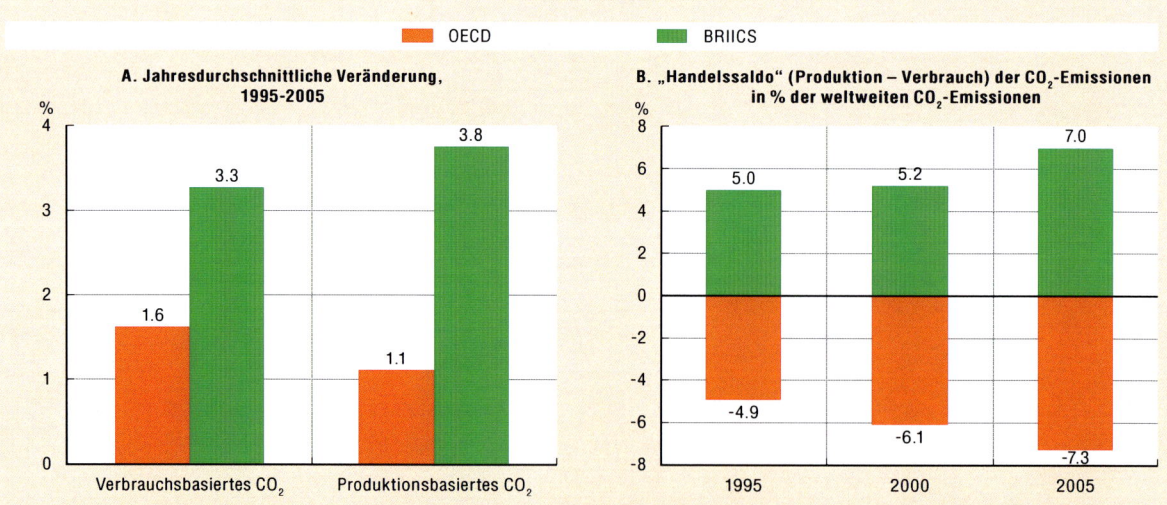

A. Jahresdurchschnittliche Veränderung, 1995-2005 (%)

	OECD	BRIICS
Verbrauchsbasiertes CO_2	1.6	3.3
Produktionsbasiertes CO_2	1.1	3.8

B. „Handelssaldo" (Produktion – Verbrauch) der CO_2-Emissionen in % der weltweiten CO_2-Emissionen

	1995	2000	2005
OECD	-4.9	-6.1	-7.3
BRIICS	5.0	5.2	7.0

Quelle: OECD (2011e), *Towards Green Growth: Monitoring Progress*, OECD Green Growth Studies, auf der Basis von IEA-Daten.
StatLink http://dx.doi.org/10.1787/888932570430

* Zu einer Verlagerung von CO_2-Emissionsquellen kommt es, wenn die Klimaschutzpolitik eines Landes höhere Emissionen in einem anderen Land zur Folge hat, womit die ökologische Wirksamkeit dieser Klimaschutzpolitik insgesamt geschmälert wird. Eine solche Verlagerung kann durch eine Verlagerung wirtschaftlicher Aktivitäten in Länder ohne strenge Klimaschutzauflagen oder durch einen verstärkten Einsatz fossiler Brennstoffe auf Grund von durch Mitigationsmaßnahmen bedingten niedrigeren Kraftstoffpreisen vor Steuern erfolgen.

Sonstige Treibhausgase. Methan ist der zweitgrößte Verursacher der anthropogenen Erderwärmung und besitzt über einen Zeitraum von 100 Jahren ein 25-mal stärkeres Treibhausgaspotenzial als CO_2. Methanemissionen sind für über ein Drittel der heutigen anthropogenen Erderwärmung verantwortlich. Da Methan ein kurzlebiger Klimatreiber ist, spielt die Begrenzung der Methanemissionen eine entscheidende Rolle, um das Tempo der Erwärmung auf kurze Sicht zu verringern und zu verhindern, dass klimatische Kipp-Punkte überschritten werden (siehe weiter unten). Methan stammt sowohl aus anthropogenen als auch aus natürlichen Quellen; über 50% der weltweiten Methanemissionen sind auf menschliche Aktivitäten zurückzuführen[6], wie der Produktion fossiler Brennstoffe, der Nutztierhaltung (enterische Fermentation bei Wiederkäuern und Gülle), dem Reisanbau, der Verbrennung von Biomasse und der Abfallentsorgung. Zu den natürlichen Methanquellen gehören u.a. Feuchtgebiete, Gashydrate, Permafrostböden, Termiten, Ozeane, Süßwasservorkommen, sonstige Böden und auch Waldbrände.

Distickstoffmonoxid bzw. Lachgas (N_2O) bleibt eine lange Zeit in der Atmosphäre (ungefähr 120 Jahre) und weist einen sehr starken Treibhauseffekt auf, der rd. 310mal intensiver ist als der von CO_2. Es verfügt daher über ein großes Erderwärmungspotenzial. Rund 40% der Lachgasemissionen werden vom Menschen verursacht, hauptsächlich durch die Bewirtschaftung der Böden, die mobile und stationäre Verbrennung fossiler Energieträger, die Produktion von Adipinsäure (wird bei der Herstellung von Nylon verwendet) sowie die Produktion von Salpetersäure (für Düngemittel und Bergbauindustrie).

FCKW und HFCKW sind starke Treibhausgase, die allein vom Menschen verursacht und in einer Vielzahl von Anwendungen eingesetzt werden. Da sie auch die Ozonschicht zerstören, wurde ihre Produktion und Nutzung gemäß dem Montrealer Protokoll über Stoffe, die zu einem Abbau der Ozonschicht führen, nach und nach eingestellt. Fluorkohlenwasserstoffe (FKW) und Perfluorkohlenwasserstoffe (PFKW) werden als Ersatzstoffe für FCKW verwendet. Ihr Beitrag zur globalen Erwärmung ist zwar noch verhältnismäßig gering, er wächst aber rasch. Sie entstehen durch chemische Vorgänge bei der Produktion von Metallen, bei der Kälteerzeugung, beim Schäumen und bei der Herstellung von Halbleitern.

Projektionen der künftigen Emissionsentwicklung

In diesem Abschnitt werden die wichtigsten Ergebnisse des Basisszenarios des *Umweltausblicks* dargelegt, das bis zum Jahr 2050 reicht und auf der Annahme einer gleichbleibenden Politik sowie den in Kapitel 2 beschriebenen sozioökonomischen Projektionen beruht (vgl. Anhang 3.A wegen näheren Einzelheiten zu den Annahmen, die dem Basisszenario zu Grunde liegen). Bei einer Vorausberechnung der künftigen Emissionen kommen grundsätzlich unsichere Faktoren ins Spiel, wie Bevölkerungswachstum, Produktivitätsgewinne, Preise für fossile Brennstoffe und Energieeffizienzsteigerungen. Dem Basisszenario zufolge werden die Treibhausgasemissionen bis zum Jahr 2050 weiter steigen. Trotz beträchtlicher Energieeffizienzsteigerungen wird projiziert, dass sich die energie- und industriebedingten Emissionen im Vergleich zum Niveau von 1990 bis 2050 mehr als verdoppeln werden. Die Emissionen aus Landnutzungsänderungen werden den Projektionen zufolge indessen rasch abnehmen (Kasten 3.2). Die BRIICS dürften den größten Beitrag zum Anstieg der Emissionen leisten (Abb. 3.5). Ausschlaggebend dafür ist das Wachstum der Bevölkerung und des Pro-Kopf-BIP, das eine Zunahme der Pro-Kopf-Treibhausgasemissionen zur Folge hat. Es wird davon ausgegangen, dass die Emissionen im OECD-Raum in einem geringeren Tempo zunehmen, was sich z.T. aus dem Bevölkerungsrückgang und dem langsameren Wirtschaftswachstum sowie aus den bereits existierenden Klimaschutzmaßnahmen erklärt. Insgesamt wird projiziert, dass der Beitrag

3. KLIMAWANDEL

Abbildung 3.5 Treibhausgasemissionen: Basisszenario, 2010-2050

A. Nach Gasen: CO_2 (Energie + Industrie), CO_2 (Landnutzung), CH_4, N_2O, FKW, PFKW und SF_6

B. Nach Regionen: OECD AI, Übrige BRIICS, Russland und übrige AI, Übrige Welt

Anmerkung: „OECD AI" steht für die Gruppe der OECD-Länder, die auch zu den Annex-I-Staaten des Kyoto-Protokolls gehören.
Gt CO_2e = Gigatonnen CO_2-Äquivalente.
Quelle: Basisszenario des *OECD-Umweltausblicks*; Ergebnisse von Berechnungen anhand der IMAGE-Modellreihe und des ENV-Linkages-Modells.

StatLink http://dx.doi.org/10.1787/888932570468

der OECD-Länder zu den globalen Treibhausgasemissionen zwar auf 23% sinken wird, sie aber weiterhin die höchsten Pro-Kopf-Emissionen aufweisen werden (Abb. 3.6).

Kohlendioxidemissionen. Die CO_2-Emissionen dürften unter dem Einfluss eines im Energiesektor und in der Industrie auf dem Einsatz fossiler Brennstoffe basierenden Wirtschaftswachstums weiterhin den größten Anteil an den weltweiten Treibhausgasemissionen stellen. Sofern keine Maßnahmen zur vorzeitigen Stilllegung existierender

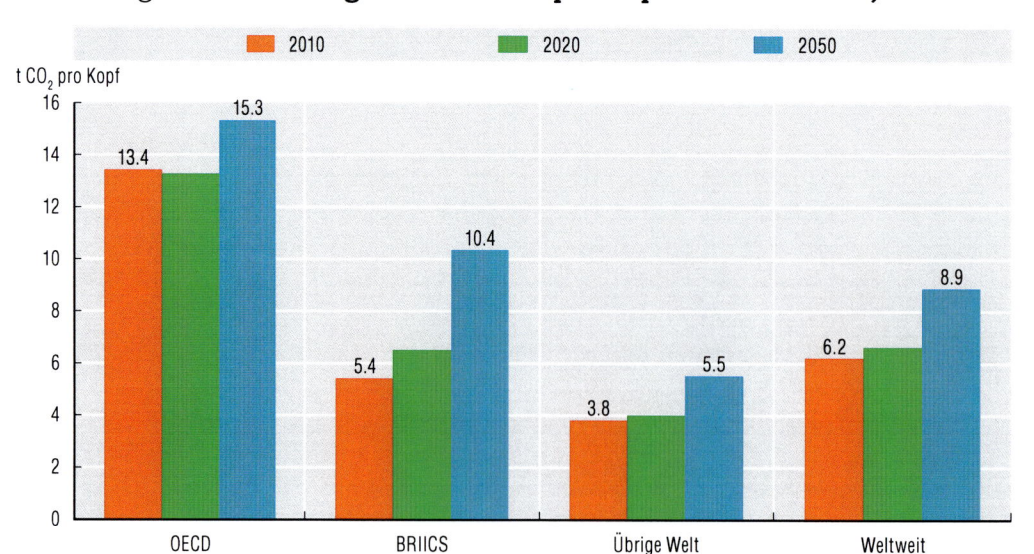

Abbildung 3.6 Treibhausgasemissionen pro Kopf: Basisszenario, 2010-2050

Region	2010	2020	2050
OECD	13.4	13.3	15.3
BRIICS	5.4	6.5	10.4
Übrige Welt	3.8	4.0	5.5
Weltweit	6.2	6.6	8.9

t CO_2 pro Kopf

Quelle: Basisszenario des *OECD-Umweltausblicks*; Ergebnisse von Berechnungen anhand der IMAGE-Modellreihe und des ENV-Linkages-Modells.

StatLink http://dx.doi.org/10.1787/888932570487

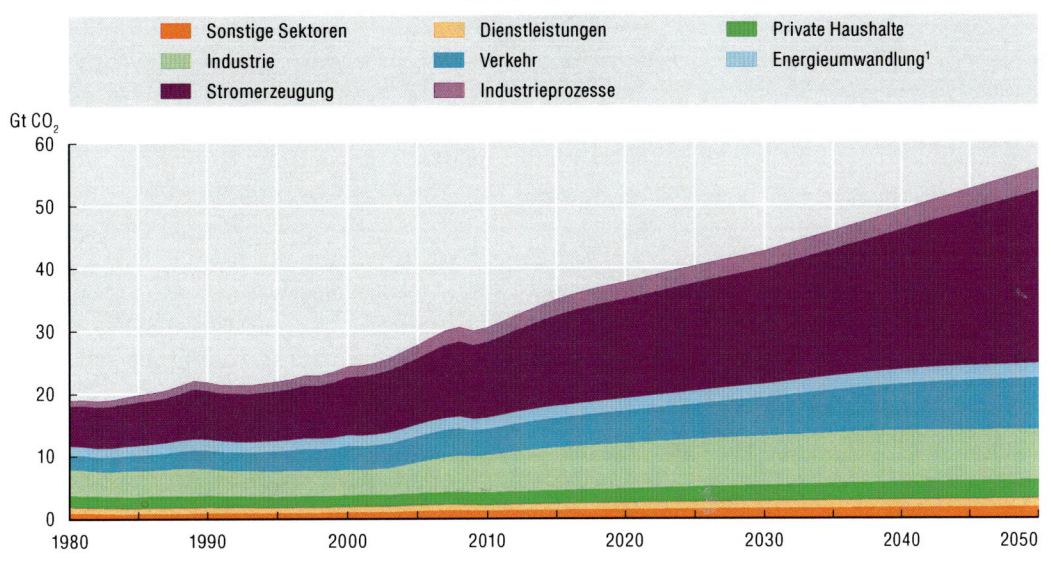

Abbildung 3.7 Weltweite CO_2-Emissionen nach Quellen: Basisszenario, 1980-2050

Legende:
- Sonstige Sektoren
- Dienstleistungen
- Private Haushalte
- Industrie
- Verkehr
- Energieumwandlung[1]
- Stromerzeugung
- Industrieprozesse

1. Die Kategorie „Energieumwandlung" umfasst auch Emissionen aus Mineralölraffinerien sowie Kohle- und Gasverflüssigung.

Quelle: Basisszenario des OECD-Umweltausblicks; Ergebnisse von Berechnungen anhand der IMAGE-Modellreihe.

StatLink http://dx.doi.org/10.1787/888932570506

Anlagen ergriffen werden, sind 80% der für das Jahr 2020 projizierten Emissionen des Kraftwerkssektors laut Schätzungen der Internationalen Energie-Agentur (IEA) bereits unvermeidbar, da sie von Kraftwerken verursacht werden, die schon existieren oder gerade gebaut werden (IEA, 2011b). Gemäß den Projektionen des Basisszenarios des *Umweltausblicks* wird der Energieverbrauch zwischen 2010 und 2050 um 80% steigen. Die Emissionen des Verkehrssektors werden sich zwischen 2010 und 2050 voraussichtlich verdoppeln, was u.a. durch einen starken Anstieg der Automobilnachfrage in den Entwicklungsländern und eine Zunahme des Flugverkehrs bedingt ist (Abb. 3.7). Die CO_2-Emissionen aus Landnutzung, Landnutzungsänderungen und Forstwirtschaft, die in den letzten zwanzig Jahren in den tropischen Regionen im Zuge der raschen Umwandlung von Wäldern in Weide- und Ackerland gestiegen sind, dürften im Zeitverlauf jedoch abnehmen, und im OECD-Raum dürfte von Landnutzung, Landnutzungsänderungen und Forstwirtschaft im Horizont 2040-2050 netto sogar ein Senkeneffekt ausgehen (Abb. 3.5 und 3.8 sowie Kasten 3.2).

Sonstige Treibhausgase. Die Methan- und Lachgasemissionen werden den Projektionen zufolge bis 2050 zunehmen. Es wird zwar erwartet, dass sich die Agrarflächen nur gering ausweiten, die Intensivierung der Landwirtschaft (insbesondere durch den Einsatz von Düngemitteln) in den Entwicklungsländern und die Veränderung der Ernährungsgewohnheiten (steigender Fleischkonsum) dürften diese Emissionen aber in die Höhe treiben. Gleichzeitig werden die FKW- und PFKW-Emissionen unter dem Einfluss der steigenden Nachfrage nach Kühlmitteln und dem verstärkten Einsatz bei der Herstellung von Halbleitern weiter rasch zunehmen.

Auswirkungen des Klimawandels

Temperaturen und Niederschläge

Die globale Erwärmung hat begonnen. Die globale mittlere Temperatur ist gegenüber dem vorindustriellen Niveau um durchschnittlich etwa 0,7-0,8°C gestiegen. Diese beobachteten Klimaänderungen hatten bereits einen Effekt auf die anthropogenen und natürlichen

Kasten 3.2 CO_2-Emissionen aus der Landnutzung – bisherige Trends und Projektionen für die Zukunft

In der Vergangenheit bewegten sich die globalen CO_2-Emissionen aus Landnutzungsänderungen netto in der Größenordnung von 4-8 Gt CO_2 jährlich, hauptsächlich bedingt durch die mit der Ausdehnung der Agrarflächen einhergehende Entwaldung. Andere Faktoren trugen aber ebenfalls zu den landnutzungsbedingten Emissionen bei, z.B. die Walddegradierung und die Urbanisierung.

Im Basisszenario wird projiziert, dass sich die landwirtschaftlichen Nutzflächen bis 2030 insgesamt ausdehnen und danach unter dem Einfluss einiger grundlegender Faktoren, wie der demografischen Entwicklung und den Ertragssteigerungen in der Landwirtschaft, wieder abnehmen (vgl. Kapitel 2 wegen einer ausführlichen Erörterung). Die projizierten Trends hinsichtlich der landwirtschaftlich genutzten Flächen weisen in den einzelnen Regionen jedoch erhebliche Unterschiede auf. In den OECD-Ländern wird bis 2050 von einem leichten Rückgang (2%) ausgegangen. Für die BRIICS insgesamt beläuft sich die projizierte Abnahme auf über 17%, was sich insbesondere aus dem Bevölkerungsrückgang in Russland und China (ab 2035) erklärt. In der übrigen Welt wird zumindest für die kommenden Jahrzehnte noch immer mit einer weiteren Ausdehnung der landwirtschaftlich genutzten Flächen gerechnet, da die Bevölkerung dort weiter wächst und sich ihre Ernährungsgewohnheiten weiter zu Gunsten einer kalorien- und fleischreicheren Ernährung verändern dürften. Diese Entwicklungen in der Landwirtschaft gehören zu den wichtigsten Bestimmungsfaktoren der Landnutzungsänderungen und bedingen folglich auch die Entwicklung der Treibhausgasemissionen aus der Landnutzung (Abb. 3.8). Ab circa 2045 wird mit einem Nettowiederaufforstungstrend gerechnet, in dessen Verlauf die CO_2-Emissionen aus der Landnutzung ein negatives Vorzeichen erhalten werden.

Diese Projektionen sind jedoch auf Grund der jährlichen Schwankungen und der unzureichenden Daten über die Trends bei der Flächennutzung sowie den genauen Umfang verschiedener Kohlenstoffspeicher* mit großer Ungewissheit behaftet. Bisher waren Ertragssteigerungen (80%) der wichtigste Bestimmungsfaktor für die Agrarproduktion, während nur 20% der Produktionssteigerung auf eine Ausdehnung der landwirtschaftlichen Nutzflächen zurückzuführen waren (Smith et al., 2011). Sollten sich die Ertragssteigerungen in der Landwirtschaft als geringer erweisen als erwartet, dürften die landwirtschaftlichen Nutzflächen insgesamt nicht abnehmen, sondern könnten sich stattdessen stabilisieren bzw. langsam ausweiten.

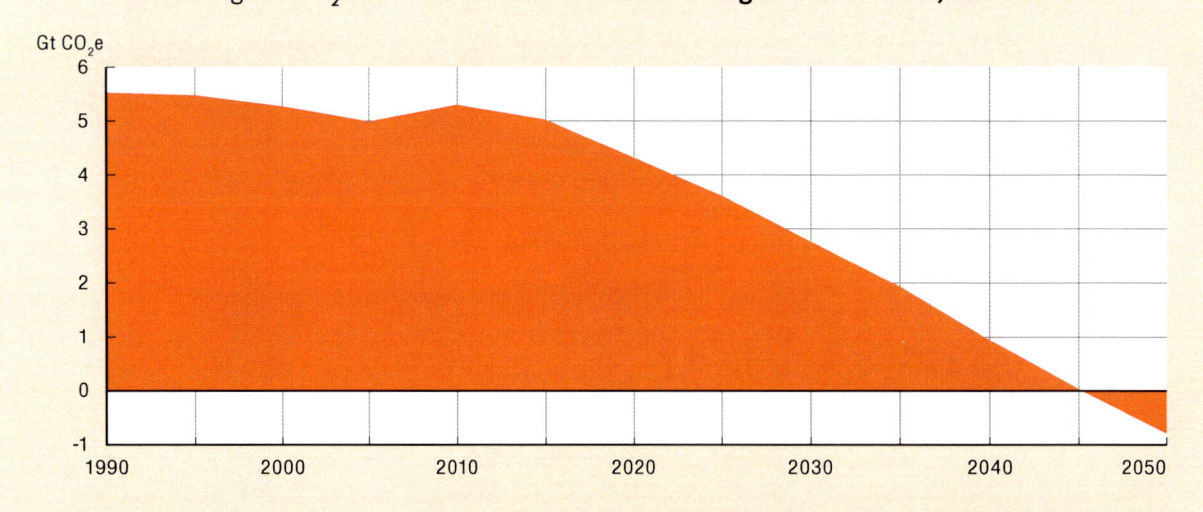

Abbildung 3.8 CO_2-Emissionen aus der Landnutzung: Basisszenario, 1990-2050

Quelle: Basisszenario des *OECD-Umweltausblicks*; Ergebnisse von Berechnungen anhand der IMAGE-Modellreihe.

StatLink http://dx.doi.org/10.1787/888932570525

* Durch die Landnutzung bedingte Emissionen können stärkeren Schwankungen unterliegen als energiebedingte Emissionen. Sie werden z.B. nicht nur durch Landnutzungsänderungen beeinflusst, sondern auch durch die Art der Bewirtschaftung. Darüber hinaus besteht erheblich mehr Unsicherheit über die Methoden zur Evaluierung von Emissionen aus der Landnutzung, da diese nicht ausreichend belegt sind.

Systeme (IPCC, 2007b). Der größte Temperaturanstieg im letzten Jahrhundert erfolgte in hohen Breitengraden, wobei in einem großen Teil der Arktis eine Erwärmung von über 2°C festzustellen war.

Die projizierte starke Zunahme der weltweiten Treibhausgasemissionen im Basisszenario dürfte einen signifikanten Effekt auf die globale mittlere Temperatur und das globale Klima haben. Der Vierte Sachstandsbericht des Zwischenstaatlichen Ausschusses für Klimaänderungen (IPCC, 2007a) kam zu der Schlussfolgerung, dass eine Verdopplung der CO_2-Konzentration gegenüber dem vorindustriellen Niveau (als sie etwa bei 280 ppm lag) wahrscheinlich zu einem Temperaturanstieg um zwischen 2,0°C und 4,5°C[7] führen würde (sogenannte Klimasensitivität[8]). Klimasensitivitätswerte über 5°C – z.B. von 8°C oder mehr – sind nicht auszuschließen, womit sich die geschätzte Erwärmung für bestimmte Emissionsniveaus weiter nach oben verschieben würde (Meinshausen et al., 2006; Weitzman, 2009).

Laut den Projektionen des Basisszenarios dieses *Umweltausblicks* wird die globale Treibhausgaskonzentration bis zur Mitte des Jahrhunderts auf schätzungsweise 685 ppm CO_2-Äquivalente (CO_2e) und bis 2010 auf über 1 000 ppm CO_2e ansteigen. Die CO_2-Konzentration allein wird den Projektionen zufolge 2050 bei rd. 530 ppm und 2100 bei rd. 780 ppm liegen (Abb. 3.9). Daher wird erwartet, dass die globale mittlere Temperatur zunimmt, auch wenn noch immer Ungewissheit hinsichtlich der Klimasensitivität besteht. Das Basisszenario dieses *Umweltausblicks* legt den Schluss nahe, dass solche Treibhausgaskonzentrationsniveaus zu einem Anstieg der globalen mittleren Temperatur um 2,0-2,8°C gegen Mitte und um 3,7-5,6°C am Ende des Jahrhunderts (gegenüber dem vorindustriellen Niveau) führen würden. Diese Schätzwerte liegen weitgehend im mittleren Bereich der Temperaturänderungen, von denen in der referierten Literatur ausgegangen wird (IPCC, 2007b).

Abbildung 3.9 **CO_2-Konzentration und Temperaturanstieg auf lange Sicht: Basisszenario, 1970-2100[1]**

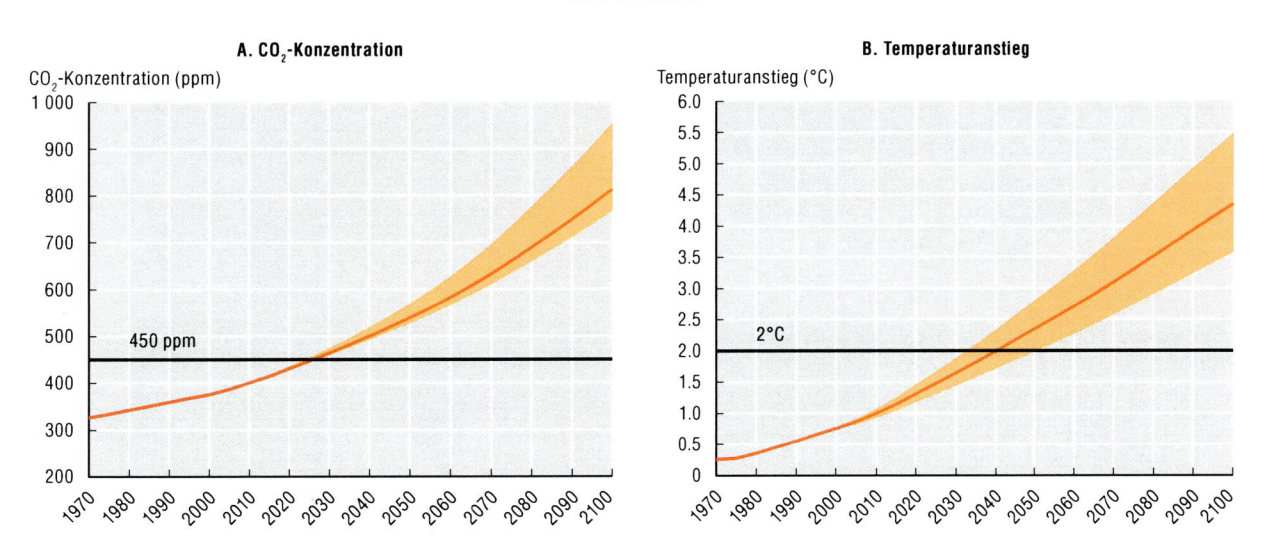

A. CO_2-Konzentration

B. Temperaturanstieg

1. Die Unsicherheitsmarge (orangefarbene Schattierung) basiert auf Berechnungen anhand des MAGICC-5.3-Modells, entsprechend van Vuuren et al., 2008.
Quelle: Basisszenario des *OECD-Umweltausblicks*; Ergebnisse von Berechnungen anhand der IMAGE-Modellreihe.

StatLink http://dx.doi.org/10.1787/888932570544

3. KLIMAWANDEL

Diese Veränderungen werden sich auf unterschiedliche Art und Weise auf die einzelnen Regionen auswirken, und die regionalen Klimaänderungsmuster sind sogar mit einer noch größeren Unsicherheit behaftet als die Veränderungen der Mittelwerte. In Abbildung 3.10 und 3.11 werden die projizierten Temperatur- und Niederschlagsveränderungen nach Region in einer Karte dargestellt, und zwar für das Basisszenario und für die im Rahmen dieses *Ausblicks* modellierten 450-ppm-Szenarien, in denen die globale mittlere Erwärmung gegenüber dem

Abbildung 3.10 Veränderung der Jahrestemperatur: Basisszenario und 450-ppm-Szenarien, 1990-2050

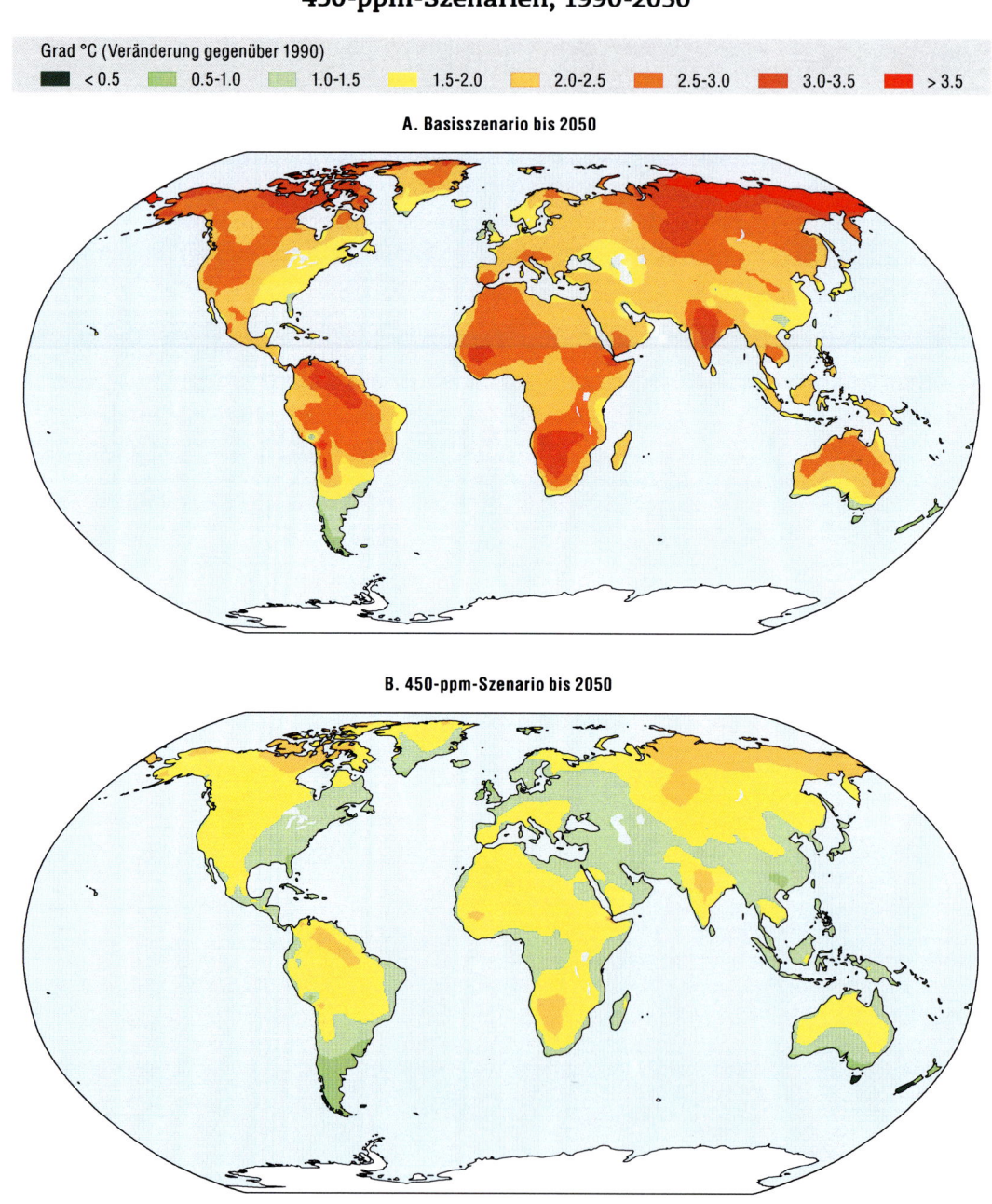

Grad °C (Veränderung gegenüber 1990)
< 0.5 | 0.5-1.0 | 1.0-1.5 | 1.5-2.0 | 2.0-2.5 | 2.5-3.0 | 3.0-3.5 | > 3.5

A. Basisszenario bis 2050

B. 450-ppm-Szenario bis 2050

Quelle: Basisszenario des *OECD-Umweltausblicks*; Ergebnisse von Berechnungen anhand der IMAGE-Modellreihe.

vorindustriellen Niveau auf 2°C begrenzt werden soll (vgl. Abschnitt 4). Was die Temperaturen betrifft, ergeben die meisten Klimamodelle übereinstimmend, dass die Veränderungen für Gebiete in hohen Breiten stärker ausfallen werden als für Gebiete in niedrigeren Breiten. Was die Niederschläge anbelangt, zeigen sie alle, dass einige Gebiete eine Zunahme der Niederschläge verzeichnen werden, während in anderen eine Abnahme festzustellen sein dürfte, wobei die Veränderungen in den einzelnen Modellen allerdings stark voneinander abweichen.

Abbildung 3.11 **Veränderung des Jahresniederschlags: Basisszenario, 1990-2050**

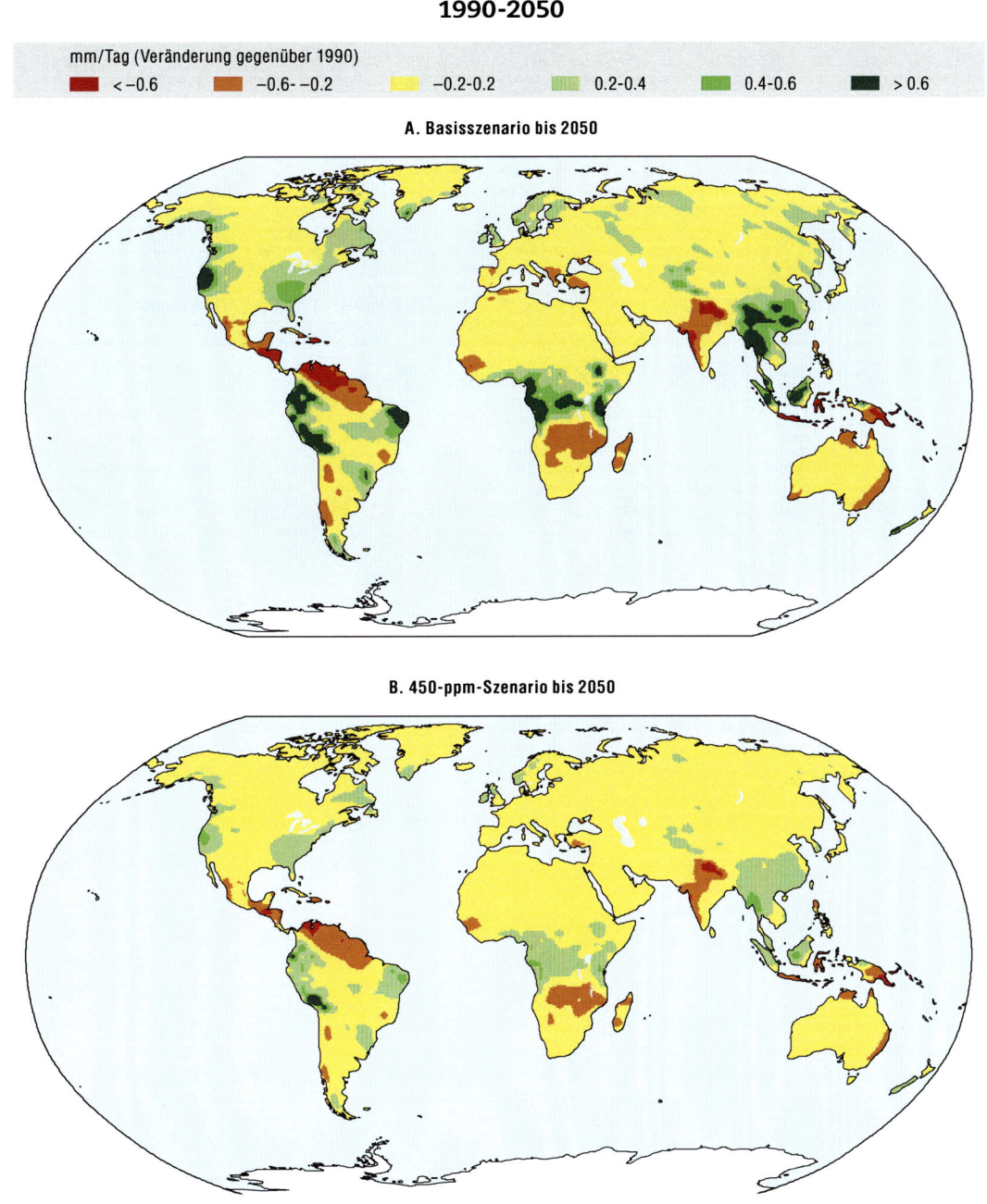

Quelle: Basisszenario des *OECD-Umweltausblicks*; Ergebnisse von Berechnungen anhand der IMAGE-Modellreihe.

3. KLIMAWANDEL

Natürliche und wirtschaftliche Auswirkungen des Klimawandels

In seinem Vierten Sachstandsbericht kommt der IPCC zu dem Schluss, dass der globale Klimawandel in den letzten dreißig Jahren bereits beobachtbare und weitreichende Effekte auf die Umwelt hatte (Abb. 3.12). Angesichts des erwarteten Temperaturanstiegs rechnet der IPCC mit weiteren Auswirkungen in der Zukunft.

Abbildung 3.12 **Die wichtigsten Auswirkungen der globalen Erwärmung**

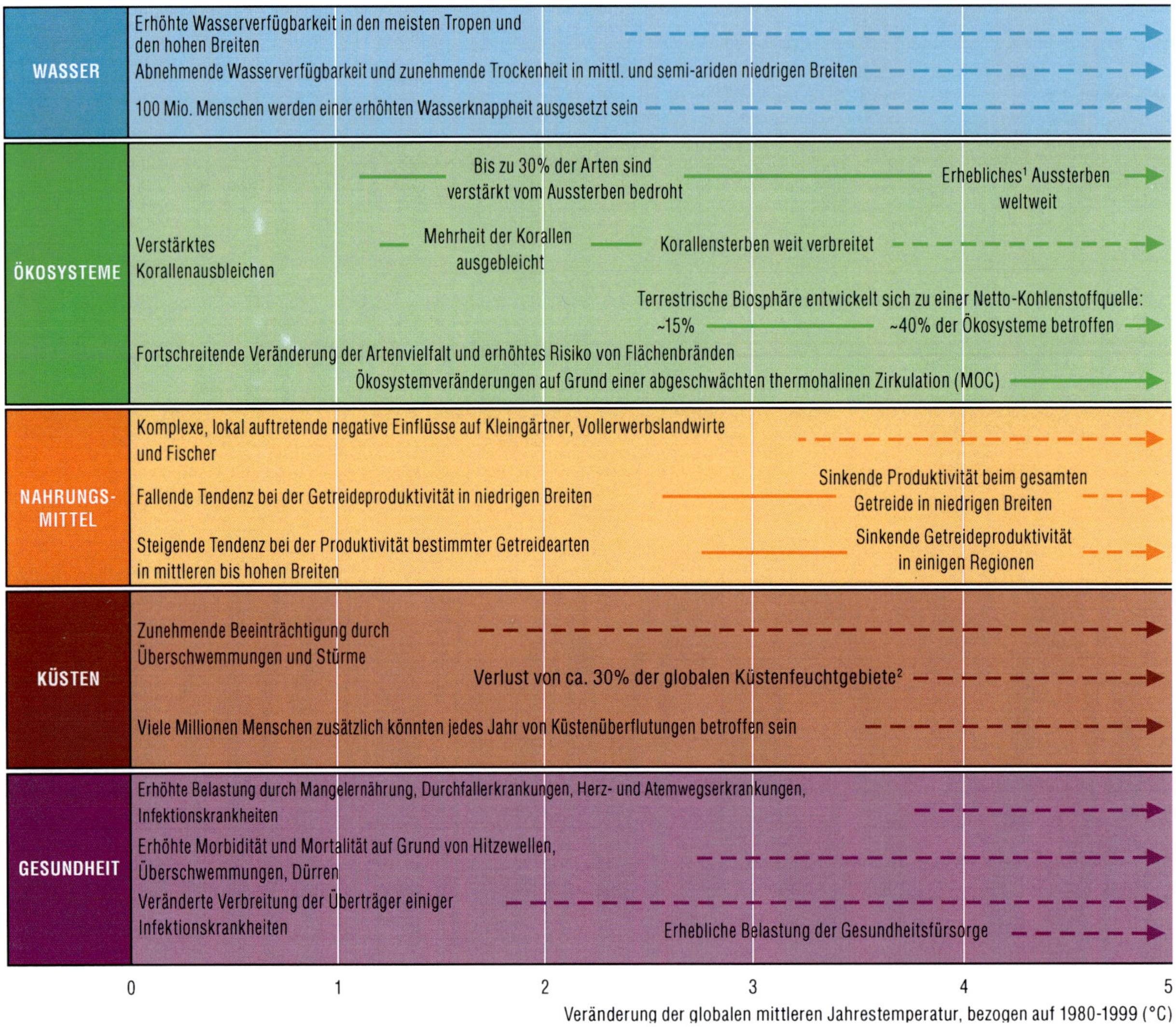

WASSER	Erhöhte Wasserverfügbarkeit in den meisten Tropen und den hohen Breiten
	Abnehmende Wasserverfügbarkeit und zunehmende Trockenheit in mittl. und semi-ariden niedrigen Breiten
	100 Mio. Menschen werden einer erhöhten Wasserknappheit ausgesetzt sein
ÖKOSYSTEME	Bis zu 30% der Arten sind verstärkt vom Aussterben bedroht — Erhebliches[1] Aussterben weltweit
	Verstärktes Korallenausbleichen — Mehrheit der Korallen ausgebleicht — Korallensterben weit verbreitet
	Terrestrische Biosphäre entwickelt sich zu einer Netto-Kohlenstoffquelle: ~15% — ~40% der Ökosysteme betroffen
	Fortschreitende Veränderung der Artenvielfalt und erhöhtes Risiko von Flächenbränden
	Ökosystemveränderungen auf Grund einer abgeschwächten thermohalinen Zirkulation (MOC)
NAHRUNGS-MITTEL	Komplexe, lokal auftretende negative Einflüsse auf Kleingärtner, Vollerwerbslandwirte und Fischer
	Fallende Tendenz bei der Getreideproduktivität in niedrigen Breiten — Sinkende Produktivität beim gesamten Getreide in niedrigen Breiten
	Steigende Tendenz bei der Produktivität bestimmter Getreidearten in mittleren bis hohen Breiten — Sinkende Getreideproduktivität in einigen Regionen
KÜSTEN	Zunehmende Beeinträchtigung durch Überschwemmungen und Stürme
	Verlust von ca. 30% der globalen Küstenfeuchtgebiete[2]
	Viele Millionen Menschen zusätzlich könnten jedes Jahr von Küstenüberflutungen betroffen sein
GESUNDHEIT	Erhöhte Belastung durch Mangelernährung, Durchfallerkrankungen, Herz- und Atemwegserkrankungen, Infektionskrankheiten
	Erhöhte Morbidität und Mortalität auf Grund von Hitzewellen, Überschwemmungen, Dürren
	Veränderte Verbreitung der Überträger einiger Infektionskrankheiten
	Erhebliche Belastung der Gesundheitsfürsorge

0   1   2   3   4   5
Veränderung der globalen mittleren Jahrestemperatur, bezogen auf 1980-1999 (°C)

1. Erheblich wird hier definiert als mehr als 40%.
2. Auf Basis der durchschnittlichen Rate des Meeresspiegelanstiegs von 4,2 mm/Jahr.

Quelle: IPCC (2007b), Zusammenfassung für politische Entscheidungsträger. In *Klimaänderung 2007: Auswirkungen, Anpassung, Verwundbarkeiten.* Beitrag der Arbeitsgruppe II zum Vierten Sachstandsbericht des Zwischenstaatlichen Ausschusses für Klimaänderung (IPCC), M.L. Parry, O.F. Canziani, J.P. Palutikof, C.E. Hanson und P.J. van der Linden, Eds., Cambridge University Press, Cambridge, UK. Deutsche Übersetzung durch ProClim-, österreichisches Umweltbundesamt, deutsche IPCC-Koordinationsstelle, Bern/Wien/Berlin, 2007.

Die Auswirkungen werden sich nicht gleichmäßig auf die einzelnen Regionen verteilen. Der IPCC rechnet u.a. mit folgenden regionalen Entwicklungen:

- **Nordamerika:** Verringerung der Schneedecke in den Gebirgsketten im Westen; Anstieg der Gesamterträge aus der vom Regen abhängigen Landwirtschaft um 5-20% in manchen Regionen; Städte, die bereits jetzt Hitzewellen erleben, werden häufigeren, intensiveren und länger anhaltenden Hitzeperioden ausgesetzt sein.

- **Lateinamerika:** Allmähliche Umwandlung tropischer Wälder in Savannen im östlichen Amazonien; Risiko eines signifikanten Biodiversitätsverlusts infolge des Aussterbens von Arten in vielen tropischen Gebieten; signifikante Veränderungen bei der Verfügbarkeit von Wasser für den menschlichen Verbrauch sowie für Landwirtschaft und Energieerzeugung.

- **Europa:** Erhöhtes Risiko durch flutartige Überschwemmungen im Landesinneren; an Häufigkeit zunehmende Küstenüberschwemmungen und verstärkte Erosion durch Gewitter und Meeresspiegelanstieg; Rückzug der Gletscher in den Gebirgsregionen; Rückgang der Schneedecke und des Wintertourismus; erheblicher Verlust an Artenvielfalt; Rückgang der Ernteerträge in Südeuropa.

- **Afrika:** Anstieg der Zahl der unter zunehmender Wasserknappheit leidenden Menschen bis zum Jahr 2020 auf 75-250 Millionen; in einigen Regionen könnten sich die Erträge aus der vom Regen abhängigen Landwirtschaft bis 2020 um bis zu 50% reduzieren; die Agrarproduktion und damit auch die Nahrungsmittelversorgung könnten schwerwiegend beeinträchtigt werden.

- **Asien:** Voraussichtlicher Rückgang des verfügbaren Süßwassers in Zentral-, Süd-, Ost- sowie Südostasien (2050er Jahre); in den Küstengebieten wird das Risiko zunehmender Überflutungen am größten sein; die Sterberate wird wegen in Verbindung mit Überschwemmungen und Dürren auftretenden Erkrankungen in einigen Regionen wohl zunehmen.

Insgesamt wird erwartet, dass alle Regionen durch einen ungebremsten Klimawandel einen erheblichen Nettoschaden erleiden werden, die stärksten Auswirkungen werden aber wahrscheinlich in den Entwicklungsländern zu spüren sein, was mit deren bereits heute schwierigen Klimabedingungen, der sektoralen Zusammensetzung ihrer Wirtschaft und ihren geringeren Anpassungskapazitäten zusammenhängt. Die Kosten der Schäden werden in Afrika und Südostasien voraussichtlich wesentlich höher sein als in den OECD- oder den osteuropäischen Ländern (vgl. Nordhaus und Boyer, 2000; Mendelsohn et al., 2006, und OECD, 2009a, wegen einer Zusammenfassung der Ergebnisse). Küstengebiete wären ebenfalls einer besonderen Gefahr ausgesetzt (Kasten 3.3).

Jüngste Forschungsergebnisse zeigen, dass die Auswirkungen eines ungebremsten Klimawandels noch dramatischer sein könnten als laut den Schätzungen des IPCC. So könnte beispielsweise das Ausmaß des Meeresspiegelanstiegs höher ausfallen (Oppenheimer et al., 2007; Rahmstorf, 2007). Ein beschleunigter Masseverlust des grönländischen Eisschilds, der Gebirgsgletscher und der Polkappen könnte dem Arctic Monitoring Assessment Programme (AMAP, 2009) zufolge bis 2100 zu einem Anstieg des globalen Meeresspiegels um 0,9-1,6 m führen. Darüber hinaus haben Forscher, die sich eingehender mit klimatischen Rückkopplungseffekten befassen, festgestellt, dass die steigenden Temperaturen in der Arktis zusätzliche Methanemissionen durch Permafrostschmelze zur Folge haben könnten (Shaefer et al., 2011). Sie sind auch zu dem Schluss gelangt, dass die Klimasensitivität höher sein könnte als erwartet, was bedeutet, dass eine bestimmte Temperaturveränderung bereits durch geringere globale Emissionen ausgelöst werden könnte als im Vierten IPCC-Sachstandsbericht unterstellt.

3. KLIMAWANDEL

> **Kasten 3.3 Gefährdung von Vermögen durch den Klimawandel am Beispiel der Küstenstädte**
>
> Küstengebiete sind Klimaänderungsfolgen besonders stark ausgesetzt, insbesondere tiefliegende städtische Küstengebiete und Atolle. Küstenstädte sind durch einen Anstieg des Meeresspiegels und Sturmfluten besonders gefährdet. So könnte beispielsweise die Gesamtzahl der Menschen, die von einem Meeresspiegelanstieg um 50 cm bedroht wären, sofern keine geeigneten Anpassungsmaßnahmen, z.B. durch Raumplanungsvorschriften oder den Bau von Deichen, ergriffen werden, bis 2070 auf mehr als das Dreifache, d.h. rd. 150 Millionen, anwachsen. Zurückzuführen wäre dies auf die kombinierten Effekte des Klimawandels (Meeresspiegelanstieg und erhöhte Sturmaktivität), der Bodensenkung, des Bevölkerungswachstums und der Verstädterung. Der Umfang des gefährdeten Vermögens könnte sogar noch drastischer zunehmen und bis zu den 2070er Jahren auf 35 000 Mrd. US-$ ansteigen, was über zehnmal mehr ist als derzeit (Abb. 3.13).
>
> **Abbildung 3.13 2070 durch einen Anstieg des Meeresspiegels gefährdetes Vermögen in Küstenstädten**
>
> *Anmerkung:* Das FAC-Szenario bezieht sich auf das „Future City All Changes"-Szenario in Nicholls et al. (2010), dem Annahmen zu Wirtschaft und Bevölkerung sowie zum Klimawandel, zur natürlichen Absenkung/Anhebung und zur anthropogenen Absenkung in den 2070er Jahren zu Grunde liegen.
> *Quelle:* OECD (2010a), *Cities and Climate Change*, OECD, Paris; R.J. Nicholls et al. (2008), "Ranking Port Cities with High Exposure and Vulnerability to Climate Extremes: Exposure Estimates", *OECD Environment Working Papers*, No. 1.

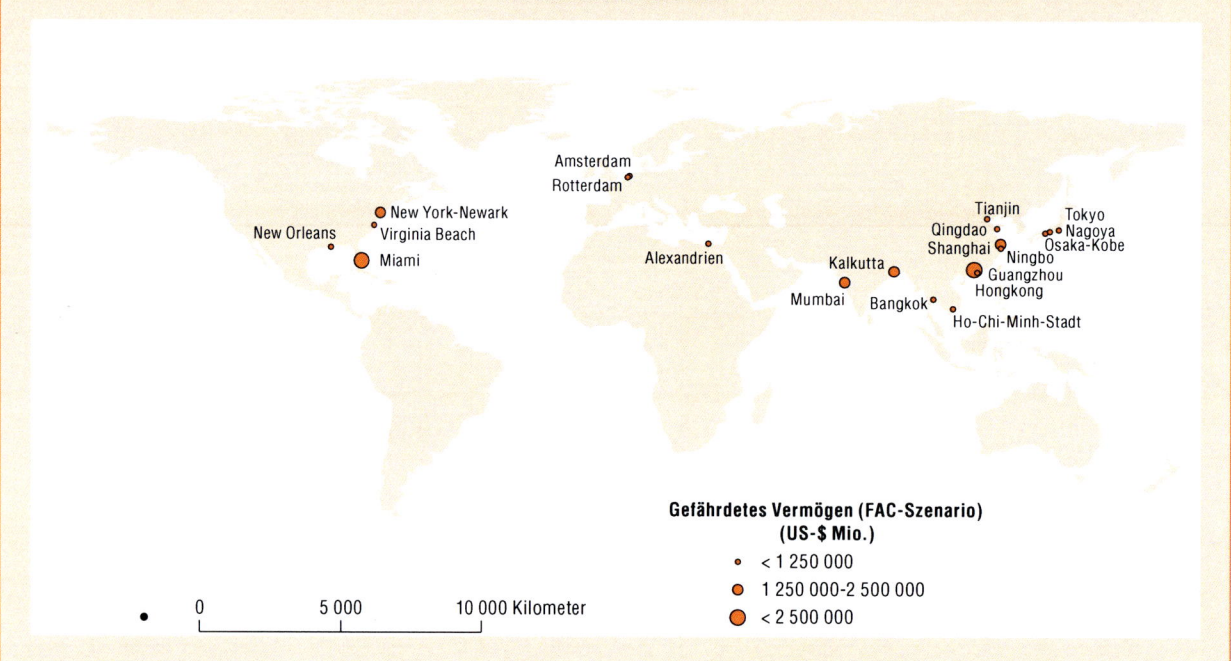

Der Klimawandel könnte auch zur Folge haben, dass bestimmte Kipp-Punkte überschritten werden, womit es zu drastischen Veränderungen käme, die katastrophale und irreversible Folgen für die natürlichen Systeme und die Gesellschaft haben könnten. Eine Vielzahl solcher Kipp-Punkte wurde identifiziert (EUA, 2010), wie eine Erwärmung um 1-2°C bzw. 3-5°C, die zum Abschmelzen des westantarktischen bzw. grönländischen Eisschildes führen würde. Eine u.U. mögliche Abschwächung der atlantischen Umwälzzirkulation[9] könnte unbekannte, aber potenziell gefährliche Auswirkungen auf das Klima haben. Andere Beispiele möglicher nichtlinearer, irreversibler Veränderungen sind ein Anstieg des Säuregehalts der Ozeane, der sich auf die biologische Vielfalt der Meere und die Meeresfischbestände auswirken würde, höhere Methanemissionen infolge der Permafrostschmelze und raschere, klimabedingte Ökosystemwechsel. Der wissenschaftliche Kenntnisstand – ebenso wie der

Kenntnisstand über mögliche Auswirkungen der meisten dieser Ereignisse – ist gering, und die wirtschaftlichen Folgen sind daher schwer abzuschätzen. Manche Veränderungen dürften in einem kürzeren Zeithorizont eintreten als andere – und je kürzer der Zeitrahmen ist, umso weniger Möglichkeiten bestehen zur Anpassung (EUA, 2010).

Klimaänderungsfolgen sind eng mit anderen Umweltproblemen verbunden. Im Basisszenario des *Umweltausblicks* werden z.B. negative Auswirkungen des Klimawandels auf die biologische Vielfalt und die Wasserressourcen projiziert. Ohne neue Politikmaßnahmen könnte der Klimawandel zum größten Beschleunigungsfaktor des Schwunds der biologischen Vielfalt werden (vgl. Kapitel 4 zur biologische Vielfalt). Die Kosten des Verlusts biologischer Vielfalt sind in den Entwicklungsländern besonders hoch, wo ein hoher Teil der Einkommen von den Ökosystemen und den natürlichen Ressourcen abhängig ist. Der Klimawandel kann sich auch auf die menschliche Gesundheit auswirken, entweder direkt durch Hitzestress oder indirekt durch seine Effekte auf die Wasser- und Nahrungsmittelqualität sowie auf die geografische und saisonale Ausbreitung vektorübertragener Krankheiten (vgl. Kapitel 6). Der Klimawandel wird auch Auswirkungen auf die Verfügbarkeit von Süßwasser haben (vgl. Kapitel 5).

Wenn keine weiteren Maßnahmen zur Bekämpfung des Klimawandels ergriffen werden, ist mit erheblichen Kosten zu rechnen, obgleich es schwierig ist, sie zu beziffern. Einige der Kosten lassen sich in wirtschaftlicher Hinsicht einfach bewerten – wie Verluste in der Land- und Forstwirtschaft –, andere sind jedoch weniger „materiell" – wie die Kosten des Verlusts biologischer Vielfalt und von Ereignissen mit verheerenden Folgen, wie z.B. wenn die atlantische Umwälzzirkulation zum Erliegen käme. Die Kostenschätzungen fallen unterschiedlich aus, was sich aus der Berücksichtigung verschiedener Kostenkategorien und aus Informationsdefiziten erklärt. In den meisten Studien sind nicht marktrelevante Auswirkungen, wie die Auswirkungen auf die Biodiversität, ausgeklammert. In einigen Studien werden Auswirkungen einbezogen, die mit extremen Wetterlagen (z.B. Alberth und Hope, 2006) und Katastrophenereignissen mit geringer Eintrittswahrscheinlichkeit verbunden sind (z.B. Nordhaus, 2007). Je nach dem Ausmaß der in den Modellen erfassten Auswirkungen und je nach dem verwendeten Diskontierungssatz könnte der Gegenwartswert der Kosten, wenn keine weiteren Maßnahmen zur Bekämpfung des Klimawandels ergriffen werden, einem dauerhaften Rückgang des weltweiten Pro-Kopf-Verbrauchs um 2% bis über 14% gleichkommen (Stern, 2006; OECD, 2008a).

Diese Überlegungen müssen auch im Hinblick auf die Möglichkeit extrem starker und plötzlicher Änderungen der natürlichen und anthropogenen Systeme geprüft werden. Die Effekte solcher Veränderungen mit potenziell gravierenden Folgen, aber geringer Eintrittswahrscheinlichkeit, könnten äußerst signifikante oder sogar katastrophale wirtschaftliche Konsequenzen haben (Weitzman, 2009). Einige Ökonomen vertreten die Ansicht, dass in solchen Kontextsituationen herkömmliche Kosten-Nutzen-Analysen u.U. nicht zweckmäßig sind. Möglicherweise wäre es besser, diese Fragen unter dem Gesichtspunkt des Risikomanagements anzugehen, z.B. durch die Festlegung sicherer Mindeststandards (Dietz et al., 2006) und die Ausarbeitung expliziter Pläne für den Fall sehr ungünstiger Entwicklungen (Weitzman, 2009; 2011)[10]. In diesem Kontext müssen in den Evaluierungen die ins Spiel kommenden Unsicherheitsfaktoren berücksichtigt werden, und die Entscheidungsfindung sollte sich sowohl auf Sensitivitätsanalysen, in denen die Extremwerte erfasst sind, als auch auf zentrale Schätzungen stützen. Was die Politik anbelangt, wurde mit der in Cancún getroffenen Vereinbarung, die Anstrengungen (zumindest teilweise) auf das sogenannte 2°C-Ziel auszurichten (vgl. Abschnitt 1), bereits eine Zielvorgabe festgelegt, die auf wissenschaftlichen Erkenntnissen beruht. Das deutet darauf hin, dass die Regierungen weltweit erkannt haben, dass die Kosten, die entstünden, wenn eine Erwärmung um mehr als 2°C zugelassen würde, höher wären als die Kosten des Übergangs zu einer CO_2-armen Wirtschaft.

3. Heutiger Stand der Klimapolitik

In diesem Abschnitt wird zunächst der internationale Rahmen für den Klimaschutz und die Anpassung an den Klimawandel dargelegt, bevor dann auf die derzeitigen Maßnahmen und Herausforderungen in diesen beiden Handlungsbereichen auf nationaler Ebene eingegangen wird.

Die internationale Herausforderung: Die Trägheit überwinden

Der Klimawandel stellt die Länder vor ein politisches Dilemma beispiellosen Ausmaßes. Der Klimaschutz ist ein globales öffentliches Gut (Harding, 1968): Jedes Land muss zur Verringerung der Treibhausgasemissionen – zuweilen ganz erhebliche – Kosten tragen, der Nutzen der entsprechenden Anstrengungen kommt jedoch der ganzen Welt zugute. Zu den weiteren Faktoren, die die Bewältigung der politischen Herausforderung erschweren, gehört die lange Zeitspanne, die zwischen der Emission von Treibhausgasen und dem Sichtbarwerden ihrer Auswirkungen auf das Klima verstreicht, wobei einige der schwerwiegendsten Effekte den Projektionen zufolge erst in der zweiten Hälfte dieses Jahrhunderts zu Tage treten werden. Die Auswirkungen des Klimawandels und die Vorteile des Klimaschutzes dürften zudem ungleichmäßig auf die Länder verteilt sein, wobei die Entwicklungsländer am meisten unter einem ungebremsten Klimawandel leiden dürften und ihre Anpassungsfähigkeit überdies am geringsten ist. Dies bedeutet, dass obwohl die Nutzeffekte des Klimaschutzes auf globaler Ebene ganz erheblich sind, die Anreize zur Durchführung entsprechender Maßnahmen für die einzelnen Länder nicht ausreichen, um zu gewährleisten, dass die dringend notwendige sehr starke Emissionsminderung erzielt wird (OECD, 2009a).

Es wird einer konzertierten Zusammenarbeit bedürfen, um dieses folgenschwere Trittbrettfahrerphänomen zu überwinden, das dazu führt, dass einzelne Regionen und Länder die Durchführung der erforderlichen Maßnahmen hinauszögern (Barret, 1994; Stern, 2006). Hierzu werden internationale Vereinbarungen erforderlich sein, was auch Finanztransfers beinhaltet, um alle Volkswirtschaften dazu zu bewegen, sich umfassend zu engagieren. Zur Schaffung einer internationalen Architektur, die es ermöglicht, den Klimaschutz voranzubringen, bedarf es zudem einer noch engeren Zusammenarbeit im Hinblick auf den Transfer CO_2-armer Technologien und den Aufbau institutioneller Kapazitäten, um die Durchführung entsprechender Maßnahmen in den Entwicklungsländern zu unterstützen. Um erfolgreich zu sein und auf breiter Ebene Akzeptanz zu finden, muss die internationale Zusammenarbeit im Bereich des Klimawandels zudem auch auf Themen wie Verteilungsgerechtigkeit und Fairness eingehen, d.h. auf die Frage der Lastenteilung.

Die Unterzeichnung des UNFCCC im Jahr 1992 war ein erster Schritt auf dem Weg zu einer weltweiten Reaktion der Politik auf das Problem des Klimawandels. Die Länder, die das Klimarahmenübereinkommen unterzeichneten („die Vertragsstaaten"), haben vereinbart, gemeinsam auf die Verwirklichung seines wichtigsten Ziels hinzuarbeiten: „die Stabilisierung der Treibhausgaskonzentrationen in der Atmosphäre auf einem Niveau zu erreichen, auf dem eine gefährliche anthropogene Störung des Klimasystems verhindert wird" (Artikel 2, UNFCCC[11]). Mit der Unterzeichnung dieses Rahmenübereinkommens haben sich die OECD- sowie andere Industrieländer (die Annex-I-Parteien[12]) verpflichtet, eine Vorreiterrolle bei der Verwirklichung dieses Ziels zu übernehmen und anderen Ländern (den Nicht-Annex-I-Parteien[13]) durch finanzielle und technische Unterstützung bei der Bewältigung des Klimawandels zu helfen. 2005 trat das Kyoto-Protokoll in Kraft, das eine rechtsverbindliche Verpflichtung für die Annex-I-Parteien[14] schuf, ihre Treibhausgasemissionen im Zeitraum 2008-2012 auf ein vereinbartes Niveau zu begrenzen bzw. zu reduzieren. 2009 lag das CO_2-Emissionsniveau der am Kyoto-Protokoll teilnehmenden Ländergruppe insgesamt 14,7% unter dem Niveau von 1990 (IEA, 2011a), wobei jedoch zwischen den Ländern erhebliche Unterschiede bestanden.

Neuere wissenschaftliche Beweise für den Klimawandel, insbesondere im Rahmen der IPCC-Arbeiten, bewirkten, dass es zu einer Einigung über die genaue Auslegung von Artikel 2 des Rahmenübereinkommens kam. So wurde in den Cancún-Vereinbarungen von 2010 erklärt, dass die Notwendigkeit einer drastischen Rückführung der globalen Treibhausgasemissionen erkannt worden sei, wobei das Ziel laute, diese Emissionen soweit zu reduzieren, dass der Anstieg der globalen mittleren Temperatur auf weniger als 2°C über dem vorindustriellen Niveau begrenzt bleibe. Darüber hinaus wurde darauf hingewiesen, dass im Rahmen der ersten Prüfung darüber nachgedacht werden müsse, dieses langfristige globale Ziel auf der Basis der besten verfügbaren wissenschaftlichen Kenntnisse, insbesondere in Bezug auf eine globale mittlere Erwärmung von 1,5°C, u.U. zu verschärfen (UNFCCC, 2011a).

Ein weiterer Fortschritt waren die von vielen Ländern – Industrieländern ebenso wie Entwicklungsländern – zunächst im Rahmen des Übereinkommens von Kopenhagen und später in den Cancún-Vereinbarungen gemachten Zusagen zur Senkung der Emissionen bis 2020 (vgl. Tabelle 3.6, Abschnitt 4; UNFCCC, 2009; und UNFCCC, 2011a)[15]. Unsere Analyse dieser Zusagen und Verpflichtungen zeigt jedoch, dass sie ohne weitere bedeutende Maßnahmen nach 2020 kaum ausreichen dürften, um den Temperaturanstieg unter der Zielvorgabe von 2°C zu halten (vgl. Abschnitt 4 und UNEP, 2010).

Um die durch Maßnahmen zur Erreichung der 2°C-Zielvorgabe entstehende Kostenbelastung gerecht zu verteilen, bekräftigten die Industrieländer in den Cancún-Vereinbarungen ihr Engagement, den Entwicklungsländern für Klimaschutzmaßnahmen neue, zusätzliche Finanzmittel zur Verfügung zu stellen. Hierzu gehört die sogenannte „Fast Start"-Finanzierung im Umfang von 30 Mrd. US-$ im Zeitraum 2010-2012 mit dem längerfristigen Ziel, bis 2020 jährlich 100 Mrd. US-$ an öffentlichen und privaten Mitteln zu mobilisieren[16]. Die Länder kamen zudem in Cancún überein, einen „Green Climate Fund" zu errichten, der Projekte, Programme, Maßnahmen und andere Aktivitäten in den Entwicklungsländern fördern soll[17]. Dennoch müssen im Rahmen der internationalen Klimaverhandlungen noch erhebliche Herausforderungen bewältigt werden, sowohl bezüglich der Zukunft des Kyoto-Protokolls und seiner Instrumente nach seinem Auslaufen im Jahr 2012 als auch der Möglichkeiten für die Regierungen, zusätzliche Mittel bereitzustellen und die entsprechenden Finanzierungsströme zu beobachten, über sie Bericht zu erstatten und sie zu überprüfen.

Bis zur 7. Vertragsstaatenkonferenz (COP7) in Marrakesch im Jahr 2001 galt der Anpassung an den Klimawandel im internationalen Klimaverhandlungsprozess weniger Aufmerksamkeit, obwohl dieses Thema sowohl im UNFCCC als auch im Kyoto-Protokoll angesprochen wurde. Im Rahmen von COP7 errichteten die Vertragsstaaten drei Fonds für die Anpassung an den Klimawandel, den Least Developed Countries Fund, den Special Climate Change Fund und den Adaptation Fund. Seitdem wird der Anpassung an den Klimawandel mehr Aufmerksamkeit entgegengebracht. Die Cancún-Vereinbarungen betonten die Bedeutung von Adaptionsmaßnahmen, wozu ein Rahmenkonzept („Cancún Adaptation

Framework") und ein hierfür zuständiger Ausschuss geschaffen wurden. Auch im Rahmen des Green Climate Fund wurde erkannt, dass der Klimaschutz und die Anpassung an den Klimawandel in einem ausgewogenen Verhältnis zueinander stehen müssen.

Nationale Klimaschutzmaßnahmen

Trotz gewisser Fortschritte und des großen Interesses der Medien, das sich auf die Weltklimagipfel richtet, wird es nur mit entschlossenen Politikmaßnahmen auf nationaler Ebene möglich sein, die lokalen und globalen Klimarisiken zu begrenzen. Zur Einhaltung der 2°C-Zielvorgabe werden die Wirtschaftsstrukturen weltweit einen beispiellosen Transformationsprozess im Hinblick auf Energieerzeugung, Konsum, Verkehr und Landwirtschaft durchlaufen müssen. Für den Übergang zu einer CO_2-armen, klimaresilienten Wirtschaft sind umfangreiche Investitionen in Maßnahmen zur Minderung des Ausmaßes des Klimawandels (Mitigation) und zur Anpassung an seine Folgen (Adaptation) erforderlich und bedarf es einer Verlagerung der Investitionstätigkeit von fossilen Energieträgern und konventionellen Technologien hin zu neueren saubereren Technologien und weniger CO_2-intensiven Infrastrukturen. Angesichts knapper öffentlicher Mittel wird es von entscheidender Bedeutung sein, möglichst kostengünstige Lösungen zu finden und den privaten Sektor einzubeziehen, um die notwendigen Umstellungen zu finanzieren (OECD, 2012), wobei es gilt, mit hohen Kosten verbundene Überschneidungen zwischen verschiedenen Maßnahmen zu vermeiden (OECD, 2011b). Um bestehende Hindernisse auszuräumen und angemessene Marktbedingungen für umweltfreundliche Investitionen zu schaffen, werden staatliche Eingriffe erforderlich sein.

Das am Klimawandel deutlich werdende mehrfache Marktversagen macht eine Kombination verschiedener Politikinstrumente erforderlich, um die Treibhausgasemissionen wirksam zu reduzieren. Für eine erfolgreiche klimapolitische Weichenstellung gibt es zwar kein Universalrezept, gewiss aber einige wichtige gemeinsame Grundbestandteile, wie dies im Rahmen der OECD-Strategie für umweltverträgliches Wachstum (OECD, 2011e) und in früheren OECD-Arbeiten (OECD, 2011a; OECD, 2009a; Duval, 2008) festgestellt wurde. Entscheidende Elemente eines möglichst kostengünstigen Policy Mix sind (Tabelle 3.1):

- nationale Klimaschutzstrategien;
- preisliche Instrumente, z.B. Cap-and-Trade-Systeme, CO2-Steuern und Abschaffung der Subventionierung fossiler Energieträger;
- ordnungsrechtliche/regulatorische Instrumente;
- Technologieförderungsmaßnahmen, einschließlich FuE;
- Selbstverpflichtungen, Kampagnen zur Sensibilisierung der Öffentlichkeit und Informationsinstrumente.

Sie werden nachstehend im Einzelnen dargelegt.

Nationale Klimaschutzstrategien und -gesetze

Den Cancún-Vereinbarungen zufolge sollen die Industrieländer Pläne und Strategien für eine CO_2-emissionsarme Entwicklung entwerfen und prüfen, wie diese am besten zu verwirklichen sind, u.a. auch mit Marktmechanismen. Die Entwicklungsländer werden dazu ebenfalls ermutigt. Viele Industrieländer haben bereits nationale Gesetze oder Strategien für den Klimaschutz geschaffen. Das zentrale Ziel dabei ist in der Regel die Einhaltung der in Kyoto eingegangenen Verpflichtungen und/oder die Erreichung mittel- bis langfristiger Emissionsreduktionsziele. Diese Ziele, Pläne oder Strategien sind äußerst wichtig für einen

Tabelle 3.1 **Beispiele klimapolitischer Instrumente**

Preisliche Instrumente	Besteuerung von CO_2-Emissionen
	Besteuerung von Inputs oder Outputs des Produktionsprozesses (Energie oder z.B. Fahrzeuge)
	Abschaffung umweltschädlicher Subventionen (z.B. für fossile Energieträger)
	Subventionen für emissionsreduzierende Aktivitäten
	Emissionshandelssysteme (Cap-and-Trade- oder Baseline-and-Credit-Systeme)
Ordnungsrechtliche/ regulatorische Instrumente	Technologiestandards
	Leistungsstandards
	Verbieten oder Vorschreiben bestimmter Produkte oder Praktiken
	Berichterstattungspflichten
	Auflagen für die Betriebszertifizierung
	Flächennutzungsplanung und Raumordnung
Technologieförderungs- maßnahmen	Starkes System zum Schutz geistigen Eigentums
	Öffentliche und private FuE-Finanzierung
	Bevorzugung CO_2-armer Produkte und Dienstleistungen im öffentlichen Beschaffungswesen
	Grüne Zertifikate (z.B. für einen bestimmten Mindestanteil erneuerbarer Energieträger in der Stromversorgung)
	Spezielle Einspeisetarife für Strom aus erneuerbaren Energien
	Öffentliche Infrastrukturinvestitionen für neue CO_2-arme Technologien
	Maßnahmen zur Beseitigung finanzieller Hindernisse für umweltfreundliche Technologien (Darlehen, revolvierende Kredite, direkte Finanzhilfen, Steuervergünstigungen)
	Weiterbildung der Erwerbsbevölkerung, Infrastrukturausbau
Informationsinstrumente und Selbstverpflichtungen	Bewertungs- und Gütesiegelprogramme
	Aufklärungskampagnen
	Bildung und Ausbildung
	Produktzertifizierung und -kennzeichnung
	Programme für die Vergabe von Umweltpreisen

Quelle: Nach A. de Serres, F. Murtin und G. Nicoletti (2010), "A Framework for Assessing Green Growth Policies", *OECD Economics Department Working Papers*, No. 774, OECD, Paris.

klimapolitischen Rahmen, der Investitionen in CO_2-arme, klimaresiliente Lösungen fördern soll; von ihnen geht zudem ein langfristiges, konstantes Investitionssignal für den privaten Sektor aus (Clapp et al., 2010; Buchner, 2007; Bowen und Rydge, 2011).

Nationale klimapolitische Rahmenkonzepte entstehen zurzeit in den Annex-I-Ländern, von denen einige gesamtwirtschaftlich rechtsverbindliche Emissionsbeschränkungen und/oder langfristige Emissionsziele festlegen (Tabelle 3.2). Damit sollen die von den betreffenden Ländern eingegangenen internationalen Verpflichtungen umgesetzt, bekräftigt oder – in einigen Fällen – sogar ausgebaut werden. Das Vereinigte Königreich hat z.B. in seinem Low Carbon Transition Plan (LCTP) ein bis 2020 zu erreichendes rechtsverbindliches, absolutes Emissionsreduktionsziel um mindestens 34% des Niveaus von 1990 und um mindestens 80% bis 2050 vorgegeben. Mit diesem Plan wurde das Konzept fünfjähriger CO_2-Haushaltsperioden mit verbindlichen Zwischenzielen ab 2008 eingeführt. Das im Januar 2008 verabschiedete Maßnahmenpaket zur Erreichung der 20-20-20-Ziele im Bereich Energie- und Klimapolitik der Europäischen Union ist ein Beispiel für eine umfassende rechtsverbindliche Klimastrategie mit drei Einzelzielen:

a) Reduzierung der Treibhausgasemissionen um mindestens 20% gegenüber dem Niveau des Jahres 1990 bis 2020 mit der Verpflichtung, dieses Reduktionsziel auf 30% zu erhöhen, wenn auf internationaler Ebene eine zufriedenstellende Übereinkunft erzielt wird;

b) Erhöhung des Anteils der erneuerbaren Energieträger an der Energieerzeugung auf 20% bis 2020, ergänzt durch einen Anteil von 10% an erneuerbaren Kraftstoffen im Verkehrssektor;

c) Verpflichtung zur Verringerung des Energieverbrauchs der Europäischen Union bis 2020 um 20% gegenüber den Projektionen.

In den Vereinigten Staaten gibt es zwar kein Bundesgesetz, das eine Reduzierung der Treibhausgasemissionen vorschreibt, und auch keine entsprechende gesamtwirtschaftliche Verpflichtung, doch sind die Vereinigten Staaten auf Grund eines Urteils des Obersten Gerichtshofs (Massachusetts v. EPA[18]) gesetzlich verpflichtet, eine Reduzierung zu erzielen. Standards für den Kraftstoffverbrauch im Verkehrssektor und den Wirkungsgrad von ortsfesten Anlagen zur Stromerzeugung liegen für 2012-2016 in ihrer endgültigen Form vor, und Regulierungsvorschläge für 2017-2025 sind zurzeit in Vorbereitung. In der Folge zweier weiterer Gerichtsverfahren und Vergleichsvereinbarungen wird die US-Behörde für Umweltschutz (EPA) zudem bis Mitte 2012 die Treibhausgasemissionen von Ölraffinerien und Stromversorgungsbetrieben regulieren.

Tabelle 3.2 zeigt das Spektrum der in der Entwicklung begriffenen nationalen klimapolitischen und gesetzlichen Rahmenkonzepte unter Zugrundelegung der von der Global Legislators Organisation (GLOBE) durchgeführten *Climate Legislation Study*. Diese Studie untersucht verschiedene Klimaschutzbereiche – spezifische Energieeffizienzmaßnahmen, *Carbon Pricing*, erneuerbare Energien und Verkehr – sowie Aktivitäten, die sowohl die Anpassung an den Klimawandel als auch dessen Eindämmung erleichtern können, z.B. in den Bereichen Forstwirtschaft und Flächennutzung. Die Autoren analysieren herausragende Gesetzesmaßnahmen – wichtige Gesetze im Bereich der Klimapolitik – und untersuchen die verschiedenen sektorspezifischen Prioritäten der Länder. Tabelle 3.2 enthält nur auf nationaler, d.h. nicht auf lokaler oder regionaler Ebene durchgeführte Maßnahmen.

Die einzelnen Länder haben zudem eine Vielzahl verschiedener Planungs- und Strategieinstrumente konzipiert, um spezifische Ziele zu erreichen, und stützen sich dabei auf die Erfassung und Analyse historischer Trenddaten, häufig anhand modellbasierter Projektionen. Frankreich stellt derzeit Vorausberechnungen an, um Energieverbrauch und Treibhausgasemissionen bis 2030 vorherzusagen und politische Entscheidungsträger und sonstige Akteure über die bisherigen Fortschritte und die Notwendigkeit weiterer Maßnahmen zu informieren. Japan hat anhand modellbasierter Projektionen einen Aktionsplan aufgestellt, um mit geeigneten Maßnahmen eine Reduzierung der Treibhausgasemissionen gegenüber dem Niveau von 1990 um 25% bis 2020 und um 80% bis 2050 zu erreichen. Japan hat zudem das Asia-Pacific Integrated Model (AIM) entwickelt, das es in Zusammenarbeit mit Instituten in anderen Ländern Asiens nutzt, um die klimapolitischen Optionen auf der Basis von Szenarien mit geringen CO_2-Emissionen zu bewerten. Japan nutzt das Modellierungsinstrument auch, um mit Akteuren auf den nachgeordneten Verwaltungsebenen in Regionen oder Kommunen sowie auf nationaler Ebene zusammenzuarbeiten und um Informationen für den Dialog und die Entscheidungsfindung über die Klimapolitik bereitzustellen. Die bei diesen verschiedenen Kooperationsaktivitäten gewonnenen Erfahrungen werden von Forschern und politischen Entscheidungsträgern im Rahmen des International Research Network for Low Carbon Societies (LCS-RNet) ausgetauscht, einer Plattform, die eine Verbindung herstellt zwischen verschiedenen CO_2-Reduktionsstrategien und auf diesem Gebiet tätigen Wissenschaftlern.

Tabelle 3.2 **Klimaschutz – nationale Regelungen: Geltungsbereich und Umfang, ausgewählte Länder**

	Geltungsbereich der Regelungen							Beispiele herausragender nationaler Gesetzesmaßnahmen
	Carbon Pricing	Energie-effizienz	Erneuer-bare Energien	Forst-wirtschaft	Sonstige Land-nutzung	Verkehr	Anpassung	
Australien	M	X	X	X	X		X	Clean Energy Act (2011)
Brasilien	X	X	X	M	X	X	O	Nationale Politik im Bereich Klimawandel (2009)
Kanada		M	O	X	X	X		Canadian Environmental Protection Act, 1999 (CEPA 1999) und Energy Efficiency Act (EUA)
Chile		X	X				M	Nationaler Klimaschutz-Aktionsplan (2008)
China		M	X	X	X	X	X	12. Fünfjahresplan (2011)
EU	M	X	X	O	O	X	O	EU-Klima- und Energiepaket (2008)
Frankreich	X	M	X		O	X	X	Grenelle I und Grenelle II (2009 und 2010)
Deutschland	X	M	M			X		Integriertes Energie- und Klimaprogramm (2007, 2008 aktualisiert) und Energiekonzept 2010
Indien		M	X	X	X	X	X	Nationaler Aktionsplan zum Klimawandel (National Action Plan on Climate Change, NAPCC) 2008
Indonesien	X	X	X	M	X	X	X	Presidential Regulation on the National Council for Climate Change (NCCC) (2008)
Italien	X	M	X	O		X		Klimawandel-Aktionsplan
Japan	X	M	X	X	X	X	X	Gesetz zur Förderung von Maßnahmen zur Bewältigung der Erderwärmung (1998, 2005 novelliert)
Mexiko	X	X	M	X	X	O	O	Comisión Intersecretarial on Cambio climático; LUREFET[1] (2005 und 2008)
Russland		M	O	O			X	Klima-Doktrin (2009)
Portugal	O	M	M	X	X	X		Nationales Programm zum Klimawandel (Programa Nacional para as Alterações Climáticas, PNAC), 2008 zuletzt überarbeitet
Südafrika	X	X	M			X	X	Vision, Strategic Direction and Framework for Climate Policy (2008)
Korea	M	X	X	X	X	X	X	Rahmengesetz für ein CO_2-armes, umweltverträgliches Wachstum
Vereinigtes Königreich	M	X	X			X	X	Climate Change Act (2008)
Vereinigte Staaten		X	M	O	O	X		Keine integrierten föderalen Gesetze zum Klimawandel[2]

Anmerkung: M Schwerpunkt, X im Einzelnen erfasst, O teilweise erfasst.
1. Gesetz über die Nutzung Erneuerbarer Energien und die Finanzierung der Energiewende.
2. Zu den wichtigsten gesetzlichen Regelungen im Umweltbereich gehören: Executive Order 13514; Federal Leadership in Environmental Energy and Economic Performance; American Recovery and Re-investment Act. Diese Tabelle enthält nur auf nationaler, nicht auf lokaler oder regionaler Ebene durchgeführte Maßnahmen.
Quelle: Nach T. Townshend, S. Fankhauser, A. Matthews, C. Feger, J. Liu und T. Narciso, 2011, The 2nd GLOBE Climate Legislation Study, GLOBE International, London.

3. KLIMAWANDEL

Preisliche Instrumente

Um Investitionen in CO_2-arme Technologien zu mobilisieren, muss durch den Einsatz marktorientierter Instrumente (z.B. Emissionshandelssysteme oder CO_2-Steuern) ein eindeutiger, glaubwürdiger und langfristiger Preis für die CO_2-Emissionen aller Wirtschaftssektoren festgelegt werden. Damit werden CO_2-intensive Technologien und Prozesse penalisiert, wird dafür gesorgt, dass Märkte für CO_2-arme Technologien entstehen (z.B. für Energieeinsparung, Solar- und Windenergie und CO_2-Abtrennung und -Speicherung – CCS[19]), und werden Anreize für Maßnahmen in den Bereichen Energie, Industrie, Verkehr und Landwirtschaft geschaffen. Die Festsetzung eines Preises für CO_2-Emissionen kann zudem als Auslöser für umweltfreundliche Innovationen und Steigerungen der Energieeffizienz wirken (OECD, 2010b).

Emissionshandelssysteme. Bei Emissionshandelssystemen – häufig als Cap-and-Trade-Systeme bezeichnet – setzt eine zentrale Stelle (in der Regel eine staatliche Einrichtung) eine Obergrenze für die zulässige Menge an Emissionen eines bestimmten Schadstoffs fest. Entsprechend diesen Emissionshöchstmengen werden den Unternehmen Emissionsgenehmigungen, die das Recht begründen, eine bestimmte Menge des betreffenden Schadstoffs zu emittieren bzw. abzuleiten, zugeteilt oder verkauft. Die Unternehmen müssen über eine ihrem Emissionsvolumen entsprechende Anzahl von Emissionsrechten verfügen. Das der Gesamtzahl dieser Zertifikate entsprechende Emissionsvolumen darf die festgesetzte Obergrenze nicht überschreiten, wodurch die Gesamtemissionen auf diesem Niveau begrenzt werden. Unternehmen, die eine höhere Anzahl von Emissionszertifikaten benötigen, müssen sie anderen Unternehmen, die weniger Emissionen verursachen, abkaufen. Der Käufer zahlt damit einen Preis für die von ihm verursachten Umweltbelastungen, während der Verkäufer für die Reduzierung seiner Emissionsmenge belohnt wird. Theoretisch verhält es sich daher so, dass diejenigen, die ihre Emissionen mit dem geringsten Kostenaufwand reduzieren können, dies auch tun werden, so dass die Schadstoffreduzierung zu den für die Gesellschaft niedrigsten Kosten erreicht wird.

Emissionshandelssysteme spielen in der Klimaschutzpolitik eine immer wichtigere Rolle. In den letzten zehn Jahren haben fast alle Annex-I-Länder Emissionshandelssysteme geschaffen oder bereits existierende Systeme verstärkt, und sie nehmen fast alle auf die eine oder andere Art an nationalen oder internationalen CO_2-Märkten teil (UNFCCC, 2011b; Hood, 2010). Im März 2011 gab es in den OECD-Ländern sieben aktive Treibhausgas-Emissionshandelssysteme (darunter einige auf subnationaler Ebene), und weitere sind im Gespräch, insbesondere in Entwicklungsländern (Tabelle 3.3). Jedoch sind noch mehrere Fragen zu klären, um die ökologische und wirtschaftliche Effizienz des Emissionshandels zu erhöhen (z.B. in Bezug auf die Entscheidung zwischen Cap-and-Trade-Systemen und Baseline-and-Credit-Systemen[20], auf die Erstzuteilung von Emissionsrechten und die Möglichkeiten zur Verringerung der mit Emissionshandelssystemen verbundenen Transaktionskosten) (OECD, 2008b).

Das EU-Emissionshandelssystem (EU-ETS) ist das weltweit größte Emissionshandelssystem und war bei der Schaffung eines internationalen CO_2-Markts wegweisend (Kasten 3.4). Das Emissionshandelssystem Neuseelands ist das am weitesten entwickelte außerhalb der Europäischen Union. Es ist umfassender als jedes andere Emissionshandelssystem, denn es erstreckt sich auf alle sechs im Kyoto-Protokoll erfassten Treibhausgase (CO_2, CH_4, N_2O, FKW, PFKW und SF_6) in den Bereichen Energie, Verkehr, Industrie, Abfälle, Synthesegase und Forstwirtschaft. Es nahm 2008 die Tätigkeit auf, zunächst für die Forstwirtschaft, zu der dann 2010 die Bereiche Energie, Industrie und Verkehr hinzukamen. Im Rahmen einer unlängst durchgeführten unabhängigen Überprüfung wurde empfohlen, das System über 2012 hinaus fortzusetzen, allerdings mit einigen Veränderungen in der Gestaltung (Emissions Trading Scheme Review Panel, 2011).

Tabelle 3.3 **Heutiger Stand der Emissionshandelssysteme**

Vorhanden	Geplant
New South Wales Greenhouse Abatement Scheme (2003)	Western Climate Initiative (WCI) (Vereinigte Staaten)
EU-Emissionshandelssystem (2005)	Cap-and-Trade-Programm in Kalifornien
New Zealand Emissions Trading Scheme (2008)	Australian Clean Energy Future Plan[2]
Schweizer Emissionshandelssystem mit CO_2-Abgabe (2008)	Midwestern Greenhouse Gas Reduction Accord (Vereinigte Staaten)
Regional Greenhouse Gas Initiative (RGGI) im Nordosten der Vereinigten Staaten (2009)	Nationales Emissionshandelssystem in Japan
United Kingdom Carbon Reduction Commitment (CRC) Energy Efficiency Scheme (2010)	In Brasilien, im Bundesstaat Kalifornien, in Chile, China, Korea, Mexiko und in der Türkei befinden sich entsprechende Programme in der Beratungs- oder Umsetzungsphase.
Tokyo Cap and Trade Programme	In Indien ist für 2011 die Einführung eines Energieeffizienzprogramms für die Industrie mit einem System für den Handel mit Energiesparzertifikaten („White Certificates") vorgesehen.
Alberta, Climate Change and Emissions Management Act (Canada, 2007)[1]	

1. Dies ist ein Programm zur Reduzierung der Emissionsintensität, kein Cap-and-Trade-System. Um ihre Reduktionsziele zu erreichen, können die Anlagenbetreiber „Offset-Credits" oder „Emissions Performance Credits" erwerben, es gibt jedoch keine Obergrenze.
2. Vgl. *www.cleanenergyfuture.gov.au*.
Quelle: Unter Zugrundelegung von Daten aus UNFCCC (2011b), *Compilation and Synthesis of Fifth National Communications*, UNFCCC, Montreal.

Zur Förderung einer umweltverträglichen Stromerzeugung wurden in mehreren Ländern Quoten und Zertifikate eingeführt, die den verschiedenen Sektoren ein gewisses Emissionsniveau zubilligen. Da mit ihnen gehandelt werden kann, sind sie effektiv marktorientierte Instrumente. Die Zertifikate beziehen sich in der Regel nicht auf die Menge der CO_2-Emissionen in Tonnen, sondern auf die aus verschiedenen Energieträgern gewonnene Menge an Energie (z.B. „grüne Zertifikate" für Energie aus erneuerbaren Quellen, „weiße Zertifikate" für Energieeinsparungen, „blaue Zertifikate" für Stromerzeugung in Kraft-Wärme-Kopplungsanlagen). Solche nationalen Handelssysteme gibt es in Polen, Schweden, im Vereinigten Königreich, in Italien, Belgien und einigen US-Bundesstaaten. Energiesparprogramme (weiße Zertifikate) sind in Frankreich, Dänemark, Italien, im Vereinigten Königreich, in Australien, Belgien und etwa 30 US-Bundesstaaten in Gebrauch. Zur Umsetzung der Zielvorgabe für den Anteil erneuerbarer Energieträger (Renewable Energy Target – RET) von 20% bis zum Jahr 2020 betreibt Australien ein System handelbarer grüner Zertifikate („Renewable Energy Certificates"). In der Europäischen Union wurde im Rahmen des energie- und klimapolitischen Maßnahmenpakets zur Erreichung der 20-20-20-Ziele (siehe oben) im Energiesektor in großem Umfang auf Quoten und Einspeisetarife zurückgegriffen. Um ihre Ziele hinsichtlich der erneuerbaren Energieträger zu erreichen, vertrauen die meisten EU-Mitgliedstaaten auf besondere Einspeisetarife, andere dagegen arbeiten mit „grünen Zertifikaten", z.B. Polen, Rumänien und Schweden. Belgien, Italien und das Vereinigte Königreich verwenden sowohl Einspeisetarife als auch Zertifikate.

In mehreren Ländern, in denen es keine nationalen Regelungen gibt, haben nachgeordnete Gebietskörperschaften und Kommunen die Einführung verbindlicher Emissionshandelssysteme in die Wege geleitet. Die Regional Greenhouse Gas Initiative (RGGI) in den Vereinigten Staaten nahm beispielsweise 2009 das Cap-and-Trade-Programm für die Stromerzeuger in zehn Bundesstaaten im Nordosten des Landes die Arbeit auf; und Tokyo (Japan) hat das erste CO_2-Emissionshandelssystem auf kommunaler Ebene eingeführt. Marktmechanismen nach dem „Kompensationsprinzip"[21] (wie z.B. der Clean-Development-Mechanismus – siehe unten

> **Kasten 3.4 Das EU-Emissionshandelssystem: Jüngste Entwicklungen**
>
> Das EU-Emissionshandelssystem wurde im Januar 2005 gestartet und ist das weltweit größte System, es erstreckt sich auf über 30 Länder* und gilt für mehr als 10 900 Großanlagen, wie z.B. Kraftwerke, Verbrennungsanlagen, Ölraffinerien, Eisen- und Stahlwerke sowie Zement, Glas, Kalk, Ziegelsteine, Keramik, Zellstoff und Papier herstellende Fabriken. Auf die zurzeit in diesem System erfassten Anlagen entfällt die Hälfte der CO_2-Emissionen der Europäischen Union (40% der Treibhausgasemissionen). Das EU-Emissionshandelssystem war in seinen ersten zwei Phasen (2005-2007 und 2008-2012) mit erheblichen Herausforderungen konfrontiert, u.a. weil zunächst zu viele Emissionszertifikate zugeteilt worden waren, weil die Stromerzeuger durch das System der kostenlosen Zuteilung Zusatzgewinne erzielten und weil es zu Preisschwankungen kam – all dies waren Faktoren, die die Effizienz des Systems reduzierten. Es hat sich jedoch gezeigt, dass das Preissignal im Hinblick auf die Förderung CO_2-armer Entwicklungspfade wirksam ist.
>
> Für die Phase III (2013-2020) haben die Staats- und Regierungschefs der Europäischen Union und das Europäische Parlament den rechtlichen Rahmen überarbeitet und folgende Veränderungen vorgenommen:
>
> - einheitliche EU-weite Obergrenze statt 27 einzelstaatlicher Obergrenzen;
>
> - höherer Anteil zu versteigernder Emissionsrechte (50% oder mehr bis 2013, wobei sich der Anteil im Lauf der Zeit auf 100% erhöhen soll), um Mitnahmeeffekte zu vermeiden;
>
> - Harmonisierung der für die kostenlose Zuteilung von Emissionsrechten geltenden Bestimmungen und Ausdehnung des Systems auf petrochemische Produkte, Aluminium, Ammonium und neue Gase, einschließlich N_2O und PFKW;
>
> - höherer Anteil kostenloser Zuteilungen (auf der Basis von Vergleichswerten) für Sektoren und Untersektoren, in denen das Risiko der Verlagerung von CO_2-Emissionsquellen gegeben ist, sofern keine umfassende internationale Übereinkunft getroffen wird;
>
> - Ausdehnung des Systems auf die Emissionen des EU- und des internationalen Luftverkehrs.
>
> * Dies sind die EU27 sowie Norwegen, Island und Liechtenstein.
>
> Quelle: A. Ellerman und B. Buchner (2008), "Over-Allocation or Abatement? A Preliminary Analysis of the EU-ETS Based on the 2005-06 Emissions Data", *Environmental and Resource Economics*, Vol. 41, No. 2, S. 267-287; A. Ellerman et al. (2010), *Pricing Carbon: The European Union Emissions Trading Scheme*, Cambridge University Press.

– und die Joint Implementation[22]) könnten so konzipiert werden, dass der Zugang von Klimaschutzprojekten in städtischen Räumen zu CO_2-Märkten erleichtert wird, um so das Potenzial für kostengünstige CO_2-Emissionsreduktionen in diesem Bereich auszuschöpfen (Clapp et al., 2010).

CO_2-Steuern. CO_2-Steuern sind ein kostenwirksames Mittel, die Emissionen zu reduzieren. Diese Abgaben schaffen für Verursacher von Umweltbelastungen und Ressourcennutzer Anreize, ihr Verhalten schon heute zu ändern. Zudem entstehen durch sie langfristige Innovationsanreize. Obwohl CO_2-Steuern nicht in jedem Kontext große Unterstützung in der Öffentlichkeit finden, gibt es mehrere Möglichkeiten, die Akzeptanz mit der Zeit zu erhöhen (z.B. durch Maßnahmen, die die negativen Effekte auf die Wettbewerbsfähigkeit bestimmter Sektoren und/oder auf die Einkommensverteilung begrenzen) (OECD, 2008a).

Die Länder betrachten Emissionshandelssysteme und CO_2-Steuern zunehmend als sich gegenseitig ergänzende Maßnahmen, wobei erstere auf energieintensive Sektoren abzielen und letztere auf die privaten Haushalte und den gewerblichen Sektor (UNFCCC, 2011b). Wo CO_2-Steuern erhoben werden, gelten sie in der Regel für Kraftstoffe und Strom, so dass die Preise die CO_2-Emissionsmerkmale dieser Energieträger widerspiegeln. Es ist jedoch zu beachten, dass die Besteuerung des Stromverbrauchs keinen Einfluss auf das CO_2-Emissionsvolumen insgesamt haben wird, wenn die Stromerzeugung Teil eines Emissionshandelssystems ist (wie z.B. beim EU-Emissionshandelssystem) (OECD, 2011f).

CO_2-Steuern werden gegenwärtig in 10 OECD-Ländern erhoben, wobei Dänemark, Finnland, die Niederlande, Norwegen, Schweden und das Vereinigte Königreich in diesem Bereich seit Anfang der 1990er Jahre führend sind (OECD, 2009a). Schweden war eines der ersten Länder, das 1991 eine CO_2-Steuer einführte, wobei sich der Regelsatz dieser Abgabe mit den Jahren erhöhte und 2010 111 Euro/Tonne erreichte. Ein positiver Nebeneffekt der Climate Change Levy, mit der im Vereinigten Königreich die von der industriellen und gewerblichen Stromerzeugung verursachten Treibhausgasemissionen besteuert werden, waren die von ihr ausgehenden Innovationsanreize (OECD, 2010b). Die Unternehmen, die im Rahmen ausgehandelter Vereinbarungen (Climate Change Agreement) einen unter der normalen Höhe liegenden Steuersatz zahlen (Steuerermäßigung um 80% bei Verpflichtung auf einen verbindlichen Energieverbrauchszielwert)[23], stellten weniger Patentanträge für dem Klimaschutz dienende Erfindungen als Unternehmen, die den vollen Satz zahlen. In der kanadischen Provinz British Columbia gibt es seit 2008 eine CO_2-Steuer[24]. Diese CO_2-Abgabe ist ein wichtiger Bestandteil des Climate Action Plan von Britisch Columbia, der vorsieht, die Treibhausgasemissionen bis 2020 um 33% zu reduzieren.

Die Situation in den Entwicklungsländern. Die aufstrebenden Volkswirtschaften und die Entwicklungsländer nehmen bereits durch den im Rahmen des Kyoto-Protokolls geschaffenen Clean-Development-Mechanismus (CDM) an den CO_2-Märkten teil[25]. Eine weitere Vertiefung und Ausweitung der CO_2-Märkte könnte bedeutende Transfers privater Mittel von den Industrieländern in die Entwicklungsländer ermöglichen. In näherer Zukunft könnten verbesserte Versionen bereits existierender Gutschriftensysteme, wie des CDM, der wichtigste Kanal für solche Transfers werden. Durch eine Verbesserung des CDM-Rahmenkonzepts, die Unterstützung der in diesem Bereich tätigen Institutionen und die Beseitigung von Hindernissen für Investitionen im Rahmen dieses Mechanismus könnte das Potenzial zur Anwerbung von Finanzierungsmitteln für Klimaschutzmaßnahmen in den Entwicklungsländern erhöht werden (Ellis und Kamel, 2007). Gut funktionierende Gutschriftmechanismen reduzieren zudem die weltweiten Klimaschutzkosten (OECD, 2009a).

Einige Entwicklungsländer untersuchen darüber hinaus Möglichkeiten des Einsatzes inländischer marktorientierter Instrumente zur Verringerung der Treibhausgasemissionen. Indien führte z.B. im Juli 2010 zur Finanzierung von FuE im Bereich der Technologien für die Nutzung erneuerbarer Energien eine nationale Steuer auf importierte und im Inland geförderte Kohle ein (Clean Energy Tax). Im April 2011 startete das Land ein Programm mit dem Namen „Perform Achieve Trade", um die Energieeffizienz der großen energieintensiven Industriezweige zu verbessern (Indische Regierung, 2010). Im September 2010 führte Südafrika einen nach dem CO_2-Ausstoß gestaffelten Steuersatz für neue Kraftfahrzeuge ein. Das Land plant zudem, zur Erfüllung seiner nationalen langfristigen Mitigationsziele CO_2-Steuern einzuführen (South Africa Revenue Service, 2010). In China wurden 10 Gebiete ausgewählt, die im Rahmen eines Low-carbon-Pilotprogramms CO_2-Reduktionspläne aufstellen und Möglichkeiten des Einsatzes von Marktmechanismen zur Förderung von Emissionsreduktionen untersuchen sollen. Ankündigungen zufolge ist für 2015 die Einführung eines nationalen Emissionshandelssystems vorgesehen (Reuters, 2011). 2009 lancierte Brasilien ein nationales Rahmenkonzept für die Klimaschutzpolitik mit Verpflichtungen zur Reduzierung der Treibhausgasemissionen um 36-40% im Vergleich zum projizierten Niveau bis 2020. Es plant spezifische Gesetzentwürfe für steuerliche Maßnahmen, durch die Anreize für die Emissionsreduzierung entstehen sollen (Brasilianische Regierung, 2008). Indonesien gab im Dezember 2009 sein Grünbuch

Klimawandel heraus, das zunächst ein *Carbon Pricing* durch eine CO_2-Steuer vorsieht, die später möglicherweise durch ein Emissionshandelssystem ergänzt oder abgelöst werden soll. Das Entstehen all dieser Emissionshandelssysteme ist zwar ein ermutigendes Zeichen, fragmentierte Märkte sind jedoch weniger effizient und wirksam als ein weltweiter Markt (wegen einer Untersuchung dieser Frage vgl. Abschnitt 4).

Umweltschädliche Subventionen abschaffen. Die Abschaffung oder Reform ineffizienter und umweltschädlicher Subventionen für Erzeugung und Verbrauch fossiler Energieträger ist ein wichtiger Schritt auf dem Weg zur „Festsetzung des richtigen Preises" für Treibhausgasemissionen. Reformen der Subventionierung fossiler Energieträger können zu einer Abkehr der Wirtschaft von CO_2-emittierenden Aktivitäten beitragen, der Energieeffizienz förderlich sein und Entwicklung sowie Verbreitung CO_2-armer Technologien und erneuerbarer Energien voranbringen (Abschnitt 4 enthält eine Modellsimulation einer Reform der Subventionierung fossiler Energieträger). Die Abschaffung der Subventionen und sonstiger Förderinstrumente für fossile Energieträger würde zudem Einsparungen für Staat und Steuerzahler bringen. Eine Bestandsaufnahme in 24 OECD-Ländern zeigt, dass Produktion und Verbrauch fossiler Energieträger in diesen Ländern im Zeitraum 2005-2010 mit jährlich etwa 45-75 Mrd. US-$ gefördert wurden (OECD, 2011b). Diese Bestandsaufnahme ist ein erster Schritt auf dem Weg zu mehr Transparenz im Hinblick auf die Förderung fossiler Energieträger, doch bedarf es weiterer Analysen der Vorteile der einzelnen Maßnahmen, um feststellen zu können, welche schädlich oder ineffizient sein könnten. Die Subventionierung des Verbrauchs fossiler Energieträger in den Entwicklungsländern und den aufstrebenden Volkswirtschaften belief sich 2009 auf über 300 Mrd. US-$ und erhöhte sich 2010 auf etwas mehr als 400 Mrd. US-$ (IEA, 2011b).

Die Abschaffung ineffizienter Subventionen kann indessen eine politische Herausforderung darstellen, und in den Entwicklungsländern zudem zu einem stärkeren Einsatz von traditioneller Biomasse als Energieträger mit potenziell negativen Gesundheitseffekten führen (vgl. Kapitel 6 zu Gesundheit und Umwelt). Das Verbrennen traditioneller Biomasse ist mit hohen Rußemissionen verbunden, die ebenfalls zum Klimawandel beitragen können. Eine Reform der Förderung fossiler Energieträger sollte daher mit Augenmaß durchgeführt werden, insbesondere um sicherzustellen, dass potenzielle negative Effekte auf die Erschwinglichkeit für die privaten Haushalte und deren Wohlbefinden durch geeignete Maßnahmen (z.B. Programme der sozialen Sicherung mit Bedürftigkeitsprüfung) abgemildert werden.

Ordnungsrechtliche bzw. regulatorische Instrumente

In einem Policy Mix müssen marktorientierte Instrumente mit regulatorischen Maßnahmen kombiniert werden, die besonders dort angebracht sind, wo die Märkte nicht in der Lage sind, Einzelpersonen oder Organisationen Preissignale zu geben, die die Kosten umweltbelastender Verhaltensweisen richtig widerspiegeln. Das kann z.B. dort der Fall sein, wo die Umweltbelastung nicht hinreichend an der Quelle überwacht werden kann oder wo es keine geeignete Ersatzgröße gibt, die besteuert werden könnte. Regulatorische Ansätze können zudem in Fällen politisch leichter durchsetzbar sein, in denen bestimmte Sektoren starken Widerstand gegen Steuererhöhungen leisten. Eine wichtige Rolle spielt die Gestaltung der regulatorischen Maßnahmen. Sie sollten folgende Anforderungen erfüllen:

- genaue Ausrichtung auf das jeweilige Politikziel;
- ausreichende Stringenz, damit der Nutzen die Kosten aufwiegt;
- ausreichende Beständigkeit, um Investitionssicherheit zu schaffen;
- ausreichende Flexibilität, um wirklich neuartige Lösungen zu fördern;
- regelmäßige Aktualisierung, damit Anreize für kontinuierliche Innovationen bestehen.

Im Verkehrssektor sind Standards für einen sparsamen Kraftstoffverbrauch und CO_2-Emissionsgrenzwerte zunehmend verbindlich, und ihre Umsetzung ist in vielen Ländern weit fortgeschritten. Auch Programme zur Erneuerung des Kraftfahrzeugbestands wurden eingeführt, die Ergebnisse sind jedoch uneinheitlich. Diese Programme werden häufig als ein Mittel eingesetzt, um die Konsumausgaben zu stimulieren und/oder die Automobilhersteller in wirtschaftlichen Rezessionen zu unterstützen. Während der Wirtschaftskrise 2008-2009 führten mehrere Länder im Rahmen ihrer Konjunkturpakete Programme zur Erneuerung des Kraftfahrzeugbestands ein, wobei sie sich darauf beriefen, dass diese Programme auch im Hinblick auf die Verringerung des CO_2-Ausstoßes und der Umweltbelastung großen Nutzen bringen würden, da neue Kraftfahrzeuge kraftstoffsparender sind als der alte Kraftfahrzeugbestand. Eine Analyse entsprechender Programme in Frankreich, Deutschland und den Vereinigten Staaten lässt jedoch darauf schließen, dass sie nicht kosteneffizient sind (OECD/ITF, 2011). Es besteht zudem das Risiko bedeutender Rebound-Effekte (siehe unten), wenn nicht gleichzeitig die Kraftstoffpreise erhöht werden (da die Fahrtkosten je Kilometer parallel zum Kraftstoffverbrauch sinken).

Auf regulatorische Maßnahmen wird auch zurückgegriffen, um die Emissionen an Gasen zu reduzieren, die unter das Montreal-Protokoll über zum Abbau der Ozonschicht führende Stoffe fallen. In Australien wurde z.B. das Ozone Protection and Synthetic Greenhouse Gas Management eingeführt, in der Europäischen Union wurden Richtlinien über fluorierte Treibhausgase, mobile Klimaanlagen und die integrierte Verminderung und Vermeidung der Umweltverschmutzung verabschiedet und in den Vereinigten Staaten wurde das Significant New Alternatives Policy Programme[26] eingerichtet. Regulatorische Maßnahmen tragen in den Industrieländern auch schon seit langem zur Reduzierung der Methanemissionen aus Mülldeponien sowie zur Verringerung von N_2O und HFK bei. Zum Beispiel wurden in Frankreich die N_2O-Emissionen der Industrie in den 1990er Jahren durch solche Programme um 90% verringert.

Vom *Carbon Pricing* (siehe oben) können zwar Anreize für Maßnahmen zur Steigerung der Energieeffizienz ausgehen, es muss jedoch u.U. durch zusätzliche gezielte Regulierungsinstrumente ergänzt werden (wie z.B. Standards bzw. Normen für Kraftstoffverbrauch, Kraftfahrzeuge und Gebäudeeffizienz). Wenn diese Maßnahmen in geeigneter Weise auf die Überwindung von Markthindernissen[27] ausgerichtet sind und kostspielige Überschneidungen mit marktorientierten Instrumenten vermieden werden, können sie die Einführung und Nutzung sauberer Technologien beschleunigen, die Innovationstätigkeit fördern und einen kostenwirksamen Klimaschutz unterstützen. Die politischen Entscheidungsträger sollten auch den „Rebound-Effekten" Aufmerksamkeit widmen: Wenn nicht für die richtige Preissetzung gesorgt wird, hat eine gesteigerte Effizienz zur Folge, dass die Kosten der Nutzung der betreffenden Ausrüstungen sinken, womit ein potenzieller Anreiz zu einer intensiveren Nutzung dieser Ausrüstungen entsteht. Daher ist es sehr wichtig, Maßnahmen zur Erhöhung der Energieeffizienz und *Carbon Pricing* miteinander zu kombinieren (OECD, 2009a).

Innovationstätigkeit und Umwelttechnologien fördern

Technologische Innovationen sind eine entscheidende Voraussetzung für den Übergang zu einer CO_2-armen Wirtschaft. OECD-Arbeiten zeigen beispielsweise, dass die Kosten des Klimaschutzes 2050 um die Hälfte reduziert werden könnten – von etwa 4% auf 2% des BIP –, wenn dank FuE zwei CO_2-freie Backstop-Technologien – in der Elektrizitätswirtschaft und in den übrigen Sektoren – zur Verfügung stünden (OECD, 2011c). Es gibt jedoch eine Reihe von Faktoren, die Innovationen im Wege stehen. Erstens ist es für Unternehmen schwierig, sich den

Ertrag aus ihren Investitionen in die Innovationstätigkeit zu sichern. Zweitens bestehen für neue Technologien und Anbieter, bedingt durch die vorherrschende Stellung der herkömmlichen Technologien im Energie- und Verkehrssektor, spezifische Marktzugangsschranken.

Die folgenden drei Faktoren sind Voraussetzung für die Förderung der Innovationstätigkeit im Bereich der CO_2-armen Technologien. In den folgenden Abschnitten wird auf sie näher eingegangen:

a) Öffentliche Investitionen in die Grundlagenforschung: In diesem Bereich sind die Risiken bzw. Unsicherheiten für Investitionen des privaten Sektors häufig zu groß. Internationale Zusammenarbeit könnte die Teilung der Kosten öffentlicher Investitionen erleichtern, den Zugang zu Wissen verbessern und den internationalen Technologietransfer fördern.

b) *Carbon Pricing*: Ohne entsprechende Maßnahmen bestehen für potenzielle Nutzer kaum Anreize, neu entwickelte CO_2-arme Technologien einzuführen – was ganz erheblich die Anreize schmälert, solche innovativen Technologien zu entwickeln. *Carbon Pricing* allein reicht jedoch kaum aus, um kurzfristige Investitionen in teure Technologien anzukurbeln, die einen langfristigen CO_2-Reduktionseffekt haben.

c) Geeignete Rahmenbedingungen, Maßnahmen und Instrumente der öffentlichen Politik: Diese können helfen, das Problem der marktbeherrschenden Stellung der existierenden Technologien, Systeme und Unternehmen zu überwinden, und zwar ebenfalls durch die Schaffung eines wettbewerbsbestimmten Markts, durch öffentliche FuE-Förderung und durch Unterstützung bei der Vermarktung von umweltfreundlichen Innovationen.

Öffentliche Investitionen in die Grundlagenforschung. Es sind mehr Investitionen in Forschung, Entwicklung und Demonstration (FuEuD) im Bereich CO_2-armer Technologien erforderlich, u.a. direkte staatliche Finanzierung, Zuschüsse und Unterstützung für Investitionen des privaten Sektors. Nach Jahren der Stagnation haben sich die Staatsausgaben für CO_2-arme Energietechnologien nun erhöht. Das derzeitige Niveau liegt jedoch immer noch weit unter dem, das zur Erreichung eines umweltverträglichen Wachstums erforderlich ist (Abb. 3.14). Die angespannte Haushaltslage, mit der die Regierungen vieler Länder gegenwärtig konfrontiert sind, könnte zu einer weiteren Begrenzung der öffentlichen Ausgaben für energiebezogene FuE führen.

2009 intervenierten die im Major Economies Forum[28] und in der IEA vertretenen Länder direkt an den Energiemärkten, um Investitionen in CO_2-arme Technologien, z.B. in die Stromerzeugung mit erneuerbaren Energien, zu fördern – mit dem Ziel, die FuEuD-Investitionen im Bereich CO_2-armer Technologien bis 2015 zu verdoppeln. Diese Maßnahmen hatten offenbar einen gewissen Erfolg (Kasten 3.5).

Eine Erhöhung der Finanzierungsmittel allein wird jedoch nicht ausreichen, um das notwendige Angebot an CO_2-armen Technologien entstehen zu lassen. Die derzeitigen FuEuD-Programme und -Maßnahmen müssen durch die Anwendung bester Praktiken bei ihrer Gestaltung und Umsetzung verbessert werden. Hierzu gehören die Konzipierung von strategischen Programmen, die an den Politikprioritäten und der Ressourcenausstattung der jeweiligen Länder ausgerichtet sind, eine rigorose Bewertung der Ergebnisse, um gegebenenfalls entsprechende Korrekturen vornehmen zu können, sowie die Ausweitung der Beziehungen zwischen Staat und Industrie und zwischen in der Grundlagenforschung und in der angewandten Energieforschung tätigen Wissenschaftlern, um den Innovationsprozess zu beschleunigen. Beispiele für die öffentliche FuEuD-Förderung im Bereich der CO_2-armen Technologien sind u.a. die Europäische Technologieplattformen[29] (2007-2013) und die Förderung im Rahmen des deutschen Energieforschungsprogramms[30].

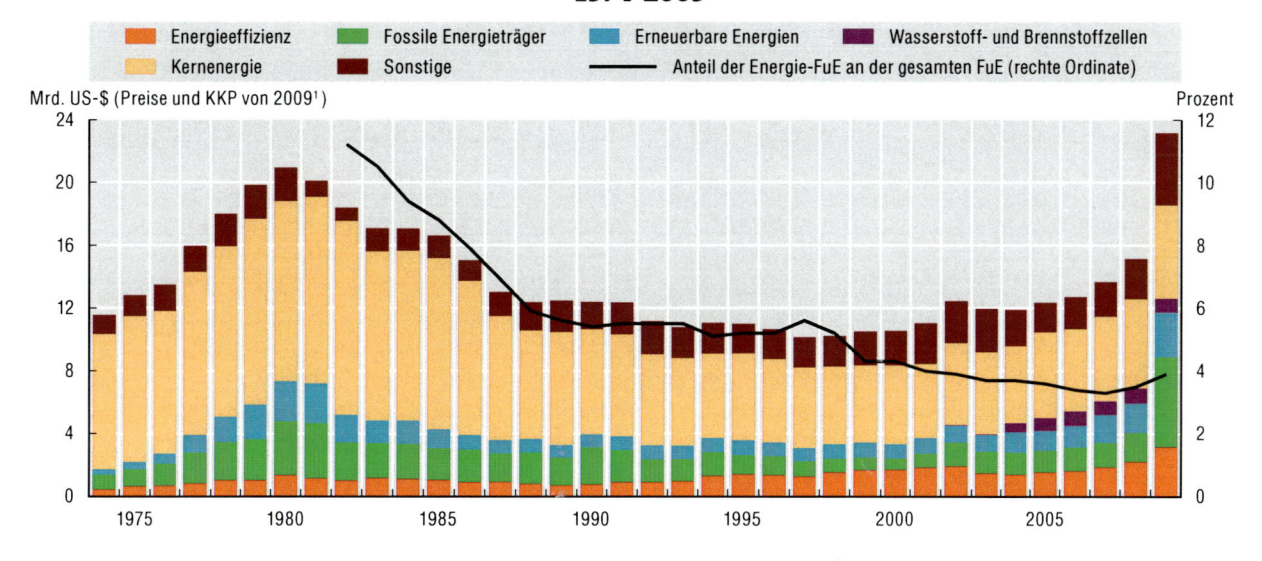

Abbildung 3.14 Staatliche FuEuD-Ausgaben im Energiebereich in den IEA-Ländern: 1974-2009

- Energieeffizienz
- Fossile Energieträger
- Erneuerbare Energien
- Wasserstoff- und Brennstoffzellen
- Kernenergie
- Sonstige
- Anteil der Energie-FuE an der gesamten FuE (rechte Ordinate)

Mrd. US-$ (Preise und KKP von 2009[1])

1. Die FuEuD-Etats der Tschechischen Republik, Polens und der Slowakischen Republik blieben wegen mangelnder Daten unberücksichtigt.

Quelle: IEA (2010), "Global Gaps in Clean Energy RD&D Update and Recommendations for International Collaboration", IEA Report for the Clean Energy Ministerial, OECD/IEA, Paris.

StatLink http://dx.doi.org/10.1787/888932570582

Durch Carbon Pricing der Innovationstätigkeit Impulse geben. Um der Innovationstätigkeit im Bereich der CO_2-armen Technologien Impulse zu geben, müsste der CO_2-Preis über dem durch die derzeitigen Initiativen festgesetzten Niveau liegen. Den Regierungen ist es möglich, durch zusätzliche gezielte Maßnahmen einzugreifen, um den CO_2-Preis anzuheben und einen Markt für CO_2-arme Alternativen zu schaffen (Kasten 3.5). OECD-Arbeiten zeigen, dass Carbon Pricing wesentlich weitreichendere Innovationsanreize entstehen lässt als Beihilfen für die Technologieeinführung (OECD, 2010b). Beihilfen können zwar der Einführung CO_2-armer Technologien förderlich sein und Marktveränderungen unterstützen, sie sind jedoch eine kostenaufwendige Option, insbesondere in einem Kontext knapper öffentlicher Mittel.

Beihilfen für die Technologieeinführung. Die meisten neuen Technologien sind im einen oder anderen Stadium sowohl auf von FuEuD ausgehende „Push-Effekte" als auch auf durch ihre Markteinführung entstehende „Pull-Effekte" angewiesen (IEA, 2009b). Vorrangiges Ziel der staatlichen Politik sollte es sein, das finanzielle und politikbedingte Risiko von Investitionen in neue CO_2-arme Technologien zu verringern, Anreize für ihre Einführung zu schaffen und die Kosten zu senken. Aus dem vorliegenden Datenmaterial geht hervor, dass ein Großteil der wirklich bahnbrechenden Innovationen in der Regel von neuen Unternehmen geschaffen wird, die die existierenden Geschäftsmodelle in Frage stellen. Staatlichen Maßnahmen mit dem Ziel der Beseitigung von Zugangsschranken und der Unterstützung der Expansion neuer Unternehmen fällt daher im Hinblick auf die Entwicklung CO_2-armer Energietechnologien eine wichtige Rolle zu.

Staatliche Fördermaßnahmen müssen in geeigneter Weise auf die einzelnen Stadien der Technologieentwicklung zugeschnitten sein und sollten auf Analysen der erwarteten Kosten- und Nutzeffekte basieren – wobei alle etwaigen Wechselwirkungen mit anderen Instrumenten zu berücksichtigen sind. Zu Technologieförderungsmaßnahmen gehören Mindesteinspeisetarife für die Stromerzeugung aus erneuerbaren Energieträgern, nach dem Kraftstoffverbrauch gestaffelte Kraftfahrzeugsteuern sowie Zuschüsse, Kredite und

Kasten 3.5 Das Wachstum der Stromerzeugung aus erneuerbaren Energien

Abbildung 3.15 gibt einen Überblick über die Gesamteinspeisekapazität (gemessen in MWe) der zwischen 1978 und 2008 errichteten Kraftwerke zur Nutzung der wichtigsten erneuerbaren Energieträger: Windkraft, Solarenergie, Biomasse und Geothermie. Der seit 1997 in allen Regionen zu beobachtende Aufwärtstrend bei den Investitionen in die Stromerzeugung aus erneuerbaren Energien koinzidiert mit dem Abschluss und der Umsetzung des Kyoto-Protokolls. In diesem Zeitraum stellten die Regierungen der Industrieländer zielgerichtete Fördermittel für Investitionen in erneuerbare Energien bereit, was sich durch den relativ geringen Grad der Reife dieser Technologien rechtfertigen lässt. Diese mangelnde Reife macht es für Kreditgeber schwieriger, den richtigen Preis für das relative Risiko von Investitionen in „saubere" Energien festzusetzen, womit es für Investoren in diesem Sektor schwerer wird, zu vertretbaren Kosten Kredite zu bekommen. In einigen Fällen können zudem bedeutende Lern- und Demonstrationseffekte erzielt werden, die ohne die anfängliche Unterstützung nicht zustande kämen (Kalamova et al., 2011). Im gleichen Zeitraum ging in diesen Ländern der Anteil der neu an das Netz angeschlossenen Kohle- und Ölkraftwerke drastisch zurück.

Abbildung 3.15 Neue Kraftwerkskapazitäten für erneuerbare Energien in Nordamerika, im Pazifischen Raum und in den EU15, nach Typ, 1978-2008

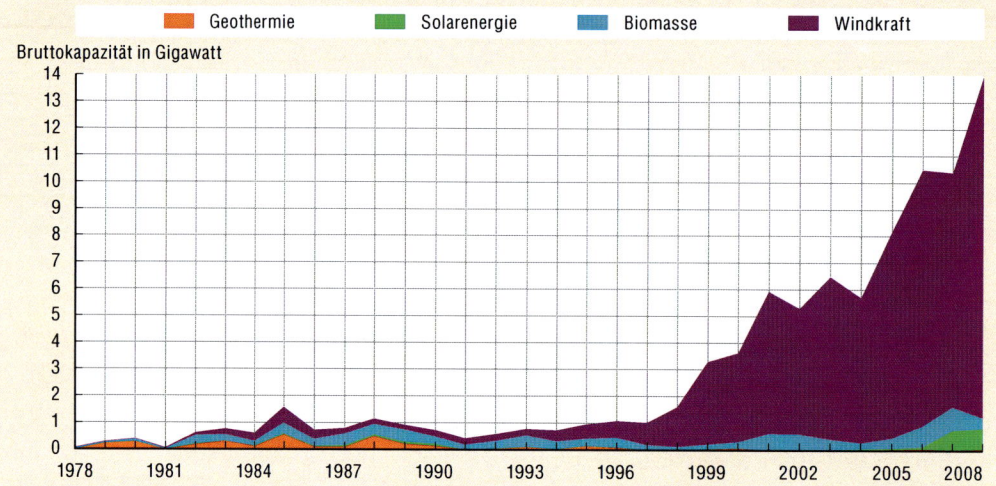

Quelle: M. Kalamova, C. Kaminker und N. Johnstone (2011), "Sources of Finance, Investment Policies and Plant Entry in the Renewable Energy Sector", *OECD Environment Working Papers*, No. 37.
StatLink http://dx.doi.org/10.1787/888932570601

Bürgschaften für Emissionsminderungsprojekte. Bei technologiespezifischen Maßnahmen besteht jedoch das Risiko, dass es zu einem „Lock-in" veralteter Technologien kommt und die Anreize zur Innovation und Suche nach billigeren und besseren Reduktionsoptionen abnehmen. Es ist zudem genau zu prüfen, welche Wechselwirkungen zwischen diesen Maßnahmen und etwa bestehenden Höchstgrenzen für die Gesamtemissionen auftreten (OECD, 2011b). Bei der Gestaltung der Maßnahmen muss umsichtig vorgegangen werden, um eine Vereinnahmung durch Interessengruppen zu vermeiden, und sie müssen außerdem regelmäßig evaluiert werden, um sicherzustellen, dass sie effizient und zielführend sind. Eine vorhersehbare Politik und langfristige Signale sind zwar notwendig, wenn Investoren in CO_2-arme Energietechnologien investieren sollen, doch sollte Vorhersehbarkeit nicht mit Dauerhaftigkeit gleichgesetzt werden. Es ist wichtig, Technologiefördermaßnahmen allmählich auslaufen zu lassen.

OECD-Arbeiten zum Thema Innovationstätigkeit legen den Schluss nahe, dass auch allgemeine, von Technologiefördermaßnahmen unabhängige Faktoren bei der Induzierung von Innovationen im Bereich umweltverträglicher Technologien und ihrer Verbreitung eine wichtige Rolle spielen können (OECD, 2011g). Die Faktoren, die die allgemeinen Marktbedingungen bestimmen, z.B. die Wettbewerbspolitik, der Schutz geistiger Eigentumsrechte und die Bildungspolitik spielen eine wichtige Rolle und ergänzen die direkten Technologiefördermaßnahmen. Auch der Grad der Strenge der umweltpolitischen Rahmenbedingungen ist von Bedeutung (z.B. die Höhe der Emissionsgrenzwerte oder des festgesetzten CO_2-Preises) ebenso wie die Vorhersehbarkeit und Flexibilität des Instrumentariums. Die Regierungen könnten versucht sein, nach einer „Picking the winner"-Strategie zu verfahren, effizienter ist jedoch eine technologieneutrale Vorgehensweise. Neutralität lässt sich u.a. durch den Einsatz „flexibler" umweltpolitischer Instrumente gewährleisten. Ist gezielte Förderung erforderlich, kann es sich als effizienter erweisen, allgemeine Infrastrukturen oder Technologien zu fördern, die einem breiten Spektrum von Anwendungen zugute kommen, wie dies z.B. für die Verbesserung der Energiespeicherung und der Netzverwaltung im Elektrizitätssektor der Fall ist. Um ein wettbewerbliches Auswahlverfahren zu gewährleisten, Leistung in den Mittelpunkt zu stellen, eine Vereinnahmung durch Interessengruppen zu vermeiden und die Evaluierung der Politikmaßnahmen sicherzustellen, kommt es entscheidend auf die Gestaltung der Programme an (Johnstone und Haščic, 2009; Haščic et al., 2010).

Selbstverpflichtungen, Kampagnen zur Sensibilisierung der Öffentlichkeit und Informationsinstrumente

Durch Informationsinstrumente, Bildungsprogramme und Programme zur Sensibilisierung der Öffentlichkeit können Verhaltensänderungen bei Verbrauchern und Investoren ausgelöst werden, da sie das Angebot und die Qualität der Informationen verbessern. Zu solchen Instrumenten gehören Energieverbrauchs- und Emissionskennzeichnungen für Geräte und Kraftfahrzeuge, Gebäude- und Anlagenprüfungen und die Verbreitung von Informationen über empfehlenswerte Verfahrensweisen. Viele Maßnahmen zur Verbesserung der Energieeffizienz, wie z.B. die Einstellung der Produktion herkömmlicher Glühlampen, lassen sich mit nur geringen oder sogar ohne besondere Kosten durchführen, können aber eine potenziell erhebliche und schnelle Emissionsminderung bringen. Die Öffentlichkeit muss jedoch von ihrem Nutzen überzeugt werden. Gut konzipierte Informationsinstrumente, wie z.B. Energieeffizienzlabel auf Haushaltsgeräten, können in Verbindung mit marktorientierten und Regulierungsinstrumenten große Wirkung zeigen (OECD 2007a, b; OECD, 2011d; Kasten 3.6).

Die Kennzeichnung von Produkten mit Informationen über ihre Umwelteigenschaften – z.B. ihren CO_2-Fußabdruck – findet immer mehr Anklang. In den Vereinigten Staaten verpflichtet die Supermarktkette Wal-Mart einige ihrer Zulieferer zur Angabe von CO_2-Emissionswerten. Auch im Vereinigten Königreich ist es zunehmend üblich, den CO_2-Fußabdruck verschiedener Produkte und Dienstleistungen kenntlich zu machen. Das EU-Energielabel oder die (in Kanada, der Europäischen Union, Japan, Neuseeland, Taiwan und den Vereinigten Staaten verwendeten) Energy-Star-Labels existieren bereits seit mehreren Jahren. Keines dieser Systeme ist zurzeit verpflichtend, die französische Regierung plant jedoch im Rahmen der nach ihren Umweltgipfeln („Grenelle de l'environnement") lancierten Gesetzesinitiativen, die Kennzeichnung bestimmter Produkte mit einer Reihe von Umweltangaben ab 2012 gesetzlich vorzuschreiben.

In den Annex-I-Ländern wurden freiwillige Ansätze in den letzten Jahren zunehmend zu Gunsten verpflichtender Instrumente und regulatorischer Maßnahmen aufgegeben (UNFCCC, 2011b). Obwohl freiwillige Vereinbarungen nicht als Ersatz für verbindliche

> **Kasten 3.6 Umweltgerechtes Verhalten der privaten Haushalte fördern:
> Die Rolle der öffentlichen Politik**
>
> Da auf die Verbraucher im OECD-Raum 60% des Endverbrauchs entfallen, haben ihre Kaufentscheidungen wesentlichen Einfluss darauf, inwieweit umweltfreundliche Produkte durch die Märkte gefördert werden können. Ihre Bereitschaft, Kaufentscheidungen unter Berücksichtigung ökologischer Gesichtspunkte zu treffen, ist jedoch abhängig von den finanziellen Kosten der sich bietenden umweltfreundlichen Optionen sowie vom Vorhandensein von Infrastrukturen, die deren Nutzung ermöglichen, von der Qualität und Verlässlichkeit der über die Produkte verfügbaren Informationen und von ihrer eigenen Sensibilisierung für Umweltfragen. Wirtschaft, Staat und Zivilgesellschaft können in erheblichem Maße dazu beitragen, ein Umfeld zu schaffen, das umweltbewusstere Kaufentscheidungen der Verbraucher begünstigt.
>
> Im Rahmen der jüngsten OECD-Arbeiten zum Thema Umweltpolitik und Verhalten der privaten Haushalte werden die Faktoren untersucht, die die umweltbezogenen Entscheidungen der privaten Haushalte bestimmen, um daraus Informationen für Politikgestaltung und -umsetzung abzuleiten. Eine bei über 10 000 Haushalten in 10 OECD-Ländern (Australien, Kanada, Tschechische Republik, Frankreich, Italien, Korea, Mexiko, Niederlande, Norwegen und Schweden) durchgeführte Umfrage bestätigte den Einfluss wirtschaftlicher Anreize auf das Verhalten der privaten Haushalte und die wichtige ergänzende Rolle, die Informationsinstrumente wie z.B. die Energieverbrauchskennzeichnung für Geräte und Wohngebäude, dabei spielen können.
>
> Die Ergebnisse dieser Erhebung bestätigten, wie wichtig es ist, die richtigen wirtschaftlichen Anreize zu schaffen, um Verhaltensänderungen herbeizuführen, insbesondere im Hinblick auf einen sparsameren Energie- und Wasserverbrauch. Die vorliegenden Daten zeigen zudem, dass z.T. schon eine auf der Höhe des Verbrauchs basierende Preissetzung von Nutzen ist; denn allein die Tatsache, dass der Verbrauch von Naturressourcen gemessen und ein Preis dafür eingeführt wird, hat einen Effekt auf die Entscheidungen der Verbraucher. Die Umfrage ergab, dass „weichere" Instrumente, wie z.B. die Information der Verbraucher und Aufklärung der Öffentlichkeit, einen erheblichen ergänzenden Effekt haben können. Umweltgütesiegel sind besonders nützlich, soweit sie klar und verständlich sind und sowohl auf die Vorteile für die Gesellschaft als auch für den Einzelnen hinweisen. Diesen „weichen" Instrumenten muss bei der Entwicklung umfassenderer Strategien zur Beeinflussung des Umweltverhaltens der Verbraucher und der privaten Haushalte besondere Aufmerksamkeit gelten.
>
> Quelle: OECD (2011d), Greening Household Behaviour, OECD Publishing, Paris.

Reduktionsmaßnahmen, für die Festsetzung von Preisen für CO_2-Emissionen und andere Klimaschutzmaßnahmen betrachtet werden sollten, können sie die inländische Klimaschutzpolitik verstärken. Sie lassen sich häufig wesentlich leichter einführen als verpflichtende Instrumente und sie tragen dazu bei, dass die Problematik des Klimawandels stärker ins Bewusstsein rückt. In Japan spielten freiwillige Maßnahmen, wie z.B. der freiwillige Aktionsplan des Wirtschaftsverbands Keidanren, eine Rolle bei der Reduzierung der Treibhausgasemissionen der Industrie. In den Vereinigten Staaten tragen freiwillige Unternehmenspartnerschaften erheblich dazu bei, die Energieeffizienz von Gebäuden (mit den Programmen „Save Energy Now" und „Energy Star for Industry") und im Verkehrssektor („SmartWayTransport Partnership") zu verbessern. Auch im Abfallsektor laufen wirkungsvolle Programme, wie z.B. das Landfill Methane Outreach Programme in den Vereinigten Staaten, das darauf abzielt, durch die Förderung der Verwertung von Deponiegas für die Energieerzeugung die Treibhausgasemissionen von Mülldeponien zu reduzieren.

Den Policy Mix richtig gestalten

In den vorhergehenden Abschnitten wurde aufgezeigt, dass es den politischen Entscheidungsträgern nicht möglich ist, mit einem einzigen Instrument eine kostenwirksame Reduzierung der Treibhausgasemissionen zu erzielen. Stattdessen müssen mehrere Politikinstrumente miteinander kombiniert werden. Ein schlecht konzipierter Policy Mix kann allerdings zu unerwünschten Überschneidungen führen, die Kosteneffizienz in Frage stellen und in einigen Fällen sogar selbst negative Umwelteffekte haben (Duval, 2009; OECD, 2011b; Hood, 2011). Angesichts des breiten Spektrums der zur Verfügung stehenden Optionen zur Verringerung der Treibhausgasemissionen und der vielen möglichen Wechselwirkungen zwischen diesen Maßnahmen stellt sich die Frage, ob und wie sie in ein kohärentes Rahmenkonzept eingebunden werden können.

Ein großer Vorteil der Cap-and-Trade-Systeme gegenüber den meisten anderen Politikinstrumenten besteht darin, dass sie für alle Schadstoffquellen, auf die sie sich erstrecken, dieselben Anreize zur Emissionsminderung schaffen, und dass sie dadurch die Kostenwirksamkeit der Emissionsreduktionsmaßnahmen verbessern. Es darf jedoch nicht vergessen werden, dass bei Rückgriff auf ein Cap-and-Trade-System andere auf dieselben Emissionsquellen abzielende Politikinstrumente nur dann Einfluss auf das Gesamtemissionsvolumen haben, wenn sie es ermöglichen, künftig strengere Emissionsgrenzwerte festzulegen. Solange die Obergrenze unverändert bleibt, haben Instrumente, die sich mit dem Cap-and-Trade-System überschneiden, keinen Einfluss auf das Gesamtemissionsvolumen und erhöhen lediglich die Gesamtkosten der Klimaschutzmaßnahmen (OECD, 2011b).

Daher muss die Ausgestaltung der Maßnahmen unter Berücksichtigung dieser Wechselwirkungen im Rahmen eines abgestimmten Maßnahmenpakets erfolgen. Zu Wechselwirkungen kann es zudem auch mit Maßnahmen kommen, die nicht direkt zur Klimaschutzpolitik gehören. Die Kostenwirksamkeit globaler Emissionsminderungsmaßnahmen kann zusätzlich erhöht werden, wenn Änderungen in einer Reihe von Politiken vorgenommen werden, die zu höheren Treibhausgasemissionen führen oder die Anreize von Instrumenten zur Emissionsreduktion verzerren – und so deren Kosten erhöhen. Dabei kann es sich u.a. um Mineralölsteuerermäßigungen, Energiepreisregulierungen und die fehlende Regelung der Eigentumsrechte an Wäldern in Entwicklungsländern, sowie um Einfuhrbeschränkungen für emissionsmindernde Technologien und Agrarstützungsmaßnahmen in Industrieländern handeln.

Nationale Maßnahmen zur Anpassung an den Klimawandel

Angesichts des bereits erreichten Niveaus der Treibhausgaskonzentration in der Atmosphäre wird die Welt in den kommenden Jahrzehnten unweigerliche Klimaänderungen erleben. Dass diese Klimaänderungen unvermeidbar sind, heißt jedoch nicht, dass sich die Effekte, die sie für die Menschen und die Ökosysteme haben, nicht durch geeignete Maßnahmen verringern ließen (Anpassung). Teil der Anpassung kann es auch sein, sich u.U. bietende Chancen zu nutzen.

Die Anpassung kann über eine Vielzahl verhaltensbezogener, struktureller und technologischer Umstellungen erfolgen. Infolgedessen gibt es viele mögliche Arten von Anpassungsstrategien und -instrumenten. Hierzu gehören strukturelle und technologische Maßnahmen, gesetzliche und regulatorische Instrumente, institutionelle und administrative Maßnahmen, marktorientierte Instrumente und konkrete Maßnahmen vor Ort (Tabelle 3.4).

Dieser Abschnitt gibt einen Überblick über die Situation in vielen dieser Bereiche, wobei sich das Augenmerk besonders auf folgende Aspekte richtet:

- nationale Anpassungsstrategien und Risikoabschätzungen,
- innovative Versicherungssysteme zur Reduzierung von Klimarisiken,
- Preissignale und Marktmechanismen zur Verbesserung der Bewirtschaftung von Naturressourcen,
- die Rolle des privaten Sektors,
- Einbindung der Anpassung an den Klimawandel in die Entwicklungszusammenarbeit.

Für durch besonders extreme Naturereignisse oder Wetterlagen gefährdete Regionen sind viele Anpassungsmaßnahmen u.U. nicht ausreichend. In diesen Fällen kommt Frühwarnung und Katastrophenvorsorge eine besonders wichtige Rolle zu.

Nationale Anpassungsstrategien und Risikoabschätzungen

Die Aufstellung nationaler Anpassungsstrategien ist von entscheidender Bedeutung, um die wichtigsten Klimagefährdungen zu identifizieren und diesbezüglich Prioritäten zu setzen. Bei der Umsetzung nationaler Anpassungsstrategien wurden Fortschritte erzielt, die zudem dem Klimarisikomanagement in allen betroffenen Sektoren förderlich sind. Im Rahmen einer ersten Analyse der von den OECD-Ländern eingeleiteten Anpassungsmaßnahmen stellten Gagnon-Lebrun und Agrawala (OECD, 2006) jedoch fest, dass den Folgen des Klimawandels und der Anpassung an ihn in den nationalen Berichten[31] deutlich weniger Aufmerksamkeit gewidmet wird als den Treibhausgasemissionen und den Mitigationsmaßnahmen. Wenn in den nationalen Berichten auf Folgen und Anpassung eingegangen wird, steht dabei die Bewertung künftiger klimatischer Veränderungen und ihrer Auswirkungen im Mittelpunkt. Die Erörterung der Frage der Anpassung beschränkt sich häufig auf die Identifizierung allgemeiner Optionen, während nur selten auf spezifische Aktionspläne oder Maßnahmen eingegangen wird. Bauer et al. (2011) haben jedoch unlängst gezeigt, dass die Anpassung an Klimarisiken und die Information darüber zunehmend zu einem festeren Bestandteil der nationalen Maßnahmen der von den Autoren untersuchten Länder werden[32]. Auch andere Studien kamen zu dem Ergebnis, dass die Anpassung im Rahmen der nationalen Maßnahmen der meisten Länder zwar thematisiert wird, dass auf ihr jedoch nicht so starkes Gewicht liegt wie auf dem Klimaschutz (Townshend et al., 2011; vgl. auch Tabelle 3.2). Bezieht man jedoch die Maßnahmen in den Bereichen Forstwirtschaft und Flächennutzung mit ein (die auch für die Adaptation von Vorteil sind), entfällt ein größerer Anteil der nationalen Anstrengungen auf die Anpassung an den Klimawandel.

Die Bewertung von Klimarisiken und -gefährdungen ist für die Evaluierung verschiedener Anpassungsoptionen auf nationaler, lokaler und Projektebene von wesentlicher Bedeutung. Die Länder haben in den letzten Jahren erhebliche Anstrengungen zur Entwicklung von Methoden und Instrumenten zur Untersuchung der durch den Klimawandel entstehenden Risiken und zur Durchführung von Gefährdungsbewertungen unternommen. Die OECD empfiehlt die Durchführung von Umweltverträglichkeitsprüfungen (UVP) oder Strategischen Umweltprüfungen (SUP), um die Folgen des Klimawandels und die Anpassung an ihn sowohl in den Industrieländern als auch in den Entwicklungsländern in die bereits existierenden Ansätze für Projektgestaltung, -genehmigung und -umsetzung einzubinden (Agrawala et al., 2010a). Auch die Anwendung eines integrierten Rahmenkonzepts, das es gestattet, den Klimawandel im Zusammenhang mit anderen Umweltwirkungen zu betrachten, könnte die Risiken einer unzulänglichen Anpassung verringern, da eine integrierte Beurteilung

Tabelle 3.4 **Anpassungsoptionen und mögliche Politikinstrumente**

Sektor	Anpassungsoptionen	Politikinstrumente
Landwirtschaft	Ernteversicherungen; Investitionen in neue Technologien; Beseitigung von Marktverzerrungen; Umstellung auf andere Kulturpflanzen und Anbauzeiten; Ertragsverbesserung oder ertragssteigernde Kulturpflanzen (z.B. hitze- und dürreresistente Sorten)	Preissignale/Märkte; Versicherungsinstrumente; Mikrofinanzierung; FuE-Anreize und andere Formen staatlicher Förderung.
Fischereiwirtschaft	Anlagen zur Verhütung von Sturmschäden; Techniken zur Bewältigung von Temperaturstress; züchtungstechnische Innovationen; Diversifizierung der Nahrungsmittelquellen und Verringerung der Abhängigkeit von Fisch; verringerter Einsatz von Antibiotika; ökosystemare Ansätze in der Fischerei; Aquakultur	FuE-Anreize und andere Formen öffentlicher Förderung, regulatorische Anreize, Meeresraumplanung
Küstengebiete	Küstenschutzbauten/Deiche; Wellenbrecher; Sedimentmanagement; Strandvorspülungstechniken; Habitatschutz; Flächennutzungsplanung; Umsiedlung	Küstenplanung; differenzierte Versicherungssysteme; ÖPP für Küstenschutzsysteme
Gesundheit	Klimaanlagen; Gebäudenormen; Verbesserungen im Bereich der Gesundheitsversorgung; Programme zur Bekämpfung von Krankheitsüberträgern; Seuchentilgungsprogramme; FuE in den Bereichen Bekämpfung von Krankheitsüberträgern, Impfstoffe, Seuchentilgung	FuE-Anreize und andere Formen öffentlicher Förderung, regulatorische Anreize (z.B. baurechtliche Bestimmungen); Versicherungen; Hitzewarnsysteme; Überwachung der Luftqualität
Wasserressourcen	Leckageüberwachung; Speicher; Entsalzung; Risikomanagement für Schwankungen der Niederschlagsmenge; Wasserrechte; Wasserpreise; sparsamer Wasserverbrauch; Regenwassersammlung	Preissignale/Märkte; regulatorische Anreize; Finanzierungssysteme; FuE-Anreize und andere Formen öffentlicher Förderung
Ökosysteme	Grundbelastung reduzieren; Habitatschutz; Umstellungen in der Bewirtschaftung natürlicher Ressourcen; Märkte für Umweltdienstleistungen; Erleichterung der Artenmigration; Neuzüchtungen und gentechnische Modifikationen im Rahmen überwachter Systeme	Ökosystemmärkte; Flächennutzungsplanung; Umweltnormen; Mikrofinanzierungssysteme; FuE-Anreize und andere Formen öffentlicher Förderung
Siedlungen und Wirtschaftstätigkeit	Versicherungen; Wetterderivate; Klimasicherung („Climate Proofing") von Wohngebäuden und Infrastrukturen; Bebauungsplanung; Standortentscheidungen	Gebäudenormen; Versicherungssysteme; Anpassungen in Infrastruktur-ÖPP, direkte öffentliche Förderung
Extreme Wetterlagen	Versicherungen; Deiche; sturm-/hochwassersichere Infrastrukturen und Wohngebäude; Frühwarnsysteme; verbessertes Katastrophenmanagement; Flächennutzungsplanung; Standortentscheidungen; grüne Infrastrukturen und ökosystembasierte Anpassung	Baurechtliche Bestimmungen; Flächennutzungsplanung; private Finanzierung oder ÖPP für Schutzstrukturen

Quelle: Nach OECD (2008), *Economic Aspects of Adaptation to Climate Change. Costs, Benefits and Policy Instruments*, OECD, Paris.

sicherstellen würde, dass ein bestimmtes Projekt keine Auswirkungen auf die Vulnerabilität natürlicher und von Menschen geschaffener Systeme hat. Während die Länder bei der Prüfung der Möglichkeit einer Berücksichtigung der Folgen des Klimawandels und der Anpassung in Umweltverträglichkeitsprüfungen (UVP) nachweislich Fortschritte erzielt haben, haben sie sich weit weniger darum bemüht, die derzeitigen Politikrahmen entsprechend anzupassen, Orientierungshilfen zu geben und den Klimawandel tatsächlich in die UVP einzubinden. In einer unlängst durchgeführten Studie konnten hierfür nur Beispiele aus drei Ländern aufgezeigt werden – aus Australien, Kanada und den Niederlanden (Agrawala et al., 2010b). Gewisse Fortschritte wurden im Hinblick auf die Durchführung von SUP erzielt (Agrawala et al., 2010a).

Zum Beispiel enthält der nationale Plan Spaniens zur Anpassung an den Klimawandel das Ziel, dieses Thema systematisch in sektorbezogene Gesetzesinitiativen einzubeziehen.

Die verfügbaren Daten über Kosten und Nutzen von Adaptationsmaßnahmen weisen erhebliche Lücken auf. Eine Prüfung der entsprechenden Fachliteratur zeigt, dass über Anpassungsoptionen und ihre Kosten auf Sektorebene insgesamt zwar relativ viele Informationen verfügbar sind, allerdings in sehr unterschiedlichem Umfang je nach Sektor und Region (OECD, 2008c; Agrawala et al., 2011). Besonders reichhaltige Informationen liegen über die Beurteilung der Anpassungsmaßnahmen in Küstengebieten und in der Landwirtschaft vor. Informationen über die Kosten der Anpassung in den Bereichen Wasserressourcen, Energie, Infrastruktur, Fremdenverkehr und Gesundheit sind dagegen wesentlich weniger stark verbreitet und zumeist auf den Kontext der Industrieländer begrenzt. Eine nennenswerte Ausnahme bildet Chile, wo im Zeitraum 2008-2010 in acht Wassereinzugsgebieten im Zentraltal des Landes zum ersten Mal eine Quantifizierung der Folgen des Klimawandels durchgeführt wurde. Informationen dieser Art sind in hohem Maße kontextabhängig, was eine Verallgemeinerung auf breiterer Ebene erschwert.

Innovative Versicherungssysteme zur Reduzierung von Klimarisiken

Versicherungsunternehmen haben seit langem Erfahrung mit witterungsbedingten Risiken. In den Versicherungssystemen müssen heute jedoch die Effekte zunehmender klimabedingter Schadensfälle berücksichtigt werden. Versicherungsgesellschaften betrachten Versicherungsmechanismen für die Anpassung an den Klimawandel als eine Geschäftschance (NBS, 2009) und entwickeln neue Wege, um eine Umverteilung des Risikos weg von den betroffenen Gemeinden zu ermöglichen und die gefährdeten Bevölkerungsgruppen zugleich zu Anpassungsmaßnahmen zu bewegen. Sie haben bereits spezifische Versicherungsprodukte entwickelt, um klimabedingte Risiken zu verringern, wie z.B. Risikotransfermechanismen, Wetterversicherungen, Katastrophenanleihen und wetterindexbasierte Versicherungen, die für Entwicklungsländer besonders relevant sind. Die Swiss Re entwickelt im Rahmen ihres Climate Adaptation Development Programme Märkte für den Transfer wetterbedingter Schadensrisiken in Nicht-OECD-Ländern, wobei sie sich auf Partnerschaften mit lokalen Versicherungsunternehmen, Banken, Mikrokreditinstituten, staatlichen Stellen und NRO stützt (PwC, 2011). In Indien, Kenia, Mali und Äthiopien hat sie bereits indexbasierte Instrumente für den Transfer von Wetterrisiken geschaffen.

Trotz der ermutigenden Entwicklungen in diesem Bereich müssen beim Rückgriff auf Versicherungen zur Anpassung an den Klimawandel eine Reihe von Problemen bewältigt werden. Dabei geht es in erster Linie um den Mangel an vorliegenden Daten und Informationen über den Klimawandel. Hier ist die Mitwirkung des Staats gefragt, um den privaten Sektor durch die Sammlung von Informationen oder durch Risikoteilung im Wege öffentlich-privater Partnerschaften zu unterstützen. Dabei ist jedoch Vorsicht geboten, denn Versicherungen sind in einigen Fällen u.U. nicht rentabel[33], so dass ihre Subventionierung kostenaufwendiger sein könnte als andere Anpassungsmaßnahmen und diese verzögern könnte (OECD, 2008c). Eine weitere wichtige Aufgabe der staatlichen Instanzen besteht daher darin, zu evaluieren, ob das Niveau des Versicherungsschutzes angemessen ist und ob die Risikoteilungssysteme gerecht sind. Sie müssen u.U. auch mit öffentlichen Mitteln finanzierte Anpassungsmaßnahmen konzipieren, die die Risiken mindern, oder die extremsten Risiken mit gewerblichen Versicherungsträgern teilen.

Preissignale und Marktmechanismen zur Verbesserung der Bewirtschaftung von Naturressourcen

Maßnahmen zur Festsetzung von Preisen für Naturgüter schaffen für deren Eigentümer Anreize, die Naturressourcen zu schützen, und für deren Nutzer, mit ihnen sorgsam umzugehen. Unter dem Gesichtspunkt der Anpassung an den Klimawandel helfen Marktmechanismen und Preissetzungsmaßnahmen, z.B. für Ökosystemleistungen, die Belastungen zu verringern und die Systeme gegenüber dem Klimawandel widerstandsfähiger zu machen. Sie helfen auch, den Geldwert der von Ökosystemen oder anderen Naturressourcen erbrachten Anpassungsleistungen zu beziffern (vgl. Kapitel 4). Beispiele für solche Maßnahmen sind u.a. Wasserpreise und Wassermärkte sowie Zahlungen für Ökosystemleistungen (z.B. Schutz von Wassereinzugsgebieten, Kohlenstoffspeicherung, Schutz der biologischen Vielfalt, Erhaltung von Landschaften und Kulturlandschaften, vgl. Kapitel 4). Die zuständigen staatlichen Stellen müssen sicherstellen, dass Zielkonflikte zwischen der finanziellen Tragfähigkeit der Systeme, der Allokationseffizienz und den sozialen Folgen in angemessener Weise gelöst werden.

Die Rolle des privaten Sektors

Angesichts knapper öffentlicher Mittel in den Industrieländern ebenso wie in den Entwicklungsländern wird der private Sektor bei der Finanzierung der Anpassung an den Klimawandel eine wichtige Rolle spielen müssen, und er kann dazu beitragen, operative Sachzwänge zu überwinden und Infrastrukturinvestitionen zu beschleunigen (Agrawala et al., 2011). Dies gilt insbesondere für kostenaufwendige Infrastrukturinvestitionen, wie z.B. für den Bau und Betrieb geeigneter Schutzsysteme (z.B. für den Überschwemmungsschutz) oder für Maßnahmen zur „Klimasicherung" (*Climate Proofing*) existierender Infrastrukturen (Straßen, Wassersysteme und Stromversorgungsnetze), auf die der überwiegende Teil der für die Anpassung an den Klimawandel erforderlichen Finanzierungsmittel entfällt.

Einen Teil der Anpassungsmaßnahmen werden die Akteure des privaten Sektors aus eigenem Interesse durchführen, da sie ihre Gefährdung verringern und ihre Widerstandsfähigkeit gegenüber dem Klimawandel verbessern. Durch die Entwicklung neuer Produkte oder die Erschließung neuer Märkte können sich bei der Umsetzung von Adaptationsmaßnahmen zudem Geschäftschancen eröffnen (OECD, 2008c). Durch die Verringerung der durch den Klimawandel bedingten Risiken oder eine Verbesserung des Risikomanagements können Wettbewerbsvorteile entstehen, Kosteneinsparungen erzielt werden (wenn auch vielleicht nicht kurzfristig), Haftungsrisiken reduziert und das Vertrauen der Investoren gewonnen werden. Über die Integration der Klimawandelanpassung in ihre eigenen Entscheidungsprozesse hinaus können Unternehmen Anpassungsmaßnahmen auf lokaler Ebene unterstützen, indem sie wirtschaftliche Chancen und Expansionsmöglichkeiten bieten, Dienstleistungen erbringen und finanzielle, technische und menschliche Ressourcen bereitstellen und Einfluss auf den politischen Entscheidungsprozess nehmen.

In einigen der potenziell am stärksten bedrohten Gebiete, z.B. in tiefliegenden Inselstaaten, sind die zu bewältigenden Herausforderungen indessen sehr groß und fehlt es dem privaten Sektor u.U. an den erforderlichen Kapazitäten, um die Gefährdung zu verringern. Private Maßnahmen können sich auf Grund externer Effekte oder anderer Faktoren wie Marktversagen oder Informationsmangel als unzulänglich erweisen. Die zuständigen staatlichen Stellen müssen die richtige Kombination an Politikinstrumenten einsetzen, um sicherzustellen, dass sich die Akteure des privaten Sektors für rechtzeitige, sachlich fundierte und effiziente Anpassungsentscheidungen einsetzen. Die Schaffung der richtigen Anreize und Partnerschaftsstrukturen zur Förderung der Anpassung ist eine schwierige Aufgabe.

Öffentlich-private Partnerschaften (ÖPP) sind eine der Möglichkeiten, über die die Länder die Anpassungsfähigkeit ihrer Wirtschaft verbessern können. ÖPP können zudem in vielen Sektoren eine wichtige Rolle spielen, insbesondere bei der Förderung von FuE-Investitionen. Technologischen Innovationen kommt im Hinblick auf die Reduzierung der Kosten der Anpassung an den Klimawandel in der Tat eine Schlüsselstellung zu. Die Tatsache, dass es sich bei diesen Innovationen um eine Art öffentlicher Güter handelt, kann jedoch dazu führen, dass der private Sektor zu wenig in FuE investiert. In solchen Fällen müssen Politikinstrumente eingesetzt werden, um dem privaten Sektor Anreize zu geben, sich in diesem Bereich zu engagieren. Öffentlich-private Partnerschaften können zusammen mit geeigneten fiskalischen Anreizen und Systemen zum Schutz geistigen Eigentums dazu beitragen, dass die Forschungsanreize stimmen (OECD, 2008c).

Einbindung der Anpassung an den Klimawandel in die Entwicklungszusammenarbeit

Das Management der mit dem Klimawandel verbundenen Risiken ist insofern eng mit Entwicklungsaktivitäten verflochten, als der Klimawandel für arme und vulnerable Bevölkerungsteile besonders starke Auswirkungen hat. Internationale Geberstellen spielen bei der Aufstockung der Finanzierungsmittel für Anpassungsmaßnahmen und der Einbindung des Klimawandels in die Entwicklungszusammenarbeit eine bedeutende Rolle. Geberstellen können eine Vielzahl von Aktivitäten unterstützen, von FuE und Technologieentwicklung über die Sammlung und Verbreitung von Informationen bis hin zur Koordination oder Erschließung von Anpassungskapazitäten. Zur Unterstützung der Geber und der Partnerländer hat die OECD Leitlinien zur Einbeziehung der Anpassung an den Klimawandel in die Entwicklungszusammenarbeit ausgearbeitet, in denen sie für einen ressortübergreifenden Ansatz eintritt (OECD, 2009b). In diesen Leitlinien wird empfohlen, Klimarisiken und -chancen im Rahmen zentralisierter staatlicher Verfahren der jeweiligen Länder auf Sektor- und Projektebene sowie in städtischen und ländlichen Kontexten zu evaluieren und zu thematisieren.

Die Einbeziehung von Fragen der Anpassung an den Klimawandel auf jeder dieser Ebenen macht eine Analyse der staatlichen Strukturen sowie der verschiedenen Phasen des Politikzyklus erforderlich, um zu identifizieren, wo sich Möglichkeiten zur Einbringung dieser Thematik bieten. Auf nationaler Ebene bestehen solche Möglichkeiten im Allgemeinen in verschiedenen Stadien der Formulierung der nationalen Politikmaßnahmen, bei der Aufstellung langfristiger und mehrjähriger Entwicklungspläne, den Haushaltszuweisungen sowie den Gesetzgebungsverfahren. Bei konkreten Maßnahmen vor Ort stellt sich die Situation indessen anders dar: Hier müssen Fragen der Anpassung an den Klimawandel u.U. im Rahmen bestimmter Aspekte des Projektzyklus berücksichtigt werden.

Information, Monitoring und Evaluierung

Es müssen Informationen über Klimagefahren, Vulnerabilität, Widerstandsfähigkeit und Anpassungskapazitäten gesammelt und bereitgestellt werden. Auch die Schaffung von den Informationsaustausch fördernden internationalen Organisationen ist sehr wichtig. Ein Beispiel ist das im Oktober 2009 ins Leben gerufene Asia Pacific Adaptation Network (APAN), mit dem auf die dringende Notwendigkeit unverzüglicher adequater Maßnahmen zur Anpassung an den Klimawandel reagiert wurde. Es handelt sich um eine regionale Plattform des Global Climate Change Adaptation Network (GAN). Ziel des GAN ist die Unterstützung der Länder bei ihren Bemühungen um eine Verbesserung der Klimaresilienz gefährdeter anthropogener Systeme, Ökosysteme und Wirtschaftsstrukturen durch Mobilisierung und Austausch von Wissen und Technologien zur Förderung des Kapazitätsaufbaus, der Politikformulierung, des Planungsverfahrens und Vorgehensweisen zur Anpassung an den Klimawandel.

Angesichts der Zunahme der Investitionen in Anpassungsmaßnahmen wird künftig eine erhebliche Herausforderung darin bestehen, die richtigen Indikatoren für die Identifizierung von Prioritäten sowie für das Monitoring und die Evaluierung solcher Maßnahmen zu entwickeln. Im Bereich der Mitigation lassen sich Fortschritte anhand der Entwicklung der Treibhausgasemissionen der einzelnen Länder messen, für die Adaptation existieren bisher jedoch noch keine vergleichbaren Ergebnismessgrößen. Beim Monitoring und der Evaluierung von Anpassungsmaßnahmen treten zahlreiche Schwierigkeiten auf, von der uneindeutigen Definition des Begriffs „Anpassung" bis hin zur Identifizierung der Ziele und der Auswahl der zur Beobachtung der Ergebnisse heranzuziehenden Indikatoren. Während bei internationalen Beratungen über die Anpassung an den Klimawandel die Durchführung von Adaptationsmaßnahmen und die mit ihnen verbundenen Kosten im Mittelpunkt stehen, fehlt es im Allgemeinen an systematischen Evaluierungen der in diesem Bereich erzielten Fortschritte, weshalb hier weitere Arbeiten notwendig sind (Lamhauge et al., 2011).

Den Policy Mix richtig gestalten: Wechselbeziehungen zwischen Adaptation und Mitigation

In den letzten Jahren wurden im Hinblick auf die Anerkennung der Bedeutung der Anpassung an den Klimawandel, die Analyse von Klimaprojektionen und die Bewertung von Klimafolgen und Anpassungsoptionen Fortschritte erzielt. Bis die richtigen Instrumente und Institutionen für die Anpassung an den Klimawandel vorhanden sind, ist es jedoch noch ein weiter Weg. Insbesondere bei der Schaffung institutioneller Mechanismen und der expliziten Einbeziehung der mit dem Klimawandel verbundenen Risiken in Projekte und Politiken sind Verbesserungen erforderlich. Damit Prioritäten gesetzt werden können, muss zudem auf nationaler Ebene der Kenntnisstand über den Klimawandel verbessert werden. Fortschritte müssen auch im Hinblick auf die Verstärkung des Engagements des privaten Sektors und die Einbindung des Klimawandels in die Entwicklungszusammenarbeit erzielt werden.

Sowohl Mitigations- als auch Adaptationsmaßnahmen sind entscheidend wichtig, und sie ergänzen sich: Die kurzfristigen Folgen des Klimawandels sind bereits nicht mehr abzuwenden, so dass Anpassungsmaßnahmen unumgänglich sind; längerfristig wird der Klimawandel – wenn er nicht durch Mitigationsmaßnahmen gebremst wird – ein Ausmaß erreichen und mit einem Tempo voranschreiten, dem die Anpassungskapazitäten der natürlichen und sozialen Systeme nicht mehr gewachsen sind. Von der OECD und anderen Stellen durchgeführte Analysen zeigen, dass die Gesamtkosten des Klimawandels am niedrigsten wären, wenn Mitigations- und Adaptationsmaßnahmen parallel umgesetzt würden (Agrawala et al., 2010b; de Bruin et al., 2009; IPCC, 2007b).

In beiden Bereichen – Mitigation und Adaptation – muss jedoch ein ausgewogenes Verhältnis zwischen kurzfristigen und längerfristigen Maßnahmen gefunden werden. Frühzeitig zu handeln bedeutet, dass Entscheidungen getroffen werden, die sich z.T. nicht mehr rückgängig machen lassen, was auch mit Opportunitätskosten verbunden ist, da es sich – zumindest hypothetisch – durchaus lohnen könnte abzuwarten, bis bessere Informationen über die Schwere der Folgen des Klimawandels oder neue Klimaschutztechnologien zur Verfügung stehen, und weil es sich bei einem großen Teil der investierten Mittel um Aufwendungen für langlebige Ausrüstungsgüter und Infrastrukturen und damit um „versunkene" Kosten handelt. Welcher Weg und Zeitplan für die Einleitung von Maßnahmen optimal ist, ist nach wie vor unklar, und es besteht ein schwieriger Zielkonflikt zwischen der Vermeidung irreversibler politikbedingter Kosten und der Vermeidung irreversibler und vielleicht extremer Schäden. Dieser Zielkonflikt lässt sich jedoch durch geeignete Politikmaßnahmen entschärfen (Jamet und Corfee-Morlot, 2009; Weitzman, 2009).

Die sektorspezifische Schwerpunktsetzung der nationalen Klimastrategien, das Verhältnis zwischen Mitigation und Adaptation und die Kombination der angesichts des Klimawandels eingesetzten Politikinstrumente werden sich je nach den nationalen Gegebenheiten, den wirtschaftlichen und demografischen Strukturen, den kulturellen (und regulierungsbezogenen) Präferenzen, der Energieverbrauchsstruktur, der Art und dem Ausmaß des Marktversagens und den institutionellen Kapazitäten von Land zu Land anders darstellen. In bestimmten Kontextsituationen kann es dazu kommen, dass Adaptations- und Mitigationsstrategien miteinander um Mittel konkurrieren. Massive Investitionen in eine der beiden Optionen würden indessen zweifellos den Investitionsbedarf für die andere verringern. Doch selbst bei unbegrenzten Investitionen in die Adaptation bleibt die Notwendigkeit der Mitigation bestehen.

Die Mehrebenen-Governance wird zunehmend zu einem wichtigen Merkmal der nationalen Adaptations- und Mitigationsstrategien und -pläne, da Maßnahmen auf regionaler und lokaler/kommunaler Ebene zur Umsetzung der nationalen klimapolitischen Gesamtstrategien beitragen (OECD, 2010a). Angesichts ihrer Nähe zur Bevölkerung, zu den Wirtschaftsaktivitäten und den Treibhausgasemissionsquellen kommt den Städten und Gemeinden im Hinblick auf den Klimaschutz und die Anpassung an den Klimawandel eine wichtige Rolle zu (OECD, 2010a). Eine Abstimmung der Anreizinstrumente und eine effiziente Koordination zwischen den einzelnen Verwaltungsebenen hilft jedoch, redundante oder kostenaufwendige Maßnahmen zu vermeiden. Zum Beispiel besteht die Gefahr, dass der Effekt der von einer Gemeinde getroffenen Maßnahmen automatisch dadurch zunichte gemacht wird, dass es einer anderen Stadt nicht gelingt, ihre Emissionen zu reduzieren, insbesondere wenn gebietsübergreifende Obergrenzen für die Gesamtemissionen vorgegeben sind (OECD, 2011b).

4. Politikmaßnahmen für die Zukunft: Schaffung einer CO_2-armen, klimaresilienten Wirtschaft

Nach der Untersuchung der derzeit wirksamen internationalen und nationalen Politikinstrumente wird in diesem letzten Abschnitt dargelegt, welche weiteren Maßnahmen zur Erreichung des 2°C-Ziels notwendig sind. Grundlage hierfür ist eine Reihe unterschiedlicher Modellierungsszenarien des *OECD-Umweltausblicks*, mit denen die Machbarkeit, die Kosten und die Folgen verschiedener Emissionspfade näher beleuchtet werden. Des Weiteren werden die Konsequenzen weniger strenger Zielvorgaben und einer Abschaffung der Subventionen für fossile Brennstoffe betrachtet. Der Abschnitt endet mit einer Erörterung der Synergien zwischen Klimaschutzmaßnahmen und anderen Zielen.

In den Vereinbarungen von Cancún wird auch auf die Notwendigkeit hingewiesen, eine Verschärfung des langfristigen globalen Ziels in Erwägung zu ziehen, beispielsweise mit einer Begrenzung der globalen mittleren Erwärmung auf 1,5°C. Die Erreichung eines solchen strengeren Ziels würde noch bedeutendere und rascher umzusetzende Mitigationsmaßnahmen voraussetzen. Das UNEP fand in seiner Untersuchung der vorliegenden Literatur (Kasten 3.7 und UNEP, 2010) praktisch kein integriertes Evaluierungsmodell, mit dem es möglich wäre, kostengünstige Emissionspfade zu identifizieren, bei denen wenigstens eine mittlere Wahrscheinlichkeit, geschweige denn eine reelle Chance bestünde, ein solches ehrgeizigeres Ziel bis zum Ende des Jahrhunderts zu erreichen. Auch mit den in diesem *Ausblick* verwendeten Modellen lassen sich keine Pfade simulieren, die zumindest eine mittlere Chance zur Erreichung dieses ehrgeizigeren Ziels bieten würden.

Kasten 3.7 **Der *Emissions Gap Report* des UNEP**

In der Kopenhagener Vereinbarung wurde festgehalten, dass die weltweiten Emissionen drastisch reduziert werden müssen, „um den globalen Temperaturanstieg auf 2°C zu begrenzen". Ferner wurde in der Vereinbarung eine Überprüfung der Umsetzung gefordert, in deren Rahmen auch über eine Verschärfung des langfristigen Ziels, insbesondere im Hinblick auf eine Erwärmung um 1,5°C, beraten werden sollte. Seit Dezember 2009 haben viele Länder zugesagt, ihre Emissionen zu reduzieren oder deren Zunahme bis 2020 einzudämmen. Einige der Zusagen sind an Bedingungen geknüpft, wie die Bereitstellung von finanzieller und technischer Unterstützung oder ehrgeizige Aktionen von Seiten anderer Länder. Aus diesen Gründen lässt sich nicht einfach sagen, welche Ergebnisse diese verschiedenen Zusagen bringen werden. In UNEP (2010) wurde die Fachliteratur zur Beurteilung dieser Zusagen untersucht.

Diese Untersuchung hat ergeben, dass es bei einem Emissionsniveau von annähernd 44 Gigatonnen CO_2-Äquivalenten (Gt CO_2e) (in einer Bandbreite von 39-44 Gt CO_2e) im Jahr 2020 „wahrscheinlich" sein dürfte (was einer Probalilität von über 66% entspricht), dass die globale Erwärmung auf 2°C begrenzt werden kann; bei einem Emissionsniveau von 41-48 Gt CO_2e ist dies mit einer mittleren Wahrscheinlichkeit (definiert als mindestens 50%) möglich. Der Emissionskorridor für die mittlere Wahrscheinlichkeit ist in Abbildung 3.16 dargestellt. Bei gleichbleibender Politik, d.h. wenn die Zusagen nicht umgesetzt werden, könnten die globalen Emissionen den Projektionen der untersuchten Studien zufolge 2020 ein Niveau von 56 Gt CO_2e erreichen (in einer Bandbreite von 54-60 Gt CO_2e), womit eine Lücke von 12 Gt CO_2e (bei einer Bandbreite von 10-21 Gt CO_2e) gegenüber dem Niveau bestünde, ab dem es wahrscheinlich ist, dass die Zielvorgabe eingehalten werden kann.

Aus dem Bericht geht hervor, dass diese Lücke unter folgenden Voraussetzungen erheblich verringert werden könnte:

- Die Länder setzen die ehrgeizigeren, an bestimmte Bedingungen geknüpfte Zusagen um (wie die Bereitstellung einer angemessenen Finanzierung für Klimaschutzmaßnahmen und ehrgeizige Aktionen von Seiten anderer Länder).

- Die Verhandlungen münden in klaren Regeln, die einen Nettoanstieg der Emissionen verhindern, zu dem es kommen könnte, wenn a) „großzügige" Anrechnungsregeln gestatten, dass Aktivitäten im Bereich Landnutzung, Landnutzungsänderungen und Forstwirtschaft (LULUCF) angerechnet werden, die auch ohne weitere Politikinterventionen stattgefunden hätten, und b) die Industrieländer überschüssige Emissionsguthaben, insbesondere durch Übertragung aus dem aktuellen Verpflichtungszeitraum des Kyoto-Protokolls nutzen, um ihre Zielvorgaben zu erreichen.

- Eine doppelte Erfassung von Kompensationsmaßnahmen wird verhindert.

Sind diese Voraussetzungen erfüllt, könnte die Lücke auf 5 Gt CO_2e verringert werden. Das entspricht in etwa den jährlichen Gesamtemissionen aller Pkw, Busse und sonstigen Verkehrsmittel im Jahr 2005 und ist mehr als die Hälfte der zur Erreichung des 2°C-Ziels notwendigen Emissionsminderung. Durch ehrgeizigere nationale Maßnahmen, z.T. unterstützt durch internationale Klimaschutzfinanzierung, könnte die Lücke weiter verringert werden.

Die Literaturumschau des UNEP wurde 2011 aktualisiert (UNEP, 2011c), wobei sich ergab, dass sich die Emissionslücke etwas ausgeweitet hat, was nicht etwa daran liegt, dass sich die Zusagen selbst geändert hätten, sondern vielmehr darauf zurückzuführen ist, dass die Emissionsprojektionen bei Fortsetzung der bisherigen Politik für 2020 nach oben korrigiert wurden.

Quelle: UNEP (2010), *The Emissions Gap Report*, UNEP, Nairobi.

3. KLIMAWANDEL

Was wäre wenn …? Drei Szenarien für die Stabilisierung der Treibhausgaskonzentration bei 450 ppm

Forschungsarbeiten zeigen, dass die Wahrscheinlichkeit, den globalen Temperaturanstieg unter 2°C zu halten, bei einer weltweiten Stabilisierung[34] der Treibhausgaskonzentration auf 450 ppm CO_2e zwischen 40% und 60% liegen würde (Meinshausen et al., 2006; 2009)[35]. Zur Untersuchung der Machbarkeit und der Folgen der Anstrengungen zur Erreichung dieses Ziels wurden drei verschiedene Szenarien für die Begrenzung der Treibhausgaskonzentration auf 450 ppm bis zum Ende des 21. Jahrhunderts modelliert. In Tabelle 3.5 sind die wichtigsten Merkmale dieser drei Szenarien und zu Vergleichszwecken auch die eines weniger ehrgeizigen 550-ppm-Szenarios zusammengefasst. Anhang 3.A enthält weitere Einzelheiten zu den diesen Szenarien zu Grunde liegenden Annahmen, während Kapitel 1 Hintergrund-informationen zu den für die Analyse verwendeten Modellen liefert.

Tabelle 3.5 Überblick über die im *Umweltausblick* untersuchten Mitigationsszenarien

Szenario	Annahmen	Durchschnittliche Treibhausgasemissionen je Jahrzehnt (Gt CO_2e)			
		2010-2020	2020-2030	2030-2050	2050-2100
Zentrales 450-ppm-Szenario	Begrenzung der THG-Konzentration auf 450 ppm bis zum Ende des 21. Jahrhunderts; Maßnahmenbeginn 2013; volle Flexibilität in Bezug auf Zeitplan, Emissionsquellen und Gase; globaler CO_2-Handel	485	450	315	80
Beschleunigtes 450-ppm-Szenario	Wie im zentralen 450-ppm-Szenario + zusätzliche Mitigationsanstrengungen zwischen 2013 und 2030	480	435	280	85
Verzögertes 450-ppm-Szenario	Wie im zentralen 450-ppm-Szenario, jedoch bis 2020 keine über die Zusagen von Cancún und Kopenhagen hinausgehende Mitigationsmaßnahmen und fragmentierter, regionaler CO_2-Handel	505	495	325	65
Zentrales 550-ppm-Szenario	Wie im zentralen 450-ppm-Szenario, jedoch mit dem Ziel einer Konzentration von 550 ppm am Ende des Jahrhunderts	505	525	490	280

Quelle: Projektionen des *OECD-Umweltausblicks*; Ergebnisse von Berechnungen anhand der IMAGE-Modellreihe.

Im **zentralen 450-ppm-Szenario** wird von einer vollen Flexibilität in Bezug auf den zeitlichen Ablauf der Emissionsminderung und den Einsatz verschiedener Mitigationsoptionen ausgegangen, zu denen auch die Energiegewinnung aus Biomasse in Kombination mit CO_2-Abtrennung und -Speicherung (BECCS)[36] (vgl. auch Kasten 3.13) gehört. Ferner wird angenommen, dass die für die Bewältigung des Klimawandels notwendige internationale Zusammenarbeit gegeben ist, so dass dieser Pfad im Rahmen eines voll harmonisierten CO_2-Handels beschritten wird, der sich auf alle Regionen, Sektoren und Treibhausgase erstreckt. Ob dieser Pfad eingeschlagen werden kann, hängt somit von folgenden Faktoren ab: *a)* umgehende Festlegung eines Preises für CO_2-Emissionen und sofortige Nutzung der günstigsten Klimaschutzoptionen in allen Sektoren und Regionen und für alle Treibhausgase; *b)* schrittweise Umwandlung der Energiewirtschaft in einen CO_2-armen Sektor und *c)* Ausschöpfung der großen Möglichkeiten für kostengünstige fortgeschrittene Technologien (einschl. BECCS), deren Entwicklung durch die Festsetzung eines Preises für CO_2-Emissionen gefördert wird. Insofern alle Mitigationsoptionen in diese Analyse einbezogen sind, fungiert dieses Szenario als kostenwirksame Referenzgröße, mit der die anderen Szenarien verglichen werden können.

Das zentrale 450-ppm-Szenario geht davon aus, dass durch den Einsatz von BECCS in einigen Regionen in der zweiten Jahrhunderthälfte negative Emissionen erzielt werden können. Dadurch dürfte dieser Pfad trotz verhältnismäßig hoher Emissionsniveaus in der ersten Hälfte des Jahrhunderts erreicht werden. Allerdings sind die Erfahrungen mit Bioenergie- und CCS-Technologien derzeit noch begrenzt. Beide Technologien sehen sich auf Grund der Unsicherheit über die weitere Entwicklung der Klimapolitik und ihre öffentliche Akzeptanz, der Risiken neuer Technologien und der im Vergleich zu anderen Technologien hohen Kosten (insbesondere für CCS-Technologien) großen Herausforderungen gegenüber. Außerdem kann die Bioenergie über indirekte Landnutzungsänderungen (ILUC) auch umweltschädliche Nebeneffekte haben, die potenziell zu einem höheren Emissionsniveau und Verlusten an biologischer Vielfalt führen können. Daher bleibt die Ungewissheit im Hinblick auf die Kosten und die Wirksamkeit der BECCS-Technologien erheblich (Kasten 3.13). Sollte sich herausstellen, dass die BECCS-Technologien ihr Versprechen negativer Emissionen nicht halten, droht die Gefahr einer stärkeren Temperaturerhöhung. Für einen optimalen Pfad für das kommende Jahrzehnt sollten daher die langfristigen Klimarisiken, die kurzfristigen Kosten, die Mitigationsmöglichkeiten und die Erwartungen hinsichtlich der technologischen Entwicklung im richtigen Gleichgewicht zueinander stehen.

Im **beschleunigten 450-ppm-Szenario** wird demgegenüber davon ausgegangen, dass in der ersten Jahrhunderthälfte größere Mitigationsanstrengungen unternommen werden und in den späteren Jahrzehnten weniger auf noch nicht erprobte Emissionsreduktionstechnologien (wie BECCS) zurückgegriffen wird. Außerdem bietet dieses Szenario ein größeres Potenzial für die Erreichung ehrgeiziger langfristiger Stabilisierungsziele für den Temperaturanstieg, beispielsweise bei 1,5°C, wenngleich die Möglichkeiten zur Beschleunigung der Emissionsminderungen über den hier dargelegten Pfad hinaus begrenzt sind.

Das **verzögerte 450-ppm-Szenario** geht davon aus, dass es nicht realistisch ist, in den kommenden zehn Jahren starke Emissionsminderungen zu erwarten[37]. Es gibt die derzeitige Lage insofern gut wieder, als es die im Rahmen der Kopenhagener Vereinbarung und der Vereinbarungen von Cancún gemachten Zusagen am oberen Ende der Bandbreite modelliert (strenge Anrechnungsregeln für den Bereich Landnutzung, Landnutzungsänderungen und Forstwirtschaft – LULUCF – und keine Übertragung überschüssiger Emissionsguthaben aus dem aktuellen Verpflichtungszeitraum des Kyoto-Protokolls). Ferner geht es davon aus, dass die verschiedenen nationalen CO_2-Märkte nicht vor 2020 miteinander verknüpft werden. Sollte dieses Szenario eintreten, lägen die Emissionen 2020 oberhalb des Spektrums von 41-48 Gt CO_2e, das laut UNEP (2010) notwendig ist, damit auf den kostenwirksamsten Pfaden zumindest eine mittlere Chance besteht, die globale mittlere Erwärmung auf 2°C zu begrenzen. Im verzögerten 450-ppm-Szenario wird unterstellt, dass nach 2020 erhebliche zusätzliche Anstrengungen notwendig sind, um den Rückstand aufzuholen. Es bedarf einer sehr raschen Emissionsverringerung, damit das 2°C-Ziel mit einer 50%igen Wahrscheinlichkeit erreicht werden kann. Würden die notwendigen ausgleichenden Maßnahmen für die kurzfristig höheren Emissionen bis nach 2050 aufgeschoben, würde sich die Wahrscheinlichkeit einer Überschreitung der Zielvorgabe für die globale Erwärmung und mithin die Gefahr negativer Umweltfolgen vergrößern, die durch einen im Vergleich zum zentralen 450-ppm-Szenario um 10% höheren jährlichen Temperaturanstieg verursacht würden. Darüber hinaus setzt das Szenario sehr stark auf a) eine Befreiung des globalen Energieversorgungssystems von seiner derzeit starken Abhängigkeit von CO_2-intensiven Technologien sowie b) die

Möglichkeit einer raschen Umwandlung des Energiesystems im weiteren Verlauf des Jahrhunderts. Dies ist eine entgegengesetzte Entwicklung zum gegenwärtigen Trend, bei dem sich die Abhängigkeit der Welt von CO_2-intensiven Technologien effektiv jedes Jahr erhöht (IEA, 2011b).

Im zentralen 550-ppm-Szenario wird schließlich untersucht, was zur Begrenzung der Treibhausgaskonzentration auf dem höheren Niveau von 550 ppm bis zum Ende des Jahrhunderts notwendig ist. In diesem Szenario ist die Wahrscheinlichkeit einer globalen mittleren Temperaturerhöhung um mehr als 2°C sehr viel größer, und es besteht nur eine mittlere Chance, den Temperaturanstieg auf 2,5-3°C zu begrenzen. Auch die übrigen Folgen des Klimawandels sind schwerwiegender als im 450-ppm-Szenario.

Abbildung 3.16 zeigt, wie sich diese unterschiedlichen Entwicklungspfade im Zeitverlauf auf den Anstieg des globalen Emissionsniveaus auswirken, und vergleicht dies mit den verschiedenen in UNEP (2010) untersuchten Pfaden (vgl. Kasten 3.7). In allen drei 450-ppm-Szenarien hören die Emissionen vor 2020 zu steigen auf. Im verzögerten 450-ppm-Szenario setzt die globale Emissionsminderung mit einer kurzen zeitlichen Verzögerung ein, was bedeutet, dass die derzeitigen Trends nach 2025 rasch umgekehrt werden müssen, um das 2°C-Ziel noch zu erreichen. An dieser Stelle sei darauf hingewiesen, dass das verzögerte 450-ppm-Szenario bis 2020 nahezu demselben Pfad folgt wie das 550-ppm-Szenario.

Abbildung 3.16 **Alternative Emissionspfade, 2010-2100**
Jährliche Nettoemissionen aller Kyotogase in Gt CO_2e

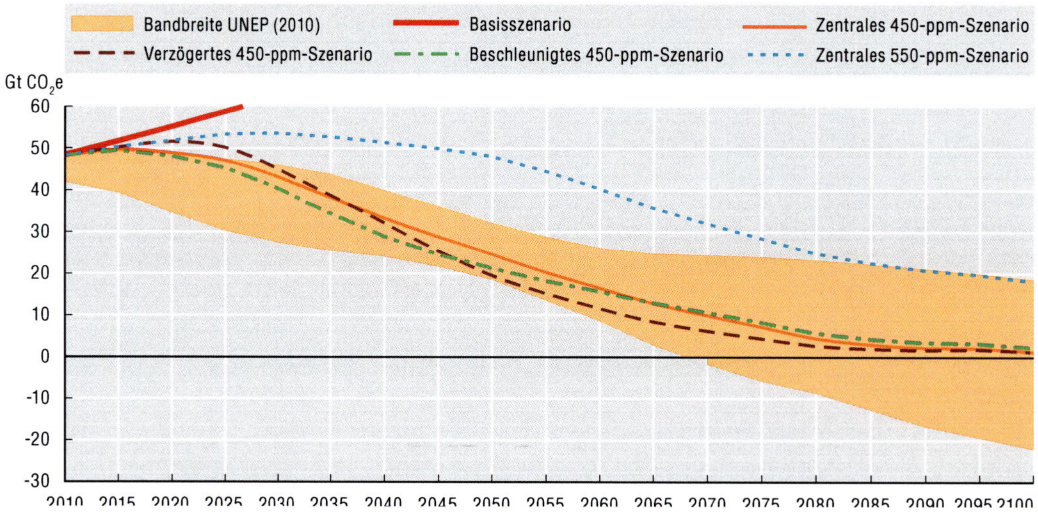

Quelle: Projektionen des OECD-Umweltausblicks; Ergebnisse von Berechnungen anhand des ENV-Linkages-Models.
StatLink http://dx.doi.org/10.1787/888932570620

Bei den in diesem OECD-Umweltausblick dargelegten 2°C-Pfaden wird eine optimale Verteilung der Mitigationsanstrengungen auf die unterschiedlichen Emissionsquellen und Treibhausgase unterstellt. Diese stilisierten Optimierungsszenarien gestatten, dass das angestrebte Konzentrationsniveau (450 ppm) zur Jahrhundertmitte vorübergehend überschritten wird, bevor es dann in ausreichendem Umfang abnimmt, damit der Zielwert bis zum Ende des Jahrhunderts erreicht werden kann (Abb. 3.17). Allerdings kann diese vorübergehende Überschreitung der Zielvorgabe schwere ökologische Auswirkungen haben, da sie in den kommenden Jahrzehnten mit höheren Temperaturänderungsraten verbunden ist, als im Fall frühzeitigerer Maßnahmen zu erwarten wären. Ein rascher voranschreitender

Klimawandel und eine stärkere Überschreitung der angestrebten Konzentration könnten für einige Ökosysteme, die bereits bei einem geringeren Temperaturanstieg bedroht sind, ernsthafte Folgen haben (z.B. für Korallenriffe und möglicherweise für ozeanische Systeme im Allgemeinen; IPCC, 2007a und b; Hoegh-Guldberg et al., 2007). Prinzipiell dürfte die zeitlich verzögerte Reaktion der Temperaturen auf Konzentrationsänderungen zur Folge haben, dass sich geringe Emissionsveränderungen – sofern diese innerhalb von zwei bis drei Jahrzehnten ausgeglichen werden – nur in sehr geringen Veränderungen der globalen Klimaparameter niederschlagen (den Elzen und van Vuuren, 2007), weshalb die hier dargelegten Szenarien nicht zu einer Überschreitung des 2°C-Ziels führen.

Abbildung 3.17 veranschaulicht die projizierten Konzentrationspfade der verschiedenen Szenarien unter Berücksichtigung aller „Klimatreiber"[38]. Sie zeigt, dass die Zielvorgabe im verzögerten 450-ppm-Szenario stärker überschritten wird als in den beiden anderen 450-ppm-Szenarien. Die Aufholanstrengungen zur Jahrhundertmitte haben zur Folge, dass sich die Entwicklung im verzögerten Szenario allmählich wieder dem Pfad des zentralen 450-ppm-Szenarios nähert, so dass sich die Verlaufskurven ab 2080 nahezu decken. Demgegenüber kann die Überschreitung der Zielvorgabe im beschleunigten 450-ppm-Szenario begrenzt werden (das höchste Konzentrationsniveau liegt unter 470 ppm). In allen drei 450-ppm-Szenarien sinkt das Konzentrationsniveau nach 2050, damit gewährleistet ist, dass die Zielvorgabe für den Temperaturanstieg nicht überschritten wird. Die geringeren Mitigationsanstrengungen in den kommenden zehn Jahren im verzögerten 450-ppm-Szenario und 550-ppm-Szenario führen zu höheren Emissionen von Aerosolen, insbesondere Schwefel, was durch den generell geringeren Rückgang des Energieverbrauchs bedingt ist. Der Abkühlungseffekt dieser Gase würde die Temperaturen im Vergleich zum zentralen 450-ppm-Szenario auf kurze Sicht senken, was auch die bis 2030 sehr ähnlichen Konzentrationsniveaus erklärt.

Im Vergleich zu den Projektionen des Basisszenarios ohne neue Maßnahmen hätten alle drei 450-ppm-Szenarien deutlich geringere Auswirkungen auf das Klima und würden zumindest eine mittlere Chance bieten, die globale mittlere Erwärmung 2100 auf 2°C[39] zu begrenzen. Auch die Niederschlagsmuster würden sich in den 450-ppm-Szenarien weniger verändern

Abbildung 3.17 Zentrales 450-ppm-Szenario: Emissionen und Kosten der Emissionsminderung, 2010-2100

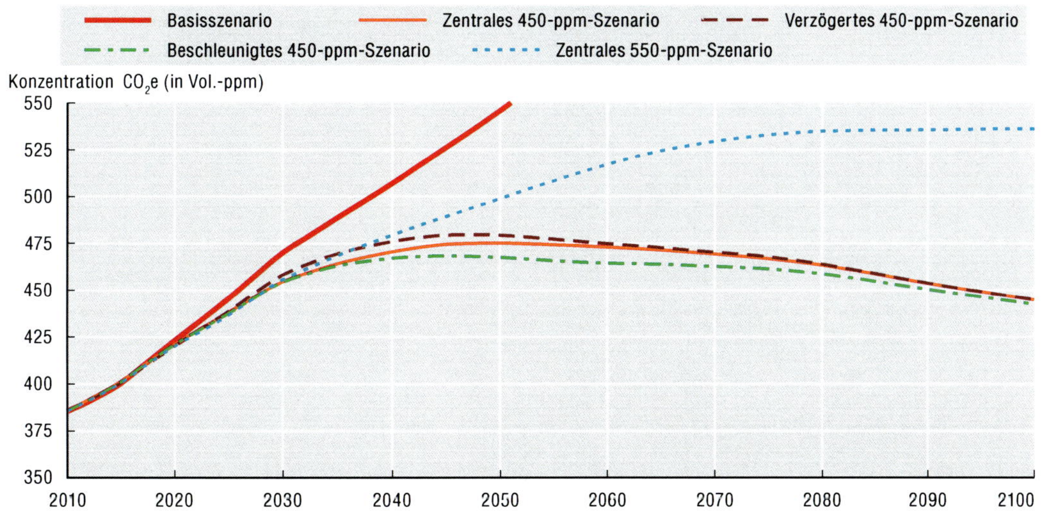

Quelle: Projektionen des OECD-Umweltausblicks; Ergebnisse von Berechnungen anhand der IMAGE-Modellreihe
StatLink http://dx.doi.org/10.1787/888932570639

als im Basisszenario (vgl. Abb. 3.10 und 3.11). Allerdings werden die in den 450-ppm-Szenarien unternommenen Mitigationsanstrengungen nicht alle Klimafolgen verhindern können. Daher bedarf es weiterhin Anstrengungen zur Anpassung an den Klimawandel.

Die Konsequenzen des zentralen 450-ppm-Szenarios

Aus Abbildung 3.18 geht hervor, dass es zur Erreichung des 450-ppm-Stabilisierungsziels einer Reduzierung der globalen Emissionen im Vergleich zum Basisszenario um 12% bis 2020 und 70% bis 2050 bedarf (was für 2050 bedeutet, dass die Emissionen um 52% unter dem Niveau von 2005 und 42% unter dem Niveau von 1990 liegen müssten). Daher müssten die Emissionen zwischen 2010 und 2050 mit einer Durchschnittsrate von 1,7% jährlich

Abbildung 3.18 **Zentrales 450-ppm-Szenario: Emissionen und Kosten der Emissionsminderung, 2010-2050**

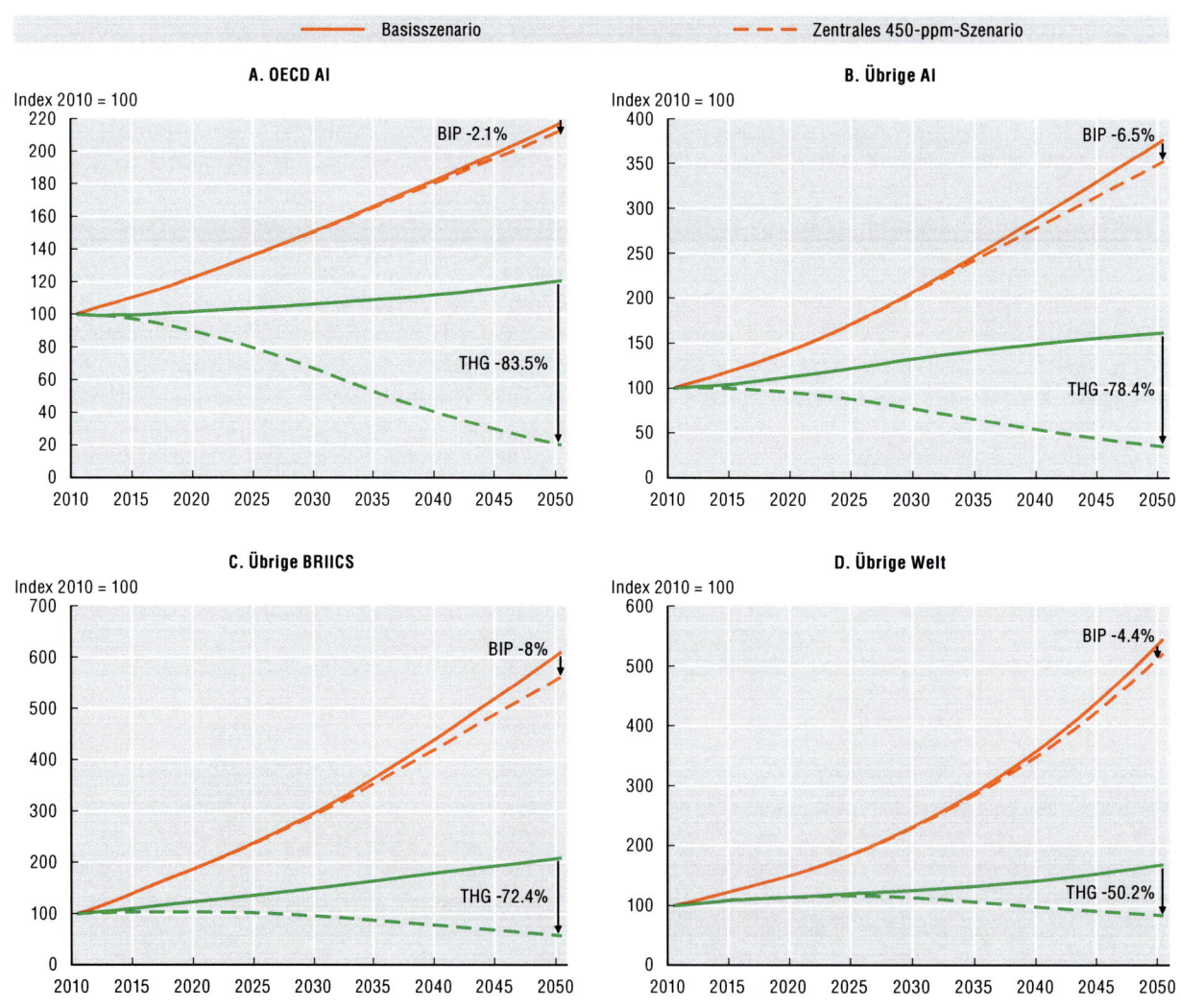

Anmerkung: Bei den Emissionsprojektionen bleibt der Handel mit Emissionsrechten unberücksichtigt, sie beziehen sich nur auf die zugeteilten Emissionsrechte.

„OECD AI" steht für die Gruppe der OECD-Länder, die auch zu den Annex-I-Staaten des Kyoto-Protokolls gehören; „Übrige AI" steht für die anderen Annex-I-Parteien, einschließlich der Russischen Föderation; „Übrige BRIICS" sind die BRICCS ohne die Russische Föderation und „übrige Welt" bezieht sich auf alle anderen Regionen, die im ENV-Linkages-Modell erfasst sind.

Die BIP-Angaben tragen den Kosten bei Untätigkeit nicht Rechnung.

Quelle: Projektionen des *OECD-Umweltausblicks*; Ergebnisse von Berechnungen anhand des ENV-Linkages-Modells.

StatLink http://dx.doi.org/10.1787/888932570658

sinken, während im Basisszenario ein Anstieg um 1,3% jährlich projiziert wird. 75% der globalen Emissionsreduzierung im Jahr 2050 würden daher durch geringere CO_2-Emissionen aus der Verbrennung fossiler Energieträger zustande kommen. Bei den Emissionen aus Landnutzungsänderungen ist die Situation umgekehrt: Im zentralen 450-ppm-Szenario bedarf es zusätzlicher Landflächen für den Anbau von Bioenergiepflanzen. Daher würden die durch Landnutzungsänderungen bedingten Emissionen im Vergleich zum Basisszenario weniger rasch sinken, und die Netto-CO_2-Aufnahme in den späteren Jahrzehnten würde geringer ausfallen (Differenz von 1,2 Gt CO_2e im Jahr 2050). Um das 450-ppm-Ziel zu erreichen, müssten diese zusätzlichen Emissionen (und die geringere CO_2-Bindung) durch stärkere Emissionsminderungen im Energie- und Industriesektor kompensiert werden.

Das Szenario geht davon aus, dass ein Preis für CO_2-Emissionen festgesetzt wird (*Carbon Pricing*), um in allen Wirtschaftssektoren Anreize für Klimaschutzanstrengungen zu schaffen. Ein recht großer Teil der Emissionsminderung könnte verhältnismäßig kostengünstig und rasch durch eine Begrenzung der Emissionen von anderen Treibhausgasen als CO_2 in der Industrie und im Bergbau (z.B. im Kohlebergbau, in der Verarbeitung und im Transport von Öl und Gas, in der Säureproduktion) und im Agrarsektor (beispielsweise durch Veränderungen der Reisanbaumethoden und des Nährstoffmanagements) sowie eine Verbesserung der Abfallbewirtschaftung (Abfall-Recycling und Auffangen von Methan aus Mülldeponien) erzielt werden. Zur Verringerung der globalen Emissionen in der Zeit nach 2020 bedarf es eines raschen Anstiegs des Preises für CO_2-Emissionen (auf 325 US-$ je Tonne CO_2e im Jahr 2050), um einer zu starken Abhängigkeit von CO_2-Emissionen verursachenden Energieträgern entgegenzuwirken. Nur mit einem starken und dauerhaften CO_2-Preissignal wird es gelingen, die gewaltige Transformation herbeizuführen, die in den CO_2-intensiven Sektoren und Bereichen mit großen Infrastrukturinvestitionen erforderlich ist.

Dieses Szenario lässt erwarten, dass sich das weltweite BIP-Wachstum zwischen 2010 und 2050 infolge des niedrigeren Energieverbrauchs und der durch die höheren Energiepreise bedingten Verlagerung bei den Versorgungsoptionen verlangsamen wird. Bei einem durchschnittlichen Wachstum, das im Vergleich zu den 3,5% im Basisszenario nur 3,3% jährlich beträgt, ist das BIP im zentralen 450-ppm-Szenario im Jahr 2050 um 5,5% niedriger als im Basisszenario. Dabei muss jedoch hervorgehoben werden, dass die Aussagekraft aller hier dargelegten Ergebnisse insofern stark begrenzt ist (Kasten 3.8), als sie den Nutzeffekten der Klimaschutzmaßnahmen nicht Rechnung tragen (vgl. Kapitel 2 zu den Kosten bei Untätigkeit und den letzten Teil dieses Kapitels zu den Synergien mit anderen Bereichen). Die Messung der wirtschaftlichen Effekte gründet sich hier ausschließlich auf die Kosten der ergriffenen Maßnahmen und nicht auf die Nettokosten oder -nutzeffekte.

Der Energieverbrauch steigt zwischen 2010 und 2020 sowohl im Basisszenario als auch im zentralen 450-ppm-Szenario (dort allerdings mit geringerem Tempo). Nach 2020 würden die Emissionen in erster Linie durch Verbesserungen der Energieeffizienz und starke Änderungen in der Versorgungsstruktur verringert. In den mit dem ENV-Linkages-Modell durchgeführten Simulationen sind Verbesserungen der Energieeffizienz der wichtigste Faktor (vor allem weil in der Produktion teurere Energie durch Arbeit und Kapital, z.B. in Form kostenaufwendigerer, aber energieeffizienter Ausrüstungen ersetzt wird); sie dürfen bis 2050 zu einem deutlichen Rückgang der Emissionsreduzierungen führen[40]. Es bedarf einer weitreichenden Dekarbonisierung in der Stromerzeugung und im Verkehrssektor, und auf Seiten der Verbraucher müssen verschmutzende Energien (die z.B. zum Kochen verwendet werden) durch effizientere, strombasierte Technologien ersetzt werden. All dies setzt eine drastische Umstrukturierung des Energiesektors voraus.

> **Kasten 3.8 Kostenunsicherheit und Modellierungsrahmen**
>
> Abgesehen von den Unsicherheitsfaktoren hinsichtlich der Klimaentwicklung und des Zeitplans für die Emissionsminderung gibt es auch beachtliche Ungewissheit im Hinblick auf die Kosten für die Umsetzung von Klimaschutzmaßnahmen. Die Variationen bei den Kostenschätzungen in den unterschiedlichen Modellierungsrahmen sind auf grundsätzliche Unsicherheiten in Bezug auf die Verfügbarkeit von Technologieoptionen und deren Kosten und Entwicklung im Zeitverlauf sowohl auf unterschiedliche Annahmen hinsichtlich des Wirtschaftswachstums, der Behandlung von Optionen, die mit negativen Nettokosten verbunden sein könnten (wie Energiesparmaßnahmen), und anderer Modellmerkmale zurückzuführen. Beispielsweise wird im ENV-Linkages-Modell von größeren Möglichkeiten zur kostengünstigen Minderung der Emissionen von anderen Treibhausgasen als CO_2 ausgegangen als in der IMAGE-Modellreihe. Infolgedessen führt das zentrale 450-ppm-Szenario im ENV-Linkages-Modell zu erheblich niedrigeren Preisen für CO_2-Emissionen im Jahr 2020 als das IMAGE-Modell (10 US-$ je t CO_2e gegenüber 50 US-$ je t CO_2e).
>
> Zwar stammen die hier dargelegten Ergebnisse nur aus dem ENV-Linkages- und dem IMAGE-Modell, doch gehören diese zu einer großen Familie von Modellen, die für die Untersuchung der Klimaschutzpolitik konzipiert wurden. Es sind Modellvergleiche vorgenommen worden, um den Einfluss des Modellierungsrahmens auf die Ergebnisse besser verstehen und so auch das Spektrum der Kostenschätzungen ermitteln zu können (vgl. Edenhofer et al., 2009 und 2010; Clarke et al., 2009; van Vuuren et al., 2009). Ein 450-ppm-Pfad würde 2050 eine Verringerung des BIP um 5-6% (ENV-Linkages) oder 4% (IMAGE) zur Folge haben. Diese Ergebnisse liegen im Bereich der Schätzungen in Luderer et al. (2009), die von etwa -0,5% bis 6,5% (im Jahr 2060) reichen, und ähneln den in IPCC (2007c) zitierten Kostenschätzungen für 2050. Wie von Tavoni und Tol (2010) hervorgehoben wurde, ist bei der Evaluierung solcher Bandbreiten Vorsicht geboten, da Modelle, in denen die gesetzten Ziele nicht erreicht werden können, gewöhnlich ausgeklammert werden. Innerhalb des Spektrums der Ergebnisse können höhere Mitigationskosten beispielsweise durch konservativere Annahmen hinsichtlich der Substitution von Produktionsfaktoren und Energietechnologien oder der Verfügbarkeit fortgeschrittener Technologien bedingt sein (Edenhofer et al., 2010). Das untere Ende des Spektrums der Ergebnisse stammt in der Regel aus Modellen mit einem breiten Technologie-Portfolio und optimistischen Annahmen hinsichtlich des technologischen Fortschritts.

Die in Abbildung 3.18 dargestellten Kostenschätzungen ergeben sich aus einer regionalen Regelung der Allokation von Emissionsrechten, bei der sich die Verteilung der Emissionszertifikate in den verschiedenen Regionen mit der Zeit dahingehend entwickelt, dass die Pro-Kopf-Emissionsrechte letztlich überall übereinstimmen (Kasten 3.9). Diese Allokationsregelung der kontinuierlichen Verringerung und Annäherung („Contraction and Convergence") soll nicht als Politikempfehlung verstanden werden, sondern wird hier zu rein illustrativen Zwecken verwendet. Alternative Regelungen für die Allokation von Emissionsrechten führen zu ähnlich hohen Gesamtkosten, zumindest wenn der uneingeschränkte Handel mit Emissionsrechten zugelassen wird, die Verteilung dieser Kosten auf die einzelnen Regionen kann jedoch erheblich variieren.

Wenn der uneingeschränkte Handel mit Emissionsrechten zugelassen wird, verläuft der Pfad der THG-Emissionsminderung in allen Regionen ähnlich (mit einer Verringerung um 67-71% bis 2050 im Vergleich zum Basisszenario), da die strengen Ziele des zentralen 450-ppm-Szenarios in allen Regionen Aktionen verlangen. Dennoch dürften die Mitigationsstrategien je nach dem Niveau der wirtschaftlichen Entwicklung und den Wachstumsperspektiven unterschiedlich ausfallen. Rasche Umstellungen auf CO_2-arme Technologien ermöglichen

Kasten 3.9 Was wäre ... wenn die Lasten der Emissionsminderung anders verteilt würden? Warum Regelungen für die Allokation von Emissionsrechten wichtig sind

In einem globalen Cap-and-Trade-System (wie es im 450-ppm-Szenario unterstellt wird) werden die Emissionsrechte auf die einzelnen Länder verteilt. Wie in Abbildung 3.19 veranschaulicht wird, könnte die Bestimmung der den verschiedenen Regionen zustehenden Emissionsrechte ein wirksamer Schritt in Richtung einer Verlagerung eines Teils der Kosten der Emissionsminderung von den Entwicklungsländern in die OECD-Länder sein. In allen hier dargestellten Fällen wird unterstellt, dass die Länder die ihnen zugeteilten Emissionsrechte versteigern können, wobei die Einnahmen in Form von Pauschaltransfers an die Haushalte verteilt werden. Das internationale Lastenverteilungssystem dient also in erster Linie der Umverteilung der Kosten zwischen den Ländern und nicht zwischen den einzelnen Emissionsverursachern. Ferner wird unterstellt, dass der internationale Handel mit Emissionsrechten uneingeschränkt zulässig ist. Im Wesentlichen bedeutet dies, dass eine Trennung zwischen dem Ort, an dem die Mitigationsmaßnahmen ergriffen werden, und dem Ort, an dem die entsprechende wirtschaftliche Last getragen wird, erfolgt. Solange die Transaktionskosten keinen prohibitiven Charakter haben, stellen diese Regelungen für die Allokation von Emissionsrechten einen sehr wirkungsvollen Mechanismus dar, um zu gewährleisten, dass jeweils die günstigsten Optionen gewählt werden.

Nachstehend werden unterschiedliche Regelungen für die Allokation von Emissionsrechten untersucht, bei denen die globale Emissionsentwicklung jeweils identisch ist wie im zentralen 450-ppm-Szenario[1]:

- *Zentrales 450-ppm-Szenario*: In diesem Szenario wird die Anwendung einer „Contraction and Convergence"-Regel unterstellt, bei der die Allokation der Emissionsrechte auf die verschiedenen Regionen auf einer schrittweisen Entwicklung von den gegenwärtigen Emissionsniveaus (2010) hin zu gleichen Pro-Kopf-Emissionsrechten in allen Ländern bis 2050 beruht, was effektiv einem Übergang vom Senioritätsprinzip (Grandfathering) zu einer Pro-Kopf-Regelung gleichkommt. Alternative Konvergenzkriterien oder Konvergenzdaten sind ebenfalls denkbar.

- *Grandfathering-Szenario*[2]: In diesem Szenario wird davon ausgegangen, dass den Ländern auf der Basis ihrer tatsächlichen Emissionen im Jahr 2010 alljährlich derselbe Anteil an den Emissionsrechten zugeteilt wird.

- *Pro-Kopf-Szenario*: In diesem Szenario wird unterstellt, dass sich der Anteil der den einzelnen Ländern zugeteilten Emissionsrechte am projizierten Bevölkerungsniveau orientiert, d.h. jedes Land erhält die gleiche Zuteilung pro Kopf der Bevölkerung.

- *Szenario mit globaler CO_2-Steuer*: In diesem Szenario wird von der Einführung einer weltweiten CO_2-Steuer ausgegangen; dies kommt einer Aufteilung der Emissionsrechte gleich, bei der die marginalen Kosten in allen Regionen einheitlich sind, und es erfolgt kein Handel mit CO_2-Emissionsrechten.

Abbildung 3.19 Auswirkungen verschiedener Allokationssysteme auf die Emissionsrechte und die Realeinkommen im Jahr 2050

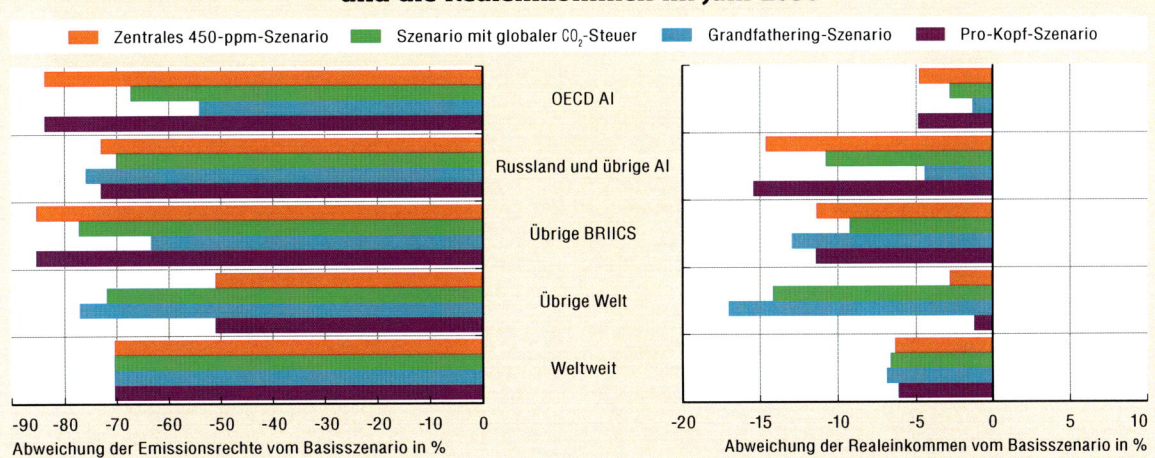

Quelle: Projektionen des OECD-Umweltausblicks; Ergebnisse von Berechnungen anhand des ENV-Linkages-Modells.

StatLink http://dx.doi.org/10.1787/888932570677

(Fortsetzung nächste Seite)

> *(Fortsetzung)*
>
> Da das BIP ein schlechter Indikator für die Wohlfahrtseffekte verschiedener Systeme ist, wenn in großem Umfang mit Emissionsrechten gehandelt wird, sollten diese Allokationsregelungen unter Zugrundelegung der äquivalenten Variation der Realeinkommen verglichen werden[3].
>
> Global betrachtet haben die Allokationssysteme keinen großen Einfluss auf die Einkommensniveaus, da sie alle die globalen Emissionen auf demselben Niveau begrenzen (Abb. 3.19) und den Emissionsrechtehandel zulassen. Indessen sind die regionalen Unterschiede recht ausgeprägt, und sie spiegeln weitgehend die Differenzen bei der Zuteilung der Emissionsrechte wider. Im Rahmen des Pro-Kopf-Szenarios würden arme und dicht bevölkerte Regionen wie Indien und die Entwicklungsländer (übrige Welt) zu großen Exporteuren von Emissionsgenehmigungen, und der Handel mit Emissionsrechten würde die Kosten in diesen Regionen reduzieren helfen. Die meisten OECD-Länder weisen im Grandfathering-Szenario die geringsten Einkommensverluste auf. Russland und China würden bei einem Allokationssystem nach dem Grandfathering-Prinzip (angesichts ihrer derzeit hohen Emissionsintensität) ebenfalls besser abschneiden, wenngleich die Einkommensverluste in diesen Regionen bei allen Allokationssystemen über dem globalen Niveau liegen würden.
>
> 1. Nähere Einzelheiten zu den je nach dem gewählten System für die Zuteilung von Emissionsrechten auf die einzelnen Länder entfallenden Anteilen sind Anhang 3.A zu entnehmen.
> 2. Beim „Grandfathering"-Prinzip orientiert sich die Festlegung der künftigen Emissionsrechte an den historischen Emissionsniveaus der jeweiligen Unternehmen, Sektoren oder Länder.
> 3. Die äquivalente Variation der Realeinkommen wird hier definiert als die Veränderung der Realeinkommen (in Prozent), die notwendig ist, um den Verbrauchern den gleichen Nutzen zu garantieren wie im Basisszenario. Ein Problem mit der Verwendung realer BIP-Veränderungen besteht darin, dass der Handel mit Emissionsrechten unberücksichtigt bleibt (vgl. OECD, 2009b, wegen näherer Einzelheiten). Ferner ist anzumerken, dass der Transfer von Emissionsrechten zwischen den Ländern die internationalen Handelsstrukturen verändern und Druck auf die Wechselkurse ausüben würde und somit Auswirkungen auf die Terms of Trade der einzelnen Länder hätte. Aus diesem Grund könnte sich die Allokation der Emissionsrechte stärker auf die realen Einkommen der privaten Haushalte auswirken als auf das BIP-Niveau (OECD, 2009b).

es den OECD-Ländern, eine partielle Dekarbonisierung ihrer Wirtschaft zu erreichen, während in den BRIICS in erster Linie Maßnahmen zur Steigerung der Energieeffizienz zum Einsatz kommen[41]. Die Energieintensität, definiert als das Verhältnis Energieverbrauch/BIP, wird den Projektionen zufolge in den OECD-Ländern jährlich um 3,2% sinken (was nahe am Weltdurchschnitt liegt), während dieser Wert in den BRIICS und der übrigen Welt 3,9% bzw. 4,5% jährlich erreichen dürfte. In diesen Regionen besteht ein größeres Potenzial zur Steigerung der Energieeffizienz, da die CO_2-Intensität dort im Durchschnitt höher ist als in den OECD-Ländern (IEA, 2009b)[42].

Da im zentralen 450-ppm-Szenario von einer Verteilung der Emissionsrechte nach dem Prinzip der „kontinuierlichen Verringerung und Annäherung" („Contraction and Convergence") ausgegangen wird, ist der OECD-Raum dort der größte Käufer von Emissionszertifikaten, was bedeutet, dass die OECD-Länder einen Teil der erforderlichen Emissionsreduzierung im Ausland erzielen. Die Entwicklungsländer in der Gruppe „übrige Welt" sind die Hauptveräußerer von Emissionszertifikaten. Die damit für die Volkswirtschaften verbundenen Kosten unterscheiden sich deutlich innerhalb der einzelnen Ländergruppen. Die relativ hohen BIP-Verluste in den BRIICS konzentrieren sich weitgehend auf *a)* Russland, wo sich der Nachfragerückgang nach fossilen Energieträgern negativ auswirkt, und *b)* China, wo die Emissionen sehr viel rascher wachsen als die Bevölkerung, mit der Folge, dass China in den späteren Jahrzehnten eine erhebliche Menge an Emissionszertifikaten am internationalen Markt kaufen muss.

Der Einsatz eines geeigneten Systems für die Verteilung der Einnahmen aus marktbasierten Mitigationsmaßnahmen im Inland könnte die wirtschaftlichen Kosten des Klimaschutzes reduzieren helfen. Wenn die Einnahmen aus CO_2-Steuern oder dem Verkauf von Emissionszertifikaten beispielsweise zur Senkung der Steuern auf den Faktor Arbeit eingesetzt würden, könnte damit die Beschäftigung angekurbelt werden und würden die Mitigationskosten auf kurze Sicht reduziert (vgl. z.B. Chateau et al., 2011). Auf lange Sicht hingegen, wenn die Arbeitsmärkte flexibler sind, wäre weniger Spielraum für die Erzielung einer solchen „doppelten Dividende" vorhanden.

Die Konsequenzen des beschleunigten 450-ppm-Szenarios

Sowohl im beschleunigten als auch im zentralen 450-ppm-Szenario reduzieren sich die projizierten Emissionen im Vergleich zum Basisszenario bis 2050 um über 75%. Der Hauptunterschied zwischen den beiden Szenarien besteht in der zeitlichen Planung der globalen Mitigationsanstrengungen in den kommenden zwei Jahrzehnten. Hieraus ergeben sich Differenzen in Bezug darauf, bei welchen Treibhausgasen (bzw. bei welchen Brennstoffen im Fall energiebezogener CO_2-Emissionen) die stärksten Emissionssenkungen erzielt werden, sowie im Hinblick auf die Mitigationsentscheidungen, die in den verschiedenen Regionen und Sektoren getroffen werden. Diese Elemente werden in den vier Teilen von Abbildung 3.20 veranschaulicht. Natürlich sind die stärkeren Mitigationsanstrengungen im beschleunigten 450-ppm-Szenario mit geringeren Umweltrisiken, aber höheren Kosten als im zentralen 450-ppm-Szenario verbunden. 2030 lägen die Preise für CO_2-Emissionen im beschleunigten 450-ppm-Szenario etwa 50% über dem Preisniveau im zentralen 450-ppm-Szenario.

Da die gleiche Regel für die Allokation der Emissionsrechte angewandt wird, führen beide Szenarien insgesamt betrachtet zu sehr ähnlichen Emissionsminderungsmustern in den verschiedenen Regionen. Auf die BRIICS entfällt über die Hälfte der gesamten Mitigationsanstrengungen, die andere Hälfte ist zu gleichen Teilen auf die OECD-Länder und die übrige Welt aufgeteilt. Bei einer Analyse auf Länderebene treten jedoch größere Unterschiede zwischen den verschiedenen Szenarien zu Tage: China und der Nahe Osten machen im beschleunigten 450-ppm-Szenario etwa ein Drittel bzw. 7% der Gesamtemissionsminderung aus und reagieren stärker auf den für 2020 festgelegten Emissionszielwert. In anderen Ländern, beispielsweise Indien, sind die Mitigationsanstrengungen weniger von der Architektur der Szenarien abhängig, da das Mitigationspotenzial in diesen Ländern weniger stark auf das Preisniveau für CO_2-Emissionen in den Jahren 2020 und 2030 reagiert.

In beiden Simulationen werden unabhängig vom Preisniveau für CO_2-Emissionen die kostengünstigsten Optionen zur Emissionsminderung in der Anfangsphase der Anstrengungen mobilisiert. Danach entscheidet das Niveau der Ambitionen über die optimale Kombination der Reduktionsmaßnahmen. Andere Treibhausgase als CO_2 (Methan, Stickoxid und fluorierte bzw. F-Gase wie FKW, PFKL und Schwefelhexafluorid bzw. SF_6) bieten ein enormes Mitigationspotenzial, und die Emissionsreduktionen lassen sich zu moderaten Kosten erzielen. Dieses Potenzial könnte selbst bei recht niedrigen Preisen für CO_2-Emissionen genutzt werden. Beispielsweise wird projiziert, dass leicht vorzunehmende Umstellungen industrieller Aktivitäten sowie Veränderungen in den Agrarpraktiken dazu beitragen könnten, die Methanemissionen stark und auf effiziente Weise zu reduzieren (z.B. im Kohlebergbau, bei der Verarbeitung und beim Transport von Öl und Gas, durch Abfallrecycling sowie durch Auffangen von Methan aus Mülldeponien). Die Verringerung der Methanemissionen macht allein über 60% der Gesamtreduktion der Emissionen von anderen Gasen als CO_2 bis 2020 aus. Auf die durch Veränderungen bei den Reisanbaumethoden, den Säureproduktionsverfahren und im Nährstoffmanagement bedingte Reduzierung der Stickoxidemissionen entfallen weitere 20%.

3. KLIMAWANDEL

Abbildung 3.20 Verringerung der Treibhausgasemissionen im beschleunigten 450-ppm-Szenario und zentralen 450-ppm-Szenario im Vergleich zum Basisszenario, 2020 und 2030

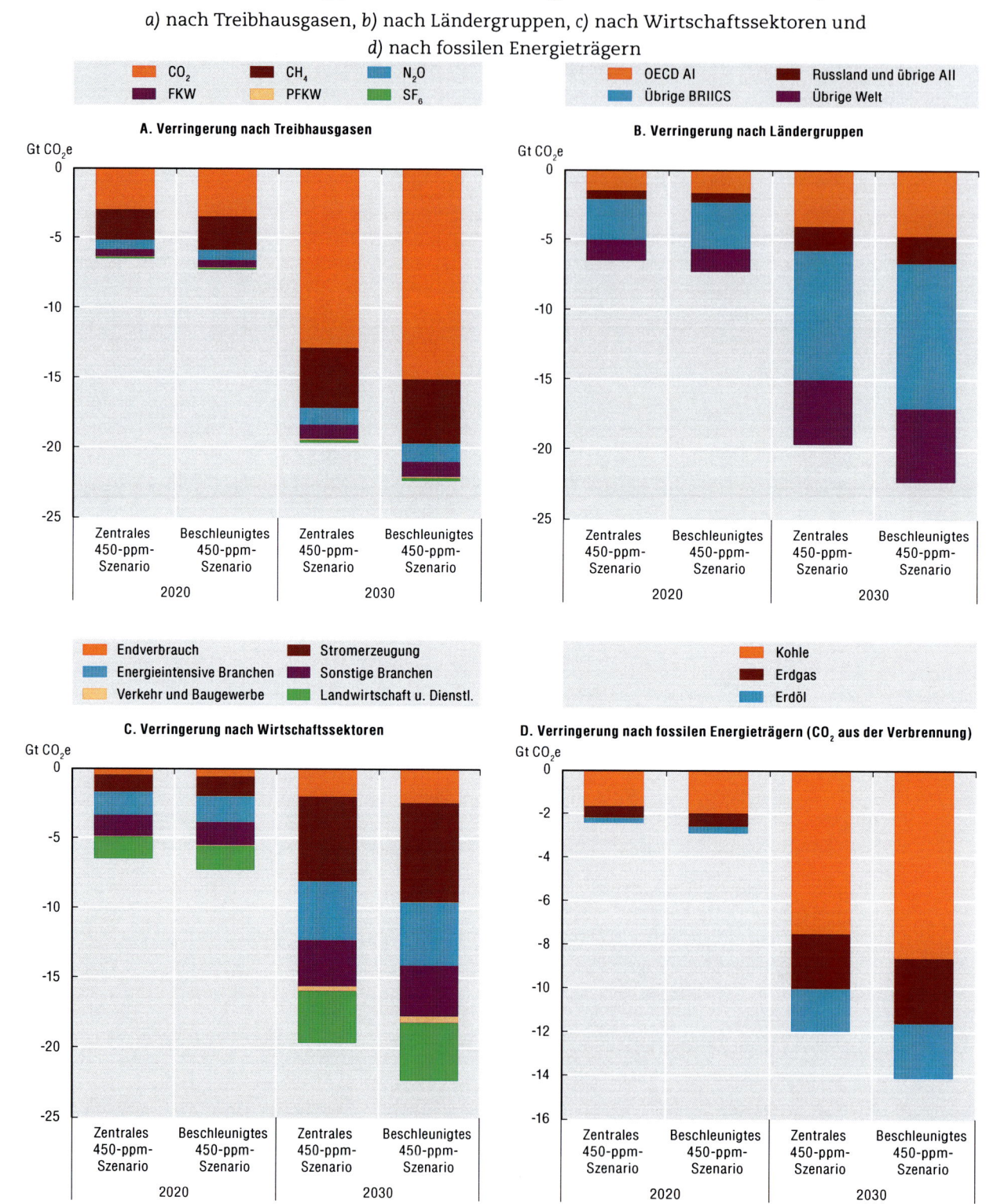

a) nach Treibhausgasen, *b)* nach Ländergruppen, *c)* nach Wirtschaftssektoren und
d) nach fossilen Energieträgern

A. Verringerung nach Treibhausgasen
(CO_2, CH_4, N_2O, FKW, PFKW, SF_6)

B. Verringerung nach Ländergruppen
(OECD AI, Russland und übrige AII, Übrige BRIICS, Übrige Welt)

C. Verringerung nach Wirtschaftssektoren
(Endverbrauch, Stromerzeugung, Energieintensive Branchen, Sonstige Branchen, Verkehr und Baugewerbe, Landwirtschaft u. Dienstl.)

D. Verringerung nach fossilen Energieträgern (CO_2 aus der Verbrennung)
(Kohle, Erdgas, Erdöl)

Quelle: Projektionen des *OECD-Umweltausblicks*; Ergebnisse von Berechnungen anhand des ENV-Linkages-Modells.

StatLink http://dx.doi.org/10.1787/888932570696

Das beschleunigte Szenario setzt eine raschere Dekarbonisierung der Stromerzeugung voraus, während eine allmählichere Reaktion auf den Klimawandel vergleichsweise stärkere Anstrengungen auf Seiten energieintensiver Industriezweige, Dienstleistungssektoren und der Landwirtschaft erfordern würde. In beiden Szenarien ist Öl der fossile Brennstoff, der in den kommenden zehn Jahren am stärksten betroffen ist. Besonders starke Negativanreize für die Kohlenutzung bestehen in der Stromerzeugung, und selbst moderate Preise für CO_2-Emissionen reichen aus, um in der Kohleverstromung Effizienzsteigerungen auszulösen und insbesondere in China und Indien eine Umstellung auf weniger CO_2-intensive gasbasierte Stromerzeugungskapazitäten zu begünstigen. Erdgas ist in beiden Szenarien gleichermaßen betroffen und macht 2020 und 2030 etwa 20% der Gesamtreduktion aus. In beiden Szenarien fungiert Gas als Überbrückungsenergieträger, bis CO_2-arme Technologien auf breiterer Basis zur Verfügung stehen. Die Kernenergie wird in beiden Fällen 2020 voraussichtlich nahezu zwei Drittel und 2030 nur die Hälfte des CO_2-armen Stroms liefern. Der Anteil der Wasserkraft an der Stromerzeugung nimmt mit der Zeit tendenziell ab, da Wind-, Solar- und sonstige erneuerbare Energien einen immer größeren Platz einnehmen. Hingegen ist der Preisunterschied für CO_2-Emissionen zwischen den beiden Szenarien nicht signifikant genug, um bis 2030 nennenswerte Veränderungen im Mix der erneuerbaren Technologien herbeizuführen. Die Stromerzeugung aus fossilen Brennstoffen mit CO_2-Abtrennung und -Speicherung spielt schließlich im späteren Verlauf des Projektionszeitraums eine bedeutende Rolle (vgl. Kasten 3.10 zu den Auswirkungen unterschiedlicher Technologieoptionen).

Kasten 3.10 **Auswirkungen unterschiedlicher Technologieoptionen**

Ein gegebenes Mitigationsziel lässt sich über viele verschiedene Entwicklungspfade erreichen. Die in diesem *Ausblick* untersuchten Politikszenarien modellieren unterschiedliche Technologiepfade zur Emissionsminderung. Im Basisszenario ist der Stromsektor insgesamt für mehr als 40% der CO_2-Emissionen im Jahr 2050 verantwortlich und spielt daher bei der Dekarbonisierung der Wirtschaft eine Schlüsselrolle. Zur Untersuchung der Rolle der Energietechnologien im beschleunigten 450-ppm-Szenario wurden anhand des ENV-Linkages-Modells (wegen näherer Einzelheiten vgl. Anhang 3.A) drei alternative Simulationen durchgeführt. Alle diese Szenarien sollen denselben 450-ppm-Emissionspfad erreichen, mit demselben Zeitplan für die Emissionsminderungen, legen dabei aber unterschiedliche Verlaufsmuster der technischen Entwicklung zu Grunde.

a) *Geringe Effizienz und wenig erneuerbare Energien*: Im Vergleich zu den Standardannahmen im beschleunigten 450-ppm-Szenario wird hier von geringeren Effizienzsteigerungen beim Energieeinsatz auf Grund einer geringeren Verbesserung des Energieinputs in der Produktion und einer langsameren Zunahme der Energieerzeugung aus erneuerbarer Quellen ausgegangen.

b) *Schrittweiser Ausstieg aus der Kernenergie*: Hier wird davon ausgegangen, dass die Kernenergiekapazitäten, die derzeit aufgebaut werden und bis 2020 geplant sind, effektiv entstehen und ans Netz angeschlossen werden. Nach 2020 werden indessen keine weiteren Kernreaktoren gebaut, so dass die weltweite Kernenergiekapazität auf Grund der Außerbetriebnahme der bestehenden Kraftwerke nach Ende ihrer Lebenszeit bis 2050 abnehmen wird.

c) *Keine CO_2-Abtrennung und -Speicherung*: Hier wird davon ausgegangen, dass der Einsatz von CCS-Technologien nicht über das im Basisszenario projizierte Niveau hinausgeht.

Auf kurze Sicht – d.h. bis 2020 – führen Veränderungen bei den zur Verfügung stehenden Technologien zur Emissionsminderung nur zu begrenzten Umstellungen im Energiemix für die Stromerzeugung und bei deren Niveau, da die Kosten für CO_2-Emissionen zu niedrig sind, um die Inertie im Energiesystem zu beseitigen. In allen Simulationen wird der Großteil der Emissionsminderung in diesem Zeitraum daher über eine Reduzierung der Emissionen an Methan, Stickoxyden und F-Gasen erzielt, wenngleich durch den Preis für CO_2-Emissionen bedingt auch der Energieverbrauch etwas nachlässt.

(Fortsetzung nächste Seite)

3. KLIMAWANDEL

(Fortsetzung)

Abbildung 3.21 Technologieoptionen für das beschleunigte 450-ppm-Szenario

- OECD AI
- Russland und übrige AI
- Übrige BRIICS
- Übrige Welt
- Weltweit
- ◇ Preis für CO_2-Emissionen (rechte Ordinate)

A. Wirtschaftliche Auswirkungen der Technologieauswahl im Jahr 2050

Auswirkungen auf die Realeinkommen 2050, in %
Preis für CO_2-Emissionen (US-$/t CO_2e)

Szenarien:
- 450-ppm-Szenario (alle Technologien)
- Geringe Effizienz und wenig erneuerbare Energien
- Ausstieg aus der Kernenergie
- Keine CO_2-Abtrennung und -Speicherung (CCS)

- Fossile Energieträger ohne CCS
- Fossile Energieträger mit CCS
- Kernenergie
- Erneuerbare Energien
- ◇ Stromerzeugung (rechte Ordinate)

B. Veränderungen im Energiesystem im Jahr 2050

OECD AI — Anteil am Energiemix in % / Stromerzeugung (TWh)

Russland und übrige AI — Anteil am Energiemix in % / Stromerzeugung (TWh)

Übrige BRIICS — Anteil am Energiemix in % / Stromerzeugung (TWh)

Übrige Welt — Anteil am Energiemix in % / Stromerzeugung (TWh)

Quelle: Projektionen des OECD-Umweltausblicks; Ergebnisse von Berechnungen anhand des ENV-Linkages-Modells.

StatLink http://dx.doi.org/10.1787/888932570677

(Fortsetzung nächste Seite)

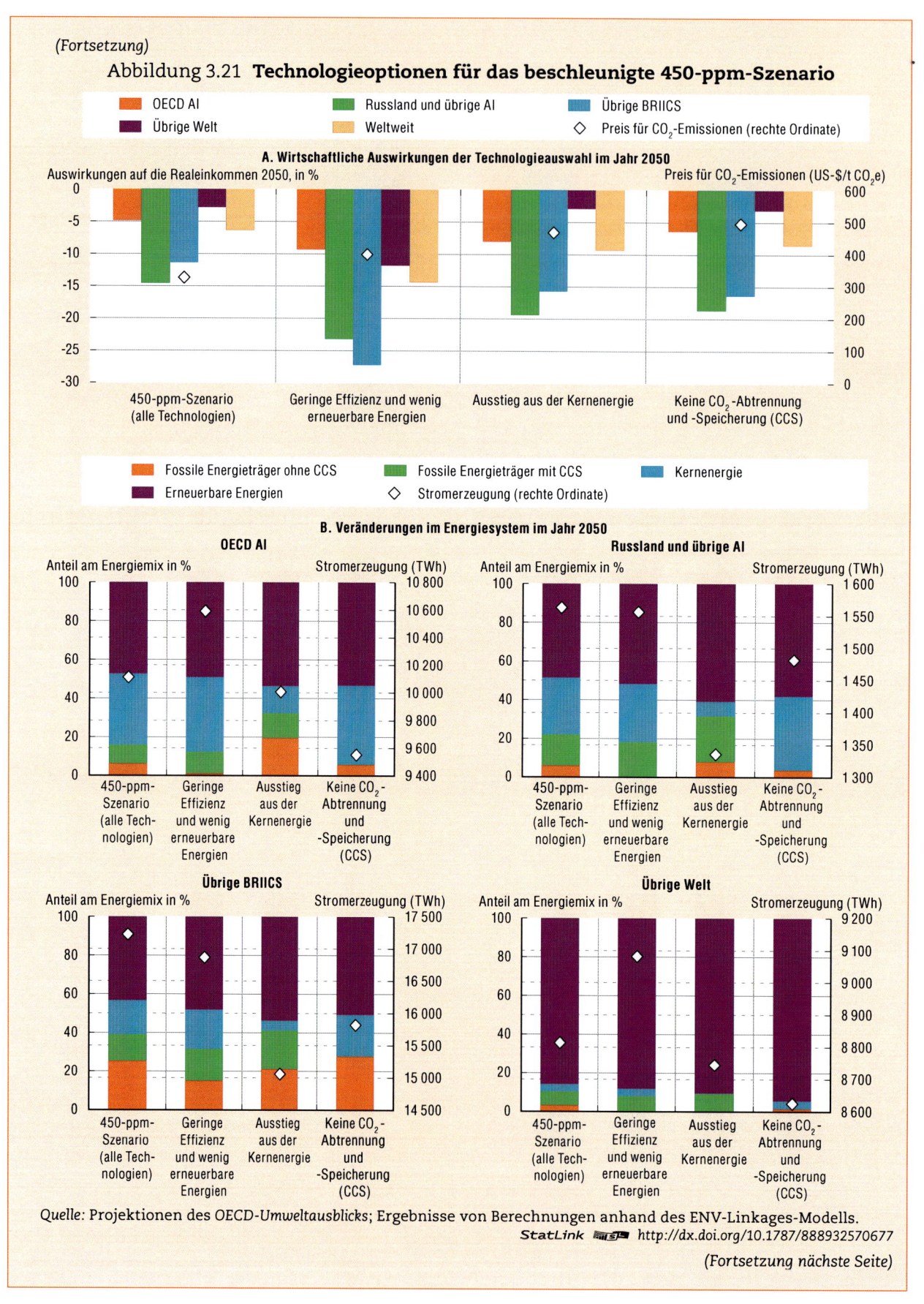

> *(Fortsetzung)*
>
> Auf lange Sicht – d.h. bis 2050 – spielen diese Energietechnologien jedoch eine bedeutendere Rolle, da sich die CO_2-armen Technologien bis dahin in allen Regionen der Welt durchgesetzt haben dürften (Abb. 3.21). Teil A der Abbildung illustriert die Auswirkungen der Technologieauswahl auf das BIP und den Preis für CO_2-Emissionen in den einzelnen Szenarien, während in Teil B für jede der großen Ländergruppen der Energiemix in der Stromerzeugung und das Stromerzeugungsniveau insgesamt dargestellt sind. Aus Teil A geht eindeutig hervor, dass hinreichende Flexibilität im Energiesystem ein Faktor ist, der die Regionen vor den Folgen großer, plötzlicher und unerwarteter Kostensteigerungen oder einer im Vergleich zum ursprünglich erwarteten Niveau geringeren Verfügbarkeit einer bestimmten Technologie bewahrt*.
>
> Bis 2050 werden unter der Annahme, dass alle Technologien verfügbar sind, die erneuerbaren Energien etwa die Hälfte des Energiebedarfs in den OECD-Ländern und den BRIICS decken, die gleichzeitig auch auf kapitalintensive Kern- und Kohlekraftwerke mit CO_2-Abtrennung und -Speicherung setzen. Die Ergebnisse lassen in den meisten Regionen starke Komplementaritäten zwischen nuklearen und fossilen Energieträgern (mit oder ohne CCS) erkennen. In den BRIICS, wo in den kommenden Jahrzehnten die Kapazitäten am stärksten erweitert werden, hat der schrittweise Ausstieg aus der Kernenergie eine deutliche Verringerung der Stromerzeugung zur Folge. Kraftwerke mit CO_2-Abtrennung und -Speicherung werden gegen 2030 wettbewerbsfähig sein, und gegen Ende des Zeithorizonts wird ihre Wettbewerbsfähigkeit sowohl in den OECD-Ländern als auch in den BRIICS stark gestiegen sein. Wenn bis 2050 keine CCS-Kraftwerke gebaut sind, wird die Umstellung auf kostenaufwendigere Technologien eine Erhöhung der Strompreise und Veränderungen bei den Verbrauchsstrukturen zur Folge haben. Der Anteil des in fossilen Kraftwerken ohne CO_2-Abtrennung und -Speicherung erzeugten Stroms an der gesamten Stromerzeugung weltweit wird auf Grund des hohen Preises für CO_2-Emissionen auf etwa 10% schrumpfen – vorausgesetzt, es kommt nicht zu einem Ausstieg aus der Kernenergie, da in diesem Fall ein derart drastischer Rückgang nicht machbar wäre.
>
> Die Länder der „übrigen Welt" werden voraussichtlich eine andere Mitigationsstrategie verfolgen, die in erster Linie auf erneuerbaren Energien beruht. Die Entwicklungen in dieser Ländergruppe werden daher sehr stark von den Annahmen bezüglich der Energieeffizienz und der Produktivität erneuerbarer Energietechnologien beeinflusst, ein Ausstieg aus der Kernenergie und ausbleibende Fortschritte bei der CO_2-Abtrennung und -Speicherung werden auf sie hingegen weniger Auswirkungen haben. Angesichts dieser Strategie wäre eine Substitution durch nicht erneuerbare Energiequellen schwieriger und kostenaufwendiger. Folglich sind die Einkommensverluste in der übrigen Welt im Szenario mit „Geringer Effizienz und wenig erneuerbaren Energien" im Vergleich zum beschleunigten 450-ppm-Szenario mehr als doppelt so groß.
>
> * Der Reaktorunfall im Kernkraftwerk Fukushima in Japan 2011 und die sich daran anschließende Diskussion über den Einsatz der Kernenergie in anderen Ländern machen deutlich, dass die Möglichkeit großer Störungen im Energiesystem nicht außer Acht gelassen werden darf.

Die Konsequenzen des verzögerten 450-ppm-Szenarios

Wie weiter oben erörtert wurde, wird im verzögerten 450-ppm-Szenario davon ausgegangen, dass die Mitigationsanstrengungen bis 2020 darauf abzielen, das obere Ende der im Rahmen der Kopenhagener Vereinbarung und der Vereinbarungen von Cancún gemachten Zusagen zu erreichen (Tabelle 3.6). Zahlreiche Länder haben im Rahmen der Kopenhagener Vereinbarung von 2009 Emissionsreduktionsziele bzw. nationale Klimaschutzpläne vorgelegt, die anschließend in die UNFCCC-Vereinbarungen von Cancún von 2010 aufgenommen wurden. Nahezu alle Industriestaaten haben sich verpflichtet, bis 2020 gesamtwirtschaftliche Mengenreduktionsziele zu erreichen, und 44 Entwicklungsländer haben die Umsetzung von Klimaschutzmaßnahmen zugesagt[43]. Tabelle 3.6 enthält eine Übersicht über die Mengenziele und die zugesagten Maßnahmen sowie Angaben zu der sich daraus ergebenden Reduktion der Treibhausgasemissionen im Vergleich zum Emissionsniveau im Jahr 1990 (für die

3. KLIMAWANDEL

Tabelle 3.6 Umrechnung der in der Kopenhagener Vereinbarung und den Vereinbarungen von Cancún zugesagten Ziele und Maßnahmen in Veränderungen des Emissionsvolumens im verzögerten 450-ppm-Szenario: 2020 im Vergleich zu 1990

Region	Angekündigte Emissionsreduktionsziele und -maßnahmen der Länder	Emissionen im verzögerten 450-ppm-Szenario
Kanada	-17% gegenüber 2005; von einer Nutzung von Kompensationszertifikaten wird derzeit nicht ausgegangen	+ 2,5% gegenüber 1990 (5 Mio. t CO_2e aus LULUCF-Aktivitäten)
Japan und Korea	Japan -25% gegenüber 1990; Korea -30% im Vergleich zu einer Fortsetzung der bisherigen Politik	-16% gegenüber 1990 (35 Mio. t CO_2e aus LULUCF-Aktivitäten)
Ozeanien	Australien -5% bis -25% gegenüber 2000 Neuseeland -10% bis -20% gegenüber 1990	-12% gegenüber 1990 (0 Mio. t CO_2e aus LULUCF-Aktivitäten)
Russland	-15% bis -25% gegenüber 1990	-25% gegenüber 1990 (0 Mio. t CO_2e aus LULUCF-Aktivitäten)
Vereinigte Staaten	-17% gegenüber 2005	-3,5% gegenüber 1990 (150 Mio. t CO_2e aus LULUCF-Aktivitäten)
EU27 und EFTA	EU27, Liechtenstein und Schweiz -20% bis -30% gegenüber 1990; Norwegen -30% bis -40% gegenüber 1990; Island und Monaco -30% gegenüber 1990; Kompensationszertifikate machen maximal 4 Prozentpunkte aus; keine Anrechnung von LULUCF-Aktivitäten bei geringeren Zusagen	-30% gegenüber 1990 (195 Mio. t CO_2e aus LULUCF-Aktivitäten)
Übriges Europa	Ukraine -20% gegenüber 1990; Belarus -5% bis -10% gegenüber 1990; Kroatien -5% gegenüber 1990; es wird davon ausgegangen, dass die Emissionen anderer Länder dieser Gruppe, die keine Zusagen gemacht haben (einschl. Türkei), auf dem bei Fortsetzung der bisherigen Politik projizierten Niveau verharren.	-19,5% gegenüber 1990 (25 Mio. t CO_2e aus LULUCF-Aktivitäten)
Brasilien	-36% bis -39% im Vergleich zu einer Fortsetzung der bisherigen Politik	-39% im Vergleich zu einer Fortsetzung der bisherigen Politik (einschl. 775 Mio. t CO_2e REDD)
China	CO_2-Intensität -40% bis -45% gegenüber 2005; Anteil der nichtfossilen Energieträger am Primärenergieverbrauch 15%; Waldbedeckung +40 Mio. ha und Volumen +1,3 Bill. m³	-4% im Vergleich zu einer Fortsetzung der bisherigen Politik
Indonesien	Indonesien -26% im Vergleich zu einer Fortsetzung der bisherigen Politik	-26% im Vergleich zu einer Fortsetzung der bisherigen Politik (einschl. 200 Mio. t CO_2e REDD)
Indien	CO_2-Intensität -20% bis -25% gegenüber 2005	-2% im Vergleich zu einer Fortsetzung der bisherigen Politik
Naher Osten und Nordafrika	Israel -20% im Vergleich zu einer Fortsetzung der bisherigen Politik; keine Zusagen für die anderen Länder dieser Gruppe	Keine Emissionsrestriktionen
Mexiko	Mexiko -30% im Vergleich zu einer Fortsetzung der bisherigen Politik	-30% im Vergleich zu einer Fortsetzung der bisherigen Politik (einschl. 115 Mio. t CO_2e REDD).
Südafrika	Südafrika -34% im Vergleich zu einer Fortsetzung der bisherigen Politik	-25% im Vergleich zu einer Fortsetzung der bisherigen Politik[1]
Übrige Welt	Einige Länder dieser Gruppe haben Zusagen gemacht (darunter Costa Rica, Malediven, Marschall-Inseln), nicht aber die größten Emissionsverursacher in dieser Gruppe	Keine Emissionsrestriktionen

1. Die von Südafrika verwendeten nationalen Projektionen für den Fall der Fortsetzung der bisherigen Politik gehen von sehr viel höheren Emissionsniveaus aus als das OECD-Basisszenario; daher wurde die Zielvorgabe für Südafrika um diese Differenz bereinigt.
Anmerkung: Die Zusagen sind hier zur Erstellung eines stilisierten Modellierungsszenarios entsprechend ihrer wichtigsten quantitativen Aspekte dargestellt. Viele Länder haben bei ihren Vorlagen für den UNFCCC-Prozess zusätzliche Detailinformationen und Erläuterungen geliefert, wobei häufig auch Bedingungen genannt werden. Wegen näherer Einzelheiten zu den Zusagen vgl. FCCC/SB/2011/INF.1/Rev.1 und FCCC/AWGLA/2011/INF.1 unter *www.unfccc.int*.

Annex-I-Parteien) sowie zu dem in den Modellsimulationen des Basisszenarios projizierten Emissionsniveau im Jahr 2020 (für Nicht-Annex-I-Parteien)[44]. Viele Annex-I-Staaten haben ihre Maßnahmen in Bezug auf die Nutzung von Kompensationszertifikaten nicht detailliert dargelegt; deshalb konnten diesbezügliche Informationen nur für einige wenige Regionen hinzugefügt werden; in allen anderen Fällen wird pauschal davon ausgegangen, dass maximal 20% der Reduktionsziele über Kompensationen erreicht werden. Annex-I-Parteien könnten potenziell Aktivitäten im Bereich Landnutzung, Landnutzungsänderungen und Forstwirtschaft (LULUCF) anrechnen lassen, um die zugesagten Ziele zu erreichen; inwieweit dies in der Simulation zu Grunde gelegt wird, ist der letzten Spalte zu entnehmen (vgl. Anhang 3.A wegen näherer Einzelheiten).

Wenngleich die Emissionsreduzierungen im verzögerten 450-ppm-Szenario bis 2020 geringer ausfallen als im zentralen 450-ppm-Szenario, sind die Realeinkommensverluste auf Grund der Fragmentierung der CO_2-Märkte in den meisten Regionen größer (Abb. 3.22). Im verzögerten Szenario variieren die Preise für CO_2-Emissionen zwischen null in Regionen ohne verpflichtende Zusagen (insbesondere Naher Osten, Nordafrika und übrige Welt) und mehr als 50 US-$/t CO_2e in Japan und Korea zusammengenommen. Diese Ergebnisse hängen von einer Reihe entscheidender, aber ungewisser Annahmen hinsichtlich der Interpretation der Zusagen ab (Kasten 3.11).

Kasten 3.11 Die Lücke schließen: Reichen die Zusagen von Kopenhagen aus?

Die im verzögerten 450-ppm-Szenario widergespiegelten Zusagen von Kopenhagen reichen nicht aus, um den Pfad zur Stabilisierung der Treibhausgaskonzentration bei 450 ppm auf kostengünstige Weise zu erreichen. Dies wird durch eine weitere Analyse bestätigt, die zeigt, dass diese Zusagen nicht ausreichen, um die Treibhausgasemissionen insgesamt im Jahr 2020 auf 41-48 Gt CO_2e zu senken, d.h. die Bandbreite, in der laut der Studie des UNEP (2010) eine kostengünstige Stabilisierung der Konzentration möglich wäre (vgl. Kasten 3.8). Dies ist die maximale Emissionsmenge, bei der noch eine mittlere bis große Wahrscheinlichkeit besteht, die 2°C-Zielvorgabe zu möglichst geringen Kosten zu erreichen (Dellink et al., 2010; UNEP, 2010). Dies wird in Tabelle 3.7 bestätigt: 2020 würden sich die globalen Emissionen unter Zugrundelegung des oberen Endes des Spektrums der zugesagten Emissionsminderung auf 51,6 Gt CO_2e und unter Zugrundelegung des unteren Endes (jedoch unter Einbeziehung der an Bedingungen geknüpfte Zusagen) auf über 52 Gt CO_2e belaufen[1]. Die Lücke zwischen den Emissionsreduzierungen im verzögerten 450-ppm-Szenario und dem mit der Erreichung des 2°C-Ziels im Einklang stehenden Pfad beträgt daher zwischen 3 und 11 Gt CO_2e (während sich die gesamten Mitigationsanstrengungen im verzögerten 450-pmm-Szenario 2020 auf weniger als 4 Gt CO_2e belaufen)[2]. Wie in UNEP (2010) dargelegt und durch unsere Analyse bestätigt wurde (siehe nächster Abschnitt), lässt sich praktisch kaum ermitteln, zu welchen Temperaturerhöhungen diese Zusagen für den Zeitraum bis 2020 führen würden, da die Annahmen hinsichtlich des Entwicklungspfads nach 2020 die daraus resultierenden Temperaturveränderungen stark beeinflussen werden.

Würden die Zusagen am unteren Ende der Bandbreite mit Anrechnungsregeln[3] für Landnutzung, Landnutzungsänderungen und Forstwirtschaft (LULUCF) kombiniert, die dazu führen, dass nicht durch Veränderungen der Bewirtschaftungsaktivitäten bedingte Entwicklungen angerechnet werden, und käme es gleichzeitig zu einer Übertragung überschüssiger Emissionsguthaben (Assigned Amount Unit – AAU)[4] aus dem laufenden Kyoto-Verpflichtungszeitraum (2008-2012), könnte sich diese Lücke noch weiter ausweiten. Zudem gibt es andere Unsicherheitsfaktoren, die zwar einen geringeren Einfluss auf die ökologische Wirksamkeit haben, sich aber in den Kosten niederschlagen. Hierzu zählen etwaige Einschränkungen bei der Nutzung von Kompensationszertifikaten, die internationale Finanzierung von Klimaschutzmaßnahmen in Entwicklungsländern sowie die Frage der Verknüpfung der CO_2-Märkte in den Annex-I-Ländern. Tabelle 3.7 verdeutlicht, wie sich diese Unsicherheitsfaktoren auf die globalen Emissionen (in Gt CO_2e) und die regionalen Kosten (ausgedrückt als Abweichung der Realeinkommen vom Basisansatz) auswirken.

(Fortsetzung nächste Seite)

(Fortsetzung)

Tabelle 3.7 **Wie unterschiedliche Faktoren die Emissions- und Realeinkommensniveaus beeinflussen werden, die aus den Zusagen der Vereinbarungen von Cancún und Kopenhagen resultieren: Verzögertes 450-ppm-Szenario (Abweichung vom Basisszenario)**

Auf der Basis einzelner Veränderungen der wichtigsten Annahmen (Abweichungen vom Basisszenario in %)

Szenario	Weltweite THG-Emissionen einschl. LULUCF (Gt CO_2e)	Äquivalente Einkommensvariation			
		OECD AI	Russland und übrige AI	Übrige BRIICS	Übrige Welt
… zugesagte Emissionsminderung (hohe vs. geringe Zusagen)	51.6 vs 52.2	-0.2 vs -0.1	-0.4 vs -0.3	-0.1 vs -0.1	-0.5 vs -0.4
… Übertragung überschüssiger Emissionsrechte (0-100%)	51.6 vs 51.6	-0.2 vs -0.2	-0.4 vs -0.4	-0.1 vs -0.1	-0.5 vs -0.5
… Anrechnung von Landnutzung (Netto-Netto-Anrechnung vs. keine Anrechnung der Landnutzung)	51.6 vs 50.8	-0.2 vs -0.3	-0.4 vs -0.6	-0.1 vs -0.2	-0.5 vs -0.6
… internationale Finanzierung (100% vs. 0%)	51.6 vs 51.6	-0.2 vs -0.2	-0.4 vs -0.4	-0.1 vs -0.1	-0.4 vs -0.5
… Nutzung von Kompensationszertifikaten (50% vs. 0%)	51.6 vs 51.6	-0.1 vs -0.3	-0.3 vs -0.5	-0.1 vs 0	-0.3 vs -0.5
… Verknüpfung der CO_2-Märkte (keine vs. Annex-I-Länder)	51.6 vs 51.8	-0.2 vs -0.1	-0.4 vs 0	-0.1 vs 0	-0.4 vs -0.2
… Verknüpfung in Kombination mit Übertragung überschüssiger Emissionsrechte	53.6	0	-0.2	0	-0.1

Quelle: Projektionen des *OECD-Umweltausblicks*; Ergebnisse von Berechnungen anhand des ENV-Linkages-Modells.

StatLink ⛭ http://dx.doi.org/10.1787/888932571912

Sowohl beim oberen als auch beim unteren Ende des Spektrums der zugesagten Emissionsminderungsmaßnahmen bleiben die Gesamtkosten begrenzt, wenngleich die Kosten in einigen Regionen und Sektoren etwas höher sind (Abb. 3.22). Die Kosten steigen in den OECD-Annex-I-Ländern, insbesondere wenn diese vom Einsatz von Landnutzungszertifikaten und/oder Kompensationen absehen. Reduziert werden können die Kosten in diesen Ländern durch eine Beschränkung auf die Erfüllung der weniger anspruchsvollen Zusagen, eine Verknüpfung der CO_2-Märkte oder die Übertragung von AAU-Überschüssen, dies ist aber in allen Fällen mit höheren globalen Emissionen verbunden. Eine über die Teilnahme am Kompensationsmechanismus hinausgehende internationale Finanzierung kann die Kosten in den Entwicklungsländern reduzieren. Allerdings hält sich der Effekt in Grenzen, da in den Simulationen davon ausgegangen wird, dass nur Brasilien, Mexiko und Südafrika diese internationale Finanzierung erhalten (vgl. Anhang 3.A; Kompensationsprojekte können auch in den übrigen Nicht-Annex-I-Ländern angesiedelt werden). Russland und der Ländergruppe „Übriges Europa" (einschließlich der Ukraine) käme eine Verknüpfung der CO_2-Märkte am stärksten zugute, da sie eine große Menge an Zertifikaten zu veräußern haben. In der Ländergruppe „übrige Welt" lassen sich die Kosten entweder durch einen größeren Umfang an Kompensationen oder eine Verknüpfung der CO_2-Märkte in den Annex-I-Ländern begrenzen. Beide Optionen führen zu einer Preisharmonisierung in den Annex-I-Ländern und begrenzen die negativen Übergreifeffekte durch eine globale Straffung des internationalen Handels.

(Fortsetzung nächste Seite)

> *(Fortsetzung)*
>
> Der Einsatz marktorientierter Instrumente, wie CO_2-Steuern oder Cap-and-Trade-Systeme mit Versteigerung der Emissionsrechte, kann eine fiskalische Einnahmequelle darstellen. Sollten die oben beschriebenen, in den Vereinbarungen von Cancún oder der Kopenhagener Vereinbarung enthaltenen Zusagen und Maßnahmen der Annex-I-Länder mit einer CO_2-Steuer oder einem Cap-and-Trade-System mit vollständiger Auktion der Emissionsrechte umgesetzt werden, würden sich die dadurch erzielten Haushaltseinnahmen 2020 auf über 250 Mrd. US-$ belaufen, d.h. 0,6% des BIP der fraglichen Länder[5]. Wenngleich es für diese Einnahmen viele konkurrierende Verwendungszwecke gibt, könnte bereits ein Teil dieses Betrags einen deutlichen Beitrag zu der in den Vereinbarungen von Cancún spezifizierten Klimaschutzfinanzierung leisten[6].
>
> 1. Einige Länder haben sowohl bedingungslose (weniger ehrgeizige) als auch an Bedingungen geknüpfte (ehrgeizigere) Zusagen gemacht. Letztere würden eingehalten, wenn die an die Zusagen geknüpften Bedingungen erfüllt würden, z.B. wenn hinreichende Finanzmittel für Klimaschutzmaßnahmen zur Verfügung gestellt oder auch in anderen Ländern ehrgeizige Maßnahmen ergriffen würden.
> 2. Diese Angaben weichen von Dellink et al. (2010) ab, weil die hier dargelegte Analyse auf der Methodik von den Elzen et al. (2011) fußt und Emissionen aus Landnutzung, Landnutzungsänderungen und Forstwirtschaft umfasst, und nicht etwa weil sich die Zusagen selbst erheblich geändert hätten.
> 3. Die Anrechnungsregeln für Landnutzung, Landnutzungsänderungen und Forstwirtschaft (LULUCF) können die Wirkung der Emissionsminderungsziele der Industriestaaten potenziell abschwächen. Das könnte der Fall sein, wenn LULUCF-Aktivitäten, die auf jeden Fall, d.h. auch ohne neue Maßnahmen von Seiten der Politik, stattfinden, angerechnet würden.
> 4. Assigned Amount Units (AAU) sind handelbare „Kyoto-Einheiten" bzw. Emissionszertifikate, die jeweils zur Emission von einer Tonne CO_2 bzw. CO_2-Äquivalenten berechtigen. Solche Zertifikate werden bis zur Höhe der dem jeweiligen Annex-I-Staat des Kyoto-Protokolls ursprünglich „zugeteilten Menge" ausgegeben. Vgl. Anhang 3.A wegen näherer Einzelheiten.
> 5. Diese Zahlen sind niedriger als die in Dellink et al. (2010), was in erster Linie darauf zurückzuführen ist, dass die Verwendung von Landnutzungszertifikaten den Preis für CO_2-Emissionen reduziert und die Kosten hier in konstanten US-Dollar von 2010 ausgedrückt sind, und nicht darauf, dass sich die Zusagen selbst geändert hätten.
> 6. In den hier dargelegten Simulationen werden die Einnahmen pauschal an die privaten Haushalte umverteilt; alternative Verwendungszwecke würden sich auf den Umfang dieser Pauschaltransfers und indirekt auch auf die Wirtschaft auswirken.

Da im verzögerten 450-ppm-Szenario davon ausgegangen wird, dass der internationale Handel mit Emissionszertifikaten bis 2020 noch nicht möglich ist, bleiben viele kostengünstige Mitigationsoptionen bis dahin unausgeschöpft, was die Gesamtkosten in die Höhe treibt. Abbildung 3.22 zeigt deutlich, dass die auf nationaler Ebene ergriffenen Maßnahmen nicht die einzigen und in manchen Fällen nicht einmal die entscheidendsten Bestimmungsfaktoren der makroökonomischen Kosten des Klimaschutzes sind. Die Exporteure fossiler Brennstoffe, wie Russland und der Nahe Osten, werden den Projektionen zufolge höhere Einkommensverluste verzeichnen, obwohl ihnen kaum oder keine Kosten durch nationale Klimaschutzanstrengungen entstehen. Teil A von Abbildung 3.22 veranschaulicht ferner, wie die internationale Finanzierung von Mitigationsmaßnahmen (die in den Projektionen in Südafrika, Brasilien und Mexiko erfolgt, vgl. Anhang 3.A) zur Eindämmung der Kosten nationaler Maßnahmen beitragen kann. In Verbindung mit der Möglichkeit, Zertifikate am Kompensationsmarkt zu veräußern, verzeichnet die Gruppe der „übrigen BRIICS" im verzögerten 450-ppm-Szenario nur sehr geringe Einkommensverluste.

Längerfristig (bis 2050) verlangt das verzögerte 450-ppm-Szenario ehrgeizigere Mitigationsanstrengungen, um das Konzentrationsniveau vor Ende des Jahrhunderts auf den Zielwert von 450 ppm zurückzuführen. Da diese Anstrengungen im verzögerten Szenario

3. KLIMAWANDEL

Abbildung 3.22 Regionale Auswirkungen auf die Realeinkommen, zentrales 450-ppm-Szenario im Vergleich zum verzögerten 450-ppm-Szenario

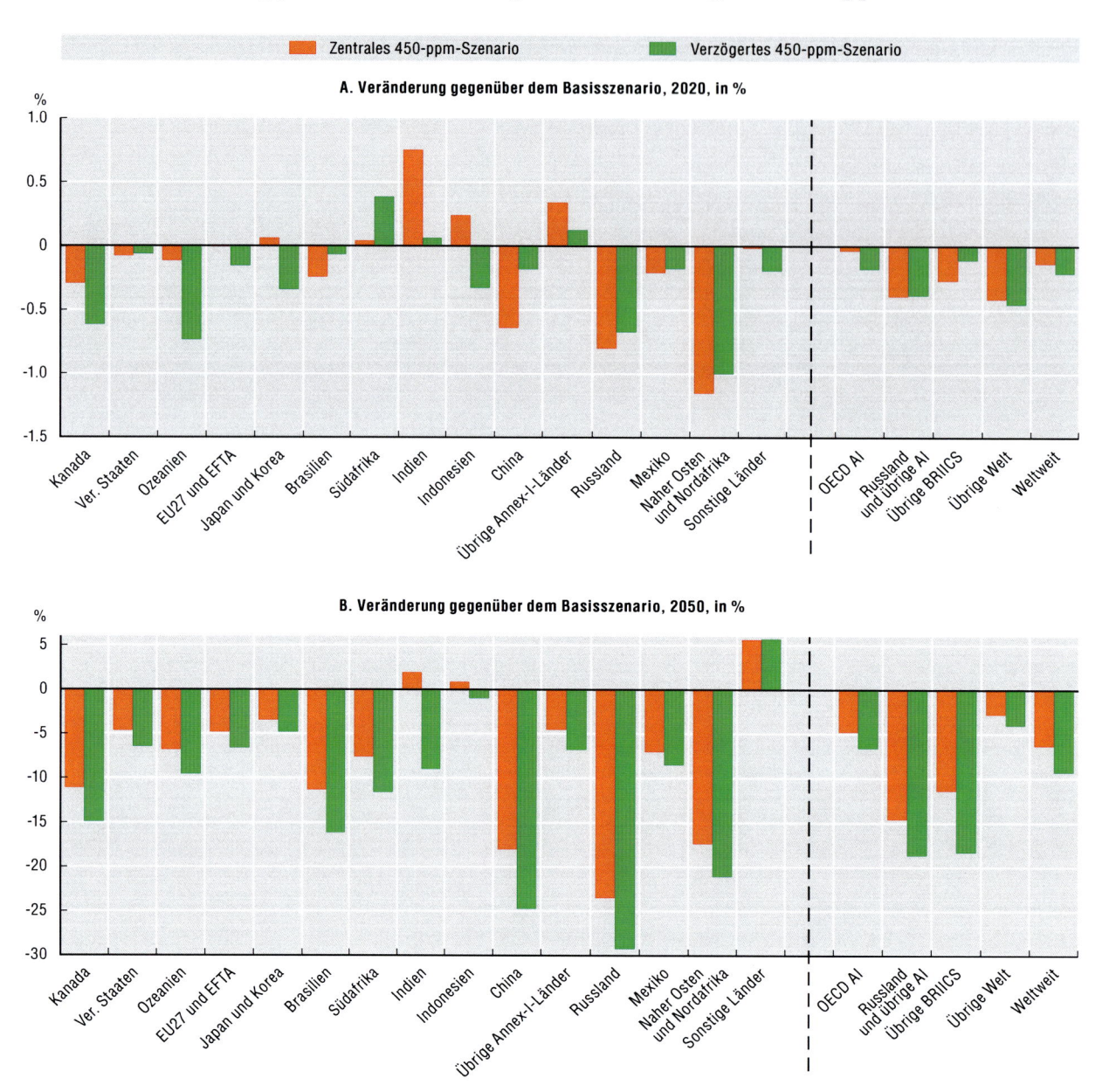

■ Zentrales 450-ppm-Szenario   ■ Verzögertes 450-ppm-Szenario

A. Veränderung gegenüber dem Basisszenario, 2020, in %

B. Veränderung gegenüber dem Basisszenario, 2050, in %

Quelle: Projektionen des OECD-Umweltausblicks; Ergebnisse von Berechnungen anhand des ENV-Linkages-Modells.
StatLink ᔗᕁᔐ http://dx.doi.org/10.1787/888932570753

zu einem späteren Zeitpunkt unternommen werden als im zentralen 450-ppm-Szenario, ist es nicht erstaunlich, dass die Einkommensverluste im verzögerten 450-ppm-Szenario erneut höher ausfallen (Abb. 3.22, Teil B). Bis 2050 hat sich sowohl im zentralen als auch im verzögerten 450-ppm-Szenario ein globaler Markt für den Handel mit CO_2-Zertifikaten herausgebildet, wobei sich die Allokation der Emissionsrechte an der Bevölkerungszahl orientiert; die größeren Einkommensverluste erklären sich daher aus den zusätzlichen Kosten, die eine Folge der unzureichenden Mitigationsanstrengungen der vorangegangenen

Jahrzehnte sind. Es gibt sowohl einen direkten Effekt – der durch die 2050 zur Begrenzung der Treibhausgaskonzentration erforderlichen erhöhten Mitigationsanstrengungen bedingt ist – als auch einen indirekten Effekt, der auf den Mangel an Strukturreformen im Energiesektor in den vorangegangenen Jahrzehnten zurückzuführen ist.

Tabelle 3.8 zeigt, wie sich die im verzögerten 450-ppm-Szenario verfolgte Klimaschutzpolitik auf die Wettbewerbsfähigkeit auswirken dürfte. Es überrascht nicht, dass Energieerzeuger, einschließlich Kraftwerke, ihre Produktion und ihre Exporte infolge des durch das *Carbon Pricing* bedingten Nachfragerückgangs in diesem Szenario reduzieren. Angesichts der geringen Handelsabhängigkeit der Kraftwerke wäre der Energiesektor allerdings weniger von einem Verlust an Wettbewerbsfähigkeit bedroht als energieintensive Industriezweige. Die recht niedrige Emissionsintensität energieintensiver Industriezweige in den OECD-Ländern hat zur Folge, dass diese, obwohl sie auf Grund der Klimaschutzpolitik mit einem erheblichen Anstieg der Kosten konfrontiert wären, langfristig gesehen gegenüber weniger effizienten Konkurrenten in den BRIICS und der übrigen Welt Marktanteile gewinnen und auf diese Weise sogar ihr Produktionsniveau im Vergleich zum Basisszenario erhöhen könnten. Detailliertere Analysen auf subsektoraler Ebene könnten noch genauer identifizieren, wo die größten Effekte zu erwarten sind.

Tabelle 3.8 **Auswirkungen des verzögerten 450-ppm-Szenarios auf die Wettbewerbsfähigkeit, 2020 und 2050: Veränderung gegenüber dem Basisszenario, in Prozent**

	2020					2050				
	OECD AI	Übrige BRIICS	Russland und übrige AI	Übrige Welt	Weltweit	OECD AI	Übrige BRIICS	Russland und übrige AI	Übrige Welt	Weltweit
	%									
Teil I: Makroökonomische Indikatoren										
Terms of Trade (Veränderung gegenüber dem Basisszenario, in %)	0.3	0.6	-0.6	-0.7	0.0	2.9	23.4	-4.4	-14.4	3.5
Anteil der energieintensiven Industriezweige am BIP	7.2	15.0	6.8	6.8	8.5	7.2	4.3	6.7	8.1	3.9
Teil II: Produktionsvolumen in ausgewählten Sektoren (Veränderung gegenüber dem Basisszenario, in %)										
Landwirtschaft	-1.1	-0.2	0.3	0.2	-0.4	-14.8	-11.6	-16.2	-19.7	-15.4
Energieintensive Industriezweige	-0.9	0.3	1.4	1.0	-0.2	5.2	-30.1	4.1	-12.0	-14.1
Energieerzeuger	-3.9	-1.0	0.1	-0.4	-2.0	-36.0	-44.5	-43.3	-45.2	-42.1
Dienstleistungen	0.0	-0.1	-0.2	-0.2	0.0	-2.3	-6.3	-6.7	-1.1	-3.2
Übrige Wirtschaftssektoren	-0.1	-0.3	0.0	0.0	-0.1	-1.0	-17.9	-4.4	-8.4	-8.2
Teil III: Exportvolumen nach ausgewählten Sektoren (Veränderung gegenüber dem Basisszenario, in %)										
Landwirtschaft	-2.4	-2.3	1.3	1.0	-1.4	-27.2	-34.1	-19.0	-41.4	-29.7
Energieintensive Industriezweige	-1.4	0.8	2.1	1.9	-0.4	9.7	-28.1	14.1	-11.3	-3.8
Energieerzeuger	-4.0	-4.1	-1.0	-1.3	-2.0	-43.6	-30.6	-55.0	-52.0	-49.1
Dienstleistungen	-0.1	-0.5	-0.6	0.0	-0.2	-5.2	12.2	2.8	-4.0	-0.3
Übrige Wirtschaftssektoren	-0.2	-0.6	-0.3	0.1	-0.3	0.2	-17.0	0.8	-15.0	-7.8

Quelle: Projektionen des *OECD-Umweltausblicks*; Ergebnisse von Berechnungen anhand des ENV-Linkages-Modells.

StatLink http://dx.doi.org/10.1787/888932571111931

Die fragmentierten CO_2-Märkte im verzögerten 450-ppm-Szenario führen in gewissem Umfang auch zu einer Verlagerung von CO_2-Emissionen. Tabelle 3.6 veranschaulicht, dass der Umfang dieser Verlagerung insofern recht niedrig sein dürfte, als die Länder, die die größten Verursacher von Emissionen sind, Reduzierungen zugesagt haben, die ihr Emissionsniveau effektiv begrenzen. Im Jahr 2020 beläuft sich die Verlagerung von CO_2-Emissionen den Projektionen zufolge auf rd. 50 Mio. t CO_2e bzw. 1% des Gesamtumfangs der Mitigationsanstrengungen der Länder, die Zusagen gemacht haben. Die Schätzungen zum Umfang der Verlagerung von CO_2-Emissionen bei Einhaltung des oberen Endes des Spektrums der in der Kopenhagener Vereinbarung zugsagten Emissionsminderung variieren in der Fachliteratur, sie reichen von keinen bzw. nur sehr geringen Verlagerungen (z.B. Mc Kibbin et al., 2011) bis zu 13% (547 Mio. t CO_2e) in Peterson et al. (2011) und 16% in Bollen et al. (2011). Zwei wichtige Unterschiede scheinen die Ergebnisse der Emissionsverlagerungsschätzung zu beeinflussen: *a)* die Frage, inwieweit verbindliche Ziele für Nicht-Annex-I-Länder einbezogen werden (da diese die Möglichkeiten für Verlagerungen von CO_2-Emissionen reduzieren) und *b)* die Preisreagibilität des Angebots an fossilen Brennstoffen. Ein preiselastisches Brennstoffangebot bedeutet, dass ein reduzierter Brennstoffpreis zu einem geringeren weltweiten Angebot und mithin weniger Verlagerungen von CO_2-Emissionen über den Kanal der fossilen Energieträger führt (vgl. Burniaux und Oliveira-Martins, 2000).

Um negativen Verlagerungs- und Wettbewerbseffekten entgegenzuwirken, haben die Regierungen ins Auge gefasst, gefährdete Unternehmen und Industriezweige von den Auflagen zu befreien bzw. ihnen finanzielle Kompensation anzubieten, z.B. über eine freie Zuteilung von Emissionsrechten, produktionsabhängige Ermäßigungen oder einen Grenzsteuerausgleich. Wenngleich der temporäre Einsatz einiger dieser Maßnahmen ein Instrument sein kann, das den Übergang zu einer CO_2-armen Wirtschaft erleichtert, sollten diese Maßnahmen in Bezug auf ihre wirtschaftliche Effizienz, die von ihnen ausgehenden positiven und negativen Anreize für eine Reduktion der Treibhausgasemissionen und ihre Auswirkungen auf die Entwicklungsländer sorgfältig geprüft werden (OECD, 2010d; Agrawala et al., 2010a). Außerdem wurde festgestellt, dass solche Maßnahmen die Innovationsrate der Unternehmen verringern (OECD, 2010e), wobei hinzukommt, dass die Vorteile dieser Programme abnehmen, je mehr Länder Klimaschutzmaßnahmen ergreifen (OECD, 2009b; Burniaux et al., 2010). Daher wäre eine multilaterale Politikkoordination eine effiziente Alternative zu einseitigen Maßnahmen. Veranschaulicht wurde dies durch das UNECE-Übereinkommen über weiträumige grenzüberschreitende Luftverunreinigung, bei dem ein stärkerer Transfer von Wissen und Technologien unter den Unterzeichnerstaaten zu beobachten war (OECD, 2011e).

Szenarien mit weniger strengen Klimaschutzzielen (550 ppm)

Die Erreichung des 450-ppm-Szenarios setzt voraus, dass das globale Emissionsniveau vor oder gegen 2020 seinen Höhepunkt erreicht. Das ist nur möglich, wenn es gelingt, die Emissionen in nahezu allen Weltregionen zu reduzieren, und bereits heute mit den Maßnahmen begonnen wird. Anderenfalls würden die Emissionen, wie im verzögerten 450-ppm-Szenario dargestellt, 2020 zu hoch ausfallen, als dass die Zielvorgabe von 2°C/450 ppm noch kosteneffizient erreicht werden könnte. Soll das 450-ppm-Szenario erreicht werden, bedarf es nach 2020 einer beispiellosen Emissionsverringerung. Der einzige Weg dorthin besteht in einer drastischen Transformation des stark CO_2-intensiven Energiesystems, in dem die Welt von Jahr zu Jahr stärker gefangen ist (IEA, 2011b). Angesichts der Unsicherheitsfaktoren im Hinblick auf unsere Fähigkeit, dies zu erreichen, sollten auch weniger strenge langfristige Zielsetzungen untersucht werden. Bis 2020 unterscheidet sich das verzögerte 450-ppm-Szenario kaum von einem zentralen 550-ppm-Szenario, das im verbleibenden Teil des Jahrhunderts weniger starke Mitigationsanstrengungen erfordert (Abb. 3.17). Im zentralen 550-ppm-Szenario ist die Wahrscheinlichkeit einer globalen mittleren Erwärmung um mehr als 2°C allerdings sehr viel größer. Das bedeutet, dass die Zusagen von Kopenhagen bei Ausbleiben der nach 2020 erforderlichen raschen Transformation wahrscheinlich nur zu einer Begrenzung der globalen mittleren Erwärmung auf 2,5-3°C (statt auf 2°C) führen können.

Wird der zentrale 550-ppm-Pfad verfolgt, käme es zu einem Zielkonflikt zwischen kurzfristig niedrigeren Mitigationskosten und längerfristig höheren Kosten durch gravierendere Klimafolgen und die Notwendigkeit umfangreicherer Adaptationsmaßnahmen als im verzögerten 450-ppm-Szenario[45]. Sobald die leicht umsetzbaren Mitigationsmöglichkeiten (d.h. die kostengünstigen Maßnahmen zur Senkung der Emissionen) erschöpft sind, steigen die marginalen Kosten von Klimaschutzmaßnahmen bedeutend[46]. Das zentrale 550-ppm-Szenario setzt voraus, dass die Emissionen 2050 auf ihr Niveau von 2010 sinken (Abb. 3.23). Es hat einen Rückgang des globalen Realeinkommens um 1,3% zur Folge, wie in Abb. 3.24 dargestellt ist. Die Erreichung der zusätzlichen Emissionsreduzierung um 28 Gt CO_2e, die zur Einhaltung des Emissionspfads im verzögerten 450-ppm-Szenario notwendig ist, hätte zusätzliche reale Einkommensverluste in Höhe von etwa 8 Prozentpunkten zur Folge, und die globalen Emissionen würden um 60% unter dem Niveau von 2010 liegen[47].

Erforderliche Maßnahmen für einen ehrgeizigen weltweiten klimapolitischen Rahmen

Die erste und beste Lösung zur Bewältigung der oben beschriebenen Wettbewerbseffekte wäre ein weltweiter, umfassender und ehrgeiziger klimapolitischer Rahmen, der durch die Erfassung aller Sektoren und aller Treibhausgase faire Bedingungen schafft (Agrawala et al., 2010a). Die Ausweitung des Anwendungsbereichs der Klimaschutzmaßnahmen verringert ferner das damit zusammenhängende Problem der Verlagerung von CO_2-Emissionsquellen, bei der die Mitigationsmaßnahmen in einem Land zu erhöhten Emissionen in anderen Ländern führen und dabei die ökologische Wirksamkeit der entsprechenden Maßnahmen beeinträchtigen. Zu einer solchen Verlagerung kann es zum einen durch eine Auslagerung der Wirtschaftstätigkeit in unregulierte Länder kommen, zum anderen durch eine verstärkte Nutzung fossiler Energieträger in unregulierten Ländern, wenn die internationalen Brennstoffpreise in Reaktion auf die geringere Nachfrage in den Ländern, die Klimaschutzmaßnahmen umsetzen, sinken.

Solange die Länder solche unterschiedlichen Ansätze im Hinblick auf den CO_2-Handel verfolgen, werden Bedenken über eine mögliche Verlagerung von CO_2-Emissionsquellen sowie die internationale Wettbewerbsfähigkeit in vielen OECD-Ländern ein großes Hindernis auf dem Weg zu ehrgeizigen Klimaschutzmaßnahmen bleiben (Kasten 3.12). Bei der Beurteilung der potenziellen Auswirkungen auf die Wettbewerbsfähigkeit betrifft die größte Sorge der Staaten u.U. die Verlagerung von CO_2-Emissionsquellen sowie den Erhalt von Produktion und Beschäftigung, während für die energieintensiven Industriezweige Gewinne und Marktanteile von größerer Bedeutung sein dürften. Tatsächlich werden sich die Auswirkungen von Klimaschutzmaßnahmen wahrscheinlich auf eine kleinere Zahl von Industriezweigen beschränken, die einen geringen Anteil der gesamtwirtschaftlichen Tätigkeit ausmachen, d.h. exportorientierte, energieintensive Industriezweige (u.a. in den Bereichen Chemie, Nichteisenmetalle, Metallerzeugnisse, Eisen und Stahl, Zellstoff und Papier sowie nichtmetallische Mineralerzeugnisse).

Die derzeit weltweit uneinheitliche Situation bei der Klimaschutzpolitik ist in einigen Ländern mit höheren regulierungsbedingten Kosten verbunden als in anderen und lässt in manchen Ländern Befürchtungen hinsichtlich der internationalen Wettbewerbsfähigkeit

3. KLIMAWANDEL

Abbildung 3.23 Veränderung der globalen Treibhausgasemissionen im Jahr 2050 gegenüber 2010: Verzögertes 450-ppm-Szenario und 550-ppm-Szenario

Quelle: Projektionen des *OECD-Umweltausblicks*; Ergebnisse von Berechnungen anhand des ENV-Linkages-Modells.
StatLink http://dx.doi.org/10.1787/888932570772

Abbildung 3.24 Veränderungen der Realeinkommen gegenüber dem Basisansatz im verzögerten 450-ppm-Szenario und 550-ppm-Szenario, 2050

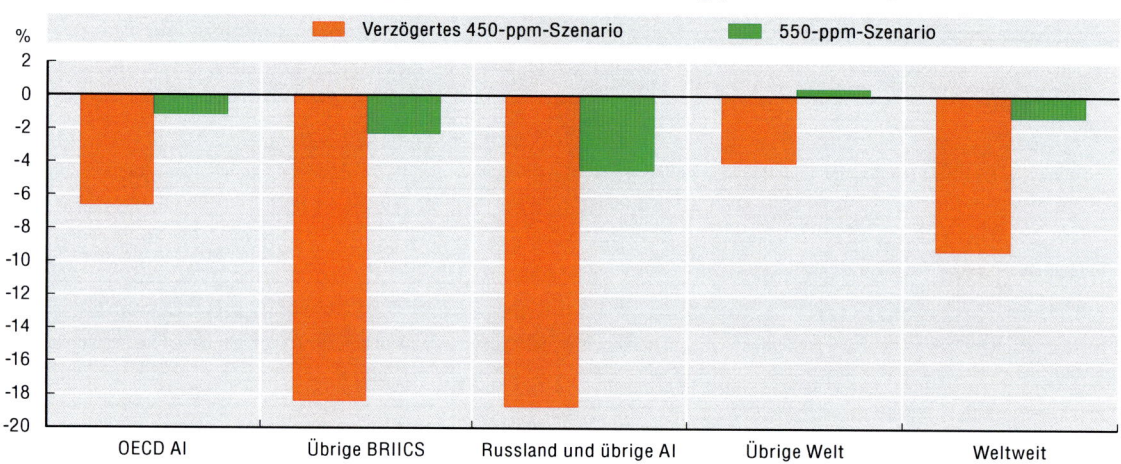

Quelle: Projektionen des *OECD-Umweltausblicks*; Ergebnisse von Berechnungen anhand des ENV-Linkages-Modells.
StatLink http://dx.doi.org/10.1787/888932570791

ihrer energie- bzw. CO_2-intensiven Industriezweige aufkommen. Diese verzögern wiederum oftmals die Durchführung von Maßnahmen oder wirken der Einführung ehrgeizigerer Maßnahmen entgegen. Die kostengünstigste Politikreaktion auf den Klimawandel wäre die Festsetzung eines weltweiten Preises für CO_2-Emissionen – dies würde die Verknüpfung der verschiedenen Emissionshandelssysteme erforderlich machen, die sich jeweils auf lokaler Ebene herausbilden. Durch die Verknüpfung könnten Schadstoffverursacher ihre Zertifikate bei einer größeren Zahl von Anbietern erwerben. Der Zugang zu kostengünstigeren Klimaschutzoptionen senkt die Kosten durch Verringerung der Eigenanstrengungen der Käufer von Emissionszertifikaten; Schadstoffverursacher, die über relativ günstige Klimaschutzoptionen verfügen, können ihre Anstrengungen zur Emissionsminderung steigern und deren Ergebnisse gewinnbringend auf den internationalen Märkten veräußern.

3. KLIMAWANDEL

Kasten 3.12 Was wäre wenn … sich kein weltweiter CO_2-Handel herausbildet?

Da das Erreichen des 450-ppm-Ziels gemeinsame Anstrengungen aller Länder erforderlich machen würde, werden in diesem Kasten die Auswirkungen einer Fragmentierung des Handels im Rahmen des zentralen 550-ppm-Szenarios analysiert. Würde der CO_2-Handel lediglich in bestimmten Regionen miteinander verknüpft, hätte dies einige Effizienzeinbußen zur Folge. Diese sind anhand verschiedener Alternativszenarien in Abbildung 3.25 dargestellt. Folgende Varianten wurden modelliert:

- 550-ppm-Szenario ohne Verknüpfung der CO_2-Märkte: lediglich unilaterale Maßnahmen und überhaupt keine Verknüpfung,
- 550-ppm-Szenario mit Verknüpfung der CO_2-Märkte im OECD-Raum: regionale Verknüpfungen innerhalb von Untergruppen von OECD-Ländern,
- 550-ppm-Szenario mit Verknüpfung der CO_2-Märkte lediglich unter den Annex-I-Ländern,
- 550-ppm-Szenario mit Verknüpfung der CO_2-Märkte lediglich innerhalb des OECD-Raums und der BRIICS,
- 550-ppm-Szenario mit vollständiger Verknüpfung der CO_2-Märkte: Dies ist das zentrale 550-ppm-Szenario.

Die wesentliche Schlussfolgerung aus diesen Simulationen ist, dass die Verknüpfung des CO_2-Handels dazu beitragen kann, die Kosten des Klimaschutzes für die teilnehmenden Länder zu begrenzen, wobei dies jedoch in hohem Maße davon abhängt, welche Länder ihre Emissionshandelssysteme miteinander verknüpfen. Ländern, die sich für die Stromerzeugung zum größten Teil auf erneuerbare Energiequellen stützen und denen die Reduzierung des CO_2-Ausstoßes daher am schwersten fällt, kommt die Verknüpfung des Handels in der Tendenz am meisten zugute. Auf Länder, die an den verknüpften Systemen nicht unmittelbar beteiligt sind, hat die Verknüpfung nur geringe Auswirkungen, auch wenn sie auf Grund der zunehmenden Internationalisierung Vorteile aus dem entsprechend effizienteren CO_2-Handel ziehen.

Haupterwerber der Zertifikate werden den Projektionen zufolge die OECD-Länder sein. Die Mitigationsmaßnahmen in den OECD-Ländern stellen etwa ein Drittel der weltweiten Anstrengungen dar, wenn der Zertifikatehandel auf die Annex-I-Länder beschränkt bleibt, und haben sehr begrenzte Auswirkungen auf die makroökonomischen Kosten. Durch die weitere Öffnung des Handels für die übrigen BRIICS werden

Abbildung 3.25 Einkommenseffekte fragmentierter Emissionshandelssysteme zur Erreichung einer Konzentration von 550 ppm im Vergleich zum Basisszenario, 2050

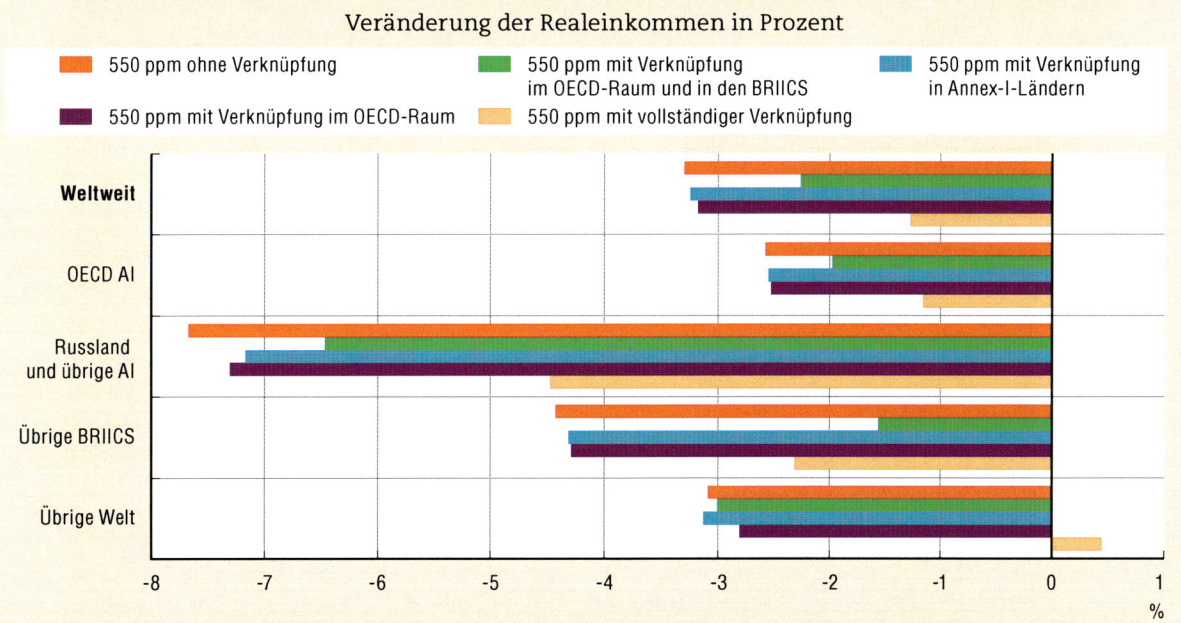

Veränderung der Realeinkommen in Prozent

Quelle: Projektionen des OECD-Umweltausblicks; Ergebnisse von Berechnungen anhand des ENV-Linkages-Modells.

StatLink http://dx.doi.org/10.1787/888932570810

(Fortsetzung nächste Seite)

> *(Fortsetzung)*
>
> China und Indien zu den größten Anbietern von Zertifikaten (ähnlich wie beim derzeitigen Clean-Development-Mechanismus – CDM), wodurch der Beitrag der OECD-Länder, gemessen am Mitigationsniveau auf globaler Ebene, um 8 Prozentpunkte sinkt. Der uneingeschränkte Handel verringert den Beitrag der OECD-Länder weiter auf 22% der weltweiten Anstrengungen.
>
> Bis 2050 würden die Mitigationsmaßnahmen in den Ländern der übrigen Welt im zentralen 550-ppm-Szenario (vollständig verknüpft) 25% der gesamten Emissionsminderung ausmachen. Ist ihr CO_2-Handel nicht international verknüpft, würde dieser Anteil auf rd. 10% zurückgehen. Die Möglichkeit der Veräußerung großer Volumen von Emissionszertifikaten durch die Länder der übrigen Welt würde eine wesentliche und kostengünstige Mitigationsoption darstellen und diesen Ländern beträchtliche Einnahmen aus den auf internationaler Ebene veräußerten Zertifikaten einbringen. Wegen einer eingehenden Diskussion des Potenzials und der Risiken der Verknüpfung der Emissionshandelssysteme vgl. OECD (2009b).

Reform der Subventionierung fossiler Brennstoffe

Die Reform umweltschädlicher Subventionen, und insbesondere der Subventionen für fossile Brennstoffe, ist ein wichtiger Schritt auf dem Weg zur „Festsetzung des richtigen Preises" zur Verringerung der Treibhausgasemissionen. Eine Übersicht über die Situation in 24 OECD-Ländern zeigt, dass Produktion und Verbrauch fossiler Brennstoffe im Zeitraum 2005-2010 mit jährlich 45-75 Mrd. US-$ gestützt wurden (OECD, 2011f). Die Subventionen für den Verbrauch fossiler Brennstoffe in 37 Entwicklungsländern und aufstrebenden Volkswirtschaften beliefen sich 2008 auf geschätzte 554 Mrd. US-$, 2009 auf 300 Mrd. US-$ und 2010 auf 409 Mrd. US-$ (IEA/OECD/OPEC/Weltbank, 2010; IEA, 2011b; vgl. auch Anhang 3.A am Ende dieses Kapitels)[48].

Die Abschaffung dieser Subventionen würde die weltweiten Kosten der Stabilisierung der Treibhausgaskonzentrationen senken, wodurch Staaten und Steuerzahler Geld sparen würden. Dies trägt zu einer Abkehr der Wirtschaft von Aktivitäten bei, bei denen CO_2 emittiert wird, fördert Energieeffizienz und unterstützt die Entwicklung und Verbreitung CO_2-armer Technologien sowie erneuerbarer Energien. Die Simulationen im *OECD-Umweltausblick* anhand von IEA-Daten (Schätzwerte aus dem Jahr 2008) deuten darauf hin, dass das Auslaufen der Subventionen für den Verbrauch fossiler Brennstoffe in den aufstrebenden Volkswirtschaften und Entwicklungsländern die weltweiten Treibhausgasemissionen (ohne Emissionen auf Grund von Landnutzungsänderungen) im Vergleich zur Fortsetzung der bisherigen Politik bis 2050 um weltweit 6% und in Russland sowie den Ländern des Nahen Ostens und Nordafrikas um über 20% verringern könnte (Abb. 3.26). Da Subventionen den von den Endverbrauchern gezahlten Preis künstlich verringern, würde die Beseitigung dieses Preisabstands das Verhalten beeinflussen und den Endenergieverbrauch verringern. Dies könnte die Realeinkommen im Jahr 2050 weltweit um 0,3% steigern und würde insbesondere den BRIICS zugute kommen (+1,1% für die übrigen BRIICS).

Einige Handelseffekte kompensieren indessen die aus dieser Subventionsreform resultierenden rein ökonomischen Effizienzgewinne der wichtigsten Exportländer für fossile Brennstoffe (z.B. Russlands und des Nahen Ostens). Dies liegt daran, dass eine geringere Nachfrage nach fossilen Brennstoffen in den die Reformen durchführenden Ländern zu einem Rückgang der weltweiten Energiepreise führen wird. Darüber hinaus könnte dieser Rückgang der internationalen Preise in einigen Ländern einen Anstieg der Emissionen – im Vergleich zum Basisszenario – bewirken, sofern die OECD-Länder keine Obergrenze für ihr

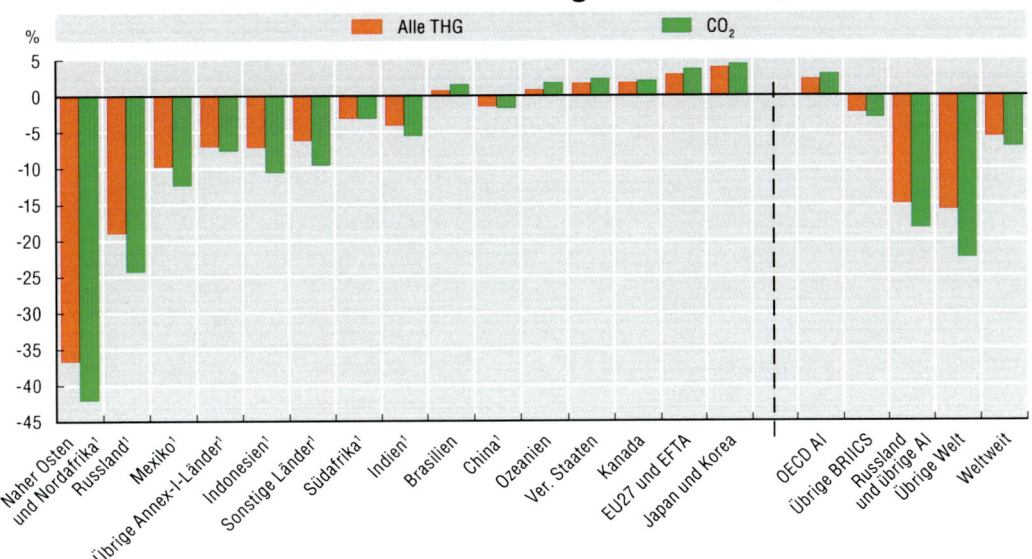

Abbildung 3.26 **Auswirkungen der Abschaffung der Subventionen für fossile Brennstoffe auf die Treibhausgasemissionen*, 2050**

* Ohne Emissionen aus Landnutzungsänderungen.
1. Regionen, für die eine Reform der Subventionen für fossile Brennstoffe simuliert wird.
Quelle: OECD-ENV-Linkages-Modell unter Nutzung von Daten der IEA zu den Subventionen für fossile Brennstoffe (IEA, 2009b). StatLink http://dx.doi.org/10.1787/888932570829

Gesamtemissionsniveau festlegen, was zu einem teilweisen Ausgleich der ursprünglichen Verringerung der Nachfrage sowie der Treibhausgasemissionen führen würde. Trotz dieses Verlagerungseffekts wird der Nettoeffekt auf die weltweiten Emissionen den Projektionen zufolge indessen positiv sein.

Wird das Auslaufen der Subventionen für fossile Brennstoffe im zentralen 450-ppm-Szenario mitberücksichtigt, wären die Mitigationskosten niedriger als im zentralen 450-ppm-Szenario ohne die Subventionsreform. Dieser Kostenrückgang wäre zunächst in den Ländern zu verzeichnen, die die Reform der Subventionen durchführen, nachrangig jedoch auch auf weltweiter Ebene (Tabelle 3.9). Anzumerken ist, dass die hohen Kosten für die übrige Welt im Jahr 2020 – sowohl in Bezug auf die Reform der Subventionen für fossile Brennstoffe an sich als auch auf das zentrale 450-ppm-Szenario, in dem eine solche Reform berücksichtigt ist – auf die Effekte auf die Ölexportländer im Nahen Osten zurückzuführen sind. Die Einkommenszuwächse durch die Reform sind im zentralen 450-ppm-Szenario geringer als im Rahmen der alleinigen Reform der Subventionen für fossile Brennstoffe. Dies liegt daran, dass der Verbrauch fossiler Energieträger im zentralen 450-ppm-Szenario niedriger ist und die Einsparungen aus der Beseitigung der Brennstoffsubventionen ebenfalls geringer sind.

Der Entzug dieser Subventionen kann sich indessen politisch schwierig gestalten und führt in den Entwicklungsländern u.U. auch zu vermehrter Nutzung traditioneller Bioenergie (etwa beim Kochen mit Holz oder Tierdung), was negative Auswirkungen auf die Gesundheit haben kann (vgl. Kapitel 6). Die Verbrennung traditioneller Bioenergie ist darüber hinaus mit hohen Rußemissionen verbunden, die ebenfalls zum Klimawandel beitragen (vgl. Kasten 3.14 weiter unten). Eine Reform der Subventionen für fossile Brennstoffe sollte daher mit Augenmaß durchgeführt werden, um sicherzustellen, dass potenzielle negative Effekte auf die Erschwinglichkeit für die privaten Haushalte und deren Wohlbefinden durch geeignete Maßnahmen (z.B. Programme sozialer Sicherung mit Bedürftigkeitsprüfung) verringert werden.

Tabelle 3.9 **Einkommenseffekte einer Subventionsreform für fossile Brennstoffe sowie des zentralen 450-ppm-Szenarios mit und ohne Reform, 2020 und 2050**

Abweichung der Realeinkommen vom Basisszenario, in Prozent

Ländergruppe	2020			2050		
	Nur Reform der Subventionen für fossile Brennstoffe	Zentrales 450-ppm-Szenario ohne Reform	Zentrales 450-ppm-Szenario mit Reform	Nur Reform der Subventionen für fossile Brennstoffe	Zentrales 450-ppm-Szenario ohne Reform	Zentrales 450-ppm-Szenario mit Reform
Weltweit	**0.1**	**-0.1**	**-0.1**	**0.3**	**-6.3**	**-6.0**
OECD AI	0.2	0.0	0.2	0.2	-4.8	-4.5
Übrige BRIICS	0.6	-0.3	0.3	1.1	-11.4	-10.7
Russland und übrige AI	-0.6	-0.4	-1.0	0.2	-14.6	-13.8
Übrige Welt	-1.2	-0.4	-1.4	-0.3	-2.8	-2.6

Quelle: OECD-ENV-Linkages-Modell unter Nutzung von Daten der IEA zu den Subventionen für fossile Brennstoffe (IEA, 2009b).

StatLink ■■■■ http://dx.doi.org/10.1787/888932571950

Synergien zwischen den Strategien gegen den Klimawandel und anderen Zielen ermitteln

Die Konzipierung von Politikmaßnahmen, die auf zwei oder mehr (ökologische, soziale oder wirtschaftliche) Ziele gleichzeitig ausgerichtet sind, kann dabei helfen, den Nutzen der Politikmaßnahmen zsu vervielfachen. In diesem letzten Abschnitt werden einige Möglichkeiten der Maximierung der Nutzeffekte der Kombination von Klimaschutzmaßnahmen mit dem Schutz der biologischen Vielfalt, Gesundheitsbelangen sowie einem umweltverträglichen Wachstum untersucht.

Klimawandel, biologische Vielfalt und Bioenergie

Den Projektionen zufolge wird der Klimawandel die Hauptursache für den weiteren Verlust an biologischer Vielfalt in der Zukunft sein (Kapitel 4). Die richtigen Strategien für den Klimaschutz werden daher auch der biologischen Vielfalt zugute kommen und das Tempo des Artenschwunds verlangsamen. Einige Klimaschutzmaßnahmen können jedoch negative Auswirkungen auf die biologische Vielfalt haben. So kann die Nutzung von Bioenergie eine attraktive Option sein – ihre Nutzung kann die Treibhausgasemissionen verringern, und sie lässt sich leicht als Alternative zu Flüssigkraftstoffen im Verkehrswesen (vor allem für besondere Zwecke wie den Luft- und Güterverkehr), bei der Stromerzeugung oder sogar – wenn sie mit der CO_2-Abtrennung und -Speicherung kombiniert wird – zur Erzeugung negativer Emissionen verwenden. Sie kann indessen auch negative Auswirkungen auf die direkten und indirekten Treibhausgasemissionen sowie – auf Grund des Bedarfs an zusätzlichen Landflächen für Energiepflanzen – auf die biologische Vielfalt haben (Kasten 3.13). Andererseits würden andere Mitigationsstrategien, z.B. REDD-plus-Maßnahmen, vermiedene Emissionen im Zusammenhang mit Landnutzungsänderungen in Waldgebieten oder die Nutzung von Bioenergie der zweiten Generation, zu zusätzlichen Vorteilen für die biologische Vielfalt führen (Kapitel 4 zur biologischen Vielfalt enthält weitere Politiksimulationen zu diesem Thema).

Kasten 3.13 **Bioenergie: Allheilmittel oder Pandorabüchse?**

Bioenergie ist Energie, die aus Nahrungskulturen wie Getreide, Zuckerrohr und Pflanzenölen (Bioenergie der ersten Generation) oder aus Zellulose, Hemizellulose oder Lignin, die aus Non-Food-Pflanzen oder nicht essbaren Abfallprodukten gewonnen werden (Bioenergie der zweiten Generation), erzeugt wird. Bioenergie kann eine wichtige Rolle beim Klimaschutz spielen. Sie lässt sich im Verkehrssektor als Flüssigkraftstoff einsetzen, um die aus fossilen Energieträgern gewonnenen Kraftstoffe zu ersetzen, wodurch die CO_2-Emissionen sinken. Sie kann ferner in der Stromerzeugung als Ersatz für Kohle oder Erdgas genutzt werden. Im Rahmen der Strom- bzw. Wasserstoffgewinnung lässt sich Bioenergie darüber hinaus mit der CO_2-Abtrennung und -Speicherung (CCS) kombinieren, um eine – mit dem Kürzel BECCS bezeichnete – Technologie zu entwickeln, die sogar Emissionen aus der Atmosphäre entfernen könnte. Bei diesem Ansatz wird CO_2 in der Wachstumsphase der Biomasse absorbiert und dann bei der Umwandlung der Biomasse in Strom oder Wasserstoff abgetrennt und gespeichert (Azar et al., 2010; Read und Lermit, 2005).

Die Nachteile der Bioenergie

Die Bioenergienutzung kann jedoch auch gravierende Nachteile haben. Erstens werden für die Erzeugung von Energiepflanzen Landflächen benötigt, so dass sie mit anderen Nutzungsformen (z.B. Nahrungsmittelproduktion) konkurriert (Azar, 2005; Bringezu et al., 2009; Searchinger et al., 2008). Mehrere Studien haben ergeben, dass es infolge der direkten und indirekten Effekte der Bioenergie auf die Landnutzung zu erheblichen Nahrungsmittelpreiserhöhungen kommen kann – tatsächlich sind die Preissteigerungen der Jahre 2008 und 2011 z.T. auch dem raschen Anstieg der Bioenergienutzung zugeschrieben worden. Zweitens kann die Erzeugung von Bioenergie mit beträchtlichen Treibhausgasemissionen verbunden sein. Hierzu zählen Emissionen aus dem Einsatz von Düngemitteln auf Stickstoffbasis sowie von Brennstoffen während der Wachstums- und Umwandlungsphase, sowie die CO_2-Emissionen aus Landnutzungsänderungen, seien sie direkter Art (Umwidmung natürlicher Ökosysteme) oder indirekter Art (der Wettbewerb mit anderen Formen der Landnutzung kann dazu führen, dass mehr natürliche Ökosysteme in landwirtschaftlich genutzte Flächen umgewandelt werden) (Searchinger et al., 2008; Smeets et al., 2009). In manchen Fällen können die Emissionen im Zusammenhang mit der Bioenergie ebenso hoch sein wie bei fossilen Brennstoffen – oder sogar höher. Diese Effekte lassen sich teilweise abmildern, indem a) Bioenergie der zweiten Generation genutzt wird (d.h. durch Erzeugung von Bioenergie aus Gräsern, Holzbiomasse oder sogar biologischen Abfallprodukten, die keine zusätzlichen Anbauflächen für die Erzeugung benötigen), b) Nachhaltigkeitskriterien angewendet werden, c) mit Augenmaß Entscheidungen zu Gunsten von Hochertragssorten getroffen werden, die den Landnutzungsbedarf begrenzen würden, bzw. extensive Systeme für die Bioenergieerzeugung genutzt werden, oder d) Biomasse sowohl als Rohstoff als auch für Energieanwendungen eingesetzt wird (sogenannte Kaskadierung). Und schließlich halten sich die Erfahrungen mit Bioenergie- und CCS-Technologien derzeit noch in Grenzen. Beide Technologien stehen im Zusammenhang mit der unsicheren Zukunft der Klimapolitik, der öffentlichen Akzeptanz und den Risiken neuer Technologien vor Herausforderungen. Die CO_2-Abtrennung und -Speicherung ist derzeit deutlich teurer als andere Technologien.

Die Auswirkungen der Bioenergie auf die biologische Vielfalt, die Landnutzung sowie die Nahrungsmittelpreise und -verfügbarkeit sind somit von relativ komplexen Wechselwirkungen im Landwirtschafts- und Energiesystem abhängig. Bei den Berechnungen für den *OECD-Umweltausblick* wird davon ausgegangen, dass die Bioenergie überwiegend in der Stromerzeugung eingesetzt wird und die Brennstoffproduktion sich zum größten Teil auf Bioenergie der zweiten Generation (hauptsächlich aus Reststoffen) stützt. Beim zentralen 450-ppm-Szenario in den IMAGE-Simulationen wird unterstellt, dass etwa

(Fortsetzung nächste Seite)

> *(Fortsetzung)*
>
> bis zum Jahr 2050 rd. 20% des Primärenergiebedarfs durch Bioenergie gedeckt werden. Dies senkt die Emissionen aus der Verbrennung fossiler Energieträger zwar wesentlich, führt jedoch zu höheren Emissionen aus der Landnutzung. Die Folgen für die biologische Vielfalt werden in Kapitel 4 erörtert. Da die genauen positiven und negativen Effekte zum jetzigen Zeitpunkt kaum zu bestimmen sind, müssen Nutzung und Auswirkungen der Bioenergie sorgfältiger beobachtet werden.
>
> **Können wir auch ohne Bioenergie zurechtkommen?**
>
> Beim auf dem IMAGE-Modell basierenden zentralen 550-ppm-Szenario wird von einer geringeren Bioenergienutzung ausgegangen. Im zentralen 550-ppm-Szenario werden rd. 13% des Gesamt-Primärenergiebedarfs aus Bioenergie gewonnen, während sich dieser Wert beim 550-ppm-Szenario mit geringem Bioenergieanteil auf 6,5% verringert. Eine wichtige Frage ist, ob es im Verkehrssektor leicht substituierbare Alternativen gibt. Bei diesen Berechnungen wäre aus fossilen Brennstoffen mit CCS-Technologie gewonnener Wasserstoff eine Alternative, die lediglich mit begrenzten zusätzlichen Kosten verbunden wäre; wenn sich diese Alternative jedoch nicht umsetzen lässt, könnte die geringere Nutzung von Bioenergie die Kosten der Klimapolitik erheblich steigern. Die Verwirklichung eines niedrigeren Konzentrationsziels (450 ppm) ist in wesentlichem Maße vom BECCS-Einsatz abhängig. Bei der Verwirklichung eines ehrgeizigen Klimapolitikszenarios, das sich weniger stark auf Bioenergie stützt, dürfte sich ihre Nutzung auf die Stromerzeugung konzentrieren (in Kombination mit CO_2-Abtrennung und -Speicherung). Der komplette Ausschluss der Bioenergienutzung könnte sehr niedrige Konzentrationsziele indessen unerreichbar machen. In Anbetracht dieser Unsicherheiten wird es wichtig sein, weiter daran zu arbeiten, Optionen für eine nachhaltige Bioenergienutzung zu untersuchen, und mehrere Modelle werden notwendig sein, um ein besseres Verständnis der Effekte unterschiedlicher Bioenergieanteile im Portfolio möglicher Klimaschutzmaßnahmen zu entwickeln.

Klimaschutz und Vorteile für die Gesundheit

Einige Substanzen, die für die globale Erwärmung verantwortlich sind – z.B. Ruß (Kasten 3.14), Methan, Schwefeldioxid (SO_2) und Stickoxide (NO_x) –, sind darüber hinaus Luftschadstoffe, die negative Auswirkungen auf die Gesundheit haben. Gut konzipierte Klimaschutzmaßnahmen können daher auch dazu beitragen, die Ziele im Hinblick auf die Verringerung der Luftverschmutzung zu erreichen. Politikmaßnahmen zur Emissionsminderung wirken sich langfristig auf das Klima aus, während die gesundheitlichen Vorteile der Verringerung der Luftverschmutzung vor Ort kurz- bis mittelfristig zum Tragen kommen werden (Bollen et al., 2009; UNEP, 2011b). In diesen Fällen sollten diese positiven Zusatzeffekte bei den Kosten-Nutzen-Analysen mitberücksichtigt werden (vgl. Kapitel 6 wegen einer eingehenderen Erörterung). Es ist zwar wichtig zu betonen, dass die Beseitigung kurzzeitiger Klimatreiber bzw. Treibhausgase nicht von allgemeineren Maßnahmen zur Verringerung der Treibhausgasemissionen sowie der Notwendigkeit ablenken sollte, eine dauerhafte Rückführung des CO_2-Ausstoßes der Wirtschaft zu erreichen, doch können diese Maßnahmen das volle Spektrum an Klimaschutzmaßnahmen ergänzen.

Ob es zusätzlich positive Effekte auf die Gesundheit gibt, kann auch bis zu einem gewissen Grad davon abhängig sein, welche Politikinstrumente angewendet werden. Wird ein Cap-and-Trade-System eingesetzt, um die CO_2-Emissionen zu begrenzen, würden alle weiteren Politikinstrumente, die auf dieselben Emissionsquellen abzielen, auf Grund der Wechselwirkungen mit der CO_2-Obergrenze, wie oben beschrieben, zu keiner weiteren Minderung von Emissionen an CO_2 – oder SO_2 bzw. NO_x – führen (OECD, 2011b).

> ### Kasten 3.14 **Der Fall der Rußemissionen**
>
> Ruß entsteht im Zuge der unvollständigen Verbrennung fester oder flüssiger Brennstoffe wie fossile Energieträger, Biokraftstoffe und Biomasse. Es handelt sich hierbei nicht um eine bestimmte Substanz, sondern um den Teil des Feinstaubs, der sichtbares Licht höchst wirksam absorbiert (Bond et al., 2004; UNEP, 2011b). Es gibt zahlreiche Quellen für Rußemissionen; hierzu zählen mobile Dieselmotoren ohne Partikelfilter, Kochherde, die Brandrodung von Savannen und Wäldern, die Verbrennung von Agrarabfällen sowie Kleingewerbetätigkeiten wie die Ziegel- und Koksherstellung (Bond und Sun, 2005). Ruß ist zwar kein Treibhausgas, es handelt sich dabei jedoch um einen bedeutenden kurzzeitigen Klimatreiber, der sich unmittelbar auf das Erdklima auswirkt, indem er die Sonnenstrahlung in der oberen Atmosphäre absorbiert, wo er sich über Tage oder sogar Wochen halten kann (Molina et al., 2009). Darüber hinaus verändern Rußablagerungen auf Schnee oder Eis die „Albedo" einer Region – d.h. den Anteil des einfallenden Lichts, der reflektiert wird –, wodurch mehr Sonnenstrahlung absorbiert wird.
>
> Es ist schwierig, den Gesamtnettoeffekt von Ruß zu messen, die Begrenzung der Rußemissionen ist jedoch ein wichtiges Element der Klimaschutzpolitik (UNEP, 2011a). So führen manche Maßnahmen zur Senkung der CO_2-Emissionen z.B. zu kurzfristiger Erwärmung, da auch die gleichzeitig ausgestoßenen Schwefelemissionen begrenzt werden (UNEP, 2011a). Zusätzlich zum Nutzeffekt für das Klima kann die Senkung von Rußemissionen mit bedeutenden Vorteilen für die Gesundheit sowie die landwirtschaftliche Produktion verbunden sein. Die vollständige Umsetzung von Maßnahmen, um zusammen mit dem Ruß auch troposphärische (d.h. bodennahe) Ozonvorläufersubstanzen zu senken, würde 2,4 Millionen vorzeitige Todesfälle sowie den Verlust von zwischen 1% und 4% der Gesamtjahresproduktion von Weizen, Reis, Mais und Sojabohnen verhindern (UNEP, 2011a). Auf Grund der unterschiedlichen mit Emissionen verbundenen Aktivitäten variieren die Mitigationsmaßnahmen von einem Land zum anderen erheblich. Die Emissionen der OECD-Länder sind zum großen Teil auf Dieselfahrzeuge zurückzuführen (EPA, 2011). In anderen Ländern wie China und Indien zählen Kochherde sowie Ziegel- und Koksöfen zu den Emissionsquellen, die auch zu Luftverschmutzung in Innenräumen führen.
>
> Die Grenzkosten der Maßnahmen zur Verringerung der Rußemissionen unterscheiden sich je nach Region und sind in Nordamerika und Europa höher, wo relativ kostengünstige Maßnahmen für die Reduktion der Partikelemissionen bereits umgesetzt worden sind (Rypdal et al., 2009). In Anbetracht der regionalen Unterschiede hinsichtlich der Rußemissionen sind weitere Arbeiten notwendig, um den besten Politikansatz zur Emissionssenkung zu entwickeln. Weitere Analysen und Vergleiche kostengünstiger Rußminderungsstrategien könnten mehrere Kriterien einbeziehen, darunter *a)* die atmosphärischen Bedingungen vor Ort, *b)* das Verhältnis von Ruß zu den anderen gleichzeitig ausgestoßenen Partikelemissionen, *c)* den Effekt auf ökologisch anfällige Regionen, in denen der Schnee-/Albedoeffekt groß ist, und *d)* die Auswirkungen rußemittierender Aktivitäten auf nicht klimabezogene Ergebnisse, z.B. im Hinblick auf die Gesundheit, und landwirtschaftliche Effekte.

Klimawandel, umweltverträgliches Wachstum und „grüne" Arbeitsplätze

Umweltverträgliches Wachstum bedeutet, Wirtschaftswachstum und Entwicklung zu fördern und gleichzeitig sicherzustellen, dass Naturgüter weiter die Ressourcen und Umweltleistungen liefern können, die Voraussetzung für unser Wohlergehen sind. Um dies zu erreichen, müssen Innovationen und Investitionen herbeigeführt werden, die ein dauerhaftes Wachstum unterstützen und neue wirtschaftliche Aktivitäten entstehen lassen. Die Finanzierungs- und Investitionserfordernisse der Umwandlung des traditionell kohlenstoffintensiven Energiesektors in einen CO_2-armen Sektor würde im Zeitraum 2030-

2050 zusätzliche 1,6 Bill. US-$ pro Investitionsjahr (750 Mrd. US-$ im Zeitraum 2010-2030) über die derzeitigen Investitionen hinaus notwendig machen (IEA, 2009b). Die IEA schätzt indessen auch, dass der 17%ige Anstieg der weltweiten Energieinvestitionen (46 Bill. US-$), die für die Umsetzung CO_2-armer Energiesysteme notwendig sind, im Zeitraum 2010-2050 zu kumulativen Brennstoffeinsparungen im Umfang von 112 Bill. US-$ führen könnte (IEA, 2009b). Auf nationaler Ebene ergriffene Maßnahmen sind erforderlich, um das notwendige Risiko-/Ertragsprofil zu schaffen, damit umweltverträgliche Investitionen rentabler als die Optionen bei gleichbleibender Politik werden, wobei manche Autoren eine Klimaschutzpolitik mit „Investment-Grade-Rating" fordern (Hamilton, 2009; OECD, 2012). Der Übergang zu einer CO_2-armen Volkswirtschaft wird die Erschließung neuer Sektoren und Aktivitäten erforderlich machen, wofür sowohl für neue als auch für bereits bestehende Arbeitsplätze neue Qualifikationen notwendig sein werden (OECD, 2011a). Zu den Schlüsselsektoren zählen das Verkehrswesen, das auf effizientere bzw. mit alternativen Antrieben ausgestattete Fahrzeuge auszurichten wäre, die Gebäudesanierung und die Installation von Solaranlagen sowie die Rückführung des CO_2-Ausstoßes in der Stromerzeugung, die hauptsächlich Investitionen in Technologien zur Nutzung erneuerbarer Energien umfassen würde. Wenn die durch die öffentliche Politik vorgegebenen Rahmenbedingungen es vermögen, die Investitionen des privaten Sektors auf CO_2-arme, klimaresiliente Alternativen zu verlagern, werden diese Investitionen neue Unternehmen und Arbeitsplätze schaffen und die Verluste aus dem umweltschädlichen („braunen") Wirtschaftsmodell kompensieren (IEA, erscheint demnächst).

Arbeitsmarkt- und Weiterbildungsmaßnahmen können einen wichtigen Beitrag zu einem umweltverträglicheren Wachstum leisten. Indem sie Qualifikationsengpässe so gering wie möglich halten und einem Anstieg der strukturellen Arbeitslosigkeit vorbeugen, können diese Maßnahmen den Übergang zu einem umweltverträglichen Wachstum rascher und vorteilhafter gestalten. Wie im OECD-Bericht *Towards Green Growth* (OECD, 2011e) hervorgehoben wird, zeigt eine wachsende Zahl von Studien das mit der Umstrukturierung des Energiesektors in Richtung eines saubereren Energiemix zusammenhängende Potenzial für Nettozuwächse an Arbeitsplätzen auf[49]. Dies bedeutet, dass die Klimapolitik durch die Verlagerung von Energieträgern in Richtung erneuerbarer Energiequellen und die Konzentration auf nicht energieintensive Sektoren langfristig mehr Arbeitsplätze schaffen könnte als gleichzeitig verloren gingen. Da sie bedeutende Veränderungen der relativen Preise bewirken, werden Maßnahmen zur Minderung von Treibhausgasemissionen die Struktur sowohl der End- als auch der Zwischennachfrage und damit die Struktur der Arbeitsnachfrage beeinflussen. Insbesondere wird der relative Preis von Energie sowie energieintensiven Waren und Dienstleistungen steigen[50]. Die Klimaschutzpolitik wirkt sich in makroökonomischer Hinsicht auf unterschiedliche Art und Weise auf die Beschäftigung aus, und der Gesamteffekt ist nicht leicht zu bestimmen; dennoch lassen sich durch bestimmte Maßnahmenpakete sowohl die Umwelt- als auch die Arbeitsmarktergebnisse verbessern (vgl. Kasten 3.15 zur Veranschaulichung).

Es gibt mehrere Einschränkungen in Bezug auf den potenziell positiven Beschäftigungseffekt der umweltfreundlicheren Gestaltung des Wachstums. Erstens ist der unmittelbare Effekt der Beschäftigungsstruktur des Energiesektors begrenzt, da auf die Branchen, die die größten Verursacher von Umweltbelastungen sind, lediglich ein geringer Anteil der Gesamterwerbsbevölkerung entfällt. Zweitens erklären diese „Erstrunden"-Nettobeschäftigungseffekte die „Zweitrundeneffekte" des Wandels im Energiemix nicht ganz: Sie können den makroökonomischen Gesamteffekt der Klimapolitik nicht vollständig erfassen. Die Hemmnisse für die industrielle Umstrukturierung könnten den Reallokationsprozess infolge der Politikmaßnahmen zur Emissionsminderung behindern

Kasten 3.15 **Was wäre wenn ... die Senkung der Treibhausgasemissionen die Beschäftigung erhöhen könnte?**

Die OECD hat die Auswirkungen von Politikmaßnahmen zur Minderung von Treibhausgasemissionen untersucht (Chateau et al., 2011; OECD, 2011e). Für diese Analyse wurde eine besonders überarbeitete Version des ENV-Linkages-Modells mit Arbeitsmarktrigiditäten, d.h. Reibungsverlusten bei der Anpassung der Löhne an Differenzen zwischen Arbeitsangebot und -nachfrage, zur Simulation eines der Veranschaulichung dienenden Klimapolitikszenarios verwendet, bei dem der OECD-Raum insgesamt die Emissionen bis 2050 durch Umsetzung eines gemeinsamen Emissionshandelssystems um 50% gegenüber dem Niveau von 1990 verringert. Es wird unterstellt, dass die Nicht-OECD-Länder ihre Emissionen bis 2050 gegenüber dem bei gleichbleibender Politik projizierten Niveau jeweils um 25% senken.

Aus Tabelle 3.10 geht hervor, dass diese Klimaschutzmaßnahmen einen begrenzten Effekt auf das Wirtschaftswachstum (das reale BIP-Niveau sinkt bei geringer Arbeitsmarktrigidität um 0,8% und bei hoher Arbeitsmarktrigidität um 2,1%) und die Beschäftigungsschaffung (das Beschäftigungsniveau sinkt um 0,3-2,2%) haben. Wenn die Einnahmen aus der Veräußerung von Emissionszertifikaten in Form von einheitlichen Pauschaltransfers umverteilt werden, steigen die Klimaschutzkosten mit dem Grad der Arbeitsmarktrigidität. Allerdings wird das Wirtschaftswachstum selbst im pessimistischsten Szenario mit sehr starken Arbeitsmarktrigiditäten durch die Einführung von CO_2-Emissionszertifikaten nur leicht beeinträchtigt: Im OECD-Durchschnitt wächst das reale BIP im Zeitraum 2013-2030 um nahezu 41%, gegenüber 44% ohne Klimaschutzmaßnahmen. Die daraus folgende Verlangsamung der Beschäftigungsschaffung ist zwar ausgeprägter, hält sich jedoch immer noch in Grenzen.

Tabelle 3.10 **Wirtschaftliche Effekte eines OECD-weiten Emissionshandelssystems bei rigiden Arbeitsmärkten unter Annahme einer einheitlichen pauschalen Umverteilung, 2015-2030**

Abweichung vom Szenario mit gleichbleibender Politik, in Prozent

	Reales BIP		Beschäftigung		Reallohn		Realeinkommen	
	Geringe Rigidität	Starke Rigidität	Geringe Rigidität	Starke Rigidität	Geringe Rigidität	Starke Rigidität	Geringe Rigidität	Starke Rigidität
2015	-0.04	-0.10	-0.03	-0.12	-0.11	-0.03	-0.04	-0.13
2020	-0.23	-0.62	-0.13	-0.70	-0.53	-0.18	-0.25	-0.80
2030	-0.78	-2.09	-0.32	-2.19	-1.30	-0.56	-0.83	-2.68

Quelle: OECD-ENV-Linkages-Modell (auf der Grundlage von Chateau et al., 2011).

Bei einer mittleren Arbeitsmarktrigidität (zwischen den beiden in Tabelle 3.10 dargestellten Extremen) sowie Ersetzung der pauschalen Umverteilung durch eine Politik, bei der die Einnahmen aus den Emissionszertifikaten zur Senkung der Besteuerung des Faktors Arbeit verwendet werden, wird das Beschäftigungswachstum indessen gesteigert (Tabelle 3.11). Die Beschäftigung im OECD-Raum würde sich im Vergleich zur Basisprojektion bis 2030 um 0,8% erhöhen, was im Zeitraum 2013-2030 zu einem Anstieg um 7,5% führen würde, verglichen mit 6,5% ohne Klimaschutzmaßnahmen. Darüber hinaus geht die Kaufkraft der Arbeitskräfte nicht zurück.

Diese Schätzungen veranschaulichen, wie sich die Umwelt- und Arbeitsmarktergebnisse je nach Policy Mix verbessern lassen. Sie zeigen darüber hinaus, dass die Qualität der Arbeitsmarktinstitutionen und die Umverteilung der Einnahmen aus den Emissionszertifikaten zusammen behandelt werden müssen, um die potenziellen Vorteile der Klimaschutzpolitik hinsichtlich der Beschäftigungsschaffung in vollem Umfang nutzen zu können. Empirische Schätzungen bezüglich des Umfangs der Arbeitsmarktunvollkommenheiten sind jedoch rar gesät, weshalb die hier vorgelegten Zahlen lediglich der Veranschaulichung dienen.

(Fortsetzung nächste Seite)

(Fortsetzung)

Tabelle 3.11 Wirtschaftliche Effekte eines OECD-weiten Emissionshandelssystems bei unterschiedlichen Optionen für die Nutzung der Einnahmen unter Annahme einer mittleren Arbeitsmarktrigidität, 2015-2030

Abweichung vom Szenario mit gleichbleibender Politik, in %

	Reales BIP		Beschäftigung		Reallohn		Realeinkommen	
	Pauschaltransfers	Senkung der Arbeitsbesteuerung	Pauschaltransfers	Senkung der Arbeitsbesteuerung	Pauschaltransfers	Senkung der Arbeitsbesteuerung	Pauschaltransfers	Senkung der Arbeitsbesteuerung
2015	-0.06	0.06	-0.05	0.12	-0.08	0.11	-0.07	0.09
2020	-0.34	0.26	-0.29	0.59	-0.44	0.54	-0.40	0.44
2030	-1.08	-0.03	-0.75	0.80	-1.14	0.76	-1.26	0.24

Quelle: OECD-ENV-Linkages-Modell (auf der Grundlage von Chateau et al., 2011).

Diese Schlussfolgerungen stehen mit zahlreichen anderen Studien im Einklang, in denen die Auswirkungen von Klimaschutzmaßnahmen auf die Beschäftigung im Rahmen eines allgemeinen Gleichgewichtsmodells untersucht werden. Solche Modelle, einschließlich des ENV-Linkages-Modells, erlauben eine Evaluierung der Übergangskosten, allerdings über einen längeren Zeithorizont. Bestimmte Beschäftigungszuwächse, die durch die Klimaschutzpolitik herbeigeführt wurden – oder vermiedene Arbeitsplatzverluste –, werden nicht erfasst. Da es naturgemäß schwierig ist, Innovationen vorherzusagen, werden die potenziellen Effekte umweltbezogener Maßnahmen bei der Stimulierung von Innovationen im Bereich umweltverträglicher Technologien in der Tat nicht vollständig erfasst.

Quelle: J. Chateau, T. Manfredi, A. Saint-Martin und P. Swaim (2011), „Employment Impacts of Climate Change Mitigation Policies in OECD: A General-Equilibrium Perspective", *OECD Environment Working Paper*, No. 32, OECD, Paris.

und letztlich das Tempo des Beschäftigungswachstums drosseln. Drittens könnten diese Politikmaßnahmen negative Auswirkungen auf die Gesamtbeschäftigung haben, da sie das BIP im Allgemeinen verringern (vgl. Abschnitt 3).

Die durch die Preisgestaltungsmechanismen für CO_2-Emissionen erzielten öffentlichen Einnahmen könnten für die Senkung anderer Steuern und den Abbau steuerlicher Verzerrungen in den Volkswirtschaften verwendet werden. Diese aufkommensneutralen Klimaschutzmaßnahmen werden manchmal vor dem Hintergrund befürwortet, dass sie eine „doppelte Dividende" erzeugen können: Verringerung der Treibhausgasemissionen sowie Effizienzverbesserungen durch die Senkung verzerrend wirkender Steuern, wie z.B. der steuerlichen Belastung des Faktors Arbeit.

Anmerkungen

1. Vgl. Kapitel 1 wegen der im *Umweltausblick* angewandten Methoden und Kapitel 2 wegen der wichtigsten sozioökonomischen Annahmen, die dem Basisszenario zu Grunde liegen. Vgl. Kapitel 3, Abschnitt 2 über Trends und Projektionen wegen einer eingehenderen Erörterung der bereits bestehenden Politikmaßnahmen, die im Basisszenario berücksichtigt wurden.

2. Mitigationsmaßnahmen sind Aktivitäten, die direkt oder indirekt auf eine Minderung der Treibhausgase abzielen, entweder indem Treibhausgasemissionen vermieden bzw. indem die Treibhausgase abgetrennt werden, bevor sie in die Atmosphäre ausgestoßen werden, oder indem die Treibhausgase, die sich bereits in der Atmosphäre befinden, durch eine Verbesserung der Treibhausgassenken (z.B. Wälder) gespeichert bzw. sequestriert werden. Solche Aktivitäten können z.B. auf Veränderungen der Verhaltensmuster oder auf die Entwicklung und Verbreitung neuer Technologien ausgerichtet sein (IPCC, 2007).

3. Adaptationsmaßnahmen sind definiert als Anpassungen anthropogener oder natürlicher Systeme in Reaktion auf tatsächliche bzw. erwartete klimatische Reize bzw. deren Auswirkungen, um Schäden zu begrenzen bzw. Vorteile zu nutzen (IPCC, 2001).

4. Das Kyoto-Protokoll ist eine internationale Vereinbarung, die mit dem Rahmenübereinkommen der Vereinten Nationen über Klimaänderungen (UNFCCC) im Zusammenhang steht. Es wurde am 11. Dezember 1997 in Kyoto, Japan, verabschiedet und trat am 16. Februar 2005 in Kraft. Das wesentliche Merkmal des Kyoto-Protokolls ist, dass es für 37 Industrieländer und die Europäische Gemeinschaft verbindliche Ziele für die Reduzierung der Treibhausgasemissionen vorgibt. Diese Ziele entsprechen einer durchschnittlichen Verringerung im Zeitraum 2008-2012 um 5% gegenüber dem Stand von 1990.

5. Vgl. www.iea.org/index_info.asp?id=1959.

6. Vgl. www.epa.gov/methane/scientific.html.

7. Im IPCC-Bericht wird von einem Mittelwert von 3°C ausgegangen, die Spanne 2-4,5°C entspricht einem Konfidenzintervall von 66%. Dies ist die Annahme, die den in diesem *Ausblick* dargelegten Projektionen zu Grunde liegt.

8. Die Klimasensitivität ist eine Messgröße dafür, wie stark das Klimasystem auf eine Veränderung des Strahlungsantriebs reagiert. Sie wird in der Regel als die Temperaturveränderung ausgedrückt, die mit einer Verdopplung der Kohlendioxidkonzentration in der Erdatmosphäre verbunden ist.

9. Der Begriff Umwälzzirkulation oder thermohaline Zirkulation bezieht sich auf den Teil der großskaligen ozeanischen Zirkulation, der durch globale Dichtegradienten angetrieben wird, die durch die Wärme des Oberflächenwassers und den Zufluss von Süßwasser entstehen. Computermodellen zufolge könnte ein stärkerer Zufluss von Süßwasser an einigen entscheidenden Stellen im Nordatlantik die Bildung und das Absinken von dichtem Wasser verlangsamen oder sogar stoppen. Das könnte dazu führen, dass der Rückfluss in diesem Strömungsprozess zum Erliegen kommt.

10. Andere Ökonomen (z.B. Nordhaus, 2011, und Pindyck, 2011) sind der Ansicht, dass Weitzmans „Dismal Theory", der zufolge eine Kosten-Nutzen-Analyse angesichts der Möglichkeit katastrophaler Ereignisse versagt, nur unter ganz spezifischen Bedingungen zutrifft.

11. Vgl. http://unfccc.int/resource/docs/convkp/convger.pdf.

12. Die Annex-I-Parteien des UNFCCC von 1992 sind: Australien, Belarus, Belgien, Bulgarien, Dänemark, Deutschland, Estland, Europäische Wirtschaftsgemeinschaft, Finnland, Frankreich, Griechenland, Irland, Island, Italien, Japan, Kanada, Kroatien, Lettland, Liechtenstein, Litauen, Luxemburg, Malta, Monaco, Neuseeland, Niederlande, Norwegen, Österreich, Polen, Portugal, Rumänien, Russische Föderation, Schweden, Schweiz, Slowakische Republik, Slowenien, Spanien, Tschechische Republik, Türkei, Ukraine, Ungarn, Vereinigtes Königreich, Vereinigte Staaten. Vgl. www.unfccc.int. Die Annex-II-Länder, eine Untergruppe der Annex-I-Länder, sind diejenigen, die sich verpflichteten, Maßnahmen in den Entwicklungsländern finanziell zu unterstützen. Zu den Annex-II-Ländern gehörten 1992 die OECD-Mitglieder, allerdings nicht die Transformationsländer darunter.

13. Wegen einer Liste der Nicht-Annex-I-Länder, vgl. http://unfccc.int/parties_and_observers/parties/non_annex_i/items/2833.php.

14. Zu beachten ist, dass die Vereinigten Staaten das Kyoto-Protokoll nicht ratifiziert haben und dass die Türkei das UNFCCC zum Zeitpunkt seiner Aushandlung noch nicht ratifiziert hatte. Diese beiden Annex-I-Länder sind daher an keine im Rahmen des Protokolls festgelegten Emissionsreduktionsverpflichtungen gebunden.

15. Wegen einer vollständigen Liste der Zusagen vgl. http://unfccc.int/resource/docs/2011/sb/eng/inf01r01.pdf (Industrieländer) und http://unfccc.int/resource/docs/2011/awglca14/eng/inf01.pdf (Entwicklungsländer).

16. Die Hochrangige Beratergruppe Klimaschutzfinanzierung ist der Auffassung, dass 2020 85% der Mittel vom privaten Sektor aufgebracht werden müssten (AGF, 2010).

17. Der neue Green Climate Fund wird von einem 24 Mitglieder zählenden Ausschuss geleitet werden, der sich zu gleichen Teilen aus Vertretern der Industrieländer und der Entwicklungsländer zusammensetzt, und wird in den ersten drei Jahren von der Weltbank verwaltet werden (Cancún-Vereinbarungen 2010, http://unfccc.int/resource/docs/2010/cop16/eng/07a01.pdf#page=2 § 102-112).

18. Massachusetts v. Environmental Protection Agency, 549 US 497 (2007) ist eine Entscheidung des Obersten Gerichtshofs der Vereinigten Staaten in einem Fall, bei dem zwölf Bundesstaaten und mehrere Städte der Vereinigten Staaten Klage gegen die US-Behörde für Umweltschutz (EPA) erhoben haben, um diese dazu zu veranlassen, CO_2 und andere Treibhausgase als Schadstoffe einer Regulierung zu unterziehen. Vgl. http://www.supremecourt.gov/opinions/06pdf/05-1120.pdf.

19. Die CO_2-Abtrennung und -Speicherung (CCS) ist ein Verfahren zur Reduzierung der zur Erderwärmung beitragenden Emissionen fossiler Energieträger. Sie basiert auf der Abtrennung von aus großen Punktquellen (z.B. mit fossilen Brennstoffen betriebenen Kraftwerken) austretendem CO_2, das dann in einer Weise gespeichert wird, die verhindert, dass es in die Erdatmosphäre gelangt.

20. In Baseline-and-Credit-Systemen gibt es für die Gesamtemissionen keine explizite Obergrenze. Stattdessen darf jedes Unternehmen ein bestimmtes Emissionsniveau (*Baseline*) erreichen. Dieses Niveau kann anhand vergangener Emissionswerte oder Standards für das zulässige Verhältnis zwischen Emissionen und Produktion festgesetzt werden. Unternehmen, deren Emissionsvolumen unter diesem Niveau liegt, erhalten Emissionsreduktionsgutschriften (*Credits*).

21. Kompensationen bzw. „Offsets" sind ein allgemeiner Begriff für Gutschriften, die erworben werden können, um andernorts nicht durchgeführte Emissionsreduktionen auszugleichen.

22. Die gemeinsame Umsetzung bzw. Joint Implementation ist einer von drei flexiblen Mechanismen im Rahmen des Kyoto-Protokolls, die Ländern mit verbindlichen Vorgaben für die Senkung ihrer Treibhausgasemissionen (Annex-I-Länder) bei der Einhaltung ihrer Verpflichtungen unterstützen sollen. Nach Artikel 6 kann jedes Annex-I-Land – als Alternative zur inländischen Emissionsreduzierung – in einem anderen Annex-I-Land in Emissionsreduktionsprojekte („Joint Implementation Projects") investieren.

23. Die Ermäßigung wurde im April 2011 auf 65% gesenkt.

24. Vgl. *www.fin.gov.bc.ca/tbs/tp/climate/carbon_tax.htm*, Zugriff September 2011.

25. Zweck des CDM ist die Förderung einer umweltverträglichen Entwicklung in den Entwicklungsländern. Der CDM ermöglicht es den Industrieländern, weltweit dort in Emissionsminderungsprojekte zu investieren, wo es am kostengünstigsten ist. Mit den Projekten zur Minderung von Emissionen in den Entwicklungsländern lassen sich Emissionsgutschriften (Certified Emission Reduction – CER) erwerben, wobei eine Gutschrift jeweils einer Tonne CO_2 entspricht. Diese Emissionsgutschriften können gehandelt und veräußert werden, und die Industrieländer können sie nutzen, um einen Teil ihrer Emissionsminderungsziele im Rahmen des Kyoto-Protokolls zu erreichen.

26. Mit diesem Programm soll die Herstellung von Fluor enthaltenden Gasen, die als Ersatz für die Ozonschicht zerstörende Stoffe genutzt werden, begrenzt werden bzw. deren Herstellung, der Umgang mit ihnen, ihre Verwendung und ihr Recycling am Ende ihres Lebenszyklus verbessert werden.

27. Maßnahmen zur Steigerung der Energieeffizienz stehen vor vielschichtigen Hindernissen: marktbezogene und finanzielle Hemmnisse, die durch widersprüchliche Anreize verstärkt werden, wenn die Investoren sich nicht die Erträge aus ihren Investitionen sichern können, Transaktionskosten, Preisverzerrungen, Informationsprobleme für die Verbraucher, die sie daran hindern, rationelle Konsum- und Investitionsentscheidungen zu treffen, Anreizstrukturen, die bewirken, dass es sich für die Energieversorger lohnt, mehr Energie zu verkaufen, anstatt in die Energieeffizienz zu investieren, und technische Hemmnisse (vgl. IEA, 2009a).

28. Das Major Economies Forum on Energy and Climate (MEF) wurde am 28. März 2009 initiiert, um einen unvoreingenommenen Dialog zwischen großen Industrie- und Entwicklungsländern zu erleichtern und so für die erforderliche politische Führungsinitiative zu sorgen, um auf der VN-Klimakonferenz im darauffolgenden Dezember in Kopenhagen zu einem erfolgreichen Ergebnis zu gelangen und konkrete Initiativen und Joint Ventures voranzubringen, die das Angebot an sauberen Energien bei gleichzeitiger Verringerung der Treibhausgasemissionen erhöhen können. Die am MEF teilnehmenden 17 großen Volkswirtschaften sind: Australien, Brasilien, China, Deutschland, die Europäische Union, Frankreich, Indien, Indonesien, Italien, Japan, Kanada, Korea, Mexiko, Russland, Südafrika, das Vereinigte Königreich und die Vereinigten Staaten. Zudem wurden auch Dänemark in seiner Eigenschaft als Vorsitzender der Konferenz der Vertragsstaaten des VN-Rahmenübereinkommens über Klimaänderungen im Dezember 2009, sowie die Vereinten Nationen zur Teilnahme an diesem Dialog aufgefordert. Vgl. *www.majoreconomiesforum.org*.

29. Vgl. www.cordis.europa.eu/technology-platforms.

30. Vgl. http://www.bmwi.de/Dateien/BMWi/PDF/foerderdatenbank/energieforschungsprogramm.pdf.

31. Die UNFCCC-Vertragsstaaten müssen der Vertragsstaatenkonferenz über die Umsetzung des Übereinkommens auf nationaler Ebene Bericht erstatten. Die Kernelemente der nationalen Berichte für die Annex-I- und die Nicht-Annex-I-Länder sind Informationen über Treibhausgasemissionen und deren Beseitigung sowie Einzelheiten über die zur Umsetzung des Übereinkommens wahrgenommenen Aktivitäten.

32. Die in der Studie berücksichtigten Länder sind: Australien, Dänemark, Deutschland, Finnland, Kanada, die Niederlande, Norwegen, Österreich, Spanien und das Vereinigte Königreich.

33. Der Verlauf zahlreicher mit dem Klimawandel verbundener Risiken ist nicht monoton, was die Identifizierung von Trends erschwert. In solchen Fällen sind Wetterversicherungen nicht rentabel.

34. Die unterschiedlichen Treibhausgase wurden unter Verwendung von CO_2-Äquivalenten (CO_2e) zusammengefasst.

35. Laut Schätzungen in Rogelj et al. (erscheint demnächst) wird der Temperaturanstieg auf lange Sicht (Gleichgewichtszustand) bei einer Emissionsentwicklung zur Stabilisierung der Konzentration bei 450 ppm mit einer Wahrscheinlichkeit von etwa 60% 2°C, mit einer Wahrscheinlichkeit von 15% 3°C und mit einer Wahrscheinlichkeit von 5% 4°C übersteigen.

36. Die BECCS-Technologien kombinieren die Bioenergie für die Stromerzeugung und Wasserstoffgewinnung mit der CO_2-Abtrennung und -Speicherung (*Carbon Capture and Storage* – CCS) in einer Weise, bei der es sogar möglich sein könnte, Emissionen aus der Atmosphäre zu entfernen. CO_2 wird in der Wachstumsphase der Biomasse absorbiert und später bei der Umwandlung der Biomasse in Strom oder Wasserstoff abgetrennt und gespeichert (Azar et al., 2010; Read und Lermit, 2005). In mehreren Studien wurde BECCS als attraktive Mitigationsoption für den späteren Teil des Jahrhunderts identifiziert (van Vuuren und Riahi, 2011).

37. Die Bezeichnung „verzögertes Szenario" bedeutet nicht, dass alle Aktionen hinausgeschoben werden, sondern nur, dass in den kommenden Jahrzehnten weniger Mitigationsanstrengungen unternommen werden als in den anderen Szenarien.

38. Auf Grund des Kühleffekts der Aerosole sind die Konzentrationsniveaus niedriger als bei alleiniger Berücksichtigung der Kyotogase.

39. Der langfristige Anstieg der Gleichgewichtstemperatur wird unter 2°C liegen, da die rückläufigen Treibhausgaskonzentrationen den Projektionen zufolge bis zum Ende des Jahrhunderts bereits zu einem geringeren Strahlungsantrieb führen.

40. In der IMAGE-Modellreihe wird unterstellt, dass ein Großteil der Emissionsreduktion durch Änderungen im Energieträgermix erzielt wird, woraus sich konservativere Schätzungen der Energieeffizienzsteigerungen ergeben.

41. Allerdings spielt die Energieeffizienz auch im OECD-Raum eine Rolle: Energieeffizienzsteigerungen sind ein wesentlicher Bestandteil eines kostengünstigen Maßnahmenkatalogs zur Senkung der Emissionen.

42. Die durchschnittliche Energieintensität unterscheidet sich in den verschiedenen Regionen auch auf Grund nationaler Gegebenheiten, wie z.B. der klimatischen Verhältnisse.

43. Laut Informationen aus der UNFCCC-Website (*www.unfccc.int*), Zugriff August 2011.

44. Die Berechnungen basieren auf der in Den Elzen et al. (2011) beschriebenen Methode, wurden aber an das Basisszenario des *Umweltausblicks* angepasst. Weitere Informationen zu den Annahmen, die der Beurteilung der Zusagen zu Grunde liegen, finden sich in Anhang 3.A.

45. Es sei daran erinnert, dass die Vorteile der Mitigationsmaßnahmen in den mit dem ENV-Linkages-Modell berechneten Kostenangaben nicht berücksichtigt sind.

46. Die Kostenschätzungen hängen natürlich ganz entscheidend von den Annahmen ab, die in Bezug auf die Verfügbarkeit und die Kostenwirksamkeit der wichtigsten Technologieoptionen für den Klimaschutz (Kasten 3.10) aufgestellt werden.

47. Die regionalen Einkommensverluste hängen vom System der Zuteilung von Emissionsrechten ab, das in beiden Mitigationsszenarien auf einheitlichen Pro-Kopf-Emissionsmengen beruht.

48. Das Jahresniveau schwankt stark mit der Veränderung der internationalen Energiepreise, lässt jedoch auch darauf schließen, dass in einigen großen Ländern (China und Indien) in jüngster Zeit Reformen durchgeführt wurden.

49. Vgl. beispielsweise den jüngsten Bericht von UNEP, ILO, IOE und ITUC *Green Jobs: Towards Decent Work in a Sustainable, Low-Carbon World* (UNEP/ILO/IOE/ITUC, 2008).

50. Umweltinnovationen dürften darüber hinaus größere relative Preiseffekte haben und sich in Sektoren, in denen die neuen Technologien genutzt werden, zugleich unmittelbar auf das Arbeitsvolumen sowie die beruflichen Qualifikationsanforderungen auswirken. Infolgedessen werden neue Arbeitsplätze geschaffen, wohingegen zahlreiche bereits vorhandene Arbeitsplätze umweltverträglicher gestaltet werden müssen, während bei anderen eine Reallokation von schrumpfenden hin zu expandierenden Sektoren bzw. Unternehmen erfolgen muss.

Literaturverzeichnis

Agrawala, S., et al. (2010a), „Incorporating Climate Change Impacts and Adaptation in Environmental Impact Assessments: Opportunities and Challenges", *OECD Environment Working Papers*, No. 24, OECD Publishing, Paris. doi: 10.1787/5km959r3jcmw-en.

Agrawala, S., et al. (2010b), "Plan or React? Analysis of Adaptation Costs and Benefits Using Integrated Assessment Models", *OECD Environment Working Papers*, No. 23, OECD Publishing, Paris. doi: 10.1787/5km975m3d5hb-en.

Agrawala, S., et al. (2011), "Private Sector Engagement in Adaptation to Climate Change: Approaches to Managing Climate Risks", *OECD Environment Working Papers*, No. 39, OECD Publishing, Paris. doi: 10.1787/5kg221jkf1g7-en.

Agrawala. S., F. Bosello, C. Carraro, E. de Cian und E. Lanzi (2011), "Adapting to Climate Change: Costs, Benefits, and Modelling Approaches", *International Review of Environmental and Resource Economics*: Vol. 5: No 3, S. 245-284, http:/dx.doi.org/10.1561/101.00000043.

Alberth, S. und C. Hope (2006), *Policy Implications of Stochastic Learning Using a Modified PAGE2002 Model*, Cambridge Working Papers in Economics, Faculty of Economics, University of Cambridge, Cambridge, UK.

AMAP (Arctic Monitoring and Assessment Programme) (2009), *The Greenland Ice Sheet in a Changing Climate: Snow, Water, Ice and Permafrost in the Arctic (SWIPA)*, 2009, AMAP, Oslo.

Azar, C. (2005), "Emerging Scarcities: Bioenergy-Food Competition in a Carbon Constrained World", in D. Simpson, M. Toman und R. Ayres (Hrsg.), *Scarcity and Growth in the New Millennium*, John Hopkins University Press, Baltimore.

Azar, C., et al. (2010), "The Feasibility of Low CO_2 Concentration Targets and the Role of Bioenergy with Carbon Capture and Storage (BECCS)", *Climatic Change*, 100: 195-202.

Barrett, S. (1994), "Self-Enforcing International Environmental Agreements", *Oxford Economic Papers*, 46, 878-894.

Bauer, A., J. Feichtinger und R. Steurer (2011), *The Governance of Climate Change Adaptation in Ten OECD Countries: Challenges and Approaches*, Discussion Paper 1-2011, Institut für Wald-, Umwelt- und Ressourcenpolitik, Universität für Bodenkultur, Wien.

Bollen, J., et al. (2009), „Co-Benefits of Climate Change Mitigation Policies: Literature Review and New Results", *OECD Economics Department Working Papers*, No. 693, OECD Publishing, Paris. 10.1787/224388684356-en.

Bollen, J., P. Koutstaal und P. Veenendaal (2011), *Trade and climate change*, CPB, Den Haag.

Bond, T.C. und H. Sun (2005), "Can Reducing Black Carbon Emissions Counteract Global Warming?", *Environmental Science & Technology*, 39(16), 5921-5926.

Bond, T.C., et al. (2004), "A Technology-Based Global Inventory of Black and Organic Carbon Emissions from Combustion", *Journal of Geophysical Research*, 109(D14), D14203.

Bowen, A. und J. Rydge (2011), "Climate-Change Policy in the United Kingdom", *OECD Economics Department Working Papers*, No. 886, OECD Publishing, Paris. doi: 10.1787/5kg6qdx6b5q6-en.

Brasilianische Regierung (2008), "National Climate Change Plan, 2008", Government of Brazil, Brasilien.

Bringezu, S., et al. (2009), *Towards Sustainable Production and Use of Resources: Assessing Biofuels*, International Panel for Sustainable Resource Management, UNEP (Umweltprogramm der Vereinten Nationen), Nairobi.

Bruin, K. de, R. Dellink und S. Agrawala (2009), "Economic Aspects of Adaptation to Climate Change: Integrated Assessment Modelling of Adaptation Costs and Benefits", *OECD Environment Working Papers*, No. 6, OECD Publishing, Paris. doi: 10,1787225282538105.

Buchner, B. (2007), "Policy Uncertainty, Investment and Commitment Periods", OECD/IEA, Paris.

Burniaux, J., J. Chateau und R. Duval (2010), "Is there a Case for Carbon-Based Border Tax Adjustment?: An Applied General Equilibrium Analysis", *OECD Economics Department Working Papers*, No. 794, OECD Publishing, Paris. doi: 10.1787/5kmbjhcqqk0r-en.

Burniaux, J. und J. Chateau (2011), "Mitigation Potential of Removing Fossil Fuel Subsidies: A General Equilibrium Assessment", *OECD Economics Department Working Papers*, No. 853, OECD Publishing, Paris. doi: 10.1787/5kgdx1jr2plp-en.

Burniaux, J. und J. Oliveira Martins (2000), "Carbon Emission Leakages: A General Equilibrium View", *OECD Economics Department Working Papers*, No. 242, OECD Publishing, Paris. doi: 10.1787/410535403555.

Chateau, J., T. Manfredi, A. Saint-Martin und P. Swaim (2011), "Employment Impacts of Climate Change Mitigation Policies in OECD: A General-Equilibrium Perspective", *OECD Environment Working Paper*, No. 32, OECD, Paris, erscheint demnächst.

Clapp, C., G. Briner und K. Karousakis (2010), "Low-Emission Development Strategies (LEDS): Technical, Institutional and Policy Lessons", OECD/IEA, Paris.

Clarke, L., et al. (2009), "International Climate Policy Architectures: Overview of the EMF22 International Scenarios", *Energy Economics*, 31, S64-S81.

Dellink, R., G. Briner und C. Clapp (2010), "Costs, Revenues, and Effectiveness of the Copenhagen Accord Emission Pledges for 2020", *OECD Environment Working Papers*, No. 22, OECD Publishing, Paris. doi: 10.1787/5km975plmzg6-en.

Dietz, S., et al. (2006), "On Discounting Non-Marginal Policy Decisions and Cost-Benefit Analysis of Climate-Change Policy", Vorlage für die *ISEE 2006: Ninth Biennial Conference of the International Society for Ecological Economics*, 15.-19. Dezember 2006, India Habitat Centre, Neu-Delhi, Indien.

Duval, R. (2008), "A Taxonomy of Instruments to Reduce Greenhouse Gas Emissions and their Interactions", *OECD Economics Department Working Papers*, No. 636, OECD Publishing, Paris. doi: 10.1787/236846121450-en.

Edenhofer, O., et al. (2009), *The Economics of Decarbonization: Report of the RECIPE Project*, Potsdam-Institut für Klimafolgenforschung, Potsdam.

Edenhofer, O., et al. (2010), "The Economics of Low Stabilization: Model Comparison of Mitigation Strategies and Costs", *The Energy Journal*, Volume 31 (Special Issue 1).

Ellerman, A. und B. Buchner (2008), "Over-Allocation or Abatement? A Preliminary Analysis of the EU-ETS Based on the 2005-06 Emissions Data", *Environmental and Resource Economics*, Vol. 41, No. 2, S. 267-287.

Ellerman, A., F. Convery und C. de Perthuis (2010), *Pricing Carbon: The European Union Emissions Trading Scheme*, Cambridge University Press, Cambridge, UK.

Ellis, J. und S. Kamel (2007), "Overcoming Barriers to Clean Development Mechanism Projects", *OECD Papers*, Vol. 7/1. doi: 10.1787/oecd_papers-v7-art3-en.

Elzen, M. den und D.P. van Vuuren (2007), "Peaking profiles for achieving long-term temperature targets with more likelihood at lower costs", PNAS 104(46):17931-17936.

Elzen, M. den, A.F. Hof und M. Roelfsema (2011), "The emissions gap between the Copenhagen pledges and the 2 °C climate goal: options for closing and risks that could widen the gap", *Global Environmental Change* 21, 733-743.

EPA (Umweltschutzbehörde der Vereinigten Staaten) (2011), "Report to Congress on Black Carbon", EPA, Washington D.C.

EUA (Europäische Umweltagentur) (2010a), "Atmospheric Greenhouse Gas Concentrations (CSI 013): Assessment published Nov 2010", EUA-Website, *www.eea.europa.eu/data-and-maps/indicators/ atmospheric-greenhouse-gas-concentrations/atmospheric-greenhouse-gas-concentrations-assessment-3*, Zugriff am 27. September 2011.

EUA (2010b), *The European Environment: State and Outlook 2010*, EUA, Amt für Veröffentlichungen der Europäischen Union, Luxemburg.

Hamilton, K. (2009), *Unlocking Finance for Clean Energy: The Need for "Investment Grade" Policy. Chatham House Briefing Paper*, The Royal Institute of International Affairs, London.

Hardin, G. (1968), "The Tragedy of the Commons", *Science*, Vol. 162, No. 3859, S. 1243-1248.

Hoegh-Guldberg, O. et al. (2007), "Coral Reefs Under Rapid Climate Change and Ocean Acidification", *Science*, 318: 1737-1742.

Hood, C. (2010), "Reviewing Existing and Proposed Emissions Trading Systems", *IEA Energy Papers*, No. 2010/13, OECD Publishing, Paris. doi: 10.1787/5km4hv3mlg5c-en.

Hood, C. (2011), "Summing Up the Parts: Combining Policy Instruments for Least-Cost Climate Mitigation Strategies", *IEA Information Paper*, OECD/IEA, Paris.

IEA (Internationale Energie-Agentur) (2009a), *Implementing Energy Efficiency Policies: are IEA Member Countries on Track?*, OECD Publishing, Paris. doi: 10.1787/9789264075696-en.

IEA (2009b), *Energy Technology Perspectives 2010: Scenarios and Strategies to 2050*, OECD Publishing, Paris. doi: 10.1787/energy_tech-2010-en.

IEA (2010), "Global Gaps in Clean Energy RD&D Update and Recommendations for International Collaboration", *IEA Report for the Clean Energy Ministerial*, OECD/IEA, Paris.

IEA (2011a), "CO_2 Emissions from Fuel Combustion: Highlights", OECD/IEA, Paris.

IEA (2011b), *World Energy Outlook 2011*, OECD Publishing, Paris. doi: 10.1787/weo-2011-en.

IEA, OECD, OPEC, Weltbank (2010), "Analysis of the Scope of Energy Subsidies and Suggestions for the G-20 Initiative", gemeinsamer Bericht, ausgearbeitet für den G20-Gipfel in Toronto, 26.-27. Juni 2010, IEA/OPEC/OECD Publishing/Weltbank.

Indische Regierung (2010), *Notification No. 01/2010-Clean Energy Cess*, 22. Juni 2010, Ministry of Finance, Government of India, Neu-Delhi, www.coal.nic.in/cbec140710.pdf.

IPCC (Zwischenstaatlicher Ausschuss für Klimaänderung) (2007a), "Summary for Policymakers", in M.L. Parry, O.F. Canziani, J.P. Palutikof, P.J. van der Linden und C.E. Hanson (Hrsg.), *Climate Change 2007: Impacts, Adaptation and Vulnerability. Contribution of Working Group II to the Fourth Assessment Report of the Intergovernmental Panel on Climate Change*, Cambridge University Press, Cambridge.

IPCC (2007b), *Climate Change 2007: Impacts, Adaptation and Vulnerability. Contribution of Working Group II to the Fourth Assessment Report of the Intergovernmental Panel on Climate Change*, Cambridge University Press, Cambridge.

IPCC (2007c), *Climate change 2007: Mitigation of climate change. Contribution of Working Group III to the Fourth Assessment Report of the Intergovernmental Panel on Climate Change*, Cambridge University Press, Cambridge.

Jamet, S. und J. Corfee-Morlot (2009), "Assessing the Impacts of Climate Change: A Literature Review", *OECD Economics Department Working Papers*, No. 691, OECD Publishing, Paris. 10.1787/224864018517-en.

Johnstone, N. und I. Haščic (2009), *Environmental Policy Framework Conditions, Innovation and Technology Transfer*, OECD, Paris.

Haščic, I., N. Johnstone, F. Watson und C. Kaminker (2010), "Climate Policy and Technological Innovation and Transfer: An Overview of Trends and Recent Empirical Results", *OECD Environment Working Papers*, No. 30, OECD Publishing, Paris. doi: 10.1787/5km33bnggcd0-en.

Kalamova, M., C. Kaminker und N. Johnstone (2011), "Sources of Finance, Investment Policies and Plant Entry in the Renewable Energy Sector", *OECD Environment Working Papers*, No. 37, OECD Publishing, Paris. doi: 10.1787/5kg7068011hb-en.

Lamhauge, N., E. Lanzi und S. Agrawala (2011), "Monitoring and Evaluation for Adaptation: Lessons from Development Co-operation Agencies", *OECD Environment Working Papers*, No. 38, OECD Publishing, Paris. doi: 10.1787/5kg20mj6c2bw-en.

Luderer, G., et al. (2009), "The Economics of Decarbonization:– Results from the RECIPE Model Intercomparison", *RECIPE Background Paper*, Potsdam-Institut für Klimafolgenforschung, Potsdam, www.pik-potsdam.de/recipe.

McKibbin, W., A. Morris und P. Wilcoxen (2011), "Comparing climate commitments: a model-based analysis of the Copenhagen Accord", *Climate Change Economics* 2(2), 79-103.

Meinshausen, M. et al. (2006), "Multi-Gas Emission Pathways to Meet Climate Targets", *Climatic Change*, 75, 151-194.

Meinshausen, M., et al. (2009), "Greenhouse Gas Emission Targets for Limiting Global Warming to 2 °C", *Nature*, 458, 1158-1162.

Mendelsohn, Robert, Ariel Dina und Larry Williams (2006), "The Distributional Impact of Climate Change on Rich and Poor Countries", *Environment and Development Economics*, Vol. 11, S. 159-178.

Molina, M., et al. (2009), "Reducing Abrupt Climate Change Risk using the Montreal Protocol and Other Regulatory Actions to Complement Cuts in CO_2 Emissions", *Proceedings of the National Academy of Sciences*, 106(49), 20616.

NBS (Network for Business Sustainability) (2009), *Concepts and Theories: Business Adaptation to Climate Change*, NBS, Kanada.

Nicholls, R. J., et al. (2008), "Ranking Port Cities with High Exposure and Vulnerability to Climate Extremes: Exposure Estimates", *OECD Environment Working Papers*, No. 1, OECD Publishing, Paris. doi: 10.1787/011766488208.

Nordhaus, W.D. (2007), *The Challenge of Global Warming: Economic Models and Environmental Policy*, Yale University, New Haven.

Nordhaus, W.D. (2011), "The Economics of Tail Events with an Application to Climate Change", *Review of Environmental Economics and Policy*, 5(2): 240-257.

Nordhaus, W.D. und J. Boyer (2000), "Warming the World: Economic Models of Global Warming", The MIT Press.

OECD (2006), "Progress on Adaptation to Climate Change in Developed Countries: An Analysis of Broad Trends", *OECD Papers*, Vol. 6/2. doi: 10.1787/oecd_papers-v6-art8-en.

OECD (2007a), *OECD Principles for Private Sector Participation in Infrastructure*, OECD Publishing, Paris. doi: 10.1787/9789264034105-en.

OECD (2007b), *Instrument Mixes for Environmental Policy*, OECD Publishing, Paris. 10.1787/9789264018419-en.

OECD (2008a), *Costs of Inaction on Key Environmental Challenges*, OECD Publishing, Paris. doi: 10.1787/9789264045828-en.

OECD (2008b), "An OECD Framework for Effective and Efficient Environmental Policies: Overview", *Tagung des Ausschusses für Umwelt (EPOC) auf Ministerebene, Umwelt und globale Wettbewerbsfähigkeit*, 28.-29. April 2008, www.oecd.org/dataoecd/8/44/40501159.pdf.

OECD (2008c), *Economic Aspects of Adaptation to Climate Change: Costs, Benefits and Policy Instruments*, OECD Publishing, Paris. doi: 10.1787/9789264046214-en.

OECD (2009a), *The Economics of Climate Change Mitigation: Policies and Options for Global Action beyond 2012*, OECD Publishing, Paris. doi: 10.1787/9789264073616-en.

OECD (2009b), *Integrating Climate Change Adaptation into Development Co-operation: Policy Guidance*, OECD Publishing, Paris. doi: 10.1787/9789264054950-en.

OECD (2010a), *Cities and Climate Change*, OECD Publishing, Paris. doi: 10.1787/9789264091375-en.

OECD (2010b), *Taxation, Innovation and the Environment*, OECD Publishing, Paris. doi: 10.1787/9789264087637-en.

OECD (2010d), *Globalisation, Transport and the Environment*, OECD Publishing, Paris. doi: 10.1787/9789264072916-en.

OECD (2010e), *Measuring and Monitoring Innovation*, OECD, Paris.

OECD (2011a), "Delivering on green growth", in OECD, *Towards Green Growth*, OECD Publishing, Paris. doi: 10.1787/9789264111318-7-en.

OECD (2011b), "Interactions Between Emission Trading Systems and Other Overlapping Policy Instruments", *General Distribution Document*, Direktion Umwelt, OECD, Paris.

OECD (2011c), *Fostering Innovation for Green Growth*, OECD Green Growth Studies, OECD Publishing, Paris. doi: 10.1787/9789264119925-en.

OECD (2011d), *Greening Household Behaviour: The Role of Public Policy*, OECD Publishing, Paris. doi: 10.1787/9789264096875-en.

OECD (2011e), *Towards Green Growth*, OECD Green Growth Studies, OECD Publishing, Paris. 10.1787/9789264111318-en.

OECD (2011f), *Inventory of Estimated Budgetary Support and Tax Expenditures for Fossil Fuels*, OECD, Paris.

OECD (2011g), *Invention and Transfer of Environmental Technologies*, OECD Studies on Environmental Innovation, OECD Publishing, Paris. doi: 10.1787/9789264115620-en.

OECD (2012), "Policy framework for low-carbon, carbon-resilient investment: The case of infrastructure development", OECD, Paris.

OECD/ITF (Weltverkehrsforum) (2011), *Car Fleet Renewal Schemes: Environmental and Safety Impacts*, ITF, OECD, Paris, www.internationaltransportforum.org/Pub/pdf/11Fleet.pdf.

Oppenheimer, M., B. C. O'Neill, M. Webster und S. Agrawala (2007), "The limits of consensus", *Science*, 317: 1505-1506.

PwC (PricewaterhouseCoopers) (2011), *Business Leadership on Climate Change Adaptation: Encouraging Engagement and Action*, PwC, London, www.pwc.co.uk/eng/publications/adapting-to-climate-change.html.

Peterson, E.B., J. Schleich und V. Duscha (2011), "Environmental and economic effects of the Copenhagen pledges and more ambitious emission reduction targets", *Energy Policy*, 39, 3697-3708.

Pindyck, R.S. (2011), "Fat Tails, Thin Tails, and Climate Change Policy", *Review of Environmental Economics and Policy*, 5(2): 258-274.

Rahmstorf, S. (2007), "A Semi-Empirical Approach to Projecting Future Sea-Level Rise", *Science*, 315, 368-370.

Read, P. und J. Lermit (2005), "Bioenergy with Carbon Storage (BECS): A Sequential Decision Approach to the Threat of Abrupt Climate Change", *Energy*, 30(14): 2654-2671.

Reuters (2011), "China to Launch Energy Cap-and-Trade Trials in Green Push", Reuters-Website, 5. März 2011, www.reuters.com/article/2011/03/05/us-china-npc-energy-idUSTRE7240VX20110305.

Rypdal, K., et al. (2009), "Costs and Global Impacts of Black Carbon Abatement Strategies", *Tellus B*, 61(4): 625-641.

Searchinger, T., et al. (2008), "Use of U.S. Croplands for Biofuels Increases Greenhouse Gases through Emissions from Land-Use Change", *Science*, 319(5867): 1238-1240.

Serres, A. de, F. Murtin und G. Nicoletti (2010), "A Framework for Assessing Green Growth Policies", *OECD Economics Department Working Papers*, No. 774, OECD Publishing, Paris. doi: 10.1787/5kmfj2xvcmkf-en.

Shaefer, K., et al. (2011), "Amount and Timing of Permafrost Carbon Release in Response to Climate Warming", *Tellus B*, 63(2): 165-180.

Smeets, E.M.W., et al. (2009), "Contribution of N_2O to the Greenhouse Gas Balance of First-Generation Biofuels", *Global Change Biology*, 15(1): 1-23.

Smith P., et al. (2010), "Competition for land", Phil. Trans. R. Soc. B (2010) 365, 2941-2957. doi: 10.1098/rstb.2010.0127.

South African Revenue Service (2010), "Customs and Excise Act, 1964, Amendment of Rules (DAR/74), *Government Gazette*, no. 33514, verfügbar unter www.info.gov.za/view/DownloadFileAction?id=131016.

Stern, N., (2006), *The Economics of Climate Change: The Stern Review*, HM Treasury, Cambridge University Press, Cambridge, UK.

Tavoni, M. und R.S.J. Tol (2010), "Counting Only the Hits? The Risk of Underestimating the Costs of a Stringent Climate Policy", *Climatic Change*, Vol. 100, no. 3-4, S. 769-778.

Townshend, T., et al. (2011), *The 2ⁿᵈ GLOBE Climate Legislation Study: a review of climate change legislation in 17 countries*, GLOBE International, London.

UNEP (Umweltprogramm der Vereinten Nationen) (2010), *The Emissions Gap Report: Are the Copenhagen Accord Pledges Sufficient to Limit Global Warming to 2°C or 1.5°C?*, UNEP, Nairobi.

UNEP (2011a), *Integrated Assessment of Black Carbon and Tropospheric Ozone: Summary for Decision Makers*, UNEP und WOM (Weltorganisation für Meteorologie), Nairobi.

UNEP (2011b), *Towards an Action Plan for Near-Term Climate Protection and Clean Air Benefits*, UNEP Science-Policy Brief, UNEP, Nairobi.

UNEP (2011c), *Bridging the Emissions Gap: A UNEP synthesis report*, UNEP, Nairobi.

UNEP/ILO/IOE/ITUC (2008), *Green Jobs: Towards Decent Work in a Sustainable, Low-Carbon World*, UNEP, Nairobi.

United Nations AGF (November 2010), Bericht der Hochrangigen Beratergruppe des UN-Generalsekretärs zur Finanzierung des Klimaschutzes, VN.

UNFCCC (2009), *Copenhagen Accord*, UNFCCC, Bonn, http://unfccc.int/resource/docs/2009/cop15/eng/l07.pdf.

UNFCCC (2011a), *Report of the Conference of the Parties on its Sixteenth Session, held in Cancun from 29 November to 10 December 2010*, UNFCCC, Bonn, http://unfccc.int/resource/docs/2010/cop16/eng/07a01.pdf#page=2.

UNFCCC (2011b), *Compilation and Synthesis of Fifth National Communications*, UNFCCC, Bonn.

Vuuren, D.P. van, et al. (2008), "Temperature Increase for 21st Century Mitigation Scenarios", *Proceedings of the National Academy of Sciences of the United States of America*, 105:40, 15258-15262.

Vuuren, D.P. van, et al. (2009), "Comparison of Top-Down and Bottom-Up Estimates of Sectoral and Regional Greenhouse Gas Emission Reduction Potentials", *Energy Policy*, Vol. 37(12), 5125-5139.

Vuuren, D.P. van, K. Riahi (2011), "The relationship between short-term emissions and long-term concentration targets – A letter". *Climatic Change*, 104, 793-801.

Weitzman, M.L. (2009), "On Modelling and Interpreting the Economics of Catastrophic Climate Change", *Review of Economics and Statistics*, 91(1): 1-19.

Weitzman, M.L. (2011), "Fat-Tailed Uncertainty in the Economics of Catastrophic Climate Change", *Review of Environmental Economics and Policy*, 5(2):275-92.

ANHANG 3.A

Hintergrundinformationen zur Modellierung des Klimawandels

Dieser Anhang enthält eine nähere Beschreibung einiger der den modellbasierten Politiksimulationen in diesem Kapitel zu Grunde liegenden Annahmen.

Das Basisszenario

Im Basisszenario des *OECD-Umweltausblicks* werden einige sozioökonomische Entwicklungen projiziert (die in Kapitel 1 und Kapitel 2 zusammengefasst sind):

- Unter Zugrundelegung von Annahmen, die von einer bedingten Konvergenz der Antriebskräfte des Wirtschaftswachstums in den einzelnen Ländern ausgehen, wird sich das weltweite BIP den Projektionen zufolge in den kommenden vier Jahrzehnten nahezu vervierfachen, eine Prognose, die mit der Entwicklung in den vergangenen vierzig Jahren im Einklang steht und auf detaillierten Projektionen der Hauptantriebskräfte des Wirtschaftswachstums beruht. Bis 2050 wird damit gerechnet, dass der Anteil der OECD-Länder an der Weltwirtschaft von 54% im Jahr 2010 auf unter 32% zurückgehen wird, während der Anteil von Brasilien, Russland, Indien, Indonesien, China und Südafrika (BRIICS-Staaten) auf mehr als 40% ansteigen dürfte.

- Bis 2050 wird sich die Weltbevölkerung gegenüber den heutigen 7 Milliarden voraussichtlich um mehr als 2,2 Milliarden vergrößert haben. Es wird davon ausgegangen, dass alle Regionen der Welt eine Alterung ihrer Bevölkerung erleben werden, der zeitliche Rahmen dieser Entwicklung wird sich aber unterscheiden.

- 2050 werden voraussichtlich nahezu 70% der Weltbevölkerung in städtischen Räumen leben.

- Es wird damit gerechnet, dass die weltweite Energienachfrage bei gleichbleibender Politik 2050 etwa 80% höher sein wird. Dabei wird der Weltenergiemix 2050 weitgehend ähnlich sein wie heute, wobei der Anteil der fossilen Brennstoffe weiterhin rd. 85% (der gewerblichen Energie) betragen wird, die erneuerbaren Energieträger, einschließlich Biokraftstoffe (aber ohne herkömmliche Biomasse), knapp über 10% ausmachen werden und der Rest des Energiebedarfs durch Kernenergie gedeckt werden dürfte. Im Bereich der fossilen Energieträger ist noch unklar, ob Kohle oder Erdgas den größten Anteil des steigenden Energieaufkommens stellen wird.

- Global betrachtet werden die landwirtschaftlichen Nutzflächen im kommenden Jahrzehnt voraussichtlich expandieren, wenn auch in langsamerem Tempo. Es wird erwartet, dass sie vor 2030 ihre maximale Ausdehnung erreichen werden, um die steigende Nahrungsmittelnachfrage einer wachsenden Bevölkerung zu decken, und dann unter dem Einfluss der Verlangsamung des Bevölkerungswachstums und kontinuierlichen Erhöhung der landwirtschaftlichen Erträge zurückgehen werden (Kasten 3.2). Die Entwaldungsraten sind bereits rückläufig, und dieser Trend wird voraussichtlich andauern, insbesondere nach 2030, wenn die Nachfrage nach weiteren landwirtschaftlichen Nutzflächen abnimmt.

- Es wird davon ausgegangen, dass keine neuen Klimaschutzmaßnahmen eingeführt werden, die 2010 bereits bestehenden Maßnahmen aber weiterhin in Kraft bleiben werden. Beispielsweise ist das EU-Emissionshandelssystem (ETS, vgl. Abschnitt 4) bis 2012 im Basisszenario verankert (da diese Maßnahmen bereits in Kraft sind). Zusätzliche (neue) in der Europäischen Union verabschiedete Gesetze sind im Basisszenario nicht berücksichtigt, doch wird in allen in der Analyse durchgeführten Politiksimulationen davon ausgegangen, dass das Energie- und Klimapaket der Europäischen Union umgesetzt wird. Bereits eingeführte Maßnahmen zur Steigerung der Energieeffizienz in der Europäischen Union und anderen Ländern werden ebenfalls ins Basisszenario einbezogen.

Wenngleich die Annahmen mit erheblichen Unsicherheiten behaftet sind, liegt der im Basisszenario projizierte globale Trend der Treibhausgasemissionen innerhalb der Bandbreite der in einer Reihe von Modellvergleichen als plausibel identifizierten Trends (z.B. im Rahmen der Analysen des Umweltprogramms der Vereinten Nationen – UNEP, 2010; des Zwischenstaatlichen Ausschusses für Klimaänderungen – IPCC, 2007a, b und c; und des Forums für Energiemodelle – Clark et al., 2009).

Die Szenarien mit Stabilisierung der Treibhausgaskonzentration bei 450 ppm

Das zentrale 450-ppm-Szenario wurde mit der IMAGE-Modellreihe erstellt und gestattet eine vorübergehende Überschreitung des angestrebten Konzentrationsniveaus zur Jahrhundertmitte. Der assoziierte Emissionspfad ist so gewählt worden, dass die Gesamtkosten für die Erreichung des Ziels gemäß den der IMAGE-Modellreihe verfügbaren Mitigationstechnologien auf ein Mindestmaß reduziert sind. Das ENV-Linkages-Modell steht mit dem entsprechenden Emissionspfad im Einklang. Im beschleunigten 450-ppm-Szenario sind in den ersten Jahrzehnten höhere Mitigationsanstrengungen notwendig, was in der zweiten Hälfte des Jahrhunderts weniger negative Emissionen durch BECCS-Technologien (Bioenergie mit CO_2-Abtrennung und -Speicherung) erwarten lässt. Das verzögerte 450-ppm-Szenario geht bis 2020 von fragmentierten CO_2-Märkten aus, wobei sich die Ziele am oberen Ende der in der Kopenhagener Vereinbarung und den Vereinbarungen von Cancún zugesagten Emissionsminderung orientieren, und unterstellt ab 2021 die Existenz eines globalen CO_2-Handels (wegen näherer Einzelheiten siehe weiter unten).

Diese Szenarien gehen alle von der Existenz eines internationalen Lastenverteilungssystems nach dem Prinzip der „Contraction and Convergence" („kontinuierliche Verringerung und Annäherung") aus: Die globalen Emissionen nehmen im Lauf der Zeit entlang dem globalen Pfad ab, und der Anteil der auf die einzelnen Regionen entfallenden Emissionsrechte (d.h. der dort zugeteilten Emissionszertifikate) konvergiert bis 2050, insofern sich eine Entwicklung von einer zunächst am aktuellen Emissionsniveau orientierten Zuteilung hin zu einer Form der Zuteilung vollzieht, bei der alle Regionen Anspruch auf die gleiche Emissionsmenge pro Kopf der Bevölkerung haben (vgl. auch Simulation 2 weiter unten). Im verzögerten 450-ppm-Szenario kommt das Lastenverteilungssystem erst nach 2020 zum Einsatz.

Eine etwaige Reform der Subventionen für fossile Brennstoffe bleibt in diesen Szenarien unberücksichtigt, wird aber separat untersucht (siehe weiter unten).

Alternative Allokationsregelungen

Die Aufteilung der Emissionsrechte auf die einzelnen Regionen in den verschiedenen in Kasten 3.9 untersuchten Varianten der Allokationsregelung sind in Abbildung 3.A1 wiedergegeben. Im Szenario mit globaler CO_2-Steuer (in der Abbildung „450-ppm-Szenario mit globaler CO_2-Steuer" genannt) ist die Zuteilung von Emissionsrechten ein endogenes Resultat des Modells. Es entspricht einer Regelung, bei der der Handel mit Emissionsrechten unter den Ländern nicht rentabel ist. Wenn bei den anderen Regelungen der Anteil der einem Land zugeteilten Zertifikate größer ist als im Szenario mit globaler CO_2-Steuer, wird dieses Land Zertifikate exportieren (und umgekehrt).

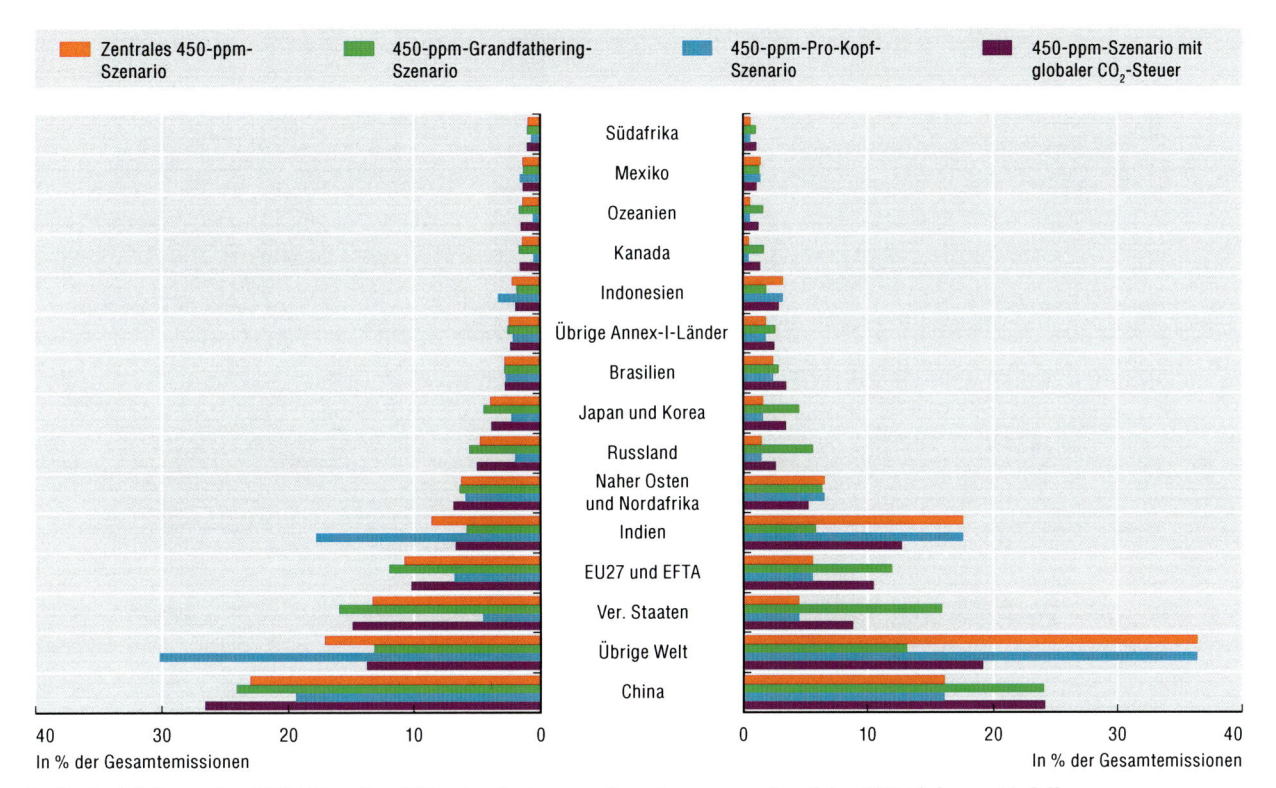

Abbildung 3.A1 **Allokationsregelungen, 2020 und 2050**

Quelle: Projektionen des *OECD-Umweltausblicks*; Ergebnisse von Berechnungen anhand des ENV-Linkages-Modells.

StatLink http://dx.doi.org/10.1787/888932570848

Technologieoptionen im 450-ppm-Szenario

Diese verschiedenen Politikszenarien gründen sich auf alternative Annahmen hinsichtlich der zur Verfügung stehenden fortgeschrittenen Technologien, um zu untersuchen, wie abhängig die Energiesysteme in den einzelnen Regionen von verschiedenen Energietechnologien sind (Kasten 3.10 im Haupttext). Die Technologiespezifikationen beruhen auf Daten aus den parallel durchgeführten Berechnungen des Forums für Energiemodelle (EMF24), bei denen sowohl mit ENV-Linkages als auch mit IMAGE gearbeitet wird. Diese Szenarien sind Varianten des beschleunigten 450-ppm-Szenarios mit allen verfügbaren Klimaschutztechnologien, bei denen folgende Entwicklungen unterstellt werden:

- **Keine CO_2-Abtrennung und -Speicherung**: In diesem alternativen Szenario bleibt die Nutzung der CCS-Technologien auf das im Basisszenario projizierte Niveau begrenzt und kann nicht weiter expandieren. Im Basisszenario zielt die CO_2-Abtrennung und -Speicherung nicht darauf ab, den Ausstoß von Emissionen in die Atmosphäre zu verhindern, sondern dient dem Einsatz von CO_2 in der Enhanced Oil Recovery (EOR – Ölförderung mit intensivierten Methoden).

- Im Szenario mit **schrittweisem Ausstieg aus der Kernenergie** wird unterstellt, dass die Kernenergiekapazitäten, die derzeit gebaut werden bzw. bis 2020 geplant sind, effektiv entstehen und ans Netz angeschlossen werden (die Daten sind der Datenbank des IAEA-Power-Reactor-Information-Systems entnommen). Die in diesem Szenario mittelfristig verfügbaren Kernkraftkapazitäten stimmen mit den Projektionen des IEA-Szenarios der bestehenden energiepolitischen Rahmenbedingungen (Current Policy Scenario) (IEA, 2009b) überein. Nach 2020 werden keine neuen Kernreaktoren zugelassen, so dass die weltweiten Kernenergiekapazitäten auf Grund der Außerbetriebnahme der existierenden Kraftwerke am Ende ihrer technischen Lebenszeit bis 2050 abnehmen werden. 2020 machen die kumulierten neuen Kernkraftkapazitäten in den OECD-Ländern ein Drittel der insgesamt 105 GW aus. Die übrigen Kapazitätszubauten entfallen auf die BRIICS, wobei China allein nahezu die Hälfte der neuen Kapazitäten auf sich vereint. Die Expansion der Kernkraftwerksparks in den Ländern der „übrigen Welt" ist unerheblich. Die geschätzten weltweiten Kernkraftkapazitäten erreichen in diesem Szenario im Jahr 2020 etwa 460 GW, gegenüber derzeit 390 GW, und werden bis 2050 auf etwa 240 GW sinken, womit sie sich im Vergleich zum 450-ppm-Ausgangsszenario um einen Faktor von vier verringern (Abb. 3.A2).

- Szenario mit *geringer Effizienz und wenig erneuerbaren Energien*: Die in der Energieerzeugung „eingebetteten" Effizienzsteigerungen und die Produktivitätssteigerungen bei den erneuerbaren Technologien werden sich im Zeitverlauf voraussichtlich langsamer

Abbildung 3.A2 **Installierte Kernkraftwerkskapazitäten im Szenario mit schrittweisem Ausstieg aus der Kernenergie, 2010-2050**

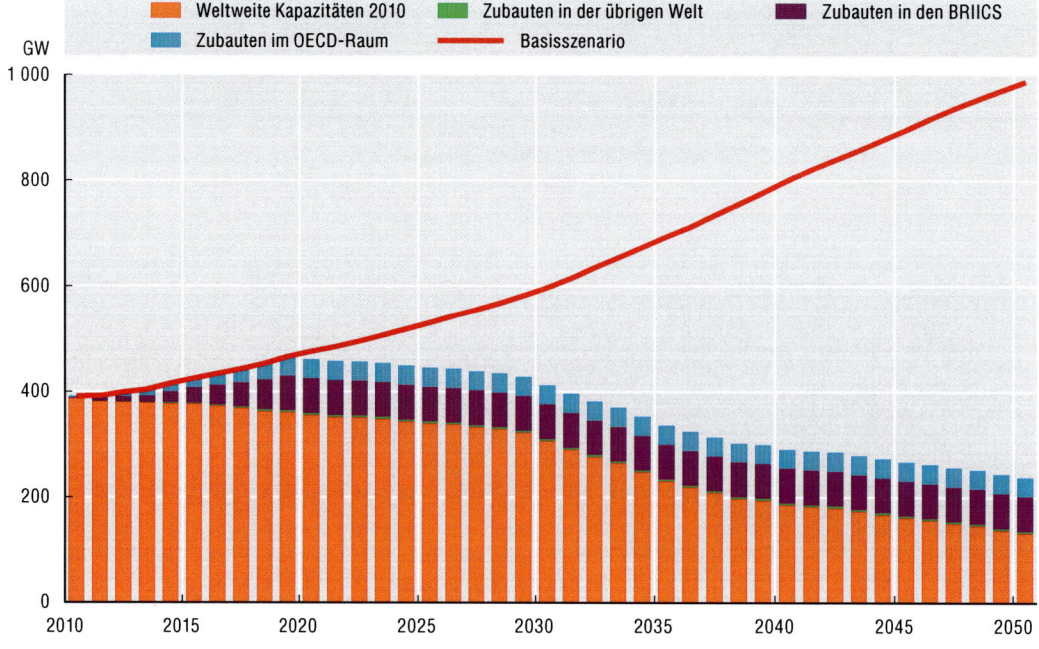

Quelle: Projektionen des *OECD-Umweltausblicks*; Ergebnisse von Berechnungen anhand des ENV-Linkages-Modells.
StatLink http://dx.doi.org/10.1787/888932570867

vollziehen als im beschleunigten 450-ppm-Szenario. Beide liegen 2050 um 20% unter den entsprechenden Werten des Ausgangsszenarios, bedingt durch eine langsamere Einführung effizienzsteigernder Maßnahmen sowie eine weniger rasche Verbreitung erneuerbarer Energien.

Zusagen von Cancún und Kopenhagen

Zur Spezifikation des verzögerten 450-ppm-Szenarios muss eine Interpretation der Zusagen aus den Vereinbarungen von Cancún bzw. der Kopenhagener Vereinbarung vorgenommen werden, da einige dieser Zusagen in Form von Bandbreiten formuliert wurden, die von den Maßnahmen und der Finanzierung anderer Länder abhängen. Auf Grund der begrenzten Informationen darüber, wie die Länder ihre Ziele oder Maßnahmen zu verwirklichen gedenken, herrscht weiterhin Ungewissheit in Bezug darauf, wie sich die Emissionsminderungen auf die verschiedenen Sektoren auswirken werden, welcher Anteil der Finanzierung aus internationalen Quellen kommen wird und wie die Emissionsminderungen auf die Zusagen bzw. die Kompensationen angerechnet werden. Die wichtigsten Annahmen für die Interpretation lauten wie folgt:

- Die Methode zur Bewertung der Zusagen basiert auf Den Elzen et al. (2011), die Evaluierung ist aber entsprechend den Projektionen des Basisszenarios des *OECD-Umweltausblicks* überarbeitet worden.

- Um Kosten und Wirksamkeit auf konsistente Weise zu schätzen, werden alle Emissionsreduktionsziele der Annex-I-Länder in Reduktionen gegenüber demselben Basisjahr (1990) umgerechnet und alle Mitigationsmaßnahmen der Nicht-Annex-I-Länder, einschließlich der Emissionsintensitätsziele Chinas und Indiens, als Emissionsminderungen im Vergleich zu einer Fortsetzung der bisherigen Politik bis 2020 ausgedrückt[1]. Für diese Evaluierung werden die Basisprojektionen des ENV-Linkages-Modells und nicht die von den Ländern in ihren Vorlagen präsentierten nationalen Ausgangsdaten verwendet, was zu erheblichen Unterschieden führen kann (das trifft insbesondere auf Südafrika zu, weshalb das Ziel für Südafrika entsprechend korrigiert wurde, um den Unterschieden in den Basisszenarien Rechnung zu tragen). Im Einklang mit dem allgemeinen Modellrahmen wird davon ausgegangen, dass die Länder ihre Ziele über die Einführung eines gesamtwirtschaftlichen Emissionshandelssystems (ETS) mit vollständiger Auktion der Emissionsrechte umsetzen.

- Angesichts der nur in begrenztem Maße verfügbaren Informationen hinsichtlich der in Zukunft möglichen Anrechnung von Kompensationsmaßnahmen und der Frage, inwieweit die Länder beabsichtigen, ihre Zusagen mittels solcher Kompensationen zu erfüllen, müssen für diese Analyse Ad-hoc-Annahmen hinsichtlich des Umfangs der Kompensationen getroffen werden. Bei den Annex-I-Ländern wird davon ausgegangen, dass 20% der insgesamt vorgesehenen Emissionsreduzierungen[2] über Kompensationsprojekte im Ausland erreicht werden – mit zwei Ausnahmen: a) Kanada verfügt derzeit nicht über ein staatliches Politikkonzept für den Kauf von Kompensationszertifikaten im Ausland (was in den Simulationen für Kanada als ein Verzicht auf die Nutzung von Kompensationszertifikaten interpretiert wird) und b) es wird unterstellt, dass die Europäische Union die Nutzung von Kompensationszertifikaten auf 4 Prozentpunkte begrenzt (für das 20%-Reduktionsziel entspricht das den standardmäßig unterstellten 20%, während es am oberen Ende, d.h. bei einer 30%igen Reduzierung einem Kompensationsanteil von 13% entspricht). Es wird davon ausgegangen, dass die Kompensationszertifikate ausschließlich aus dem Ausland stammen und in allen Nicht-Annex-I-Ländern erworben werden können. Eine Doppelanrechnung der in den Nicht-Annex-I-Ländern erzielten Emissionsminderungen einerseits auf deren nationale Zusagen und andererseits nach Veräußerung an den internationalen Märkten für Kompensationszertifikate ist ausgeschlossen. Der Standardsatz von 20% wird in Sensitivitätsanalysen variiert.

- In Bezug auf Landnutzung, Landnutzungsänderungen und Forstwirtschaft (LULUCF) wird davon ausgegangen, dass die Annex-I-Länder eine Netto-Netto-Anrechnungsregel für Zertifikate aus diesem Sektor verwenden und das Jahr 2020 als Basisjahr zu Grunde legen[3]. Zur Berechnung des Volumens dieser Gutschriften wird das projizierte Niveau der Emissionen aus Landnutzung, Landnutzungsänderungen und Forstwirtschaft im Basisszenario des *OECD-Umweltausblicks* verwendet. Das führt für die meisten Annex-I-Länder zu zusätzlichen Gutschriften. An dieser Stelle sei darauf hingewiesen, dass die aktuellen Regeln des Kyoto-Protokolls für die Anrechnung von LULUCF-Aktivitäten weniger streng sind, woraus sich mehr Gutschriften aus diesem Sektor, weniger Emissionsminderungen in den anderen Sektoren und geringere kurzfristige Kosten ergeben. Nicht-Annex-I-Länder verwenden REDD-Aktivitäten (Emissionsreduktion durch vermiedene Entwaldung und Walddegradation), um ihre Zusagen zu erfüllen, diese sind aber vom internationalen Kompensationssystem ausgenommen.

- Es wird davon ausgegangen, dass sich die internationale Finanzierung von Klimaschutzmaßnahmen in Nicht-Annex-I-Ländern auf Brasilien, Mexiko und Südafrika begrenzt. China, Indien und Indonesien haben ausdrücklich erklärt, dass ihre Maßnahmen unilateraler Natur seien, während für den Nahen Osten und die übrige Welt keine Verpflichtungen unterstellt werden. Standardmäßig wird zwar davon ausgegangen, dass 50% der inländischen Kosten von Annex-I-Ländern kompensiert werden, in einer Sensitivitätsanalyse wird dieser Prozentsatz jedoch variiert.

- Einige Länder dürften im ersten Verpflichtungszeitraum des Kyoto-Protokolls (2008-2012) ein unter ihren Zielvorgaben liegendes Emissionsniveau aufweisen, womit sie über überschüssige Emissionsrechte (Assigned Amount Unit – AAU) verfügen. Auf der Grundlage der Projektionen des Basisszenarios wird die Höhe der überschüssigen AAU für Russland auf 6,5 Gt CO2e, für die Länder der Gruppe „übriges Europa" (in erster Linie die Ukraine) auf 1,9 Gt CO_2e und für die Europäische Union und die Europäische Freihandelszone (EFTA) auf 0,7 Gt CO_2e geschätzt. Die Existenz überschüssiger AAU nach 2012 würde in diesem Zeitraum effektiv höhere Emissionen ermöglichen (vgl. den Elzen et al., 2011, wegen weiterer Erläuterungen) und mithin die Kosten des Handelns mindern. Der Effekt potenzieller überschüssiger AAU hängt z.T. von den Arbeitshypothesen hinsichtlich der Übertragung von Emissionsrechten auf die nächste Anrechnungsperiode ab. Standardmäßig wird davon ausgegangen, dass diese überschüssigen AAU im Zeitraum 2013-2020 nicht verwendet werden. Für Russland und das übrige Europa wird dies in einer Sensitivitätsanalyse variiert, während der Überschuss für die Europäische Union und die EFTA in keiner Simulation berücksichtigt wird, da die Europäische Union erklärt hat, nicht auf überschüssige Emissionsrechte zurückzugreifen[4].

- Es sei darauf hingewiesen, dass die Nichtverbindlichkeit der Ziele für Russland und das übrige Europa im Zeitraum 2013-2020 auch bedeutet, dass die betreffenden Länder einen gewissen Spielraum zur Veräußerung von Emissionsrechten haben, ohne dafür zusätzliche Mitigationsanstrengungen unternehmen zu müssen, wenn der internationale Handel mit Emissionsrechten in den Simulationen zugelassen wird.

Abschaffung der Subventionen für fossile Brennstoffe

Dieses Politikszenario (das in Abschnitt 4 des Haupttextes erörtert wurde) beruht auf der für die G20 durchgeführten Analyse der Reform der Subventionen für fossile Brennstoffe. Das Basisszenario des ENV-Linkages-Modells wurde anhand der jüngsten IEA-Daten zu den Subventionen für den Verbrauch fossiler Brennstoffe für das Jahr 2009 aktualisiert (für die Entwicklungsländer). Die in IEA (2010) berechneten Energiepreislücken wurden in das ENV-Linkages-Modell als prozentuale Preisscheren zwischen Verbraucherpreis und dem Referenz- bzw. Weltmarktpreis eingerechnet. Eine negative Preisdifferenz wird dann als eine Subvention betrachtet. Seit 2010 umfasst diese IEA-Datenbank 37 Länder, wobei es sich im Zeitraum 2007-2009 um 35 Nicht-OECD-Länder und 2 OECD-Länder handelte (IEA, 2009b)[5]. Diese Preisdifferenzen betreffen nur den auf fossilen Brennstoffen basierenden Energiekonsum, in beiden Fällen wird aber zwischen Mehrwertsteuersätzen und Subventionssätzen unterschieden. In der Basisprojektion des ENV-Linkages-Modells wird unterstellt, dass die Subventions- und Mehrwertsteuersätze nach 2009 und bis 2050 in prozentualer Rechnung konstant bleiben. Da die Subventionssätze von 2009 unter den in Burniaux und Chateau (2011) verwendeten Sätzen von 2008 liegen, könnte man sagen, dass das neue Basisszenario den jüngsten 2009 in Kraft getretenen Reformen der Subventionen für fossile Brennstoffe Rechnung trägt.

In den Politiksimulationen einer allgemeinen Reform der Subventionen werden diese Subventionen im Zeitraum 2013-2020 nach und nach abgeschafft. Es werden zwei Experimente durchgeführt. In der ersten Simulation wird von einer multilateralen Reform in allen 37 Ländern der IEA-Datenbank ohne Mitigationsmaßnahmen (und EU-ETS nach 2012) in den anderen Ländern ausgegangen; es handelt sich hierbei um eine Aktualisierung der Simulation des G20-Berichts. Die zweite Simulation untersucht einen Fall, in dem diese Reformen mit dem zentralen 450-ppm-Szenario assoziiert sind. Diese zweite Simulation ermöglicht eine Beurteilung der Bedeutung einer Reform der Subventionen fossiler Brennstoffe in einem Kontext, in dem die Verlagerung von CO_2-Emissionsquellen in andere Länder durch globale Mitigationsaktionen z.T. unterbunden wird.

Anmerkungen

1. In Anbetracht des voraussichtlich verhältnismäßig geringen Effekts der Maßnahmen auf das BIP in China und Indien lässt sich das Intensitätsziel näherungsweise durch eine absolute Emissionsobergrenze darstellen.
2. Die 20%-Obergrenze für die Anrechnung von Kompensationszertifikaten in den meisten Annex-I-Regionen steht mit den Annahmen in OECD (2009a) in Einklang.
3. Eine Ausnahme bildet die Arbeitshypothese, wonach die Europäische Union und die Europäische Freihandelszone im Fall der Umsetzung der Zusagen am unteren Ende der Bandbreite auf die Anrechnung von LULUCF-Aktivitäten verzichten.
4. In der alternativen Spezifikation wird der Überschuss über die Jahre hinweg parallel zur Verschärfung der Reduktionsziele immer stärker abgebaut, so dass 2020 letztlich 22% des Überschusses auf den Markt kommen. Das steht im Gegensatz zu anderen Modellen, die davon ausgehen, dass zwischen 2013 und 2020 alljährlich dieselbe Menge an überschüssigen AAU genutzt wird (vgl. UNEP, 2010).
5. Iran, Russland, Saudi Arabien, Indien, China, Ägypten, Venezuela, Indonesien, Usbekistan, Vereinigte Arabische Emirate, Irak, Kuweit, Argentinien, Pakistan, Ukraine, Algerien, Thailand, Malaysia, Turkmenistan, Bangladesch, Mexiko, Südafrika, Katar, Libyen, Ecuador, Kasachstan, Vietnam, Chinesisch Taipeh, Aserbaidschan, Nigeria, Angola, Kolumbien, Brunei, Republik Korea, Philippinen, Sri Lanka, Peru.

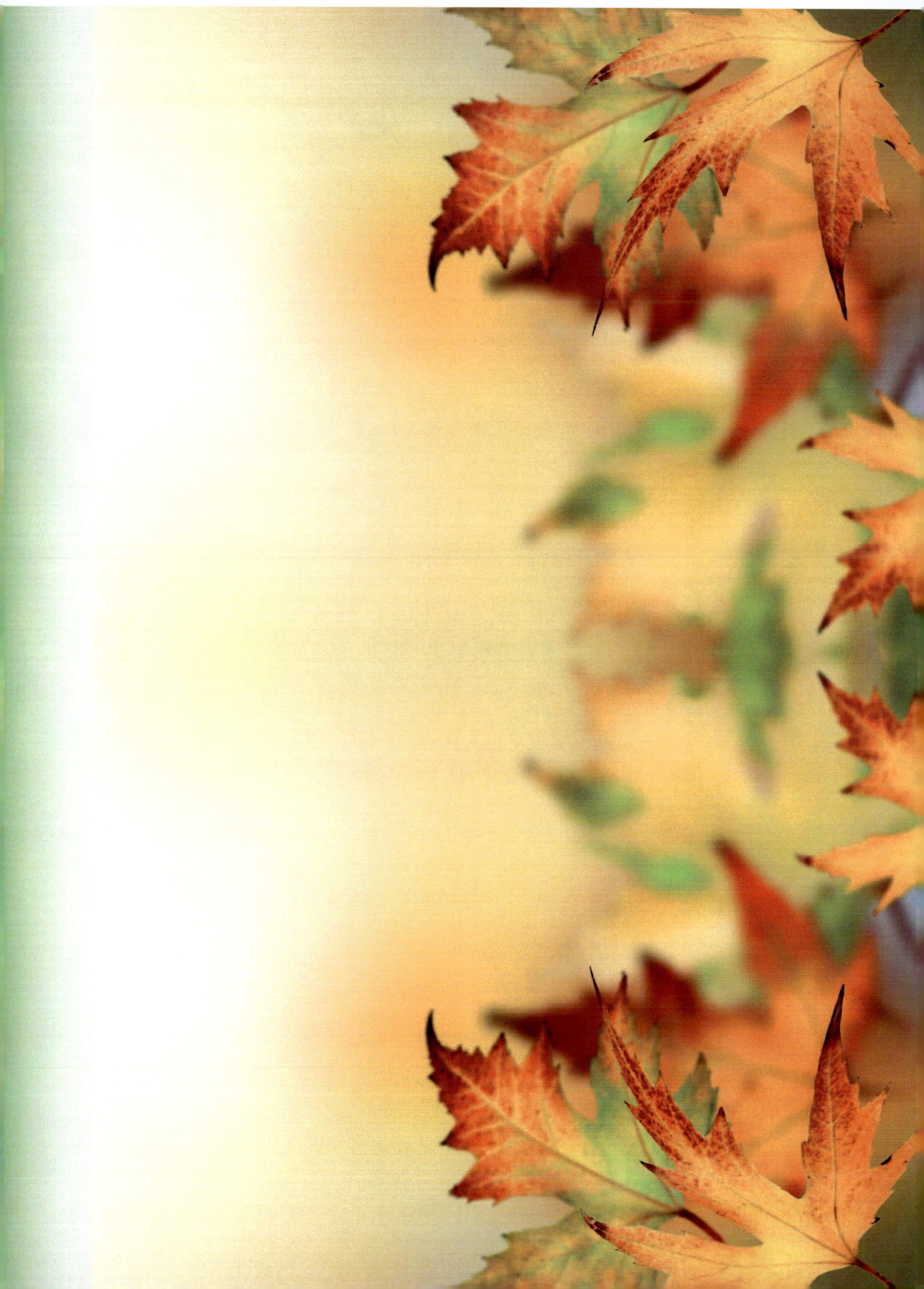

Kapitel 4

Biologische Vielfalt

von

Katia Karousakis, Mark van Oorschot (PBL), Edward Perry,
Michel Jeuken (PBL), Michel Bakkenes (PBL),
mit Beiträgen von Hans Meijl und Andrzej Tabeau (LEI)

Der Verlust an biologischer Vielfalt stellt für die Menschheit eine der wesentlichen Umweltherausforderungen dar. Die biologische Vielfalt geht trotz einiger Erfolge auf lokaler Ebene weltweit zurück, und dieser Schwund wird den Projektionen zufolge andauern. Eine Fortsetzung der bisherigen Politik kann weitreichende negative Auswirkungen auf das menschliche Wohlergehen, die Sicherheit und das Wirtschaftswachstum haben. In diesem Kapitel werden die beträchtlichen Vorteile und der oft versteckte Nutzen der biologischen Vielfalt und der damit verbundenen Ökosysteme zusammengefasst. Im Anschluss daran werden die Trends mehrerer Biodiversitätsindikatoren – Artenvielfalt (z.B. die durchschnittliche Artenvielfalt), bedrohte Arten, Waldfläche (Entwaldung) und Meeresfischbestände – untersucht, und es wird geprüft, welche Auswirkungen die Trends bis zum Jahr 2050 haben, wenn die bisherige Politik, wie im Basisszenario des OECD-Umweltausblicks unterstellt, fortgesetzt wird. Dieses Kapitel bietet einen Überblick über die verschiedenen Politikinstrumente, die für den Erhalt und die nachhaltige Nutzung der biologischen Vielfalt zur Verfügung stehen und die von Rechtsvorschriften bis zu marktbasierten Ansätzen, wie z.B. das Bezahlen für Ökosystemleistungen, reichen. Es werden auch einige ehrgeizigere Politikszenarien untersucht – z.B. die Auswirkungen eines Szenarios, in dem das Biodiversitätsziel von Aichi, das im Rahmen des Übereinkommens über die biologische Vielfalt bis 2020 eine Ausweitung des weltweiten Netzes von Naturschutzgebieten auf wenigstens 17% der terrestrischen Fläche vorsieht, erreicht wird. Außerdem werden mögliche Synergien und Zielkonflikte in Bezug auf die Verwirklichung der Klimaschutzziele (z.B. durch verschiedene Bioenergie- und Landnutzungsszenarien) und die Auswirkungen auf die biologische Vielfalt untersucht. Das Kapitel schließt mit einer Erörterung des Handlungsbedarfs im Bereich der biologischen Vielfalt und der Frage, wie dieser Komplex mit der breiter gefassten Agenda für umweltverträgliches Wachstum zusammenhängt.

KERNAUSSAGEN

Die Biodiversität – die Vielfalt der lebenden Organismen – geht weltweit zurück. Der Verlust an biologischer Vielfalt und die Beeinträchtigung der Ökosysteme und der Leistungen, die sie erbringen, ist eine der wesentlichen Umweltherausforderungen, vor denen die Menschheit steht. Eine Fortsetzung der bisherigen Politik wird negative und kostspielige Auswirkungen auf das Wohlergehen der Menschen, die Sicherheit und das Wirtschaftswachstum haben. Eine Umkehr dieser Trends erfordert eine besser aufeinander abgestimmte, koordinierte und strategische Antwort, die von einem hohen Maß an politischem Engagement und einer breiteren Einbeziehung der Beteiligten getragen wird. Ein in sich abgeschlossenes und umfassendes Maßnahmenpaket ist erforderlich, um Wirtschaftswachstum und Entwicklung zu fördern und gleichzeitig sicherzustellen, dass die biologische Vielfalt weiterhin die Ressourcen und Ökosystemleistungen bietet, auf denen unser Wohlergehen basiert.

Trends und Projektionen

Biologische Vielfalt und natürliche Ökosysteme

Das Basisszenario des *Umweltausblicks*, das auf einer Fortsetzung der bisherigen Politik beruht, projiziert zwischen 2010 und 2050 einen weltweiten Rückgang der **Biodiversität** (gemessen als terrestrische durchschnittliche Artenvielfalt) um etwa 10%, mit besonders hohen Verlusten in Teilen Asiens, Europas und des südlichen Afrikas. Diese Verluste werden hauptsächlich durch veränderte Landnutzung

Auswirkungen verschiedener Umweltbelastungen auf die terrestrische Artenvielfalt: Basisszenario, 2010-2050

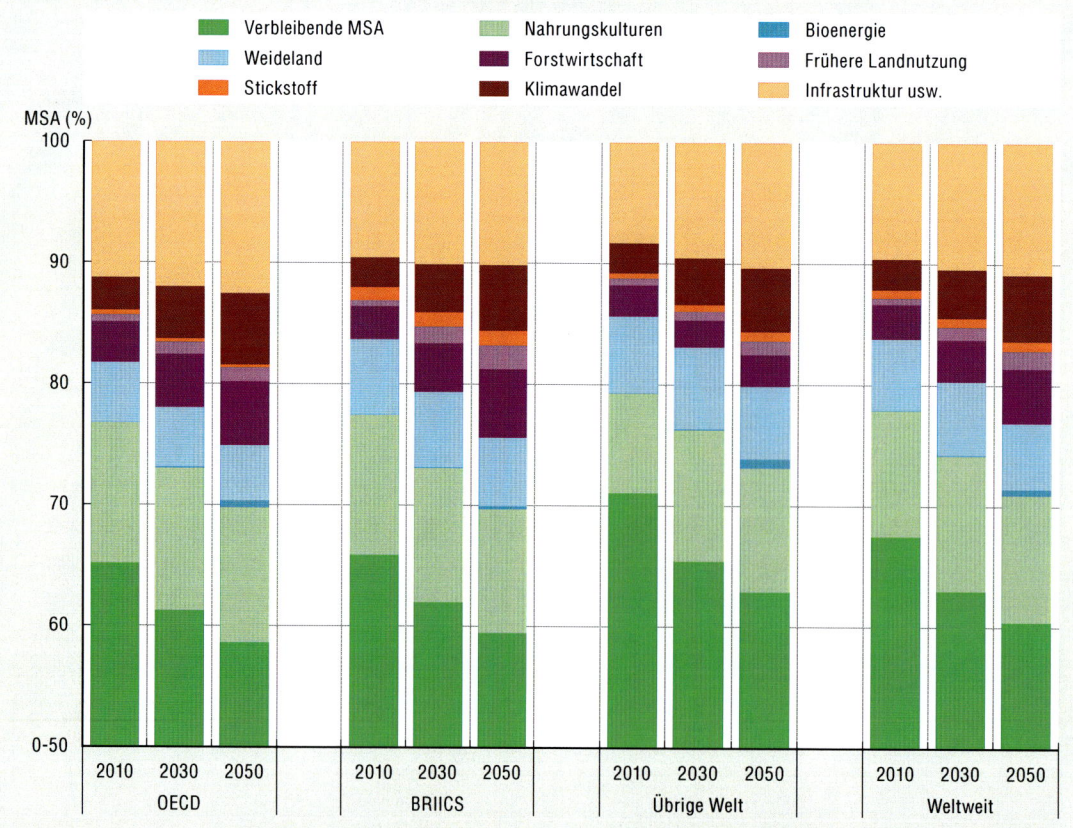

Quelle: Basisszenario des *OECD-Umweltausblicks*; Ergebnisse von Berechnungen anhand der IMAGE-Modellreihe.
StatLink http://dx.doi.org/10.1787/888932570943

und -bewirtschaftung (z.B. für Weideland, Nahrungskulturen und Bioenergie), kommerzielle Forstwirtschaft, Infrastrukturentwicklung, Beeinträchtigung und Zerschneidung von Lebensräumen, Umweltverschmutzung (z.B. Stickstoff-Deposition) und Klimawandel verursacht.

Ökosysteme können durch Störungen irreversibel geschädigt werden, mit negativen sozialen, ökologischen und wirtschaftlichen Folgen. Da es in Bezug auf die **komplexe nichtlineare Dynamik von Ökosystemen** und die Unsicherheitsfaktoren, die sich aus diesen ökologischen Schwellen ergeben, noch viele ungeklärte Fragen gibt, bringt ein anhaltender Verlust an biologischer Vielfalt beträchtliche Risiken mit sich und erfordert einen vorsorgenden Ansatz.

Gebietsfremde invasive Arten gelten weltweit als wichtiger Faktor für den Verlust an biologischer Vielfalt. Diese Belastung wird in den nächsten Jahrzehnten wahrscheinlich noch zunehmen.

Die Umwandlung natürlicher Landflächen in Agrarland wird dem Basisszenario zufolge nach 2030 auf Grund von Produktivitätssteigerungen, sich stabilisierenden Bevölkerungen und veränderten Ernährungsgewohnheiten zurückgehen, wodurch der Druck auf die biologische Vielfalt und die Ökosysteme nachlassen wird. Die Auswirkungen auf die biologische Vielfalt werden aber noch Jahrzehnte nach dem Ende der Bodenbewirtschaftung andauern.

Die Zahl und Größe der **Schutzgebiete** hat weltweit zugenommen, und sie erfassen heute fast 13% der terrestrischen Gebiete. Grasland temperierter Zonen, Buschsteppen, Strauchflächen und marine Ökosysteme sind jedoch nur schwach vertreten, und nur 7,2% der Hoheitsgewässer sind als marine Schutzgebiete ausgewiesen.

Im Jahr 2010 wurde auf der 10. Vertragsstaatenkonferenz des **Übereinkommens über die biologische Vielfalt** ein neues Maßnahmenpaket verabschiedet. Die Vertragsstaaten beschlossen den Strategischen Plan für Biodiversität 2011-2020, die Biodiversitätsziele von Aichi für 2020, eine Strategie zur Ressourcenmobilisierung und das Nagoya-Protokoll für einen gerechten Vorteilsausgleich bei der Nutzung genetischer Ressourcen.

Wälder

Primärwälder, die in der Regel die größte biologische Vielfalt aufweisen, gehen seit Jahren zurück, und dieser Rückgang wird dem Basisszenario zufolge bis 2050 in allen Regionen andauern.

Die **Entwaldung** hat sich in jüngster Zeit weltweit verlangsamt. Dem Basisszenario zufolge sind nach 2020 keine Nettoverluste an Waldflächen mehr zu erwarten, und bis 2050 ist auf Grund von Regenerierung, Wiederherstellung, Wiederaufforstung und Aufforstung (einschließlich Plantagen) hauptsächlich im OECD-Raum und in großen aufstrebenden Volkswirtschaften mit einer Ausweitung der Waldbedeckung zu rechnen. Eine Ausdehnung der Waldflächen bedeutet aber nicht zwangsläufig weniger Verlust an biologischer Vielfalt, da es mehr kommerziell genutzte Waldflächen und Waldplantagen geben wird, die eine geringere biologische Vielfalt aufweisen.

Fischerei

Der Anteil der überfischten oder erschöpften Fischbestände hat in den letzten Jahrzehnten zugenommen. Heute sind mehr als 30% der Meeresfischbestände überfischt oder erschöpft, etwa 50% werden voll ausgeschöpft und in weniger als 20% gibt es noch Potenzial für eine Erhöhung der Fangmenge.

Politikoptionen und -anforderungen

■ **Einführung ehrgeizigerer Politikmaßnahmen**, um die auf internationaler Ebene beschlossenen Pläne, Ziele und Strategien zu verwirklichen, z.B. die im Rahmen des Übereinkommens über die biologische Vielfalt festgelegten Ziele von Aichi, die vorsehen, bis 2020 17% der weltweiten terrestrischen Fläche und Binnengewässer und 10% der Küsten- und Meeresgebiete unter Schutz zu stellen. Die Simulationen im *Umweltausblick* deuten darauf hin, dass weitere 9,8 Mio. km² Landfläche geschützt werden müssten, um die Zielvorgabe von 17% terrestrischer Fläche so zu erreichen, dass sie ökologisch repräsentativ ist.

- **Systematische Einbeziehung des Ziels des Erhalts und der nachhaltigen Nutzung der biologischen Vielfalt in andere Politikbereiche** (z.B. Wirtschaft, Landwirtschaft, Fischerei, Forstwirtschaft, Landnutzung und Stadtplanung, Entwicklungszusammenarbeit, Klimawandel, volkswirtschaftliche Gesamtrechnung sowie FuE), um Synergien zu stärken und Zielkonflikte zu vermeiden. So sind z.B. einige Strategien zur Verringerung der Treibhausgasemissionen vorteilhafter für die biologische Vielfalt als andere. Eine Mitigationsstrategie, die sich stark auf Bioenergie stützt, könnte eine Ausweitung der landwirtschaftlichen Nutzflächen erforderlich machen und so die Vorteile für die biologische Vielfalt unter dem Strich reduzieren. Umgekehrt könnte der Finanzmechanismus zur Emissionsreduktion durch vermiedene Entwaldung und Walddegradation (REDD) in den Entwicklungsländern auch Vorteile für die biologische Vielfalt mit sich bringen.

- **Abbau und Reform umweltschädlicher Subventionen**, einschließlich der Subventionen, die ohne Berücksichtigung umweltpolitischer Anliegen die Intensivierung oder geografische Ausweitung von Wirtschaftssektoren wie Landwirtschaft, Bioenergie, Fischerei, Forstwirtschaft und Verkehr fördern. Eine Reform der Subventionen kann darüber hinaus die ökonomische Effizienz erhöhen und die öffentlichen Haushalte entlasten.

- **Stärkeres Engagement des Privatsektors für den Erhalt und die nachhaltige Nutzung der biologischen Vielfalt,** u.a. durch innovative Finanzierungsmechanismen auf lokaler, nationaler und internationaler Ebene. Für die Nutzung und Verschmutzung von Naturressourcen sind klare Preissignale erforderlich, die für Planungssicherheit sorgen, den Unternehmen aber auch die Entscheidungsfreiheit über die kosteneffektivste Reduzierung der Auswirkungen auf die Ökosysteme lassen.

- **Verbesserung der Quantität und Qualität der verfügbaren Daten**, um der Biodiversitätspolitik (auf lokaler, regionaler und globaler Ebene) eine Informationsgrundlage zu bieten und weitere Fortschritte bei der ökonomischen Bewertung der biologischen Vielfalt und der Ökosystemleistungen zu erzielen.

1. Einleitung

Der Verlust an biologischer Vielfalt stellt für die Menschheit heute eine der wesentlichen Umweltherausforderungen dar. Die biologische Vielfalt geht trotz einiger Erfolge auf lokaler Ebene weltweit zurück, und dieser Schwund wird den Projektionen zufolge andauern. Eine Fortsetzung der bisherigen Politik kann weitreichende negative Auswirkungen auf das menschliche Wohlergehen, die Sicherheit und das Wirtschaftswachstum haben.

In diesem Kapitel werden die beträchtlichen Vorteile und der oft versteckte Nutzen der biologischen Vielfalt und der damit verbundenen Ökosysteme zusammengefasst. Im Anschluss daran werden die aktuellen Trends in mehreren Aspekten der biologischen Vielfalt – Artenvielfalt, bedrohte Arten, Waldfläche und Meeresfischbestände – untersucht, und es wird geprüft, welche Auswirkungen die Biodiversitätstrends bis zum Jahr 2050 haben, wenn die bisherige Politik fortgesetzt wird. Dann bietet das Kapitel einen Überblick über die verschiedenen Politikoptionen, die für den Erhalt und die nachhaltige Nutzung der biologischen Vielfalt zur Verfügung stehen und die von Rechtsvorschriften bis zu marktbasierten Ansätzen reichen. Es werden auch einige ehrgeizigere Politikszenarien untersucht – z.B. die Auswirkungen eines Szenarios, in dem das neue auf internationaler Ebene verabschiedete Ziel, 17% der terrestrischen Fläche unter Schutz zu stellen, erfüllt wird. Das Kapitel schließt mit einer Erörterung des Handlungsbedarfs im Bereich der biologischen Vielfalt und der Frage, wie dieser Komplex mit der breiter gefassten Agenda für umweltverträgliches Wachstum zusammenhängt (vgl. Kapitel 1).

Biodiversität: Ein unsichtbares lebenserhaltendes System

Biologische Vielfalt ist definiert als die „Variabilität unter lebenden Organismen jeglicher Herkunft, darunter u.a. Land-, Meeres- und sonstige aquatische Ökosysteme und die ökologischen Komplexe, zu denen sie gehören; dies umfasst die Vielfalt innerhalb der Arten und zwischen den Arten und die Vielfalt der Ökosysteme" (Artikel 2 des Übereinkommens über die biologische Vielfalt). Biodiversität und Ökosysteme leisten Mensch und Umwelt auf lokaler, regionaler und globaler Ebene Dienste von unermesslichem – zumeist jedoch wenig beachtetem – Wert. Das Millennium Ecosystem Assessment (MEA) von 2005 identifiziert vier Arten von Ökosystemleistungen: Regulierungs-, Unterstützungs-, Bereitstellungs- und kulturelle Leistungen, die zusammen entscheidende lebenserhaltende Funktionen sichern (Abb. 4.1).

Der durch diese Leistungen erzeugte Nutzen wird im Konzept des ökonomischen Gesamtwerts (*total economic value* – TEV) erfasst, ein Wert, in dem die direkten und indirekten Nutzungswerte sowie die Nicht-Nutzungswerte aggregiert werden (Kasten 4.1). Der ökonomische Gesamtwert der biologischen Vielfalt und der Ökosystemleistungen ist groß. Der jährliche weltweite wirtschaftliche Wert der von Insekten geleisteten Bestäubungsdienste z.B. belief sich Schätzungen zufolge im Jahr 2005 auf 192 Mrd. US-$ (Gallai et al., 2009). Der Erstverkaufswert der Fangfischerei beträgt weltweit fast 94 Mrd. US-$ pro Jahr (FAO, 2010a), und der globale Nettowert der Korallenriffe für die Fischereiwirtschaft, den Küstenschutz, die Tourismusbranche und die biologische Vielfalt wird auf 30 Mrd. US-$ pro Jahr geschätzt (UNEP, 2007). Außerdem wird der jährliche Handel mit wild lebenden Tier- und Pflanzenarten (ohne den großvolumigen kommerziellen

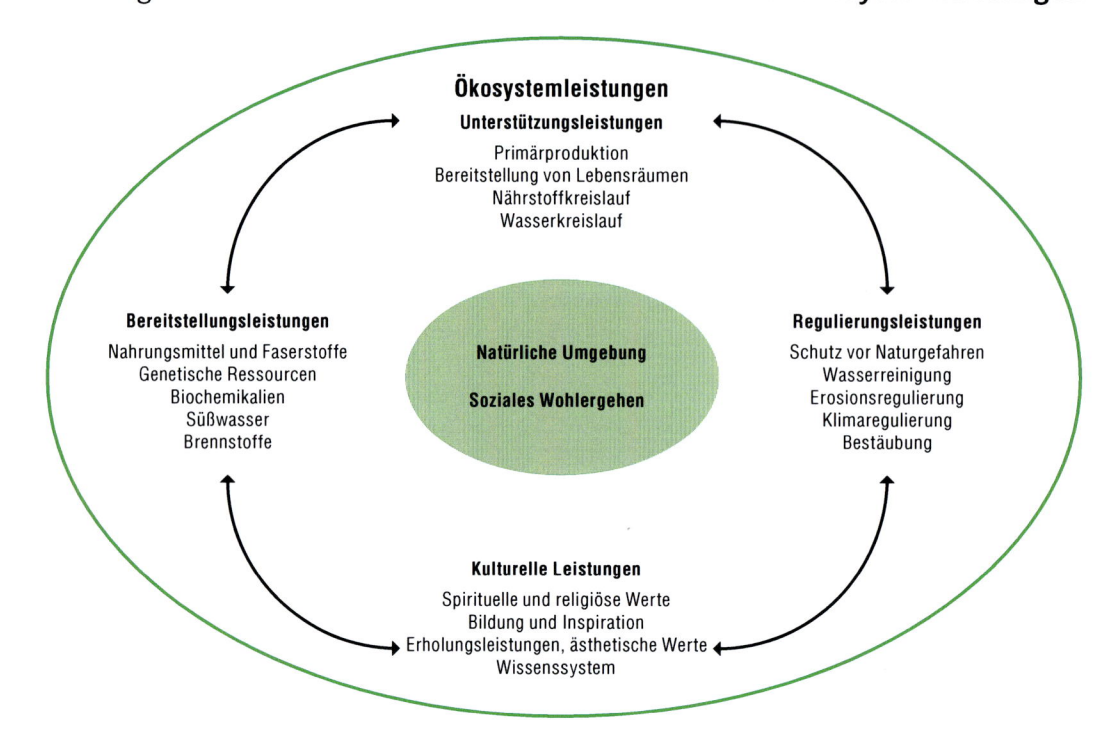

Abbildung 4.1 **Die vier Bestandteile von Biodiversität und Ökosystemleistungen**

Ökosystemleistungen

Unterstützungsleistungen
Primärproduktion
Bereitstellung von Lebensräumen
Nährstoffkreislauf
Wasserkreislauf

Bereitstellungsleistungen
Nahrungsmittel und Faserstoffe
Genetische Ressourcen
Biochemikalien
Süßwasser
Brennstoffe

Natürliche Umgebung

Soziales Wohlergehen

Regulierungsleistungen
Schutz vor Naturgefahren
Wasserreinigung
Erosionsregulierung
Klimaregulierung
Bestäubung

Kulturelle Leistungen
Spirituelle und religiöse Werte
Bildung und Inspiration
Erholungsleistungen, ästhetische Werte
Wissenssystem

Quelle: OECD (2010a), *Paying for Biodiversity: Enhancing the Cost-Effectiveness of Payments for Ecosystem Services*, OECD Publishing, Paris.

Handel mit Fisch und Nutzholz) weltweit auf 15 Mrd. US-$ geschätzt (OECD, 2008a). Der durch den weltweiten Waldschwund bedingte Verlust an biologischer Vielfalt und an ökosystemaren Dienstleistungen wird Schätzungen zufolge Gesamtkosten in Höhe von 2-5 Bill. US-$ pro Jahr verursachen (TEEB, 2009).

Kasten 4.1 **Bewertung der biologischen Vielfalt: Die Bestandteile des ökonomischen Gesamtwerts**

Das Konzept des ökonomischen Gesamtwerts (TEV) setzt sich aus nutzungsabhängigen und nutzungsunabhängigen Werten zusammen:

- Nutzungsabhängige Werte: Sie ergeben sich direkt aus der biologischen Vielfalt in der Form von verwertbaren Gütern (z.B. Nahrungsmittel und Holz) und indirekt über nicht individuell verwertbare Dienstleistungen (z.B. Klimaregulierung).
- Nutzungsunabhängige Werte: Existenz-, Vermächtnis- und Optionswerte.
  - ❖ Existenzwerte sind die Vorteile, die sich für den Einzelnen aus dem Wissen ergeben, dass die biologische Vielfalt existiert.
  - ❖ Vermächtniswerte sind die Vorteile, die sich für den Einzelnen aus dem Wissen ergeben, dass die Werte auch zukünftigen Generationen zur Verfügung stehen.
  - ❖ Optionswerte spiegeln den Wert einer möglichen zukünftigen Verwendung und möglicher künftiger Informationen über neue nutzungsabhängige und nutzungsunabhängige Werte (z.B. für pharmazeutische Zwecke) wider.

Quelle: OECD (2002), *Handbook of Biodiversity Valuation: A Guide for Policy Makers*, OECD Publishing, Paris.

Finanzierungslücke im Bereich der biologischen Vielfalt

Diese Werte (oder der Nutzen) der biologischen Vielfalt und der Ökosystemleistungen sind überzeugende Argumente für Investitionen in den Erhalt und die nachhaltige Nutzung der Biodiversität. Es ist zwar schwierig, den für eine optimale Erbringung von Biodiversitäts- und Ökosystemleistungen erforderlichen Finanzbedarf und die derzeitigen Mittelzuweisungen zu schätzen, fest steht jedoch, dass die Finanzierungslücke groß ist. Das derzeitige Niveau der jährlichen Mittelzuweisungen für die biologische Vielfalt wird auf 36-38 Mrd. US-$ geschätzt, und etwa die Hälfte davon entfällt auf interne Leistungen der Europäischen Union, der Vereinigten Staaten und Chinas (Parker und Cranford, 2010).

Der Finanzbedarf hängt davon ab, wie ehrgeizig die Zielsetzungen sind. Einer Schätzung zufolge sind pro Jahr 18-27,5 Mrd. US-$ zusätzlich erforderlich, um ein umfassendes Schutzgebietsnetz einzurichten, das 10-15% der weltweiten terrestrischen Fläche abdeckt, und weitere 290 Mrd. US-$ sind für Schutzmaßnahmen außerhalb der Schutzgebiete erforderlich (James et al., 2001). Bei einem ehrgeizigeren Schutzgebietsziel von 15% der terrestrischen Fläche und 30% der Ozeane werden die jährlichen Kosten für einen Zeitraum von dreißig Jahren auf 45 Mrd. US-$ geschätzt (Balmford et al., 2002). Auf der Grundlage dieser Studien geht Berry (2007) davon aus, dass insgesamt zwischen 355 Mrd. und 385 Mrd. US-$ pro Jahr erforderlich sind, um in den terrestrischen und Meeresschutzgebieten sowie in der umgebenden Landschaftsmatrix zusätzliche Maßnahmen zur Anpassung an den Klimawandel zu finanzieren. Diese Schätzungen scheinen zwar hoch zu sein, die Kosten des Nichthandelns sind in vielen Regionen jedoch ebenfalls beträchtlich.

Die große Finanzierungslücke im Bereich der biologischen Vielfalt wird noch dadurch verschärft, dass sich die meisten Gebiete mit hoher biologischer Vielfalt in Entwicklungsländern befinden, die am wenigsten dazu in der Lage sind, die Mittel für Schutzmaßnahmen aufzubringen, und wo der Druck, Land für andere Zwecke einzusetzen, in der Tendenz hoch ist (Abb. 4.2).

Das Jahr 2010 war politisch wichtig für die biologische Vielfalt. Es war die entscheidende Marke zur Verwirklichung des von den Vertragsstaaten des Übereinkommens über die biologische Vielfalt 2002 beschlossenen Biodiversitätsziels 2010, „den Verlust der biologischen Vielfalt entscheidend zu verringern". Es wird jedoch allgemein eingeräumt, dass diese Zielvorgabe nicht erreicht wurde. In Anerkennung der künftigen Herausforderungen und der Notwendigkeit weiterer Maßnahmen erklärte die Generalversammlung der VN das Jahr 2010 zum Internationalen Jahr der biologischen Vielfalt und den Zehnjahreszeitraum von 2011-2020 zur VN-Dekade der biologischen Vielfalt. Die für 2012 anberaumte Konferenz der Vereinten Nationen über nachhaltige Entwicklung (auch bekannt als Rio+20) bietet ebenfalls eine Gelegenheit, das Engagement für den Erhalt und die nachhaltige Nutzung der biologischen Vielfalt zu erneuern, ihre Bedeutung für das Wohlergehen und die Entwicklung der Menschheit im Rahmen eines umweltverträglichen Wachstums zu verdeutlichen und die Synergien zwischen den drei Rio-Übereinkommen zu nutzen[1].

2. Wichtigste Trends und Projektionen

Trends im Bereich der biologischen Vielfalt: Vergangenheit und Gegenwart

Auch wenn es keine einzelne umfassende Messgröße gibt, um den Stand der biologischen Vielfalt zu beobachten und zu untersuchen, einigten sich die Vertragsstaaten des Übereinkommens über die biologische Vielfalt auf 17 Leitindikatoren, um die Fortschritte im Hinblick auf das 2010-Ziel zu evaluieren und die Trends im Bereich der biologischen Vielfalt zu kommunizieren[2]. Zu diesen Indikatoren zählen Waldgröße und -arten, Fläche der Schutzgebiete, Statusänderungen

4. BIOLOGISCHE VIELFALT

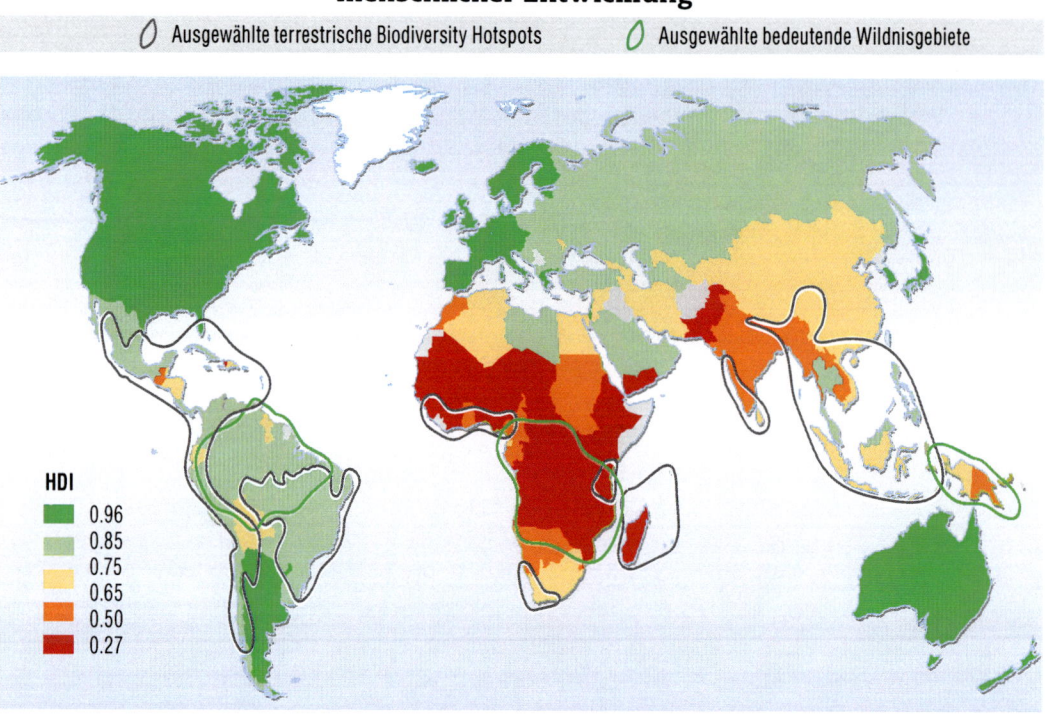

Abbildung 4.2 Regionale Überlagerung von biologischer Vielfalt und menschlicher Entwicklung[1]

○ Ausgewählte terrestrische Biodiversity Hotspots   ○ Ausgewählte bedeutende Wildnisgebiete

HDI
- 0.96
- 0.85
- 0.75
- 0.65
- 0.50
- 0.27

Anmerkung: Um als Biodiversity Hotspot anerkannt zu werden, muss eine Region zwei strenge Kriterien erfüllen: Sie muss wenigstens 1 500 Arten endemischer Gefäßpflanzen (> 0,5% des weltweiten Gesamtbestands) beherbergen und wenigstens 70% ihres ursprünglichen Lebensraums verloren haben. Ein bedeutendes Wildnisgebiet wird als Region mit großer biologischer Vielfalt eingestuft, wenn 75% der ursprünglichen Vegetation in ihrem ursprünglichen Zustand fortbestehen und die menschliche Bevölkerungsdichte niedrig ist (<5 Menschen/km²). Die Wildnisgebiete befinden sich hauptsächlich in den terrestrischen Ökoregionen (vgl. Olson et al., 2001).

1. Gemessen am Index der menschlichen Entwicklung (HDI), einem zusammengesetzten Indikator, durch den Länder gemäß dem Grad der menschlichen Entwicklung eingestuft werden. Er umfasst Lebenserwartung, Alphabetisierung, Bildungsniveau und Lebensstandard in den Ländern weltweit. Je niedriger der Index ist, desto weniger entwickelt ist das Land.

Quelle: H. Ahlenius (2004), *Global Development and Biodiversity*, UNEP/GRID-Arendal Maps and Graphics Library, auf der Basis von Daten aus UNDP 2004 und Conservation International 2004 http://maps.grida.no/go/graphic/global-development-and-biodiversity.

bei gefährdeten Arten, nachhaltig bewirtschaftete Gebiete, gebietsfremde invasive Arten sowie der Marine Trophic Index[3]. Die Daten zur Artenvielfalt, zu bedrohten Arten, zur Waldfläche und zu den Meeresfischbeständen – einige der wenigen Indikatoren, die sowohl weltweit als auch im Zeitverlauf verfügbar sind – werden weiter unten untersucht.

Artenvielfalt

Die Artenvielfalt bezieht sich auf die Populationsgröße der Arten. Zwei Indikatoren, die für die Messung von Veränderungen der Artenvielfalt verwendet werden können, sind die durchschnittliche Artenvielfalt bzw. MSA (*Mean Species Abundance*) und der Living Planet Index (LPI). Der Indikator der durchschnittlichen Artenvielfalt bietet eine Messgröße der Veränderung der Populationen der Arten im Vergleich zu intakten bzw. nahezu unberührten Ökosystemen. Die durchschnittliche Artenvielfalt wird auf Grund der Intensität des vom Menschen ausgeübten Drucks anhand der etablierten Dosis-Wirkungs-Beziehungen zwischen diesem Druck und der durchschnittlichen Artenvielfalt ermittelt (Alkemade et al., 2009)[4]. Der LPI stützt sich auf die bei nahezu 8 000 Populationen von über 2 500 Wirbeltierarten (Säugetiere, Vögel, Reptilien, Amphibien und Fische) beobachteten Trends. Der Index ist die aggregierte Punktzahl der Veränderungen der Populationsgröße jeder Art seit 1970, die einen Wert von 1 erhält (WWF, ZSL und GFN, 2010).

Wie in den Abbildungen 4.3 und 4.4 dargestellt, deuten beide Indikatoren auf einen Rückgang der weltweiten Artenvielfalt hin. Genauer gesagt verringerte sich die durchschnittliche Artenvielfalt im Zeitraum 1970-2010 weltweit um nahezu 11%. Natürlich sind

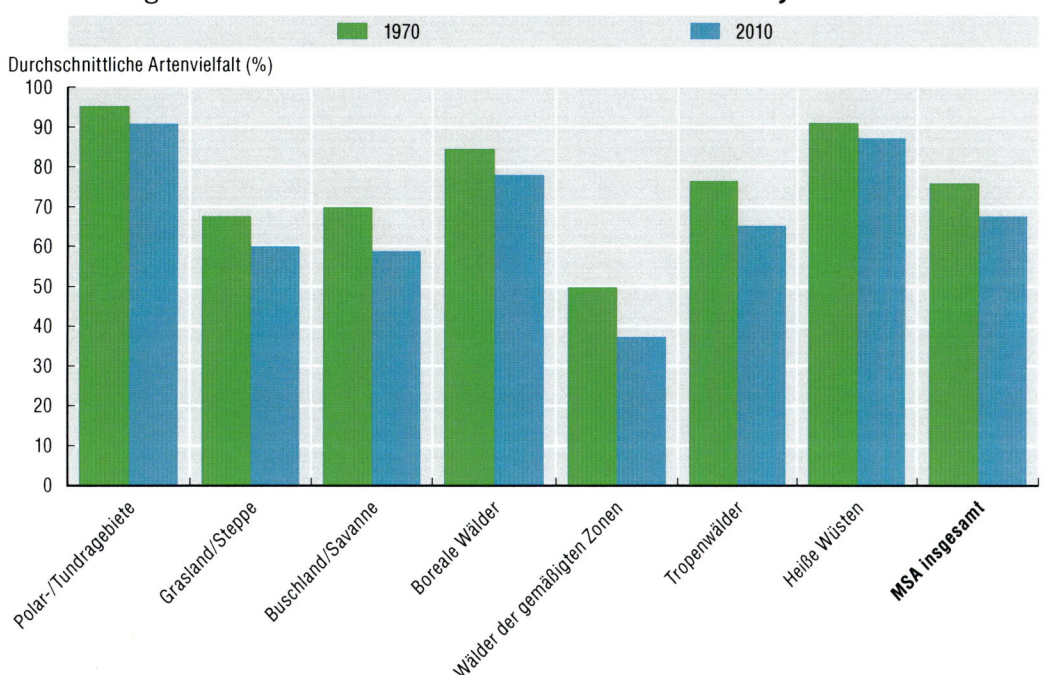

Abbildung 4.3 **Weltweite durchschnittliche Artenvielfalt je Biom: 1970-2010**

Anmerkung: Bei einer durchschnittlichen Artenvielfalt (MSA) von 100% ist das fragliche Ökosystem vollkommen intakt. Ein rückläufiger MSA-Wert spiegelt einen zunehmenden Druck seitens des Menschen auf die Ökosysteme sowie einen Rückgang der Intaktheit bzw. Natürlichkeit wider.
Quelle: Basisszenario des *OECD-Umweltausblicks*; Ergebnisse von Berechnungen anhand der IMAGE-Modellreihe.
StatLink ⟶ http://dx.doi.org/10.1787/888932570886

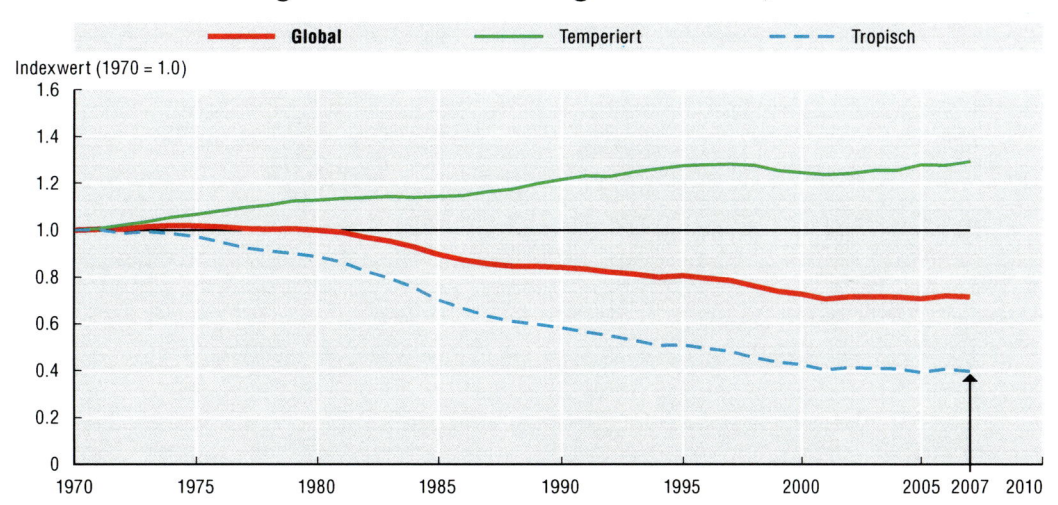

Abbildung 4.4 **Weltweiter Living Planet Index, 1970-2007**

Quelle: Loh et al. (2010), „Monitoring Biodiversity – the Living Planet Index", in WWF, ZSL und GFN (2010), *Living Planet Report 2010*, WWF, Gland, Schweiz.

die Veränderungen der Artenvielfalt nicht gleichmäßig über die Biome[5] verteilt (Abb. 4.3); der Verlust der durchschnittlichen Artenvielfalt ist in den Wäldern der gemäßigten Zonen mit einem Rückgang von 24% am stärksten gewesen, gefolgt von den Tropenwäldern (13%) sowie dem Buschland und den Savannen (16%)[6]. Dem LPI zufolge wurde im Zeitraum 1970-2007 ein Rückgang der weltweiten Artenvielfalt bei den Wirbeltieren um 30% verzeichnet (Abb. 4.4)[7].

Gefährdete Arten

Der Internationale Naturschutzbund (International Union for the Conservation of Nature – IUCN) führt eine Rote Liste der gefährdeten Arten, die darin in die Kategorien ungefährdet, potenziell gefährdet, gefährdet, stark gefährdet, vom Aussterben bedroht und ausgestorben eingestuft sind. Er hat ferner einen Red List Index entwickelt, um die Veränderungen in Bezug auf das Risiko des Aussterbens bei vier Gattungen – Korallen, Vögel, Säugetiere, Amphibien – zu messen (Abb. 4.5). Dieser Index gibt den Anteil der jeweiligen Art an, der ohne zusätzliche Schutzmaßnahmen in der nahen Zukunft voraussichtlich noch vorhanden sein wird. Er wird aus der Zahl der Arten in jeder Kategorie der Roten Liste sowie der Zahl der Arten, die infolge echter Veränderungen des Gefährdungsgrads von einer Kategorie in eine andere umgestuft wurden, errechnet[8]. Der Gefährdungsgrad aller vier Gattungen hat sich seit 1980 verschlechtert. Amphibien stellen zurzeit die am stärksten gefährdete Gattung dar, wohingegen sich der Gefährdungsgrad der Korallen am raschesten verschlechtert.

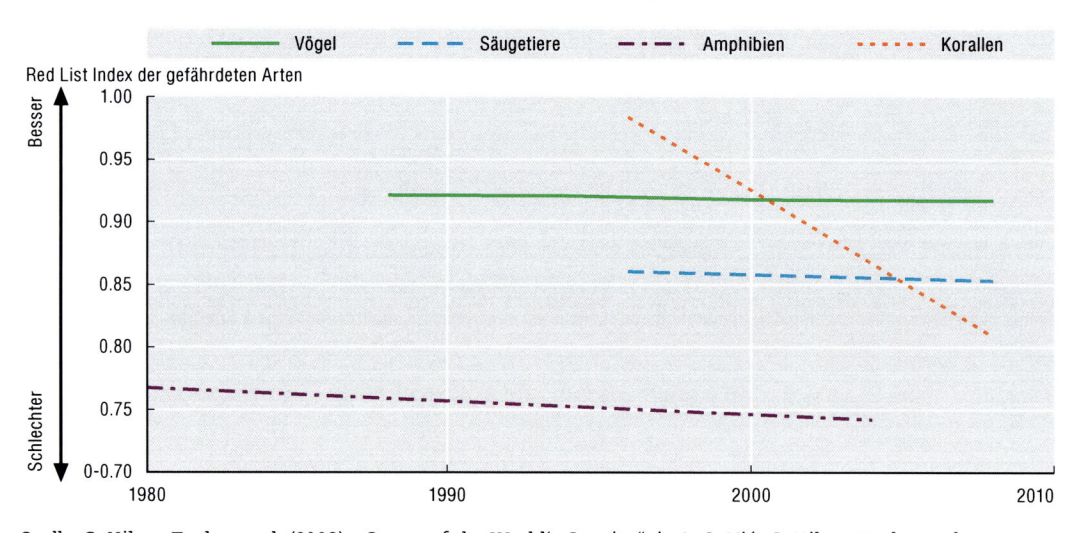

Abbildung 4.5 **Red List Index der gefährdeten Arten**

Quelle: C. Hilton-Taylor et al. (2008), „Status of the World's Species", in J.-C. Vié, C. Hilton-Taylor und S.N. Stuart (Hrsg.), *The 2008 Review of the IUCN Red List of Threatened Species*, IUCN, Gland, Schweiz.

Waldfläche

Wälder sind in der Tendenz sehr vielfältig zusammengesetzt und erbringen zahlreiche ökosystemare Dienstleistungen, darunter die Bereitstellung von Lebensräumen, die Kohlenstoffsequestrierung, die Wasserregulierung sowie den Schutz vor Bodenerosion. Informationen zur Größe der Waldbedeckung[9] sind daher ein wichtiger Indikator der biologischen Vielfalt weltweit. Zwischen 1990 und 2010 ging die Waldbedeckung weltweit von 41,7 Mio. km² auf 40,3 Mio. km² zurück (Abb. 4.6). Indessen sinkt die jährliche Entwaldungsrate langsam, auch wenn die Vernichtung des Waldbestandes nach wie vor Anlass zur Sorge gibt: In den 1990er Jahren wurden im Durchschnitt jährlich rd. 160 000 km² Wald entweder zur Nutzung durch den Menschen umgewandelt oder gingen durch natürliche Ursachen

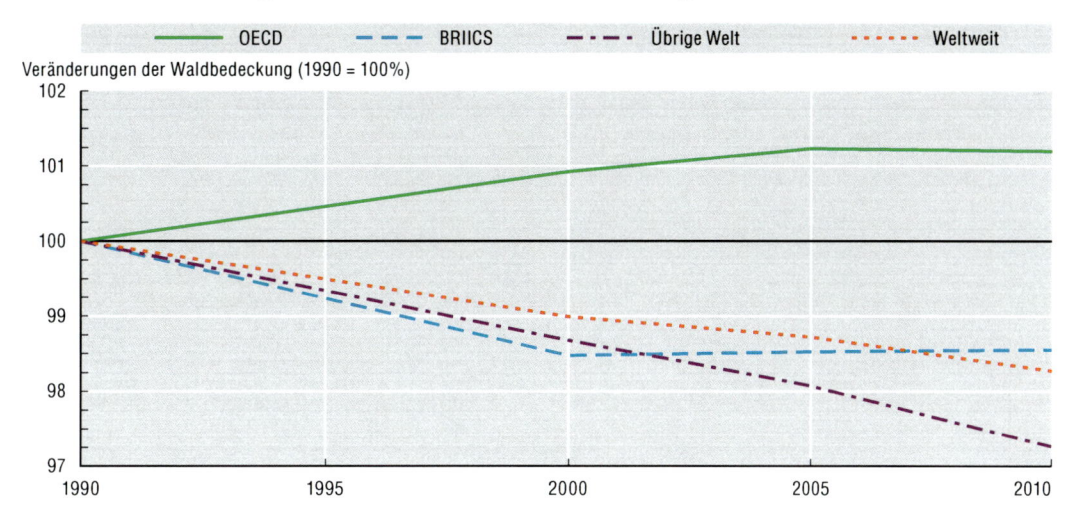

Abbildung 4.6 **Weltweite Waldbedeckungstrends, 1990-2010**

Veränderungen der Waldbedeckung (1990 = 100%)

— OECD   – – – BRIICS   –·–·– Übrige Welt   ······ Weltweit

Anmerkung: BRIICS = Brasilien, Russland, Indien, Indonesien, China und Südafrika.
Quelle: FAO (2010b), *The Global Forests Resource Assessment: 2010*, FAO, Rom; den Global Tables der FAO entnommene Daten: *www.fao.org/forestry/fra/fra2010/en*.

verloren. Im Zeitraum 2000-2010 lag dieser Wert bei 130 000 km² jährlich (FAO, 2010b). Der Primärwaldverlust sank von 60 000 km² jährlich zwischen 1990 und 2000 auf 40 000 km² jährlich im Zeitraum 2000-2010 (FAO, 2006; 2010b).

Heute entfallen 36% der weltweiten Waldbedeckung auf Primärwald, während „sonstige natürlich regenerierte Wälder" 57% und angepflanzte Wälder 7% ausmachen (FAO, 2010b). Die für angepflanzte Wälder genutzte Fläche ist in den vergangenen fünf Jahren um rd. 50 000 km² jährlich gewachsen, was hauptsächlich auf die Aufforstung (Schaffung von Wäldern durch Anpflanzen und/oder Aussäen auf Landflächen, die nicht als Waldflächen ausgewiesen sind) zurückzuführen ist. In einer Reihe von Ländern ist ein Nettoanstieg der Waldbedeckung zu verzeichnen, der z.T. durch natürliche Expansion, größtenteils jedoch durch eine Zunahme der Waldpflanzungen bedingt war (FAO, 2010b). Dies stellt jedoch nicht unbedingt eine Verringerung oder Umkehr des Verlusts an biologischer Vielfalt in den Wäldern dar, da es sich bei aufgeforsteten Flächen oftmals um Monokulturen exotischer Arten handelt, die eine geringere biologische Vielfalt aufweisen als natürliche Wälder. Darüber hinaus ersetzen sie u.U. Lebensräume, in denen die biologische Vielfalt größer ist, beispielsweise Naturwiesen.

Meeresfischbestände

Die Trends bei den weltweiten Meeresfischbeständen geben Aufschluss über die biologische Vielfalt im Meer. Der Gefährdungsgrad der von der kommerziellen Fangfischerei ausgebeuteten Meeresfischbestände gibt Anlass zur Sorge. Seit 1974, als die Beobachtung der weltweiten Fischbestände begann, scheint der Anteil der voll befischten Fischbestände[10] relativ konstant geblieben zu sein, wohingegen der Anteil der überfischten und erschöpften Bestände gestiegen ist (Abb. 4.7). Heute sind mehr als 30% der Meeresfischbestände überfischt, erschöpft oder in der Erholungsphase, etwa 50% werden voll befischt, und in weniger als 20% gibt es noch Potenzial für eine Erhöhung der Fangmenge (FAO, 2010a). Die Erschöpfung der kommerziell genutzten Fischbestände bedroht die Lebensgrundlagen und kann durch Veränderung der Nahrungsnetze und der Populationsdynamik ganze Ökosysteme beeinträchtigen.

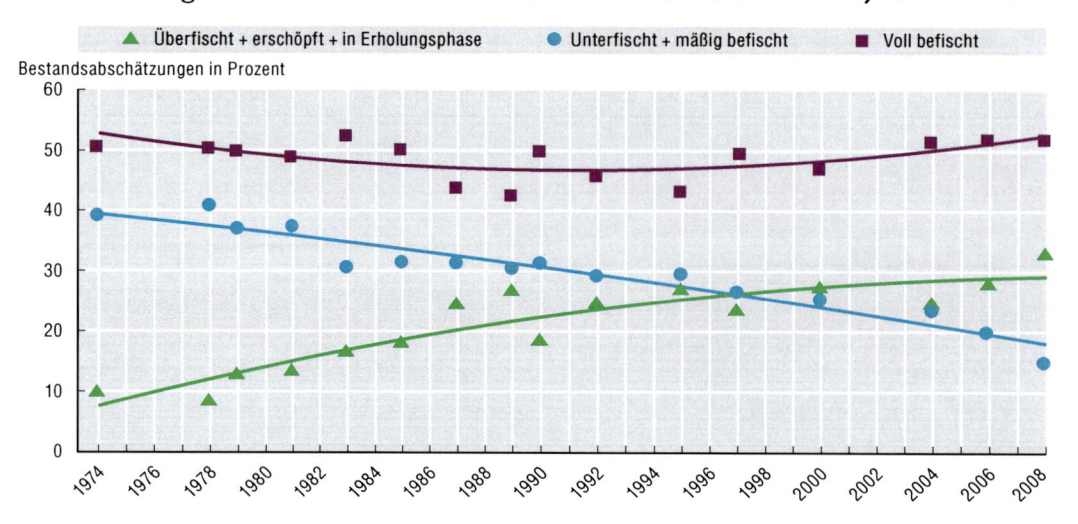

Abbildung 4.7 **Zustand der weltweiten Meeresfischbestände, 1974-2008**

▲ Überfischt + erschöpft + in Erholungsphase ● Unterfischt + mäßig befischt ■ Voll befischt

Anmerkung: Unterfischt = nicht erschlossene oder neue Fischbestände. Es wird davon ausgegangen, dass diese ein bedeutendes Potenzial für die Expansion der Gesamtproduktion aufweisen.

Mäßig befischt = mit geringem Fischereiaufwand befischt. Es wird davon ausgegangen, dass diese ein begrenztes Potenzial für die Expansion der Gesamtproduktion aufweisen.

Voll befischt = die Fangfischerei bewegt sich an oder nahe einem optimalen Ertragsniveau, das voraussichtlich keinen Raum für eine weitere Expansion zulässt.

Überfischt = der Fischbestand wird oberhalb eines Niveaus befischt, das als langfristig tragfähig angesehen wird, wobei kein Potenzial für eine weitere Expansion vorhanden ist und ein größeres Risiko der Erschöpfung/des Zusammenbruchs der Fischbestände besteht.

Erschöpft = das Fangvolumen liegt deutlich unter den in der Vergangenheit verzeichneten Mengen, unabhängig vom getätigten Fischereiaufwand.

In einer Erholungsphase = die Fangvolumen erhöhen sich wieder, nachdem sie bis zur Erschöpfung ausgebeutet worden waren.

Quelle: FAO (2010a), *The State of the World's Fisheries and Aquaculture: 2010*, FAO, Rom.

Dem Marine Living Planet Index[11] zufolge ging die weltweite biologische Vielfalt der Meere im Zeitraum 1970-2007 um 24% zurück (WWF, ZSL und GFN, 2010). Zusätzlich zur Überfischung geht dieser Verlust auch auf den Beifang, den Schwund der Habitate (z.B. auf Grund der Erschließung von Küstengebieten), Umweltbelastungen sowie den Klimawandel zurück.

Die biologische Vielfalt nimmt gemessen an jedem der oben beschriebenen Indikatoren ab. Eine allgemeinere, umfassendere Prüfung der Zustandsindikatoren der biologischen Vielfalt gestaltet sich schwierig, da weltweite Zeitreihendaten nicht leicht erhältlich sind. Obwohl bei der Entwicklung von Indikatoren Fortschritte verzeichnet wurden, seitdem im Jahr 2002 im Rahmen des Übereinkommens über die biologische Vielfalt das Biodiversitätsziel für 2010 festgelegt worden war, bestehen weiterhin bedeutende Datenlücken (insbesondere in den Entwicklungsländern – vgl. Butchart et al., 2010, wegen eines Überblicks). Weitere Arbeiten sind erforderlich, um vorrangig benötigtes Datenmaterial zu identifizieren und zu erheben (vgl. Abschnitt 4 wegen einer eingehenderen Erörterung).

Trends im Bereich der biologischen Vielfalt: Projektionen für die Zukunft

Im Basisszenario des *Umweltausblicks* wird der wahrscheinliche Zustand (gemessen an der durchschnittlichen Artenvielfalt, MSA) der terrestrischen Artenvielfalt im Jahr 2050 ohne neue Politikmaßnahmen modelliert. In diesem Szenario werden die in Kapitel 2 beschriebenen (und in Anhang 4.A zusammengefassten) wirtschaftlichen, sektorbezogenen und sozialen Trends unterstellt. Das Basisszenario dient darüber hinaus als Referenzgröße, mit der die künftigen Fortschritte und Politikfolgen geprüft werden können. Im Basisszenario wird die durchschnittliche terrestrische Artenvielfalt insgesamt im Zeitraum 2010-2050 den Projektionen zufolge um rd. 10% weiter zurückgehen, wobei der Großteil des Artenschwunds sich vor 2030 vollziehen wird (Abb. 4.8). Die Betrachtung der Projektionen für die spezifischen Biome ergibt, dass der stärkste Rückgang der durchschnittlichen Artenvielfalt im Buschland und in den Savannen (19%), in den Wäldern der gemäßigten Zonen (19%) sowie in den Tropenwäldern (14%) erwartet wird. Diese Projektionen sind jedoch wahrscheinlich zu optimistisch, da sie nicht alle Antriebskräfte des Verlusts an biologischer Vielfalt (z.B. gebietsfremde invasive Arten) bzw. Ökosystemschwellen berücksichtigen.

Abbildung 4.8 Terrestrische durchschnittliche Artenvielfalt je Biom: Basisszenario, 2000-2050

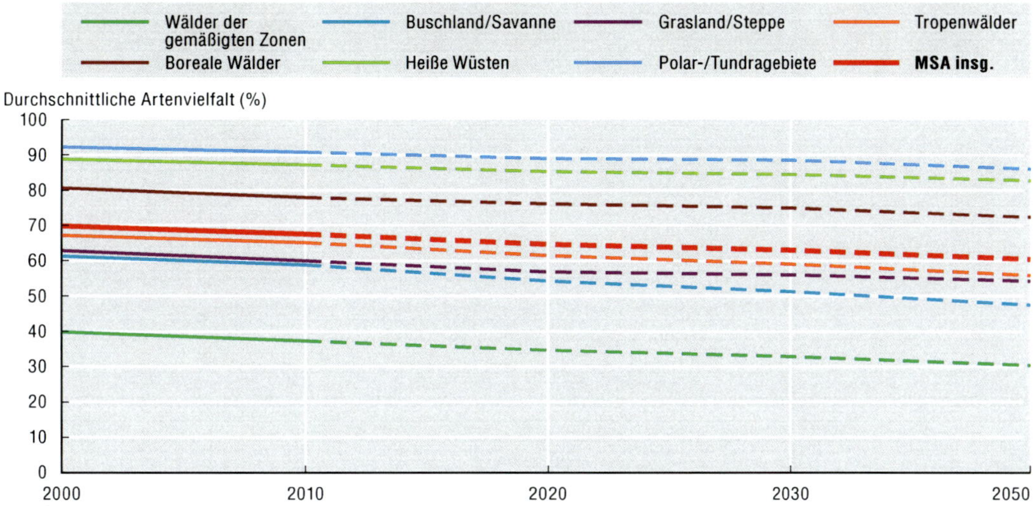

Quelle: Basisszenario des *OECD-Umweltausblicks*; Ergebnisse von Berechnungen anhand der IMAGE-Modellreihe.
StatLink http://dx.doi.org/10.1787/888932570905

Auf Ebene der Ländergruppen (Abb. 4.9) werden den Projektionen zufolge die höchsten Verluste der Kategorie der übrigen Welt zugerechnet (11%), auch wenn die Verluste für alle anderen Ländergruppen ähnlich hoch sind (10%). Da jedoch in Bezug auf ihre Gesamtfläche erhebliche Unterschiede zwischen diesen Gruppen bestehen, sind die Differenzen im Hinblick auf ihren Anteil am weltweit verzeichneten Verlust weitaus größer. Auf die OECD-Länder entfällt ein relativer Anteil von 25% (35 Mio. km^2) des gesamten Verlusts an durchschnittlicher Artenvielfalt; auf Brasilien, Russland, Indien, Indonesien, China und Südafrika (BRIICS) entfallen 36% (50 Mio. km^2) und auf die übrige Welt 39% (45 Mio. km^2). Der Verlust an durchschnittlicher Artenvielfalt bis 2050 wird in den einzelnen Regionen voraussichtlich in Japan und Korea (Rückgang um 36%), Europa (24%), Südafrika (20%) und Indonesien (17%) besonders hoch ausfallen.

Im Basisszenario wird der Verlust der weltweiten terrestrischen Artenvielfalt durch Umstellungen in der Landnutzung und -bewirtschaftung, Forstwirtschaft, Infrastruktur, Beeinträchtigung und Zerschneidung von Lebensräumen, Klimawandel und Umweltbelastungen (z.B. Stickstoff-Depositionen) verursacht. In Tabelle 4.1 werden diese Kategorien gemäß der Modellierung in diesem *Umweltausblick* beschrieben (vgl. Alkemade et al., 2009). Zu den indirekten Antriebskräften zählen das Bevölkerungswachstum sowie der Anstieg des Pro-Kopf-BIP, das zu Veränderungen der Ernährungsgewohnheiten und zu steigendem Verbrauch führt. Diese sozioökonomischen Antriebskräfte werden in Kapitel 2 näher erörtert und in Anhang 4.A zusammengefasst.

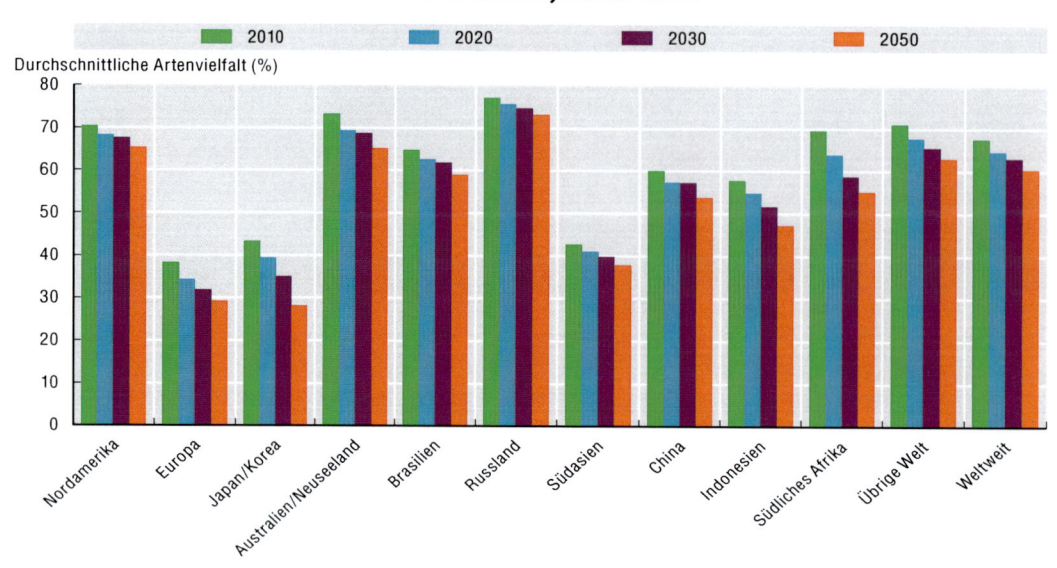

Abbildung 4.9 Terrestrische durchschnittliche Artenvielfalt je Region: Basisszenario, 2010-2050

Quelle: Basisszenario des OECD-Umweltausblicks; Ergebnisse von Berechnungen anhand der IMAGE-Modellreihe.
StatLink http://dx.doi.org/10.1787/888932570924

Bisher sind Umstellungen in der Landnutzung und -bewirtschaftung (d.h. die Umwidmung natürlicher Ökosysteme in Nutzflächen zur Erzeugung von Nahrungsmitteln, Energiepflanzen sowie Nutztieren) die Hauptantriebskräfte des Verlusts der weltweiten terrestrischen Artenvielfalt gewesen. Hierauf sind bislang 16% des Rückgangs der durchschnittlichen Artenvielfalt (im Vergleich zum nahezu unberührten Zustand) zurückzuführen. Auf Infrastruktur, Beeinträchtigung und Zerschneidung von Lebensräumen gehen 10% des Rückgangs zurück. Den Projektionen des Basisszenarios zufolge wird von diesen Faktoren bis 2050 auch weiterhin der größte Druck auf die biologische Vielfalt ausgehen (Abb. 4.10).

Der relative Beitrag der Belastungen zu weiteren (zusätzlichen) Verlusten an biologischer Vielfalt zwischen 2010 und 2050 weicht indessen von den in der Vergangenheit beobachteten Trends ab (Abb. 4.11). Insgesamt wird der relative Effekt der Umstellungen bei Landnutzung und -bewirtschaftung auf die durchschnittliche Artenvielfalt den Projektionen zufolge abnehmen. Während die Ausweitung der Erzeugung von Nahrungskulturen sowie der Viehzucht im Zeitraum 2010-2030 in der übrigen Welt einen weiteren Verlust an durchschnittlicher Artenvielfalt im Umfang von rd. 50% verursachen dürfte, wird sie in den OECD-Ländern oder den BRIICS voraussichtlich keine wesentliche Antriebskraft für weitere Verluste sein. Statt einer Ausdehnung landwirtschaftlicher Nutzflächen dürfte es in mehreren Regionen zu Flächenstilllegungen kommen, so dass beträchtliche Landflächen für die Erholung und Regenerierung von Ökosystemen zur Verfügung gestellt werden. Diese Flächen werden nach der Flächenstilllegung indessen mehrere Jahrzehnte lang die Effekte der „früheren Landnutzung" verkraften müssen.

Die Forstwirtschaft wird die biologische Vielfalt den Projektionen zufolge in allen drei Ländergruppen zunehmend belasten und im Zeitraum 2010-2030 nahezu 15% sowie 2030-2050 30% des Verlusts an durchschnittlicher Artenvielfalt bedingen. Darüber hinaus wird auch von Energiepflanzen weltweit immer stärkerer Druck ausgehen, insbesondere in der übrigen Welt. Im Basisszenario ist der weltweite Effekt der Bioenergieerzeugung ohne eine ehrgeizige Klimaschutzpolitik im OECD-Raum und in den BRIICS indessen nach wie vor moderat (vgl. Abschnitt 4).

Tabelle 4.1 **Die für den *Umweltausblick* bis 2050 modellierten Belastungen der biologischen Vielfalt**

Antriebsfaktor des Verlusts der weltweiten durchschnittlichen Artenvielfalt	Definition
Umstellungen in der Landnutzung und -bewirtschaftung (Weideland, Nahrungskulturen, Bioenergie)	Belastungen der biologischen Vielfalt auf Grund von Landumwidmung und Produktion, die auf folgende Bereiche entfallen: ■ Viehzucht auf Weiden (naturnahes Grünland). ■ Anbau von Nahrungskulturen. ■ Anbau von Energiepflanzen.
Frühere Landnutzung	Diese Belastung betrifft die Effekte auf die biologische Vielfalt, die die Einstellung der landwirtschaftlichen Produktion auf einer Landfläche überdauern. Sie ist die Folge einer langsamen Erholung und lässt sich als Verlust an biologischer Vielfalt auf Grund von Trägheitseffekten interpretieren.
Forstwirtschaft	Die Nutzung natürlicher (bzw. naturnaher) Wälder und Forstplantagen zur Holzerzeugung. Zusammen werden sie als Forstwirtschaft bezeichnet (die Abforstung zählt jedoch nicht hierzu, da diese unter die Landnutzungsänderung fällt). Sie umfasst verschiedene Waldnutzungs-/-managementarten, d.h. selektiven Holzeinschlag oder Kahlschlag naturähnlicher bzw. natürlicher Waldsysteme sowie die Holzerzeugung aus Forstplantagen (angepflanzte Wälder mit neu eingeführten Arten).
Infrastruktur, Beeinträchtigung und Zerschneidung von Lebensräumen	Die folgenden Belastungen sind zusammengefasst worden: ■ Infrastruktur: direkte Infrastruktureffekte auf Grund von Geräuschemissionen, im Straßenverkehr getötete Tiere usw., beinhaltet die Effekte der Verstädterung. ■ Beeinträchtigung von Lebensräumen: Verluste auf Grund von Wilderei, Holzsammeln und anderen entsprechenden Nutzungsformen durch die Menschen aus an der Infrastruktur gelegenen Siedlungen. ■ Zerschneidung von Lebensräumen: Die Effekte der Zerschneidung natürlicher Flächen in kleinere Gebiete durch Straßen und durch die Landnutzungsänderung (Umwidmung), die die Konnektivität und Gesundheit von Ökosystemen beeinträchtigen.
Stickstoff-Depositionen	Veränderungen der biologischen Vielfalt auf Grund von Ablagerungen atmosphärischen Stickstoffs (z.B. Eutrophierung und Versauerung).
Klimawandel	Belastungen der biologischen Vielfalt auf Grund von Veränderungen der klimatischen Bedingungen (z.B. Temperatur und Niederschläge), die die Artenverteilung und die Zusammensetzung der Ökosysteme verändern können.

Quelle: Basisszenario des *OECD-Umweltausblicks*; Ergebnisse von Berechnungen anhand der IMAGE-Modellreihe.

Vom Klimawandel werden den Projektionen des Basisszenarios zufolge zunehmend stärkere Belastungen ausgehen – er dürfte zwischen 2010 und 2050 leicht über 40% des zusätzlichen weltweiten Verlusts an durchschnittlicher Artenvielfalt verursachen[12]. Der relative Beitrag von Infrastruktur, Beeinträchtigung und Zerschneidung von Lebensräumen zum künftigen Verlust an biologischer Vielfalt wird in den OECD-Ländern und den BRIICS zwischen 2030 und 2050 voraussichtlich abnehmen, wohingegen er in der übrigen Welt steigen wird. Die Stickstoff-Depositionen werden den Projektionen zufolge in den BRIICS bis 2030 und in der übrigen Welt bis 2050 den Verlust an durchschnittlicher Artenvielfalt leicht weiter erhöhen.

Bei genauerer Betrachtung der Projektionen hinsichtlich der Landfläche sowie der Landnutzungsänderungen zeigt sich, dass sich die weltweite Walddecke im Zeitraum 2010-2020 um nahezu 1 Mio. km² verringern dürfte, was hauptsächlich auf die Umwidmung von Landflächen in landwirtschaftliche Nutzflächen zurückzuführen ist. Danach wird

4. BIOLOGISCHE VIELFALT

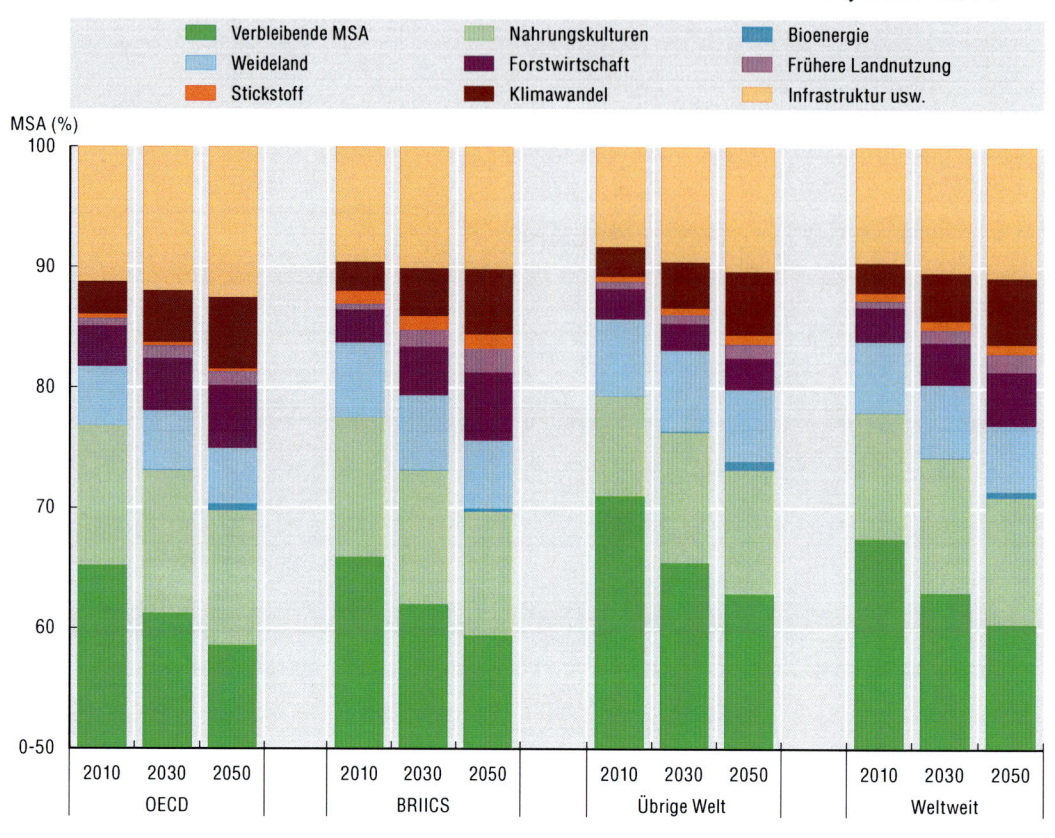

Abbildung 4.10 Auswirkungen verschiedener Umweltbelastungen auf die durchschnittliche terrestrische Artenvielfalt: Basisszenario, 2010-2050

Legende:
- Verbleibende MSA
- Weideland
- Stickstoff
- Nahrungskulturen
- Forstwirtschaft
- Klimawandel
- Bioenergie
- Frühere Landnutzung
- Infrastruktur usw.

Gruppen: OECD, BRIICS, Übrige Welt, Weltweit (jeweils 2010, 2030, 2050)

Quelle: Basisszenario des OECD-Umweltausblicks; Ergebnisse von Berechnungen anhand der IMAGE-Modellreihe.
StatLink http://dx.doi.org/10.1787/888932570943

sie sich infolge natürlicher Waldregenerierung sowie (Wieder-)Aufforstung (d.h. nach der Flächenstilllegung) bis 2050 jedoch voraussichtlich wieder vergrößern (Abb. 4.12). Bis 2050 dürfte die Walddecke eine Größe von nahezu 40 Mio. km² erreichen. Dies bedeutet jedoch nicht unbedingt, dass sich die Bedingungen für die biologische Vielfalt der Wälder in allen Regionen verbessern, da die steigende Nachfrage nach Holz und Papier zur Ausweitung forstwirtschaftlicher Tätigkeiten, einschließlich der Holzerzeugung in Plantagen, führen dürfte. Der Primärwald (d.h. urwüchsige Wälder, in denen die ökologischen Prozesse im Wesentlichen ungestört ablaufen) werden den Projektionen zufolge stetig schrumpfen (Abb. 4.12). Infolgedessen wird auch die durchschnittliche biologische Vielfalt der Wälder abnehmen.

Natürlich gibt es regionale Unterschiede bei den Trends im Hinblick auf die Waldbedeckung. Die gesamte Waldfläche geht den Projektionen zufolge bis 2020 sowohl in den OECD-Ländern als auch in den BRIICS um nahezu 200 000 km² zurück und expandiert danach bis 2050 wieder, wobei die Fläche dann sogar größer sein wird als im Jahr 2010 und hauptsächlich stillgelegte landwirtschaftliche Nutzflächen bedecken wird. In der übrigen Welt wird sich die Abnahme der Waldflächen voraussichtlich bis 2030 fortsetzen, wobei sich der Verlust – bedingt durch die Ausweitung der Landwirtschaft – insgesamt auf rd. 1 Mio. km² belaufen dürfte. Anschließend expandiert die Waldfläche, erreicht jedoch nicht mehr ihr Niveau von 2010.

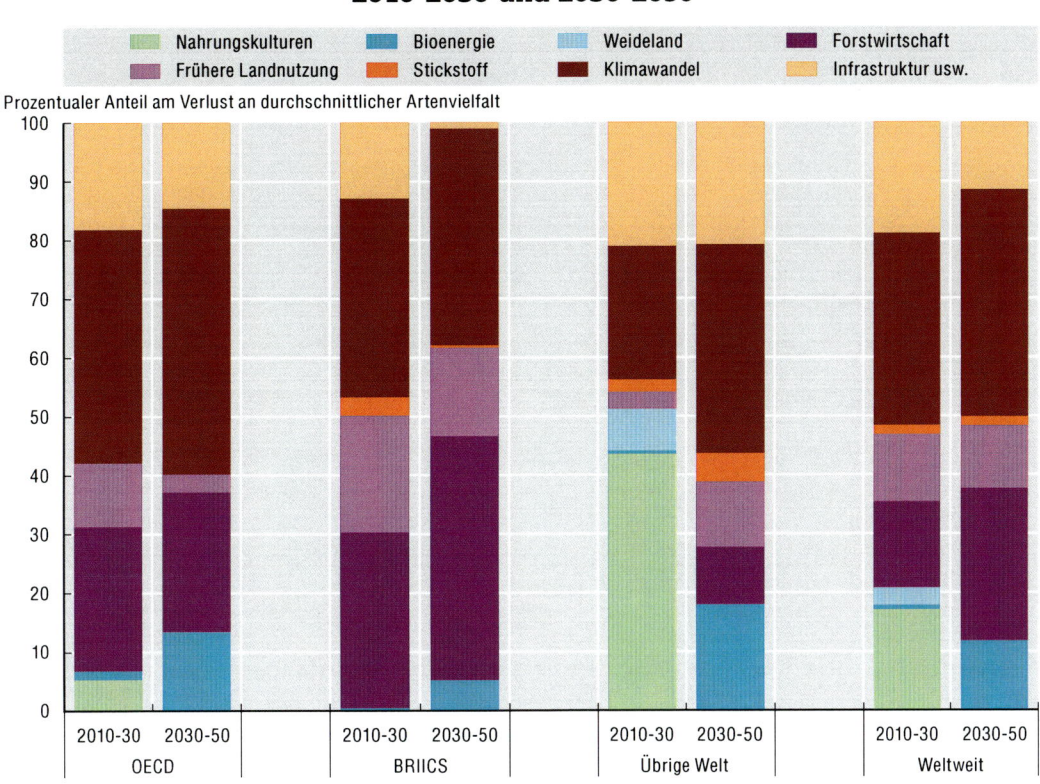

Abbildung 4.11 Relativer Anteil jeder Belastung am zusätzlichen Verlust an durchschnittlicher terrestrischer Artenvielfalt: Basisszenario, 2010-2030 und 2030-2050

Legende: Nahrungskulturen, Bioenergie, Weideland, Forstwirtschaft, Frühere Landnutzung, Stickstoff, Klimawandel, Infrastruktur usw.

Kategorien: OECD, BRIICS, Übrige Welt, Weltweit (jeweils 2010-30 und 2030-50)

Quelle: Basisszenario des OECD-Umweltausblicks; Ergebnisse von Berechnungen anhand der IMAGE-Modellreihe.
StatLink http://dx.doi.org/10.1787/888932570962

Im Basisszenario wird die weltweite Fläche der Produktionswälder (Wälder, die für die Erzeugung von Nutzholz, Zellstoff und Papier sowie Brennholz bewirtschaftet werden) den Projektionen zufolge im Zeitraum 2010-2050 um nahezu 60% auf insgesamt 15 Mio. km² wachsen[13]. Die Fläche der Produktionswälder wird sich außer in der übrigen Welt voraussichtlich in allen Regionen vergrößern (Abb. 4.13), was auf die stetig wachsende Nachfrage nach Nutzholz, Papier und Brennholz zurückzuführen ist (auch wenn Brennholz langsam durch andere Energieträger ersetzt werden dürfte).

Im Rahmen des Basisszenarios des Umweltausblicks wird die weltweit für den landwirtschaftlichen Ackerbau genutzte Landfläche zwischen 2010 und 2030 voraussichtlich um rd. 1 Mio. km² wachsen (Abb. 4.14). Der Großteil des Zuwachses wird voraussichtlich auf die übrige Welt entfallen, insbesondere auf Subsahara-Afrika. Nach einem Höchststand (vor 2030) wird die weltweite Flächenbeanspruchung durch Nahrungskulturen wahrscheinlich sinken, insbesondere in Nordamerika, Brasilien, Russland, Südasien und China. Dies stützt sich auf die Annahme, dass die Bevölkerung im OECD-Raum langsam wächst und die Bevölkerung in Russland und China schrumpft, sich die Ernährungsgewohnheiten in den meisten OECD-Ländern und den BRIICS stabilisieren (d.h. die Obergrenze für die Kalorienaufnahme erreicht wird) sowie die Ernteerträge auf Grund technologischer Verbesserungen steigen (wegen einer weiteren Erörterung der Projektionen im Hinblick auf die Agrarflächen im Rahmen des Basisszenarios vgl. Kapitel 2).

4. BIOLOGISCHE VIELFALT

Abbildung 4.12 Veränderung der weltweiten Waldflächen: Basisszenario, 2010-2050

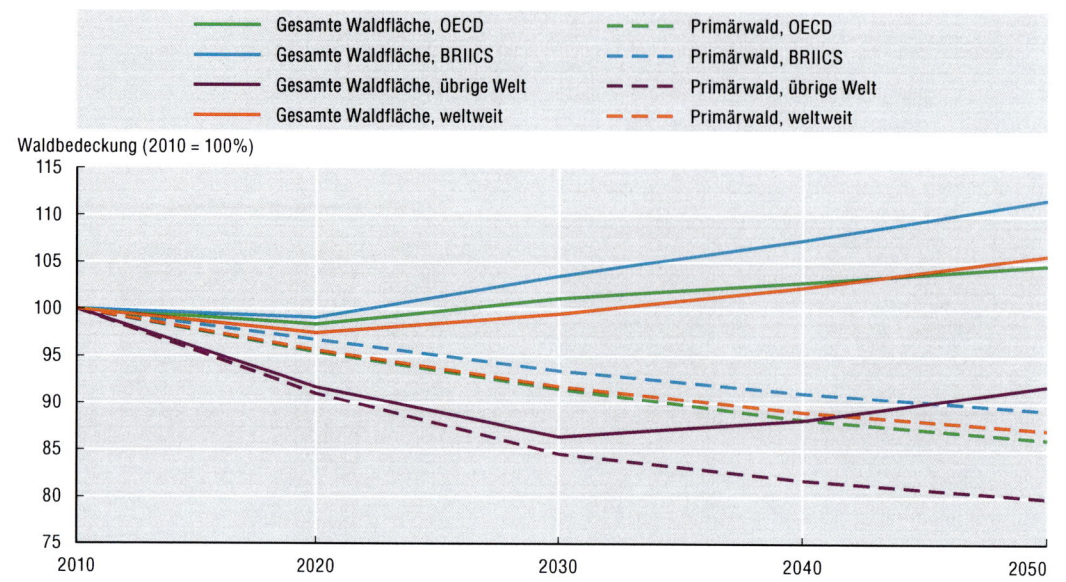

- Gesamte Waldfläche, OECD
- Gesamte Waldfläche, BRIICS
- Gesamte Waldfläche, übrige Welt
- Gesamte Waldfläche, weltweit
- Primärwald, OECD
- Primärwald, BRIICS
- Primärwald, übrige Welt
- Primärwald, weltweit

Waldbedeckung (2010 = 100%)

Quelle: Basisszenario des OECD-Umweltausblicks; Ergebnisse von Berechnungen anhand der IMAGE-Modellreihe.
StatLink http://dx.doi.org/10.1787/888932570981

Abbildung 4.13 Veränderung der Produktionswaldfläche: Basisszenario, 2010-2050

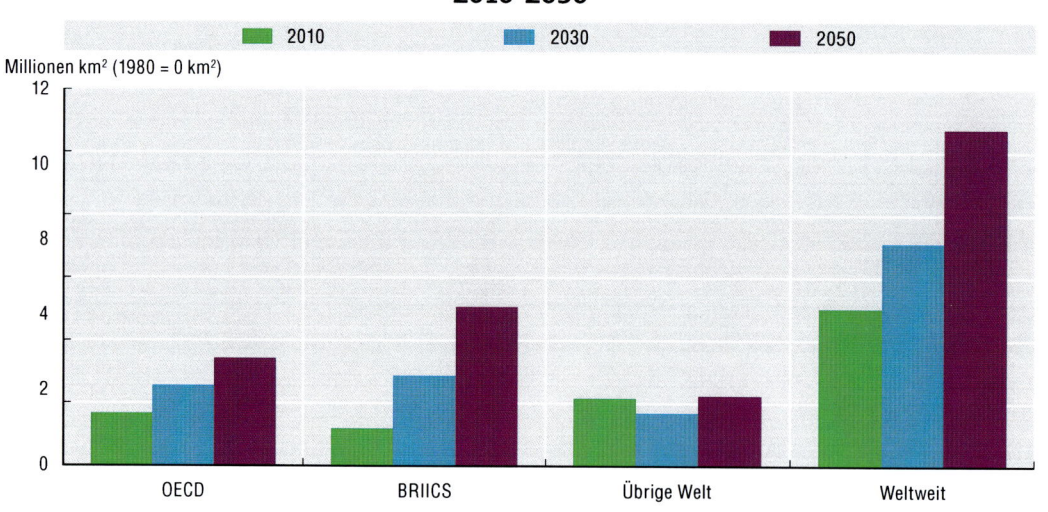

2010 | 2030 | 2050

Millionen km² (1980 = 0 km²)

OECD | BRIICS | Übrige Welt | Weltweit

Quelle: Basisszenario des OECD-Umweltausblicks; Ergebnisse von Berechnungen anhand der IMAGE-Modellreihe.
StatLink http://dx.doi.org/10.1787/888932571000

Ein ähnlicher Trend wird im Basisszenario für Flächen projiziert, die für die Weide- und Futtermittelproduktion bestimmt sind (Abb. 4.15). Im Zeitraum 1980-2010 expandierten die Weide- und Futtermittelflächen erheblich (2,5 Mio. km²), vor allem in den BRIICS. Die weltweite Expansion wird sich den Projektionen zufolge bis 2030 um weitere 1 Mio. km² fortsetzen; anschließend dürfte sich die Gesamtfläche wieder verringern. In Russland und China wird ab 2010 voraussichtlich ein beträchtlicher Rückgang der Weideflächen einsetzen.

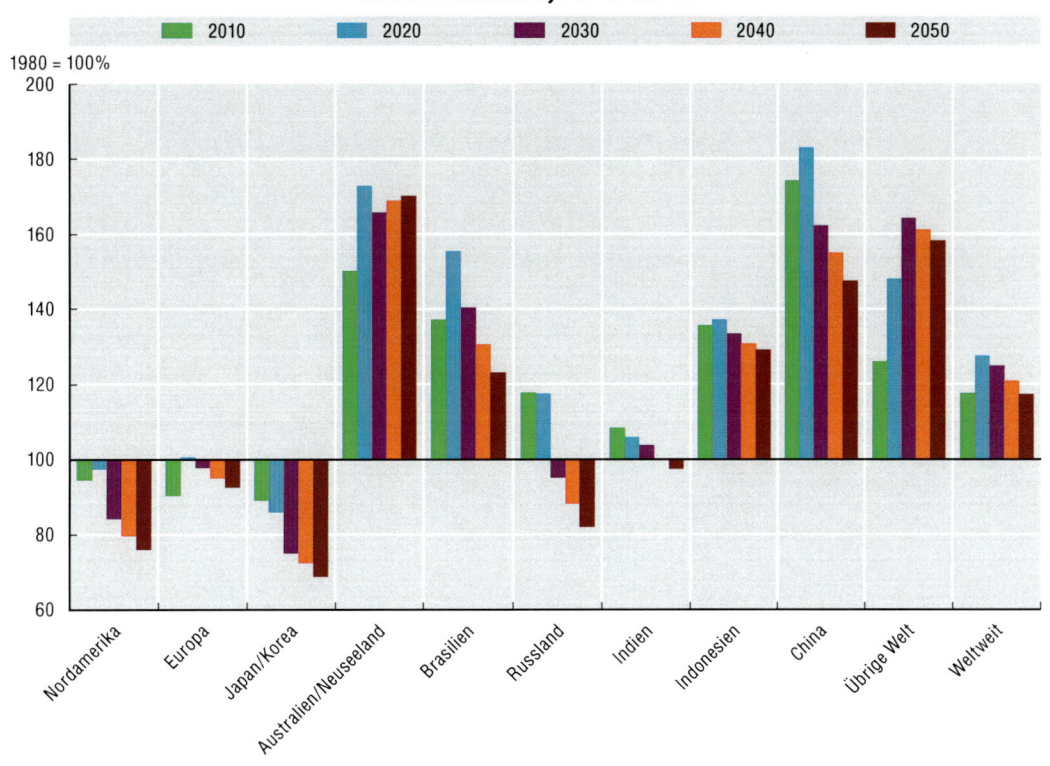

Abbildung 4.14 Veränderung der weltweiten Nahrungskulturfläche: Basisszenario, 2010-2050

Quelle: Basisszenario des *OECD-Umweltausblicks*; Ergebnisse von Berechnungen anhand der IMAGE-Modellreihe.
StatLink http://dx.doi.org/10.1787/888932571019

Es gibt noch andere wichtige Antriebskräfte für den Verlust an biologischer Vielfalt, die hier nicht modelliert worden sind. Hierzu zählen gebietsfremde invasive Arten, Waldbrände, andere Formen der Umweltverschmutzung (wie z.B. Phosphor) sowie die Überbeanspruchung natürlicher Ressourcen[14]. Die Zahl der gebietsfremden Arten hat in Europa seit 1970 um 76% zugenommen, und ähnliche Trends dürften auch in der übrigen Welt auftreten (Butchart et al., 2010). Gebietsfremde invasive Arten[15] können zum Verlust natürlicher Ressourcen, zur Verringerung der Nahrungsmittelproduktion, zu Beeinträchtigungen der menschlichen Gesundheit sowie zu höheren Kosten für land-, forst- und fischereiwirtschaftliche Aktivitäten sowie für die Bewirtschaftung der Wasserressourcen führen (OECD, 2008b; SCBD, 2009a). Diese Zunahme dürfte sich in den kommenden Jahrzehnten fortsetzen, was ein weiteres Risiko für die biologische Vielfalt darstellt. So dürften z.B. der Verkehr im Zusammenhang mit dem Handelsaustausch sowie der Reiseverkehr in Zukunft kräftig expandieren – diese haben eine dominierende Rolle bei der Verschleppung von Arten aus ihren natürlichen Lebensräumen gespielt (z.B. durch Ballastwasser von Schiffen und durch auf Fahrzeugen transportiertes Saatgut oder beförderte Tiere).

Die übermäßige Ausbeutung, etwa von Bäumen (insbesondere in Südamerika und Asien), Meereslebewesen und Buschfleisch (z.B. in Zentralafrika) hat in der Vergangenheit bereits zum Artensterben geführt und stellt heute nach wie vor eine Bedrohung für die biologische Vielfalt dar. In Anbetracht des Wachstums der Weltbevölkerung sowie der steigenden Nachfrage nach Fisch- und Holzprodukten sowie der Arbeitsplätze, die von diesen Ressourcen abhängig sind, ist es für die Erhaltung der biologischen Vielfalt in den kommenden Jahrzehnten von entscheidender Bedeutung, diese Ressourcen nachhaltig zu bewirtschaften und die entsprechenden Arbeitsplätze umweltverträglich umzugestalten.

4. BIOLOGISCHE VIELFALT

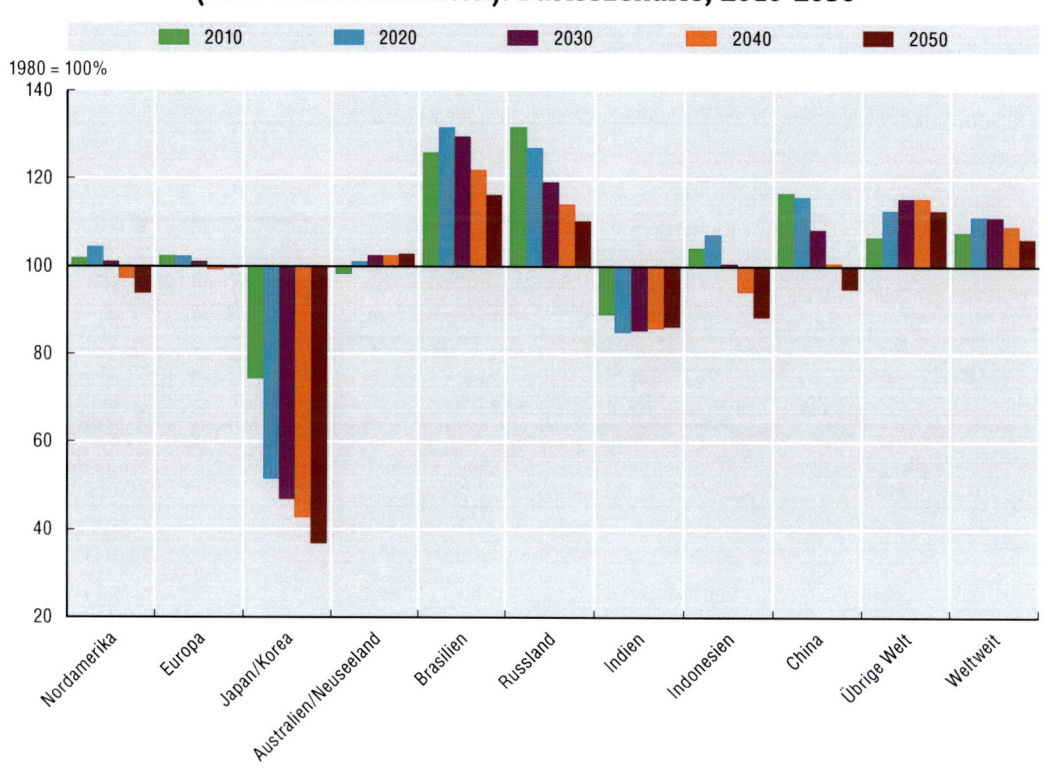

Abbildung 4.15 Veränderung der weltweiten Weideflächen (Gras und Futtermittel): Basisszenario, 2010-2050

Quelle: Basisszenario des OECD-Umweltausblicks; Ergebnisse von Berechnungen anhand der IMAGE-Modellreihe.
StatLink http://dx.doi.org/10.1787/888932571038

Auswirkungen des Verlusts an biologischer Vielfalt und Zusammenhänge mit dem Klimawandel, Wasser und Gesundheit

Der Verlust an biologischer Vielfalt kann schwerwiegende Auswirkungen auf das menschliche Wohlergehen, die Sicherheit und das Wirtschaftswachstum haben (MA, 2005; SCBD, 2010a; TEEB, 2010a; OECD, 2011a). In Kanada beispielsweise führte die Überfischung zum Zusammenbruch des Kabeljaufangs im Nordatlantik, was kurzfristig geschätzte Kosten in Höhe von 235 Mio. US-$ an entgangenen Einnahmen verursachte. Auf lange Sicht beliefen sich die potenziellen Jahreseinnahmen, auf die verzichtet werden musste, weil die Kabeljaubestände nicht nachhaltig bewirtschaftet wurden, auf geschätzte 0,94 Mrd. US-$ (zitiert in OECD, 2008a). Gebietsfremde invasive Arten verursachen in den Vereinigten Staaten Schätzungen zufolge Kosten in Höhe von 120 Mrd. US-$ jährlich an Umweltschäden und Verlusten, für die Weltwirtschaft beläuft sich dieser Betrag sogar auf über 1,4 Bill. US-$ (Pimentel et al., 2005; SCBD, 2010a).

Die Entwicklungsländer tragen in der Tendenz den Großteil der Kosten, die durch den Verlust an biologischer Vielfalt entstehen, da sie für die wirtschaftliche Entwicklung öfter unmittelbar von den Naturgütern abhängig sind als die Industriestaaten. Auf das Naturkapital entfallen Schätzungen zufolge 26% des gesamten Volksvermögens der Niedrigeinkommensländer, verglichen mit lediglich 2% in den OECD-Ländern (Weltbank, 2006). In den Entwicklungsländern spielen Naturgüter eine entscheidende Rolle in der Wirtschaft, u.a. im Hinblick auf die Ausfuhren, die Beschäftigung und die Staatseinahmen. Der Fischfang beispielsweise bietet 47 Millionen Fischern in den Entwicklungsländern (95% der Fischer weltweit) Beschäftigung und macht in mehreren Ländern zwischen 10% und 30% der Staatshaushalte aus. In den Entwicklungsländern bietet die Forstwirtschaft weiteren 10 Millionen Menschen eine reguläre sowie 30-50 Millionen Menschen eine informelle Beschäftigung und kann über 10% des BIP ausmachen (OECD, 2009a). Eine weitere wichtige Einnahmequelle in Entwicklungsländern mit großer biologischer Vielfalt ist der Ökotourismus. In Namibia etwa entfallen 6% des BIP alleine auf den Tourismus in Schutzgebieten, und in Ruanda ist der Tourismus in Nationalparks zum Schutz der Berggorillas eine der größten Devisenquellen – 2007 wurden 42 Mio. US-$ erwirtschaftet (SCBD, 2009b).

Darüber hinaus haben der Verlust an biologischer Vielfalt und die Degradation von Ökosystemen besonders schwere Folgen für die arme Landbevölkerung. Etwa 70% der Armen weltweit leben im ländlichen Raum und sind für ihr Überleben unmittelbar von der Landwirtschaft abhängig (Weltbank, 2008). Die Waldressourcen bieten für rd. 90% der 1,2 Milliarden Menschen, die in extremer Armut leben, die Lebensgrundlage (Weltbank, 2004). Indigene Bevölkerungsgruppen sind durch den Verlust und die Degradation der biologischen Vielfalt ebenfalls oftmals überverhältnismäßig benachteiligt. Während besser gestellte Bevölkerungsgruppen möglicherweise in der Lage sind, durch den Erwerb von Alternativen auf den Verlust an biologischer Vielfalt und Ökosystemleistungen zu reagieren, sind die Armen u.U. weniger hierzu in der Lage.

Der Bedarf an geeigneten Politikmaßnahmen für den Erhalt und die nachhaltige Nutzung der biologischen Vielfalt ist in Anbetracht der Ungewissheit, mit der die Auswirkungen des Verlusts an biologischer Vielfalt und Ökosystemleistungen behaftet ist, sowie der Tatsache, dass die Schäden, die den Ökosystemen zugefügt werden, oftmals irreversibel sein können, sogar noch größer (Kasten 4.2).

Der Verlust an biologischer Vielfalt und die Degradation der Ökosysteme haben andere Auswirkungen, u.a. auf den Klimawandel, die Wassermenge und -qualität sowie die menschliche Gesundheit. Die Entwicklung eines Verständnisses für diese Zusammenhänge und Wechselwirkungen kann den Politikverantwortlichen dabei helfen, potenzielle Synergien und Zielkonflikte im Hinblick auf Politikmaßnahmen zu ermitteln, und auf diese Weise eine koordiniertere und strategischere Entscheidungsfindung ermöglichen.

Klimawandel

Die biologische Vielfalt spielt sowohl für den Klimaschutz als auch für die Anpassung an den Klimawandel eine wichtige Rolle. Zusammengenommen speichern die terrestrischen und marinen Ökosysteme schätzungsweise 1 500-2 500 Gigatonnen (Gt) Kohlenstoff (Cao und Woodward, 1998; IPCC, 2001) und stellen CO_2-Senken im Umfang von 3,55 Gt netto jährlich bereit (Dalal und Allen, 2008). Andererseits entfallen auf die Entwaldung und andere Landnutzungsänderungen bis zu 20% der weltweiten anthropogenen Treibhausgasemissionen (IPCC, 2007). Die Ökosysteme zu bewahren und wiederherzustellen (z.B. durch Wiederaufforstung), kann daher zur Senkung der Treibhausgasemissionen beitragen und die Kohlenstoffsequestrierung erhöhen. Schätzungen zufolge beläuft sich allein der Beitrag der biologischen Vielfalt der Meere zur Klimaregulierung auf bis zu 12,9 Mrd. US-$ jährlich (Beaumont et al., 2006). Die biologische Vielfalt und die Ökosysteme können darüber hinaus im Hinblick auf die Anpassung an den Klimawandel eine wichtige Rolle spielen. Zu den Beispielen für eine „ökosystembasierte Anpassung" zählen die Bewahrung und Wiederherstellung „natürlicher Infrastruktur", etwa von Mangroven, Korallenriffen und der Vegetation an Wassereinzugsgebieten, die einen kosteneffektiven Puffer gegen Sturmfluten, steigende Meeresspiegel und sich verändernde Niederschlagsmuster bieten (SCBD, 2009c).

> **Kasten 4.2 Ökosystemschwellen: Einen irreversiblen Rückgang durch einen vorsorgenden Ansatz vermeiden**
>
> Die meisten umweltpolitischen Entscheidungen werden in einem Kontext der Unumkehrbarkeit und Ungewissheit getroffen. Die Ökosysteme können Belastungen lediglich bis zu einer gewissen Grenze absorbieren, bei deren Überschreitung der grundlegende Erhalt des Systems gefährdet ist. Wird die Grenze überschritten, können sich Struktur und Funktion eines Ökosystems verändern (SCBD, 2010a).
>
> Diese Veränderungen rückgängig zu machen, ist in der Regel kostspielig, wenn nicht unmöglich, und u.U. mit negativen ökologischen, wirtschaftlichen und sozialen Folgen verbunden. Die Eutrophierung von Meeres- und Süßwasserökosystemen etwa hat „tote Zonen" entstehen lassen, in denen verwesende Algen den Sauerstoff im Wasser aufbrauchen und dieses unbewohnbar machen. Dies lässt sich in der Ostsee und im Golf von Mexiko sowie im Eriesee beobachten (Larsen, 2005; Dybas, 2005). Marine trophische Kaskaden, bei denen Veränderungen bei der Population der größten Räuber Übertragungseffekte auf tiefere trophische Ebenen haben, sind ebenfalls dokumentiert worden. Die Überfischung räuberischer Haie am oberen Ende der Nahrungskette im Nordwestatlantik beispielsweise hat wahrscheinlich zum Anstieg der Zahl der Kuhnasenrochen geführt, wodurch die Prädation auf Kammmuscheln zunahm und der Zusammenbruch des Kammmuschelfangs verursacht wurde (Myers et al., 2007).
>
> Die Kapazität eines Ökosystems, Störungen zu absorbieren und sich neu zu organisieren, um im Wesentlichen dieselbe Funktion, Struktur und Identität sowie dieselben Rückkopplungseffekte beizubehalten, wird als Widerstandsfähigkeit der Ökosysteme bezeichnet (Walker et al., 2004). Die kombinierten und oftmals synergetischen Effekte der verschiedenen Störungen können die Widerstandsfähigkeit der Ökosysteme senken, wodurch sich das Risiko erhöht, dass die Schwellen überschritten werden. So kann etwa der Verlust an biologischer Vielfalt auf Grund von Überfischung, Umweltbelastungen oder physischen Schäden die Kapazität von Korallenriffen verringern, Veränderungen des Klimas bzw. des Säuregehalts der Ozeane zu absorbieren. Hingegen sichert die Wahrung der biologischen Vielfalt die Ökosysteme gegen den Funktionsabbau ab: Mehr Arten mit derselben funktionalen Rolle bieten eine größere Garantie dafür, dass einige die Funktion weiter erfüllen, selbst wenn dies anderen nicht mehr gelingt (Yachi und Loreau, 1999).
>
> Es wird davon ausgegangen, dass die Schwellen in den kommenden Jahrzehnten auf Grund des erhöhten vom Menschen ausgehenden Drucks öfter überschritten werden (SCBD, 2010a). In Anbetracht der komplexen nicht linearen Dynamik der Ökosysteme und ihrer Wechselwirkungen mit menschlichen Systemen lässt sich schwer vorhersagen, wo die Schwellen liegen, wann sie überschritten werden und welche Größenordnung der Effekt haben wird (Groffman et al., 2006; Rockström et al., 2009). Angesichts dieser Ungewissheit ist es sinnvoll, dem Vorsorgeprinzip zu folgen und die Störungen deutlich unter den Schwellen zu halten. Einige forschungsbasierte Schwellen sind vorhanden (z.B. der höchstmögliche Dauerertrag in der Fischerei), und es laufen derzeit Arbeiten zur Entwicklung von Monitoring-Strategien und Indikatoren, um Umweltmanager und Politikverantwortliche zu warnen, wenn Ökosysteme sich einer Schwelle nähern (z.B. der Indikator des Eutrophierungspotenzials der Küsten – Indicator of Coastal Eutrophication Potential –, Billen und Garnier, 2007). Es sind jedoch weitere Anstrengungen vonnöten (ten Brink et al., 2008; Paerl et al., 2003; Scheffer et al., 2009).

Veränderungen der Temperatur- und der Niederschlagsregime beeinflussen die Verteilung von Arten und Ökosystemen. Mit steigender Temperatur verlagern sich die Ökosysteme und die Verbreitungsgebiete der Arten tendenziell in Richtung der Pole bzw. in höhere Lagen (Beckage et al., 2007; Salazar et al., 2007). Diese Migration bewirkt das Schrumpfen einiger und die Expansion anderer Ökosysteme. Der Klimawandel ändert darüber hinaus die

Zusammensetzung, Struktur und Funktionsweise der Ökosysteme, was insgesamt zu einem Rückgang der biologischen Vielfalt führt und negative Auswirkungen auf ökosystemare Dienstleistungen wie die Wasserregulierung sowie die Kohlenstoffsequestrierung und -bereitstellung hat. Ferner verstärken bestimmte Maßnahmen in den Bereichen Anpassung an den Klimawandel und Klimaschutz u.U. die negativen Auswirkungen auf die biologische Vielfalt. So verursachen etwa Ansätze für die Anpassung an den Klimawandel in der Landwirtschaft, z.B. die Entwässerung von Feuchtgebieten im Überflutungsfall und die Nutzung von Deichen, möglicherweise den Schwund der Habitate, Bodenerosion sowie Eutrophierung (Olsen, 2006). Erneuerbare Energieträger wie Biobrennstoffe, Staudämme zur Wasserkraftnutzung und Windkraftanlagen haben ebenfalls bereits negative Auswirkungen auf die biologische Vielfalt gehabt (OECD, 2008c; The Royal Society, 2008; New und Xie, 2008; Everaert und Stienen, 2006). Zusätzlich zur Maximierung der Synergieeffekte und Verringerung der Zielkonflikte zwischen der Klimaschutzpolitik und der biologischen Vielfalt sollten Anstrengungen unternommen werden, um die Anpassungsfähigkeit der Ökosysteme etwa durch Stärkung der Konnektivität der Systeme zu verbessern (vgl. Abschnitt 3).

Wasser

Zu den von den Ökosystemen erbrachten hydrologischen Dienstleistungen zählen die Wasserreinigung, die Abflussregulierung sowie die Eindämmung von Erosion und Sedimentation (Emerton und Bos, 2004). Feuchtgebiete und Waldböden sind besonders effektiv bei der Entfernung von Bakterien, Mikroben, überschüssigen Nährstoffen und Sedimenten. Waldböden und Feuchtgebiete verfügen im Allgemeinen über eine hohe Kapazität zur Absorption von Wasser, wobei sie das Wasser allmählich wieder abgeben und Spitzenabflussmengen verringern. Auf diese Weise erbringen die Torfmoore Sri Lankas eine Dienstleistung als Hochwasserpuffer, deren Wert auf 5 Mio. US-$ jährlich geschätzt wird (Sudmeier-Rieux, 2006). Waldböden und Feuchtgebiete dienen ferner in Dürreperioden als Lagerstätten für Wasser, die das Wasser allmählich abgeben und seinen Fluss aufrechterhalten.

Umgekehrt wirken sich Beeinträchtigungen der Wasserqualität und -menge negativ auf die biologische Vielfalt aus. Eutrophierung, Schwund der Habitate auf Grund von Landentwässerung, Flussregulierung und Sedimentbelastung auf Grund der Bodenerosion können einen Rückgang der biologischen Vielfalt in Binnengewässern und in den Meeren sowie Veränderungen der Strukturen und Funktionsweisen von Ökosystemen verursachen. In Kapitel 5 werden die Effekte von Dämmen auf das Gleichgewicht zwischen Silikon (Sedimenten), Stickstoff und Phosphat erläutert, die zu einer Verschlechterung der Wasserqualität in Küstengebieten führen. In den Vereinigten Staaten, dem Mittelmeerbecken und andernorts durchgeführte regionale Evaluierungen zeigen, dass Süßwasserarten im Allgemeinen in weitaus höherem Maße vom Aussterben bedroht sind als terrestrische Arten (Smith und Darwall, 2006; Stein et al., 2000). Tatsächlich wird in den Projektionen des Basisszenarios des *Umweltausblicks* davon ausgegangen, dass die durchschnittliche Artenvielfalt in Süßwasserbiomen bis 2050 kontinuierlich zurückgehen wird, insbesondere in Afrika, Lateinamerika und einigen asiatischen Regionen (Abb. 4.16). Dies ist wahrscheinlich unterzeichnet, da die Effekte künftiger Staudämme, der Nutzbarmachung von Feuchtgebieten sowie des Klimawandels in den Projektionen nicht berücksichtigt wurden.

Menschliche Gesundheit

Die biologische Vielfalt und die Ökosysteme erbringen Dienstleistungen, die für die menschliche Gesundheit von entscheidender Bedeutung sind. Hierzu zählen menschliche Grundbedürfnisse, Krankheitsprävention durch biologische Bekämpfung, medizinische

4. BIOLOGISCHE VIELFALT

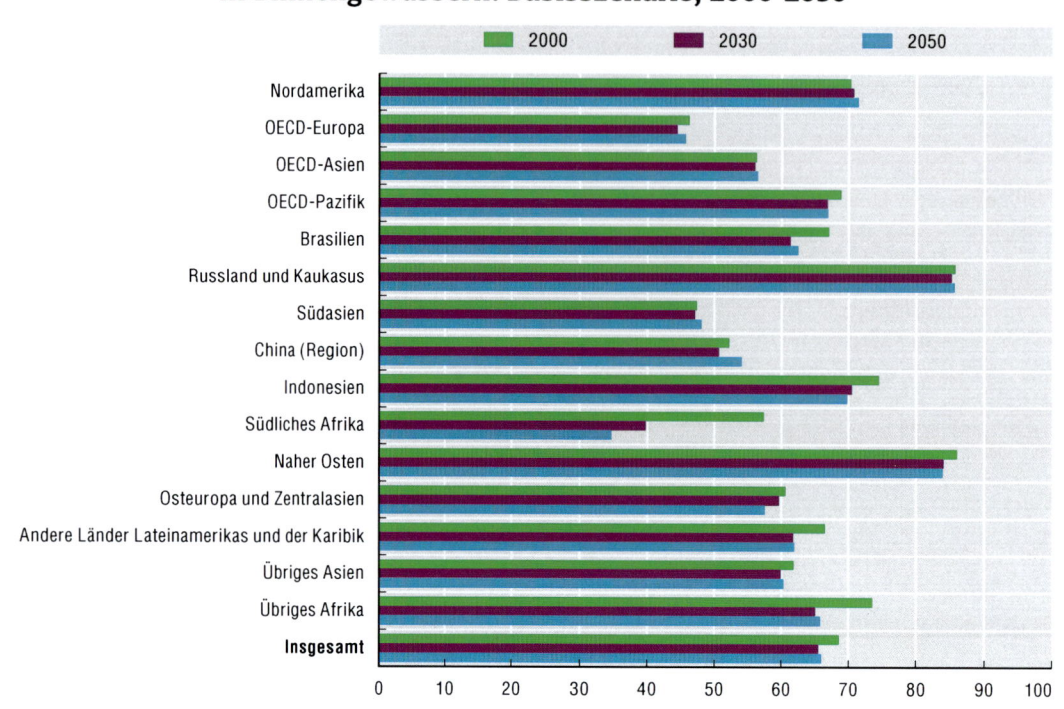

Abbildung 4.16 **Projektionen der durchschnittlichen aquatischen Artenvielfalt in Binnengewässern: Basisszenario, 2000-2050**

[Balkendiagramm mit Werten für 2000, 2030 und 2050 für folgende Regionen: Nordamerika, OECD-Europa, OECD-Asien, OECD-Pazifik, Brasilien, Russland und Kaukasus, Südasien, China (Region), Indonesien, Südliches Afrika, Naher Osten, Osteuropa und Zentralasien, Andere Länder Lateinamerikas und der Karibik, Übriges Asien, Übriges Afrika, Insgesamt]

Anmerkung: Zu den in dieser Simulation berücksichtigten Belastungen zählen Landnutzungsänderungen in den Einzugsgebieten, Phosphor- und Stickstoffverunreinigungen sowie Strömungsveränderungen auf Grund von Wasserentnahmen oder der Aufstauung von Flüssen. Klimawandel, Überfischung und gebietsfremde invasive Arten sind nicht berücksichtigt.
Quelle: Basisszenario des *OECD-Umweltausblicks;* Ergebnisse von Berechnungen anhand der IMAGE-Modellreihe.
StatLink http://dx.doi.org/10.1787/888932571057

und genetische Ressourcen sowie Möglichkeiten für Freizeit-, kreative und therapeutische Aktivitäten, die die psychische Gesundheit verbessern (Zaghi et al., 2010; vgl. auch Kapitel 6).

Die Bereitstellung von Nahrungsmitteln ist eine grundlegende Dienstleistung, die zum einen durch die biologische Vielfalt erbracht wird, zum anderen auch von dieser abhängig ist. Biologisch vielfältige landwirtschaftliche Nutzpflanzen sind widerstandsfähiger gegen Dürren, Überschwemmungen sowie Schädlings- und Krankheitsbefall und verringern die Abhängigkeit von einer bestimmten Pflanzensorte (COHAB Initiative, 2010; MA, 2005; SCBD, 2009b). Verlässliche und vielfältige Nahrungsquellen senken das Risiko von Hungersnöten sowie die Wahrscheinlichkeit von Spurenelemente- und Vitaminmangel, die das Immunsystem schwächen. Andere erbrachte Leistungen sind z.B. die Säuberung von Luft und Wasser sowie die Bereitstellung von Baumaterialien.

Von der Nachfrage nach diesen Dienstleistungen geht indessen ein erheblicher Druck auf die biologische Vielfalt aus. Das besondere Gewicht etwa, das auf die Ertragssteigerung und die Standardisierung der Landwirtschaft sowie der Viehzuchtsysteme gelegt wird, hat in der Tendenz zu einer Abnahme der genetischen Vielfalt geführt (Heal et al., 2002). In China beispielsweise sank die Zahl der lokalen Reissorten von 46 000 in den 1950er Jahren auf leicht über 1 000 im Jahr 2006. In geschätzten 60-70% der Gebiete, in denen früher wilde Verwandte des Reises wuchsen, sind diese nicht mehr anzutreffen bzw. ist ihre Anbaufläche dramatisch verringert worden (SCBD, 2010a). Auch die übermäßige Ausbeutung – etwa von Buschfleisch auf Grund der darin enthaltenen Proteine – gibt erheblichen Anlass zur Besorgnis.

Ökosysteme mit hoher biologischer Vielfalt sorgen darüber hinaus für die Regulierung der Interaktionen zwischen Räubern, Beute, Wirtsorganismen, Vektoren und Parasiten und stellen damit einen Mechanismus zur Eindämmung des Aufkommens und der Verbreitung von Infektionskrankheiten bereit. Ausbrüche von Malaria, Gelbfieber, Lyme-Borreliose, Vogelgrippe sowie Frühsommer-Meningoenzephalitis sind allesamt u.a. auf die Degradation von Ökosystemen zurückgeführt worden (Kasten 4.3).

Die biologische Vielfalt ist eine wichtige Rohstoffquelle für Arzneimittel und Biotechnologieprodukte, und sie bietet medizinische Modelle, die das Verständnis der menschlichen Physiologie und Krankheitsmechanismen erweitern können. Von der Nachfrage des Gesundheitssektors geht indessen ein beträchtlicher Druck auf die biologische Vielfalt aus. Es wird beispielsweise geschätzt, dass über zwei Drittel der heute genutzten Heilpflanzen wild gepflückt werden und 4 000-10 000 von ihnen u.U. heute gefährdet sind (Hamilton, 2003). Zwar wurden durch Rechtsvorschriften auf internationaler wie nationaler Ebene im Hinblick auf die Verringerung nicht nachhaltiger Ernteaktivitäten bereits einige Fortschritte erzielt, die Schwarzmärkte, auf denen für medizinische Zwecke genutzte Pflanzen und Tierarten gehandelt werden, fördern jedoch weiterhin den Raubbau (Alves und Rosa, 2007).

Kasten 4.3 **Biologische Vielfalt und menschliche Gesundheit**

- Bäume in städtischen Gebieten nehmen in den Vereinigten Staaten jährlich schätzungsweise 711 000 metrische Tonnen an Luftschadstoffen auf – eine Dienstleistung, deren Wert mit 3,8 Mrd. US-$ veranschlagt wird (Nowak et al., 2006).

- Weltweit enthalten über 50% der verschreibungspflichtigen Arzneimittel natürliche Bestandteile, die aus Pflanzen- bzw. Tierarten gewonnen werden, oder synthetisierte Verbindungen, die auf in der Natur vorkommenden Verbindungen basieren (Newman und Cragg, 2007). Zwar beruhen 25% der modernen Arzneimittel auf in den tropischen Regenwäldern heimischen Arten, doch sind erst 5% von diesen auf ihr pharmazeutisches Potenzial hin untersucht worden, was darauf schließen lässt, dass hier noch großes Potenzial für die Entwicklung neuer Arzneimittel vorhanden ist (McDonald, 2009).

- Auf allen Kontinenten besteht eine steigende Nachfrage nach traditionellen Arzneimitteln, die auf Wild- und Kulturpflanzen beruhen; bis zu 80% der Bevölkerung zahlreicher Entwicklungsländer bedienen sich für die Behandlung von Krankheiten traditioneller Arzneimittel (Zaghi et al., 2010; WHO, 2002).

- Winterschlaf haltende Bären haben wertvolle Erkenntnisse über die Osteoporose, Nierenerkrankungen, Diabetes und Herz-Kreislauf-Erkrankungen beim Menschen geliefert (Chivian, 2002).

- Die Malariainzidenz hängt mit dem Klimawandel, der Entwaldung sowie den Veränderungen der aquatischen Ökosysteme zusammen (Zaghi et al., 2010). In den stark entwaldeten Gebieten des Amazonas beispielsweise ist die Bissrate des primären Malaria-Vektors, Anopheles darlingi, möglicherweise nahezu 300-mal so hoch wie in intakten Wäldern, selbst nach Berücksichtigung der Bevölkerungsdichte (Vittor et al., 2006).

3. Biologische Vielfalt: Heutiger Stand der Politik

Politische Rahmenkonzepte für den Erhalt und die nachhaltige Nutzung der biologischen Vielfalt

Es sind erneute Anstrengungen erforderlich, um die biologische Vielfalt zu erhalten und die natürlichen Ressourcen nachhaltig zu nutzen, um so die aktuellen und projizierten Trends in Bezug auf den Verlust an biologischer Vielfalt umzukehren. Da die biologische Vielfalt auf lokaler, regionaler und globaler Ebene öffentliche Leistungen erbringt, müssen die Regierungen auf all diesen Ebenen aktiv werden. Die für den Erhalt und die nachhaltige Nutzung der biologischen Vielfalt zur Verfügung stehenden Politikinstrumente können als Regulierungsansätze (d.h. ordnungsrechtliche Instrumente), ökonomische Instrumente sowie Information und sonstige Instrumente eingestuft werden (Tabelle 4.2). Sie werden nachstehend im Einzelnen dargelegt.

Regulierungsansätze

Regulierungsansätze für den Erhalt und die nachhaltige Nutzung der biologischen Vielfalt sind in den meisten Ländern üblich. Das Übereinkommen über den internationalen Handel mit gefährdeten Arten freilebender Tiere und Pflanzen (CITES) reguliert den internationalen Handel mit etwa 5 000 Tierarten und 28 000 Pflanzenarten, um zu verhindern, dass ihr Überleben durch den Handel bedroht wird. Die Arten unterliegen verschiedenen Handelsbeschränkungen, die vom Ausmaß des erforderlichen Schutzes abhängen (CITES, 2011).

Ein entscheidender Faktor der meisten nationalen Politiken und Strategien zur Erhaltung der biologischen Vielfalt sind Schutzgebiete. So werden z.B. in der Europäischen Union etwa 18% der Landfläche der EU und 130 000 km² der EU-Meere durch Natura-2000-Standorte geschützt (Natura 2000, 2011). Terrestrische Schutzgebiete decken weltweit bei Ausklammerung der Antarktis etwa 12,7% der Fläche ab (etwa 17 Mio. km²) (IUCN und UNEP, 2011a) (Abb. 4.17). Einige Biome sind jedoch besser repräsentiert als andere. So werden z.B. knapp 30% der montanen Grasland- und Strauchflächen und mehr als 40% der überfluteten Graslandflächen und Buschsteppen geschützt, wohingegen in den gemäßigten Zonen weniger als 5% der Graslandflächen, Buschsteppen und Strauchflächen geschützt werden (Coad et al., 2009).

Im Gegensatz dazu gibt es weltweit bisher nur sehr wenige Meeresschutzgebiete – 7,2% der Hoheitsgewässer werden zurzeit erfasst (bis zu 12 Seemeilen vor der Küste) (IUCN und UNEP, 2011a), obwohl Studien zeigen, dass marine Schutzgebiete die Artendichte, -vielfalt und -größe erhöhen können (Halpern, 2003; Gaines et al., 2010). So stieg z.B. zwei Jahre nach der Einführung eines Meeresschutzgebiets mit lückenlosem Fangverbot in Australiens Great Barrier Reef in sechs der acht untersuchten Regionen die Dichte der Korallenforellen um 57-75% an (Russ et al., 2008). Die bestehenden Meeresschutzgebiete sind allerdings oft nicht groß genug, um den für die Zielarten erforderlichen Lebensraum angemessen zu schützen, und daraus folgt, dass ihr Nutzen für die Meeresökosysteme unter dem Strich manchmal nur gering ist (Gaines et al., 2010). Eine Ausweitung der Meeresschutzgebiete und die Einrichtung von Netzwerken würde helfen, dieses Problem anzugehen.

Um die ökologische Kohärenz und die natürliche Anpassungsfähigkeit der Ökosysteme wiederherzustellen, zu bewahren und zu stärken, ist es außerdem wichtig, die Schutzgebiete durch Naturkorridore miteinander zu vernetzen. Dies ist besonders wichtig, wenn die Schutzgebiete klein sind oder unter Druck stehen sowie im Kontext des Klimawandels

Tabelle 4.2 **Politikinstrumente für den Erhalt und die nachhaltige Nutzung der biologischen Vielfalt**

Regulierungsansätze (ordnungsrechtliche Instrumente)	Ökonomische Instrumente	Information und sonstige Instrumente
Beschränkungen oder Verbote bezüglich der Nutzung (z.B. Handel mit gefährdeten Arten und CITES)[1]	Preisbasierte Instrumente ■ Steuern (z.B. Nutzung von Grundwasser, Pestiziden und Düngemitteln) ■ Entgelte/Gebühren (z.B. für die Nutzung natürlicher Ressourcen, den Zugang zu Nationalparks, Jagd- oder Fischereilizenzen) ■ Subventionen	Ökokennzeichnung und -zertifizierung (z.B. Kennzeichnung von Produkten aus ökologischer Landwirtschaft, Kennzeichnung von Fisch aus nachhaltigem Fischfang und Holz aus nachhaltiger Forstwirtschaft)
Zugangsbeschränkungen oder Verbote (z.B. Naturschutzgebiete, gesetzlich vorgeschriebene Pufferzonen entlang von Wasserstraßen)	Reform umweltschädlicher Subventionen	Umweltverträgliches öffentliches Beschaffungswesen (z.B. Holz aus nachhaltiger Forstwirtschaft)
Lizenzen und Quoten (z.B. für den Holzeinschlag und die Fischereiwirtschaft)	Zahlungen für Ökosystemleistungen	Freiwillige Vereinbarungen (z.B. zwischen Unternehmen und dem Staat für den Naturschutz oder freiwillige Kompensationsprogramme)
Qualität, Quantität und Herstellungsstandards (z.B. Spezifikationen für die Netzmaschengröße der kommerziellen Fischereiwirtschaft)	Ausgleichsmaßnahmen für die biologische Vielfalt/„biobanking"	Betriebliche Umweltrechnungslegung
Raumplanung (z.B. ökologische Korridore)	Handelbare Rechte (z.B. individuell übertragbare Quoten für die Fischereiwirtschaft, projektbezogene handelbare Gutschriften)	
Planungsrechtliche Instrumente und Anforderungen (z.B. Umweltverträglichkeitsprüfungen – UVP, und Strategische Umweltprüfungen – SUP)	■ Haftungsrechtliches Instrumentarium ■ Nichteinhaltungsgebühren ■ Erfüllungsgarantien	

1. Übereinkommen über den internationalen Handel mit gefährdeten Arten.
Quelle: Nach OECD (2010a), *Paying for Biodiversity: Enhancing the Cost-Effectiveness of Payments for Ecosystem Services*, OECD Publishing, Paris.

(Bennett und Mulongoy, 2006). Wenn Ökosysteme politische Grenzen überschreiten, kann eine Koordinierung zwischen den für die Verwaltung der Schutzgebiete Verantwortlichen und Wissenschaftlern aus den betroffenen Ländern erforderlich sein, um die Vernetzung zu gewährleisten. Bis 2007 waren weltweit 227 grenzüberschreitende Schutzgebietssysteme eingerichtet worden, die mehr als 3 000 einzelne Schutzgebiete oder nach internationalem Recht ausgewiesene Schutzgebiete vernetzen (UNEP-WCMC, 2008)[16].

Oft erhalten die Schutzgebiete auf Grund eines schlechten Managements, einer unzureichenden Überwachung und Durchführung sowie fehlender Mittel jedoch nicht den beabsichtigten Schutz[17]. Der Ausdruck „Papier-Parks" beschreibt Schutzgebiete, die zwar gesetzlich geschützt, in der Realität aber offen zugänglich sind. Eine weltweite Beurteilung der Verwaltungseffektivität von 3 080 Schutzgebieten ergab auf einer Skala von null (sehr ineffektive Verwaltung) bis eins (sehr effektive Verwaltung) eine durchschnittliche

4. BIOLOGISCHE VIELFALT

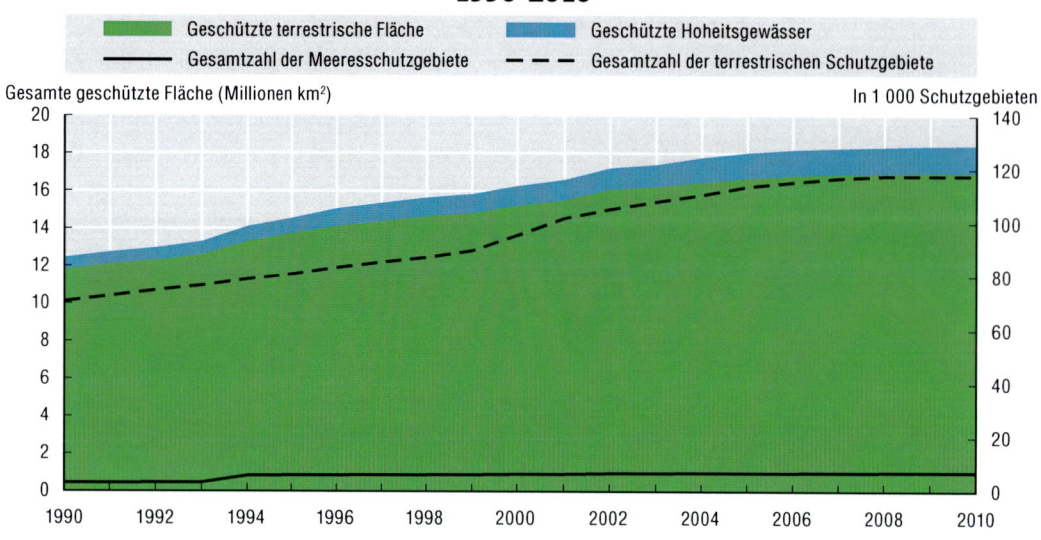

Abbildung 4.17 Weltweiter Trend im Hinblick auf die Schutzgebietsgröße, 1990-2010

- Geschützte terrestrische Fläche
- Geschützte Hoheitsgewässer
- Gesamtzahl der Meeresschutzgebiete
- Gesamtzahl der terrestrischen Schutzgebiete

Quelle: IUCN und WCMC (2011), *World Database on Protected Areas (WDPA)*, UNEP-WCMC, Cambridge, UK.

Verwaltungseffektivität von 0,53. Bei etwa 14% aller Schutzgebiete wurden die grundlegenden Verwaltungsanforderungen nicht erfüllt (Leverington et al., 2008).

Die staatlichen Stellen sollten sicherstellen, dass die gesetzlichen und gewohnheitsrechtlichen Ansprüche der indigenen Bevölkerungsgruppen, lokalen Gemeinschaften und sonstigen beteiligten Akteure bei der Einrichtung und Verwaltung von Schutzgebieten vollständig respektiert werden, und sie sollten berücksichtigen, dass die lokalen Gemeinschaften und indigenen Bevölkerungsgruppen bei der Verwaltung von Schutzgebieten und als Quelle lokalen und traditionellen Wissens eine wichtige Rolle spielen können.

Umweltstandards sind ein weiteres häufig eingesetztes Regulierungsinstrument für die biologische Vielfalt. Es gibt verschiedene Arten von Standards; dazu gehören Qualitätsstandards (z.B. Obergrenzen für die Konzentration von Schwermetall in Agrarböden oder Wasser), Quantitätsstandards (z.B. Obergrenzen für die Tierbestandsdichte pro Hektar Grasfläche, Höchstwerte für Schadstoffemissionen) und Herstellungsstandards (z.B. Spezifikationen für die im kommerziellen Fischfang eingesetzten Netze). Quantitätsgestützte Standards haben den Vorteil, dass sie breit anwendbar sind und die Ziele in Bezug auf den Erhalt und die nachhaltige Nutzung der biologischen Vielfalt explizit festlegen. Auf Grund von Informationsdefiziten und Schwankungen in den Reduktionskosten sind Standards jedoch möglicherweise nicht immer kosteneffektiv. Außerdem können sie bei bestimmten Technologien zu einem „Lock-in-Effekt" führen.

Es gibt Fälle, in denen ein Standard möglicherweise nicht ausreichend ist, so dass die Aktivität vollständig verboten werden muss (z.B. der Einsatz von DDT[18]). Verbote können auch vorübergehend ausgesprochen werden, um die Umweltbelastung zu reduzieren und dem Ökosystem die Möglichkeit zu geben, sich zu regenerieren. So hat China z.B. für das gesamte Flusssystem des Perlflusses ein jährliches zweimonatiges Fischfangverbot erlassen, das auf dem Höhepunkt der Laichperiode beginnt. Dieses Verbot hat das Ziel, eine Erholung des Fischbestands zu ermöglichen und die Wasserqualität zu verbessern (Quanlin, 2011). In einigen Fällen werden Verbote auch auf Grund von Wissenslücken als Vorsichtsmaßnahme verhängt, obwohl das Ökosystem noch intakt ist. Die Allgemeine Kommission der FAO für die Fischerei im Mittelmeer führte z.B. 2005 ein Verbot der Grundschleppnetzfischerei in Tiefen unterhalb von 1 000 m ein (GFCM, 2005).

Zu den anderen häufig verwendeten Regulierungsinstrumenten gehören Flächennutzungsplanung, Umweltverträglichkeitsprüfungen (UVP) und Strategische Umweltprüfungen (SUP). In vielen Ländern ist die Durchführung einer UVP planungsrechtlich vorgeschrieben. Die Rechtsvorschriften und die Durchführung unterscheiden sich zwar in den einzelnen Ländern, der Verfahrensrahmen ist jedoch überall gleich. UVP werden im privaten und öffentlichen Sektor eingesetzt, um die Auswirkungen von Entwicklungsprojekten vor der Beschlussfassung zu identifizieren, vorherzusagen, zu evaluieren und zu mindern (IAIA, 1999). Bei der SUP handelt es sich um ein komplementäres Verfahren, das im fortgeschrittenen Planungs- und Entscheidungsstadium eingesetzt wird, um die Umweltauswirkungen und die Anliegen der betroffenen Akteure bei der Ausarbeitung von Politikmaßnahmen, Plänen und Programmen zu identifizieren und zu beurteilen (OECD, 2006). Es ist möglich, den Erhalt und die nachhaltige Nutzung der biologischen Vielfalt systematisch in die Planungsverfahren einzubeziehen, indem die Biodiversitätskriterien der UVP und der SUP, die oft sehr begrenzt sind, verbessert und ausgebaut werden. Das Übereinkommen über die biologische Vielfalt (CBD) und die OECD haben Leitlinien festgelegt, um dieses Ziel zu erreichen (CBD, 2005; OECD, 2006).

Ökonomische Instrumente

Umweltsteuern, -abgaben und -gebühren gehören in den OECD-Ländern zu den am häufigsten für das Management der biologischen Vielfalt eingesetzten ökonomischen Instrumenten. Zu den Steuern, die helfen, den Verlust an biologischer Vielfalt zu verhindern, gehört die Besteuerung des Holzeinschlags (z.B. British Columbia, Kanada), der Abwassereinleitung (z.B. Deutschland), der Grundwasserextraktion (z.B. Niederlande) sowie des Einsatzes von Pestiziden und Kunstdünger (z.B. Dänemark) (OECD, 2008d; Larsen, 2005). Die Erhebung von Abgaben und Gebühren betrifft beispielsweise die Fischereiwirtschaft und die Jagd (z.B. Lizenzgebühren für die kommerzielle Meeresfischerei in Kanada oder Jagdlizenzen in Finnland), die Bebauung natürlicher Gebiete (z.B. Abgaben für die Bebauung von Küstengebieten in Korea), die Wasserversorgung und -nutzung (z.B. Abgaben für die Wasserversorgung und den Wasserverbrauch in Frankreich) sowie Eintrittsgebühren für Nationalparks (z.B. in Israel).

Subventionen gehören zu den ökonomischen Instrumenten, die in den OECD-Ländern am häufigsten für den Erhalt und die nachhaltige Nutzung der biologischen Vielfalt eingesetzt werden (OECD, 2008d). Es gibt verschiedene Formen, darunter Geldzahlungen, Steuerbefreiungen oder -senkungen, zinsverbilligte Kredite sowie die Bereitstellung von Infrastruktur. Sie können eingesetzt werden, um Landbesitzer für Umweltschutzmaßnahmen (z.B. die Wiederherstellung geschädigter Waldökosysteme in Korea) oder die Stilllegung landwirtschaftlicher Flächen (z.B. Österreich) zu entschädigen, um umweltfreundliche Verbesserungen an Fischfanggerät und -praktiken zu fördern (z.B. Mexiko und die Europäische Union), um Landwirte für ein Verbot des Düngemitteleinsatzes auf schützenswerten Flächen zu entschädigen (z.B. Tschechische Republik), um Landwirten dabei zu helfen, in ihrem Bewirtschaftungssystem die biologische Vielfalt zu bewahren (z.B. Europäische Union) und um die Einrichtung von Naturschutzparks und Naturpfaden (z.B. Japan) zu unterstützen (OECD, 2008d). Subventionen können zwar biodiversitätsfreundliches Verhalten fördern, sie können jedoch auch eine große Belastung für die öffentlichen Haushalte und die Steuerzahler darstellen und Innovationen behindern, anstatt sie zu fördern. Wenn Subventionen eingeführt werden, sollten sie zeitgebunden sein und streng überwacht werden.

Zahlungen für Ökosystemleistungen (*payments for ecosystem services* – PES) sind ein immer stärker hervortretendes Instrument, das eingesetzt wird, um den Verlust an ökosystemaren Dienstleistungen zu reduzieren oder die Bereitstellung dieser Dienste zu fördern. Sie werden definiert als freiwillige, bedingte Vereinbarung zwischen wenigstens einem „Verkäufer" und einem „Käufer" in Bezug auf eine genau definierte Umweltleistung – oder eine Flächennutzung, von der angenommen wird, dass sie diese Leistung erbringt (Wunder, 2005). So können z.B. Wasserkraftwerke, die flussabwärts sauberes Wasser als Produktionsinput für die Stromerzeugung benutzen, Forstwirte dafür bezahlen, flussaufwärts ein nachhaltiges Angebot dieser Leistung zu gewährleisten. PES können viel kosteneffektiver sein als indirekte Zahlungen oder andere Regulierungsansätze, die für Umweltzwecke eingesetzt werden. Zu den Beispielen gehören der Tasmanian Forest Conservation Fund in Australien und das Programm zum Schutz des Wassereinzugsgebiets im indonesischen Sumber Jaya. Außerdem können PES-Systeme Finanzmittel aus dem Privatsektor mobilisieren – zu den Beispielen gehören die nationalen PES-Programme in Costa Rica und das PES-System von Vittel (Nestlé Waters) in Frankreich (OECD, 2010a). Des Weiteren entstehen immer mehr internationale PES-ähnliche Systeme, die der biologischen Vielfalt dienen können, darunter REDD-plus[19], sowie Zahlungen für einen gerechten Vorteilsausgleich[20].

Ein weiteres neu entstehendes Instrument sind Ausgleichsmaßnahmen für die biologische Vielfalt. Dabei handelt es sich um Schutzmaßnahmen mit einem messbaren Nutzen für die biologische Vielfalt, die Verluste ausgleichen sollen, die durch eine Projektentwicklung entstanden sind, nachdem angemessene Präventions- und Minderungsmaßnahmen ergriffen wurden. Ausgleichsmaßnahmen für die biologische Vielfalt können in einem ordnungspolitischen oder freiwilligen Rahmen eingesetzt werden. Brasilien, Kanada, China, Frankreich, Mexiko und Südafrika gehören zu den Ländern, die Leitlinien entwickelt oder Ausgleichsmaßnahmen für die biologische Vielfalt in ihre Rechtsordnung aufgenommen haben, und mehrere führende Industrieunternehmen haben freiwillig Kompensationsgrundsätze in ihre Unternehmensstrategie aufgenommen. Dazu gehören Rio Tinto, BHP Billiton, Anglo Platinum und Shell (ten Kate et al., 2004; Treweek, 2009).

Biodiversitäts-Kompensationsmaßnahmen können vom Bauunternehmer durchgeführt oder an Dritte vergeben werden. Dies kann auf Ad-hoc-Basis oder über ein auf Biodiversität spezialisiertes Bankensystem („*biobanking*") erfolgen. Diese Banken dienen als Verwahrungsort für Biodiversitätszertifikate (*biodiversity credits*), die belegen, dass spezielle Maßnahmen zum Schutz der biologischen Vielfalt ergriffen wurden. Die Zertifikate können aufbewahrt und dann von Bauunternehmern gekauft werden, um einen auf den Baustellen auftretenden Verlust an biologischer Vielfalt auszugleichen. Zu den Beispielen gehören das Conservation Banking in den Vereinigten Staaten und das New South Wales Biobanking-Programm in Australien.

Handelbare Lizenzen sind ein weiteres Instrument, um einen Markt für den Erhalt und die nachhaltige Nutzung der biologischen Vielfalt zu schaffen. Bei Systemen mit handelbaren Lizenzen legt die Regierung einen Höchstwert oder eine Obergrenze für die Nutzung einer bestimmten Ressource fest. Die Zugangsrechte werden einzelnen Nutzern zugeteilt, die diese Lizenzen dann je nach Bedarf übertragen oder bei einer spezialisierten Bank aufbewahren können. Nutzer, die die in ihrer Lizenz festgelegte Obergrenze überschreiten, müssen eine Strafe zahlen. Zu den für die biologische Vielfalt relevanten handelbaren Lizenzen gehören die Jagd- und Fischereilizenzen – die letztgenannten werden oft auch als individuell übertragbare Quoten bezeichnet. Weltweit haben mindestens 120 Fischereien individuell übertragbare Quoten eingeführt. Studien zeigen, dass sich die Fischbestände und die Gewinne aus dem Fischfang durch gut konzipierte individuell übertragbare Quoten beträchtlich erholen können (Costello et al., 2008).

Informationen und andere Instrumente

Informationsinstrumente können ein effektiver Weg sein, um Informationsasymmetrien anzugehen, wie sie häufig zwischen Unternehmen, Regierung und Gesellschaft auftreten. Ökosiegel informieren die Verbraucher z.B. über die Umweltauswirkungen ihrer Kaufentscheidungen und ermöglichen es ihnen, umweltfreundliche Entscheidungen zu treffen. Ökokennzeichnung und Ökozertifizierung finden in zahlreichen Sektoren immer mehr Anklang, insbesondere in der Landwirtschaft (z.B. die Zertifizierung des Roundtable on Sustainable Palm Oil), in der Fischereiwirtschaft (z.B. die Zertifizierung des Marine Stewardship Council), in der Forstwirtschaft (z.B. das Programm für die Anerkennung von Forstzertifizierungssystemen – PEFC) und in der Tourismusbranche (z.B. der Green Globe Company Standard). Es darf jedoch nicht vergessen werden, dass die Möglichkeiten, das Verbraucherverhalten nur über Informationsinstrumente zu verändern, begrenzt sind. So ging z.B. aus einer vor kurzem von der OECD durchgeführten Studie bei 10 000 privaten Haushalten in 10 OECD-Ländern hervor, dass die Verbraucher normalerweise nicht dazu bereit sind, für zertifizierte Biolebensmittel einen Aufschlag von mehr als 15% gegenüber herkömmlichen Nahrungsmitteln zu zahlen, und dies gilt für alle Nahrungsmittelkategorien (OECD, 2011b).

Freiwillige Vereinbarungen sind freiwillige Zusagen, Schritte zu unternehmen, um die Umwelt zu verbessern. Dazu gehören einseitige Verpflichtungen, bei denen Unternehmen Programme zur Verbesserung der Umweltschutzergebnisse einführen, über die die beteiligten Parteien dann informiert werden (z.B. der International Council for Metals and the Environment), die freiwillige Teilnahme an öffentlichen Programmen, bei denen die teilnehmenden Unternehmen Standards zustimmen, die von öffentlichen Gremien entwickelt wurden (z.B. das Gemeinschaftssystem für das Umweltmanagement und die Umweltbetriebsprüfung) und ausgehandelte Vereinbarungen, bei denen es sich um Verträge handelt, die zwischen öffentlichen Behörden und der Industrie ausgehandelt werden (z.B. „The Voluntary Initiative", die sich im Vereinigten Königreich für einen verantwortungsvollen Einsatz von Pestiziden einsetzt) (OECD, 2000). Ein umweltfreundliches öffentliches Beschaffungswesen ist eine weitere Art von freiwilliger Vereinbarung, bei der öffentliche Behörden ihre Kaufkraft nutzen, um umweltverträgliche Liefer-, Dienstleistungs- und Bauaufträge zu vergeben und dadurch nachhaltige Konsum- und Produktionsgewohnheiten zu fördern. Freiwillige Vereinbarungen können vor der Verabschiedung von und als Ergänzung zu Rechtsvorschriften eingesetzt werden. Sie können genutzt werden, um neue und innovative Ansätze auszuprobieren, um das Bewusstsein in Bezug auf Biodiversitätsfragen zu schärfen und um Informationen und Daten zu sammeln. Die Umweltziele der meisten – wenn auch nicht aller – freiwilligen Programme scheinen zwar erreicht worden zu sein, es muss aber auch sichergestellt werden, dass die gesetzten Ziele ehrgeizig genug sind (OECD, 2003).

Auswahl der angemessenen Politikmischung: Wichtige Überlegungen

Eine Kombination aus ordnungsrechtlichen, ökonomischen und Informationsinstrumenten ist erforderlich, um den Erhalt und die nachhaltige Nutzung der biologischen Vielfalt zu sichern. Die richtige Dosierung der Politikinstrumente für den Erhalt und die nachhaltige Nutzung der biologischen Vielfalt ist keineswegs einfach. Dabei müssen lokale und regionale Prioritäten und die im Rahmen des CBD und anderer Vereinbarungen beschlossenen internationalen Verpflichtungen berücksichtigt werden. Der Politikmix hängt nicht nur von der Art des Umweltproblems sondern auch von dem sozialen, kulturellen, politischen und wirtschaftlichen Kontext ab. Die Biodiversitätspolitik kann sich in der Tat auf die allgemeinen nationalen Prioritäten wie z.B. Armutsbekämpfung, nachhaltige Entwicklung und Wirtschaftswachstum auswirken, und diese Faktoren müssen kohärent berücksichtigt werden, um Synergien optimal nutzen und Zielkonflikte angehen zu können. Außerdem ist eine länderübergreifende Politikkohärenz erforderlich, um eine Verlagerung der Effekte zu vermeiden, die dazu führt, dass die Schutzmaßnahmen in einem Land die biologische Vielfalt in einem anderen Land belasten.

Unter bestimmten Umständen sind Regulierungsansätze am zweckdienlichsten. Wenn z.B. ein überfischter Fischbestand kurz vor dem Zusammenbruch steht, kann ein (vorübergehendes) Fangverbot am effektivsten sein. Ökonomische Instrumente erreichen dagegen politische Ziele oft zu niedrigeren Kosten als regulatorische Ansätze, da sie den Wirtschaftsakteuren eine größere Flexibilität gewähren und kontinuierlich Verbesserungsanreize bieten, durch die die Innovation gefördert wird. Darüber hinaus können dadurch die Staatseinnahmen erhöht werden (OECD, 2011a).

Verschiedene Politikinstrumente können synergetisch zusammenwirken und zu umweltfreundlicheren und kosteneffektiveren Ergebnissen führen, bestimmte Kombinationen können jedoch auch kontraproduktiv oder sogar überflüssig sein und nur zu einer Erhöhung der Verwaltungskosten führen. So können z.B. ordnungspolitische Normen mit freiwilligen Systemen wie der Zertifizierung des Forest Stewardship Council für Nutzholz aus nachhaltiger Forstwirtschaft synergetisch zusammenwirken, indem sie die Einhaltung eines Mindestziels durchsetzen, die führenden Unternehmen der Branche aber auch ermutigen, noch darüber hinauszugehen. Die Flexibilität ökonomischer Instrumente wie Steuern kann jedoch durch präskriptive Regulierungsinstrumente, die auf das gleiche Verhalten abzielen, eingeschränkt werden. Ob Instrumente synergetisch zusammenwirken oder miteinander in Konflikt stehen, hängt auch stark von ihrer Konzeption ab (d.h. auf was oder wen sie abzielen und auf welcher Regulierungsebene sie greifen) (OECD, 2007).

Außerdem muss die Verteilung der mit den einzelnen Politikoptionen verbundenen sozialen Kosten und Vorteile (die „Verteilungswirkungen") berücksichtigt werden um sicherzustellen, dass negativen Auswirkungen durch zweckdienliche Maßnahmen begegnet wird (OECD, 2008e). Die Verteilungswirkungen betreffen verschiedene Ebenen, darunter Länder, Regionen, Sektoren und gesellschaftliche Gruppierungen. Die Kosten der Politikmaßnahmen zur Erhaltung und Steigerung der biologischen Vielfalt werden normalerweise von der Bevölkerung getragen, die in der Region lebt, in der diese Politikmaßnahmen durchgeführt werden. Gleichzeitig kommen viele der Vorteile, die sich durch die Politikmaßnahmen zur Erhaltung und Steigerung der biologischen Vielfalt ergeben, in anderen Regionen zum Tragen. Diese Diskrepanz zwischen Kosten und Nutzen besteht auch auf globaler Ebene. Da die biologische Vielfalt in den Entwicklungsländern am größten ist, tragen diese Länder oft die Kosten der Biodiversitätspolitik, während ein beträchtlicher Teil des Nutzens weltweit anfällt. Internationale Finanzierungsmechanismen für die biologische Vielfalt können helfen, dieses Problem anzugehen (vgl. Abschnitt 4).

Schließlich hat die Biodiversitätspolitik auch noch eine zeitliche Dimension. Die Politikmaßnahmen betreffen nicht nur die Menschen von heute, sondern auch zukünftige Generationen. Bei der politischen Entscheidungsfindung müssen deshalb Kosten und Nutzen biodiversitätsbezogener Politikmaßnahmen, die zu verschiedenen Zeitpunkten auftreten können, verglichen und unter Berücksichtigung der Generationengerechtigkeit gerechtfertigt werden.

Jüngste Fortschritte

Das von den CBD-Vertragsstaaten im Jahr 2002 festgelegte Biodiversitätsziel 2010, den Verlust an biologischer Vielfalt merklich zu verringern, wurde zwar nicht erreicht, in einigen Bereichen wurden seit dem letzten *OECD-Umweltausblick* jedoch Fortschritte erzielt (OECD, 2008b). Auf internationaler Ebene gibt es zwei wichtige politische Erfolge:

- Im Oktober 2010 fand in Nagoya, in der japanischen Präfektur Aichi, die 10. Vertragsstaatenkonferenz des Übereinkommens über die biologische Vielfalt (COP10) statt. Die Vertragsstaaten verabschiedeten ein neues Maßnahmenpaket, bestehend aus dem Strategischen Plan für Biodiversität 2001-2020, den Biodiversitätszielen von Aichi (Kasten 4.4 und 4.5) und einer Strategie zur Mobilisierung von Finanzmitteln. Darüber hinaus verabschiedeten sie das Nagoya-Protokoll über den Zugang zu genetischen Ressourcen und den gerechten Vorteilsausgleich bei ihrer Nutzung[21].

Kasten 4.4 **Der Strategische Plan für Biodiversität 2011-2020 und die 20 Biodiversitätsziele von Aichi**

Der strategische Plan sieht vor, bis 2050 die biologische Vielfalt als Wert anzuerkennen, zu erhalten, wiederherzustellen und verantwortungsbewusst zu nutzen, um so die Ökosystemleistungen aufrechtzuerhalten, einen gesunden Planeten zu bewahren und die für alle Menschen wichtigen Vorteile zu sichern.

Der Plan hat die Mission,

„... effektive und dringliche Maßnahmen zu ergreifen, um den Verlust an biologischer Vielfalt zu stoppen und sicherzustellen, dass die Ökosysteme bis 2020 robust sind und weiterhin ihre unverzichtbaren Leistungen erbringen und dadurch die Lebensvielfalt des Planeten zu sichern sowie einen Beitrag zum menschlichen Wohlergehen und zur Armutsbeseitigung zu leisten. Um dies zu gewährleisten, wird der Druck auf die biologische Vielfalt verringert, werden die Ökosysteme wiederhergestellt, die biologischen Ressourcen nachhaltig genutzt und die sich aus der Nutzung der genetischen Ressourcen ergebenden Vorteile gerecht ausgeglichen, angemessene Finanzmittel bereitgestellt, die Kapazitäten ausgebaut, die Anliegen und der Wert der biologischen Vielfalt systematisch berücksichtigt sowie zweckdienliche Politikmaßnahmen effektiv umgesetzt, und die Entscheidungsfindung wird auf solide wissenschaftliche Erkenntnisse und einen vorsorgenden Ansatz gestützt."

Der neue Plan besteht aus fünf strategischen Zielen:

- Strategisches Ziel A: Bekämpfung der dem Verlust an biologischer Vielfalt zu Grunde liegenden Ursachen durch systematische Einbeziehung der biologischen Vielfalt auf allen Ebenen der Regierung und der Gesellschaft.

- Strategisches Ziel B: Reduzierung der direkten Belastungen der biologischen Vielfalt und Förderung einer nachhaltigen Nutzung.

- Strategisches Ziel C: Verbesserung des Zustands der biologischen Vielfalt durch Sicherung der Ökosysteme, der Arten und der genetischen Vielfalt.

- Strategisches Ziel D: Erhöhung des sich aus der biologischen Vielfalt und den Ökosystemleistungen ergebenden Nutzens für alle.

- Strategisches Ziel E: Verbesserung der Umsetzung durch partizipatorische Planung, Wissensmanagement und Kapazitätsaufbau.

Die folgenden Biodiversitätsziele von Aichi sind für dieses Kapitel am relevantesten:

- Ziel 2. Bis spätestens 2020 wird der Wert der biologischen Vielfalt in die nationalen und lokalen Entwicklungs- und Armutsbekämpfungsstrategien sowie in die Planungsverfahren integriert und nach Bedarf in die Volkswirtschaftliche Gesamtrechnung sowie das staatliche Berichtswesen einbezogen.

- Ziel 3. Bis spätestens 2020 werden in Übereinstimmung und in Einklang mit dem Übereinkommen und anderen einschlägigen internationalen Verpflichtungen und unter Berücksichtigung der nationalen

(Fortsetzung nächste Seite)

(Fortsetzung)

sozioökonomischen Bedingungen Anreize, die der biologischen Vielfalt schaden, einschließlich Subventionen, abgeschafft, schrittweise abgebaut oder reformiert, um negative Auswirkungen zu reduzieren oder zu vermeiden, und es werden positive Anreize für den Erhalt und die nachhaltige Nutzung der biologischen Vielfalt entwickelt und umgesetzt.

- Ziel 5. Bis 2020 wird die Verlustrate aller natürlichen Lebensräume, einschließlich der Wälder, wenigstens halbiert und wo möglich bis auf ein nahe bei null liegendes Niveau reduziert, und die Degradation und Zerschneidung wird beträchtlich verringert.

- Ziel 16. Bis 2015 ist das Nagoya-Protokoll über den Zugang zu genetischen Ressourcen und den gerechten Vorteilsausgleich bei ihrer Nutzung in Einklang mit den nationalen Rechtsvorschriften in Kraft und wirksam.

- Ziel 17. Bis 2015 haben alle Vertragsparteien eine effektive, partizipatorische und aktualisierte nationale Biodiversitätsstrategie sowie einen Aktionsplan entwickelt, als Politikinstrument verabschiedet und mit der Umsetzung begonnen.

- Ziel 20. Bis spätestens 2020 sollte die Mobilisierung von Finanzmitteln für eine effektive Umsetzung des Strategischen Plans für Biodiversität 2011-2020 aus allen Quellen und in Einklang mit dem in der Strategie zur Mobilisierung von Finanzmitteln konsolidierten und vereinbarten Verfahren erheblich gegenüber dem aktuellen Niveau aufgestockt werden. Bei diesem Ziel kann es nach Maßgabe der von den Vertragsparteien zu erstellenden und vorzulegenden Bedarfsanalyse zu Änderungen kommen.

Quelle: CBD (2010), *Strategic Plan for Biodiversity 2011-2020, including Aichi Biodiversity Targets*, CBD, Montreal, verfügbar unter *www.cbd.int/sp/targets/*.

- Die 2010 von der Generalversammlung der Vereinten Nationen verabschiedete Zwischenstaatliche Plattform Wissenschaft-Politik für Biodiversität und Ökosystemdienstleistungen (IPBES) soll als Schnittstelle für die wissenschaftliche Fachwelt und die politischen Entscheidungsträger fungieren. Die Regierungen haben für die IPBES die folgenden vier Hauptarbeitsfelder festgelegt: *a)* die Identifizierung und Priorisierung der wissenschaftlichen Informationen, die politische Entscheidungsträger benötigen, sowie die Förderung von Anstrengungen zur Gewinnung neuer Erkenntnisse, *b)* regelmäßige zeitnahe Beurteilung des Kenntnisstands in Bezug auf biologische Vielfalt und Ökosystemleistungen sowie hinsichtlich ihrer Interdependenz, *c)* Unterstützung der Politikformulierung und -umsetzung durch die Identifizierung politikrelevanter Instrumente und Methoden und *d)* Festlegung der Prioritäten für den Kapazitätsaufbau zur Verbesserung der Dialogfähigkeit zwischen Wissenschaft und Politik sowie für die Bereitstellung und Mobilisierung von Finanzmitteln und sonstiger Unterstützung für die direkt mit ihren Tätigkeiten zusammenhängenden besonders prioritären Erfordernisse (IPBES, 2011).

Auf nationaler Ebene hat eine Reihe von Ländern, so wie in Artikel 6 des Übereinkommens über die biologische Vielfalt gefordert, Fortschritte bei der Ausarbeitung Nationaler Biodiversitätsstrategien und Aktionspläne (National Biodiversity Strategies und Action Plans – NBSAP) erzielt. Zwischen 2008 und 2010 haben weitere 14 Länder eine solche Strategie eingeführt (dadurch stieg die Gesamtzahl auf 171 Länder oder 89% der CBD-Vertragsstaaten), und 10 Länder haben ihre bestehenden NBSAP aktualisiert (2. oder 3. Version) (Prip et al., 2010). Die CBD-Vertragsstaaten müssen jetzt prüfen, ob ihre Strategie im Lichte der Biodiversitätsziele von Aichi revidiert und aktualisiert werden muss (Ziel 17, Kasten 4.4).

Hinzu kommt, dass die Fläche der terrestrischen und Meeresschutzgebiete in den letzten Jahren zugenommen hat (vgl. auch Abb. 4.17). Heute stehen 12,7% der terrestrischen Fläche

Kasten 4.5 Was wäre wenn ... die terrestrischen Schutzgebiete weltweit auf 17% ausgeweitet würden?

Das Biodiversitätsziel 11 von Aichi besteht darin, die vernetzten Schutzgebiete bis 2020 weltweit auf mindestens 17% der terrestrischen Gebiete auszuweiten. Es legt fest, dass das Netzwerk Gebiete von besonderer Bedeutung für die Biodiversität und die Ökosystemleistungen erfassen und ökologisch repräsentativ sein sollte (Beschluss X/2, CBD, 2010). Eine Möglichkeit, die ökologische Repräsentativität zu erreichen, besteht darin, für jede der 65 großen Ökoregionen[1] ein 17%-Ziel festzulegen, anstatt dieses Ziel auf die terrestrische Fläche zu beziehen. Diese Repräsentativität wurde in einer Modellsimulation dargestellt (das sogenannte „Expanded Terrestrial Protected Areas"-Szenario, vgl. Anhang 4.A am Ende dieses Kapitels). Daraus geht hervor, dass sich die Größe der bereitzustellenden zusätzlichen Landfläche in den einzelnen Ländern stark unterscheidet (Abb. 4.18). Die größten Anstrengungen, sowohl in Bezug auf die absolute Fläche als auch hinsichtlich des prozentualen Anteils ihrer Fläche, müssten die BRIICS unternehmen, insbesondere Russland (14%) und Indien (10%). Die europäischen OECD-Länder müssten ebenfalls einen beträchtlichen Beitrag leisten (10%)[2]. Die vom südlichen Afrika, von Japan/Korea und von Brasilien zu erbringenden Leistungen sind vergleichsweise niedrig[3]. Gemäß diesem Szenario, das eine Ausweitung der Schutzgebiete auf 17% vorsieht, würde die weltweite landwirtschaftliche Nutzfläche nur um 1% zurückgehen (0,5 Mio. km² von etwa 40 Mio. km² Acker- und Weideflächen), wenn 17% der einzelnen Ökoregionen unter Schutz gestellt würden.

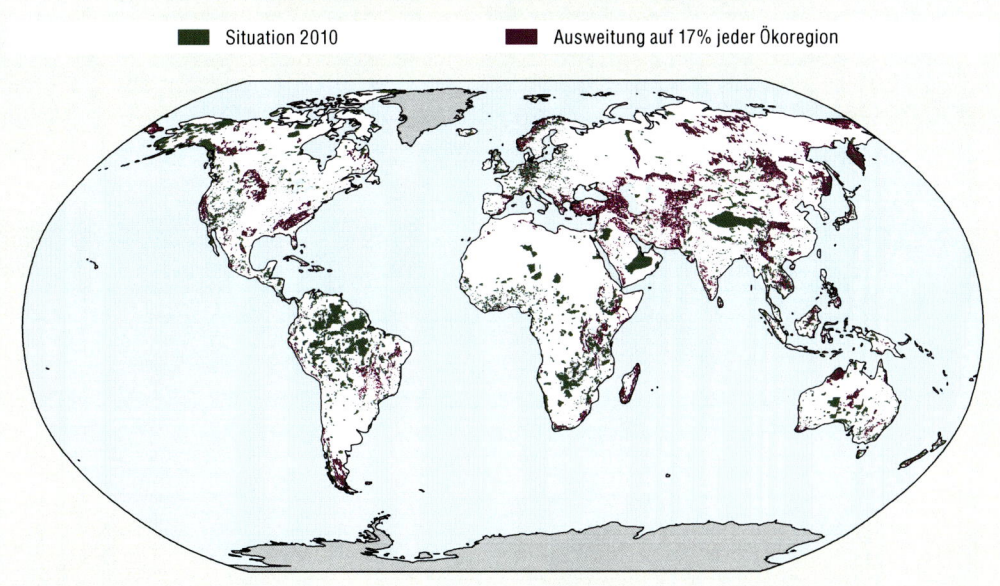

Abbildung 4.18 Weltweit zur Verwirklichung des 17%-Ziels von Aichi erforderliche zusätzliche Schutzgebiete

■ Situation 2010   ■ Ausweitung auf 17% jeder Ökoregion

Quelle: Projektionen des *OECD-Umweltausblicks*; Ergebnisse von Berechnungen anhand der IMAGE-Modellreihe.

1. Ökoregionen sind eine Kombination aus biogeografischen Regionen und bedeutenden Biomtypen (Olson et al., 2001).
2. In den EU-Mitgliedstaaten sind bereits 18% der terrestrischen Fläche als Natura-2000-Schutzgebiete ausgewiesen. Es wären jedoch weitere 10% erforderlich, wenn 17% aller repräsentativen Ökoregionen geschützt werden sollen.
3. Insbesondere in Brasilien und im südlichen Afrika ist ein großer Teil des Gebiets bereits als Schutzgebiet ausgewiesen, der Grad der Durchsetzung ist jedoch unterschiedlich.

und 7,2% der Hoheitsgewässer unter Schutz (IUCN und UNEP, 2011a). Weitere Fortschritte sind erforderlich, wenn die CBD-Vertragsstaaten die auf der 10. Vertragsstaatenkonferenz in Nagoya in Bezug auf Schutzgebiete festgelegten Biodiversitätsziele von Aichi erreichen sollen (Kasten 4.5).

Bei der Mobilisierung öffentlicher Mittel für die biologische Vielfalt wurden ebenfalls Fortschritte erzielt. Die im Rahmen der öffentlichen Entwicklungszusammenarbeit (ODA) und der Unterstützung biodiversitätsbezogener Aktivitäten[22] von Geberländern (den Mitgliedern des Entwicklungsausschusses der OECD) für Entwicklungsländer bereitgestellten Mittel wurden von etwa 3 Mrd. US-$ im Jahr 2005 auf 6,9 Mrd. US-$ im Jahr 2010 aufgestockt (Abb. 4.19). Der prozentuale Anteil dieser Leistungen an der gesamten ODA stieg von 2,5% im Jahr 2005 auf über 5% im Jahr 2010. Die biodiversitätsbezogenen Leistungen mit dem Hauptziel[23] der biologischen Vielfalt stiegen im gleichen Zeitraum von etwa 1,7 Mrd. US-$ auf 2,6 Mrd. US-$ (OECD, 2010b).

In den letzen Jahren wurden die Finanzmittel für den Klimaschutz beträchtlich aufgestockt, und es gibt große Möglichkeiten für Synergien zwischen Klimaschutz und Anpassung an den Klimawandel einerseits und der biologischen Vielfalt andererseits. So könnte z.B. ein guter, im Rahmen des Klimaschutzes für REDD-plus konzipierter Mechanismus auch beträchtliche Vorteile für die biologische Vielfalt erbringen, da die Vermeidung von Entwaldung und Walddegradation zum Schutz der Lebensräume und damit der biologischen Vielfalt beitragen dürfte (Karousakis, 2009). Die im Rahmen der „Fast Start"-Finanzierungsperiode (d.h. 2010-2012) für REDD-plus gemachten Zusagen beliefen sich im Dezember 2010 auf insgesamt 4,3 Mrd. US-$[24].

Die in letzter Zeit für die Anpassung an den Klimawandel bereitgestellten Mittelzuweisungen werden auf 100-200 Mio. US-$ pro Jahr geschätzt (Haites, 2011; Corfee-Morlot et al., 2009) und bieten im Rahmen einer ökosystembasierten Anpassung auch Möglichkeiten für den Erhalt der biologischen Vielfalt. So hat Kolumbien z.B. durch einen Zuschuss der Globalen Umweltfazilität und zusätzliche Kofinanzierungsmittel einen Betrag von insgesamt fast 15 Mio. US-$ erhalten, um einen integrierten nationalen Anpassungsplan

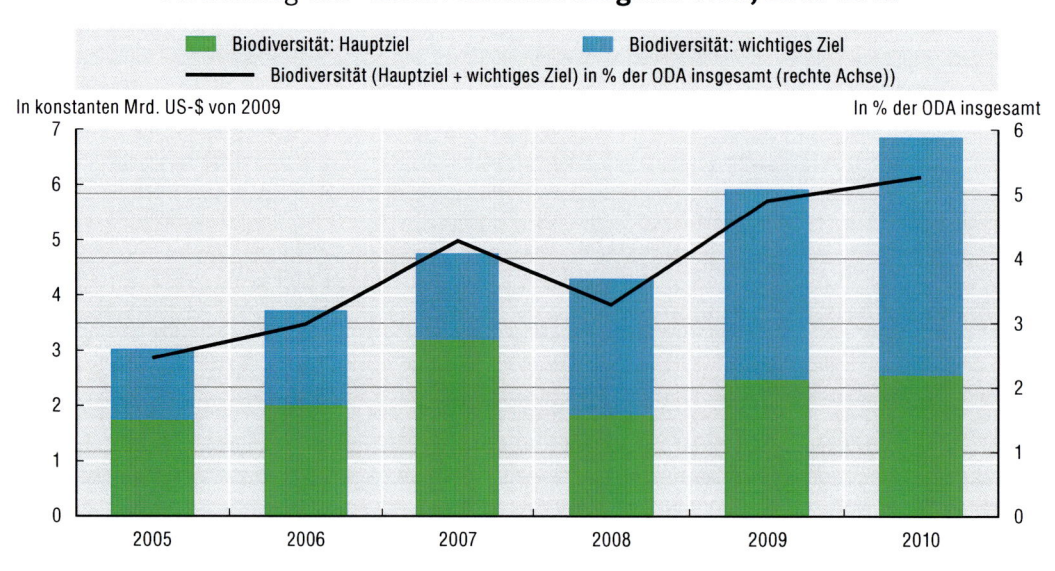

Abbildung 4.19 **Biodiversitätsbezogene ODA, 2005-2010**

Quelle: OECD (2010b), *ODA for Biodiversity*, OECD Publishing, Paris.

StatLink http://dx.doi.org/10.1787/888932571076

durchzuführen, in dem ökosystembasierte Anpassungsmaßnahmen eine entscheidende Rolle spielen. Diese Maßnahmen umfassen die Wiederherstellung natürlicher Ökosysteme in den oberen Wassereinzugsgebieten von Flüssen, entlang von Flüssen und in Erdrutschgebieten. Sie werden auf lokaler Ebene durchgeführt (bis 2010 waren 27 Projekte abgeschlossen) und in die lokale und nationale Politikgestaltung und Raumplanung integriert (Andrade Pérez et al., 2011; Weltbank, 2011).

4. Es bedarf weiterer Maßnahmen

Trotz der bei der obigen Analyse festgestellten Fortschritte sind auf Grund der Größenordnung der Herausforderung hinsichtlich der biologischen Vielfalt weitere bedeutende Anstrengungen auf lokaler, nationaler und internationaler Ebene erforderlich. Die vier übergeordneten Prioritäten für die weiteren Maßnahmen sind:

a) Beseitigung bzw. Reform umweltschädlicher Subventionen.

b) Deutliche Erhöhung des Engagements des privaten Sektors für den Erhalt und die nachhaltige Nutzung der biologischen Vielfalt, u.a. durch innovative Finanzierungsmechanismen und die Schaffung von Märkten.

c) Verbesserung von Daten, Messgrößen und Indikatoren, u.a. im Hinblick auf die ökonomische Bewertung der biologischen Vielfalt.

d) Systematische Berücksichtigung und Integration des Erhalts und der nachhaltigen Nutzung der biologischen Vielfalt in anderen Politikbereichen und Wirtschaftssektoren.

Beseitigung bzw. Reform umweltschädlicher Subventionen

Eines der im Rahmen der 10. Vertragsstaatenkonferenz des Übereinkommens über die biologische Vielfalt vereinbarten 20 Ziele von Aichi lautet, dass Subventionen, die die biologische Vielfalt beeinträchtigen, bis spätestens 2020 abgeschafft, ausgelaufen oder reformiert sein sollten, um negative Auswirkungen zu mindern bzw. zu vermeiden. Subventionen, die die biologische Vielfalt beeinträchtigen, sind solche, die ohne Berücksichtigung umweltpolitischer Anliegen die Intensivierung oder geografische Ausweitung von Wirtschaftssektoren wie Landwirtschaft, Bioenergie, Fischerei, Forstwirtschaft und Verkehr fördern.

Die Stützungsmaßnahmen für landwirtschaftliche Erzeuger in den OECD-Ländern, gemessen am Erzeugerstützungsmaß (PSE), beispielsweise wurden im Jahr 2008 auf 265 Mrd. US-$ geschätzt (OECD, 2009b). Auch wenn die weltweite Handelsliberalisierung und Haushaltszwänge im Inland zur Entkopplung der Erzeugerstützung von der unmittelbaren Produktion (deren Verbindung eine in der Tendenz besonders umweltschädliche Form der Subventionierung darstellt) geführt haben, sind weitere Fortschritte vonnöten, damit Subventionen Umweltziele fördern, für die eine theoretische Nachfrage besteht, z.B. durch Subventionierung ökologischer „öffentlicher Güter" und die Belastung umweltschädlicher Externalitäten. Ein jüngeres Beispiel für eine Subventionsreform, mit der die Belastungen der biologischen Vielfalt verringert wurden, ist die Abschaffung der Düngemittelsubventionen in Korea (OECD, 2008d).

Subventionen für die Fischereiwirtschaft verdienen ebenfalls weitere Aufmerksamkeit. Abgesehen von den natürlichen Zyklen sind die Fischbestände auch durch den zunehmenden Befischungsdruck sowie die überschüssige Fischereikapazität gefährdet, die zum großen Teil durch die wachsende Nachfrage nach Nahrungsmittelerzeugnissen und entsprechende Subventionen in einer Reihe von Ländern verursacht werden. Die sich beschleunigende Erschöpfung der Bestände, der Einsatz verschiedener Formen umweltschädlicher Fischfanggeräte sowie die Emissionen und Umweltbelastungen auf Grund der Fischereiaktivitäten gefährden die biologische Vielfalt der Meere sowie die Güter und Leistungen der Ökosysteme (über die deutlich weniger Erkenntnisse und Zahlenmaterial vorhanden sind als über die terrestrische Artenvielfalt). Insgesamt sind die ökonomischen Renten im Zusammenhang mit den weltweiten Fangfischereiressourcen unerheblich, wobei anhaltend Investitionen in Risikoaktiva getätigt werden (Arnason, 2008). Die niedrigen Erträge erklären sich z.T. aus den beträchtlichen Überkapazitäten in vielen Teilen der weltweiten Fischereiflotte sowie dem Mangel an fest etablierten Nutzungs-/Eigentumsrechten an den Fischbeständen sowohl in nationalen als auch in internationalen Gewässern; die Überkapazitäten sind durch die Fischereisubventionen gefördert worden. Die Aufhebung dieses kollektiven Versagens bei der Bewirtschaftung der Ressourcen könnte somit von doppeltem Nutzen sein, sowohl im Hinblick auf die Erholung der biologischen Vielfalt als auch auf die potenziell hohen finanziellen Einsparungen bei Vermeidung suboptimaler Investitionsentscheidungen (ten Brink et al., 2010).

Die vollen unmittelbaren wie mittelbaren Auswirkungen des Wechsels zur Bioenergie sind Gegenstand erheblicher Debatten. In vielen Ländern hat die Nutzung von Bioenergie der „ersten Generation", die vorrangig aus Nahrungskulturen wie Getreide, Zuckerrohr und Pflanzenölen erzeugt wird, auf Grund der Landumwidmung und Bodenstörung zu negativen Ergebnissen in Form erhöhter Treibhausgasemissionen geführt. Darüber hinaus liegen derzeit nur wenige Daten über die negativen wie positiven Zusatzeffekte im Bereich der biologischen Vielfalt vor. Das UK House of Commons Committee (2008) stellt fest, dass die widersprüchlichen Einsparungen, die sich aus der Umsetzung der EU-Förderpolitik im Bereich der Bioenergie im Vereinigten Königreich ergeben, das potenzielle Risiko unterstreichen, dass eine schädliche Subvention durch eine andere ersetzt wird. Laut Doornbosch und Steenblik (2007) droht der Ansturm auf die Energiepflanzen bei begrenzten Vorteilen Ernährungsengpässe zu verursachen und die biologische Vielfalt zu beeinträchtigen. Darüber hinaus lassen manche Befunde darauf schließen, dass die inländische Bioenergieförderung möglicherweise nicht kosteneffektiv ist (OECD, 2008c). Weitere Forschungsarbeiten über Bioenergie der zweiten Generation, die aus Zellulose, Hemizellulose oder Lignin erzeugt wird[25], könnten manchen der inhärenten Zielkonflikte zwischen Energie, Nahrungsmitteln bzw. Nahrungsmittelproduktivität und biologischer Vielfalt vorbeugen, wenn die entsprechenden Technologien Bioabfälle nutzen können, die z.B. in der Land- bzw. Forstwirtschaft entstehen (vgl. auch Kapitel 3).

Erhöhung des Engagements des privaten Sektors im Bereich der biologischen Vielfalt

In Anbetracht der Trends im Hinblick auf den Verlust der biologischen Vielfalt und des hohen Finanzierungsbedarfs (vgl. Abschnitt 1) muss der private Sektor dringend besser in den Erhalt und die nachhaltige Nutzung der biologischen Vielfalt eingebunden werden. Auch wenn allmählich freiwillige Initiativen des privaten Sektors für die biologische Vielfalt entstehen (Kasten 4.6), werden die Regierungen mehr tun müssen, um die richtigen Anreize zu setzen, damit der private Sektor Maßnahmen ergreift. Hierzu zählen klare Preissignale, um die nachhaltige Nutzung der natürlichen Ressourcen zu fördern und Umweltbelastungen zu vermeiden – sie müssen Sicherheit bieten und dem privaten Sektor zugleich Flexibilität bei der Entscheidung ermöglichen, welche Lösung für sie am kostenwirksamsten ist. Ökonomische Instrumente werden zwar zunehmend weltweit eingesetzt (z.B. Ausgleichsmaßnahmen für die biologische Vielfalt und Zahlungen für Ökosystemleistungen, vgl. Abschnitt 3), diese sind in den meisten Fällen jedoch weder ausreichend stringent noch umfassend genug, um den Herausforderungen im Bereich der biologischen Vielfalt vollständig gerecht zu werden. Die Regierungen werden ferner mehr tun müssen, um zu zeigen, dass sowohl bedeutende Geschäftsrisiken als auch entsprechende Chancen mit der biologischen Vielfalt und den

> **Kasten 4.6 Initiativen des privaten Sektors im Bereich der biologischen Vielfalt**
>
> **Weltunternehmensrat für nachhaltige Entwicklung (WBCSD):** In dieser weltweiten Partnerschaft haben sich rd. 200 Unternehmen aus über 30 Ländern und 20 großen Wirtschaftssektoren zusammengeschlossen. Der WBCSD bietet den Unternehmen eine Plattform für die Sondierung nachhaltiger Entwicklungsmöglichkeiten, den Austausch von Wissen, Erfahrungen und empfehlenswerten Praktiken sowie die Vertretung der Unternehmenspositionen zu diesen Themen. Die biologische Vielfalt ist eines der wichtigsten durch den WBCSD aufgegriffenen Themen. Zu den jüngsten Arbeiten zählen: *a)* die Ecosystem Valuation Initiative, die darauf abzielt, die Bewertung der Ökosysteme als Instrument zu fördern, um einschlägige Informationen für die Entscheidungsfindung in den Unternehmen bereitzustellen und letztere zu verbessern, und *b)* der Corporate Ecosystem Services Review, der Leitlinien für die Ermittlung von Geschäftsrisiken und -chancen bietet, die sich aus dem Wandel der Ökosysteme ergeben.
>
> **Dow Chemicals und The Nature Conservancy:** Diese mit 10 Mio. US-$ ausgestattete Partnerschaft wurde Anfang 2011 bekanntgegeben. Wissenschaftler beider Organisationen werden eine Reihe wissenschaftlicher Modelle, Karten und Analysen im Hinblick auf die biologische Vielfalt und Ökosystemleistungen anwenden, um Dow darin zu unterstützen, den Stellenwert der Natur im Rahmen der Unternehmensentscheidungen und -strategien richtig einzuschätzen, zu bewerten und einzubeziehen. Dank der Zusammenarbeit sollen die daraus resultierenden Instrumente, Erkenntnisse und Ergebnisse öffentlich sowie bei Peer Reviews ausgetauscht werden, so dass andere Unternehmen, Wissenschaftler und anderweitige Akteure diese testen bzw. anwenden können. Ein zusätzliches Ziel der Partnerschaft besteht darin, der Erschließung von Märkten für die biologische Vielfalt sowie der Annahme von Marktmechanismen für den Erhalt der biologischen Vielfalt Impulse zu verleihen.
>
> Quelle: www.wbcsd.org; The Nature Conservancy (2011), *Working with Companies: Dow Announces Business Strategy for Conservation*, Website von Nature Conservancy, www.nature.org/aboutus/ourpartners/workingwithcompanies/explore/dow-announces-business-strategy-for-conservation.xml.

Ökosystemleistungen zusammenhängen, sowie Innovationen zu fördern und zu erleichtern (vgl. z.B. OECD, 2009c; TEEB, 2010b).

Die staatlichen Mittel müssen durch Gelder des privaten Sektors ergänzt und gleichzeitig zur Mobilisierung letzterer genutzt werden. So bieten die Niederlande privaten Investoren beispielsweise im Rahmen des Programms für „grüne" Investmentfonds günstige Finanzierungsregelungen und Steuervergünstigungen, um die Umsetzung „grüner" Projekte wie die Wiederherstellung der Natur in Trinkwassereinzugsgebieten zu fördern. Seit 1995 sind mittels dieses Programms rd. 10 Mrd. Euro in „grüne" Projekte investiert worden.

Da die biologische Vielfalt lokale, regionale und globale Vorteile in Form öffentlicher Güter bietet, ist eine innovative Finanzierung auf all diesen Ebenen erforderlich[26]. Lokale und nationale Politikmaßnahmen müssen aufgestockt und Instrumente für die internationale Finanzierung der biologischen Vielfalt entwickelt werden – dies ist ein entscheidendes Politikdefizit. So könnten z.B. Möglichkeiten für die internationale Kofinanzierung bestehender, effektiver inländischer Programme im Bereich der biologischen Vielfalt geprüft werden. Ein Beispiel dafür, wo dies geschehen ist, bietet das vor kurzem eingeführte Programm zur Erhebung von Gebühren für Ökosystemleistungen im Los-Negros-Tal in Bolivien. Das Programm umfasst Zahlungen für zwei Ökosystemleistungen zugleich: Schutz des Wassereinzugsgebiets und des Lebensraums von Vögeln. Während die stromabwärts angesiedelten Nutzer, die Wasser für Irrigationszwecke abnehmen, die örtlichen Landwirte für ihre Leistungen in Wassereinzugsgebieten (deren Nutzen überwiegend lokaler Natur ist) entlohnen, leistet der US Fish and Wildlife Service Zahlungen an sie für den Schutz des Lebensraums von Zugvogelarten (Asquith et al., 2008, zitiert in OECD 2010a), der von weltweitem Nutzen sein wird.

Hierbei ist jedoch zu beachten, dass die Entwicklung und der Ausbau von Instrumenten zur Bekämpfung des Verlusts an biologischer Vielfalt durch umfassendere und transparentere Systeme ergänzt werden muss, um die finanziellen Leistungen für den Erhalt der biologischen Vielfalt zu messen, aufzuzeichnen und zu überprüfen. Die OECD-Daten zur bilateralen ODA im Zusammenhang mit der biologischen Vielfalt sind ein guter Ausgangspunkt (vgl. Abschnitt 3), ähnliche Informationen sind jedoch für Finanzierungszwecke auf nationaler bzw. multilateraler Ebene sowie auf der Ebene des privaten Sektors erforderlich. Dies würde zur besseren Ermittlung der größten Finanzierungslücken beitragen und damit zur effektiveren Ausrichtung der Finanzierung im Bereich der biologischen Vielfalt.

Verbesserung der Kenntnisse und Daten zur Steigerung der Politikwirksamkeit im Bereich der biologischen Vielfalt

Bessere Messgrößen und Indikatoren im Bereich der biologischen Vielfalt sind eine wesentliche Voraussetzung für Politikmaßnahmen, die sowohl in ökologischer Hinsicht als auch in Bezug auf die Kosten effektiv sind. Messgrößen und Indikatoren sind von entscheidender Bedeutung, um das Basisszenario bei einer Fortsetzung der bisherigen Politik zu erstellen, Nutzeffekte zu quantifizieren und Ausgaben zum Erhalt der biologischen Vielfalt gezielt auszurichten. Sie ermöglichen darüber hinaus die Beurteilung der Ergebnisse im Bereich der biologischen Vielfalt und damit der Wirksamkeit der Politikmaßnahmen im Zeitverlauf. Es ist dringend notwendig, Messgrößen und Indikatoren der biologischen Vielfalt für den lokalen, nationalen und internationalen Gebrauch zu konzipieren und zu verbessern. Die für die Erhebung und Darstellung der Daten angewandten Methoden sollten so konsistent wie möglich sein, um den Vergleich der Daten sowohl innerhalb eines Landes als auch von Land zu Land zu ermöglichen.

Auf internationaler Ebene besteht eine der wichtigsten Anwendungen der Indikatoren in der Beurteilung weltweiter Trends im Bereich der biologischen Vielfalt sowie der Fortschritte in Richtung der Biodiversitätsziele des Übereinkommens über die biologische Vielfalt. Wie in Abschnitt 2 ausgeführt, sind jedoch nur wenige der für die Beurteilung der Fortschritte bei den Biodiversitätszielen verwendeten Leitindikatoren weltweit und im Zeitverlauf verfügbar. Derzeit wird ein erweiterter Indikatorenrahmen erwogen, um die Fortschritte bei den Biodiversitätszielen von Aichi für 2020 zu prüfen. Auf regionaler Ebene zählt die europäische Initiative Streamlining European Biodiversity Indicators 2010 (SEBI 2010) zu den weiter fortgeschrittenen Indikatorinitiativen, die eingeführt wurde, um die Fortschritte bei der Erreichung der Biodiversitätsziele der EU für 2010 zu prüfen und über diese zu informieren. Eine Reihe von Ländern hat ergänzende nationale Indikatorenkataloge entwickelt bzw. steht im Begriff, dies zu tun. Das Vereinigte Königreich beispielsweise hat eine Liste von 18 Indikatoren veröffentlicht; diese sind in sechs Schwerpunktbereiche eingeteilt, die an den Biodiversitätsindikatoren des Übereinkommens über die biologische Vielfalt und den Europäischen Biodiversitätsindikatoren ausgerichtet sind (DEFRA, 2010). Viele Länder werden indessen wissenschaftliche und technische Kapazitäten aufbauen müssen, u.a. im Bereich des Informationsaustauschs[27], um die weltweiten Biodiversitätstrends im Zeitverlauf besser untersuchen zu können.

Messgrößen und Indikatoren sind ferner für die Umsetzung von Politikmaßnahmen zum Schutz der biologischen Vielfalt auf nationaler, regionaler und lokaler Ebene erforderlich. Da der Nutzen der biologischen Vielfalt nicht gleichmäßig über alle Regionen verteilt ist, kann die Verwendung von Messgrößen, die den geografischen Unterschieden Rechnung tragen – z.B. um auf den Schutz der biologischen Vielfalt in Gebieten abzuzielen, in denen der Nutzen am größten ist –, die Kostenwirksamkeit der Politikmaßnahmen verbessern. Hierbei erfolgt nicht nur eine Konzentration auf Gebiete, in denen der Nutzen der biologischen Vielfalt hoch ist, die Kosteneffektivität wird darüber hinaus verbessert, wenn der Fokus auf Gebieten liegt, in denen das Risiko des Verlusts an biologischer Vielfalt und an ökosystemaren Dienstleistungen hoch ist oder in denen sich die Erbringung dieser Leistungen wesentlich erhöhen lässt. Und schließlich besteht eine andere Erwägung zur Erzielung kosteneffektiver Politikergebnisse darin, zunächst auf die ökosystemaren Dienstleistungserbringer abzuzielen, bei denen die Opportunitätskosten am niedrigsten sind. Eine Reihe von Methoden sowie Instrumenten (z.B. die räumliche Kartierung) wird derzeit für diesen Zweck entwickelt bzw. angewendet. Auch wenn die Nutzung komplexerer Ansätze bei der gezielten Ausrichtung die Kosten der Durchführung eines Programms steigern kann, kann der Zuwachs an Kostenwirksamkeit insgesamt erheblich sein (OECD, 2010a).

Ein weiteres Gebiet, auf dem die Datenlage verbessert werden könnte, ist die Umweltökonomische Gesamtrechnung. Der Zweck besteht darin, Konten einzuführen, die die Erschöpfung und die Degradation der natürlichen Ressourcen widerspiegeln und Wirtschafts- und Umweltdaten anhand von Konzepten, Definitionen und Klassifizierungen integrieren, die denen des Systems der Volkswirtschaftlichen Gesamtrechnungen entsprechen. Die Umweltökonomische Gesamtrechnung (UGR) kann kohärente Indikatoren und Statistiken für die Politikverantwortlichen bereitstellen, um die strategische Planung sowie die politische Analyse zu unterstützen. Mehrere Länder haben Elemente der UGR geprüft bzw. eingeführt, darunter Australien, Botsuana, Kanada, Deutschland, Namibia, die Niederlande, Norwegen und die Philippinen (Weltbank, 2006). Die praktische Anwendung konzentriert sich im Allgemeinen auf Gebiete, in denen der Bedarf an Buchhaltungsinstrumenten klar identifiziert ist und mit konkreten Politikfragen im Zusammenhang steht – darunter die Bewirtschaftung und Planung der natürlichen Ressourcen sowie die Stoffnutzung (z.B. Wasser, Energie, Stoffströme) oder die Emissionsminderung (Emissionskonten) – sowie auf die Entwicklung entsprechender Indikatoren. Nur wenige Länder haben eine umfassende Gesamtrechnung eingeführt. Unter den jüngsten Entwicklungen sind folgende zu nennen:

- Arbeiten zur Ökosystembilanzierung und zur Bewertung von Umweltleistungen, einschließlich des Weltbankprojekts zum Thema Vermögensbilanzierung und Bewertung von Ökosystemleistungen (Wealth Accounting and the Valuation of Ecosystem Services – WAVES), die die Umsetzung der Umweltrechnung und ihre Einbindung in den Rahmen für die Volkswirtschaftliche Gesamtrechnung unterstützen werden;
- die Arbeiten der Europäischen Umweltagentur (EUA) zur Ökosystembilanzierung;
- Arbeiten im Vereinigten Königreich zur Einbindung des Naturkapitals in die Volkswirtschaftliche Gesamtrechnung und Planung des Landes.

Ein weltweit anerkannter Rahmen ist das System der Integrierten Umwelt- und Wirtschaftsbuchführung (Kasten 4.7).

Auch wenn sie grundlegende direkte und indirekte Dienstleistungen für alle Gesellschaften erbringt, wird der biologischen Vielfalt von den Entscheidungsträgern oftmals nur geringer Stellenwert beigemessen. Dies ist dadurch bedingt, dass sie eher impliziten als expliziten Wert besitzt, und was sich nicht quantifizieren lässt oder schwer zu beobachten und zu evaluieren ist, lässt sich leicht ignorieren. Die jüngste Studie zur Ökonomie von Ökosystemen und der Biodiversität (*The Economics of Ecosystems and Biodiversity* – TEEB, 2010a und 2010b) lieferte überzeugende Argumente für die Einbindung der Ökonomie der biologischen Vielfalt

> **Kasten 4.7 Umweltökonomische Gesamtrechnung: Das System der Integrierten Umwelt- und Wirtschaftsbuchführung**
>
> Das System der Integrierten Umwelt- und Wirtschaftsbuchführung wurde 1993 als Ergänzung des Systems der Volkswirtschaftlichen Gesamtrechnungen entwickelt und 2003 überarbeitet. Es zielt auf die Behebung der Mängel des Systems der Volkswirtschaftlichen Gesamtrechnungen bei der Behandlung der Bestände und Flüsse der natürlichen Ressourcen ab. Das System der Integrierten Umwelt- und Wirtschaftsbuchführung umfasst vier Kategorien von Konten: a) Flussbilanzen für Schadstoffe, Energie und Stoffe, b) Aufwendungen für Umweltschutz und Ressourcenmanagement, c) physische und monetäre Verbuchung der Umweltgüter und d) Beurteilung nicht marktrelevanter Stoffströme und umweltbereinigter Aggregate. Das System der Integrierten Umwelt- und Wirtschaftsbuchführung wird zurzeit überarbeitet und umfasst drei Bände: a) den zentralen Rahmen, der sich aus vereinbarten Konzepten, Definitionen, Klassifikationen, Buchungsregeln und Tabellen zusammensetzt, b) experimentelle Ökosystemkonten und c) Erweiterungen und Anwendungen des Systems der Integrierten Umwelt- und Wirtschaftsbuchführung (erscheint 2012/2013).
>
> *Quelle:* VN, Europäische Kommission, IWF, Weltbank und OECD (2003), *Integrated Environmental and Economic Accounting (SEEA2003)*, Statistikabteilung der Vereinten Nationen, New York, und http://unstats.un.org/unsd/envaccounting/seea.asp.

sowie der Ökosystemleistungen in die Entscheidungsfindung durch nationale und lokale Politikverantwortliche sowie Unternehmen. Die angemessene ökonomische Bewertung der biologischen Vielfalt und ihres Verlusts wird zu besseren, kosteneffektiveren Entscheidungen führen und kann unangemessene Kompromisse vermeiden helfen (OECD, 2002).

Für die Bewertung der biologischen Vielfalt und der Ökosystemleistungen gibt es zahlreiche Anwendungsmöglichkeiten. Hierzu zählen Kosten-Nutzen-Analysen von Politikmaßnahmen (z.B. der Umweltauflagen der US-Regierung auf Bundesebene), die Ermittlung der Kosten von Umweltexternalitäten einer Tätigkeit als Grundlage für Investitionsentscheidungen oder für Zwecke der Besteuerung (z.B. das ExternE-Projekt der Europäischen Kommission), die Durchführung der Umweltökonomischen Gesamtrechnungen – z.B. auf europäischer Ebene im Rahmen der Integrierten Umweltökonomischen Waldgesamtrechnung (European Framework for Integrated Environmental and Economic Accounting for Forests – IEEAF) sowie die Ermittlung der Entschädigungszahlungen für die Beschädigung natürlicher Ressourcen, z.B. im Rahmen des Natural Resource Damage Assessment in den Vereinigten Staaten (OECD, 2002). Ganz allgemein ist die Bewertung von wesentlicher Bedeutung, um eine stärkere Sensibilisierung für die Bedeutung des Erhalts und der nachhaltigen Nutzung der biologischen Vielfalt zu bewirken.

Im Anschluss an das Programm Millennium Ecosystem Assessment ist eine Reihe von Initiativen zur Bewertung der biologischen Vielfalt und der Ökosystemleistungen entstanden (MA, 2005). Das National Ecosystem Assessment (NEA) im Vereinigten Königreich ist die erste landesweit durchgeführte und abgeschlossene Prüfung (Kasten 4.8), wobei andere Länder – u.a. Spanien, Israel und die Vereinigten Staaten – sich in unterschiedlichen Stadien der Entwicklung ähnlicher Prüfungen befinden.

Die biologische Vielfalt in anderen Politikbereichen systematisch berücksichtigen

Im Zusammenhang mit allen drei oben identifizierten Prioritäten steht die Notwendigkeit, die systematische Einbindung der biologischen Vielfalt in die allgemeineren nationalen und internationalen Politikziele in anderen Sektoren zu verbessern. Die Politikmaßnahmen müssen aufeinander abgestimmt sein, um sicherzustellen, dass Synergien genutzt und

> **Kasten 4.8 Verbesserung der wirtschaftlichen Entscheidungsfindung im Hinblick auf die Güter der Ökosysteme**
>
> **Das National Ecosystem Assessment im Vereinigten Königreich**
>
> 2011 wurde im Vereinigten Königreich das National Ecosystem Assessment (NEA) abgeschlossen, eine ehrgeizige Analyse der Art und Weise, wie sich die Ökosysteme an Land, im Meer und in den Binnengewässern im gesamten Vereinigten Königreich in den vergangenen sechzig Jahren verändert haben und wie sie sich in Zukunft möglicherweise weiter verändern. Im Rahmen des NEA wurden der Zustand und der Wert der natürlichen Umwelt sowie der Dienstleistungen, die diese für die Gesellschaft erbringt, quantifiziert. Ferner diente die Analyse der Prüfung von Politik- und Managementoptionen, mit denen die Integrität der natürlichen Systeme in Zukunft gesichert und ein Beitrag zur Sensibilisierung für die zentrale Bedeutung dieser Systeme für das menschliche Wohlergehen und den wirtschaftlichen Wohlstand geleistet werden kann. Das NEA bietet eine bessere Grundlage für die Verknüpfung von Ökosystemen mit Wachstumszielen und wird von der Regierung künftig für die zielgerichtete Ausgestaltung ihrer Politik genutzt werden.
>
> Quelle: UNEP-WCMC (2011), *UK National Ecosystem Assessment: Synthesis of Key Findings*, UNEP-WCMC, Cambridge, http://uknea.unep-wcmc.org/.

potenzielle Zielkonflikte auf ein Mindestmaß begrenzt werden. Ein Beispiel im Kontext der Umweltpolitik ist die Notwendigkeit, den Wechselwirkungen zwischen der biologischen Vielfalt und dem Klimawandel Rechnung zu tragen. Wie in Abschnitt 2 festgestellt, wird der Klimawandel den Projektionen zufolge in der Zukunft eine immer wichtigere Ursache für den Verlust an biologischer Vielfalt sein. Klimaschutz kann daher auch zu bedeutenden zusätzlichen Vorteilen für die biologische Vielfalt führen (Kasten 4.9).

Zusätzlich zur Förderung von Synergien zwischen den verschiedenen Umweltzielen ist es ferner von entscheidender Bedeutung, auch die über die Umweltagenda hinausgehenden Synergien und Zielkonflikte zu identifizieren. Im Hinblick auf Synergien zwischen dem Erhalt der biologischen Vielfalt und der Beschäftigung beispielsweise wurden aus Investitionen in den Erhalt der biologischen Vielfalt in einem Maya-Schutzgebiet in Guatemala Jahreseinnahmen in Höhe von nahezu 50 Mio. US-$ erzielt, wodurch 7 000 Arbeitsplätze geschaffen und die Einkünfte der Familien vor Ort gesteigert werden konnten (UNEP, 2010). Zahlreiche Antriebskräfte des Verlusts an biologischer Vielfalt und Ökosystemleistungen bzw. ihrer Beeinträchtigung resultieren aus Politikmaßnahmen außerhalb des Aufgabenbereichs der Umweltministerien. Biodiversitätsziele auf breiterer Basis systematisch in die nationalen Wirtschaftsziele einzubinden, ist allgemein eines der Elemente des Hinwirkens auf eine effektive Strategie für umweltverträgliches Wachstum (OECD, 2011c); dies ist ferner für den Erfolg des Strategischen Plans des Übereinkommens über die biologische Vielfalt für 2011 bis 2020 unerlässlich (CBD, 2010; vgl. das strategische Ziel A und Ziel 2 in Kasten 4.4).

Die systematische Einbindung der biologischen Vielfalt in alle Bereiche wird durch Veränderungen der Politik, Strategien, Pläne, Programme und Staatshaushalte realisiert werden. Sie wird eine konsistentere, koordiniertere und strategischere Reaktion auf die vielfältigen Prioritäten erforderlich machen, denen sich die nationalen Regierungen gegenübersehen, zusammen mit politischem Engagement auf hoher Ebene sowie der Einbeziehung der interessierten Akteure. Zu den zentralen relevanten Politikbereichen zählen die Landwirtschaft, Praktiken der Stadtentwicklung, das Verkehrswesen, Energie für Biokraftstoffe, die Forstwirtschaft und der Klimawandel. Ein Rahmen für die Entwicklung eines umfassenderen integrierten Ansatzes zur Bewältigung der Herausforderung des Verlusts an biologischer Vielfalt und Ökosystemleistungen ist in Kasten 4.10 zusammengefasst (OECD, 2011c).

Kasten 4.9 Was wäre wenn ... ehrgeiziger Klimaschutz auf eine Art und Weise erfolgen würde, die zugleich den Verlust an biologischer Vielfalt verringert?

Gemäß den Projektionen des Basisszenarios des *Umweltausblicks* wird die Treibhausgaskonzentration in der Atmosphäre weiter steigen. Der bis 2050 erwartete entsprechende Temperaturanstieg um 2,4°C gegenüber dem vorindustriellen Niveau (die Unsicherheitsmarge beträgt 2,0°C-2,8°C) wird zu einem zusätzlichen Verlust an durchschnittlicher Artenvielfalt um 2,9 Prozentpunkte bis 2050 führen (vgl. Abb. 4.10 weiter oben). Im Rahmen der Modellrechnungen des *Umweltausblicks* wurde das zentrale 450-ppm-Szenario untersucht, bei dem die Treibhausgasemissionen bei 450 ppm CO_2e stabilisiert werden, um die globale mittlere Erwärmung mit 50%iger Wahrscheinlichkeit auf 2°C über dem vorindustriellen Niveau zu begrenzen. Den Modellen zufolge würde dies den Verlust an durchschnittlicher Artenvielfalt auf Grund des Klimawandels zwischen 2010 und 2050 auf 1,4 Prozentpunkte verringern (vgl. Kapitel 3 zum Klimawandel sowie den entsprechenden Anhang wegen weiterer Informationen).

Es gibt indessen eine Reihe von Klimaschutzoptionen, die eingeführt werden können, um dieses Ziel zu erreichen, von denen einige der biologischen Vielfalt zuträglicher sind als andere:

- Im zentralen 450-ppm-Szenario wird angenommen, dass rd. 20% des gesamten Primärenergieaufkommens bis 2050 aus Bioenergienutzung stammen werden, was eine Gesamtfläche von 3,1 Mio. km² für den Energiepflanzenanbau erforderlich machen würde (verglichen mit lediglich 0,9 Mio. km² Gesamtfläche im Basisszenario). Diese erhöhte Landnutzungsänderung würde den Verlust an biologischer Vielfalt zusätzlich um 1,2 Prozentpunkte erhöhen, auch wenn sich der Rückgang der globalen mittleren Erwärmung positiv auf die Artenvielfalt auswirken würde. Die Nettonutzeffekte für die biologische Vielfalt auf Grund der Konstellation aus geringerem Klimawandel und erhöhter Landnutzung sowie anderen Belastungen würden einem Nettogewinn von 0,1 Prozentpunkten bis 2050 im Vergleich zum Basisszenario entsprechen (Abb. 4.20). Der Nutzeffekt würde sich im Lauf der Zeit – bedingt durch die Trägheit des Klimasystems – vergrößern, ebenso wie schlicht auf Grund der Tatsache, dass sich der Ernteertrag der Nutzflächen im Zeitverlauf erhöhen würde, wodurch sich noch mehr Emissionen vermeiden ließen (vgl. Anhang 4.A wegen weiterer Einzelheiten).

- Eine weitere Möglichkeit, das 450-ppm-Ziel zu erreichen und zugleich die Expansion der landwirtschaftlich genutzten Flächen in natürlichen Ökosystemen wie Wäldern zu verhindern, wird in der Politiksimulation des zentralen 450-ppm-Szenarios mit reduzierter Landnutzung untersucht (vgl. Anhang 4.A wegen weiterer Einzelheiten). Hierbei wurde das zentrale 450-ppm-Szenario mit Projektionen kombiniert, in denen von einer Abnahme der landwirtschaftlichen Expansion ausgegangen wird. Im Rahmen dieser Simulation ergibt sich den Projektionen zufolge auf Grund der Produktivitätssteigerung in der Landwirtschaft bei Ackerland ein Rückgang von 1,2 Mio. km² und bei Weideland ein Rückgang von 1 Mio. km² gegenüber dem Basisszenario. Bei diesem Ansatz könnte die Entwaldung, die aus dem im Basisszenario projizierten Niveau der landwirtschaftlichen Expansion resultieren würde, vollständig vermieden werden, was die waldbezogenen Treibhausgasemissionen 2050 um 12,7 Gt CO_2 verringern und 7% der bis 2050 erforderlichen Emissionsminderung bewirken würde. Der kombinierte Nutzeffekt des Klimaschutzes, der reduzierten landwirtschaftlichen Flächennutzung und anderer Belastungen für die biologische Vielfalt entspricht den Projektionen zufolge bis 2050 einem Zugewinn bei der durchschnittlichen Artenvielfalt von 1,2 Prozentpunkten im Vergleich zum Basisszenario. Etwa ein Drittel des Nettogewinns an biologischer Vielfalt würde in tropischen und gemäßigten Waldbiomen erfolgen und könnte daher potenziell als positiver Zusatzeffekt des Klimaschutzes – u.a. im Rahmen des REDD-Mechanismus – realisiert werden.

In Kapitel 3 wird darüber hinaus das weniger ambitionierte 550-ppm-Mitigationsszenario beschrieben. Im Rahmen des zentralen 550-ppm-Szenarios wird davon ausgegangen, dass 13% des gesamten Primärenergieaufkommens bis 2050 auf Bioenergie entfallen. Dies entspricht einer Fläche von 2,2 Mio. km² für den Energiepflanzenanbau. Der Nettoeffekt aller veränderten Belastungen der biologischen Vielfalt würde beim zentralen 550-ppm-Szenario bis 2050 nunmehr zu einem Zugewinn an durchschnittlicher Artenvielfalt von 0,2 Prozentpunkten im Vergleich zum Basisszenario führen. Die langfristige Verbesserung wäre nach 2050 indessen weitaus niedriger, und die globale mittlere Erwärmung wäre sehr viel höher als beim zentralen 450-ppm-Szenario. Die Bioenergienutzung noch weiter zu verringern als in diesem Szenario – auf lediglich 6,5%

(Fortsetzung nächste Seite)

(Fortsetzung)
des Gesamtenergieverbauchs (das 550-ppm-Szenario mit geringem Bioenergieanteil) – würde zu deutlich größeren positiven Effekten auf die biologische Vielfalt führen (1,3 Prozentpunkte an durchschnittlicher Artenvielfalt im Vergleich zum Basisszenario). Die Begrenzung des Beitrags der Bioenergie wird wahrscheinlich zu zusätzlichen Mitigationskosten führen, die stark von den verfügbaren Alternativen abhängig sind (z.B. beim Verkehr).

Diese (allesamt in Abb. 4.20 dargestellten) Simulationen heben die großen Zielkonflikte zwischen Klimapolitik, der Nutzung von Bioenergie sowie der Flächennutzung und der Politik zum Schutz der biologischen Vielfalt hervor. Die genaue Größenordnung der Zielkonflikte ist ungewiss. Erstens könnten die negativen Auswirkungen der Bioenergie auf die biologische Vielfalt durch eine Verringerung des Ausmaßes der Flächennutzungsänderung potenziell auf ein Mindestmaß begrenzt werden. Dies ließe sich möglicherweise durch die Umsetzung ertragreicherer Systeme für die Bioenergieerzeugung sowie die Konzentration auf Bioenergieträger, die keine zusätzlichen Flächen benötigen (z.B. nicht essbare Rückstände aus der Land- und Forstwirtschaft sowie organische Bestandteile des kommunalen Festmülls) erreichen. Des Weiteren könnte die Bioenergieerzeugung auf Flächen mit geringem Wert für die biologische Vielfalt (z.B. auf geschädigten Böden) erfolgen, auch wenn dies wahrscheinlich teurer würde. Und schließlich sollte beachtet werden, dass die genauen Auswirkungen des Klimawandels auf die biologische Vielfalt in der Zukunft sehr ungewiss sind, was auf die Unsicherheit hinsichtlich der Reaktion des Klimas auf höhere CO_2-Konzentrationen, den Zusammenhang zwischen Klimawandel und biologischer Vielfalt sowie der indirekten Treibhausgasemissionen, für die die Bioenergienutzung verantwortlich ist, zurückzuführen ist. Die Ergebnisse lassen darauf schließen, dass die Auswirkungen der vermehrten Bioenergienutzung auf Landnutzungsänderungen sowie die biologische Vielfalt genau beobachtet werden sollten, um die Kohärenz zwischen den Politikmaßnahmen in den Bereichen Klimawandel und biologische Vielfalt zu verbessern.

Diese Untersuchung alternativer Klimaschutzportfolios zeigt die Notwendigkeit auf, die Umweltpolitik mittels integrierter Ansätze zu evaluieren, die die potenziellen Zielkonflikte und positiven Zusatzeffekte zwischen den verschiedenen Politikzielen hervorheben können.

Abbildung 4.20 Auswirkungen der verschiedenen Klimaschutzszenarien des Umweltausblicks auf die biologische Vielfalt

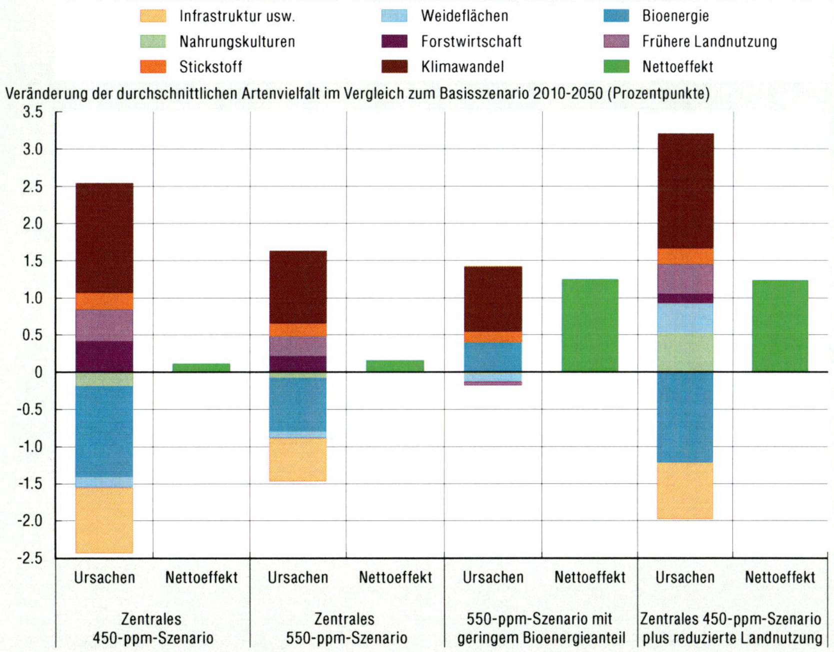

Quelle: Projektionen des *OECD-Umweltausblicks*; Ergebnisse von Berechnungen anhand der IMAGE-Modellreihe.

StatLink ⟶ http://dx.doi.org/10.1787/888932571095

> **Kasten 4.10 Eine Strategie für umweltverträgliches Wachstum und biologische Vielfalt**
>
> Als wichtigste Elemente einer vorgeschlagenen Strategie für umweltverträgliches Wachstum für die biologische Vielfalt sind u.a. zu nennen:
>
> a) Prüfung der auf einer Fortsetzung der bisherigen Politik beruhenden Projektionen auf Trends, die die biologische Vielfalt betreffen (insbesondere unter Berücksichtigung der Bevölkerungszunahme, des Wirtschaftswachstums sowie der Nachfrage nach landwirtschaftlichen Erzeugnissen). Dies würde dazu beitragen, den Bezugspunkt (bzw. das Basisszenario) zu bestimmen, gegenüber dem die künftigen Fortschritte gemessen werden können. Dieser Prozess würde dazu dienen, die wichtigsten Antriebskräfte des Verlusts an biologischer Vielfalt sowie die Gebiete zu identifizieren, auf denen sich die Veränderungen voraussichtlich am raschesten vollziehen werden.
>
> b) Entwicklung einer langfristigen Vision für umweltverträgliches Wachstum und biologische Vielfalt (ausgearbeitet beispielsweise durch eine gemeinsame Arbeitsgruppe auf hochrangiger Ebene auf Grundlage einer Kosten-Nutzen-Analyse). Dies müsste in Abstimmung mit (und parallel zu) ähnlichen Bemühungen um ein umweltverträgliches Wachstum in anderen Wirtschaftsbereichen und -sektoren erfolgen, darunter Landwirtschaft, Energie, Klimawandel und Entwicklung. Um eine bessere Abstimmung und Zusammenarbeit zwischen den verschiedenen Ministerien (Umwelt-, Wirtschafts-, Landwirtschafts-, Energie-, Finanzministerium usw.) zu fördern, könnten gemeinsame hochrangig besetzte Arbeitsgruppen geschaffen werden, um die langfristige Vision auf eine Art und Weise zu entwickeln, die die verfügbaren Synergien erfasst und die potenziellen Zielkonflikte aufgreift. So weit wie möglich sollte sich die langfristige Vision auf eine Kosten-Nutzen-Analyse stützen.
>
> c) Ermittlung der kostengünstigsten Politikoptionen und Bereiche, in denen Maßnahmen ergriffen werden können (um Handlungsprioritäten und die Abfolge der Maßnahmen zu identifizieren).
>
> d) Umsetzung der Strategie. Dies würde die Auswahl der geeigneten (regulatorischen, ökonomischen und freiwilligen) Elemente des Politikinstrumentariums sowie die Umsetzung des für die Verwirklichung der Zwischen- und langfristigen Ziele benötigten Policy Mix umfassen.
>
> e) Überwachung und Überprüfung der Strategie: Messung der Fortschritte im Hinblick auf die Erreichung der Ziele und Überarbeitung der Ansätze im Lauf der Zeit, um diese auf der Grundlage neuer Informationen und gewonnener Erkenntnisse zu verbessern.
>
> Quelle: Auf der Grundlage von OECD (2011c), „Green Growth and Biodiversity", OECD Publishing, Paris.

Anmerkungen

1. Das Rahmenübereinkommen der Vereinten Nationen über Klimaänderungen (UNFCCC), das Übereinkommen über die biologische Vielfalt (UNCBD) und das Übereinkommen der Vereinten Nationen zur Bekämpfung der Wüstenbildung (UNCCD).
2. Vgl. *www.bipindicators.net/indicators*. Für die bis 2020 zu erreichenden Biodiversitätsziele werden zusätzliche Indikatoren in Erwägung gezogen.
3. Der Marine Trophic Index stützt sich auf Daten zur weltweiten Fangzusammensetzung und gibt das mittlere Trophieniveau (Position in der Nahrungskette) der Fischereierträge an.
4. Wegen einer Beschreibung des für die Berechnung der durchschnittlichen Artenvielfalt verwendeten GLOBIO-Modells vgl. Anhang A, Modellierungsrahmen, am Ende dieses *Umweltausblicks*.
5. Biome sind eine allgemeine Art natürlicher Ökosysteme. Ihre Definition richtet sich nach Bodenbeschaffenheit und klimatischen Verhältnissen (Prentice et al., 1992).

6. Dies bedeutet nicht, dass der Artenschwund selbst beispielsweise in Wäldern der gemäßigten Zonen größer gewesen ist, da Tropenwälder in der Tendenz eine größere Artenvielfalt aufweisen.

7. Die Unterschiede bei den Schätzungen der Artenvielfalt von MSA und LPI können auf mehrere Faktoren zurückzuführen sein: Beim LPI werden lediglich Wirbeltiere berücksichtigt, während die MSA alle Arten umfasst; im Gegensatz zur MSA beinhaltet die LPI-Definition einer gemäßigten Zone auch die arktische Polarregion sowie die Tundra; die MSA erfasst terrestrische Systeme, wohingegen der LPI die biologische Vielfalt an Land, im Meer und in den Binnengewässern abdeckt; für den LPI wird der geometrische Mittelwert verwendet, der im Hinblick auf das Artensterben nur schwer zu nutzen ist, da sich das geometrische Mittel nur auf positive Werte anwenden lässt.

8. Der Index lässt sich für jede Gattung errechnen, die mindestens zweimal für die Rote Liste des IUCN untersucht wurde.

9. Die Waldbedeckung ergibt sich nach der Definition der Ernährungs- und Landwirtschaftsorganisation der Vereinten Nationen (FAO) aus den Waldgebieten, die über 0,5 Hektar groß sind, in denen Bäume mit einer Höhe von über 5 Metern stehen und deren Baumkronen über 10% der Fläche bedecken (FAO, 2010b). Dazu zählen keine Flächen, die vorwiegend für landwirtschaftliche oder städtische Zwecke genutzt werden.

10. Voll befischt bedeutet, dass die Fangfischerei an oder nahe einem optimalen Ertragsniveau tätig ist, das voraussichtlich keinen Raum für eine weitere Expansion zulässt.

11. In diesem Index werden Veränderungen bei 2 023 Populationen von 636 Fisch-, Seevogel-, Seeschildkröten- und Meeressäugetierarten erfasst, die in gemäßigten und tropischen Meeresökosystemen leben.

12. Vgl. Alkemade et al., 2009, sowie Anhang A dieses *Umweltausblicks* zum Modellierungsrahmen.

13. Die Wachstumsrate ist auf Grund des Mangels an geeigneten Daten über die Waldnutzung in der Vergangenheit wahrscheinlich überzeichnet. 2010 betrug die insgesamt für die Holzerzeugung ausgewiesene Waldfläche laut FAO (2010b) etwa ein Drittel der weltweiten Waldfläche. In den Projektionen des Basisszenarios wird dieses Niveau indessen erst 2050 erreicht. Dieser Unterschied ist höchstwahrscheinlich auf die Tatsache zurückzuführen, dass der projizierte Anstieg der Waldnutzung in der Praxis größtenteils auf die Wiederverwendung von Wäldern entfallen wird, die bereits in früheren Jahrzehnten (vor 1970) gerodet wurden. In der FAO-Statistik (aufeinanderfolgende Waldressourcenerfassungen – Forest Resource Assessments) gibt es jedoch keine langfristigen Trends hinsichtlich der Waldnutzung, die diesen historischen Zeitraum abdecken.

14. Gebietsfremde invasive Arten und andere Formen der Umweltverschmutzung sind im für den *Umweltausblick* verwendeten GLOBIO-Modell nicht berücksichtigt, ebenso wenig wie die Überbeanspruchung der Meere. Die Überbeanspruchung terrestrischer natürlicher Ressourcen wird teilweise und indirekt im Abschnitt zur Landnutzung und zur Beeinträchtigung von Lebensräumen behandelt.

15. Gebietsfremde invasive Arten werden vom Internationalen Naturschutzbund als „Tiere, Pflanzen oder andere Organismen" definiert, „die vom Menschen in außerhalb ihres natürlichen Verbreitungsraums liegende Orte eingeführt wurden, wo sie sich niederlassen und ausbreiten, wobei von ihnen negative Effekte auf die lokalen Ökosysteme und Arten ausgehen" (IUCN, 2011). Ein Beispiel ist die Ankunft der Braunen Baumnatter (Boiga irregularis) in Guam, die zum praktisch vollständigen Aussterben einheimischer Waldvögel führte (ISSG, 2000).

16. Das Global Transboundary Conservation Network wurde auf dem 5. Weltschutzgebietskongress der IUCN gegründet, um Fachwissen und Orientierungshilfen zu allen Aspekten der Planung, des Managements und der Verwaltungsführung von grenzüberschreitenden Schutzgebieten bereitzustellen. Vgl. *www.tbpa.net/page.php?ndx=78*.

17. Die IUCN hat ein Verzeichnis von sieben Schutzgebietskategorien erstellt, die von solchen, in denen menschliche Aktivitäten streng begrenzt sind, bis zu jenen reichen, in denen lediglich gewisse Elemente der natürlichen Umwelt vor Eingriffen geschützt sind. Diese Kategorien tragen der Tatsache Rechnung, dass der Schutz und die nachhaltige Nutzung der natürlichen Ressourcen komplexe Ziele sind, die auf differenzierte Art und Weise realisiert werden müssen, um unterschiedliche gesellschaftliche Ziele zu erreichen.

18. DDT (Dichlordiphenyltrichlorethan) ist ein synthetisches Pestizid, das im Rahmen des Stockholmer Übereinkommens weltweit für den Einsatz in der Landwirtschaft verboten wurde. DDT wird mit menschlichen Gesundheitsschäden und dem Rückgang zahlreicher Vogelarten, darunter der Weißkopfseeadler und der Braunpelikan, in Verbindung gebracht.

19. Emissionsreduktion durch vermiedene Entwaldung und Walddegradation (REDD) ist ein neuer Finanzmechanismus, der unter der Federführung des Rahmenübereinkommens der Vereinten Nationen über Klimaänderungen (UNFCCC) für das Klimaschutzsystem nach 2012 vorgeschlagen wurde. REDD wurde ausgeweitet auf Ziele, die im Aktionsplan von Bali aufgeführt sind – Erhaltung und nachhaltige Bewirtschaftung der Wälder sowie Erhöhung der von ihnen gespeicherten Kohlenstoffvorräte – und wird deshalb allgemein als REDDplus bezeichnet (Beschluss 1/CP. 13).

20. Eine Funktion des Übereinkommens über die biologische Vielfalt besteht darin, eine Reihe von Grundsätzen, Verpflichtungen und Verantwortlichkeiten in Bezug auf den Zugang zu genetischen Ressourcen und den Vorteilsausgleich bei der Nutzung dieser Ressourcen festzulegen, auf die sich die Länder stützen können.

21. Das Nagoya-Protokoll ist eine Verpflichtung, vor dem Zugang zu genetischen Ressourcen vom Ursprungsland eine auf Kenntnis der Sachlage gegründete vorherige Zustimmung einzuholen und sowohl die geldwerten als auch die nicht geldwerten Vorteile, die sich aus ihrem Nutzen ergeben, auf der Grundlage von einvernehmlich festgelegten Bedingungen auszugleichen.

22. „Biodiversitätsbezogene Leistung" bezieht sich auf Aktivitäten, die einen Beitrag zu wenigstens einem der drei im CBD genannten Ziele leisten: a) die Erhaltung der biologischen Vielfalt, b) die nachhaltige Nutzung ihrer Bestandteile und c) die ausgewogene und gerechte Aufteilung der sich aus der Nutzung der genetischen Ressourcen ergebenden Vorteile.

23. Aktivitäten, die als biodiversitätsbezogene Leistung gelten, wird entweder der Wert „wichtiges Ziel" oder der Wert „Hauptziel" zugeordnet. Der Aktivität wird der Wert „Hauptziel" zugeordnet, wenn sie direkt und explizit darauf zielt, eines der drei vorstehend genannten Ziele der CBD zu erreichen.

24. Norwegen und die Vereinigten Staaten werden fast 50% davon bereitstellen. Auf sechs Länder – Norwegen, die Vereinigten Staaten, Japan, Deutschland, das Vereinigte Königreich, Frankreich – entfallen 88% der Gesamtzusagen, während die übrigen 12% aus 8 anderen Quellen stammen (Simula, 2010).

25. Definition aus IEA Bioenergy Task 39 (2009) entnommen.

26. Innovative Finanzierungsinstrumente für die biologische Vielfalt sind neu bzw. werden derzeit entwickelt, z.B. Zahlungen für Ökosystemleistungen (*Payments for Ecosystem Services* – PES) und internationale PES (IPES), Ausgleichsmaßnahmen und Bankdienstleistungen für die biologische Vielfalt sowie die Versteigerung handelbarer Emissionsrechte (vgl. Abschnitt 3).

27. Ein Beispiel für eine Initiative zum Informationsaustausch ist die Global Biological Information Facility.

Literaturverzeichnis

Ahlenius, H. (2004), *Global Development and Biodiversity*, UNEP/GRID-Arendal Maps and Graphics Library, http://maps.grida.no/go/graphic/global-development-and-biodiversity.

Alkemade, R. et al. (2009), "GLOBIO3: A Framework to Investigate Options for Reducing Global Terrestrial Biodiversity Loss", *Ecosystems*, 12: 374-390.

Alves, R. und I. Rosa (2007), "Biodiversity, Traditional Medicine and Public Health: Where Do they Meet?", *Journal of Ethnobiology and Ethnomedicine*, 3(14).

Andrade Pérez, A., B. Herrera Fernandez und R. Cazzolla Gatti (Hrsg.) (2010), *Building Resilience to Climate Change: Ecosystem-based adaptation and lessons from the field*, Gland, Schweiz: IUCN.

Arnason, R. (2008), *Rents and Rent Drain in the Icelandic Cod Fishery, Revised Draft*, Vorlage für das POFISH-Programm der Weltbank, Washington, D.C.

Balmford, A. et al. (2002), "Economic Reasons for Conserving Wild Nature", *Science*, 297(5583): 950-953.

Beaumont, N., M. Austen, S. Mangi und M. Townsend (2006), "Marine Biodiversity: An Economic Valuation", DEFRA, London.

Beckage, B. et al. (2007), "A Rapid Upward Shift of a Forest Ecotone During 40 Years of Warming in the Green Mountains of Vermont", *PNAS* (Proceedings of the National Academy of Sciences of the United States of America), 105: 4197-4202.

Bennett, G. und K.J. Mulongoy (2006), "Review of Experience with Ecological Networks, Corridors and Buffer Zones", *Technical Series*, No. 23, SCBD (Sekretariat des Übereinkommens über die biologische Vielfalt), Montreal.

Berry, P., (2007), *Adaptation Options on Natural Ecosystems. A Report to the UNFCCC Secretariat Financial and Technical Support Division*, UNFCCC (Rahmenübereinkommen der Vereinten Nationen über Klimaänderungen), Bonn.

Billen, G. und J. Garnier (2007), "River Basin Nutrient Delivery to the Coastal Sea: Assessing its Potential to Sustain New Production of Non-Siliceous Algae", *Marine Chemistry*, Vol. 106(1-2): 148-160.

Brink, P. ten et al. (2008), "Critical Thresholds, Evaluation and Regional Development", *European Environment*, Vol. 18: 81-95.

Brink, B. ten et al. (2010), *Rethinking Global Biodiversity Strategies: Exploring Structural Changes in Production and Consumption to Reduce Biodiversity Loss*, PBL Netherlands Environment Assessment Agency, Den Haag/Bilthoven.

Brooks, T.M. et al. (2006), "Global Biodiversity Conservation Priorities", *Science*, 313(5783): 58-61.

Butchart, S. et al. (2010), "Global Biodiversity: Indicators of Recent Declines", *Science*, 348(5982): 1164-1168.

Cao, M. und I. Woodward (1998), "Net Primary and Ecosystem Production and Carbon Stocks of Terrestrial Ecosystems and their Responses to Climate Change", *Global Change Biology*, 4: 185-198.

CBD (Übereinkommen über die biologische Vielfalt) (2005), *Biodiversity-Inclusive Impact Assessment: Information Document in Support of the CBD Guidelines on Biodiversity in EIA and SEA*, CBD-Vertragsstaatenkonferenz, Montreal.

CBD (2010), *Strategic Plan for Biodiversity 2011-2020, Including Aichi Biodiversity Targets*, CBD, Montreal.

Chivian, E. (Hrsg.) (2002), *Biodiversity: Its Importance to Human Health, Interim Executive Summary*, Center for Health and the Global Environment, Harvard Medical School, Boston, MA.

CITES (Übereinkommen über den internationalen Handel mit gefährdeten Arten freilebender Tiere und Pflanzen) (2011), CITES, www.cites.org.

Coad, L., N. Burgess, B. Bomhard und C. Besançon (2009), "Progress Towards the Convention on Biological Diversity's 2010 and 2012 Targets for Protected Area Coverage", technischer Bericht für den internationalen IUCN-Workshop, *Looking to the Future of the CBD Programme of the CBD Programme of Work on Protected Areas*, Insel Jeju, Republik Korea 14.-17. September 2009, IUCN, Gland.

COHAB (Co-operation on Health and Biodiversity) Initiative (2010), "The Importance of Biodiversity to Human Health", *UN CBD COP 10 Policy Brief 10*, COHAB Initiative Secretariat, Galway, Irland.

Conservation International (2004), Biodiversity Hotspots Revisited (Data Basin Dataset) *www.arcgis.com/home/item.html?id=bc755b56fce8492d9817a9de49255f99*.

Corfee-Morlot, J., B. Guay und K.M. Larsen (2009), *Financing Climate Change Mitigation: Towards a Framework for Measurement, Reporting and Verification*, OECD/IEA (Internationale Energie-Agentur), Paris.

Costello, C., S. Gaines und J. Lynhams (2008), "Can Catch Shares Prevent Fisheries Collapse?", *Science*, 321 (1678).

Dalal, R. und D. Allen (2008), "Greenhouse Gas Fluxes from Natural Ecosystems", *Australian Journal of Botany*, Vol. 56: 369-407.

DEFRA (Ministerium für Umwelt, Nahrungsmittel und ländliche Angelegenheiten) (2010), *UK Biodiversity Indicators in Your Pocket 2010: Measuring Progress Towards Halting Biodiversity Loss*, DEFRA, London.

Doornbosch, R. und R. Steenblik (2007), "Biofuels – Is the Cure Worse than the Disease?" Offizieller Bericht der OECD für die *Round-Table-Konferenz zur nachhaltigen Entwicklung*, Paris, 11.-12. September 2007.

Dybas, C.L. (2005), "Dead Zones Spreading in World Oceans", *Bioscience*, 55, 552-557.

Eickhout, B. et al. (2006), "Modelling Agricultural Trade and Food Production under Different Trade Policies", in A.F. Bouwman, T. Kram und K. Klein Goldewijk (Hrsg.), *Integrated Modelling of Global Environmental Change: An Overview of IMAGE 2.4*, PBL Netherlands Environmental Assessment Agency, Den Haag/Bilthoven.

Emerton, L. und E. Bos (2004), *Value: Counting Ecosystems as Water Infrastructure*, IUCN (Internationale Union für die Erhaltung der Natur und der natürlichen Hilfsquellen), Gland, Schweiz, und Cambridge, Vereinigtes Königreich.

Everaert, J. und E. Stienen (2006), "Impact of Wind Turbines in Zeebrugge (Belgium): Significant Effect on Breeding Tern Colony Due to Collisions", *Biodiversity and Conservation*, 16: 3345 3359.

FAO (Ernährungs- und Landwirtschaftsorganisation der Vereinten Nationen) (2006), *The Global Forests Resource Assessment: 2005*, FAO, Rom.

FAO (2010a), *The State of the World's Fisheries and Aquaculture: 2010*, FAO, Rom.

FAO (2010b), *The Global Forests Resource Assessment: 2010*, FAO, Rom.

Gaines, S., C. White, M. Carr und S. Palumbi (2010), "Designing Marine Reserve Networks for Both Conservation and Fisheries Management", *PNAS (Proceedings of the National Academy of Sciences of the United States of America)*, 107 (43): 18286-18293.

Gallai N., J.M. Salles, J. Settele und B.E. Vaissière (2009), "Economic Valuation of the Vulnerability of World Agriculture Confronted with Pollinator Decline", *Ecological Economics*, 68, 810-821.

GFCM (Allgemeine Kommission für die Fischerei im Mittelmeer) (2005), "Recommendation GFCM/2005/1: On The Management of Certain Fisheries Exploiting Demersal and Deepwater Species", *2005 GFCM Recommendations on Mediterranean Fisheries Management*, GFCM, Rom.

Groffman, P. et al. (2006), "Ecological Thresholds: The Key to Successful Environmental Management or an Important Concept with No Practical Application?", *Ecosystems*, 9: 1-13.

Haites, E. (2011), "Climate Change Finance", *Climate Policy*, 11(3): 963-969.

Halpern, B. (2003), "The Impact of Marine Reserves: Do Reserves Work and Does Reserve Size Matter?", *Ecological Society of America*, Vol. 13(1): 117-137.

Hamilton, A. (2003), *Medicinal Plants and Conservation: Issues and Approaches*, International Plants Conservation Unit, WWF-UK, Godalming, Vereinigtes Königreich.

Heal G. et al. (2002), "Genetic Diversity and Interdependent Crop Choices in Agriculture", *Beijer Discussion Paper*, 170, The Beijer Institute of Ecological Economics, The Royal Swedish Academy of Sciences, Stockholm.

Hilton-Taylor, C. et al. (2008), "Status of the World's Species", in J.-C. Vié, C. Hilton-Taylor und S.N. Stuart (Hrsg.), *The 2008 Review of the IUCN Red List of Threatened Species*, IUCN, Gland, Schweiz.

House of Commons Environmental Audit Committee (2008), Are Biofuels Sustainable? *First Report of Session 2007-08*, Vol. 1, The Stationery Office, im Auftrag des House of Commons, London.

IAIA (International Association for Impact Assessment) (1999), *Principles of Environmental Impact Assessment Best Practice*, IAIA, Fargo, North Dakota.

IEA Bioenergy Task 39 (2009), Commercializing 1st- and 2nd-generation Liquid Biofuels: Definitions, *www.task39.org/About/Definitions/tabid/1761/language/en-US/Default.aspx*.

IPBES (2011), Intergovernmental Platform on Biodiversity and Ecosystem Services, Website http://ipbes.net.

IPCC (Zwischenstaatlicher Ausschuss für Klimaänderungen) (2001), *Climate Change 2001: Synthesis Report. A Contribution of Working Groups I, II, and III to the Third Assessment Report of the Intergovernmental Panel on Climate Change*, Cambridge University Press, Cambridge.

IPCC (2007), Climate Change 2007: Synthesis Report. Contribution of Working Groups I, II, III to the Fourth Assessment. Report of the Intergovernmental Panel on Climate Change, IPCC, Genf, Schweiz.

ISSG (Invasive Species Specialist Group) (2000), Aliens, 12, IUCN, Gland, Schweiz.

IUCN (Internationale Union für die Erhaltung der Natur und der natürlichen Hilfsquellen) (2011), Invasive Species, IUCN Website, www.iucn.org/about/union/secretariat/offices/iucnmed/iucn_med_programme/species/invasive_species/.

IUCN und UNEP (Umweltprogramm der Vereinten Nationen) (2011a), The World Database on Protected Areas (WDPA), UNEP-WCMC (World Conservation Monitoring Centre), Cambridge, Vereinigtes Königreich, Datenzugriff im Januar 2011.

IUCN und UNEP (2011b), The World Database on Protected Areas (WDPA), UNEP-WCMC (World Conservation Monitoring Centre), Cambridge, Vereinigtes Königreich, Datenzugriff im April 2011.

James, A., K. Gaston und A. Balmford (2001), "Can We Afford to Conserve Biodiversity?", BioScience, 5(1): 43-52.

Kapos, V. et al. (Hrsg.) (2008), Carbon and Biodiversity: a Demonstration Atlas, UNEP-WCMC, Cambridge, Vereinigtes Königreich.

Karousakis, K. (2009), "Promoting Biodiversity Co-Benefits in REDD", OECD Environment Working Papers, No. 11, OECD Publishing, Paris, doi: 10.1787/220188577008.

Kate, K. ten, J. Bishop und R. Bayon (2004), Biodiversity Offsets: Views, Experience, and the Business Case, IUCN Gland, Schweiz, Cambridge und Insight Investment London.

Kindermann, G. et al. (2008), "Global Cost Estimates of Reducing Carbon Emissions through Avoided Deforestation", PNAS (Proceedings of the National Academy of Sciences of the United States of America) 105(30): 10302-10307.

Larsen, H. (2006), "The Use of Green Taxes in Denmark for the Control of the Aquatic Environment", in OECD, Evaluating Agri-Environmental Policies: Design, Practice and Results, OECD Publishing, Paris, doi: 10.1787/9789264010116-20-en.

Leverington, F., M. Hockings und K. Costa (2008), Management Effectiveness Evaluation in Protected Areas: Report for the Project "Global Study into Management Effectiveness Evaluation of Protected Areas", The University of Queensland, Gatton, IUCN, WCPA, TNC, WWF, Australien.

Loh, J. et al. (2010), "Monitoring Biodiversity – the Living Planet Index", in WWF (World Wide Fund for Nature), ZSL (Zoological Society of London) und GFN (Global Footprint Network), Living Planet Report 2010 Biodiversity, Biocapacity and Development, WWF, Gland, Schweiz.

MA (Millennium Ecosystem Assessment) (2005), Millennium Ecosystem Assessment – Ecosystems and Human Well-being: Biodiversity Synthesis, World Resources Institute, Washington, D.C.

McDonald, I. (2009), "Current Trends in Ethnobotany", Tropical Journal of Pharmaceutical Research, 8(4): 295-296.

Myers, R., J. Baum, T. Shepherd, S. Powers und C. Peterson (2007), "Cascading Effects of the Loss of Apex Predatory Sharks from a Coastal Ocean", Science, 315(5820): 1846-1850.

Natura 2000 (2010), Website von Natura 2000 Good Practice Exchange, www.natura2000exchange.eu, Datenzugiff am 10. Mai 2010.

Nature Conservancy, The (2011), "Working with Companies: Dow Announces Business Strategy for Conservation", Website von Nature Conservancy, www.nature.org/aboutus/ourpartners/workingwithcompanies/explore/dow-announces-business-strategic-for-conservation.xml.

New, T. und Z. Xie (2008), "Impacts of Large Dams on Riparian Vegetation: Applying Global Experience to the Case of China's Three Gorges Dam", Biodiversity and Conservation, 17: 3149-3163.

Newman, D. und G. Cragg (2007), "Natural Products as Sources of New Drugs over the Last 25 Years", Journal of Natural Products, 70(3): 461-477.

Nowak, D., D. Crane und J. Stevens (2006), "Air Pollution Removal by Urban Trees and Shrubs in the United States", *Urban Forestry and Urban Greening*, 4: 115-123.

OECD (2000), *Voluntary Approaches for Environmental Policy: An Assessment*, OECD Publishing, Paris, doi: 10.1787/9789264180260-en.

OECD (2002), *Handbook of Biodiversity Valuation: A Guide for Policy Makers*, OECD Publishing, Paris, doi: 10.1787/9789264175792-en.

OECD (2003), *Voluntary Approaches for Environmental Policy: Effectiveness, Efficiency and Usage in Policy Mixes*, OECD Publishing, Paris, doi: 10.1787/9789264101784-en.

OECD (2006), *Applying Strategic Environmental Assessment: Good Practice Guidance for Development Co-operation*, DAC-Reihe, Leitlinien und Grundsatztexte OECD Publishing, Paris, doi: 10.1787/9789264026582-en.

OECD (2007), *Instrument Mixes for Environmental Policy*, OECD Publishing, Paris, doi: 10.1787/9789264018419-en.

OECD (2008a), *Costs of Inaction on Key Environmental Challenges*, OECD Publishing, Paris, doi: 10.1787/9789264045828-en.

OECD (2008b), *OECD-Umweltausblick bis 2030*, OECD Publishing, Paris, doi: 10.1787/9789264040519-en.

OECD (2008c), *Biofuel Support Policies: An Economic Assessment*, OECD Publishing, Paris, doi: 10.1787/9789264050112-en.

OECD (2008d), *Report on Implementation of the 2004 Council Recommendation on the Use of Economic Instruments in Promoting the Conservation and Sustainable Use of Biodiversity*, Arbeitsgruppe Wirtschaftliche Aspekte der biologischen Vielfalt, OECD, Paris.

OECD (2008e), *People and Biodiversity Policies: Impacts, Issues and Strategies for Policy Action*, OECD Publishing, Paris, doi: 10.1787/9789264034341-en.

OECD (2009a), *Natural Resources and Pro-Poor Growth: The Economics and Politics*, DAC-Reihe Leitlinien und Grundsatztexte, OECD Publishing, Paris, doi: 10.1787/9789264060258-en.

OECD (2009b), *Agrarpolitik in den OECD-Ländern 2009: Monitoring und Evaluierung*, OECD Publishing, Paris, doi: 10.1787/agr_oecd-2009-de.

OECD (2009c), *The Bioeconomy to 2030: Designing a Policy Agenda*, OECD Publishing, Paris, doi: 10.1787/9789264056886-en.

OECD (2010a), *Paying for Biodiversity: Enhancing the Cost-Effectiveness of Payments for Ecosystem Services*, OECD Publishing, Paris, doi: 10.1787/9789264090279-en.

OECD (2010b), *ODA for Biodiversity*, OECD Creditor Reporting System online, OECD Publishing, Paris, http://stats.oecd.org/ (Development).

OECD (2011a), *Towards Green Growth*, OECD Green Growth Studies, OECD Publishing, Paris, doi: 10.1787/9789264111318-en.

OECD (2011b), *Greening Household Behaviour: The Role of Public Policy*, OECD Publishing, Paris, doi: 10.1787/9789264096875-en.

OECD (2011c), "Green Growth and Biodiversity", OECD Publishing, Paris.

Olsen, R. (2006), "Climate Change and Floodplain Management in the United States", *Climatic Change*, 76(3-4): 407-426.

Olsen, D.M., E. Dinerstein et al. (2001), "Terrestrial Ecoregions of the World: A New Map of Life on Earth", *Bioscience*, 51(11): 933-938.

Paerl, H. et al. (2003), "Phytoplankton Photopigments as Indicators of Estuarine and Coastal Eutrophication", *BioScience*, 53(10): 953-964.

Parker, C. und M. Cranford (2010), *The Little Biodiversity Finance Book*, Global Canopy Programme, Oxford.

Peréz, A., R. Gatti und B. Fernández (2011), "Building Resilience to Climate Change: Ecosystem Based Adaptation and Lessons from the Field", *Ecosystem Management Series*, No. 9, IUCN, Gland, Schweiz.

Pimental, D., R. Zuniga, D. Morrison (2005), "Update on the Environmental and Economic Costs Associated with Alien-Invasive Species in the United States", *Ecological Economics*, 52: 273-288.

Prentice, I. et al. (1992), "A Global Biome Model Based on Plant Physiology and Dominance, Soil Properties and Climate", *Journal of Biogeography*, 19, 117-134.

Prip, C., T. Gross, S. Johnston und M. Vlerros (2010), "Biodiversity Planning: An Assessment of National Biodiversity Strategies and Action Plans", United Nations University Institute of Advanced Studies, Yokohama, Japan.

Quanlin, Q. (2011), "Pearl River Fishing Ban May Reduce Net Loss", *China Daily*, 14. April 2011, http://www.chinadaily.com.cn/cndy/2011-04/14/content_12322894.htm.

Rockström, J. et al. (2009), "Planetary Boundaries: Exploring the Safe Operating Space for Humanity", *Ecology and Society*, 14, No. 2, 32.

Royal Society, The (2008), *Sustainable Bioenergy: Prospects and Challenges*, The Royal Society, London.

Russ, G. et al. (2008), "Rapid Increase in Fish Numbers Follows Creation of World's Largest Marine Reserve Network", *Current Biology*, 18(12): 514-515.

Sala, O.E. et al. (2000), "Global Biodiversity Scenarios for the Year 2100", *Science*, 287: 1770-1774.

Salazar, L.F., C.A. Nobre und M.D. Oyama (2007), "Climate Change Consequences on the Biome Distribution in Tropical South America", *Geophysical Research Letters*, 34, L09708.

SCBD (Sekretariat des Übereinkommens über die biologische Vielfalt) (2009a), *Invasive Alien Species: A Threat to Biodiversity*, SCBD, Montreal.

SCBD (2009b), *Biodiversity, Development and Poverty Alleviation: Recognizing the Role of Biodiversity for Human Well-Being*, SCBD, Montreal.

SCBD (2009c), "Review of the Literature on the Links Between Biodiversity and Climate Change: Impacts, Adaptation and Mitigation", *CBD Technical Series*, No. 42, SCBD, Montreal.

SCBD (2010a), *Global Biodiversity Outlook 3*, SCBD, Montreal.

SCBD (2010b), *Updating and Revision of the Strategic Plan for the Post-2010 Period*, SCBD, Montreal.

Scheffer, M. et al. (2009), "Early Warning Signals for Critical Transitions", *Nature*, 461 53-59.

Simula, M. (1999), *Trade and Environmental Issues in Forest Production. Environment Division Working Paper*, Interamerikanische Entwicklungsbank.

Simula, M. (2010), "Analysis of REDD+ Financing Gaps and Overlaps". REDD+ Partnership, www.reddpluspartnership.org.

Smith, K. und W. Darwall (2006), *The Status and Distribution of Freshwater Fish Endemic to the Mediterranean Basin*, IUCN, Gland, Schweiz, und Cambridge, Vereinigtes Königreich.

Stein, B., L. Kutner und J. Adams (2000), *Precious Heritage. The Status of Biodiversity in the United States*, Oxford University Press, New York.

Sudmeier-Rieux, K. (2006), *Ecosystems, Livelihoods and Disasters: an Integrated Approach to Disaster Risk Management*, IUCN, Gland, Schweiz, und Cambridge, Vereinigtes Königreich.

TEEB (Die Ökonomie von Ökosystemen und der Biodiversität) (2009), *The Economics of Ecosystems and Biodiversity for National and International Policy Makers – Summary: Responding to the Value of Nature*, TEEB, Entwicklungsprogramm der Vereinten Nationen, Genf.

TEEB (2010a), *The Economics of Ecosystems and Biodiversity: Mainstreaming the Economics of Nature: A Synthesis of the Approach, Conclusions and Recommendations of TEEB*, TEEB, Entwicklungsprogramm der Vereinten Nationen, Genf.

TEEB (2010b), *The Economics of Ecosystems and Biodiversity: Report for Business*, TEEB, Entwicklungsprogramm der Vereinten Nationen, Genf.

Treweek, J. (2009), *Scoping Study for the Design and Use of Biodiversity Offsets in an English Context: Final Report to Defra*, DEFRA (Ministerium für Umwelt, Nahrungsmittel und ländliche Angelegenheiten), Vereinigtes Königreich.

VN, Europäische Kommission, IWF (Internationaler Währungsfonds), Weltbank, OECD (2003), *Integrated Environmental and Economic Accounting (SEEA, 2003)*, UN Statistical Division, New York.

UNDP (Entwicklungsprogramm der Vereinten Nationen) (2004), *Bericht über die menschliche Entwicklung 2004: Kulturelle Freiheit und Minderheiten*, UNDP. New York.

UNEP (2010), *Our Planet: Biodiversity – Our Life*. Nairobi, Kenia, www.unep.org/ourplanet.

UNEP (Umweltprogramm der Vereinten Nationen) (2007), *Global Environmental Outlook 4: Environment for Development*, UNEP, Nairobi.

UNEP-WCMC (World Conservation Monitoring Centre) (2008), *State of the World's Protected Areas 2007: an Annual Review of Global Conservation Progress*, UNEP-WCMC, Cambridge, www.unep-wcmc.org/medialibrary/2010/09/17/f3a52175/stateOfTheWorldsProtectedAreas.pdf.

UNEP-WCMC (2011), *UK National Ecosystem Assessment: Synthesis of Key Findings*, UNEP-WCMC, Cambridge, http://uknea.unep-wcmc.org/.

Vinodhini, R., M. Narayanan (2008), "Bioaccumulation of Heavy Metals in Organs of Fresh Water Fish Cyprinus carpio (Common Carp)", *International Journal of Environmental Science Technology*, 5 (2): 179-182.

Vittor, A. et al. (2006), "The Effect of Deforestation on the Human-Biting Rate of Anopheles darlingi, the Primary Vector of Falciparum Malaria in the Peruvian Amazon", *American Journal of Tropical Medicine and Hygiene*, 74: 3-11.

Vuuren, D. van, E. Bellevrat, A. Kitous und M. Isaac (2010), "Bioenergy Use and Low Stabilization Scenarios", *The Energy Journal*, Vol. 31: 192-222.

Walker, B., C. Holling, S. Carpenter und A. Knizig (2004), "Resilience, Adaptability and Transformability in Social-Ecological Systems", *Ecology and Society*, 9(2): 5.

WHO (Weltgesundheitsorganisation) (2002), *Traditional Medicine Strategy (2002-2005)*, WHO, Genf.

Weltbank (2004), *Sustaining Forests: A Development Strategy*, Weltbank, Washington D.C.

Weltbank (2006), *Where is the Wealth of Nations? Measuring Capital for the 21st Century*, Weltbank, Washington D.C.

Weltbank (2008), *World Development Report 2008: Agriculture for Development*, Weltbank, Washington D.C.

Weltbank (2011), *Implementation Status and Results. Colombia: Integrated National Adaptation Program (P083075)*, Report Number ISR2733, Weltbank, Washington D.C.

Wunder, S. (2005), "Payments for Environmental Services: Some Nuts and Bolts", *CIFOR Occasional Paper*, No. 42, Center for International Forestry Research, Bogor, Indonesien.

WWF (World Wildlife Fund), ZSL (Zoological Society London) und GFN (Global Footprint Network) (2010), *Living Planet Report 2010: Biodiversity, Biocapacity and Development*, WWF, Gland, Schweiz.

Yachi, S. und M. Loreau (1999), "Biodiversity and Ecosystem Productivity in a Fluctuating Environment: The Insurance Hypothesis", *PNAS* 96: 1463-1468.

Zaghi, D. et al. (2010), *Literature Study on the Impact of Biodiversity Changes on Human Health*, Comunità Ambient Srl, Bericht für die Europäische Kommission (Generaldirektion Umwelt), Europäische Kommission, Brüssel.

ANHANG 4.A

Hintergrundinformationen zur Modellierung der biologischen Vielfalt

Dieser Anhang enthält weitere Einzelheiten über die folgenden Modellierungsaspekte:

- eine Zusammenfassung der projizierten sozioökonomischen Entwicklungen, die dem Basisszenario zu Grunde liegen,

- das auf einer Ausweitung der terrestrischen Schutzgebiete basierende Szenario,

- die Biodiversitätsauswirkungen der verschiedenen Klimaschutzszenarien.

Die sozioökonomischen Entwicklungen im Basisszenario

Im Basisszenario des *Umweltausblicks* werden einige sozioökonomische Entwicklungen projiziert, die im Folgenden beschrieben werden (und in den Kapiteln 1 und 2 näher erläutert wurden). Diese Projektionen wurden zur Konstruktion des Basisszenarios für die in diesem Kapitel erörterten biodiversitätsbezogenen Fragen herangezogen:

- Das weltweite BIP wird sich den Projektionen zufolge in den kommenden vier Jahrzehnten nahezu vervierfachen, eine Prognose, die mit der Entwicklung in den vergangenen vierzig Jahren in Einklang steht und auf detaillierten Projektionen der Hauptantriebskräfte des Wirtschaftswachstums beruht. Bis 2050 ist damit zu rechnen, dass der Anteil der OECD-Länder an der Weltwirtschaft von 54% im Jahr 2010 auf unter 32% zurückgeht, während der Anteil von Brasilien, Russland, Indien, Indonesien, China und Südafrika (die BRIICS-Staaten) auf mehr als 40% ansteigen dürfte.

- 2050 wird sich die Weltbevölkerung gegenüber den heutigen 7 Milliarden Menschen voraussichtlich um mehr als 2,2 Mrd. Menschen vergrößert haben. Es wird davon ausgegangen, dass alle Weltregionen von der Bevölkerungsalterung betroffen sind, sich aber in unterschiedlichen Stadien des demografischen Wandels befinden.

- Bis 2050 werden voraussichtlich fast 70% der Weltbevölkerung in städtischen Räumen leben.

- Es ist damit zu rechnen, dass der weltweite Energieverbrauch bei gleichbleibender Politik im Jahr 2050 etwa 80% höher ist. Der Weltenergiemix wird 2050 im Wesentlichen dem heutigen entsprechen, wobei der Anteil der fossilen Brennstoffe weiterhin rd. 85% (der gewerblichen Energie), die erneuerbaren Energieträger, einschl. Biokraftstoffe (aber ohne herkömmliche Biomasse) knapp über 10% ausmachen, und der Rest des Energiebedarfs durch Kernenergie gedeckt werden dürfte. Im Bereich der fossilen Energieträger ist noch unklar, ob Kohle oder Erdgas die Hauptquelle des steigenden Energieaufkommens sein wird.

4. BIOLOGISCHE VIELFALT

- Global betrachtet werden die landwirtschaftlichen Nutzflächen im kommenden Jahrzehnt voraussichtlich expandieren, wenn auch in langsamerem Tempo. Es wird erwartet, dass die Agrarfläche vor 2030 einen Höchststand erreichen wird, um dem durch den Bevölkerungszuwachs bedingten Anstieg der Nahrungsmittelnachfrage begegnen zu können und dass sie in der Folgezeit unter dem Einfluss des langsameren Bevölkerungswachstums und anhaltender Ertragssteigerungen wieder zurückgehen wird. Die Entwaldungsraten sind bereits rückläufig, und dieser Trend wird voraussichtlich andauern, insbesondere nach 2030, wenn die Nachfrage nach weiteren landwirtschaftlichen Nutzflächen abnimmt (Abschnitt 3, Kapitel 2).

Das Szenario einer Ausweitung der terrestrischen Schutzgebiete

Für das Szenario einer Ausweitung der terrestrischen Schutzgebiete (Kasten 4.5 im Haupttext) wurde ein geografisch explizites Verbundnetz von Schutzgebieten konzipiert, das mit dem neuen CBD-Ziel, die Schutzgebiete bis 2020 auf 17% auszuweiten, in Einklang steht und die globalen Ökosystemtypen (Ökoregionen) repräsentativ abdeckt.

Als Ausgangspunkt diente eine Karte der derzeit bestehenden Schutzgebiete (IUCN und UNEP, 2011b). Die bisher erfassten Schutzgebiete decken eine terrestrische Fläche von etwa 19 Mio. km^2 ab (IUCN und UNEP, 2011; Coad et al., 2009). Auf Grund räumlicher Ungenauigkeiten konnten bei der Simulation jedoch nur 15,6 Mio. km^2 berücksichtigt werden (12%).

Neu ausgewiesene Schutzgebiete wurden auf der Grundlage der folgenden Kriterien ausgewählt:

- Die insgesamt 65 Ökoregionen werden konzipiert als eine Kombination aus bio-geografischen Regionen und bedeutenden Biomtypen (Olson et al., 2001). Dabei wird davon ausgegangen, dass die 65 Ökoregionen ausreichend zwischen den verschiedenen weltweit auftretenden Ökosystem- und Artentypen unterscheiden, um ihre Repräsentativität zu gewährleisten. Eine weitere räumliche Aufschlüsselung (z.B. unter Verwendung der 200 WWF-Ökoregionen) war auf Grund eines Mangels an geeigneten (räumlichen) Daten nicht möglich. Es wurden neue Gebiete hinzugefügt, bis für jede einzelne Ökoregion das 17%-Kriterium erfüllt war.

- Dabei wurden die Teile der Ökoregionen bevorzugt, die einen Biodiversity Hotspot darstellen. Die Auswahl der Regionen mit großer biologischer Vielfalt kann im Hinblick auf verschiedene Artengruppen und Zwecke vorgenommen werden und ist deshalb immer mit einem gewissen Maß an Subjektivität behaftet (Brooks et al., 2006). Für die Auswahl der Regionen mit großer biologischer Vielfalt wurde eine UNEP-WCMC-Karte verwendet, die mehrere Indikatoren kombiniert (Kapos et al., 2008). Auf der Überlagerungskarte (overlay) von UNEP und WCMC werden die folgenden Biodiversitätsindikatoren berücksichtigt (vgl. Abb. 4.A1): Gebiete zum Schutz endemischer Vögel (BirdLife International), Gebiete mit hoher Amphibien-vielfalt, die terrestrischen Global-200-Ökoregionen des WWF, Hotspots der biologischen Vielfalt (Conservation International) und Zentren der Pflanzenvielfalt (WWF/IUCN).

- Falls notwendig wurde den Zellen Priorität eingeräumt, die den landwirtschaftlich genutzten Flächen am nächsten liegen. Diese Flächen sind wahrscheinlich am meisten von einer Ausweitung der landwirtschaftlichen Nutzfläche bedroht.

Das Hauptkriterium für diese Gap-Analyse ist die Repräsentativität der globalen Ökosystemtypen (Ökoregionen) und Hotspots und nicht die absolute Zahl der Arten oder der Artenreichtum. Dies steht in Einklang mit dem CBD-Ziel und den im Global Biodiversity Outlook 3 (SCBD, 2010a) aufgeführten Indikatoren.

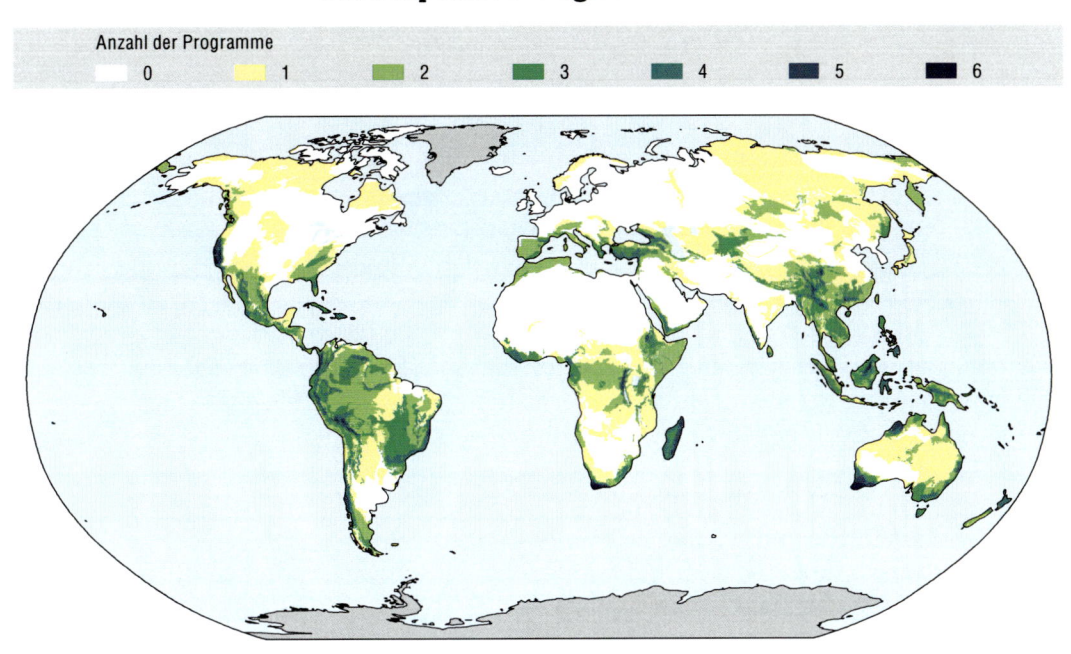

Abbildung 4.A1 Sich überschneidende globale Programme mit dem Schwerpunkt biologische Vielfalt

Anmerkung: Je höher die Zahl der sich überschneidenden Programme, desto größer der Konsens über die Gebiete, die weltweit für den Erhalt der biologischen Vielfalt von Bedeutung sind (Kapos et al., 2008).

Die Bodenangebotskurven des LEITAP-Modells wurden unter Heranziehung der Karten, in denen 17% als Schutzgebiet ausgewiesen sind, angepasst, um zu berücksichtigen, dass auf Grund der Schutzgebietsausdehnung weniger Land für landwirtschaftliche Nutzflächen zur Verfügung steht (Eickhout et al., 2006). Die Ergebnisse des LEITAP-Modells in Bezug auf die regionale Agrarproduktion wurden in das IMAGE-GLOBIO-Modell eingespeist, um zu berechnen, wie sich die Heranziehung einer Karte, in der 17% als Schutzgebiet ausgewiesen sind, auf die Belastungen auswirkt, die die durchschnittliche Artenvielfalt beeinflussen (diese Simulation bezog sich vor allem auf Landnutzungsänderungen).

Die Biodiversitätsauswirkungen des Klimaschutzes in den zentralen Szenarien mit Stabilisierung bei 450 ppm bzw. 550 ppm sowie im 550-ppm-Szenario mit geringem Bioenergieanteil

Den Projektionen zufolge wird der Klimawandel in der Zukunft eine immer wichtigere Ursache für den Verlust an biologischer Vielfalt sein. Der Klimaschutz könnte helfen, sowohl die Ziele des Klimaschutzübereinkommens als auch die des Übereinkommens über die biologische Vielfalt zu erreichen. Der Klimawandel hängt in verschiedener Hinsicht mit der biologischen Vielfalt zusammen. Er beeinflusst die Ökosysteme durch veränderte meteorologische Bedingungen (Niederschlag und Temperaturen), die den Lebensraum der Arten verändern. Dies führt zu einer Veränderung der Artenvielfalt, und manche Arten können sogar ganz aus bestimmten Regionen verschwinden. Es ist wichtig, bei der Analyse potenzieller Synergien und Zielkonflikte zwischen diesen Politikbereichen mögliche durch den Klimaschutz herbeigeführte Landnutzungsänderungen zu berücksichtigen, da Landnutzungsänderungen in der Vergangenheit die Hauptantriebskraft für den Verlust an biologischer Vielfalt darstellten. Die relevantesten durch Klimaschutzmaßnahmen verursachten Landnutzungsänderungen dürften auf die Nutzung von Bioenergie, (die Vermeidung von) Entwaldung (REDD) und Wiederaufforstung zurückzuführen sein.

Die Rolle der Bioenergie

Die meisten Mitigationsszenarien betrachten die Bioenergie als wichtiges Element der Klimaschutzpolitik. Bioenergie kann im Verkehrssektor eine attraktive Alternative zu Öl darstellen, sie kann bei der Strom- und Wasserstoffgewinnung als Ausgangsmaterial eingesetzt werden, und sie kann darüber hinaus bei der Strom- und Wasserstoffgewinnung mit der Abtrennung und Speicherung von Kohlendioxid kombiniert werden, um negative Emissionen zu erzielen (van Vuuren et al., 2010). Mehrere Studien verweisen auf die möglichen Nachteile und Risiken des Bioenergieeinsatzes, die darauf zurückzuführen sind, dass für die Bioenergieerzeugung (entweder direkt oder indirekt) große Landflächen erforderlich sind, was zu einem beträchtlichen Verlust an natürlichen Ökosystemen mit den entsprechenden Folgen für die biologische Vielfalt und die CO_2-Konzentration führen kann (Sala et al., 2009; ten Brink et al., 2010). Darüber hinaus kann der Bioenergieeinsatz zu einem Anstieg der Nahrungsmittelpreise führen. Die Zielkonflikte der einzelnen Bioenergiepolitiken könnten durch eine quantitative Bewertung der negativen und positiven Effekte der Bioenergie näher beleuchtet werden.

In allen zentralen Klimaschutzsimulationen basiert der Einsatz der Bioenergie auf der Konstruktion eines kosteneffektiven Portfolios an Mitigationsoptionen, das dem angestrebten Konzentrationspfad entspricht (vgl. den Anhang zu Kapitel 3). In dem Kapitel über die biologische Vielfalt werden diese Szenarien benutzt, um die Auswirkungen des Klimaschutzes auf die biologische Vielfalt zu untersuchen (Kasten 4.9). Bei den verwendeten Szenarien handelt es sich um die zentralen Szenarien mit Stabilisierung bei 450 ppm bzw. 550 ppm. Diese Szenarien basieren zum großen Teil auf Bioenergie aus Holz und Holzrückständen. Der Gesamtverbrauch von Bioenergie beläuft sich auf 20% bzw. 13% des gesamten Primärenergieaufkommens. Darüber hinaus wurde für das Portfolio des zentralen 550-ppm-Szenarios eine Sensitivitätsanalyse durchgeführt, die von einem niedrigeren Bioenergieeinsatz ausgeht (Szenario mit geringem Bioenergieeinsatz). In allen Berechnungen wird davon ausgegangen, dass die Bioenergie auf stillgelegten landwirtschaftlichen Nutzflächen und bis zu einem gewissen Grad auch auf natürlichem Grasland erzeugt wird. Schutzgebiete werden von der Bioenergieerzeugung ausgenommen.

Im 550-ppm-Szenario mit niedrigem Bioenergieeinsatz wurde der Einsatz von Bioenergie auf natürlichem Grasland vollkommen ausgeschlossen. Darüber hinaus wurden strengere Nachhaltigkeitskriterien herangezogen, die eine Bioenergieerzeugung in wasserknappen Gebieten und stark geschädigten Gebieten ausschließen. Abschließend blieben kurzfristige Bioenergieziele, die die technologische Entwicklung im Bereich der Bioenergie fördern, im Gegensatz zur zentralen 550-ppm-Simulation unberücksichtigt. Diese Einschränkungen führen zu einem Bioenergieeinsatz von 6,5% des Gesamt-Primärenergieaufkommens.

Biodiversitätsauswirkungen des Klimaschutzes im 450-ppm-Szenario mit reduzierter Landnutzung

Im IMAGE-Modell sind die Entwaldung und der Verlust von natürlichem Grasland hauptsächlich auf die Ausweitung der landwirtschaftlichen Nutzflächen zurückzuführen. Das Modell projiziert für den Zeitraum 2010-2030 infolge der steigenden Landnutzung für die Lebensmittel- und Bioenergieerzeugung unter Einbeziehung der Wälder weltweit einen Nettoverlust an Naturflächen. Es ist eindeutig, dass die Treibhausgasemissionen und der Verlust an biologischer Vielfalt vermindert werden, wenn es gelingt, die Ausweitung der landwirtschaftlich genutzten Fläche auf natürliche Ökosysteme wie Wälder zu verhindern. Die Emissionsreduktion durch vermiedene Entwaldung und Walddegradation (REDD) ist ein Beispiel für einen Ansatz, der darauf abzielt, dieses Potenzial zu nutzen. Aus Studien geht hervor, dass die Vermeidung von CO_2-Emissionen durch REDD eine relativ kostengünstige Option darstellt (Kindermann et al., 2008), insbesondere in den Entwicklungsländern. Die Durchführung von REDD-Maßnahmen ist angesichts des in den ehrgeizigen Klimaszenarien dieses Berichts zu Grunde gelegten hohen Preises für CO_2-Emissionen sehr attraktiv.

Um das Potenzial des Szenarios mit reduzierter Landnutzung zu untersuchen, wurde das zentrale 450-ppm-Klimaschutzszenario in einer Sensitivitätsstudie mit Projektionen über verbesserte landwirtschaftliche Erträge kombiniert. Das Ziel bestand darin, eine weitere Ausdehnung der landwirtschaftlichen Nutzflächen (Nahrungsmittel, Futtermittel und Kraftstoff) über das Jahr 2020 hinaus zu verhindern (Kasten 4.9). Das Ausmaß der Ertragssteigerungen in der Landwirtschaft hängt von der Ausweitung der landwirtschaftlichen Nutzflächen im Basisszenario ab und unterscheidet sich deshalb in den einzelnen Regionen und bei den verschiedenen Kulturpflanzen (die größten Verbesserungen sind in Afrika zu erwarten). Der weltweite Durchschnittsertrag liegt für den Zeitraum 2020-2030 je nach Kulturpflanze 3-18% über dem Wert des Basisszenarios (bei den überwiegend in Afrika angebauten Kulturpflanzen sind die höchsten Werte zu verzeichnen). In diesem 450-ppm-Szenario mit reduzierter Landnutzung ergibt sich den Projektionen zufolge auf Grund der Produktivitätssteigerung in der Landwirtschaft bei Ackerland ein Rückgang von 1,2 Mio. km^2 und bei Weideland ein Rückgang von 1 Mio. km^2 gegenüber dem Basisszenario. Dadurch wird der Verlust an Wäldern und anderen natürlichen Ökosystemen völlig vermieden, indem die Naturflächen ausgeweitet werden. Bei Wäldern könnte diese Strategie Studien zufolge durch Politikmaßnahmen wie REDD durchgeführt und finanziert werden. Bei anderen Ökosystemen ist der Sachverhalt weniger klar – wenngleich Studien zeigen, dass einige dieser Ökosysteme auch beträchtliche Mengen an CO_2 speichern können und/oder einen hohen Biodiversitätswert haben.

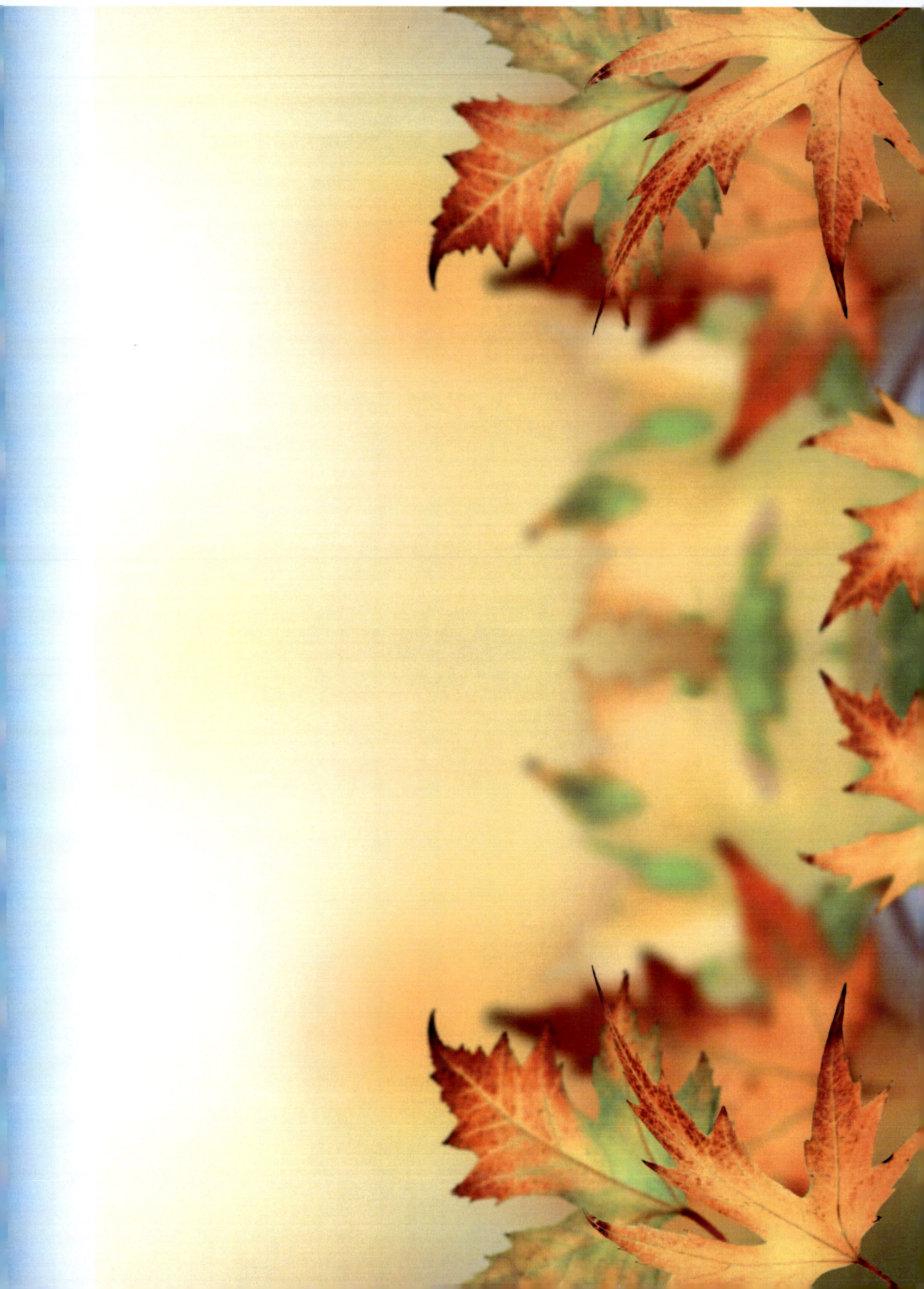

OECD-Umweltausblick bis 2050
© OECD 2012

Kapitel 5

Wasser

von

Xavier Leflaive, Maria Witmer (PBL), Roberto Martin-Hurtado,
Marloes Bakker (PBL), Tom Kram (PBL), Lex Bouwman (PBL), Hans Visser (PBL),
Arno Bouwman (PBL), Henk Hilderink (PBL), Kayoung Kim

> Weltweit stehen Städte, landwirtschaftliche Betriebe, Unternehmen, Energieversorger und Ökosysteme bei der Deckung ihres täglichen Wasserbedarfs zunehmend in Konkurrenz miteinander. Ohne eine angemessene Wasserbewirtschaftung können aus dieser Situation hohe Kosten entstehen – nicht nur finanzieller Art, sondern auch in Form von verpassten Chancen sowie Gesundheits- und Umweltschäden. Ohne tiefgreifende Politikänderungen und deutliche Verbesserungen im Bereich der Wasserbewirtschaftung wird sich die Lage bis 2050 wahrscheinlich verschlechtern, was die Ungewissheit über die Wasserversorgung erhöhen wird. In diesem Kapitel werden die größten Belastungen im Wasserbereich sowie die wichtigsten Maßnahmen zusammengefasst, mit denen die Politik ihnen begegnen kann. Zunächst werden dabei die gegenwärtigen Herausforderungen und Trends im Wasserbereich untersucht, um zu analysieren, wie sie sich auf die Situation im Jahr 2050 auswirken könnten. Das Kapitel befasst sich mit der Frage der Bedarfskonflikte (zwischen Landwirtschaft bzw. Bewässerung, Industrie, Stromerzeugung, privaten Haushalten bzw. Städten und ökologisch verträglichen Mindestabflussmengen) und der Überbeanspruchung – sowohl des Oberflächen- als auch des Grundwassers – sowie den Themen Wasserstress, wasserbedingte Katastrophen (z.B. Überschwemmungen), Wasserverschmutzung (insbesondere durch Nährstoffeinträge – Stickstoff und Phosphor – aus der Landwirtschaft und aus Abwässern) und Einleitungen ins Meer sowie dem mangelnden Zugang zu Wasser- und Sanitärversorgung (wie in den Millenniumsentwicklungszielen definiert). Darüber hinaus werden die für die Wasserbewirtschaftung existierenden Politikinstrumente (z.B. Wasserrechte, Wasserpreise) geprüft, und es wird aufgezeigt, wie die Aussichten im Wasserbereich durch ehrgeizigere Politikmaßnahmen verbessert werden könnten. In diesem Kapitel werden auch in der Wasserpolitik neu aufkommende Fragen erörtert; besondere Aufmerksamkeit gilt dabei der Frage des Wassers als Antriebsfaktor des umweltverträglichen Wachstums, dem Themenkomplex Wasser-Energie-Ernährung, der Allokation von Wasser für gesunde Ökosysteme und alternativen Quellen der Wasserversorgung (Wiederverwendung). Wichtige Aspekte all dieser Themen sind die Governance-Strukturen, der Einsatz wirtschaftlicher Instrumente, die Investitionsförderung und die Infrastrukturentwicklung. Sie alle tragen in den OECD-Ländern und weltweit zu Reformen der Wasserpolitik bei und erleichtern diese Reformen.

KERNAUSSAGEN

Zugang zu sauberem Wasser ist eine Grundvoraussetzung für das menschliche Wohlergehen. Wasser so zu bewirtschaften, dass diese Anforderung erfüllt wird, stellt in vielen Teilen der Welt eine große – und wachsende – Herausforderung dar. Viele Menschen leiden unter Wassermangel bzw. einer unzureichenden Wasserqualität sowie unter den Folgen von Überschwemmungen und Dürren. Das hat Auswirkungen auf die Gesundheit, die Umwelt und die wirtschaftliche Entwicklung. **Ohne tiefgreifende Politikänderungen und deutliche Verbesserungen der wasserwirtschaftlichen Verfahren und Methoden wird sich die Lage bis 2050 wahrscheinlich verschlechtern und durch den steigenden Wettbewerb um Wasser und die zunehmende Ungewissheit über die Wasserversorgung zusätzlich erschwert werden.**

Trends und Projektionen

Wassermenge

- Im Basisszenario dieses *Umweltausblicks* wird projiziert, dass bis 2050 3,9 Milliarden Menschen, d.h. über 40% der Weltbevölkerung, wahrscheinlich in Flusseinzugsgebieten mit **hohem Wasserstress** leben werden.

- **Der Wasserbedarf** wird sich den Projektionen zufolge im Zeitraum 2000-2050 weltweit um 55% erhöhen. Die Zunahme der Nachfrage wird hauptsächlich vom Verarbeitenden Gewerbe (+400%), der Stromerzeugung (+140%) und den privaten Haushalten (+130%) ausgehen. Angesichts dieser Bedarfskonflikte wird wenig Spielraum bestehen, um mehr Wasser für Bewässerungszwecke zur Verfügung zu stellen.

Weltweiter Wasserbedarf: Basisszenario, 2000 und 2050

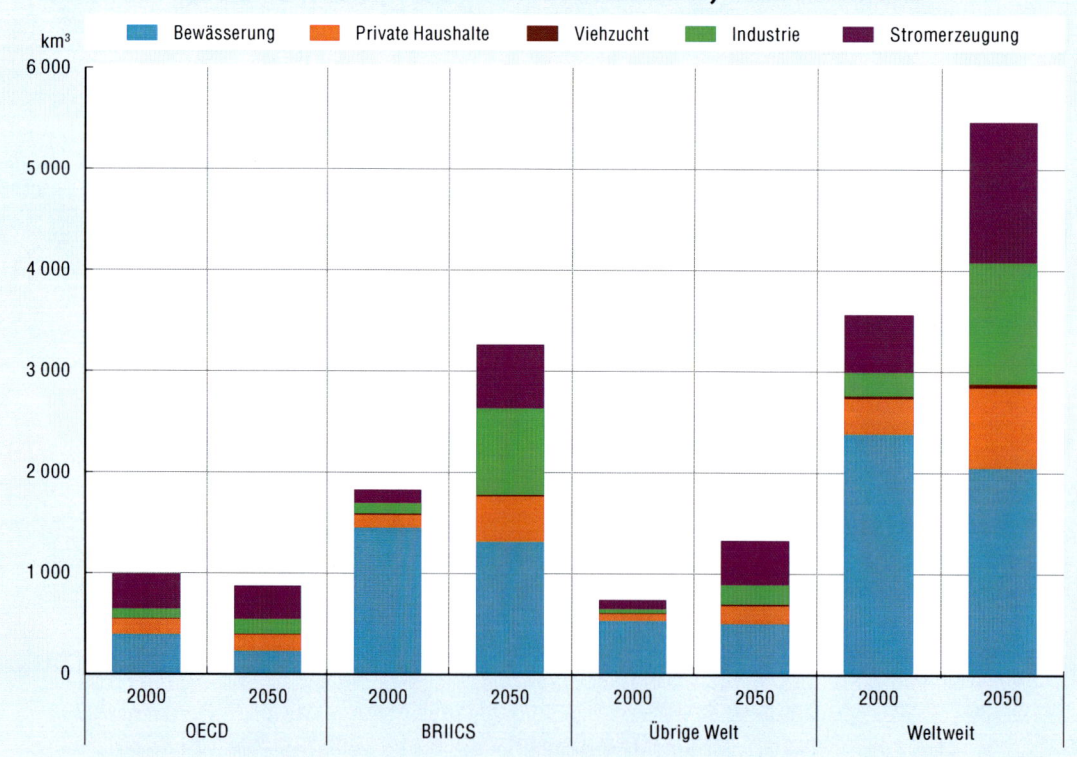

Anmerkung: In dieser Abbildung ist nur der Bedarf an Grund- und Oberflächenwasser („blaues Wasser", vgl. Kasten 5.1) erfasst, die Nutzung von Regenwasser für die landwirtschaftliche Bewässerung ist nicht berücksichtigt. Wegen einer Erläuterung von BRIICS und Übrige Welt vgl. Kapitel 1, Tabelle 1.3.
Quelle: Basisszenario des *OECD-Umweltausblicks*; Ergebnisse von Berechnungen anhand der IMAGE-Modellreihe.
StatLink http://dx.doi.org/10.1787/888932571171

5. WASSER

○ In vielen Regionen der Welt werden die **Grundwasservorräte** schneller aufgebraucht als sie wieder aufgefüllt werden können und sind außerdem zunehmend verschmutzt. Das Tempo des Grundwasserschwunds hat sich zwischen 1960 und 2000 mehr als verdoppelt und liegt bei über 280 km³ pro Jahr.

Wasserqualität

○ Kontinuierliche Effizienzsteigerungen in der Landwirtschaft und Investitionen in die Abwasserbehandlung dürften dazu führen, dass die **Qualität des Oberflächen- und Grundwassers in den meisten OECD-Ländern** bis 2050 stabilisiert und wiederhergestellt wird.

○ Die **Qualität der Oberflächengewässer außerhalb des OECD-Raums** dürfte sich in den kommenden Jahrzehnten infolge von Nährstoffeinträgen aus der Landwirtschaft und unzureichend behandelten Abwässern verschlechtern. Dies wird eine zunehmende Eutrophierung, einen Schwund der biologischen Vielfalt und Krankheiten zur Folge haben. So wird beispielsweise die Zahl der Seen, in denen die Gefahr von Algenblüten besteht, in der ersten Hälfte dieses Jahrhunderts um 20% steigen.

○ **Mikroverunreinigungen** (durch Arzneimittel, Kosmetikprodukte, Reinigungsmittel und Biozidrückstände) geben in vielen Ländern seit einiger Zeit Anlass zu Besorgnis.

Wasser- und Sanitärversorgung

○ Die Zahl der Menschen mit **Zugang zu verbesserter Wasserversorgung** ist im Zeitraum 1990-2008 um 1,8 Milliarden gestiegen, vor allem in den BRIICS (Brasilien, Russland, Indien, Indonesien, China und Südafrika) und insbesondere in China.

○ Es wird erwartet, dass über 240 Millionen Menschen (von denen die meisten in ländlichen Gebieten leben) 2050 keinen **Zugang zu verbesserter Wasserversorgung** haben werden. Das Millenniumsentwicklungsziel im Hinblick auf die Wasserversorgung wird in Subsahara-Afrika wohl kaum erreicht werden. Weltweit war die Zahl der Stadtbewohner ohne Zugang zu verbesserter Wasserversorgung 2008 höher als 1990, weil die Verstädterung schneller voranschreitet als der Ausbau der Wasserinfrastrukturen. Die Situation ist sogar noch besorgniserregender, wenn man bedenkt, dass Zugang zu *verbesserter* Wasserversorgung nicht immer auch Zugang zu *sicherem* Trinkwasser bedeutet.

○ Den Projektionen zufolge werden 2050, hauptsächlich in den Entwicklungsländern, nahezu 1,4 Milliarden Menschen noch immer keinen **Zugang zu sanitärer Grundversorgung** haben. Das Millenniumsentwicklungsziel im Bereich der Sanitärversorgung wird nicht erreicht werden.

Wasserbedingte Katastrophen

○ Derzeit sind 100-200 Millionen Menschen pro Jahr **Opfer von Überschwemmungen, Dürren und anderen wasserbedingten Katastrophen** (Schadens- und Todesfälle); nahezu zwei Drittel davon von Überschwemmungen. Die Zahl der **von Überschwemmungen bedrohten Menschen** dürfte von gegenwärtig 1,2 Milliarden auf rd. 1,6 Milliarden im Jahr 2050 (nahezu 20% der Weltbevölkerung) ansteigen. Der wirtschaftliche Wert des gefährdeten Vermögens dürfte sich bis 2050 auf rd. 45 Bill. US-$ belaufen, was einer Zunahme um über 340% gegenüber 2010 entspräche.

Politikoptionen und -anforderungen

Schaffung von Anreizen zur Förderung von Wassereffizienz

■ **Verbesserung der Festsetzung der Wasserpreise**, um Wasserknappheit zu signalisieren und in allen Sektoren (z.B. Landwirtschaft, Industrie, Privathaushalte) Anreize für eine effiziente Wassernutzung zu schaffen; die sozialen Folgen müssen durch gut konzipierte Tarifstrukturen oder gezielte Maßnahmen bewältigt werden. Verschiedene Politikinstrumente müssen kombiniert werden, um die Wassernachfrage zu senken und alternative Quellen der Wasserversorgung wettbewerbsfähig zu machen (wie die Wiederverwendung von behandeltem Abwasser).

- **Einführung flexiblerer Mechanismen der Wasserallokation** (z.B. indem eine Reform der Wasserrechte mit einer entsprechenden Wasserpreispolitik kombiniert wird).

Verbesserung der Wasserqualität

- **Bessere Koordination der Ausweitung der Abwassersammlung (Abwassersysteme) mit der Abwasserbehandlung**, um zu vermeiden, dass unbehandelte Abwässer eingeleitet werden. Innovative Technologien und Geschäftsmodelle werden erforderlich sein; der private Sektor wird dabei eine wichtige Rolle spielen.

- Verbesserung und Ausweitung des Einsatzes geeigneter Abwasserbehandlungsanlagen und -methoden und Sicherung eines effizienten Managements von Nährstoffen und Abschwemmungen aus der Landwirtschaft. **Zur Beschleunigung und Verbreitung von Innovationen** müssen Forschung und Entwicklung (FuE) in Industrie- und Entwicklungsländern weiter unterstützt werden. In den Zielländern müssen durch Bildung und Ausbildung (vor allem von Landwirten) Kapazitäten aufgebaut werden.

Investitionen in umweltfreundliche Infrastrukturen

- **Investitionen in innovative Wasserspeicherkapazitäten**, die nicht mit anderen umweltpolitischen Zielsetzungen (z.B. Erhaltung von Ökosystemleistungen, Wäldern oder biologischer Vielfalt) im Widerspruch stehen.

- **Verringerung der Auswirkungen und der Häufigkeit von wasserbedingten Katastrophen** durch Wiederherstellung der Ökosystemfunktionen von Überschwemmungs- und Feuchtgebieten, wobei es die Hydromorphologie zu beachten und Siedlungs- und Investitionsanreize in gefährdeten Gebieten zu beseitigen gilt.

- **Beschleunigung des Ausbaus von Infrastrukturen zur Wasser- und Sanitärversorgung in Entwicklungsländern.** Es müssen innovative Optionen untersucht werden, die weniger Wasser, Energie und Kapital beanspruchen. Das kann z.T. durch OECD-Mitgliedstaaten finanziert werden, z.B. indem für diese Bereiche ein höherer Anteil an ODA-Mitteln bereitgestellt wird, und der private Sektor kann dabei ebenfalls eine wichtige Rolle übernehmen.

Gewährleistung von Politikkohärenz

- **Verbesserung der Governance im Wasserbereich**, um Kohärenz mit anderen Politikbereichen wie Energie, Landwirtschaft und Stadtplanung zu gewährleisten. Dabei müssen alle betroffenen Akteure einbezogen werden (verschiedene Regierungsebenen, Wassernutzergruppen, Privatunternehmen). Es gilt, eine angemessene Governance sicherzustellen, um Spannungen im Hinblick auf grenzüberschreitende Gewässer zu vermeiden.

- **Evaluierung und Reform von Subventionen, die eine nicht nachhaltige Wassernutzung fördern** und Sicherung der Kohärenz zwischen wasserpolitischen Zielen und Initiativen in anderen Sektoren (insbesondere im Energiesektor und in der Landwirtschaft).

Schließung von Informationslücken

- **Investitionen in bessere wasserbezogene Informationen** (z.B. über Verbrauch, Bewässerung und die Auswirkungen des Klimawandels auf die Wasserressourcen).

1. Einleitung

Weltweit stehen Privathaushalte, landwirtschaftliche Betriebe, Unternehmen und Ökosysteme bei der Deckung ihres täglichen Wasserbedarfs zunehmend in Konkurrenz miteinander. Ohne eine angemessene Wasserbewirtschaftung können aus dieser Situation hohe Kosten entstehen – nicht nur finanzieller Art, sondern auch in Form von verpassten Chancen sowie Gesundheits- und Umweltschäden.

In diesem Kapitel werden die größten Belastungen im Wasserbereich sowie die wichtigsten Maßnahmen zusammengefasst, mit denen die Politik ihnen begegnen kann. Zuerst werden dabei die gegenwärtigen Herausforderungen und Trends im Wasserbereich untersucht, wobei es um die Frage geht, wie sich Bedarfskonflikte, Überbeanspruchung, wasserbedingte Katastrophen, eine schlechte Wasserqualität und ein mangelnder Zugang zu Wasser- und Sanitärversorgung auf die Situation im Jahr 2050 auswirken könnten. Im Anschluss daran wird der existierende Maßnahmenkatalog geprüft, was durch Szenarien mit ehrgeizigeren Politikentwicklungen[1] ergänzt wird, die sich auf Daten (sofern verfügbar) und Modelle der OECD stützen, um aufzuzeigen, wie die Aussichten im Wasserbereich verbessert werden könnten. Dies mündet in einer Erörterung der Maßnahmen, die jetzt von den nationalen Regierungen, der internationalen Staatengemeinschaft und dem privaten Sektor ergriffen werden müssen.

Wichtige Bestimmungsfaktoren für die Gesundheit des Wassers

Welche Vorgänge beeinflussen die Quantität und Qualität unserer Wassersysteme? Dieser Abschnitt enthält eine kurze Beschreibung der wichtigsten Bestimmungsfaktoren, gefolgt von einer Zusammenfassung der wichtigsten Politikreaktionen (die in Abschnitt 4 eingehender behandelt werden). Sowohl menschliche Aktivitäten als auch Umweltveränderungen wirken sich auf den Zustand der Wassersysteme aus. Heute zählen zu den wichtigsten anthropogenen Bestimmungsfaktoren die Bevölkerungsdynamik, das Einkommenswachstum und die Wirtschaftstätigkeit (vgl. Kapitel 2 zu den sozioökonomischen Entwicklungen). Bislang wird die Situation im Wasserbereich stärker durch das Wirtschaftswachstum und die Bevölkerungsdynamik beeinflusst als durch das Klima. Nach 2050 dürfte der Klimawandel aber zu einem der wichtigsten Bestimmungsfaktoren werden (vgl. Kasten 5.3 wegen einer Veranschaulichung und Anhang 5.A)[2].

Bevölkerungswachstum und veränderte Lebensgewohnheiten lassen den Wasserverbrauch der privaten Haushalte steigen und führen zu zunehmenden Schadstofffreisetzungen in Gewässer. In den in Kapitel 2 erörterten Projektionen wird davon ausgegangen, dass die Weltbevölkerung bis 2050, wenn auch in einem langsameren Tempo, weiter wachsen wird, hauptsächlich in den Entwicklungsländern und insbesondere in Westafrika.

Mit dem Wachstum des Bruttoinlandsprodukts (BIP) erhöhen sich auch der Wasserverbrauch in der Landwirtschaft und der Industrie, die Einleitungen von verschmutztem Wasser sowie die Wassernachfrage für die Stromerzeugung. Die Landwirtschaft verdient besondere Aufmerksamkeit: Die landwirtschaftliche Produktion muss bis 2050 erheblich zunehmen, um der wachsenden Nachfrage nach Nahrungsmitteln gerecht zu werden. Die Landwirtschaft beeinflusst sowohl die Wasserverfügbarkeit (da sie den Oberflächenabfluss verändert und mit anderen Nutzungsformen des Oberflächen- und Grundwassers in Konkurrenz steht) als auch die Wasserqualität (durch Nährstoffeinträge und Mikroverunreinigungen im Oberflächen- und Grundwasser). Verschiedene Arten von Energiequellen wirken sich ebenfalls auf die Qualität und die Menge des Wassers aus, das für andere Zwecke verfügbar ist. Der steigende Energieverbrauch und Veränderungen im Energiemix müssen bei der Wasserbewirtschaftung berücksichtigt werden.

Mit der Urbanisierung steigt der Bedarf an Wasser- und Sanitärversorgung. Einerseits verringert die Urbanisierung die Pro-Kopf-Kosten für den Ausbau der Wasserinfrastruktur. Andererseits bedarf es angesichts der wachsenden Zahl der Stadtbewohner höherer Investitionen für den Ausbau der Wasser- und Abwasserinfrastruktur. In Slums ist die Situation besonders komplex. Die Urbanisierung erhöht auch die Notwendigkeit von Infrastrukturen für den Hochwasserschutz: Versiegelte Flächen verändern den Abfluss von Regenwasser, beeinträchtigen die Auffüllung der Grundwasserleiter und erhöhen die Hochwasserrisiken.

Politikreaktionen: Zusammenfassung

Die zuständigen staatlichen Stellen und der private Sektor müssen dringend und in koordinierter Weise handeln, um den Herausforderungen im Wasserbereich zu begegnen, mit denen wir uns bereits konfrontiert sehen. Zusätzliche Maßnahmen werden nötig sein, um den künftigen Wasserstress und die in den nächsten Abschnitten beschriebenen neuen Herausforderungen zu bewältigen.

Die Modelle des *Umweltausblicks* zeigen, dass inkrementelle Verbesserungen der Effizienz der Wassernutzung nicht ausreichen werden (vgl. Abschnitt 3 Wasserpolitik: Gegenwarts- und Zukunftsszenarien). Selbst radikale Veränderungen der Effizienz der aktuellen Formen der Wassernutzung werden wohl nicht ausreichen, um zu verhindern, dass eine grundlegende Infragestellung der gegenwärtigen Wasserallokation notwendig wird. Die rasch steigende Nachfrage nach Wasser für Stromerzeugung, Industrie und städtische Versorgung wird in den kommenden Jahrzehnten wahrscheinlich zu einem zunehmend heftigen Wettbewerb um Wasser mit der Landwirtschaft führen. Wie weiter unten beschrieben, sammeln die zuständigen staatlichen Stellen im OECD-Raum Erfahrungen mit innovativen Ansätzen für die Wasserallokation (z.B. handelbaren Wasserrechten und Smart Metering), der Wiederverwendung von Wasser oder nachhaltigen Methoden der Festsetzung von Wasserpreisen (z.B. mit Entnahmegebühren oder Entnahmerechten, die der Knappheit der Ressource Rechnung tragen). Es muss mehr getan werden, um diese Instrumente angemessen zu bewerten und einige davon verstärkt einzusetzen und so Umweltwerte zu sichern und zu erhöhen und gleichzeitig sozialen und wirtschaftlichen Bedürfnissen gerecht zu werden.

Einige der notwendigen Politikreaktionen werden zu öffentlichen Ausgaben führen. Im aktuellen Kontext der Konsolidierung der öffentlichen Haushalte kann solchen Ausgabenforderungen aber nur nachgekommen werden, wenn sie durch eine solide Bewertung der Nutzeffekte begründet sind, alternative Finanzierungsmethoden geprüft und nach möglichst kostengünstigen Optionen gesucht wurde.

Die Innovationstätigkeit spielt bei der Förderung der nachhaltigen Bewirtschaftung von Wasserressourcen eine entscheidende Rolle. Dabei geht es um Technologien, aber auch um mehr. Beispiele sind effiziente Bewässerungssysteme und ökologische Agrartechniken zur Verringerung der Düngemitteleinträge, Pflanzenforschung, Technologien für die Wasseraufbereitung, wie z.B. Membran- und Filtertechnologien, und Technologien für die weitergehende Abwasserbehandlung. Diese Technologien müssen durch innovative Geschäftsmodelle und entsprechende Regulierungssysteme unterstützt werden, um die Wasserbewirtschaftung zu verbessern und die Prioritäten im Bereich Wasser in andere Politikbereiche wie Energie, Ernährung und Raumplanung einzubinden. Die Durchführung einer Bestandsaufnahme und die Verbesserung der Bewertung hydrologischer Ökosystemleistungen können den Weg für einen verstärkten Einsatz von innovativen, ökologischen und kostengünstigen Ansätzen ebnen, um einige der hier identifizierten Herausforderungen in Angriff zu nehmen. Der Wasserreinigung, der Flussregulierung, der Eindämmung von Erosion und Sedimentation sowie der Wiederherstellung der Hydromorphologie kommt hierbei zusammen mit den neuen Techniken, die derzeit zur Verbesserung der Erfassung, Verarbeitung und Darstellung von Daten entwickelt werden, die sowohl die Politikgestaltung als auch die Wasserversorgung selbst unterstützen, eine wichtige Rolle zu.

Bei der Suche nach innovativen Technologien und Geschäftsmodellen fällt dem privaten Sektor eine zentrale Rolle zu. Das betrifft die Wasserwirtschaft, den Finanzsektor (der u.U. Investitionschancen im Wasserbereich nutzen kann) sowie die Wasserverbraucher in der Energieerzeugung, der Industrie und der Landwirtschaft und deren Zulieferer (die Wassereffizienzmaßnahmen erarbeiten und verbreiten können).

Die Wassergovernance spielt ebenfalls eine Schlüsselrolle, da die Wasserpolitik eine Vielzahl von Sektoren in verschiedenen geografischen Dimensionen, von der lokalen Ebene bis hin zum grenzüberschreitenden Bereich, berührt. Analysen der Governance-Strukturen im Wasserbereich in den OECD-Ländern haben gezeigt, dass mangelnde Finanzierungsmittel für die Bewirtschaftung von Wasserressourcen für die meisten Länder ein wesentliches Problem darstellen, gefolgt von der Fragmentierung der Aufgaben und der Zuständigkeiten auf zentraler und subnationaler Ebene sowie den fehlenden Kapazitäten (Infrastruktur und Wissen) auf territorialer Ebene (OECD, 2011g). Im Fall grenzüberschreitender Flüsse, Seen und Grundwasserleiter ist Governance unerlässlich, um diplomatische und soziale Spannungen zu vermeiden. Allgemeine Instrumente, wie das Übereinkommen zum Schutz und zur Nutzung grenzüberschreitender Wasserläufe und internationaler Seen (Wasserkonvention) der UNECE, und spezifische Instrumente (wie der Internationale Fonds zur Rettung des Aralsees – IFAS) spielen hierbei eine wichtige Rolle.

2. Wichtigste Trends und Projektionen

Dieser Abschnitt liefert einen Überblick über die Trends und die langfristigen Projektionen in Bezug auf Wasserbedarf, Wassernutzung und Wasserverfügbarkeit (unter Berücksichtigung der Fragen der Grundwasservorräte und des Wasserstresses), wasserbedingte Katastrophen, Wasserqualität sowie Zugang zu Wasser- und Sanitärversorgung. Zudem enthält er Definitionen der verwendeten Begriffe (Kasten 5.1). Nähere Einzelheiten zu den aufgestellten Annahmen und den Analysen, auf denen dieser Abschnitt basiert, finden sich in Kapitel 1 (Einführung) und in Anhang 5.A am Ende dieses Kapitels.

Süßwasserbedarf und Süßwassernutzung

Jüngste Trends in den OECD-Ländern

Schätzungen zufolge hat der Wasserbedarf im letzten Jahrhundert weltweit doppelt so stark zugenommen wie das Bevölkerungswachstum. Die Landwirtschaft war der größte Wassernutzer, auf sie entfielen rd. 70% des gesamten weltweiten Süßwasserbedarfs

Kasten 5.1 **Wichtige Definitionen**

In diesem Kapitel werden mehrere Konzepte angesprochen, die einer genaueren Definition bedürfen.

Wasserbedarf: Bedarf an Wasser verschiedener Wassernutzer. Der Wasserbedarf kann durch Süßwasser, das der Umwelt (Flüssen, Seen oder Grundwasserleitern) entnommen wird, oder durch andere Wasserquellen (z.B. recyceltes Wasser) gedeckt werden.

Wasserentnahme: Wasser, das der Umwelt physisch entnommen wird. Ein Teil dieses Wassers fließt u.U. in die Umwelt zurück. So entnimmt eine Reihe von Industriezweigen Wasser für Kühlzwecke und leitet es danach in einem für andere Nutzungszwecke geeigneten Zustand wieder in die Umwelt zurück. Ein großer Teil des der Umwelt entnommenen Wassers geht jedoch verloren. In manchen Städten gehen z.B. bis zu 40% des für den häuslichen Gebrauch behandelten Wassers infolge von undichten Rohrleitungen verloren.

Wasserverbrauch: Nutzungsform, die die Menge oder die Qualität des Wassers vermindert, das in die Umwelt zurückfließt. Zum Verbrauch bestimmtes Wasser wird nicht zwangsläufig der Umwelt entnommen (es kann aus anderen Quellen stammen, z.B. im Fall von recyceltem Wasser). Bei vielen Arten der Wassernutzung wird kein Wasser verbraucht (z.B. in der Schifffahrt, beim Schwimmen, bei natürlichen Prozessen). Diese Nutzungsarten sollten aber trotzdem bei der Bewirtschaftung von Wasserressourcen berücksichtigt werden (z.B. durch Anforderungen in Bezug auf Mindestabflussmengen und Wasserqualität). Im Fall der Landwirtschaft kommt es durch die Evapotranspiration und die Ernte von Kulturpflanzen zu Wasserverbrauch. Bei der Stromerzeugung durch Wasserkraft wird wegen der Verdunstung, zu der es auf Grund der größeren Oberfläche des Wassers kommt, das durch den Damm zurückgehalten wird, Wasser verbraucht. Die Auswirkungen der häuslichen und industriellen Wassernutzung auf die Wasserqualität hängen von der Behandlung des Wassers vor der Einleitung in die Umwelt ab.

Grundwasserschwund: Situation, bei der die Grundwasservorräte schneller aufgebraucht werden, als sie auf natürliche Weise wieder aufgefüllt werden können.

Blaues Wasser: Süßwasser in Grundwasserleitern, Flüssen und Seen, das für verschiedene Zwecke entnommen werden kann, z.B. für die Bewässerung, das Verarbeitende Gewerbe, den menschlichen Verbrauch, die Viehzucht und die Stromerzeugung.

Grünes Wasser: Regenwasser, das auf natürliche Weise in den Boden einsickert und durch Evapotranspiration aus dem Wassereinzugsgebiet in die Atmosphäre austritt.

Wasserstress: Messgröße für den gesamten jahresdurchschnittlichen Bedarf an „blauem Wasser" (siehe oben) in einem Wassereinzugsgebiet (oder Teileinzugsgebiet) im Vergleich zu der Wassermenge, die im betreffenden Einzugsgebiet im Jahresdurchschnitt zur Verfügung steht (Niederschläge abzüglich Evapotranspiration). Der grüne Wasserstrom wird folglich in der verfügbaren Wassermenge berücksichtigt. Die ermittelten Werte werden häufig in vier Kategorien eingeteilt: unter 10% = kein Stress, 10-20% = geringer Stress, 20-40% = mittlerer Stress und über 40% = hoher Stress. Angesichts der saisonalen und der jährlichen Nachfrage- und Angebotsschwankungen und sowie des Bestrebens, eine ökologisch verträgliche Mindestabflussmenge zu sichern, bedeuten hohe Werte, dass ein hohes Risiko einer unzureichenden Wasserversorgung besteht.

Quelle: Nach FAO-Veröffentlichungen, darunter FAO (1996), *Land Quality Indicators and Their Use in Sustainable Agriculture and Rural Development*, Rom; vgl. insbesondere den Abschnitt über *Indicators for sustainable water resources development* (*www.fao.org/docrep/W4745E/w4745e0d.htm*); FAO (2010), *Disambiguation of Water Use Statistics*, FAO, Rom.

(OECD, 2008c). Die weltweit zweitgrößte Wassernachfrage ging im Jahr 2000 nach der bewässerungsabhängigen Landwirtschaft von der Stromerzeugung, hauptsächlich für Kühlungszwecke in Wärmekraftwerken (bzw. Dampfkraftwerken), aus.

Im OECD-Raum hat sich die Oberflächenwasserentnahme insgesamt seit den 1980er Jahren nicht verändert (Abb. 5.1). Und dies obwohl die Entnahme für die öffentliche Wasserversorgung und in geringerem Maße für die Bewässerung zugenommen hat. Diese Stabilität erklärt sich aus effizienteren Bewässerungstechniken, dem Niedergang wasserintensiver Industriezweige (z.B. Bergbau, Stahlindustrie), der effizienteren Nutzung von Wasser für die thermoelektrische Stromerzeugung, dem verstärkten Einsatz sauberer Produktionstechniken und weniger Lecks in Rohrleitungsnetzen. In jüngerer Zeit war diese Stabilisierung z.T. auch durch Dürreperioden bedingt, die zur Folge hatten, dass in manchen Regionen zeitweise kein Wasser entnommen werden konnte.

Abbildung 5.1 **Süßwasserentnahme im OECD-Raum nach Hauptverwendungszwecken und BIP, 1990-2009**

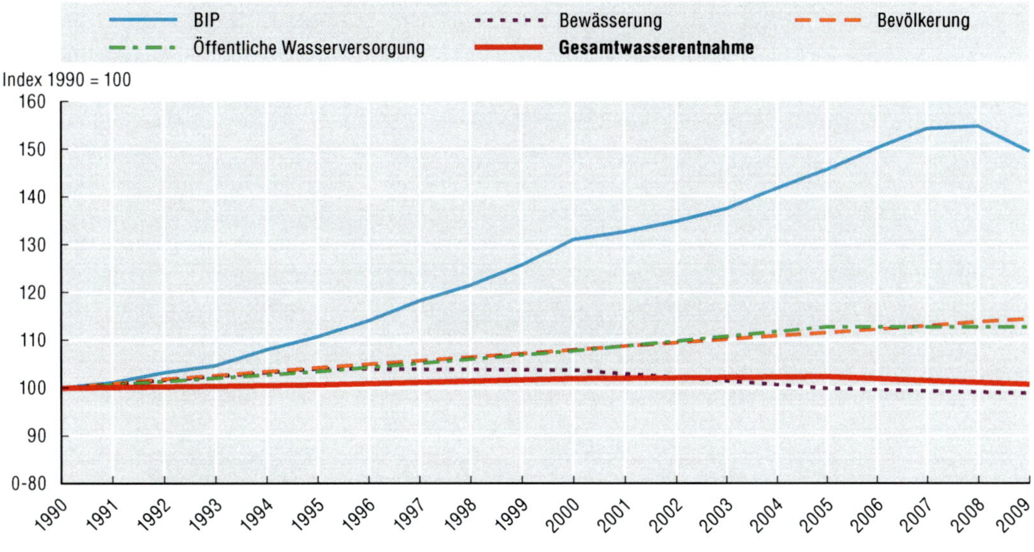

Anmerkung: Chile, Estland, Israel und Slowenien sind in den Daten nicht berücksichtigt.
Quelle: OECD-Direktion Umwelt.

StatLink http://dx.doi.org/10.1787/888932571114

Die Wassernutzung durch die Landwirtschaft ist im OECD-Raum zwischen 1990 und 2003 um 2% gestiegen, ist seitdem aber wieder zurückgegangen. Auf die Bewässerung entfielen 2006 43% der gesamten Wassernutzung im OECD-Raum. Ein großer Teil der Zunahme der Wassernutzung durch die Landwirtschaft im OECD-Raum entfiel auf Australien, Griechenland, Portugal und die Türkei – Länder, in denen die Landwirtschaft ein großer Wassernutzer ist (über 60% der gesamten Süßwasserentnahme) bzw. in denen die Bewässerung im Agrarsektor von entscheidender Bedeutung ist (über 20% der bewirtschafteten Flächen).

Obgleich die Wassernutzung in der Mehrzahl der OECD-Länder auf nationaler Ebene insgesamt nachhaltig ist, sehen sich die meisten Länder noch immer zumindest mit saisonaler oder lokaler Wasserknappheit konfrontiert, und in mehreren Ländern gibt es große aride oder semiaride Gebiete, wo der Wassermangel die nachhaltige Entwicklung und die Landwirtschaft beeinträchtigt.

5. WASSER

Die Abbildungen 5.2 und 5.3 zeigen die Intensität der Nutzung von Süßwasserressourcen (sowohl von Oberflächenwasser als auch von Grundwasser), ausgedrückt als Bruttoentnahme pro Kopf und als Prozentsatz der erneuerbaren Wasserressourcen. Bei den Indikatoren für die Wassernutzungsintensität sind zwischen den einzelnen OECD-Ländern große Unterschiede festzustellen. Die europäischen Länder weisen tendenziell eine geringere Wasserintensität pro Kopf auf. In einigen Ländern ist die Wassernutzung nachhaltiger als in anderen. So wurden z.B. im Jahr 2005 in Kanada nur ungefähr 1,2% des gesamtdurchschnittlichen Wasserdargebots des Landes entnommen, wohingegen in Korea mehr als 40% entnommen wurden, was den Wasserhaushalt des Landes gefährdet. Auch in einigen europäischen OECD-Ländern, wie Belgien und Spanien, wo die Entnahme als Anteil der erneuerbaren Wasserressourcen 20% übersteigt, ist die Situation besorgniserregend (Abb. 5.3).

Abbildung 5.2 Jährliche Süßwasserentnahme pro Kopf, OECD-Länder
2009 oder letztes verfügbares Jahr

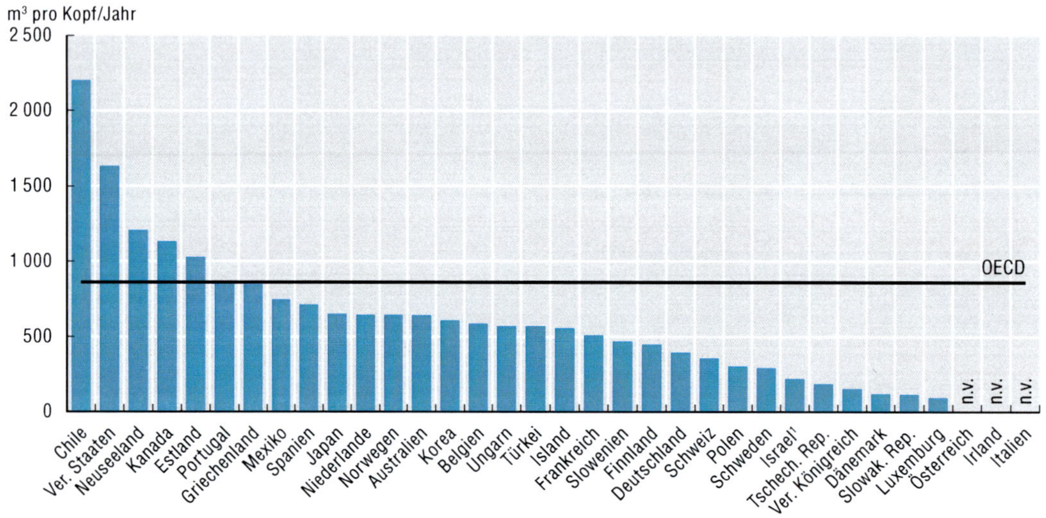

1. Die statistischen Daten für Israel wurden von den zuständigen israelischen Stellen bereitgestellt, die für sie verantwortlich zeichnen. Die Verwendung dieser Daten durch die OECD erfolgt unbeschadet des völkerrechtlichen Status der Golanhöhen, von Ost-Jerusalem und der israelischen Siedlungen im Westjordanland.
Quelle: OECD-Direktion Umwelt. StatLink http://dx.doi.org/10.1787/888932571133

Die Situation ist jedoch komplexer als sich mit den Gesamtindikatoren darstellen lässt. Hinter den nationalen Indikatoren kann sich eine nichtnachhaltige Nutzung in manchen Regionen und Zeiträumen und eine hohe Abhängigkeit von Wasser aus Nachbarländern (im Fall grenzüberschreitender Wassereinzugsgebiete) verbergen. In ariden Regionen sind die Süßwasserressourcen mitunter so begrenzt, dass der Bedarf bislang nur durch eine nichtnachhaltige Nutzung gedeckt werden kann.

In den OECD-Ländern besteht das größte Problem in einer ineffizienten Wassernutzung (u.a. in Form von Vergeudung, z.B. durch Lecks in städtischen Versorgungssystemen) und deren ökologischen und sozioökonomischen Folgen: geringe Wasserführung in Flussgewässern, Wasserknappheit, Versalzung von Süßwasservorkommen in Küstengebieten, Gesundheitsprobleme für den Menschen, Verlust von Feuchtgebieten und biologischer Vielfalt, Wüstenbildung und reduzierte Nahrungsmittelproduktion.

Abbildung 5.3 **Wasserstress, OECD-Länder**
2009 oder letztes verfügbares Jahr, Wasserentnahme als Prozentsatz erneuerbarer Wasserressourcen

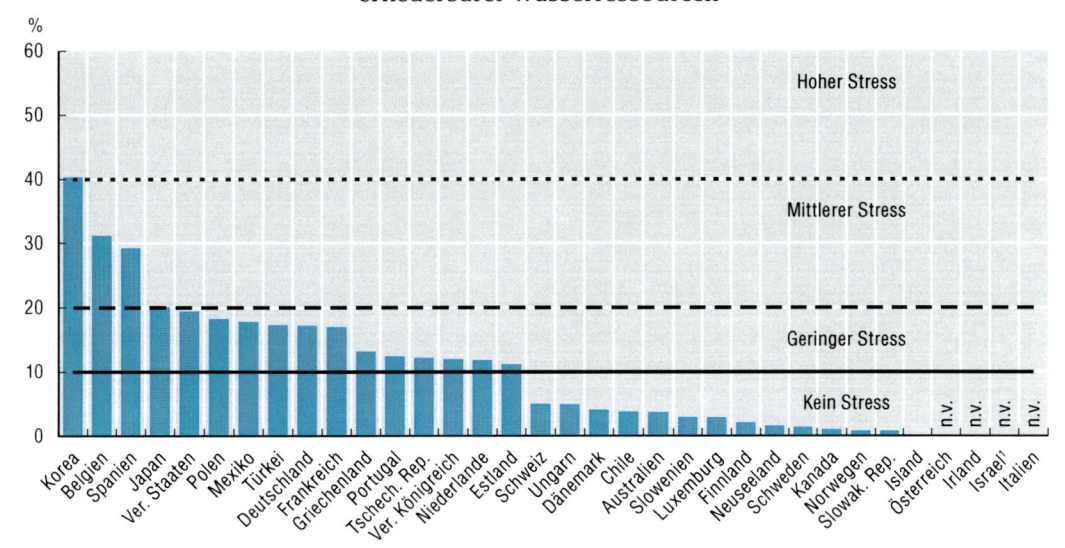

1. Die statistischen Daten für Israel wurden von den zuständigen israelischen Stellen bereitgestellt, die für sie verantwortlich zeichnen. Die Verwendung dieser Daten durch die OECD erfolgt unbeschadet des völkerrechtlichen Status der Golanhöhen, von Ost-Jerusalem und der israelischen Siedlungen im Westjordanland.
Quelle: OECD-Direktion Umwelt. StatLink ⟶ http://dx.doi.org/10.1787/888932571152

Weltweiter Wasserbedarf bis 2050

Im Basisszenario des *Umweltausblicks* wird projiziert, dass sich der künftige weltweite Wasserbedarf signifikant erhöhen wird – von rd. 3 500 km^3 im Jahr 2000 auf nahezu 5 500 km^3 im Jahr 2050 (Abb. 5.4), was einem Anstieg um 55% entspricht. Diese Zunahme ist in erster Linie durch den wachsenden Bedarf des Verarbeitenden Gewerbes (+400%, rd. 1 000 km^3), der Stromerzeugung (+140%, rd. 600 km^3) und der privaten Haushalte (+130%, rd. 300 km^3) bedingt. Der Bedarf kommt aber nicht automatisch dem Verbrauch gleich, da ein beträchtlicher Anteil des Wassers nach der Nutzung wieder in die Gewässer zurückgeleitet wird und somit je nach Wasserqualität für eine weitere Nutzung zur Verfügung steht.

Ohne neue Politikmaßnahmen dürfte sich ferner die relative Bedeutung der Nutzungsformen, die die Nachfrage nach Wasser bestimmen, bis 2050 erheblich verändern. Ein drastischer Anstieg der Wassernachfrage steht in Südasien und China sowie den anderen aufstrebenden BRIICS-Volkswirtschaften (Brasilien, Russland, Indien, Indonesien, China und Südafrika) zu erwarten, wo der jeweils auf das Verarbeitende Gewerbe, die Stromerzeugung und die Versorgung der privaten Haushalte entfallende Anteil 2050 deutlich höher sein dürfte. Auch in den Entwicklungsländern (übrige Welt) ist den Projektionen zufolge mit einem beträchtlichen Wasserbedarf für die Stromerzeugung zu rechnen. In allen Teilen der Welt wird die steigende Nachfrage für diese Zwecke mit dem Bedarf für die Bewässerung in Konkurrenz stehen. Aus diesem Grund wird davon ausgegangen, dass der Anteil des Wassers, der für Bewässerungszwecke zur Verfügung steht, abnehmen wird (Kasten 5.2). Wenn in den Modellprojektionen das zusätzliche Wasser berücksichtigt würde, das erforderlich wäre, um eine ausreichende Wassermenge in den Flüssen zur Aufrechterhaltung der Gesundheit der Ökosysteme zu gewährleisten, würde dies in einem noch stärkeren Wettbewerb unter den verschiedenen Wasserverbrauchern resultieren.

5. WASSER

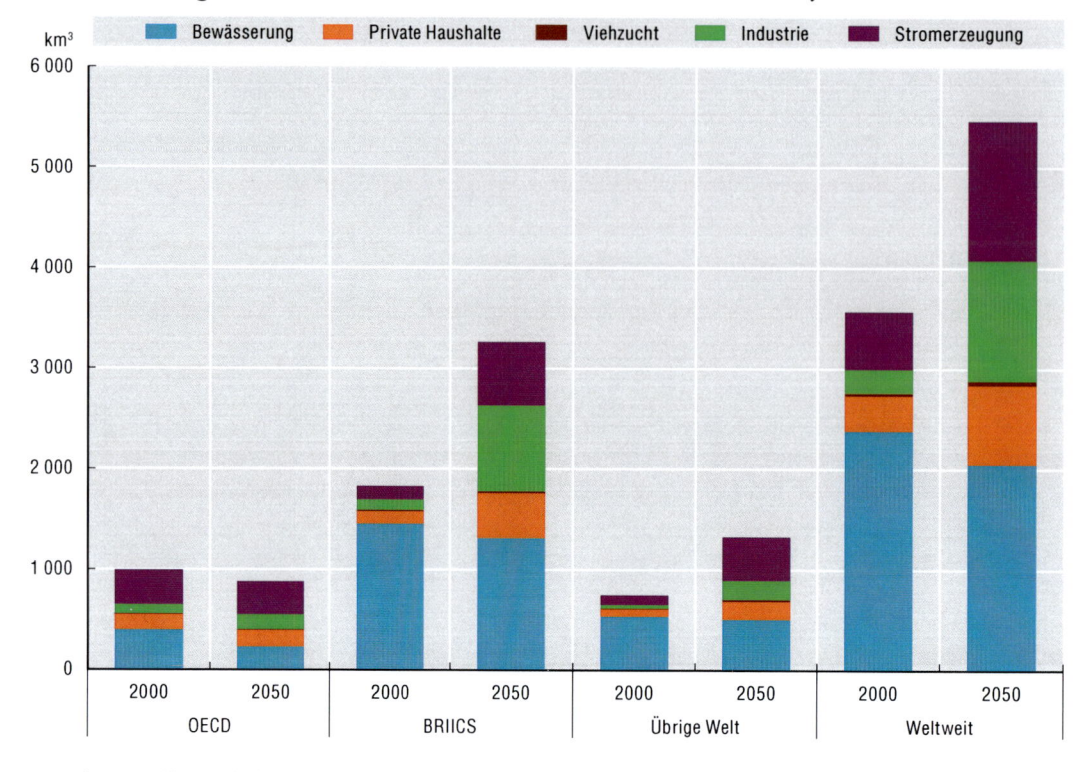

Abbildung 5.4 **Weltweiter Wasserbedarf: Basisszenario, 2000 und 2050**

[Gestapeltes Balkendiagramm in km³ mit Kategorien: Bewässerung, Private Haushalte, Viehzucht, Industrie, Stromerzeugung; Gruppen: OECD, BRIICS, Übrige Welt, Weltweit; jeweils 2000 und 2050]

Anmerkung: In dieser Abbildung ist nur der Bedarf an Grund- und Oberflächenwasser („blaues Wasser", vgl. Kasten 5.1) erfasst, die Nutzung von Regenwasser für die landwirtschaftliche Bewässerung ist nicht berücksichtigt.
Quelle: Basisszenario des *OECD-Umweltausblicks*; Ergebnisse von Berechnungen anhand der IMAGE-Modellreihe.

StatLink http://dx.doi.org/10.1787/888932571171

Kasten 5.2 **Unsicherheitsfaktoren in Bezug auf den Wasserbedarf in der Landwirtschaft**

In den in diesem *Umweltausblick* enthaltenen Projektionen für die Bewässerung wird davon ausgegangen, dass die Bewässerungsflächen bis 2050 aus mehreren Gründen unverändert bleiben werden:

- Den meisten Analysen zufolge wird es nicht möglich sein, die Bewässerung in den kommenden Jahrzehnten erheblich auszuweiten, weil die dafür verfügbaren Flächen in den meisten Regionen knapp sind und weil dort, wo Flächen verfügbar sind, diese in nächster Zeit auf Grund fehlender Infrastrukturen und knapper Haushaltskassen wohl kaum bewässert werden dürften.

- Die Bewässerung dürfte zunehmend mit anderen Formen der Wassernutzung in Konkurrenz stehen, und aus der Erfahrung lässt sich schließen, dass dem häuslichen Gebrauch bei der Wasserallokation in der Regel Vorrang vor der Bewässerung gegeben wird.

- Es besteht erhebliche Ungewissheit in Bezug auf den derzeitigen Umfang und die künftige Ausweitung der bewässerten Anbauflächen sowie die dafür erforderliche Wassermenge. Aus einer Prüfung der Projektionen in der Fachliteratur, denen ähnliche Annahmen zu Grunde liegen wie dem Basisszenario des *OECD-Ausblicks*, geht hervor, dass mit einem Anstieg gegenüber dem gegenwärtigen unsicheren Niveau um 10-20% bis Mitte des Jahrhunderts gerechnet wird (vgl. Anhang 5.A).

Angesichts dieser Unsicherheitsfaktoren und der begrenzten Möglichkeiten zur Ausdehnung der Bewässerungsflächen wird in diesem *Ausblick* ein konservativer Ansatz gewählt und davon ausgegangen, dass die bewässerten Flächen nicht ausgeweitet werden. Daher kann es sein, dass der künftige Wasserstress in manchen Regionen zu niedrig angesetzt ist. Eine weitere Erörterung der Methoden, die in diesem *Umweltausblick* zur Schätzung des Wasserbedarfs verwendet wurden, findet sich in Anhang 5.A.

5. WASSER

Wasserstress: Ein wachsendes Problem

Der zunehmende Wasserbedarf wird den Wasserstress (vgl. Kasten 5.1 wegen einer Definition) in vielen Wassereinzugsgebieten erhöhen, insbesondere in dicht besiedelten Gebieten in rasch wachsenden Volkswirtschaften. Immer mehr Wassereinzugsgebiete dürften gemäß dem Basisszenario bis 2050 hohem Wasserstress ausgesetzt sein, was hauptsächlich dem steigenden Wasserbedarf zuzuschreiben sein wird (Abb. 5.5). Die Anzahl der Menschen, die in Einzugsgebieten leben, in denen Wasserknappheit herrscht, dürfte stark ansteigen, von 1,6 Milliarden im Jahr 2000 auf 3,9 Milliarden im Jahr 2050, was über 40% der Weltbevölkerung entspräche. Rund drei Viertel aller Menschen, die mit hohem Wasserstress konfrontiert sind, werden dann in den BRIICS leben. Fast die gesamte Bevölkerung Südasiens und des Nahen Ostens sowie ein großer Teil der Bevölkerung Chinas und Nordafrikas wird ebenfalls in

Abbildung 5.5 **Wasserstress nach Wassereinzugsgebieten: Basisszenario, 2000 und 2050**

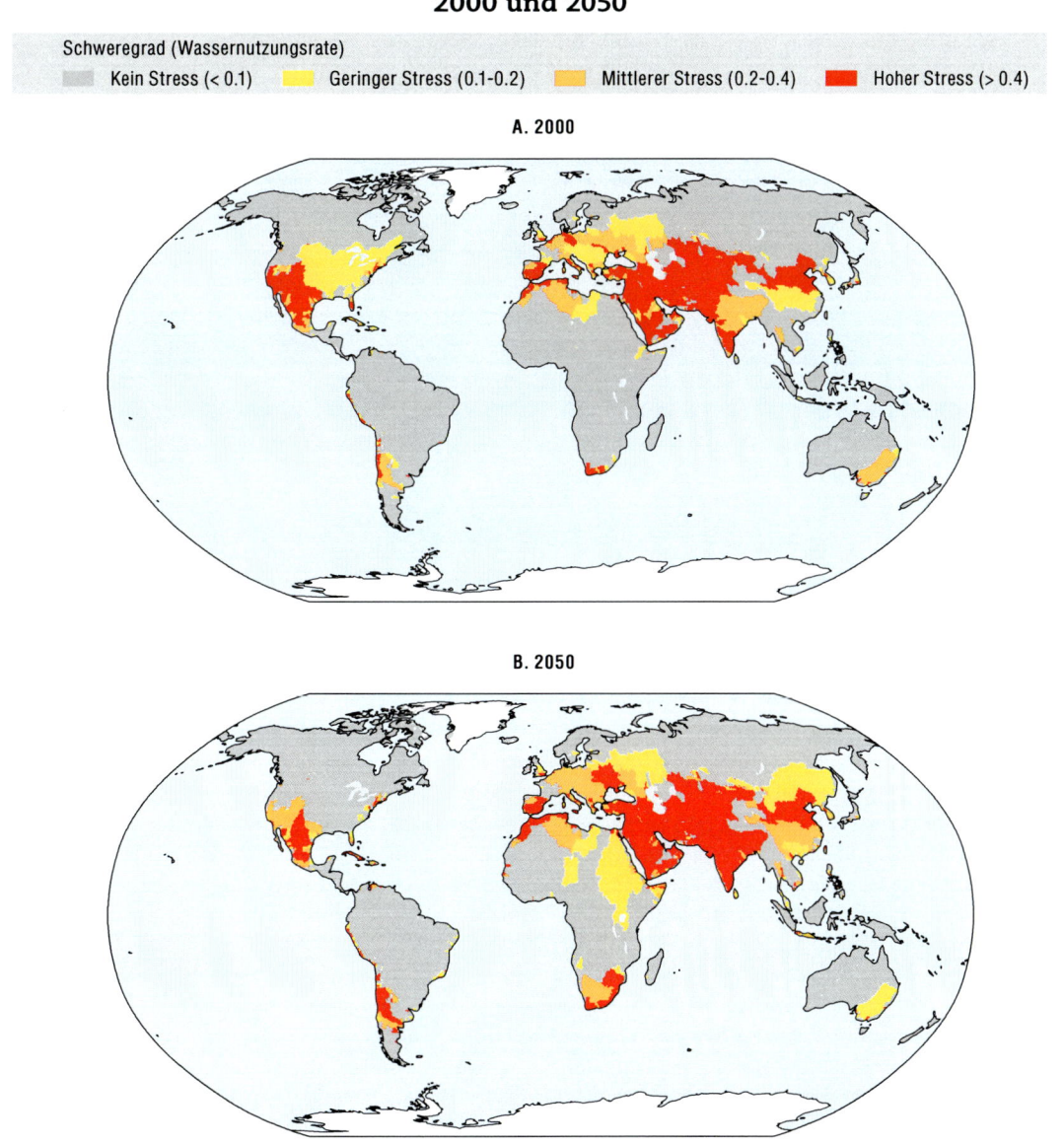

Schweregrad (Wassernutzungsrate): Kein Stress (< 0.1), Geringer Stress (0.1-0.2), Mittlerer Stress (0.2-0.4), Hoher Stress (> 0.4)

A. 2000

B. 2050

Quelle: Basisszenario des *OECD-Umweltausblicks*; Ergebnisse von Berechnungen anhand der IMAGE-Modellreihe.

Wassereinzugsgebieten mit hohem Wasserstress leben. Die Konsequenzen für das tägliche Leben sind ungewiss und hängen in hohem Maße von der Angemessenheit der eingerichteten Wasserbewirtschaftungsstrategien ab. Demgegenüber wird der Wasserstress in einigen OECD-Ländern, z.B. den Vereinigten Staaten, den Projektionen zufolge etwas abnehmen. Zurückzuführen ist dies auf einen voraussichtlichen Rückgang der Nachfrage (infolge von

---

Kasten 5.3 Die Auswirkungen des Klimawandels auf die Süßwasserressourcen: Ein Beispiel aus Chile

Der Klimawandel wird sich über Veränderungen im Wasserkreislauf auf die Süßwasserressourcen auswirken. Den Projektionen des Zwischenstaatlichen Ausschusses für Klimaänderungen (IPCC) zufolge werden die Auswirkungen des Klimawandels auf die Süßwassersysteme und ihre Bewirtschaftung hauptsächlich in Form von Temperaturerhöhungen, einem Anstieg des Meeresspiegels und Niederschlagsvariabilität zum Tragen kommen. Es werden Veränderungen bei der Menge, der Variabilität, dem Zeitpunkt, der Form und der Intensität der Niederschläge und den jahresdurchschnittlichen Abflussmengen eintreten; die Häufigkeit und die Intensität extremer Naturereignisse wie Überschwemmungen und Dürren werden zunehmen, die Wassertemperatur und die Rate der Evapotranspiration werden steigen, und die Wasserqualität wird sich verschlechtern (Bates et al., 2008). Die Art und das Ausmaß dieser projizierten Auswirkungen sind stark kontextspezifisch, in einigen Regionen dürfte es zu viel oder zu wenig Wasser geben, und viele Regionen werden voraussichtlich unter einem untragbaren Grad an Gewässerverschmutzung infolge einer höheren Niederschlagsvariabilität und stärkeren Einleitungen in Flüsse leiden. Diese Probleme werden sich in der zweiten Hälfte dieses Jahrhunderts verstärken (IPCC, 2008).

Bislang wird die Situation im Wasserbereich stärker durch das Wirtschaftswachstum und die Bevölkerungsdynamik beeinflusst als durch das Klima. Eine unmittelbarere Folge des Klimawandels ist die Notwendigkeit einer Erhöhung der Widerstandsfähigkeit und Flexibilität der Wasserallokationsmechanismen und der Wasserinfrastrukturen (einschließlich Wasserkraft, Systemen für den Überschwemmungsschutz, Ent- und Bewässerungssystemen, Abwasserbehandlung), da nicht sicher ist, wie die künftigen Wassersysteme aussehen werden.

Verschiedene Studien, die in Chile durchgeführt wurden, haben in den letzten Jahren eine vorläufige Quantifizierung der Auswirkungen des Klimawandels auf die Wasserressourcen ermöglicht. In den Studien wurde insbesondere der Effekt der Temperaturveränderungen, der Evapotranspiration und der Niederschläge auf die Wasserressourcen in acht Wassereinzugsgebieten im Zentraltal (Valle Central) von Chile analysiert.

Den Analysen zufolge werden die Wassermengen in allen Flusseinzugsgebieten zwischen 2041 und 2070 voraussichtlich um durchschnittlich 35% abnehmen. Die nördlichsten und südlichsten Regionen, die in der Analyse berücksichtigt wurden (das Limarí- und das Cautín-Tal), werden auf kurze Sicht stärker betroffen sein. Die Ergebnisse zeigen in einigen Wassereinzugsgebieten auch Unterschiede beim Zeitpunkt der durch die Schneeschmelze bedingten Erhöhung des Wasserstands, die sich in manchen Fällen vom Frühjahr bzw. Sommer in die Wintermonate verschieben könnte. In praktisch allen untersuchten Flusseinzugsgebieten ist ein starker Anstieg der Zahl der Monate mit Wasserdefiziten festzustellen. Das wird sich stark auf die Verfügbarkeit von Wasserressourcen für die verschiedenen Produktionssektoren in Chile auswirken. Gleichzeitig dürfte die projizierte Erwärmung einen Anstieg der Schneegrenze zur Folge haben und zu einer Erhöhung der im Winter in den Anden entstehenden Wasserflüsse führen.

Quelle: Vgl. z.B. S. Vicuña, R.D. Garreaud, J. McPhee (2010), "Climate Change Impacts on the Hydrology of a Snowmelt Driven Basin in Semiarid Chile", *Climate Change*, doi: 10.1007/s10584-010-9888-4; B.C. Bates, Z.W. Kundzewicz, S. Wu und J.P. Palutikof (Hrsg.) (2008), *Climate Change and Water*, Technische Abhandlung des Zwischenstaatlichen Ausschusses für Klimaänderungen, IPCC-Sekretariat, Genf.

Effizienzsteigerungen und einem Strukturwandel zu Gunsten des Dienstleistungssektors, der eine geringere Wasserintensität aufweist) und die wegen des Klimawandels zu erwartende Zunahme der Niederschläge (Kasten 5.3).

Grundwasserschwund

Grundwasser ist bei weitem die umfangreichste Süßwasserressource der Welt (ohne Berücksichtigung des als Eis gespeicherten Wassers). Es macht über 90% der weltweit unmittelbar verfügbaren Süßwasserressourcen aus (UNEP, 2008; Boswinkel, 2000). Das Gesamtvolumen ist zwar schwer zu evaluieren, einer Schätzung zufolge könnten sich die Grundwasserressourcen weltweit aber auf etwa 10,5 Mio. km^3 belaufen (Shiklomanov und Rodda, 2003). Insbesondere in Gebieten mit begrenztem Oberflächenwasserdargebot, wie in manchen Teilen Afrikas, und in Gegenden, in denen es keine andere Alternative gibt, ist Grundwasser eine vergleichsweise saubere, zuverlässige und kosteneffiziente Ressource. Durch Zuflüsse in Seen und Flussgewässer spielt es auch bei der Erhaltung der Oberflächengewässersysteme eine wichtige Rolle.

Die Geschwindigkeit, mit der die Grundwasservorräte aufgebraucht werden, ist jedoch in mehreren Regionen bald nicht mehr tragbar. Grundwasser nimmt als Quelle der Wasserversorgung einen immer größeren Platz ein, da moderne Entnahmetechniken heute weit verbreitet sind und die leichter nutzbaren Oberflächenwasserressourcen zunehmend überbeansprucht sind. Der Anteil der auf Grundwasser entfallenden weltweiten Süßwassernutzung beläuft sich Schätzungen zufolge auf 50% in der Wasserversorgung der privaten Haushalte, auf 40% für die Wasserentnahme von Industriebetrieben und 20% in der Bewässerung (Zektser und Everett, 2004). In der Europäischen Union beläuft sich der Anteil des Grundwassers an der Wasserversorgung der privaten Haushalte auf schätzungsweise 70%; in Frankreich macht Grundwasser 63% der Entnahmen für den Verbrauch der Privathaushalte, 41% der Entnahmen für den Industriesektor und 20% der Entnahmen für die Bewässerung aus.

In der zweiten Hälfte des 20. Jahrhunderts hat die verstärkte Grundwassernutzung durch die Landwirtschaft die Lebensbedingungen und die Ernährungssicherheit von Milliarden Landwirten und Verbrauchern verbessert. Der Grundwasserschwund könnte jedoch die größte Bedrohung für die bewässerungsabhängige Landwirtschaft darstellen, eine größere sogar noch als die Versalzung der Böden. Zurückzuführen ist der rasche Grundwasserschwund auf die explosionsartige Verbreitung kleiner Bewässerungspumpen in den Entwicklungsländern. Die Grundwassermengen, die für die Bewässerung eingesetzt werden, überschreiten in einigen Regionen Australiens, Griechenlands, Italiens, Mexikos und der Vereinigten Staaten bei weitem den Umfang, in dem die Grundwasservorräte wieder aufgefüllt werden können, was die wirtschaftliche Tragfähigkeit der Landwirtschaft gefährdet. In Ländern mit großen semiariden Gebieten, wie Australien, Indien, Mexiko und den Vereinigten Staaten, wird mehr als ein Drittel des Bewässerungswassers aus dem Boden gepumpt (Zektser und Everett, 2004). Überbeanspruchte Grundwasserleiter, insbesondere in semiariden und ariden Regionen, führen zu Umweltproblemen (schlechte Wasserqualität, geringere Wasserführung in Flüssen, Austrocknen von Feuchtgebieten), zu höheren Pumpkosten und letztlich zum Verlust einer Ressource für künftige Generationen (Shah et al., 2007).

Obwohl wir nur einen verhältnismäßig kleinen Teil der bekannten Grundwasservorräte der Erde nutzen, hat sich das Tempo, in dem die globalen Grundwasservorräte abnehmen („Grundwasserschwund" – vgl. Kasten 5.1), zwischen 1960 und 2000 mehr als verdoppelt, von 130 (± 30) auf 280 (± 40) km^3 Wasser pro Jahr (Wada et al., 2010). Vor fünfzig Jahren waren nur einzelne Gebiete vom Grundwasserschwund betroffen, heute erstreckt sich dieses Problem in vielen Ländern auf weite Gebiete. Eine Untersuchung ergab, dass der stärkste Grundwasserschwund in einigen der weltweit größten Agrarzentren zu beobachten ist, u.a.

in Nordwestindien, in Nordostchina, in Nordostpakistan, im Central Valley in Kalifornien und im mittleren Westen der Vereinigten Staaten (Wada et al., 2010). Die Untersuchung zeigte außerdem, dass das Tempo des Grundwasserschwunds zwischen den 1960er Jahren und Anfang der 1990er Jahre nahezu linear gestiegen ist, was mit dem raschen Wirtschaftswachstum und der starken Bevölkerungszunahme, hauptsächlich in Indien und China, zusammenhing.

Der Schwund selbst eines keinen Teils der Gesamtmenge des Grundwassers (in manchen Fällen nur um wenige Prozentpunkte) hat bereits einen erheblichen Effekt auf die Wasserressourcen. Er kann z.B. eine Bodensenkung verursachen, wodurch die Speicherkapazität der Grundwasserleiter dauerhaft reduziert und die Anfälligkeit für Hochwasserschäden erhöht wird. Und wo Grundwasser Wasserläufe und Seen speist, verringert schon ein geringerer Schwund des Grundwassers die Wasserführung der Flüsse bzw. den Wasserspiegel der Seen, wodurch sich die Menge des Oberflächenwassers reduziert, das für den menschlichen Gebrauch oder für Ufer- und Wasserökosysteme zur Verfügung steht. Diese externen Effekte können wiederum die weitere Entwicklung der Grundwasserressourcen beschränken (Alley, 2007).

Obgleich unbedingt ein Ausgleich für die Beanspruchung der Grundwasserressourcen geschaffen werden muss, subventionieren viele wasserarme Länder die Grundwassernutzung entweder direkt oder indirekt (beispielsweise müssen die Landwirte z.T. nicht für den Strom zahlen, der für das Hochpumpen von Wasser aus Grundwasserleitern erforderlich ist), und sie haben auch keine Maßnahmen eingerichtet, um die aufgebrauchten Grundwasservorräte wieder aufzufüllen. Energiesubventionen für die Landwirtschaft haben die Kosten für die Grundwasserentnahme in einer Reihe von OECD-Ländern sowie in Indien deutlich gesenkt.

Wasserbedingte Katastrophen

Viele Menschen müssen bereits mit sowohl in quantitativer als auch qualitativer Hinsicht unzureichenden Wasservorräten auskommen. Dürren und Überschwemmungen sowie deren Nebeneffekte stellen eine zusätzliche Bedrohung für ihre Sicherheit dar. Hochwasser, Stürme und Dürren haben schwere Folgen für Gesundheit, Umwelt und Wirtschaftsentwicklung. So forderte die Dürreperiode in Äthiopien und im Sudan im Jahr 1983 wegen der sich daran anschließenden Hungersnot über 400 000 Todesopfer. Von der Dürre in Indien und den Überschwemmungen und Stürmen in China waren 2002 über 450 Millionen Menschen betroffen. In den Vereinigten Staaten führte der Hurrikan Katrina und die dadurch verursachten Überschwemmungen 2005 zu Schäden in Höhe von 140 Mrd. US-$.

Jüngste Trends

Die Zahl der Wetterkatastrophen, insbesondere der Überschwemmungen, Dürren und Stürme, hat sich in den letzten dreißig Jahren weltweit erhöht (Abb. 5.6). Die Trends bei den wasser- und wetterbedingten Katastrophen im Zeitraum 1980-2009 wurden unter Verwendung von Informationen aus der Emergency Events Database (EM DAT) analysiert, die vom Centre for Research on the Epidemiology of Disasters (CRED) gepflegt wird[3]. Die Datenbank enthält Informationen über die Auswirkungen von wasserbedingten Katastrophen auf Mensch und Wirtschaft, wobei die direkten wirtschaftlichen Verluste und die Zahl der Opfer (Schadens- und Todesfälle) anhand von Indikatoren beobachtet werden. Die Katastrophen werden nach Ursachen (Überschwemmungen, Dürren und Stürme) in Kategorien eingeteilt.

In Abbildung 5.6 wird die historische Entwicklung der Zahl der „schweren" Wetterkatastrophen (Teil A), bezogen auf die Zahl der Opfer (Teil B) und die wirtschaftlichen Verluste (Teil C) dargestellt. Die wichtigsten Ursachen für die festgestellte Zunahme sind das Wachstum der Weltbevölkerung, der Anstieg des Wohlstands und die Ausdehnung der Siedlungsflächen.

5. WASSER

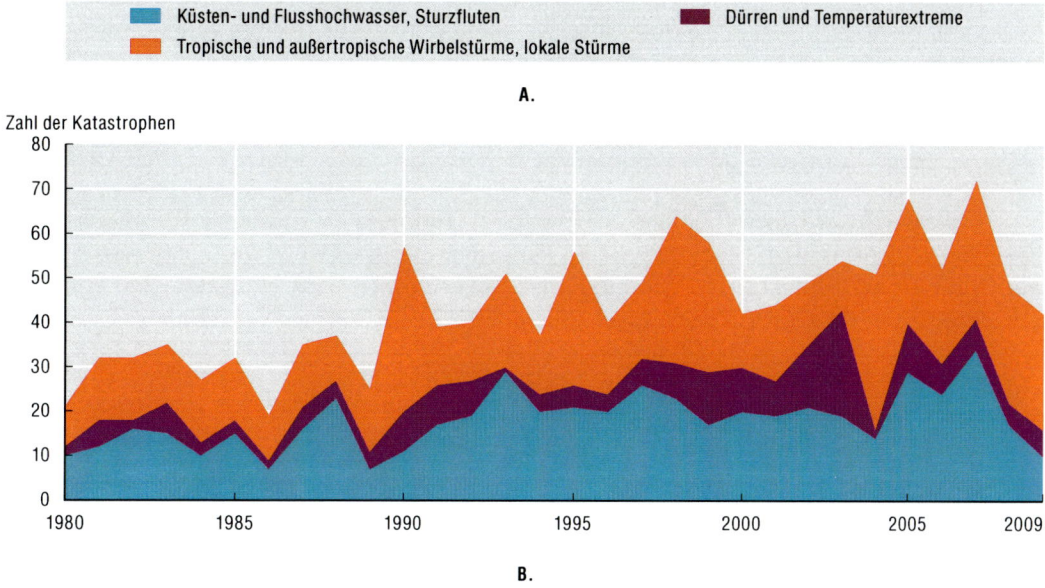

Abbildung 5.6 **Wetterkatastrophen weltweit, 1980-2009**

- Küsten- und Flusshochwasser, Sturzfluten
- Tropische und außertropische Wirbelstürme, lokale Stürme
- Dürren und Temperaturextreme

A.

Zahl der Katastrophen

B.

Zahl der Opfer (Mio.)

Dürre Indien

Hochwasser China

Dürre Indien, Hochwasser China

C.

Verluste (Mrd. US-$ 2010)

Hurrikan Katrina

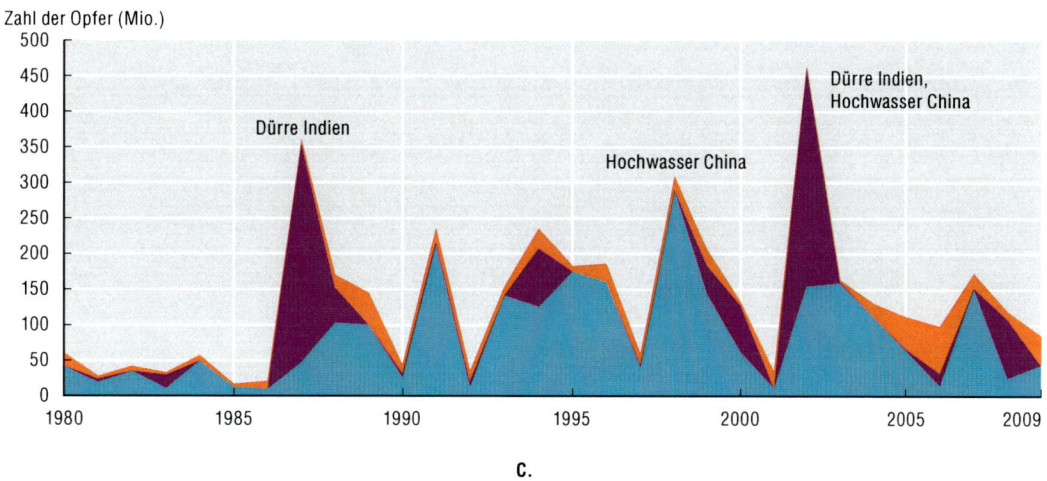

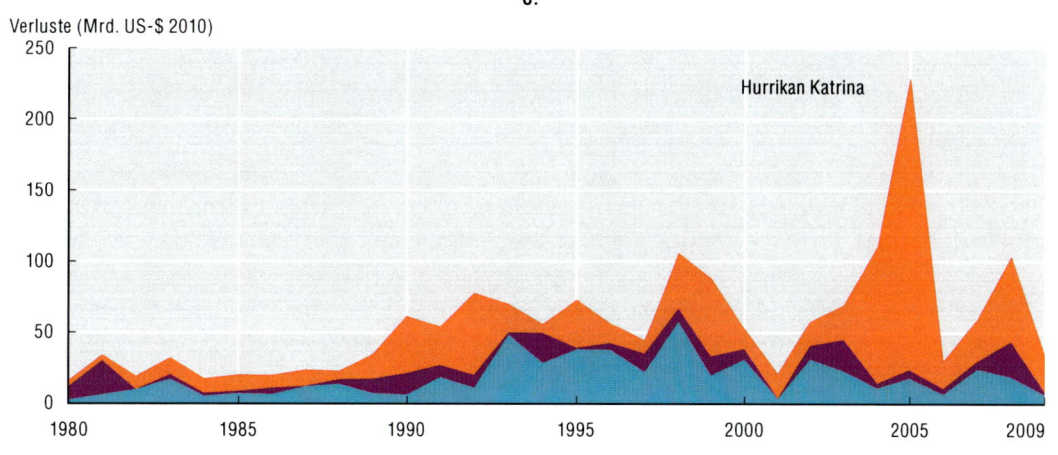

Anmerkung: Im Interesse einer besseren Vergleichbarkeit sind die Verluste in US-$ von 2010 angegeben.
Quelle: H. Visser, A.A. Bouwman, P. Cleij, W. Ligtvoet und A.C. Petersen (erscheint demnächst), *Trends in Weather-related Disaster Burden: A global and regional study*, PBL Netherlands Environmental Assessment Agency, Den Haag/Bilthoven.

StatLink ⟐ http://dx.doi.org/10.1787/888932571190

Obwohl zwischen den Extremwerten bei den Klimavariablen und den Wetterkatastrophen eine enge Relation besteht (IPCC, 2011), sind nicht ausreichend Daten verfügbar, um einen Zusammenhang zwischen der Häufigkeit der Katastrophen und dem Klimawandel zu bestätigen. Untersuchungen, in denen die wirtschaftlichen Einbußen um die Bevölkerungszunahme und das Wirtschaftswachstum bereinigt wurden, zeigen in der Regel eine stabile oder sogar abnehmende Tendenz bei den Verlusten, die durch schwere Wasserereignisse verursacht wurden (Neumayer und Barthel, 2011; Bouwer, 2011; vgl. Anhang 5.A).

Im Zeitraum 1980-2009 handelte es sich bei weit über 40% aller Wetterkatastrophen um Überschwemmungen, bei nahezu 45% um Stürme und bei 15% um Dürren. Die Zahl der Opfer lag zwischen rd. 100 Millionen und 200 Millionen jährlich, es wurden allerdings auch Höchstwerte von 300 Millionen oder mehr verzeichnet. Nahezu zwei Drittel davon waren Überschwemmungen zuzuschreiben. Auf Dürren und sonstige Temperaturextreme entfielen 25% der Opfer und auf Stürme 10%.

Die wirtschaftlichen Einbußen bewegten sich Schätzungen zufolge im Zeitraum 1980-2009 zwischen 50 Mrd. und 100 Mrd. US-$ pro Jahr. Der Höchstwert von 220 Mrd. US-$ im Jahr 2005 war dem Hurrikan Katrina in den Vereinigten Staaten zuzuschreiben. Stürme machten die Hälfte aller Verluste, Überschwemmungen ein Drittel und Dürren nahezu 15% aus.

Die Zahl der Katastrophen war zwischen den einzelnen Regionen recht gleichmäßig verteilt: Nahezu 40% haben sich im OECD-Raum zugetragen, 30% in den BRIICS und 30% in der übrigen Welt. Zwischen diesen drei Ländergruppen ist aber ein augenfälliger Unterschied bei den Auswirkungen zu beobachten. Weit über 80% der Opfer (Schadens- und Todesfälle) wurden in den BRIICS verzeichnet, nahezu 15% in der übrigen Welt und nur 5% in den OECD-Ländern. Auf die OECD-Länder entfielen fast zwei Drittel der wirtschaftlichen Verluste, auf die BRIICS ein Viertel und auf die übrige Welt etwas über 10%. In diesen Zahlen spiegeln sich Unterschiede bei der Anpassungsfähigkeit und beim wirtschaftlichen Wert des Immobilien- und sonstigen Vermögens in den drei Ländergruppen wider.

Überschwemmungen: Ausblick bis 2050

Im Basisszenario des *Umweltausblicks* wird projiziert, dass die Weltbevölkerung bis 2050 um ein Drittel auf über 9 Milliarden Menschen anwächst (Kapitel 2). In Überschwemmungs- und Mündungsgebieten – den Gebieten, die am meisten von Überschwemmungen betroffen sind – dürfte die Bevölkerung sogar noch rascher zunehmen, um fast 40% im selben Zeitraum. Veränderungen der Gefahrenexposition der Menschen und der Vermögenswerte und in manchen Fällen auch der Vulnerabilität waren die wichtigsten Ursachen für den in der Vergangenheit beobachteten Anstieg der katastrophenbedingten Verluste (IPCC, 2011). Dieser Trend dürfte sich in den kommenden Jahrzehnten fortsetzen. Selbst wenn man den Klimawandel als einen wichtigen möglichen Faktor für Überschwemmungen bis 2050 außer Acht lässt, wird die Zahl der gefährdeten Menschen und der Wert des gefährdeten Vermögens erheblich höher sein als heute: Über 1,6 Milliarden Menschen (d.h. nahezu 20% der Weltbevölkerung) und Wirtschaftsgüter im Wert von rd. 45 Bill. US-$ (340% mehr als 2010) wären betroffen. Aufgeschlüsselt nach Regionen beläuft sich der Anstieg der gefährdeten Vermögenswerte in den OECD-Ländern auf nahezu 130%, in den BRIICS auf über 640% und in den Entwicklungsländern auf fast 440% (vgl. Anhang 5.A wegen näheren Einzelheiten zu diesen Berechnungen).

Die Gefährdung durch Überschwemmungen verteilt sich nicht gleichmäßig innerhalb der einzelnen Länder, und häufig sind die ärmsten Bevölkerungsgruppen überverhältnismäßig stark betroffen. Zu den Städten, in denen die meisten Menschen durch Überschwemmungen gefährdet sind, zählen z.B. Dhaka, Kalkutta, Shanghai, Mumbai, Jakarta, Bangkok und Ho-Chi-Minh-Stadt, die sich alle zudem in Ländern mit niedrigem Pro-Kopf-BIP im Jahr 2010 und im Jahr 2050 befinden (vgl. Anhang 5.A). Die Liste dieser Städte stimmt mit einer früheren OECD-Studie über Küstenstädte überein, auf die in Kapitel 3 zum Klimawandel Bezug genommen wird (Nicholls et al., 2008).

Wasserqualität

Eine gute Wasserqualität ist für das menschliche Wohlergehen, die Erhaltung gesunder aquatischer Ökosysteme und die Nutzung im Primärsektor, z.B. in der Landwirtschaft und der Aquakultur, unerlässlich. Eutrophierung (wie im Folgenden erörtert), Versauerung, Kontamination und Mikroverunreinigungen sind alles Faktoren, die die menschliche Gesundheit belasten, die Kosten für die Trinkwasseraufbereitung erhöhen und die Bewässerung sowie die Erhaltung aquatischer Ökosysteme beeinträchtigen. Ist die Wasserqualität für die Nutzung zu schlecht, verschärft sich das Problem der Wasserknappheit.

Jüngste Trends in den OECD-Ländern

Trotz der erheblichen Fortschritte, die die OECD-Länder bei der Verringerung der Schadstoffbelastung aus kommunalen und industriellen Punktquellen erzielt haben, indem Kläranlagen installiert wurden und der Einsatz von Chemikalien reduziert wurde, lassen sich nicht immer unmittelbare Verbesserungen der Wasserqualität erkennen[4], außer was die organische Verschmutzung anbelangt. Die Schadstoffbelastung aus diffusen landwirtschaftlichen und städtischen Quellen (Düngemittel und Pestizide, Abschwemmungen von versiegelten Oberflächen und Straßen sowie Arzneimittelrückstände in tierischen und menschlichen Abfällen) stellt in vielen Ländern weiterhin ein Problem dar.

Der auf Nährstoffeinträge aus der Landwirtschaft entfallende Anteil der Wasserverschmutzung hat zugenommen, weil die von industriellen und städtischen Quellen ausgehenden Verunreinigungen in absoluten Zahlen rascher abgenommen haben als die Belastung durch die Landwirtschaft. Die von der Landwirtschaft ausgehende Belastung der Wasserqualität von Flüssen, Seen, Grundwasservorräten und Küstengewässern hat in den meisten OECD-Ländern zwischen 1990 und Mitte der 2000er Jahre auf Grund eines Rückgangs der Nährstoffüberschüsse und des Pestizideinsatzes nachgelassen. Trotz dieser Verbesserung ist die absolute Nährstoff- und Pestizidbelastung in vielen OECD-Ländern und -Regionen nach wie vor erheblich. In fast der Hälfte der OECD-Länder liegen die Nährstoff- und Pestizidkonzentrationen im Oberflächen- und Grundwasser in Agrargebieten über den in diesen Ländern geltenden Grenzwerten für die Trinkwasserqualität. Ein anderer Problembereich ist die durch die Landwirtschaft verursachte Verschmutzung von tiefen Grundwasserleitern, in denen der natürliche Abbau von Schadstoffen mehrere Jahrzehnte dauern kann. Infolge der in älteren, sich nur langsam regenerierenden Grundwasservorräten enthaltenen Schadstoffe konnte durch die Reduktion der von der Landwirtschaft ausgehenden Belastung in einigen Fällen keine Verbesserung der Wasserqualität erzielt werden.

Die wirtschaftlichen Kosten der erforderlichen Wasserbehandlung, um Nährstoffe und Pestizide zur Erfüllung der Trinkwassernormen zu entfernen, sind in einigen OECD-Ländern erheblich. Die Eutrophierung von Meerwasser verursacht in manchen Ländern (z.B. in Korea und den Vereinigten Staaten) zudem hohe wirtschaftliche Kosten für die Fischereiwirtschaft. Darüber hinaus erhöhen persistente Mikroverunreinigungen in Gewässern die Kosten der Trinkwasseraufbereitung (Kasten 5.4).

> ### Kasten 5.4 **Bewältigung der mit Mikroverunreinigungen verbundenen Risiken**
>
> Mikroverunreinigungen und ihre Effekte auf die aquatischen Ökosysteme und die menschliche Gesundheit geben zunehmend Anlass zu Besorgnis. Zu Mikroverunreinigungen zählen Rückstände von Arzneimitteln, Kosmetikprodukten, Reinigungsmitteln oder Bioziden (Herbizide, Fungizide). Sie dringen durch die Siedlungsentwässerung, die Landwirtschaft sowie den Abfluss von Regenwasser von Verkehrswegen und versiegelten Oberflächen in die Gewässer ein. Mikroverunreinigungen können negative Effekte auf Organismen, u.a. auch auf den Menschen, haben, hauptsächlich weil sie das endokrine System (Hormonsystem) stören, womit sie Krebs, Geburtsfehler und sonstige Entwicklungsstörungen verursachen können (vgl. Kapitel 6, Abschnitt 6.4 über Chemikalien). Die Risiken werden durch das Vorhandensein mehrerer Arten von Schadstoffen in den Gewässern verstärkt, deren Zusammenwirken eine zusätzliche Belastung für die Organismen darstellen kann. Darüber hinaus sind Mikroverunreinigungen in der Regel persistent: Sie lassen sich durch die regulären Aufbereitungstechnologien nicht hinreichend beseitigen. Deshalb können sie sich in Gewässern und Sedimenten ansammeln, was höhere Konzentrationen zur Folge hat. Die wegen des Klimawandels erwartete Zunahme der Häufigkeit und der Intensität von extremen Wetterlagen sowie der Strömungsgeschwindigkeit kann zu einer Resuspension von in Sedimenten gespeicherten Schadstoffen führen.
>
> Zur Lösung des Problems sind verschiedene, einander ergänzende Ansätze erforderlich: Verringerung der Kontamination an der Quelle, Umrüstung bereits existierender Kläranlagen mit zusätzlichen Aufbereitungsverfahren wie Ozonierung und Einsatz körniger Aktivkohle*, Errichtung von dezentralisierten Kläranlagen an Orten, an denen mit hoher Wahrscheinlichkeit große Mengen von Mikroverunreinigungen verursacht werden (z.B. in Krankenhäusern, Pflegeheimen), sowie Entwicklung und Verbreitung von neuen Aufbereitungstechnologien wie Sensoren, Nanotechnologien und hybriden Aufbereitungsvorrichtungen.
>
> * In der Schweiz ist die Umrüstung von 100 der 700 in Betrieb befindlichen Kläranlagen geplant.

Eutrophierung von Oberflächengewässern und Küstengebieten

Zu Eutrophierung kommt es, wenn zu viele Nährstoffe in Gewässer eingeleitet werden, die das Pflanzenwachstum zu sehr stimulieren, was Sauerstoffschwund und toxische Algenblüten zur Folge hat. Es handelt sich dabei um ein ernstes Problem, das einen Verlust an biologischer Vielfalt in Flüssen, Seen und Feuchtgebieten verursacht, die Wassernutzung durch den Menschen erschwert (z.B. Trinkwasserversorgung, Freizeitaktivitäten, Fischen, Schwimmen) und sich auch auf die menschliche Gesundheit auswirken kann (siehe weiter unten und Kapitel 4 über biologische Vielfalt). Die Eutrophierung geht von Punktquellen (städtischen Abwassersystemen) und diffusen Quellen (hauptsächlich landwirtschaftliche Abschwemmungen) aus. Beide Aspekte werden weiter unten erörtert.

Im Basisszenario wird in den kommenden zwanzig Jahren weltweit mit einer Zunahme der Eutrophierung gerechnet, in deren Anschluss es in einigen Regionen (OECD-Raum, Russland und Ukraine) zu einer Stabilisierung kommen dürfte. In Japan und Korea haben die Nährstoffüberschüsse je Hektar Agrarland bereits ein hohes Niveau erreicht. In China, Indien, Indonesien und den Entwicklungsländern dürfte die Eutrophierung nach 2030 zunehmen; in China wird diese Entwicklung durch Nährstoffe aus Abwässern angetrieben, die Nährstoffüberschüsse in der Landwirtschaft dürften sich stabilisieren. In Brasilien wird die Eutrophierung unter dem Einfluss der zunehmenden Phosphorüberschüsse aus der Landwirtschaft voraussichtlich steigen, während bei Phosphor aus Abwasser und Stickstoff nach 2030 eine Stabilisierung oder eine Abnahme festzustellen sein dürfte.

Nährstoffeinträge durch Abwasser

Im Basisszenario wird projiziert, dass die Nährstoffeinträge durch Abwasser rasch steigen werden. Bezogen auf den Zeitraum 2000-2050 dürften die Stickstoffeinträge (N) um 180% (von rd. 6 Mio. auf 17 Mio. t pro Jahr weltweit) und die Phosphoreinträge (P) um über 150% zunehmen (von 1,3 Mio. auf 3,3 Mio. t pro Jahr) (Abb. 5.7). Das ist in erster Linie durch das Bevölkerungswachstum, die rasche Urbanisierung, die zunehmende Zahl von Haushalten mit verbesserter Sanitärversorgung und Anschluss an Abwassersysteme sowie die im Vergleich dazu nicht rasch genug voranschreitende Eliminierung von Nährstoffen durch Kläranlagen bedingt. Es wird zwar erwartet, dass die Nährstoffeliminierung durch Kläranlagen ebenfalls rasch verbessert wird, jedoch nicht schnell genug, um den projizierten großen Anstieg der Nährstoffeinträge auszugleichen.

Nährstoffeinträge durch die Landwirtschaft

Nährstoffüberschüsse in der Landwirtschaft entstehen, wenn dem Boden mehr Nährstoffe hinzugefügt als entnommen werden. Im Fall von Stickstoff ist es wahrscheinlich, dass die Überschüsse ins Grundwasser ausgewaschen werden, von Feldern in Wasserläufe abfließen oder durch Umwandlung in Ammoniak in die Atmosphäre abgegeben werden (Verflüchtigung). Stickstoff gelangt durch biologische Fixierung, atmosphärische Deposition, Einsatz von synthetischem Stickstoffdünger und Viehdung in den Boden. Stickstoff wird dem Boden durch die Ernte von Kulturpflanzen und die Beweidung entzogen. Phosphor stammt von Gülle und Dünger. Er folgt demselben Weg wie Stickstoff, außer dass er sich im Boden ansammelt und nicht ins Grundwasser ausgewaschen oder in die Atmosphäre abgegeben wird (vgl. Anhang 5.A wegen näheren Einzelheiten).

Gemäß dem Basisszenario dürften die Stickstoffüberschüsse in der Landwirtschaft in den meisten OECD-Ländern bis 2050 abnehmen (Abb. 5.8, Teil A). Das liegt daran, dass sich die Effizienz des Düngemitteleinsatzes wahrscheinlich schneller erhöhen wird als die Produktivität. In China, Indien und den meisten Entwicklungsländern geht der Trend in die entgegengesetzte Richtung: Die Stickstoffüberschüsse je Hektar werden voraussichtlich zunehmen, da die Produktion rascher steigt als die Effizienz. In China und Indien dürfte die Nutzpflanzenproduktion im Zeitraum 2000-2030 um über 50% und im Zeitraum 2030-2050 um 10-20% expandieren. In Brasilien dürfte sie zwischen 2000 und 2030 um 65% und bis 2050 um weitere 10% zulegen. Die Produktion von Sojabohnen und anderen Hülsenfrüchten wird sich in Brasilien den Projektionen zufolge zwischen 2000 und 2030 um über 75% erhöhen und bis 2050 stabilisieren. Die Effizienz des Stickstoffdüngemitteleinsatzes wird sich in Brasilien 2030 voraussichtlich auf hohem und nahezu konstantem Niveau bewegen, weil Sojabohnen atmosphärischen Stickstoff fixieren und wenig Stickstoffdünger benötigen[5].

Was Afrika (ohne südliches Afrika) betrifft, so werden die Düngemittelüberschüsse am stärksten in Nordafrika zunehmen, auf das 2050 20% von Afrikas Stickstoffüberschüssen insgesamt und 40% seiner Phosphorüberschüsse entfallen dürften. In Subsahara-Afrika sind die Überschüsse niedriger als in vielen anderen Entwicklungsländern. Da es den Böden dort häufig an Phosphor mangelt, ist mehr Dünger notwendig, um die Fruchtbarkeit der Böden wiederherzustellen und zu verbessern und die Nutzpflanzenproduktion zu unterstützen. Die Nutzpflanzenproduktion wird im Basisszenario in Afrika zwischen 2000 und 2050 insgesamt steigen (in Nordafrika um 150%, in Westafrika um 375%, in Ostafrika um 265%). Dabei wird unterstellt, dass dieser Zuwachs durch eine erhebliche Expansion des Agrarlands und höhere Erträge erzielt wird. Ohne eine Ausweitung des Agrarlands würde eine solche Produktionssteigerung eine Wiederherstellung und Verbesserung der Bodenfruchtbarkeit, technologische Neuerungen und einen höheren Einsatz von Düngemitteln – insbesondere von Phosphor – voraussetzen. Ökologischere Bewirtschaftungsmethoden werden ebenfalls vonnöten sein.

5. WASSER

Abbildung 5.7 **Nährstoffeinträge durch Abwasser: Basisszenario, 1970-2050**

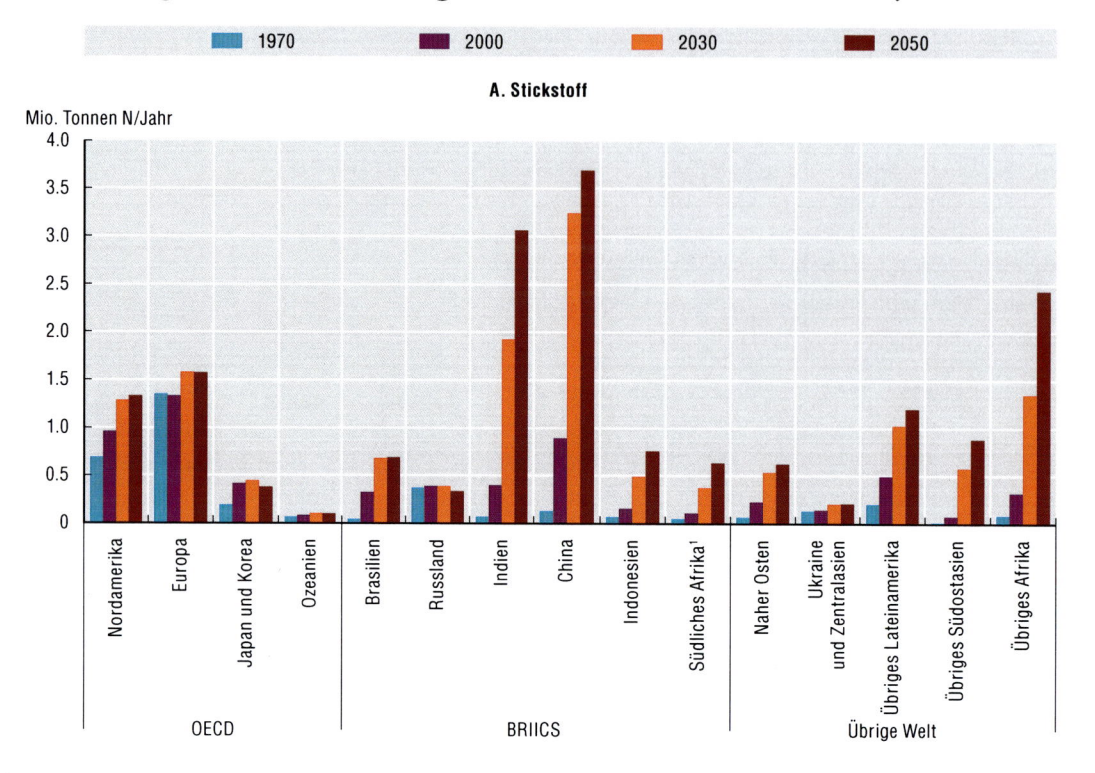

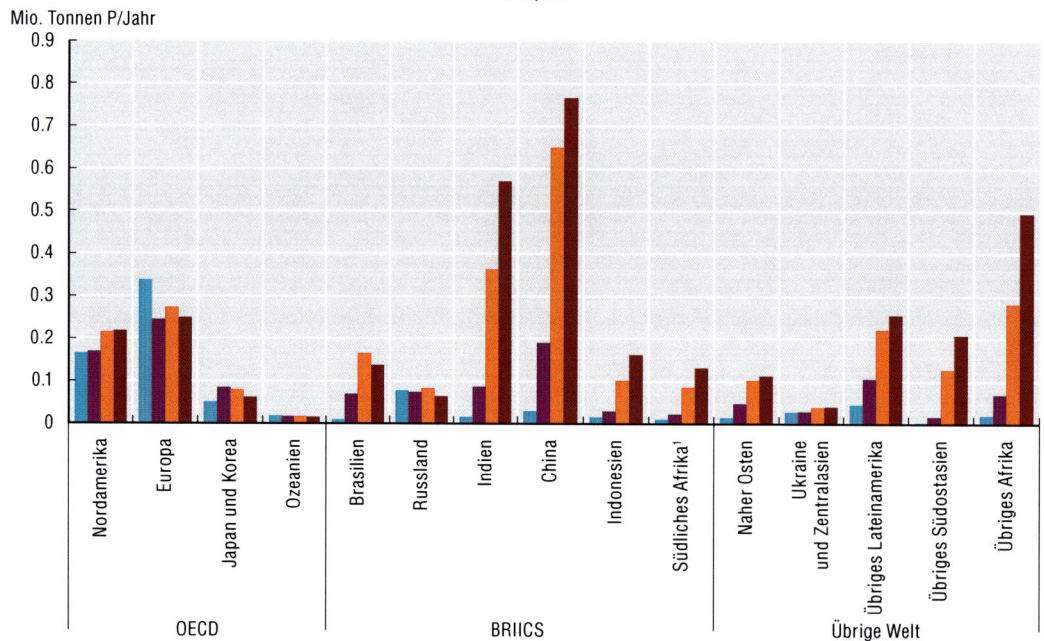

■ 1970   ■ 2000   ■ 2030   ■ 2050

A. Stickstoff

Mio. Tonnen N/Jahr

OECD: Nordamerika, Europa, Japan und Korea, Ozeanien
BRIICS: Brasilien, Russland, Indien, China, Indonesien, Südliches Afrika¹
Übrige Welt: Naher Osten, Ukraine und Zentralasien, Übriges Lateinamerika, Übriges Südostasien, Übriges Afrika

B. Phosphor

Mio. Tonnen P/Jahr

OECD: Nordamerika, Europa, Japan und Korea, Ozeanien
BRIICS: Brasilien, Russland, Indien, China, Indonesien, Südliches Afrika¹
Übrige Welt: Naher Osten, Ukraine und Zentralasien, Übriges Lateinamerika, Übriges Südostasien, Übriges Afrika

1. In der IMAGE-Modellreihe zählen zur Region Südliches Afrika, wenn es um Landnutzung, biologische Vielfalt, Wasser und Gesundheit geht, zehn Länder aus diesem geografischen Gebiet, darunter die Republik Südafrika. Für energiebezogene Modelle ist die Region in die Republik Südafrika und das „übrige südliche Afrika" aufgeteilt worden.

Quelle: Basisszenario des *OECD-Umweltausblicks*; Ergebnisse von Berechnungen anhand der IMAGE-Modellreihe.

StatLink ᓭᓯᒥ http://dx.doi.org/10.1787/888932571209

5. WASSER

Abbildung 5.8 **Nährstoffüberschüsse der Landwirtschaft je Hektar: Basisszenario, 1970-2050**

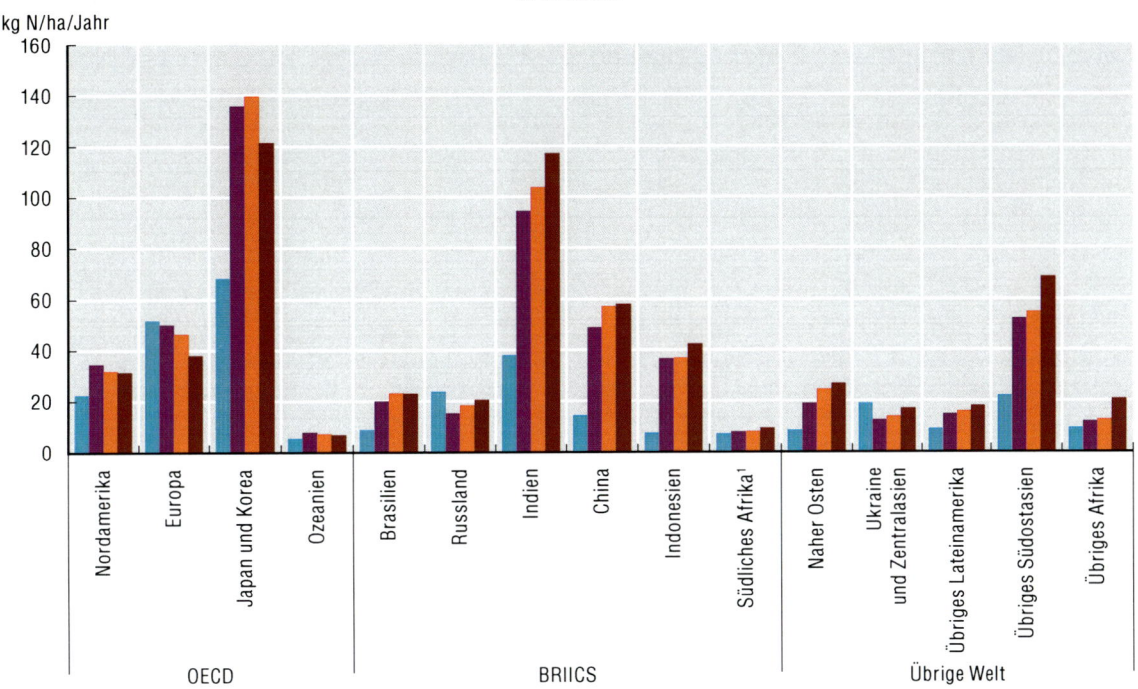

A. Stickstoff

kg N/ha/Jahr

Regionen (OECD): Nordamerika, Europa, Japan und Korea, Ozeanien
Regionen (BRIICS): Brasilien, Russland, Indien, China, Indonesien, Südliches Afrika[1]
Regionen (Übrige Welt): Naher Osten, Ukraine und Zentralasien, Übriges Lateinamerika, Übriges Südostasien, Übriges Afrika

B. Phosphor

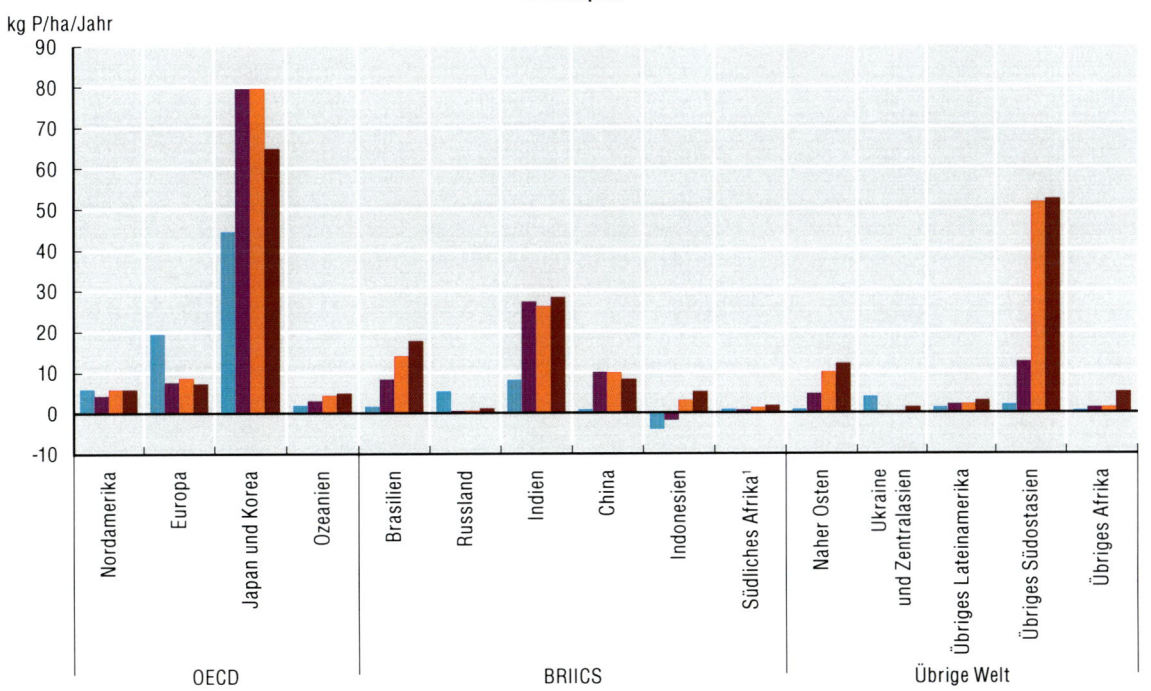

kg P/ha/Jahr

1. In der IMAGE-Modellreihe zählen zur Region Südliches Afrika, wenn es um Landnutzung, biologische Vielfalt, Wasser und Gesundheit geht, zehn Länder aus diesem geografischen Gebiet, darunter die Republik Südafrika. Für energiebezogene Modelle ist die Region in die Republik Südafrika und das „übrige südliche Afrika" aufgeteilt worden.

Quelle: Basisszenario des *OECD-Umweltausblicks*; Ergebnisse von Berechnungen anhand der IMAGE-Modellreihe.

StatLink http://dx.doi.org/10.1787/888932571247

In den meisten OECD-Ländern dürften die Phosphorüberschüsse je Hektar in den kommenden zwanzig Jahren leicht zunehmen, danach aber wieder abnehmen (Abb. 5.8, Teil B). In China und Indien dürften die Phosphorüberschüsse ebenfalls sinken oder sich stabilisieren, während sie in den meisten Entwicklungsländern und Brasilien voraussichtlich steigen werden. Phosphor wird im Boden fixiert und sammelt sich dort an, bis der Boden gesättigt ist. Der Boden muss weiter mit Phosphor angereichert werden, um diese Fixierung zu kompensieren, damit ausreichend Phosphor für die Kulturpflanzen zur Verfügung steht. Die so entstehenden Überschüsse können zusätzliche Abschwemmungen verursachen. Wenn der Boden gesättigt ist, stoppt der Fixierungsprozess, so dass die Menge an zugeführtem Dünger in etwa der Menge entsprechen kann, die die Nutzpflanzen bei ihrem Wachstum absorbieren. Die Überschüsse tendieren dann u.U. gegen null. Dies ist z.B. in vielen Agrarregionen in Europa der Fall. In China und Indien ist eine rasche Sättigung der Böden zu beobachten, weshalb dort eine Stabilisierung oder eine leichte Abnahme der Überschüsse projiziert wird.

In Brasilien ist der Düngemitteleinsatz im Verhältnis zur Produktion derzeit wesentlich geringer als in den meisten OECD-Ländern; das dürfte sich langsam ändern, bis dann ein ähnliches Niveau wie in den OECD-Ländern erreicht ist, wobei die Nutzpflanzenproduktion stark steigen wird. Ein anderer wichtiger Faktor ist, dass Sojabohnen und andere Hülsenfrüchte eine große Menge an Phosphor benötigen. Die Zunahme der Phosphorüberschüsse in Brasilien lässt sich somit durch diese beiden Faktoren erklären.

Umweltfolgen

Schätzungen zufolge hat die Verschlechterung der Wasserqualität die biologische Vielfalt in Flüssen, Seen und Feuchtgebieten weltweit bereits um etwa ein Drittel verringert, wobei die größten Verluste in China, Europa, Japan, Südasien und im südlichen Afrika verzeichnet wurden (Modellrechnungen, vgl. Kapitel 4 zur biologischen Vielfalt). Gemäß dem Basisszenario dürfte die biologische Vielfalt in aquatischen Lebensräumen in den BRIICS und den Entwicklungsländern bis 2030 weiter abnehmen und sich danach stabilisieren (vgl. Kapitel 4 zur biologischen Vielfalt wegen einer eingehenderen Erörterung). Diese im Modell projizierte Abnahme ist jedoch unterzeichnet, da die Effekte künftiger Staudämme, der Nutzbarmachung von Feuchtgebieten sowie des Klimawandels nicht berücksichtigt wurden. Zudem werden die aquatischen Ökosysteme auch durch die Überbeanspruchung bestimmter Wasserressourcen und hydromorphologische Veränderungen der Wassersysteme geschädigt. Die Festsetzung und Durchsetzung von Vorgaben für den in Flussgewässern zu belassenden Mindestabfluss sowie die Renaturierung von Flussbetten, Flussufern und Strömungsbedingungen sind in einigen OECD-Ländern zunehmend Teil der Umweltplanung, was in der Europäischen Union z.B. durch die europäische Wasserrahmenrichtlinie gefördert wird (Kasten 5.9).

Gemäß den Projektionen des Basisszenarios wird die Zahl der Seen mit toxischen Algenblüten infolge der zunehmenden Nährstoffbelastung in Oberflächengewässern bis zum Jahr 2050 gegenüber 2000 weltweit um rd. 20% ansteigen, wobei die Zunahme in Asien, Afrika und Brasilien am deutlichsten sein dürfte. Es wird damit gerechnet, dass diese Effekte durch den Klimawandel und den Anstieg der Wassertemperaturen verschärft werden (Mooij et al., 2005; Jeppesen et al., 2009).

Das Auftreten, die Häufigkeit, die Dauer und das Ausmaß von Sauerstoffschwund und toxischen Algenblüten in Küstengebieten nehmen im Basisszenario bis 2050 zu, da aus Flüssen immer mehr Nährstoffe ins Meer, insbesondere in den Pazifik, getragen werden (Abb. 5.9). Die Phosphoreinträge werden voraussichtlich schneller steigen als die Stickstoff- und Siliziumeinträge (Abb. 5.9, Teil B), was zu einer Störung des natürlichen Gleichgewichts der Küstenökosysteme führen dürfte. Ein anderer Faktor, der diesen Trend verstärkt, ist das rasche weltweite Wachstum der Zahl der Staudämme. Auf Grund von Dämmen setzen sich siliziumhaltige Sedimente im Staubecken ab, so dass sich die Menge der flussabwärts transportierten Sedimente verringert und der Siliziumgehalt dort sinkt. Dieses Ungleichgewicht erhöht das Risiko der Bildung toxischer Algenblüten.

Abbildung 5.9 **Nährstoffeinträge aus Flüssen ins Meer: Basisszenario, 1950-2050**

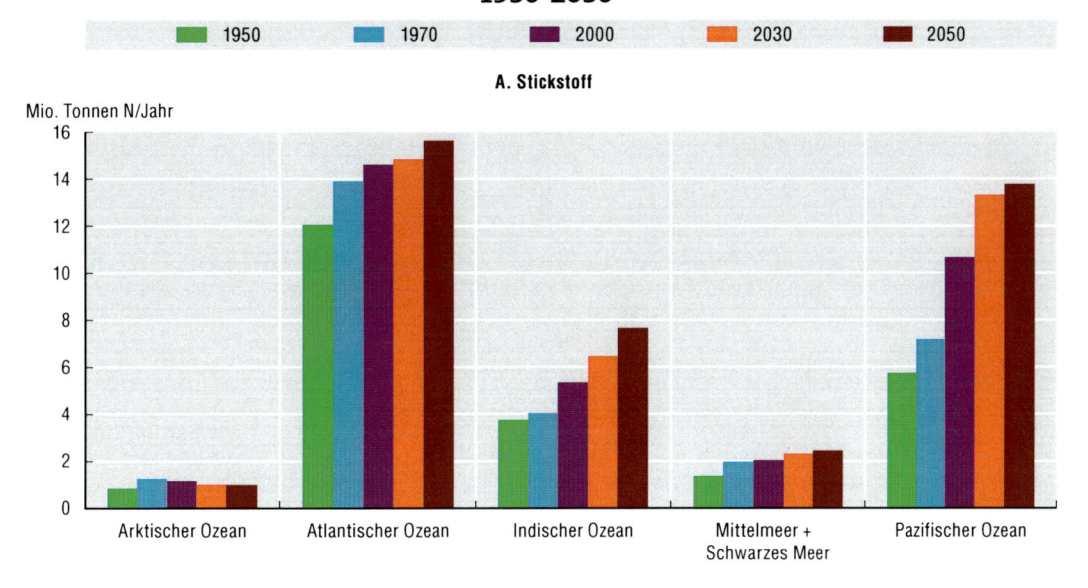

■ 1950   ■ 1970   ■ 2000   ■ 2030   ■ 2050

A. Stickstoff (Mio. Tonnen N/Jahr)

B. Phosphor (Mio. Tonnen P/Jahr)

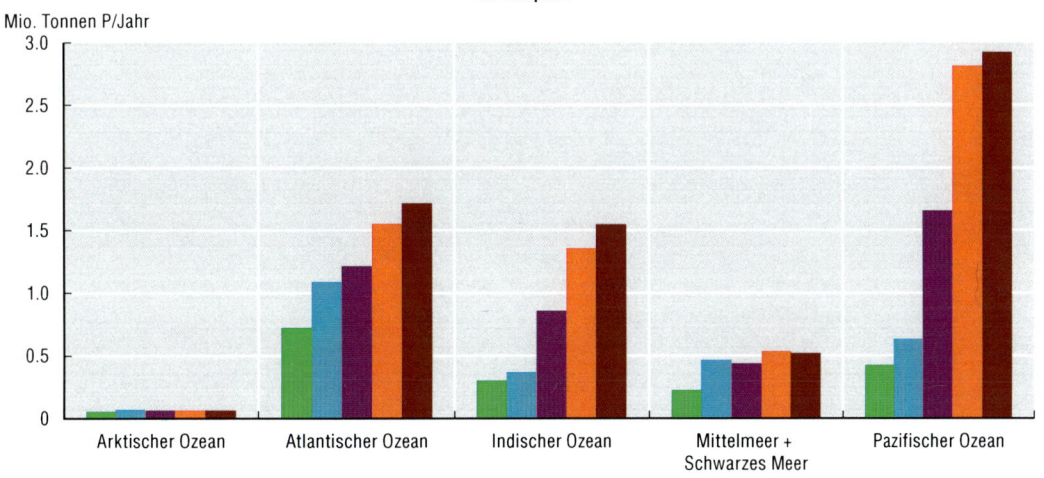

Kategorien: Arktischer Ozean, Atlantischer Ozean, Indischer Ozean, Mittelmeer + Schwarzes Meer, Pazifischer Ozean

Quelle: Basisszenario des *OECD-Umweltausblicks*; Ergebnisse von Berechnungen anhand der IMAGE-Modellreihe.

StatLink ⟶ http://dx.doi.org/10.1787/888932571285

Neben Abwasser und Landwirtschaft stellt die Aquakultur eine wachsende Quelle von Nährstoffeinträgen dar. Da diese Quelle in den Modellrechnungen nicht berücksichtigt wurde, sind die projizierten Nährstoffeinträge in Flüsse und ins Meer u.U. zu niedrig angesetzt.

Zugang zu Wasser- und Sanitärversorgung

Aktuelle Trends

Das Ziel 7c der Millenniumsentwicklungsziele (MDG) lautet, „bis zum Jahr 2015 den Anteil der Menschen um die Hälfte zu senken, die keinen nachhaltigen Zugang zu einwandfreiem Trinkwasser und grundlegenden sanitären Einrichtungen haben". In diesem Abschnitt wird entsprechend dem Joint Monitoring Programme die Zahl der Menschen ohne Zugang zu *verbesserter Wasserversorgung* und sanitärer Grundversorgung gemessen. Zugang zu verbesserter Wasserversorgung bedeutet jedoch nicht Zugang zu *einwandfreiem Trinkwasser*.

Laut dem Monitoring-Programm zum MDG 7c ist die Zahl der Menschen mit Zugang zu einer verbesserten Trinkwasserversorgung weltweit zwischen 1990 und 2008 in städtischen Räumen um schätzungsweise 1,1 Milliarden und in ländlichen Räumen um 723 Millionen gewachsen (VN, 2011). Der Großteil dieser Zunahme entfällt auf die BRIICS. Gleichwohl verfügten im Jahr 2008 141 Millionen Stadtbewohner und 743 Millionen Landbewohner immer noch nicht über eine verbesserte Trinkwasserversorgung (VN, 2011). Die Zahl der Stadtbewohner ohne Zugang zu verbesserter Wasserversorgung ist zwischen 1990 und 2008 de facto gestiegen, weil die Urbanisierung rascher vorangeschritten ist als der Ausbau der Wasserversorgung (Abb. 5.12).

Das Monitoring zeigt darüber hinaus, dass 2008 2,6 Milliarden Menschen noch immer keinen Zugang zu sanitärer Grundversorgung hatten. Laut dem Global Annual Assessment of Sanitation and Drinking-Water (GLAAS; WHO, 2010)[6] leben die meisten Personen ohne Zugang zu verbesserter Trinkwasserversorgung und grundlegenden sanitären Einrichtungen in Südasien, Ostasien und Subsahara-Afrika. Bislang sind die Anstrengungen zur Erhöhung der Anschlussquoten eher den finanziell Bessergestellten als den Armen zugute gekommen (VN, 2011). Das bringt enorme Gesundheitsrisiken mit sich, insbesondere für die ärmsten Bevölkerungsgruppen, die am anfälligsten sind.

In den OECD-Ländern ist der Anteil der Bevölkerung, der an eine kommunale Kläranlage angeschlossen ist, von nahezu 50% in den frühen 1980er Jahren auf rd. 70% heute gestiegen (Abb. 5.10 und 5.11). Im OECD-Raum insgesamt ist fast die Hälfte der öffentlichen

Abbildung 5.10 **Anschlussgrad der Bevölkerung im OECD-Raum an Kläranlagen, 1990-2009**
In Prozent der Gesamtbevölkerung

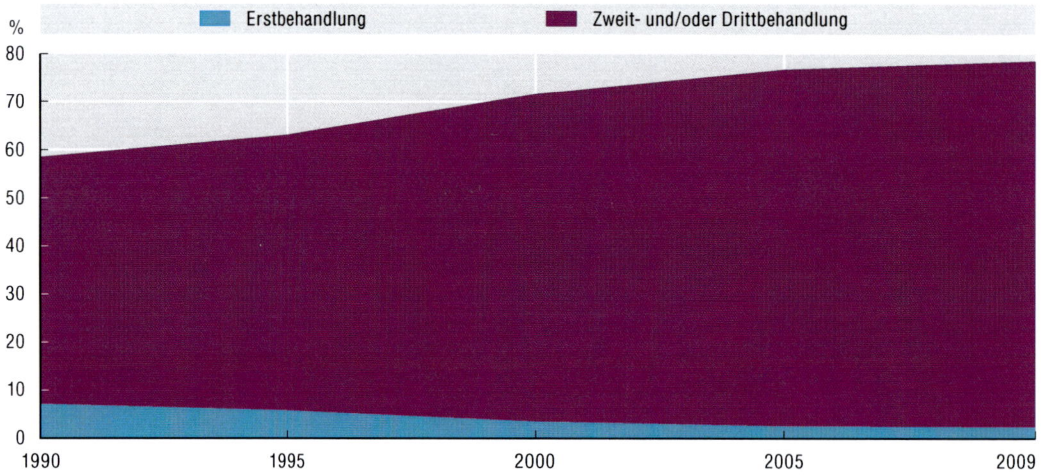

Anmerkung: Dieser Indikator zeigt den Prozentsatz der Bevölkerung der jeweiligen Länder, der an eine öffentliche Kläranlage angeschlossen ist, sowie den Grad der Behandlung der Abwässer (nur Erstbehandlung oder Zweit- und Drittbehandlung – vgl. nachstehende Definitionen). „Angeschlossen" bedeutet hier, durch ein öffentliches Kanalisationssystem an eine Kläranlage angeschlossen. Nichtöffentliche Kläranlagen, z.B. Behandlungsanlagen für Industrieabwasser oder private Einzelanlagen, wie Klärgruben, werden hier nicht erfasst. Die optimale Anschlussquote liegt nicht unbedingt bei 100%, sie kann zwischen den einzelnen Ländern variieren und hängt von den geografischen Merkmalen und der räumlichen Verteilung der Siedlungen ab. Erstbehandlung bezieht sich auf die physikalische und/oder chemische Behandlung des (kommunalen) Abwassers mit Hilfe eines Verfahrens, bei dem sich die suspendierten Stoffe absetzen, oder anderer Verfahren, bei denen – bezogen auf die Werte im Zulauf – der biochemische Sauerstoffbedarf (BSB) um mindestens 20% und die suspendierten Stoffe um mindestens 50% verringert werden. Bei der Zweitbehandlung handelt es sich um die Behandlung des (kommunalen) Abwassers mittels eines Prozesses, der in der Regel eine biologische Behandlung mit Nachbehandlung oder ein anderes Verfahren umfasst, bei dem der BSB um mindestens 70% und der chemische Sauerstoffbedarf (CSB) um mindestens 75% verringert wird. Bei der Drittbehandlung handelt es sich (im Anschluss an die Zweitbehandlung) um die Behandlung von Stickstoff und/oder Phosphor und/oder sonstigen Schadstoffen, die die Qualität oder eine besondere Verwendung des Wassers beeinträchtigen (mikrobiologische Verunreinigung, Farbe usw.). Die Effizienz der verschiedenen Behandlungsmöglichkeiten kann nicht addiert werden. In den Daten sind Australien, Chile, Mexiko, die Slowakische Republik und Slowenien nicht berücksichtigt.
Quelle: OECD-Direktion Umwelt. StatLink http://dx.doi.org/10.1787/888932571323

Umweltschutzausgaben für den Wasserbereich (Abwasserentsorgung und -aufbereitung) bestimmt. Werden die Ausgaben des privaten Sektors einbezogen, entfällt auf diesen Bereich in einigen Ländern bis zu 1% des BIP.

Der Anteil der Bevölkerung, der an eine Kläranlage angeschlossen ist, und der Grad der Behandlung unterscheiden sich erheblich zwischen den einzelnen OECD-Ländern (Abb. 5.11): Einige Länder haben bereits die zweite und dritte Reinigungsstufe (der Abwasserbehandlung) eingerichtet, während andere noch am Ausbau ihrer Kanalisationssysteme und der Installation von Kläranlagen der ersten Generation arbeiten. In Zukunft werden zusätzliche Behandlungsstufen zur Entfernung von Mikroverunreinigungen erforderlich sein (Kasten 5.4). Weitere Problembereiche sind das Management von Regenwasser und Oberflächenwasserabflüssen sowie der damit verbundenen Umweltbelastungen. Manche Länder haben beim Anschluss an die Kanalisation die Wirtschaftlichkeitsgrenze erreicht und setzen – vor allem für kleine abgelegene Siedlungen – andere, nichtkollektive Methoden der Abwasserbehandlung ein (Kasten 5.5).

Abbildung 5.11 **Anschlussgrad der Bevölkerung im OECD-Raum an öffentliche Kläranlagen, nach Land**
2009 oder letztes verfügbares Jahr, in Prozent der Gesamtbevölkerung

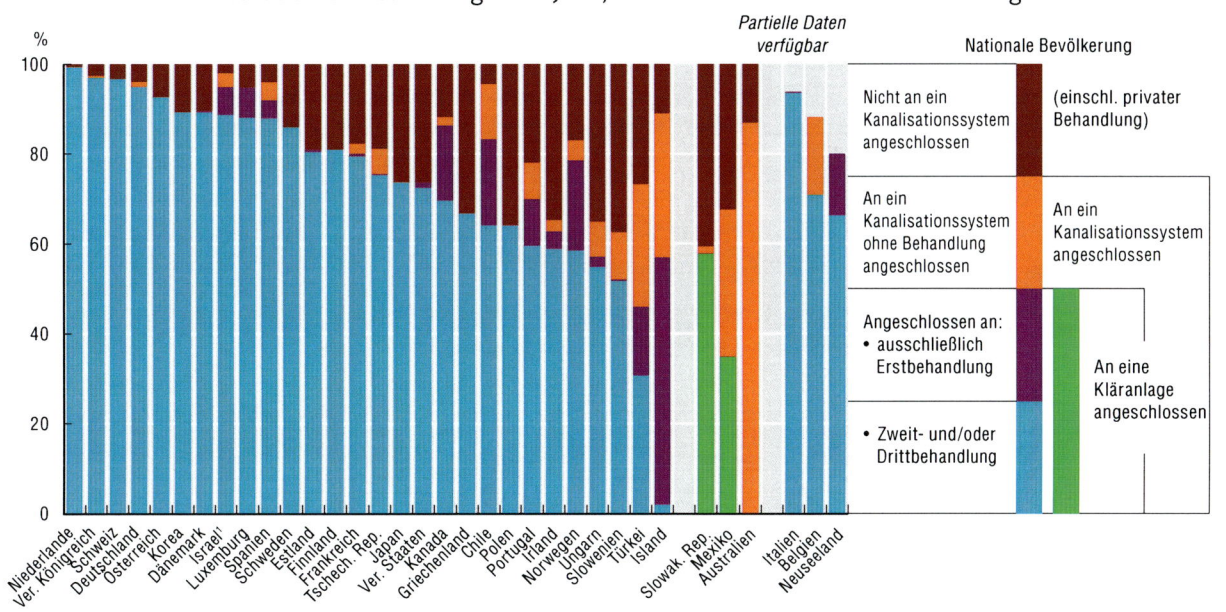

Anmerkung: Vgl. Anmerkung der vorherigen Abbildung.
1. Die statistischen Daten für Israel wurden von den zuständigen israelischen Stellen bereitgestellt, die für sie verantwortlich zeichnen. Die Verwendung dieser Daten durch die OECD erfolgt unbeschadet des völkerrechtlichen Status der Golanhöhen, von Ost-Jerusalem und der israelischen Siedlungen im Westjordanland.
Quelle: OECD-Direktion Umwelt.
12 http://dx.doi.org/10.1787/888932571342

Künftige Trends

Gemäß den Projektionen des Basisszenarios wird in den BRIICS bis 2050 die gesamte Bevölkerung Zugang zu verbesserter Wasserversorgung haben (Abb. 5.12)[7]. Die Anschlussquoten dürften sich auf Grund des höheren Einkommensniveaus und der fortschreitenden Urbanisierung, die eine Ausweitung des Zugangs zu Wasser- und Sanitärversorgung erleichtert, erhöhen. In den Entwicklungsländern (übrige Welt) sind jedoch weitaus langsamere Fortschritte zu erwarten. Schätzungen der Vereinten Nationen zufolge werden bis 2015 voraussichtlich 89% der Bevölkerung der Entwicklungsländer Zugang zu einer verbesserten Trinkwasserversorgung haben, im Vergleich zu 70% im Jahr 1990 (VN, 2011). Es wird davon ausgegangen, dass das

5. WASSER

> **Kasten 5.5 Das „iberoamerikanische Wasserprogramm"**
>
> Spanien setzt sich für das „iberoamerikanische Wasserprogramm" ein, das von den auf dem Iberoamerika-Gipfel 2007 vertretenen Staats- und Regierungschefs verabschiedet wurde. Dieses Programm soll der Erreichung der Millenniumsentwicklungsziele im Hinblick auf die Wasser- und Sanitärversorgung in Lateinamerika dienen und umfasst vier Aktivitäten: Kapazitätsaufbau, Technologietransfer, Stärkung von Institutionen und Unterstützung der CODIA, der Conferencia de Directores Iberoamericanos del Aqua. Eine bemerkenswerte Entwicklung ist in diesem Zusammenhang die Einrichtung eines Forschungs- und Testzentrums für nichtkonventionelle Wasserbehandlungstechnologien in Uruguay, das die Erforschung und den Transfer von Technologien über einen Dialog zwischen den Betroffenen und den einzelnen Ländern fördert. In dieser Art von Technologiepark werden neue unkonventionelle Abwasserbehandlungstechniken für kleine und entlegene Gemeinden getestet, wobei versucht wird, die unter den jeweiligen Klimabedingungen und für die zu behandelnden Schadstoffe am besten geeignete Optionen zu finden

Millenniumsentwicklungsziel den Anteil der Bevölkerung ohne Zugang zu verbesserter Wasserversorgung bis zum Jahr 2015 im Vergleich zu 1990 um die Hälfte zu senken, in den meisten Regionen erreicht wird, jedoch nicht in Subsahara-Afrika.

Aus diesem offenbaren Erfolg sollten jedoch keine falschen Schlüsse gezogen werden. Und das aus drei Gründen: Erstens wurden in ländlichen Räumen zwar rasche Fortschritte verzeichnet – ein Trend, der sich gemäß dem Basisszenario des *Umweltausblicks* fortsetzen dürfte –, die absolute Zahl der Personen ohne Zugang zu verbesserter Wasserversorgung in ländlichen Gebieten ist aber nach wie vor besorgniserregend (Abb. 5.12). Zweitens ist die Zahl

Abbildung 5.12 Anteil der Bevölkerung ohne Zugang zu verbesserter Wasserversorgung: Basisszenario, 1990-2050

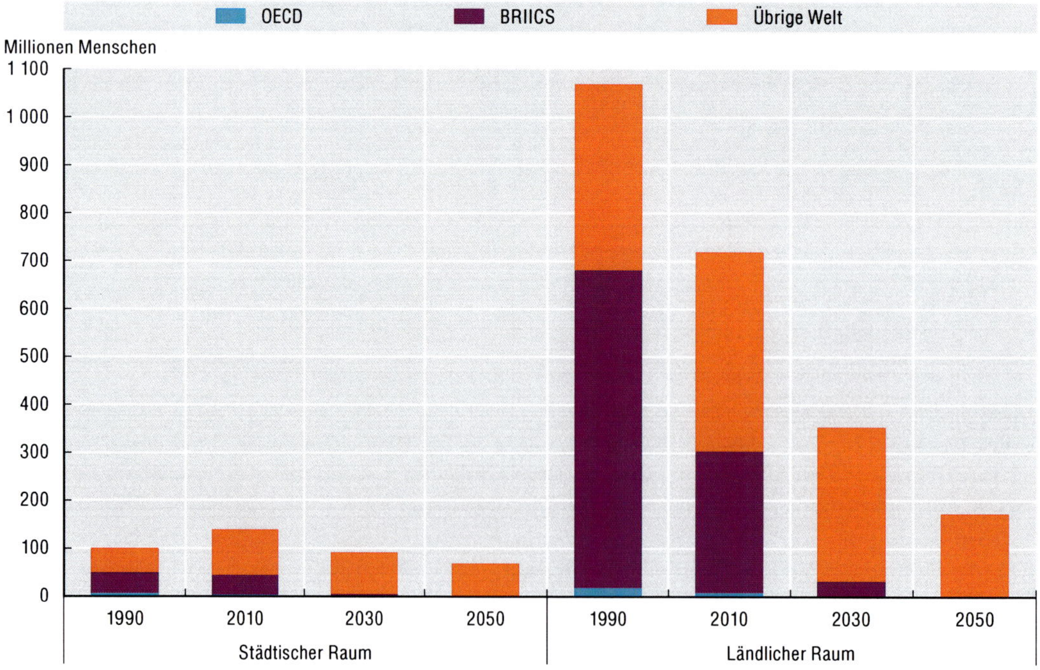

Quelle: Basisszenario des *OECD-Umweltausblicks*; Ergebnisse von Berechnungen anhand der IMAGE-Modellreihe.
StatLink http://dx.doi.org/10.1787/888932571361

der Stadtbewohner ohne Zugang zu verbesserter Wasserversorgung, wie bereits weiter oben erwähnt, zwischen 1990 und 2008 weltweit gestiegen, da der Ausbau der Wasserversorgung nicht mit dem Wachstum der Städte Schritt halten konnte. Drittens spiegelt der MDG-Zielindikator – der „Anteil der Bevölkerung, der eine verbesserte Trinkwasserversorgung nutzt" – nicht unbedingt den Zugang zu *einwandfreiem* Trinkwasser wider, der 2010 von den Vereinten Nationen als grundlegendes Menschenrecht definiert wurde (vgl. Abschnitt 3 wegen weiterer Informationen). Die Arbeiten der OECD haben diesbezüglich zahlreiche Belege geliefert, insbesondere in Osteuropa, im Kaukasus und in Zentralasien (EECCA; vgl. OECD, 2011d).

Gemäß dem Basisszenario wird sich die Zahl der Menschen ohne Zugang zu sanitärer Grundversorgung 2015 weiterhin auf 2,5 Milliarden und auch 2050 noch auf nahezu 1,4 Milliarden belaufen; 60% dieser Menschen werden außerhalb des OECD-Raums und der BRIICS leben (Abb. 5.13). Das bedeutet, dass es Subsahara-Afrika und mehrere asiatische Länder wohl kaum schaffen werden, das Millenniumsentwicklungsziel im Hinblick auf die sanitäre Grundversorgung zu erreichen.

Wie den Abbildungen 5.12 und 5.13 zu entnehmen ist, lebt die überwiegende Mehrzahl der Personen ohne Zugang zu Wasser- und Sanitärversorgung heute in ländlichen Gebieten. Diese Situation wird voraussichtlich bis um das Jahr 2050 andauern, danach dürfte sich die Zahl der in ländlichen Gebieten lebenden Menschen ohne Zugang zu sanitären Einrichtungen zunehmend der Zahl in städtischen Räumen annähern.

Diese Zahlen sind besorgniserregend, und es kann nicht genug darauf hingewiesen werden, welche gravierenden Folgen es hätte, wenn hier nicht bald raschere Fortschritte erzielt werden. Die gesundheitlichen Konsequenzen sind gut dokumentiert. Weltweit

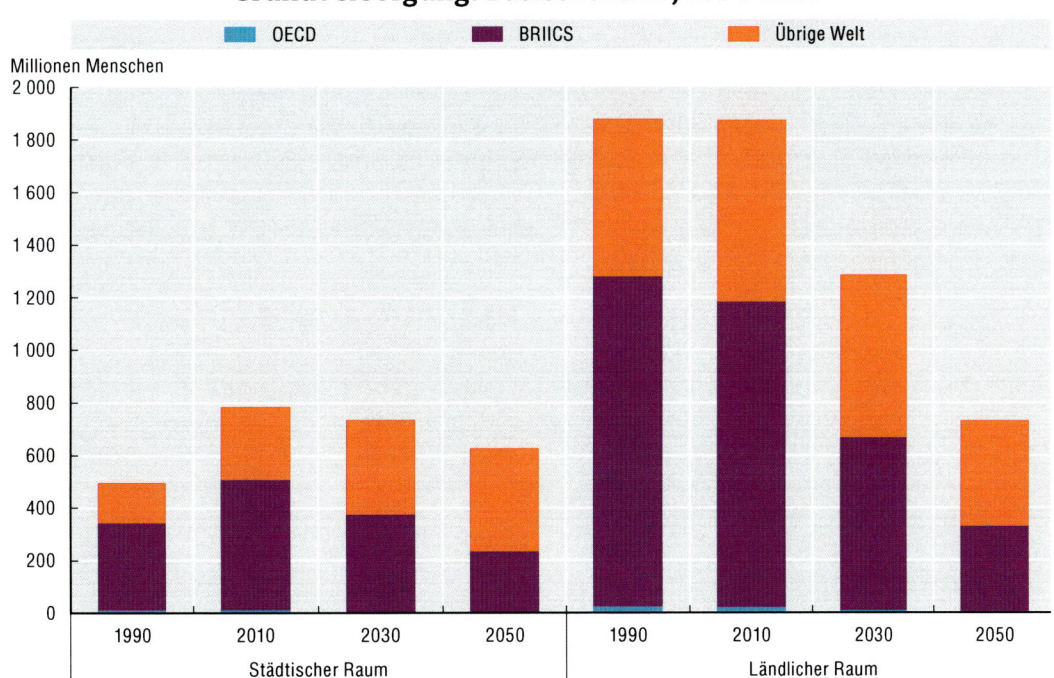

Abbildung 5.13 **Anteil der Bevölkerung ohne Zugang zu sanitärer Grundversorgung: Basisszenario, 1990-2050**

Quelle: Basisszenario des *OECD-Umweltausblicks*; Ergebnisse von Berechnungen anhand der IMAGE-Modellreihe.
StatLink http://dx.doi.org/10.1787/888932571380

sterben jedes Jahr schätzungsweise 2,2 Millionen Kinder unter fünf Jahren an den Folgen von verunreinigtem Trinkwasser, einer unzulänglichen Sanitärversorgung und einer mangelnden Hygiene. Von diesen Todesfällen sind 1,5 Millionen durch Durchfallkrankheiten bedingt, dem zweitgrößten Bestimmungsfaktor der weltweiten Krankheitslast. Die Sterberate infolge von Durchfallerkrankungen bei Kindern unter 15 Jahren ist höher als die Sterberate infolge von HIV und AIDS, Malaria und Tuberkulose zusammengenommen (vgl. Kapitel 6 über Gesundheit und Umwelt).

Auch die Folgen für die Wasserqualität wären gravierend, sollte es nicht gelingen, das Ziel im Hinblick auf die Sanitärversorgung zu erreichen. Da die Fortschritte bei der Abwasserbehandlung langsamer voranschreiten als bei der Abwassersammlung, gelangen neue Quellen von Nährstoffen und Krankheitserregern unbehandelt in die Umwelt. Die Umweltfolgen dieser Situation wurden im Vorstehenden unter dem Abschnitt „Wasserqualität" erörtert.

3. Wasserpolitik: Gegenwarts- und Zukunftsszenarien

In diesem Abschnitt werden zunächst die gegenwärtig für die Bewirtschaftung der Wasserressourcen und den Ausbau der Wasser- und Sanitärversorgungsdienste zur Verfügung stehenden Politikinstrumente analysiert, die anhand von Beispielen von in jüngster Zeit bei der Anwendung dieser Politikansätze in den OECD-Ländern erzielten Fortschritte veranschaulicht werden. Anschließend werden dann drei auf Modellen basierende Politiksimulationen durchgeführt, um alternative zukünftige Szenarien hinsichtlich der Effizienz der Wassernutzung, der Verringerung der Nährstoffeinträge und einer Verbesserung des Zugangs zu sicherem Trinkwasser und zu Sanitärversorgung zu erörtern.

Bestandsaufnahme der Instrumente der Wasserpolitik

Die OECD-Länder haben zur Bewältigung der sich ihnen stellenden wasserpolitischen Herausforderungen eine ganze Reihe von Konzepten entwickelt, wie z.B. Regulierungsansätze, wirtschaftliche Instrumente, Informations- und sonstige Politikinstrumente (Tabelle 5.1).

Regulatorische Ansätze

Zum Schutz der menschlichen Gesundheit werden von den meisten Ländern je nach Nutzungszweck unterschiedliche Wassergüteanforderungen festgelegt (z.B. Normen für Trinkwasser, für Freizeit- und Erholungs- oder Badegewässer). Es gelten Standards für die Abwassereinleitungen städtischer Klärwerke und Abwasserreinigungsanlagen, der Industrie und der Elektrizitätswerke.

Zum Beispiel gibt es in Australien nicht rechtsverbindliche nationale Leitlinien (National Water Quality Management Strategy), die in Gesetzesbestimmungen auf Ebene der Bundesstaaten oder Territorien umgesetzt werden können. Der Phosphor- und Nitratgehalt der Binnengewässer in den EU-Ländern ist laut Langzeitdaten von Beobachtungsstationen (Eionet) in den letzten Jahren (1992-2008) zurückgegangen, was in erster Linie auf die Verbesserung der Abwasserbehandlung und das Verbot phosphorhaltiger Wasch- und Reinigungsmittel zurückzuführen ist.

Wasserrechte[8]

Moderne Wasserrechte legen fest, welche Menge an Wasser die Eigentümer dieser Wasserrechte entnehmen dürfen. Diese Menge kann in absoluten Zahlen oder als prozentualer Anteil der verfügbaren Wassermenge festgesetzt sein. In den meisten Ländern sind Wasserrechte, sofern sie explizit festgelegt sind, an Landbesitz geknüpft. Die Länder

Tabelle 5.1 **Ausgewählte Politikinstrumente für die Bewirtschaftung der Wasserressourcen**

Regulatorische/ ordnungsrechtliche Ansätze	Wirtschaftliche Instrumente	Informations- und sonstige Instrumente
Normen und Standards für die Wassergüte (z.B. Trinkwasserqualität, Qualität von Erholungs- und Freizeitgewässern, Industrieabwässer)	Wassergebühren (z.B. für Wasserentnahme, Verschmutzung usw.) Wasserverbrauchspreise (z.B. für Wasserversorgungsdienste) Zahlungen für Dienstleistungen in Wassereinzugsgebieten (z.B. für den Schutz flussaufwärts)	Messung des Wasserverbrauchs Umweltkennzeichnung und -zertifizierung (z.B. für Agrarerzeugnisse, wassersparende Haushaltsgeräte)
Ergebnisbezogene Standards	Reform umweltschädlicher Beihilfen (z.B. produktionsbezogene Agrarstützung, Energiesubventionen für den Betrieb von Bewässerungsgruppen).	Freiwillige Vereinbarungen zwischen Unternehmen und Gebietskörperschaften zur Sicherstellung der Wassernutzungseffizienz
Beschränkungen oder Verbote für Wirtschaftsaktivitäten, die Auswirkungen auf die Wasserressourcen haben (z.B. umweltbelastende Aktivitäten in Wassereinzugsgebieten, Verbot phosphorhaltiger Wasch- und Reinigungsmittel)	Beihilfen (z.B. öffentliche Infrastrukturinvestitionen, Wasserpreisgestaltung nach sozialen Kriterien)	Sensibilisierung für ökologische Praktiken in der Landwirtschaft und verbesserte Bewässerungstechnologien kombiniert mit entsprechenden Schulungen
Wasserentnahme- und Abwassereinleitungsgenehmigungen, Wasserrechte	Handelbare Wasserrechte und -quoten	Initiativen von Interessengruppen und Kooperationsabkommen zur Verbesserung der Wassersysteme, z.B. zwischen Landwirten und Wasserwerken
Raumordnungsvorschriften und Raumplanung (z.B. bezüglich Pufferzonen für das Ausbringen von Pestiziden)	Versicherungssysteme	Planungsinstrumente (z.B. Pläne für eine integrierte Bewirtschaftung von Wassereinzugsgebieten) Kosten-Nutzen-Analysen von Wasserbewirtschaftungsmaßnahmen

sammeln zurzeit Erfahrungen mit der Loslösung der Wasserrechte vom Landbesitz und einer von diesem getrennten Verwaltung. Dies bietet Möglichkeiten einer flexiblen Umverteilung der Wasserrechte. Wasserrechte können effektiv ein wirksames Politikinstrument zur Umverteilung des Wassers zu Gunsten höherwertiger Einsatzzwecke sein (sei es für den Anbau wichtiger Agrarerzeugnisse oder ausgewählte industrielle Nutzungsarten).

Wasserrechte sind an eine Reihe von Bedingungen gebunden, u.a. die Entrichtung von Wassergebühren bzw. -abgaben. In der Praxis können Inhaber von Wasserrechten jedoch der Auffassung sein, dass sie durch hohe Wasserpreise ihrer Rechtsansprüche beraubt werden. In mehreren Ländern kann mit Wasserrechten gehandelt werden. Die Nutzungsdauer von Wasserrechten ist in der Regel begrenzt. Hierdurch entstehen Konflikte zwischen dem Ziel der Rechtssicherheit für die Inhaber der Wasserrechte und dem der Flexibilität der Wassermengenzuteilung.

In den meisten Fällen müssen, bevor Wasserrechte als Politikinstrument eingesetzt werden können, Reformen durchgeführt werden, um Wasser zu staatlichem Eigentum zu machen und staatlicher Kontrolle zu unterstellen. Dies kann zu Widerstand von Seiten der Inhaber von Wasserrechten sowie von Interessengruppen, die nach Einkommensvorteilen streben, führen. Daher muss über geeignete Verfahren und Kompensationsmaßnahmen nachgedacht werden.

Die jüngsten Entwicklungen machen wichtige Fragen im Zusammenhang mit Wasserrechten deutlich. Erstens schließen schnell expandierende Volkswirtschaften, die ihre Nahrungsmittelversorgung sichern müssen, zunehmend Landpachtverträge mit ärmeren Ländern ab, die über fruchtbare Böden und Wasser verfügen (WEF, 2011). In diesen Ländern könnte mit der Entkopplung der Wasserrechte vom Bodeneigentum sichergestellt werden, dass der inländische Wasserbedarf gedeckt werden kann; eine solche Entkopplung könnte jedoch zu Spannungen mit den neuen Bodenbesitzern führen. Zweitens besteht das Risiko, dass ein Teil der Wasserrechte zu spekulativen Zwecken erworben werden könnte. Um dieses Risiko zu verringern, verbieten oder begrenzen in Australien mehrere Bundesstaaten das Eigentum an Wasserrechten für Personen, die nicht Eigentümer oder Nutzer von Grund und Boden sind, oder beschränken in einem bestimmten Wassereinzugsgebiet den Anteil der zu anderen als landwirtschaftlichen Nutzungszwecken zu vergebenden Wasserrechte. Infolgedessen sind die Märkte für den Handel mit Wasserrechten Nutzern in städtischen Gebieten häufig nicht zugänglich (Ekins und Salmons, 2010). Drittens sollten die potenziellen negativen Auswirkungen der Wasserumverteilung für Dritte auf ein Mindestmaß begrenzt werden. Insbesondere müssen die Umwelterfordernisse berücksichtigt werden, z.B. durch die Sicherung ökologischer Mindestvorräte.

Eine Variante handelbarer Wasserrechte sind handelbare Rechte zur Einleitung von Nährstoffen, mit denen die Wasserverschmutzung durch Nährstoffeinträge verringert werden soll. Der Lake Taupo in Neuseeland ist ein interessantes Beispiel für ein System handelbarer Rechte, das die Nährstoffeinträge in Seen reduziert und zur Wiederherstellung der Wasserqualität beiträgt (Kasten 5.6).

Wasserpreise

Die richtige Preissetzung für Wasser und Wasserdienstleistungen schafft Anreize, weniger Wasser zu vergeuden, die Umwelt weniger zu verschmutzen, mehr in Wasserinfrastrukturen zu investieren und den von Wassereinzugsgebieten erbrachten Ökosystemleistungen einen monetären Wert zuzumessen. Die Wasserpreisgestaltung kann vier Zielen dienen:

- Mit Steueranreizen und Transferzahlungen kombiniert, generieren Gebühren für Wasserdienstleistungen Finanzierungsmittel für Investitionen und Betrieb sowie für die Deckung der Instandhaltungskosten.

- Die Wasserpreisgestaltung hilft bei der Allokation von Wasser für miteinander konkurrierende Verwendungszwecke.

- Sie kann die Nachfrage steuern und der Erschöpfung der Wasservorräte entgegenwirken.

- Geeignete Tarife gewährleisten einen angemessenen und gerechten Zugang zu erschwinglichem Wasser und erschwinglichen Wasserdienstleistungen.

In den OECD-Ländern werden Anstrengungen unternommen, um den Kosten und Externalitäten des Wasserverbrauchs der privaten Haushalte und der Industrie besser Rechnung zu tragen (OECD, 2010a). Dies drückt sich im Preisniveau aus (das sich in den letzten zehn Jahren zuweilen ganz erheblich erhöht hat) sowie in der Tarifstruktur (die die Kosten des Verbrauchs und der Aufbereitung besser widerspiegelt).

Die OECD-Länder sammeln zudem Erfahrungen mit Entnahme-, Umwelt- oder Abwasserabgaben und anderen wirtschaftlichen Instrumenten – wie z.B. handelbaren Wasserrechten oder Zahlungen für Ökosystemleistungen von Wassereinzugsgebieten –, um eine wirtschaftlich effizientere, sozial gerechtere und ökologisch nachhaltigere Entnahme und Verteilung auf die konkurrierenden Verwendungszwecke zu erreichen.

> **Kasten 5.6 Handelbare Nährstoffeinleitungsrechte zur Verringerung der Nährstoffeinträge: Beispiel Lake Taupo, Neuseeland**
>
> Der Lake Taupo ist der größte Süßwassersee Neuseelands und die Grundlage einer bedeutenden Fischereiwirtschaft. Die Regionalregierung hat beschlossen, die Nährstoffeinträge in den Lake Taupo zu reduzieren, um die Wasserqualität zu erhalten bzw. zu verbessern. Dies geschieht durch ein Cap-and-Trade-System, das in folgende Schritte gegliedert ist:
>
> 1. Festlegung der Obergrenze, d.h. der Nährstoffbelastung, bis zu der die Wasserqualität erhalten bleibt.
> 2. Identifizierung der am Handel teilnehmenden Akteure – d.h. derjenigen, die für den überwiegenden Teil der in das Einzugsgebiet des Sees eingeleiteten Nährstoffe verantwortlich sind.
> 3. Vergabe von Nährstoffeinleitungsgenehmigungen an die wichtigsten Akteure.
> 4. Handel mit den Genehmigungen, was die Existenz eines Markts und die Festsetzung eines Preises voraussetzt.
> 5. Überwachung der Einhaltung.
>
> Dieses System stellt sicher, dass ein Anstieg der Stickstoffauswaschung durch eine ebenso starke Reduzierung in anderen Teilen des Wassereinzugsgebiets des Lake Taupe kompensiert wird. Das Ziel besteht darin, die Stickstoffbelastung um 20% zu verringern. Auf die Landwirtschaft entfallen über 90% der mit dem System zu verwaltenden Stickstoffeinträge in den See, so dass die Landwirte dessen wichtigsten Akteure sind. Ein weiterer Akteur ist der Lake Taupo Protection Trust, der einen Fonds für den Schutz der Wasserqualität des Sees verwaltet und Stickstoffeinleitungsgenehmigungen und/oder landwirtschaftliche Nutzflächen erwerben kann.
>
> Die Vergabe der Genehmigungen erfolgt anfangs auf der Basis belegter Viehbesatzdichten, der Fleisch- und Wollerzeugung, des Düngemitteleinsatzes und anderer Parameter für einen Zeitraum von fünf Jahren, wobei das Overseer®-Modell eingesetzt wird (ein computergestütztes Modell, das die Nährstoffeinträge eines landwirtschaftlichen Produktionssystems berechnet und schätzt), um die Stickstoffausträge vorherzusagen. Nach Abschluss dieses Vorgangs erhält jeder Landwirt einen Bescheid mit näheren Angaben über die bewilligte Stickstoffeinleitungsmenge (in Tonnen pro Jahr).
>
> Die landwirtschaftlichen Betriebe können ihre Betriebsweise von Jahr zu Jahr ändern, soweit ihr Stickstoffaustrag nicht die bewilligte (mit dem Overseer®-Modell berechnete) Stickstoffeinleitungsmenge überschreitet. Will ein Betrieb seine Produktion erhöhen, so muss er einem anderen, der seine Produktion zu senken beabsichtigt, Stickstoffeinleitungsgenehmigungen abkaufen. Sobald sich beide Betriebe handelseinig sind, werden die ihnen erteilten Bewilligungen jeweils angepasst, um die genehmigten Mengen entsprechend zu erhöhen oder zu verringern.
>
> *Quelle:* Nach K. Rutherford, T. Cox (2009), "Nutrient Trading to Improve and Preserve Water Quality", Water and Atmosphere, 17(1).

- Durch Entnahmegebühren soll häufig die Finanzierung des Wasserressourcenmanagements oder der Aktivitäten zum Schutz von Wassereinzugsgebieten sichergestellt werden. Sie spiegeln jedoch selten die Knappheit der Ressource Wasser wider und sind in der Regel relativ gering. Die für die Entnahme von Grundwasser erhobenen Abgaben sind in der Regel höher als die für die Entnahme aus Oberflächengewässern. In den meisten Fällen werden die Abgaben auf lokaler Ebene erhoben und verwaltet.

■ Die Höhe der Abwasserabgaben kann in Abhängigkeit von den unterschiedlichen Merkmalen der Verursacher, der Einleitungen oder der Gewässer festgelegt werden. In den meisten Fällen werden sie auf lokaler Ebene erhoben – und nur selten auf der Ebene des Einzugsgebiets – und sind für die Finanzierung von Umweltaktivitäten bestimmt. In einigen Ländern werden die bei den Nutzern stromabwärts erhobenen Abgaben zur Entschädigung der Anwohner stromaufwärts für die Beschränkung ihrer Flächennutzungsmöglichkeiten verwendet. Dies ist ein wichtiger Schritt in Richtung einer wirklich integrierten Wasserressourcen- und Flächenbewirtschaftung in einem Wassereinzugsgebiet.

Das Preisniveau des an landwirtschaftliche Betriebe gelieferten Wassers ist in den OECD-Ländern gestiegen. Häufig zahlen die landwirtschaftlichen Betriebe jedoch nur für die Betriebs- und Instandhaltungskosten, während sie an den Investitionskosten für die Bewässerungsinfrastruktur nur in geringem Maße oder gar nicht beteiligt werden. Die Wasserpreise spiegeln selten die Knappheit der Ressource Wasser und die Umweltkosten wider. Dies erklärt sich häufig aus Befürchtungen, höhere Wasserpreise könnten der Wettbewerbsfähigkeit der Landwirte auf den Weltmärkten schaden. In Ländern, die die Wassergebühren für die Landwirtschaft erhöht haben, lassen die verfügbaren Daten jedoch keinen Rückgang der landwirtschaftlichen Produktion erkennen (OECD, 2010c). Die preispolitischen Maßnahmen für die Landwirtschaft werden häufig mit anderen (regulatorischen) Instrumenten, wie z.B. Entnahmehöchstmengen und Entnahmegenehmigungen kombiniert.

Die Höhe der den privaten Haushalten für die Wasserversorgung und Abwasserentsorgung in Rechnung gestellten Preise ist in den OECD-Ländern sehr unterschiedlich (Abb. 5.14), worin sich die unterschiedlich starken Anstrengungen zur Deckung der Kosten der Dienstleistungen über die Preise widerspiegeln. Die Daten zeigen, dass Abwasserdienste in der Hälfte der

Abbildung 5.14 **Preis der Wasserversorgungs- und Abwasserentsorgungsdienste für private Haushalte in OECD-Ländern je Einheit (einschl. Steuern), 2007/2008**

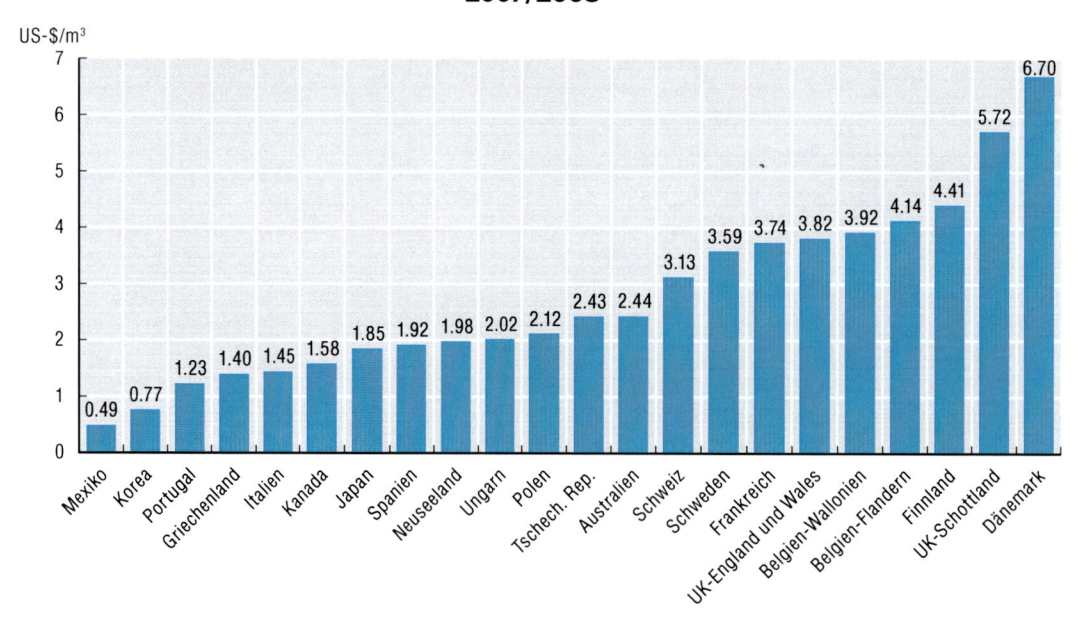

Land	US-$/m³
Mexiko	0.49
Korea	0.77
Portugal	1.23
Griechenland	1.40
Italien	1.45
Kanada	1.58
Japan	1.85
Spanien	1.92
Neuseeland	1.98
Ungarn	2.02
Polen	2.12
Tschech. Rep.	2.43
Australien	2.44
Schweiz	3.13
Schweden	3.59
Frankreich	3.74
UK-England und Wales	3.82
Belgien-Wallonien	3.92
Belgien-Flandern	4.14
Finnland	4.41
UK-Schottland	5.72
Dänemark	6.70

Quelle: OECD-Schätzungen auf der Basis der Antworten der Länder bei der Erhebung 2007/2008 oder von den Ländern validierten öffentlichen Quellen, vgl. OECD (2010a), *Pricing Water Resources and Water and Sanitation Services*, OECD Publishing, Paris.

StatLink http://dx.doi.org/10.1787/888932571399

Länder teurer sein können als die Trinkwasserversorgung. Sie bestätigen zudem, dass die Preise in den letzten zehn Jahren gestiegen sind (in einigen Fällen in den allerletzten Jahren jedoch langsamer), was in erster Linie dadurch bedingt war, dass die Abwasserabgaben wegen der für die Einhaltung der Umweltauflagen erforderlichen Investitionsausgaben (z.B. dritte Abwasserreinigungsstufe) angehoben wurden. Ein Teil des Anstiegs lässt sich auch durch die Mehrwertsteuer und andere Abgaben erklären.

Die Gebührenstrukturen für die Wasserversorgung sind innerhalb und zwischen den OECD-Ländern unterschiedlich, worin sich der Grad der Dezentralisierung des Preissetzungsprozesses ausdrückt. In mehreren OECD-Erhebungen wurde festgestellt, dass im Lauf der Jahre weniger Länder angaben, Pauschalgebühren und degressiv gestaffelte Preisstrukturen zu praktizieren. Ein neuer Trend besteht in einigen OECD-Ländern darin, feste Gebühren mit einer auf der Wasserverbrauchsmenge basierenden Komponente zu kombinieren oder die Gewichtung der festen Gebühren in der Gesamtrechnung allmählich anzuheben.

Zunehmend werden zur Deckung der Kosten des Abwassermanagements Abwassergebühren eingeführt. Die meisten Länder erheben für Abwasserentsorgung und -aufbereitung separate Gebühren, wobei aber der Wasserverbrauch in den meisten Fällen weiter die Grundlage der Gebührenberechnung ist. Unterschiede bestehen nur hinsichtlich der Höhe der mengenbezogenen Tarife.

Es wurden Erkenntnisse über die sozialen Folgen wasserpreispolitischer Maßnahmen gewonnen. Die gravierendsten Folgen hat ein niedriges Wasserpreisniveau für die Armen, denn es führt dazu, dass den Versorgungseinrichtungen die Mittel fehlen, um das Versorgungsnetz zu erweitern, so dass die Armen gezwungen sind, qualitativ minderwertiges Wasser von privaten Anbietern zu beziehen. Die Wasserpreise können so gestaffelt werden, dass sie den Grundbedürfnissen aller Bevölkerungsteile Rechnung tragen. Sozialpolitische Ziele lassen sich jedoch durch zielgerichtete Maßnahmen wie Einkommensstützung besser erreichen. Die wesentlichen Kriterien bei der Gestaltung entsprechender Maßnahmen sind Zielgerichtetheit und Minimierung der Transaktionskosten.

Die Preisgestaltung für Wasserversorgungs- und Abwasserentsorgungsdienste für die Industrie unterscheidet sich etwas von der für private Haushalte. Zum Beispiel wenden mehr Länder und Regionen für die Industrie – insbesondere für Großabnehmer – degressiv gestaltete pauschale Wassertarife an. Das Bestreben, Großkunden zu halten, die auf kommunaler Ebene bedeutende regelmäßige Einnahmen bringen, scheint zu verhindern, dass Preisstrukturen eingesetzt werden, die Anreize zu einer Reduzierung des Wasserverbrauchs bieten würden. Im Hinblick auf das Abwassermanagement ist ein zunehmender Rückgriff auf separate Gebühren für Abwassersammlung und -behandlung zu beobachten, wobei letztere immer mehr auf der Stärke der Schadstoffbelastung der industriellen Abwässer basieren und daher die tatsächlichen Kosten der Abwasseraufbereitung besser widerspiegeln.

Policy Mix: Auf dem Weg zu einem kohärenten Politikrahmen

Für ein effizientes Wassermanagement bedarf es einer kohärenten Kombination aus ordnungsrechtlichen und marktorientierten Politikinstrumenten, häufig im Rahmen umfassender Bewirtschaftungspläne mit spezifischen Vorgaben und Zielen. Die nachstehenden Kästen (5.7-5.9) enthalten Beispiele aus OECD-Ländern für Kombinationen verschiedener Instrumente, darunter wirtschaftspolitische Maßnahmen (Preisgestaltung, Handel mit Wasserrechten) und institutionelle Reformen:

- Die National Water Initiative in Australien, mit besonderem Augenmerk auf Planung, Preisgestaltung und Rechtehandel;

> ### Kasten 5.7 **Die National Water Initiative Australiens**
>
> Das Intergovernmental Agreement on a National Water Initiative (NWI) wurde in Australien im Jahr 2004 abgeschlossen. Es ist eine Blaupause für die Reform der australischen Wasserpolitik. Das Gesamtziel dieses Abkommens ist die Schaffung eines landesweiten markt-, regulierungs- und planungsbasierten Systems für die Bewirtschaftung der Oberflächenwasser- und Grundwasserressourcen in ländlichen und städtischen Gebieten, das eine in wirtschaftlicher, sozialer und ökologischer Hinsicht optimale Nutzung auf nationaler Ebene gewährleisten soll. Das NWI-Abkommen enthält Ziele, Ergebnisvorgaben und Zusagen in acht miteinander verbundenen Bereichen des Wassermanagements: Wasserzugangsrechte und -planung, Wassermärkte und Wasserhandel, beste Verfahrensweisen für die Wasserpreisgestaltung, integrierte Bewirtschaftung der Wasserressourcen für die Umwelt, Wasserressourcen-Rechnungslegung (*Water Resource Accounting*), Reform der städtischen Wasserversorgung, Wissens- und Kapazitätsaufbau, Partnerschaften und Anpassung auf kommunaler Ebene.
>
> Die australische Regierung veröffentlicht alle zwei Jahre Prüfberichte über die Umsetzung des NWI. Diese nationalen Prüfungen erstrecken sich auf alle Grund- und Oberflächenwassersysteme in den Bundesstaaten und Territorien, in ländlichen und städtischen Gebieten. Im Rahmen der Prüfung 2011 wurde festgestellt, dass seit der Einführung des NWI im Jahr 2004 Fortschritte erzielt wurden, insbesondere hinsichtlich der Planungskonzepte, der Wassermärkte und des Wasserhandels. Kritisch beurteilt wurde in der Regel vor allem das Tempo der Reform, das als zu langsam und zu uneinheitlich in den einzelnen Verwaltungsgebieten erachtet wurde.
>
> Um dieses und andere Probleme auszuräumen, wurden Gesetze auf Bundesebene verabschiedet: das Water Act von 2007, das Water Amendment Act von 2008 sowie einschlägige wasserrechtliche Bestimmungen. Mit diesem Regulierungsrahmen wurde u.a. die Murray-Darling Basin Authority eingerichtet, die den Auftrag erhielt, einen Strategieplan für die integrierte und nachhaltige Bewirtschaftung der Wasserressourcen in diesem Wassereinzugsgebiet zu erarbeiten. Zum Schutz und zur Regenerierung des Umweltkapitals des Murray-Darling-Beckens (das wichtigste Agrargebiet Australiens, auf das ein Drittel einer Agrarerzeugung entfällt) und anderer Orte außerhalb dieses Gebiets, in denen das Commonwealth of Australia Wasserressourcen besitzt, wurde zudem durch das Water Act 2007 ein Commonwealth Environmental Water Holder für die Bewirtschaftung der ökologischen und öffentlichen Interessen dienenden Wasserressourcen eingesetzt.
>
> Die australische Regierung finanziert überdies die Initiative „Water for the Future" (Kasten 5.13). Diese Initiative ist langfristig auf das Ziel angelegt, die Wasserversorgung der gesamten australischen Bevölkerung sicherzustellen (Investitionen in Höhe von 12,9 Mrd. $A über einen Zeitraum von 10 Jahren); sie stützt sich auf das NWI und das Water ACT von 2007.
>
> Quelle: Website der National Water Commission *www.nwc.gov.au/www/html/117-national-water-initiative.asp*; Australian National Water Commission (2011), *The National Water Initiative – Securing Australia's Water Future: 2011 Assessment*, NWC, Canberra.

- die israelische Wasserpolitik, eine Kombination aus verbesserten Technologien und Wasserpreisgestaltung und -verbrauchsmessung;
- die EU-Wasserrahmenrichtlinie, mit Schwergewicht auf Plänen für die Bewirtschaftung von Wassereinzugsgebieten und Kosteneffizienz.

Die National Water Initiative Australiens enthält eine breite Palette von Politikinstrumenten für verschiedene Aspekte der Wasserbewirtschaftung. Diese Initiative wird seit ihrer Lancierung im Jahr 2004 in regelmäßigen Abständen bewertet und nachgebessert.

Israel hat im Vergleich zu den anderen OECD-Ländern einen extrem hohen Wasserverbrauch. Israel verbraucht bereits mehr Wasser, als von der Umwelt (hauptsächlich durch Niederschläge) bereitgestellt wird. Verschlimmert wurde die Wasserknappheit in der jüngsten Vergangenheit durch mehrere Jahre in Folge auftretender Dürreperioden und die deshalb zur Deckung des steigenden Wasserbedarfs erforderliche überhöhte Grundwasserentnahme. Die Niederschlagsmenge ist seit 1993 durchschnittlich um 9% gesunken, und Klimawandelmodellen zufolge könnte sie im Zeitraum 2015-2035 um weitere 10% zurückgehen. Laut den Prognosen für den israelischen Wasserverbrauch bis zum Jahr 2050 (Abb. 5.15) werden die begrenzten

Kasten 5.8 **Wasserstress – Lösungsansätze in Israel**

Nationales Ziel Israels ist eine auf anerkannten Anforderungen in Bezug auf Qualität, Quantität, Effizienz und wirtschaftliche Machbarkeit basierende nachhaltige Wasserversorgung aller Verbraucher. Hierzu hat Israel spezifische Ziele festgelegt, um seine Abhängigkeit von natürlichen Trinkwasserressourcen bis 2050 zu verringern. Die wichtigsten Politikinitiativen zielen darauf ab, die Nachfrage zu reduzieren, und zwar durch a) die gesetzliche Auflage, die gesamten Wasserlieferungen zu messen, b) die Überwachung der Wiederverwendung von Wasser und die Nutzung von Brackwasser in der Landwirtschaft und c) die Förderung des Einsatzes von Tropfbewässerungssystemen und der Nutzung aufbereiteter Siedlungsabwässer in der Landwirtschaft. Die Regierung verfolgt zudem das Ziel, die Trinkwasserversorgung durch den Bau großer Entsalzungsanlagen zu erhöhen.

Sie ist zudem um den Einsatz wirtschaftlicher Instrumente bemüht. Eine wesentliche Anhebung der Wasserpreise erfolgte bereits bzw. ist in allen Sektoren geplant, und Preissenkungen für Abwasser und Brackwasser schaffen einen Anreiz, es für Bewässerungszwecke zu nutzen. Dem Agrarsektor wird jedes Jahr ein bestimmtes Trinkwasserkontingent zugeteilt, und Landwirte, die sich entscheiden, einen Teil ihres Kontingents gegen Wasser aus alternativen Quellen zu tauschen, können die von ihnen dafür benötigte Menge an Abwässern zu einem Festpreis erwerben.

Abbildung 5.15 Voraussichtlicher Wasserverbrauch Israels bis 2050
Nach Wasserkategorie

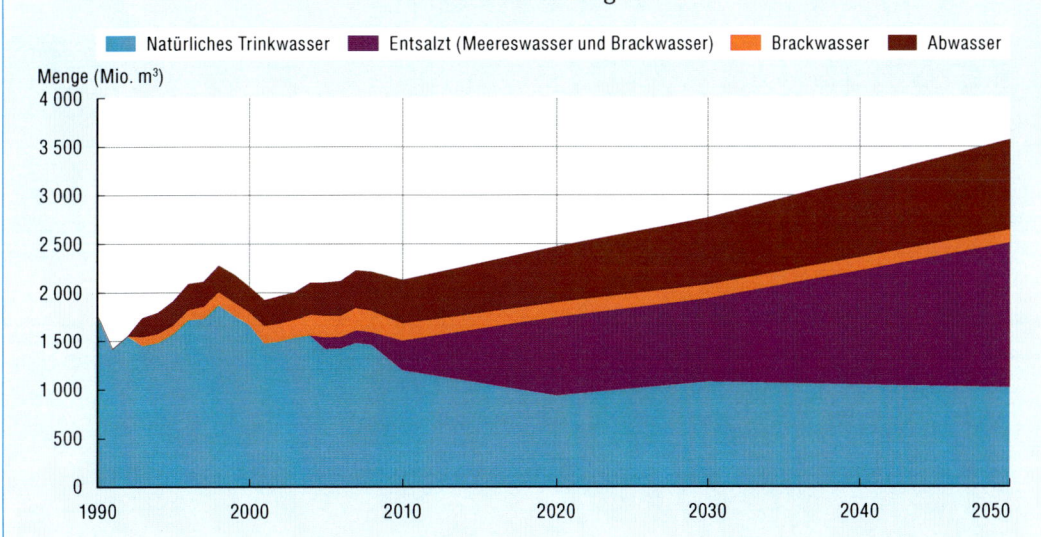

Anmerkung: Die statistischen Daten für Israel wurden von den zuständigen israelischen Stellen bereitgestellt, die für sie verantwortlich zeichnen. Die Verwendung dieser Daten durch die OECD erfolgt unbeschadet des völkerrechtlichen Status der Golanhöhen, von Ost-Jerusalem und der israelischen Siedlungen im Westjordanland.
Quelle: Israelische Wasserbehörde, wiedergegeben in OECD (2011c), OECD *Environmental Performance Review: Israel 2011*, OECD Publishing, Paris.

StatLink http://dx.doi.org/10.1787/888932571418

5. WASSER

> ### Kasten 5.9 Die EU-Wasserrahmenrichtlinie: Ein Ansatz auf Ebene der Flussgebiete
>
> Die Wasserrahmenrichtlinie berücksichtigt alle Belastungen, denen die aquatische Umwelt ausgesetzt ist, und alle Faktoren, die sich auf sie auswirken, und bezieht die Anforderungen anderer Teile des EU-Wasserrechts mit ein. Die Richtlinie verfolgt eine Reihe von Zielen. Die wichtigsten darunter sind der allgemeine Schutz der aquatischen Umwelt, der Schutz einzigartiger und wertvoller Lebensräume, der Schutz der Trinkwasserressourcen und der Schutz von Badegewässern. All diesen Zielen muss für jedes Flussgebiet in integraler Weise Rechnung getragen werden.
>
> Die Wasserrahmenrichtlinie verfolgt ehrgeizige Ziele, ist aber insofern flexibel, als sie kein einheitliches Maßnahmenpaket vorschreibt. Die Mitgliedstaaten können sie entsprechend ihren eigenen gesetzlichen Bestimmungen umsetzen, und es steht ihnen frei, eigene Ziele für den Teil der Gewässer festzulegen, die bis 2015 saniert werden sollen.
>
> Einer der wichtigsten Grundsätze der Wasserrahmenrichtlinie besteht darin, dass kein auf der Basis administrativer oder politischer Grenzen festgelegtes Gebiet, sondern das Flusseinzugsgebiet – d.h. die natürliche geografische und hydrologische Einheit – das beste Modell für die Wasserbewirtschaftung ist. Die Mitgliedstaaten werden daher dazu angehalten, Bewirtschaftungspläne für Flusseinzugsgebiete zu erstellen. Wirtschaftliche Instrumente, wie z.B. die Wasserpreispolitik, spielen in der Wasserrahmenrichtlinie eine besonders wichtige Rolle. Ziel ist die Deckung der finanziellen und ökologischen Kosten der Wassernutzung (Kostendeckungsprinzip).
>
> Die EU-Wasserrahmenrichtlinie steht mit einer ganzen Reihe wasserbezogener Einzelrichtlinien in Verbindung (z.B. der am 26. November 2007 in Kraft getretenen Richtlinie 2007/60/EG über die Bewertung und das Management von Hochwasserrisiken), was Koordination erforderlich macht. Im Fall der Hochwasserrichtlinie müssen die Hochwasserrisikomanagement-pläne mit den Bewirtschaftungsplänen für die jeweiligen Flusseinzugsgebiete sowie den Verfahren zur Einbeziehung der Öffentlichkeit abgestimmt werden.
>
> In der ersten Phase einer vor kurzem durchgeführten Prüfung wurde der Schluss gezogen, dass die getroffenen Maßnahmen zwar richtig sein dürften, ihre Umsetzung aber zuweilen schwierig ist und durch politischen Druck auf nationaler Ebene beeinträchtigt wird (vgl. Deloitte und IEEP, 2011). Vielfach scheint die Einleitung von Maßnahmen in der Planung zudem bis zur Endphase der Umsetzung der gesetzlichen Bestimmungen der EU-Gesetze hinausgezögert zu werden. Die Mitgliedstaaten sind bisher bei der Einführung wirtschaftlicher Instrumente, z.B. bei der Wasserpreisgestaltung, nur langsam vorangekommen, und das Kostendeckungsprinzip ist nach wie vor umstritten (vgl. Deloitte und IEEP, 2011).

Wasserressourcen des Landes durch die steigende Bevölkerungszahl und die Ausweitung der Landwirtschaft sowohl quantitativ als auch qualitativ zusätzlich unter Druck geraten (OECD, 2011c). Auf Grund dieser Situation liegt das Hauptaugenmerk des wasserpolitischen Maßnahmenkatalogs in Israel auf Zielen zur Reduzierung des Süßwasserverbrauchs sowie dem Einsatz wirtschaftlicher Instrumente zur Nachfragesteuerung und Wasserallokation.

Die Europäische Wasserrahmenrichtlinie wurde 2000 verabschiedet. Sie verfolgt einen ganzheitlichen wasserpolitischen Ansatz für die Europäische Union. Ihr übergeordnetes Ziel ist es, die europäischen Gewässer (Oberflächengewässer, Übergangsgewässer, Küstengewässer und Grundwasser) bis 2015 wieder in einen guten ökologischen und chemischen Zustand zu versetzen. Es handelt sich um ein flexibles Rahmenkonzept, das von den EU-Mitgliedstaaten entsprechend ihren nationalen Gesetzen umzusetzen ist, das aber eine Reihe von Grundprinzipien sowie ehrgeizige Ziele festlegt, wobei der Einsatz wirtschaftlicher Instrumente begünstigt wird.

Wassernutzung in der Landwirtschaft

Um die wachsende Weltbevölkerung zu ernähren, müsste sich die Agrarproduktion im Zeitraum 2005-2050 um etwa 70% erhöhen (FAO, 2006; Bruinsma, 2009). Dem Basisszenario des *OECD-Umweltausblicks* zufolge muss dieses Ziel wahrscheinlich mit weniger Wasser erreicht werden, was hauptsächlich durch die von der zunehmenden Urbanisierung und Industrialisierung sowie möglicherweise auch vom Klimawandel ausgehenden Belastungen bedingt ist.

Es ist daher dringend notwendig, wassersparende Bewässerungstechnologien, wie z.B. Tropfbewässerungssysteme, einzuführen und eine bessere Wartung der Bewässerungsinfrastrukturen sicherzustellen. Im Rahmen der OECD-Arbeiten über den Transfer umweltfreundlicher Technologien wurde festgestellt, dass besonders positive Umwelteffekte erzielt werden, wenn die Transfermechanismen die Aufnahmekapazitäten in den Zielländern verbessern (vgl. OECD, 2011f); Bildung und Ausbildung sind daher von entscheidender Bedeutung.

In einigen Teilen des OECD-Raums hat sich die Effizienz der Wassernutzung erhöht und sind die Wasserverluste durch Lecks und undichte Stellen zurückgegangen: Insgesamt verringerte sich der durchschnittliche Wasserverbrauch je Hektar bewässerte Fläche im Zeitraum 1990-2003 um 9% (OECD, 2010c). Am stärksten war der Rückgang in Australien, ein nicht ganz so deutlicher, aber dennoch erheblicher Rückgang wurde auch in Mexiko, Spanien und den Vereinigten Staaten verzeichnet. In anderen Ländern – wie z.B. Griechenland, Portugal und der Türkei – ist Wasserverbrauch je Hektar dagegen im Steigen begriffen (OECD, 2008b).

Es müssen Schritte eingeleitet werden, um zu einer effizienteren Bewirtschaftung der Wasserressourcen in der Landwirtschaft zu gelangen und zugleich auf den weltweit wachsenden Nahrungsmittelbedarf und die Auswirkungen des Klimawandels zu antworten (OECD, 2010c):

- Es bedarf einer Stärkung der Einrichtungen und Wasserrechte.

- Die Wasserversorgung der Landwirtschaft muss zu Preisen erfolgen, die Faktoren wie Bereitstellungskosten, Wasserknappheit, sozialen Werten sowie Umweltkosten und -nutzen Rechnung tragen. Im Hinblick auf Umweltkosten und -nutzen wird in der Regel auf andere Politikmaßnahmen zurückgegriffen, wie z.B. Agrarumweltzahlungen, Umweltsteuern und Wasserzuteilungsmechanismen (Kasten 5.10). Einige Länder orientieren ihre wasserpolitischen Rahmenkonzepte am Prinzip der vollen Kostendeckung (was definiert ist als die Deckung der finanziellen und ökologischen Kosten der Wassernutzung über die Wasserpreise). Durch den Handel mit Wasserrechten kann ein an der Knappheit der Ressource bemessener Preis für Wasser festgesetzt und eine möglichst wertschaffende Wassernutzung gefördert werden. Da diese Politik jedoch mit Fragen der Ernährungssicherheit in Konflikt geraten kann, bedarf es für ihre erfolgreiche Umsetzung einer sachlich fundierten transparenten Debatte. Der Handel muss dabei insofern ebenfalls berücksichtigt werden, als ein freierer Handel mit landwirtschaftlichen Erzeugnissen die Ernährungssicherheit verbessern und Umweltwerte schützen kann.

- Die Widerstandsfähigkeit der Landwirtschaft gegenüber dem Klimawandel muss durch Strategien zur Anpassung der landwirtschaftlichen Produktionssysteme verbessert werden. Diese dürften mehr Wirkung zeigen, wenn sie in längerfristige Strategien eingebettet werden, die mit agrarpolitischen Reformen und Maßnahmen des Risikomanagements verknüpft sind.

> **Kasten 5.10 Reform der Agrarstützung und Wasserpolitik am Beispiel der Europäischen Union**
>
> Bis 2005 basierte die Agrarpolitik der Europäischen Union (Gemeinsame Agrarpolitik – GAP) auf Direktzahlungen an die Landwirtschaft zur Förderung der Agrarerzeugung. Ergänzt wurden diese Zahlungen durch optionale Agrarumweltzahlungen mit dem Ziel, die Umwelt zu schützen und zu verbessern. Es herrscht allgemein die Auffassung, dass diese Politik eine starke Expansion der Agrarproduktion gefördert hat. Zugleich gestattete sie es den Landwirten, die Produktion durch nicht umweltverträgliche Verfahrensweisen zu steigern – z.B. einen wahllosen Einsatz von Dünge- und Schädlingsbekämpfungsmitteln –, was gravierende Folgen für die Umwelt hatte. Nach einer völligen Neuausrichtung des Systems der Agrarzahlungen im Jahr 2004 steht die Umwelt jetzt im Mittelpunkt der Agrarpolitik. Durch die Verknüpfung der Zahlungen an die Landwirtschaft mit einer Reihe strenger Umweltauflagen droht den Landwirten jetzt im Rahmen des sogenannten Cross-Compliance-Systems eine Kürzung der Zahlungen, wenn sie diese strengen Umweltanforderungen nicht erfüllen.
>
> In der Europäischen Union gibt es zahlreiche Beispiele von Kulturpflanzen mit hohem Wasserbedarf, deren Anbau im Rahmen der GAP dennoch gefördert wurde. Mais z.B. gilt als eine Kulturpflanze, die in Ländern mit gemäßigtem Klima einen hohen Wasserbedarf hat; trotzdem hatten Mais anbauende Landwirte bis 2003 Anspruch auf eine Direktzahlung in Höhe von 54 Euro/Tonne. Durch die neue Politik der Entkopplung der Transferzahlungen von der Produktion wurde diese Inkohärenz beseitigt, so dass der Wasserverbrauch der Landwirte nicht durch je nach angebautem Agrarerzeugnis unterschiedlich hohe Beihilfen bestimmt wird. Garrido und Varela-Ortega (2008) berichteten über die allmählichen, aber stetig voranschreitenden Veränderungen bei der Allokation bewässerter Anbauflächen, die in Spanien seit der GAP-Reform zu beobachten waren. Dabei war besonders festzustellen, dass trockenere Gebiete nunmehr für den Anbau von Wein, Oliven und Zitrusfrüchten genutzt werden (vor allem in Andalusien), während in Gebieten mit höheren Niederschlagsmengen Kulturpflanzen mit hohem Wasserbedarf wie Mais und andere Produkte, die Gegenstand der Reform waren, wie z.B. Zuckerrüben, Baumwolle und Tabak, angebaut werden.
>
> Wenn 2012 die vollständige Entkopplung der EU-Agrarstützung von der Produktion erfolgt ist, wird man sich bei Wirtschaftlichkeitserwägungen in Bezug auf die Bewässerung stärker an den Ertrag der verschiedenen Anbaukulturen und ihrem Wasserbedarf als an der zur Verfügung stehenden Agrarstützung orientieren.
>
> Quelle: Nach OECD (2010c), *Sustainable Management of Water Resources in Agriculture*, OECD Publishing, Paris. J. Calatrava und A. Garrido (2010), *Agricultural Water Pricing: EU and Mexico*, OECD Consultant Report, verfügbar unter: *www.oecd.org/water*.

„Virtuelles Wasser": Ein Konzept für die politische Entscheidungsfindung, das seine Grenzen hat

Begriffe wie „virtuelles Wasser" und „Wasser-Fußabdruck" haben als Konzepte zur Sensibilisierung für die Wasserknappheit, die weltweiten Auswirkungen von Konsum und Produktion auf die Wasserressourcen und für verteilungspolitische Fragen erhebliche Attraktivität gewonnen. Der Nutzung dieser Indikatoren als Politik- oder Managementinstrumente sind jedoch Grenzen gesetzt, denn sie berücksichtigen weder die Opportunitätskosten des Wasserverbrauchs in der Produktion noch den Einsatz anderer Produktionsfaktoren (z.B. Arbeit) und sie machen auch keinen Unterschied zwischen der Verwaltung der Wasserressourcen und der Wasserqualität. Um auch allgemeinere Politikziele, wie die Reduzierung der Armut, die Förderung der wirtschaftlichen Entwicklung und die Sicherung einer hohen Beschäftigung bei gleichzeitigem Schutz der Naturressourcen, einzubeziehen, sollten sie in Verbindung mit anderen Indikatoren benutzt werden (Kasten 5.11). Überdies wäre es sicher von Vorteil, wenn weiter an ihnen gearbeitet würde, um eine genauere Berechnung des „Wasser-Fußabdrucks" zu ermöglichen.

Kasten 5.11 **Wirtschaftliche Analyse der Konzepte „virtuelles Wasser" und „Wasser-Fußabdruck" für die Wasserpolitik**

Virtuelles Wasser: Der Begriff „virtuelles Wasser" begann Mitte der 1990er Jahre in der Fachliteratur zum Thema Wasserressourcen aufzutauchen. Professor Tony Allan von der Universität London wählte den Begriff zur Bezeichnung des Wassers, das für den Anbau von an internationalen Märkten gehandelten Agrarerzeugnissen genutzt wird. In den 15 Jahren seit seiner Einführung war das Konzept des virtuellen Wassers sehr hilfreich bei der Sensibilisierung der öffentlichen Amtsträger und Politikverantwortlichen, die für die Förderung einer umsichtigen Nutzung begrenzter Wasserressourcen zuständig sind.

Was dem Begriff „virtuelles Wasser" jedoch grundsätzlich fehlt, um als wirksames ordnungsrechtliches Politikinstrument dienen zu können, ist ein klarer konzeptueller Unterbau. Einige Wissenschaftler haben virtuelles Wasser fälschlicherweise als ein Konzept beschrieben, das mit der wirtschaftlichen Theorie der komparativen Vorteile vergleichbar ist bzw. mit ihr in Einklang steht. Das Konzept des virtuellen Wassers wird zumeist verwendet, wenn über Länder mit Wasserknappheit und Länder mit reichlichen Wasservorräten diskutiert oder ein Vergleich zwischen ihnen angestellt wird. Da es sich allein auf die Ausstattung mit Wasserressourcen bezieht, spiegelt es keinen komparativen, sondern einen absoluten Vorteil wider. Aus diesem Grund werden aus der Erörterung des Konzepts des virtuellen Wassers resultierende Politikempfehlungen den Nettonutzen der Teilnahme am internationalen Handel nicht maximieren. Das relevante ökonomische Konzept ist der komparative Vorteil, beim Konzept des virtuellen Wassers wird nur dem absoluten Vorteil Rechnung getragen.

Mehrere Autoren haben bei ihren Untersuchungen über die Frage, ob ein Wassertransfer von einer Region in eine andere stattfinden sollte oder ob die angestrebten Ergebnisse besser anders, d.h. durch den Transport von Agrarprodukten oder den Handel mit ihnen zu erzielen sind, damit begonnen, die wichtige Rolle zu beschreiben, die nichtwasserspezifischen Faktoren zukommt, wie z.B. der Bevölkerungsdichte, historischen Produktionstrends, nationalen Zielen hinsichtlich der Ernährungssicherheit, Armutsreduzierungszielen und der Verfügbarkeit komplementärer Inputs.

Wasser-Fußabdruck: Der Begriff Wasser-Fußabdruck bezeichnet die für Produktion und Konsum in bestimmten Regionen oder Ländern erforderliche Wassermenge. Dieses Konzept dient dazu festzustellen, ob der Wasserressourcenverbrauch einer Region oder eines Landes – aus globaler Perspektive betrachtet – nachhaltig ist oder nicht. Der geschätzte Wasser-Fußabdruck ist jedoch insofern etwas eindimensional, als er lediglich die Nutzung einer einzigen Ressource abbildet. Der Wasser-Fußabdruck sagt zudem nichts über die Auswirkungen der Wassernutzung aus. Er berücksichtigt stattdessen nur die für Produktions- und Konsumaktivitäten verbrauchte Wassermenge. Eine ökologische Analyse des Wasser-Fußabdrucks reicht daher nicht aus, um optimale Politikalternativen zu identifizieren, da die Opportunitätskosten (bzw. die Kosten der Knappheit) der Wasserressourcen und die Art und Weise, wie Wasser in Produktion und Konsum mit anderen Inputs kombiniert wird, dabei unberücksichtigt bleiben. Der Wasser-Fußabdruck ermöglicht einen Vergleich des geschätzten Pro-Kopf- oder Gesamtwasserverbrauchs zwischen den Ländern, ist jedoch für eine Evaluierung der inkrementellen Kosten und Nutzeffekte oder der Auswirkungen der Wassernutzung auf die Umwelt ungeeignet.

Landwirte, Handeltreibende und öffentlich Verantwortliche müssen bei der Suche nach optimalen Strategien zahlreiche wirtschaftliche und soziale Aspekte berücksichtigen. Die Konzepte „virtuelles Wasser" und „Wasser-Fußabdruck" werden – in Verbindung mit anderen ökologischen, wirtschaftlichen und sozialen Indikatoren – bei Politikberatungen in vielen Kontextsituationen von Nutzen sein. Sie werden indessen weder ausreichen, um zu gewährleisten, dass solche Beratungen optimale Ergebnisse bringen, noch um wirtschaftlich effiziente und ökologisch wirksame Politikalternativen zu entwickeln.

Quelle: Nach OECD (2010c), *Sustainable Management of Water Resources in Agriculture*, OECD Publishing, Paris.

Eine aktuelle Analyse bestätigt, dass der Umfang des Transfers von virtuellem Wasser äußerst ungleich ist, jedoch nur einen geringen Anteil des gesamten Wasserbedarfs ausmacht (Seekel et al., 2011). Diese Analyse kam zu dem Schluss, dass der Transfer von virtuellem Wasser nicht ausreicht, um einen Ausgleich zwischen dem Wasserverbrauch der verschiedenen Länder zu schaffen, in erster Linie weil die inländische Wassernutzung durch die Landwirtschaft – der wichtigste zur Ungleichheit beitragende Faktor – der Hauptbestimmungsfaktor des inländischen Wasserbedarfs ist und durch den derzeitigen Umfang des Transfers von virtuellem Wasser nicht völlig kompensiert werden kann.

Was wäre wenn …? Drei auf Modellen basierende Politiksimulationen alternativer Zukunftsszenarien für den Wasserverbrauch

In diesem Kapitel wurde die Situation im Wasserbereich bis zum Jahr 2050 bislang im Kontext des Basisszenarios beschrieben, in dem von einer Fortsetzung der bisherigen Politik ausgegangen wird. Ließe sich die Situation künftig verbessern, wenn ehrgeizigere Maßnahmen getroffen würden? Dieser Abschnitt legt die für den *Umweltausblick* erstellten Modellrechnungen dar, bei denen die Auswirkungen des Eintretens dreier hypothetischer Szenarien untersucht werden:

- Ressourceneffizienzszenario,
- Szenario mit Nährstoffrecycling und -reduktion,
- Szenario mit beschleunigtem Ausbau der Wasser- und Sanitärversorgung.

Ressourceneffizienzszenario

Im Ressourceneffizienzszenario wird simuliert, wie sich die Wasserstresssituation verändern würde, wenn ehrgeizigere Maßnahmen die Wassernachfrage verringern und die Effizienz der Wassernutzung verbessern würden. Diese Politiksimulation basiert auf dem in Kapitel 3 zum Klimawandel untersuchten 450-ppm-Szenario. Dieses Szenario geht von einem geringeren Wasserbedarf in der thermischen Stromerzeugung und einem größeren Anteil an Solar- und Windstrom aus. Das Ressourceneffizienzszenario unterstellt zudem weitere Effizienzsteigerungen um 15% im Bereich der Bewässerung in den Nicht-OECD-Ländern, und eine weltweite Effizienzsteigerung um 30% in der Wassernutzung im häuslichen und industriellen Bereich. Nähere Einzelheiten über die bei dieser Politiksimulation herangezogenen Hypothesen finden sich in Anhang 5.A.

Im Ressourceneffizienzszenario wird davon ausgegangen, dass sich der Anstieg des weltweiten Wasserverbrauchs verlangsamt. Der Gesamtverbrauch würde 2050 bei rd. 4 100 km^3 und damit um 15% über dem Niveau von 2000, aber 25% unter dem im Basisszenario unterstellten Verbrauchsniveau liegen. Im Ressourceneffizienzszenario wäre der Wasserverbrauch in den OECD-Ländern 2050 um 35% geringer als 2000 (gegenüber einem um 10% geringeren Verbrauch im Basisszenario).

Auch der Wasserstress würde sich im Ressourceneffizienzszenario in China, den Vereinigten Staaten, Süd- und Osteuropa sowie in Russland in vielen Wassereinzugsgebieten verringern. Die Zahl der Menschen, die weltweit in Gebieten mit starkem Wasserstress leben, würde jedoch gegenüber dem Basisszenario nur geringfügig sinken (von 3,9 Milliarden auf 3,7 Milliarden) (Abb. 5.16), was den Schluss nahelegt, dass dieses Szenario den gravierenden Wasserstress in mehreren Regionen höchstens abzuschwächen vermag. Die Zahl der Menschen, die nicht unter Wasserstress leiden, würde zwar steigen, doch würden viele Menschen weiter mit gravierendem Wasserstress konfrontiert sein, insbesondere in Nordafrika und im Nahen Osten, in der Region Indien und in Zentralasien.

Abbildung 5.16 **Zahl der 2000 und 2050 in Flusseinzugsgebieten mit Wasserstress lebenden Menschen**
Basisszenario (BS) und Ressourceneffizienzszenario (RE)

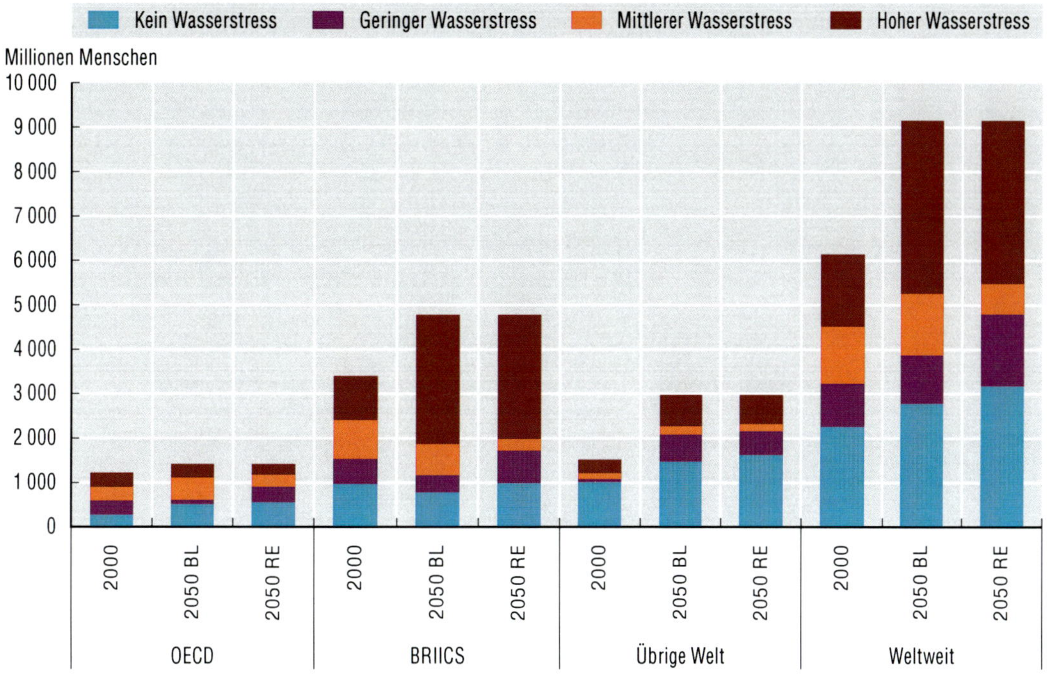

Legende: Kein Wasserstress | Geringer Wasserstress | Mittlerer Wasserstress | Hoher Wasserstress

Kategorien (Millionen Menschen), jeweils 2000, 2050 BL, 2050 RE: OECD, BRIICS, Übrige Welt, Weltweit.

Quelle: Projektionen des *OECD-Umweltausblicks*; Ergebnisse von Berechnungen anhand der IMAGE-Modellreihe.
StatLink http://dx.doi.org/10.1787/888932571437

Diese Simulation legt den Schluss nahe, dass Effizienzsteigerungen allein in mehreren Regionen nicht ausreichen werden, um den Wasserstress zu reduzieren. Um den Wasserbedarf weiter zu senken und den Wettbewerb zwischen den Wassernutzern zu verringern, sind ehrgeizigere und radikalere Ansätze erforderlich. Die Wasserverteilung auf die verschiedenen Nutzer (zu denen auch die Ökosysteme zählen) wird eine große Herausforderung darstellen.

Nährstoffrecycling- und -reduktionsszenario

Diese auf dem zweiten Modell basierende Politiksimulation trägt der Notwendigkeit aggressiver Maßnahmen zur Reduzierung der Nährstoffeinleitungen Rechnung, um die Eutrophierung von Seen und Meeren zu verringern. Das Nährstoffrecycling- und -reduktionsszenario untersucht die Auswirkungen von Maßnahmen zur Wiederverwertung der Nährstoffe in der Landwirtschaft und Reduzierung der Stickstoff(N)- und Phosphor(P)-Einträge der Haushalte und landwirtschaftlichen Betriebe. Da die Vorkommen an phosphorhaltigem Gestein schwinden[9], kann die Rückgewinnung des im Abwasser enthaltenen Phosphors zur Schließung von Bedarfslücken beitragen. Die zu Grunde gelegten Annahmen sind in Anhang 5.A beschrieben.

Neue Maßnahmen, die solche Verbesserungen herbeiführen könnten, wären u.a. eine Steigerung der Effizienz des Düngemitteleinsatzes, eine Erhöhung der Nährstoffeffizienz in der Viehzucht und der Einsatz von Tierdung statt Stickstoff- und Phosphordünger in Ländern, in denen der Ackerbau stark vom Düngemitteleinsatz abhängig ist. Das Szenario unterstellt Investitionen in Abwassersysteme, die Urin von den übrigen Bestandteilen der Haushaltsabwässer trennen (siehe Tabelle 5.A1 in Anhang 5.A); durch die Rückleitung des aufbereiteten Abwassers in die Landwirtschaft würden sich die Nährstofffrachten des Abwassers und der Düngemitteleinsatz wesentlich verringern.

In diesem Szenario könnte der weltweite Stickstoff- und Phosphorüberschuss in der Landwirtschaft bis 2050 um fast 20% geringer sein als im Basisszenario, und der Nährstoffgehalt des Abwassers könnte um nahezu 35% sinken. Der Gesamtumfang der Nährstoffeinleitungen in die Flüsse würde sich gegenüber dem Basisszenario für Stickstoff um nahezu 40% und für Phosphor um 15% verringern. Eine Verringerung dieser Art könnte dazu beitragen, dass langfristig ein weiterer Verlust an biologischer Vielfalt in Flüssen, Seen und Feuchtgebieten vermieden wird, und es örtlich sogar ermöglichen, dass es zu einer gewissen Regene-rierung kommt. Was die Küstengebiete anbelangt, wären die Maßnahmen zur Reduzierung der Nährstofffrachten im Pazifik besonders wirkungsvoll. Für den Atlantik und den

Abbildung 5.17 **Nährstoffeinträge aus Flüssen ins Meer: Basisszenario und Nährstoffrecycling- und -reduktionsszenario, 1950-2050**

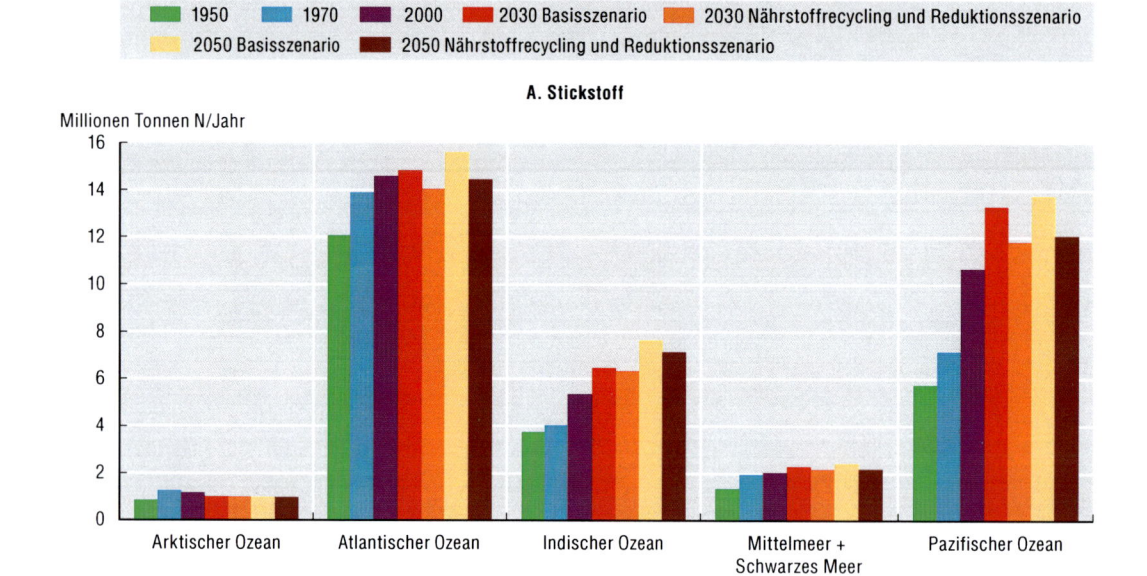

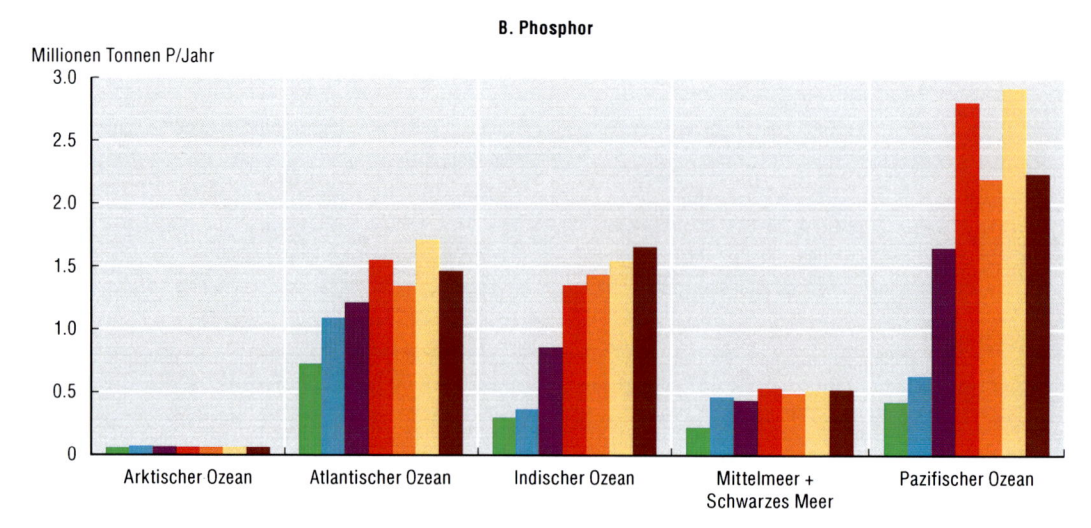

Quelle: Projektionen des OECD-Umweltausblicks; Ergebnisse von Berechnungen anhand der IMAGE-Modellreihe.
StatLink http://dx.doi.org/10.1787/888932571456

Indischen Ozean sind den Möglichkeiten einer Reduzierung der Nährstoffeinträge aus der Landwirtschaft auf Grund des projizierten raschen Produktionswachstums Grenzen gesetzt (Abb. 5.17). Die Phosphoreinleitungen in den Indischen Ozean würden sich im Nährstoffrecycling- und -reduktionsszenario sogar noch erhöhen. Der Grund hierfür sind die folgenden Entwicklungen in den Weltregionen, die Abwässer in den Indischen Ozean einleiten:

- Nur ein geringer Anteil der Bevölkerung dürfte an Kläranlagen angeschlossen sein.

- Der derzeitige Düngemitteleinsatz ist gering und müsste zunehmen, damit der in diesem Szenario unterstellte höhere Agrarertrag erreicht werden kann; infolgedessen würden die Stickstoff- und Phosphoreinträge zunehmen.

- Auf Grund des geringen Düngemitteleinsatzes wären die Möglichkeiten, Kunstdünger durch Tierdung zu ersetzen, begrenzt.

- Tierdung, der im Basisszenario außerhalb des Agrarsystems verwendet würde (als Brennstoff oder Baumaterial insbesondere in Indien), würde beim Nährstoffrecycling- und -reduktionsszenario in der Landwirtschaft genutzt werden.

Doch selbst im Fall einer Reduzierung der Stickstoff- und Phosphorfrachten würde in Küstengebieten insofern weiter ein hohes Risiko schädlicher Algenwucherungen existieren, als das Ungleichgewicht zwischen Stickstoff, Phosphor und Silizium bestehen bliebe. Der Grund hierfür sind die unterschiedlichen Reduktionsraten von Phosphor und Stickstoff und die steigende Anzahl von Dämmen, die die Sediment- und Siliziumfracht der Flüsse verringern. Daher ist ein integrierter Ansatz erforderlich, denn auf einen einzelnen Nährstoff begrenzte Fortschritte können langfristig negative Folgen haben.

Szenario mit beschleunigtem Ausbau der Wasser- und Sanitärversorgung

Im Juni 2010 wurde von der Generalversammlung der Vereinten Nationen eine Resolution angenommen, mit der der Zugang zu sauberem Wasser und zu Sanitärversorgung als ein Menschenrecht anerkannt wurde. Die Resolution fordert die Staaten und die internationalen Organisationen auf, Finanzmittel bereitzustellen, Kapazitäten aufzubauen und Technologien weiterzugeben, insbesondere für die Entwicklungsländer, um die Anstrengungen zur Bereitstellung von einwandfreiem, sauberem, zugänglichem und erschwinglichem Trinkwasser und zur Sanitärversorgung für alle zu verstärken. Im Mai 2011 stellte die Sonderberichterstatterin zum Menschenrecht auf einwandfreies Trinkwasser und Sanitärversorgung fest, dass diese Ansprüche im Hinblick auf Verfügbarkeit, Qualität, Annehmbarkeit, Zugänglichkeit und Erschwinglichkeit beschrieben werden sollten[10].

Diese Formulierung weicht ganz erheblich von den in den Millenniumsentwicklungszielen enthaltenen Definitionen ab. In den Millenniumsentwicklungszielen geht es eigentlich um den Zugang zu *„einwandfreiem* Trinkwasser" und *„grundlegenden* sanitären Einrichtungen", beobachtet wird aber de facto der Zugang zu „einer *verbesserten* Wasserversorgung" und zu „*verbesserten* sanitären Einrichtungen". Daraus ergibt sich, dass die Frage, wie viele Menschen (und welche Menschen) keinen „Zugang zu einwandfreiem Trinkwasser und grundlegenden sanitären Einrichtungen" haben, u.U. radikal neu bewertet werden muss. Das WHO/UNICEF Joint Monitoring Programme for Water Supply and Sanitation – der offizielle VN-Mechanismus, mit dem die Fortschritte im Hinblick auf die Erreichung der Millenniumsentwicklungsziele für die Trinkwasser- und Sanitärversorgung beobachtet werden sollen – prüft derzeit die Frage der Aufnahme zusätzlicher Kriterien, um einige dieser Aspekte besser verfolgen zu können.

Das Szenario mit beschleunigtem Ausbau der Wasser- und Sanitärversorgung dieses *Umweltausblicks* untersucht die jährlichen Zusatzkosten und positiven Auswirkungen auf die

Gesundheit der Verwirklichung ehrgeizigerer Vorgaben als in den Millenniumsentwicklungszielen vorgesehen. Diese Zielvorgaben würden dabei in zwei Schritten erreicht:

a) Aufbauend auf den bereits durch die Millenniumsentwicklungsziele erreichten Fortschritten würde der Anteil Menschen, die keinen Zugang zu einer *verbesserten* Wasserversorgung und *grundlegenden* sanitären Einrichtungen haben, bis 2030 (gegenüber dem Basisjahr 2005) nochmals um die Hälfte reduziert.

b) Das Ziel universellen Zugangs zu Wasser- und grundlegender Sanitärversorgung würde bis 2050 erreicht.

In diesem Szenario hätten bis 2030 im Vergleich zum Basisszenario fast 100 Millionen Menschen mehr Zugang zu einer verbesserten Wasserversorgung und rd. 470 Millionen Menschen mehr Zugang zu grundlegenden sanitären Einrichtungen (Abb. 5.18). Diese Menschen würden fast alle in Ländern außerhalb des OECD-Raums und der BRIICS (d.h. in der übrigen Welt) leben. Bis 2050 hätten weitere 242 Millionen Menschen Zugang zu einer verbesserten Wasserversorgung, wobei der überwiegende Teil dieser Ausweitung des Zugangs auf Länder der übrigen Welt entfiele. Im Vergleich zum Basisszenario hätten über 1,36 Milliarden Menschen mehr Zugang zu grundlegenden sanitären Einrichtungen (nahezu 800 Millionen in den Ländern der übrigen Welt und über 560 Millionen in den BRIICS).

Welche Vorteile hätte dieses Szenario? Die Folgen für die Gesundheit werden in Kapitel 6 erörtert. Die geschätzte Zahl der vermiedenen Todesfälle pro Jahr würde bis 2030 etwa 76 000 und bis 2050 etwa 81 000 betragen, was vor allem der Gruppe der Länder der übrigen Welt zugute käme. Der Nutzen für die Umwelt und bestimmte Wirtschaftssektoren, wie z.B. Fischerei oder Fremdenverkehr, wäre ganz erheblich. Der tatsächliche Nutzen wäre

Abbildung 5.18 **Zahl der zusätzlichen Personen mit Zugang zu Wasser- und Sanitärversorgung im beschleunigten Szenario (im Vergleich zum Basisszenario), 2030 und 2050**

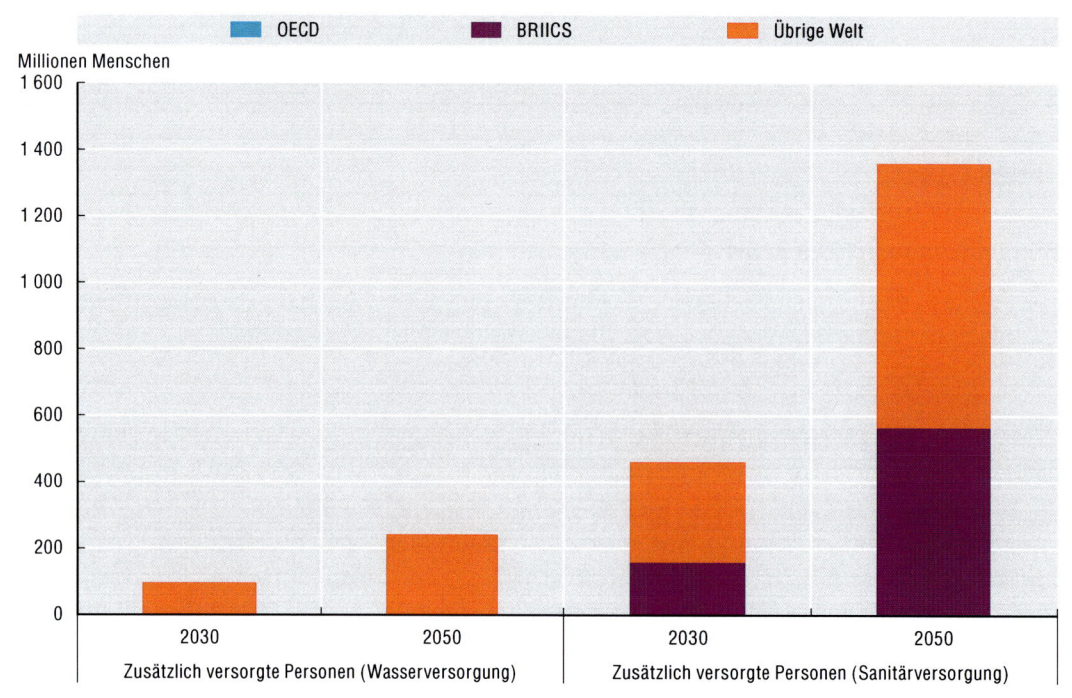

Quelle: Projektionen des *OECD-Umweltausblicks*; Ergebnisse von Berechnungen anhand der IMAGE-Modellreihe.
StatLink http://dx.doi.org/10.1787/888932571494

sogar noch größer, da einige wichtige positive Effekte (z.B. in Form von Stolz und Würde oder Freizeitwert) in monetärer Hinsicht schwerer zu quantifizieren sind.

Insbesondere in den am wenigsten entwickelten Ländern wäre der Nutzen gewaltig und würde bei weitem die Kosten übersteigen. Die Weltgesundheitsorganisation schätzt, dass das Kosten-Nutzen-Verhältnis der Einrichtung grundlegender Wasser- und Sanitärversorgungsdienste in den Entwicklungsländern bis zu 1 zu 7 betragen könnte (zitiert in OECD, 2011b). Dem GLAAS-Bericht zufolge bringt der verbesserte Zugang zu Wasser- und Sanitärversorgung wirtschaftliche Vorteile, die im Bereich von 3-34 US-$ je investierten Dollar angesiedelt sind und das BIP eines gegebenen Landes um schätzungsweise 2-7% erhöhen könnten (WHO, 2010).

Bei der Ermittlung des ökonomischen Nutzens für ein bestimmtes Land müssen die nationalen Gegebenheiten berücksichtigt werden, wie z.B. das Stadium der Infrastrukturentwicklung und das Pro-Kopf-BIP. Die Nutzeffekte sind zudem in hohem Maße ortsspezifisch und hängen z.B. von Aspekten wie der Häufigkeit wasserbedingter Krankheiten oder dem Zustand der Abwasser aufnehmenden Gewässer ab. Einige Nutzeffekte dürften sich insofern verringern, als zusätzliche Investitionen in die Verbesserung der wasserbezogenen Dienstleistungen mit der Zeit im Allgemeinen immer geringere Erträge bringen. Nutzeffekte dürften sich mit höherer Wahrscheinlichkeit einstellen, wenn die Investitionen in der richtigen zeitlichen Abfolge vorgenommen werden, wodurch die Kosten sinken und sichergestellt wird, dass das abgeleitete Abwasser ordnungsgemäß aufbereitet wird.

Die Erfahrungen der OECD-Länder zeigen, dass für eine Verbesserung des Zugangs zur Wasser- und Sanitärversorgung hohe Investitionen in die Nachrüstung unzulänglicher Infrastrukturen und den Bau neuer Anlagen erforderlich sind. Wie das beschleunigte Szenario deutlich macht, müssten zur Erreichung der Zielvorgabe für 2030 im Zeitraum 2010-2030 über das Investitionsvolumen des Basisszenarios hinaus weltweit jahresdurchschnittlich zusätzlich 1,9 Mrd. US-$ mehr investiert werden; zur Erreichung der Zielvorgabe für 2050 müssten im Zeitraum 2031-2050 jährlich 7,6 Mrd. US-$ mehr investiert werden als im Basisszenario. Die Differenz zwischen beiden Zahlen ist durch die Tatsache bedingt, dass der letzte Schritt kostenaufwendiger ist als die vorherigen. In Subsahara-Afrika würden sich diese zusätzlichen Kosten auf 0,09% des BIP im Jahr 2030 und 0,08% des BIP im Jahr 2050 belaufen.

Zudem sind erhebliche und stetig fließende Finanzierungsströme notwendig, um die Infrastrukturen instandhalten und betreiben zu können. Hierfür werden gut durchdachte und realistische Strategien zur Erschließung der drei wichtigsten Finanzierungsquellen erforderlich sein: durch Gebühren für Wasserdienstleistungen erzielte Einnahmen, über die öffentlichen Haushalte zufließende Steuereinnahmen sowie Transferzahlungen der internationalen Gemeinschaft (OECD, 2010a). Auch dem privaten Sektor (der Wasserwirtschaft und dem Finanzsektor) kann im Hinblick auf die Entwicklung und Kanalisierung von Innovationen und die Steigerung der Effizienz eine entscheidende Rolle zukommen. Wenn die entsprechenden Rahmenbedingungen gegeben sind, können auch private Ersparnisse genutzt und Investitionen erleichtert werden (OECD, 2009; 2010e). Der zunehmende Wettbewerb um den Zugang zu knappen öffentlichen Finanzmitteln könnte Anlass dazu geben, neu über die vergangenen Erfahrungen mit privatwirtschaftlicher Finanzierung in der Wasserwirtschaft nachzudenken, die in den Entwicklungsländern enttäuschend waren (Annez, 2006). Die für die Erreichung des Ziels eines universellen Zugangs zu Wasser- und Sanitärversorgung bereitgestellten öffentlichen Mittel werden sich voraussichtlich erhöhen, sobald sich die VN-Resolution über Wasser als Menschenrecht in konkreten Maßnahmen niederschlägt. Hinzu kommt, dass alle OECD-Mitgliedsländer zugesagt haben, ihre ODA-Leistungen auf

0,7% ihres BIP anzuheben; ein Teil dieser Aufstockung könnte zur Finanzierung dieser dringend notwendigen Entwicklungen beitragen.

4. Es bedarf weiterer Maßnahmen: Neue Fragen der Wasserpolitik

Die vorangehenden Abschnitte haben gezeigt, dass es dringend ehrgeizigerer Maßnahmen und neuer Perspektiven im Hinblick auf die Herausforderungen im Wasserbereich bedarf. Im letzten Abschnitt werden einige der wichtigsten neuen Orientierungen für die Wasserpolitik und ihre Reform hervorgehoben. Dazu gehören folgende Elemente:

- Wasser sollte als wesentliche Triebfeder eines umweltverträglichen Wachstums angesehen werden,
- es sollte hinreichend Wasser für gesunde Ökosysteme bereitgestellt werden,
- die Kohärenz zwischen der Wasser-, Energie-, Umwelt- und Nahrungsmittelpolitik sollte erhöht werden,
- es sollten alternative Wasserquellen gefunden werden (z.B. Wiederverwendung von Wasser),
- Informationslücken sollten geschlossen werden,
- es sollten Reformen konzipiert werden, die realistisch und politisch akzeptabel sind.

Wasser als wesentliche Triebfeder umweltverträglichen Wachstums

Die OECD arbeitet daran, den anhaltenden Bedarf an Wirtschaftswachstum und Entwicklung mit dem Erhalt der Naturgüter, die die Ressourcen und Umweltleistungen bieten, auf denen das menschliche Wohlergehen basiert, in Einklang zu bringen. Darauf basiert das Konzept des umweltverträglichen Wachstums, das eine nachhaltige Wassernutzung als wichtige Antriebskraft betrachtet, da das Wachstum durch einen Mangel an einwandfreiem Wasser erheblich beeinträchtigt werden kann (OECD, 2011a). Wie weiter oben erörtert wurde, kann die Wasserbewirtschaftung große Nutzeffekte für die Gesundheit, die Landwirtschaft und die Industrieproduktion erbringen. Die Wasserbewirtschaftung kann Ökosysteme und die Leistungen in Wassereinzugsgebieten erhalten und dadurch die enormen Kosten vermeiden, die durch Hochwasser, Dürreperioden oder den Zusammenbruch der in Wassereinzugsgebieten erbrachten Leistungen entstehen können.

Auch das Umweltprogramm der Vereinten Nationen (UNEP, 2011) bestätigt, dass Investitionen in die Infrastruktur und die Bereitstellung von Wasserdienstleistungen sowohl für die Wirtschaft als auch für die Umwelt große Nutzeffekte bringen können. Es betont, dass mehr private und öffentliche Investitionen in umweltverträgliche Technologien und Infrastrukturen erforderlich sind, um die Wasser- und Energieeffizienz zu erhöhen, und es geht davon aus, dass solche Investitionen für den Aufbau der umweltverträglichen Wirtschaft der Zukunft unerlässlich sind.

Wassereffizienz und Wassernachfragesteuerung sind deshalb zusammen mit Wasserwiederverwendung und -recycling wesentliche Bestandteile eines umweltverträglichen Wachstums. Das Vier-Flüsse-Projekt in Korea (Kasten 5.12) ist ein Beispiel für Politikmaßnahmen zur Förderung eines umweltverträglichen Wachstums, die Investitionen in wasserbezogene Infrastruktur berücksichtigen.

Durch die folgenden spezifischen Politikansätze kann die Wasserbewirtschaftung systematischer für umweltverträgliches Wachstum genutzt werden:

> ### Kasten 5.12 **Koreas Projekt zur Wiederbelebung der vier Hauptflüsse des Landes**
>
> Das Vier-Flüsse-Projekt ist ein gutes Beispiel für einen ganzheitlichen Ansatz bei der Bewirtschaftung von Wasserressourcen, der auch darauf abzielt, umweltverträgliches Wachstum zu fördern. Im Anschluss an die Wirtschaftskrise beschloss Korea, von 2009 bis 2013 jedes Jahr 2% seines BIP (insgesamt 86 Mrd. US-$) für umweltfreundliche Investitionen einzusetzen, um kurzfristige wirtschaftliche Probleme zu lösen und Arbeitsplätze zu schaffen. 20% dieses für Umweltmaßnahmen vorgesehenen Budgets (17,6 Mrd. US-$) sollen über das Projekt zur Wiederbelebung der vier Hauptflüsse in die Wasserwirtschaft investiert werden.
>
> Bei diesem Projekt arbeiten fünf Ministerien in einem ganzheitlichen Ansatz zusammen (das Ministerium für Umwelt, das Ministerium für Ernährung, Land- und Forstwirtschaft und Fischerei, das Ministerium für Kultur, Sport und Tourismus, das Ministerium für öffentliche Verwaltung und Sicherheit sowie das Ministerium für Land, Verkehr und maritime Angelegenheiten). Das Projekt zielt darauf ab, eine ausreichende Wasserversorgung sicherzustellen, um auf zukünftige klimawandelbedingte Wasserknappheit und schwere Dürreperioden reagieren zu können (Zielvorgabe: eine Wasserversorgung im Volumen von 1,3 Mrd. m^3), vorbeugende Maßnahmen gegen klimawandelbedingte Überschwemmungen sowie gegen Überschwemmungen, wie sie alle 200 Jahre einmal vorkommen, zu ergreifen durch Ausbaggerung von Sedimenten, Verstärkung alter Deiche und Errichtung von Mehrzweckdämmen (Zielvorgabe: Hochwasserschutz mit einer Kapazität von 920 Mio. m^3), die Wasserqualität durch den Ausbau von Klärwerken und die Bekämpfung von Grünalgen zu verbessern (Zielvorgabe: BSB-Wert von 3mg/l), die Flüsse ökologisch zu sanieren, Feuchtgebiete zu schaffen und die landwirtschaftliche Nutzungsfläche so anzupassen, dass sich das Ökosystem regeneriert (223 Sanierungsprojekte sind geplant), die Flussufer in eine Erholungslandschaft zu verwandeln und das Flussumland zu erschließen. Die Frist für die Umsetzung des Plans ist 2012.
>
> Die Regierung geht davon aus, dass das Vier-Flüsse-Projekt wirtschaftliche Nutzeffekte in Höhe von 32,8 Mrd. US-$ generieren wird und dass dadurch 340 000 Arbeitsplätze entstehen. Die Regierung ist letztlich der Überzeugung, dass Korea durch die im Vier-Flüsse-Projekt gemachten Erfahrungen und die darin entwickelten Technologien zu einem der führenden Länder im Bereich der Wasserbewirtschaftung wird.
>
> *Quelle:* Korea Environmental Policy Bulletin (2009), "Four Major River Restoration Project of Republic of Korea", *Korea Environmental Policy Bulletin*, Issue 3, Volume VII.

- In unter Wassermangel leidenden Regionen sollten Investitionen in ökologisch anfällige Wasserspeicher- und Wasserverteilungssysteme getätigt werden. Zuverlässige Ressourcen sind für umweltverträgliches Wachstum unerlässlich. Wasserspeichertechnologien und -infrastruktureinrichtungen wie große Staudämme können das Gleichgewicht von Ökosystemen jedoch stören. Weiche Infrastruktur (z.B. Feuchtgebiete, Retentionsflächen, Grundwasserneubildung), kleinere Staudämme, Regenwassernutzung und eine zweckdienlich konzipierte Infrastruktur sind ökologisch sinnvoller und kosteneffektiver.

- Für Wasser und Wasserdienstleistungen sollte ein nachhaltiger Preis festgelegt werden, um ein effektives Signal für die Knappheit der Ressource zu geben und die Nachfrage zu steuern. Dazu ist es erforderlich, die Nutznießer zu identifizieren und Mechanismen einzuführen, die sicherstellen, dass die Nutznießer dazu beitragen, die Kosten der Nutzeffekte, von denen sie profitieren, zu decken.

- Das Wasser sollte in die Wirtschaftszweige und Nutzungsarten geleitet werden, in denen die Wertschöpfung am höchsten ist. Diese schwierige politische Herausforderung – die Umleitung von Wasser in Aktivitäten mit hoher Wertschöpfung (einschließlich Umweltleistungen, siehe weiter unten) kann eine Reallokation zwischen den Wassernutzern notwendig machen (z.B. von Landwirten zu den Städten). Einige OECD-Länder sammeln zurzeit Erfahrungen mit sozial gerechten und politisch akzeptablen Ansätzen zur Erreichung dieses Ziels. Dazu gehören Wasserentnahmerechte, die der Knappheit der Ressource Rechnung tragen, Marktmechanismen, z.B. handelbare Wasserrechte, und informationsbasierte Instrumente (Smart Metering). Die beste Vorgehensweise bei der Wasserzuteilung ist nach wie vor umstritten. Es muss mehr getan werden, um diese Instrumente angemessen zu bewerten und einige davon verstärkt einzusetzen, um Umweltwerte zu sichern und gleichzeitig sozialen und wirtschaftlichen Bedürfnissen gerecht zu werden. Die Erfahrungen in den OECD-Ländern und Nicht-OECD-Ländern zeigen, dass der Aufbau starker Interessengruppen und die Abstimmung der Anreizinstrumente zwei wichtige Voraussetzungen sind (vgl. die nachstehend aufgeführte Diskussion über die politische Ökonomie der Wasserpolitikreformen).

- Es sollten Investitionen in die Infrastruktur der Wasserversorgung und Abwasserentsorgung getätigt werden, insbesondere in städtischen Slums, wo verunreinigtes Trinkwasser und unzureichende Abwasserentsorgung hohe Gesundheitskosten und verpasste Chancen mit sich bringen.

- Es sollten Investitionen und Innovationen herbeigeführt werden, die ein dauerhaftes Wachstum unterstützen und neue wirtschaftliche Chancen entstehen lassen.

Es sollte hinreichend Wasser für gesunde Ökosysteme bereitgestellt werden

Die Notwendigkeit, eine ausreichende Wasserführung wiederherzustellen und mehr Wasser für die ökologischen Funktionen von Wassereinzugsgebieten bereitzustellen, führt bereits in mehreren Ländern zu interessanten Initiativen (Kasten 5.13). Gut konzipierte Rechtsvorschriften (bezüglich der Wasserführung) und Marktmechanismen (wie z.B. Zahlungen für Leistungen in Wassereinzugsgebieten) müssen noch weitere Verbreitung finden. Eine gründlichere Beurteilung der Nutzeffekte der ökologischen Funktionen von Wassereinzugsgebieten dient all diesen Instrumenten.

Die Verlagerung der Wasserallokation – insbesondere für Restwassermengen, aber auch zwischen anderen Nutzern – kann jedoch eine große Herausforderung darstellen, da sie schwierige politische Reformen erfordert, die das Anspruchsdenken der beteiligten Akteure in Bezug auf die „Rechte" an den bestehenden Nutzungsarten in Frage stellen. Es ist deshalb eine große Herausforderung für die politischen Entscheidungsträger, Unterstützung für solche Reformen zu gewinnen. Die Erfahrungen in den OECD-Ländern und Nicht-OECD-Ländern zeigen, dass der Aufbau starker Interessengruppen und die Abstimmung der Anreizinstrumente zwei wichtige Voraussetzungen sind (vgl. die nachstehend aufgeführte Diskussion über die politische Ökonomie der Wasserpolitikreformen).

Die Kohärenz zwischen der Wasser-, Energie-, Umwelt- und Nahrungsmittelpolitik sollte erhöht werden

Die Wasserpolitik betrifft einen breiten Fächer von Sektoren in verschiedenen geografischen Dimensionen, von der lokalen bis zur internationalen Ebene, und eine kohärente Governance im Wasserbereich ist deshalb von entscheidender Bedeutung. Aus einer in den OECD-Ländern durchgeführten Untersuchung der Governance-Strukturen im

Kasten 5.13 **Priorisierung der ökologischen Gesundheit von Wasserläufen: OECD-Fallstudien**

Australien

Die australische Bundesregierung finanziert die „Water for the Future"-Initiative – eine langfristige Initiative zur Sicherung der Wasserversorgung für alle Australier. Im Rahmen dieses Programms, das eine Investition von 12,9 Mrd. $A über einen Zeitraum von zehn Jahren vorsieht, erwirbt die Regierung handelbare Wasserrechte mit dem Ziel, mehr Wasser an die Umwelt zurückzuführen. Der Erwerb des Wassers erfolgt durch direkte Rückkäufe der Wasserrechte von den Bewässerungsnutzern oder durch Einsparungen, die durch eine Modernisierung der Infrastruktur erzielt werden. Diese Rechte werden Teil der von der Bundesregierung für ökologische Zwecke bereitgestellten Wassermenge (Commonwealth Environmental Water Holdings), und sie werden so verwaltet, dass den Flüssen und Feuchtgebieten mehr Wasser zugeführt wird, insbesondere im Murray-Darling Basin (vgl. auch Kasten 5.7). Von Juni 2009 bis Juli 2011 stieg die Menge des von der Bundesregierung für ökologische Zwecke bereitgestellten Wassers von 65 auf 1 001 Gigaliter. Bis zum 30. Juni 2011 waren mehr als 550 Gigaliter Wasser aus dieser für ökologische Zwecke bereitgestellten Wassermenge wieder an Flüsse, Feuchtgebiete und Überschwemmungsgebiete des Murray-Darling Basin zurückgeleitet worden. Darüber hinaus wird in Absprache mit den Anrainern des Murray-Darling Basin ein strategischer Plan für das gesamte Flussbecken ausgearbeitet, um langfristig ein integriertes und nachhaltiges Management des Flussbeckens zu sichern. Ein wichtiger Teil des Plans ist die Begrenzung des Wasserverbrauchs, um ausreichend Wasser an die Umwelt zurückführen zu können.

Schweiz

Im Dezember 2009 beschloss das schweizerische Parlament die Revitalisierung aller Flüsse und Seen, um ihre natürlichen Funktionen wiederherzustellen und ihre Nutzeffekte für die Gesellschaft zu erhöhen. Gleichzeitig sollen die weitreichenden negativen Umweltauswirkungen der Stromerzeugung aus Wasserkraft (Schwall und Sunk, reduzierte Vernetzung sowie Störung des Geschiebehaushalts) gemindert werden. Dies gilt als weiterer Schritt zur Wiederherstellung der Flussqualität im Land.

Deshalb wurde das Wassergesetz durch folgende Elemente ergänzt:

- Die erforderliche Breite des Gewässerraums: Die Verordnung führt eine Mindestbreite ein und definiert die zulässige extensive landwirtschaftliche Nutzung. Das Gesetz schreibt vor, den Gewässerraum auszuweiten und diese Maßnahmen innerhalb der nächsten fünf Jahre in einem integrierten Managementplan durchzuführen.

- Revitalisierung: Die Verordnung beschreibt das Vorgehen bei der konzeptionellen Revitalisierungsplanung. Die Revitalisierung soll zuerst dort erfolgen, wo die Wirkung am größten ist.

- Reduzierung der negativen Auswirkungen der Wasserkraftnutzung: Die Verordnung präzisiert, welche Beeinträchtigungen als wesentlich gelten und bei welchen Anlagen Maßnahmen zu ergreifen sind. Die Verordnung beschreibt darüber hinaus das Vorgehen bei der Planung und Umsetzung von Maßnahmen. Derzeit werden Empfehlungen über eine Sonderbehandlung für Kleinwasserkraftwerksprojekte ausgearbeitet, um die Kommunen zu unterstützen, eine kostendeckende Vergütung für die Einspeisung in das Stromnetz einzuführen (Schweizerische Eidgenossenschaft, 2011).

Quelle: Website der australischen Wasserbehörde Australian Government Commonwealth Environmental Water: *www.environment.gov.au/ewater/about/index.html*; Schweizerische Eidgenossenschaft (2011), Renaturierung der Schweizer Gewässer: geänderte Verordnungen in der Anhörung, Umwelt Schweiz, Bern/Neuchâtel, verfügbar unter *www.news.admin.ch/message/index.html?lang=fr&msg-id=33269*.

Wasserbereich geht hervor, dass die in den meisten Ländern festzustellende mangelnde Finanzausstattung für die Bewirtschaftung von Wasserressourcen, die Fragmentierung der Aufgaben und Zuständigkeiten auf zentraler und subnationaler Ebene sowie die fehlenden Kapazitäten (Infrastruktur und Wissen) in der Kommunalverwaltung künftige Reformen in der Wasserpolitik sowohl einschränken als auch fördern (OECD, 2011g).

Die Verknüpfung zwischen Wasser, Energie, Umwelt und Landwirtschaft ist eng, komplex und schwierig. Deshalb ist Politikkohärenz zwischen der Wasserpolitik und der in anderen Bereichen – insbesondere im Energie- und Agrarsektor – verfolgten Politik von entscheidender Bedeutung für eine koordinierte Bewirtschaftung der Wasserressourcen (OECD, erscheint demnächst). Wasser spielt bei der Energieerzeugung eine wichtige Rolle (z.B. bei Biokraftstoffen, Wasserkraft und Kühltechniken für Heizkraftwerke und Kernkraftwerke). Energie ist ein unabdingbarer Input für den Wassertransfer und die Nutzung alternativer Wasserquellen (z.B. Entsalzung). An immer mehr Standorten konkurrieren Nahrungsmittel- und Energierohstoffe um begrenzte Wasserressourcen. Sollten sich die aktuellen Trends fortsetzen, wird es in mehreren Regionen Konflikte um die Frage geben, ob das Wasser für die Umwelt oder für die Nahrungsmittelproduktion eingesetzt werden soll (Rosegrant et al., 2002).

Reale oder empfundene Zielkonflikte, z.B. zwischen Ernährungssicherheit (und der Bereitschaft, die Inlandsproduktion zu sichern) und Wasserproduktivität (und der Zuteilung des Wassers zu Gunsten von Aktivitäten mit höherer Wertschöpfung) können zu Spannungen führen. Schädliche Investitionen (z.B. die Subventionierung von Energie für die Grundwasserentnahme durch Landwirte) können zu Ineffizienzen führen.

Die Lösung dieser Spannungen erfordert eine globale Perspektive. So können z.B. eine Liberalisierung des Handels mit Agrarrohstoffen und eine Reform der Agrarstützungsmaßnahmen in den OECD-Ländern die Spannungen zwischen Ernährungssicherheit und Wasserproduktivität teilweise ausräumen (Kasten 5.10). Die Zusammenhänge zwischen den einzelnen Politikbereichen müssen außerdem in einem frühen Stadium berücksichtigt werden. So müssen z.B. die möglichen Auswirkungen auf die zukünftige Wasserentnahme eingepreist werden, wenn Länder Zielvorgaben für die Produktion von Biokraftstoff festlegen[11].

Die Politikkoordinierung erfordert Institutionen, die den Dialog zwischen verschiedenen Bevölkerungsgruppen ermöglichen. Dies ist umso schwieriger, wenn die Verantwortlichkeit auf verschiedene Ministerien aufgeteilt ist und die Entscheidungsfindung zwischen verschiedenen territorialen Ebenen (Zentralregierung, Region, Bundesstaat, Kommune, Wassereinzugsgebiet usw.) koordiniert werden muss. Die Kapazitäten der Institutionen müssen durch einen besseren Informations- und Datenaustausch, die Integration der Sektoren und gemeinsame Planung gestärkt werden.

In einer wachsenden Zahl von OECD-Ländern beginnen kohärentere Politikansätze nunmehr Gestalt anzunehmen. Dies zeigt sich besonders deutlich im Kontext des Klimawandels, da viele Länder anfangen, bisher getrennte Politikbereiche wie Energie, Wasser, Hochwasser- und Dürreschutz sowie Agrarumwelt (Kasten 5.14) zu koordinieren. So hat z.B. die Sanierung von landwirtschaftlichen Nutzflächen in Überschwemmungsgebieten durch die Anpflanzung von Bäumen dazu beigetragen, die Hochwasserauswirkungen zu reduzieren, die Wasserqualität zu verbessern, die biologische Vielfalt wiederherzustellen und Treibhausgase zu sequestrieren (OECD, 2010c). Hier wurden zwar einige Fortschritte erzielt, es muss jedoch eindeutig noch mehr getan werden, um die Politikkohärenz zu verbessern.

> **Kasten 5.14 Verbindung von Wasserkraft, Flusssanierung und Privatinvestitionen in Bayern**
>
> Im Rahmen der europäischen Wasserrahmenrichtlinie beschlossen das Bayerische Staatsministerium für Umwelt, Gesundheit und Verbraucherschutz, das Bayerische Staatsministerium für Wirtschaft, Infrastruktur, Verkehr und Technologie und große bayerische Stromversorgungsunternehmen einen Masterplan für die Zukunft der Wasserkraft in Bayern, der darauf abzielt, den verstärkten Einsatz von Wasserkraft mit der ökologischen Sanierung der wichtigsten Gewässer der Region zu verbinden.
>
> Die Umsetzung der im Plan empfohlenen Maßnahmen würde in Bayern zu einem Anstieg der klimafreundlichen Wasserkraftproduktion und der Privatinvestitionen führen. Der Plan sieht vor, die Stromerzeugung aus Wasserkraft durch eine Kombination aus neuen Anlagen an neuen Standorten, neuen Anlagen an bestehenden Stauwehren oder Staustufen, Modernisierung und Nachrüstung um fast 14% zu steigern.
>
> Der Plan wird nach seiner Umsetzung ein gutes Beispiel dafür sein, wie sich wirtschaftliche Entwicklung und Umweltschutz in Bayern gegenseitig ergänzen können.
>
> *Quelle:* Nach Haselbauer, M. und C. Göhl (2010), *Evaluation of Feasible Additional Hydro Potential in Bavaria/Germany*, RMD-Consult GmbH, Berlin, *www.rmd-consult.de/fileadmin/rmd-consult/news/2010_Hydro_paper_HA.pdf*.

Entwicklung alternativer Wasserquellen

Die Erschließung alternativer Wasserquellen – Regenwasser, gebrauchtes Wasser und entsalztes Meer- oder Brackwasser – oder die Förderung der Mehrfachnutzung von Wasser können helfen, dem Wassermangel zu begegnen, und sie können eine kostengünstige Antwort auf die Herausforderungen im Wasserbereich sein. Zu den möglichen zusätzlichen Nutzeffekten gehören Energieeinsparungen (je nach Technologie und Rahmenbedingungen) sowie eine Senkung der Investitions-, Betriebs- und Wartungskosten. Mit diesen Technologien sind jedoch auch Risiken verbunden (vgl. Kasten 6.6 in Kapitel 6 über Umwelt und Gesundheit wegen einer Erörterung dieser Fragen).

Die Länder sammeln bereits Erfahrungen mit diesen Ansätzen. So wird Abwasser in Israel z.B. für die Grundwasserneubildung oder die Bewässerung eingesetzt. Die anfallenden Schadstoffe sind seit 2000 bei Stickstoff insgesamt um 20%, bei organischen Stoffen um 40% und bei Phosphor insgesamt um 70% zurückgegangen, zum großen Teil auf Grund des Baus neuer Kläranlagen und der steigenden Wiederverwendung von Abwasser in der Landwirtschaft. Windhuk in Namibia und Singapur leisten Pionierarbeit beim Recycling von Abwasser für die städtische Wasserversorgung. Die Regenwassernutzung wird zunehmend als Ergänzung zur Leitungswasserversorgung betrachtet (in Kalkutta ist sie z.B. verbindlich).

Ein breites Spektrum an Technologien, Ausrüstungen und Systemen steht zu unterschiedlichen Zwecken zur Verfügung: Wiederverwendung von Abwasser zur Grundwasserneubildung, Bewässerung, Gartenpflege oder häusliche Verwendungen von Brauchwasser, Regenwassernutzung zur Erhöhung des Ertrags der regengespeisten Landwirtschaft oder für häusliche Verwendungen von Brauchwasser usw. Die Märkte für Technologien, die sich auf die Wiederverwendung von Wasser beziehen, erleben derzeit einen Boom und tragen zu umweltverträglichem Wachstum bei.

Die Regierungen und Kommunalverwaltungen sollten die Installation dieser alternativen Wasserquellen und der dafür erforderlichen Infrastruktur in Erwägung ziehen. Abwasser wird inzwischen in verschiedenen Umfeldern zu Bewässerungszwecken wiederverwendet. Die Wiederverwendung in privaten Haushalten nimmt ebenfalls zu, manchmal in Verbindung mit kleinräumigen dezentralen Verteilungssystemen. Diese Kombination ist besonders geeignet in neuen Ballungsgebieten ohne zentrale Infrastruktur, in Stadtzentren, in denen die Wasserinfrastruktur verfällt oder in denen die Infrastruktur Größennachteile oder Kapazitätsengpässe aufweist, in Stadterneuerungsprojekten, in instabilen Umgebungen, wo Flexibilität, Widerstandsfähigkeit und Anpassungsfähigkeit gefragt sind (d.h. auf Grund der Klimaänderungsfolgen) sowie in Projekten, bei denen die Immobilienentwickler die Gebäude, in die sie investieren, selbst betreiben (um die Investitionskosten wieder hereinzuholen).

Die betroffenen Technologien sind oft einfach, und die Forschung und Entwicklung wird dazu führen, dass alternative Wasserquellen (wie z.B. die Meerwasserentsalzung) noch konkurrenzfähiger werden. Um das Potenzial alternativer Wassersysteme voll auszuschöpfen und die von ihnen ausgehenden Risiken zu mindern (wie z.B. die Belastung landwirtschaftlicher Nutzflächen oder Gesundheitsrisiken), sind folgende Schritte wichtig:

- Die Öffentlichkeit sollte durch effektive Kommunikation und solides Datenmaterial einbezogen und informiert werden, da die Menschen der Wiederverwendung von Wasser normalerweise skeptisch gegenüberstehen.

- Es sind Rechtsvorschriften erforderlich, die es ermöglichen, alternative Optionen der Wasserversorgung zu erproben. Insbesondere müssen die Wasserqualitätsstandards an die speziellen Verwendungszwecke und die mögliche Wiederverwendung angepasst werden. Siedlungsabwässer können normalerweise nur wiederverwendet werden, wenn sie nicht zu stark belastet sind. Entsprechende Gesetzesvorschriften müssen mehrere Dimensionen berücksichtigen, darunter die Lebenszykluskosten und -vorteile sowie die Risiken und Unsicherheiten, die mit den verschiedenen Wasserquellen und -technologien verbunden sind.

- Es muss sichergestellt werden, dass die für die Wasserwirtschaft zuständigen Regulierungsstellen die Qualität verschiedener Wasserquellen überwachen.

- Es muss gewährleistet sein, dass der Wasserpreis die Knappheit der Ressource widerspiegelt, um Anreize für die Entstehung von Märkten für alternative Wasserquellen zu setzen.

- Wenn mehrere Wasserquellen und -infrastrukturen geplant werden (z.B. zentrale und dezentrale Verteilungssysteme), ist große Sorgfalt geboten, da die Erschließung alternativer Wasserquellen das Geschäftsmodell existierender (öffentlicher oder privater) Betreiber in Frage stellen kann.

Informationslücken sollten geschlossen werden

Reformen und neue Politikmaßnahmen sind am erfolgreichsten, wenn sie: *a)* auf aussagekräftigen Daten und Informationen (über Wasserverfügbarkeit, Wasserverbrauch sowie Kosten und Nutzen wasserbezogener Dienstleistungen) basieren, *b)* sich auf realistische und durchsetzbare Aktions- und Investitionspläne stützen und *c)* von betroffenen Interessengruppen konzipiert werden, die ein klares Bild von ihren eigenen Bedürfnissen und Prioritäten haben.

Es ist unbedingt erforderlich, geeignete Wasserinformationssysteme zu entwickeln, um die Effizienz und Wirksamkeit des Wasserressourcenmanagements und der Wasserpolitik zu erhöhen (OECD, 2010d). Insbesondere hat die rasche Entwicklung der Wasserpolitikreformen in vielen Ländern zu einem Informationsungleichgewicht geführt, da die Umsetzung der Initiativen im Bereich der Wasserpolitik sich häufig auf unzureichende Daten und Informationen stützt.

Darüber hinaus ist die Analyse der in diesem Kapitel dargelegten Trends und modellbasierten Projektionen auf Grund von Datenlücken und Unsicherheiten in Bezug auf künftige wissenschaftliche Entwicklungen und Politikergebnisse mit Ungewissheit behaftet. Zu den Unsicherheitsfaktoren gehören die Auswirkungen des Klimawandels (Niederschlagsmuster und Temperaturänderung) auf die Wasserressourcen auf disaggregierter Ebene sowie die Entwicklung und Verbreitung neuer Technologien in der Wasserwirtschaft (z.B. Entsalzung, Leckageüberwachung usw.), in der Landwirtschaft (z.B. neue Pflanzensorten, verbesserte landwirtschaftliche Praktiken, Effizienz der Bewässerung usw.) und im Energiesektor (z.B. Kühltürme, wasserlose Biokraftstofferzeugung, Wassereffizienz bei der Energieerzeugung), die Auswirkungen der Politikmaßnahmen auf das Wirtschaftsverhalten (z.B. die Elastizität der Wasserpreissetzung) sowie die Reaktion der Wasserökosysteme auf Politik- und Managemententscheidungen (wie z.B. erörtert in dem Absatz über die Erstellung der Bewirtschaftungspläne für Wassereinzugsgebiete in Europa oder die Konzipierung von Bezahlsystemen für Umweltleistungen).

Zu diesen eigentlichen Unsicherheitsfaktoren kommt noch hinzu, dass die politische Relevanz der Daten und Informationen, die regelmäßig erhoben werden, in vielen internationalen und nationalen Wasserinformationssystemen nicht ausreichend berücksichtigt wird. Die Daten über die wirtschaftlichen und institutionellen Aspekte von Wassersystemen sind viel weniger entwickelt als die technischen Daten, und sie werden in den regelmäßigen Aktualisierungen der meisten nationalen und internationalen Wasserinformationssysteme nur teilweise erfasst.

Um diese Fragen zu lösen, sind folgende Maßnahmen erforderlich:

- Beurteilung der bestehenden Wasserinformationssysteme auf lokaler, regionaler, nationaler und internationaler Ebene im Hinblick auf die Frage, wie die aktuellen Wasserinformationen und -daten von den politischen Entscheidungsträgern erhoben (oder nicht erhoben) und genutzt (oder nicht genutzt) werden und wie hoch die Kosten und der Nutzen der Erhebung, Analyse und Übermittlung dieser Informationen sind.

- Einführung eines Systems umweltökonomischer Gesamtrechnungen für Wasser (System of Environmental and Economic Accounts for Water – SEEAW)[12], das flexibel genug ist, um die unterschiedlichen Anforderungen in Bezug auf Wassereinzugsgebiete sowie nationale und internationale Politikmaßnahmen erfüllen zu können.

- Erweiterung des Wissens über hydrologische Systeme als Richtschnur für die Datenerhebungsanstrengungen des Wasserinformationssystems, z.B. durch Verbesserung der Kenntnisse über den Zusammenhang zwischen Grundwasser und Oberflächengewässern und Festlegung der Restwassermengen im Rahmen des Klimawandels.

- Förderung von Innovationen bei der Erhebung von Wasserdaten, wie z.B. Einsatz neuer Technologien oder freiwillige Datenerhebungsinitiativen, wobei eine Möglichkeit auch darin besteht, dass die Datenerhebung, -pflege und -analyse durch öffentliche Stellen reguliert und finanziert wird oder dass diese dafür Gebühren erheben.

- Verbesserung der Wirtschafts- und Finanzinformationen, u.a. durch eine genauere Analyse und Messung des Werts von Wasser.

Es sollten Reformen konzipiert werden, die realistisch und politisch akzeptabel sind

Die OECD hat umfangreiche Erfahrungen in den Bereichen Wasserpolitikreform, Lernen von erfolgreichen Reformen in den Mitgliedstaaten und Begleitung von Wasserpolitikreformen in den Ländern Osteuropas, des Kaukasus und Zentralasiens gemacht. Durch diese

Erfahrungen wurden wertvolle Kenntnisse für die Umsetzung von Wasserreformen gewonnen.

Eine allgemeine Lektion besteht darin, dass Reformen einen Prozess darstellen, der Zeit und Kontinuität erfordert und für den Planung von entscheidender Bedeutung ist. Konkret betreffen die Empfehlungen folgende Aspekte:

Aufbau starker Interessengruppen

- Die wasserpolitischen Herausforderungen können wie oben erörtert nicht allein durch Wasserpolitik bewältigt werden. Die Wasserbehörden müssen mit anderen Beteiligten, einschließlich Landwirtschaft und Energiewirtschaft, zusammenarbeiten und gleichzeitig die Umwelt berücksichtigen, und sie müssen darüber hinaus auf verschiedenen Verwaltungsebenen (lokale Ebene, Wassereinzugsgebiet, Gemeinde, Bundesstaat, Zentralregierung) tätig werden.

- Bei grenzüberschreitenden Wassereinzugsgebieten kann internationale Zusammenarbeit hilfreich sein – nicht nur um Informationen und empfehlenswerte Praktiken auszutauschen, sondern auch um Kosten und Nutzeffekte zu teilen. So gibt es z.B. eine langjährige Zusammenarbeit zwischen Kanada und den Vereinigten Staaten in Form des Canada-US Boundary Waters Treaty und des Canada-US Great Lakes Water Quality Agreement. Die Wirtschaftskommission für Europa der Vereinten Nationen ist zuständig für die Umsetzung des Übereinkommens zum Schutz und zur Nutzung grenzüberschreitender Wasserläufe und internationaler Seen, das ein wichtiges Regelwerk für die internationale Zusammenarbeit bietet.

Prüfung verschiedener Lösungsansätze und Kapazitätsaufbau

- Wie bereits erwähnt, gibt es eine Reihe von Politikansätzen zur Bewältigung der wasserpolitischen Herausforderungen (Tabelle 5.1). Ein optimaler Policy Mix besteht aus einer Kombination mehrerer Ansätze (so verbindet z.B. die israelische Wasserpolitik technologischen Fortschritt mit Wasserpreisgestaltung und -verbrauchsmessung, vgl. Kasten 5.8).

- Die Institutionen und Kapazitäten müssen so angepasst werden, dass die fachliche Kompetenz ausreicht, um komplexe technische und nichttechnische Entscheidungen zu treffen und die verschiedenen Optionen umfassend zu beurteilen (z.B. durch Wirtschafts-, Sozial- und Umweltverträglichkeitsprüfungen).

Berücksichtigung der finanziellen Tragfähigkeit von Beginn an

- Die finanzielle Dimension sollte von Beginn an in den Prozess einbezogen werden (um die Konzipierung von Plänen zu vermeiden, die finanziell nicht vertretbar sind), Kostensenkungspotenziale müssen systematisch berücksichtigt werden, und die Wasserbewirtschaftungspläne müssen finanziell realistisch sein.

- Es gibt letztlich nur drei Finanzierungsquellen für wasserbezogene Investitionen und Dienstleistungen, d.h. Gebühren, Steuern und Transferzahlungen der internationalen Gemeinschaft (z.B. EU-Fördermittel oder öffentliche Entwicklungszusammenarbeit). Bei allen anderen Finanzierungsquellen, die eine Rolle spielen, ist Rückzahlung erforderlich.

- Strategische Finanzplanung kann dazu beitragen, die Wasserpolitik im Rahmen der praktischen Sachzwänge und der verfügbaren Finanzmittel zu definieren und zu priorisieren[13].

- Die in anderen Sektoren gesetzten finanziellen Anreize sollten mit den Zielen der Wasserpolitik in Einklang gebracht werden (z.B. Subventionen für Energie oder Landwirtschaft).

Steuerung des politischen Prozesses und Verbesserung der Wissensbasis

- Aussagekräftige Fakten in Bezug auf die ökonomische Dimension der Wasserpolitik können Reformen auf dem Gebiet der Wasserpolitik erleichtern, Tabus entmystifizieren und Debatten voranbringen. Dazu sind Informationen über die Wassernachfrage und -verfügbarkeit sowie über die ökonomische Dimension und die Verteilungswirkungen der Reformen im Bereich der Wasserpolitik erforderlich.

- Ein internationaler Erfahrungsaustausch über die Reformen der Wasserpolitik kann diesen Prozess deutlich untermauern.

Anmerkungen

1. Es handel sich um globale Vorausberechnungen, wobei ein besonderer Schwerpunkt auf den Politikmaßnahmen liegt, die in den OECD-Ländern und den aufstrebenden Volkswirtschaften Brasilien, Russland, Indien, Indonesien, China und Südafrika (BRIICS) erforderlich sind.

2. Vgl. Alcamo et al. (2007) wegen einer detaillierten Bewertung und Prüfung der vorhandenen Literatur über die Vorgänge, die sich auf die Gesundheit des Wassers auswirken.

3. Nähere Einzelheiten finden sich in Visser et al. (erscheint demnächst). Die Datenbank über Naturkatastrophen enthält Informationen über „wetterbedingte" anstatt über „wasserbedingte" Katastrophen. Diese Begriffe überschneiden sich weitgehend, sind aber nicht identisch. Der größte Unterschied besteht in der Kategorie „Stürme", die sowohl Sturmfluten, wie beim Hurrikan Katrina, als auch die direkten Auswirkungen des Winds umfasst. Zu der Kategorie „Überschwemmungen" gehören neben Küsten- und Flusshochwasser und Sturzfluten auch Erdrutsche und Lawinen.

4. Dies ist einerseits darauf zurückzuführen, dass die Daten zu wünschen übrig lassen und andererseits darauf, dass sich die Wasserqualität trotz dieser Veränderungen u.U. nicht systematisch verbessert hat. Fortschritte beim Monitoring von physikochemischen Schadstoffen und biologischen Indikatoren dürften mit der Zeit dazu beitragen, dass sich die Situation zumindest in Bezug auf den ersten Punkt verbessert.

5. Soja wird in einem System der Fruchtfolge angebaut, z.B. im Wechsel mit Mais, der den Stickstoff aufbraucht, der sich im Boden angesammelt hat; wenn Soja unter solchen Bedingungen angebaut wird, kommt es nicht zur Auswaschung von aktiviertem Stickstoff ins Grundwasser.

6. Die Global Annual Assessment of Sanitation and DrinkingWater (GLAAS) ist eine Wasserinitiative der Vereinten Nationen, die von der Weltgesundheitsorganisation (WHO) umgesetzt wird. Ihr Ziel ist es, politischen Entscheidungsträgern auf allen Ebenen verlässliche, einfach zugängliche, umfassende und globale Analysen der vorliegenden Daten an die Hand zu geben, um es ihnen zu gestatten, im Bereich Sanitärversorgung und Trinkwasser sachlich fundierte Entscheidungen zu treffen.

7. Vgl. Anhang 5.A wegen der Annahmen, die dieser Analyse zu Grunde liegen.

8. Dieser Abschnitt stützt sich auf FAO (2007).

9. Die Vorhersagen zu der Frage, wann die weltweiten Vorkommen an phosphorhaltigem Gestein erschöpft sein werden, sind sehr unsicher. Sie bewegen sich zwischen 50 und über 100 Jahren, was jedoch vom geschätzten Umfang der verfügbaren Ressourcen abhängig ist (van Vuuren et al., 2010).

10. Vgl. hierzu z.B. die Rede von Catarina de Albuquerque unter *www.ohchr.org/EN/NewsEvents/Pages/DisplayNews.aspx?NewsID=11017&LangID=E*.

11. Berechnungen in van Lienden et al. (2010) zufolge könnte sich der Einsatz von Wasser für Biokraftstoffe der ersten Generation, z.B. aus Zuckerrohr, Mais und Sojabohnen, bis 2030 gegenüber dem heutigen Stand verzehnfachen, wodurch sich der Wettbewerb um Süßwasservorkommen in vielen Ländern verschärfen

würde. Ein Durchbruch bei der Erzeugung von Biokraftstoffen der zweiten Generation, die keine Ausweitung der Ackerflächen erfordern (z.B. Einsatz von Reststoffen aus Land- und Forstwirtschaft), wird zu einer erheblichen Reduzierung dieser Auswirkungen auf die Umwelt und die Wasserressourcen führen. Vgl. Kapitel 3 und 4 wegen einer eingehenderen Erörterung der Bioenergie.

12. Das System of Environmental Economic Accounts for Water (SEEAWater), ein Untersystem des SEEA, zielt darauf ab, die Einführung von umweltökonomischen Gesamtrechnungen zu fördern und bietet Kompilatoren und Fachleuten vereinbarte Konzepte, Definitionen, Klassifizierungen, Tabellen und Konten für Wasser und wasserbezogene Emissionen (vgl. *http://unstats.un.org/unsd/ envaccounting/seeaw/*).

13. Vgl. OECD (2011e) wegen weiterer Informationen zu der Frage, wie strategische Finanzplanung in der Praxis eingesetzt werden kann.

Literaturverzeichnis

Alcamo, J., M. Flörke und M. Märker (2007), "Future Long-Term Changes in Global Water Resources Driven by Socio-Economic and Climatic Changes", *Hydrological Sciences Journal*, 52:2, 247-275.

Alley, W.M. (2007), "Another Water Budget Myth: The Significance of Recoverable Ground Water in Storage", *Ground Water*, 45, No. 3, S. 251.

Annez, P.C. (2006), "Urban Infrastructure Finance from Private Operators: What Have We Learned from Recent Experience?", *World Bank Policy Research Working Paper*, No. 4045, Weltbank, Washington D.C.

Australische Regierung (2011), *About Commonwealth Environmental Water*, Commonwealth Environmental Water website, *www.environment.gov.au/ewater/about/index.html*.

BAFU (Bundesamt für Umwelt)/FSO (Federal Statistics Office) (2011), *Environment Switzerland, 2011*, BAFU/FSO, Bern/Neuchâtel.

Bates, B.C., Z.W. Kundzewicz, S. Wu und J.P. Palutikof (Hrsg.) (2008), *Climate Change and Water*, Technische Abhandlung des Zwischenstaatlichen Ausschusses für Klimaänderungen, IPCC Secretariat, Genf.

Berg, M. van den, Maurits van den Berg, J. Bakkes, L. Bouwman, M. Jeuken, T. Kram, K. Neumann, D.P. van Vuuren, H. Wilting (2011), „EU Resource Efficiency Perspectives in a Global Context", *Policies Studies*, PBL Veröffentlichung 555085001, PBL Netherlands Environmental Assessment Agency, Den Haag/Bilthoven.

Boswinkel, J.A. (2000), *Information Note*, International Groundwater Resources Assessment Centre (IGRAC), Netherlands Institute of Applied Geoscience, Niederlande.

Bouwer, L (2011), "Have Disaster Losses Increased Due to Anthropogenic Climate Change?", *Bulletin of the American Meteorological Society*, Januar 2011, 39-46.

Bouwman, A.F., T. Kra, K. Klein Goldewijk (Hrsg.) (2006), *Integrated modelling of global environmental change. An overview of IMAGE 2.4*. Veröffentlichung 500110002/2006, PBL Netherlands Environmental Assessment Agency, Den Haag/Bilthoven.

Bouwman A.F., A.H.W. Beusen und G. Billen (2009), "Human Alteration of the Global Nitrogen and Phosphorus Soil Balances for the Period 1970-2050", *Global Biogeochemical Cycles*, 23, doi:10.1029/2009GB003576.

Bouwman, A.F., et al. (2011), "Exploring Global Changes in Nitrogen and Phosphorus Cycles in Agriculture, Induced by Livestock Production, Over the 1900-2050 Period", *Proceedings of the National Academy of Sciences of the United States* (PNAS), doi:10.1073/pnas.1012878108.

Bruinsma, J. (Hrsg.) (2003), *World Agriculture: Towards 2015/2030. An FAO Perspective*, Earthscan Publications, London.

Bruinsma J. (2009), "The Resource Outlook to 2050: By How Much do Land, Water and Crop Yields Need to Increase by 2050?", Vorlage zur FAO-Expertentagung "How to Feed the World in 2050", 24.-26. Juni 2009, Rom.

Calatrava, J. und A. Garrido (2010), "Agricultural Water Pricing: EU and Mexico", in OECD, *Sustainable Management of Water Resources in Agriculture*, OECD Publishing, Paris, doi: 10.1787/9789264083578-12-en.

Conley, D. (2002), "Terrestrial Ecosystems and the Global Biogeochemical Silica Cycle", *Global Biogeochemical Cycles*, 16, 68-1 to 68-8 (1121, doi:10.1029/2002GB001894).

Deloitte, IEEP (Institut für Europäische Umweltpolitik) (2011), *European Commission General Directorate Environment: Support to Fitness Check Water Policy*, von der Europäischen Kommission, Generaldirektion Umwelt, IEEP, in Auftrag gegebener Bericht, www.ieep.eu/assets/826/Water_Policy_Fitness_Check.pdf.

Dobermann, A. und K.G. Cassman (2004), "Environmental Dimensions of Fertilizer Nitrogen: What Can be Done to Increase Nitrogen Use Efficiency and Ensure Global Food Security", in A.R. Mosier, J.K. Syers und J.R. Freney (Hrsg.), *Agriculture and the Nitrogen Cycle*, Island Press, Washington, D.C.

Dobermann, A. und K.G. Cassman (2005), "Cereal Area and Nitrogen Use Efficiency are Drivers of Future Nitrogen Fertilizer Consumption", *Science in China Series C, Life Sciences*, 48, Supp 1-14.

Drecht, G. van, A.F. Bouwman, J. Harrison und J.M. Knoop (2009), "Global Nitrogen and Phosphate in Urban Waste Water for the Period 1970-2050", *Global Biogeochemical Cycles*, 23, GB0A03, doi: 10.1029/2009GB003458.

Edwards, R., D. Mulligan und L. Marelli (2010), *Indirect Land Use Change from increased biofuels demand. Comparison of models and results for marginal biofuels production from different feedstocks*, Joint Research Centre, Institute for Energy, Italien.

Ekins, P. und R. Salmons (2010), "Making Reform Happen in Environmental Policy", in OECD, *Making Reform Happen: Lessons from OECD Countries*, OECD Publishing, Paris, doi: 10.1787/9789264086296-6-en.

Ensign, S.H., M.W. Doyle (2006), "Nutrient Spiraling in Streams and River Networks", *J. Geophys. Res. 111*, G04009.

EUA (Europäische Umweltagentur) (2001), *Eutrophication in Europe's Coastal Waters*, EUA Kopenhagen, S. 86.

Fader, M. et al. (2010), "Virtual Water Content of Temperate Cereals and Maize: Present and Potential Future Patterns", *Journal of Hydrology*, 384 (2010) 218-231.

FAO (Ernährungs- und Landwirtschaftsorganisation der Vereinten Nationen) (1996), *Land Quality Indicators and Their Use in Sustainable Agriculture and Rural Development*, FAO, Rom.

FAO (2006), *World Agriculture: Towards 2030/2050 – Interim Report*, Global Perspective Studies Unit, FAO, Rom.

FAO (2007), "Modern Water Rights: Theory and Practice", *FAO Legislative Study*, 92, November 2007, FAO, Rom.

FAO (2010), *Disambiguation of Water Use Statistics*, FAO, Rom.

Fischer G., F.N. Tubiello, H. van Velthuizen und D.A. Wiberg (2007), "Climate Change Impacts on Irrigation Water Requirements: Effects of Mitigation, 1990-2080", *Technological Forecasting and Social Change*, 74 (2007) 1083-1107.

Fraiture, C. de, et al. (2007), "Looking Ahead to 2050: Scenarios of Alternative Investment Approaches", in D. Molden (Hrsg.), *Water for Food, Water for Life: A Comprehensive Assessment of Water Management in Agriculture*, IWMI (International Water Management Institute), Earthscan Publications, London.

Freydank, K. und S. Siebert (2008), "Towards Mapping the Extent of Irrigation in the Last Century: Time Series of Irrigated Area Per Country", *Frankfurt Hydrology Papers*, 08, Institut für Physische Geographie, Goethe-Universität Frankfurt.

Garrido, A. und C. Varela-Ortega (2008), *Economía del Agua en la Agricultura e Integración de Políticas Sectoriales*, Panel Científico técnico de seguimiento de la política de aguas, Universität von Sevilla und Umweltministerium, Sevilla.

Hallegraeff, G.M. (1993), "A Review of Harmful Algal Blooms and their Apparent Global Increase", *Phycologia* 32, 79-99.

Haselbauer, M. und C. Göhl (2010), *Evaluation of Feasible Additional Hydro Potential in Bavaria/Germany*, RMD-Consult GmbH, Berlin, www.rmd-consult.de/fileadmin/rmd-consult/news/2010_Hydro_paper_HA.pdf.

Hutton, G. und L. Haller (2004), *Evaluation of the Costs and Benefits of Water and Sanitation Improvements at the Global Level*, Water, Sanitation and Health Protection of the Human Environment, WHO (Weltgesundheitsorganisation), Genf.

IPCC (Zwischenstaatlicher Ausschuss für Klimaänderungen) (2011), *Managing the Risks of Extreme Events and Disasters to Advance Climate Change Adaptation*, IPCC-Sonderbericht der Arbeitsgruppen I und II, IPCC, Genf (http://ipcc-wg2.gov/SREX/images/uploads/SREX-SPM_Approved-HiRes_opt.pdf).

Jeppesen E., B. Kronvang, M. Meerhoff, M. Søndergaard, K.M. Hansen, H.E. Andersen, T.L. Lauridsen, M. Beklioglu, A. Ozen, J.E. Olesen (2009), „Climate Change Effects on Runoff, Catchment Phosphorus Loading and Lake Ecological State, and Potential Adaptations", *Journal of Environmental Quality*, 38: 1930-1941.

Kim, I.J. und H. Kim (2009), "Four Major Rivers Restoration Project of Republic of Korea", *Korea Environmental Policy Bulletin*, Issue 3, Volume VII, Ministry of Environment/Korea Environment Institute.

Klijn, F., J. Kwadijk, et al. (2010), Overstromingsrisico's en droogterisico's in een veranderend klimaat; verkenning van wegen naar een klimaatveranderingsbestendig Nederland. Delft, Deltares.

Ladha, J.K., et al. (2005), "Efficiency of Fertilizer Nitrogen in Cereal Production: Retrospects and Prospects", *Advances in Agronomy*, 87, 85-156.

Lehner, B. und P. Döll (2004), "Development and Validation of a Global Database of Lakes, Reservoirs and Wetlands", *Journal of Hydrology*, 296/1-4: 1-22.

Lienden van, A.R., P.W. Gerbens-Leenes, A.Y. Hoekstra und T.H. van der Meer (2010), "Biofuel Scenarios in a Water Perspective: The Global Blue and Green Water Footprint of Road Transport in 2030", *Value of Water Research Report Series*, No. 34, UNESCO-IHE Institute for Water Education, Delft, Niederlande.

Mooij W.M., S. Hülsmann, L.N. de Senerpont Domis, B.A. Nolet, P.L.E. Bodelier, P.C.P. Boers, L.M.D. Pires, H.J. Gons, B.W. Ibelings, R. Noordhuis (2005), "The impact of Climate Change on Lakes in the Netherlands: A review", *Aquatic Ecology*, 39:381-400.

National Land and Water Resources Audit (2001), *Australian Catchment, River and Estuary Assessment 2002*. National Land and Water Resources Audit, Canberra.

National Water Commission (o.J.), *National Water Initiative*, National Water Council website, Australische Regierung, www.nwc.gov.au/www/html/117-national-water-initiative.asp.

Neumann, K. (2010), *Explaining Agricultural Intensity at the European and Global Scale*, Doktorarbeit, Wageningen University.

Neumayer, E. und F. Barthel (2011), "Normalizing Economic Loss from Natural Disasters: a Global Analysis", *Global Environmental Change* 21, 13-24.

Nicholls, R. J., et al. (2008), "Ranking Port Cities with High Exposure and Vulnerability to Climate Extremes: Exposure Estimates", *OECD Environment Working Papers*, No. 1, OECD Publishing, Paris, doi: 10.1787/011766488208.

Nocker, L. de, S. Broekx, I. Liekens, B. Görlach, J. Jantzen und P. Campling (2007), *Costs and Benefits Associated with the Implementation of the Water Framework Directive, with a Special Focus on Agriculture: Final Report*, Study for DG Environment, 2007/IMS/N91B4/WFD, 2007/IMS/R/0261 (verfügbar unter http://www.i tme.nl/pdf/framework_directive_economic_benefits_implementation_report_sept12.pdf).

OECD (2006), "Keeping Water Safe to Drink", *OECD Policy Brief*, OECD, Paris.

OECD (2008a), *OECD-Umweltausblick bis 2030*, OECD Publishing, Paris, doi: 10.1787/9789264040519-en.

OECD (2008b), *Environmental Performance of Agriculture in OECD Countries Since 1990*, OECD Publishing, Paris, doi: 10.1787/9789264040854-en.

OECD (2008c), *Environmental Data Compendium*, OECD, Paris.

OECD (2009), *Private Sector Participation in Water Infrastructure: OECD Checklist for Public Action*, OECD Publishing, Paris, doi: 10.1787/9789264059221-en.

OECD (2010a), *Pricing Water Resources and Water and Sanitation Services*, OECD Publishing, Paris, doi: 10.1787/9789264083608-en.

OECD (2010b), *Water Resources in Agriculture: Outlook and Policy Issues*, OECD website, www.oecd.org/document/20/0,3746,en_21571361_43893445_44353044_1_1_1_1,00.html.

OECD (2010c), *Sustainable Management of Water Resources in Agriculture*, OECD Publishing, Paris, doi: 10.1787/9789264083578-en.

OECD (2010d), *OECD Workshop on Improving the Information Base to Better Guide Water Resource Management Decision Making*, Saragossa, Spanien, 4.-7. Mai, 2010, www.oecd.org/document/43/0,3746,en_2649_37425_43685739_1_1_1_37425,00.html.

OECD (2010e), *Innovative Financing Mechanisms for the Water Sector*, OECD Publishing, Paris, doi: 10.1787/9789264083660-en.

OECD (2011a), *Towards Green Growth*, OECD Green Growth Studies, OECD Publishing, Paris, doi: 10.1787/9789264111318-en.

OECD (2011b), *Benefits of Investing in Water and Sanitation: An OECD Perspective*, OECD Publishing, Paris, doi: 10.1787/9789264100817-en.

OECD (2011c), *OECD Environmental Performance Reviews: Israel 2011*, OECD Publishing, Paris, doi: 10.1787/9789264117563-en.

OECD (2011d), *Ten Years of Water Sector Reform in Eastern Europe, Caucasus and Central Asia*, OECD Publishing, Paris, doi: 10.1787/9789264118430-en.

OECD (2011e), *Meeting the Challenge of Financing Water and Sanitation: Tools and Approaches*, OECD Studies on Water, OECD Publishing, Paris, doi: 10.1787/9789264120525-en.

OECD (2011f), *Better Policies to Support Eco-innovation*, OECD Studies on Environmental Innovation, OECD Publishing, Paris, doi: 10.1787/9789264096684-en.

OECD (2011g), *Water Governance in OECD Countries: A Multi-level Approach*, OECD Studies on Water, OECD Publishing, Paris, doi: 10.1787/9789264119284-en.

OECD (erscheint demnächst), *Policy Coherence between Water, Energy and Food*, OECD, Paris.

Prins, A.G., E. Stehfest, K. Overmars und J. Ros (2010), "Are Models Suitable for Determining ILUC Factors?" Publication number 500143006, BPL Netherlands Environmental Assessment Agency, Den Haag/Bilthoven.

Rockstrom, J. et al (2009), "Planetary Boundaries: Exploring the Safe Operating Space for Humanity", *Ecology and Society*, 14(2): 32, www.ecologyandsociety.org/vol14/iss2/art32/.

Rosegrant, M.W., X. Cai und S.A. Cline (2002), *World Water and Food to 2025. Dealing with Scarcity*, International Food Policy Research Institute, Washington D.C.

Rost, S., et al. (2008), "Agricultural Green and Blue Water Consumption and its Influence on the Global Water System", *Water Resources Research*, 44, W09405, doi: 10.1029/2007WR006331.

Rutherford, K. und T. Cox (2009), "Nutrient Trading to Improve and Preserve Water Quality", *Water and Atmosphere*, 17(1).

Schweizerische Eidgenossenschaft (2011), *Renaturation des Eaux: Modifications d'Ordonnances en Consultation*, Environment Switzerland, Bern/Neuchâtel, verfügbar unter www.news.admin.ch/message/index.html?lang=fr&msg-id=33269.

Seekell D.A., P. D'Odorico und M.L. Peace (2011), "Virtual Water Transfers Unlikely to Redress Inequality in Global Water Use", *Environmental Research Letters*, 6(2).

Shah, T., et al. (2007), "Groundwater: A Global Assessment of Scale and Significance", in D. Molden (Hrsg.), *Water for Food, Water for Life: A Comprehensive Assessment of Water Management in Agriculture*, IWMI, Earthscan Publications, London.

Shen, Y., et al. (2008), "Projection of Future World Water Resources Under SRES Scenarios: Water Withdrawal", *Hydrological Sciences*, 53(1) Februar 2008.

Shiklomanov, I.A. und J.C. Rodda (2003), *World Water Resources at the Beginning of the 21st Century*, Cambridge University Press, Cambridge, UK.

Smith, S.V., D.P. Swaney, L. Talaue-McManus, D.D. Bartley, P.T. Sandhei, C.J. McLaughlin, V.C. Dupra, C.J. Crossland, R.W. Buddemeier, B.A. Maxwell, F. Wulff (2003), "Humans, Hydrology, and the Distribution of Inorganic Nutrient Loading to the Ocean", *BioScience*, 53, 235-245.

Statistics Canada (2010), "Study: Freshwater Supply and Demand in Canada", Statistics Canada website, 13. September 2010, *www.statcan.gc.ca/daily-quotidien/100913/dq100913b-eng.htm*.

UNEP (Umweltprogramm der Vereinten Nationen) (2008), *Vital Water Graphics – An Overview of the State of the World's Fresh and Marine Waters*, 2. Ausgabe, UNEP, Nairobi, Kenia, *www.unep.org/dewa/vitalwater/index.html*.

UNEP (2011), *Decoupling, Water Efficiency & Water Productivity*, International Panel for Sustainable Resource Management, UNEP, Nairobi, Kenia.

Veeren, R. van der (2010), "Different Cost Benefit Analyses in The Netherlands for the European Water Framework Directive", in *Water Policy*, Vol. 12, No. 5, S. 746-760.

VN-Menschenrechtsrat (2010), *Report of the Independent Expert on the Issue of Human Rights Obligations Related to Access to Safe Drinking Water and Sanitation*, Catarina de Albuquerque, VN-Menschenrechtsrat, New York.

VN (Vereinte Nationen) (2011), *The Millennium Development Goals Report 2011*, VN, New York.

Vicuña S., R.D. Garreaud, J. McPhee (2010), "Climate Change Impacts on the Hydrology of a Snowmelt Driven Basin in Semiarid Chile", *Climate Change*, doi 10.1007/s10584-010-9888-4.

Visser H., A.A. Bouwman, P. Cleij, W. Ligtvoet und A.C. Petersen (erscheint demnächst), *Trends in Weather-related Disaster Burden: A global and regional study*, PBL Netherlands Environmental Assessment Agency, Den Haag/Bilthoven.

Vuuren, D.P. van, A.F. Bouwman und A.H.W. Beusen, (2010), "Phosphorus Demand for the 1970 – 2100 Period: A Scenario Analysis of Resource Depletion", *Global Environmental Change*, 20(3), 428 439, *www.sciencedirect.com/science/article/pii/S0959378010000312#sec3.2*.

Wada, Y. et al. (2010), "A Worldwide View of Groundwater Depletion", *Geophysical Research Letters*, 37, L20402, doi:10.1029/2010GL044571.

2030 Water Resources Group (2009), "Charting Our Water Future Economic Frameworks to Inform Decision-making", McKinsey website, *www.mckinsey.com/App_Media/Reports/Water/Charting_Our_Water_Future_Exec%20Summary_001.pdf*.

WEF (Weltwirtschaftsforum) (2011), *Water Security, the Water-Food-Energy-Climate Nexus*, WEF Water Initiative, Island Press, Washington, Covelo, London.

WHO (Weltgesundheitsorganisation) (2010), *GLAAS 2010 UN-Water Global Annual Assessment of Sanitation and Drinking-Water: Targeting Resources for Better Results*, WHO, Genf.

WHO/UNICEF (Kinderhilfswerk der Vereinten Nationen) (2008), *Progress on Drinking Water and Sanitation: Special Focus on Sanitation*, WHO/UNICEF Joint Monitoring Programme (JMP), WHO, Genf, und UNICEF, New York.

Weltwasserforum (2000), *World Water Vision*, London.

Zektser, I.S. und L.G. Everett (Hrsg.) (2004), *Groundwater Resources of the World and Their Use*, UNESCO IHP-VI Series on Groundwater, No. 6, UNESCO (Organisation der Vereinten Nationen für Erziehung, Wissenschaft und Kultur), Paris, *http://unesdoc.unesco.org/images/0013/001344/134433e.pdf*.

ANHANG 5.A

Hintergrundinformationen zur Modellierung des Wasserbereichs

Dieser Anhang enthält weitere Hintergrunddetails zu folgenden Modellrechnungsaspekten:

- eine Zusammenfassung der projizierten sozioökonomischen Entwicklungen, die den Hintergrund des Basisszenarios bilden;
- Süßwasserbedarf, insbesondere für Bewässerungszwecke;
- das Szenario effizienter Ressourcennutzung;
- Wassergüte, insbesondere Nährstoffeinträge durch Abwässer;
- das Szenario mit Nährstoffrecycling und -reduktion;
- durch wasserbezogene Naturkatastrophen gefährdete Menschen und Wirtschaftsgüter;
- Wasser- und Sanitärversorgung.

Allgemeinere Informationen über den Kontext der Modellrechnung für den *Umweltausblick* finden sich in Kapitel 1, und nähere Einzelheiten über die verwendeten Modelle sind im Anhang über den Modellrahmen am Ende des Berichts enthalten.

Die sozioökonomischen Entwicklungen nach dem Basisszenario

Das Basisszenario des *Umweltausblicks* enthält Projektionen einiger im Folgenden dargelegter sozioökonomischer Entwicklungen (auf die in Kapitel 1 und 2 näher eingegangen wird). Diese Projektionen wurden wiederum zur Konstruktion der Basisprojektionen zu den in diesem Kapitel erörterten wasserspezifischen Fragen (mit Ausnahme wasserbedingter Naturkatastrophen) herangezogen:

- Das weltweite BIP wird sich den Projektionen zufolge – entsprechend der Entwicklung in den vergangenen vierzig Jahren und auf der Basis detaillierter Projektionen der wichtigsten Antriebskräfte des Wirtschaftswachstums – in den nächsten vierzig Jahren nahezu vervierfachen. Es wird damit gerechnet, dass der Anteil der OECD-Länder an der Weltwirtschaft bis 2050 von 54% im Jahr 2010 auf unter 32% zurückgehen wird, während der Anteil von Brasilien, Russland, Indien, Indonesien, China und Südafrika (BRIICS-Staaten) auf mehr als 40% ansteigen dürfte.

- Bis 2050 wird sich die Weltbevölkerung von heute 7 Milliarden voraussichtlich um mehr als 2,2 Milliarden vergrößert haben. Es wird davon ausgegangen, dass alle Weltregionen von der Bevölkerungsalterung betroffen sind, sich aber in unterschiedlichen Stadien des demografischen Wandels befinden werden.

- Bis 2050 werden voraussichtlich fast 70% der Weltbevölkerung in städtischen Räumen leben.

- Es wird damit gerechnet, dass der weltweite Energieverbrauch 2050 bei gleichbleibender Politik um etwa 80% höher sein wird. Der Weltenergiemix wird 2050 weitgehend dem heutigen entsprechen, wobei der Anteil der fossilen Brennstoffe nach wie vor rd. 85% (der gewerblichen Energie), die erneuerbaren Energieträger einschließlich Biokraftstoffe (aber ohne herkömmliche Biomasse) knapp über 10% ausmachen und der Rest des Energiebedarfs durch Kernenergie gedeckt werden dürfte. Im Bereich der fossilen Energieträger ist noch unklar, ob Kohle oder Erdgas den größten Anteil des steigenden Energieaufkommens stellen wird.

- Global betrachtet werden die landwirtschaftlichen Nutzflächen in den kommenden zehn Jahren voraussichtlich expandieren, wenn auch in langsamerem Tempo. Es wird erwartet, dass sie vor 2030 ihre maximale Ausdehnung erreichen werden, um die steigende Nahrungsmittelnachfrage einer wachsenden Bevölkerung zu decken, und dann unter dem Einfluss der Verlangsamung des Bevölkerungswachstums und einer kontinuierlichen Erhöhung der landwirtschaftlichen Erträge zurückgehen werden. Die Entwaldungsraten sind bereits rückläufig, und dieser Trend wird voraussichtlich andauern, insbesondere nach 2030, wenn die Nachfrage nach weiteren landwirtschaftlichen Nutzflächen nachlassen wird (Abschnitt 3, Kapitel 2).

Wasserbedarf

Der Wasserbedarf für Bewässerungszwecke wird nach dem prozessbasierten globalen dynamischen Vegetationsmodell (LPJmL) berechnet (Kasten 5.A1). LPJmL steht für „Lund – Potsdam – Jena managed Land Dynamic Global Vegetation and Water Balance Model" (Rost et al., 2008). Die Schätzung der Wasserentnahme für häusliche Zwecke erfolgt nach einer relativ einfachen Gleichung unter Berücksichtigung der Zahl der Personen, der Höhe ihres Einkommens, klimatischer und kultureller Einflussfaktoren und der Frage, ob sie an das Leitungswassernetz angeschlossen sind. Die Modellrechnung der geografischen Verteilung erfolgt auf der Basis herunterskalierter Bevölkerungsprojektionen, bereinigt um die Verteilung auf städtische und ländliche Räume und die einkommensabhängigen Anschlussquoten bei der Trinkwasserversorgung. Die Basis bei Brauchwasser für Verarbeitungs- und Kühlzwecke ist der um Effizienzverbesserungen bei Prozessen und Anwendungen bereinigte Mehrwert des erzeugten Produkts. Ein relativ geringer Teil des Wassers, der jedoch dort, wo er konsumiert wird, lebenswichtig ist, entfällt auf die Viehhaltung (siehe weiter unten). Es wird schließlich davon ausgegangen, dass eine ganz erhebliche und zunehmende Wassermenge für Kühlzwecke bei der Stromerzeugung verbraucht wird. Die Stromerzeugung durch (mit Dampfkreislauf betriebene) thermische Kraftwerke spielt dabei die wichtigste Rolle. Das Modell berücksichtigt die Veränderung des Wirkungsgrads im Zeitverlauf, die Kühlungsart und den Anteil neuer Technologien mit reduziertem Kühlwasserbedarf, wie z.B. Kombikraftwerke.

Der Gesamtwasserbedarf ist nicht eins-zu-eins mit der Wasserverbrauchsmenge identisch. Ein variabler Anteil des Wassers wird an die Atmosphäre abgegeben oder ist in Produkten enthalten, die an andere Orte verbracht werden. Der Rest kehrt – mit einer gewissen Verzögerung und veränderter Temperatur und Schadstofffracht – in dasselbe Einzugsgebiet zurück. Zur Durchführung einer Wasserstressberechnung wird – auf jahresdurchschnittlicher Basis und je großem Wassereinzugsgebiet (oder Subeinzugsgebiet) aggregiert – der Gesamtbedarf dem erneuerbaren Wasserdargebot gegenübergestellt.

> **Kasten 5.A Das LPJmL-Modell: Berechnung des Wasserbedarfs, insbesondere für Bewässerungszwecke**
>
> Das LPJmL-Modell beschreibt, wie sowohl der natürliche als auch der vom Menschen gesteuerte Wasserkreislauf durch Faktoren wie Niederschläge, von Boden- und Wasseroberflächen ausgehende Verdunstung und Transpiration von Pflanzen beeinflusst wird. Für jede Rasterzelle kann eine Wasserbilanz aufgestellt werden (siehe Kapitel 1), unter Berücksichtigung der Flächennutzungsmuster, der natürlichen Vegetation, der Verteilung und Bewirtschaftung der Anbauprodukte, der Klimaparameter (Temperatur, Niederschlagsmenge und CO_2-Konzentration) sowie der Bodenmerkmale. Aus ihr sind die sich je Rasterzelle ergebenden Oberflächenabflüsse, d.h. die letztlich von den Flusssystemen, Seen und Dämmen aufgenommene und für die abstromseitige Entnahme verfügbare Wassermenge ersichtlich. Der Bedarf an Wasser für nichtlandwirtschaftliche Zwecke wird auf der Ebene der Weltregion ermittelt und auf das Niveau der Rasterzelle heruntergeskaliert, indem als Messgröße menschlicher Aktivität die räumliche Verteilung der Menschen und des BIP verwendet wird. Zusammen mit dem Wasserbedarf für Bewässerungszwecke je Rasterzelle (siehe weiter unten) werden die Oberflächenabflüsse dann um die Gesamtentnahmemenge in der Zelle bereinigt. Die so ermittelten Oberflächenverluste werden in die nächste abstromseitige Rasterzelle usw. übertragen bis das gesamte Wassereinzugsgebiet erfasst ist.
>
> Die Berechnung des Wasserbedarfs für Bewässerungszwecke erfolgt durch den Vergleich der für einen uneingeschränkten Pflanzenwuchs erforderlichen Wassermenge und dem auf Grund der Niederschlagsmenge verfügbaren Wasserdargebot. Die Differenz wird durch Bewässerung anhand des in derselben oder den benachbarten Rasterzellen verfügbaren Oberflächen- und Grundwassers gedeckt.
>
> Je nach dem vorhandenen Bewässerungssystem und seiner Bewirtschaftung kann das Verhältnis zwischen dem Wasser, das effektiv zu der dem Pflanzenwuchs zugute kommenden Bodenfeuchte beiträgt, und der dem Flusssystem entnommenen Wassermenge variieren. Bei offenen Kanalsystemen verdunstet Wasser, und auch durch die Kanalwände, Risse usw. geht Wasser verloren. Bei Rohrsystemen treten keine Verluste durch Verdunstung auf, wohl aber durch defekte Dichtungen und Rohre. Zu Effizienzunterschieden führt auch die Art und Weise, wie das Ausbringen des Wassers auf die Felder erfolgt, z.B. sind die Verluste bei der Besprengung mit Sprinkler-Systemen durch Verdunstung, die Wasseraufnahme der Blätter und das Abfließen des Wassers bedingt, bei der Oberflächenbewässerung durch Verdunstung, Oberflächenabflüsse, ungleichmäßige Bodennässung usw. Der höchste Wirkungsgrad wird bei der Tropfbewässerung nahe der Wurzel erreicht. Beim LPJmL-Modell werden Schätzungen des in der Regel erreichten Wirkungsgrads an den Systemen vorgenommen, deren Einsatz in Ländern und Regionen dominiert (Fader et al., 2010).

Die Schätzungen des historischen, gegenwärtigen und künftigen Wasserbedarfs sind mit zahlreichen Unsicherheitsfaktoren verbunden. Wasser steht den Nutzern häufig frei zur Verfügung und kann Oberflächengewässern (Flüssen, natürlichen Seen, Speicherseen), aber auch Grundwasserspeichern und Brunnen ohne jede formelle Messung oder Überwachung entnommen werden. Es existiert nur sehr wenig veröffentlichtes Datenmaterial über die weltweit mit Bewässerungssystemen ausgestattete Fläche und noch weniger über die tatsächlich bewässerten Flächen, die auf die Felder aufgebrachten und die den Flusssystemen entnommenen Wassermengen. Die vorhandenen Daten lassen selbst in den OECD-Ländern, wo die Beobachtung gegenüber anderen Regionen der Erde relativ gut ist, erhebliche Unterschiede erkennen.

Schätzung des Wasserbedarfs im Jahr 2000

Der nach dem LPJmL-Modell geschätzte weltweite Wasserbedarf für Bewässerungszwecke betrug im Jahr 2000 2 400 m³, wobei diese Schätzung jedoch mit Unsicherheitsfaktoren behaftet ist (siehe nächster Abschnitt). Schätzungen zufolge gehen weltweit ganze 50% der entnommenen Wassermenge für Anbaukulturen effektiv verloren und tragen nicht zur Bodenfeuchte für das Pflanzenwachstum bei. Andere Schätzungen in der Fachliteratur kommen zu einem mehr oder minder identischen Anteil: 51% (z.B. Fischer et al., 2007) bis 60% (Fraiture et al., 2007).

Auf der Basis einer Schätzung für die vorige Ausgabe des *OECD-Umweltausblicks* (OECD, 2008a) belief sich der weltweite Wasserverbrauch für häusliche Zwecke bevölkerungsbereinigt im Jahr 2000 auf rd. 350 km^3, der Wasserbedarf des Verarbeitenden Sektors auf schätzungsweise rd. 230 km^3. Für den Verarbeitenden Sektor und die Stromerzeugung dienten die OECD-Berechnungen von 2008 als Ausgangsbasis. Der Wasserverbrauch in den einzelnen Sektoren kann zwar ganz erheblich variieren, doch wurde für jede geografische Region ein im Verhältnis insgesamt durchschnittlicher Anteil an der gesamtwirtschaftlichen Wertschöpfung unterstellt, die wiederum von der angenommenen regionalen Struktur des Sektors und dem technologischen Niveau abhängig ist. Im Zeitverlauf wurde dieser Anteil entsprechend den angenommenen strukturellen Veränderungen des Sektors und dem technologischen Fortschritt angepasst.

Der weltweit höchste Wasserverbrauch nach der bewässerungsabhängigen Landwirtschaft entfiel 2000 auf die Stromerzeugung hauptsächlich für Kühlzwecke bei der thermischen Stromerzeugung (mit Dampfkreislauf). Groben Schätzungen zufolge betrug der Wasserverbrauch bei der Stromerzeugung im Jahr 2000 rd. 540 km^3. Die Unterschiede im Wasserverbrauch je erzeugter Stromeinheit zwischen einzelnen thermischen Kraftwerken können je nach ihrem Gesamtwirkungsgrad (von weniger als 30% bis zu rd. 60%), dem Anlagentyp (Dampfkreislauf oder kombinierter Gas/Dampfkreislauf) und dem vorhandenen Kühlsystem (offener oder geschlossener Kreislauf) erheblich sein. Bei Wasserkraftwerken wird davon ausgegangen, dass das entnommene Wasser nach dem Einsatz in den Fluss zurückgelangt, so dass sie abgesehen von relativ geringfügigen Verdunstungsverlusten der Speicher nicht zum Wasserverbrauch beitragen.

Schließlich sind für die Tierhaltung weltweit insgesamt nur relativ geringe Wassermengen erforderlich – sie werden für 2000 auf rd. 25 km^3 geschätzt. Lokal kann dies jedoch u.U. einen erheblichen Anteil des Wasserverbrauchs darstellen. Zuchtsorten, Ernährungsweise und Klima sind allesamt Faktoren, die auf den Wasserbedarf dieses Sektors Einfluss haben.

Unsicherheitsfaktoren bei der Berechnung des künftigen Bewässerungsbedarfs

Der künftige Wasserbedarf für Bewässerungszwecke wird durch die Veränderung der bewässerten Fläche und des flächenbezogenen Wasserverbrauchs bestimmt. Die Projektionen über die künftige Entwicklung des Wasserbedarfs für Bewässerungszwecke weichen in der Fachliteratur erheblich voneinander ab. Die Bewässerung wird nicht nur durch biophysikalische und technische, sondern auch durch sozioökonomische und Governance-Faktoren bestimmt (Neumann, 2010). Ein Mangel an politischer Stabilität und Wirtschaftsdynamik kann z.B. den Optionen im Bewässerungssektor Grenzen setzen, wohingegen von einer solide verankerten Tradition und regierungsseitiger Unterstützung in dieser Hinsicht Impulse ausgehen können. Diese Faktoren lassen sich im Rahmen von Modellen schwer darstellen. Die in der Fachliteratur veröffentlichten Projektionen zum künftigen Bewässerungsbedarf reichen daher vom derzeitigen (ungewissen) Niveau bis plus 10-20% bis Mitte des Jahrhunderts (Alcamo et al., 2007; Bruinsma, 2003; Bruinsma, 2009; Fischer et al., 2007; Fraiture et al., 2007; Shen et al., 2008). So berechneten z.B. Alcamo et al. (2007) mehrere Szenarien der künftigen Zunahme bewässerter Flächen, die sich im Zeitraum 1995-2050 zwischen 0,4% und 9,7% bewegt. Die sich hieraus ergebenden Veränderungen der weltweiten Wasserentnahme für Bewässerungszwecke sind den Berechnungen zufolge im selben Zeitraum zwischen -15,3% und +43,3% angesiedelt.

Die Basisszenarioprojektion des *OECD-Umweltausblick* unterstellt eine außerhalb des OECD-Raums bis 2050 konstante bewässerte Fläche und gleich bleibende Wassereffizienz. Mit der ersten Annahme wird der Wasserbedarf für Bewässerungszwecke 2030 und 2050 wahrscheinlich zu gering angesetzt, während der Bedarf außerhalb des OECD-Raums mit der zweiten Annahme zu hoch eingeschätzt sein dürfte.

Es gibt einen praktischen Grund dafür, dass der für den *Ausblick* verwendete Modellrechnungsrahmen die künftige bewässerte Fläche auf ihrem derzeitigen Niveau belässt. Bei einer Veränderung der Fläche müsste das Modell in der Lage sein, den Wasserbedarf für Bewässerungszwecke nach den verschiedenen Anbauprodukten und den tatsächlichen Anbaugebieten aufzuschlüsseln; dies ist zurzeit nicht der Fall. Selbst wenn die Basisprojektion des *Umweltausblicks* eine leichte Ausweitung der Bewässerung[1] in Betracht zöge, würde der damit verbundene Anstieg des Wasserbedarfs für Bewässerungszwecke den Gesamtbedarf nicht entscheidend erhöhen. Dieser wird zunehmend durch den viel schneller steigenden Wasserbedarf für häusliche und industrielle Zwecke und für die Stromerzeugung bestimmt. Andere Projektionen des Gesamtwasserbedarfs ergeben ein ähnliches Bild (Shen, 2008).

Die Daten von Freydank (2008, die auch bei den FAO-Projektionen zugrunde gelegt wurden) zeigen, dass die mit Bewässerungsanlagen ausgestattete landwirtschaftliche Nutzfläche zwischen 1900 und 2008 mit unterschiedlichen Zuwachsraten expandierte (Abb. 5.A1). Die Fläche wird jedoch trotz vorhandener Bewässerungsanlagen aus verschiedenen Gründen, wie z.B. Wassermangel, Abwesenheit von Landwirten, Bodendegradation, Schäden und organisatorische Probleme, häufig nicht bewässert. Es sind keine langfristigen Trenddaten über die zurzeit bewässerte Fläche verfügbar, auf die sich Zukunftsprojektionen stützen könnten.

Die 2003 erstellten FAO-Projektionen gingen von einem Anstieg der mit Bewässerungsanlagen ausgestatteten Fläche von 287 auf 328 Mio. Hektar (Mha) bis 2030 aus (Bruinsma, 2003). Eine aktuellere FAO-Projektion (Bruinsma, 2009) senkte die bis 2030 erwartete

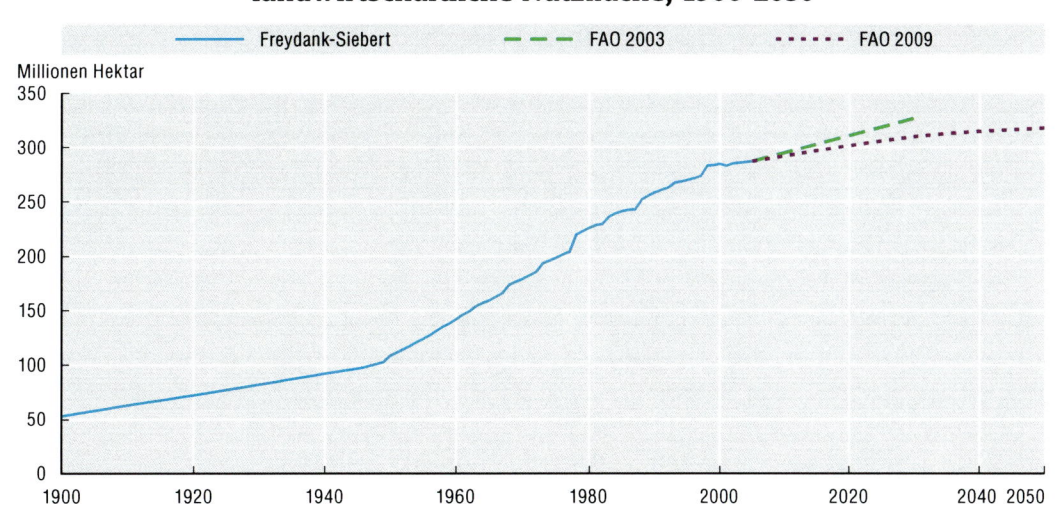

Abbildung 5.A1 **Mit Bewässerungsanlagen ausgestattete weltweite landwirtschaftliche Nutzfläche, 1900-2050**

Quelle: J.E. Bruinsma (2003), *World Agriculture: Towards 2015/2030. An FAO Perspective*, Earthscan, London; J.E. Bruinsma (2009), "The Resource Outlook to 2050: By How Much do Land, Water and Crop Yields Need to Increase by 2050?", Beitrag zur FAO-Expertentagung zum Thema "How to Feed the World in 2050", 24.-26. Juni 2009, Rom; K. Freydank und S. Siebert (2008), "Towards Mapping the Extent of Irrigation in the Last Century: Time Series of Irrigated Area per Country", *Frankfurt Hydrology Paper 08*, Institut für Physische Geographie, Goethe-Universität Frankfurt am Main, Deutschland.

Expansion auf 310 Mha (+8%) und erwartete praktisch keinen weiteren Anstieg bis 2050 (Abb. 5.A1). Die Expansion wird den Projektionen zufolge in vollem Umfang in den aufstrebenden Volkswirtschaften und den Entwicklungsländern stattfinden.

Die Verfahren für die Projektion des künftigen Bedarfs reichen von der Anwendung einer einfachen Regel konstanter Fläche je Einwohner – so dass die Gesamtfläche mit steigender Bevölkerungszahl zunimmt (Shen, 2008) –, bis hin zu komplexeren Ansätzen, bei denen der potenzielle Bedarf (das Verhältnis Niederschlagsmenge/Verdunstung) mit den vor Ort für Bewässerungszwecke verfügbaren Wasserressourcen verknüpft wird (Fischer, 2007). Andere Autoren wiederum gehen von Investitionsstrategien aus, die darauf abzielen, den künftigen Nahrungsmittelbedarf durch eine Verbesserung der Bewässerungstechniken in der Landwirtschaft (Regenfeldbau- und/oder Anbau mit künstlicher Bewässerung) zu decken, sei es anhand einer Vergrößerung der Fläche oder der Erhöhung des Ernteertrags und der Wasserproduktivität (Fraiture et al., 2007). Bei einem gemischten Szenario sind die Investitionen auf die einzelnen Maßnahmen verteilt, was zu einer relativ begrenzten Ausweitung der bewässerten Fläche (+16%) und der Wasserentnahme (+13%) führt.

Alle von Fraiture et al. (2007) untersuchten Strategien gehen von bedeutenden Anstrengungen und Investitionen von mehreren Hundert Milliarden Dollar aus. Die Ausweitung der Bewässerung ist relativ kostenaufwendig und weniger kostenwirksam als andere der untersuchten Investitionsstrategien zur Steigerung der landwirtschaftlichen Produktion. Die billigste Option ist die Verbesserung des Handels mit Agrarprodukten mit dem Ziel, die Produktion in Regionen zu steigern, die Potenzial für den Regenfeldbau besitzen, und dafür in der bewässerten Landwirtschaft zu verringern. Im Rahmen ihrer Bewertung ist dies die kostengünstigste Option, die keine Veränderung der bewässerten Fläche und eine nur geringfügige Veränderung der Wasserentnahme gegenüber heute mit sich bringen würde.

In jedem Fall ist die derzeitige und projizierte Wasserentnahmemenge je Hektar bewässerter Fläche wichtig, um den Gesamtwasserbedarf für Bewässerungszwecke zu errechnen. Dieser hängt vom Wasserverbrauch der angebauten Agrarprodukte, von der Differenz zwischen der für das Pflanzenwachstum erforderlichen Wassermenge und der Niederschlagsmenge sowie vom Bewässerungs- und Wassertransportsystem ab.

In der Projektion des *Umweltausblicks* werden auf Basis der bei der derzeitigen Politik beobachteten Tendenzen Effizienzverbesserungen in den OECD-Ländern unterstellt. Da in anderen Regionen unklar ist, ob und in welchem Umfang ohne entsprechende Maßnahmen ähnliche Verbesserungen zu erwarten sind, wird die auf einer Analyse der vorherrschenden Technologie- und Bewirtschaftungspraktiken basierende geschätzte Effizienz je Region konstant gehalten (LPJmL-Modell, Fader, 2010).

Der Wasserbedarf der Anbauprodukte kann durch den Klimawandel beeinflusst werden: Eine höhere Temperatur führt zu stärkerer Verdunstung, und eine Veränderung der (jahreszeitlichen) Niederschlagsmenge kann den Bewässerungsbedarf verringern oder erhöhen. Ein hiermit in Verbindung stehendes Phänomen ist die Wassernutzungseffizienz der Pflanzen, die sich im Prinzip bei stärkerer CO_2-Konzentration in der Atmosphäre erhöht. Das LPJ-Modell geht von einem relativ starken Effekt aus, die Stärke dieses Mechanismus ist in Expertenkreisen jedoch umstritten.

Der Transport des Wassers für Bewässerungszwecke kann auf verschiedene Art zu Verlusten führen, z.B. durch Überwässerung, undichte Kanäle oder Rohrleitungen, Verdunstung aus offenen Kanälen und dem Boden, Sprühverluste usw. Die Schätzungen der weltweiten durchschnittlichen Verluste liegen zwischen 40% und über 50%.

Projektionen in anderen Sektoren

Im Basisszenario des *Umweltausblicks* erhöht sich der Bedarf für häusliche Zwecke zwischen 2000 und 2050 um einen Faktor von 2,3. Diese Zuwachsrate ist höher als das Bevölkerungswachstum, was durch das steigende verfügbare Pro-Kopf-Einkommen und einen höheren Bevölkerungsanteil mit Trinkwasseranschluss begründet ist. Der Verbrauch für industrielle Zwecke wächst im selben Zeitraum infolge eines Anstiegs des Wertschöpfungsanteils um mehr als das Siebenfache um einen Faktor von fünf. Der Wasserverbrauch für die Stromerzeugung wird schließlich den Projektionen zufolge bis 2050 um einen Faktor von 2,5 zunehmen.

Wasserspezifische Hypothesen nach dem Ressourceneffizienzszenario

Es wurde ein einfacher „Was-wäre-wenn ..."-Ansatz modelliert, um durch eine Nachfragereduzierung das Potenzial zur Verringerung des im Basisszenario des *Umweltausblicks* beobachteten Wasserstresses zu untersuchen (van den Berg et al., 2011).

Es wird von folgenden Annahmen ausgegangen:

- Für die Bewässerung wird unterstellt, dass alle Nicht-OECD-Länder ihre Effizienz um 15% über den im Basisszenario verwendeten Ansatz hinaus steigern. Diese Annahme basiert auf Fischer et al. (2007), die eine FAO-Annahme (Bruinsma, 2003) – eine Verbesserung von 10% bis 2030 – auf 20% bis 2080 ausweiten. In Anbetracht der Tatsache, dass die jährliche Rate der Verbesserung im Zeitverlauf abnimmt, entspricht dies unserer Annahme einer 15%igen Effizienzsteigerung bis 2050. Die Wahrscheinlichkeit über die im Basisszenario unterstellten hinausgehenden Effizienzgewinne wird für die OECD-Länder für eher gering gehalten, und daher wird diese Hypothese in diesem Szenario unverändert aufrechterhalten; es wird angenommen, dass die Bewässerungseffizienz im OECD-Raum im Basisszenario eine Obergrenze erreicht hat, da eine Verdunstung des Wassers für Bewässerungszwecke von über 70% mit Versalzungsrisiken und Umweltverschmutzungsproblemen in Zusammenhang steht (Fraiture et al., 2007).

- Bezüglich des Wasserverbrauchs für häusliche und industrielle Zwecke wird davon ausgegangen, dass Einsparungen erzielt werden können, die mit den Einsparungen beim Energieverbrauch vergleichbar sind. Der Wasserbedarf wird daher im Vergleich zum Basisszenario in jeder Region entsprechend der Energieeinsparungsrate des Ressourceneffizienzszenarios reduziert (van den Berg et al., 2011).

- Dieses Szenario enthält dieselben Annahmen wie das im Kapitel Klimawandel untersuchte zentrale 450-ppm-Szenario (wegen näherer Einzelheiten, vgl. Kapitel 3, Abschnitt 4). Gegenüber der thermischen Erzeugung wird für die Stromerzeugung aus Solar- und Windenergie von höheren Anteilen ausgegangen, doch werden der Reduzierung in diesem Sektor bis 2050 durch eine unterstellte Verschiebung zur thermischen Erzeugung in Bioenergie- und Kernkraftanlagen insgesamt Grenzen gesetzt. Die im vorherigen Absatz beschriebene unterstellte Reduzierung des Energiebedarfs schlägt sich unmittelbar in einem geringeren Wasserbedarf für Kühlzwecke nieder.

- Für den Viehzuchtsektor wurde keine Anpassung vorgenommen. Der Wasserbedarf könnte sich in diesem Sektor infolge einer ernährungs- und futterverwertungsbedingten Effizienzsteigerung durchaus verringern. Auf den Versuch, diesen Effekt zu quantifizieren, wurde jedoch verzichtet, da der Bedarf dieses Sektors im Basisszenario bereits so gering ist, dass eine Anpassung im Vergleich zu allen übrigen, viel stärker ins Gewicht fallenden und mit ganz erheblichen Unsicherheitsfaktoren behafteten Bedarfskategorien unerheblich ist.

- Schließlich ist der Klimawandel im (weltweiten) Ressourceneffizienzszenario wesentlich geringer als im Basisszenario, was im Vergleich zum Basisszenario niedrigere Temperaturen und geringere CO_2-Konzentrationen in der Atmosphäre impliziert. In Anbetracht der Gesamtreaktion des LPJmL-Modells könnte dies einen etwas höheren Wasserbedarf für Bewässerungszwecke zur Folge haben. Die Unterschiede bis 2050 halten sich jedoch in Grenzen und werden hier nicht quantifiziert.

Der Gesamtwasserbedarf 2050 könnte sich infolgedessen bei diesem Szenario um etwa 25% verringern, von 5 465 km³ im Basisszenario auf 4 140 km³. Die größte Differenz zwischen dem Basisszenario und diesem Szenario entsteht durch eine Verringerung des Wasserbedarfs für die Stromerzeugung (im Jahr 2050 um -37%), gefolgt von der des Wasserbedarfs für häusliche und industrielle Zwecke (jeweils um nahezu -30%).

Wasserqualität

Basisszenario

Nährstoffeinträge aus Abwässern

Die Nährstofffrachten städtischer Abwässer wurden anhand des von van Drecht et al. (2009) vorgestellten Ansatzes berechnet. Anthropogene Stickstoff(N)-Emissionen sind die von den an dieselben Kanalisationsnetze angeschlossenen Privathaushalten und Industrieunternehmen in das Abwasser eingeleiteten Stickstoffe. Der Gesamtansatz für die Berechnung der tatsächlich in Oberflächengewässer eingeleiteten anthropogenen Stickstoffemissionen ist folgendermaßen:

$$E_{sw}^{N} = E_{hum}^{N} \; D(1 - R^{N}) \qquad (1)$$

dabei E_{sw}^{N} ist der Stickstoffeintrag in Oberflächengewässer (kg Person⁻¹ yr⁻¹), E_{hum}^{N} der anthropogene Stickstoffeintrag (kg Person⁻¹ yr⁻¹), D der an öffentliche Kläranlagen angeschlossene Anteil der Gesamtbevölkerung (keine Größenangabe), und R^{N} die Gesamtmenge des durch Abwasserreinigung entfernten Stickstoffs (keine Größenangabe). Die insgesamt in das Oberflächengewässer eingeleitete Phosphatmenge berechnet sich folgendermaßen:

$$E_{sw}^{P} = (E_{hum}^{P} + E_{Ldet}^{P} + \frac{E_{Ddet}^{P}}{D}) D(1 - R^{P}) \qquad (2)$$

dabei ist E_{sw}^{P} der Phosphat-Eintrag in Oberflächengewässer (kg Person⁻¹ yr⁻¹), E_{hum}^{P} der anthropogene Phosphateintrag (kg Person⁻¹ yr⁻¹), E_{Ldet}^{P} der Phosphat-Eintrag durch Waschmittel (kg Person⁻¹ yr⁻¹), E_{Ddet}^{P} der Phosphat-Eintrag durch Geschirrspülmittel (kg Person⁻¹ yr⁻¹) und R^{P} die Gesamtmenge der durch Abwasserreinigung entfernten Phosphate (keine Größenangabe). E_{Ddet}^{P} wird für den an Kanalisationsnetze angeschlossenen Bevölkerungsanteil berechnet. Die Division durch D ergibt einen Wert, der für die Gesamtbevölkerung gilt.

Die Annahmen für den Bevölkerungsanteil mit Zugang zu verbesserter Sanitärversorgung, den Bevölkerungsanteil mit Kanalisationsanschluss, den Waschmitteleinsatz und die Entfernung der Nährstoffe durch Abwasserreinigungsanlagen sind Tabelle 5.A1 zu entnehmen.

Tabelle 5.A1 **Szenarioannahmen für den Basisansatz und Punktquellenreduktion im Szenario mit Nährstoffrecycling und -reduktion**

Bestimmungsfaktor des Szenarios	Basisszenario	Punktquellenreduktion im Szenario mit Nährstoffrecycling und -reduktion
Bevölkerung	Basisszenariodaten	Wie im Basisszenario
Pro-Kopf-BIP	Basisszenariodaten	Wie im Basisszenario
Urbanisierung	Basisszenariodaten	Wie im Basisszenario
Bevölkerungsanteil mit Zugang zu verbesserter Sanitärversorgung	2030: 50% der Differenz zwischen Su (2000)[1] und 100% verbesserter Sanitärversorgung reduzieren; 2050: 50% der Differenz zwischen Su (2030) und 100% verbesserter Sanitärversorgung reduzieren	Wie Basisszenario
An öffentliche Kläranlagen angeschlossener Bevölkerungsanteil	Die Differenz zwischen der Situation im Jahr 2000 und 100% wird im Zeitraum 2000-2030 um 50% reduziert und anschließend konstant gehalten	Wie im Basisszenario werden 2030 25% des Urins der angeschlossenen Haushalte der Verwertung in der Landwirtschaft zugeführt, 2050 werden es 50% sein.
Waschmitteleinsatz	Der Waschmitteleinsatz und der Anteil phosphatfreier Waschmittel, der Einsatz von Geschirrspülmitteln und der Anteil phosphatfreier Geschirrspülmittel basieren allein auf dem BIP	2030 sind 25% der phosphathaltigen Wasch- und Reinigungsmittel durch phosphatfreie ersetzt; 2050 sind es 50%
Entfernung von Stickstoff und Phosphat durch Abwasserbehandlungsanlagen	Der durch Abwasserbehandlungsanlagen entfernte Stickstoff- und Phosphatanteil wird auf Grund eines allmählichen Übergangs zu höheren technologischen Reinigungsstufen zunehmen. Der Wirkungsgrad der Entfernung bleibt je Abwasserreinigungsstufe konstant; der Abwasseranteil verlagert sich im Zeitraum 2000-2030 auf jeder Reinigungsstufe zu 50% in die nächsthöhere, und im Zeitraum 2030-2050 um weitere 50% (d.h. der „unbehandelte" Abwasseranteil wird zu 50% durch mechanische Behandlung ersetzt, 50% des mechanisch aufbereiteten Abwassers werden durch biologische Behandlung ersetzt, und der biologisch aufbereitete Anteil wird zu 50% durch Abwasser der fortgeschrittenen Reinigungsstufe ersetzt)	Wie im Basisszenario

1. Su (2000) = Prozentsatz städtischer Bevölkerung mit verbesserter Sanitärversorgung im Jahr 2000.

Nährstoffeinträge aus der Landwirtschaft

Die Daten über den Düngemitteleinsatz, die Verteilung des Viehdungs und die Effizienz des Düngemitteleinsatzes wurden von den in der FAO-Studie *Agriculture Towards 2030* (Bruinsma, 2003) beschriebenen Trends hergeleitet und mit dem Datenmaterial über die Ackerbau- und Nutztierproduktion aus dem IMAGE-Modell verknüpft.

In der Regel wird im Basisszenario davon ausgegangen, dass Landwirte in Ländern mit Nährstoffüberschuss motiviert sind, die Effizienz ihres Düngemitteleinsatzes immer mehr zu steigern. Insbesondere wird für China unterstellt, dass sein Phosphatdüngereinsatz rasch auf ein mit Europa und Nordamerika vergleichbares Niveau sinkt und sich die Einleitungen in Oberflächengewässer somit verringern werden. Für Länder mit Nährstoffdefiziten wird davon ausgegangen, dass sich die Nährstoffeinleitungen in Oberflächengewässer infolge des zunehmenden Düngemitteleinsatzes allmählich erhöhen werden.

Die Gesamtüberschüsse werden auf der Basis aller Einträge berechnet. Zu den Stickstoff-Inputs gehören die biologische Stickstoffbindung (N_{fix}), die atmosphärische Stickstoffablagerung (N_{dep}), das Ausbringen von stickstoffhaltigem Kunstdünger (N_{fert}) und Viehdung (N_{man}). Abzüge in der Stickstoffbilanz des Bodens sind u.a. der dem Feld entzogene Stickstoff durch Ernte der Anbauprodukte, das Mähen von Gras und die Heuernte sowie das Grasen von Weidevieh (N_{withdr}). Die Bodenstickstoffbilanz (N_{budget}) wurde folgendermaßen berechnet:

$$N_{budget} = N_{fix} + N_{dep} + N_{fert} + N_{man} - N_{withdr} \qquad (1)$$

Ein positiver Saldo der Stickstoffbilanz bedeutet einen Überschuss, ein negativer Wert ein Defizit. Für Phosphat wurde derselbe Ansatz angewendet, wobei die Phosphat-Inputs Viehdung und Kunstdünger sind. Ein Überschuss stellt einen potenziellen Verlust durch Abgabe an die Umwelt dar; was Stickstoff betrifft, so geschieht dies u.a. durch NH_3-Verflüchtigung, Denitrifikation, Oberflächenabschwemmung und Versickerung; bei Phosphat geht es um den Abfluss von Nährstoffen und ihre Ansammlung im Boden. Negative Salden zeigen einen Abbau der Stickstoff- oder Phosphatreserven des Bodens an. Einzelheiten über die verschiedenen Größen in der Gleichung (1) und Unsicherheitsfaktoren sind einer kritischen Untersuchung neuerer Fachartikel zu entnehmen (Bouwman et al., 2009; 2011).

Die Nutztierproduktion spielt im Rahmen der Nährstoffbilanz für landwirtschaftliche Anbauflächen eine besonders wichtige Rolle. Ein Anstieg der Nutztierproduktion verursacht eine Zunahme der Viehdunglagerung und der für das Ausbringen auf Ackerflächen zur Verfügung stehenden Menge und ist daher ein wichtiger Bestimmungsfaktor für den Anstieg der Stickstoff- und Phosphatbilanzen der Ackerflächen. Die Viehdungproduktion ist eine Folge des Anstiegs der Nutztierproduktion, ihrer Intensivierung und der Produktivitätssteigerung. Der Beitrag des Viehdungs zur gesamten Stickstoffbilanz der Ackerflächen beträgt in den OECD-Ländern nur 6-14%, in einigen Ländern Afrikas dagegen bis zu 50%. In Indien trägt die Viehhaltung mit 38% zum gesamten Stickstoffaufkommen bei, in China mit 18%. Ähnlich wie der Ackerbau ist auch die Nutzung von Grünland durch Wiederkäuer mit dem Entstehen von Überschüssen verbunden. Dies ist dadurch bedingt, dass Stickstoffverluste durch NH_3-Verflüchtigung, Denitrifikation und Versickerung unvermeidbar sind. Was Phosphat betrifft, so verursacht die Ansammlung residuellen Bodenstickstoffs durch Adsorption an Bodenmaterial das Entstehen von Überschüssen.

In der FAO-Studie (Bruinsma, 2003) basierten die Annahmen bezüglich der Effizienz des Düngemitteleinsatzes auf wirtschaftlichen und agronomischen Gesichtspunkten sowie den Boden- und Klimabedingungen des jeweiligen Landes. Ein Produktionsanstieg und Effizienzveränderungen können eine Veränderung des Düngemitteleinsatzes zur Folge haben.

Für die Analyse der Effizienz des Nährstoffeinsatzes stehen verschiedene Verfahren zur Verfügung (Ladha et al., 2005). Der vorliegende *Umweltausblick* verwendet das Konzept der offensichtlichen Effizienz des Stickstoff- und Phosphatdüngereinsatzes (NUE bzw. PUE), die die Produktion in kg Trockenmasse je kg Stickstoff- oder Phosphatdünger darstellt (Dobermann and Cassman, 2004 und 2005; Bouwman et al., 2009). Dies ist die am weitesten gefasste Messgröße der Effizienz des Stickstoff- und Phosphatdüngereinsatzes, die auch als „partielle Faktorproduktivität" des ausgebrachten Stickstoffdüngers bezeichnet wird (Dobermann und Cassman, 2004 and 2005). In NUE und PUE sind die Beiträge indigenen Bodenstickstoffs, die Effizienz der Düngemittelaufnahme und die Effizienz der Umwandlung des aufgenommenen Düngemittels in ein Ernteprodukt enthalten. NUE und PUE variieren von Land zu Land, was durch Unterschiede bei den Anbauprodukten, bei deren erreichbarem Ertragspotenzial, der Bodenqualität, der Menge und Art der Ausbringung von Stickstoff und Phosphat sowie der Bewirtschaftung bedingt ist. Zum Beispiel erklären sich die sehr hohen Werte in vielen Ländern Afrikas und Lateinamerikas durch die derzeitig geringen Mengen an ausgebrachten Düngemitteln; die NUE- und PUE-Werte liegen in vielen Industrieländern mit Systemen intensiver Landwirtschaft und hohem Produktionsfaktoreinsatz wesentlich niedriger. Die osteuropäischen Länder und die Länder der ehemaligen Sowjetunion verzeichneten demgegenüber nach 1990 einen schnellen Rückgang des Düngemitteleinsatzes, was einen dem Anschein nach starken Anstieg der Effizienz des Düngemitteleinsatzes zur Folge hatte.

Im Basisszenario haben die Landwirte in Ländern mit Nährstoffüberschuss in der Regel ein Interesse daran, die Effizienz ihres Düngemitteleinsatzes immer mehr zu steigern. Für China wird unterstellt, dass der Phosphatdüngereinsatz rasch auf ein mit Europa und Nordamerika vergleichbares PUE-Niveau sinkt, und weitere Rückgänge werden für China und Indien bis 2050 angenommen, so dass die Einleitungen in Oberflächengewässer reduziert werden. Für Länder mit Nährstoffdefiziten wird davon ausgegangen, dass sich die Nährstoffeinleitungen in Oberflächengewässer infolge des zunehmenden Düngemitteleinsatzes allmählich erhöhen werden.

Wegen der Annahmen über die Entwicklungen in der Landwirtschaft, vgl. Abschnitt 3 Kapitel 2 Sozioökonomische Entwicklungen und Kasten 3.2 von Kapitel 3 über den Klimawandel.

Szenario mit Nährstoffrecycling und -reduktion

Nährstoffeinträge aus Abwässern

Es wird unterstellt, dass 2030 25% des Urins der an Kläranlagen angeschlossenen Bevölkerung und 2050 50% der Verwertung in der Landwirtschaft zugeführt werden. Des Weiteren wird davon ausgegangen, dass im Zeitraum 2030-2050 phosphathaltige Wasch- und Reinigungsmittel schrittweise durch phosphatfreie ersetzt werden (Tabelle 5.A1).

Das Potenzial für die Phosphatrückgewinnung ist noch viel größer. Die Gesamtmenge der aus Abwässern entfernten Phosphate belief sich im Jahr 2000 auf 0,7 Mio. Tonnen jährlich, und es wurde unterstellt, dass sie sich bis 2030 auf 1,7 Mio. Tonnen pro Jahr und bis 2050 auf 3,3 Mio. Tonnen pro Jahr erhöht. Die Verwendung dieser aus dem Abwasser entfernten Phosphate für die Düngemittelherstellung könnte 15% des projizierten Phosphatbedarfs der Landwirtschaft (22 Mio. Tonnen pro Jahr 2050) decken. Hierzu bedürfte es jedoch erheblicher Anstrengungen, um Schwermetalle, pharmazeutische und chemische Stoffe aus dem Klärschlamm zu entfernen.

Nährstoffeinträge aus der Landwirtschaft

Bei diesem Szenario werden verschiedene Strategien im Ackerbau- und Viehzuchtsystem miteinander kombiniert, um sowohl die Produktivität als auch die Effizienz des Nährstoffeinsatzes zu verbessern:

- Im Ackerbau wird eine um 40% höhere Ertragssteigerung als im Basisszenario unterstellt. Es wird von einer höheren Produktion je Flächeneinheit und somit einer kleineren Erntefläche ausgegangen als im Basisszenario. Dies wäre erreichbar, wenn der Düngemitteleinsatz sowie seine Effizienz höher wären als im Basisszenario; es wird unterstellt, dass die Ertragssteigerung zur Hälfte durch einen höheren Düngemitteleinsatz und zur Hälfte durch verbesserte Anbausorten und bessere Bewirtschaftungspraktiken zustande käme, was zu höherer Produktivität führt.

- Größere Veränderungen werden auch im Bereich der Viehzucht unterstellt. Gegenüber dem Basisszenario wurden folgende Änderungen vorgenommen:
  - Die Produktion in gemischten und intensiven Zuchtbetrieben ist um 10% höher, und die im Weidebetrieb somit um 10% geringer.
  - Die Futterverwertungsraten (Futtermitteleinsatz in kg je kg Produkt) sind in gemischten und industriellen Zuchtbetrieben um 10% niedriger.
  - Die Produktivität (jährliche Milchproduktion je Tier und Schlachtkörpergewicht von Wiederkäuern) in gemischten und industriellen Zuchtbetrieben ist um 10% höher.
  - Die Schlachtviehquote (Anteil der geschlachteten Tiere am Viehbestand) ist um 10% höher.
  - Der Anteil der Konzentrate in den Futterrationen ist um 18% höher (3-10% in den Industrieländern und bis zu 65% in den Entwicklungsländern, wo sich der Einsatz von Konzentraten zurzeit in Grenzen hält).

  All diese Änderungen haben Auswirkungen auf den Einsatz der verschiedenen Futtermittel, einschließlich der Futtermittelkulturen. Dem wird im IMAGE-Modell Rechnung getragen. Bei dieser Strategienkombination ergibt sich eine höhere Effizienz des Stickstoff- und Phosphateinsatzes, und es wird unterstellt, dass zusätzlich zu der Verbesserung im Basisszenario die Stickstoff- und Phosphatausscheidungsraten 90% der Raten des Basisszenarios betragen.

- Eine letzte Strategie besteht darin, den Viehdung besser in den Ackerbau zu integrieren, was zu einer Reduzierung des Düngemitteleinsatzes führt.

Gefahren wasserbezogener Naturkatastrophen für Menschen und materielle Werte

Das Basisszenario des *Umweltausblicks* geht davon aus, dass der Klimawandel 2050 (noch) kein dominierender Bestimmungsfaktor für das Auftreten von Hochwasserkatastrophen sein wird. Diese Annahme basiert auf dem IPCC-Sonderbericht *Managing the Risks of Extreme Events and Disasters to Advance Climate Change Adaptation* (IPCC, 2011). Auch Laurens Bouwer zeigt, dass in den nächsten vierzig Jahren Bevölkerungs- und BIP-Wachstum als Ursachen eines erhöhten Hochwasserrisikos gegenüber dem Klimawandel eine weitaus wichtigere Rolle spielen werden (Bouwer, 2011).

Für die in Abschnitt 2 vorgestellte Analyse wasserbezogener Naturkatastrophen wurden die Daten einer statischen Hochwasserkarte mit denen dynamischer Bevölkerungskarten und dem BIP für 2010 und 2050 verknüpft. Für die Kartierung der potenziellen Überschwemmungsgebiete wurden folgende Daten verwendet:

- die detaillierte Dartmouth Flood Database (Satellitenaufnahmen): *http://floodobservatory.colorado.edu/*;
- Überschwemmungsgebiete aus der Global Lakes and Wetlands Database (Lehner und Döll, 2004);
- die Spaceshuttle Radar Topographic Mission Digital Elevation Map für tiefgelegene Küstengebiete, die vom Meer überschwemmt werden könnten (die Erhebung der ausgewählten Küstengebiete betrug maximal 5 Meter über dem Meeresspiegel): *www2.jpl.nasa.gov/srtm/*.

Diese drei Karten wurden zu einer zusammengefasst. Der größte Unsicherheitsfaktor bei dieser Karte ist die Tatsache, dass sie keine Wiederkehrperiode und keine Hochwassertiefe umfasst. Die theoretische Wiederkehrperiode ist die umgekehrte Wahrscheinlichkeit, dass das Ereignis in einem beliebigen Jahr überschritten wird. Zum Beispiel hat eine Hochwasser-Wiederkehrperiode von 10 Jahren eine Wahrscheinlichkeit von 1 zu 10 = 0,1 oder 10%, in einem Jahr überschritten zu werden, und eine Hochwasser-Wiederkehrperiode von 50 Jahren eine Wahrscheinlichkeit von 1 zu 50 = 0,02 oder 2%, in einem Jahr überschritten zu werden[2].

Die Daten zu Bevölkerung und BIP stammen aus dem GISMO-Modell von PBL (vgl. Anhang 6.A in Kapitel 6 Gesundheit und Umwelt). Die auf GRUMP basierenden Daten über die städtische und ländliche Bevölkerung sind für 2010 und 2050 verfügbar. Das BIP basiert auf den Kaufkraftparitäten (KKP) je Einwohner auf nationaler Ebene. Die KKP dienen der näherungsweisen Bestimmung des Güterwerts an einem bestimmten Ort, um den Wert der durch Überschwemmungsrisiken entstehenden Verluste zu schätzen.

Um die Bevölkerungsdaten mit den detaillierteren Hochwasserdaten zu verknüpfen, wurden die GISMO-Ergebnisse um 0,5 Grad auf 30 Bogensekunden herunterskaliert. Anhand der erweiterten GRUMP[3]-Datenreihe über die städtische und ländliche Bevölkerung wurde in Verbindung mit den Bevölkerungsdaten von Landscan 2007 im Zuge der Herunterskalierung die Aufteilung zwischen städtischer und ländlicher Bevölkerung vorgenommen. Die Herunterskalierung des BIP und seine Verteilung auf die Regionen erfolgte anhand der herunterskalierten Bevölkerungsdaten und der Pro-Kopf-KKP. Bezüglich der Herunterskalierung der Zellen von 0,5 Grad auf 30 Bogensekunden stellt die Zuordnung der Bevölkerung zu Rasterzellen anhand von GRUMP und den Anteilen auf der Basis der Bevölkerungsdaten von Landscan 2007 den größten Unsicherheitsfaktor dar. Das Bevölkerungswachstum wird daher den Projektionen zufolge in den derzeitigen städtischen Räumen erfolgen; die Ausweitung städtischer Räume blieb unberücksichtigt, desgleichen das Entstehen neuer Städte. Die Verwendung des BIP auf der Basis von KKP je Land dient lediglich dazu, den realen Wert von Gebäuden, Infrastrukturen und Gütern an bestimmten Orten eines Landes näherungsweise zu bestimmen.

Um zu ermitteln, welche Städte am stärksten bedroht sind, wurden die Ergebnisse der gefährdeten Bevölkerung und materiellen Werte mit den Daten einer Weltkarte der Städte verknüpft. Alle Zellen wurden auf der Basis der absoluten Zahl gefährdeter Menschen von 0 bis 1 (das höchste Risiko erhielt die Stufe 1) und des absoluten gefährdeten BIP als Ersatzvariable für die Anpassungsfähigkeit (das geringste BIP erhielt Stufe 1) eingestuft. Beide Einstufungsergebnisse wurden summiert. Hieraus ergab sich eine Liste der Städte mit dem höchsten Überschwemmungsrisiko, d.h. der Städte, deren Risiko im Hinblick auf die Gefährdung der Bevölkerung und der materiellen Werte als hoch eingestuft ist.

Wasser- und Sanitärversorgung

Das Niveau der Wasser- und Sanitärversorgung wurde anhand der auf den verfügbaren Daten für 1990 und 2000 basierenden Regressionen für die städtische und ländliche Bevölkerung separat modelliert (WHO/UNICEF, 2008). Zu den Erklärungsvariablen gehören das Pro-Kopf-BIP, der Urbanisierungsgrad und die Bevölkerungsdichte. Regionsspezifischen Parametern wurde durch eine Kalibrierung Rechnung getragen.

Die mit den projizierten Anschlussquoten assoziierten Kosten basieren auf Hutton und Haller (2004), die Schätzungen der jährlichen Kosten für unterschiedliche Anschlussquoten vornahmen. Ihre annualisierten Kostenannahmen beruhen auf Investitionen und laufenden

Kosten, unter Verwendung von Angaben aus der Fachliteratur. So betragen die jährlichen Kosten für den häuslichen Trinkwasseranschluss beispielsweise 10-15 US-$ je Person, während die Kosten für andere Anschlüsse mit verbesserter Wasserversorgung von 1-4 US-$ je Person reichen. Es ist darauf hinzuweisen, dass es sich bei den in den Simulationen zu Grunde gelegten Kosten um Näherungswerte handelt, da die Kategorien und Regionen nicht vollständig mit denen von Hutton und Haller übereinstimmen. Hinzu kommt, dass die Umrechnung der ursprünglichen Investitionskosten in jährliche Kosten die tatsächlich anfallenden Kosten zu niedrig ausweisen könnte, wenn die Investitionsmittel im Zeitverlauf aufgewendet werden.

Anmerkungen

1. Anwendung der einfachen Regel eines nach Regionen gewichteten Bevölkerungswachstumsfaktors für den Bewässerungsbedarf (Shen, 2008) auf die Basisprojektion des *OECD-Umweltausblicks* würde das Niveau ein 25% über dem derzeitigen Niveau liegen.

2. (*http://en.wikipedia.org/wiki/Return_period*).

3. Global Rural-Urban Mapping Project, Version 1 (GRUMPv1). Center for International Earth Science Information Network (CIESIN), Columbia University; International Food Policy Research Institute (IFPRI); Weltbank; Centro Internacional de Agricultura Tropical (CIAT) 2004. Global Rural-Urban Mapping Project, Version 1 (GRUMPv1). Palisades, New York: Socioeconomic Data and Applications Center (SEDAC), Columbia University. Verfügbar unter: *http://sedac.ciesin.columbia.edu/gpw*.

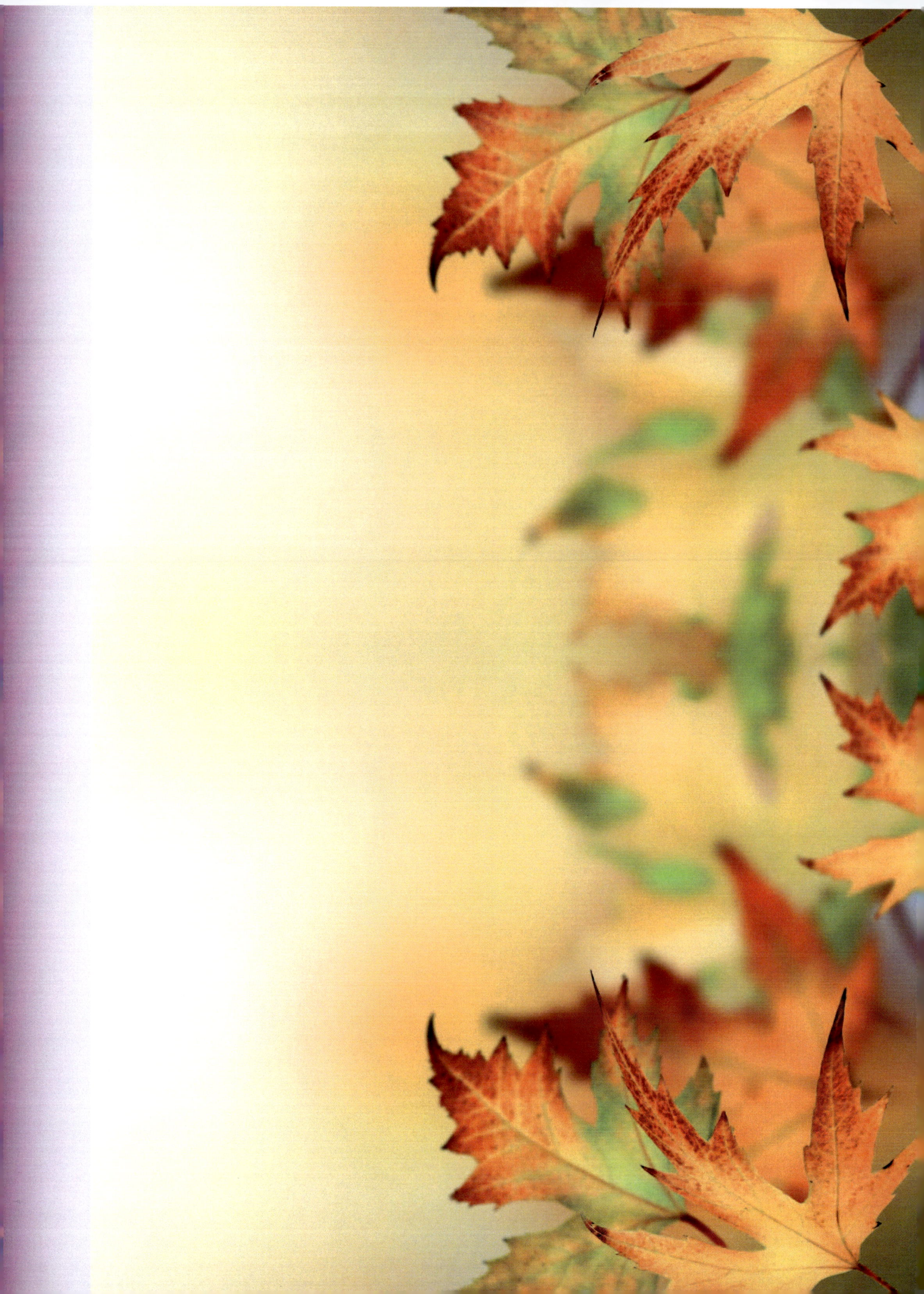

Kapitel 6

Gesundheit und Umwelt

von

Richard Sigman, Henk Hilderink (PBL), Nathalie Delrue,
Nils-Axel Braathen, Xavier Leflaive

Thema dieses Kapitels sind die aktuellen und voraussichtlichen Auswirkungen von vier wichtigen Umweltfaktoren auf die menschliche Gesundheit: Luftverschmutzung (wobei sich der Blick vor allem auf die vorzeitigen Todesfälle durch Feinstaub in der Außenluft, bodennahes Ozon sowie Innenraumluftverschmutzung richtet), mangelhafte Wasser- und Sanitärversorgung (u.a. im Kontext der entsprechenden Millenniumsentwicklungsziele), Chemikalien (chemische Gefahren, Chemikalienexpositionen) und Klimawandel (wobei es hauptsächlich um die Malariainzidenz geht). Für jeden dieser Bereiche werden zunächst die aktuellen Trends beschrieben, um anschließend zu untersuchen, wie sich die Situation im Jahr 2050 bei gleichbleibender Politik darstellen würde (Basisszenario des Umweltausblicks); zuletzt werden dann die erforderlichen Politikmaßnahmen erläutert. Luftverschmutzung, verunreinigtes Trinkwasser, unzulängliche sanitäre Einrichtungen und gefährliche Chemikalien stellen erhebliche Bedrohungen für die menschliche Gesundheit dar, insbesondere für ältere Menschen und Kinder. Während bei einigen globalen Trends eine Verbesserung festzustellen ist (z.B. hinsichtlich der Wasserversorgung), gehen von anderen Faktoren – beispielsweise der Luftverschmutzung in städtischen Räumen und dem Mangel an sanitärer Grundversorgung – nach wie vor ernste Gefahren für die menschliche Gesundheit aus. Zudem führen die inkrementellen Effekte des Klimawandels zu einer Erhöhung der weltweiten Krankheitslast. Zur Bewältigung dieser Risiken bedarf es ehrgeiziger und flexibler Maßnahmen zur Verringerung der Umweltbelastungen (z.B. durch Standards, Kraftstoffsteuern, Chemikalienprüfungen und -bewertungen, Methoden der umweltfreundlichen Beschaffung, Cap-and-Trade-Emissionshandel und verkehrspolitische Maßnahmen) sowie weiterer Investitionen in die Wasser- und Sanitärversorgung. Erkannte Gefahren müssen thematisiert und beseitigt werden, und wir müssen wachsam bleiben, um rasch auf neue bzw. sich erst ankündigende Risiken für die menschliche Gesundheit reagieren zu können, über die wir noch nicht genügend wissen (z.B. endokrine Disruptoren und Nanomaterialien).

KERNAUSSAGEN

Luftverschmutzung, verunreinigtes Trinkwasser, unzulängliche sanitäre Einrichtungen und gefährliche Chemikalien stellen erhebliche Bedrohungen für die menschliche Gesundheit dar, insbesondere für ältere Menschen und Kinder. Während bei einigen globalen Trends eine Verbesserung festzustellen ist (z.B. hinsichtlich der Wasserversorgung), gehen von anderen Faktoren – beispielsweise der Luftverschmutzung in städtischen Räumen und dem Mangel an sanitärer Grundversorgung – nach wie vor ernste Gefahren für die menschliche Gesundheit aus. Zudem führen die inkrementellen Effekte des Klimawandels zu einer Erhöhung der weltweiten Krankheitslast. Zur Bewältigung dieser Risiken bedarf es ehrgeiziger und flexibler Maßnahmen zur Verringerung der Umweltbelastungen. Erkannte Gefahren müssen thematisiert und beseitigt werden, und wir müssen wachsam bleiben, um rasch auf neue bzw. sich erst ankündigende Risiken für die menschliche Gesundheit reagieren zu können, über die wir noch nicht genügend wissen (z.B. elektromagnetische Felder, endokrine Disruptoren und Nanomaterialien).

Trends und Projektionen

Luftverschmutzung

Wenn keine neuen Maßnahmen eingeführt werden, wird sich die **Luftqualität in Städten** laut dem Basisszenario des *Umweltausblicks* weltweit weiter verschlechtern. 2050 wird die Luftverschmutzung im Freien die häufigste mit Umweltfaktoren zusammenhängende Todesursache weltweit sein (siehe unten stehende Abbildung).

Vorzeitige Todesfälle weltweit infolge verschiedener Umweltgefahren: Basisszenario, 2010-2050

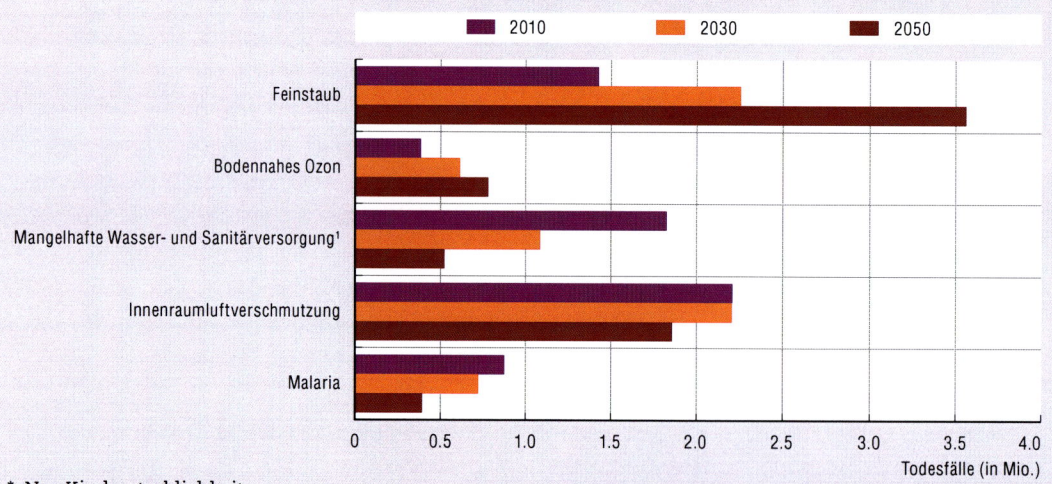

(Balkendiagramm: Todesfälle (in Mio.) für 2010, 2030, 2050)
- Feinstaub
- Bodennahes Ozon
- Mangelhafte Wasser- und Sanitärversorgung¹
- Innenraumluftverschmutzung
- Malaria

* Nur Kindersterblichkeit.
Quelle: Basisszenario des *OECD-Umweltausblicks*; Ergebnisse von Berechnungen anhand der IMAGE-Modellreihe.
StatLink http://dx.doi.org/10.1787/888932571855

Die **Luftschadstoffkonzentrationen** liegen in einigen Städten, insbesondere in Asien, bereits weit über den vertretbaren Grenzwerten. Dies wird wahrscheinlich so bleiben, und es werden erhebliche Anstrengungen notwendig sein, um die davon ausgehenden Auswirkungen auf die Gesundheit zu reduzieren.

Die Zahl der vorzeitigen Todesfälle durch Feinstaub (PM) wird sich bis 2050 voraussichtlich mehr als verdoppeln (auf 3,6 Millionen im Basisszenario), hauptsächlich in China und Indien, wobei sämtliche positive Effekte von Verringerungen der Feinstaubemissionen durch die negativen Effekte der zunehmenden Urbanisierung und der Bevölkerungsalterung (mit der sich die Zahl der anfälligen Personen erhöht) aufgehoben werden dürften. Die absolute Zahl der **vorzeitigen Todesfälle durch bodennahes Ozon** wird 2050 in China und Indien wohl ebenfalls am höchsten sein. Mit die höchsten Sterberaten durch bodennahes Ozon (gemessen an der Zahl der Todesfälle je Million Einwohner) dürften jedoch in den OECD-Ländern verzeichnet werden, weil dort die Bevölkerungsalterung rascher voranschreitet; noch höhere Sterberaten wegen bodennahem Ozon sind nur in Indien zu erwarten.

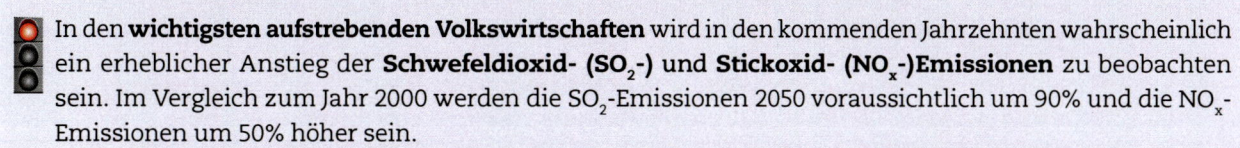

- In den **wichtigsten aufstrebenden Volkswirtschaften** wird in den kommenden Jahrzehnten wahrscheinlich ein erheblicher Anstieg der **Schwefeldioxid- (SO_2-) und Stickoxid- (NO_x-)Emissionen** zu beobachten sein. Im Vergleich zum Jahr 2000 werden die SO_2-Emissionen 2050 voraussichtlich um 90% und die NO_x-Emissionen um 50% höher sein.

- Mit dem Anstieg der Einkommen und des Lebensstandards wird die Zahl der Menschen, die herkömmliche (und stärker verschmutzende) feste Brennstoffe zum Kochen und Heizen verwenden, nach 2020 zurückgehen, was zu einer Abnahme der **vorzeitigen Todesfälle wegen Innenraumluftverschmutzung** führen dürfte. Für arme Haushalte könnte es jedoch schwieriger werden, diese verschmutzenden traditionellen Energiequellen (z.B. Feuerholz) durch sauberere Energieformen zu ersetzen, wenn die Energiepreise infolge von Klimaschutzmaßnahmen steigen. Daher werden gezielte Maßnahmen zur Sicherung des Zugangs zu sauberen Energiealternativen (z.B. effizienten Kochherden) für arme Haushalte erforderlich sein.

- **Im OECD-Raum werden die SO_2-, NO_x- und Dieselrußemissionen** (Vorläuferstoffe von Feinstaub und Ozon) in den kommenden Jahrzehnten wohl weiter abnehmen.

Mangelhafte Wasser- und Sanitärversorgung

- Die **Kindersterblichkeit infolge von durch verunreinigtes Trinkwasser und eine unzulängliche Sanitärversorgung verursachten Durchfallerkrankungen** wird den Projektionen zufolge bis 2050 abnehmen. Subsahara-Afrika wird diesbezüglich jedoch hinter den meisten anderen Regionen zurückbleiben, vor allem wegen der mangelhaften Sanitärversorgung.

Gefährliche Chemikalien

- Die **weltweite Krankheitslast auf Grund gefährlicher Chemikalien** ist bereits erheblich und vermutlich schwerwiegender als die vorliegenden Daten vermuten lassen. Besonders stark davon betroffen sind Nicht-OECD-Länder, in denen die Bevölkerung einem größeren Risiko durch gefährliche Chemikalien und Abfälle ausgesetzt ist und für die im Basisszenario des *OECD-Umweltausblicks bis 2050* mit einem sechsfachen Anstieg der Chemikalienproduktion gerechnet wird.

- Obwohl die zuständigen staatlichen Stellen in den OECD-Ländern weiterhin beachtliche Fortschritte bei der Erfassung und Auswertung von **Informationen zur Chemikalienexposition der Bevölkerung** über den gesamten Lebenszyklus der verschiedenen Chemikalien machen, ist der Kenntnisstand in Bezug auf die Gesundheitsfolgen Tausender in der Umwelt vorhandener Chemikalien nach wie vor lückenhaft. Es bedarf umfangreicherer Informationen über potenzielle Risiken infolge von Chemikalien in Produkten und Umwelt sowie über die von kombinierten Expositionen mit mehreren Chemikalien ausgehenden Gefahren für die menschliche Gesundheit.

- In vielen OECD-Ländern wurden bzw. werden **Gesetzesänderungen zur Verbesserung der Chemikaliensicherheit** vorgenommen, die Umsetzung ist jedoch noch unvollständig.

Malariainzidenz und Klimawandel

- Infolge des Klimawandels werden 2050 mehr Menschen in malariagefährdeten Gebieten leben als heute. Dennoch wird die **weltweite Zahl der vorzeitigen Todesfälle durch Malaria** im Basisszenario bis 2050 abnehmen, was sich aus der wachsenden Urbanisierung und dem Anstieg der Pro-Kopf-Einkommen erklärt. In Afrika wird es den Projektionen zufolge 2050 trotzdem noch zu 400 000 vorzeitigen Todesfällen wegen Malaria kommen.

Politikoptionen und -anforderungen

- **Eindämmung der zunehmenden Gesundheitsschädigungen durch Luftverschmutzung** durch ehrgeizigere und gezieltere regulatorische Maßnahmen und wirtschaftliche Instrumente, wie z.B. Steuern auf umweltbelastende Aktivitäten. Dringender Handlungsbedarf besteht für die Politik im Hinblick auf die Reduzierung der Feinstaubquellen in Nicht-OECD-Ländern und insbesondere der Schadstoffemissionen des Verkehrssektors.

- **Verringerung der Kfz-Emissionen** durch eine Kombination aus Steuern und regulatorischen Maßnahmen sowie die Förderung sauberer öffentlicher Verkehrsformen. Förderung von Verhaltensänderungen im Berufs- und Privatleben (z.B. Fahrgemeinschaften, Telekonferenzen, Telearbeit).

- **Maximierung der Synergieeffekte zwischen Maßnahmen zur Reduzierung der lokalen Luftverschmutzung einerseits und der Klimaschutzpolitik andererseits.** Die für diesen *Umweltausblick* erstellten Modellrechnungen lassen darauf schließen, dass Maßnahmen zur Senkung der herkömmlichen Luftschadstoffemissionen (NO_x, SO_2 und Dieselruß) um bis zu 25% im Vergleich zum Basisszenario 2030 in einem um 5% niedrigeren Niveau an CO_2-Emissionen resultieren könnten. Mit einer Senkung der Luftverschmutzung durch strukturelle Maßnahmen (z.B. Umstellungen in Energieversorgung und -verbrauch) könnten stärkere positive Zusatzeffekte auf die Klimagasemissionen erzielt werden als mit nachgeschalteten (End-of-pipe-)Maßnahmen.

- **Beschleunigung der Investitionen in die Wasser- und Sanitärversorgung.** Bei solchen Investitionen könnte das Kosten-Nutzen-Verhältnis in den Entwicklungsländern bei bis zu 1:7 liegen.

- **Ausweitung der Wissensgrundlagen.** Dies beinhaltet u.a. verstärkte Anstrengungen zur Harmonisierung der Daten, eine Verbesserung der Methoden zur Bestimmung der durch Umweltfaktoren bedingten Krankheitslast sowie der Kosten und Nutzeffekte von Maßnahmen zur Bewältigung von Risiken für die menschliche Gesundheit, eine Verbesserung unseres Wissensstands in Bezug auf chemische Gefahren, die Erhebung umfassenderer Daten zu Chemikalienexpositionen von der Herstellung der Chemikalien über deren Gebrauch bis zur Entsorgung und die Information der Öffentlichkeit durch Zurverfügungstellung von Daten über Chemikalien, z.B. im Internet.

- **Intensivierung der internationalen Zusammenarbeit beim Chemikalienmanagement.** Dies beinhaltet u.a. eine Arbeitsteilung bei Chemikalienbewertungen und bei der Entwicklung von Methoden für die Beurteilung von schon länger bestehenden sowie von neu aufkommenden oder noch nicht hinreichend analysierten Fragen (z.B. in Bezug auf endokrine Disruptoren, Nanomaterialien und Chemikalienmischungen), die Förderung eines nachhaltigeren Chemikalieneinsatzes und der grünen Chemie und die Umsetzung von Maßnahmen zum Schutz der menschlichen Gesundheit in den anfälligsten Lebensphasen (Säuglings- und Kindesalter).

1. EINLEITUNG

Thema dieses Kapitels sind die aktuellen und voraussichtlichen Auswirkungen auf die menschliche Gesundheit von vier wichtigen Umweltfaktoren: Luftverschmutzung, mangelhafte Wasser- und Sanitärversorgung, Chemikalien und Klimawandel. Es beginnt mit einem Überblick über den Gesamteffekt dieser Umweltfaktoren, die anschließend einzeln unter die Lupe genommen werden, zuerst um die aktuellen Trends zu analysieren, dann um zu untersuchen, wie sich die Situation ohne neue Maßnahmen 2050 darstellen könnte (Basisszenario dieses Umweltausblicks, vgl. Kapitel 1), und schließlich um festzustellen, mit welchen Politikmaßnahmen dem begegnet werden kann.

Schätzungen der Weltgesundheitsorganisation (WHO) zufolge sind heute rd. 8-9% der vorzeitigen Todesfälle und der Krankheitslast weltweit (Kasten 6.1) der Luftverschmutzung in Innenräumen und im Freien, einer unzureichenden Wasser- und Sanitärversorgung sowie den Auswirkungen des Klimawandels zuzuschreiben; bei Kindern unter fünf Jahren erhöht sich dieser Anteil auf fast 25% (WHO, 2009a). Die Mehrzahl dieser Todesfälle wird in Niedrig- und Mitteleinkommensländern verzeichnet, in den Hocheinkommensländer ist die Luftverschmutzung das größte umweltbedingte Gesundheitsrisiko (Tabelle 6.1).

Tabelle 6.1 **Durch vier große Umweltrisiken bedingte Todesfälle in Prozent und nach Region, 2004**

Umweltrisiko	% der Todesfälle		
	Weltweit	Niedrig- und Mittel-einkommensländer	Hocheinkommens-länder
Innenraumluftverschmutzung durch feste Brennstoffe	3.3	3.9	0.0
Mangelhafte Wasser-/Sanitärversorgung und Hygiene	3.2	3.8	0.1
Außenluftverschmutzung in Städten	2.0	1.9	2.5
Weltweiter Klimawandel	0.2	0.3	0.0
Alle vier Risiken zusammen	**8.7**	**9.9**	**2.6**

Quelle: Weltgesundheitsorganisation (WHO) (2009a), Global Health Risks: Mortality and Burden of Disease Attributable to Selected Major Risks, WHO, Genf.

Andere Umweltrisiken haben ebenfalls Auswirkungen auf die Gesundheit. Radon, ein natürlich vorkommendes Edelgas, das aus dem Erdboden freigesetzt wird, ist für 6-15% aller Fälle von Lungenkrebs verantwortlich (WHO, 2005). Durch den Schwund der biologischen Vielfalt (vgl. Kapitel 4) verringern sich die Möglichkeiten für die Entwicklung neuer Arzneimittel, da diese vielfach auf natürlichen Bestandteilen von Pflanzen und Tieren beruhen. Mikroverunreinigungen – synthetische Verbindungen, die in geringer Konzentration in aquatischen Systemen festzustellen sind (z.B. Antibiotika) – geben zunehmend Anlass zu Besorgnis (vgl. Kasten 5.4 in Kapitel 5). Lärm beeinträchtigt ebenfalls die menschliche Gesundheit, und in der Öffentlichkeit wurden auch Befürchtungen über die möglichen

Auswirkungen elektromagnetischer Felder laut. Umweltverschmutzung wirkt sich über eine Vielzahl von Kanälen auf die menschliche Gesundheit aus, von der Kontamination von Nahrungskulturen bis hin zum Kontakt wildlebender Tiere, z.B. Fische, mit gefährlichen Substanzen, die sich dann in der Nahrungskette ansammeln.

Der Gesundheitszustand der Bevölkerung wird – vor allem in Entwicklungsländern – nicht nur durch Umweltgefahren beeinträchtigt, sondern auch durch soziale und wirtschaftliche Faktoren, wie z.B. eine hohe Bevölkerungsdichte, ein niedriges Bildungsniveau, schlecht ausgebaute Gesundheitssysteme, ein niedriges Pro-Kopf-Einkommen, eine zunehmende Verstädterung, schlechte Wohn- und Arbeitsbedingungen, ein unzureichender Zugang zur Gesundheitsversorgung sowie Phänomene wie Flucht und Vertreibung oder soziale Ausgrenzung. Von Umweltfaktoren ausgehende Gefahren für die Gesundheit können manche Länder – und manche Bevölkerungsgruppen innerhalb einzelner Länder – schwerer treffen als andere, weil ihnen die politischen und wirtschaftlichen Ressourcen fehlen, um diesen Gefahren entgegenzutreten.

Die Gesundheitskosten sind im OECD-Raum zwischen 1999 und 2009 im Durchschnitt von 7,7% auf 9,6% des BIP gestiegen (OECD, 2011a). Die öffentlichen und privaten Gesamtausgaben für den Umweltschutz variieren in den OECD-Ländern zwischen rd. 1-2,5% des BIP (OECD, 2007). Es lässt sich zwar schwer abschätzen, welcher Anteil der Gesundheitsausgaben mit Umweltbelastungen zusammenhängt, es kann jedoch davon ausgegangen werden, dass die Kosten, die den Gesundheitssystemen auf Grund von umweltbedingten Gesundheitsschädigungen entstehen, ebenfalls gestiegen sind. Daher ist es wichtig darauf hinzuweisen, dass es sich in finanzieller Hinsicht häufig rentiert, die Umweltbedingungen zu verbessern, um zu verhindern, dass Umweltbelastungen zu Gesundheitsproblemen führen.

Umweltbelastungen gegenüber besonders anfälligen Bevölkerungsgruppen

Ältere Menschen und Kinder – vom pränatalen Stadium bis zur Adoleszenz – sind Umweltbelastungen gegenüber besonders anfällig. Weltweit ist der Pro-Kopf-Verlust an gesunden Lebensjahren infolge von ökologischen Risikofaktoren für Kinder unter fünf Jahren ungefähr fünfmal so hoch wie bezogen auf die Gesamtbevölkerung (Prüss-Üstün und Corvalàn, 2006). Zudem lässt eine wachsende Zahl epidemiologischer Studien darauf schließen, dass ein Zusammenhang zwischen dem pränatalen Kontakt mit Lebensmittelkontaminanten, Luftschadstoffen und Chemikalien in Konsumerzeugnissen und nach der Geburt zu Tage tretenden, nicht genetisch bedingten Gesundheitsproblemen besteht (Schoeters et al., 2011).

Kinder sind auf Grund ihrer körperlichen und metabolischen Verfassung und Aktivität, die anders ist als die Erwachsener, anfälliger gegenüber Luftschadstoffen. Kinder atmen pro Einheit Körpergewicht mehr ein und aus, haben engere Atemwege und kleinere Lungen als Erwachsene, und ihre Abwehrmechanismen sind noch nicht ausgereift. Kinder weisen auch andere Toxifizierungs- und Detoxifizierungsraten auf, und sie sind Luftschadstoffen stärker ausgesetzt, weil sie mehr Zeit mit Spiel und Sport im Freien verbringen und dabei intensiver atmen. Auch ältere Menschen sind einem höheren Risiko ausgesetzt, was auf die altersbedingte Beeinträchtigung der biochemischen und physiologischen Prozesse zurückzuführen ist, die sie insbesondere gegenüber Lungeninfektionen anfälliger macht.

Demografische Veränderungen

Der Anteil der älteren Menschen an der Bevölkerung wird den Projektionen zufolge auf Grund sinkender Geburtenraten und Verbesserungen im Gesundheitswesen zunehmen (vgl. Kapitel 2 wegen weiterer Informationen). Der Anteil der Personen ab 65 Jahre wird zwischen 2010 und 2050 voraussichtlich von 7,6% auf 16,3% anstiegen, und der Anteil der Personen ab 75 Jahre dürfte sich zwischen 2020 und 2050 von 3% auf 7,5% erhöhen. Absolut gerechnet entspricht dies einem Anstieg der Zahl der Personen ab 65 Jahre um fast 1 Milliarde. Der Großteil dieses Anstiegs wird auf Indien und China entfallen. Im gleichen Zeitraum wird der Anteil der Kinder (0-14 Jahre) den Projektionen zufolge von 26,9% auf 19,6% sinken, was einem Rückgang der Zahl der Kinder um ungefähr 1,8 Milliarden entspricht; in Subsahara-Afrika werden die Kinder allerdings selbst im Jahr 2050 noch 28,4% der Bevölkerung stellen.

Identifizierung und Prognose der gesundheitlichen Folgen von Umweltbelastungen

In den letzten Jahren wurden die Systeme zur Erfassung, Integration, Analyse und Evaluierung von Daten aus der Überwachung des Gesundheitszustands der Bevölkerung und der Beobachtung von Umweltgefahren zunehmend verfeinert und weiterentwickelt. Zahlreiche Länder führen umfassende epidemiologische Großstudien durch, bei denen sich das Augenmerk vor allem auf die Folgen von Umweltbelastungen in den ersten Lebensabschnitten richtet, um die Zusammenhänge zwischen Schadstoffexpositionen und Gesundheitszustand genauer zu analysieren. Zudem werden bei der Prüfung und Bewertung von Chemikalien Fortschritte auf dem Weg zu einem integrierten Ansatz erzielt, was auch den Einsatz von Vorhersagemodellen beinhaltet, z.B. von QSAR-Modellen (*Quantitative Structure-Activity Relationship* bzw. quantitative Struktur-Wirkungs-Beziehung). Auch neue Technologien und vielversprechende Alternativen zu herkömmlichen Chemikalientests werden entwickelt, z.B. Hochdurchsatz-Testverfahren und toxikogenomische Untersuchungen (Analyse der Genaktivität mit Hilfe von bioinformatischen Methoden). Mit diesen neuen Methoden könnte es möglich sein, von Chemikalien ausgehende Umweltrisiken besser, kostengünstiger und rascher zu identifizieren.

Kasten 6.1 **Messprobleme**

Der Begriff „Krankheitslast" bezieht sich auf die Auswirkungen eines bestimmten Gesundheitsproblems in einer bestimmten Region. Gemessen wird die Krankheitslast üblicherweise anhand von Indikatoren wie Mortalität (Sterblichkeit) und Morbidität (Krankheit, Behinderung, schlechte gesundheitliche Verfassung). Quantifiziert wird sie häufig in *qualitätsbereinigten Lebensjahren* (QALY) oder *behinderungsbereinigten Lebensjahren* (DALY). Der DALY-Wert ist ein Maß der Gesamtkrankheitslast, ausgedrückt als Zahl der durch Krankheit, Behinderung oder vorzeitigen Tod verlorenen gesunden Lebensjahre. Mit diesem Maß kann die durch Mortalität und Morbidität bedingte Belastung in einem einzigen Index zusammengefasst werden, womit es möglich ist, die Krankheitslast infolge verschiedener Risikofaktoren oder Krankheiten zu vergleichen. Dies gestattet auch eine Vorhersage der möglichen Auswirkungen von Gesundheitsmaßnahmen. Schätzungen der Krankheitslast sind jedoch mit Unsicherheiten behaftet. Schätzungen in Bezug auf Krebserkrankungen können z.B. auf einfachen Annahmen beruhen, und die Auswirkungen von Chemikalien auf das Hormonsystem sind in den Schätzungen der Krankheitslast u.U. nicht berücksichtigt. Außerdem sind einige Methoden zur Schätzung der Krankheitslast umstritten (z.B. im Hinblick auf die Gewichtung von Behinderungen und die Berücksichtigung des Alters), und auch die Vergleichbarkeit von in verschiedenen Ländern erfassten Daten ist z.T. Gegenstand von Kontroversen. Hinzu kommt, dass DALY-Werte nur für Substanzen berechnet wurden, für die die Dosis-Wirkungs-Beziehungen bekannt sind und deren Endpunkte messbar sind. Daher ist es bei der Untersuchung von Krankheitslastschätzungen wichtig, den Unsicherheiten in Bezug auf die verwendeten Modelle Rechnung zu tragen.

Die ökonomische Bewertung der Gesundheitsfolgen von Umweltbelastungen stellt in der Regel stärker auf die Zahl der Todesfälle ab (Mortalität), die Häufigkeit von Erkrankungen infolge von Umweltbelastungen ist jedoch üblicherweise wesentlich höher, weshalb es wichtig ist, sie in den Evaluierungen ebenfalls zu berücksichtigen.

Die derzeitigen Konzepte zur Bestimmung der umweltbedingten Krankheitslast und Evaluierung der verschiedenen Politikoptionen zur Bewältigung identifizierter Umweltgefahren (z.B. Kosten-Nutzen-Analysen) sind wichtige Instrumente, mit denen viele staatliche Stellen und internationale Organisationen arbeiten. Die Anwendung dieser Konzepte wird jedoch durch die erhebliche Unsicherheit beeinträchtigt, die in Bezug auf die Gesundheitsfolgen von Umweltbelastungen besteht, weshalb die Erforschung von Methoden zur Quantifizierung und zum Vergleich dieser Gesundheitsfolgen weiter vorangetrieben werden muss (Kasten 6.1).

2. Luftverschmutzung

Auswirkungen auf die menschliche Gesundheit

In diesem Abschnitt geht es um die Luftverschmutzung im Freien sowie in Innenräumen, die beide erhebliche Auswirkungen auf die menschliche Gesundheit haben können. Die für die menschliche Gesundheit gefährlichsten Arten von Luftverschmutzung im Freien sind Feinstaub (PM)[1] in der Luft und bodennahes Ozon.

Feinstaub

Es können zwei Arten von Feinstaub unterschieden werden: *a)* Primärpartikel, die direkt in die Atmosphäre emittiert werden, wie z.B. Ruß (vgl. Kasten 6.3), und *b)* Sekundärpartikel, die sich in der Atmosphäre durch eine Reaktion zwischen gasförmigen Vorläuferstoffen bilden, darunter in erster Linie Ammoniak, Stickoxide (NO_x) und Schwefeldioxid (SO_2) sowie in geringerem Umfang flüchtige organische Verbindungen.

Das Spektrum der durch Feinstaub ausgelösten Gesundheitsschädigungen kann von Entzündungen der Augen und der Atemwege bis hin zu Herz-Kreislauf-Erkrankungen und Lungenkrebs mit Todesfolge reichen. Am besorgniserregendsten sind die feineren Partikel, PM_{10} und vor allem $PM_{2,5}$, da sie klein genug sind, um tief in die Lungen einzudringen. Weltweit können 8% der Todesfälle durch Lungenkrebs, 5% der Todesfälle infolge von Herz-Lungen-Erkrankungen und rd. 3% der Todesfälle wegen Entzündungen der Atemwege auf Feinstaub zurückgeführt werden (WHO, 2009a). In China kommt es Schätzungen zufolge jährlich zu 299 400 vorzeitigen Todesfällen durch PM_{10}, in Indien beläuft sich die entsprechende Zahl auf 119 900 (WHO, 2009c; 2009d).

Die Weltgesundheitsorganisation hat Luftgüteleitlinien und drei Zwischenziele aufgestellt, um Ländern mit hohen Feinstaubkonzentrationen dabei zu helfen, ihre Luftqualität allmählich zu verbessern (Tabelle 6.2). Bei dem Konzentrationsniveau, das dem „Zwischenziel 1" entspricht, wäre die langfristige Mortalität aber immer noch schätzungsweise 15% höher als bei dem in den WHO-Luftgüteleitlinien empfohlenen Richtwert.

Tabelle 6.2 **WHO-Luftgüteleitlinien und Zwischenziele für die jährliche Feinstaubkonzentration**

Ziel	PM_{10} (µg/m³)	$PM_{2,5}$ (µg/m³)
Zwischenziel 1	70	35
Zwischenziel 2	50	25
Zwischenziel 3	30	15
Richtwert der WHO-Luftgüteleitlinien	**20**	**10**

Anmerkung: µg/m³ = Mikrogramm pro Kubikmeter.
Quelle: Weltgesundheitsorganisation (WHO) (2006), *Air Quality Guidelines for Particulate Matter, Ozone, Nitrogen Dioxide and Sulfur Dioxide: Global Update 2005*, WHO, Genf.

Bodennahes Ozon

Bodennahes bzw. troposphärisches Ozon entsteht in der Atmosphäre durch eine chemische Reaktion zwischen gasförmigen Vorläuferstoffen wie NO_x, flüchtigen organischen Verbindungen sowie Methan und Sonnenlicht. Ozon kommt in erheblichen Mengen sowohl als Schadstoff als auch als natürlicher Bestandteil der Atmosphäre vor. In höheren Schichten wirkt Ozon als Schutzschild gegen schädliche UV-Strahlung. In Bodennähe hat es jedoch eine schädigende Wirkung auf die menschliche Gesundheit, die Vegetation sowie bestimmte Materialien. Zwischen Ozon und Stickstoff bestehen komplexe Zusammenhänge; unter bestimmten Bedingungen führen NO_x-Emissionen zur Entstehung von Ozon, während sie unter anderen Bedingungen in einer Verringerung der lokalen Ozonkonzentration resultieren.

Eine hohe Ozonkonzentration kann die Lungenfunktion schädigen, zu Entzündungen der Atemwege führen und Herz-Kreislauf-Erkrankungen hervorrufen. In Europa können über 20 000 vorzeitige Todesfälle jährlich mit Ozonexpositionen in Zusammenhang gebracht werden (EUA, 2010). Während in der Europäischen Union, den Vereinigten Staaten und anderen OECD-Ländern Vorschriften zur Begrenzung der Emissionen von Ozonvorläufersubstanzen in Kraft sind, wird es in Asien und Afrika infolge einer verstärkten Bildung von bodennahem Ozon aus Vorläuferstoffen wahrscheinlich zu einem Anstieg der Mortalität und Morbidität kommen, sofern keine Maßnahmen zur Begrenzung der entsprechenden Emissionen getroffen werden (The Royal Society, 2008).

Die Vorläuferstoffe von Ozon, darunter flüchtige organische Verbindungen, können die Gesundheit auch direkt beeinträchtigen, z.B. über den Kontakt mit Lösungsmitteln und Benzol. Die Stärke der Exposition der Bevölkerung gegenüber Vorläuferstoffen von Feinstaub und Ozon hängt von den jeweiligen örtlichen Bedingungen ab und kann daher in diesem Bericht nicht in globalem Maßstab modelliert oder quantifiziert werden.

Die wichtigsten Quellen von bodennahem Ozon, Feinstaub und deren Vorläufersubstanzen sind:

- Energiewirtschaft: Ruß, NO_x und Schwefeloxide;
- Verkehrssektor: Ruß, NO_x, flüchtige organische Verbindungen und $PM_{2,5}$;
- Private Haushalte (Heizen und Kochen mit Kohle und Holz): Ruß und $PM_{2,5}$;
- Viehzucht, Abfall- und Abwasserentsorgung, Reisfelder: Methan.

Die Ozon- und Feinstaubkonzentrationen werden sowohl durch von Luftströmungen transportierte Luftschadstoffe und deren Vorläufersubstanzen aus weit entfernten Quellen als auch durch lokale Luftschadstoffemissionen beeinflusst. Luftschadstoffe, die an einem Ort emittiert werden, können Auswirkungen in anderen Teilen der Welt haben, je nach ihrer Verweildauer in der Atmosphäre und der Länge der Strecken, über die sie von der Luft transportiert werden. Feinstaub kann bis zu 1 000 km weit getragen werden, und die Vorläufersubstanzen von Ozon können sogar noch größere Entfernungen zurücklegen. Stickoxide können bis zu 10 km weit getragen werden, und Kohlenmonoxid und Methan können über 10 000 km bzw. 1 Mio. km zurücklegen und 3 Monate bzw. 8-10 Jahre in der Atmosphäre bleiben. Das macht diese Luftschadstoffe zu einem globalen Problem.

Die UNECE, die Wirtschaftskommission für Europa der Vereinten Nationen, hat festgestellt, dass die Ozonkonzentrationen, die in entlegenen Gegenden der nördlichen Hemisphäre gemessen werden, in der Tendenz gestiegen sind; es kann davon ausgegangen werden, dass die hemisphärischen Basiskonzentrationen von Ozon in der zweiten Hälfte des 20. Jahrhunderts auf das Zweifache angewachsen sind, was höchstwahrscheinlich auf die

Zunahme der anthropogenen Emissionen von Ozonvorläufersubstanzen zurückzuführen ist (UNECE, 2010). Modellrechnungen zeigen, dass ein Rückgang der anthropogenen Emissionen in Nordamerika, Ostasien und Südasien um 20% zu einer Abnahme der Hintergrundkonzentration von Ozon in Europa um 0,6 Teile pro Milliarde (ppb) führen würde, nur etwas weniger als die Verringerung um 0,8 ppb, die mit einem Rückgang der europäischen Emissionen um 20% erzielt werden könnte. Mit einer weltweiten Verringerung der anthropogenen Methanemissionen um 50% könnte die Häufigkeit des Auftretens von Episoden hoher Ozonkonzentration in den Vereinigten Staaten um nahezu die Hälfte reduziert werden (Fiore at al., 2002).

Luftverschmutzung in Innenräumen

Die menschliche Gesundheit kann auch durch Luftverschmutzung in Innenräumen beeinträchtigt werden (Kasten 6.4). Zu dieser Art von Luftverschmutzung kommt es hauptsächlich, weil Haushalte, die sich saubere Energieformen nicht leisten können, mit traditionellen festen Brennstoffen wie Kohle und Biomasse (z.B. Kuhdung und Holz) in Innenräumen kochen und heizen. Jedes Jahr kommt es zu schätzungsweise 2 Millionen vorzeitigen Todesfällen durch Innenraumluftverschmutzung, und fast die Hälfte davon betrifft Kinder, die an Infektionen der unteren Atemwege oder an Lungenentzündung erkranken; bei der anderen Hälfte handelt es sich um Todesfälle infolge von chronisch obstruktiven Lungenerkrankungen (COPD), von denen vor allem ältere Menschen betroffen sind. Am weitesten verbreitet sind diese Todesfälle in Niedrig- und Mitteleinkommensländern (rd. 64%), besonders in Südostasien und Afrika. Etwa 28% davon werden in China verzeichnet (WHO, 2009a). Luftverschmutzung in Innenräumen stellt allerdings auch in Industrieländern ein Problem dar, wo sie vor allem auf Chemikalien in Teppichböden, Möbeln und Haushaltsreinigern sowie auf Radon (siehe weiter oben) und Pestizide zurückzuführen ist.

Wichtigste Trends und Projektionen im Bereich Luftverschmutzung

In diesem Abschnitt werden die Ergebnisse aus dem Basisszenario des OECD-*Umweltausblicks* dargelegt, in dem die voraussichtliche tendenzielle Entwicklung der Sterberaten infolge von Feinstaub (PM_{10} und $PM_{2,5}$) und bodennahem Ozon bis 2050 unter der Annahme modelliert ist, dass keine neuen Maßnahmen eingeführt werden. Die entsprechenden Schätzungen gründen sich auf:

- Daten zu den regionalen Feinstaubemissionen und den urbanen Feinstaubkonzentrationen für 3 245 „große Städte", d.h. Städte mit mehr als 100 000 Einwohnern bzw. nationale Hauptstädte (Weltbank, 2001)[2];

- auf globaler Ebene abgeleitete Daten zur Konzentration von bodennahem Ozon, die maßstabsgerecht auf die regionale Ebene umgerechnet wurden, unter Verwendung von geografisch-spezifischen Ozonprojektionen des Gemeinsamen Forschungszentrums der Europäischen Kommission in Ispra (van Aardenne et al., 2010).

Die Modellrechnungen zur Luftverschmutzung in Städten (Feinstaub) gründen sich auf mehrere Annahmen, die zu Unsicherheit in Bezug auf die Ergebnisse führen können (vgl. Kasten 6.A1 im Anhang dieses Kapitels wegen weiterer Informationen).

SO_2-, NO_x- und Rußemissionen

Laut dem Basisszenario des OECD-*Umweltausblicks* wird sich der Abwärtstrend der SO_2-, NO_x- und Rußemissionen im OECD-Raum bis 2050 fortsetzen (Abb. 6.1), bei den Rußemissionen ist im OECD-Raum bis 2015 allerdings noch mit einem leichten Anstieg zu rechnen. In den großen aufstrebenden Volkswirtschaften Brasilien, Russland, Indien, Indonesien, China und Südafrika (BRIICS) ist unter dem Einfluss des für die kommenden zwanzig Jahre – vor allem im Energiesektor – erwarteten Wirtschaftswachstums mit einer erheblichen Zunahme der SO_2- und NO_x-Emissionen zu rechnen. Bis 2050 werden sich die SO_2-Emissionen dann bei etwa dem Doppelten und die NO_x-Emissionen bei einem Anderthalbfachen des Niveaus des Jahres 2000 stabilisieren, bedingt durch die parallel zum Anstieg der Einkommen zunehmende Verbreitung sauberer Energieträger und Verbrennungstechniken. In der übrigen Welt werden die SO_2- und NO_x-Emissionen den Projektionen zufolge deutlich steigen, und bis 2050 ist kaum mit einer Stabilisierung zu rechnen. Die Rußemissionen werden in den BRIICS voraussichtlich erheblich zurückgehen und sich in der übrigen Welt im Verlauf der nächsten vierzig Jahre stabilisieren.

Abbildung 6.1 **SO_2-, NO_x- und Rußemissionen nach Regionen: Basisszenario, 2010-2050**

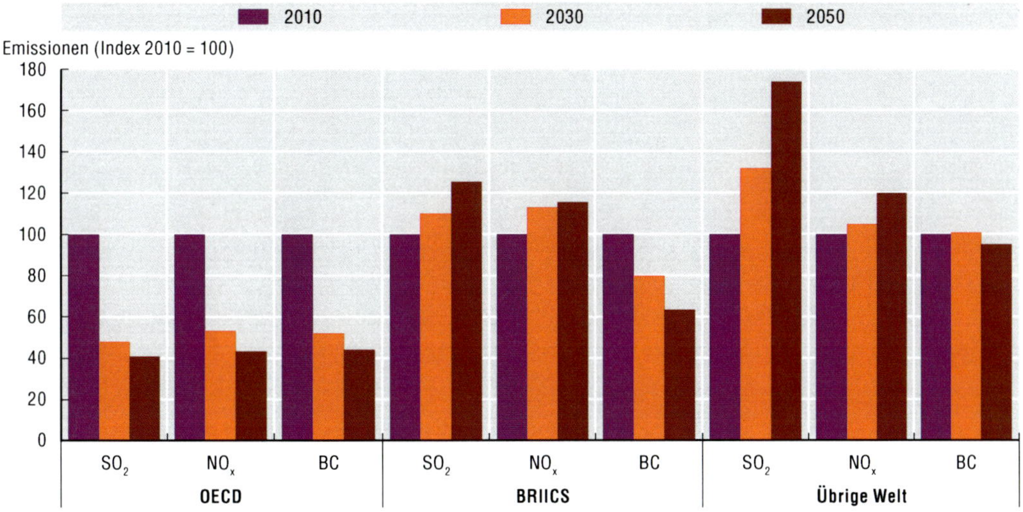

Quelle: Basisszenario des OECD-Umweltausblicks; Ergebnisse von Berechnungen anhand der IMAGE-Modellreihe.
StatLink http://dx.doi.org/10.1787/888932571513

Feinstaub- und Ozonkonzentrationen

Im Basisszenario des OECD-Umweltausblicks wurden die jahresdurchschnittlichen PM_{10}-Konzentrationen in der Atmosphäre für Städte mit mehr als 100 000 Einwohnern im Zeitraum 2010-2050 projiziert (Abb. 6.2). Insgesamt liegen die Konzentrationsmittelwerte in allen Regionen bereits oberhalb des Richtwerts von 20 µg/m³ der WHO-Luftgüteleitlinien (Tabelle 6.2), und dies wird auch 2050 noch der Fall sein. Während die Konzentrationswerte in den OECD-Ländern den Projektionen zufolge langsam abnehmen werden, dürften sie in den BRIICS bis 2030 insgesamt weiter ansteigen und dann bis 2050 leicht zurückgehen. Innerhalb der Gruppe der BRIICS werden Brasilien, Russland und China bis 2030 wahrscheinlich eine geringfügige Abnahme verzeichnen können. In den großen Städten der übrigen Welt werden die Konzentrationswerte im gesamten Zeitraum voraussichtlich weiter ansteigen. Es gilt darauf hinzuweisen, dass es sich bei den hier erwähnten Konzentrationen um gewichtete Durchschnittswerte handelt und dass die Konzentrationen in einigen Ländern bestimmter Regionen (z.B. in Kanada und in Neuseeland innerhalb der Gruppe der OECD-Länder) unterhalb des Richtwerts der WHO-Luftgüteleitlinien liegen.

Derzeit kommen nur 2% der weltweiten Stadtbevölkerung in den Genuss akzeptabler PM_{10}-Konzentrationswerte (d.h. einer Konzentration *unterhalb* des Richtwerts der WHO-Luftgüteleitlinien von 20 µg/m³; Abb. 6.3). Ungefähr 70% der Stadtbevölkerung in den BRIICS

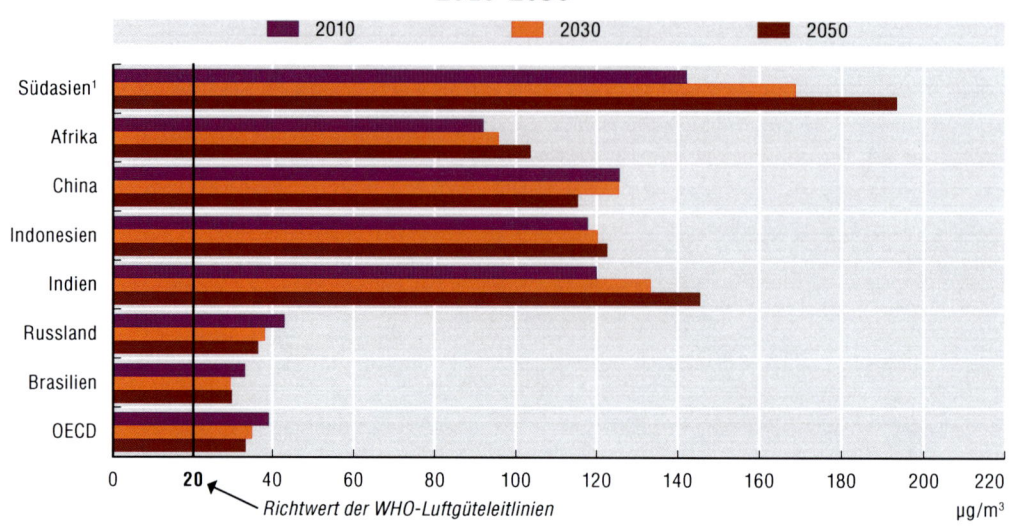

Abbildung 6.2 PM$_{10}$-Konzentrationen in großen Städten: Basisszenario, 2010-2050

1. Südasien ohne Indien.
Quelle: Basisszenario des OECD-Umweltausblicks; Ergebnisse von Berechnungen anhand der IMAGE-Modellreihe.
StatLink http://dx.doi.org/10.1787/888932571532

und den Ländern aus der Gruppe „übrige Welt" sind Feinstaubkonzentrationen ausgesetzt, die *oberhalb* des höchsten Zwischenzielwerts (70 µg/m³) liegen. Dem Basisszenario zufolge wird der Anteil der Menschen, die in Städten mit einer Feinstaubkonzentration leben, die über diesem höchsten WHO-Zielwert von 70 µg/m³ liegt, im Jahr 2050 in allen Regionen sogar noch größer sein. Daran können auch die Maßnahmen zur Verbesserung der Luftqualität,

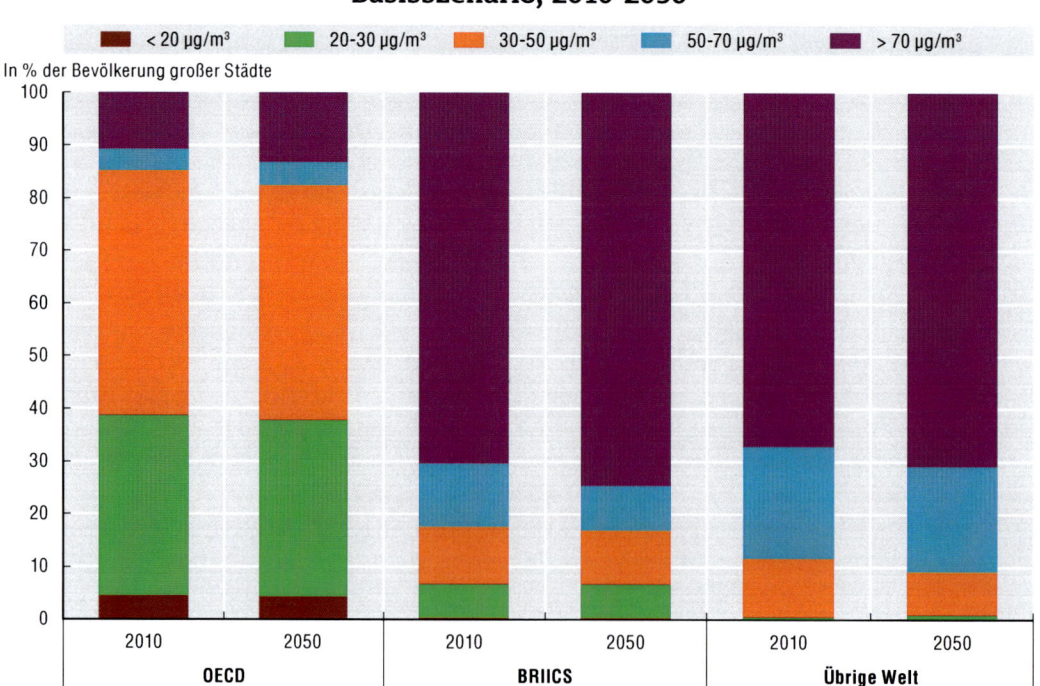

Abbildung 6.3 Städtische Bevölkerung und PM$_{10}$-Jahresmittelwerte: Basisszenario, 2010-2050

Quelle: Basisszenario des OECD-Umweltausblicks; Ergebnisse von Berechnungen anhand der IMAGE-Modellreihe.
StatLink http://dx.doi.org/10.1787/888932571551

die den Projektionen zufolge in den OECD-Ländern und den BRIICS bis 2050 vorgenommen werden, nichts ändern: Der Effekt der durch diese Maßnahmen erzielten Verbesserungen wird voraussichtlich durch das Wachstum der städtischen Bevölkerung aufgewogen werden.

Dem Basisszenario zufolge werden auch die Konzentrationen an bodennahem Ozon in Städten mit mehr als 100 000 Einwohnern bis 2050 weltweit weiterhin deutlich ansteigen: Im Vergleich zum Niveau von 2010 wird im OECD-Raum eine Zunahme um 35%, in Russland um rd. 90% und in China um 39% erwartet (Abb. 6.4).

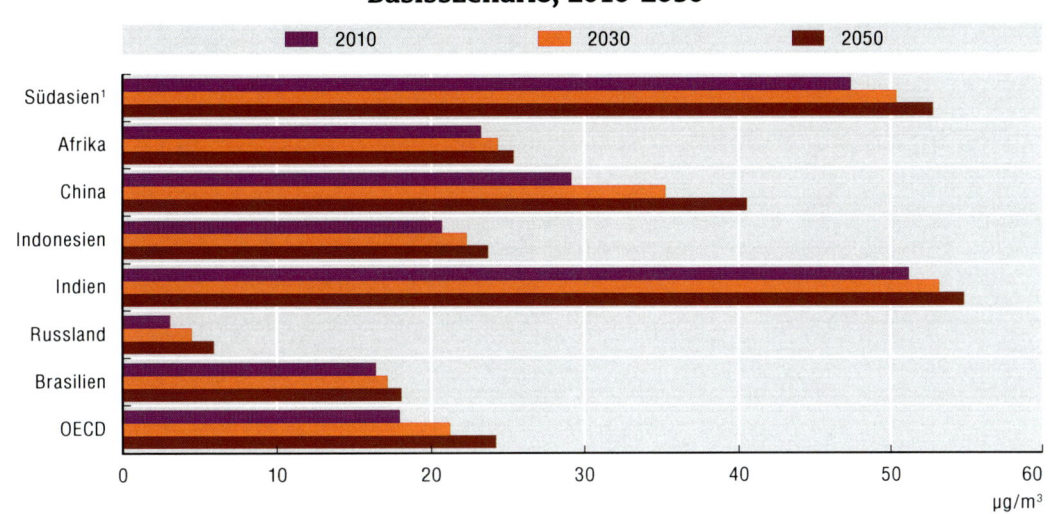

Abbildung 6.4 **Bodennahe Ozonkonzentrationen in großen Städten: Basisszenario, 2010-2050**

1. Südasien ohne Indien.
Quelle: Basisszenario des OECD-Umweltausblicks; Ergebnisse von Berechnungen anhand der IMAGE-Modellreihe.
StatLink http://dx.doi.org/10.1787/888932571570

Projizierte Auswirkungen der Feinstaub- und Ozonbelastung auf die Gesundheit

Laut dem Basisszenario des OECD-Umweltausblicks wird die weltweite Zahl der durch PM_{10} und $PM_{2,5}$ bedingten vorzeitigen Todesfälle von knapp über 1 Million im Jahr 2000 auf über 3,5 Millionen im Jahr 2050 ansteigen (Abb. 6.5, Teil A). Ein Großteil dieses Anstiegs wird voraussichtlich auf die BRIICS entfallen. Dies entspricht einem erheblichen Prozentsatz der Stadtbevölkerung, die weltweit Luftverschmutzung ausgesetzt ist – es muss daher dringend gehandelt werden, um diesen Trend umzukehren. China weist bereits heute die höchste Zahl der vorzeitigen Todesfälle durch Feinstaub je Million Einwohner auf; in Anbetracht der zu erwartenden Bevölkerungsalterung wird dieser Anteil bis 2050 auf über das Doppelte ansteigen, falls keine neuen Maßnahmen getroffen werden, um dem entgegenzuwirken (Abb. 6.5, Teil B). Der geschätzte Anteil der vorzeitigen Todesfälle durch Feinstaub ist in Indien und Indonesien zwar niedriger, wird sich den Projektionen zufolge bis 2050 jedoch verdreifachen, was sich sowohl aus der Zunahme der Feinstaubkonzentrationen als auch aus dem durch die zunehmende Verstädterung und die Bevölkerungsalterung bedingten Anstieg der Zahl der gefährdeten Personen erklärt (vgl. Kasten 6.2).

Laut den Projektionen des Basisszenarios wird sich die absolute Zahl der vorzeitigen Todesfälle durch bodennahes Ozon zwischen 2010 und 2050 weltweit mehr als verdoppeln (von 385 000 auf nahezu 800 000) (Abb. 6.6, Teil A). Der größte Teil dieser Todesfälle wird voraussichtlich in Asien verzeichnet werden, wo die Konzentration an bodennahem Ozon ebenso wie die Zahl der exponierten Personen wohl am höchsten sein dürften. 2050 werden den Projektionen zufolge mehr als 40% der weltweit mit Ozon zusammenhängenden

6. GESUNDHEIT UND UMWELT

> **Kasten 6.2 Ursachen der Zunahme der vorzeitigen Todesfälle durch Feinstaub in Städten**
>
> Die Schätzung der gesundheitlichen Auswirkungen von Luftverschmutzung ist ein komplexes Unterfangen. Verschiedene Faktoren – darunter das Bevölkerungswachstum, die Bevölkerungsalterung, die Verstädterung, die Verschlechterung der Luftqualität und die Verbesserung der Gesundheitsversorgung insgesamt – haben Einfluss auf die mit der Luftverschmutzung zusammenhängende Krankheitslast, sowohl gemessen an der Mortalität als auch an der Morbidität (vgl. Kasten 6.1). Bei der Modellierung des Basisszenarios wurde eine Analyse angestellt, mit der untersucht werden sollte, in welchem Umfang sich die verschiedenen Faktoren auf die Mortalitätskomponente der Krankheitslast in den kommenden vierzig Jahren auswirken werden.
>
> *(Fortsetzung nächste Seite)*

Abbildung 6.5 Vorzeitige Todesfälle weltweit durch Feinstaub: Basisszenario

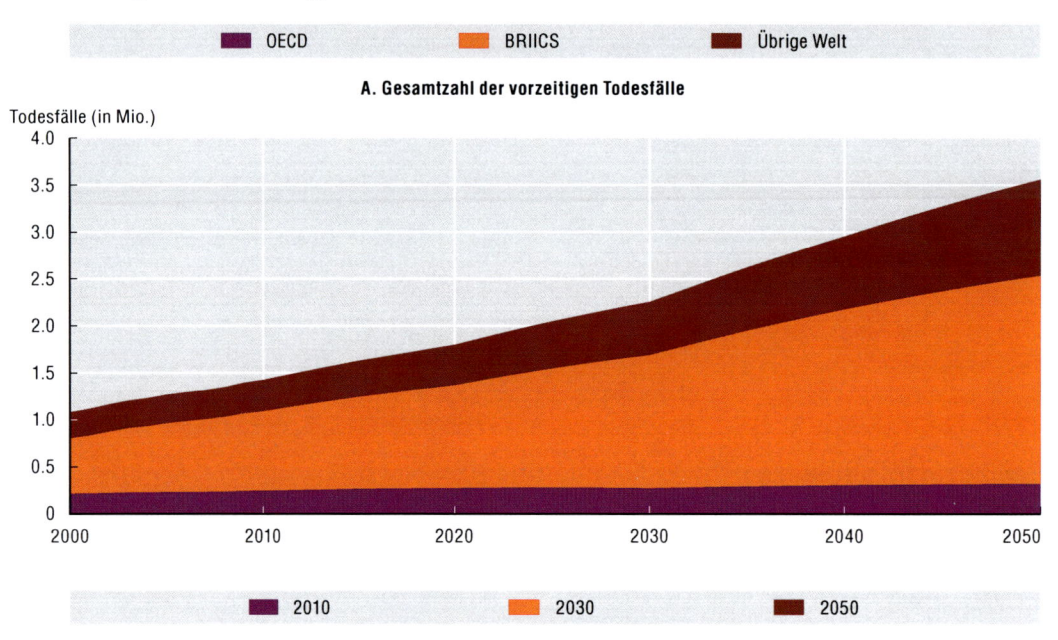

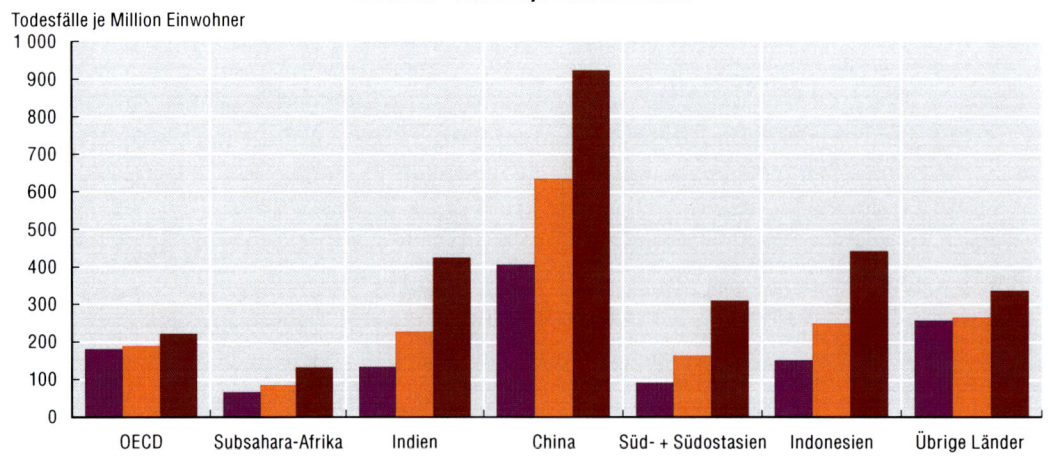

A. Gesamtzahl der vorzeitigen Todesfälle

B. Zahl der Todesfälle je Million Einwohner

Anmerkung: Süd- und Südostasien ohne Indien und Indonesien.
Quelle: Basisszenario des *OECD-Umweltausblicks*; Ergebnisse von Berechnungen anhand der IMAGE-Modellreihe.

StatLink http://dx.doi.org/10.1787/888932571589

(Fortsetzung)

Dabei ergab sich, dass die Verbesserungen in der Gesundheitsversorgung, die in Anbetracht der steigenden Einkommen während dieses Zeitraums zu erwarten sind, bei sonst gleichen Bedingungen zwar zu einem Rückgang der Zahl der Todesfälle durch Luftverschmutzung um die Hälfte führen dürften, dass dieser Rückgang jedoch durch den Effekt des Bevölkerungswachstums und der zunehmenden Urbanisierung aufgewogen würde. Der Faktor, der sich am stärksten in der Zunahme der Zahl der vorzeitigen Todesfälle durch Luftverschmutzung niederschlägt, ist die Bevölkerungsalterung im OECD-Raum, in den BRIICS und auch in den Ländern der übrigen Welt.

Abbildung 6.6 Vorzeitige Todesfälle in Verbindung mit bodennahem Ozon weltweit: Basisszenario

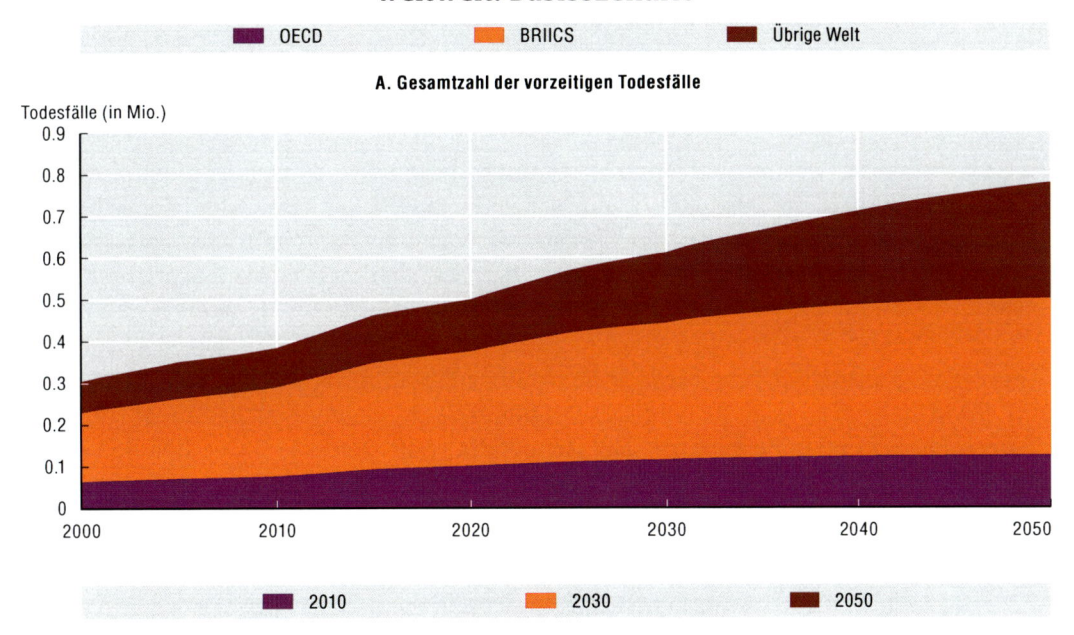

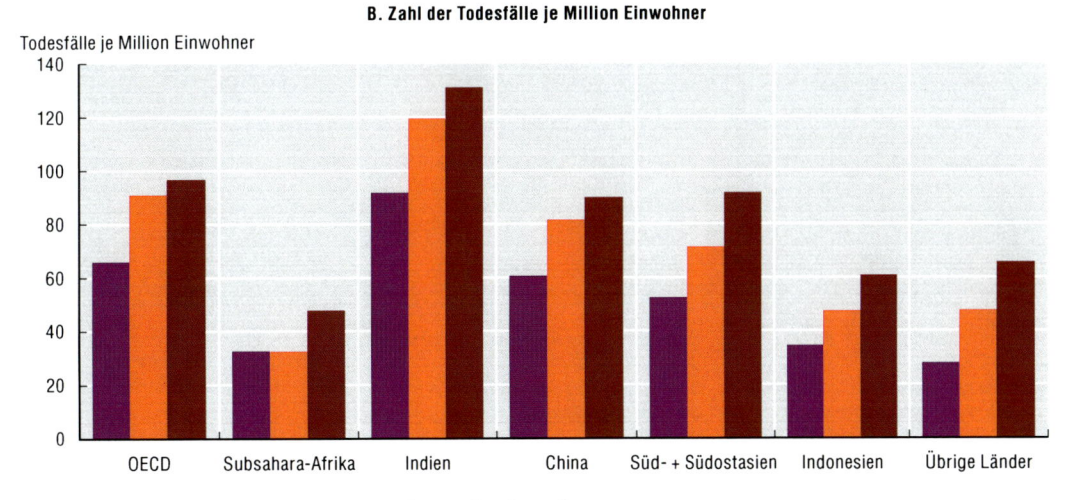

Anmerkung: Süd- und Südostasien ohne Indien und Indonesien.
Quelle: Basisszenario des *OECD-Umweltausblicks*; Ergebnisse von Berechnungen anhand der IMAGE-Modellreihe.
StatLink http://dx.doi.org/10.1787/888932571627

vorzeitigen Todesfälle in China und Asien gezählt werden. Berichtigt um die Einwohnerzahl dürften jedoch in den OECD-Ländern zwischen 2010 und 2050 mit die höchsten Sterberaten im Zusammenhang mit Ozon verzeichnet werden, höhere Werte werden wohl nur in Indien zu beobachten sein (Abb. 6.6, Teil B).

Heutiger Stand der Politik im Bereich Luftverschmutzung

Es gibt ein breites Spektrum an Politikkonzepten zur Begrenzung der Luftverschmutzung im Freien[3]. In Tabelle 6.3 sind Beispiele verschiedener Konzepte zur Luftreinhaltung zusammengefasst. In vielen Ländern werden ordnungsrechtliche Ansätze („Command and Control") angewendet, die auf regulatorischen Vorgaben beruhen und durch verschiedene wirtschaftliche Instrumente, z.B. Steuern und handelbare Emissionsrechte, ergänzt werden. In mehreren Ländern wurden in den letzten Jahren auch freiwillige Programme eingeführt, die z.B. auf den Austausch stark verschmutzender alter Herde, Heizgeräte oder Fahrzeuge durch neue Geräte bzw. Fahrzeuge abzielen. Diese verschiedenen Ansätze werden nachstehend eingehender erörtert.

In den meisten OECD-Ländern wurden Politikmaßnahmen im Bereich der Luftreinhaltung in den vergangenen 10-15 Jahren zunehmend integriert, wodurch ihre Kosteneffizienz gestiegen ist. Beispiele hierfür sind das Clean Air Act in den Vereinigten Staaten, die Vereinbarung über Luftreinhaltung (Air Quality Agreement) zwischen Kanada und den Vereinigten Staaten, die Strategie „Clean Air for Europe" („Saubere Luft für Europa") und die National Environment Protection Measure for Ambient Air Quality in Australien; mit diesen verschiedenen Maßnahmen wurden Richtwerte für die Luftqualität vorgegeben, wobei es vor allem darum ging, Ziele für die Verringerung der Emissionen verschiedener Luftschadstoffe aus stationären Quellen zu setzen. Diese Rahmenregelungen umfassen Gesetzesprogramme für verschiedene Sektoren, z.B. Stromerzeugung, Verkehr, Industrie und Privathaushalte. In den Nicht-OECD-Ländern gibt es weniger Beispiele für solche zusammenhängenden Programme zur Luftreinhaltung. Derzeit richtet sich das Augenmerk großenteils auf spezifische Maßnahmen zur Eindämmung der Emissionen des Verkehrssektors, sowohl durch Normen als auch durch wirtschaftliche Instrumente.

Tabelle 6.3 **Ausgewählte Ansätze für die Luftreinhaltung**

Regulatorische/ ordnungsrechtliche Ansätze	Wirtschaftliche Instrumente	Sonstige
■ Luftqualitätsnormen ■ Grenzwerte für Industrieemissionen, technische Standards ■ Berichtspflichten für stationäre Quellen (z.B. mit Schadstofffreisetzungs- und -verbringungsregistern) ■ Emissionsgrenzwerte für Kfz (Abb. 6.7) ■ Normen für die Kraftstoffqualität ■ Kfz-Inspektions- und -Wartungsprogramme	■ Handelbare Emissionsrechte für stationäre Quellen (z.B. für SO_2-Emissionen im Rahmen des Clean Air Act der Vereinigten Staaten) ■ Kraftstoffsteuern (Abb. 6.9) ■ City-Mautgebühren ■ Emissionsteuern (Abb. 6.8) ■ Finanzielle Anreize für die Entwicklung alternativer bzw. erneuerbarer Kraftstoffe und fortschrittlicher Verkehrstechnologien (wie z.B. mit dem Programm DRIVE in Kalifornien)	■ Datenerfassung: – Überwachung von Emissionen und Luftqualität; – Kosten-Nutzen-Analysen für die Politikevaluierung (einschl. einer ökonomischen Bewertung von Gesundheitsfolgen); – Aufklärung der Öffentlichkeit (z.B. mit dem kanadischen Air Quality Health Index) ■ Kfz-Abwrackprogramme ■ Internationale Übereinkommen (wie z.B. das Übereinkommen über weiträumige grenzüberschreitende Luftverunreinigung) ■ Initiativen zur Förderung von Telearbeit (wie das 2010 in den Vereinigten Staaten verabschiedete Telework Enhancement Act)

Regulatorische Ansätze

In den meisten Ländern gibt es *Normen für die Luftqualität*, mit denen die Gesundheit der Bevölkerung geschützt werden soll. Diese Normen stützen sich häufig auf die Luftgüteleitlinien der Weltgesundheitsorganisation (Tabelle 6.2). Die Grenzwerte für die Feinstaubbelastung beziehen sich im Allgemeinen auf Tages- oder Jahresdurchschnittswerte, manchmal auch auf stündliche Durchschnittswerte. Die Grenzwerte für die gefährlicheren $PM_{2,5}$-Partikel sind niedriger angesetzt (d.h. strenger) als die für PM_{10}-Partikel, und die Grenzwerte für den Jahresmittelwert sind strenger als die für den Tagesdurchschnitt.

Die Länder regulieren auch spezifische Luftschadstoffemissionen aus Punktquellen, wobei sie auf Grenzwerte, Überwachung und Berichtsauflagen setzen. Ein Beispiel hierfür ist das Clear Air Act in den Vereinigten Staaten. Der Europäischen Umweltagentur zufolge ist die industrielle Verbrennung (in Kraftwerken, Raffinerien und Industrieanlagen) für einen Großteil der Emissionen von Feinstaub und versauernden Schadstoffen in Europa verantwortlich (EUA, 2010). Zu den wichtigsten Instrumenten, die innerhalb der Europäischen Union eingeführt wurden, gehören die Richtlinie über Großfeuerungsanlagen (Europäische Kommission, 2001) und die Richtlinie über die integrierte Vermeidung und Verminderung der Umweltverschmutzung (Europäische Kommission, 1996), die beide u.a. den Einsatz der „besten verfügbaren Techniken" zur Eindämmung von Schadstoffbelastungen vorschreiben.

Für die *Emissionen von Kraftfahrzeugen* wurden in den meisten Ländern ebenfalls Grenzwerte festgelegt. In Abbildung 6.7 sind die Entwicklungen bei den Grenzwerten für die Kohlenwasserstoff-(HC-)[4] und Stickoxid-(NO_x-)Emissionen von Personenkraftwagen mit Ottomotor in den Vereinigten Staaten, Japan und der Europäischen Union im Zeitraum 1970-2010 dargestellt. Aus dieser Abbildung geht klar hervor, dass die Emissionsgrenzwerte in diesen Regionen bzw. Ländern im Lauf der Zeit immer strenger wurden. Lange Zeit waren die Grenzwerte für diese Luftschadstoffe in der Europäischen Union höher angesetzt als in Japan und den Vereinigten Staaten, heute sind sie dort jedoch genauso streng. Bei den

Abbildung 6.7 **Grenzwerte für die HC- und NO_x-Emissionen von Pkw mit Ottomotor in den Vereinigten Staaten, Japan und der EU, 1970-2010**

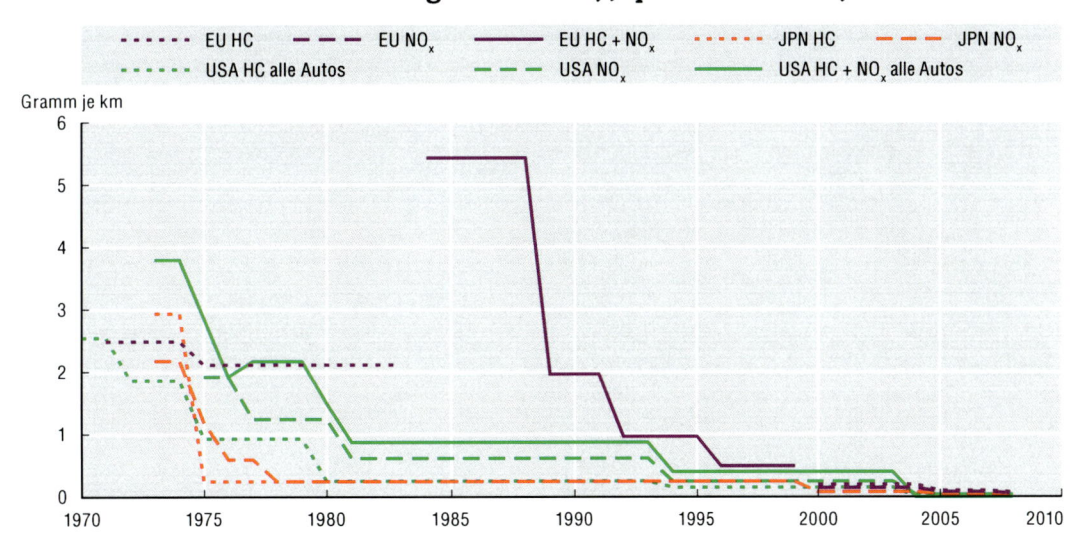

Anmerkung: HC = Kohlenwasserstoff; NO_x = Stickoxide
Quelle: OECD (2010c), *Fuel Taxes, Motor Vehicle Emission Standards and Patents related to the Fuel-Efficiency and Emissions of Motor Vehicles*, OECD, Paris.

6. GESUNDHEIT UND UMWELT

Emissionsgrenzwerten für Diesel-Pkw sind in diesen Ländern ähnliche Entwicklungen zu beobachten.

Wirtschaftliche Instrumente

Systeme zum Handel mit Emissionsrechten nach dem Cap-and-Trade-Prinzip (vgl. Kapitel 3) können Industriebetrieben die Möglichkeit geben, flexibler darüber zu entscheiden, auf welche Weise sie ihre Emissionen senken. Mit der 1990 verabschiedeten Novelle des Clean Air Act in den Vereinigten Staaten wurden beispielsweise nicht nur die Bestimmungen für eine Reihe von Emissionsquellen verschärft, sondern wurde auch ein Cap-and-Trade-System für die SO_2-Emissionen von Kohlekraftwerken eingeführt. Damit wurde es möglich, einen großen Teil der Emissionsreduktionen statt mit den SO_2-Wäschern, die zuvor in den Anlagen installiert werden mussten, durch kostengünstigere Methoden zu erzielen (z.B. durch die Umstellung auf schwefelarme Kohle) (Burtraw et al., 2005).

Seit 1999 ist im Nordosten der Vereinigten Staaten – von Maryland bis Maine sowie im District of Columbia und in einigen Counties von Virginia – auch ein Cap-and-Trade-System zur Verringerung der NO_x-Emissionen in Kraft. Ziel dieses Systems ist es, den regionalen Transport von Ozon einzudämmen, damit die im Clean Air Act festgeschriebenen Grenzwerte für bodennahes Ozon eingehalten werden können. In Südkalifornien wurde ebenfalls ein regionales Programm für den Handel mit NO_x-Emissionsrechten – RECLAIM – eingeführt (Burtraw et al., 2005).

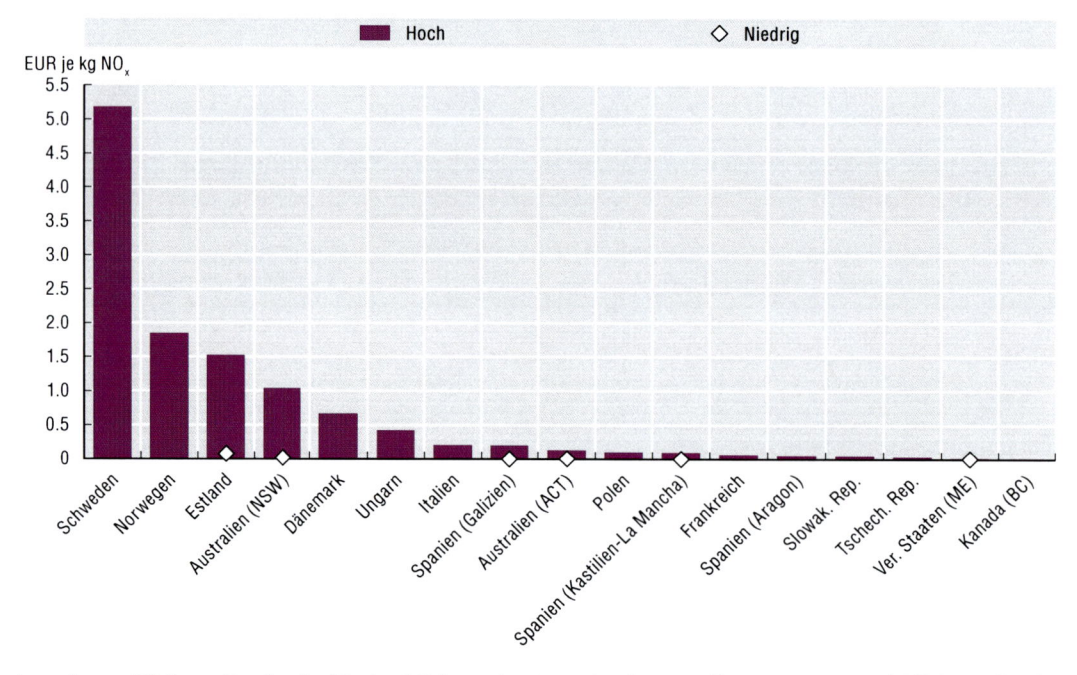

Abbildung 6.8 Höhe der Steuern auf NO_x-Emissionen in ausgewählten OECD-Ländern, 2010

Anmerkung: „Höchster Satz" steht für den höchsten in einem Land anwendbaren Steuersatz (üblicherweise der Regelsatz), „Niedrigster Satz" steht für den niedrigsten in einem Land geltenden Steuersatz (was sich im Allgemeinen danach richtet, wann, wo und wie die Emissionen verursacht werden). Für Australien steht NSW für den Bundesstaat New South Wales und ACT für Australia Capital Territory; für Spanien steht Kastilien-La Mancha für die gleichnamige Autonome Gemeinschaft; für die Vereinigten Staaten steht ME für den Bundesstaat Maine; für Kanada steht BC für die Provinz British Columbia.

Quelle: OECD/EEA Database on Environmentally Related Taxes, verfügbar unter: www.oecd.org/env/policies/database.

StatLink http://dx.doi.org/10.1787/888932571684

6. GESUNDHEIT UND UMWELT

In Korea wurde ein Emissionshandelssystem für SO_x und NO_x eingerichtet, mit dem die Emissionen aus großen Punktquellen im Großraum Seoul eingedämmt werden sollen (OECD, 2010a). In Kanada gibt es in der Provinz Ontario seit 2001 ein Programm für den Handel mit NO_x- und SO_2-Emissionsrechten, um die Emissionen des Kraftwerkssektors zu senken (Ontario, 2001).

In einer Reihe von OECD-Ländern werden die gemessenen oder geschätzten NO_x-Emissionen aus großen Emissionsquellen mit Steuern belegt (Abb. 6.8). Die Höhe dieser Steuern variiert erheblich, die höchsten Steuersätze gelten in den nordischen Ländern[5], in Estland und im australischen Bundesstaat New South Wales. In einigen anderen Ländern sind diese Steuern hingegen so niedrig angesetzt, dass sie kaum einen Effekt auf die Höhe der Emissionen haben dürften.

Mit ausreichend hohen Kraftstoffsteuern kann darauf Einfluss genommen werden, wie viele Kraftfahrzeuge gekauft werden, wie groß diese Fahrzeuge sind und wie kraftstoffsparend sie sind, was sich auch auf das Emissionsvolumen je zurückgelegten Kilometer auswirkt. Relativ niedrig angesetzte Kraftstoffsteuern haben im Allgemeinen nur einen geringen Effekt auf die Zahl der Fahrzeuge und die Häufigkeit ihrer Benutzung. Die Höhe der Kraftstoffsteuern variiert erheblich innerhalb des OECD-Raums (Abb. 6.9).

Da die NO_x-Emissionen von Dieselfahrzeugen deutlich höher sind als die von Benzinfahrzeugen[6], hat der relative Anteil dieser beiden Fahrzeugtypen großen Einfluss auf die lokale Luftqualität. Der in den meisten Ländern bestehende Steuervorteil für Dieselkraftstoff (im Vergleich zu Benzin) ist einer der Gründe für die Zunahme des Anteils der Dieselfahrzeuge.

Ein wesentlicher Grund für die steuerliche Bevorzugung von Dieselfahrzeugen ist die zunehmende Ausrichtung auf die Besteuerung der Kohlendioxid-(CO_2-)Emissionen durch eine am Emissionsvolumen orientierte Steuerdifferenzierung. Dieselfahrzeuge verursachen

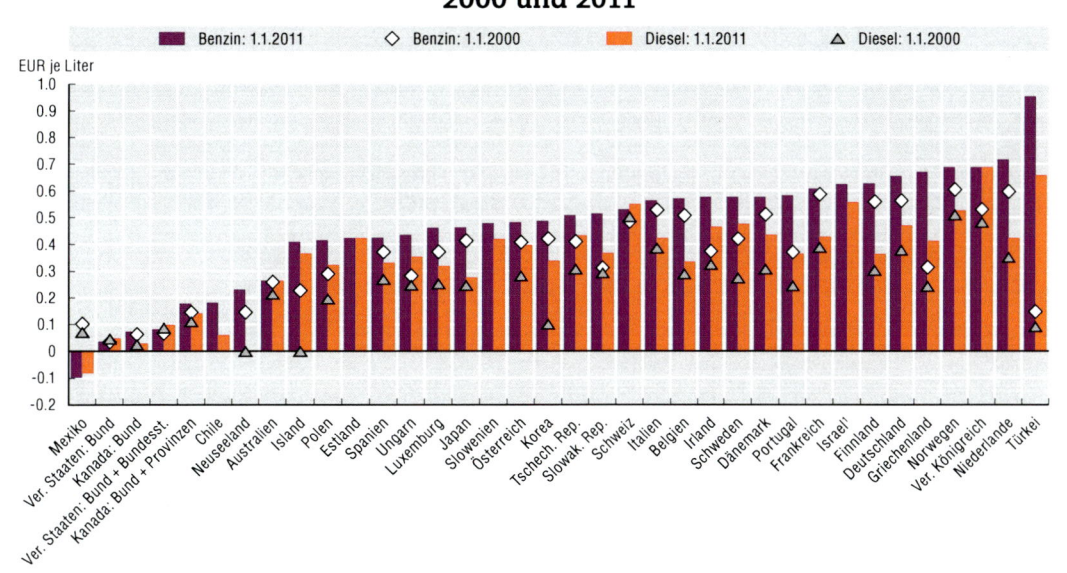

Abbildung 6.9 **Steuern auf Benzin- und Dieselkraftstoffe in OECD-Ländern, 2000 und 2011**

1. Die statistischen Daten für Israel wurden von den zuständigen israelischen Stellen bereitgestellt, die für sie verantwortlich zeichnen. Die Verwendung dieser Daten durch die OECD erfolgt unbeschadet des völkerrechtlichen Status der Golanhöhen, von Ost-Jerusalem und der israelischen Siedlungen im Westjordanland.

Quelle: *OECD/EEA Database on Environmentally Related Taxes*, verfügbar unter: *www.oecd.org/env/policies/database*.

StatLink http://dx.doi.org/10.1787/888932571703

auf Grund der höheren Kraftstoffeffizienz von Dieselmotoren in der Regel weniger CO_2-Emissionen je zurückgelegten Kilometer als Fahrzeuge mit Ottomotor. Dieser Vorteil in Bezug auf die CO_2-Emissionen ist jedoch vollständig „internalisiert", d.h. die Einsparungen kommen den Fahrern direkt zugute. So gesehen scheint eine steuerliche Vorzugsbehandlung für Dieselkraftstoff nicht gerechtfertigt. Die CO_2-Emissionen *je Liter* sind für Dieselkraftstoff im Übrigen höher als für Benzin. Zudem sind die Nachteile von Dieselfahrzeugen in Bezug auf ihre NO_x-Emissionen nicht internalisiert, da ihre negativen Gesundheitsauswirkungen nicht vom Fahrer getragen werden, sondern von der Öffentlichkeit. Für die Fahrer besteht kein wirtschaftlicher Anreiz, diesen Gesundheitsauswirkungen bei der Entscheidung darüber, welche Art Fahrzeug sie kaufen, Rechnung zu tragen.

Die Umstellung im Fahrzeugpark zu Gunsten von Dieselfahrzeugen, die durch die Ausrichtung der Kfz-Besteuerung an den CO_2-Emissionen bedingt ist, ließe sich „korrigieren". In Israel ist dies vor kurzem geschehen, indem die Steuer auf Kfz-Käufe um ein gestaffeltes Bonussystem ergänzt wurde, in dem *auch* die Kohlenmonoxid-(CO-), HC-, NO_x- und PM_{10}-Emissionen berücksichtigt sind[7]. Dies könnte erhebliche Auswirkungen auf die Zusammensetzung des Fahrzeugsparks in Israel haben, zumal die Kfz-Steuer dort bereits relativ hoch ist.

Bei Überlegungen über Politikoptionen zur Verringerung der Kfz-Emissionen gilt es zu berücksichtigen, dass mit Emissionsgrenzwerten (und einmaligen Kfz-Anmeldegebühren) nur die Emissionen von Neufahrzeugen beeinflusst werden können, während ein sehr großer Teil der Luftschadstoffemissionen von Altfahrzeugen ausgeht. Mit Kraftstoffsteuern können hingegen die Emissionen älterer Fahrzeuge beeinflusst werden, da höhere Kraftstoffsteuern bewirken können, dass die fraglichen Fahrzeuge weniger häufig benutzt werden. Darüber hinaus ist festzustellen, dass die Fahrzeuge zwar im Allgemeinen kraftstoffsparender werden, die damit verbundenen Vorteile aber dadurch wieder aufgehoben werden, dass sie über weitere Strecken gefahren werden. Maßnahmenpakete zur Verringerung der Kfz-Emissionen müssen folglich auch Optionen umfassen, mit denen die Zahl der in Personenkraftwagen zurückgelegten Kilometer reduziert werden kann, was mit Maßnahmen zur Verkehrsverlagerung („Modal-Shift") möglich ist (z.B. durch die Förderung der Nutzung öffentlicher Verkehrsangebote). Des Weiteren könnten Anreize für Verhaltensänderungen im Berufs- und Privatleben geschaffen werden (z.B. für Fahrgemeinschaften, Telekonferenzen, Telearbeit).

Wie sieht das Kosten-Nutzen-Verhältnis gesetzlicher Maßnahmen zur Senkung der Luftverschmutzung aus?

Es wurden mehrere Studien durchgeführt, um den ökonomischen Wert der Gesundheitseffekte gesetzlicher Maßnahmen zur Senkung der Luftverschmutzung zu quantifizieren; diese Schätzungen gründen sich häufig auf die Zahl der vermiedenen vorzeitigen Todesfälle. Die Umweltschutzbehörde der Vereinigten Staaten untersuchte beispielsweise die Nutzeffekte und Kosten sämtlicher mit der Novelle des Clean Air Act von 1990 (CAAA) eingeführter Maßnahmen zur Verringerung der Luftverschmutzung. Die im Rahmen dieser Untersuchung durchgeführten Schätzungen ergaben, dass sich die Zahl der durch die CAAA-Maßnahmen gewonnenen Lebensjahre bis 2020 insgesamt auf 1,9 Millionen belaufen könnte und dass die Nutzeffekte dieser Maßnahmen 28mal höher sein dürften als ihre Kosten (US EPA, 2010).

Eine im Vereinigten Königreich erstellte Studie der Inter-departmental Group on Costs and Benefits ergab, dass das Kosten-Nutzen-Verhältnis zahlreicher Maßnahmen zur Eindämmung der Emissionen des Verkehrssektors positiv ist (DEFRA, 2007). Dieser Analyse zufolge sind Maßnahmen, um ältere Fahrzeuge aus den Verkehr zu ziehen, als Politikoptionen weniger zu empfehlen. Das Kosten-Nutzen-Verhältnis von Maßnahmen zur Verringerung der Feinstaubemissionen erwies sich hingegen in allen Politikvarianten durchgehend als positiv. Das Kosten-Nutzen-Verhältnis von Maßnahmen zur Verringerung der Ozonemissionen war allerdings in vielen – wenn nicht sogar den meisten – Politikvarianten negativ.

Die Europäische Umweltagentur (EUA, 2010) stellte fest, dass nach der Einführung der europäischen Emissionsgrenzwerte für Kraftfahrzeuge (die sogenannten „Euro-Normen") Anfang der 1990er Jahre deutliche Emissionssenkungen erzielt wurden, insbesondere bei den CO-Emissionen und den Emissionen flüchtiger organischer Verbindungen ohne Methan (NMVOC). 2005 lagen die CO-Emissionen 80% unter dem für ein Szenario ohne entsprechende Maßnahmen projizierten Niveau, und die NMVOC-Emissionen waren um 68% niedriger. Die NO_x-Emissionen waren 40% geringer als im Szenario ohne entsprechende Maßnahmen, und die $PM_{2,5}$-Emissionen waren um 60% niedriger, wobei der Rückgang Mitte der 1990er Jahren eingesetzt hatte. Carslaw et al. (2011) weisen allerdings darauf hin, dass die Schätzungen der EUA für die NO_x-Emissionen von Kraftfahrzeugen zu optimistisch sein könnten.

Die EUA stellte auch fest, dass die NO_x-Emissionen der Industrie nach der Einführung der EU-Richtlinien über die integrierte Vermeidung und Verminderung der Umweltverschmutzung sowie über Großfeuerungsanlagen zwischen 1990 und 2005 zurückgegangen sind. Seitdem sind sie aber mehr oder minder unverändert geblieben. Die SO_2-Emissionen konnten deutlicher gesenkt werden. Schätzungen zufolge sind die Feinstaubemissionen aus der industriellen Verbrennung stärker gesunken als die des Straßenverkehrs, wobei der deutlichste Rückgang in den großen Industriegebieten in Deutschland, in der italienischen Poebene, in den Niederlanden und in Polen verzeichnet wurde. Die positiven Gesundheitseffekte dieses Rückgangs der $PM_{2,5}$-Emissionen würden einer Verringerung der Zahl der verlorenen Lebensjahre (YLL) um rd. 60% im Vergleich zu einem Szenario ohne Maßnahmen zur Eindämmung der Luftverschmutzung entsprechen.

Weitere Maßnahmen sind erforderlich

Synergien zwischen verschiedenen Politikbereichen optimal nutzen

Mit Maßnahmen, die auf mehrere Ziele gleichzeitig ausgerichtet sind (z.B. auf Ziele ökologischer, sozialer und wirtschaftlicher Art), können die Nutzeffekte wirkungsvoll maximiert werden. Diese Möglichkeit bietet sich im Hinblick auf den Klimaschutz und die Verbesserung der menschlichen Gesundheit, da einige Luftschadstoffe zugleich Treibhausgase sind (Kasten 6.3). Eine Verringerung der Treibhausgasemissionen hat langfristige Auswirkungen auf den Klimawandel, während sich die Vorteile der Senkung der lokalen Luftschadstoffemissionen rascher bemerkbar machen dürften. Umgekehrt ist dies natürlich ebenfalls der Fall, insofern Zielvorgaben für die Senkung der lokalen Luftverschmutzung wahrscheinlich langfristige positive Auswirkungen auf die Klimaentwicklung haben.

Durch die Regulierung der Emissionen von Methan, einem äußerst starken Treibhausgas, das zugleich einer der Vorläuferstoffe für die Bildung von Ozon ist, könnten beispielsweise doppelte Dividenden erzielt werden, nämlich sowohl im Hinblick auf den Gesundheitszustand der Bevölkerung als auch auf den Klimawandel. Da die bodennahen Ozonkonzentrationen von Region zu Region unterschiedlich sind, hätten Maßnahmen zur Senkung der Emissionen sowohl positive globale Effekte auf das Klima als auch verschiedene regionale Nutzeffekte, nicht nur in Form einer Verringerung der Häufigkeit von Asthma und der Sterberaten, sondern auch einer Steigerung der Ernteerträge (vgl. Kapitel 3 zum Klimawandel).

> **Kasten 6.3 Luftschadstoffe und Treibhausgase**
>
> Luftverschmutzung und Klimawandel sind Umweltprobleme, die eng miteinander zusammenhängen. Die Energienutzung und der Verkehrssektor spielen eine wichtige Rolle als Verursacher dieser beiden Probleme, und Maßnahmen zur Bekämpfung des Klimawandels dürften auch erhebliche positive Zusatzeffekte im Hinblick auf die Verringerung der Luftverschmutzung und ihrer negativen Auswirkungen auf Gesundheit und Ökosysteme haben.
>
> Vielfach sind es die gleichen Schadstoffe, die für den Klimawandel und die Luftverschmutzung verantwortlich sind. Bodennahes Ozon ist z.B. auch ein wichtiges Treibhausgas. Durch eine Verringerung der gasförmigen Ozonvorläuferstoffe Methan (CH_4) und Kohlenmonoxid (CO) – die beide sowohl direkt als auch indirekt, d.h. über die Bildung von CO_2, als Treibhausgase wirken – könnten die Ozonkonzentrationen verringert und der Klimawandel gebremst werden. Methan gilt als ein kurzlebiger „Klimatreiber", ähnlich wie Dieselruß, weil es nur ungefähr 12 Jahre in der Atmosphäre erhalten bleibt, wesentlich weniger lang als das langlebigere Kohlendioxid. Methan ist nach Kohlendioxid auch der zweitwichtigste Beitragsfaktor zur anthropogenen Klimaerwärmung (Forster et al., 2007).
>
> Rußpartikel absorbieren Sonnenstrahlung und können zur Erwärmung der Atmosphäre beitragen, indem sie Infrarotlicht reflektieren. Dieser Effekt setzt sich fort, wenn sich die Rußpartikel auf Schnee- oder Eisflächen ablagern, da die dunkler werdenden Flächen dann mehr Sonnenlicht absorbieren, wodurch der Schmelzprozess beschleunigt wird (vgl. Kapitel 3).
>
> Die aus SO_2 und NO_x gebildeten Partikel können das Klima ebenfalls beeinflussen, sowohl direkt, indem sie Sonnenlicht reflektieren oder absorbieren, als auch indirekt, indem sie als Kondensationskerne für die Wolkenbildung wirken. Diese Arten von Aerosolen haben im Allgemeinen netto einen kühlenden Effekt auf die Atmosphäre.

Es gibt zahlreiche Beispiele für Maßnahmen zur Senkung der Methanemissionen. Dazu gehören Maßnahmen zur Förderung von Änderungen der landwirtschaftlichen Praktiken, die Versiegelung von undichten Stellen in Erdgaspipelines und -speichern und das Auffangen von Methan aus Mülldeponien. Solche Maßnahmen ermöglichen es häufig, Kosten zu sparen, und sind teilweise sogar gewinnbringend, da Methan als Hauptbestandteil von Erdgas auch gehandelt werden kann (US EPA, 2006). Methan gehört zu den im Kyoto-Protokoll erfassten Gasen und ist daher Teil des Clean-Development-Mechanismus (CDM) (vgl. Kapitel 3). Viele CDM-Projekte haben gezeigt, dass Maßnahmen zur Verringerung der Methanemissionen nicht nur kostengünstig sein, sondern Entwicklungsländern und Projektentwicklern auch Einnahmen bringen können (Clapp et al., 2010).

Doch obwohl sich verschiedene Möglichkeiten bieten, um „Win-Win"-Optionen zu entwickeln, mit denen sowohl dem Klimawandel als auch den Gesundheitsfolgen der Luftverschmutzung begegnet werden kann, können in manchen Bereichen auch Zielkonflikte auftreten (Kasten 6.4).

Den Policy Mix richtig gestalten

Die Verringerung der Luftverschmutzung hat nicht nur direkte positive Auswirkungen auf den Gesundheitszustand der Bevölkerung, sondern bringt auch wirtschaftliche Nutzeffekte, z.B. in Form einer höheren Produktivität der Betroffenen bzw. ihrer Pflegepersonen, geringeren Ausgaben für Arzneimittel und medizinische Versorgung sowie geringeren Ausgaben zur Vermeidung des Kontakts mit Luftschadstoffen (z.B. Umgehung verschmutzter Gegenden oder Kauf von Luftfiltern). Folglich würde die Festsetzung eines

6. GESUNDHEIT UND UMWELT

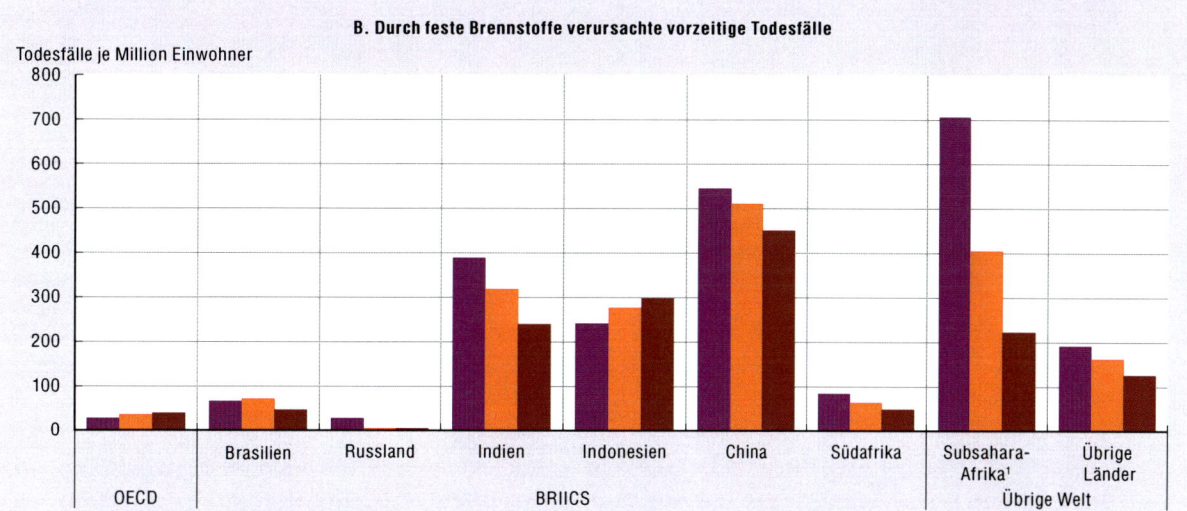

> **Kasten 6.4 Für eine kohärente Politik in den Bereichen Klimaschutz und Luftreinhaltung sorgen – Beispiel Luftverschmutzung in Innenräumen**
>
> Im Jahr 2000 waren 2,9 Milliarden Menschen zum Kochen auf traditionelle Brennstoffe (wie Feuerholz und Kuhdung) angewiesen, vor allem in Asien und Subsahara-Afrika (IEA, 2010). Laut dem Basisszenario des OECD-Umweltausblicks wird die Nutzung solcher festen Brennstoffe in Subsahara-Afrika bis 2030 weiter
>
> **Abbildung 6.10 Einsatz fester Brennstoffe und assoziierte vorzeitige Todesfälle: Basisszenario, 2010-2050** 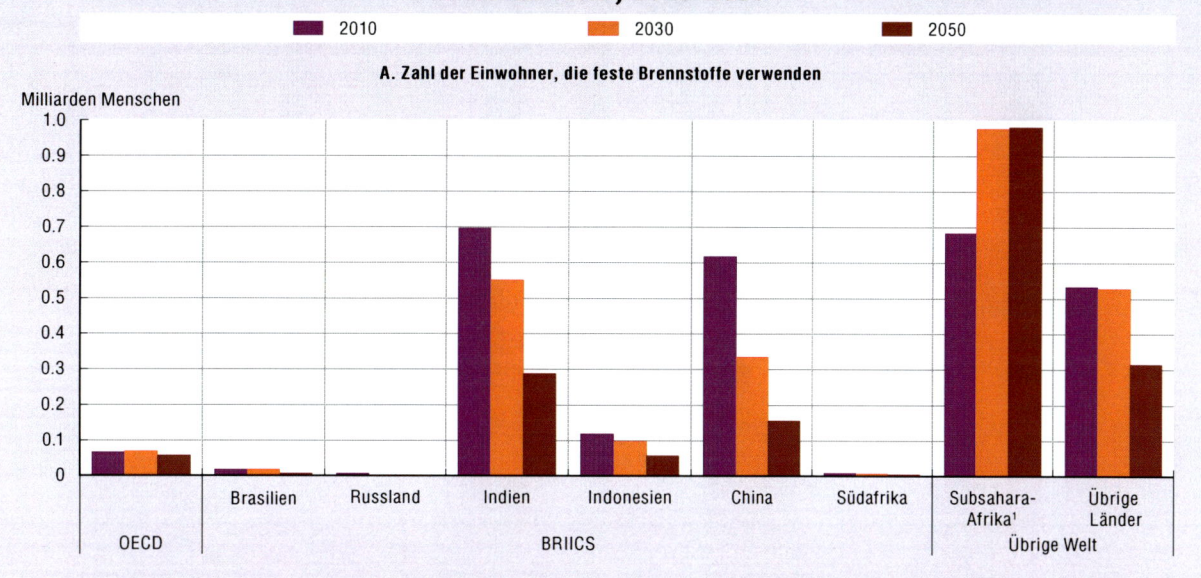
>
> *A. Zahl der Einwohner, die feste Brennstoffe verwenden*
>
> *B. Durch feste Brennstoffe verursachte vorzeitige Todesfälle*
>
> *Anmerkung:* Die zur Modellierung der Auswirkungen von Luftverschmutzung in Innenräumen verwendete Methode ist mit Unsicherheiten behaftet, insbesondere in Bezug auf die Umrechnung des Umfangs des Energieeinsatzes in privaten Haushalten in einen Grad der Exposition gegenüber Schadstoffemissionen aus der Nutzung fossiler Brennstoffe. In den verwendeten Datenquellen (WHO und IEA) wird mit unterschiedlichen Definitionen gearbeitet. Die WHO geht beispielsweise von der wichtigsten Energiequelle aus, während die IEA sich auf die Gesamtheit der eingesetzten festen fossilen Brennstoffe bezieht. Hinzu kommt, dass der Grad der Schadstoffexposition durch verbesserte Herde und/oder Belüftung (sei es nur durch das Öffnen eines Fensters beim Kochen) zwar erheblich gesenkt werden kann, dies in den Modellrechnungen auf Grund fehlender Daten aber unberücksichtigt bleibt.
> 1. Subsahara-Afrika ohne Republik Südafrika.
> *Quelle:* Basisszenario des *OECD-Umweltausblicks*; Ergebnisse von Berechnungen anhand der IMAGE-Modellreihe.
>
> StatLink ⟶ http://dx.doi.org/10.1787/888932571722
>
> *(Fortsetzung nächste Seite)*

> (Fortsetzung)
>
> zunehmen (Abb. 6.10, Teil A). In den aufstrebenden Volkswirtschaften Brasilien, Indien, Indonesien, China und Südafrika hat sich die Abhängigkeit von traditionellen festen Brennstoffen für Koch- und Heizzwecke seit den 1990er Jahren jedoch verringert, und dieser Trend wird sich in den kommenden vierzig Jahren voraussichtlich fortsetzen. Laut den Projektionen des Basisszenarios wird die weltweite Zahl der durch die Nutzung fester Brennstoffe bedingten Todesfälle in den nächsten Jahrzehnten abnehmen (Abb. 6.10, Teil B). Der Grund dafür sind steigende Einkommen (die den Kauf saubererer Energieträger ermöglichen) sowie eine bessere Gesundheitsversorgung. Während die Zahl der Todesfälle infolge von Entzündungen der Atemwege in Südasien und Subsahara-Afrika abnehmen dürfte, wird die Zahl der Todesfälle infolge von chronischen obstruktiven Lungenerkrankungen (COPD) in Südost- und Südasien wahrscheinlich zunehmen, was hauptsächlich der Alterung der Bevölkerung zuzuschreiben ist.
>
> Es ist möglich, dass die Klimaschutzpolitik zu weltweit höheren Preisen für auf fossilen Brennstoffen basierenden Energiequellen wie Petroleum und Flüssiggas (LPG) führen wird. Sollte das geschehen, könnten solche weniger verschmutzenden Brennstoffe für arme Haushalte zu teuer werden, was den Verzicht auf traditionelle Energiequellen erschweren dürfte. In diesem Fall könnte die projizierte Zahl der vorzeitigen Todesfälle steigen. Um dies zu veranschaulichen, wurden in der Simulationsrechnung für das Politikszenario, in dem der Klimawandel durch die Einführung einer globalen, für alle Energieverbraucher – einschließlich der privaten Haushalte – geltenden CO_2-Steuer gebremst werden soll, die Auswirkungen dieser Politik auf die Zahl der vorzeitigen Todesfälle im Zusammenhang mit Innenraumluftverschmutzung geschätzt (vgl. Kapitel 3 zum Klimawandel). Diese stilisierte Simulationsrechnung legt den Schluss nahe, dass höhere Energiekosten dazu führen könnten, dass die Zahl der Menschen, die keinen Zugang zu modernen Energiequellen haben, im Jahr 2050 um 300 Millionen höher sein könnte. Das hätte wiederum zur Folge, dass 2050 im Vergleich zum Basisszenario 300 000 vorzeitige Todesfälle mehr verzeichnet würden. Um dies zu verhindern, wären gezielte Maßnahmen nötig, um armen Haushalten saubere Energiealternativen zu bieten. Mögliche Optionen hierfür wären öffentlich-private Partnerschaften zur Förderung des Einsatzes neuer Modelle von Herden, die eine effizientere Verbrennung bei höheren Temperaturen ermöglichen (ein Beispiel für eine solche Partnerschaft ist die Global Alliance for Clean Cookstoves) sowie Aufklärungskampagnen über die Notwendigkeit einer ausreichenden Belüftung von Innenräumen.
>
> Es gibt allerdings noch andere Quellen der Luftverschmutzung in Innenräumen, die in OECD-Ländern stärker verbreitet sind, darunter Feuchtigkeit und Schimmel, durch Heiz- oder Kochgeräte verursachte Verbrennungsnebenprodukte sowie die Freisetzung von Chemikalien, die in Produkten enthalten sind. Auch der Klimawandel könnte Auswirkungen auf die Luftqualität in Innenräumen haben, bedingt durch in Gebäuden vorgenommene Umbauten zum Schutz gegen klimatische Bedingungen (z.B. starke Isolierung), durch die die Bewohner Luftschadstoffen in Innenräumen stärker ausgesetzt wären.

Preises für Luftschadstoffemissionen nicht nur gesundheitliche Nutzeffekte bringen, sondern könnte auch positive Auswirkungen auf die Wirtschaft haben. Marktorientierte Instrumente, z.B. Steuern und handelbare Emissionsrechte, sind die direktesten Formen der Festsetzung eines Preises für Schadstoffemissionen. Der Hauptvorteil von marktorientierten Instrumenten im Vergleich zu den meisten anderen Maßnahmenarten ist, dass sie auf allen Ebenen zum Tragen kommen und Anreize für die Entwicklung, Verbreitung und Einführung von Umwelttechnologien schaffen (OECD, 2010a).

Schwierig ist die Bekämpfung der Luftverschmutzung u.a. deshalb, weil viele der wichtigsten Verursachersektoren (z.B. Stromversorgung und Verkehr) Merkmale aufweisen, die weiter reichende Politikreformen erforderlich machen (OECD, 2011b). Auf Grund der Langlebigkeit der physischen Infrastruktur, der Wechselbeziehungen zwischen den verschiedenen Elementen der Leistungserbringung und dem komplexen regulatorischen Hintergrund kann die Umstellung auf einen umweltverträglicheren Entwicklungspfad relativ langwierig und kostenintensiv sein, wenn sie anstatt mit einem umfassenderen Maßnahmenkatalog allein über die Festsetzung eines Preises für Schadstoffemissionen herbeigeführt werden soll. Gezielte Unterstützung für FuE im Bereich Luftreinhaltungstechnologien kann beispielsweise eine wirkungsvolle ergänzende Maßnahme sein. Eine solche Förderung ist in wirtschaftlicher Hinsicht zwar kaum effizient, wenn sie isoliert vorgenommen wird, kann die Mitigationskosten aber reduzieren, wenn sie in Kombination mit anderen Instrumenten eingesetzt wird, mit denen direkt ein Preis für Schadstoffemissionen festgesetzt wird (Popp, 2006; OECD, 2009b). Dazu bedarf es einer Koordinierung zwischen einer Reihe von Politikbereichen sowie zukunftsgerichteter Vorgehensweisen, bei denen neue Anbieter nicht gegenüber den traditionellen Marktführern benachteiligt werden.

Die Förderung innovativer Technologien zur Senkung der Luftverschmutzung ist von entscheidender Bedeutung, um den notwendigen Wandel herbeizuführen. Mit einer flexiblen Politik können Innovationsträger dazu bewegt werden, Ressourcen in die Identifizierung kostenoptimierter Lösungen zu investieren, und kann Unternehmen und Privathaushalten die Möglichkeit gegeben werden, die in ihrem jeweiligen Kontext am besten geeigneten Technologien einzusetzen. Durch verlässliche politische Rahmenbedingungen können zudem einige der Unsicherheitsfaktoren reduziert werden, mit denen bei riskanten Investitionen in die Entwicklung innovativer Lösungen zu rechnen ist (OECD, 2011b; Johnstone et al., 2010). Wichtig sind auch organisatorische und verhaltensbezogene Innovationen.

Was wäre wenn ... die Luftschadstoffemissionen um bis zu 25% reduziert würden?

Um dies zu untersuchen, wurde eine Simulation eines hypothetischen Ansatzes zur Verringerung der Luftverschmutzung durchgeführt, mit dem die NO_x-, SO_2- und Rußemissionen um bis zu 25% reduziert werden könnten. In diesem Szenario wird die Zahl der vermiedenen vorzeitigen Todesfälle im Vergleich zum Basisszenario ohne neue Maßnahmen bis zum Jahr 2050 geschätzt (wegen näherer Einzelheiten vgl. Anhang 6.A)[8].

Laut den Projektionen dieses Szenarios wird etwa die Hälfte der gesamten Emissionsminderung durch nachgeschaltete (End-of-pipe-)Maßnahmen, wie z.B. an Schornsteinen angebrachte Gaswäscher und Abgaskatalysatoren bei Kfz, erzielt werden (Tabelle 6.4). In den BRIICS und den Ländern der übrigen Welt ist dieser Anteil etwas höher, da in den meisten OECD-Ländern entsprechende Maßnahmen bereits seit längerem umgesetzt wurden, so dass der Schwerpunkt dort stärker auf anderen Ansätzen liegen wird (z.B. Energieeffizienz). Diese Unterscheidung ist wichtig, da von strukturellen Maßnahmen in der Regel größere positive Zusatzeffekte im Hinblick auf den Klimaschutz ausgehen, was 2030 und 2050 in einer Verringerung der globalen CO_2-Emissionen um 5% im Vergleich zum Basisszenario resultiert.

Die positiven Auswirkungen auf den Gesundheitszustand der Bevölkerung im Vergleich zum Basisszenario werden den Projektionen zufolge – gemessen an der Zahl der vermiedenen vorzeitigen Todesfälle – sowohl 2030 als auch 2050 in den BRIICS am höchsten sein. Diese positiven Gesundheitseffekte könnten sogar noch größer ausfallen, wenn zusätzliche Maßnahmen in anderen Sektoren (z.B. Waldbrandbekämpfung und Verkehr) in die Analyse einbezogen würden. Trotz der relativ starken Verringerung der Emissionen, von der in dieser Simulation ausgegangen wird, wäre die Zahl der vermiedenen Todesfälle im Vergleich zum Basisszenario jedoch relativ bescheiden. Dies erklärt sich vermutlich daraus, dass die Luftschadstoffemissionen in einigen Städten, insbesondere in Asien, im Basisszenario weit über dem maximal vertretbaren Niveau liegen, weshalb eine gewaltige Reduktion erzielt werden müsste, bevor positive Auswirkungen auf den Gesundheitszustand der Bevölkerung zu beobachten wären. Zudem wird die zunehmende Urbanisierung, mit der in den nächsten vierzig Jahren zu rechnen ist, zusammen mit dem Anstieg der Zahl der älteren Menschen (die die am stärksten gefährdete Gruppe bilden) bei sonst gleichen Bedingungen zu einer

6. GESUNDHEIT UND UMWELT

Tabelle 6.4 **Auswirkungen des Szenarios mit Verringerung der Luftverschmutzung um 25%, 2030 und 2050[1]**

			OECD	BRIICS	Übrige Welt	Weltweit
2030	Policy Mix	Nachgeschaltete Maßnahmen[3]	47%	51%	56%	51%
		Strukturelle Maßnahmen[3]	53%	49%	44%	49%
	Verringerung der CO_2-Emissionen[2]		-5.4%	-6.4%	-1.4%	-5.1%
	Zahl der vermiedenen Todesfälle[2]		11 246	64 566	14 446	90 258
	Kosten-Nutzen-Verhältnis		~1	1.8	0.7	1.5
2050	Policy Mix	Nachgeschaltete Maßnahmen[3]	48%	60%	54%	56%
		Strukturelle Maßnahmen[3]	52%	40%	46%	44%
	Verringerung der CO_2-Emissionen[2]		-7.9%	-7.4%	-1.8%	-5.1%
	Zahl der vermiedenen Todesfälle[2]		17 754	119 238	40 302	177 294
	Kosten-Nutzen-Verhältnis		1.5	10	0.75	4.1

1. Erfasste Schadstoffe: NO_x, SO_2 und Ruß.
2. Im Vergleich zum Basisszenario.
3. Unterstellter prozentualer Anteil am Policy Mix.
Quelle: Projektionen des *OECD-Umweltausblicks*; Ergebnisse von Berechnungen anhand der IMAGE-Modellreihe.

Zunahme der vorzeitigen Todesfälle führen. All dies hat zur Folge, dass eine noch stärkere Verringerung der Luftschadstoffemissionen notwendig wäre, um die Zahl der vorzeitigen Todesfälle in nennenswerter Weise zu senken.

Eine überschlägige Berechnung der Nutzeffekte und Kosten für die einzelnen Regionen (vgl. Anhang 6.A) legt den Schluss nahe, dass das Kosten-Nutzen-Verhältnis in den BRIICS am höchsten sein dürfte, gefolgt von den OECD-Ländern und der übrigen Welt, und dass die Nutzeffekte 2050 wohl höher sein werden als 2030. Dabei gilt es jedoch zu erwähnen, dass die Nutzeffekte *stark abhängig* sind von dem in der Schätzung[9] zu Grunde gelegten Wert eines statistischen Menschenlebens (VSL) und dass die Verringerung der Morbidität nicht berücksichtigt ist (wegen näherer Einzelheiten vgl. Anhang 6.A).

3. Mangelhafte Wasser- und Sanitärversorgung

Auswirkungen auf die menschliche Gesundheit

2004 waren die mangelhafte Wasser- und Sanitärversorgung und die dadurch bedingte Exposition gegenüber pathogenen Mikroorganismen für etwa 1,6 Mio. Todesfälle und 6,3% des Verlusts von um Behinderungen bereinigten Lebensjahren (DALY) weltweit, hauptsächlich auf Grund von Durchfallerkrankungen, verantwortlich (WHO, 2009a). Kinder sind insofern am stärksten betroffen, als 20% der verlorenen DALY Kinder unter 14 Jahren und 30% der Todesfälle Kinder unter 5 Jahren betreffen (Prüss-Üstün et al., 2008). Nahezu 88% der weltweit durch Durchfallerkrankungen verursachten Todesfälle sind auf unzureichende Wasser-/Sanitärversorgung und Hygiene zurückzuführen, und 99% dieser Todesfälle ereignen sich in Entwicklungsländern (WHO, 2009a). Zusätzlich zur persönlichen Tragödie, die jeder einzelne Todesfall darstellt, sind diese Verluste mit erheblichen finanziellen Kosten für die Entwicklungsländer verbunden. Allein in Afrika belaufen sich die durch mangelnden Zugang zu einwandfreiem Trinkwasser (d.h. Wasser für den menschlichen Gebrauch) und sanitären Einrichtungen bedingten wirtschaftlichen Verluste auf etwa 5% des BIP jährlich (UN WWAP, 2009). In diesem Abschnitt werden die gesundheitlichen Folgen einer mangelhaften Wasser-

und Sanitärversorgung erörtert. Die in diesem Abschnitt verwendeten Daten werden auch in Kapitel 5 dieses Umweltausblicks zu Grunde gelegt, wo der Schwerpunkt eher auf dem Zugang zu verbesserter Wasserversorgung und sanitärer Grundversorgung liegt.

Wichtigste Trends und Projektionen im Bereich der Wasser- und Sanitärversorgung

Aktuelle Daten und in der Vergangenheit beobachtete Trends

Die Wasser- und Sanitärversorgung lässt sich in drei Versorgungsniveaus einteilen: keine Versorgung, „verbesserte" Versorgung (wie öffentliche Zapfstellen oder Brunnen) und Anschluss der Haushalte an das Wasserversorgungsnetz. Jede dieser Versorgungsarten ist mit einem spezifischen Risikopotenzial für das Aufkommen von Durchfallerkrankungen verbunden (Cairncross und Valdmanis, 2006). Diese Risikoniveaus hängen vom Grad der Urbanisierung, dem Einkommensniveau und der Bevölkerungsdichte ab. Wichtig ist es außerdem, den Sauberkeitsgrad des zur Verfügung gestellten Wassers zu betonen (Kasten 6.5) – eine verbesserte Versorgung durch den Anschluss von Haushalten an das Wasserversorgungsnetz liefert nicht unbedingt qualitativ einwandfreieres Wasser. Heute

---

Kasten 6.5 Ein Wort zur Wasseranalyse des OECD-Umweltausblicks

Die Basisprojektionen des OECD-Umweltausblicks zur Entwicklung der Anschlussquoten der Wasserversorgungs- und Abwasserentsorgungssysteme basieren auf einem Regressionsmodel, das Länderdaten des WHO/UNICEF Joint Monitoring Programme (JMP, vgl. den Anhang zu Kapitel 5) verwendet. Die gesundheitlichen Auswirkungen beruhen auf in der Fachliteratur dargelegten relativen Risiken, unter Berücksichtigung sowohl größerer Risiken, die auf die steigende atmosphärische Temperatur und die Zahl der untergewichtigen Kinder zurückzuführen sind, als auch von Risikominderungen, die durch mögliche Interventionen, wie die Aufnahme einer oralen Rehydrationstherapie, bedingt sind.

Die Kategorie „verbesserte" Wasser- und Sanitärversorgung umfasst ein breites Spektrum möglicher Zugangsformen, wobei für alle unterstellt wird, dass sie über dasselbe Gesundheitsrisikopotenzial verfügen. In der Analyse werden nur zwei Urbanisierungskategorien betrachtet – städtisch und ländlich. Diese Klassifizierung spiegelt möglicherweise nicht alle Gegebenheiten in städtischen Räumen wider (die auch Slums und wohlhabendere Gegenden umfassen). Auch wenn eine Erhöhung der Anschlussquoten an das öffentliche Wasser- und Abwassernetz (Wasserversorgung und Abwasserentsorgung) in städtischen Räumen einfacher sein dürfte, trifft es nicht immer zu, dass eine stärkere Urbanisierung einen verbesserten Zugang zur Folge hat. Sie könnte stattdessen zu erhöhten Gesundheitsrisiken führen, wenn die städtischen Bedingungen beispielsweise weniger günstig sind. Insgesamt mangelt es an empirischen Daten zur Kombination verschiedener Kategorien der Wasser- und Sanitärversorgung, obgleich die Gesundheitsrisiken speziell an Kombinationen der beiden Aspekte geknüpft sind. Daher wird davon ausgegangen, dass zwischen den beiden keine Interdependenzen bestehen, was die Einschätzung der Gesundheitsrisiken beeinträchtigen dürfte.

An dieser Stelle ist es ferner wichtig festzuhalten, dass die Daten zum Zugang zu Wasser- und Sanitärversorgung, wie sie vom Joint Monitoring Programme erhoben werden, nicht den Zugang zu sicherem Trinkwasser messen. Das Joint Monitoring Programme misst den Zugang zu spezifischen Wasserversorgungs- und Abwasserentsorgungstechniken, nicht aber die tatsächliche Qualität der Dienstleistungen, zu denen Menschen Zugang haben. Die in diesem OECD-Umweltausblick vorgenommenen Projektionen basieren auf JMP-Datensätzen und weisen diese Versorgungsraten entsprechend auch zu hoch aus. Die Zahl der Personen ohne Zugang zu sicherem Trinkwasser ist ungewiss, übersteigt aber die Zahl der Personen ohne Zugang zu verbesserter Wasserversorgung um ein Vielfaches.

haben nahezu 900 Millionen Menschen keinen Zugang zu verbesserter Wasserversorgung und 2,6 Milliarden Menschen keinen Zugang zu sanitärer Grundversorgung (vgl. Kapitel 5). Über 80% des Abwassers in Entwicklungsländern wird unbehandelt in Gewässer geleitet (UN WWAP, 2009). Etwa 70% aller Menschen mit unzureichender Sanitärversorgung leben in Asien (WHO/UNICEF, 2010). Weltweit hat sich die Sanitärversorgung in der Region Subsahara-Afrika am langsamsten verbessert; 2006 hatten nur 31% der Bewohner Zugang zu verbesserten sanitären Einrichtungen.

Der Anteil der Bevölkerung in den OECD-Ländern, die an die öffentliche Kanalisation angeschlossen ist, stieg von 50% in den frühen 1980er Jahren auf nahezu 70% im Jahr 2010 (vgl. Kapitel 5). Allerdings sieht die Lage in den einzelnen Ländern unterschiedlich aus, vor allem was die Professionalität der Abwasserbehandlung betrifft: Einige Länder haben bereits die zweite und dritte Reinigungsstufe[10] (der Abwasserbehandlung) eingerichtet, während andere noch damit beschäftigt sind, ihre Kanalisationssysteme oder die Installation von Kläranlagen der ersten Generation zu beenden. Mehrere Länder haben alternative ökologisch effektive und ökonomisch effiziente Wege für die Behandlung von Abwasser aus kleinen isolierten Siedlungen gefunden.

Projektionen für die Zukunft

Die Millenniumsentwicklungsziele legen Zielvorgaben für die menschliche Entwicklung fest. Eines der Ziele lautet, „bis zum Jahr 2015 den Anteil der Menschen um die Hälfte zu senken, die keinen nachhaltigen Zugang zu einwandfreiem Trinkwasser und grundlegenden sanitären Einrichtungen haben" (Ziel 7c).

Im Basisszenario des *OECD-Umweltausblicks* wird projiziert, dass bei Fortsetzung der aktuellen Trends die Welt insgesamt das Millenniumsentwicklungsziel für Trinkwasser bis 2015 erreichen könnte, wenn auch in erster Linie auf Grund der raschen Fortschritte in großen aufstrebenden Volkswirtschaften wie China und Indien. Andere Regionen, darunter Subsahara-Afrika, werden die Zielvorgaben bezüglich der Trinkwasserversorgung wohl kaum erreichen. Die Zahl der Stadtbewohner ohne Zugang zu verbesserter Wasserversorgung ist zwischen 1990 und 2008 de facto gestiegen, weil die Urbanisierung rascher vorangeschritten ist als die bei der Erleichterung des Zugangs erzielten Fortschritte. Im Basisszenario wird davon ausgegangen, dass der Zugang zu verbesserter Wasserversorgung in den OECD-Ländern und den BRIICS bis 2050 universell sein wird.

Langsamer sind die Fortschritte im Bereich der sanitären Einrichtungen – den Basisprojektionen des *OECD-Umweltausblicks* zufolge wird das Millenniumsentwicklungsziel zur Sanitärversorgung bei gleichbleibenden Trends nicht erreicht werden. In diesem Szenario wird projiziert, dass 2030 noch immer mehr als 2 Milliarden Menschen keinen Zugang zu sanitärer Grundversorgung haben werden, und diese Zahl dürfte erst bis 2050 auf 1,4 Milliarden sinken. 2030 würde die Mehrzahl der Personen ohne Zugang zu sanitärer Grundversorgung außerhalb des OECD-Raums und der BRIICS leben (d.h. vornehmlich in Entwicklungsländern), und ihr Anteil wird in den kommenden beiden Jahrzehnten noch weiter steigen. Wie den Abbildungen 5.12 und 5.13 in Kapitel 5 zu entnehmen ist, lebt heute die überwiegende Mehrzahl der Personen ohne Zugang zu verbesserter Wasser- und sanitärer Grundversorgung in ländlichen Gebieten. Diese Situation wird voraussichtlich bis in das Jahr 2050 andauern, dem Zeitpunkt, ab dem die Zahl der in ländlichen Gebieten lebenden Menschen ohne Zugang zu sanitären Einrichtungen deutlich schrumpfen und auf ein Niveau sinken wird, das mit dem in städtischen Räumen vergleichbar ist.

Unter Annahme eines breiteren Zugangs zu verbesserter Wasser- und sanitärer Grundversorgung wird im Basisszenario projiziert, dass die durch Durchfallerkrankungen bedingte Kindersterblichkeit in den kommenden Jahrzehnten sinken wird (Abb. 6.11). Dabei wird unterstellt, dass die zunehmende Urbanisierung den Anschluss der Bewohner an die Wasserversorgungs- und Abwasserentsorgungsnetze generell erleichtern und kostengünstiger gestalten wird (vgl. Kasten 6.5), dass das kräftigere Wirtschaftswachstum den grundlegenden Lebensstandard (einschließlich Zugang zu medizinischer Behandlung) erhöhen und die Zahl der Menschen, für die eine unzureichende Wasser- und Sanitärversorgung die größte Gefahr darstellt (d.h. Kinder unter dem 5. Lebensjahr) auf Grund der anhaltenden Bevölkerungsalterung in den meisten Ländern, darunter auch den Entwicklungsländern, sinken wird. Trotz dieser Arbeitshypothesen ist es wichtig festzuhalten, dass eine stärkere Urbanisierung in manchen Fällen die Herausforderungen im Wasserbereich vergrößern kann – wie beispielsweise das Abfall- und Wassermanagement in Slums –, was ernsthafte Auswirkungen auf die menschliche Gesundheit haben kann.

Es wird davon ausgegangen, dass Verbesserungen beim Zugang zur Trinkwasserversorgung künftig im Vorfeld von Verbesserungen bei den sanitären Einrichtungen erfolgen, da in nahezu allen Ländern der Grad der Wasserversorgung heute höher ist als dies bei der Abwasserentsorgung der Fall ist. Das durchschnittliche Zugangsniveau zu Wasser- und Sanitärversorgung wird sich in den kommenden zwei Jahrzehnten voraussichtlich kontinuierlich verbessern und die Zahl der durch Durchfallerkrankungen verursachten Todesfälle bei Kindern dürfte infolgedessen ebenfalls zurückgehen.

Abbildung 6.11 **Todesfälle bei Kindern wegen mangelhafter Wasser- und Sanitärversorgung: Basisszenario, 2010-2050**

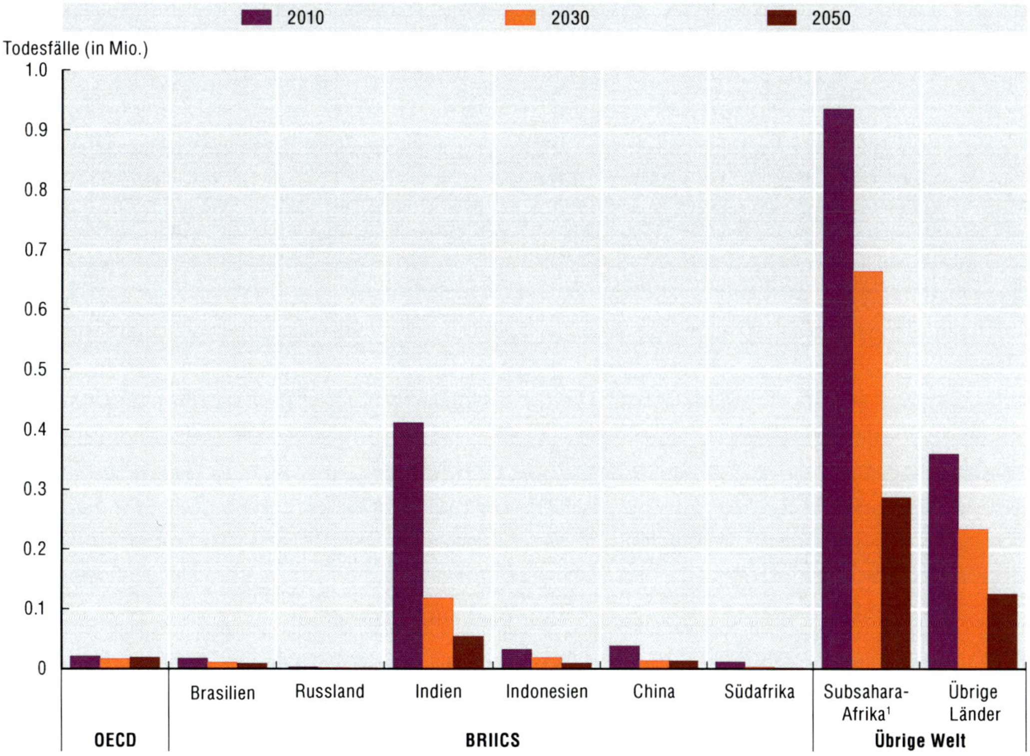

Anmerkung: Die Region Subsahara-Afrika umfasst nicht die Republik Südafrika.
Quelle: Basisszenario des OECD-Umweltausblicks; Ergebnisse von Berechnungen anhand der IMAGE-Modellreihe.
StatLink http://dx.doi.org/10.1787/888932571760

Es bedarf weiterer Maßnahmen

Investitionen in die Wasser- und Sanitärversorgung

Der Zugang zu sauberem Trinkwasser und sanitären Einrichtungen bringt ökonomische, ökologische und soziale Vorteile. Das Kosten-Nutzen-Verhältnis könnte in den Entwicklungsländern Angaben zufolge in einer Größenordnung von bis zu 1 zu 7 liegen (WHO-Angaben, zitiert in OECD, 2011c). Diese Vorteile bestehen zu drei Vierteln aus Zeitgewinnen, d.h. es bedarf weniger Zeit, um lange Strecken für das Wasserholen zurückzulegen oder an der Wasserquelle Schlange zu stehen. Die übrigen Vorteile betreffen weitgehend eine Reduktion der durch mit Wasser zusammenhängenden Krankheiten, so dass eine geringere Inzidenz von Durchfallerkrankungen, Malaria oder Dengue-Fieber zu beobachten ist. Schätzungen einer empirischen Studie von Whittington et al. (2009) zufolge würden sich die vermiedenen Krankheitskosten auf 1 US-$ monatlich je Haushalt belaufen, was viel weniger ist als die Kosten einer verbesserten Wasser- und Sanitärversorgung, die mit etwa 4 US-$ pro Monat veranschlagt werden (Pattanayak et al., 2005). Daher müssen bei der Aufsummierung der gesamten Vorteile des verbesserten Zugangs zur Wasser- und Sanitärversorgung andere nicht gesundheitsbezogene Nutzeffekte mit berücksichtigt werden. Dank der Vorteile ist mehr Zeit für die Ausbildung und Heranziehung einer produktiveren Erwerbsbevölkerung vorhanden.

Gesundheitsexperten haben darüber diskutiert, ob die positiven Auswirkungen auf die Gesundheit in erster Linie der Menge des verfügbaren Wassers oder der Wasserqualität zu verdanken sind. Cairncross und Valdmanis (2006) schätzen, dass die Nutzeffekte aus der Wasserversorgung größtenteils dem unter Quantitätsgesichtspunkten leichteren Zugang zu Wasserressourcen zuzuschreiben sind. Andere Experten sind indessen der Meinung, dass die Wasserqualität ein entscheidender Bestimmungsfaktor für die Erzielung positiver Gesundheitseffekte ist. Waddington et al. (2009) heben hervor, dass Interventionen im Bereich der Wasserversorgung – mit einem im Durchschnitt unerheblichen oder nicht signifikanten Effekt auf die durch Durchfallkrankheiten verursachte Morbidität – zwar ineffizient erscheinen, Eingriffe bei der Wasserqualität jedoch die Inzidenz von Durchfallerkrankungen bei Kindern um etwa 40% verringern können. Prüss et al. (2002) zufolge können Point-of-Use-Wasserreinigungsmöglichkeiten (z.B. Abkochen) den Effekt von Interventionen im Bereich der Wasserversorgung erheblich verbessern und die Durchfallerkrankungsraten um schätzungsweise 45% reduzieren. Diese Analysten vertreten die Auffassung, dass Behandlungen am Point-of-Use effizienter sind als am Point-of-Source.

In den meisten OECD-Ländern wurden Ende des 19. bzw. Anfang des 20. Jahrhunderts erhebliche Nutzeffekte erzielt, als die Infrastrukturen für die Wasser- und sanitäre Grundversorgung auf sehr viel größere Teile der Bevölkerung ausgedehnt wurden. Beispielsweise hatte die Einführung der Wasserchlorierung und -filterung in 13 großen US-Städten zu Beginn des 20. Jahrhunderts einen deutlichen Rückgang der Sterblichkeit zur Folge, mit einem berechneten Kosten-Nutzen-Verhältnis für die Gesellschaft von 1 zu 23 und Einsparungen in Höhe von etwa 500 US-$ pro Person im Jahr 2003 (OECD, 2011c). Indessen zeigen die Erfahrungen der OECD-Länder, dass sich die Nutzeffekte der Interventionen in der Wasser- und Sanitärversorgung mit zunehmender Ausgereiftheit der Maßnahmen verringern.

Die Vorteile der Abwasserbehandlung liegen für die Öffentlichkeit nicht auf der Hand und lassen sich auch aus finanzieller Hinsicht schwerer beurteilen. Allerdings können Fallstudien konkrete Beobachtungen entnommen werden. Beispielsweise sind die positiven Gesundheitseffekte qualitativer Verbesserungen von Freizeitgewässern in Südwestschottland mit 1,3 Mio. £ pro Jahr veranschlagt worden (Hanley et al., 2003).

Die Ungewissheit im Zusammenhang mit der ökonomischen Bewertung gesundheitlicher Auswirkungen von unsauberem Trinkwasser und mangelnder Sanitärversorgung stellt weiterhin ein Problem dar. Daten sind nur spärlich vorhanden, und dort, wo beispielsweise Daten zu den positiven Auswirkungen auf den Gesundheitszustand existieren, stellen Experten die Verlässlichkeit der Informationen in Frage. Ferner variieren die gesundheitlichen Belange je nach Art der entwickelten Infrastruktur und den Verwendungszwecken des Wassers (Kasten 6.6). Es bedarf besserer Informationen, um starke politische Argumente für die Ergreifung von Maßnahmen liefern zu können. Schließlich sind die Vorteile zusätzlicher Investitionen in die Wasserversorgung von Land zu Land unterschiedlich, so dass es lokaler Evaluierungen bedarf.

Was wäre, wenn ... der Zugang zu verbesserter Wasserversorgung und sanitärer Grundversorgung für alle bis 2050 gesichert wäre?

In Kapitel 5 wurde bereits das Szenario des beschleunigten Zugangs vorgestellt, bei dem es sich um eine hypothetische Politiksimulation zur Schätzung der zu erwartenden jährlichen Zusatzkosten und gesundheitlichen Vorteile eines universellen Zugangs zu

---

Kasten 6.6 Gesundheitsbezogene Probleme in Verbindung mit der Wiederverwendung und dem Recycling von Wasser überwinden

Wiederverwendetes Wasser (sei es aufbereitetes Abwasser oder Grauwasser*) wird zunehmend als nachhaltige Quelle für einige Wasserverwendungszwecke betrachtet, im Wesentlichen für die Bewässerung, Grundwasserregeneration und möglicherweise auch häusliche Verwendungszwecke, für die kein Trinkwasser notwendig ist. Es gilt als eine mögliche Option zur Überwindung der wachsenden Diskrepanz zwischen steigender Nachfrage und verfügbaren Wasserressourcen in den OECD- und Entwicklungsländern. Die Versorgung mit wiederverwendetem Wasser kann über zentralisierte oder über dezentralisierte Verteilungssysteme erfolgen.

Die Märkte für die Wasserwiederverwendung erleben derzeit einen Boom. Darüber hinaus sammeln aufstrebende Volkswirtschaften und ländliche Gebiete Erfahrungen mit dezentralen Infrastrukturen für die Wasser- und Sanitärversorgung, was im städtischen Raum in OECD-Ländern aber weniger der Fall ist. Australien, Israel, Spanien und einige Bundesstaaten in den Vereinigten Staaten haben auf Grund ernsthafter Engpässe in der Wasserversorgung in diesen neuen Technologien eine Pionierfunktion inne.

Gleichwohl sind gesundheitsbezogene Fragen bei der Entwicklung derartiger Systeme ein bedeutendes Hindernis. Erstens können diese Systeme Risiken für die öffentliche Gesundheit auslösen (z.B. mögliche Wasserverunreinigungen in privaten Haushalten oder Versalzung bewässerter Böden). Zweitens hängt die Rückzahlungsperiode der von einem derartigen System (z.B. auf Grund zusätzlicher Ausrüstungen oder getrennter Abwasserleitungen innerhalb eines Haushalts) geforderten zusätzlichen Investitionskosten von den Standards ab, die von den Regulierungsbehörden (Umwelt- und/oder Gesundheitsbehörden) für wiederverwendetes Wasser aufgestellt werden. Diese Standards legen fest, welches Wasser wiederverwertet werden kann, ebenso wie die Qualitätsstandards von wiederverwertetem Wasser für spezifische Verwendungszwecke, Baustandards, Agrarstandards usw. Die National Water Quality Management Strategy in Australien beispielsweise bewältigt diese Risiken, indem sie Qualitätsleitlinien und -monitoring für den sicheren Einsatz von wiederaufbereitetem Wasser in die Strategie einbezieht, und enthält auch einfach zu nutzende Entscheidungshilfen, die Nutzern bei der Aufstellung eines Managementplans für ihr Wasserverwertungssystem unterstützen sollen.

* Abwasser aus häuslichen Verwendungen, wie Waschmaschine, Küche oder Dusche.
Quelle: Wegen näherer Einzelheiten, vgl. OECD (2009a), *Alternative Ways of Providing Water: Economic and Policy Implications*, OECD, Paris.

verbesserter Wasserversorgung und sanitärer Grundversorgung bis 2050 handelt. Im Vergleich zu den Projektionen des Basisszenarios ohne neue Maßnahmen umfasst diese Simulation folgende Ziele: *a)* bis 2030 Halbierung des Bevölkerungsanteils ohne Zugang zu verbesserter Wasserversorgung und sanitärer Grundversorgung gegenüber dem Basisjahr 2005; und danach *b)* Gewährleistung des universellen Zugangs bis 2050. In diesem Szenario wird kein Zugang zu sicherem Trinkwasser für alle unterstellt. Dieses Kapitel untersucht die Auswirkungen dieses erweiterten Zugangs zu verbesserter Wasserversorgung und sanitärer Grundversorgung auf die Gesundheit.

Gemäß dieser Simulation hätten im Vergleich zum Basisszenario 2030 nahezu 100 Millionen mehr Menschen Zugang zu einer verbesserten Wasserversorgung und etwa 472 Millionen mehr Menschen Zugang zu sanitärer Grundversorgung. Nahezu die Gesamtheit der zusätzlichen Personen mit Zugang zu einer verbesserten Wasserquelle würde außerhalb des OECD-Raums und der BRIICS leben (Tabelle 6.5). Bis 2050 hätten bei universellem Zugang 242 Millionen Personen mehr als im Basisszenario Zugang zu verbesserter Wasserversorgung, wobei der überwiegende Teil dieses Zuwachses auf die übrige Welt entfiele. Zusätzliche 1,36 Milliarden Menschen hätten Zugang zu sanitären Einrichtungen (795 Millionen in der übrigen Welt und 562 Millionen in den BRIICS). Im Hinblick auf die gesundheitlichen Auswirkungen würde in den kommenden 40 Jahren bei dieser Politik die größte Zahl der vermiedenen Todesfälle auf die Länder der übrigen Welt entfallen. Auch das Morbiditätsniveau dürfte sich verbessern, wenngleich aus dieser spezifischen Simulation nur Mortalitätsergebnisse ersichtlich waren. Wichtig ist der Hinweis darauf, dass der Zugang zu verbesserter Wasserversorgung zwar deutlich zunehmen wird, sich dies aber nicht in einer entsprechenden Reduktion der Mortalität niederschlagen wird, da verbesserte Wasserversorgung nicht unbedingt Zugang zu „sicherem" Trinkwasser bedeutet.

Die Politiksimulation macht deutlich, dass zur Erreichung der Zielvorgabe für 2030 im Zeitraum 2010-2030 (über das Investitionsvolumen des Basisszenarios hinaus) weltweit jahresdurchschnittlich zusätzlich 1,9 Mrd. US-$ investiert werden müssten, und es zur Erreichung der Zielvorgabe für 2050 zwischen 2031 und 2050 jährlich zusätzlicher 7,6 Mrd. US-$ bedarf[11].

Tabelle 6.5 **Auswirkungen eines beschleunigten Zugangs zu verbesserter Wasserversorgung und sanitärer Grundversorgung, 2030 und 2050**

Im Vergleich zum Basisszenario

		OECD	BRIICS	Übrige Welt	Weltweit
2030	Zusätzlich versorgte Personen (Wasserversorgung)	–	–	97 000 000	97 000 000
	Zusätzlich versorgte Personen (Sanitärversorgung)	3 000 000	152 000 000	317 000 000	472 000 000
	Vermiedene Todesfälle pro Jahr	< 100	3 000	73 000	76 000
	Zusatzkosten pro Jahr	Etwa 1,9 Mrd. US-$ pro Jahr (2010-2030)			
2050	Zusätzlich versorgte Personen (Wasserversorgung)	–	2 000 000	240 000 000	242 000 000
	Zusätzlich versorgte Personen (Sanitärversorgung)	4 000 000	562 000 000	795 000 000	1 361 000 000
	Vermiedene Todesfälle pro Jahr	< 100	6 000	75 000	81 000
	Zusatzkosten pro Jahr	Etwa 7,6 Mrd. US-$ pro Jahr (2031-2050)			

Quelle: Projektionen des *OECD-Umweltausblicks*; Ergebnisse von Berechnungen anhand der IMAGE-Modellreihe.

4. Chemikalien

Die Chemieindustrie ist einer der größten Industriezweige der Welt – sie leistet einen erheblichen Beitrag zur Weltwirtschaft sowie zum Lebensstandard und zur Gesundheit in der ganzen Welt. Dennoch können Herstellung und Verwendung von Chemikalien auch negative Auswirkungen auf die menschliche Gesundheit und die Umwelt haben.

In diesem Abschnitt werden die aktuellen und voraussichtlichen negativen Auswirkungen von Chemikalien auf die menschliche Gesundheit sowie die von Staat und Industrie zur Behebung dieser Effekte ergriffenen Strategien untersucht. Wenngleich der Schwerpunkt auf den gesundheitlichen Folgen liegt, bedeutet das nicht unbedingt, dass der Einsatz von Chemikalien nicht mit besorgniserregenden Umwelteffekten verbunden ist, doch würde eine Untersuchung derselben den Rahmen dieses *Umweltausblicks* sprengen. Erörtert werden in diesem Abschnitt Substanzen, die unter ökotoxikologischen Gesichtspunkten besonders bedenklich sind, wie persistente, bioakkumulierende und toxische Stoffe (PBT), sehr persistente, sehr bioakkumulierende Stoffe (vPvB) oder persistente organische Schadstoffe (POP), doch nur unter dem Gesichtspunkt ihrer Auswirkungen auf die menschliche Gesundheit (auf Grund ihrer Persistenz, ihrer Bioakkumulierbarkeit und ihres Potenzials zur weiträumigen Exposition).

Auswirkungen auf die menschliche Gesundheit

Die Chemieindustrie ist sehr vielfältig, sie umfasst chemische Basis- oder Grundstoffe (z.B. anorganische Chemikalien, Petrochemikalien, petrochemische Derivate), aus Basischemikalien produzierte Spezialchemikalien (Klebstoffe, Harze, Katalysatoren, Beschichtungen, Elektrochemikalien, Kunststoffadditive), Life-Science-Produkte (z.B. Pharmazeutika, Pestizide und Produkte der modernen Biotechnologie) sowie Pflegeprodukte für den Verbraucher (z.B. Seife, Wasch- und Reinigungsmittel, Bleichmittel, Haar- und Hautpflegeprodukte sowie Duftstoffe).

Die von der Chemieindustrie entwickelten Produkte können den Gesundheitszustand und das Wohlbefinden der Menschen verbessern. Pharmazeutika haben bei der Erhöhung der Lebenserwartung eine bedeutende Rolle gespielt, Agrochemikalien können die Ernteerträge steigern, und neue gentechnisch veränderte Getreidesorten sind dürre- und salzresistent, wodurch sich die Landwirte Veränderungen der Klimabedingungen besser anpassen können. Einige Produkte tragen dazu bei, wasser- und vektorbedingten Krankheiten vorzubeugen, andere wiederum, wie Wärmedämmstoffe und Niedrigtemperaturwasch- und -reinigungsmittel, können die Energieeffizienz steigern.

Wenngleich nicht alle Chemikalien gefährlich sind, kann der Kontakt mit einigen die menschliche Gesundheit und/oder die Umwelt ernsthaft beeinträchtigen. Eine besondere Gefahr für die menschliche Gesundheit geht von der Umweltexposition durch persistente und bioakkumulierende Substanzen, endokrin wirksame Chemikalien (Kasten 6.8) und Schwermetalle aus (EUA, 2011).

Die Auswirkungen der Exposition gegenüber chemischen Schadstoffen auf die menschliche Gesundheit hängen von den inhärenten toxischen Eigenschaften der Chemikalien, der Konzentration, der Frequenz und der Dauer des Kontakts sowie der Anfälligkeit des Einzelnen ab. Tabelle 6.6 bietet eine Übersicht über die mit einigen Chemikalien assoziierten Gesundheitsfolgen. In dieser Tabelle sind auch sensible Bevölkerungsgruppen aufgelistet, die auf Grund physiologischer Faktoren besonders anfällig sein können (EUA, 1999). In frühen Lebensstadien, insbesondere im Embryonalstadium, im Fötalstadium und im Kleinkindalter, ist die Anfälligkeit gegenüber Chemikalien bekannterweise besonders groß – der Kontakt mit toxischen Chemikalien kann in diesen Stadien zu lebenslangen Krankheiten und Behinderungen führen und sich auch auf die Reproduktionsfähigkeit auswirken (Gee, 2008; Grandjean et al., 2007).

Tabelle 6.6 **Beispiele für Gesundheitsfolgen, die mit der Exposition gegenüber bestimmten Chemikalien in Verbindung gebracht werden**

Gesundheitsfolgen	Anfällige Bevölkerungsgruppen	Chemikalien
Krebs	Alle	Asbest – polyzyklische Kohlenwasserstoffe (PAH) – Benzol – einige Metalle – einige Pestizide – einige Lösungsmittel – natürliche Toxine
Kardiovaskuläre Krankheiten	Vor allem ältere Menschen	Kohlenmonoxid – Arsen – Blei – Cadmium – Kobalt – Kalzium – Magnesium
Krankheiten der Atemwege	Kinder, insb. Asthmatiker	Inhalierbare Partikel/Feinststäube – Schwefeldioxid – Stickstoffdioxid – Ozon – Kohlenwasserstoffe – einige Lösungsmittel
Allergien und Hypersensitivitätsreaktionen	Alle, insb. Kinder	Partikel – Ozon – Nickel – Chrom
Reproduktion	Erwachsene im reproduktiven Alter, Föten	Polychloriertes Biphenyl (PCB) – DDT – Phtalate
Entwicklung	Föten, Kinder	PCB – Blei – Quecksilber – sonstige endokrine Disruptoren
Funktionsstörungen des Nervensystems	Föten, Kinder	PCB – Methylquecksilber – Blei – Mangan – Aluminium – Arsen – organische Lösungsmittel

Quelle: Nach EUA (Europäische Umweltagentur) (1999), *Chemicals in the European Environment: Low Doses, High Stakes? The EEA and UNEP Annual Message 2 on the State of Europe's Environment*, EUA, Kopenhagen.

Die spezifischen Gesundheitsfolgen der Chemikalienexposition sind zwar komplex und manchmal auch umstritten, einige gesundheitsschädigende Effekte sind aber bereits hinreichend gut belegt, wie beispielsweise Krebs infolge von Asbest-Exposition und die durch den Kontakt mit Benzol bedingte Leukämie. Andere Effekte, darunter die negativen Auswirkungen endokriner Disruptoren auf das Reproduktionssystem, sind derzeit Gegenstand umfassender Forschungsarbeiten (Kasten 6.8).

Auf der Basis von 2004 erhobenen Daten hat die WHO Schätzungen der globalen Krankheitslast vorgenommen, die auf a) die Aufnahme von Chemikalien in akuten Vergiftungssituationen (einschließlich Arzneimittel, aber unter Ausklammerung selbst verursachter Verletzungen), b) den Kontakt mit ausgewählten Chemikalien im beruflichen Umfeld und c) eine Bleiexposition zurückzuführen ist. Den Schätzungen zufolge waren 2004 diesen drei Kategorien insgesamt 1 Million Todesfälle und 21 Millionen behinderungsbereinigte Lebensjahre zuzuschreiben. Das entspricht 1,7% aller Todesfälle und 1,4% aller behinderungsbereinigten Lebensjahre (Prüss-Ustün et al., 2011). Obwohl sich dieser Abschnitt schwerpunktmäßig mit der Exposition des Menschen gegenüber Umweltchemikalien befasst, ist es wichtig, festzuhalten, dass der Anteil der Krankheitslast, der auf den Kontakt mit Chemikalien im beruflichen Umfeld zurückgeht, beachtlich ist: Auf diesen entfielen im Jahr 2004 581 000 Todesfälle und 6 763 000 DALYs.

Indessen dürfte die reale, durch Chemikalien bedingte Krankheitslast die oben stehenden Zahlen übersteigen. Dies ist darauf zurückzuführen, dass die WHO-Schätzung zumindest die meisten chronischen Formen des Verbraucherkontakts mit Chemikalien oder Pestiziden und Schwermetallen, wie Cadmium und Quecksilber, nicht einbezieht, für die das zur Verfügung stehende Datenmaterial unvollständig ist.

Für alle drei Kategorien der von der WHO untersuchten Chemikalien ist die globale Krankheitslast in den Nicht-OECD-Ländern größer. Das Umweltprogramm der Vereinten Nationen (UNEP) stellte auch einen Zusammenhang zwischen Armut und einer erhöhten Kontaktgefahr mit gefährlichen Chemikalien und Abfällen fest. In den Entwicklungsländern sind die Menschen gefährlichen Chemikalien in erster Linie durch ihre berufliche Tätigkeit, ihre Lebenssituation oder mangelnde Kenntnisse über die schädlichen Auswirkungen der Exposition gegenüber diesen Chemikalien und Abfällen ausgesetzt.

Exposition

Angesichts des ubiquitären Charakters von Chemikalien können die Menschen diesen durch viele Aktivitäten des Alltags und auf vielerlei Weise ausgesetzt sein. Die Exposition kann auf unterschiedlichem Wege erfolgen: über den Verzehr von mit Chemikalien aus landwirtschaftlichen und industriellen Prozessen (z.B. Pestizide, Schwermetalle, Dioxine) belastetem Wasser oder belasteten Nahrungsmitteln; die Ingestion, Inhalation oder den Hautkontakt mit aus Baumaterialien oder Indoor-Produkten entweichenden oder in Spielwaren, Schmuck, Textilien, Lebensmittelbehältnissen oder Verbraucherprodukten enthaltenen Chemikalien (z.B. Schwermetalle, Phtalate, Formaldehyd, Farbstoffe, Fungizide oder Pestizide) oder durch Exposition des Fötus während der Schwangerschaft. Die Ingestion von Farben (insbesondere bei Kindern) oder die Ingestion bzw. Inhalation von durch industrielle oder landwirtschaftliche Prozesse und Haushaltsmüll (z.B. Schwermetalle, Pestizide und persistente organische Schadstoffe) kontaminiertem Boden stellen weitere potenzielle Belastungsquellen dar (Prüss-Ustün et al., 2011).

Mit dem Instrument des Biomonitoring, das die Belastung des Menschen durch Umweltchemikalien misst, wurden im menschlichen Körper zahlreiche Chemikalien in unterschiedlicher Konzentration nachgewiesen (CDC, 2009). Diese Studien haben zunehmend zu der Erkenntnis geführt, dass Risikoabschätzungen a) die potenzielle Belastung während des gesamten Lebenszyklus der Chemikalie berücksichtigen (Kasten 6.7) und b) den potenziellen additiven und synergetischen Effekten des menschlichen Kontakts mit multiplen Chemikalien Rechnung tragen müssen (Kasten 6.8) (EUA, 2011).

Um die potenziellen chemischen Belastungen besser zu ermitteln und die Öffentlichkeit mit Daten zu Chemikalienfreisetzungen zu versorgen, haben die meisten OECD-Länder und einige Nicht-OECD-Volkswirtschaften Schadstofffreisetzungs- und -verbringungsregister (PRTR)[12] eingerichtet, die ein Inventar der laut Angaben der jeweiligen Einrichtungen potenziell gefährlichen Chemikalien darstellen, die in Luft, Wasser oder Boden freigesetzt oder außerhalb des Standorts verbracht werden. Die PRTR sind ein wichtiges Instrument, um der Öffentlichkeit Umweltdaten zur Verfügung zu stellen und Verbesserungen im Chemikalienmanagement zu fördern. In Japan beispielsweise wurde die Gesamtmenge von freigesetzten oder an andere Standorte verbrachten Chemikalien zwischen 2001 und 2009 infolge freiwilliger Aktionen der Betreiber, Bestimmungen seitens der lokalen Behörden oder zwischen diesen und der Industrie auf der Grundlage nummerischer Ziele anhand von PRTR-Daten getroffener Vereinbarungen um ein Drittel reduziert. Wenngleich eine beachtliche Menge an PRTR-Daten zu Umweltfreisetzungen existiert, bestehen Datenlücken fort: Die PRTR sind u.U. nicht vollständig (d.h. sie erfassen möglicherweise nur eine begrenzte Anzahl von Chemikalien) und weisen auch gewisse Unzulänglichkeiten auf (z.B. sind kleine Einrichtungen u.U. nicht meldepflichtig, und sehr wenige PRTR enthalten Daten zu diffusen Freisetzungsquellen (EUA, 2011).

Zusätzlich zu den PRTR wenden Staat und Industrie in den Emissionsszenarien-Dokumenten (ESD) beschriebene Berechnungen und Methoden an, um Schätzungen der Chemikalienfreisetzungen bei ihrer Herstellung und Verwendung sowie der Chemikalienkonzentration in der Umwelt vornehmen zu können. Im Rahmen der OECD-Aktivitäten haben die Regierungen zahlreiche Emissionsszenarien-Dokumente erstellt, die auch auf Industriesektoren und Verwendungen in der Chemie angewendet werden können[13].

Industrieanlagen sind nicht die einzige Quelle von Chemikalienfreisetzungen in der Umwelt; Chemikalien können auch durch Agrarprozesse (Sprühen von Pestiziden) und Produkte während der Nutzung (Kasten 6.7) oder Abfälle emittiert werden, wenngleich Daten zu diesen Freisetzungen nur in begrenztem Maße vorhanden sind. Das Sammeln exakter Daten wird ferner durch die Tatsache erschwert, dass in Produkten und im Abfall enthaltene Chemikalien in alle Welt transportiert werden, so dass ihr Verbleib nur schwer nachvollziehbar ist. Chemieabfälle stellen in Nicht-OECD-Ländern ein besonderes Problem dar, wo unangemessene Monitoringkapazitäten und institutionelle Bewirtschaftungsmechanismen zu einer gravierenden Luft-, Wasser- und Bodenverschmutzung führen können (UNEP, 2007).

Kasten 6.7 **Bewertung von Chemikalienfreisetzungen am Beispiel der Phtalate**

Die Quantifizierung von Chemikalienfreisetzungen aus Produkten und die Bewertung der damit einhergehenden Gesundheitseffekte sind schwierig, und diesbezügliche Daten sind in den Risikoabschätzungen von Chemikalien häufig nicht enthalten. Eine Ausnahme bilden die in Kunststoffprodukten verwendeten Phtalate, die auf Grund von Befürchtungen hinsichtlich ihrer potenziell endokrin wirksamen Eigenschaften in jüngsten Untersuchungen thematisiert wurden (Kasten 6.8). Phtalate werden hauptsächlich als Weichmacher verwendet (Substanzen, die Kunststoffprodukten beigemischt werden, um deren Elastizi-tät, Transparenz, Verarbeitung und Haltbarkeit zu verbessern). Sie werden in Produkten verarbeitet, die von Klebstoffen und Leim bis zu Elektrogeräten, Verpackungen, Kinderspielzeug, Modelliermasse, Wachsen, Farben, Schreibtinte und Lacken, Arzneimitteln, medizinischen Geräten, Nahrungsmittelerzeugnissen und Textilien reichen.

Wenngleich die PRTR Informationen über die Freisetzungen aus Produktionsstätten, großen Nutzungsstätten und Mülldeponien zur Verfügung stellen, ist es unwahrscheinlich, dass alle Phtalate enthaltenden Stoffe auf überwachtem Wege entsorgt werden. Die Ermittlung der Differenz (oder der Massenbilanz) zwischen den Bestandteilen eines Kunststofferzeugnisses und den Stoffen, die bei der Entsorgung noch darin enthalten sind, ist schwierig, es existieren aber sehr wohl Methoden, um die Freisetzungen aus Kunststoffgegenständen (und anderen Materialien) zu schätzen. Diese Methoden werden in den Emissionsszenarien-Dokumenten der OECD erläutert. Substanzen können über Volatilisierung an der Materialoberfläche in der Luft oder im Wasser oder über die Bindung auch indirekt im Boden freigesetzt werden. Wie sie freigesetzt werden, hängt von den Eigenschaften der jeweiligen Substanz und den Umständen ab, unter denen das Material verwendet wird. Der in Outdoor-Materialien enthaltene Kunststoff ist beispielsweise Luft und Wasser ausgesetzt, so dass Freisetzungen in beiden Umweltmedien möglich sind. Indoor-Kunststoffartikel sind ebenfalls der Luft ausgesetzt, dürften aber weniger mit Wasser in Kontakt kommen; eine Ausnahme bilden Vinylböden, die gereinigt werden. Ferner besteht die Möglichkeit, dass die Stoffe durch Abrasion oder Abnutzung in die Luft oder ins Wasser entweichen. So haben die Nutzungsmodalitäten von Phtalate enthaltenden Kunststoffartikeln deutliche Auswirkungen auf das Potenzial der Freisetzung in der Umwelt.

Zur Veranschaulichung des potenziellen Umfangs dieser Freisetzungen sind die nachstehenden Werte der im Rahmen der Verordnung (EWG) zur Bewertung und Kontrolle chemischer Altstoffe (Europäische Kommission, 2008) vorgenommenen Risikobewertung von Diethylhexylphthalat (DEHP) entnommen. Die insgesamt freigesetzte Menge entsprach etwa einem Viertel der jährlich produzierten Substanzmenge. Dabei wird angenommen, dass der Rest bei der Entsorgung (durch Verbrennung oder Degradation auf der Mülldeponie) oder im Rahmen der Maßnahmen zur Emissionseindämmung bei der Zubereitung und

(Fortsetzung nächste Seite)

(Fortsetzung)
beim Einsatz zerstört wird. Andere Phtalate oder sonstige Kunststoffzusätze könnten je nach ihren Eigenschaften und Nutzungsstrukturen eine unterschiedliche Verteilung der Freisetzungen aufweisen. Es stehen mittlerweile zwar realistische Schätzungen der durch phtalatehaltige Produkte entstehenden Belastung zur Verfügung, jedoch ist über die vielen anderen chemischen Produkte am Markt sehr viel weniger bekannt.

Tabelle 6.7 **Freisetzungen von Diethylhexylphthalat in unterschiedlichen Lebenszyklusstadien**

Lebenszyklusstadium	Freisetzung (in %)
Produktion, Zubereitung und Einsatz	5,1
Lebensdauer – Indoor-Einsatz	6,2
Lebensdauer – Outdoor-Einsatz	26,1
Abfallaufkommen in der Umwelt[1]	62,3
Entsorgung	0,3

1. Bei den hier geschätzten Freisetzungen von Abfall in der Umwelt handelt es sich nicht um Freisetzungen der Substanz als solcher, sondern um Stoffpartikel, die diese Substanz enthalten. Entsprechend kann die Substanz potenziell im Lauf der Zeit in der Umwelt freigesetzt werden, wenn das Kunststoffmaterial abgebaut wird.

Quelle: Europäische Kommission (2008), "European Union Risk Assessment Report: Bis(2-ethylhexyl) phthalate (DEHP)", *Existing Substances Second Priority List*, Vol. 80, EUR 23384 EN, Gemeinsames Forschungszentrum, Europäische Kommission, Gemeinsames Forschungszentrum, Brüssel.

Bewertung chemischer Gefahren

Die Regierungen der OECD-Länder haben im Rahmen von Regulierungs- wie auch Nichtregulierungsansätzen Programme für die Datensammlung, die Bewertung und das anschließende Management der durch Chemikalien verursachten Risiken eingerichtet. Das Testen von Chemikalien kann sehr arbeitsintensiv, zeitraubend und kostspielig sein. Angesichts der Notwendigkeit, den hiermit verbundenen Arbeitsaufwand etwas zu reduzieren und den Prozess zu beschleunigen, nahm der Rat der OECD 1981 eine Entscheidung zur gegenseitigen Anerkennung von Daten (MAD) an, die verlangt, dass ein Sicherheitstest, der in einem Mitgliedsland in Einklang mit den OECD-Prüfleitlinien für das Testen chemischer Erzeugnisse und den Grundsätzen der Guten Laborpraxis durchgeführt wurde, von anderen Mitgliedsländern für Beurteilungszwecke anzuerkennen ist. Die gegenseitige Anerkennung von Daten steigert die Effizienz und Effektivität chemischer Notifizierungs- und Registrierungsverfahren für die Regierungen der Länder wie auch für die Industrie und ermöglicht ihnen durch die Vermeidung von Doppeltests und den Datenaustausch Einsparungen in Höhe von jährlich etwa 150 Mio. Euro (OECD, 2010b). Seit 1997 können Nicht-OECD-Volkswirtschaften infolge einer OECD-Ratsentscheidung ebenfalls an diesem System teilhaben. Argentinien, Brasilien, Indien, Südafrika und Singapur haben dieses System durch geeignete gesetzgeberische und administrative Verfahren umgesetzt und sind Vollmitglieder des MAD; Malaysia und Thailand haben sich dem System provisorisch angeschlossen.

Bisher stammt ein Großteil der zur Gefährdungsbeurteilung einer Chemikalie notwendigen Informationen aus In-vivo-Dosierungsexperimenten mit Tieren und In-vitro-Tests. Während dieser Ansatz in den vergangenen Jahrzehnten der regulierungsbasierten Entscheidungsfindung als Grundlage diente, ziehen neue Fortschritte in den Naturwissenschaften (z.B. in Biologie, Biotechnologie und Bioinformatik) ein besseres Verständnis der Funktionsweise der Zellen und des Zellsystems nach sich. Dies könnte neue Untersuchungsmethoden zur Einschätzung der Toxizität hervorbringen, die hauptsächlich auf einer Analyse der Reaktionspfade in den Zellen bzw. der Toxizitätspfade auf Zellebene beruhen (National Research Council, 2007). Ferner werden andere Methoden, wie die als (quantitative) Struktur-Wirkungs-Beziehungen bzw. (Q)SAR bezeichneten Computersimulationen immer häufiger verwendet, um Informationen über das Gefährdungspotenzial von Chemikalien zu bekommen.

Die Regierungen in den OECD-Ländern arbeiten bei der Sammlung und Bewertung von Daten zur Toxizität und Chemikalienexposition zusammen, wobei sie für den Austausch der Datenerfassungsstrategien, die Entwicklung von Bewertungsmethoden und die internationale Koordinierung von Maßnahmen bezüglich chemischer Stoffe harmonisierte Formate verwenden. Sie arbeiten auch im Rahmen der OECD an der Entwicklung neuer und innovativer Alternativmethoden und Computermodelle zum Testen und Bewerten von Chemikalien und erleichtern den Zugang zu diesen Instrumenten über das Internet.

Dennoch sind im Zusammenhang mit der Bewertung der Auswirkungen von Chemikalien auf die menschliche Gesundheit (vgl. Kasten 6.8) und der Sammlung einer hinreichenden Menge von Daten zur Durchführung der Risikobewertungen der Tausende von Chemikalien

---

Kasten 6.8 **Bewältigung bestimmter Herausforderungen im Bereich der Chemikalienbewertung**

Endokrine Disruptoren

Ein neuer Prioritätsbereich für die Regierungen ist die Untersuchung von Chemikalien oder Mischungen von Chemikalien mit potenziell endokrin wirksamen Eigenschaften. Diese Substanzen „verändern die Funktion(en) des endokrinen Systems und sind daher für einen intakten Organismus, seine Nachkommenschaft oder (Sub)-Population mit negativen Gesundheitseffekten verbunden" (Damstra et al., 2002). Eine Reihe von Gesundheitsproblemen ist beobachtet worden, bei denen endokrine Disruptoren eine Rolle spielen könnten, darunter sinkende Spermienzahlen, angeborene Missbildungen bei Kindern, Krebs, verzögerte sexuelle Entwicklung, verzögerte neurobehaviorale Entwicklung, beeinträchtigte Immunfunktionen und Auswirkungen auf den Metabolismus. Gleichzeitig ist aber auch bekannt, dass bestimmte Lebensgewohnheiten diese Probleme mit verursachen, so dass der endokrinen Disruptoren zuzuschreibende Teil der Ursachen besser evaluiert werden muss. Neue von der OECD validierte und standardisierte Prüfungen bzw. Verfahren sind entwickelt worden, um Chemikalien auf ihre möglichen endokrin wirksamen Eigenschaften zu untersuchen. Viele OECD-Mitgliedsländer sind aktiv an der Sammlung von Informationen über endokrine Disruptoren beteiligt, um Regulierungsaktionen sachdienlich zu unterstützen[1].

Nanowerkstoffe

Bei Nanowerkstoffen kann es sich um Metalle, Keramik, polymere Werkstoffe oder Kompositwerkstoffe handeln. Bezeichnend ist ihre sehr kleine Größe – etwa 1-100 Nanometer (nm) in mindestens einer Dimension. In den letzten zehn Jahren galt Nanowerkstoffen enormes Interesse. Diese Werkstoffe sind potenziell für ein breites Spektrum industrieller, biomedizinischer und elektronischer Anwendungen einsetzbar und bieten wahrscheinlich viele wirtschaftliche Vorteile. Eine Ausschöpfung dieses Potenzials setzt aber einen verantwortungsbewussten und koordinierten Ansatz voraus, damit gewährleistet ist, dass potenziellen Sicherheitsproblemen im Zuge der Entwicklung dieser Technologie fortlaufend Rechnung getragen wird.

Nanowerkstoffe stellen als Substanzklasse einzigartige Herausforderungen dar. Unabhängig von ihrer Größe dürften die einzelnen Varianten untereinander nicht viel gemeinsam haben. Während es sich bei einigen dieser Stoffe um nanoskalige Formen existierender Chemikalien handelt, weisen andere Substanzen neue chemische Strukturen auf. Noch während ihrer Beratungen über die Definition und Unterscheidungskriterien von Nanowerkstoffen in ihren jeweiligen regulierungspolitischen und gesetzlichen Regimen, sind die Regierungen auf globaler

(Fortsetzung nächste Seite)

(Fortsetzung)

Ebene im Rahmen der OECD zusammengekommen, um sich mit den möglichen Auswirkungen der Nanowerkstoffe auf die menschliche Gesundheit und die Umwelt auseinanderzusetzen. Das OECD-Programm zur Sicherheit von Nanowerkstoffen umfasst auch das Testen kommerziell relevanter repräsentativer Nanowerkstoffkategorien für 59 Endpunkte, die für die menschliche Gesundheit und die Umwelt von Bedeutung sind (darunter physikalisch-chemische Eigenschaften, Verbleib und Effekte). Diese Initiative, die den Wissenschaftlern abverlangt, Dutzende von Tests zu verändern und die Regierungen von nahezu 20 OECD- und Nicht-OECD-Regierungen ebenso wie die Industrie einbezieht, wird in die laufenden Arbeiten einfließen, die auf die Entwicklung spezifischer Orientierungshilfen zum Testen breiterer Werkstoffsets abzielen. Angesichts der Proliferation der Zahl der unterschiedlichen Werkstoffe fördert die OECD derzeit die Zusammenarbeit auch mit dem Ziel, diese Substanzen unter Einsatz alternativer Methoden, wie In-vitro-Techniken, rasch zu bewerten, Techniken zur Beurteilung der Exposition zu evaluieren, der Arbeitskräfte, Verbraucher, die allgemeine Bevölkerung und die Umwelt ausgesetzt sind, sowie die globaleren positiven und negativen Auswirkungen zu messen, die sich durch diese neuen Technologien für die Umwelt ergeben könnten. Obwohl sich der künftige Bedarf in den Bereichen Umwelt, Gesundheit und Sicherheit in diesem sich rasch entwickelnden Feld nur schwer vorhersagen lässt, sollte diese anfängliche Zusammenarbeit eine solide Grundlage bilden für künftige Anstrengungen zur Gewährleistung der Sicherheit neu aufkommender Technologien.

Beurteilung der kombinierten Expositionen gegenüber multiplen chemischen Substanzen oder Chemikalienmischungen

Bei den Risikobewertungen von Chemikalien werden die Effekte einzelner Substanzen im Allgemeinen isoliert betrachtet. Indessen sind die Menschen Chemikalienmischungen ausgesetzt, die zusammengenommen additive oder synergetische Effekte im menschlichen Körper haben können. Daher dürfte die in ihrer heutigen Form durchgeführte Risikobewertung (die die Effekte einzelner Chemikalien beurteilt) die Gefahren für die menschliche Gesundheit und Umwelt unterschätzen. Beispielsweise wird die akzeptable Tagesdosis als Schätzwert der akzeptablen Höchstmenge gewisser Substanzen in Nahrungsmitteln und Trinkwasser zu Grunde gelegt. Da diese Richtwerte derzeit aus Risikobewertungen einzelner Chemikalien abgeleitet sind, bieten sie möglicherweise keinen hinreichenden Schutz vor einer kombinierten Exposition gegenüber multiplen chemischen Stoffen oder Chemikalienmischungen. Die Tendenz geht auf nationaler wie auch internationaler Ebene immer mehr in Richtung einer Berücksichtigung der Bewertung der kombinierten Exposition gegenüber multiplen chemischen Substanzen[2].

1. Diese Arbeiten umfassen *a)* das Screening endokriner Disruptoren, z.B. im Rahmen des US Endocrine Disrupter Screening Program und des japanischen Programms Further Actions on Endocrine Disrupting Effects of Chemical Substances (EXTEND, 2010), *b)* Forschungsarbeiten zu den Mechanismen und den Effekten von Mischungen endokriner Disuptoren, wie z.B. die vom Dänischen Nationalen Zentrum für endokrine Disruptoren (*www.cend.dk/index-filer/Page319.htm*) durchgeführten Arbeiten, *c)* epidemiologische Studien zu spezifischen, mit ED-Exposition assoziierten Gesundheitsproblemen, z.B. die Fertilitätsstudie unter Schweizer Männern, deren Ergebnisse bis Ende 2012 erwartet werden, oder die dänische Studie zur pränatalen Pestizidexposition, die 2011 startete, sowie *d)* OECD-Arbeiten zur Beurteilung der Aktivität endokriner Disruptoren (*www.oecd.org/env/testguidelines*).
2. Meek et al. (2011) beschreiben einen Rahmen für die Risikobewertung einer kombinierten Exposition gegenüber multiplen chemischen Substanzen auf der Basis vom Internationalen Programm über die Sicherheit chemischer Stoffe der Weltgesundheitsorganisation 2007 veranstalteten Workshop on Aggregate/Cummulative Risk Assessment. Der Rahmen soll die Risikogutachter bei der Festlegung von Prioritäten für das Risikomanagement eines breiten Spektrums an Anwendungen unterstützen, bei denen mit einer Mehrfachexposition gegenüber multiplen chemischen Stoffen zu rechnen ist. 2011 veranstalteten die WHO und die OECD gemeinsam einen internationalen Workshop zur Risikoabschätzung kombinierter Expositionen gegenüber multiplen chemischen Stoffen, bei dem Bereiche identifiziert wurden, in denen weiter reichende Arbeiten durchzuführen sind, wie beispielsweise die Entwicklung von Expositionsmodellen (OECD, 2011f).

am Markt noch Herausforderungen zu meistern. Infolgedessen werden die OECD und ihre Mitgliedsländer der Fortsetzung ihrer Arbeiten in Richtung a) der Entwicklung harmonisierter neuer oder aktualisierter Testmethoden, die für regulatorische Entscheidungsprozesse verwendet werden können und es Industrie und Staat ermöglichen, vom System der gegenseitigen Anerkennung von Daten zu profitieren, sowie b) einer Harmonisierung der von den Mitgliedsländern in ihrem Regulierungsrahmen verwendeten integrierten Test- und Bewertungsmethoden hohe Priorität einräumen. Hierzu könnten der Einsatz der Methode der Quantitativen Struktur-Wirkungs-Beziehung (Q)SAR, toxikogenomischer Untersuchungen (Analyse der Reaktionen eines Genoms auf gefährliche Chemikalien) und In-vitro-Hochdurchsatz-Screening-Verfahren (die rasch auf Tausende von Chemikalien angewendet werden können) gehören.

Zur Ergänzung der Informationen aus Chemikalientests und Vorhersagemodellen haben die Regierungen in den letzten Jahren mit der Durchführung weitreichender epidemiologischer Studien jener Krankheitsstrukturen in der Bevölkerung begonnen, die durch den Kontakt mit Chemikalien bedingt sein könnten. Jüngere Arbeiten konzentrierten sich insbesondere auf die frühen Lebensstadien, u.a. zwei in Japan und den Vereinigten Staaten lancierte weitreichende Studien bestimmter Geburtenkohorten.

Wichtigste Entwicklungen und Projektionen im Bereich Chemikaliensicherheit

Aktuelle Trends

Die Weltchemieindustrie ist in den vergangenen fünfzig Jahren bedeutend gewachsen. Der weltweite Jahresabsatz chemischer Produkte hat sich allein zwischen 2000 und 2009 verdoppelt (Abb. 6.12). Im selben Zeitraum ist der Anteil der OECD-Länder an der Weltproduktion von 77% auf 63% gesunken, während die BRIICS ihren Anteil von 13% auf 28% erhöhten. Zurückzuführen ist dieser Anstieg z.T. auf die niedrigeren Herstellungskosten in den BRIICS, aber auch auf die Notwendigkeit, die Produktionsstätten näher an den Orten der expandierenden Nachfrage sowie den Quellen für Ausgangsstoffe anzusiedeln. Darüber hinaus hat der Technologietransfer von Unternehmen aus Industriestaaten in aufstrebende Volkswirtschaften (u.a. infolge von Joint Ventures sowie Fusionen und Übernahmen) letzteren zu mehr Innovationen und einer

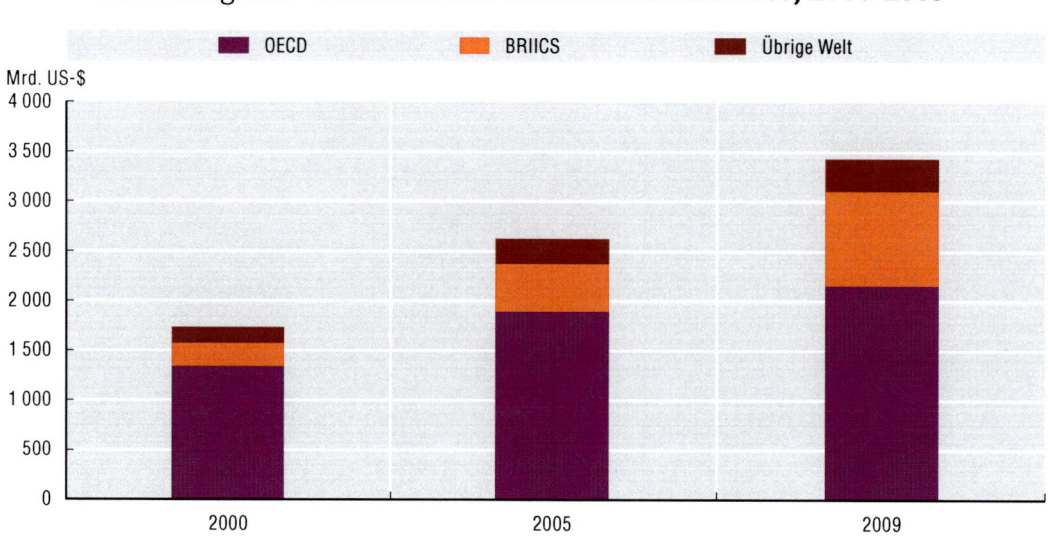

Abbildung 6.12 Zunahme des Chemikalienabsatzes, 2000-2009

Quelle: American Chemistry Council.

StatLink http://dx.doi.org/10.1787/888932571779

größeren Rolle an den Weltmärkten verholfen (Kiriyama, 2010). Insbesondere chinesische Unternehmen streben derzeit parallel zur unternehmensinternen Forschung und Entwicklung aktiv danach, in Partnerschaft mit multinationalen Unternehmen Zugang zu fortgeschrittenen Technologien zu gewinnen (Kiriyama, 2010).

Zusätzlich zu dieser Produktionsverlagerung fanden bei den verschiedenen Arten der hergestellten Chemikalien Verschiebungen statt. Die Nicht-OECD-Länder, insbesondere die BRIICS (die traditionell große Mengen an Basischemikalien mit geringer Wertschöpfung erzeugten), stellen mittlerweile auch Spezial- und Life-Science-Chemikalien mit hoher Wertschöpfung her, darunter Pharmazeutika und Agrochemikalien. In der Vergangenheit wurden diese in der Regel nur in den OECD-Ländern produziert. Einige Unternehmen in China, Indien und dem Nahen Osten wenden sich als Reaktion auf den steigenden Wettbewerbsdruck im Sektor der Basischemikalien der Herstellung von Spezial- und Feinchemikalien als Ertragsquelle zu (Kiriyama, 2010). Da sich Spezial- und Feinchemikalien durch kontinuierliche Produktinnovation und -differenzierung auszeichnen, bedeutet dies, dass künftig mehr neue Chemikalien in Nichtmitgliedsländern entwickelt werden. In diesem Zusammenhang ist zu betonen, dass in großen Mengen hergestellte Massenchemikalien bisher zwar im Mittelpunkt der Risikoabschätzungen auf nationaler und internationaler Ebene (d.h. der OECD) standen, es aber weniger wahrscheinlich ist, dass auch die Risiken anderer Substanzen, wie beispielsweise in kleineren Mengen hergestellter und Spezialchemikalien, spezifiziert worden sind.

Künftige Produktionstrends

Im Basisszenario des *OECD-Umweltausblicks* wird projiziert, dass die Chemieindustrie (absatzmäßig) weltweit bis 2050 jährlich um etwa 3% wachsen wird. Wie die letzten Jahre gezeigt haben, wird das jährliche Wachstum in den BRIICS das der OECD-Länder auch weiterhin übersteigen (mit 4% gegenüber 1,7%), und die Gesamtproduktion in den BRIICS wird die der OECD-Länder 2050 überholen (Abb. 6.13). Zwar bleibt die Gesamtproduktion

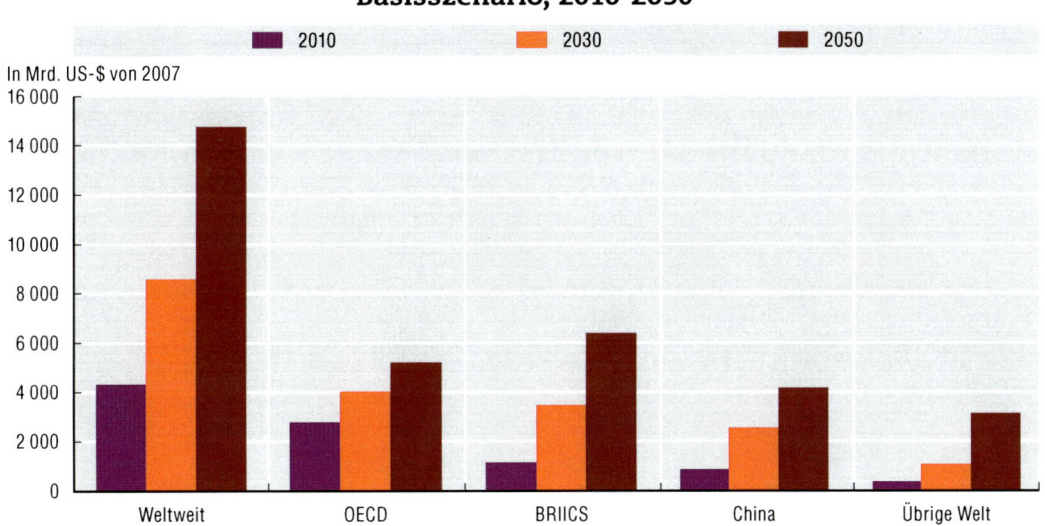

Abbildung 6.13 Projizierte Chemikalienherstellung nach Region (Absatz): Basisszenario, 2010-2050

Anmerkung: China ist in die BRIICS-Daten einbezogen, wird zugleich aber auch separat ausgewiesen, damit sein Anteil an der projizierten Chemikalienherstellung der BRIICS sichtbar wird.
Quelle: Basisszenario des *OECD-Umweltausblicks;* Ergebnisse von Berechnungen anhand des ENV-Linkages-Modells.
StatLink http://dx.doi.org/10.1787/888932571798

in der übrigen Welt nach wie vor hinter der der OECD- und der BRIICS-Länder zurück, doch dürfte sie zwischen 2010 und 2050 die größte Wachstumsrate verzeichnen (4,9%).

China leistet den größten Beitrag zur Chemikalienherstellung der BRIICS und vereint derzeit drei Viertel der BRIICS-Produktion auf sich. Gleichwohl wird damit gerechnet, dass der Anteil Chinas an der Gesamtproduktion der BRIICS bis 2050 auf zwei Drittel fallen wird.

Angesichts des bedeutenden Beitrags von Chemikalien zur globalen Krankheitslast, insbesondere in den Nicht-OECD-Ländern, und der prognostizierten kontinuierlichen Verlagerung der Chemikalienproduktion von den OECD- in die BRIICS-Länder in den kommenden vierzig Jahren setzt der umweltverträgliche Umgang mit Chemikalien in Nicht-OECD-Ländern, insbesondere im Rahmen des Strategischen Ansatzes für ein internationales Chemikalienmanagement (SAICM), eine starke internationale Zusammenarbeit und einen soliden Kapazitätsaufbau voraus (Kasten 6.9). Dieses internationale Engagement ist sowohl in den Transformationsländern, in denen die Chemikalienherstellung zunimmt, als auch in den Entwicklungsländern notwendig, wo sich der Einsatz von Chemikalien derzeit verstärkt.

Kasten 6.9 SAICM: Strategisches Chemikalienmanagement

Der Strategische Ansatz für ein internationales Chemikalienmanagement (SAICM) wurde auf der Internationalen Konferenz zum Chemikalienmanagement (ICCM) am 6. Februar 2006 in Dubai angenommen. Es handelt sich um einen Politikrahmen zur Förderung des umweltverträglichen Umgangs mit Chemikalien. Der SAICM wurde von einem sektorübergreifenden, verschiedene Akteure umfassenden Vorbereitungsausschuss ausgearbeitet. Es unterstützt die Erreichung der 2002 auf dem Weltgipfel für nachhaltige Entwicklung in Johannesburg vereinbarten Ziele und garantiert, dass bis zum Jahr 2020 Chemikalien auf eine Art und Weise hergestellt und eingesetzt werden, die die erheblichen negativen Auswirkungen auf die Umwelt und die menschliche Gesundheit auf ein Mindestmaß reduziert. Im Jahr 2012 werden die Regierungschefs auf der Dritten Internationalen Konferenz über Chemikalienmanagement (ICCM3) zusammenkommen, um die Fortschritte bei der Umsetzung des SAICM zu evaluieren.

Chemikalien: heutiger Stand der Politik

Angesichts des Wachstums der weltweiten Chemieindustrie suchen die Regierungen nach Mitteln und Wegen für ein möglichst effizientes Chemikalienmanagement. Das Management der durch Chemikalien verursachten Risiken kann unterschiedliche Formen annehmen (Tabelle 6.8). Die Regierungen garantieren die Chemikaliensicherheit durch die Beurteilung und Regulierung neuer und bereits existierender Chemikalien sowie den Einsatz ökonomischer Instrumente, wie beispielsweise Steuern und Abgaben. Ferner gewährleisten die Regierungen die Chemikaliensicherheit durch den Einsatz von Nichtregulierungskonzepten, wie freiwillige Initiativen, die darauf abzielen, schädliche chemische Produkte vom Markt zu nehmen, sowie durch die Förderung der Entwicklung umweltfreundlicherer Chemikalien. Alle Konzepte werden weiter unten näher beschrieben.

Politikevaluierung

Kosten-Nutzen-Analysen von Politikinterventionen können Entscheidungsfindern im Bereich Risikomanagement eine Hilfe sein, indem sie die Auswirkungen beschreiben, die sich aus der Wahl verschiedener Ansätze ergeben. Zwar sind die Auswirkungen der verschiedenen Maßnahmen im Hinblick auf chemische Produkte in vielen Untersuchungen evaluiert worden, doch enthalten nur wenige der bisherigen Studien auch eine monetäre Bewertung

Tabelle 6.8 **Beispiele von Politikinstrumenten für das Management chemischer Substanzen**

Regulatorische/ordnungsrechtliche Ansätze	Wirtschaftliche Instrumente	Information und sonstige Instrumente
■ Notifizierung neuer und existierender Substanzen ■ Testen und Beurteilen chemischer Stoffe ■ Risikominderung (Verbot oder Einschränkung von Produktion, Einsatz und Entsorgung, z.B. US Pollution Prevention Act, 1990) ■ Normen für die Nahrungsmittelqualität ■ Normen für die Produktqualität (verbleite Farben, verbleites Spielzeug, Benzin usw.)	■ Steuern/Abgaben (z.B. verbleites Benzin) ■ Zuschüsse und steuerliche Vorzugsbehandlung von FuE-Ausgaben in Verbindung mit umweltverträglicher Chemie ■ Umweltverträgliches Beschaffungswesen des öffentlichen Sektors	■ Informationskampagnen (z.B. Produktwarnungen, bewusstseinsbildende Kampagnen) ■ Freiwillige Vereinbarungen zwischen Industrie und Staat zur Reduzierung von Produktion und Einsatz schädlicher Chemikalien (z.B. bromierte Flammschutzmittel) ■ Internationale Rahmen für das sichere Chemikalienmanagement (z.B. SAICM) ■ Internationale Abkommen über bestimmte Chemikalien (z.B. Stockholmer Übereinkommen über persistente organische Schadstoffe) ■ Global Harmonisiertes System (GHS) der Chemischen Klassifizierung und Kennzeichnung ■ Arbeitsteilung im Rahmen der OECD bezüglich der von den Mitgliedsländern priorisierten Chemikalien ■ Datenzugang über das Internet, Internet-Instrumente und IT-Systeme ■ Angaben für Schadstofffreisetzungs- und -verbringungsregister ■ Alternativbeurteilungen für prioritäre Chemikalien, um über die Substitution durch sicherere Alternativen zu informieren ■ Förderung der umweltverträglichen Chemie in Ermangelung sichererer Alternativen

ihres ökonomischen Nutzens. In jüngster Zeit hat der Ausschuss für sozioökonomische Analyse der Europäischen Agentur für chemische Stoffe im Rahmen der neuen REACH-Verordnung zur Registrierung, Bewertung, Zulassung und Beschränkung chemischer Stoffe mit der Ausarbeitung von Stellungnahmen in Bezug auf Beschränkungsvorschläge oder Zulassungsanträge begonnen (siehe weiter unten). Bei diesen Stellungnahmen wird den voraussichtlichen Kosten für die Gesellschaft und dem Nutzen für die menschliche Gesundheit und die Umwelt Rechnung getragen. Auf weltweiter Ebene wurde im Rahmen der WHO-Initiative CHOICE (CHOosing Interventions that are Cost-Effective) eine Methodik entwickelt, um politischen Entscheidungsträgern Belege an die Hand zu geben, die es ihnen ermöglichen, jene Interventionen und Programme zu wählen, die die Gesundheitseffekte im Rahmen der verfügbaren Ressourcen optimieren (WHO, 2003). Eine stärkere Zusammenarbeit bei der Konzipierung dieser Art von Methoden würde nicht nur garantieren, dass dem (neuesten) Stand der Technik entsprechende Methoden der Politikevaluierung zum Einsatz kommen, sondern auch einem verstärkten grenzüberschreitenden Einsatz der Methoden und Ergebnisse Vorschub leisten.

6. GESUNDHEIT UND UMWELT

Nationale Regulierungsrahmen

In den letzten Jahren haben die nationalen Programme für das Chemikalienmanagement sowohl in den OECD-Ländern als auch in den Nicht-OECD-Ländern deutliche Veränderungen erfahren (wenngleich die Durchsetzung nach wie vor nicht durchgängig gewahrt ist). Viele dieser neuen Initiativen zielen darauf ab, die Bemühungen im Bereich der Datensammlung zu verstärken, den Geltungsbereich der Regulierung um Chemikalien zu erweitern, die bereits am Markt sind, und die Anreize für die Entwicklung sichererer und umweltfreundlicherer Chemikalien zu erhöhen. Einige Beispiele finden sich nachstehend.

Die europäische Chemikaliengesetzgebung hat sich mit Inkrafttreten der EU-REACH-Verordnung 2007 bedeutend verändert. Mit REACH wird die Verantwortung für die Bereitstellung und Evaluierung der Daten sowie das Management der Risiken, die Chemikalien für die menschliche Gesundheit und die Umwelt darstellen können, der Chemieindustrie übertragen. Ein wesentlicher Antriebsfaktor für diese Verordnung war überdies die Notwendigkeit, gleiche Rahmenbedingungen für die Regulierung bestehender und neuer Chemikalien zu schaffen. Früher unterlagen neue Chemikalien in der Europäischen Union einem wesentlich strengeren Regulierungssystem als die bereits am Markt befindlichen. REACH ist konzipiert worden, um diese Anomalie durch die Einführung einer obligatorischen Bewertung aller Chemikalien zu beheben (Europäische Kommission, 2007).

In den Vereinigten Staaten hat die Regierung Obama im September 2009 *Essential Principles for Reform of Chemicals Management Legislation* (Wesentliche Grundsätze für die Reform der Chemikalienmanagement-Gesetzgebung) angekündigt, in denen die Ziele der Regierung für eine Aktualisierung des derzeitigen Chemikaliengesetzes dargelegt sind – dem Gefahrstoff-Überwachungsgesetz (Toxic Substances Control Act – TSCA). Der Schwerpunkt liegt auf der Prüfung der Chemikalien anhand eines Sicherheitsstandards, der auf soliden wissenschaftlichen und risikobasierten Kriterien fußt, der Vorlage ausreichender Informationen als Nachweis dafür, dass die Chemikalien sicher sind sowie der Übertragung von mehr Befugnissen an die US-Behörde für Umweltschutz (EPA), um rasch und effizient Tests fordern zu können oder sonstige Informationen zu erhalten sowie Prioritäten für die Durchführung von Sicherheitsanalysen zu setzen.

Der kanadische Chemikalien-Management-Plan wurde von der Regierung im Jahr 2006 angekündigt. Bei diesem nationalen Programm gilt das Hauptaugenmerk dem Schutz der Gesundheit der Kanadier und ihrer Umwelt vor den potenziellen Risiken bisher nicht beurteilter Chemikalien.

Japan hat sein Chemikaliengesetz (Chemical Substances Control Law – Kashinho) 2009 novelliert, um für alle chemischen Stoffe, die in Mengen von mehr als 1 Tonne pro Jahr hergestellt oder importiert werden, eine Meldepflicht einzuführen[14]. Bei Eingang einer derartigen Notifizierung wählt die Regierung jene chemischen Substanzen für weitere Beurteilungen aus, die prioritär zu beurteilen sind, und stützt sich dabei auf die verfügbaren Informationen hinsichtlich des Expositionsrisikos und der Gefahrenlage. Nach der Auswahl der prioritär zu prüfenden Chemikalien führt die japanische Regierung detaillierte Risikobewertungen durch. Parallel hierzu unternimmt die Industrie seit 2005 im Rahmen des „Japan Challenge"-Programms Anstrengungen, um Sicherheitsinformationen zu bereits existierenden prioritären Chemikalien zu sammeln.

China erweiterte 2010 seine Maßnahmen zum Umweltmanagement neuer chemischer Stoffe („Measures on Environmental Management of New Chemical Substances"), die den Ansatz des derzeitigen Gesetzes fortschreiben, jedoch die Datenanforderungen und Verpflichtungen der Industrie im Bereich des Risikomanagements verschärfen (Freshfields Bruckhaus Deringer, 2009).

Wirtschaftliche Instrumente

Die Erhebung von Steuern und Abgaben auf gefährliche Chemikalien kann deren Einsatz in manchen Fällen effektiv reduzieren. Die nordischen Länder der Europäischen Union setzen Steuern und Abgaben beispielsweise im Rahmen ihres Politikkatalogs zur Regulierung von Pestiziden ein. Wenngleich wirtschaftliche Anreize, wie Inputsteuern, in vielen Fällen als Einzelmaßnahme gut funktionieren, ist ein Mix aus quantitativen Regulierungen und wirtschaftlichen Anreizen in der Regel der beste Weg für die Kontrolle des Chemikalieneinsatzes (Söderholm, 2009).

Ein weiterer Nichtregulierungsansatz ist das „umweltverträgliche Vergabewesen" im öffentlichen Sektor. Der Staat ist ein bedeutender Käufer von Waren und Dienstleistungen, so dass seine Beschaffungspräferenzen für die Industrie als Anreiz dienen können, umweltfreundlichere Produkte zu entwickeln. Bei hinreichender Nachfrage von staatlicher Seite ist dies auch ein Signal für private Käufer, das umweltfreundlicher Technologie einen Wettbewerbsvorteil einräumt und die Innovationstätigkeit fördert. Beispielsweise setzt die kanadische Politik des umweltfreundlichen Beschaffungswesens voraus, dass die Umweltergebnisse als Kriterien in die Beschaffungsentscheidungen auf Bundesebene einbezogen werden. Das US Programm Environmentally Preferable Purchasing (EPP) unterstützt das „umweltfreundliche Einkaufen" der Bundesregierung, indem es die Kaufkraft der Bundesregierung nutzt, um die Marktnachfrage nach umweltfreundlichen Produkten und Dienstleistungen zu stimulieren.

Freiwillige Vereinbarungen

Freiwillige Vereinbarungen können eine wichtige Ergänzung zu den Marktinstrumenten darstellen. Diese werden in vielen Fällen von der Industrie vorgeschlagen, wenn die Wahrscheinlichkeit groß ist, dass die Regierung Auflagen für die Kontrolle von Chemikalien macht. Beispielsweise ist Responsible Care (Verantwortliches Handeln), eine Initiative des Internationalen Rats der Chemieverbände (ICCA), ein Schlüsselelement des globalen Beitrags der Industrie zum Strategischen Ansatz für ein Internationales Chemikalienmanagement (SAICM) (Kasten 6.9). Responsible Care (Verantwortliches Handeln) hat auch die Entwicklung der Globalen Produktstrategie des ICCA gefördert, die bestrebt ist, das Chemikalienmanagement der Industrie zu verbessern, einschließlich der Kommunikation von Chemikalienrisiken in der gesamten Wertschöpfungskette.

Internationaler Regulierungsrahmen und internationale Koordinierung

Es gibt zahlreiche multinationale und rechtsverbindliche Vereinbarungen zur Kontrolle spezifischer Chemikalien für unterschiedliche Zwecke. Hierzu zählen:

- Basler Übereinkommen (grenzüberschreitende Verbringung gefährlicher Abfälle);
- Montrealer Protokoll (FCKW und sonstige die Ozonschicht zerstörende Stoffe);
- Rotterdamer Übereinkommen (Export gefährlicher Chemikalien);
- Stockholmer Übereinkommen (persistente organische Schadstoffe);
- Übereinkommen der Vereinten Nationen gegen den unerlaubten Verkehr mit Suchtstoffen und psychotropen Stoffen (Kontrolle des Drogenmissbrauchs);
- Chemiewaffenübereinkommen (Rüstungskontrolle).

Zur Stärkung der Verbindungen und Steigerung der Synergien zwischen drei dieser Konventionen erhielten das Basler und das Stockholmer Übereinkommen sowie der UNEP-Teil des Rotterdamer Übereinkommens eine gemeinsame Sekretariatsleitung.

Ferner spielt das Globale Kapazitätsaufbauprogramm (Global Capacity Building Programme) des Ausbildungs- und Forschungsinstituts der Vereinten Nationen (UNITAR) bei der Gewährleistung eines sicheren Chemikalienmanagements in Nicht-OECD-Ländern eine bedeutende Rolle, indem es Regierungen und beteiligten Akteuren institutionelle, technische und rechtliche Unterstützung beim Aufbau nachhaltiger Kapazitäten für das Management gefährlicher Chemikalien und Abfälle bietet. Die Projektaktivitäten finden im Rahmen der Umsetzung internationaler Übereinkommen statt (z.B. SAICM, Stockholmer Übereinkommen, Rotterdamer Übereinkommen, Internationales System zur Einstufung und Kennzeichnung von Chemikalien der Vereinten Nationen)

Die OECD zählt zu den führenden internationalen Organisationen im Bereich des Chemikalienmanagements – die von ihr erarbeiteten Produkte werden in den Mitgliedsländern und in Nichtmitgliedsländern umfassend genutzt[15]. Viele Aktivitäten werden (in Zusammenarbeit mit VN-Einrichtungen, über das Interorganisationsprogramm für die vernünftige Verwaltung von Chemikalien[16]) durchgeführt, um Nichtmitgliedsländer bei der Einrichtung und Verbesserung ihrer Chemikalienmanagementsysteme zu unterstützen und sie mit den Grundsätzen und Instrumenten der OECD-Länder vertraut zu machen. 2008 verabschiedete der Rat der OECD eine Resolution zur Umsetzung der SAICM (Kasten 6.9), in der die Länder dazu aufgerufen werden, im Rahmen der OECD zusammenzuarbeiten, um zu gewährleisten, dass die OECD-Produkte bei der Einrichtung oder Aktualisierung von Chemikalienmanagementprogrammen für Nichtmitgliedsländer zugänglich, relevant und nützlich sind, um ihnen beim Aufbau ihrer eigenen Kapazitäten im Bereich des Chemikalienmanagements zu helfen.

Es bedarf weiterer Aktionen

Unser Wissen über die Auswirkungen von Chemikalien auf die menschliche Gesundheit ist nach wie vor unvollkommen. Obgleich in den vergangenen Jahren bei der Datensammlung wie auch -bewertung Fortschritte erzielt worden sind, bedarf es neuer und ausgeklügelterer Instrumente, um mehr Chemikalien ebenso wie neue Arten von Chemikalien (wie die von Nanomaterialien entwickelten) und spezifische Effekte (wie endokrine Disruptoren, vgl. Kasten 6.8) rascher zu bewerten. Ferner muss auf allen Ebenen mehr getan werden, um während des gesamten Lebenszyklus ein solides Chemikalienmanagement zu garantieren – von der Herstellung über den Einsatz bis zur Entsorgung –, damit die negativen Auswirkungen auf die menschliche Gesundheit und die Umwelt auf ein Mindestmaß reduziert werden. Zudem ist der Übergang zu einem integrierten Ansatz für die Beurteilung und das Management von Chemikalien notwendig, der die nachstehend beschriebenen Faktoren umfassen wird.

Zusammenarbeit und Ergebnisaustausch bei der Chemikalienbeurteilung

Es bedarf einer stärkeren Zusammenarbeit durch Arbeitsteilung sowie besserer Analyseinstrumente. Nicht-OECD-Länder, und insbesondere die BRIICS, müssen größere Anstrengungen unternehmen, um die wachsende Herausforderung eines sicheren Managements existierender und neuer Chemikalien zu bewältigen. Dort, wo noch keine Chemikalieninventare existieren, wird der erste Schritt darin bestehen, diese einzuführen. Durch ihre Mitgliedschaft im MAD-System können diese Länder mit den OECD-Mitgliedsländern zusammenarbeiten, um den mit der Beurteilung existierender Chemikalien verbundenen Arbeitsaufwand zu verteilen. Stärkere internationale Zusammenarbeit ist im Bereich des Kapazitätsaufbaus, des Erfahrungsaustauschs und der weltweiten Förderung eines effektiven Chemikalienmanagements erforderlich. Der Zusammenarbeit wird es auch bedürfen, um sicherzustellen, dass neue nationale Systeme für das Chemikalienmanagement nicht zu einer Verdopplung von Tests und Beurteilungen oder zu neuen Handelshemmnissen führen.

Verbesserung der Daten zu chemischen Gefahren und zur Bevölkerungsexposition

Größere Anstrengungen werden ferner unternommen werden müssen, um zu ermitteln und zu beschreiben, wie Individuen und Bevölkerungsgruppen gefährlichen Chemikalien ausgesetzt sind, und um die Expositionsquellen zu quantifizieren. Dies dürfte einen breiteren Einsatz von Systemen zur Überwachung der gesundheitlichen Folgen von Umweltbelastungen, Biomonitoring, Umweltmonitoring und sonstigen Forschungstechniken im Bereich der Gesundheitsinformation ebenso wie den Austausch derartiger Daten unter den Ländern mit sich bringen.

Angesichts der wachsenden Zahl laufender und geplanter epidemiologischer Studien und des erheblichen Volumens an gesammelten Daten dürfte eine Koordinierung der Anstrengungen für die Länder effizienter sein. Zu diesem Zweck veröffentlichte die WHO 2009 ein Handbuch zur Gestaltung von Geburtenkohortenstudien (Golding et al., 2009). Eine weitere internationale Initiative (STROBE – Strengthening the Reporting of Observational Studies in Epidemiology) enthält Leitlinien für die Berichterstattung über die Ergebnisse epidemiologischer Studien. Zusätzlich zu diesen Grundsätzen könnten andere Bereiche der Zusammenarbeit ausgebaut werden. Die Einrichtung einer internationalen Datenbank epidemiologischer Studien, die die wesentlichen Merkmale der Studien auflistet (wie Kohortengröße, Kriterien für die Berücksichtigung/Nichtberücksichtigung, gesammelte biologische Proben) würde beispielsweise die existierenden Arbeiten und Daten besser zugänglich machen und mithin die Konzipierung künftiger epidemiologischer Studien erleichtern.

Verstärkte Betonung der Prävention, insbesondere in frühen Lebensstadien

In Anerkennung der Tatsache, dass Föten und Kinder gegenüber gefährlichen Chemikalien anfälliger sind als Erwachsene, müssen die Risikobewertungen neu auf die Folgen der Chemikalienexposition im Mutterleib und in den ersten Lebensjahren ausgerichtet werden. Erstens handelt es sich bei diesen um die anfälligsten Lebensstadien, und die Chemikalienexposition in diesem Zeitraum kann bei Kindern und Erwachsenen schwere Krankheiten auslösen. Zweitens handelt es sich um die Stadien im Leben, in denen präventive Maßnahmen in Bezug auf die Gesundheit und das Wohlbefinden und auch hinsichtlich des wirtschaftlichen Nutzens in Form geringerer Gesundheits- und Bildungskosten sowie erhöhter nationaler Produktivität am effizientesten sind.

Förderung eines nachhaltigen Einsatzes von Chemikalien und umweltfreundlicher Chemie

Die umweltverträgliche oder „nachhaltige Chemie" betrifft die Gestaltung, Herstellung und Verwendung umweltfreundlicherer Chemikalien während deren Lebenszyklus. Sie trägt über die Herstellung von Produkten, die weniger schädlich für die menschliche Gesundheit und die Umwelt sind, zu einer nachhaltigen Entwicklung bei, und zwar: *a)* durch den Einsatz weniger gefährlicher und schädlicher Rohstoffe und Reagenzien, *b)* durch eine Verbesserung der Energie- und Materialeffizienz chemischer Prozesse, *c)* durch die Bevorzugung nachwachsender Rohstoffe oder von Abfällen gegenüber fossilen Brennstoffen oder Bergbauressourcen sowie *d)* durch die Konzeption chemischer Produkte für eine bessere Wiederverwendung oder -verwertung. Ein jüngster Bericht zeigt auf der Basis von Patentdaten, dass der Einsatz mancher Technologien der umweltfreundlichen Chemie, wie biomechanische Brennstoffzellen und grüne Plastikstoffe, in der letzten Zeit siebenmal rascher zugenommen hat als die Zahl der Patente in der Chemieindustrie insgesamt (OECD, 2011d).

Erhebliche Verbesserungen können durch eine positive Unterstützung der Industriezweige bei der Auswahl umweltverträglicherer Technologien erzielt werden. Zahlreiche Regierungen bieten finanzielle Unterstützung (Zuschüsse und Steuervorteile) für FuE-Ausgaben zu Gunsten der „grünen" Chemie. In den Vereinigten Staaten werden die Zuschüsse im Rahmen des Programms von EPA/Nationaler Wissenschaftsstiftung zur „Technologie für eine Nachhaltige Entwicklung" erteilt.[17] In Japan führt das Nationale Institut für fortgeschrittene industrielle Wissenschaft und Technologie in erheblichem Umfang Forschungsarbeiten im Bereich umweltverträgliche und nachhaltige Chemie durch, insbesondere in den Bereichen Katalyse, Membranen, überkritische Fluide und erneuerbare Energien. Die Vergabe von Preisen hat sich ebenfalls als erfolgreiches Mittel für die Induzierung von Innovationen in einer Reihe von Bereichen erwiesen, darunter Gesundheits- und Energietechnologien (vgl. z.B. Newell und Wilson, 2005).

Mehr kann auch getan werden, um sicherere Substitute für prioritäre Chemikalien zu finden. In diesem Prozess, der unter der Bezeichnung Alternativbeurteilung prioritärer Chemikalien bekannt ist, muss ein breites Spektrum an Gesundheits- und Umwelteffekten evaluiert werden, um zu gewährleisten, dass sicherere Alternativen gewählt werden und das Potenzial für unbeabsichtigte Folgewirkungen auf ein Mindestmaß reduziert wird. Durch die Ermittlung und Evaluierung der Sicherheit alternativer Chemikalien kann dieser Ansatz die Industrie dazu anhalten, zu sichereren Alternativen überzugehen, er kann Regulierungsaktionen ergänzen, indem er nachweist, dass sicherere und besser funktionierende Alternativen verfügbar sind, oder er kann die Grenzen der chemischen Substitution für einen bestimmten Verwendungszweck aufzeigen. Im Rahmen des US-Programms „EPA Design for the Environment" wurde eine Methode für Alternativbeurteilungen von Chemikalien entwickelt (Lavoie et al., 2010).

Verbesserung des Rechts der Öffentlichkeit auf Information

Die Regierungen der OECD-Länder haben Informationssysteme und andere Instrumente entwickelt, um den Zugang der Öffentlichkeit zu Daten über die Gefährlichkeit von Chemikalien und Risikoinformationen zu erhöhen, die im Rahmen der staatlichen Prüfprogramme für Chemikalien ausgearbeitet wurden. Diese Instrumente, darunter auch das OECD eChemPortal[18], unterstützen langfristige internationale Engagements (z.B. im Rahmen des SAICM) zur Verbesserung der öffentlichen Verfügbarkeit von Daten über chemische Stoffe. Sie machen diese Anstrengungen auch transparenter. Dennoch sollten mehr Informationen zu den Komponenten und Effekten von Chemikalien in Handelsartikeln, Nahrungsmitteln und Kosmetika zur Verfügung gestellt werden, um dem Recht der Öffentlichkeit auf Information über chemische Gefahren sowie Risikofaktoren für Gesundheit und Umwelt Rechnung zu tragen.

5. Klimawandel

Der Vierte Sachstandsbericht des Zwischenstaatlichen Ausschusses für Klimaänderungen kam mit einem sehr hohen Grad an Konfidenz[19] zu dem Schluss, dass der Klimawandel zur weltweiten Krankheitslast beiträgt und vorzeitige Todesfälle verursacht und dass diese Auswirkungen derzeit zwar gering sind, in Zukunft aber voraussichtlich schrittweise in allen Ländern und Regionen zunehmen werden (Confalonieri et al., 2007; Kapitel 3). Der Klimawandel beeinträchtigt die menschliche Gesundheit durch extreme Temperaturen, wetterbedingte Katastrophen, photochemische Luftschadstoffe, vektorübertragene und durch Nagetiere übertragene Krankheiten sowie durch Infektionen, die durch Lebensmittel und verunreinigtes Wasser entstehen (Kasten 6.10). Die Auswirkungen können direkter

Kasten 6.10 **Klimawandel, Gesundheitsdeterminanten und Gesundheitsfolgen: Fakten und Zahlen**

Luft – Extrem hohe Lufttemperaturen können direkt zu Todesfällen führen: Schätzungen zufolge wurden in der extremen Hitze des Sommers 2003 in Europa mehr als 70 000 zusätzliche Todesfälle verzeichnet (Robine et al., 2008). In der zweiten Hälfte dieses Jahrhunderts werden solche extremen Temperaturen die Norm sein (Beniston und Diaz, 2004). Darüber hinaus werden steigende Lufttemperaturen zu einem Anstieg wichtiger Luftschadstoffe wie bodennahes Ozon führen, insbesondere in Gebieten, die bereits belastet sind. Die Luftverschmutzung in städtischen Räumen verursacht derzeit jährlich rd. 1,2 Millionen Todesfälle (WHO, 2008, 2009a), hauptsächlich durch einen Anstieg der auf Erkrankungen des Herz-Kreislauf-Systems und der Atemwege zurückzuführenden Mortalität.

Wasser – Veränderungen in den Niederschlagsmustern, zunehmende Verdunstung und schmelzende Gletscher werden in Verbindung mit Bevölkerungs- und Wirtschaftswachstum voraussichtlich dazu führen, dass die Zahl der Menschen, die in unter Wasserstress leidenden Wassereinzugsgebieten leben, von rd. 1,5 Milliarden im Jahr 1990 auf 3-6 Milliarden im Jahr 2050 ansteigen wird (Arnell, 2004). Der Klimawandel könnte bis zu den 2090er Jahren dazu führen, dass sich die Häufigkeit extremer Dürreperioden verdoppelt, die Durchschnittsdauer versechsfacht und die von extremen Dürreperioden betroffene Landfläche um das Zehn- bis Dreißigfache erhöht (Burke et al., 2006). Fast 90% der Durchfallerkrankungen sind auf fehlende Versorgung mit gesundheitlich unbedenklichem Trinkwasser und hygienisch einwandfreien sanitären Einrichtungen zurückzuführen (Prüss-Üstün und Corvalán, 2006; Prüss-Üstün et al., 2004; WHO, 2009a), und der Rückgang in der Verfügbarkeit und Zuverlässigkeit der Süßwasservorräte wird dieses Problem wahrscheinlich noch verschärfen.

Nahrungsmittel – Steigende Temperaturen und größere Niederschlagsschwankungen werden in vielen tropischen Entwicklungsländern voraussichtlich zu Ernteertragseinbußen führen. In einigen afrikanischen Ländern könnten die Erträge aus dem Regenfeldbau bis 2020 um bis zu 50% zurückgehen (IPCC, 2007). Dadurch wird die Belastung durch Unterernährung, die in den Entwicklungsländern derzeit jedes Jahr 3,5 Millionen Todesfälle verursacht, wahrscheinlich noch verschärft werden, und zwar sowohl direkt über ernährungsbedingte Mangelerscheinungen als auch indirekt über die erhöhte Anfälligkeit gegenüber Krankheiten wie Malaria und Durchfall sowie Infektionen der Atemwege (Black et al., 2008; WHO, 2009a).

Unterkunft – Der Klimawandel wird den Projektionen zufolge bis zur zweiten Hälfte dieses Jahrhunderts dazu führen, dass die Häufigkeit extremer Stürme, heftiger Regenfälle und schwerer Hitzewellen um ein Mehrfaches ansteigt. Sofern die Schutzvorkehrungen nicht verbessert werden, könnte darüber hinaus die Anzahl der von Küstenhochwasser betroffenen Menschen durch den Anstieg des Meeresspiegels bis 2080 um mehr als das Zehnfache zunehmen, so dass pro Jahr mehr als 100 Millionen Menschen davon betroffen wären (IPCC, 2007). Diese Trends verschärfen außerdem die Gefahren wetterbedingter Naturkatastrophen, durch die in den 1990er Jahren ungefähr 600 000 Menschen ums Leben kamen (Hales et al., 2003). Sich wiederholende Überschwemmungen und Dürreperioden können zu Bevölkerungsverschiebungen führen, die wiederum mit erhöhten Gesundheitsrisiken verbunden sind, die von psychischen Störungen wie Depression bis zu übertragbaren Krankheiten und möglicherweise bürgerkriegsartigen Auseinandersetzungen reichen.

Schutz vor Krankheit – Steigende Temperaturen, Veränderungen in den Niederschlagsmustern und zunehmende Feuchtigkeit beeinflussen die Verbreitung von Krankheiten durch Vektoren sowie durch Wasser und Nahrungsmittel. Derzeit sterben pro Jahr rd. 1,1 Millionen Menschen durch vektorübertragene Krankheiten und 2,2 Millionen Menschen durch Durchfallerkrankungen (WHO, 2008). Studien zufolge könnte die von Malaria bedrohte Bevölkerung in Afrika durch den Klimawandel bis 2030 um 170 Millionen ansteigen (Hay et al., 2006), und die von Dengue-Fieber bedrohte Bevölkerung könnte weltweit bis zu den 2080er Jahren um 2 Milliarden zunehmen (Hales et al., 2002).

(Fortsetzung nächste Seite)

> *(Fortsetzung)*
>
> **Gesundheitsgerechtigkeit** – Der Klimawandel und die damit verbundenen Entwicklungsmuster drohen die bestehenden Gesundheitsungleichheiten zwischen den und innerhalb der Bevölkerungen auszuweiten. Aus einer WHO-Studie über die durch den Klimawandel verursachte Krankheitslast geht hervor, dass die seit 1970 festzustellende moderate Erwärmung bis zum Jahr 2004 bereits zu 140 000 zusätzlichen Todesfällen pro Jahr geführt hat (McMichael et al., 2004; WHO, 2009a). Laut Schätzungen waren die Auswirkungen bezogen auf die Einwohnerzahl in den Regionen, die bereits die größte Krankheitslast zu tragen hatten, um ein Vielfaches größer (McMichael et al., 2004; Patz et al., 2007). Die positiven Gesundheitseffekte des Klimawandels – hauptsächlich Rückgang der durch kalte Winter verursachten Mortalität – lassen sich weniger gut nachweisen, und falls sie auftreten, kommen sie wahrscheinlich hauptsächlich Bevölkerungen in den in hohen Breiten gelegenen entwickelten Ländern zugute (Confalonieri et al., 2007; McMichael et al., 2004). Die bestehenden Gesundheitsungleichheiten zwischen den reichsten und ärmsten Bevölkerungen werden deshalb durch den andauernden Klimawandel wahrscheinlich noch verschärft.
>
> Quelle: WHO (Weltgesundheitsorganisation) (2009b), *Protecting Health From Climate Change: Connecting Science, Policy and People*, WHO, Genf.

Natur sein – wie z.B. temperaturbedingte Mortalität (d.h. Hitze- und Kältestress) – oder indirekt erfolgen, indem sie die Inzidenz von Überschwemmungen, Mangelernährung, Durchfallerkrankungen und Malaria erhöhen (Campbell-Lendrum et al., 2003). Die WHO geht davon aus, dass 2004 weltweit etwa 3% aller durch Durchfallerkrankungen, Malaria und Dengue-Fieber verursachten Todesfälle auf den Klimawandel zurückzuführen waren (McMichael et al., 2004; WHO, 2009b). In vielen Fällen gehören die am meisten betroffenen Regionen zu den ärmsten Regionen, die am wenigsten dazu in der Lage sind, auf diese Auswirkungen zu reagieren.

Klimawandel und Malaria: Eine Fallstudie

Das Basisszenario des *OECD-Umweltausblicks* legt den Schwerpunkt auf Malaria, da Malaria die wichtigste Infektionskrankheit ist, die durch den Klimawandel verschlimmert wird. Einige andere gesundheitsbezogene Auswirkungen des Klimawandels werden in anderen Teilen dieses *Ausblicks* behandelt (hinsichtlich Durchfallerkrankungen vgl. Abschnitt 6.3 dieses Kapitels, hinsichtlich Überschwemmungen vgl. Kapitel 5 und hinsichtlich landwirtschaftlicher Erträge vgl. Kapitel 2). Der Klimawandel hat zwar auch andere Arten von Gesundheitseffekten namentlich Hitze- und Kältestress, sie werden in diesem *Ausblick* jedoch nicht modelliert.

Derzeit lebt mehr als die Hälfte der Weltbevölkerung, etwa 3,7 Milliarden Menschen, in potenziellen Malaria-Risikogebieten (d.h. Gebiete, die ein geeigneter Lebensraum für Malaria-Stechmücken sind), und diese Zahl wird bis 2050 voraussichtlich auf 5,7 Milliarden Menschen steigen[20]. Bis 2050 wird sich der größte Teil der in potenziellen Malaria-Risikogebieten lebenden Bevölkerung in Asien (3,2 Milliarden) und Afrika (1,6 Milliarden) befinden (Abb. 6.14). Mit Ausnahme Afrikas, wo 2004 mehr als 90% aller Malaria-Todesfälle verzeichnet wurden, konnten diese Risiken jedoch in vielen Gebieten durch Bekämpfung der Überträger der Krankheitserreger beträchtlich reduziert werden.

Obwohl die Zahl der in Malaria-Risikogebieten lebenden Menschen zunimmt, geht das Basisszenario des *OECD-Umweltausblicks* davon aus, dass die Zahl der vorzeitigen Todesfälle infolge von Malaria von 2010 bis 2050 weltweit sogar deutlich zurückgehen wird (Abb. 6.15)[21].

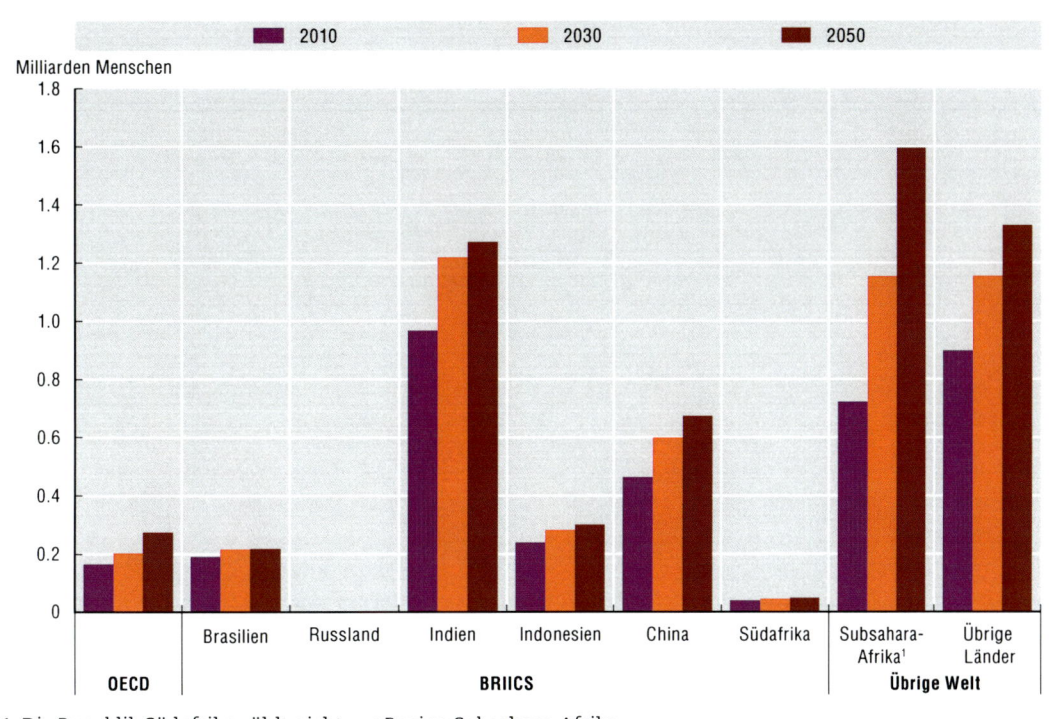

Abbildung 6.14 Von Malaria bedrohte Bevölkerung: Basisszenario, 2010-2050

1. Die Republik Südafrika zählt nicht zur Region Subsahara-Afrika.
Quelle: Basisszenario des OECD-Umweltausblicks; Ergebnisse von Berechnungen anhand der IMAGE-Modellreihe.
StatLink http://dx.doi.org/10.1787/888932571817

Dies ist auf die in der Projektion zu Grunde gelegten Annahmen zurückzuführen: zunehmende Verstädterung, Anstieg des Pro-Kopf-Einkommens (was Anpassungsmaßnahmen und die medizinische Versorgung fördert) und Alterung der Bevölkerung (Kinder sind am anfälligsten gegenüber Malaria). Der Klimawandel spielt in den Zukunftsprojektionen über die malariabedingten Veränderungen in der Krankheitslast nur eine begrenzte Rolle. Aber trotz dieser beträchtlichen weltweiten Reduzierung der Zahl der vorzeitigen Todesfälle werden 2050 Schätzungen zufolge immer noch fast 400 000 vorzeitige Todesfälle infolge von Malaria zu verzeichnen sein, davon fast alle in Afrika.

Um herauszufinden, ob alternative Klimapolitikszenarien Einfluss auf die Malaria-Inzidenz haben, wurde das in Kapitel 3 beschriebene zentrale 450-ppm-Szenario erweitert, um die Auswirkungen dieses Politikszenarios auf die Malaria-Inzidenz zu beurteilen. Das zentrale 450-ppm-Szenario modelliert einen Klimaschutzpfad, der die globale mittlere Erwärmung bis Ende des 21. Jahrhunderts auf unter 2°C begrenzt. Dies wird mit dem Basisszenario verglichen, das von einer gleichbleibenden Politik ausgeht und projiziert, dass die globale mittlere Temperatur bis Ende des Jahrhunderts um 3°-6°C ansteigt. Die erweiterte zentrale 450-ppm-Simulation impliziert, dass die Zahl der von Malaria bedrohten Menschen im Vergleich zum Basisszenario nur leicht zurückgeht. Einige Gebiete wären der Malaria-Stechmücke stärker ausgesetzt (namentlich das äthiopische Hochland), während dies bei anderen Gebieten nicht der Fall wäre. Die für Malaria geeigneten Gebiete (d.h. Gebiete mit geeigneten klimatischen Bedingungen) weisen im Basisszenario und im Politikszenario insgesamt nur geringe Größenunterschiede auf, und bei den Auswirkungen auf die menschliche Gesundheit sind deshalb nur minimale Unterschiede festzustellen.

6. GESUNDHEIT UND UMWELT

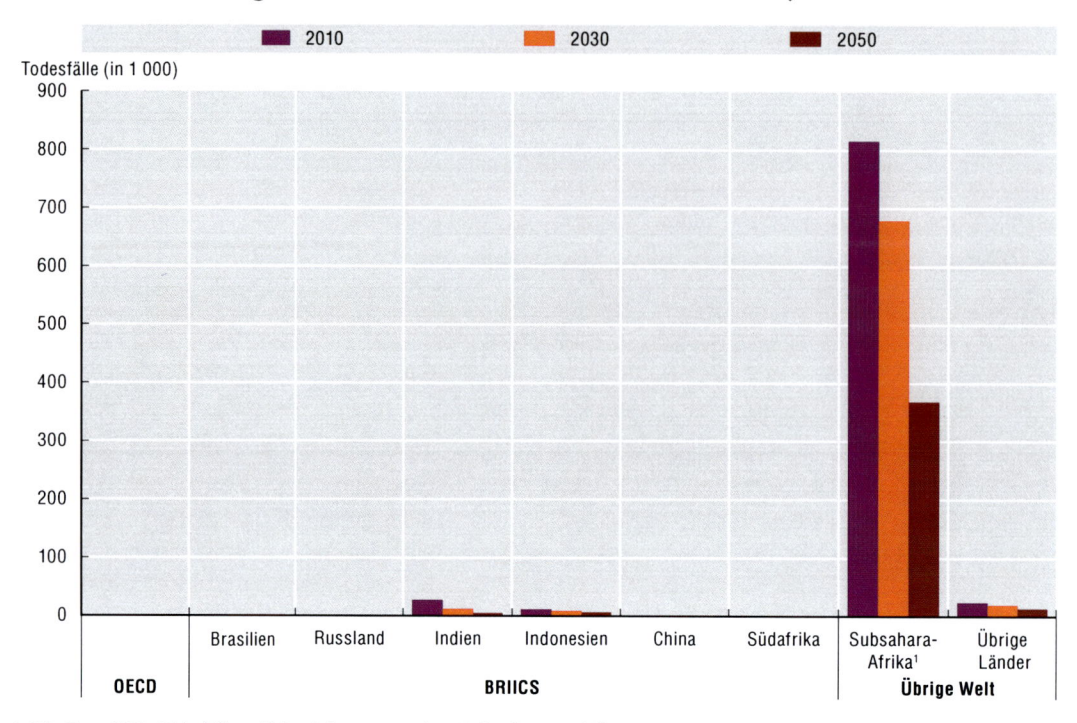

Abbildung 6.15 Malaria-Todesfälle: Basisszenario, 2010-2050

1. Die Republik Südafrika zählt nicht zur Region Subsahara-Afrika.
Quelle: Basisszenario des OECD-Umweltausblicks; Ergebnisse von Berechnungen anhand der IMAGE-Modellreihe.
StatLink ⟶ http://dx.doi.org/10.1787/888932571836

Es gibt einen beträchtlichen Wissensbestand über die Vermeidung und Bekämpfung von Malariaausbrüchen – dieses Wissen muss eingesetzt werden, um die mögliche Ausbreitung von Malaria zu verhindern. Zu den Anpassungsmöglichkeiten gehören eine bessere Überwachung und die Entwicklung von Frühwarnsystemen für potenzielle Ausbrüche, die Säuberung der Gebiete, die den Stechmücken als Lebensraum dienen können, Programme zur Bekämpfung von Krankheitsüberträgern, z.B. durch die Verteilung von Moskitonetzen, FuE im Bereich der Bekämpfung von Krankheitsüberträgern, Impfstoffe und Seuchentilgung sowie besser angepasste Gebäude und Wohnhäuser. Die Regierungen und die zuständigen internationalen Organisationen sollten zusammenarbeiten, um potenzielle neue Malaria-Gebiete systematisch zu kartieren und geeignete Politikinstrumente zu konzipieren. Dazu könnten Anreize für FuE sowie regulatorische Anreize (z.B. Bauordnung und Versicherung) gehören.

Anmerkungen

1. Bei den in diesem Abschnitt behandelten Formen von Feinstaub handelt es sich um PM_{10}-Partikel (Feinstaubpartikel mit einem Durchmesser von 10 Mikrometern oder weniger) und $PM_{2,5}$-Partikel (Feinstaubpartikel mit einem Durchmesser von 2,5 Mikrometern oder weniger).

2. Die entsprechenden Daten der Weltbank wurden zwar schon 2001 erfasst, weisen unter den vorliegenden Datensätzen aber immer noch die höchste Qualität und Konsistenz auf, was Voraussetzung für die Erstellung aussagekräftiger Modellrechnungen ist.

3. Informationen zu einer großen Zahl wirtschaftlicher Instrumente und freiwilliger Ansätze im Bereich der Luftverschmutzung finden sich in der OECD/EUA-Datenbank zu umweltpolitischen Instrumenten: *www.oecd.org/env/policies/database*.

4. Wenn sie gasförmig sind, werden Kohlenwasserstoffe als flüchtige organische Verbindungen bezeichnet.

5. OECD (2010a) enthält eine detaillierte Erörterung der NO_x-Steuer in Schweden, in der auch auf die Frage ihrer Auswirkungen auf die Umwelt und die Innovationstätigkeit eingegangen wird.

6. Die Obergrenze für die NO_x-Emissionen von Neufahrzeugen lagen in der Europäischen Union im Jahr 2008 für Fahrzeuge mit Ottomotor bei 0,06 g/km und für Dieselfahrzeuge bei 0,2 g/km – d.h. mehr als dreimal höher. Es gibt auch Anhaltspunkte dafür, dass die zunehmende Verschärfung der Emissionsgrenzwerte in der Praxis nur geringe Auswirkungen auf die tatsächlichen NO_x-Emissionen von Dieselfahrzeugen hatte (Carslaw et al., 2011).

7. Zur Veranschaulichung: Bei den derzeitigen Steuersätzen und unter der Annahme sonst unveränderter Bedingungen wäre die zu entrichtende Steuer für ein Fahrzeug, das 0,75g CO, 0,05g HC und 0,03g NO_x je km emittiert, um 977 Euro niedriger, wenn nur die CO_2-Emissionen berücksichtigt und alle anderen Arten von Emissionen außer Acht gelassen würden.

8. Bei dieser Simulation wird der Tatsache Rechnung getragen, dass eine weltweit vergleichsweise einheitliche Verringerung der Schadstoffemissionen zu unterschiedlichen Veränderungen der Mortalität in den einzelnen Ländern führen wird, was sich daraus erklärt, dass die bestehende Schadstoffkonzentration in den Ländern unterschiedlich ist und auch unterschiedlich stark über oder unter den als unbedenklich betrachteten Niveaus liegt.

9. In dem für diese Berechnungen verwendeten Ansatz variieren die VSL-Werte mit dem Einkommen, d.h. sie sind in Ländern mit niedrigem Pro-Kopf-BIP niedriger. Auf diese Weise kann unterschiedlichen Präferenzen der Länder bei der politischen Entscheidungsfindung besser Rechnung getragen werden; dies hat aber auch zur Folge, dass es schwieriger ist, ein klares Bild der globalen Größenordnung einer bestimmten Umweltmaßnahme und damit auch von der Notwendigkeit einer konzertierten internationalen Finanzierung zu gewinnen.

10. Bei der Zweitbehandlung handelt es sich um die Behandlung des (kommunalen) Abwassers mittels eines Prozesses, der in der Regel eine biologische Behandlung mit Nachbehandlung oder ein anderes Verfahren umfasst, bei dem der BSB (biochemischer Sauerstoffbedarf) um mindestens 70% und der CSB (chemischer Sauerstoffbedarf) um mindestens 75% verringert wird. Bei der Drittbehandlung handelt es sich (im Anschluss an die Zweitbehandlung) um eine Behandlung von Stickstoff und/oder Phosphor und/oder sonstiger Schadstoffe, die die Qualität oder eine besondere Verwendung des Wassers beeinträchtigen, wie beispielsweise mikrobiologische Verunreinigung, Farbe usw.

11. Die mit diesen Anschlussquoten assoziierten Kosten basieren auf Hutton und Haller (2004), die Schätzungen der jährlichen Kosten für unterschiedliche Zugangsquoten vornahmen. Ihre jährlichen Kostenvoranschläge beruhen auf Investitionen und laufenden Kosten, unter Verwendung von Angaben aus der Fachliteratur. Beispielsweise betragen die jährlichen Kosten für den Zugang zu Leitungswasser 10-15 US-$ je Person, während die Kosten für andere Anschlüsse mit verbesserter Wasserversorgung von 1-4 US-$ je Person reichen. An dieser Stelle ist es wichtig darauf hinzuweisen, dass es sich bei den in den Simulationen des *OECD-Umweltausblicks* zu Grunde gelegten Kosten um Näherungswerte handelt, da die Kategorien und Regionen nicht vollständig mit denen von Hutton und Haller übereinstimmen. Hinzukommt, dass die Umrechnung von ursprünglichen Investitionskosten in jährliche Kosten die tatsächlich anfallenden Kosten zu niedrig ausweisen könnte, wenn sie im Zeitverlauf verwendet werden. Vgl. Anhang 5.A am Ende von Kapitel 5 wegen näherer Einzelheiten zu den diesem Szenario zu Grunde liegenden Annahmen.

12. Gegenwärtig verfügen 39 Länder über ein operationelles PRTR-System. Hierzu zählen alle 27 EU-Länder, 3 Länder des Europäischen Wirtschaftsraums (Island, Liechtenstein und Norwegen) sowie 9 weitere Länder: 8 OECD-Länder (Australien, Kanada, Chile, Japan, Korea, Mexiko, die Schweiz und die Vereinigten Staaten) und Kroatien. Neuseeland verfügt nicht über ein einziges integriertes Schadstofffreisetzungs- und -verbringungsregister, sondern jede der 16 zuständigen regionalen Stellen ist für die Umsetzung der nationalen Umweltstandards verantwortlich und verwaltet und aktualisiert in eigener Regie eine Liste mit Informationen zu Emissionsgenehmigungen, einschließlich Schadstoffemissionen. Die Türkei und Israel haben jeweils ein PRTR-Pilotprojekt abgeschlossen.

13. Wegen weiterer Informationen vgl. die OECD-Webseite zu ESD: *www.oecd.org/env/exposure/esd*.

14. Vgl. Naiki (2010) wegen einer Vergleichsanalyse der Bestimmungen des japanischen Chemikaliengesetzes mit denen der REACH-Verordnung.

15. Wegen weiterer Informationen, vgl. die Broschüre *The Environment, Health and Safety Programme – Managing Chemicals through OECD*, verfügbar unter *www.oecd.org/dataoecd/18/0/1900785.pdf*.

16. Vgl. *www.who.int/iomc/en/*.

17. Vgl *www.epa.gov/greenchemistry/pubs/grants.html#TSE* .

18. Vgl. *www.echemportal.org*.

19. Ein sehr hoher Konfidenzgrad bedeutet eine wenigstens 90%ige Wahrscheinlichkeit, dass die Annahme richtig ist.

20. Vgl. Anhang 6.A wegen einer Erörterung des für die Projektion des Malaria-Risikos herangezogenen Modellierungsansatzes.

21. Die Modellrechnungen zu Malaria-Risikogebieten basieren auf einer einfachen Beziehung zwischen den Klimabedingungen und der Eignung für Malaria-Stechmücken. In der Praxis sind jedoch auch andere Faktoren wie der Umfang und die Art der Vegetation und das Vorkommen stehender Gewässer von Bedeutung. Darüber hinaus wurden künftige Programme zur Bekämpfung der Überträger der Krankheitserreger auf Grund fehlender globaler Daten nicht berücksichtigt.

Literaturverzeichnis

Aardenne, J. van, et al. (2010), *Climate and Air Quality Impacts of Combined Climate Change and Air Pollution Policy Scenarios*, Report EUR 24572, Joint Research Centre Scientific and Technical Reports, Amt für Veröffentlichungen der Europäischen Union.

Arnell, N.W. (2004), "Climate Change and Global Water Resources: SRES Emissions and Socio-Economic Scenarios", *Global Environmental Change-Human and Policy Dimensions*, 14(1): 31-52.

Beniston, M. und H.F. Diaz (2004), "The 2003 Heat Wave as an Example of Summers in a Greenhouse Climate? Observations and Climate Model Simulations for Basel, Switzerland", *Global and Planetary Change*, 44(1-4): 73-81.

Black, R.E. et al. (2008), "Maternal and child undernutrition: global and regional exposures and health consequences", *Lancet*, 371(9608): 243-260.

Bollen, J. und C. Brink (2011), "The Economic Impacts of Air Pollution Policies in the EU" (unveröffentlicht), *www.cpb.nl/sites/default/files/publicaties/download/achtergronddocument-economic-impacts-air-pollution-policies-eu.pdf*

Bouwman, A.F., T. Kram und K. Klein Goldewijk (Hrsg.) (2006), *Integrated Modelling of Global Environmental Change: An Overview of IMAGE 2.4*, PBL Netherlands Environmental Assessment Agency, Den Haag/Bilthoven.

Burke, E.J., S.J. Brown und N. Christidis (2006), "Modeling the Recent Evolution of Global Drought and Projections for the Twenty-First Century with the Hadley Centre Climate Model", *Journal of Hydrometeorology*, 7(5): 1113-1125.

Burtraw, D., et al. (2005), "Economics of Pollution Trading for SO_2 and NO_x", *Annual Review of Environment and Resources*, 30: 253-289.

Cairncross, S. und V. Valdmanis (2006), "Water Supply, Sanitation and Hygiene Promotion", in D.T. Jamison, J.G. Breman, A.R. Measham, G. Alleyne, M. Claeson, D.B. Evans, P. Jha, A. Mills und P. Musgrove (Hrsg.), *Disease Control Priorities in Developing Countries*, 2. Ausgabe, Oxford University Press und Weltbank, Washington, D.C.

Campbell-Lendrum, D., A. Prüss-Üstün und C. Corvalán (2003), "How Much Disease could Climate Change Cause?", in A. McMichael, D. Campbell-Lendrum, C. Corvalán, K. Ebi, A. Githeko, J. Scheraga und A. Woodward (Hrsg.), *Climate Change and Human Health: Risks and Responses*, WHO (Weltgesundheitsorganisation), Genf.

Carslaw, B.C. et al. (2011), "Recent Evidence Concerning Higher NO_x Emissions from Passenger Cars and Light Duty Vehicles", *Atmospheric Environment*, 45 (39): 7053-7063.

CDC (Centers for Disease Control and Prevention) (2009), *Fourth National Report on Human Exposure to Environmental Chemicals*, CDC, Atlanta, GA, www.cdc.gov/exposurereport.

Clapp, C., et al. (2010), "Cities and Carbon Market Finance: Taking Stock of Cities' Experience With Clean Development Mechanism (CDM) and Joint Implementation (JI)", *OECD Environment Working Papers*, No. 29, OECD Publishing, Paris, doi: 10.1787/5km4hv5p1vr7-en.

Confalonieri, U., et al. (2007), "Human Health", in M.L. Parry, O.F. Canziani, J.P. Palutikof, P.J. van der Linden und C.E. Hanson (Hrsg.), *Climate Change 2007: Impacts, Adaptation and Vulnerability. Contribution of Working Group II to the Fourth Assessment Report of the Intergovernmental Panel on Climate Change*, Cambridge University Press, Cambridge, UK.

Craig, M.H., et al. (1999), "A Climate-Based Distribution Model of Malaria Transmission in Africa", *Parasitology Today*, 15(3): 105-111.

Damstra, T., et al. (Hrsg.) (2002), *Global Assessment of the State of the Science of Endocrine Disruptors*, International Programme on Chemical Safety, WHO, Genf.

DEFRA (Department for Environment, Food and Rural Affairs) (2007), *An Economic Analysis to Inform the Air Quality Strategy. Updated Third Report of the Interdepartmental Group on Costs and Benefits*, DEFRA, London.

Desai, M.A., S. Mehta und K.R. Smith (2004), *Indoor Smoke from Solid Fuels: Assessing the Environmental Burden of Disease*, Environmental Burden of Disease Series No. 4, WHO, Genf.

Europäische Kommission (1996), "Richtlinie 96/61/EG des Rates vom 24. September 1996 über die integrierte Vermeidung und Verminderung der Umweltverschmutzung", *Amtsblatt der Europäischen Gemeinschaften*, L 257, 10/10/1996, S. 26-40.

Europäische Kommission (2001), "Richtlinie 2001/80/EG des Europäischen Parlaments und des Rates vom 23. Oktober 2001 zur Begrenzung von Schadstoffemissionen von Großfeuerungsanlagen in die Luft", *Amtsblatt der Europäischen Gemeinschaften*, L 309/1, 27. November 2001.

Europäische Kommission (2007), *REACH in Brief*, Generaldirektion Umwelt, Brüssel, http://ec.europa.eu/environment/chemicals/reach/pdf/2007_02_reach_in_brief.pdf.

Europäische Kommission (2008), "European Union Risk Assessment Report: Bis(2-ethylhexyl) phthalate (DEHP)", *Existing Substances Second Priority List*, Vol. 80, EUR 23384 EN, Gemeinsame Forschungsstelle, Gemeinsame Forschungsstelle der Europäischen Kommission, Brüssel.

Edejer, T., et al. (2005), "Cost Effectiveness Analysis of Strategies for Child Health in Developing Countries", *BMJ*, 19 (331 Nov 10).

EUA (Europäische Umweltagentur) (1999), *Chemicals in the European Environment: Low Doses, High Stakes? The EEA und UNEP Annual Message 2 on the State of Europe's Environment*, EUA, Kopenhagen.

EUA (2010), *Die Umwelt in Europa: Zustand und Ausblick 2010: Synthesebericht*, State of the Environment Report 1/2010, EUA, Kopenhagen.

EUA (2011), *Hazardous Substances in Europe's Fresh and Marine Waters – An Overview*, Technical Report No. 8/2011, EUA, Kopenhagen.

Fiore, A.M., et al. (2002), "Linking Ozone Pollution and Climate Change: The Case for Controlling Methane", *Geophysical Research Letters*, 29, doi: 10.1029/2002GL015601.

Forster, P., et al. (2007), "Changes in Atmospheric Constituents and in Radiative Forcing", in S. Solomon, D. Qin, M. Manning, Z. Chen, M. Marquis, K.B. Averyt, M. Tignor und H.L. Miller (Hrsg.), *Climate Change 2007: The Physical Science Basis. Contribution of Working Group I to the Fourth Assessment Report of the Intergovernmental Panel on Climate Change*, Cambridge University Press, Cambridge.

Freshfields Bruckhaus Deringer (2009), *China REACH: The PRC's Revised Regime for „New"'Chemicals*, Briefing, Juni 2009, Freshfields Bruckhaus Deringer, *www.freshfields.com/publications/pdfs/2009/jun09/26182.pdf*.

Gee, D. (2008), "Establishing Evidence for Early Action: The Prevention of Reproductive and Developmental Harm", *Basic & Clinical Pharmacology & Toxicology*, (102) S. 257-266.

Golding, J., K. Birmingham und R. Jones (2009), "Special Issue: A Guide to Undertaking a Birth Cohort Study: Purposes, Pitfalls and Practicalities", *Pediatric and Perinatal Epidemiology*, 23(s1):1-236.

Grandjean, P., et al. (2007), "The Faroes Statement: Human Health Effects of Developmental Exposure to Chemicals in our Environment", *Basic and Clinical Pharmacology and Toxicology*, (102) S. 73-75.

Hales, S., N. de Wet, J. Maindonald und A. Woodward (2002), "Potential Effect of Population and Climate Changes on Global Distribution of Dengue Fever: an Empirical Model", *The Lancet*, 360(9336): 830-834.

Hales, S., S. Edwards und R. Kovats (2003), "Impacts on Health of Climate Extremes", in A.J. McMichael, D. Campbell-Lendrum, C. Corvalán, K. Ebi, A. Githeko, J. Scheraga und A. Woodward (Hrsg.), *Climate Change and Human Health: Risks and Responses*, WHO, Genf.

Hanley, N., D. Bell und B. Alvarez-Farizo (2003), "Valuing the Benefits of Coastal Water Quality Improvements Using Contingent and Real Behaviour", *Environmental and Resources Economics*, Vol. 24, No. 3, S. 273-285.

Hay, S.I., A.J. Tatem, C.A. Guerra und R.W. Snow (2006), *Foresight on Population at Malaria Risk in Africa: 2005, 2015 and 2030*, Szenarienüberblick für das Foresight Project, Detection and Identification of Infectious Diseases Project (DIID), Office of Science and Innovation, London, Vereinigtes Königreich.

Hilderink, H.B.M. und P.L. Lucas (Hrsg.) (2008), *Towards a Global Integrated Sustainability Model: GISMO 1.0 Status Report*, PBL Netherlands Environmental Assessment Agency, Den Haag/Bilthoven.

Holland, M., et al. (2005), *Final Methodology Paper (Volume 1) for Service Contract for Carrying Out Cost-Benefit Analysis of Air Quality Related Issues, in Particular in the Clean Air for Europe (CAFE) Programme*, AEAT/ED51014/Methodology Paper, Issue 4, Generaldirektion Umwelt der Europäischen Kommission, Brüssel.

Hutton, G. und L. Haller (2004), *Evaluation of Costs and Benefits of Water and Sanitation Improvements at the Global Level*, WHO, Genf.

IEA (Internationale Energie-Agentur) (2010), *World Energy Outlook 2010*, OECD Publishing, Paris, doi: 10.1787/weo-2010-en.

IIASA (2001), *The Greenhouse Gas and Air Pollution Interactions and Synergies (GAINS)-Model*, http:/gains.iiasa.ac.at/index.php/home-page.

IPCC (Zwischenstaatlicher Ausschuss für Klimaänderungen) (2007), *Climate Change 2007: Climate Change Impacts, Adaptation and Vulnerability, Contribution of Working Group II to the Fourth Assessment Report of the Intergovernmental Panel on Climate Change*, M.L. Parry, O.F. Canziani, J.P. Palutikof, P.J. van der Linden und C.E. Hanson (Hrsg.), Cambridge University Press, Cambridge.

Johnstone, N., I. Haščic und M. Kalamova (2010), "Environmental Policy Design Characteristics and Technological Innovation: Evidence from Patent Data", *OECD Environment Working Papers*, No. 16, OECD Publishing, Paris, doi: 10.1787/5kmjstwtqwhd-en.

Kiriyama, N. (2010), "Trade and Innovation: Report on the Chemicals Sector", *OECD Trade Policy Working Papers*, No. 103, OECD Publishing, Paris, doi: 10.1787/5km69t4hmr6c-en.

Lavoie, E.T., et al. (2010), "Chemical Alternatives Assessment: Enabling Substitution to Safer Chemicals", *Environmental Science and Technology*, 44 (24): 9244-9249.

Lejour, A.M., P. Veenendaal, G. Verweij und N. van Leeuwen (2006), *WorldScan: A Model for International Economic Policy Analysis*, CPB Document 111, Den Haag.

Mathers, C.D. und D. Loncar (2006), "Projections of Global Mortality and Burden of Disease from 2002 to 2030", *PLoS Medicine*, 3(11): 2011-2030.

McMichael, A., et al. (2004), "Global Climate Change", in M. Ezzati, A. Lopez, A. Rodgers und C. Murray (Hrsg.), *Comparative Quantification of Health Risks: Global and Regional Burden of Disease Attributable to Selected Major Risk Factors*, WHO, Genf.

Meek, M.E., et al. (2011), "Risk Assessment of Combined Exposure to Multiple Chemicals: A WHO/IPCS Framework", *Regulatory Toxicology and Pharmacology*, 60 S1-S14.

Mol, W.J.A., P.R. van Hooydonk und F.A.A.M. de Leeuw (2011), *The State of the Air Quality in 2008 and the European Exchange of Monitoring Information in 2010*, ETC/ACC Technical Paper 2011/1, The European Topic Centre on Air and Climate Change, Bilthoven.

Morel, C., J. Lauer und D.B. Evans (2005), "Cost Effectiveness Analysis of Strategies to Combat Malaria in Developing Countries," *BMJ*, 3(331).

Naiki, Y. (2010), "Assessing Policy Reach: Japan's Chemical Policy Reform in Response to the EU's REACH Regulation", *Journal of Environmental Law*, 22 (2): 171-196.

Narayanan B.G. und T.L. Walmsley (Hrsg.) (2008), *Global Trade, Assistance, and Production: The GTAP 7 Data Base*, Center for Global Trade Analysis, Purdue University, West Lafayette.

National Research Council (2007), *Toxicity Testing in the Twenty-first Century: A Vision and a Strategy*, The National Academies Press, Washington, D.C.

Newell, R.G. und N.E. Wilson (2005), *Technology Prizes for Climate Change Mitigation*, Discussion Paper 05-33, Resources for the Future, *www.rff.org/documents/RFF-DP-05-33.pdf*.

OECD (2007), *OECD Environmental Data Compendium 2006/2007*, OECD, Paris.

OECD (2009a), *Alternative Ways of Providing Water: Emerging Options and their Policy Implications*, OECD Paris.

OECD (2009b), *The Economics of Climate Change Mitigation: Policies and Options for Global Action beyond 2012*, OECD Publishing, Paris, doi: 10.1787/9789264073616-en.

OECD (2010a), *Taxation, Innovation and the Environment*, OECD Publishing, Paris, doi: 10.1787/9789264087637-en.

OECD (2010b), *Cutting Costs in Chemicals Management: How OECD Helps Governments and Industry*, OECD Publishing, Paris, doi: 10.1787/9789264085930-en.

OECD (2010c), *Fuel Taxes, Motor Vehicle Emission Standards and Patents related to the Fuel-Efficiency and Emissions of Motor Vehicles*, OECD, Paris.

OECD (2011a), *OECD Health Data 2011*, online, OECD Publishing, Paris, http://stats.oecd.org/index.aspx (Health).

OECD (2011b), *Towards Green Growth*, OECD Green Growth Studies, OECD Publishing, Paris, doi: 10.1787/9789264111318-en.

OECD (2011c), *Benefits of Investing in Water and Sanitation: An OECD Perspective*, OECD Publishing, Paris, doi: 10.1787/9789264100817-en.

OECD (2011d), "Sustainable Chemistry: Evidence on Innovation from Patent Data", *Series on Risk Management*, No. 25, OECD, Paris.

OECD (2011e), *Valuing Mortality Risk Reductions in Regulatory Analysis of Environmental, Health and Transport Policies: Policy Implications*, OECD, Paris. *www.oecd.org/env/policies/vsl*.

OECD (2011f), "WHO OECD ILSI/HESI International Workshop on Risk Assessment of Combined Exposures to Multiple Chemicals", *Series on Testing and Assessment*, No. 140, OECD, Paris.

Ontario (2001), *Ontario Regulation 397/01, made under the Environmental Protection Act*, Ontario, Kanada.

Pandey, K.D. et al. (2006), *Ambient Particulate Matter Concentrations in Residential and Pollution Hotspot Areas of World Cities: New Estimates based on the Global Model of Ambient Particulates (GMAPS)*, The World Bank Development Economics Research Group and the Environment Department Working Paper, Weltbank, Washington D.C.

Pattanayak, S.K., J.-C. Yang, D. Whittington und K.C. Bal Kumar (2005), "Coping with Unreliable Public Water Supplies: Averting Expenditures by Households in Kathmandu, Nepal", *Water Resources Research*, 41, W02012.

Patz, J., et al. (2007), "Climate Change and Global Health: Quantifying a Growing Ethical Crisis", *Ecohealth*, 4: 397-405.

Popp, D. (2006), "Entice-BR: The Effects of Backstop Technology and R&D on Climate Policy Models," *Energy Economics*, Vol. 28: 188-222.

Prüss, A., D. Kay, L. Fewtrell und J. Bartram (2002), "Estimating the Burden of Disease from Water, Sanitation, and Hygiene at a Global Level", *Environmental Health Perspectives*, 110:537-542.

Prüss-Üstün, A., D. Kay, F. Fewtrell und J. Bartram (2004), "Unsafe Water, Sanitation and Hygiene", in M. Ezzati, A. Lopez, A. Rodgers und C. Murray (Hrsg.), *Comparative Quantification of Health Risks: Global and Regional Burden of Disease Attributable to Selected Major Risk Factors*, WHO, Genf.

Prüss-Üstün, A. und C. Corvalán (2006), *Preventing Disease through Healthy Environments: Towards an Estimate of the Environmental Burden of Disease*, WHO, Genf.

Prüss-Üstün, A., R. Bos, F. Gore und J. Bartram (2008), *Safer Water, Better Health: Cost, Benefits and Sustainability of Interventions to Protect and Promote Health*, WHO, Genf.

Prüss-Ustün, A., C. Vickers, P. Haefliger und R. Bertollini (2011), "Knowns and Unknowns on the Burden of Disease Due to Chemicals: a Systematic Review", *Environmental Health*, 10:9.

Robine, J.M., et al. (2008), "Death Toll Exceeded 70,000 in Europe During the Summer of 2003", *Comptes Rendus Biologies*, 331(2): 171-178.

Ruijven, B. van (2008), *Energy and Development – A Modelling Approach*, Universität Utrecht, Utrecht.

Schoeters G.E.R., et al. (2011), "Biomonitoring and Biomarkers to Unravel the Risks from Prenatal Environmental Exposures for Later Health Outcomes", *American Journal of Clinical Nutrition*, Juni 2001.

Söderholm, P. (2009), *Economic Instruments in Chemicals Policy: Past Experiences and Prospects for Future Use*, Bericht für den Nordischen Ministerrat, TemaNord, Kopenhagen.

Royal Society, The (2008), *Ground-Level Ozone in the 21st Century: Air Future Trends, Impacts and Policy Implications*, Science Policy Report 15/08, The Royal Society, London.

UNECE (VN-Wirtschaftskommission für Europa) (2010), *Hemispheric Transport of Air Pollution 2010: Executive Summary, Informal Document*, No. 10, Exekutivorgan des Übereinkommens über weiträumige grenzüberschreitende Luftverunreinigung, Genf.

UNEP (Umweltprogramm der Vereinten Nationen) (2007), *Global Environment Outlook 4: Summary for Decision Makers*, UNEP, Genf.

UNEP (2009), "Desk Study on Financing Options for Chemicals and Wastes", Bericht der zweiten Konsultationstagung des von der UNEP geleiteten Consultative Process on Financing Options for Chemicals and Wastes, Bangkok, 25.-26. Oktober 2009.

US EPA (Umweltschutzbehörde der Vereinigten Staaten) (2006), *Air Quality Criteria for Ozone and Related Photochemical Oxidants (2006 Final)*, US EPA, Washington D.C.

US EPA (2010), *The Benefits and Costs of the Clean Air Act: 1990-2020*, Office of Air and Radiation, US EPA, Washington, D.C., *www.epa.gov/oar/sect812/aug10/fullreport.pdf*.

UN WWAP (VN-Weltprogramm zur Bewertung der Wasserressourcen) (2009), *The Third United Nations World Water Development Report: Water in a Changing World*, UNESCO, Paris und Earthscan, London.

Waddington, H., B. Snilstveit, H. White und L. Fewtrell (2009), *Water, Sanitation and Hygiene Interventions to Combat Childhood Diarrhoea in Developing Countries. International Initiative for Impact Evaluation*, Synthetic Review 001, International Initiative for Impact Evaluation (3ie), London, *www.3ieimpact.org/admin/pdfs2/17.pdf*.

Whittington, D., W.M. Hanemann, C. Sadoff und M. Jeuland (2009), "Chapter 7: Sanitation and Water", in B. Lomborg (Hrsg.), *Global Crises, Global Solutions*, 2. Ausgabe, Cambridge University Press, Cambridge, Vereinigtes Königreich.

WHO (Weltgesundheitsorganisation) (2002a), *The World Health Report 2002, Reducing Risks, Promoting Healthy Life*, WHO, Genf.

WHO (2002b), *Global Burden of Disease Estimates*, WHO-Website, http://www.who.int/healthinfo/global_burden_disease/estimates_regional_2002/en/index.html#.

WHO (2003), *Making Choices in Health: WHO Guide to Cost Effectiveness Analysis*, WHO, Genf.

WHO (2005), *WHO Launches Project to Minimize Risks of Radon*, WHO Website, www.who.int/mediacentre/news/notes/2005/np15/en/index.html.

WHO (2006), *Air Quality Guidelines for Particulate Matter, Ozone, Nitrogen Dioxide and Sulfur Dioxide: Global Update 2005*, WHO, Genf.

WHO (2008), *The Global Burden of Disease: 2004 Update*, WHO, Genf.

WHO (2009a), *Global Health Risks: Mortality and Burden of Disease Attributable to Selected Major Risks*, WHO, Genf.

WHO (2009b), *Protecting Health From Climate Change: Connecting Science, Policy and People*, WHO, Genf.

WHO (2009c), *Country Profile of Environmental Burden of Disease: China*, WHO, Genf, www.who.int/quantifying_ehimpacts/national/countryprofile/china.pdf.

WHO (2009d), *Country Profile of Environmental Burden of Disease: India*, WHO, Genf, www.who.int/quantifying_ehimpacts/national/countryprofile/india.pdf.

WHO/UNICEF (Kinderhilfswerk der Vereinten Nationen) (2010), *Progress on Drinking Water and Sanitation: 2010 Update*, WHO/UNICEF Joint Monitoring Programme for Water Supply and Sanitation, New York/Genf.

Weltbank (2001), "Development Economics Research Group Estimates", Weltbank, http://siteresources.worldbank.org/INTRES/Resources/AirPollutionConcentrationData2.xls.

ANHANG 6.A

Hintergrundinformationen zur Modellierung von Gesundheit und Umwelt

Dieser Anhang beschreibt die wichtigsten Aspekte des Global Integrated Sustainability Model (GISMO), das Teil der IMAGE-Reihe ist (vgl. Kapitel 1 und den Anhang über den Modellierungsrahmen) und in diesem Kapitel zur Modellierung der Gesundheitseffekte herangezogen wurde (vgl. Hilderink und Lukas, 2008).

Modellierung der Gesundheitseffekte

Der Hauptzweck des Gesundheitsmodells besteht darin, die Krankheitslast nach Geschlecht und Alter zu beschreiben. Bei der für übertragbare Krankheiten (Infektionskrankheiten) – namentlich Malaria, Diarrhö, Infektionen der unteren Atemwege, Proteinmangel und AIDS (Abb. 6.A1) – herangezogenen Methodik handelt es sich um ein Mehrzustandsmodell, das weitgehend dem im *World Health Report 2002* (WHO, 2002a) und im Disease Control Priorities Project (DCPP) (Cairncross und Valdmanis, 2006) beschriebenen Ansatz entspricht. Die verschiedenen Zustände sind Exposition, Krankheit und Todesfall. Das bedeutet, dass bei verschiedenen Gesundheitsrisikofaktoren die Inzidenz und die Letalität (d.h. die Relation zwischen der Anzahl der durch eine bestimmte Krankheit verursachten Todesfälle und der Anzahl der mit dieser Krankheit diagnostizierten Fälle) berücksichtigt werden. Darüber hinaus können bestimmte Risikofaktoren (z.B. unzureichende Wasserversorgung) durch andere Risikofaktoren (namentlich Untergewicht bei Kindern) noch verstärkt werden. Das Niveau der Gesundheitsversorgung hat ebenfalls Auswirkungen auf diese Raten. Die Methode zur Projektion der anderen Todesursachen – d.h. nichtübertragbare (chronische) Krankheiten, die übrigen übertragbaren Krankheiten und Verletzungen – basiert auf Mathers und Loncar (2006), die eine Methode entwickelt haben, die es ermöglicht, bei den meisten wichtigen Todesursachen einen Zusammenhang zwischen Sterberaten und Faktoren wie BIP, Rauchen und Humankapital nachzuweisen. Diese Methode wurde bei den Projektionen der globalen Krankheitslast (WHO, 2002b) herangezogen und darüber hinaus in das Gesundheitsmodell aufgenommen. Die Projektionen der ursachenspezifischen Mortalität dienen dazu, die in der Fachliteratur aufgeführten zurechenbaren (und vermeidbaren) relativen Sterblichkeitsrisiken zu bestimmen.

6. GESUNDHEIT UND UMWELT

Bewertung der Gesundheitseffekte

Die Modellierung der Gesundheitseffekte ermöglicht für die verschiedenen im Modell unterschiedenen Regionen eine Aufschlüsselung der ursachenspezifischen Todesfälle nach Geschlecht und Alter. Der monetäre Wert dieser Effekte wird durch den Wert eines statistischen Menschenlebens (VSL) ausgedrückt (vgl. Holland et al., 2005). Die Schätzung des VSL basiert auf dem OECD-Raum und beläuft sich bei den OECD-Ländern auf 3,5 Mio. US-$ (US-Dollar von 2005) (OECD, 2011e). Der Wert für die anderen Regionen basiert auf dem jeweiligen Pro-Kopf-BIP zu Kaufkraftparitäten unter Zugrundelegung einer Elastizität von 0,8. Der Zukunftswert des VSL wird direkt auf der Basis der Veränderungen des Pro-Kopf-BIP berechnet.

Abbildung 6.A1 **Überblick über die Modellierung der Gesundheitsauswirkungen**

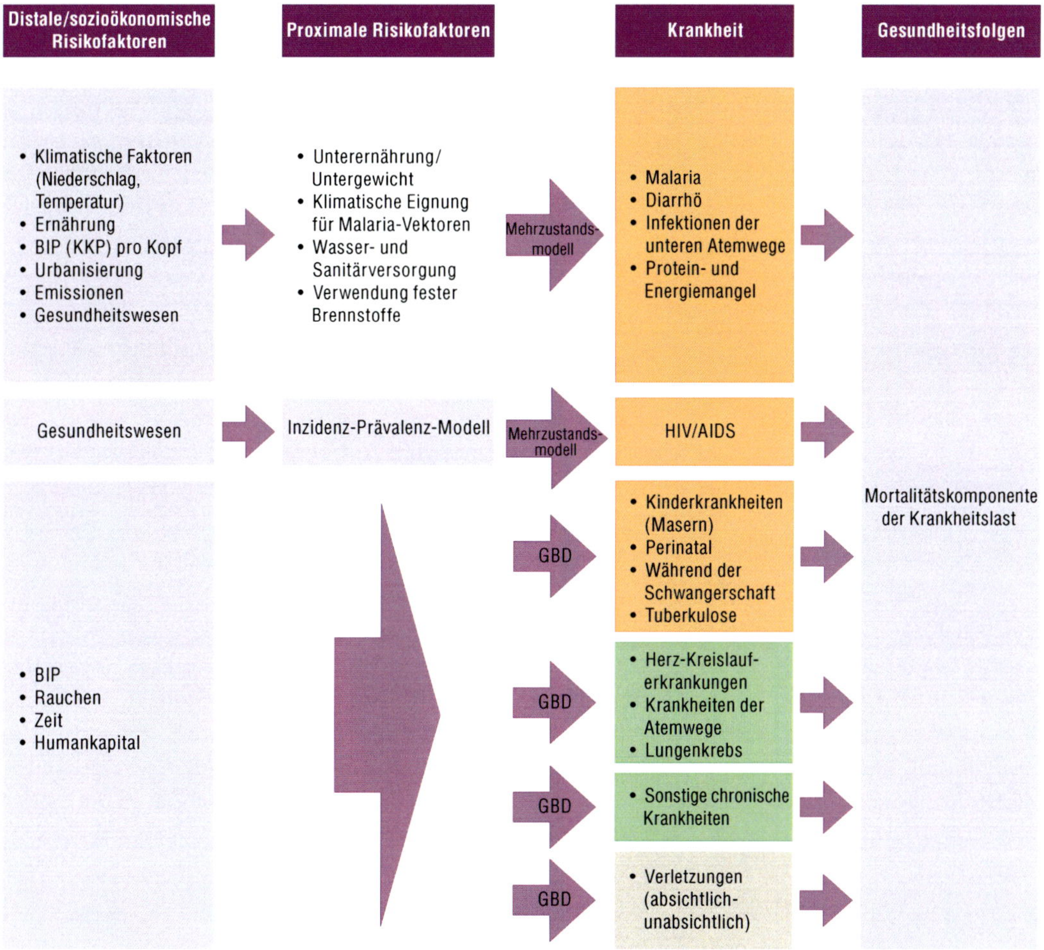

Quelle: H.B.M. Hilderink und P. L. Lucas (Hrsg.) (2008), *Towards a Global Integrated Sustainability Model: GISMO 1.0 Status Report*, PBL Netherlands Environmental Assessment Agency, Den Haag/Bilthoven.

Innenraumluftverschmutzung

Der Hauptrisikofaktor für Infektionen der unteren Atemwege oder für Lungenentzündung ist die Innenraumluftverschmutzung, die durch Kochen und/oder Heizen mit festen Brennstoffen verursacht wird. Der Effekt wird bei untergewichtigen Kindern noch verschärft. Die Modellierung der Exposition gegenüber Innenraumluftverschmutzung basiert auf dem Residential Energy Model Global (REMG, van Ruijven, 2008). Innenraumluftverschmutzung erhöht nicht nur das Todesfallrisiko infolge von Lungenentzündung sondern auch das Todesfallrisiko infolge von chronisch obstruktiven Lungenerkrankungen (COPD) und Lungenkrebs. Es wird vermutet, dass auch andere Krankheiten mit diesem Risikofaktor verbunden sind, auf Grund des begrenzten Datenmaterials hinsichtlich dieser Krankheiten werden sie aber nicht erfasst. Die Gesundheitseffekte der Exposition gegenüber diesem Risikofaktor können jedoch durch eine ausreichende Ventilation beim Kochen und Heizen verringert werden. Die Methodik zur Beschreibung der mit diesem Risikofaktor verbundenen Krankheitslast stammt von der WHO (Desai et al., 2004).

Wasser- und Sanitärversorgung

Die Modellprojektionen in Bezug auf das Niveau der Wasser- und Sanitärversorgung werden hauptsächlich im Anhang zu Kapitel 5 dieses Ausblicks beschrieben. Zu beachten ist, dass die Anschlussquoten der Wasserversorgungs- und Abwasserentsorgungssysteme für die Analyse in diesem Kapitel sowohl für die Stadt- als auch für die Landbevölkerung berechnet werden. Dadurch kann die durch Diarrhö hervorgerufene Krankheitslast im städtischen und ländlichen Raum bestimmt werden. Da die Anschlussquoten der Wasserversorgungs- und Abwasserentsorgungssysteme in den einzelnen Regionen unterschiedlich sind, werden relative Risiken herangezogen, um die jeweilige Inzidenz auf der Basis des im DCPP verwendeten sogenannten „realistischen Szenarios" zu berechnen (Cairncross und Valdmanis, 2006). Die Inzidenz wird durch das Ausmaß des Untergewichts bei Kindern (leicht, mäßig oder stark untergewichtig; vgl. Edejer et al., 2005) und durch die Temperatur beeinflusst (McMichael, 2004). Die Letalität wird durch das Ausmaß des Untergewichts und den Einsatz der oralen Rehydrationstherapie (ORT) beeinflusst. Das Ausmaß des Untergewichts wird von dem durchschnittlichen Nahrungsmittelkonsum abgeleitet.

Malaria

Die Methodik zur Schätzung des Malaria-Risikos basiert auf dem MARA/ARMA-Malariaverbreitungsmodell (Craig et al., 1999), in dem Gebiete kartiert werden, die auf Grund klimatischer Faktoren einen geeigneten Lebensraum für Malariamücken darstellen. Stechmücken, die die Infektion verbreiten, überleben nur in frostfreien klimatischen Verhältnissen mit hohen Durchschnittstemperaturen und ausreichendem Niederschlag. Für jeden Klimafaktor wird ein Eignungsindex berechnet, der anzeigt, unter welchen Bedingungen die Malariamücke überleben kann. In Tabelle 6.A1 werden die klimatischen Bedingungen aufgeführt, die für das höchste Eignungsniveau der Stufe 1 und das niedrigste Eignungsniveau der Stufe 0 erforderlich sind. Der Wert der Indikatoren, die zwischen den Eignungsniveaus 0 und 1 liegen, wird durch eine einfache Funktion berechnet (Craig et al., 1999). All diese Faktoren werden auf einer geografischen 0,5 x 0,5-Rasterbasis berechnet, wobei auf die Ergebnisse des IMAGE-Modells zurückgegriffen wird (Bouwman et al., 2006). Die Gesamteignung des Klimas für Malaria wird in den einzelnen Rasterzellen durch den niedrigsten der drei Indizes bestimmt.

Dieses Modell wurde ursprünglich für Afrika entwickelt, wo die meisten Malariafälle und -todesfälle auftreten, im GISMO-Modell wird es allerdings weltweit angewendet. Die

Tabelle 6.A1 **Eignungsindizes klimatischer Faktoren für Malaria**

	Eignungsniveau = 0	Eignungsniveau = 1
Monatstemperatur (Grad Celsius)	< 18	> 22
	> 40	< 32
Niedrigste Monatstemperatur im Jahresverlauf (Grad Celsius)	< 0	> 4
Niederschlag (mm/Monat)	0	> 80

Quelle: Craig et al., 1999.

von Malaria bedrohte Bevölkerung wird auf der Basis der klimatischen Eignung für die Ausbreitung der Krankheit geschätzt. Da die Malariavektoren in den meisten Regionen außerhalb Afrikas durch Malariabekämpfung reduziert oder eliminiert wurden, muss dieser Aspekt berücksichtigt werden. Es wird davon ausgegangen, dass sich die Programme zur Bekämpfung der Überträger von Krankheitserregern in Zukunft nicht ändern werden. Insektizidbehandelte Moskitonetze und das Versprühen von Mückenspray werden als separate potenzielle Lösungsansätze modelliert, die die Inzidenzraten verändern. Die Letalität von Malaria wird durch das Ausmaß des Untergewichts bei Kindern und das Fallmanagement (d.h. Diagnose und Behandlung) beeinflusst (Morel et al., 2005).

Außenluftverschmutzung

Die in diesem Kapitel aufgeführte Modellierung der Luftverschmutzung erfasste mehrere Aspekte, namentlich die Gesundheitseffekte von Feinstaub, bodennahes Ozon, die von WorldScan durchgeführten Politiksimulationen sowie die Simulation eines Szenarios mit einer 25%igen Reduzierung der Luftverschmutzung. Sie werden nachstehend im Einzelnen dargelegt.

Feinstaub

Das Global Urban Air quality Model (GUAM) wurde entwickelt, um für über 3 200 „große" Städte weltweit (d.h. Städte mit einer Bevölkerung von mehr als 100 000 Menschen oder nationale Hauptstädte) die PM_{10}-Konzentrationen und die diesbezüglichen Auswirkungen auf die menschliche Gesundheit zu schätzen. Das GUAM-Modell hat seinen Ursprung im GMAPS-Modell (Pandey et al., 2006) und verbindet die beobachteten PM_{10}-Konzentrationen mit einer Reihe von Variablen für Wirtschaftstätigkeit, Bevölkerung, Urbanisierung und meteorologische Informationen.

Auf der Basis dieser Konzentrationsniveaus werden die Gesundheitseffekte auf die gefährdete Bevölkerung (akute Erkrankungen der Atemwege, Lungenkrebs und Herz-Lungen-Erkrankungen) bestimmt. Die Gesundheitseffekte basieren auf der Annahme einer durchschnittlichen Schadstoffexposition der jeweiligen Bevölkerung. Das bedeutet, dass die Schadstoffexposition der Stadtbevölkerung als die modellierte durchschnittliche Konzentration in städtischen Gebieten geschätzt wird. Konzentrationsgefälle innerhalb einer Stadt (z.B. Gebiete mit besonders hoher Schadstoffkonzentration), Expositionsunterschiede zwischen verschiedenen Bevölkerungsgruppen und die Schadstoffbelastung in Innenräumen werden nicht berücksichtigt. Die Auswirkungen der Außenluftverschmutzung auf die Bevölkerung in Städten mit weniger als 100 000 Bewohnern und auf die Landbevölkerungen werden in der Bestandsaufnahme nicht erfasst. Die sonstigen Annahmen und Unsicherheiten werden in Kasten 6.A1 beschrieben.

> ### Kasten 6.A1 **Annahmen und Unsicherheiten in den Modellen**
>
> a) Die meisten empirischen Daten über PM_{10}-Konzentrationen stammen aus entwickelten Ländern, wo die Konzentrationen in der Tendenz niedriger sind als in den Entwicklungsländern. Mit diesen Daten werden die Konzentrationen in allen 3 245 Städten geschätzt, was bei der Extrapolation auf Städte mit hoher Konzentration zu Unsicherheiten führt.
>
> b) Da nur wenige Daten über $PM_{2,5}$-Konzentrationen vorliegen (im Vergleich zu PM_{10}-Konzentrationen), wird davon ausgegangen, dass die $PM_{2,5}$-Konzentrationen aus einer Relation zwischen PM_{10}- und $PM_{2,5}$-Konzentrationen abgeleitet werden können, die sich auf relativ wenige Beobachtungen stützt. Diese Quotienten reichen von 0,4 in Brasilien bis zu 0,65 in den meisten OECD-Ländern. Die Modellierung der Konzentrationen basiert auf dem Weltbankansatz des Global Model of Ambient Particulates (GMAPS; Pandey et al., 2006) unter Heranziehung lokaler und nationaler Daten über Emissionen, Windgeschwindigkeit, Siedlungsdichte und Niederschlag, wobei die Gewichtung der Emissionen unter diesen Faktoren am höchsten ist.
>
> c) Die Gesundheitsauswirkungen basieren auf dem Zusammenhang zwischen Exposition und Reaktion (in der Fachliteratur beschrieben), wobei davon ausgegangen wird, dass dieser Zusammenhang überall auf der Erde gleich ist und im Zeitverlauf konstant bleibt.
>
> d) Es wird unterstellt, dass bei PM_{10}-Konzentrationen über 150 µg/m³ keine zusätz-lichen Auswirkungen auf die menschliche Gesundheit auftreten (d.h. die Gesundheitsauswirkungen sind bei PM_{10}-Konzentrationen über 150 µg/m³ nicht stärker als bei 150 µg/m³).
>
> e) Da die Modellierung nur Todesfälle erfasst, die durch Feinstaub verursacht werden, werden die tatsächlichen Auswirkungen auf die menschliche Gesundheit unterschätzt (d.h. nichttödliche Auswirkungen wie chronische und akute Bronchitis, Asthma usw. werden nicht erfasst). Wie in Kasten 6.2 erörtert, hat die Alterung der Bevölkerung in allen Ländergruppen einen großen Einfluss auf die Anzahl der vorzeitigen Todesfälle infolge von Luftverschmutzung.

Bodennahes Ozon

Die in der Troposphäre (d.h. in Bodennähe) auftretenden globalen durchschnittlichen Ozonkonzentrationen werden in einem „Kastenmodell" der Atmosphärenchemie modelliert. In einem Kastenmodell wird der Unterschied zwischen den Quellen und Senken eines Bestandteils berechnet und in einen Anstieg oder Rückgang der atmosphärischen Konzentration umgerechnet. Dabei werden die folgenden Quellen berücksichtigt: a) die direkten anthropogenen und natürlichen Emissionen von Ozonvorläufersubstanzen – Kohlenmonoxid, Stickoxide und flüchtige organische Verbindungen einschließlich Methan (CH_4) und b) die In-situ-Erzeugung oder -Verluste bei atmosphärischen photochemischen Prozessen sowie andere Verluste wie Ablagerung oder Transport in die Stratosphäre. Die chemischen Vorgänge werden in einer Reihe von parametrisierten Relationen dargestellt. Von entscheidender Bedeutung ist dabei das Hydroxyl-Radikal (OH), die chemische Substanz, die die meisten atmosphärischen Oxidationsprozesse einleitet. Veränderungen in der OH-Produktion basieren auf Veränderungen in Bezug auf troposphärisches Ozon, Wasserdampf, Stickoxidemissionen, stratosphärisches Ozon und Wärme. Der OH-Verlust hängt vom CH_4-, CO- und VOC-Niveau ab. Da die Lebenszeit der anderen Gase von den OH-Konzentrationen abhängt, wird das System nichtlinear. Bei dem hier verwendeten Modell handelt es sich um eine aktualisierte und erweiterte Version des im IMAGE-Modell benutzten chemischen Moduls unter Heranziehung des globalen atmosphärischen Chemietransportmodells (TM5).

Van Aardenne et al. (2010) haben für den Zeitraum 2000-2050 globale Konzentrationsfelder für neun verschiedene Szenarien modelliert. Unter Heranziehung dieser Ergebnisse wurde eine Relation – als Funktion der CH_4- und CO-Emissionen – zwischen der globalen mittleren Ozonkonzentration und der Ozonkonzentration der IMAGE-Regionen erstellt. Unter Verwendung empirischer Relationen (basierend auf einer Analyse der AirBase-Daten, Mol et al., 2011) werden der Jahresmittelwert und die Standardabweichung des maximalen täglichen 8-Stunden-Mittelwerts geschätzt. Diese beiden Parameter reichen aus, um für jede Region den SOMO35 (d.h. die Summe der Ozonmittelwerte über 35 ppb) zu berechnen.

Politiksimulation mit WorldScan

Die makroökonomischen Folgen spezifischer Luftpolitiksimulationen werden anhand des globalen angewandten allgemeinen Gleichgewichtsmodells WorldScan beurteilt. Eine detaillierte Beschreibung des Modells findet sich in Lejour et al. (2006). Bollen und Brink (2011) haben durch die Modellierung von Angebotskurven für die Emissionsminderung in den einzelnen Sektoren (d.h. Kurven für die Grenzkosten der Minderungsmaßnahmen) das WorldScan-Modell auf Luftschadstoffemissionen und die Möglichkeit von Emissionsminderungsinvestitionen ausgeweitet. Diese Angebotskurven für die Reduktion von Emissionen zeigen das Potenzial und die Kosten technischer Emissionssenkungsmaßnahmen. Dabei handelt es sich hauptsächlich um nachgeschaltete „End-of-Pipe"-Optionen, bei denen die Emissionen zum großen Teil beseitigt werden, ohne die emissionsverursachende Aktivität selbst zu beeinflussen. Die WorldScan-Daten für das Basisjahr stammen weitgehend aus der GTAP-7-Datenbank (Narayanan und Walmsley, 2008), die integrierte Daten über bilaterale Handelsströme und Input-Output-Konten enthält. Die hier verwendete Version erfasst 25 Regionen und 13 Sektoren. WorldScan ist so konfiguriert, dass Abweichungen von dem auf einer Fortsetzung der bisherigen Politik basierenden Pfad simuliert werden können, die auf spezifische zusätzliche Politikmaßnahmen wie Steuern oder Emissionsbeschränkungen zurückzuführen sind. Die Kalibrierung des auf einer gleichbleibenden Politik basierenden Szenarios beruht auf den Zeitreihen für Bevölkerung und BIP (nach Regionen), Energieverbrauch (nach Regionen und Energieträgern) und die Weltmarktpreise für fossile Energien (nach Energieträgern) gemäß den im Basisszenario unterstellten Annahmen. Die Daten über die Luftschadstoffemissionen stammen aus dem IMAGE-Modell, wohingegen das technische Potenzial und die Kosten der Emissionsreduktion auf Daten des GAINS-Modells für 2030 beruhen (IIASA, 2011). Für den Zeitraum nach 2030 wird für jeden Sektor eine autonome Reduzierung der Grenzkosten der Minderungsmaßnahmen von 0,5% pro Jahr unterstellt. Diese autonome Kostenreduzierung unterscheidet sich von den für die Emissionsreduktion erforderlichen Änderungen der Inputpreise (namentlich bei Arbeit und Kapital), die endogene Modellvariablen sind. Um den technologischen Fortschritt zu berücksichtigen, wird darüber hinaus unterstellt, dass das erreichbare maximale Reduktionspotenzial (als Prozentsatz der ungebremsten Emissionen) um 0,5% ansteigt.

Die umweltbezogenen Maßnahmen werden im Modell durch die Einführung eines Emissionspreises umgesetzt (Lejour et al., 2006). Dieser Emissionspreis verteuert umweltschädigende Aktivitäten und bietet einen Anreiz für die Reduzierung dieser Emissionen. Der Emissionspreis wird bei Emissionen, die direkt mit dem Einsatz eines spezifischen Inputs, namentlich fossile Energieträger, verbunden sind, in der Tat zu einem Anstieg des Kaufpreises dieses Inputs führen. Dies wird dementsprechend zu einem Rückgang der Nachfrage (entweder durch Energieeinsparungen oder durch die verstärkte Verlagerung von hohe CO_2-Emissionen verursachenden Energieträgern hin zu emissionsärmeren Energieträgern) und folglich zu einer Reduzierung der Emissionen führen. Bei Emissionen, die mit sektorspezifischen Produktionsraten zusammenhängen, wird der Emissionspreis dazu führen, dass der Erzeugerpreis des betreffenden Produkts ansteigt. Dies wird wiederum zu einem Rückgang in der Nachfrage nach diesem Produkt und folglich zu einer Reduzierung der Emissionen führen. Darüber hinaus werden bestehende Emissionsminderungsoptionen solange umgesetzt, bis die Grenzkosten der Emissionsminderung dem Emissionspreis entsprechen. Der Emissionspreis kann exogen eingeführt werden, in dem hier vorgelegten Politikszenario wird hinsichtlich der gewichteten Summe der verschiedenen Luftschadstoffemissionen jedoch eine Beschränkung eingeführt, die zu einer 25%igen Reduzierung der Emissionen gegenüber dem Basisszenario führt. Die Gewichtung beruht auf dem relativen Beitrag dieser Substanzen zur Feinstaub-Exposition. In diesem Fall wird der Emissionspreis endogen im Modell in der Höhe festgelegt, die erforderlich ist, um die Emissionen auf das vorher festgesetzte Niveau zu reduzieren, was dem Schattenpreis dieser Beschränkung entspricht. Da eine 25%ige Reduzierung der Emissionen in einigen Regionen (insbesondere in Regionen, in denen der Anteil der anthropogenen Emissionen an den Gesamtemissionen von Luftschadstoffen gering ist) einen sehr hohen Emissionspreis erfordert, wurde eine Obergrenze für den Emissionspreis eingeführt, die mit dem VSL-Wert der jeweiligen Region zusammenhängt. Die tatsächliche Emissionsverringerung entspricht also nicht 25%, da der Emissionspreis in einigen Regionen die Obergrenze überschreiten müsste, um eine 25%ige Emissionsreduzierung zu erreichen.

Das Szenario einer 25%igen Verringerung der Luftverschmutzung

Das Ziel dieser Simulation war eine Reduzierung der Feinstaubkonzentrationen; dazu ist es jedoch erforderlich, die Emissionen zu reduzieren, die zu Feinstaub beitragen (d.h. Stickoxide, Schwefeldioxid und Ruß). Die Schätzung der Gesundheitsauswirkungen basiert auf der Exposition gegenüber Feinstaub und Ozon, die durch Stickoxide, Schwefeldioxid und Ruß entstehen. Emissionsabgaben dienten als Hilfsindikator für Politikmaßnahmen, die zu einer Reduzierung der Luftschadstoffemissionen (d.h. zu einem Anstieg der Kosten der umweltschädlichen Aktivitäten) führen, wobei die Emissionsminderung auf folgenden Entwicklungen basiert: *a)* Strukturwandel (z.B. Verlagerung zu Gunsten weniger umweltschädlicher Energiequellen, Verbesserung der Energieeffizienz, Nachfrageänderungen, Standortverlagerung wirtschaftlicher Tätigkeiten) und *b)* Einführung nachgeschalteter (End-of-Pipe)-Maßnahmen zur Beseitigung feinstaubbezogener Emissionen (z.B. durch den Einsatz von Gaswäschern/Filtern). Die Umrechnung des Mortalitätsrückgangs in wirtschaftliche Nutzeffekte erfolgte über den Wert eines statistischen Menschenlebens (VSL), und diese Ergebnisse wurden anschließend mit den Kosten der Politikmaßnahmen verglichen, um für jede Region eine überschlägige Berechnung von Kosten und Nutzen zu ermöglichen. In dem für diese Berechnungen verwendeten Ansatz variieren die VSL-Werte je nach Einkommen: d.h. sie sind niedriger in Ländern mit niedrigem Pro-Kopf-BIP. Auf diese Weise kann lokalen Präferenzen bei der politischen Entscheidungsfindung besser Rechnung getragen werden; dadurch wird es aber auch schwieriger, sich ein klares Bild von der globalen Größenordnung einer bestimmten Umweltmaßnahme und der damit verbundenen Notwendigkeit einer konzertierten internationalen Finanzierung zu verschaffen.

Bei dieser Simulation wird der Tatsache Rechnung getragen, dass eine weltweit vergleichsweise einheitliche Verringerung der Schadstoffemissionen in den einzelnen Ländern zu unterschiedlichen Sterberaten führt, da die derzeitigen Konzentrationen nicht gleich sind und unterschiedlich stark von den als unbedenklich betrachteten Niveaus abweichen.

ANHANG A

Modellierungsrahmen

Einführung

Die Analyse für den *OECD-Umweltausblick* stützt sich auf zwei miteinander kombinierte Modellierungsrahmen: *a)* das ENV-Linkages-Modell und *b)* ein Komplex von Umweltmodellen, der mit dem von der Netherlands Environmental Assessment Agency (PBL) entwickelten Rahmenkonzept des IMAGE-Modells (Integrated Model to Assess the Global Environment) verknüpft worden ist. Dieser Anhang enthält eine zusammenfassende Darstellung der Modelle und verweist auf Webseiten, die detailliertere Beschreibungen enthalten. Eine ausführlichere Beschreibung der im Rahmen des *OECD-Umweltausblicks* angewendeten Analysemethoden und -instrumente findet sich in den Hintergrunddokumenten, die unter *www.oecd.org/environment/outlookto2050* verfügbar sind.

Ein kurzer Überblick über das ENV-Linkages-Modell[1]

Das allgemeine Gleichgewichtsmodell OECD-ENV-Linkages ist ein ökonomisches Modell, das beschreibt, wie die wirtschaftlichen Aktivitäten der einzelnen Sektoren und Regionen miteinander verbunden sind. Es stellt ferner Zusammenhänge zwischen wirtschaftlichen Aktivitäten und Umweltbelastungen her, besonders im Hinblick auf die Emission von Treibhausgasen. Das Modell projiziert die zwischen Wirtschaftsaktivitäten und Emissionen bestehenden Zusammenhänge über mehrere Jahrzehnte in die Zukunft, um die mittel- und langfristigen Auswirkungen umweltpolitischer Maßnahmen aufzuzeigen. Multisektorale und multiregionale dynamische Gleichgewichtsmodelle wie das ENV-Linkages-Modell bieten zahlreiche Vorteile, u.a. ihre globale Dimension und die Tatsache, dass sie insgesamt konsistent sind und auf rigorosen mikroökonomischen Grundlagen fußen. Diese Modelle eignen sich besonders gut für die Analyse der mittel- und langfristigen Auswirkungen bedeutender, eine signifikante Umverteilung zwischen Sektoren und Ländern/Regionen erforderlich machender Politikveränderungen sowie der mit ihnen verbundenen Spillover-Effekte. Sie sind daher das optimale Instrument für die Untersuchung eines breiten Spektrums von Klimaschutzpolitiken.

ENV-Linkages ist eine Folgeversion des ursprünglich von der OECD-Hauptabteilung Wirtschaft (Burniaux et al., 1992) entwickelten OECD-GREEN-Modells und gehört jetzt zum Aufgabenbereich der OECD-Direktion Umwelt. Über einen Großteil der mit dem Modell durchgeführten anwendungsbezogenen Arbeit wird im Rahmen verschiedener Kapitel des *OECD-Umweltausblicks bis 2030* berichtet (OECD, 2008). Eine aktualisierte Version des Modells wurde im Rahmen des gemeinsamen Projekts der OECD-Hauptabteilung Wirtschaft und der OECD-Direktion Umwelt über die Ökonomie des Klimaschutzes intensiv genutzt (OECD, 2009). Zuletzt wurde das Modell eingesetzt, um die Auswirkungen der Abschaffung von Subventionen für fossile Brennstoffe (IEA, OPEC, OECD, Weltbank, 2010; Burniaux und Chateau, 2011), die Effekte des Grenzsteuerausgleichs (Burniaux et al., 2010), die direkten und indirekten Verbindungen zwischen den CO_2-Märkten (Dellink et al., 2010a) sowie die Kosten und die Wirksamkeit der Zusagen von Kopenhagen (Dellink et al., 2010b) zu untersuchen. Ein detaillierterer Überblick über die ENV-Linkages-Version 3, wie sie für diesen OECD-Umweltausblick bis 2050 verwendet wurde, findet sich in Chateau et al. (2012).

Wie funktioniert das Modell?

Das ENV-Linkages-Modell basiert in erster Linie auf einer Datenbank mit Informationen über nationale Volkswirtschaften. In der hier verwendeten Version des Modells ist die Weltwirtschaft in 15 Länder/Regionen aufgeteilt (vgl. Kapitel 1, Tabelle 1.3), die jeweils 26 Sektoren umfassen, darunter 5 Elektrizitätssektoren (vgl. Tabelle A.1). Für jede der Regionen steht eine ökonomische Input-Output-Tabelle zur Verfügung (gewöhnlich von einem nationalen Statistikamt veröffentlicht). In diesen Tabellen werden sowohl alle Inputs in einem spezifischen Wirtschaftssektor (anstatt in einem einzelnen Unternehmen), als auch alle Wirtschaftssektoren identifiziert, die bestimmte Produkte kaufen. Einige Sektoren nutzen explizit Landflächen, während andere, wie die Fischerei- und Forstwirtschaft, auch Inputs in Form von Naturressourcen aufweisen, z.B. Fische und Bäume.

Da es sich um ein ökonomisches Modell handelt, bildet das ENV-Linkages-Modell keine physischen Prozesse ab. Diese erscheinen vielmehr nur in Form einer synthetischen Darstellung der Beziehungen zwischen Inputs und Outputs, wie sie aus empirischen Studien hervorgehen. So sind es Beobachtungen zufolge die Wirtschaftssektoren, die im Lauf der Zeit ihren Einsatz an Input-Faktoren wie Arbeit, Kapital, Energie und Materialien verändern können (vgl. weiter unten – Produktion).

Kern des Modells für das Basisjahr ist eine Reihe Volkswirtschaftlicher Gesamtrechnungsmatrizen (Social Account Matrices – SAM), die beschreiben, wie die Wirtschaftssektoren miteinander verbunden sind; diese basieren auf der GTAP-Datenbank[2]. Vielen wichtigen Parametern liegen Informationen aus verschiedenen empirischen Studien und Datenquellen zu Grunde (vgl. Chateau et al., 2011).

Das durch wirtschaftliche Aktivitäten entstandene Einkommen spiegelt letztlich die Ausgaben der Verbraucher (z.B. private Haushalte und Staat) für Waren und Dienstleistungen wider. Das ENV-Linkages-Modell unterstellt einen repräsentativen Haushalt, der den Durchschnittshaushalt der Region widerspiegelt und sein verfügbares Einkommen zwischen Konsumgütererwerb und Sparen aufteilt. Es wird davon ausgegangen, dass die Entscheidungen nicht auf einem vorausschauenden Verbraucherverhalten, sondern auf statischen Erwartungen bezüglich der Preise und Mengen im laufenden Zeitraum basieren. Dies bedeutet, dass die Verbraucher einen Teil ihres Einkommens sparen und diesen nicht anhand künftig erwarteter Ereignisse anpassen, die Auswirkungen auf das Einkommen haben können. Konsum, Nachfrage und Ersparnisbildung der privaten Haushalte sind in ein „erweitertes lineares Ausgabensystem" (Extended Linear Expenditure System) eingegliedert. Da davon ausgegangen wird, dass die Verbraucher kein vorausschauendes Verhalten haben, ist im Hinblick auf die Untersuchung von Politikmaßnahmen – Politikmaßnahmen an sich oder ihre Folgen –, die der Verbraucher aller Wahrscheinlichkeit nach antizipieren könnte, Vorsicht geboten. Die Investitionen – abzüglich Wertminderung – entsprechen der Summe aus öffentlicher Ersparnis, privater Ersparnis und Nettokapitalzuflüssen aus dem Ausland.

Tabelle A.1 Sektoren und Produkte des ENV-Linkages-Modells

SEKTOREN	BESCHREIBUNG
Reis	Rohreis (Paddy-Reis): Reis, geschält und ungeschält
Sonstige Agrarerzeugnisse	Weizen: Weizen und Mengkorn
	Sonstige Getreide: Körnermais, Gerste, Roggen, Hafer, sonstiges Getreide
	Gemüse und Obst: Gemüse, Obst, Früchte und Nüsse, Kartoffeln, Maniok, Trüffel
	Ölsaaten: Ölsaaten und ölhaltige Früchte, Sojabohnen, Kopra
	Zuckerrohr und Zuckerrüben
	Faserpflanzen: Baumwolle, Flachs, Hanf, Sisal und sonstige pflanzliche Rohstoffe für die Textilherstellung
	Sonstige Agrarerzeugnisse
Viehzucht	Rinder, Schafe, Ziegen, Pferde, Esel, Maultiere und Maulesel bzw. deren Sperma
	Sonstige tierische Erzeugnisse: Schweine, Geflügel und sonstige lebende Tiere, Eier, in der Schale, Naturhonig, Schnecken
	Rohmilch
	Wolle: Wolle, Seide und sonstige in der Textilherstellung verwendete tierische Rohstoffe
Forstwirtschaft	Erbringung von forstwirtschaftlichen Dienstleistungen
Fischerei und Fischzucht	Fischerei: Jagd, Fallenstellerei und Wildhege und damit verbundene Dienstleistungen; Fischerei, Fischzucht, mit der Fischerei verbundene Dienstleistungen
Erdöl	Teile der Gewinnung von Erdöl und Erbringung damit verbundener Dienstleistungen, ohne Vermessungsarbeiten
Kohle	Steinkohlen- und Braunkohlenbergbau und -briketterstellung, Torfgewinnung
Gasgewinnung und -verteilung	Teile der Gewinnung von Erdgas und Erbringung damit verbundener Dienstleistungen, ohne Vermessungsarbeiten
	Verteilung gasförmiger Brennstoffe durch Rohrleitungen, Dampf- und Warmwasserversorgung
Elektrizität	Erzeugung, Übertragung und Verteilung
Erdöl- und Kohleerzeugnisse	Erdöl und Koks: Kokereierzeugnisse, Mineralölverarbeitung, Verarbeitung von Spalt- und Brutstoffen
Nahrungsmittel	Fleisch: Frisch- und Gefrierfleisch und genießbare Schlachtnebenerzeugnisse von Rindern, Schafen, Ziegen, Pferden, Eseln, Maultieren
	Sonstige Fleischprodukte: Schweinefleisch und Schlachtnebenerzeugnisse, Verarbeitung von Fleisch, Fleischnebenerzeugnissen oder Blut, Fleischmehl
	Pflanzliche Öle: rohe und raffinierte Öle aus Sojabohnen, Mais, Oliven, Sesam, gemahlenen Nüssen, Olivenkernen
	Milch: Milchprodukte
	Verarbeiteter Reis: Reis, halb geschliffen oder vollständig geschliffen
	Zucker
	Sonstige Nahrungsmittel: Fisch oder Gemüse, zubereitet oder haltbar gemacht, Frucht- und Gemüsesäfte, zubereitete Früchte, alle Getreidemehle
	Getränke und Tabakwaren
Sonstiger Bergbau	Gewinnung von Erzen, Uran, Edelsteinen, Steinen und Erden
Nichteisenmetalle	Herstellung und Gießen von Kupfer, Aluminium, Zink, Blei, Gold und Silber
Eisen und Stahl	Erzeugung und erste Bearbeitung und Guss

Tabelle A.1 *(Forts.)* **Sektoren und Produkte des ENV-Linkages-Modells**

SEKTOREN	BESCHREIBUNG
Chemische Erzeugnisse	Chemische Grundstoffe, sonstige chemische Erzeugnisse, Gummi und Kunststoffwaren
Herstellung von Metallerzeugnissen	Blecherzeugnisse, ohne Maschinenbau
Papier, Pappe und Waren daraus	Einschließlich Verlags- und Druckerzeugnisse sowie Vervielfältigung von bespielten Ton-, Bild- und Datenträgern
Erzeugnisse aus nichtmetallischen Mineralien	Zement, Kalk, gebrannter Gips, Kies, Beton
Sonstige Produktionsbereiche	Textilien: Textilien und Chemiefasern
	Bekleidung: Kleidung, Zurichtung und Färben von Fellen
	Leder: Leder und Lederfaserstoff, Reiseartikel, Leder- und Sattlerwaren, Schuhe
	Sonstige Fahrzeuge: sonstiger Fahrzeugbau
	Elektronische Geräte: Büromaschinen, Datenverarbeitungsgeräte und -einrichtungen, Rundfunk- und Fernsehgeräte und Geräte und Einrichtungen der Kommunikationstechnik
	Sonstige Geräte und Einrichtungen: Geräte der Elektrizitätserzeugung, Medizintechnik, Mess-, Steuer- und Regelungstechnik, Optik, Uhren
	Sonstige Herstellung von Waren: einschließlich Rückgewinnung
	Kraftwagen: Personenkraftwagen, Lastkraftwagen, Anhänger, Sattelzugmaschinen
	Bauholz: Holz sowie Holz-, Kork- und Flechtwaren (ohne Möbel)
Verkehrsdienstleistungen	Schifffahrt
	Luftfahrt
	Sonstiger Verkehr: Straße, Eisenbahn, Rohrfernleitungen, Nebentätigkeiten für den Verkehr, Verkehrsvermittlung
Dienstleistungen	Handel: Einzelhandel, Großhandel und Handelsvermittlung, Beherbergungs- und Gaststätten, Instandhaltung und Reparatur von Kraftfahrzeugen und Gebrauchsgütern
	Wasser: Gewinnung, Reinigung und Verteilung
	Tankstellen
	Nachrichtenübermittlung: Post- und Fernmeldedienste
	Sonstige Kreditinstitute: einschließlich verbundene Tätigkeiten, aber ohne Versicherungen und Rentenversicherung
	Versicherungen: einschließlich Rentenversicherung, ohne obligatorische Sozialversicherung
	Sonstige Unternehmensdienstleistungen: Grundstücks- und Wohnungswesen, Vermietung beweglicher Sachen, Erbringung von unternehmensbezogenen Dienstleistungen
	Erbringung von sonstigen Dienstleistungen: Kultur, Sport und Unterhaltung, sonstige Dienstleistungen, Personen beschäftigende Privathaushalte
	Erbringung von sonstigen (öffentlichen) Dienstleistungen: Öffentliche Verwaltung, Verteidigung, obligatorische Sozialversicherung, Erziehung und Unterricht, Gesundheits-, Veterinär- und Sozialwesen, Abwasser- und Abfallbeseitigung und sonstige Entsorgung, Interessenvertretungen sowie kirchliche und sonstige Vereinigungen (ohne Sozialwesen, Kultur und Sport), Exterritoriale Organisationen und Körperschaften
Bau und Wohneigentum	Bau: Wohngebäude, Fabrikanlagen, Bürogebäude und Straßen
	Wohneigentum (kalkulatorische Mieten für eigengenutztes Wohneigentum)

Die **Produktion** ist im Modell anhand einer Reihe geschachtelter CES-Produktionsfunktionen (*constant elasticity of substitution* – konstante Substitutionselastizität) (wegen einer vereinfachten Darstellung dieser Struktur, vgl. Abb. A.1) dargestellt, in die vier Faktoren eingehen: Arbeit, Kapital, Energie und eine sektorspezifische natürliche Ressource (z.B. Boden). Hinsichtlich der gesamten Produktion wird im Modell unterstellt, dass diese unter Kostenminimierung auf vollkommenen Märkten und mit konstanten Skalenerträgen erfolgt. Die Substituierbarkeit der Input-Faktoren bedeutet, dass die Intensität der Nutzung von Kapital, Energie, Arbeit und Boden bei Veränderung der relativen Preise zu- oder abnimmt. Wird der Faktor Arbeit beispielsweise teurer, nimmt der Einsatz dieses Faktors im Verhältnis zu Kapital, Energie und Boden ab. Den Möglichkeiten einer Abkehr von kostenaufwendigen Inputs sind jedoch Grenzen gesetzt. Für bestimmte Sektoren, wie z.B. für den Agrarsektor oder die Energieerzeugung, wird die Produktionsfunktion angepasst, um den Eigenheiten

Abbildung A.1 **Vereinfachte Produktionsstruktur im ENV-Linkages-Modell**

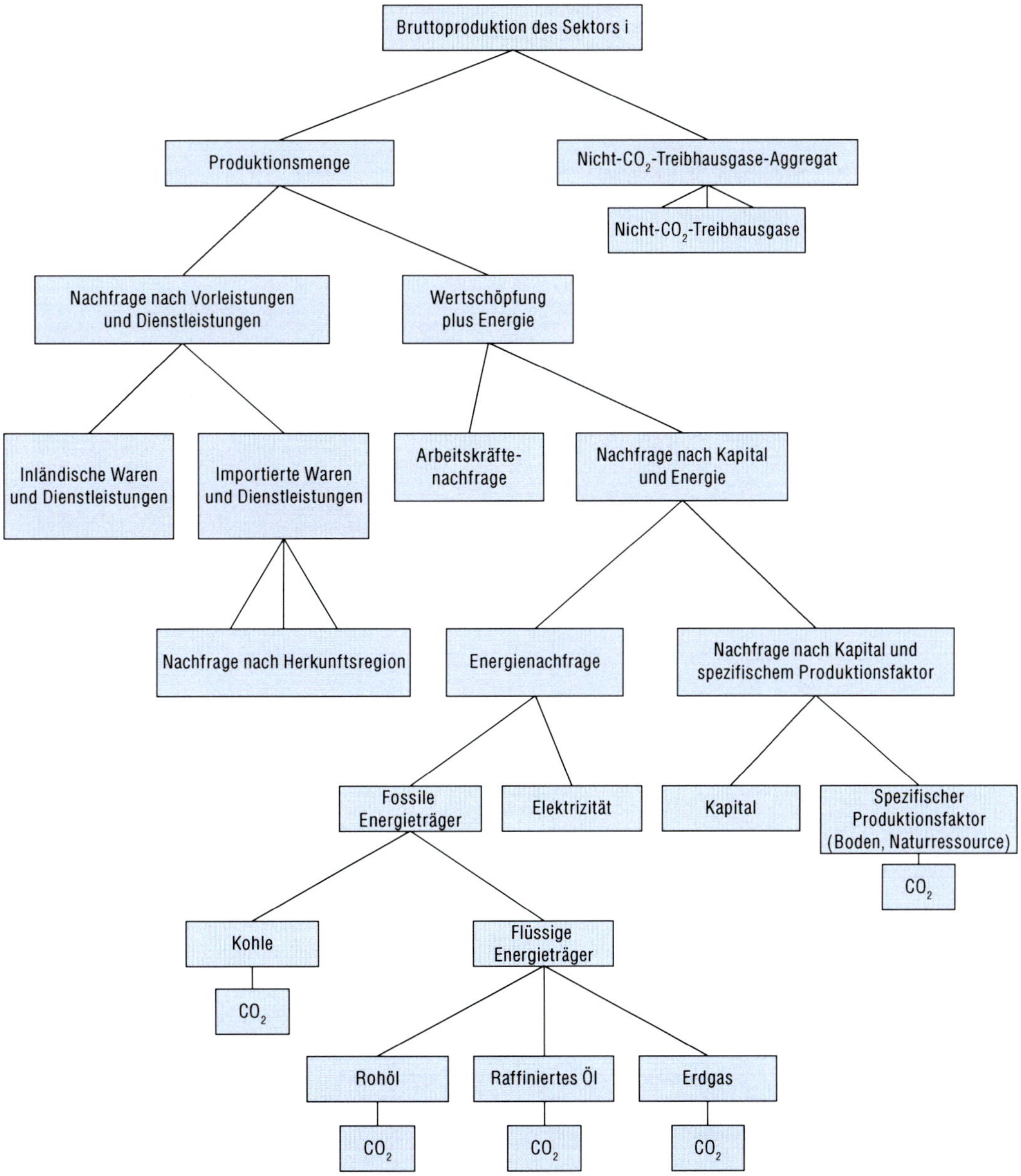

des jeweiligen Sektors Rechnung zu tragen (z.B. ist der Düngemitteleinsatz mit der Flächennutzung für die Erzeugung von Anbauprodukten verknüpft).

Der **Welthandel** wird im ENV-Linkages-Modell als Komplex regionaler bilateraler Ströme dargestellt. In jeder Region wird die Gesamtimportnachfrage nach jedem Produkt zwischen den Handelspartnern entsprechend den Relationen zwischen ihren Exportpreisen aufgeteilt. Die Verteilung des Handels auf die Partner entspricht den Veränderungen der relativen Preise in den einzelnen Regionen. Diese Spezifikation der Importe – auch Armington-Spezifikation genannt – impliziert systematisch, dass die Exportnachfrage nach Produkten einer Region sinkt, wenn die inländischen Preise anziehen. Die Wechselkurse zwischen den Regionen passen sich einander an, um sicherzustellen, dass die Handelsbilanzsalden nicht durch die Maßnahmen beeinflusst werden.

In jeder Region erhebt der Staat verschiedene Arten von Steuern, um die öffentlichen Ausgaben zu finanzieren. Der Einfachheit halber wird im Basisszenario unterstellt, dass diese Ausgaben um die gleiche Rate wachsen wie das reale BIP. Unter der Annahme eines bestimmten Stroms öffentlicher Ersparnis (oder öffentlicher Defizite) wird der Staatshaushalt durch die Anpassung eines an den Haushalt erfolgenden Pauschaltransfers (Steuern) ausgeglichen.

Das **Marktgütergleichgewicht** impliziert, dass einerseits die Gesamtproduktion jedes Produkts oder jeder Dienstleistung der an die inländischen Erzeuger gerichteten Nachfrage plus den Exporten entspricht und dass andererseits die Gesamtnachfrage auf die an die inländischen Erzeuger gerichtete Nachfrage (nach End- und Zwischenprodukten) und die Importnachfrage aufgeteilt ist. Das allgemeine Gleichgewichtsmodell stellt sicher, dass sich eine spezifische relative Preisstruktur herausbildet, bei der die Nachfrage dem gleichzeitigen Angebot auf allen Märkten (d.h. dem Angebot in allen Regionen, an allen Gütern und Produktionsfaktoren) entspricht. Alle Preise werden im Verhältnis zu der als Index der OECD-Exportpreise des Verarbeitenden Gewerbes gewählten Recheneinheit des Preissystems ausgedrückt. Die Durchführung einer Maßnahme führt im Modell zu einem neuen Ausgleichsprozess und damit zur Entstehung eines neuen Gleichgewichtszustands der Preis- und Mengenverhältnisse gegenüber dem ursprünglichen.

Die auf dem Produktionsfaktor Boden basierenden Sektoren, darunter drei Agrarsektoren und die Forstwirtschaft, ermöglichen eine unmittelbare Verknüpfung mit den Indikatoren für den Klimawandel (z.B. durch Entwaldung bedingte Emissionen), die biologische Vielfalt (z.B. bewaldete Flächen) und Wasser. Das in jüngster Zeit verbesserte **Landnutzungsmodul** des ENV-Linkages-Modells wird kalibriert, um die Landnutzungsrelationen in den im Folgenden beschriebenen, mit diesem kombinierten IMAGE-LEITAP-Modellen zu simulieren. Die fundamentale Komplexität des Landnutzungsmodells in IMAGE und seine detaillierten Verknüpfungen mit dem Agrarmodell LEITAP (vgl. weiter unten) werden im ENV-Linkages-Modell auf vereinfachte und aggregierte Art approximiert, wobei regions- und sektorspezifische Elastizitäten verwendet werden, um die Möglichkeiten darzustellen, zwischen verschiedenen Landnutzungsarten zu wechseln (z.B. Umstellung von Weideland auf Ackerland).

Die Struktur des Produktionsfaktors **Energie** ist für die Analyse der Auswirkungen der lokalen Luftverschmutzung auf den Klimawandel und die Gesundheit von besonderem Interesse. Im Modell umfasst der Begriff Energie sowohl fossile Energieträger als auch Elektrizität. Fossile Energieträger wiederum schließen Kohle und die übrigen fossilen Energieträger (Rohöl, raffinierte Erdölprodukte und Gaserzeugnisse) mit ein. Bei den übrigen Energieträgern wird ein höherer Substitutionsgrad unterstellt als bei Elektrizität und Kohle.

Die bei der Verbrennung von Energieträgern entstehenden CO_2**-Emissionen** werden im Modell direkt mit den bei der Produktion eingesetzten Energieträgern in Relation gesetzt.

Die übrigen Treibhausgasemissionen werden auf die Produktionsmenge bezogen. Neben den CO_2-Emissionen werden folgende Emissionen berücksichtigt: *a)* Methan aus dem Reisanbau, aus der Viehzucht (enterische Fermentation und Dungmanagement), aus dem Kohlenbergbau, der Erdölförderung, der Erdgasgewinnung und Dienstleistungen (Deponien), *b)* Stickoxide aus dem Ackerbau (stickstoffhaltige Düngemittel), aus der Viehzucht (Dungmanagement), Chemikalien (verbrennungsfreie industrielle Verfahren) und Dienstleistungen (Deponien), *c)* Industriegase (SF 6, HFKW und FKW) aus der chemischen Industrie (Schaumstoffe, Adipinsäure, Lösungsmittel), Aluminium, Magnesium und Halbleiterherstellung. Diese Emissionen werden mit den von der Internationalen Energie-Agentur erhobenen Vergangenheitsdaten kalibriert (IEA, 2010a). Was Datenmaterial über andere Treibhausgase als CO_2 betrifft, stützt sich die IEA auf die von PBL (Netherlands Environmental Assessment Agency) geschaffene Datenbank EDGAR 4.1. Für Projektionen der künftigen Emissionen (ohne CO_2) und die Aufteilung der einzelnen Emissionsquellen auf die Wirtschaftsaktivitäten der einzelnen Sektoren verwendet das Modell Informationsmaterial der US-Umweltbehörde.

Wie werden mit dem Modell Projektionen erstellt?

Das ENV-Linkages-Modell wendet bei der Erstellung seiner Projektionen einen komplexen Ansatz an. Im Gegensatz zu Modellen, die für die Wirtschaft einen Pfad stetigen Wachstums unterstellen, ist es anhand dieses Ansatzes möglich, über den Zeithorizont des Modells realistischere Muster der wichtigsten Variablen darzustellen.

Der Kalibrierungsvorgang des ENV-Linkages-Modells besteht aus drei Phasen (vgl. Chateau et al., 2012):

a) Es wird eine Reihe von Parametern kalibriert, um die Daten für 2004 als einen ursprünglichen Gleichgewichtszustand der Wirtschaft darzustellen. Dieser Vorgang wird als statische Kalibrierung bezeichnet.

b) Die Datenbank von 2004 wird auf 2007 aktualisiert, indem simuliert wird, dass sich das Modell dynamisch den Vergangenheitstrends dieses Zeitraums anpasst. Die Preisniveaus werden weiter so angepasst, dass auf Grund der Verwendung der vom IWF gelieferten Kaufkraftparitäten alle Werte im Modell den realen US-$-Wert von 2010 widerspiegeln.

c) Die Basisszenario-Projektion für den Modell-Zeithorizont 2008-2050 stützt sich auf Annahmen bedingter Konvergenz bezüglich der Arbeitsproduktivität und anderer sozioökonomischer Bestimmungsfaktoren (demografische Trends, künftige Trends der Energiepreise und Energieeffizienzverbesserungen, vgl. Duval und de la Maisonneuve, 2009). Anhand dieser Konvergenzannahmen wird die Entwicklung der wichtigsten ökonomischen und ökologischen Variablen identifiziert.

d) Die Basisszenario-Projektion ergibt sich sodann durch eine dynamische Anwendung des Modells über den Zeitraum 2007-2050, wobei diese Hauptvariablen zwar exogen gehalten werden, eine endogene Anpassung der Modellparameter jedoch zugelassen wird. Die Modellparameter werden daher unter Nutzung der durch die Modellstruktur bedingten Relationen (Produktionsfunktionen, Präferenzen der privaten Haushalte usw.) kalibriert, um die Entwicklung der Hauptvariablen im Zeitverlauf zu simulieren. Dabei ist zu unterstreichen, dass bei Durchführung der Politiksimulationen anhand dieses kalibrierten Basisansatzes die Modellparameter exogene feste Parameter, die Modellvariablen hingegen völlig endogene Variablen sind. Während beispielsweise das BIP in der Basisszenario-Projektion exogen ist, wird es im Rahmen der Politiksimulationen völlig endogen.

Das Basisszenario wurde angepasst, um die Effekte der Wirtschaftskrise 2008-2009 und die mittelfristigen Projektionen der Weltbank (2010), des IWF (2010) und der OECD

(2010) einzubeziehen. Es ist zu beachten, dass das Basisszenario keine neuen Maßnahmen zur Lösung der im *Umweltausblick* angesprochenen Umweltprobleme enthält, jedoch die in den energiewirtschaftlichen Projektionen des Referenzszenarios (derzeitige Maßnahmen) der IEA (2009a und b; 2010b) aufgeführten Maßnahmen. Es unterstellt zudem, dass das Emissionshandelssystem der Europäischen Union (EU-ETS) im Zeitraum 2006-2012 – mit einem Preis für Emissionsgenehmigungen, der bis 2012 allmählich von 5 auf 25 konstante US-$ steigt – eingeführt und anschließend nicht ausgeweitet wird[3].

Der IMAGE-Modellrahmen[4]

Die Szenarien und Projektionen für den *OECD-Umweltausblick* sind das Ergebnis einer integrierten Analyse der Schnittstelle Wirtschaft/Umwelt. Im vorigen Abschnitt wurde das ökonomische Modell (ENV-Linkages) beschrieben. IMAGE ist das zentrale Instrument der Umweltanalyse. Die Daten der durch ENV-Linkages beschriebenen Wirtschaftsaktivitäten steuern den IMAGE-Modellrahmen, bei dem es sich um eine Reihe von Modellen handelt, die durch harmonisierte Datenströme miteinander verbunden sind (Abb. A.2).

IMAGE ist ein dynamischer integrierter Evaluierungsrahmen zur Modellierung globaler Veränderungen. Er wurde vom Nationalen Institut für öffentliche Gesundheit und Umwelt (RIVM) der Niederlande zunächst zur Evaluierung des Effekts anthropogener Klimaveränderungen entwickelt (Rotmans, 1990). Später wurde IMAGE dann erweitert, um eine breitere Erfassung globaler Veränderungsprozesse zu ermöglichen (IMAGE Team, 2001). Hauptziel des IMAGE-Modells ist es heute, durch eine Quantifizierung der relativen Bedeutung der wichtigsten Abläufe und Wechselwirkungen im System Gesellschaft-Biosphäre-Klima einen Beitrag zum wissenschaftlichen Kenntnisstand zu leisten und die politische Entscheidungsfindung zu unterstützen.

Der IMAGE-Rahmen teilt die Welt für die meisten sozioökonomischen Parameter in 24/26 Regionen auf (vgl. Tabelle 1.3 in Kapitel 1) und operiert für die Landnutzung und Umweltparameter auf einer geografischen 0,5 x 0,5[5]-Rasterbasis. Auf Grund seines mittleren Komplexitätsniveaus ermöglicht es Analysen, die ohne übermäßige Berechnungszeiten wesentlichen Merkmalen der physischen Welt Rechnung tragen (beispielsweise den technischen Details der lokalen Boden- und Klimaverhältnisse). Der mittlere Kasten in der Abbildung A.2 enthält den für die Erstellung des vorliegenden *OECD-Umweltausblicks* verwendeten IMAGE-Modellrahmen. Die aktuelle Version ist IMAGE 2.5, eine Weiterentwicklung der IMAGE-Version 2.4, dokumentiert in Bouwman et al. (2006).

Neben der einfachen eindimensionalen Beziehung zwischen wirtschaftlichen Bestimmungsfaktoren und Veränderungen der Umwelt sind die physischen Energieströme und die Verfügbarkeit des Produktionsfaktors Boden wichtige Einflussfaktoren, die den Entwicklungen im Umweltbereich zuweilen Grenzen setzen. Im vorliegenden *Umweltausblick* werden letztere explizit berücksichtigt, und im Modellierungsrahmen nehmen diese beiden Variablengruppen eine zentrale Stellung ein: Neben der Verknüpfung der ökonomischen Modellierung in ENV-Linkages mit dem IMAGE-Modell wird im TIMER-Modell (Targets IMage Energy Regional Model), bei dem die Aufmerksamkeit dem regionalen Energieverbrauch, Energieeffizienzverbesserungen, der Energieträgersubstitution, dem Angebot und Handel mit fossilen Energieträgern sowie Technologien zur Gewinnung erneuerbarer Energien gilt, der Energieverbrauch im Detail dargestellt. Es dient auch der Berechnung der Emission von Treibhausgasen, Ozonvorläufern und säurebildenden Stoffen (vgl. weiter unten). Landnutzungsfaktoren (Nachfrage nach Produktion und Handel von Agrarprodukten) werden mit dem LEITAP-Modell berechnet (weiter unten erörtert).

ANHANG A MODELLIERUNGSRAHMEN

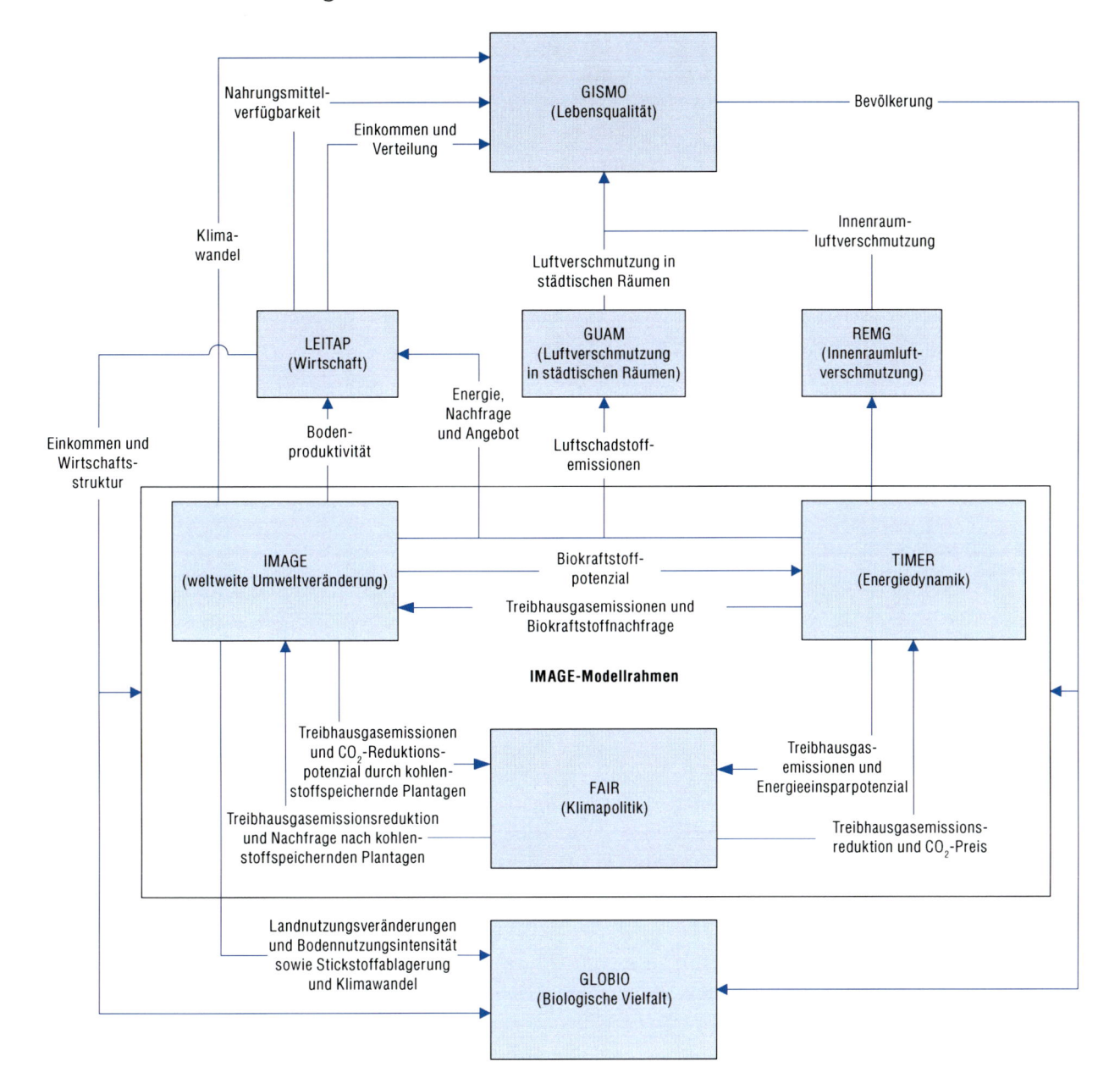

Abbildung A.2 **Überblick über den IMAGE-Modellrahmen**

[Diagramm: IMAGE-Modellrahmen mit folgenden Komponenten und Verbindungen:

- **GISMO** (Lebensqualität) – erhält: Nahrungsmittelverfügbarkeit, Einkommen und Verteilung, Luftverschmutzung in städtischen Räumen, Innenraumluftverschmutzung; liefert: Bevölkerung
- **LEITAP** (Wirtschaft) – Klimawandel, Bodenproduktivität, Energie, Nachfrage und Angebot; liefert Einkommen und Wirtschaftsstruktur
- **GUAM** (Luftverschmutzung in städtischen Räumen) – erhält Luftschadstoffemissionen
- **REMG** (Innenraumluftverschmutzung)
- **IMAGE** (weltweite Umweltveränderung)
- **TIMER** (Energiedynamik) – Biokraftstoffpotenzial, Treibhausgasemissionen und Biokraftstoffnachfrage
- **FAIR** (Klimapolitik) – Treibhausgasemissionen und CO$_2$-Reduktionspotenzial durch kohlenstoffspeichernde Plantagen, Treibhausgasemissionsreduktion und Nachfrage nach kohlenstoffspeichernden Plantagen, Treibhausgasemissionen und Energieeinsparpotenzial, Treibhausgasemissionsreduktion und CO$_2$-Preis
- **GLOBIO** (Biologische Vielfalt) – Landnutzungsveränderungen und Bodennutzungsintensität sowie Stickstoffablagerung und Klimawandel]

Einige der Modelle in Abbildung A.2 werden im *Umweltausblick* an anderer Stelle beschrieben, wegen näherer Einzelheiten über das GISMO-Modell bezüglich Gesundheit und Lebensqualität, vgl. z.B. Anhang 6.A zu Kapitel 6 Gesundheit und Umwelt, und bezüglich Innen- und Außenluftqualität das GUAM- und das REMG-Modell.

Land und Klima

Ein wichtiger Aspekt des IMAGE-Modells ist die geografisch explizite Beschreibung von Veränderungen in der Landnutzung und Bodenbedeckung. Das Modell unterscheidet 14 natürliche und forstwirtschaftliche Bodenbedeckungsarten sowie 6 durch den Menschen verursachte Bodenbedeckungsformen. Das IMAGE-Modul Land und Klima dient der

Berechnung von Veränderungen der Landnutzung auf der Basis der regionalen Erzeugung von Nahrungsmitteln, Tierfutter, Heu und Holz sowie Veränderungen der natürlichen Vegetation infolge des Klimawandels. Dies ermöglicht auch die Berechnung der durch Landnutzungsänderungen, die natürlichen Ökosysteme und die landwirtschaftlichen Produktionssysteme bedingten Emissions- und CO_2-Veränderungen. Anhand des Atmosphäre-Ozean-Zirkulationsmodells berechnen sich dann die Veränderungen der Zusammensetzung der Atmosphäre und des Klimas auf der Basis dieser Emissionen und der Emissionen gemäß dem TIMER-Modell.

Das Landnutzungsmodell beschreibt Systeme der pflanzlichen und tierischen Erzeugung auf der Basis der Nachfrage nach landwirtschaftlichen Gütern sowie der Nachfrage nach Nahrungs- und Futtermitteln, tierischen Produkten, Energiepflanzen und forstwirtschaftlichen Erzeugnissen. In einem Erntemodell, das auf dem FAO-Konzept agroökologischer Zonen (FAO, 1978-1981) basiert, werden die räumlich expliziten Erträge der verschiedenen Anbauproduktgruppen und Weideflächen sowie die für ihre Produktion genutzten Flächen in Abhängigkeit vom Klima und von der Bodenqualität berechnet. Wo eine Expansion des Agrarlands notwendig ist, bestimmt eine nach festen Regeln etablierte Nutzwertekarte (*suitability map*) die Reihenfolge bei der Auswahl der Rasterzellen auf der Grundlage des potenziellen Ertrags der Kulturen in der Rasterzelle, ihrer geografischen Nähe zu anderen Anbauflächen, zu Gewässern und menschlichen Siedlungen. Als Ausgangspunkt dient eine Landnutzungskarte aus dem Jahr 1970, die auf der Grundlage von Satellitenbeobachtungen und anderen statistischen Informationen erstellt wurde. Für den Zeitraum 1970-2000 wurde das Modell kalibriert, um mit den FAO-Statistiken vollständig in Einklang zu stehen. Für den Zeitraum 2001-2050 stützen sich die Simulationen auf Daten aus dem TIMER-Modell und LEITAP sowie auf zusätzliche Szenarioannahmen, z.B. im Hinblick auf die technologische Entwicklung, Ertragsverbesserungen und die Effizienz der Viehzuchtsysteme.

Veränderungen in der natürlichen Vegetationsdecke werden in IMAGE 2.5 auf der Grundlage einer modifizierten Version des BIOME-Modells der natürlichen Vegetation simuliert (Prentice et al., 1992). Dieses Modell berechnet Veränderungen in der potenziellen Vegetation für 14 Biomtypen auf der Basis von Klimaeigenschaften. Die potenzielle Vegetation entspricht der Gleichgewichtsvegetation, die sich in einem bestimmten Klima letztlich ergeben dürfte.

Die Folgen von Veränderungen in der Landnutzung und Bodenbedeckung für den Kohlenstoffkreislauf werden anhand eines geografisch expliziten Modells des terrestrischen Kohlenstoffkreislaufs simuliert. Dabei werden globale und regionale Kohlenstoffpools und -flüsse simuliert (diese umfassen die lebende Vegetation und mehrere unterirdische Kohlenstoffspeicher). Das Modell trägt wichtigen Rückkopplungsmechanismen Rechnung, die durch den Klimawandel (z.B. unterschiedliche Wachstumsmerkmale), die Kohlendioxidkonzentrationen (CO_2-Düngung) sowie die Landnutzung (Umwandlung der natürlichen Vegetation in Agrarland oder umgekehrt) entstehen. Ferner ermöglicht das Modell eine Evaluierung des Potenzials für die unterirdische Lagerung von CO_2 (Kohlenstoffsequestration) durch die natürliche Vegetation und speziell zu diesem Zweck angebaute Pflanzen.

Das Kohlenstoffkreislaufmodell beschreibt auch den im atmosphärischen und ozeanischen System enthaltenen Kohlenstoff, die Ströme zwischen diesen Systemen sowie ihren Effekt auf die Treibhausgaskonzentrationen in der Atmosphäre und damit auf den Klimawandel (van Minnen et al., 2000).

Im IMAGE-Modell werden die Treibhausgas- und Luftschadstoffemissionen zur Berechnung von Veränderungen in der Konzentration von Treibhausgasen, Ozonvorläufern sowie Komponenten der Aerosolbildung auf globaler Ebene verwendet. Diese Berechnungen basieren mit Ausnahme von CO_2 (vgl. Kohlenstoffkreislauf) auf dem Vierten Sachstandsbericht des IPCC über den Klimawandel. Die Klimaänderungen werden unter Verwendung einer leicht angepassten Version des MAGICC-Klimamodells 6.0, das auch vom IPCC intensiv genutzt wird, in Form globaler mittlerer Veränderungen berechnet (Schaeffer und Stehfest, 2010). Der Klimawandel tritt auf der Erde nicht überall einheitlich auf, und die Muster der Temperatur- und Niederschlagsmengenveränderungen fallen bei den einzelnen Klimamodellen unterschiedlich aus. Zwischen den in jeder 0,5 x 0,5-Rasterzelle auftretenden Veränderungen bezüglich Temperatur und Niederschlagsmenge wird daher anhand des IPCC-Ansatzes differenziert, um weltweite Muster herauszuarbeiten. Dabei wird der von Schlesinger et al. (2000) vorgeschlagene Ansatz mit einbezogen, durch den der regionale Temperatureffekt kurzlebiger Sulfataerosole berücksichtigt wird. IMAGE 2.5 verwendet die Temperatur- und Niederschlagsprojektionen aus dem HadCM2-Klimamodell des Meteorologischen Amts des Vereinigten Königreichs (die entsprechenden Daten wurden vom IPCC Data Distribution Centre zur Verfügung gestellt).

Wasserstress

Das IMAGE-Modell für Land und Klima wurde in jüngster Zeit durch eine Verknüpfung mit dem LPJmL(Lund-Potsdam Jena managed Land)-Modell erweitert, um den weltweiten terrestrischen Kohlenstoffkreislauf und die Verteilung der natürlichen Vegetation besser zu simulieren. Es umfasst zudem ein weltweites hydrologisches Modell und eine verbesserte Modellrechnung für Anbauprodukte (Bouwman et al., 2006). Das LPJmL-Modell, das ursprünglich als ein dynamisches weltweites Vegetationsmodell entstanden war (Sitch et al., 2003), wurde seither durch die Aufnahme bewirtschafteter Flächen (Bondeau et al., 2007) und des Wasserkreislaufs (Gerten et al., 2004) erweitert. Für den vorliegenden *Umweltausblick* wurde IMAGE 2.5 ohne das verknüpfte LPJmL-Modell verwendet. Für die Wasserstressanalyse (Kapitel 5) wurde das LPJmL-Modell jedoch als eigenständiges Modell verwendet.

Das LPJmL-Wasserkreislaufmodell wurde mittels Einleitungsbeobachtungen in 300 weltweiten Flusseinzugsgebieten (Biemans et al., 2009) und im Hinblick auf Wassernutzung und Verbrauch für Bewässerungszwecke (Rost et al., 2008) validiert. Durch die Verknüpfung mit dem LPJmL-Wasserkreislaufmodell modellieren die IMAGE-Szenarien jetzt auch künftige Veränderungen der Wasserverfügbarkeit, des Wassereinsatzes für Agrarzwecke sowie einen Indikator für Wasserstress. Die Verfügbarkeit von Wasser in Form eines erneuerbaren Wasserdargebots wird anhand des Wassermoduls des LPJmL-Wasserkreislaufmodells berechnet, wobei aber Wasser in tiefen Grundwasserleitern unberücksichtigt bleibt. Das LPJmL-Modell schätzt auch den Wasserbedarf für Bewässerungszwecke und geht dabei für die auf bewässerten Flächen angebauten Agrarprodukte von der Differenz zwischen dem Niederschlagsüberschuss und der potenziellen Verdunstung aus (wegen detaillierterer Informationen vgl. Anhang 5.A1 zu Kapitel 5). Der derzeitige Bedarf in anderen Sektoren (private Haushalte, Verarbeitende Industrie, Stromerzeugung und Viehzucht) wird aus den für den *OECD-Umweltausblick bis 2030* (OECD, 2008) durchgeführten WaterGAP-Modellrechnungen übernommen. Die Projektion im WaterGAP 2008 wurde lediglich um Differenzen bei der Entwicklung der wichtigsten Bestimmungsfaktoren im *Umweltausblick* Ausgabe 2008 bereinigt, z.B. um die Wertschöpfung in der Industrie und um die (thermische) Stromerzeugung aus Brennstoffen, wie sie im IMAGE-TIMER-Modell projiziert werden.

Angebot und Nutzung von Agrarland[6]

Die Landnutzungsfaktoren werden im IMAGE-Modell anhand des LEITAP-Modells berechnet, um sektorspezifische Produktionswachstumsraten, Landnutzungsveränderungen und den Grad der Intensivierung zu erhalten, der aus den von der FAO geschätzten (Bruinsma, 2003) endogenen technologischen Verbesserungen und anderen endogenen Faktoren resultiert.

Das LEITAP-Modell ist ein multiregionales, multisektorales, statisches, angewandtes allgemeines Gleichgewichtsmodell, das auf der neoklassischen mikroökonomischen Theorie basiert (Nowicki et al., 2006; und van Meijl et al., 2006). Es berücksichtigt die Substituierbarkeit verschiedener primärer Produktionsfaktoren (Boden, Arbeit und Naturressourcen) und Produktionsvorleistungen (z.B. Energie und Tierfutterbestandteile). Es berücksichtigt auch die Substitutionsmöglichkeiten zwischen verschiedenen Energieträgern, einschließlich Biokraftstoffe (Banse et al., 2008) und ihre Nebenprodukte. Die regionalen Landangebotskurven stellen im LEITAP-Modell die für die Landwirtschaft verfügbare Gesamtfläche nach dem Nutzwert gemäß den IMAGE-Flächenverteilungsregeln dar. IMAGE stellt auch szenariospezifische Hypothesen auf über die Verteilung der Tierhaltung auf verschiedene Systeme und ihre Konsequenzen für die Zusammensetzung des Tierfutters, die Umwandlung von Landflächen und die Gesamtproduktivität.

Um den Einsatz von Biokraftstoffen in der Kraftstofferzeugung abzubilden, wurde das GTAP-E-Modell (Burniaux and Truong, 2002) eingeführt und auf den Mineralölsektor angewandt, was die Berücksichtigung der Substituierbarkeit zwischen Rohöl, Ethanol und Biodiesel ermöglicht. Die geschachtelte CES-Struktur des GTAP-E-Modells impliziert, dass die Nachfrage nach Biokraftstoff durch den relativen Preis von Rohöl gegenüber Ethanol und Biodiesel einschließlich von Steuern und Subventionen bestimmt wird. Es wird unterstellt, dass die Substituierbarkeit zwischen den einzelnen Energieträgern nahezu vollkommen ist.

Die regionalen Voraussetzungen hinsichtlich Arbeit, Kapital und Naturressourcen sind festgelegt und werden voll in Anspruch genommen, und das Landangebot wird unter Verwendung einer Landangebotskurve modelliert, in der das Verhältnis zwischen Landangebot und Pachtzins in jeder Region spezifiziert ist (Eickhout et al., 2008). Die regionalen Landangebotskurven bestimmen, wie durch eine Kombination aus Agrarlandexpansion und Bodennutzungsintensität eine Erhöhung der Agrarerzeugung erreicht wird. Beim Produktionsfaktor Arbeit wird zwischen zwei Kategorien unterschieden, qualifizierte und nicht qualifizierte Arbeitskräfte. Diese Kategorien werden im Produktionsprozess als unvollkommene Substitute betrachtet. Land und Naturressourcen sind heterogene Produktionsfaktoren, und diese Heterogenität wird unter Verwendung einer CET-Funktion (konstante Transformationselastizität) eingeführt, die diese Produktionsfaktoren den einzelnen Agrarsektoren zuordnet. Die Kapital- und Arbeitsmärkte sind zwischen dem Agrarsektor und den übrigen Sektoren aufgespalten. Es wird unterstellt, dass die Mobilität der Produktionsfaktoren Arbeit und Kapital in jeder dieser beiden Sektorgruppen vollkommen, zwischen ihnen jedoch unvollkommen ist.

Energie[7]

Das weltweite Energiesystem-Modell TIMER (Targets IMage Energy Regional Model) wurde mit dem Ziel entwickelt, die langfristigen Energie-Basisszenarien und Klimaschutzszenarien zu simulieren. Das Modell beschreibt die Investitionen in verschiedene, dem Einfluss der technologischen Entwicklung und der Erschöpfung der natürlichen Ressourcen unterliegende Energieversorgungsoptionen sowie deren Nutzung. Die Modell-Eingangsgrößen sind makroökonomische Szenarien und Annahmen aus dem ENV-Linkages-Modell hinsichtlich der technologischen Entwicklung sowie der Präferenzen und Beschränkungen im Handel mit Energieträgern. Die Ergebnisse des Modells zeigen, wie sich die Energieintensität, die

Energieträgerkosten und angebotsseitig mit den fossilen Energieträgern konkurrierende alternative Technologien im Zeitverlauf entwickeln. Es gibt Aufschluss über den Primär- und Endenergieverbrauch nach Energiearten, Sektoren und Regionen, den Aufbau und die Nutzung von Kapazitäten, Kostenindikatoren sowie Treibhausgas- und andere Emissionen.

Im TIMER-Modell wird die Umsetzung des Klimaschutzes in der Regel auf der Basis von Preissignalen (Besteuerung von CO_2) dargestellt. Eine CO_2-Steuer (die als allgemeine Messgröße der Klimapolitik verwendet wird) induziert eine Erhöhung der Investitionen in Energieeffizienz, die Substitution fossiler Energieträger und Investitionen in Bioenergie, Kernkraft, Solarenergie, Windkraft und CO_2-Abtrennung und -Speicherung. Die Wahl zwischen den Optionen basiert im ganzen Modell auf einem multinomialen Logit-Modell, das Marktanteile auf der Grundlage der Produktionskosten und Präferenzen zuteilt (billigere, attraktivere Optionen erhalten einen höheren Marktanteil, dies jedoch ohne volle Optimierung) (de Vries et al., 2001).

Das TIMER-Modell beschreibt die Energieversorgungskette von der Nachfrage nach Energiedienstleistungen (Nutzenergie) bis hin zum Energieangebot nach verschiedenen Primärenergiequellen und den mit ihnen verbundenen Emissionen. Miteinander verbunden sind die einzelnen Stufen durch den Energieverbrauch (von links nach rechts) und Feedbacks – hauptsächlich in Form von Energiepreisen (von rechts nach links). Das TIMER-Modell gliedert sich in drei der Art nach unterschiedliche Teilmodelle: a) das Energieverbrauchsmodell, b) Modelle für die Energieumwandlung (Stromerzeugung und Wasserstoffgewinnung), c) Modelle für das Primärenergieangebot.

Internationale Klimapolitikregime[8]

Das Instrument zur Unterstützung der politischen Entscheidungsfindung (Framework to Assess International Regimes for the differentiation of commitments – FAIR) wurde entwickelt, um zu untersuchen, welche Auswirkungen verschiedene internationale Regime und Verpflichtungen zur Einhaltung der langfristigen Klimaschutzziele – wie z.B. die Stabilisierung der Treibhausgaskonzentrationen in der Atmosphäre – im Hinblick auf die Umwelt und die Kosten der Emissionsreduktion haben.

Das FAIR-Modell umfasst drei miteinander verknüpfte Modelle:

- Ein Klimamodell: Es dient der Berechnung der Klimaeffekte weltweiter Emissionsprofile und -szenarien und definiert das weltweite Emissionsreduktionsziel als die Differenz zwischen dem Emissionsbasisszenario und einem weltweiten Emissionsprofil bei einer vorgegebenen Klimapolitik.

- Ein Emissionsallokationsmodell: Es dient der Berechnung der verschiedenen Systemen zugeteilten regionalen Treibhausgas-Emissionsrechte, um die künftigen Verpflichtungen im Rahmen des weltweiten Reduktionsziels vom Klimamodell zu unterscheiden.

- Ein Reduktionskostenmodell: Es dient der Berechnung der regionalen Reduktionskosten und des Emissionsniveaus nach Emissionshandel auf der Basis der Emissionsrechte aus dem Emissionsallokationsmodell anhand eines Minimalkostenansatzes. Das Modell schöpft die Möglichkeiten der flexiblen Kyoto-Mechanismen, wie z.B. Emissionshandel und Reduktionssubstitution zwischen den einzelnen Treibhausgasen und -quellen, voll aus.

Die Modellrechnungen werden für 24/26 IMAGE-Weltregionen durchgeführt. Die Treibhausgasemissionen der sechs im Kyoto-Protokoll spezifizierten Treibhausgase werden in CO_2-Äquivalente umgerechnet (vgl. Kapitel 3), d.h. die Summe der nach ihrem Erderwärmungspotenzial gewichteten Emissionen. In den Modellrahmen wurden verschiedene Datenreihen vergangenheitsbezogener Emissionen, Basisszenarien, Emissionsprofile und Reduktionsgrenzkostenkurven aufgenommen, um die Sensitivität der Ergebnisse im Hinblick auf die Varianz dieser wichtigsten Inputgrößen zu bewerten.

In den letzten Jahren wurde FAIR auf Grund neuer Vorschläge für die globale Architektur für die Post-Kyoto-Vereinbarungen umfassend erweitert und verbessert. Insbesondere werden die in Kopenhagen gemachten Zusicherungen (die sog. Copenhagen pledges) umgesetzt und im Hinblick auf die erwarteten Ergebnisse analysiert, wobei den Unsicherheitsfaktoren im Zusammenhang mit den von den Vertragsparteien durch ihre Zusagen eingegangenen Verpflichtungen Rechnung getragen wird (den Elzen et al., 2010).

Biologische Vielfalt

Terrestrische Biodiversität[9]

Das GLOBIO-Model[10], einschließlich von GLOBIO aquatic, diente dazu, die Veränderungen der durchschnittlichen Artenvielfalt (Mean Species Abundance – MSA) zu ermitteln. Der MSA-Indikator misst den Gesamteffekt der Bestimmungsfaktoren für den Verlust an biologischer Vielfalt und nutzt eine Reihe direkter und indirekter Bestimmungsfaktoren aus dem mit einem ökonomischen Modell (LEITAP) kombinierten IMAGE-Modell (vgl. Kapitel 4). Der Gesamteffekt auf die biologische Vielfalt wird anhand des GLOBIO3-Modells für terrestrische Ökosysteme berechnet (Alkemade et al., 2009) (unlängst auch für Süßwassersysteme, vgl. weiter unten). Der künftige Entwicklungspfad direkter und indirekter Bestimmungsfaktoren hängt zudem von einer ganzen Reihe unterschiedlicher sozioökonomischer Annahmen, Vermutungen über technologische Entwicklungen und Politikannahmen ab, die in IMAGE und GTAP dargestellt sind. Da es sich bei IMAGE und GLOBIO3 um räumlich explizite Modelle handelt, können die Auswirkungen auf die durchschnittliche Artenvielfalt nach Regionen, den wichtigsten Biomen und den einzelnen Belastungsfaktoren analysiert werden.

GLOBIO3 erfasst die Effekte von Klimawandel, Veränderungen in der Landnutzung, Ökosystemzerschneidung, Expansion von Infrastrukturen wie bebaute Gebiete und Straßen, Deposition von Säure bzw. reaktiven Stickstoffen.

Für vorausschauende Projektionen wurde die Annahme zu Grunde gelegt, dass steigende Belastungen zu einer geringeren durchschnittlichen Artenvielfalt führen. Im GLOBIO3-Modell wurden auf der Grundlage von über 700 Veröffentlichungen globale Kausalbeziehungen zwischen den einzelnen beobachteten Belastungsfaktoren und der durchschnittlichen Artenvielfalt berücksichtigt. Diese Beziehungen werden auf eine geografisch explizite Art und Weise angewendet, konkret in einer räumlichen Auflösung von 0,5 x 0,5-Längengrad x Breitengrad mit einer Frequenzverteilung, die das Aufkommen verschiedener Biome innerhalb jeder einzelnen Rasterzelle widerspiegelt. Die Effekte der betreffenden Belastungswerte werden berechnet und auf der Ebene jeder einzelnen Rasterzelle kombiniert, um einen Gesamtwert der durchschnittlichen Artenvielfalt zu erhalten. Die durchschnittliche Artenvielfalt in einer Region bzw. der Welt insgesamt entspricht der einheitlich gewichteten Summe der einzelnen Rasterzellen. Mit anderen Worten wird jeder Quadratkilometer jedes Bioms gleich gewichtet (ten Brink, 2000).

Biologische Vielfalt aquatischer (Süßwasser-)Ökosysteme

Die Bestimmungsfaktoren der auf die Ökosysteme der Binnengewässer einwirkenden Belastungen sind in der derzeitigen GLOBIO-Version: Landnutzungsänderungen im Einzugsgebiet, Eutrophierung durch Phosphor und Stickstoff sowie Strömungsveränderungen auf Grund von Wasserentnahme oder der Aufstauung von Flüssen.

Wie beim terrestrischen Modell basieren die kausalen Zusammenhänge auf einer Analyse der in der Fachliteratur vorhandenen Daten über die Zusammensetzung der Arten als Funktion verschiedener Belastungsgrade (Weijters et al., 2009; Alkemade et al., 2011). Die biologische Vielfalt wurde wiederum ausgedrückt als der Reichtum an originären Arten im Verhältnis zum Urzustand oder einer Ersatzvariablen für diesen. Separate Analysen wurden durchgeführt für seichte und tiefe Seen (als eine Funktion der Phosphor- und Stickstoffkonzentration), Feuchtgebiete (in Abhängigkeit von der Bodennutzung durch den Menschen) und Flüsse (in Abhängigkeit von der Bodennutzung durch den Menschen und der Abweichung vom natürlichen Strömungssystem). Es wird unterstellt, dass die Effekte der verschiedenen Belastungen (soweit vorhanden) unabhängig sind, und sie werden daher multipliziert. Für Seen wird auch die Wahrscheinlichkeit des Vorkommens toxischer Algenblüten berechnet.

Nährstoffe

Das Global Nutrient Model verfolgt den Weg der Stickstoff (N)- und Phosphor (P)-Emissionen, die von stärker konzentrierten oder Punktquellen (z.B. menschliche Siedlungen) sowie diffusen Quellen (z.B. Agrarflächen und naturbelassenen Flächen) ausgehen. Über Flüsse und Seen gelangt die verbleibende Nährstofffracht letzten Endes in Küstengewässer. Nachstehend werden die wichtigsten Schritte im Hinblick auf Stickstoff vorgestellt (wegen näherer Einzelheiten vgl. Kapitel 5).

Punktquellen

Die Berechnung der Stickstoffemissionen durch städtische Abwässer erfolgte (im Unterschied zu van Drecht et al., 2003; Bouwman et al., 2005) anhand einer konzeptuellen Relation zwischen den Pro-Kopf-Stickstoffeinleitungen und dem Pro-Kopf-Einkommen. Die Stickstoffemissionen werden als Jahresmittelwert je Einwohner und Land in Bezug auf die Nahrungsmittelaufnahme berechnet. Die Pro-Kopf-Stickstoffemissionen der Niedrigeinkommensländer liegen bei etwa 10g pro Tag und die der Industrieländer zwischen 15 g und 18 g pro Tag.

Die tatsächlich in Oberflächengewässer eingeleitete Stickstoffmenge berechnet sich auf der Basis der Stickstoffemissionen, des in Abwasserbehandlungsanlagen entfernten Stickstoffanteils (ausgedrückt als der Stickstoffanteil am Rohabwasser) und des Anteils der an die öffentliche Kanalisation angeschlossenen Bevölkerung. Bei diesem Ansatz bleiben die ins Abwasser eingeleitete Stickstoffmenge ländlicher Bevölkerungsteile und direkt ins Meer eingeleitete Abwässer in Küstengebieten unberücksichtigt.

Es wird bezüglich der Stickstoffentfernung zwischen mehreren Arten der Abwasserbehandlung mit unterschiedlich hohen Entfernungsanteilen differenziert: keine Behandlung, mechanische, biologische und weitergehende Reinigungsstufe, vgl. auch den Anhang zum Kapitel Süßwasser.

Diffuse Quellen

Jede IMAGE-Agrar-Rasterzelle ist in vier aggregierte landwirtschaftliche Nutzungsarten unterteilt: Weideland, Reisanbau in Feuchtgebieten, Leguminosen (Hülsenfrüchte, Sojabohnen) und andere Hochlandanbauprodukte. Die jährliche Stickstoffbilanz der Bodenoberfläche enthält die Stickstoff-Inputs und -Outputs für jede Flächennutzungsart. Zu den Stickstoff-Inputs gehören die biologische Stickstoffbindung, die atmosphärische Stickstoffablagerung, das Ausbringen von stickstoffhaltigem Kunstdünger und Viehdung. Abzüge in der Stickstoffbilanz der Bodenoberfläche sind u.a. der dem Feld entzogene Stickstoff durch Ernte der Anbauprodukte, das Mähen von Gras und die Heuernte sowie der Grasverbrauch durch Weidevieh. Der Überschuss der Stickstoffbilanz der Bodenoberfläche wird auf der Basis dieser Komponenten berechnet. Die verschiedenen Input- und Output-Posten der Oberflächenbilanz werden in verschiedenen Publikationen im Detail beschrieben (Bouwman et al., 2005; Bouwman et al., 2006; and Bouwman et al., 2011).

Das in abfließendes Oberflächenwasser fließende Grundwasser setzt sich aus Wasserströmen zusammen, die im Grundwassersystem unterschiedliche Verweilzeiten haben. Die Nitratkonzentration im Grundwasser hängt von der Verweildauer des in die gesättigte Zone eintretenden Wassers und dem Denitrifikationsverlust während des Transports ab. Im Modell wird zwischen zwei Grundwasser-Teilsystemen unterschieden. a) schneller Nitrattransport in abfließendem Oberflächenwasser und beim Durchfließen oberflächennahen Grundwassers in Richtung örtlicher Wasserläufe und b) langsamer Transport durch tiefes Grundwasser in Richtung größerer Flüsse und Bäche.

Stickstofftransport durch Flüsse

Der gesamte Stickstoff aus Punktquellen, die direkte Ablagerung in der Atmosphäre und die Nitratfrachten aus bodennahem und tiefem Grundwasser bilden in jeder Rasterzelle den Eintrag in Oberflächengewässer. Auf Grund strömungsinhärenter Austauschprozesse wird Stickstoff aus dem Wasser entfernt und in Flora und Fauna, die Atmosphäre oder die Flusssedimente transferiert. Es wird ein globaler Flussexportkoeffizient von 0,7 verwendet (der einen Rückstau und Verlust von 30% des in Bäche und Flüsse gelangenden Stickstoffs impliziert), der einen Mittelwert eines breiten Spektrums von Flusseinzugsgebieten Europas und der Vereinigten Staaten darstellt (van Drecht et al., 2003).

Anmerkungen

1. Eine technische Beschreibung des OECD-ENV-Linkages-Modells sowie andere auf ihm basierende Veröffentlichungen der jüngsten Zeit finden sich unter www.oecd.org/environment/modelling.
2. Die im Rahmen des GTAP (Global Trade Analysis Project) geschaffene GTAP (Global Trade, Assistance and Production)-Datenbank (Datenbank über Handel, Hilfen und Produktion im Weltmaßstab) beschreibt bilaterale Handelsmuster, Produktion, Konsum und den Einsatz von Gütern und Dienstleistungen als Vorleistungen. Für Themen wie Treibhausgasemissionen und Flächennutzung gibt es Satelliten-Datenbanken. Für das Basisszenario des vorliegenden Umweltausblicks wird die GTAP-Version 7.1 (GTAP, 2008) verwendet.
3. Es gilt zu beachten, dass alle für den Umweltausblick durchgeführten Politiksimulationen die Fortsetzung des EU-ETS bis 2020 unterstellen. Die Kosten der Maßnahmen sind daher in den Simulationen explizit dargestellt.
4. Vgl. http://themasites.pbl.nl/en/themasites/image/index.html.
5. Breiten- und Längengrade auf der Erdoberfläche.
6. Wegen näherer Einzelheiten zum LEITAP-Modell, vgl. Kram und Stehfest (2012).
7. Das TIMER-Modell ist in verschiedenen Dokumenten beschrieben worden (de Vries et al., 2001; van Vuuren, 2007). Vgl. http://themasites.pbl.nl/en/themasites/image/model_details/energy_supply_demand/index.html.
8. Wegen näherer Einzelheiten vgl. http://themasites.pbl.nl/en/themasites/fair/index.html.
9. Wegen näherer Einzelheiten zum GLOBIO-Modell, dem Indikator der durchschnittlichen Artenvielfalt (MSA) und dem Zusammenhang mit Umweltbelastungen vgl. Alkemade et al. (2009) und www.globio.info.
10. Das GLOBIO-Modell ist ein gemeinsames Vorhaben der Netherlands Environmental Assessment Agency, des UNEP World Conservation Monitoring Centre in Cambridge (Vereinigtes Königreich) und des UNEP GRID-Arendal Centre.

Literaturverzeichnis

Alkemade, R., M. van Oorschot, L. Miles, C. Nellemann, M. Bakkenes, B. ten Brink (2009), "GLOBIO 3: A Framework to Investigate Options for Reducing Global Terrestrial Biodiversity Loss", *Ecosystems*, Volume 12, Number 3, 374-390, doi: http://dx.doi.org/10.1007/s10021-009-9229-5.

Alkemade, R., J. Janse, W. van Rooij, Y. Trisurat (2011), "Applying GLOBIO at different geographical levels", in Y. Trisurat, R. Shrestha, R. Alkemade (Hrsg.), *Land use, climate change and biodiversity modelling*, IGI Global, Hershey PA, USA.

Banse, M., H. van Meijl, A. Tabeau und G. Woltjer (2008), "Will EU Biofuel Policies Affect Global Agricultural Markets?", *European Review of Agricultural Economics*, 35(2):117-141.

Biemans, H., R. Hutjes, P. Kabat, B. Strengers, D. Gerten, S. Rost (2009), "Effects of Precipitation Uncertainty on Discharge Calculations for Main River Basins", *J. Hydrometeor*, 10, 1011-1025. doi: http://dx.doi.org/10.1175/2008JHM1067.1.

Bondeau, A., P.C. Smith, S. Zaehle, S. Schaphoff, W. Lucht, W. Cramer, D. Gerten, H. Lotze-Campen, C. Müller, M. Reichstein und B. Smith (2007), "Modelling the role of agriculture for the 20th century global terrestrial carbon balance", *Global Change Biology*, 13: 679-706, doi: http://dx.doi.org/10.1111/j.1365-2486.2006.01305.x.

Bouwman, A.F., K. Klein Goldewijk, K.W. van der Hoek, A.H.W. Beusen, D.P. van Vuuren, W.J. Willems, M.C. Rufino, E. Stehfest (2011), "Exploring global changes in nitrogen and phosphorus cycles in agriculture induced by livestock production over the 1900-2050 period", Proceedings of the National Academy of Sciences of the United States of America, http://dx.doi.org/10.1073/pnas.1012878108.

Bouwman, A.F., T. Kram und K. Klein Goldewijk (Hrsg.) (2006), *Integrated Modelling of Global Environmental Change. An Overview of IMAGE 2.4*, PBL Netherlands Environmental Assessment Agency, Den Haag/Bilthoven.

Bouwman, A.F., G. van Drecht, K.W. van der Hoek (2005), "Surface N balances and reactive N loss to the environment from intensive agricultural production systems for the period 1970-2030", *Science in China Series C. Life Sciences*, 48(Suppl): 1-13.

Brink, B.J.E. ten (2000), "Biodiversity Indicators for the OECD Environmental Outlook and Strategy, a Feasibility Study", RIVM National Institute for Public Health and the Environment, in Zusammenarbeit mit WCMC, Cambridge/Bilthoven.

Bruinsma, J.E. (2003), *World agriculture: towards 2015/2030. An FAO perspective*, Earthscan, London.

Burniaux, J., G. Nicoletti, und J. Oliveira Martins (1992), "GREEN: A Global Model for Quantifying the Costs of Policies to Curb CO_2 Emissions", *OECD Economic Studies*, 19 (Winter).

Burniaux, J., T.P. Truong (2002), "GTAP-E: an Energy-Environmental Version of the GTAP model," *GTAP Technical Paper*, No. 16. Revised Version, Center for Global Trade Analysis, Purdue University.

Burniaux, J., J. Chateau und R. Duval (2010), "Is there a Case for Carbon-Based Border Tax Adjustment?: An Applied General Equilibrium Analysis", *OECD Economics Department Working Papers*, No. 794, OECD Publishing, Paris, doi: 10.1787/5kmbjhcqqk0r-en.

Burniaux, J. und J. Chateau (2011), "Mitigation Potential of Removing Fossil Fuel Subsidies: A General Equilibrium Assessment", *OECD Economics Department Working Papers*, No. 853, OECD Publishing, Paris, doi: 10.1787/5kgdx1jr2plp-en.

Chateau, J., C. Rebolledo, R. Dellink (2011), "The ENV-Linkages economic baseline projections to 2050" *OECD Environment Working Papers*, No. 41, OECD Publishing, Paris.

Chateau, J., R. Dellink, E. Lanzi und B. Magne (2012), "An overview of the ENV-Linkages Model, version 3", *OECD Environment Working Paper*, No. 2, OECD Publishing, Paris.

Dellink, R., S, Jamet, J. Chateau, R. Duval (2010a), "Towards Global Carbon Pricing: Direct and Indirect Linking of Carbon Markets", *OECD Environment Working Papers*, No. 20, OECD Publishing, Paris, doi: 10.1787/5km975t0cfr8-en.

Dellink, R., G. Briner und C. Clapp (2010b), "Costs, Revenues, and Effectiveness of the Copenhagen Accord Emission Pledges for 2020", *OECD Environment Working Papers*, No. 22, OECD Publishing, Paris, doi: 10.1787/5km975plmzg6-en.

Drecht, G. van, A.F. Bouwman, J.M. Knoop, A.H.W. Beusen und C.R. Meinardi (2003), "Global modeling of the fate of nitrogen from point and nonpoint sources in soils, groundwater and surface water", *Global Biogeochemical Cycles*, 17(4): 26-1 to 26-20 (1115, doi: 10.1029/2003GB002060).

Duval, R. und C. de la Maisonneuve (2009), "Long-Run GDP Growth Scenarios for the World Economy", *OECD Economics Department Working Papers*, No. 663, Februar 2009, doi: 10.1787/227205684023.

Eickhout, B., G.J. van den Born, J. Notenboom, M. van Oorschot, J.P.M Ros, D.P. van Vuuren und H.J. Westhoek (2008), *Local and Global Consequences of the EU Renewable Directive for Biofuels: Testing the Sustainability Criteria*, MNP Report 500143001/2008.

Elzen, M. den und P.L. Lucas (2005), "The FAIR model: A tool to analyse environmental and costs implications of regimes of future commitments", *Environmental Modeling and Assessment*, Volume 10, Number 2, 115-134, doi: http://dx.doi.org/10.1007/s10666-005-4647-z.

Elzen, M. den und N. Höhne (2010), "Sharing the reduction effort to limit global warming to 2°C", *Climate Policy*, Volume 10, Number 3, 2010, S. 247-260(14).

FAO (1978-81), "Report on the agro-ecological zones project", *World Soil Resources Report 48*, FAO, Rom.

GTAP (2008), "Global Trade, Assistance, and Production: The GTAP 7 Data Base", B. Narayanan und T. Walmsey (Hrsg.), Center for Global Trade Analysis, Dpt. of Agricultural Economics, Purdue University.

Gerten, D., S. Schaphoff, U. Haberlandt, W. Lucht, S. Sitch (2004), "Terrestrial vegetation and water balance: hydrological evaluation of a dynamic global vegetation model", *Journal of Hydrology* 286: 249-270.

Hertel, T.W. (Hrsg.) (1997), *Global Trade Analysis: Modeling and Applications*, Cambridge University Press.

IEA (Internationale Energyie-Agentur (2009a), *World Energy Outlook 2009*, OECD Publishing, Paris, doi: 10.1787/weo-2009-en.

IEA (2009b), *Energy Technology Perspectives 2010: Scenarios and Strategies to 2050*, OECD Publishing, Paris, doi: 10.1787/energy_tech-2010-en.

IEA (2010a), *CO_2 Emissions from Fuel Combustion 2010*, OECD Publishing, Paris, doi: 10.1787/9789264096134-en.

IEA (2010b), *World Energy Outlook 2010*, OECD Publishing, Paris, doi: 10.1787/weo-2010-en.

IEA, OPEC, OECD, Weltbank (2010), "Analysis of the Scope of Energy Subsidies and Suggestions for the G-2) initiative", Gemeinsamer Bericht zur Vorlage auf der G20-Tagung der Finanzminister und der Zentralbankgouverneure, Busan (Korea), 5. Juni 2010, 26. Mai 2010.

IMAGE Team (2001), *The IMAGE 2.2 Implementation of the SRES Scenarios. A Comprehensive Analysis of Emissions, Climate Change and Impacts in the 21st Century* (RIVM CD-ROM publication 481508018), National Institute for Public Health and the Environment, Bilthoven.

IWF (Internationaler Währungsfonds) (2010), "World Economic Outlook Database", *http://www.imf.org/external/pubs/ft/weo/2010/02/weodata/index.aspx*.

Kram, T. und E.E. Stehfest (2012), "The IMAGE Model Suite used for the OECD Environmental Outlook to 2050", PBL Netherlands Environmental Assessment Agency report 500113002, Den Haag/Bilthoven, Niederlande.

Meijl, H. van, T. van Rheenen, A. Tabeau, B. Eickhout (2006), "The Impact of Different Policy Environments on Agricultural Land Use in Europe", *Agriculture, Ecosystems and Environment* 114:21-38.

Minnen, J. van und R. Leemans (2000), "Defining the Importance of Including Transient Ecosystem Responses to Simulate C-cycle Dynamics in a Global Change Model", *Global Change Biology*, 6:595-612.

Nowicki, P., H. van Meijl, A. Knierim, M. Banse, J. Helming, O. Margraf, B. Matzdorf, R. Mnatsakanian, M. Reutter, I. Terluin, K. Overmars, C. Verhoog, C. Weeger, H. Westhoek (2006) "Scenar 2020 – Scenario study on agriculture and the rural world", Europäische Kommission, Generaldirektion Landwirtschaft und ländliche Entwicklung, Brüssel.

OECD (2008), *OECD-Umweltausblick bis 2030*, OECD Publishing, Paris, doi: 10.1787/9789264040519-en.

OECD (2009), *The Economics of Climate Change Mitigation: Policies and Options for Global Action beyond 2012*, OECD Publishing, Paris, doi: 10.1787/9789264073616-en.

OECD (2010), *OECD-Wirtschaftsausblick 88*, *OECD Economic Outlook: Statistics and Projections* (database), doi: 10.1787/data-00533-en.

Prentice, I.C. et al. (1992), "A global biome model based on plant physiology and dominance, soil properties and climate", *Journal of Biogeography*, 19:117-134.

Rost, S., D. Gerten, U. Heyder (2008), "Human alterations of the terrestrial water cycle through land management", *Advances in Geosciences*, 18, 43-50.

Rotmans, J. (1990), *IMAGE. An Integrated Model to Assess the Greenhouse Effect*, Kluwer Academic Publishers, Dordrecht.

Schaeffer, M. und E. Stehfest (2010), *The climate subsystem in IMAGE updated to MAGICC 6.0*, PBL report 500110005, PBL Netherlands Environmental Assessment Agency, Den Haag/Bilthoven, Juni 2010.

Schlesinger, M.E. et al. (2000), "Geographical Distributions of Temperature Change for Scenarios of Greenhouse Gas and Sulphur Dioxide Emissions", *Technological Forecasting and Social Change*, 65, 167-193.

Shiklomanov, I. (2000), "Appraisal and Assessment of World Water Resources", *Water International*, 25(1), S 11-32.

Sitch, S., B. Smith, I.C. Prentice, A. Arneth, A. Bondeau, W. Cramer, J.O. Kaplan, S. Levis, W. Lucht, M.T. Sykes, K. Thonicke, S. Venevsky (2003), "Evaluation of ecosystem dynamics, plant geography and terrestrial carbon cycling in the LPJ dynamic global vegetation model", *Global Change Biology*, Volume 9, Issue 2, S. 161-185, Februar 2003, doi: http://dx.doi.org/10.1046/j.1365-2486.2003.00569.x.

Vries, H.J.M. de, et al. (2001), *The Timer IMage Energy Regional (TIMER) Model*, National Institute for Public Health and the Environment (RIVM), Bilthoven.

Vuuren, D.P. van (2007), "Energy Systems and Climate Policy", Dissertation, Universität Utrecht.

Weijters, M.J., J.H. Janse, R. Alkemade und J.T.A. Verhoeven (2009), "Quantifying the effect of catchment land-use and water nutrient concentrations on freshwater river and stream biodiversity", Aquat. Cons.: Mar. Freshw. Ecosyst. 19: 104-112.

Weltbank (2010), "World Development Indicators", http://data.worldbank.org/data-catalog/world-development-indicators.

ORGANISATION FÜR WIRTSCHAFTLICHE ZUSAMMENARBEIT UND ENTWICKLUNG

Die OECD ist ein in seiner Art einzigartiges Forum, in dem die Regierungen gemeinsam an der Bewältigung von Herausforderungen der Globalisierung im Wirtschafts-, Sozial- und Umweltbereich arbeiten. Die OECD steht auch in vorderster Linie bei den Bemühungen um ein besseres Verständnis der neuen Entwicklungen und durch sie ausgelöster Befürchtungen, indem sie Untersuchungen zu Themen wie Corporate Governance, Informationswirtschaft oder Bevölkerungsalterung durchführt. Die Organisation bietet den Regierungen einen Rahmen, der es ihnen ermöglicht, ihre Politikerfahrungen auszutauschen, nach Lösungsansätzen für gemeinsame Probleme zu suchen, empfehlenswerte Praktiken aufzuzeigen und auf eine Koordinierung nationaler und internationaler Politiken hinzuarbeiten.

Die OECD-Mitgliedstaaten sind: Australien, Belgien, Chile, Dänemark, Deutschland, Estland, Finnland, Frankreich, Griechenland, Irland, Island, Israel, Italien, Japan, Kanada, Korea, Luxemburg, Mexiko, Neuseeland, die Niederlande, Norwegen, Österreich, Polen, Portugal, Schweden, Schweiz, die Slowakische Republik, Slowenien, Spanien, die Tschechische Republik, Türkei, Ungarn, das Vereinigte Königreich und die Vereinigten Staaten. Die Europäische Union nimmt an den Arbeiten der OECD teil.

OECD Publishing sorgt dafür, dass die Ergebnisse der statistischen Analysen und der Untersuchungen der Organisation zu wirtschaftlichen, sozialen und umweltpolitischen Themen sowie die von den Mitgliedstaaten vereinbarten Übereinkommen, Leitlinien und Standards weite Verbreitung finden.

OECD PUBLISHING, 2, rue André-Pascal, 75775 PARIS CEDEX 16
(97 2012 01 5 P) ISBN 978-92-64-17280-7 – No. 60260-01 2012